颜济、杨俊良在新疆布尔津沙漠红柳灌丛分布区考察小麦族植物

国家出版基金项目
NATIONAL PUBLICATION FOUNDATION

现代农业科技专著大系

小麦族生物系统学

第五卷

曲穗草属　披碱草属　牧场麦属　冠毛麦属　毛麦属

大麦披碱草属　拟狐茅属　网鞘草属　沙滩麦属

颜　济　杨俊良　编著

中国农业出版社

序 言

　　本书已出版了四卷，这第五卷也是最后一卷，其内容包括前四卷已介绍的各属以外的小麦族剩下的一些属，也就是曲穗草属（*Compeiostachys* Drobov）、披碱草属（*Elymus* L.）、牧场麦属（*Pascopyrum* Á. Löve）、冠毛麦属（*Lophopyrum* Á. Löve）、毛麦属（*Trichopyrum* Á. Löve），以及大麦披碱草属［*Hordelymus*（Jessen）Haez.］、拟狐茅属［*Festucopsis*（C. E. Hubbard）Melderis］、网鞘草属（*Peridictyon* O. Seberg，S. Frederiksen，et C. Baden）、沙滩麦属（*Psammopyrum* Á. Löve）等几个小属。

　　曲穗草属（*Compeiostachys* Drobov）：是苏联植物分类学家 Василий Петрович Дробов 建立的，发表在 1941 年出版的《乌兹别克斯坦植物志（Флора Узбекский ССР）》第一卷中。它的模式种 *Compeiostachys schrenkiana*（F. et M.）Drob. 是含 **H**、**St**、**Y** 染色体组的分类群。这一分类处理正符合以染色体组为基础的自然生物系统学的建属原则。我们采用它是与我们的长期合作者 Bernad R. Baum 博士经过反复研究共同做出的决定，我们认为这是符合客观实际的最好的系统学处理。虽然我们曾经提出过以它的染色体组的组合将两个供体属名的组合词 *Hordeo-roegneria* 作为属名，但 В. П. Дробов 的命名在先，按国际植物命名法规应当承认属名 *Compeiostachys* Drobov 对这样一类分类群的合法性。

　　披碱草属（*Elymus* L.）：是 Carl Linné 在 1753 年建立的老属。它的指定模式种 *Elymus sibiricus* L. 是含 **St** 与 **H** 两组染色体组的物种。它也是一个庞大的属，含有 83 个种、20 个变种以及一些称为变型的分类群（但我们认为变种与变型在自然遗传系统中是没有差别的，都是不同等位基因的不同组合，是同一级的；变型是人为臆定的等级，我们只承认变种）。它的分布区包括南、北美洲与欧亚大陆以及非洲，是小麦族分布最广的属。由于生态环境的差异，形态变异也很大。与赖草属一样，是一个多形性的属。因而过去形态分类学家就把它分为若干个属，如：披碱草属（*Elymus*）、裂颖草属（*Setanion*）、偃麦草属（*Elytrigia*）等。还把一些穗轴节上具单小穗的种归入广义的冰草属（*Agropyron*）或鹅观草属（*Roegneria*）。但它们只含 **St** 与 **H** 两种染色体组，因而它们在生物系统学上是同属于一个属，即披碱草属（*Elymus* L.）。在这里我们又看到单纯形态分类学带来的错误。

　　另外，从形态学来看曲穗草属与披碱草属是分不开的，是两个同形属（cryptic genera），但它们在系统起源上完全不同。就目前已知它所内的 11 个种来看，它们的随体染色体都是第 40 对与第 42 对，第 40 对具大随体，第 42 对具小随体。这正是 **Y** 染色体组的特征。现今已知 **Y** 染色体组，除大洋洲的六倍体花鳞草属含 **StStYYWW** 外，主要是鹅观草属含 **StStYY**，还没有发现有单独含 **Y** 染色体组的物种。也就是说曲穗草属是以鹅观草属的一个种为母本与一个含 **H** 染色体组的大麦属植物杂交演化形成的，它的起源与它在形态上相似的披碱草属是没有关系的。在自然系统上却完全不同，披碱草属是含 **St** 染色体组的拟鹅观草属的物种与含 **H** 染色体组的大麦属大麦草组的物种杂交派生的。它们虽然来源系统不同，但它们都含有 **St** 与 **H** 这两组染色体组，且这两组染色体上的基因大都是强显性。因而曲穗草属的 **Y** 染色体组的隐性基因多被掩盖，它们虽然存在，但不表达。因此，曲穗草属与披碱草属的物种在形态上表达的同样是 **H** 与 **St** 两个染色体组，这两个属虽然系统起源完全不同，但它们在形态上却是分不开的。只有用细胞遗传学与分子遗传学的实验方法才能把它们区别开来。在这里我们又清楚地看到形态分类学的局限性。形态学观察是重要的，因为我们认识这些客观存在的物种首先是从它们的表型去认识它们的，就是从它们的形态特征去认识它们。在第三卷的序言中我们已指出，表型（P）是遗传本质（H）与环境条件（E）互作的产物，是遗传与环境互作的可变函数关系。再加上遗传显隐定律所确定的成对基因间的显隐性关系，从而决定从表型直接反推遗传本质可能带来错误。这就是逻辑学上的"逆定理常不成立"。由于遗传显隐性关系，形态分类学家看不到隐性 **Y** 染色体组的存在，这也就是一些形态分类学家常常把这些属混为一谈的根本原因。由于不同环境适应造成的表型差异，常导致形态分类学家把含相同染色体组的 *Elymus* 错误地分为一些不同的属。还有，如同把曲穗草属与鹅观草属混同在披碱草属一样，有人错误地把花鳞草属（*Anthosachne*）、窄穗草属（*Stenostachys*），以及赖草属（*Leymus*）的一些种也都混同在披碱草属中。在本卷中我们都将一一按实验检测的结果加以订正。

牧场麦属（*Pascopyrum* Á. Löve）：是北美西北部重要的牧场野生禾草之一。它是异源四倍体披碱草属与异源四倍体赖草属间杂交形成的异源八倍体植物，含有 **St**、**H**、**Ns**、**Xm** 4 个染色体组。它是构成北美西北部草原植被的主要建群种之一，也是很独特的单种属。

Lophopyrum Á. Löve 与 *Thinopyrum* Á. Löve 是 Á. Löve 在 1982 年发表的两个属，他认为 *Lophopyrum* 是含 **E** 染色体组的属，*Thinopyrum* 是含 **J** 染色体组的属。这两个属发表在同一篇文章中，因此没有谁优先的问题。从实验分析的结果来看，这两个属的染色体组十分相近，只能是亚型间的关系，因此应当合并为一个属。目前学术界都承认其染色体组名称为 **E** 染色体组。但一些学者却把属名称为 *Thinopyrum*。我们认为，既然认为染色体组为 **E** 染色体组，就应按 Á. Löve 的设定用 *Lophopyrum* 为属名。按拉丁属名原意，我们把中文属名译为冠毛麦属。

Trichopyrum Á. Löve（毛麦属）是 Á. Löve 在 1986 年发表的，是他将 *Elytrigia* 属的 Section *Trichophorae* (Nevski) Dubovik 独立出来成立的异源多倍体属，它含有 **E** 染色体组与 **St** 染色体组。显然，它是起源于含 **E** 染色体组冠毛麦属的物种与含 **St** 染色体组的拟鹅观草属的物种经天然杂交与染色体天然加倍而演化形成的分类群。

许多形态分类学家都认可的偃麦草属（*Elytrigia*），也是由形态分类学家主观臆造的一个"大杂烩"或"垃圾箱"（Davis and Heywood，1963），它包括了许多不同染色体组的分类群，其模式种 *Elytrigia repens* L. 是含 **HHSt^{1}St^{1}St^{2}St^2** 染色体组的分类群，应当属于披碱草属。模式种都是披碱草属的植物，根据这个模式种建立的属当然也就不能成立了。又如 *Elytrigia elongata*、*E. intermedia* 等，*Elytrigia elongata* 是含 **E** 染色体组的分类群，应当属于 *Lophopyrum*（冠毛麦属）；*E. intermedia* 是含 **E^{e}E^{b}St** 的分类群，属于

Trichopyrum（毛麦属）。*Elytrigia* 是以人为形态学标准来划分的属，是与自然生物系统不相吻合的，当然也就是错误的划分。虽然自然遗传系统学的先驱 Á. Löve 于 20 世纪 80 年代在缺乏试验数据的情况下在他的 "Conspectus of the Triticeae" 中估计 *Elytrigia* 是含 **E**、**J** 与 **S**（**St**）染色体组的异元多倍体物群，但经 30 多年的实验检验，在自然系统中这样一种类群也就是毛麦属。因此，在本书中也就不再加以承认。经实验检测确定的其中的一些种的染色体组的组成，则应按它的染色体组组成分别归入其他应归入的属中，例如其模式种 *Elytrigia reoens*（L.）Nevski，它是含 **St¹St¹St²St²HH** 染色体组的异源六倍体植物，应归入披碱草属（*Elymus* L.）。其他如 *Elytrigia intermedia*（Host）Nevski，含 **EᵇEᵇEᵉEᵉStSt** 染色体组，应归入毛麦属（*Trichopyrum* Á. Löve）。迄今为止，实验分析的结果是，含有 **E**、**J** 与 **S**（**St**）染色体组的异元多倍体植物，因为 **E** 与 **J** 是同一个染色体组的两个变型，即 **Eᵉ** 与 **Eᵇ**，加上 **St** 染色体组，应为毛麦属。

大麦披碱草属［*Hordelymus*（Jessen）Haez.］：是中北欧林下特有的单种属。从它生长的生态环境与形态特征来看，很像赖草属林下赖草组的分类群，但它与赖草属在生物系统上毫无关系，过去 Á. Löve 估计它是带芒草属与大麦属大麦草组的分类群杂交起源，含有 **H** 与 **T** 染色体组。1994 年，经 R. von Bothmer、B. R. Lu 与 I. Linde-Laursen 通过杂交与 C-带核型分析，它与这两个属都没有亲缘关系，含有 **Xo** 与 **Xr** 两个来源不明的染色体组。

拟狐茅属［*Festucopsis*（C. E. Hubbard）Melderis］：是小麦族中的一个二倍体属，含有它独特的染色体组。Á. Löve（1984）把它定名 **L** 染色体组。

网鞘草属（*Peridictyon* O. Seberg，S. Frederiksen et C. Baden）：是 Seberg 等于 1991 年自拟狐茅属中分离出来的一个单种属，它含有 **Xp** 染色体组。拟狐茅属与网鞘草属都是分布于东南欧巴尔干半岛的小属，拟狐茅属也向西分布于北非摩洛哥北部。

Psammopyrum Á. Löve：按拉丁文原意，我们称它为沙滩麦属。它是一个异源多倍体属，分布于西欧到南欧，生长在海滨沙滩以及盐碱沼泽的多年生禾草。是由含 **E** 染色体组的 *Lophopyrum* Á. Löve 的个体与一个含 **L** 染色体组的 *Festucopsis*（C. E. Hubbard）Melderis 的个体间天然杂交演化形成的异源多倍体分类群。

小麦族包含有本书（5 卷）共介绍了 30 个属，两个亚属，464 个种，9 个亚种，186 个变种。这个根据现代实验生物学研究成果来全面整理订正小麦族客观存在的自然系统的专著，对 Áskell Löve 的尝试作了修正和补充，弥补了他的历史局限。这也是 O. Rosenberg、木原均、E. R. Sears、D. R. Dewey 这些先驱们开创的科学探索成果的汇总。门捷列耶夫在物质世界的原子-分子层次上汇集了实验成果，做出了《原子周期表》。我们所做的是生物层次，更确切地说，也就是物种层次、生物基因库层次，在小麦族这一局部的阐释。就目前而言，我们所分析研究的小麦族，亦还有许多物种未完成实验测试，但就基因库类别，属——这一等级来说，基本上是检测清楚的了。与 Á. Löve 的时代已经是大不相同，这是历史赋予我们所从事的这项工作。对未完成实验检测的物种继续进行分析研究，使这一领域的客观世界更加清晰，是这一领域科学研究的目的所在，从而使这个系统更加完善，使人们对客观存在的认识更加符合实际，对人类的经济目标进行的技术设计更有根据，也就是说，育种设计更合理、更切实可行，能更好地育成所需求的品种。这也就是本书编写的目的——为人类创造新知识，为技术设计提供可靠支撑。

编著者
2005 年开始编写初稿于美国加利福尼亚戴维斯
2006 年夏讨论曲穗草属与披碱草属于加拿大渥太华
2012 年定稿于美国加利福尼亚戴维斯

目　　录

一、曲穗草属（Genus *Campeiostachys*）的生物系统学

曲穗草属（*Campeiostachys* Drobov）是苏联植物学家 Василий Петрович Дробов 在 1941 年《乌兹别克斯坦植物志（Флора Узбекистана ССР）》第 1 卷中发表的新属。它是以 *Campeiostachys schrenkiana* Drobov 为模式种建立的属。这个模式种是一个含 **H**、**St**、**Y** 染色体组的异源六倍体的分类群（Lu and Bothmer，1992）。在小麦族中含 **H**、**St**、**Y** 染色体组的异源六倍体的分类群目前已知共有 11 个种，14 个变种，其中包括 *Campeiostachys schrenkiana* Drobov。既然 *Campeiostachys* Drobov（曲穗草属）的模式种是以含 **H**、**St**、**Y** 染色体组为特征，则这一大类含 **H**、**St**、**Y** 染色体组的禾草归入曲穗草属应当是恰当的。

（一）曲穗草属的古典形态分类学简史

1845 年，俄罗斯德裔植物学家 Friedrich Ernst Ludwig von Fischer 与 Carl Anton Meyer 根据 A. Schrenk 1841 年在中国新疆塔城采的一份标本，在《彼得堡科学院公报（Bull. Acad. Sci. Pétersb.）》第 3 卷上，共同发表一个小麦属的新种，命名为 *Triticum schrenkianum* Fisch. et C. A. Mey. （305 页）。这也是现称为曲穗属最早发现的一个分类群。

1852 年，俄罗斯植物学家 Николаи Степанович Турчанинов 采集并分别定名为 *Elymus dahuricus* Turcz. 与 *Elymus excelsus* Turcz. 的两个新种，德国植物学家 August Heinrich Rudolph Grisebach 代他发表在 Carl Friedrich von Ledebour 主编的《俄罗斯植物志（Flora Rossica）》第 4 卷，331 页上，即：*Elymus dahuricus* Turcz. ex Griseb. 与 *Elymus excelsus* Turcz. ex Griseb. 。

1868 年，Grisebach 将一种采自印度北部高山上的穗状花序下垂的禾草定名为 *Elymus nutans* Griseb.，发表在《哥廷根科学协会通讯（Nachr. Ges. Wiss. Göttingen）》第 3 卷，72 页。

1881 年，在俄罗斯圣彼得堡植物园作总监的德国植物学家 Eduard August von Regel 在《彼得堡植物园学报（Труды Петербургского Ботанического Сада）》第 7 卷，2 期，591 页上，发表一个名为 *Triticum strigosum planiflolium* Regel 的新变种。这个新变种与 *Triticum schrenkianum* Fisch. et C. A. Mey. 是同一个分类群。

1862—1874 年常住北京的法国传教士 Armand David（他也是在中国作植物调查与采集成绩卓著的植物学家），在北京采得的一种禾草标本，1884 年，经法国植物学家 Adrien René Franchet 鉴定命名为 *Elymus dahuricus* var. *cylindricus* Franch. 发表在巴黎自然历

史博物馆出版的《自然历史博物馆新志（Nouv. Arch. Mus. Hist. Nat）》II. 7：152 页上。在他同年 12 月出版的《来自中华帝国的大卫植物（Plantae Davidianae ex sinarum imperio）》第 1 卷，342 页上也有记载。

1891 年，美国植物学家、农学家 Samuel Mills Tracy 把来自日本的一种禾草命名为 *Agropyron joponicum* Tracy，发表在《美国农业部年报（U. S. Dept. Agr. Div. Bot. Ann. Rep.）》第 6 期。同一个分类群，它比大井次三郎 1942 年定名为 *Roegneria kamoji* Ohwi 的要早 51 年，但它是个裸名，因此是无效的。

1901 年，希腊植物学家 C. A. Candargy 在他的《大麦族研究专著（Monogr. tēs phyls tōn Krithōdōn）》一书第 40 页上，把 Eduard August von Regel 1881 年定名的 *Triticum strigosum planifolium* Regel 组合到冰草属中，改名为 *Agropyron pseudostrigosum* Candargy；第 41 页上，把 Friedrich Ernst Ludwig von Fischer 与 Carl Anton Meyer 1845 年定名的 *Triticum schrenkianum* Fisch. et C. A. Mey. 组合为 *Agropyron schrenkianum* (Fisch. et C. A. Mey.) Candargy，他的这两个组合实际上是同一个分类群。

1903 年，奥地利禾草学家 Eduard Hackel 在《波伊士勒标本室公报（Bull. Herb. Boiss.）》II. 3：507 页上，发表一个名为 *Agropyron semicostatum* var. *transiense* Hack. 的变种。*Agropyron semicostatum*（Nees）Candargy，也就是 *Triticum semicostatum* Nees ex Steud.，它的体细胞染色体数 $2n=28$，是个四倍体植物。而现在大家知道的"var. *transiense*"却是个六倍体植物，$2n=42$，显然不是一个种。

1923 年，苏联植物学家 Ромаии Юлиевич Рожевиц 在列宁格勒出版的《植物学研究（Ботанические Материалы）》第 4 卷，138 页上，把 *Elymus excelsus* Turcz. ex Griseb. 降级组合为 *Elymus dahuricus* var. *excelsus*（Turcz. ex Griseb.）Roshev.。

1923 年，苏联植物学家 Вассилий Петрович Дробов 在《塔什干地区植物鉴定手册（Определител Растений Окресности Ташкента）》第 1 卷中，发表一个名为 *Agropyron turkestanicum* Drobov 的新种（41 页）。

1927 年，日本植物学家本田正次在日本东京出版的《植物学杂志》第 41 卷上，根据 1902 年中井在熊本县本渡采集的第 1032 号标本，以及前原勘次郎 1924 年在熊本县肥后大村市采集的第 5 号标本和 1925 年在熊本县肥后采集的第 95 号标本，以前原勘次郎的姓为种名发表一个名为 *Agropyron mayabaranum* Honda 的新种（384 页）。

1930 年，本田正次把法国植物学家 Adrien René Franchet 鉴定命名为 *Elymus dahuricus* var. *cylindricus* Franch. 的圆柱变种升级为种，即 *Elymus cylindricus*（Franch.）Honda，发表在日本《东京帝国大学理学院学报（Journ. Fac. Sci. Univ. Tokyo）》第Ⅲ部，植物学，第 3 卷，17 页上。

1931 年，日本植物学家大井次三郎在日本东京出版的《植物学杂志》第 45 卷，发表一个名为 *Elymus villosulus* Ohwi 的新种（183～184 页）。

1932 年，苏联植物学家 Серген Арсениевич Невский 在《苏联科学院植物园通讯（Известия Ботанического Сада Академий Наук СССР）》第 30 卷上，发表 2 个新种与 3 个新组合，它们是：*Agropyrum drobovii* Nevski（626 页），*Clinelymus dahuricus*（Turcz. ex Gresib.）Nevski（645 页），*Clinelymus excelsus*（Turcz. ex Griseb.）Nevski

（640 页），*Clinelymus nutans* （Gresib.）Nevski （644 页），*Clinelymus tangutorum* Nevski（647 页）。

1934 年，苏联植物学家 Серген Арсениевич Невский 在《中亚大学学报（Туды Среднеазиатский Университет）》系列 8В，17 期上，把 Friedrich Ernst Ludwig von Fischer 与 Carl Anton Meyer 定名的 *Triticum schrenkianum* Fisch. et Mey. 组合在鹅观草属中，成为 *Roegneria schrenkiana* （Fisch. et C. A. Mey.）Nevski （68 页）；把他在 1932 年发表的 *Agropyrum drobovii* Nevski 重新组合在鹅观草属中，成为 *Roegneria drobovii* （Nevski）Nevski （71 页）。

在检索表中发表一个名为 *Roegneria himalayana* Nevski 的新种，这个新种在 1936 年才正式发表在《苏联科学院植物研究所学报（Туды Ботанического Института Академий Наук СССР）》系列 1，第 2 期，46 页。

从现在的实验观测数据来看，这 3 个六倍体禾草不应当属于鹅观草属，应当属于曲穗草属。

1936 年，奥地利植物学家 Heinrich，Freiherr von Handel-Mazzett 在他的《中国札记中国西南科学考察后在维也纳的植物学研究成果（Symbolae sinicae Botanische Ergebniss Expedition der Akademie der Wissenschaften in wien nach Südwest－China）》第 7 卷，第 5 分册中，把 C. A. Невский 定名的 *Clinelymus tangutorum* Nevski 组合在披碱草属中，更名为 *Elymus tangutorum* （Nevski）Hand. -Mazz. （1292 页）。

同年，日本植物学家本田正次把他组合的 *Elymus cylindricus* （Franch.）Honda 按 C. A. Невский 的分类重新组合为 *Clinelymus cylindricus* （Franch.）Honda，发表在《第一次满洲科学调查记录（Rep. First Sci. Exped. Manch.）》Sect. IV. （Index Fl. Jehol）101 页上。

同年，他又在《植物学杂志》第 50 卷，"日本植物 26 报"中发表一个名为 *Elymus tsukushiensis* Honda 的新种（391 页）。这个新种是根据中岛 K. 1933 年在福冈县北部的筑前采得的第 9 号标本、福冈县玄界岛采得的第 6 号标本以及 1935 年在长崎县马严原采得的第 96 号标本定名的。

同年，又在《植物学杂志》第 50 卷上发表的"日本植物 28 报"中把 *Elymus tsukushiensis* Honda 重新组合为 *Clinelymus tsukushiensis* （Honda）Honda （572 页）。在同一页上还把大井次三郎的 *Elymus villosulus* Ohwi 也组合为 *Clinelymus villosulus* （Ohwi）Honda。

1937 年，大井次三郎在《植物研究杂志》第 13 卷，第 5 号上发表一个名为 *Elymus osensis* Ohwi 的新种（334 页）。

同年，他又在日本《植物分类与地理植物学学报（Acta Phytotax. & Geobot.）》第 6 卷上把本田正次定名的 *Elymus tsukushiensis* Honda 又组合在冰草属中成为 *Agropyron tsukushiense* （Honda）Ohwi （54）。

1941 年，苏联植物学家 В. П. Дробов 在《乌兹别克植物志（Флора Узбекистана）》第 1 卷中把 C. A. Невский 定名的 *Agropyrum drobovii* Nevski 组合为 *Semiostachys drobovii* （Nevski）Drobov （284 页）。

在这个植物志中，他发表一个名为 *Campeiostachys* Drob. 的新属，把 F. E. L. von Fischer 与 C. A. Meyer 定名的 *Triticum schrenkianum* Fisch. et C. A. Mey. 组合为 *Campeiostachys schrenkiana* (Fish. et C. A. Mey.) Drobov，作为这个新属的模式种（300、540 页）。

1941 年，日本京都大学理学院的植物学家大井次三郎把本田正次 1927 年发表的 *Agropyron mayabaranum* Honda 组合为 *Roegneria mayabarana* (Honda) Ohwi，记录在 *Agropyron mayabaranum* Honda 的异名中（98 页），把本田正次 1936 年发表的 *Elymus tsukushiensis* Honda 组合为 *Roegneria tsukushiensis* (Honda) Ohwi，记录在 *Agropyron tsukushiensis* Honda 的异名中（99 页）（见《植物分类及植物地理》第 10 卷，"日本の禾本科植物　第一"一文）。

1942 年，大井次三郎在《植物分类及植物地理》Vol. XI，No. 3，"日本の禾本科植物　第四"一文中，发表一个名为 *Agropyron kamoji* Ohwi 的新种（179 页），在模式标本上原定名为 *Roegneria kamoji* Ohwi。它是以日本民间习称这种禾草为 Kamoji - gusa（髢草＝假发草）的原名来命名的。

同年，大井次三郎在同一杂志，No. 4，"东亚植物资料 18"一文中把初岛住彦在标本上定名的 *Agropyron mayabaranum* var. *intermedium* Hatusima 升级为种，以初岛的姓来命名为 *Agropyron hatusimae* Ohwi（258 页）。

1953 年，大井次三郎在他编著的《日本植物志》中发表一个名为 *Agropyron tsukushiense* (Honda) Ohwi var. *transiense* (Hack.) Ohwi 的新变种（106 页）。

1960 年，英国植物学家 A. Melderis 在 N. L. Bor 主编的《缅甸、锡兰、印度与巴基斯坦的禾草（The grasses of Burma，Ceylon，India and Pakistan）》一书中发表一个名为 *Elymus dahuricus* Turcz. ex Gresib. var. *micranthus* Meld. 的新变种（669、697）。在这本书中，他还把 Невский 的 *Roegneria himalayana* Nevski 重新组合为 *Agropyron himalayaum* (Nevski) Meld.（662 页）。

同年，苏联植物学家 Никоай Николаевич Цвелев 在《植物学研究（列宁格勒）［Ботанические Материалы（Ленинград）］》20 卷上发表了名为 *Elymus pamiricus* Tzvel. 的新种（425 页）。另外，又把 *Triticum schrenkianum* Fisch. et C. A. Meyer 组合在披碱草属中，成为 *Elymus schrenkianus* (Fisch. et C. A. Mey.) Tzvel.（428 页）。

1963 年，中国植物学家耿以礼与陈守良在《南京大学学报（生物学）》，总 3 期，1963 年第 1 期，"国产鹅观草属 *Roegneria* C. Koch 之订正"一文中，发表一个名为 *Roegneria aristiglumis* Keng et S. L. Chen 的新种（55～56 页）与一个名为 *Roegneria kamoji* Ohwi var. *macerrima* Keng 新变种（17 页）。这两个分类群都是六倍体，应当属于 *Campeiostachys* 属的植物。

1964 年，日本植物学家大井次三郎与日本京都大学细胞遗传学家、禾草学家阪本宁男把日本稻田中生长的一种小麦族禾草命名为 *Agropyron humidorum* Ohwi et Sakamoto，发表在《植物研究杂志》第 39 卷，124 页。

1965 年，大井次三郎在他编写、美国首都华盛顿 Smithsonian 研究所出版的英文版的《日本植物志（Flora of Japan）》的 155 页，把他 1931 年发表的 *Elymus villosulus* Ohwi

降级为变种，成为 *Elymus dahuricus* var. *villosulus* (Ohwi) Ohwi。

1968 年，日本植物学家北川政夫在《植物研究杂志》第 43 卷，第 6 号，189 页发表一个名为 *Elymus franchetii* Kitag. 的新种。

1971 年，苏联植物学家 Н. Н. Цвелев 在《维管束植物系统学新闻（Новости Систематики Высших Растений）》第 8 卷 63 页上，把 *Elymus excelsus* Turcz. ex Griseb. 降级为答呼里曲穗草的亚种，即：*Elymus dahuricus* subsp. *excelsus* (Turcz. ex Griseb.) Tzvelev。他这个亚种一级是以形态分类臆定的，没有实验数据为根据。

1972 年，Н. Н. Цвелев 在《维管束植物系统学新闻（Новости Систематики Высших Растений）》第 9 卷 61 页上，把 С. А. Невский 的 *Roegneria himalayana* Nevski 组合到披碱草属中，成为 *Elymus himalaynus* (Nevski) Tzvel.；把 С. А. Невский 的 *Roegneria drobovii* (Nevski) Nevski 也组合到披碱草属中，成为 *Elymus drobovii* (Nevski) Tzvel.。在 62 页上把他自己定名的 *Elymus pamiricus* Tzvel. 降级组合为 *Elymus schrenkianus* ssp. *pamiricus* (Tzvel.) Tzvel.。

1978 年，Н. С. Пробатова 在《维管束植物系统学新闻（Новости Систематики Высших Растений）》第 15 卷 68 页上发表一个名为 *Elymus dahuricus* Turcz. ex Griseb. ssp. *pacificus* Probatova 的新亚种。这个亚种级的定立也是没有实验数据为根据的。

1980 年，内蒙古师范学院的杨锡麟在《植物分类学报》第 18 卷，2 期，253 页上发表一个名为 *Roegneria aristiglumis* Keng et S. L. Chen var. *liantha* H. L. Yang 与一个名为 *Roegneria aristiglumis* Keng et S. L. Chen var. *hirsuta* H. L. Yang 的两个新变种。前一个与原变种的区别在于颖与外稃光滑无毛；后一个与原变种的区别在叶片密被硬刚毛。

1984 年，Áskell Löve 在《费德斯汇编（Feddes Repertorium）》第 95 卷发表的 "Conspectus of Triticeae" 一文中把大井次三郎的 *Elymus dahuricus* var. *villosulus* (Ohwi) Ohwi 升级为亚种，成为 *Elymus dahuricus* ssp. *villosulus* (Ohwi) Á. Löve（451 页）；把大井与阪本发表的 *Agropyron humidorum* Ohwi et Sakamoto 组合在披碱草属中成为 *Elymus humidorus* (Ohwi et Sakamoto) Á. Löve（457 页）。Áskell Löve 升级 *Elymus dahuricus* var. *villosulus* (Ohwi) Ohwi 为亚种，也是主观臆定没有测定数据依据的。

同年，内蒙古农牧学院的王朝品与内蒙古师范学院的杨锡麟在东北林业科学院出版的《植物研究》第 4 卷，第 4 期，86 页上发表一个名为 *Elymus dahuricus* Turcz. ex Gresib. var. *violeus* C. P. Wang et H. L. Yang 的新变种。

1985 年，Н. С. Пробатова 在《远东维管束植物（Сосуд. Раст. Сов. Дальн. Вост.）》第 1 卷，113 页上发表一个名为 *Elymus woroschilowii* Probatova 的新种。

1988 年，陈守良在《南京中山植物园公报》中，把过去耿以礼，以及耿与她发表的鹅观草属植物全都组合为披碱草属，把六倍体的 *Roegneria aristiglumis* Keng et S. L. Chen 组合为 *Elymus aristiglumis* (Keng et S. L. Chen) S. L. Chen（8 页）。这是仿照 Н. Н. Цвелев 的主观的形态分类，把 *Elymus* 搞成一个远离自然系统的"大杂烩"（参阅 P. H. Davis 与 V. H. Heywood, 1963. Principles of Anigiosperm taxonomy. D. van

Norstrand Co., Princeton, NJ, New York)。

1994年，编著者在青海考察发现一种形态特殊的小麦族禾草，根据当时分类的概念把它定名为 *Roegneria tridentata* Yen et J. L. Yang，发表在美国密苏里植物园出版的《新（Novon）》第4卷，310～313页。它是个六倍体植物，现在来看，应当是属于曲穗草属。

1997年，陈守良把杨锡麟定名的两个鹅观草属的变种，按照她认同的 Н. Н. Цвелев 的主观主义形态分类观点，也组合到披碱草属中成为 *Elymus aristiglumis* （Keng et S. L. Chen） S. L. Chen var. *hirsutus* （H. L. Yang） S. L. Chen 与 *Elymus aristiglumis* （Keng et S. L. Chen） S. L. Chen var. *lianthus* （H. L. Yang） S. L. Chen，发表在《新（Novon）》第7卷，3期，227页。把编著者定名的 *Roegneria tridentata* Yen et J. L. Yang 也组合到披碱草属中成为 *Elymus tridentatus* （Yen et J. L. Yang） S. L. Chen （229页）。

2002年，在密苏里植物园工作的朱光华在《新（Novon）》第12卷，3期，426～427页上发表一个名为 *Elymus kamoji* （Ohwi） S. L. Chen var. *macerrimus* G. Zhu 的变种。

上述这些分类群都是六倍体含 **HHStStYY** 染色体组曲穗草属的植物。

（二）曲穗草属的实验生物学研究

1964年，日本三岛国立遗传研究所的细胞遗传学家阪本宁男在《日本遗传学杂志（Japanese Journal of Genetics）》上发表一篇文章，对日本、朝鲜、中国常见杂草 *Agropyron tsukushiense* （Honda） Ohwi var. *transiens* （Hack.） Ohwi 进行了细胞遗传学的观察研究，确定它是一个含42条染色体的六倍体植物。在邻近三岛的丘谷中发现一株含21条染色体的多单倍体植株，它要矮小一些，分蘖还较旺盛。从它的花粉母细胞的减数分裂中期 I 来看，没有三价体与四价体出现，二价体只有0.2%，单价体占20.6%，说明它是个异源多倍体，含3个不同的染色体组。不是同源多倍体，也不是部分同源异源多倍体。

1966年，日本三岛国立遗传研究所的细胞遗传学家阪本宁男与横滨木原生物研究所的村松幹夫联合在《日本遗传学杂志（Japanese Journal of Genetics）》41卷第2期与第3期上，连续发表两篇系列文章："Cytogenetic studies in the tribe Triticeae. II. Tetraploid and hexaploid hybrids of *Agropyron*" 与 "Cytogenetic studies in the tribe Triticeae. III. Pentaploid *Agropyron* hybrids and genomic relationships among Japanese and Nepalese species"，分析论证了日本与中国产的四倍体与六倍体种的染色体组相互关系。在前一篇报告中，他们所做的杂交测试有以下的种及杂交组合（表1-1）。

他们观测这些杂交组合的 F_1 杂种减数分裂中期 I 染色体配对的数据如表1-2所示。

村松幹夫（1948）曾经观察研究过这几种禾草，并命名 *Ag. ciliare* 的两个染色体组为 **II** 与 **KK**。*Ag. humidurum* 为 **II** ?? ??，而 *Ag. tsukushiense* 为 **II KK LL**。从这篇报告提供的数据来看，*Ag. ciliare* 与 *Ag. yezoense* 两个日本四倍体应当都是含 **II KK** 染色体组的禾草，而 *Ag. humidurum* 与 *Ag. tsukushiense* 都是含 **II KK LL** 染色体组的禾草。

表 1 - 1　种间杂交结果

（引自版本宁男与村松幹夫，1966a，表 2 ）

杂交组合（♀×♂）	杂交年份	杂交小花数	获得种子数	播种种子数	发芽数	F_1 植株编号
日本四倍体 × 日本四倍体						
Ag. yezoense × *Ag. ciliare* No. 1	1952	12	4	4	2	R170
Ag. ciliare No. 1 × *Ag. yezoense*	1955	—	10	10	9	S11
Ag. gemekini × *Ag. ciliare* No. 3	1957	8	0			
日本四倍体 × 尼泊尔四倍体						
Ag. ciliare No. 1 × *Ag. semicostatum*	1956	24	16	16	16	5 731
Ag. semicostaum × *Ag. ciliare* No. 4	1956	10	1	1	1	5 753
Ag. semicostatum × *Ag. yezoense*	1956	12	10	9	4	5 743
Ag. ciliare No. 4 × *Ag. gemilinii*（尼泊尔）	1967	20	1	1	1	5 878
Ag. gemilinii（尼泊尔）× *Ag. ciliare* No. 4	1957	14	0			
尼泊尔四倍体×尼泊尔四倍体						
Ag. gemilinii（尼泊尔）× *Ag. semicostatum*	1957	6	2	2	1	5 887
日本四倍体 × 美洲四倍体						
Ag. ciliare No. 1 × *Ag. trachycaulum*	1956	15	11	5	5	5 733
日本六倍体 × 日本六倍体						
Ag. humidurum No. 1 × *Ag. tsukushiense* No. 1	1956	14	5	5	5	5 741
Ag. humidurum No. 1 × *Ag. tsukushiense* No. 2	1956	76	28 ．	28	17	5 751

表 1 - 2　F_1 杂种减数分裂中期 I 染色体配对

（引自版本宁男与村松幹夫，1966a，表 7 ）

杂交组合（♀ × ♂）	观察细胞数	二价体变幅	二价体数	染色体配对平均数				
				V	IV	III	II	I
日本四倍体 × 日本四倍体								
Ag. yezoense × *Ag. ciliare*（R170）	45	10～14	14		0.356	0.200	11.289	2.289
日本四倍体×尼泊尔四倍体								
Ag. ciliare×*Ag. semicostatum*（5731）	408	5～14	12	0.002	0.135	0.150	11.336	4.196
Ag. semicostatum×*Ag. yezoense*（5743）	69	10～14	12		0.043	0.043	12.261	3.174
日本四倍体 × 美洲四倍体								
Ag. ciliare×*Ag. trachycaulum*	325	2～9	5		0.015	0.065	5.329	17.095
日本六倍体 × 日本六倍体								
Ag. humidurum×*Ag. tsukushiense*（5751）	46	20～21	21			0.022	20.739	0.457

前述阪本宁男（1964）对多单倍体 *Ag. tsukushiense* var. *transiens* 的观察研究，已确定它的花粉母细胞中染色体配对率非常低，$0.0_{IV} + 0.0_{III} + 0.2_{II} + 20.06_{I}$，它是个异源六倍体植物。

Ag. ciliare 与 *Ag. trachycaulum* 之间两组染色体组有一组染色体组差异非常大，另一组部分同源。部分同源的这一组，参考 Stebbins 与 Snyder（1956）对 *Ag. trachycaulum* 与 *Ag. spicatum* 之间三倍体杂种的花粉母细胞中大部分含 $7_{II} + 7_{I}$ 到 $1_{IV} + 5_{II} + 7_{I}$ 而显示四倍体的 *Ag. trachycaulum* 有一个染色体组与 *Ag. spicatum* 的染色体组同源。判断 *Ag. ciliare* No. 1 × *Ag. trachycaulum* 的染色体配对，*Ag. ciliare* 的两组染色体中有一组与 *Ag. spicatum* 的染色体虽然不尽相同，但它们是部分同源。

在后一篇报告中，报道了他们对六倍体与四倍体之间的杂交检测试验的结果，所作的杂交组合如表 1-3 所示。

表 1-3　六倍体与四倍体种间杂交组合
（引自阪本宁男与村松幹夫，1966b，表 2）

杂交组合（♀×♂）	杂交年份	杂交小花数	获得种子数	播种种子数	发芽数	F₁ 植株编号
Ag. tsukushiense No. 1 × *Ag. ciliare* No. 1	1956	24	12	11	10	5 734
Ag. tsukushiense No. 2 × *Ag. ciliare* No. 5	1956	64	0			
Ag. tsukushiense No. 2 × *Ag. ciliare* No. 3	1958	26	3	3	3	5 930
Ag. tsukushiense No. 1 × *Ag. yezoense*	1956	22	14	14	12	5 736
Ag. yezoense × *Ag. tsukushiense* No. 1	1956	24	17	17	6	5 742
Ag. gmelini（日本）× *Ag. tsukushiense* No. 2	1957	20	1	1	1	5 888
Ag. humidurum No. 1 × *Ag. ciliare* No. 5	1956	100	29	29	19	5 752
Ag. humidurum No. 1 × *Ag. ciliare* No. 2	1956	18	0			
Ag. yezoense × *Ag. humidurum* No. 2	1958	22	0			
尼泊尔四倍体 × 日本六倍体						
Ag. tsukushiense No. 1 × *Ag. semicostatum*	1956	24	19	16	14	5 737
Ag. humidurum No. 1 × *Ag. semicostatum*	1957	18	7	7	2	5 886
Ag. gemilinii（尼泊尔）× *Ag. tsukushiense* No. 2	1957	20	12	12	4	5 884
Ag. tsukushiense No. 1 × *Ag. gemilinii*（尼泊尔）	1956	20	2	2	2	5 735
Ag. tsukushiense No. 2 × *Ag. gemilinii*（尼泊尔）	1957	20	0			
Ag. gemilinii（尼泊尔）× *Ag. humidurum* No. 1	1957	20	2	2	1	5 885
Ag. humidurum No. 2 × *Ag. gemilinii*（尼泊尔）	1957	28	0			

他们观测的这些五倍体 F₁ 杂种花粉母细胞减数分裂中期 I 的染色体间配对情况如表 1-4 所示。

表 1-4　F₁ 杂种减数分裂中期 I 染色体配对

（引自阪本宁男与村松幹夫，1966b，表 6）

杂交组合（♀×♂）（植株号）	观察细胞数	二价体变幅	二价体数	染色体配对平均数				
				V	IV	III	II	I
日本四倍体 × 日本六倍体								
Ag. tsukushiense × *Ag. ciliare*（5734）	107	9～15	14		0.056	0.075	13.056	8.439
Ag. tsukushiense × *Ag. yezoense*（5736）	87	7～15	14		0.149	0.333	12.241	8.805
Ag. yezoense × *Ag. tsukushiese*（5742）	55	13～15	14	0.036	0.182	0.291	12.600	8.010
Ag. gmelini（日本）× *Ag. tsukushiense*（5888）	50	11～15	13		0.180	0.160	12.280	8.840
Ag. humidurum × *Ag. ciliare*（5752）	53	12～16	14		0.094	0.019	13.170	6.453
尼泊尔四倍体 × 日本六倍体								
Ag. tsukushiense × *Ag. semicostatum*（5737）	156	6～14	11		0.110	0.161	9.800	14.052
Ag. humidurum × *Ag. semicostatum*（5886）	47	8～14	10			0.021	10.660	13.617
Ag. gemilinii（尼泊尔）× *Ag. tsukushiense*（5884）	97	3～15	12		0.113	0.113	11.299	11.567
Ag. gemilinii（尼泊尔）× *Ag. humidurum*（5885）	25	9～15	11		0.040	0.080	11.920	10.760

从上表所列数据来看，日本的 3 个四倍体种与 2 个六倍体间有两组染色体组相同；与尼泊尔的四倍体种有两组染色体组基本上相同，但有一点差异。他们把这一些种的染色体组的组型定立如表 1-5 所示。

表 1-5　日本及尼泊尔的几个 *Agropyron* 的四倍体与六倍体种的染色体组的组成

（引自阪本宁男与村松幹夫，1966b，表 7）

种	染色体数	染色体组
日本种		
Ag. ciliare var. *minus* Ohwi	28	II KK
Ag. gmelini var. *tenuisetum* Ohwi	28	II KK
Ag. yezoense Honda var. *yezoense*	28	II KK
Ag. humidurum Ohwi et Sakamoto	42	II KK LL
Ag. tsukushiense var. *transiens* Ohwi	42	II KK LL
尼泊尔种		
Ag. gmelini Scribn. et Smith	28	$I^n I^n$ $K^n K^n$

同年，阪本宁男在同一杂志 41 卷第 3 期 189～201 页发表一篇 "Cytogenetic studies in natural hybridixation among Japanese *Agropyron* species" 的报告。他在日本国立遗传研究所在地三岛市的郊区找到一些五倍体与六倍体的 *Agropyron* 的天然杂种。这些杂种一个显著标志就是不结实或结实率非常低，因而穗子直立。五倍体是 *Ag. ciliare* 与 *Ag. tsukushiense* 之间的天然杂种，六倍体是 *Ag. humidurum* 与 *Ag. tsukushiense* 之间的天然杂种，1956 年到 1962 年间在小径与水渠旁，极少数在水田中，共找到 34 株。福冈

高中的 Takemasa Osada 在 Fukuoka-Ken 也采集了一些，并将这些多年生天然杂种与人工杂交的杂种在染色体配对行为（表 1-6）与形态特征上作了比较。

表 1-6　人工与天然杂种及其亲本染色体配对

（引自版本宁男，1966，表 4）

染色体配对				*Ag. humidurum* No. 1	人工杂种 （5751）	天然杂种		*Ag. tsukushiense* No. 2
IV	III	II	I			三岛（H₁）	福冈（a-7）	
		21		114	35	56	73	132
1		19		0	0	1	1	0
		20	2	0	10	5	3	3
	1	19	1	0	1	0	1	0
		19	4	0	0	1	0	0
总　　计				114	45	63	78	135

1955 年 T. Osada 采自九州福冈的天然异地杂种经大井次三郎所作形态学鉴定，应为 *Ag.* × *mayebaranum* Honda。三岛市的天然杂种的特征与它极为相似。也就说明 *Ag.* × *mayebaranum* Honda 是一个含 **II KK LL** 染色体组的种间杂种。

这里要说明一点，当年在染色体组命名上没有统一的命名规则。村松幹夫命名的 **II**、**KK** 与 **LL** 染色体组，1984 年，美国犹他州立大学作物研究室的 Douglas R. Dewey 在第 16 届斯塔德利尔遗传学讨论会（16th Stadler Genetics Symposium）所作的"染色体组系统分类是多年生小麦族属间杂交的指南"一文中，将村松幹夫命名 **II**、**KK** 与 **LL** 染色体组改定为 **SS**、**YY**、**HH** 染色体组。按 1994 年染色体组命名委员会建议的命名应为 **StSt**、**YY**、**HH** 染色体组。

1980 年，Dewey 对 1965 年美国农业部植物采集员 Quentin Jones 与 Wesley Keller 在哈萨克斯坦共和国首都阿斯塔纳东北 70～80km 处采到的 4 份禾草资源（PI 314194、PI 314196、PI 314201 与 PI 314203）经 Н. Н. Цвелев 鉴定为 *Agropyron drobovii* Nevski 的植物进行了染色体组型分析测定。其结果发表在美国芝加哥出版的《植物学公报（Botanical Gazette)》141 卷题为 "Cytogenetics of *Agropyron drobovii* and five of iys interspecific hybrids" 的报告中。他采用已知含 **SS** 染色体组的二倍体种 *A. libanoticum* Hackel、含 **SSHH** 染色体组的四倍体种 *A. dasystachyum*（Hack.）Scribn. 和 *A. mutabile* Drobov、含 **SSYY** 染色体组的 *A. ugamicum* Drobov，以及含 **SSSSHH** 染色体组的 *A. leptourum* (Nevski) Grosssh. 与 *A. drobovii* 杂交来检测 *A. drobovii* 的染色体组构成。检测的结果如表 1-7 与图 1-1 所示。

他对四份 *A. drobovii* 材料都进行了细胞学观察。减数分裂中期 I 的花粉母细胞 85% 形成 21 对二价体，其中 95% 都是环型二价体（图 1-1：A）。有 15% 的花粉母细胞含有 2～4 个单价体。后期 I 基本上是正常的，只有 5% 的花粉母细胞有落后染色体，四分体有微核。中期 I 以后各期非常正常说明中期 I 观察到的一些单价体可能是已分离的二价体。其花粉经测试染色率达 70%～95%，平均 90%。

表1-7 *Agropyron drobovii* 及其5个种间杂种的减数分裂

（引自 Dewey. 1980. 表2）

种或杂种	染色体数(2n)	植株数		中期 I						观察细胞数	环型二价体(%)	后期 I 落后染色体细胞数	后期 I 观察细胞数	四分体 微核四分体细胞数	四分体 观察细胞数
				I	II	III	IV	V	VI						
A. drobovii	42	15	变幅	0~4	19~21	—	—	—	—	211	95	0~3	345	0~3	350
			平均	0.32	20.83							0.05		0.06	
A. libanoticum × *A. drobovii*	28	15	变幅	5~22	2~10	0~4	0~1	—	—	579	37	0~19	388	0~12	425
			平均	13.91	5.85	0.73	0.05					10.43		6.39	
A. dasystachyum × *A. drobovii*	35	9	变幅	5~25	4~14	0~4	0~1	—	—	312	44	2~20	244	0~6	250
			平均	15.58	9.03	0.42	0.03					11.13		2.15	
A. mutabile × *A. drobovii*	35	10	变幅	13~29	3~11	0~2	0~1	—	—	534	22	0~9	250	0~9	250
			平均	20.84	6.59	0.29	0.03					2.12		3.12	
A. ugamicum × *A. drobovii*	35	4	变幅	6~18	5~14	0~3	0~1	0~1	0~1	193	8	0~12	100	2~10	100
			平均	10.56	10.4	0.77	0.14	0.07	0.05			4.50		5.42	
A. drobovii × *A. leptourum*	42	9	变幅	6~26	1~14	0~7	0~2	—	—	142	12	2~17	200	0~7	200
			平均	17.57	8.32	2.43	0.12					9.47		2.35	

注：编排稍作改动。

已知含 **SS** 的二倍体的 *A. libanoticum* 与六倍体的 *A. drobovii* 杂交，它们的 F_1 杂种都是具有 28 条染色体的四倍体。减数分裂中期 I 每个花粉母细胞都有大量的单价体，平均 13.91 条。大多数花粉母细胞具有 16 个单价体，6 对二价体（图 1-1：B）。后期 I 的花粉母细胞含大量的落后染色体，平均 10.43 条。39％的细胞中有桥片段形成，一些细胞多达 5 个。桥的形成显示发生了结构杂合性构成的臂内倒位。99％以上的四分体都有微核。所有花粉都是不能染色的空粒。从这一检测数据看来，*A. drobovii* 与 *A. libanoticum* 之间有一组相同的染色体组，但它们已有一些差异。

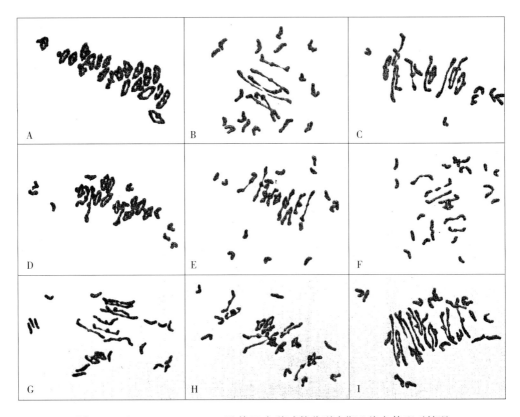

图 1-1 *Agropyron drobovii* 及其 F_1 杂种减数分裂中期 I 染色体配对情况

A. *A. drobovii* 21 对环形二价体   B. *A. libanoticum* × *A. drobovii*，16 个单价体与 6 对棒形二价体
C. *A. libanoticum* × *A. drobovii*，7 个单价体、6 对二价体（3 对环形）与 3 个三价体（V 形）
D. *A. dasystachyum* × *A. drobovii*，9 个单价体与 13 对二价体（10 对环形）   E. *A. dasystachyum* × *A. drobovii*，13 个单价体、9 对二价体（2 对环形）与 1 个三价体（V 形）   F. *A. mutabile* × *A. drobovii*，21 个单价体与 7 对二价体（1 对环形）   G. *A. mutabile* × *A. drobovii*，15 个单价体、10 对二价体（2 对环形）   H. *A. ugamicum* × *A. drobovii*，8 个单价体、12 对二价体与 1 个三价体（V 形）   I. *A. drobovii* × *A. leptourum*，17 个单价体、8 对二价体与 3 个三价体（V 形）

（引自 Dewey，1980，图 2）

产于北美洲的四倍体的 *A. dasystachyum* 与 *A. drobovii* 杂交，它们的 F_1 杂种都是具有 35 条染色体的五倍体，其减数分裂各期都不正常。所有花粉母细胞都含有未配对的单价体，平均每细胞含 15.58 条。43％的细胞有 10 对以上的二价体（图 1-1：D），个别细

胞有 14 对。含多价体的细胞达 34%。所有后期 I 的花粉母细胞都含有落后染色体。但四分体显然比后期 I 正常，平均只有 2.15 个微核。10 株杂种植株有 9 株产生少量（0.1%～1.0%）的大粒的能染色的花粉，50 朵开放授粉的杂种小花得到 1 粒能育种子。

亚洲产的 A. mutabile 有许多形态变异，H. H. Цвелев 将其分为一些亚种与变种。Dewey 认为这个试验中所用的 A. mutabile（PI 314622）经鉴定是 A. mutabile sub-sp. mutabile var. eschense，并曾经 Dewey 测定它是一个含 **SSHH** 染色体组的四倍体植物。它与 A. drobovii 杂交的 F₁ 杂种具有紫色，小穗稍偏于一侧，大于双亲的穗。其减数分裂染色体配对情况与 A. dasystachyum 和 A. drobovii 杂种相似，但配对的染色体显然少一些（表 1-7）。最多的配对形式是 21^I 与 7^II，占花粉母细胞观察数的 17%。少数细胞含有多达 11 对的二价体，含有 10 对二价体的细胞比较多（图 1-1：G）。后期 I 比较正常，大约有 25% 的后期 I 的细胞没有落后染色体，平均每细胞只有 2.12 条，或只有中期 I 细胞中单价体数的 1/10。大多数（94%）的四分体含有微核。所有花粉都是败育的，没有杂种能结实。

另一个亚洲产的 A. ugamicum 也是分布于中亚的种，它的分布区与 A. drobovii 基本上相同，它们的习性也非常近似。虽然它们的分布区相同与习性近似，但形态差异很大。A. ugamicum 小穗密集，并明显偏于一侧，颖无芒，外稃芒短（不到 5mm），经检测含 **SSYY** 染色体组。A. ugamicum 花期通常早两周左右，加上它是自花授粉，因此在自然生境中很难杂交。但在少数植株上偶尔长出次生穗，与 A. drobovii 花期相遇，Dewey 利用这种晚出的次生穗与 A. drobovii 进行杂交。A. ugamicum 与 A. drobovii 杂交的 F₁ 杂种是五倍体，含 35 条染色体。减数分裂染色配对比其他杂交组合都好，环形二价体占 68%。中期 I 具有 12～14 对二价体的花粉母细胞数量多于 25%（图 1-1：H）。75% 以上的中期 I 花粉母细胞具有 3～6 条染色体构成的多价体，显示 A. ugamicum 与 A. drobovii 之间染色体有显著的结构性差异。减数分裂的不正常现象持续在后期 I 中呈现，90% 的细胞具有落后染色体，18% 的细胞有桥的片段。所有的四分体都含有微核，所有的花粉都是败育的。A. leptourum（Nevski）Grossh. 是分布西起于高加索山脉，经伊朗北部的厄尔布尔士山脉，直达帕米尔-阿拉伊与天山山脉的中亚多年生禾草。C. A. Невский 把它归入 Roegneria 属，它是一种小花药自花授粉植物，含 **SSSSHH** 染色体组，Dewey（1972）曾用 A. libanoticum（**SS**）与 A. caninum（**SSHH**）杂交，F₁ 杂种通过染色体加倍重新合成了这一种植物。它与 A. drobovii 杂交非常容易，A. drobovii（PI 3142 - 03）56 朵小花与它杂交就得到 32 粒杂种种子，其中 20 粒萌发成苗。杂种穗长于双亲，形态呈中间型。F₁ 杂种是六倍体，含 42 条染色体。染色体很长并且在中期 I 变得细小造成配对关系难以解释。没有通常的染色体联会，在 142 个观察花粉母细胞中有 60 种不同的单价体、二价体与多价体组合。A. drobovii×A. leptourum 杂种显著的特点就是含有高频率的三价体，大约有 93% 的花粉母细胞含有 1～7 个三价体，平均每细胞 2.43 个。所有后期 I 的细胞都有落后染色体。桥-片段联会非常普遍，占观察细胞总数的 65%，一些细胞高达 4 个。占总数 5% 的四分体具有微核。没有能染色的花粉产生。

他分析认为六倍体的 A. drobovii 的减数分裂的染色体良好配对没有多价体，显示它是一个严格的异源多倍体，含有 3 个各不相同的染色体组。而在中亚地区已知 *Agropyron*

只有 **S**、**H** 与 **Y** 三种染色体组。*A. libanoticum* 含有 **S** 染色体组；*Hordeum bogdanii* 含有 **H** 染色体组；**Y** 染色体组还未发现有二倍体存在，*A. ugamicum* 是一个含有一组 **Y** 染色体组的四倍体。

假设 *A. drobovii* 含有 **H**、**S**、**Y** 三组染色体组，那它与 *A. libanoticum* 杂交，其子代应当是含 **SSHY** 染色体组的四倍体，它的理论配对也应当是 7^{II} 与 14^{I}。实际检测的结果是平均 5.85^{II} 与 13.91^{I}，与理论数据是基本上相符的。也就证明 *A. drobovii* 含有一组 **S** 染色体组。

已知 *A. dasystachyum* 与 *A. mutabile* 都是含 **SSHH** 的四倍体植物。假设 *A. drobovii* 是含 **SSHHYY** 染色体组的六倍体，它们的杂种应是含 **SSHHY** 染色体组的五倍体，减数分裂理论配对应当是 14^{II} 与 7^{I}，检测的结果与理论数值还是比较接近（见表 1-7），个别花粉母细胞还形成与理论数值完全相同的 14^{II} 与 7^{I}。绝大多数细胞偏离理论值说明 *A. drobovii* 的 **S** 与 **H** 染色体组与 *A. dasystachyum* 以及 *A. mutabile* 的 **S** 与 **H** 染色体组只有部分同源，F_1 杂种的染色体组应当写成 $S_i S_j H_i H_j Y$。

已知 *A. ugamicum* 是含 **SSYY** 染色体组的异源四倍体植物，它与 *A. drobovii* 的 F_1 杂种就应当是含 **SSYYH** 染色体组的五倍体。如果完全同源，它的减数分裂染色体配对就应当是 14^{II} 与 7^{I}。这种形式的配对在个别花粉母细胞中观察到，但是平均配对率（10.4^{II} 与 10.56^{I}）与理论值之间稍有差异，加以三价体、四价体、五价体及六价体在个别细胞中呈现，说明 *A. drobovii* 是含有 **S** 与 **Y** 染色体组，但与 *A. ugamicum* 的 **S** 与 **Y** 染色体组稍有变异。*A. ugamicum* 与 *A. drobovii* 的 F_1 杂种的染色体组应当写成 $S_i S_j Y_i Y_j H$。

已知 *A. leotourum* 是一个含 **SSSSHH** 染色体组的六倍体植物，它与 *A. drobovii* 的 F_1 杂种就应当是含 **SSSHHY** 染色体组的六倍体。如果它们的 **S** 与 **H** 染色体组是完全同源，F_1 杂种减数分裂预期配对应有一定的变幅，7~14 个单价体，7~14 个二价体，0~7 个三价体。观察的实际情况是：平均 17.57^{I}、8.32^{II}、2.43^{III}。单价体增多容易理解，是部分同源性造成的。*A. drobovii* 与 *A. leotourum* 的 F_1 杂种的染色体组应当写成 $S_i S_j S_k H_i H_j Y$。

根据 Dewey 的这个检测分析，证明 *Agropyron drobovii*（Nevski）Grossh. 是个含 **SSHHYY** 染色体组的六倍体植物。

1982 年，时任日本京都大学农学部附属植物种质资源研究所教授的阪本宁男博士在东京出版的《植物学杂志》95 卷发表他对 *Elymus sibiricus*、*E. dahuricus* 以及 *Agropyron tsukushiense* 的细胞遗传学的研究结果，这篇报告的题目是 "Cytogenetical studies on aritificial hybrids among *Elymus sibiricus*，*E. dahuricus* and *Agropyron tsukushiense* in the tribe Triticeae，Gramineae"。

他认为广义的 *Agropyron* 与广义的 *Elymus* 之间的亲缘系统关系一直是没有研究清楚的。这两个属有一系列的多倍体种广泛分布于世界极地与温带地区，并且找到它们之间存在许多天然杂种（Bowden，1967；Sakamoto，1973；Dewey，1982）。这是一篇他对 *A. tsukushiense* var. *transsiens*（Hack.）Ohwi、*Elymus sibiricus* L. 与 *E. dahuricus* Turcz. ex Griseb. 3 个种进行了染色体组分析研究的报告。检测分析的结果如表 1-8 所示。

Elymus sibiricus × *Agropyron tsukushiense* var. *trabsiens* 人工去雄的 145 朵小花杂

交后得到 44 粒发育良好的种子，播种后有 25 株属间五倍体杂种成苗。F_1 杂种的减数分裂中期 I 的花粉母细胞染色体配对不同细胞间变幅非常大，从 4 对二价体与 27 个单价体到 13 对二价体与 9 个单价体的都有（图 1-2），但是观察的 71 个花粉母细胞中呈现 7～12 对二价体（88.7%），平均：单价 16.38 条，二价体 8.93 条，三价体 0.25 个，四价体 0.01 个。

表 1-8 ***Elymus sibiricus、Elymus dahuricus、Agropyron tsukushiense* var. *trabsiens***
及其 F_1 杂种的减数分裂中期 I 的染色体对

（引自阪本宁男，1982，表 3）

种及 F_1 杂种	2n	观察细胞数	染色体配对				
			I	II	III	IV	V
E. sibiricus	28	2	变幅	—	14	—	—	
			平均		14.00			
E. dahuricus	42	41	变幅	0～2	20～21	—	—	
			平均	0.15	20.93			
A. tsukushiense var. *transiens*	42	17	变幅	—	21	—	—	
			平均		21.00			
E. sibiricus × *A. tsukushiense* var. *transiens*	35	71	变幅	9～27	4～13	0～1	0～1	—
			平均	16.38	8.93	0.25	0.01	
E. dahuricus × *A. tsukushiense* var. *transiens*	42	54	变幅	0～16	13～21	0～2	0～2	0～1
			平均	4.41	17.67	0.32	0.28	0.01
E. dahuricus × *E. sibiricus*	35	27	变幅	11～23	6～12	0～1	0～1	—
			平均	17.11	8.74	0.04	0.07	

Elymus dahuricus × *Agropyron tsukushiense* var. *transiens* 人工去雄的 452 朵小花杂交后得到 46 粒发育良好的属间杂交种子，播种后得到 35 株属间杂种优势显著的六倍体杂种。F_1 杂种及其亲本的减数分裂中期 I 染色体配对的数据记录如表 1-8，配对构型如图 1-2 所示。花粉母细胞间呈现的配对情况差别较大，13 对二价体加 16 个单价体到完全配对呈现 21 对二价体的花粉母细胞都有出现，54 个细胞有 37 个（68.5%）含有 18～21 对二价体。从观察总数平均来看，4.41 个单价体，17.67 对二价体，0.32 个三价体，0.28 个四价体，与 0.04 个五价体。

Elymus dahuricus × *Elymus sibiricus* 组合 89 朵去雄小花人工杂交后得到 29 粒发育良好的杂种种子，全部播种后得到 24 株 F_1 杂种成株。分蘖数比双亲少，叶片比双亲小，最上部节间比双亲长，穗形呈中间型。F_1 杂种的减数分裂中期 I 的染色体配对情况如表 1-8 与图 1-2 所示。27 个观察细胞中有 23 个含 7～10 对二价体，占 85.2%。平均每个花粉母细胞含 17.11 个单价体，8.74 对二价体，0.04 个三价体与 0.07 个四价体。花药不开裂，花粉全部不育，完全不结实。

从上述观测数据可以得如下结论：①*Elymus sibiricus、Elymus dahuricus* 与 *Agropyron tsukushiense* var. *transiens* 3 个种之间有一组染色体相同，它将是 Dewey 拟定的 **S**

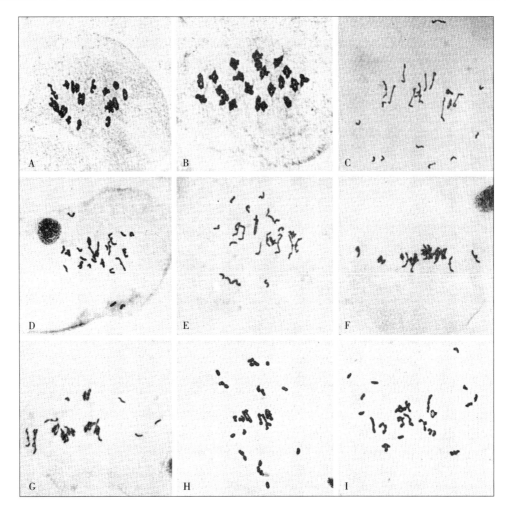

图 1-2 *Elymus sibiricus*、*Elumus dahuricus*、*Agropyron tsukushiense*
及其 F_1 杂种减数分裂中期 I 的染色体配对

A. *Elymus dahuricus* 含 21 对二价体   B. *Agropyron tsukushiense* var. *transiens* 含 21 对二价体
C. *E. sibiricus* × *Agropyron tsukushiense* var. *transiens* 含 11 个单价体与 12 对二价体   D. *E. sibiricus* × *A. tsukushiense* var. *transiens* 含 15 个单价体与 10 对二价体   E. *E. sibiricus* × *A. tsukushiense* var. *transiens* 含 4 个单价体与 9 对二价体与 1 个三价体   F. *E. dahuricus* × *A. tsukushiense* var. *transiens* 含 21 对二价体   G. *E. dahuricus* × *A. tsukushiense* var. *transiens* 含 4 个单价体与 19 对二价体
H. *E. dahuricus* × *E. sibiricus* 含 19 个单价体与 8 对二价体   I. *E. dahuricus* × *E. sibiricus* 含 17 个单价体与 9 对二价体

(引自阪本宁男，1982，图 3)

染色体组，或村松幹夫拟定的 *Agropyron tsukushiense* 的 I、K、L 3 个染色体组中的一个。②细胞遗传的数据显示 *Elymus dahuricus* 与 *Agropyron tsukushiense* 两个种之间亲缘关系非常相近，它们有两组相同的染色体组，另一组也部分同源。分类学上把它们分为不同的两个属是不对的。③*Elymus sibiricus* 与 *Elymus dahuricus* 在形态上相似，Невский（1934）把它们归入 *Clinelymus* 属。但它们之间只有一组染色体是相同的。这个

现象也为 *Elymus sibiricus* × *Agropyron tsukushiense* 以及 *Elymus dahuricus* × *Elymus sibiricus* 的数据所支持，前者平均二价体为 8.93 对，而后者为 8.74 对。阪本宁男主张把这 3 个种都归入他的 Agropyron-Elymus-Sitanion Complex 遗传群 Ⅱ 中（阪本宁男，1973）。

1988 年，四川农业大学小麦研究所的卢宝荣、颜济、杨俊良在《云南植物研究》第 10 卷，2 期发表一篇题为"鹅观草属三个种的形态变异与核型的研究"的报告，报道了对 *Roegneria ciliaris*（Trin.）Nevski、*R. japonensis*（Honda）Keng 与 *R. kamoji* Ohwi 所做的形态学与核型的比较检测的结果。今将异源六倍体 *Roegneria kamoji* Ohwi 观测的核型数据及核型模式图介绍如表 1-9 与图 1-3。观测所得数据显示两对随体染色体分别为第 19 对与第 21 对，前者随体大，后者随体小。这是典型的 **Y** 染色体组的核型。在其后续报告（1990b）中知道 *R. kamoji* 的染色体组与 *Agropyron tsukushiense* var. *transiens*（Hackel）Ohwi 是相同的，也就是含 **St**、**Y**、**H** 3 个染色体组。其随体染色体是 **Y** 组染色体，可能起源于母本含 **StStYY** 染色体组的一种鹅观草属植物，与父本含 **HH** 染色体组的二倍体大麦属一个种天然杂交经染色体加倍形成。

表 1-9 **Roegneria kamoji** 体细胞染色体的相对长度、臂比及类型

（引自卢宝荣、颜济、杨俊良，1988，表 3）

染色体号	相对长度（%）	臂比	类型
1	5.57+4.80=10.37±0.48	1.16	m
2	5.40+4.32=9.72±0.54	1.25	m
3	4.18+3.38=7.56±0.49	1.88	sm
4	4.96+4.36=9.32±0.45	1.44	m
5	4.94+4.60=9.94±0.43	1.24	m
6	4.65+4.08=8.73±0.47	1.14	m
7	5.82+2.63=8.45±0.45	2.21	sm
8	4.56+3.82=8.38±0.44	1.19	m
9	4.25+3.99=8.24±0.47	1.07	m
10	4.35+3.70=8.05±0.43	1.18	m
11	4.65+3.30=7.95±0.44	1.41	m
12	4.27+3.66=7.93±0.41	1.16	m
13	5.03+2.83=7.86±0.38	1.78	sm
14	4.23+3.44=7.67±0.32	1.23	m
15	3.93+3.42=7.35±0.35	1.15	m
16	3.89+3.15=7.04±0.34	1.24	m
17	4.54+2.33=6.87±0.40	2.33	sm
18	3.30+3.21=6.51±0.30	1.03	m
19 *	4.41+2.01=6.42±0.32	2.19	sat
20	3.21+2.83=6.04±0.28	1.18	m
21 *	3.89+2.02=5.91±0.24	1.93	sat

* 随体长度未计算在内。

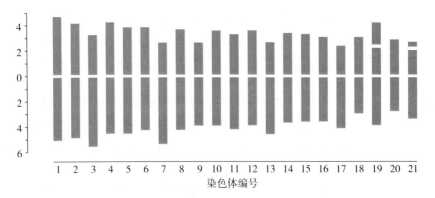

图 1-3 *Roegneria kamoji* Ohwi 体细胞染色体核型模式图

（引自卢宝荣、颜济、杨俊良，1988，图 4：A）

1990 年，卢宝荣、颜济、杨俊良又在《云南植物研究》第 13 卷，3 期发表一篇题为"分布于日本和中国的鹅观草及其杂种的形态学和细胞学研究"的文章。在这篇文章中对产于日本的 *Agropyron tsukushiense* var. *transiens*（Hackel）Ohwi 和来自中国的 *Roegneria kamoji* Ohwi 进行了杂交试验，分析了它们的染色体组型以及它们之间相互的杂交亲和率，以探测这两种禾草的生物系统关系。检测的结果显示 F₁ 杂种的减数分裂中期 I 染色体配对虽不完全，但是完全配合，且相当良好。其结果记录如表 1-10 所示。杂交亲和率不到 50%（实测为 3.9%～20%），花粉育性（碘化钾染色）只有 22%～31%，F₁ 结实率只有 27%～30%。它们应当是含相同的染色体组（**StStYYHH**）、亲缘关系十分相近，但有显著分化、具有显著程度的生殖隔离的种间关系。1990 年原文认定它们为同一个种是不恰当的。

表 1-10 ***Agropyron tsukushiense* var. *transiens*、*Roegneria kamoji***

F₁ 杂种减数分裂中期 I 染色体配对检测记录

（引自卢宝荣、颜济、杨俊良，1990，表 3）

亲本及组合	2n	观察细胞数	I	II 总计	II 棒型	II 环型	III	IV	每细胞平均交叉数
A. tsukushiense var. *transiens* P-128	42	50	0.04 (0～2)	20.94 (20～21)	0.98 (0～5)	19.96 (15～21)	—	0.02 (0～1)	40.99 (37～42)
R. kamoji 85-152	42	50	—	21.00 (21)	0.60 (0～2)	20.26 (19～21)	—	—	41.42 (40～42)
R. kamoji 85-172	42	50	0.28 (0～2)	20.86 (20～21)	0.46 (0～2)	20.40 (19～21)	—	—	41.24 (39～42)
A. tsukushiense var. *transiens* P-128 ×*R. kamoji* 85-152	42	54	0.52 (0～4)	20.59 (18～21)	1.45 (0～6)	19.14 (14～21)	0.07 (0～1)	0.02 (0～1)	39.98 (34～42)
A. tsukushiense var. *transiens* P-128 ×*R. kamoji* 85-172	42	60	0.48 (0～3)	20.50 (17～21)	2.58 (0～6)	17.92 (15～21)	0.04 (0～1)	0.10 (0～2)	38.94 (34～42)

1990 年，瑞典农业科学大学斯瓦洛夫作物遗传与育种系的卢宝荣及 Roland von Bothmer 在瑞典《遗传（Hereditas）》杂志 112 卷上发表一篇题为 "Intergeneric hybridization between *Hordeum* and Asiatic *Elymus*" 的报告。这项分析研究工作做了表 1-11 所列的杂交组合。

表 1-11　*Elymus* 与 *Hordeum* 之间的属间杂交的结果

（引自卢宝荣及 Bothmer，1990，表 2）

杂交组合（♀×♂）	杂交号	授粉小花数	结实数		胚数		植株数	
			数	%	数	%	数	%*
E. semivcostatus × *H. bogdanii*	BB 7049	14	5	35.7	2	14.2	2	14.2
E. semivcostatus × *H. roshevitzii*	BB 7054	16	5	31.3	4	25.0	2	12.5
E. parviglum × *H. bogdanii*	BB 7062	12	1	8.3	1	8.3	1	8.3
E. pendulinus × *H. guatemalense*	BB 6972	18	1	5.6	1	5.6	1	5.6
E. pseudonutans × *H. roshevitzii*	BB 7049	16	0					
E. pseudonutans × *H. vulgare* ssp. *spontaneum*	BB 6896	16	5	31.3	5	31.3	2	12.5
E. tsukushiensis × *H. bogdanii*	BB 7047	20	5	25.0	5	25.0	2	10.0
E. tsukushiensis × *H. vulgare* ssp. *spontaneum*	BB 6864	24	5	20.8	4	16.7	4	16.7
E. tsukushiensis × *H. guatemalense*	BB 7049	18	2	11.1	2	11.1	2	11.1

*　同授粉小花百分率。

上述杂交组合中与曲穗草属有关的是 *E. tsukushiensis*×*H. bogdanii*、*E. tsukushiensis* × *H. vulgare* var. *spontaneum* 与 *E. tsukushiensis*×*H. guatemalense* 3 个杂交组合，他们观测的结果记录如表 1-12。

表 1-12　*E. tsukushiensis*×*H. bogdanii*、*E. tsukushiensis*×*H. vulgare* var. *spontaneum* 与
E. tsukushiensis×*H. guatemalense* 3 个 F₁ 杂种减数分裂中期 I 染色体配对情况

（引自 Lu and Bothmer，1990，表 3）

杂交组合	2n	观察细胞数	染色体配对				III	IV	每个细胞中交叉数
			I	总计	环型	棒型			
				II					
E. tsukushiensis ×*H. bogdanii*	28	50	19.32 (15～24)	4.28 (2～6)	1.30 (0～4)	2.98 (1～6)	0.04 (0～1)	—	5.64 (2～10)
E. tsukushiensis×*H. vulgare* ssp. *spontaneum*	28	50	27.12 (22～28)	0.44 (0～3)	0.06 (0～2)	0.38 (0～3)	—	—	5.64 (0～5)
E. tsukushiensis ×*H. guatemalense*	35	50	23.04 (17～31)	5.54 (2～8)	1.30 (0～4)	4.24 (2～8)	0.24 (0～2)	0.04 (0～1)	7.44 (4～13)

从表 1-12 所记录的染色体配对情况来看，*E. tsukushiensis* × *H. bogdanii* 的 F_1 的减数分裂中期Ⅰ，二价体平均值为 4.28，变幅为 2～6，还有平均 0.04 的三价体，变幅为 0～1。说明 *E. tsukushiensis* 有一组与 *H. bogdanii* 相同的 **H** 染色体组，但已稍有变异。*E. tsukushiensis* × *H. vulgare* var. *spontaneum* 的 F_1 的减数分裂中期Ⅰ，二价体平均值为 0.44，变幅为 0～3，环型二价体平均值只有 0.06，棒型二价体平均值只有 0.38，说明 *E. tsukushiensis* 没有 **I** 染色体组。*E. tsukushiensis* × *H. guatemalense* 的 F_1 的减数分裂中期Ⅰ，二价体平均值为 5.54，变幅为 2～8；有平均 0.24 的三价体与 0.04 的四价体，其变幅分别为 0～2 与 0～1；平均每细胞交叉数为 7.44；说明 *E. tsukushiensis* 有一组染色体与 *H. guatemalense* 两组染色体组的染色体间发生同源联会。以上数据证明 *E. tsukushiensis* 有一组染色体是 **H** 染色体组。

1992 年，卢宝荣与 Roland von Bothmer 在加拿大出版的《核基因组（Genome）》35 卷发表一篇题为 "Interspecific hybridization between *Elymus himalayanus* and *E. schrenkianus*, and other *Elymus* species（Triticeae：Poaceae）" 的研究报告。该研究是对题目中的两个种的染色体组进行检测，采用了 10 个已知染色体组的种与它们进行人工杂交，对它们的 F_1 杂种的减数分裂的染色体配对行为进行了组型分析。这 10 个种是 *E. kamoji*（**HSY**）、*E. caninus*（**HS**）、*E. semicostatus*（**SY**）、*E. parviglumis*（**SY**）、*E. seudonutans*（*Roegneria nutans*）（**SY**）、*E. previpes*（**SY**）、*E. tibeticus*（**SY**）、*E. shandongensis*（**SY**）、*E. gmelinii*（**SY**）与 *E. abolinii*（**SY**）。这些杂交组合的 F_1 杂种的染色体组检测结果记录如表 1-13。

表 1-13 *Elymus himalayanus* 与 *E. schrenkianus* 与它们的 F_1 杂种减数分裂中期Ⅰ染色体配对的构型
（引自 Lu and Bothmer，1992，表 3）

亲本与杂种	2n	观察细胞数	Ⅰ	Ⅱ 总计	Ⅱ 环型	Ⅱ 棒型	Ⅲ	Ⅳ	Ⅴ	交叉数	最多染色体桥数
E. himalayanus	42	50	0.18 (0～4)	19.88 (19～21)	18.42 (17～21)	1.46 (0～4)	0.02 (0～1)	0.50 (0～1)	—	39.86 (37～42)	
E. schrenkianus	42	50	0.20 (0～4)	20.86 (19～21)	20.22 (16～21)	0.64 (0～5)	—	0.02 (0～1)	—	40.88 (37～42)	
E. tsukushiensis	42	50	0.46 (0～4)	20.16 (18～21)	18.44 (15～21)	1.72 (0～5)	0.04 (0～1)	0.02 (0～1)	—	39.60 (36～42)	
E. caninus	28	50	0.04 (0～2)	13.98 (13～14)	13.30 (10～14)	0.68 (0～4)	—	—	—	27.32 (24～28)	
E. semicostatus	28	50	0.04 (0～2)	13.96 (13～14)	12.93 (13～14)	1.03 (0～2)	—	—	—	26.89 (26～28)	
E. parviglumis	28	50	0.44 (0～6)	13.74 (11～14)	11.80 (7～14)	1.94 (0～6)	—	0.02 (0～1)	—	25.61 (19～28)	
E. pseudonutans	28	50	0.04 (0～2)	13.98 (13～14)	12.98 (9～14)	1.00 (0～5)	—	—	—	27.56 (23～28)	

（续）

亲本与杂种	2n	观察细胞数	I	II 总计	II 环型	II 棒型	III	IV	V	交叉数	最多染色体桥数
E. brevipes	28	50	0.28 (0~2)	13.86 (13~14)	12.94 (11~14)	0.92 (0~3)	—	—	—	26.81 (25~28)	
E. tibeticus	28	50	0.04 (0~2)	13.94 (13~14)	13.03 (11~14)	0.91 (0~3)	0.02 (0~1)	—	—	27.60 (24~28)	
E. shandongensis	28	50	0.08 (0~2)	13.96 (13~14)	12.78 (10~14)	1.18 (0~4)	—	—	—	26.71 (24~28)	
E. gemilinii	28	50	0.04 (0~2)	13.98 (13~14)	13.30 (12~14)	0.68 (0~2)	—	—	—	27.62 (26~28)	
E. abolinii	28	50	0.04 (0~2)	13.98 (13~14)	13.22 (12~14)	0.76 (0~3)	—	—	—	27.22 (25~28)	
E. himalayanus ×E. caninus	35	50	9.02 (5~15)	12.38 (10~15)	5.30 (3~8)	7.08 (4~10)	0.22 (0~1)	0.14 (0~1)	—	18.56 (11~24)	3
E. himalayanus ×E. semicostatus	35	50	9.00 (5~15)	11.38 (7~14)	6.24 (3~10)	5.14 (2~9)	0.64 (0~2)	0.30 (0~2)	0.02 (0~1)	19.92 (14~25)	3
E. himalayanus ×E. brevipes	35	50	7.78 (4~12)	11.86 (9~15)	4.78 (1~10)	7.08 (0~10)	0.66 (0~3)	0.28 (0~2)	0.08 (0~1)	19.08 (15~26)	1
E. himalayanus ×E. pseudonutans	35	50	9.98 (6~15)	11.46 (8~14)	5.28 (1~8)	6.18 (4~9)	0.44 (0~2)	0.18 (0~2)	0.02 (0~1)	18.31 (14~22)	1
E. himalayanus ×E. parviglumis	35	50	8.04 (4~11)	11.54 (7~14)	6.48 (2~10)	5.06 (1~10)	0.60 (0~2)	0.20 (0~2)	0.18 (0~1)	20.84[a] (16~25)	1
E. himalayanus ×E. abolinii	35	50	15.36 (6~21)	9.02 (6~13)	2.01 (0~5)	7.01 (4~10)	0.40 (0~2)	0.12 (0~2)	—	12.21 (8~19)	2
E. himalayanus ×E. schrenkianus	42	50	5.98 (1~12)	16.46 (11~20)	10.72 (7~16)	5.74 (1~13)	0.42 (0~2)	0.46	—	29.56 (23~36)	3
E. semicostatus ×E. himalayanus	35	50	7.70 (4~11)	12.36 (9~14)	6.70 (4~10)	5.66 (2~9)	0.62 (0~3)	0.12 (0~1)	—	20.66[b] (17~24)	
E. shandongensis ×E. himalayanus	35	50	8.89 (6~14)	11.12 (8~14)	4.06 (1~6)	7.06 (4~11)	0.64 (0~2)	0.40 (0~1)	0.04 (0~1)	17.92[c] (13~22)	1
E. gemilinii ×E. himalayanus	35	50	8.69 (5~13)	11.51 (7~15)	6.29 (1~11)	5.22 (2~9)	0.70 (0~3)	0.2 (0~1)	—	20.18 (16~25)	
E. tibeticus ×E. himalayanus	35	50	8.56 (5~13)	12.06 (9~14)	5.44 (3~9)	6.62 (4~9)	0.28 (0~2)	0.36 (0~1)	—	19.12 (15~23)	1
E. tsukushiensis ×E. himalayanus	42	50	2.96 (0~8)	18.52 (15~21)	11.54 (8~17)	6.98 (4~11)	0.32 (0~2)	0.26 (0~2)	—	31.68 (25~38)	3

注：数值为平均，括号内为变幅。

a　Ⅵ＝0.04（0~1）以及Ⅷ＝0.02（0~1）。

b　Ⅵ＝0.02（0~1）。

c　Ⅵ＝0.02（0~1），Ⅷ＝0.02 。

研究结果表明上述这些杂交组合的胚与胚乳都发育正常，如果不用胚培，好多都能正常发育，显示它们的亲缘系统关系比较相近。*Elymus himalayanus* 与 *E. schrenkianus* 的减数分裂二价体频率非常高，分别为 19.88 与 20.86，说明它们都是正常的异源六倍体，含有三组互不相同的染色体组。少量的多价体的存在显示它们的染色体间有微量的易位重组。

E. caninus 是一个已知的含有 **HHSS** 染色体组的四倍体（Dewey，1968），它与 *E. himalayanus* 杂交的 F_1 杂种其减数分裂平均具有 12.4 对二价体，其变幅为 10～15，显示 *E. himalayanus* 有两组染色体与 *E. caninus* 基本上相同。说明它们都含有 **HHSS** 染色体组，也就是说 *E. himalayanus* 的三组染色体中有两组染色体是属于 **H** 与 **S** 染色体组的。而其他四倍体种都是含 **SSYY** 染色体组的（Dewey，1986；Jensen 与 Hatch，1989；Lu 与 Bothmer，1990a、1990b）。它们与 *E. himalayanus* 杂交的 F_1 杂种其减数分裂平均具有 11.4 对二价体，与前述 *E. himalayanus* × *E. caninus* 的检测结果完全相似，强烈显示 *E. himalayanus* 另一组染色体是属于 **Y** 染色体组。而 *E. himalayanus* 含有 **HHSSYY** 染色体组的另一证据是它与已知含有 **HHSSYY** 染色体组的 *E. tsukushiensis* 杂交的 F_1 杂种其减数分裂观察到具有 21 对二价体记录，也就是相互间能达到完全配合的程度。

E. himalayanus 与 *E. schrenkianus* 杂交的 F_1 杂种其减数分裂平均具有 16.4 对二价体，最高可达 20 对二价体。说明两者之间的染色体组基本上是相同的，但稍微有一些分化。

多价体（三价体到七价体）在所有杂种的减数分裂中存在，可能是不同染色体组间的同源染色体以及同组染色体的不同染色体间的同源联会。另外的解释是由于不同种之间染色体结构有差异，1～3 个染色体桥的形成，伴随染色体片段，清楚地显示同源染色体间发生了交换，它们当中一些片段顺序颠倒或呈 U-型亚染色分体交换。

1993 年，四川农业大学小麦研究所的孙根楼、颜济、杨俊良在《植物分类学报》31 卷，第 6 期上发表一篇题为"仲彬草属和鹅观草属几个种的核型研究"的报告，报道了对采自四川高原与新疆的 *Roegneria nutans* Keng、*R. abolinii* Nevski、*R. aristiglumis* Keng、*Kengyilia tahelacana* Yang et Yen 与 *K. zhoasuensis* Yang et Yen 等 5 种小麦族植物的核型观察研究的结果。与本章有关的是 *Roegneria aristiglumis* Keng，观察的材料采自新疆叶城。它是一个异源六倍体植物，其核型数据如表 1-14 所记录，其模式核型如图 1-4 所示。

表 1-14 *Roegneria aristiglumis* 染色体核型参数

（引自孙根楼、颜济、杨俊良，1993，表3）

染色体编号	相对长度（%）	臂比	类型
1	3.29＋2.95＝6.24	1.11	m
2	4.05＋2.19＝6.24	1.85	sm
3	3.79＋1.98＝5.77	1.91	sm
4	2.90＋2.50＝5.40	1.16	m
5	2.83＋2.56＝5.39	1.11	m

（续）

染色体编号	相对长度（%）	臂比	类型
6	3.20+2.02=5.22	1.58	m
7	2.78+2.28=5.06	1.22	m
8	3.36+1.65=5.01	2.04	sm
9	2.46+2.26=4.72	1.09	m
10	3.03+1.69=4.72	1.80	sm
11	2.44+2.11=4.55	1.16	m
12	2.53+1.98=4.51	1.28	m
13	2.28+2.02=4.30	1.13	m
14	2.61+1.69=4.30	1.55	m
15	2.16+1.96=4.12	1.10	m
16	2.19+1.90=4.09	1.15	m
17	2.19+1.72=3.92	1.27	m
18	2.19+1.67=3.86	1.30	m.
19	2.74+1.11=3.85	2.47	sm（sat.）*
20	2.31+1.44=3.75	1.60	m
21	2.02+1.67=3.69	1.20	m

* 随体长度未计算在内。

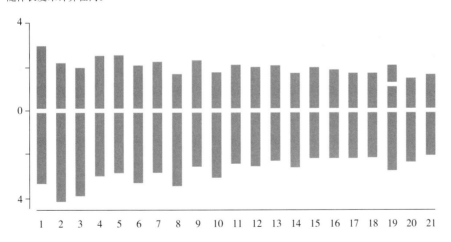

图 1-4 *Roegneria aristiglumis* Keng 模式核型
（引自孙根楼、颜济、杨俊良，1993，图 1：C，改绘）

从以上数据与模式核型来看，第 19 对染色体是典型的 **Y** 染色体组的随体染色体。虽然第 21 对染色体的随体不明显，但它随体本身就很小并且次级缢痕（secondary conatrIction）也很窄狭，随体与染色体短臂之间距离很近，时期稍晚就常常联在一起不易区分开来。按第 19 对随体染色体的形态特征完全可以判断 *Roegneria aristiglumis* 含有 **Y** 染色体组。整个核型数据与模式基本上等同于含 **HHStStYY** 染色体组的 *Roegneria kamoji* Ohwi

的核型。可以判断它也是一个含 **HHStStYY** 染色体组的六倍体。

1993 年，卢宝荣在奥地利出版的《植物系统学与演化（Plant Ststematics and Evolution）》中发表一篇题为 "Meiotic studies of *Elymus nutans* and *E. jacquemontii*（Poaceae：Triticeae）and their hybrids with *Pseudoroegneria spicata* and seventeen *Elymus* species" 的研究报告。这些测试亲本已知 *Pseudoroegneria spicata* 是含 St 染色体组以外，其他的各个 *Elymus* 测试种也都是染色体组已知的种，它们分别含有 **StH**、**StY**、**StYH** 与 **StYW** 染色体组。他用这些测试种分别与 *Elymus nutans* 和 *E. jacquemontii* 杂交，观察它们的 F$_1$ 杂种减数分裂中期 I 染色体配对的构型来作染色体组分析。观测的数据记录如表 1 -15。

表 1 - 15 *Elymus nutans* 及其 F$_1$ 杂种减数分裂中期 I 的染色体配对情况

（引自卢宝荣，1993，表 3。编排稍作修改删减）

| 测试种与杂交组合 | 2n | 观察细胞数 | 染色体构型 | | | | | | | 每细胞交叉数 |
| | | | I | II | | | III | IV | V | |
				总计	环型	棒型				
E. nutans H 7379	42	50	0.72	20.10	16.79	3.31	0.04	0.24	—	37.72
			(0～7)	(16～21)	(10～21)	(0～7)	(0～1)	(0～1)		(28～41)
E. nutans H 8911	42	50	0.48	20.46	18.14	2.32	0.04	0.12	—	38.92
			(0～3)	(18～21)	(13～21)	(0～6)	(0～1)	(0～1)		(35～42)
E. nutans ×	42	50	2.09	18.53	13.79	4.74	0.18	0.56	—	34.53
E. nutans			(0～8)	(14～21)	(8～19)	(3～8)	(0～2)	(0～3)		(28～40)
E. nutans ×	42	50	11.32	11.14	4.53	6.61	0.32	0.08	—	16.74
E. caninus			(5～17)	(9～14)	(2～8)	(3～10)	(0～2)	(0～1)		(12～24)
E. nutans ×	42	50	9.96	10.33	3.75	6.58	0.68	0.42	0.10	17.32
E. sibiricus			(5～18)	(6～15)	(1～8)	(4～11)	(0～2)	(0～2)	(0～1)	(11～23)
E. nutans ×	42	50	14.43	9.72	33.6	6.36	0.27	0.03	—	13.71
E. abolinii			(9～25)	(5～14)	(0～10)	(1～11)	(0～4)	(0～1)		(8～24)
E. nutans ×	42	50	14.42	9.94	3.36	6.58	0.18	0.04	—	13.72
E. altissimus			(5～15)	(7～15)	(1～9)	(3～10)	(0～1)	(0～1)		(9～24)
E. nutans ×	42	50	9.80	12.20	8.28	3.92	0.12	0.08	0.02	21.08
E. anthosachnoides			(5～15)	(9～15)	(3～11)	(0～8)	(0～1)	(0～1)	(0～1)	(16～25)
E. nutans ×	42	50	9.01	12.86	9.60	3.26	0.04	0.04	—	22.66
E. brevipes			(7～13)	(11～14)	(5～14)	(0～6)	(0～1)	(0～1)		(18～28)
E. nutans ×	42	50	11.60	10.31	5.27	5.04	0.48	0.34	—	17.58
E. gmelinii			(7～16)	(5～13)	(1～10)	(1～8)	(0～2)	(0～2)		(13～23)
E. nutans ×	42	100	8.68	12.28	7.43	4.85	0.22	0.26	0.01	21.04
E. parviglumis			(5～15)	(9～15)	(3～13)	(0～11)	(0～2)	(0～2)	(0～1)	(13～27)
E. nutans ×	42	100	11.83	10.85	6.22	4.63	0.30	0.15	—	18.13

（续）

测试种与杂交组合	2n	观察细胞数	I	II 总计	II 环型	II 棒型	III	IV	V	每细胞交叉数
E. pseudonutans			(6~24)	(2~14)	(0~14)	(0~10)	(0~3)	(0~1)		(5~28)
E. nutans ×	42	50	0.76	18.26	15.92	2.34	0.10	0.82	—	38.21
E. himalayanus			(0~4)	(15~21)	(13~20)	(0~7)	(0~1)	(0~3)		(32~43)
E. nutans ×	42	50	4.50	17.84	9.52	8.32	0.22	0.28		28.61
E. tsukushiensis			(0~12)	(15~21)	(5~15)	(4~12)	(0~3)	(0~2)		(23~35)
E. nutans ×	42	50	20.68	10.12	4.46	5.66	0.24	0.06		15.28
E. scabrus			(13~28)	(7~13)	(1~8)	(1~9)	(0~1)	(0~1)		(11~23)
E. sibiricus ×	42	50	13.89	8.88	2.64	6.24	0.60	0.36	0.02	13.96
E. nutans			(8~24)	(4~12)	(0~7)	(4~9)	(0~3)	(0~2)	(0~1)	(6~20)
E. caucasicus ×	42	50	17.88	6.48	1.57	4.91	0.72	0.42	0.04	10.89
E. nutans			(11~23)	(2~10)	(0~9)	(0~3)	(0~3)	(0~2)	(0~1)	(7~15)
E. pseudonutans ×	42	50	7.44	13.56	11.90	1.90	0.04	0.08	—	25.46
E. nutans			(5~11)	(12~15)	(8~14)	(0~5)	(0~1)	(0~1)		(21~28)
E. dahuricus ×	42	50	4.08	17.26	9.56	7.61	0.46	0.48	0.02	29.46
E. nutans			(0~9)	(13~21)	(4~14)	(4~12)	(0~2)	(0~2)	(0~1)	(24~34)
E. tsukushiensis ×	42	50	4.02	18.37	11.51	6.86	0.08	0.26	—	30.92
E. nutans			(0~10)	(14~21)	(7~16)	(3~11)	(0~1)	(0~2)		(27~35)

从表 1-15 所记录的观测数据可清楚地看到 *Elymus nutans* 与含 **S** 与 **H** 染色体组的测试种 *E. sibiricus* 以及 *E. caninus* 的 F_1 杂种的减数分裂每花粉母细胞二价体平均为 8.88～11.14 对（最高达到 15 对），平均交叉频率达到 13.96～17.32（最高达 24）。因此可以判断 *E. nutans* 与测试种之间有两组染色体相同，也就是说，*Elymus nutans* 也含有 **S** 与 **H** 染色体组。它与含有 **S** 和 **Y** 染色体组的测试种之间的 8 个杂交组合的 F_1 杂种减数分裂每花粉母细胞二价体平均为 9.72～13.56 对（最高达到 15 对），平均交叉频率达 13.71～25.46（最高达 28）。只有一个 *E. nutans* × *E. caucasicus* 组合例外，它们的 F_1 杂种减数分裂每花粉母细胞二价体平均为 6.48 对，平均每花粉母细胞的交叉数为 10.98。这些数据强有力地显示 *Elymus nutans* 含有 **S** 与 **Y** 染色体组。*Elymus nutans* 与含 **S**、**Y**、**H** 染色体组的 *E. dahuricus* 以及 *E. tsukushiensis* 之间的 F_1 杂种减数分裂的染色体配对的数据也充分证明 *Elymus nutans* 含有 **S**、**Y** 与 **H** 染色体组。

1994 年，颜济与杨俊良在美国密苏里植物园出版的《新（Novon）》第 4 卷，3 期上发表一个名为 *Roegneria tridentata* Yen et J. L. Yang 的种。经细胞学的观察鉴定，它是一个体细胞含 42 条染色体的六倍体植物，其核型如图 1-5 所示。

从其核型来看，其第 19 对染色体具长大的随体，其第 21 对染色体具短小的随体。在小麦族中，小随体位于倒数第 1 染色体上，大随体位于倒数第 3 染色体上，是 **Y** 染色体组的特征，它们是 **Y** 染色体组标志性染色体。据此可以判断它含有 **Y** 染色体组。

从整个核型的染色体长度与臂比来看，它们可能是属于 **Y**，以及 **St** 与 **H** 3 个染色体组。除 **Y** 染色体组可以肯定外，**St** 与 **H** 染色体组还需进一步作细胞遗传学的染色体组型分析或分子遗传学的染色体组 DNA 鉴别，来最终判定它的染色体组是属于 **Y**，以及 **St** 与 **H** 3 个染色体组，还是属于 **Y**，以及 St_1 与 St_2 3 个染色体组。如果是属于前者，它就应当归入曲穗草属（*Campeiostachys*），如果是属于后者，它就应当归入鹅观草属（*Roegneria*）。

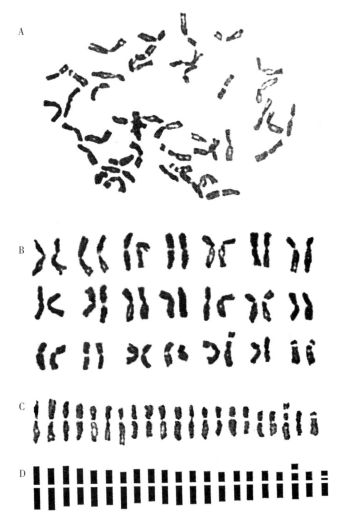

图 1-5 *Roegneria tridentata* 染色体与核型

A. *Roegneria tridentata* 体细胞有丝分裂染色体 B. 由 A 图染色体排列的核型 C. 用 Macintosh Quadra 700 计算机对染色体重新矫正伸直 D. 根据图 C 作出模式核型

（引自颜济与杨俊良，1994，图 2）

2001 年，俄罗斯新西伯利亚、中西伯利亚植物园的 A. B. Агафонов 与 O. B. Агафонова，加拿大东部谷类与油籽研究中心的 Bernard R. Baum 与 L. G. Bailey 在瑞典出版的《遗传（Hereditas）》上发表一篇题为 "Differentiation in the *Elymus dahuricus* complex（Poaceae）：evidence from grain proteins，DNA and crossability" 研究报告。他们这个研究的目的是澄清 *Elymus dahuricus* Turcz. ex Griseb. 与它十分相似一些分类群，诸如与 *E. excelsus* Turcz. ex Griseb.、*E. cylindricus*（Franch.）Honda、*E. tangutorum*（Nevski）Hand-Mazz.、*E. woroschilowii* Probatova 等所谓的 "达呼里披碱草复合群（*Elymus dahuricus* complex）" 的关系，是 "种" 间关系？抑或是 "亚种" 间关系？或者是 "变种" 间关系？他们做了谷粒蛋白 DNA 与杂交亲和率的测试。澄清它们在系统上的相互关系对小麦族生物系统学以及对这些种质资源的利用都是重要的。

他们观察研究俄罗斯标本室的标本与 39 个居群的活材料。虽然这些分类群描述的特征性状确实存在，但也反映出不同地区采集的不同个体存在差异。*E. woroschilowii* 的主要特征是植株遍被灰白色蜡质，就在同一地点采集的不同个体也有差异。居群 VLA - 0016 就比 VLA - 8642 要少一些，二者都采自符拉迪沃斯托克（Vladivostok）。除此之外，还有中国四川采得的两份 *E. cylindricus*（H - 8068 与 H - 8107），以及阿尔泰山脉采得的 *E. excelsus*（GAL - 8924，一个较少蜡质的材料），也都如此。特征性状的变异甚至超出种的分布之外。例如，颖芒反曲，是 *E. dahuricus* 的特征性状，但有芒不反曲的在吉尔吉斯（居群 BAR - 8818）与西伯利亚的阿穆尔斯克（ZEJ - 9817）采到。他们认为一些性状应当是孟德尔遗传性状；另一些如像株高、叶宽等是受多基因控制以及环境条件控制，作遗传分析就比较难一些。

Пешкова 曾建议用外稃与颖的长度比来区分 *E. excelsus*、*E. dahuricus* 与 *E. franchetii*。他们观察结果是受环境影响，与个体不同的遗传组成不同，颖长多少有变异，不能作为分类的依据。

从他们对达呼里复合群的不同的种的胚乳蛋白的多肽多样性的比较电泳分析的结果来看，个体间多肽谱有差异，但所谓的 "种" 间没有差异。他们测定分析的结果如图 1 - 6 与图 1 - 7 所示。从按 *E. dahuricus* SDS-PAGE 多肽分布型绘制的曼哈坦距离系数全连接树状图来看，不同的 "种" 却聚联在一起，同一个 "种" 的不同居群（个体）又分散在不同的分支。他们对这些 "种" 的 DNA 进行的 AFLP 分析也得到相似的结果。

最直接的测试就是杂交试验，因为种的存在是以生殖隔离为基础的。如果相互间没有生殖隔离那就是同一个种。他们所做的杂交测试的结果如表 1 - 16 所示。从表中可以看到相互间 F_2 的结实率 *E. excelsus*（GAC - 8914）× *E. dahuricus*（CHI - 8635）为 86.2%，*E. excelsus*（GAC - 8914）× *E. woroschilowii*（VLA - 8642）为 85.1%，*E. excelsus*（GAC - 8914）× *E. cylindricus*（H - 8107）为 89.7%，*E. dahuricus*（BAR - 8818）× *E. excelsus*（VLA - 8412）为 88.4%，*E. dahuricus*（CUR - 8827）× *E. cylindricus*（H - 8068）为 82.8%，*E. excelsus*（PRA - 8602）× *E. woroschilowii*（VLA - 8642）为 86.4%，*E. dahuricus*（POP - 8403）× *E. woroschilowii*（VLA - 8642）为 94.0%，*E. tangutorum*（H - 8113）× *E. cylindricus*（H - 8068）为 92.8%。然而同 "种" 杂交的却表现不高！例如：*E. excelsus*（GAC - 8914）× *E. excelsus*（GAL - 8612）为 54.6%，*E. dahuricus*（ARS - 8706）× *E. dahuricus*（CHI - 8635）为 4.0%，*E. dahuricus*（MES - 8709）× *E. dahuricus*（CHI8635）为 45.0%。从杂交试验的结果可以清楚地判

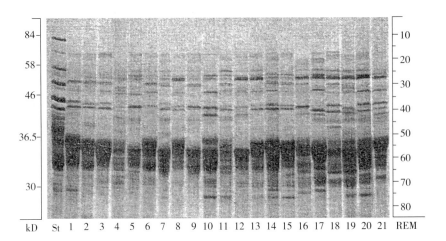

图 1-6 广义 *E. dahuricus* 的 胚乳蛋白 SDS-PAGE 多肽电泳
变体谱＋Me. St-*Elymus sibiricus*，ALT-8401

1. VLA-8642（*E. wor.*）　2. VLA-8612（*E. exc.*）　3. VLA-8658（*E. dah.*）　4. ZEJ-
8917（*E. dah.*）　5. VLA-8401（*E. dah.*）　6. VLA-8684（*E. dah.*）　7. ANI-8626
（*E. exc.*）　8. ARS-8906（*E. dah.*）　9. PRA-8602（*E. exc.*）　10. POP-8403
（*E. dah.*）　11. POP-8401（*E. dah.*）　12. MES-8767（*E. exc.*）　13. MES-8709
（*E. dah.*）　14. MES-8610（*E. dah.*）　15. MES-8660（*E. wor.*）　16. CHI-8635
（*E. dah.*）　17. CUR-8827（*E. dah.*）　18. BUD-8706（*E. dah.*）　19. BAR-8818
（*E. dah.*）　20. BAR-8825（*E. dah.*）　21. GAC-8914（*E. exc.*）

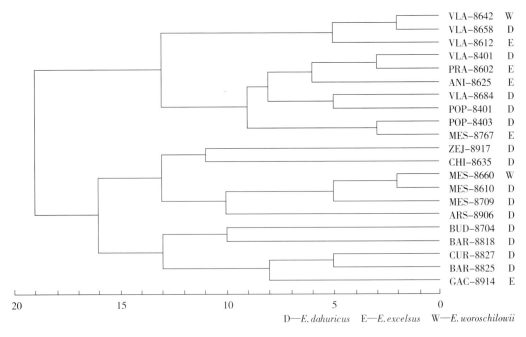

图 1-7 按 *E. dahuricus* SDS-PAGE 多肽分布型绘制的曼哈坦距离系数全连接树状图
（引自 A. V. Agafonov 等，2001，图2）

明这些 *E. dahuricus* 复合群的所谓的"种"间杂交 F_2 世代结实率属于正常范围，也就是说它们之间不存在生殖隔离，它们应当是同一个种，只是形态上稍有差别，以及地理分布上有所不同；只能是基因组合不同差异，只能是属于不同的变种等级。至于 *E. excelsus* (GAC - 8914) $\times$ *E. excelsus* (GAL - 8612)、*E. dahuricus* (ARS - 8706) $\times$ *E. dahuricus* (CHI - 8635)，以及 *E. dahuricus* (MES - 8709) $\times$ *E. dahuricus* (CHI8635) 结实率很低也不足为奇，基因互作造成致死在许多植物中多有记载，这也是一种常见的遗传现象。他们认为 *E. dahuricus* 是一个地理分部广、遗传变异较多的一个种。

表 1 - 16 *Elymus dahuricus* 复合群杂种结实率

（引自 A. V. Agafonov 等，2001，表 7。补充分类群名称）

序号	杂交组合	各代结实率（%）				基因型性适合性层交
		F_1	NF_1*	F_2	NF_2*	
1	*E. exce.* (GAC - 8914) $\times$ *E. exce.* (GAL - 8924)	89.6	1	—	—	α1
2	*E. exce.* (GAC - 8914) $\times$ *E. dahu.* (BAR - 8818)	43.5	5			α1
3	*E. exce.* (GAC - 8914) $\times$ *E. dahu.* (CHI - 8635)	58.1	3	86.2	19	α1
4	*E. exce.* (GAC - 8914) $\times$ *E. woro.* (VLA - 8642)	5.1	3	85.1	5	α2
5	*E. exce.* (GAC - 8914) $\times$ *E. exce.* (GAL - 8612)	16.9	2	54.6	2	α2
6	*E. exce.* (GAC - 8914) $\times$ *E. cylin.* (H - 8107)	22.2	3	89.7	20	α2
7	*E. exce.* (GAL - 8924) $\times$ *E. cylin.* (H - 8068)	0	1			β?
8	*E. dahu.* (BAR - 8818) $\times$ *E. dahu.* (BUD - 8704)	41.1	2			α1
9	*E. dahu.* (BAR - 8818) $\times$ *E. exce.* (VLA - 8412)	8.3	3	88.4	3	α2
10	*E. dahu.* (CUR - 8827) $\times$ *E. dahu.* (BAR - 8818)	90.4	2			α1
11	*E. dahu.* (CUR - 8827) $\times$ *E. cylin.* (H - 8068)	79.3	2	82.8	2	α1
12	*E. dahu.* (BUD - 8704) $\times$ *E. exc.* (GAL - 8924)	20.0	2	—	—	α2
13	*E. exce.* (PRA - 8602) $\times$ *E. exce.* (GAC - 8914)	14.4	1	66.8	2	α2
14	*E. exce.* (PRA - 8602) $\times$ *E. dahu.* (POP - 8403)	22.6	2			α2
15	*E. exce.* (PRA - 8602) $\times$ *E. woro.* (VLA - 8642)	31.1	2	86.4	26	α2
16	*E. dahu.* (ARS - 8706) $\times$ *E. dahu.* (BUD - 8704)	1.1	1	25.6	4	α2
17	*E. dahu.* (ARS - 8706) $\times$ *E. exce.* (VLA - 8412)	6.1	3	26.7	3	α2
18	*E. dahu.* (ARS - 8706) $\times$ *E. dahu.* (CHI - 8635)	0.25	1	4.0	2	α2
19	*E. dahu.* (ARS - 8706) $\times$ *E. tang.* (H - 8363)	0.2	3	0	2	β?
20	*E. dahu.* (ARS - 8706) $\times$ *E. cylin.* (H - 8107)	0.8	3	—	—	β?
21	*E. woro.* (VLA - 8642) $\times$ *E. exce.* (ANI - 8625)	13.3	2	59.0	3	α2
22	*E. dahu.* (POP - 8403) $\times$ *E. woro.* (VLA - 8642)	69.0	3	94.0	16	α1
23	*E. dahu.* (MES - 8709) $\times$ *E. dahu.* (CHI8635)	4.8	2	45.0	3	α2

（续）

序号	杂交组合	各代结实率（%）				基因型性适合性层交
		F_1	NF_1*	F_2	NF_2*	
24	E. dahu. (MES-8709) × E. dahu. (BUD-8704)	8.0	2	51.2	6	α2
25	E. cylin. (H-8068) × E. exce. (GAL-8924)	0	1	—	—	β?
26	E. cylin. (H-8107) × E. cylin. (H-8068)	69.1	3	91.0	29	α1
27	E. cylin. (H-8107) × E. exce. (PRA-8602)	3.4	2	61.1	25	α2
28	E. cylin. (H-8107) × E. dahu. (MES-8709)	3.8	1	15.1	3	α2
29	E. tang. (H-8113) × E. exce. (GAC-8914)	1.3	1	—	—	α?
30	E. tang. (H-8113) × E. dahu. (BUD-8704)	14.4	1	—	—	α2
31	E. tang. (H-8113) × E. dahu. (BAR-8818)	37.7	2	59.8	3	α2
32	E. tang. (H-8113) × E. dahu. (ARS-8706)	3.6	1	—	—	α2
33	E. tang. (H-8113) × E. cylin. (H-8068)	50.9	3	92.8	3	α1
34	E. tang. (H-8363) × E. exce. (GAL-8924)	0.4	1	46.4	3	α2
35	E. tang. (H-8363) × E. dahu. (BAR-8818)	48.2	2	—	—	α1?
36	E. tang. (H-8363) × E. exce. (VAL-8412)	0	2	—	—	β
37	E. tang. (H-8363) × E. tang. (H-8113)	83.7	3	—	—	α1

注：E. cylin. = E. cylindricus；E. dahu. = E. dahuricus；E. exce. = E. excelsus；E. tang. = E. tangutorum；E. woro. = E. woroschilowii。

2001 年 9 月，在西班牙科尔多瓦（Córdoba）召开的第 4 届国际小麦族会议上，他们又以 "Elymus dahuricus complex（Poaceae）：variation，crossability，taxonomy" 为题介绍了这一研究工作，提出他们 Elymus dahuricus complex 的分类看法。他们认为 Elymus dahuricus complex 所包含的这些分类群都不能认定为种，抑或是种内的分类单位。

2003 年，Bernard R. Baum、L. Grant Bailey、Douglas A. Johnson 与 Alex V. Agafonov 把他们所做的 DNA 分析部分又写成一篇题为 "Molecular diversity of the 5S rDNA units in the Elymus dahuricus complex（Poaceae：Triticeae）supports the genomic constitution of St，Y，and H haplomes" 的研究报告，发表在《加拿大植物学杂志（Canadian Journal of Botany）》第 81 卷 1091～1103 页上。正如题文所示，进一步支持 Elymus dahuricus complex 染色体组是由 **St**、**Y** 与 **H** 3 个染色体组组成。同年 Е. Р. Савчкова、Л. Г. Бэйли、Б. Р. Баум 与 А. В. Агафонов 又把胚乳储存蛋白电泳分析部分以 "Дифференциация StHY-геномного комплекса видов，близкихк Elymus dahuricus Turcz. ex Grizeb.（Triticeae：Poaceae），выявляемая с помощью SDS-электрофореза запасных белков семяни AFLP-анализа" 为题发表在《西伯利亚生态学杂志（Сибирский Экологический Журнал）》第 1 卷上。这一篇实际上就是 2001 年发表在瑞典遗传学杂志上的文章的俄文版。

（三）曲穗草属的分类

Campeiostachys Drobov，1941. Fl. Uzbek. 1：540. 曲穗草属

形态学特征：多年生；丛生，稀单生；不具或稀具短根状茎。秆直立。叶平展或内卷。穗状花序顶生，直立、弯曲或下垂；小穗单生或 2～3（～4）枚着生于每一穗轴节上，具 2～10 花，有时偏于穗轴一侧着生；颖窄披针形、长圆状披针形或长圆状椭圆形，多数具 3～5 脉，稀 5～7（～9）脉，先端渐尖、急尖，多具短芒，稀圆钝而无芒（*C. tridentate*）；外稃无毛近平滑、粗糙、被微毛至被长柔毛，5 脉，先端多具长芒，少数较短，稀无芒而具齿（*C. tridentate*）；内稃多数与外稃等长，少数稍长于或稍短于外稃，两脊上均具纤毛；花药短小，长（1～）2～2.5 mm，稀长 3.5～4.5 mm。

模式种：*Campeiostachys schrenkiana*（F. et M.）Drobov.

属名：来自希腊文 campeio：弯曲的；与 stachys：与穗状花序有关的，两个词的组合。

细胞学特征：2n＝6x＝42；染色体组组成 **StStYYHH**。

本属现有 11 种 13 变种，分布于中亚、东亚、喜马拉雅山区。

属 的 检 索 表

1. 每一穗轴节上着生 2～4 枚小穗（至少穗中部） ·················· 2
  2. 穗状花序曲折并下垂。颖除芒外，显著短于第 1 小花·········· 8. 垂穗曲穗草（*C. nutans*）
  2. 穗状花序直立。颖除芒外，稍短于或等长于第 1 小花。
   3. 秆节被倒生长柔毛 ·········· 2f. 毛节达呼里曲穗草（*C. dahurica* var. *villosula*）
   3. 秆节无毛 ·················· 4
    4. 颖先端具长 5～7mm 的芒；外稃先端的芒长 10～30（～40）mm。
     5. 穗状花序宽 5～10mm；穗轴中部各节着生 2 枚小穗，而顶端和下部各节仅具 1 枚小穗。叶片宽 2.5～9（稀 12）mm ·················· 6
      6. 外稃全部被短小糙毛。叶片上表面粗糙，下表面无毛被白粉。花药长约 2.5 mm ·················· 2a. 达呼里曲穗草（*C. dahurica* var. *dahurica*）
      6. 外稃平滑无毛或几乎平滑无毛。叶片两面均平滑无毛，不被白粉。花药长 1.2～1.7 mm ·················· 2d. 太平洋曲穗草（*C. dahurica* var. *pacifica*）
     5. 穗状花序宽 10～12 mm；穗轴各节均着生 2～3（～4）枚小穗。叶片宽 10～16mm ·········· 2c. 肥曲穗草（*C. dahurica* var. *excelsis*）
    4. 颖先端具长 1～4mm 的芒；外稃先端芒长 7～13mm ·················· 7
     7. 穗状花序较宽，宽 8～10 mm；小穗着生稍偏于一侧；外稃无毛或仅上半部被微毛 ·················· 2e. 麦薲草（*C. dahurica* var. *tangutorum*）
     7. 穗状花序较狭窄，宽约 5mm；小穗不偏于一侧；外稃全部被微毛 ·················· 2b. 圆柱曲穗草（*C. dahurica* var. *cylindrica*）
1. 每一穗轴节上着生 1 枚小穗（稀 2 枚） ·················· 8
  8. 颖无芒，先端圆钝；外稃先端平截，具 3 齿·········· 10. 三齿稃曲穗草（*C. tridentata*）

1. *Campeiostachys aristiglumis* (Keng et S. L. Chen) **J. L. Yang，B. R. Baum et C. Yen comb. nov.** 根据 *Roegneria aristiglumis* **Keng et Chen，1963. Acta Nanking Univ.**（Biol.）**3**（1）：**55 - 56.** 芒颖曲穗草（图 1 - 8）

    1a. var. *aristiglumis*

    模式标本：中国新疆："清河县，阿尔泰山区，崐台至中海子，海拔高 500m，1956 年 8 月 5 日，新疆调查队 1148 号"。主模式标本：**PE!**。

    异名：*Roegneria aristiglumis* Keng et S. L. Chen，1963. Acta Nanking Univ.

      （Biol.）3（1）：55 - 56；

Elymus aristiglumis（Keng et S. L. Chen）S. L. Chen，1988. Bull. Nanjing Bot. Gard. Mem. Sun Yat Sen，1987：8。

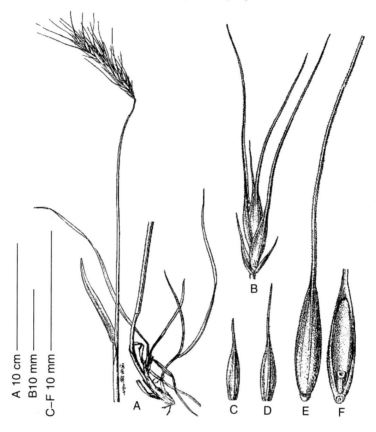

图 1-8　*Campeiostachys aristiglumis*（Keng et S. L. Chen）J. L. Yang，B. R. Baum et C. Yen
A. 植株　B. 小穗　C. 第 1 颖　D. 第 2 颖　E. 小花背面观　F. 小花腹面观
（引自耿以礼、陈守良，1963，图 4，冯晋庸绘）

形态学特征：多年生。秆单生或基部具多数鞘内分蘖而丛生。秆直立，高 40～45cm，基部茎粗约 2mm，平滑无毛，具 1～2 节，节下稍被白粉。叶鞘平滑无毛；叶舌干膜质，先端平截，长 0.2～0.5mm；叶片平展，长 6～8cm，宽 4～5mm，但分蘖叶片可长达 11 cm，宽约 1.5mm，上表面粗糙，下表面较平滑，边缘疏生短纤毛。穗状花序下垂，长 6～8cm（芒除外），宽 8～20mm，小穗排列较紧密，稍偏于一侧，每一穗轴节上着生 1 枚小穗；穗轴节间长 3～10mm，棱脊边缘粗糙；小穗紫色，穗基部着生者常退化不育，长 12～15mm（芒除外），具短而微粗糙长 0.5～1mm 的短柄，具 2～3 花；小穗轴节间长 2～3mm，但第 1 花与第 2 花之间者可长达 0.6mm，密被微毛。颖狭披针形，两颖近等长，第 1 颖长 3～4mm，1～2（～3）脉；第 2 颖长 3～5mm，3 脉，脉上粗糙，先端具长 3～7mm 的芒。外稃长圆状披针形，上部具明显 5 脉，背部除基部外遍生小刺毛，第 1 外稃长约 10mm，先端具芒，芒长 20～29mm，粗糙而反曲；基盘两侧具长约 0.2mm 的微毛；内稃与外稃等长，先端较窄，微下凹，两脊上具短硬纤毛，在中部以下渐疏而细小，近基部几乎消失，两脊间背部遍生小糙毛，上部者较密，向基部渐小而稀疏。花药黑色，长约 2mm。

细胞学特征：2n＝6x＝42（卢宝荣、颜济、杨俊良，1992；孙根楼、颜济、杨俊良，1992）；染色体组组成：**HHStStYY**（孙根楼、颜济、杨俊良，1993）。

分布区：中国新疆、青海、山西；生长在亚高山岩石坡上、山地草甸、沟谷冲积卵石间；海拔 2 000～2 900m。

1b. var. *hirsuta*（H. L. Yang）J. L. Yang，B. R. Baum et Yen comb. nov. 根据 *Roegneria aristiglumis* Keng et S. L. Chen var. *hirsuta* H. L. Yang，1980. Acta Phytotax. Sin. 18（2）：253. 毛叶芒颖曲穗草

模式标本：中国西藏："改则，海拔 4 450 m，IX 6 1974，青海生物研究所西藏考察队 4294"。主模式标本：**HNWP！**。

异名：*Roegneria aristiglumis* Keng et S. L. Chen var. *hirsuta* H. L. Yang，1980，Acta Phytotax Sin. 18（2）：253；

Elymus aristiglumis（Keng et S. L. Chen）S. L. Chen var. *hirsutus*（H. L. Yang）S. L. Chen，1997. Novon，7（3）：227。

形态学特征：本变种与 var. *aristiglumis* 的区别，在于其叶片密被硬刚毛，内卷，宽仅 2 mm。

细胞学特征：未知。

分布区：中国西藏改则；生长在海拔 4 450m 的山坡。

1c. var. *liantha*（H. L. Yang）J. L. Yang，B. R. Baum et C. Yen comb. nov. 根据 *Roegneria aristiglumis* Keng et S. L. Chen var. *liantha* H. L. Yang，1980. Acta Phytotax. Sin. 18（2）：253. 光花芒颖曲穗草

模式标本：中国："西藏阿里普兰，海拔 5 200 m，Ⅶ 20，1976，青海—西藏考察队 76-8250"。主模式标本：**HNWP！**。

异名：*Roegneria aristiglumis* Keng et S. L. Chen var. *liantha* H. L. Yang，1980，Acta Phytotax. Sin. 18（2）：253；

Elymus aristiglumis（Keng et S. L. Chen）S. L. Chen var. *lianthus*（H. L. Yang）S. L. Chen，1997，Novon 7（3）：227。

形态学特征：本变种与 var. *aristiglumis* 的区别，在于其颖与外稃均平滑无毛，外稃的芒长可达 40cm。

细胞学特征：未知。

分布区：中国西藏普兰；生长在山坡草地、砾石间、河流冲积滩；海拔 4 830～5 200m。

2. *Campeiostachys dahurica*（Turcz. ex Griseb.）J. L. Yang，B. R. Baum et Yen comb. nov. 根据 *Elymus dahuricus* Turcz. ex Griseb.，1852. in Ledeb. Flora Ross. 4：331. 达呼里曲穗草

2a. var. *dahurica*（图 1-9）

模式标本：俄罗斯："In pratis Dahuriae nerczinensis，1831，Turczaninow"。主模式

标本：**LE**！。

异名：*Elymus dahuricus* Turcz. ex Griseb.，1852，in Ledeb. Flora Ross. 4：331；

　　　Clinelymus dahuricus（Turcz. ex Greseb.）Nevski，1932，Tzv. Bot. Sada AN SSSP. 30：645；

　　　Elymus franchetii Kitag.，1968，Journ. Jap. Bot. 43（6）：189；

　　　Elymus dahuricus Turcz. ex Greseb. var. *micranthus* Meld.，1960，in Bor, Grass. Burm. Ceyl. Ind. Pak. 669. 697；

　　　Elymus dahuricus Turcz. var. *brevisertus* Ohwi，J. Jap. Bot. 19：168；

　　　Elymus dahuricus Turcz. ex Greseb. var. *violeus* C. P. Wang et H. L. Yang，1984，Bull. Bot. Res.，4（4）：81；

　　　Elymus purpuraristatus C. P. Wang et H. L. Yang，1984. Bot. Res. 4（4）：83 - 84。

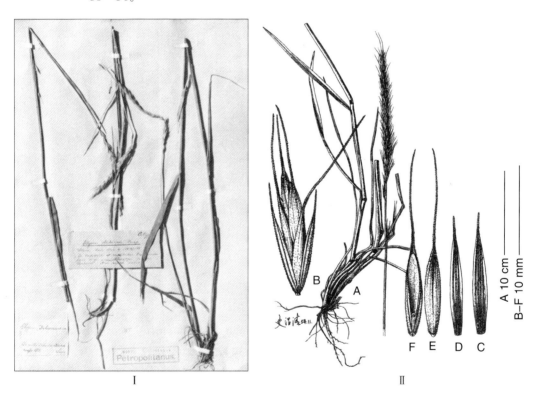

图 1 - 9　*Campeiostachys dahurica*（Turcz. ex Griseb.）J. L. Yang, B. R. Baum et Yen
Ⅰ. 共模式，现存于 **LE**　Ⅱ. A. 植株；B. 小穗；C. 第 2 颖；D. 第 1 颖；E. 小花背面观；F. 小花腹面观
（引自耿以礼主编《中国主要植物图说·禾本科》，1959，图 360，史渭清绘）

形态特征：多年生；疏丛生；具多数纤维状须根。秆基部膝曲，高 60～140cm，径粗 2～2.75mm，无毛，具 3～5 节。叶鞘无毛，稀基生者密被柔毛；叶片平展或内卷，长 14～25cm，宽 5～9（～12）mm，上表面粗糙，下表面无毛或具白粉。穗状花序直立，长 12～18cm（芒除外），宽 5～10mm，小穗着生密集，穗轴中部每一穗轴节上着生两枚小

穗，上部与下部者常着生一枚小穗；穗轴节间长 2～4 mm，最下部节间长 10～15mm，稀长达 30～40mm，棱脊上具纤毛；小穗绿色或麦秆色，长 10～15mm（芒除外），具 3～5 花；小穗轴节间长 1.8～2.2mm，密被微毛。颖披针形或线状披针形，两颖近等长，第 1 颖长 8～9mm，宽 0.8～1mm，第 2 颖长 8.75～10 mm，宽 1～1.25mm，两颖均具 3～5 脉，脉上粗糙，疏被短硬毛，先端渐尖或形成一长（2～）5mm 的芒；外稃披针形，上部具明显 5 脉，全部密被短小糙毛，第 1 外稃长 8～9mm，具芒，芒长（2～）10～20mm，粗糙，直或外折，基盘被微毛；内稃与外稃等长，先端狭窄，平截，两脊上部 3/4 具纤毛，脊间背部被稀少短毛。花药黄色，长约 2.5 mm。

细胞学特征：2n＝6x＝42（Dewey，1864）；染色体组组成：**HHStStYY**（Sakamoto，1982）。

分布区：中亚从阿富汗至西伯利亚、蒙古、中国、朝鲜半岛、日本及印度北部；生长在山坡、路旁；海拔 1 000～3 200m。

2b. var. *cylindrica*（Franch.）J. L. Yang, B. R. Baum et Yen comb. nov. 根据 *Elymus dahuricus* var. *cylindricus* Franch.，1884，in Pl. David. 1：342. 圆柱曲穗草（图 1 - 12）

模式标本：中国北京："Environs de Peking leg. A. David"。主模式标本：**LE**！

异名：*Elymus dahuricus* var. *cylindricus* Franch.，1884，in Pl. David. 1：342；

　　　　Elymus cylindricus（Franch.）Honda，1930，Journ. Fac. Sci. Univ. Tokyo，Sect. Ⅲ. Bot. 3：17；

　　　　Clinelymus cylindricus（Franch.）Honda，1936，Rep. First Sci. Exped. Manch. Sect. IV.（Index Fl. Jehol）101。

形态学特征：本变种与 var. *dahurica* 的区别，在于其植株较矮小（高 40～80cm），常被白粉；穗状花序较窄而短（长 7～14cm，宽 5 mm）；小穗具 2～3 花；外稃较短（长 6～13mm）。

细胞学特征：2n＝6x＝42（Lu，B. R.，1990）；染色体组组成：**HHStStYY**（Agafonov et al.，2001）。

分布区：中国内蒙古、河北、四川、青海、新疆；生长在山坡、河边、路边、草地；海拔 1 560～3 200m。

2c. var. *excelsis*（Turcz. ex Greseb.）J. L. Yang, B. R. Baum et Yen comb. nov. 根据 *Elymus excelsus* Turcz. ex Griseb.，1852，in Ledeb. Fl. Ross. 4：331. 肥曲穗草（图 1 - 11）

模式标本：俄罗斯外贝加尔（Transbaikal）："In rupe cepifera ad Charatzai，1829，Turczaninow"。主模式标本：**LE**！

异名：*Elymus excelsus* Turcz. ex Griseb.，1852，in Ledeb. Fl. Ross. 4：331；

　　　　Elymus dahuricus var. *excelsus*（Turcz. ex Griseb.）Roshev.，1923，Bot. Mat.（Leningrad），4：138；

　　　　Clinelymus excelsus（Turcz. ex Griseb.）Nevski，1932，Izvestia Bot. Sada Akad. Nauk SSSR，30：640；

　　　　Elymus dahuricus subsp. *excelsus*（Turcz. ex Griseb.）Tzvel.，1971，Nov. Sist. Vyssch. Rast. 8：63。

图 1-10　*Campeiostachys dahurica* var. *cylindrica*（Franch.）J. L. Yang，B. R. Baum et Yen
A. 穗及旗叶　B. 小穗　C. 第 1 颖　D. 第 2 颖　E. 小花背面观　F. 小花腹面观
（引自耿以礼主编《中国主要植物图说·禾本科》，1959，图 361，史渭清绘）

形态学特征：本变种与 var. *dahurica* 的区别，在于其穗状花序较宽（10～12mm）；每一穗轴节上着生 2～3（～4）枚小穗；颖较长（10～13mm），先端的芒长约 7mm；外稃背部无毛，粗糙，仅先端、脉上和边缘被微小短毛。

细胞学特征：2n=6x=42（Lu，B. R.，1990；Sun，G. L.，1992）；染色体组组成：**HHStStYY**（Agafonov，2001）。

分布区：俄罗斯、中国（内蒙古、河北、山西、河南、陕西、四川、甘肃、青海、新疆）；生长在草地、灌丛间、河边沙地、溪边、砾石中、岩石山坡上和路旁，海拔880～2 200m。

2d. var. *pacifica*（Probatova）J. L. Yang，C. Yen et B. R. Baum. 根据 *Elymus dahuri-*

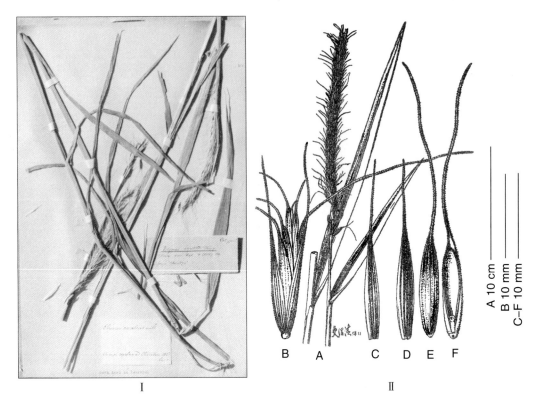

图 1-11　*Campeiostachys dahurica* var. *excelsis*（Turcz. ex Greseb.）J. L. Yang，B. R. Baum et Yen

Ⅰ. 副模式标本，现藏于 **LE**　Ⅱ. A. 穗及叶；B. 小穗；C. 第 1 颖；D. 第 2 颖；E. 小花背面观；F. 小花腹面观

（引自耿以礼主编《中国主要植物图说·禾本科》，1959，图 358，史渭清绘）

cus Turcz. ex Griseb. ssp. *pacificus* Probatova，1978. Nov. Sist. Vyssch. Rast. 15：68. 太平洋曲穗草

模式标本：俄罗斯："Primorsk，Territory，distr. Hassan，peninsula Gamova，sinus Astafjev，in prato maritime，20 Ⅷ 1974，N. Probatova"。主模式标本：**LE!**；同模式标本：**VLAD!**。

异名：*Elymus dahuricus* Turcz. ex Griseb. ssp. *pacificus* Probatova，1978. Nov. Sist. Vyssch. Rast. 15：68，non *Elymus pacificus* Gould，1947；

　　　　Elymus woroschilowii Probat.，1985. Sosud. Rast. Sov. Daln. Vost. 1：113。

形态学特征：本变种与 var. *dahurica* 的区别，在于其植株被白霜；叶片较窄，宽 2.5～8mm，平滑无毛或近于平滑；穗状花序较短，长 4～12cm；外稃长 7.5～9mm，背部平滑或近于平滑；花药较短，长 1.2～1.7mm。

细胞学特征：2n＝6x＝42；染色体组组成：**HHStStYY**（Agafonov et al.，2001）。

分布区：俄罗斯（远东）、朝鲜半岛、日本；生长在海岸草甸、岩石、沙石上。

2e. var. *tangutorum*（Nevski）J. L. Yang，B. R. Baum et Yen comb. nov. 根据 *Clinelymus tangutorum* Nevski，1932，Bull. Jard. Bot. Acad. Sci. URSS. 30：647. 麦薲草（图 1-12）

图 1-12　*Campeiostachys dahurica* var. *tangutorum*（Nevski）J. L. Yang，B. R. Baum et Yen
A. 穗及旗叶　B. 小穗　C. 第 1 颖　D. 第 2 颖　E. 小花腹面观　F. 小花背面观
（引自耿以礼主编《中国主要植物图说·禾本科》，1959，图 359，史渭清绘）

模式标本：中国甘肃："China occident，terra Tangutorum（Prov. Kan-su）. 28 Ⅶ 1872，N. N. Prschevalski"。主模式标本：**LE**！

异名：*Clinelymus tangutorum* Nevski，1932，Bull. Jard. Bot. Acad. Sci. URSS. 30：647；

　　　Elymus tangutorum（Nevski）Hand. -Mazz.，1936，Symb. Sin. 7：1292。

形态学特征：本变种与 var. *dahurica* 的区别，在于其秆节被短毛；小穗着生稍偏于一侧；颖芒较短（1～3mm）；外稃无毛或仅上半部被微毛，芒较短［长（3～）5～11mm］。

细胞学特征：2n＝6x＝42（Lu，B. R.，1990；Sun，G. L. et al.，1992）；染色体组组成：**HHStStYY**（Agafonov et al.，2001）。

分布区：中国（内蒙古、山西、甘肃、青海、四川、新疆、西藏）、尼泊尔；生长在草甸、山间旧河道、灌丛间、山坡上；海拔 1 650～3 100m。

2f. var. _villosula_（Ohwi）**J. L. Yang，B. R. Baum et C. Yen，comb. nov. 根据 _Elymus villosulus_ Ohwi，1933，Bot. Mag. Tokyo 45**（532）；**183‑184. 毛节达呼里曲穗草**

模式标本：日本："Hondo；Mt. Kirigamine in prov. Shinano（10. VII. 1928. J. Ohwi）。主模式标本：**KYO**！

异名：_Elymus villosulus_ Ohwi，1933，Bot. Mag. Tokyo 45（532）；183‑184；

　　　Clinelymus villosulus（Ohwi）Honda，1936，Bot. Mag. Tokyo 50（598）：572；

　　　Elymus osensis Ohwi，1937，J. Jap. Bot. 13（5）：334；

　　　Elymus dahuricus var. _villosulus_（Ohwi）Ohwi，1965，Flora of Japan：155；

　　　Elymus dahuricus ssp. _villosulus_（Ohwi）Á. Löve，1984，Feddes Repert. 95：451；

　　　Elymus villifer C. P. Wang et H. L. Yang，1984. Bot. Res. 4（4）：84‑86。

形态学特征：本变种与 var. _dahurica_ 的区别，在于其秆节上具倒生的长柔毛，节下具疏柔毛；叶鞘向基部与先端被长柔毛与微毛；内稃两脊上平滑，不具纤毛。

细胞学特征：未知。

分布区：日本；山地林中。

3. _Campeiostachys drobovii_（Nevski）**J. L. Yang，B. R. Baum et C. Yen comb. nov. 根据 _Agropyrum drobovii_ Nevski，1932，Izv. Bot. Sada AN SSSR. 30：626. 左波夫曲穗草**（图 1‑13）

模式标本：塔吉克斯坦（Tadzghkistan）："In montibus ca. urb. Tashkent，1920，no. 1300，M. Popov"。主模式标本：**TAK**！

异名：_Agropyrum drobovii_ Nevski，1932，Izv. Bot. Sada AN SSSR. 30：626；

　　　Roegneria drobovii（Nevski）Nevski，1934，Acta Univ. As. Med. Ser. 8B. Bot. Fasc. 17：71；

　　　Semiostachys drobovii（Nevski）Drob.，1941，Fl. Uzbek. 1：284；

　　　Elymus drobovii（Nevski）Tzvel.，1972，Nov. Sist Vyssch. Rast. 9：61；

　　　Agropyron turkestanicum Drob.，1923，Vved. Opred. Rast. Okr. Taschk. 1：41；non Gand. 1913。

形态学特征：多年生；丛生；具短的根状茎。秆高 150～200cm。除节上被微毛外，余平滑无毛。叶鞘无毛；叶片平展，上表面粗糙，下表面无毛或微粗糙，边缘微粗糙。穗状花序直立或稍下垂，长 13～18cm（芒除外），小穗排列紧密，偏于一侧或稍偏于一侧着生；每一穗轴节上着生 1 枚小穗，穗轴节间无毛；小穗绿色或绿紫色，具（3～）4～7花。颖线状披针形，或长圆状披针形，微粗糙至粗糙，上部具小刺毛，两颖近等长，长 10～17mm，第 1 颖 5～7 脉，第 2 颖 5～7（～9）脉，先端渐尖，具长 6～10mm 的芒。

外稃披针形，长 9～13 mm，背部具糙毛，具芒，芒长 20～23（～27）mm，直立；内稃短于外稃，先端钝，内凹，两脊上全部被纤毛。花药黄色，长 3.5～4.5mm。

细胞学特征：2n＝6x＝42（Dewey，1990）；染色体组组成：**HHStStYY**（Dewey，1990）。

分布区：塔吉克斯坦、俄罗斯；生长在林隙、湿地、灌丛间、山地草甸；海拔 1 500～3 000m。

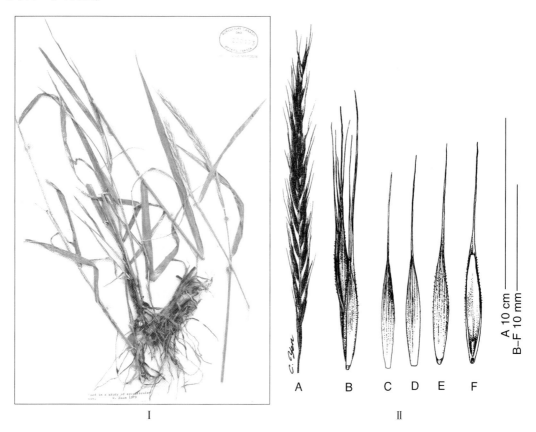

图 1-13 *Campeiostachys drobovii*（Nevski）J. L. Yang，B. R. Baum et C. Yen

Ⅰ. 全植株 Ⅱ. A. 穗；B. 小穗；C. 第 1 颖；D. 第 2 颖；E. 小花背面观；F. 小花腹面观

4. *Campeiostachys himalayana*（Nevski）J. L. Yang，B. R. Baum et C. Yen comb. nov. 根据 *Roegneria himalayana* Nevski，1936，Acta Inst. Bot. Acad. Sci. URSS，Ser. 1. 2，46；1934，Acta Univ. As. Med. Ser. 8B. Bot. Fasc. 17：68. in clavi. 喜马拉雅曲穗草（图 1-14）

模式标本：巴基斯坦："Ruduhera，alt. 10－1100 ft.，W. Pakistan，1883，19/7，J. D. Duthie 140"。主模式标本：**LE**！。

异名：*Roegneria himalayana* Nevski，1936，Acta Inst. Bot. Acad. Sci. URSS，Ser. 1. 2，46；1934，Acta Univ. As. Med. Ser. 8B. Bot. Fasc. 17：68. in clavi；

Agropyron himalayaum（Nevski）Meld.，1960，in Bor，Grass. Burm. Ind. & Pak. 662；

Elymus himalaynus (Nevski) Tzvel.，1972，Nov. Sist. Výssh. Rast. 9：61。

形态学特征：多年生；丛生；秆高 60～75cm，平滑无毛。叶鞘无毛；叶片平展或稍内卷，上表面疏被柔毛，下表面无毛，边缘粗糙。穗状花序下垂，长 10～17cm（芒除外），小穗着生稀疏，每一穗轴节上具 1 枚小穗；穗轴节间长 12～20mm，棱脊上粗糙；小穗绿紫色，具一很短的柄（长 1～2mm），具 4～7 花；小穗轴节间长约 1mm，被微毛。颖线状披针形至长圆状椭圆形，粗糙，两颖不等长，第 1 颖长（4～）7～8mm，3 脉；第 2 颖长 8～12mm，3～5 脉，先端渐尖至形成芒，第 1 颖芒长 3～7mm，第 2 颖芒长（4～）7～8mm；外稃披针形或长圆形，长（8～）10～12.5mm，背部无毛，或被小刺毛而粗糙，或杂以稀疏长柔毛，具芒，芒长 22～30mm，反折或下弯；基盘被微毛；内稃稍短于外稃，或与外稃等长，先端内凹，两脊上部具纤毛。花药黄褐色，长 2～2.5mm。

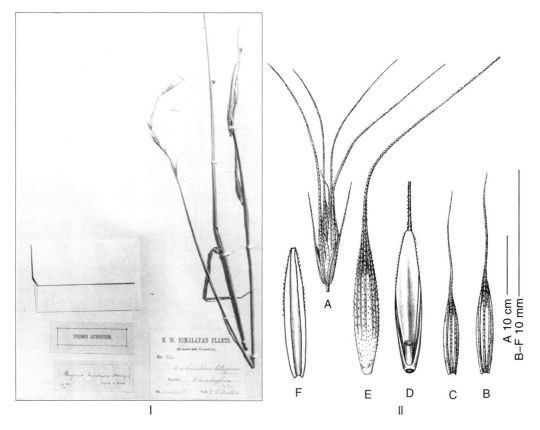

图 1-14　*Campeiostachys himalayana*（Nevski）J. L. Yang，B. R. Baum et C. Yen

Ⅰ. 权威标本，现藏于 LE　Ⅱ.A. 小穗；B. 第 2 颖；C. 第 1 颖；D. 小花腹面观；E. 小花背面观；F. 内稃

（A、B、C、E 引自 В. Л. Комаров 主编《苏联植物志（Флора СССР）》

第 2 卷，1934，图版 XLVI；D. 颜济补绘；F. 颜济改绘）

细胞学特征：2n=6x=42（Lu & Bothmer，1992）；染色体组组成：**HHStStYY**（Lu & Bothmer，1992）。

分布区：巴基斯坦、喜马拉雅山区、中亚；生长在亚高山与高山草甸；海拔 2 300～4 700m。

5. *Campeiostachys humidora*（Ohwi et Sakamoto）J. L. Yan，B. R. Baum et C. Yen comb. nov. 根据 ***Agropyron humidorum* Ohwi et Sakamoto，1964，J. Jap. Bot. 39：109.** 湿生曲穗草（图 1-15）

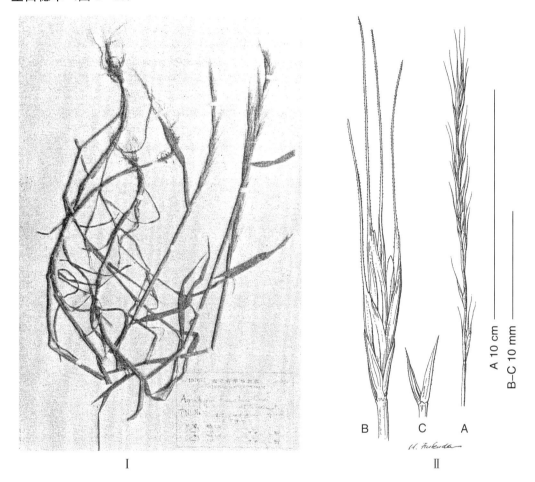

图 1-15 *Campeiostachys humidora*（Ohwi et Sakamoto）J. L. Yan，B. R. Baum et C. Yen
Ⅰ. 主模式标本，现藏于 TNS　Ⅱ. A. 全穗；B. 小穗；C. 颖
［引自小山哲夫，《日本及其近邻地区的禾草（Grasses of Japan and its neighboring regions，An identification masnual）》1987，图 18］

模式标本：日本：　"Hondhu：Keshigaya，in paddy field. May 8，1950，J. Ohwi，TNS（NSM）no. 5"。主模式标本：**TNS!**。

异名：*Agropyron humidorum* Ohwi et Sakamoto，1964，J. Jap. Bot. 39：109；

　　　Elymus humidorus（Ohwi et Sakamoto）Á. Löve，1984，Feddes Rep. 95：457。

形态学特征：多年生；丛生；具短根状茎。秆直立，基部膝曲，高 40～80cm，无毛。

叶鞘平滑无毛；叶舌透明膜质，啮齿状，长约 0.7 mm；叶片平展，柔软，长（7～）10～20 cm，宽 3～7 mm，上表面微粗糙，下表面无毛。穗状花序直立，长 10～20cm（芒除外），小穗排列稀疏，每一穗轴节上着生 1 枚小穗；穗轴节间长 10～12.5mm，最下部者可长达 27～32.5 mm，无毛；小穗绿色较淡，有时具紫晕，长 17～22（～25）mm（芒除外），具 4～7 花，贴生；小穗轴节间长 1～2.5 mm，无毛。颖披针形，微粗糙，两颖近等长，长 6～8 mm，（3～）5（～7）脉，先端渐尖或具短芒。外稃披针形，长 8～10 mm，无毛，近于平滑，上部 5 脉，具狭窄透明膜质边缘，具芒，芒长 20～30 mm，粗壮，直；基盘钝，平滑无毛，内稃与外稃等长，先端平截，两脊上部 2/3 具纤毛。花药淡黄色，长约 2.5 mm。

细胞学特征：2n＝6x＝42（Sakamoto，S. ＆ Muramatsu，1966）；染色体组组成：**HHStStYY**（Sakamoto，S. ＆ Muramatsu，1966）。

分布区：日本；生长在水稻田中。

6. *Campeiostachys kamoji*（Ohwi）J. L. Yang, B. R. Baum et C. Yen comb. nov. 根据 *Roegneria kamoji* Ohwi, 1942, Acta Phytotax. et Geobot. 11（3）：179. 髭发曲穗草

6a. var. *kamoji*（图 1 - 16）

模式标本：中国："Manchuria：Dairen, Dorsett et Morse, no. 5846"。主模式标本：KYO!。

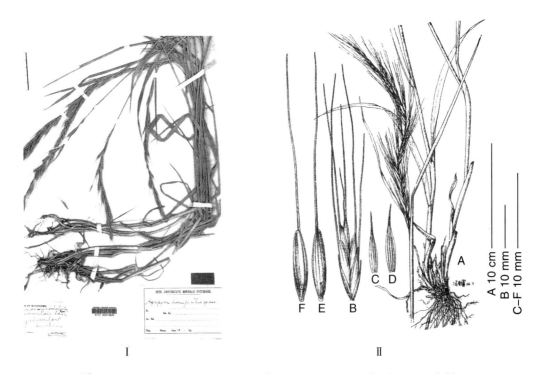

图 1 - 16 *Campeiostachys kamoji*（Ohwi）J. L. Yang, B. R. Baum et C. Yen
Ⅰ. 主模式标本，现藏于 KYO　Ⅱ. A. 植株；B. 小穗；C. 第 1 颖；D. 第 2 颖；E. 小花背面观；F. 小花腹面观
（引自耿以礼主编《中国主要植物图说·禾本科》，1959，图 281，冯晋庸绘）

异名：*Roegneria kamoji* Ohwi，1942，Acta Phytotax. et Geobot. 11（3）：179；

Agropyron kamoji Ohwi，1942，Acta Phytotax. et Geobot. 11（3）：179。

形态学特征：多年生；丛生；具多数纤维状须根。秆直立或基部膝曲，高 30～100 cm，无毛。叶鞘无毛，边缘具纤毛；叶舌短，平截；叶片平展，长 5～40 cm，宽 3～13 mm，上下表面均无毛，边缘无毛。穗状花序下垂或弯曲，长（7～）15～20（～35）cm，宽 8～12 mm（芒除外），小穗排列稀疏，每一穗轴节上着生 1 枚小穗；穗轴节间长 6～16 mm，最下部者可长达 23 mm，棱脊上粗糙或具小纤毛；小穗绿色或灰绿色，或具紫晕，长 13～25 mm（芒除外），具（3～）5～10 花；小穗轴节间长 2～2.5 mm，被微毛。颖卵状披针形或长圆状披针形，无毛，两颖不等长，第 1 颖长 4～6 mm，3～5 脉；第 2 颖长 5～9 mm，3～5 脉，颖先端渐尖而形成长 2～7 mm 的短芒，或无芒，具宽膜质边缘。外稃披针形，背部无毛，上部具 5 脉，脉上疏被小刺毛，具宽膜质边缘，第 1 外稃长 8～12 mm，具芒，芒长 20～40 mm，直或外折；基盘近于无毛或两侧具极小的短毛；内稃稍短于外稃，稀稍长于外稃，先端钝，内凹，两脊上具翼，并在翼上具纤毛，两脊间背部无毛。花药黄色或暗紫色，长 2～2.5 mm。

细胞学特征：2n＝6x＝42（Lu，B. R. et al.，1988）；染色体组组成：**H^{k}H^{k}St^{k}St^{k}Y^{k}Y^k**（卢宝荣、颜济、杨俊良，1990）。

分布区：除新疆、西藏、青海外，分布中国各地以及朝鲜半岛；生长于路边、荒地、山坡；海拔 100～2 300 m。

6b. var. *pilosiphylla* J. L. Yang, B. R. Baum et C. Yen　var. nov. 毛叶鬎发曲穗草

模式标本：中国湖北："武昌，宝积庵，路边，1955 年 5 月，彭启乾 00391，00392"。主模式标本：内蒙古农牧学院标本室 **NMAC!**。

形态学特征：本变种与 var. *kamoji* 区别，在于其叶片密被长柔毛；内稃背部两脊间密被微毛。

A typo lamins ad paginam pilosis presetim；et palea inter carinis pubescentibus recedit.

细胞学特征：2n＝6x＝42。

分布区：中国湖北；生长于路边。

6c. var. *macerrima*（Keng）J. L. Yang, B. R. Baum et Yen comb. nov. 根据 *Roegneria kamoji* Ohwi var. *macerrima* Keng, 1963, in Keng & S. L. Chen, Acta Nanking Univ.（Biol.）3（1）：17；Keng, 1959, Fl. Ill. Pl. Prim. Sin. Gram. 351（in Chinese）**. 细瘦鬎发曲穗草**

模式标本：中国："广西：兴安县，沿漓江（Li river）支渠，生长于篱垣边，为习见的草本，1937 年 7 月 15 日，冯钦 21054"。主模式标本：**N!**。

异名：*Roegneria kamoji* Ohwi var. *macerrima* Keng，1963，in Keng & S. L. Chen，Acta Nanking Univ.（Biol.）3（1）：17；Keng，1959，Fl. Ill. Pl. Prim. Sin. Gram. 351（in Chinese）；

Elymus kamoji（Ohwi）S. L. Chen var. *macerrimus* G. Zhu，2002，Novon 12（3）：426 - 427。

形态学特征：本变种与 var. *kamoji* 的区别，在于其叶片狭窄，仅宽 2 mm，并通常内卷；穗状花序细瘦，较短，仅长 2～6 mm。

细胞学特征：未知。

分布区：中国广东、广西与四川；生长于路边。

7. *Campeiostachys* × *mayabarana*（Honda）**J. L. Yang，B. R. Baum et C. Yen comb. nov.** 根据 *Agropyron mayabaranum* Honda，1927，Bot. Mag. Tokyo 40：384. 前原曲穗草（图 1 - 17）

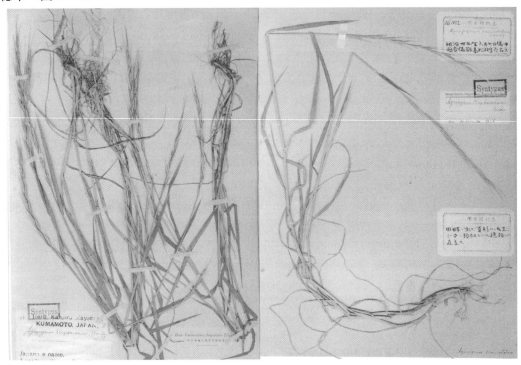

图 1 - 17 *Campeiostachys* × *mayabarana*（Honda）J. L. Yang，B. R. Baum et C. Yen 合模式标本（现藏于 **TI**）

模式标本：日本："Kiushiu：Omura，prov. Higo（K. Mayabara，no. 5，anne 1924）"。主模式标本：**TI!**。

异名：*Agropyron mayabaranum* Honda，1927，Bot. Mag. Tokyo 41：384；

　　　Roegneria mayabarana（Honda）Ohwi，1941，Acta Phytotax. & Geobot. 10：98；

　　　Agropyron hatusimae Ohwi，1942，Acta Phytotax. & Geobot. 11：258；

　　　Agropyron mayabaranum var. *intermedium* Hatusima，1942，Acta Phytotax. & Geobot. 11：258。

形态学特征：多年生；疏丛生；具多数纤维状须根。秆直立，高 70～90 cm，无毛。叶鞘无毛；叶舌纸质，平截，先端波浪形，长约 0.5 mm；叶片平展，长 10～30 cm，宽 5～10 mm，两面及边缘均粗糙。穗状花序直立，长 12～18（～23）cm（芒除外），小穗排列稀疏，每一穗轴节上着生 1 枚小穗；穗轴节间长 9～15 mm，最下部者可达 24～28 mm，无毛；小穗绿色，长 15～25 mm（芒除外），具 5～7（～10）花；小穗轴节间长 2～2.5 mm，被微毛。颖线状披针形，亚革质，无毛，两颖不等长，第 1 颖长 6～7 mm，3～5 脉；第 2 颖长 7～8 cm，5～7 脉，脉显著突起且粗糙，先端急尖，或急尖具小尖头，或具长约 3 mm 的短芒，边缘透明膜质。外稃披针形，亚革质，长 7～11 mm，5 脉，背部无毛，边缘透明膜质，具芒，芒长 15～23 mm，直，粗糙；基盘被微毛；内稃与外稃等长，或稍短于外稃，先端平截，两脊上部 1/2 具纤毛。花药黄色，长约 1.5 mm。

细胞学特征：2n ＝ 6x ＝ 42（S. Sakamoto，1966）；染色体组组成：**HHStStYY**（S. Sakamoto，1966）。

分布区：日本；生长在路边。

8. *Campeiostachys nutans*（Griseb.）**J. L. Yang，B. R. Baum et C. Yen comb. nov. 根据** *Elymus nutans* **Griseb.，1868，Nachr. Ges. Wiss. Gottingen 3：72. 垂穗曲穗草**（图 1-18）

模式标本：西藏："Hab. Occ. Garhwal. 10-10600 ft. Thomson"。主模式标本：现藏于 Herbarium Schiagintweit。

异名：*Elymus nutans* Griseb.，1868，Nachr. Ges. Wiss. Gottingen 3：72；

Clinelymus nutans（Greseb.）Nevski，1932，Izv. Bot. Sada AN SSSR 30：644。

形态学特征：多年生；丛生；具多数纤维状须根。秆直立，高（25～）50～75（～110）cm，无毛。叶鞘通常无毛，但基部叶鞘与分蘖叶鞘被微毛；叶片平展，长 6～8 cm，宽 3～5 mm，上表面粗糙或疏生微毛，下表面粗糙，无毛。穗状花序曲折并下垂，长 5～15 cm（芒除外），小穗密集着生，偏于一侧，每一穗轴节上着生 2 枚小穗，但常在穗近顶端或下部仅具 1 枚小穗，有时下部 1～2 节具 1～2 枚不育小穗；穗轴节间粗糙，棱脊上具短纤毛，长 2～4 mm，最下部者长可达 5～10（～18）mm；小穗绿色或带紫晕，无柄或具非常短的柄，长 12～15 mm，具 3～4 花，但通常仅 2～3 花发育；小穗轴节间长 2～3 mm，密被微毛。颖椭圆形或窄披针形，无毛，两颖几乎等长，长 4～6 mm，3～4 脉，脉上粗糙，先端急尖，或具长 1～4 mm 的短芒，外稃披针形，整个背面均被微毛，上部 5 脉，第 1 外稃长 8～11mm，先端具芒，芒长 12～30 mm，弯曲或反折；基盘具微毛，两侧毛较长；内稃与外稃等长，先端钝或平截，两脊上部 3/4 具纤毛。两脊间背部疏被微毛。花药黑色，长 1～1.8 mm。

细胞学特征：2n ＝ 6x ＝ 42（Á. Löve，1984）；染色体组组成：**HHStStYY**（Lu，B. R.，1993）。

分布区：中国、印度、巴基斯坦、喜马拉雅地区，以及蒙古、俄罗斯、伊朗、土耳其；生长在山坡林缘和道旁、草甸中、路边；海拔 3 000～4 600 m。

9. *Campeiostachys schrenkiana*（Fish. et C. A. Mey.）**Drobov，1941，Fl. Uzbeck. 1：300. 曲穗草**（图 1-19）

9a. var. *schrenkiana*

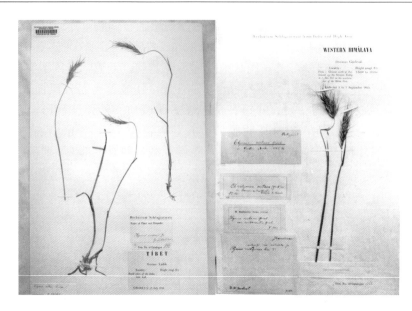

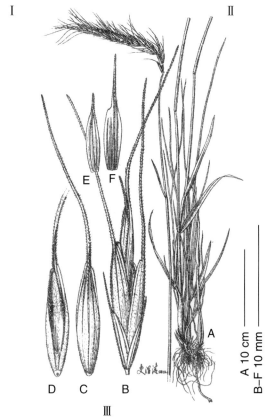

图 1-18 *Campeiostachys nutans*（Griseb.）J. L. Yang，B. R. Baum et C. Yen

Ⅰ. 主模式标本，现藏于 Herbarium Schiagintweit　Ⅱ. 共模式标本，现藏于 LE　Ⅲ. A. 植株；B. 小穗；

C. 小花背面观；D. 小花腹面观；E. 第 1 颖；F. 第 2 颖

（引自耿以礼主编《中国主要植物图说·禾本科》，1959，图 356，史渭清绘）

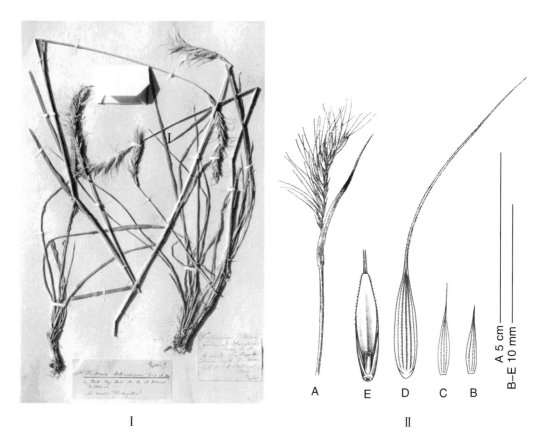

图 1 - 19 *Campeiostachys schrenkiana*（Fish. et C. A. Mey.）Drobov

Ⅰ. 主模式标本，现藏于 LE　Ⅱ. A. 全穗及箭叶；B. 第 1 颖；C. 第 2 颖；D. 小花背面观；E. 小花腹面观

（A - D引自 П. H. Овчинников 主编，1957.《苏维埃塔吉克共和国植物志（Флора Таджик(ской CCP)》第 1 卷，图版 ⅩⅩⅩⅧ，稍作修正，E 颜济补绘）

模式标本：中国新疆塔城："Tarbagatai，25 Ⅷ 1841，A. Schrenk"。主模式标本：**LE！**。

异名：*Triticum schrenkianum* Fisch. et C. A. Mey.，1845，Bull. Acad. Sci. Petersb. 3：305；

Agropyron schrenkianum（Fisch. et C. A. Mey.）Candargy，1901，Monogr. tēs phyls tōn Krithōdōn 41；

Roegneria schrenkiana（Fisch. et C. A. Mey.）Nevski，1934，Acta Univ. As. Med. Ser. 8B，17：68；

Elymus schrenkianus（Fisch. et C. A. Mey.）Tzvel.，1960，Bot. Mat. （Leninggrad）20：428；

Triticum strigosum planiflolium Regel，1881，Tr. Peterb. Bot. Sada，7 （2）：591. s. str；

Agropyron pseudostrigosum Candargy，1901，Monogr. tēs phyls tōn Krithōdōn 40。

形态学特征：多年生；丛生；具多数纤维状须根。秆直立或基部膝曲而斜升，细弱或粗壮，高 20～90 cm，无毛。下部叶片的叶鞘被倒生微毛；叶片平展，或疏松内卷，长 4.5～10 cm，宽（1.5～）2～4（～6）mm，上表面疏被白色长柔毛，或几乎无毛，边缘粗糙，下表面平滑无毛。穗状花序下垂或弯曲，长 5～11cm，小穗排列紧密，偏于一侧，每一穗轴节上着生 1 枚小穗，稀基部着生 2 枚；穗轴节间无毛，长 3～8 mm，棱脊上粗糙；小穗绿色并具紫晕，具一非常短的柄，长 8～12 mm（芒除外），具 3～5 花；小穗轴在颖之上扭曲，使小花多少呈背腹面向穗轴，并使第 1 颖的中脉与第 1 外稃不在一条线上，小穗轴间长 1.5～2 mm，被微毛。颖线状披针形，无毛，两颖不等长，第 1 颖长 3～4.5 mm，3 脉；第 2 颖长 4.5～5.5 mm，3 脉，先端渐尖而形成芒，第 1 颖芒长 2～3.5 mm，第 2 颖芒长 5 mm。外稃披针形，背部疏被或密被小刺毛，具芒，长 15～22（～25）mm，弯曲；基盘两侧被微毛；内稃与外稃等长，先端钝并具 2 齿，两脊上几乎全具纤毛，两脊间背部顶端被微毛。花药黄色或黄紫色，长（1.25～）1.5～2 mm。

细胞学特征：2n＝6x＝42（Lu，B. R. & Bothmer，1992）；染色体组组成：**HHStStYY**（Lu，B. R. & Bothmer，1992）。

分布区：中国、俄罗斯、中亚至喜马拉雅区域；生长在石质山坡、倒石堆、高山草甸、洼地；海拔 2 300～5 000 m。

9b. var. *pamirica*（Tzvel.）J. L. Yang，B. R. Baum et C. Yen comb. nov. 根据 *Elymus pamiricus* Tzvel.，1960，Bot. Mat.（Leningrad）20：425. 帕米尔扭轴曲穗草

模式标本：塔吉克斯坦：“Pamir，western Pshart basin，on stony slopes in the upper reaches of Maljuran tributary about 4400 m，17 VII 1958，no. 696 N. Tzvelev”。主模式标本：LE！。

异名：*Elymus pamiricus* Tzvel.，1960，Bot. Mat.（Leningrad）20：425；

Elymus schrenkianus ssp. *pamiricus*（Tzvel.）Tzvel.，1972，Nov. Sist. Vyssh. Rast. 9：62。

形态学特征：本变种与 var. *schrenkiana* 的区别，在于它的叶片上下表面均密被柔毛。

细胞学特征：未知。

分布区：塔吉克斯坦、中国、蒙古；生长在石质山坡、倒石堆、洼地、高山草甸；海拔 4 400 m 左右。

10. *Campeiostachys tridentata*（Yen，C. et J. L. Yang）J. L. Yang，B. R. Baum et C. Yen comb. nov. 根据 *Roegneria tridentata* Yen et J. L. Yang，1994，Novon 4：310-313. 三齿稃曲穗草（图 1 - 20）

模式标本：中国青海：“温泉，兴海，214 号公路 337km，岩石山坡，海拔 3 750m，1992 年 9 月 19 日，杨俊良，颜济等 9202014”。主模式标本：SAUTI。

异名：*Roegneria tridentata* Yen et J. L. Yang，1994，Novon 4：310 - 313.

Elymus tridentatus（Yen et J. L. Yang）S. L. Chen，1997，Novon 7(3)：229。

形态学特征：多年生；丛生。秆细瘦，直立，或基部膝曲而稍俯卧，高 42～65 cm，径粗 1.5～2 mm，平滑无毛，具 2～3 节。叶鞘无毛，基部者常宿存，长 2～4 mm；叶舌

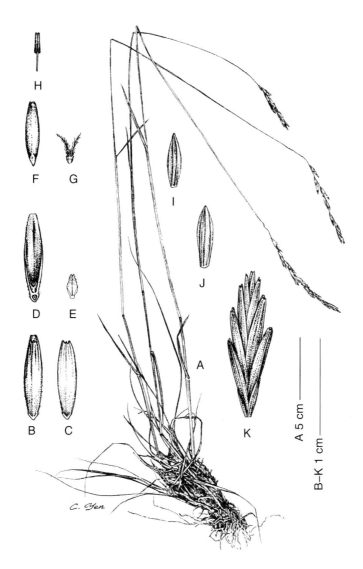

图 1 - 20　*Campeiostachys tridentata*（Yen，C. et J. L. Yang）J. L. Yang，B. R. Baum et C. Yen
A. 全植株　B. 小花背面观　C. 外稃　D. 小花腹面观　E. 鳞被　F. 颖果
G. 雌蕊　H. 雄蕊　I. 第 1 颖　J. 第 2 颖　K. 小穗

干膜质，平截，啮齿状，长约 0.5 mm；叶片内卷或近于内卷，长 5～7 cm，宽约 2 mm，分蘖叶呈线形，可长达 20 cm，上表面突起的脉上贴生密微毛，下表面无毛。穗状花序直立，长 5～11.5 cm，宽约 5 mm，小穗排列稀疏，每一穗轴节上着生 1 枚小穗；穗轴节间上部者长 5～10 mm，下部者长 15～20 mm，无毛，棱脊上具糙毛；小穗紫色或绿紫色，长 10～13 mm，具 4～5 花；小穗轴节间长 1.5～2 mm，贴生微毛。颖长圆形，或长圆状椭圆形，无毛，两颖不等长，第 1 颖长 4～5 mm，3（～5）脉；第 2 颖长 5～6.5 mm，3（～5）脉，脉突起，有时疏被短刺毛，先端圆钝。外稃长圆状披针形，长（7～）8～9 mm，5 脉，背部无毛，两侧与下部贴生白色微毛，先端平截，具 3 齿，齿长约 0.5 mm；

基盘钝，两侧被微毛；内稃短于外稃，长 7～9 mm，先端平截，两脊上部 1/3～1/2 具纤毛，两脊间背部粗糙。花药黑色，长约 2 mm。

细胞学特征：2n＝6x＝42（Yen，C. & J. L. Yang，1994）；染色体组组成：**HHSt-StYY**（Yen，C. & J. L. Yang，1994）。

分布区：中国青海；生长在干燥山坡；海拔 3 100～3 750 m。

11. ***Campeiostachys tsukushiensis***（Honda）**J. L. Yang，B. R. Baum et C. Yen-comb. nov. 根据** ***Elymus tsukushiensis*** **Honda，1936，Bot. Mag. Tokyo 50：391. 築紫曲穗草**

11a. var. *tsukushiensis*（图 1-21）

模式标本：日本："Kyushu：Fukuoka，prov. Chikuzen（K. Nakajima，no. 9，anno 1933）。主模式标本：**TI！**。

异名：*Elymus tsukushiensis* Honda，1936，Bot. Mag. Tokyo 50：391；

Clinelymus tsukushiensis（Honda）Honda，1936，Bot. Mag. Tokyo 50：572；

Agropyron tsukushiense（Honda）Ohwi，1937，Acta Phytotax & Geobot. 6：54；

Roegneria tsukushiensis （Honda） Ohwi，1941，Acta Phytotax & Geobot. 10：99；

Agropyron tsukushiensis（Honda）Ohwi f. tsukushiensis T. Koyama，1987. Grasses of Japan and its neighboring regions-An identification manual：65。

形态学特征：多年生；丛生；具不明显的根状茎。秆直立，或基部膝曲斜升，高70～100 cm，下部秆粗 2～3.5 mm，具 4～6 节，平滑无毛。叶鞘无毛，稀被毛，通常在上部边缘具纤毛；叶舌较短，长 0.5～0.7mm，平截；叶片宽线形，有时被白粉，长 15～40 cm，宽（3～）10～15 mm，平展，上表面粗糙，下表面平滑无毛。穗状花序粗壮，下垂，长 10～25 cm，宽 8～12 mm（芒除外），小穗排列稀疏，每一穗轴节上着生 1～2 枚小穗；穗轴节间长 10～20 mm，棱脊上粗糙，或具小纤毛；小穗长圆状椭圆形或披针形，亮绿色或灰绿色，并具紫晕，长 15～25 mm（芒除外），宽约 5 mm，具 5～10 花；小穗轴被微毛，节间长 2～2.5 mm。颖披针形、椭圆形至宽倒披针形，无毛，脉上粗糙，两颖不等长，第 1 颖长 4～6 mm，3 脉；第 2 颖长 5～8 mm，5 脉，先端急尖至具长 2.5 mm 的短芒。外稃披针形至长圆形，5 脉，脉在上部明显，背部被硬糙毛至长柔毛，具较宽的膜质边缘，先端突变狭窄而形成芒，芒长 20～40 mm，粗糙，直立或多少曲折；内稃与外稃等长或稍长，先端稍钝，两脊具窄翼，上部微粗糙。花药长 2～2.5mm。

细胞学特征：2n＝6x＝42（Muramatsu，1948，Lu，B. R. & Bothmer，1990）；染色体组组成：**HHStStYY**（Muramatsu，1948；Sakamoto，1964；Lu，B. R. & Bothmer，1990）。**H^{t}H^{t}St^{t}St^{t}Y^{t}Y^t**（颜济、杨俊良，2012）。

分布区：日本九州北部築紫等地区；生长在路边、草地、栽培园地，非常稀少。

11b. var. *transiens*（Hack.）**Yen et J. L. Yang，comb. nov. 根据** ***Agropyron semicosta-***

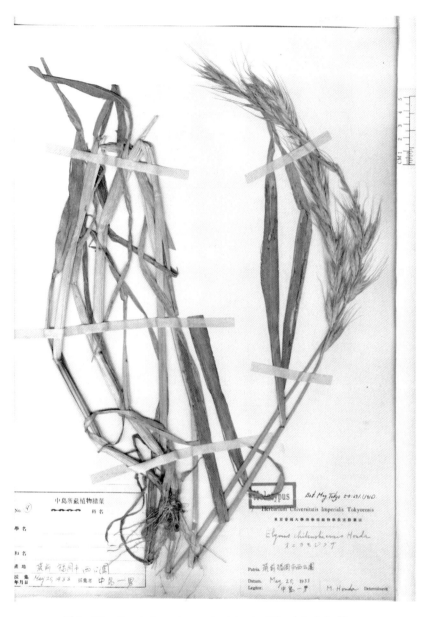

图 1 - 21　*Campeiostachys tsukushiensis*（Honda）J. L. Yang,
B. R. Baum et C. Yen 主模式标本（现藏于 **TI**）

***tum* var. *transiens* Hack.，1903，Bull. Herb. Boiss. II. 3：507. 光稃筑紫曲穗草**（图 1 - 22、
图 1 - 23）

　　模式标本：U. Faurie 采自朝鲜平壤，841 号。主模式标本：藏于 **W**；模式模本残遗
片段现藏于 **US**！

　　异名：*Agropyron joponicum* Tracy，1891，U. S. Dept. Agr. Div. Bot. Ann. Rep. 6.
nom. nud；

图 1 - 22　*Campeiostachys tsukushiensis*（Honda）var. *transiens* J. L. Yang，B. R. Baum et C. Yen
A. 全植株　B. 小穗　C—E. 颖　F. 小花
（引自小山哲夫《Grasses of Japan and its neighboring regions-An identification manual》，1987，图 19）

Agropyron semicostatum var. *transiens* Hack.，1903，Bull. Herb. Boiss. Ⅱ；

Agropyron tsukushiense（Honda）Ohwi var. *transiens*（Hack.）Ohwi，1953，Fl. Jap. 106；

Agropyron tsukushiensis（Honda）Ohwi f. *transiens* T. Koyama，1987. Grasses of Japan and its neighboring regions-An identification manual：65。

开态学特征：本变种与原变种的不同在于外稃背部除一些小点外，光滑无毛。

细胞学特征：2n＝6x＝42（Muramatsu，1949；Lu，B. R. & Bothmer；1990）；染色体组组成：**HHStStYY**（Muramatsu，1948；Sakamoto，1964；Lu，B. R. & Bothmer，1990）、**H^{t}H^{t}St^{t}St^{t}Y^{t}Y^t**。

分布区：广布于朝鲜及日本等地区；生长在路边、草地、栽培园地。

图 1 - 23　*Agropyron semicostatum* var. *transiens* Hack. 模式标本残遗片段（现藏于 **US**）

后　记

在小麦族中有两个同形属与许多同形种，它们在形态上区分不开，只有通过细胞学与分子遗传学的方法才能鉴别。这些同形属是：*Elymus*（**StStHH**、**StStStStHH**）与 *Campeiostachys*（**HHStStYY**）；同形种是：*Eremopyrum buonpatis*（**FsFsFF**）与 *Eremopyrum sinaicum*（**FsFs**）、*Roegneria heterophylla*（**StStYY**）与 *Roegneria panormitana*（**StStStStYY**）、*Campeiostachys tsukushiensis* var. *transiens*（**HᵗHᵗStᵗStᵗYᵗYᵗ**）与 *Campeiostachys kamoji*（**HᵏHᵏStᵏStᵏYᵏYᵏ**）。其他的同形属与同形种都界线明确，没有区分问

题，日本的 *Campeiostachys tsukushiensis* var. *transiens* 与中国西南地区四川雅安的 *Campeiostachys kamoji* 是不同的种也没有问题，因为它们之间杂交亲和率不到 50%，实测只有 3.9%～20%，亚种的关系都算不上，清清楚楚是种间关系，具有明确的生殖隔离。但是中国西南地区的 *Campeiostachys kamoji* 是不是大井次三郎所定的 *Roegneria kamoji* Ohwi 就说不清楚了。因为它们是同形，形态上一致不一定是一个种。大井的 *Roegneria kamoji* Ohwi（*Campeiostachys kamoji*）采自中国大连，而 Eduard Hackel 所定的 *Agropyron semicostatum* var. *transiens* Hack.（*Campeiostachys tsukushiensis* var. *transiens*）的模式标本是采自朝鲜平壤，两者产地非常相近，与日本也近，生态环境与纬度也相当。它们是不是同一个种，且与笔者测验的雅安的 *Campeiostachys kamoji* 是不同的种，目前还不得而知。如果大连的 *Campeiostachys kamoji* 与日本的 *Campeiostachys tsukushiensis* var. *transiens* 没有生殖隔离，是同一个种，那么目前中国西南地区称为 *Campeiostachys kamoji* 的分类群又必须改名为什么，将留待今后研究。

主 要 参 考 文 献

卢宝荣，颜济，杨俊良.1988. 鹅观草属三个种的形态变异与核型研究. 云南植物研究（10）：139 - 146.

卢宝荣，颜济，杨俊良.1990a. 来自新疆、青海与四川的小麦族材料的细胞学观察. 云南植物研究（12）：57 - 66.

卢宝荣，颜济，杨俊良.1990b. 小麦族鹅观草属三种植物的生物系统学研究. 云南植物研究（12）：161 - 171.

卢宝荣，颜济，杨俊良.1990c. 分布于日本和中国的鹅观草及其杂种的形态学和细胞学研究. 云南植物研究（13）：237 - 246.

孙根楼，颜济，杨俊良.1990. 新疆多年生小麦族植物染色体数的观察. 广西植物研究（10）：142 - 148.

孙根楼，颜济，杨俊良.1993. 仲彬草和鹅观草属几个种的核型研究. 植物分类学报（31）：560 - 564.

王克平.1982. 披碱草的核型分析. 遗传（北京），4（6）：19 - 20.

Agafonov A V，B R Baum，L G Bailey，et al.，2001. Differentiation in the *Elymus dahuricus* complex (Poaceae)：evidence from grain proteins，DNA，and crossability. Hereditas（135）：277 - 289.

Baum B R，L G Bailey，D A Johnson，et al.，2003. Molecular diversity of the 5S rDNA units in the *Elymus dahuricus* complex（Poaceae：Triticeae）suports the genome constitution of St，Y，and H haplomes. Can. J. Bot.（81）：1 - 13.

Dewey D R. 1980. Cytogenetics of *Agropyron drobovii* and five of its interspecific hybrids. Bot. Gaz.（Chicago）（141）：469 - 478.

Dewey D R. 1984. The genomic system of classification as a guide to intergeneric hybridization with the perennial Triticeae. Stadler Genet. Symp.（16）：209 - 280.

Jensen K B. 1989. Cytology，fertility，and origin of *Elymus abolinii*（Drob.）Tzvelev and its F$_1$ hybrids with *Pseudoroegberia spicata*，*E. dentatus* ssp. *ugamicus*，and *E. drobovii*（Poaceae：Triticeae）. Genome，32：468 - 474.

Kimata Mikio and S Sakamoto. 1982. Interrelationships between the mode of reprodiction and the habitat of two weedy *Agropyron* species，*A. tsukushiense* and *A. humidurum*，Gramineae. Weed Research（Japan）（27）：103 - 111.

Lu B R. 1993. Meiotic studies of *Elymus nutans* and *E. jacquemontii*（Poaceae：Triticeae）and their hybrids with *Pseudoroegneria spicata* and seventeen *Elymus* species. Pl. Syst. Evol.（187）：191-211.

Lu B R and R von Bothmer. 1990. Intergeneric hybridization between *Hordeum* and Asiatic *Elymus*. Hereditas（112）109-116.

Lu B R and R von Bothmer. 1991. Cytogenetic studies of the intergeric hybrids between *Secale cereale* and *Elymus caninus*，*E. brevipes*，and *E. tsukushiensis*（Triticeae：Poaceae）. Theor. Appl. Genet.（81）：524-532.

Lu B R and R von Bothmer，1992. Interspecific hybridization between *Elymus himalayanus* and *E. schrenkianus* and other *Elymus* species（Triticeae：Poaceae）. Genone（35）：230-237.

Matsumura S. 1984. Genomanalyse bei Agropyron als verwandtschaftlicher Gattung von Triticum. I. Artbastarde bei Agropyron. Oguma Commemoration Volume on Cytology and Geneytics（1）：116-124.

Redinbaugh M G，T A Jones and Y T Zhang. 2000. Ubiquity of the St chloroplast genome in St－containing Triticeae polyploids. Genome（43）：846-852.

Sakamoto S. 1964. Cytogenetic studies in the tribe Triticeae. I. A polyhaploid lant of *Agropyron tsukushiense* var. *transiens* Ohwi found in a state of nature. Jasp. J. Genet.（39）：393-400.

Sakamoto S. 1966. Cytogenetic studies in the tribe Triticeae. IV. Natural hybridization among Japanese *Agropyron* species. Jap. J. Genet.（14）：189-201.

Sakamoyo S. 1982. Cytogeneticstudies on artificial hybrids among *Elymus sibiricus*，*E. dahuricus* and *Agropyron tsukushiense* in the tribe Triticeae. Bot. Mag.（Tokyo），95：375-383.

Sakamoto S. 1982. Cytogenetical stidies on artificial hybrids among *Elymus sibiricus*，*Elymus dahuricus* and *Agropyron tsukushiense* in tribe Triticeae，Gramineae，Bot. Mag. Tokyo，95：375-383.

Sakamoto S And M Muramatsu. 1966a. Cytogenetic studies in the tribe Triticeae. Ⅱ. Tetraploid and hexaploid hybrids of *Agropyron*. Jap. J. Genet.（41）：155-168.

Sakamoto S and M Muramatsu. 1966b. Cytogenetic studies in the tribe Triticeae. Ⅲ. Pentaploid *Agropyron* hybrids and genomic relationships among Japanese and Nepalese species. Jap. J. Genet.（41）：175-187.

Shigenobu，Taeko and S. Sakamoto. 1981. Intergeneric hybridization between *Agropyron tsukushiense* and *Hordeum bulbosum*（4x）. Jap. J. Genet.（56）：505-517.

Svitashev S，T Bryngelsson，X M Li and R R－C Wang. 1998. Genome-specific repetitive DNA and RAPD markers for genome identification in *Elymus* and *Hordelymus*. Genome（41）：120-128.

Yen C and J L Yang. 1994. *Roegneria tridentata*，a new species of Triticeae（Poaceae）from Qinghai，China. Novon（4）：310-313.

Савчкова Е Р，Л Г Бэйли，Б Р Баум，А В Агафонов，2003. Дифференциация StHY-геномного коомплекса видов，близких к *Elymus dahuricus* Turcz. ex Grizeb，（Triticeae：Poaceae），выявляемая с помощьюю SDS-алектрофореза запасныхбелков семян и AFLP＝анализа. Сибирский Экологический Журнал（1）：33-42.

二、披碱草属（Genus *Elymus*）的生物系统学

（一）披碱草属的古典形态分类学简史

1753 年，科学植物分类学奠基人、瑞典植物学家 Carl von Linné 在他的《植物志种（Species Plantarum）》一书中，第一次建立了披碱草属（Genus *Elymus*），其中含有 *Elymus arenarius* L.、*Elymus canadensis* L.、*Elymus caput-medusae* L.、*Elymus hystrix* L.、*Elymus sibiricus* L. 及 *Elymus viriginicus* L. 等 6 个种。以现代的分类概念来看，其中 *Elymus arenarius* L. 应属于赖草属；*Elymus caput-medusae* L. 应属于带芒草属。Linné 在这里并没有确指哪一个种是模式种。1933 年，苏联植物学家 C. A. Невский 在他的"禾草学研究Ⅳ：tribe Hordeeae Benth. 的系统"一文中指定 *Elymus arenarius* L. 为 *Elymus* 属的模式种，这就意味着 *Elymus* 相当于通常赖草属的概念。但早在 1848 年德国植物学家 Christain Ferdinand Hochstetter 就把 *Elymus arenarius* L. 另立新属，用折字方式把头两个字母调换成为 *Leymus* 新属名。*Elymus arenarius* L. 就成为 *Leymus arenarius* (L.) Hochstetter。按国际植物学命名法规原则Ⅲ的规定，C. A. Невский 的指定就成为不合法的了。1976 年，苏联植物家 Н. Н. Цвелев 又指定 *Elymus sibiricus* L. 为 *Elymus* 属的模式种，*Elymus* 属就成为通常称为披碱草的类群。

1755 年，Carl von Linné 在他的《一百植物标本（Centuria I. Plantarum）》一书的第 6 页上发表一个来自北美洲的披碱草属新种 *Elymus philadephicus* L.。

同年他在《瑞典植物志（Flora Suecica）》第 2 版，39 页上发表一个名为 *Elymus caninus* (L.) L. 的新组合。这是他 1753 年发表在其著作《植物志种（Species Plantarum）》一书 86 页上的小麦属中的 *Triticum caninum* L.，重新组合为披碱草属的一个种。

1767 年，他在《植物志增补（Mantissa Plantarum）》第 1 卷，35 页上发表一个名为 *Elymus europaeus* L. 的新种。1885 年德国植物学家 Carl Otto Harz 把它重新组合为一新属新种 *Hordelymus europaeus* (L.) Harz，这是一个欧洲特有的单种属植物，不属于披碱草属。

1772 年，德国植物学家 Johann Christian Daniel von Schreber 定立一个名为 *Elymus crinitus* Schreber 的新种，刊载在《禾草描述（Beschreibung der Gräser）》第 2 卷 15 页上。

1781 年，Carl von Linné 的儿子 Carl von Linné, filius 在《植物志增篇（Supplamentum Plantarum）》114 页发表一个名为 *Elymus tener* L. f. 的新种，实际上就是他父亲定名的 *E. sibiricus* L.，只能是西伯利亚披碱草的一个异名。

1788 年，英国出生移民到北美南卡罗来纳州的植物学家 Thomas Walter 在他编写的《卡罗来纳植物志（Flora Caroliniana）》82 页发表一个名为 *Elymus carolinianus* Walt. 的

新种。

1797 年，德国植物学家 Carl Ludwig Willdenow 在他 6 月出版的《植物志种（Species Plantarum）》，第 1 卷第 1 分册的 470 页上发表一个名为 *Elymus striatus* Willd. 的新种，这个新种就是 Linné 1753 年发表的 *E. virginicus* L. 。

1809 年，法国阿尔萨斯植物学家 Heinrich Gustav Mueclenbeck 在 Willdenow 主编的《植物名录（Enumeratio Plantarum）》第 1 卷，131 页发表两个名为 *Elymus glaucifolus* Muehlen. 与 *Elymus villosus* Muehlen. 的新种，但后者 *E. villosus* 与 *E. virginicus* 非常近似，应当是 von Linné 的 *E. virginicus* 的一个变种。

1817 年，他又把他定名的与 *Elymus villosus* Muehlen. 完全相同的一个分类群定名为 *Elymus ciliatus* Muehlen.，发表在《禾本科描述（Descr. Gram.）》179 页上。

同在 1817 年，也就是德国植物学家 Johann Christian Daniel von Schreber 逝世 17 年后，瑞士植物学家 Johann Jakob Roemer 与 Jos. Augusto Schultes 编著的《植物系统（Systema vegetabilium）》第 2 卷 776 页上，发表了 von Schreber 的一个名为 *Elymus hirsutus* Schreber 新种，而这个新种与 *Elymus villosus* Muehlen. 是同一个分类群。

1820 年，Carl Friedrich von Ledebour 在他的《阿尔泰植物志（Flora Altaica）》第 1 卷，12 页上把 Carl Bernhard Trinius 定名而未发表的 *Elymus dasystachys* 发表为 *Elymus dasystachys* Trin. ex Ledeb.。

1823 年，英国植物学家 Robert Brown 在 John Richardson 编辑的《弗兰克林船长极地海洋旅行记植物学附录（Botanical Appendis to Captain Franklin's narrative of a Journey to the shores of the Polar Sea）》一书中发表一个名为 *Elymus mollis* R. Br. 的新种（732 页）。它与两年前德国植物学家 Carl Bernhard Trinius 定名的 *Elymus mollis* Trin. 同名，但它们不是相同的分类群，*Elymus mollis* Trin. 应当是属于赖草属的一个物种。

1824 年，奥地利植物学家 Josef August Schultes 在他的《增补（Mantissa）》一书第 2 卷上发表一个名为 *Elymus delileanus* Schult. 的新种，现在看来它属于类大麦属（*Crithopsis*）。同书中他发表了另一个名为 *Elymus pseudohystrix* Schult. 的新种，这个新种就是林奈定名的 *E. hystrix* L.，并没有实质上的区别。在这本书中他还发表了一个名为 *Elymus sitanion* Schult. 新种，这一个种从现在来看，它真是应当属于披碱草属，虽然曾有形态分类学者以其特有的形态特征把它另立为裂颖草属（*Sitanion* Rafinensque）。

1830 年，捷克布拉格大学医学院植物学教授 Jan Svatopluk Presl 在布拉格大学植物学教授、布拉格国家博物馆主任 Karel Bořivoj Presl 编著的《罕坎拉古迹（Reliquiae Haenkeanae）》第 1 卷上发表了两个披碱草属新种：*Elymus angulatus* J. Presl（264～265 页）与 *Elymus agropyroides* J. Presl（265 页）。而它们实际上是同一个分类群只是不同标本的个体差异。K. Presl 也在这本书中发表一个名为 *Elymus hirsutus* K. Presl（264 页）的新种，但它与 1817 年发表的 *Elymus hirsutus* Schreber 异物同名，看来这个种名将是不合法的。但是 von Schreber 的一个名为 *Elymus hirsutus* Schreber 的分类群却是 *E. virginicus* L.，它只能是一个异名。因此 *Elymus hirsutus* K. Presl 才是合法的，这个分类群后来被美国植物学家 Frank Lamson-Scribner 先后定名为 *E. ciliatus* Scribner.（1898）与 *E. borealis* Scribn.（1900），当然 Frank Lamson-Scribner 这些新定名也是不合法的。

1836 年，德国植物学家 Eduard Friedrich Poeppig 定了一个名为 *Elymus andinus* 的新种，德国禾草学家 Carl Bernhard Trinius 将它发表为 *Elymus andinus* Poepp. ex Trin.，刊载在《林奈（Linnaea）》杂志第 10 卷 304 页。这个分类群就是 1830 年发表的 *E. angulatus* J. Presl.。同一文同一页上还代他发表一个名为 *Elymus rigescens* Peopp. ex Trin.，它与前者是同一个分类群。

1841 年，德国植物学家 Ernst Gottlieb von Steudel 在他编的《植物学学名（Nomenclator Botanicus）》第 2 卷 550 页的异名中，列有一个 *Elymus durus* Hedw. ex Steud. 的学名，这个学名是德国苔藓植物学家 Johann Hedwig 定的。这个分类群也就是 *Elymus virginicus* L.，因此也是无效的。

1846 年，英国植物学家 Johann Dalton Hooker 在他的《南极洲植物志（Flora Antarctica）》第 2 分册 388 页上发表一个名为南极披碱草 *Elymus antarcticus* Hook. f. 的新种。

1953 年，法国植物学家 Nicaise Auguste Desvaux 在 Claude Gay 编写的《植物学（Botanica）》第 6 卷 467～468 页发表一个以 Gay 命名的 *Elymus gayanus* E. Desv.。而这个分类群正是 1830 年 Jan Svatopluk Presl. 定名的 *E. angulatus* J. Presl。

1854 年，德国植物学家 Ernst Gottlieb von Steudel 在他的《具颖植物纲要（Synopsis Plantarum Glumacearum）》第 1 卷中发表了 4 个披碱草属的新种，它们是：

Elymus compositus Steud.（348 页）；

Elymus praetervisus Steud.（348 页）；

Elymus valdiviae Steud.（349 页）；

Elymus asper Nees ex Steud.（349 页）。

其中 *Elymus praetervisus* Steud. 就是林奈定名的 *E. sibiricus* L.，而后两个种与 J. S. Presl 定名的 *E. angulatus* J. Presl 是相同的分类群。

1856 年，俄国植物学家 Николаи Степанович Турчанинов 在莫斯科自然科学家协会公报生物学分册（Бюллетень Московского Общества Еспитателеи Природй，Оттделение Биологий）第 29 卷 63 页上，把 *Triticum pseudoagropyrum* Trin. ex Griseb. 组合到披碱草属中成为 *Elymus pseudoagropyrum*（Trin. ex Greseb.）Turcz.，但是这个分类群应当属于赖草属，也就是中国北方常见的羊草 [*Leumus chinensis*（Trin.）Tzvelev]。在这篇文章中他还发表一个名为 *Elymus jenisseensis* Turcz.（64 页）的新种，它与 1820 年发表的 *E. dasystachyus* Trin. ex Legeb. 是同一个种。

1857—1858 年，德国普鲁士植物学家 Rudoph Amandus Philippi 在《林奈（Linnaea）》第 29 卷 104 页发表一个名为 *Elymus chonoticus* Philippi 的新种，这个新种与 *E. angulatus* J. Presl 是同一个分类群。

同年，瑞士植物学家 Pierre Edmend Boissier 与法国植物采集家 Banediet Balansa 在《法国植物学学会公报（Bull. Soc. Bot. Fr.）》第 4 卷 308 页共同发表一个名为 *Elymus cappadocicus* Boiss. et Ball. 的新种。

1860 年，Rudoph Philippi 在他的《安塔卡门植物志（Florula Atacamensis）》一书的 56 页发表一个名为 *Elymus paposanus* Philippi 的新种，但它仍然就是 J. Presl 在 1830 年

发表的 *E. angulatus* J. Presl 。

1862 年，美国得克萨斯的自然科学家 Samuel Botsford Buckley 在《费拉德尔非亚自然科学院汇编（Proc. Acad. Nat. Sci. Philadelphia)》99 页发表了两个新种：*Elymus glaucus* Buckley 与 *Elymus interruptus* Buckley。前者根据产自俄勒冈州的标本，后者就是他的所在地得克萨斯的原产。

1864 年 Rudoph Amandus Philippi 在《林奈（Linnaea)》33 卷上发表 5 个披碱草属的新种：

Elymus muticus Phil.（300 页）；

Elymus pratensis Phil.（301 页）；

Elymus gracilis Phil.（301 页）；

Elymus latiglumis Phil.（302~303 页）；

Elymus corallensis Phil.（303 页）。

但它们其中 4 个是 J. Presl 曾经定名为 *E. angulatus* J. Presl 的同一分类群，它们的差异只能是个体的不同。而另一个 *Elymus latiglumis* Phil. 也是与 *E. antarcticus* Hook. f. 完全相同的物种。

1884 年，英国出生在美国农业部做研究工作并任美国国家植物标本馆主任的 George Vasey 在美国《托瑞植物学俱乐部公报（Bull. Torrey Bot. Club)》11 卷 126 页发表一个名为 *Elymus saundersii* Vasey 的披碱草属新种。

1886 年他在同一杂志第 13 卷 120 页上又发表一个名为 *Elymus nitidus* Vasey 的新种，但这个新种正是 24 年前 S. B. Buckley 定名为 *E. glaucus* Buckley 的美洲西北部的植物。

1888 年，他又在同一杂志第 15 卷 48 页发表一个名为 *Elymus vancouverensis* Vasey 来自加拿大西部温哥华的新种。1947 年德国植物学家 R. K. F. Pilger 把它组合为 *Leymus vancouverensis*（Vasey）。后来经研究证明它是一个不育的杂种。

同年，他在与美国著名禾草学家 Frank Lamson Scribner 及加拿大阿伯特学院教授 John Macoun 联合编著的《加拿大植物名录 Catalogue Canadian Planta》第 2 卷，4 分册，245 页上发表一个名为 *Elymus americanus* Vasey & Scribn. 的新种，但它与 1862 年 S. B. Buckley 定名为 *E. glaucus* Buckley 的是同一个种。

1890 年，美国植物学家 Serno Watson 与 John Merle Coulter 在 Asa Gray 编辑的《美国北部植物学手册（A manual of the botany of the Northern United States)》第 6 版 673 页上发表一个名为 *Elymus sibiricus* var. *americanus* Wats. et Coult. 新变种。但它也是与 1862 年 S. B. Buckley 定名为 *E. glaucus* Buckley 是同一个分类群。

1891 年，美国植物学家 Goodwin Delose Sweezey 把 Rafinesque 在 1819 年定名的 *Sitanion elymoides* Rafin. 组合到披碱草属中，成为 *Elymus elymoides*（Rafin.）Sweezey 发表在《多恩学院自然历史研究：第 1 册 . 内布拉斯加有花植物（Doane College natural history studies-No. 1 - Nebraska flowering plants)》第 1 页。而这个分类群就是 1824 年 Josef August Schultes 的 *Elymus stanion* Schult. 。

1892 年，移民到智利的德国植物学家 Rudolph Amandus Philippi 在《智利国家博物

馆植物学分部年报（Anales Mus. Nac. Chile Secc. Bot.）》12 页（图 5）发表一个名为
Elymus erianthus Philippi，外释下段两侧密生长纤毛很特殊的种。1996 年，丹麦的
O. Seberg 与 I. Linde-Laursen 以其核型不同于 *Elymus* 而另立新属改名为 *Eremium erian-
thum*（Phil.）Seberg et Linde-Laursen。1997 年经分子遗传鉴定，它是含 **NsXm** 染色体组
的赖草属植物，已更名为 *Leymus erianthus*（Phil.）Dubcovsky。

1895 年，美国加州的矿业顾问、专业植物采集人、植物学家 Marcus Eugene Jones 在
《加利福尼亚科学院汇编（Calif. Acad. Sci. Proc.）》第 2 卷，5 分册，725 页发表一个名为
Elymus salinus M. E. Jones 的新种，但它应当是属于赖草属的植物。后来在 1980 年被
Áskell Löve 组合为 *Leymus salinus*（M. E. Jones）Á. Löve 发表在欧洲出版的《分类群
（Taxon）》29 卷上。

1896 年，移民到智利的德国植物学家 Rudolph Amandus Philippi 在《智利大学年鉴
（Anal. Univ. Chile）》94 卷发表 3 个新披碱草属种：*Elymus oreophilus* Philippi（347 页）、
Elymus palenae Philippi（348 页）与 *Elymus uniflorus* Philippi（349 页）。

同年，他在《林奈（Linnaea）》33 卷 300 页上又发表一个名为 *Elymus vaginatus*
Philippi 的新种。

而这 4 个所谓的 "新种"，却都是 J. Presl 在 1830 年定名的 *E. angulatus* J. Presl 。形
态分类学者往往根据一点细微的个体差异就定为一个种，R. A. Philippi 前后定的 4 个种都
是 *E. angulatus* J. Presl 就是一个突出的例子。

同年，俄罗斯法政官员兼植物学家 Николаи Степанович Турчанинов 在《莫斯科自然
科学学会公报（Bull. Soc. Nat. Mosc.）》29 卷上发表一个名为 *Elymus jenisseensis* Turcz.
的新种。

1897 年，在阿根廷科尔多瓦任植物学教授的德国植物学家 Fritz Kurtz 在俄罗斯植物
学家、旅行家 Николаи Мичаилович Албов. 编著的《拉普拉塔文选（Anales del Musco
de la La Plata）》第 7 卷上发表一个披碱草属的新种与一个新变种，一个是 *Elymus albo-
vianus* F. Kurtz（401～402 页），另一个是 *Elymus antarcticus* var. *fulvescens* Kurtz（401
页）。很遗憾，它们又都是 *E. angulatus* J. Presl。他又在《科尔多瓦科学院公报（Bolitin
de Academia de Cordoba）》15 卷 522 页发表一个名为 *Elymus barbatus* Kurtz 的新种，这
个新种就是 1892 年 Rudolph Amandus Philippi 定名的 *Elymus erianthus* Philippi，现在经
分子遗传分析检测，它是含 **NsXm** 染色体组的赖草属植物。

同年，奥地利摩拉维亚植物学家 Johann Spatzier 在《拉普拉塔农学院评论（Revista
Fac. -Agron. Vot. La Plata）》第 3 卷上发表了 3 个新种，它们是：

Elymus patagonicus Speg. （630 页）；

Elymus leptostachyus Speg. （631 页）；

Elymus chubutensis Speg. （632 页）。

后两个种却又是 *E. angulatus* J. Presl。

同年，美国的禾草学家 Frank Lamson-Scribner 与 Jared Gage Smith 在《美国农业部
禾草组公报（USDA Div. Agrost. Bull.）》第 4 期上发表两个披碱草属新种：*Elymus ro-
bustus* Scribn. et Smith（37 页）与 *Elymus intermedius* Scribn. et Smith（38 页）。*Elymus*

robustus Scribn. et Smith 就是 Linné 在 1753 年定名的 *E. canadensis* L.；*Elymus intermedius* Scribn. et Smith 与 1808 年 Bieberstein 定名的 *Elymus intermedius* M. Bieb. 同名，而它就是 Linné1753 年定名的 *E. virginicus* L.。

在这一年出版的《美国农业部禾草组公报》第 8 期第 8 页上他们又发表了一个名为 *Elymus flavescens* Scribn. et J. G. Smith 的新种。这个种在 1947 年 Pilger 把它正确地组合成为 *Leymus flavescens* (Scribn. & Smith) Pilger。

1898 年，F. Lamson-Scribner 在《美国农业部禾草组公报（USDA Div. Agrost. Bull.）》第 11 期，56 页上发表一个名为 *Elymus hansense* Scribn. 的新种；57 页上发表一个名为 *Elymus ciliatus* Scribn. 的新种，但 *Elymus ciliatus* Scrib. 与 1817 年 Heinrich Gustav Mueclenbeck 定名的 *Elymus ciliatus* Muehl. 同名，并且与 K. Presl 在 1830 年定名的 *E. hirsutus* K. Presl 是同一个分类群；58 页上发表一个名为 *Elymus hirsutiglumis* Scribn. 的新种，但这个新种却又是与林奈定名的 *E. viriginicus* L. 为相同的植物。在这篇文章中他与 Williams 共同发表的名为 *Elymus simplex* Scribn. et Williams 新分类群，1983 年经过美国犹他州立大学 Douglas R. Dewey 的实验分析研究，把它订正为 *Leymus simplex* (Scribn. et Williams) D. Dewey。在这同一篇文章的 56 页上，他还与 J. G. Smith 共同发表一个名为 *Elymus saxicolus* Scribn. et J. G. Smith 的新种。

1898 年，Scribner 又在《美国农业部禾草组公报（USDA Div. Agrost. Bull.）》第 13 期 49 页上发表一个名为 *Elymus occidentalis* Scribn. 的新种。

1899 年，Scribner 又在同一公报 17 期发表一个新种——*Elymus villosissimus* Scribn.（326 页）。

同年，美国植物学家 Charles Vancouver Piper 在《火红（Erythea）》第 7 卷发表一个名为 *Elymus virescens* Piper 的新种（101 页）。

1899 年，Fritz Kurtz 在阿根廷《科尔多瓦科学院公报（Bolitin de Academia de Cordoba）》16 卷 559 页发表一个名为 *Elymus spegazzinii* F. Kurtz 的新种，它又是一个与 *Elymus erianthus* Philippi 相同的分类群。

1900 年，Frank Lamson-Scribner 与 Elmer D. Merril 在《美国农业部禾草组公报（USDA Div. Agrost. Bull.）》第 24 期的 " I.-Some recent collections of Mexican grasses" 一文中描述一个 C. G. Pringl 采自墨西哥伊达尔戈州 Tula 附近山谷湿地的禾草标本，把它定名为 *Elymus pringlei* Scribn. & Merr.（30 页）。它与 1862 年 Samuel Botsford Buckley 发表的 *E. interruptus* Buckley 是同种植物。

F. Lamson-Scribner 与 Carleton R. Ball 将 F. L. Harvey 采自美国阿肯色州西北部的一份标本的部分植物定名为 *Elymus arkansanus* Scribn. et Ball，发表在《美国农业部禾草组公报（ USDA Div. Agrost. Bull.）》第 24 期另一篇报告，即 "Ⅲ.-Miscellaneous notes and description of new species" 中（45 页）。这一份标本上还贴有另一植物，它应当是 *Elymus striatus* Willd.。在 46 页上发表一个名为 *Elymus australis* Scribn. et Ball 的新种，47 页上发表一个名为 *Elymus brachystachys* Scribn. et Ball 的新种，48 页上发表一个名为 *Elymus diversiglumis* Scribn. et Ball 的新种，49 页上发表一个名为 *Elymus glabriflorus* (Vasey) Scribn. et Ball 的新组合。在这些所谓的新种与新组合中，*E. australis* 与 *E. glab-*

riflorus 都是 *E. virginicus* L.，*E. arkansanus* 也只能是与 *E. virginicus* 稍有形态差异的变种或变型。而 *E. brachystachys* 就是林奈定名的 *E. canadensis* L.。

同年，F. Lamson-Scribner 在《美国农业部禾草组通告（USDA Div. Agrost. Circular）》27 期第 9 页发表一个名为 *Elymus borealis* Scribner 的新种。但它与 1830 年 K. Presl 定名的 *Elymus hirsutus* K. Presl. 是同一种植物。

1901 年，不列颠植物学家 Joaseph Burtt Davy 在美国加州植物学家 Willis Linn Jepson 主编的《加利福尼亚中西部植物志（A flora of western middle California）》中发表了以下 5 个披碱草属新种：

Elymus pubescens Davy（78 页）；

Elymus angustifolius Davy（79 页）；

Elymus glaucus var. *jepsonii* Davy ex Jepson（79 页）；

Elymus hispidulus Davy（79 页）；

Elymus divergens Davy（80 页）。

这 5 个"新种"没有一个是新的，并且全都是与 *E. glaucus* Buckley 相同的标本！只是 *Elymus pubescens* 与 *Elymus divergens* 稍有一点个体形态差异，而后者与 *Elymus glaucus* var. *jepsonii* 应当是相同的，也只能是变种一级的差异。

1902 年，Davy 又在《加利福尼亚大学出版物植物学（Univ. Calif. Publ. Bot.）》第 1 期上发表 4 个披碱草属新种，它们是：

Elymus glaber Davy（57 页）；

Elymus multisetus（J. G. Smith）Davy（57 页）；

Elymus pubiflorus Davy（58 页）；

Elymus parishii Davy & Merr.（58 页）。

其中，除 *Elymus parishi*：与 *E. glaucus* 是相同的外，*Elymus glaber* 和 *Elymus pubiflorus* 都是与 *E. sitanion* Schult. 是相同的。

同年，Frank Lamson-Scribner 与 Elmer D. Merril 在《托瑞植物学俱乐部公报（Bull. Torr. Bot. Club）》29 卷 466 页发表一个名为 *Elymus velutinus* Scribn. et Merr. 的新种。但它与一年前发表的 *Elymus glaucus* var. *jepsonii* Davy ex Jepson 是同一个分类群。

1903 年，在美国首都华盛顿植物工业局研究牧草的 Charles Vancouver Piper 在《托瑞植物学俱乐部公报（Bull. Torr. Bot. Club）》30 卷 233 页发表一个名为 *Elymus curvatus* Piper 的新披碱草种。但它就是 1753 年林奈定名的 *E. virginicus* L.。

同年，美国明尼苏达大学讲师，后任南达科他州植物学教授的 William Archie Wheeler 在《明尼苏达植物学研究（Minn. Bot. Studies）》第 3 期 106 页发表一个名为 *Elymus crescendus* W. A. Wheeler 的新种。这个"新种"实际上就是林奈 1753 年定名的 *E. canadensis* L.。

1906 年，C. V. Piper 在《美国国家标本馆成果汇编（Contr. U. S. Nat. Herb.）》第 11 期 151 页发表一个名为 *Elymus leckenbyi* Piper 的新种。

1908 年，美国植物学家 Eugene Pintard Bicknell 在《托瑞植物学俱乐部公报

（Bull. Torr. Bot. Club)》35 卷 201 页发表一个名为 *Elymus halophilus* E. P. Bicknell 新种。这个"新种"正是林奈 1753 年定名为 *E. virginicus* L. 的老种。

1909 年，瑞典植物学家 Pehr Axel Rydberg 在《托瑞植物学俱乐部公报（Bull. Torr. Bot. Club)》36 卷上发表了 4 个披碱草属的新种名，它们是：

Elymus marginalis Rydberg（539 页）；

Elymus jejunus（Ramaley）Rydberg（539 页）；

Elymus petersonii Rydberg（540 页）；

Elymus vulpinus Rydberg（540 页）。

其中，*Elymus jejunus*（Ramaley）Rydberg 与 1753 年林奈定名的 *E. virginicus* L. 又是同一个种。

1910 年，Frank Lamson-Scribner 与 Elmer D. Merril 在《美国国家标本馆成果汇编 (Contrib. U. S. Natl. Herb.)》13 期 88 页发表一个名为 *Elymus howellii* Scribn. et Merr. 的新种。观察发现，它和 *E. glaucus* 在形态上是与原种标本稍有细微差异的个体，最多只能是变种一级的分歧。

1912 年，美国加州的矿业顾问、职业标本采集人、植物学家 Marcus Eugene Jones 在他所著的《西部植物学成果汇编（Contributions to Western Botany)》第 14 卷 20 页上发表了 5 个披碱草的新组合，它们是：

Elymus brevifolius（J. G. Smith）M. E. Jones；

Elymus hystrix（Nutt. ）M. E. Jones；

Elymus insularis（J. G. Smith）M. E. Jones；

Elymus minor（J. G. Smith）M. E. Jones；

Elymus scribneri（Vasey）M. E. Jones。

将它们组合到披碱草属中是正确的，但前 4 个"种"实际上都是 *Elymus sitanion* Schult. 。

1918 年，美国康乃奈大学的 K. M. Wiegand 在《Rhodora》20 卷，发表一篇题为 "Some species and varieties of Elymus in eastern Noeth anerica" 的报告，其中发表了一个名为 *Elymus riparius* Wiegand 的新种。

1930 年，日本东京大学植物学家本田正次教授，把采自北海道的一种禾草定名为虾夷披碱草 *Elymus yezoensis* Honda，发表在《东京大学理学院学报Ⅲ. 植物学（J. Fac. Sci. Univ. Tokyo，Ⅲ，Bot.)》第 3 卷，16 页。这个分类群与林奈定名的 *E. sibiricus* L. 是相同的种。

1931 年，苏联植物学家 Н. П. Авдулов 在《应用植物学、遗传学与育种学报告（ Тр. прикл. бот. Ген. Сел. Прилож.)》44 卷上，发表一篇题为 "Карио-свстматическое исследование семейства злаков" 研究报告。在 27 页上，发表了一个名为 *Elymus engelmanni* Hort ex Avdulov 的新种。但由于没有拉丁文描述，因此是一个无效的裸名。

1931 年，日本京都大学植物学家大井次三郎教授在东京出版的《植物学杂志》第 45 卷，183 页发表一个名为 *Elymus villosulus* Ohwi 的新种。

1932 年，苏联植物学家 Роомаиин Юлиевиц Рожевиц 在《苏联科学院植物园植物学新闻（Известя Ботанического Сада Академий Наук СССР）》30期上发表两个披碱草属新种：*Elymus chatangensis* Roshev.（779页）与 *Elymus krascheninnikovii* Roshev.（780页）。后者 *Elymus krascheninnikovii* Roshev. 就是林奈定名的 *E. sibiricus* L.。

1933年，美国植物学家 Merritt Lyndon Fernald 在美国出版的《玫瑰红（Rhodora）》35卷（总414期），191页上发表一个叶片苍白名为 *Elymus canadensis* L. f. *glaucifolia*（Muhl.）Fernald 的加拿大披碱草的变型新组合；在192页上又发表一个名为 *Elymus wiegandii* Fernald 的新种，它也是一个与 *E. canadensis* L. 大同小异的分类群，最多只能是一个变种。

1936年，奥地利植物学家 Heinrich Freiherr von Handel-Mazzetti 把苏联植物学家 Серген Арсениевич Невский 1932年定名的 *Clinelymus atratus* Nevski 组合到披碱草属中，成为 *Elymus atratus*（Nevski）Hand.-Mazz.，发表在他的《中国植物札记（Symbolae Sinicae）》第7卷，1 292页上。在同一页上还把 Невский 的另一个种 *Clinelymus tangutorum* Nevski 组合为 *Elymus tangutorum*（Nevski）Hand.-Mazz.。现根据杂交试验与分子遗传学分析，它是曲穗草属的达呼里曲穗草（*Campeiostachys dahurica*）的一个变种。

同年，瑞典植物学家 Eric Oskar Gunnar Hultén 在《瑞典植物学杂志（Svensk Bot. Tidskr.）》30卷518页，发表一个名为 *Elymus aleuticus* Hultén 的新种。后经加拿大细胞分类学家 W. M. Bowden（1964）的鉴定，它是一个杂种。

1937年，大井次三郎把本田正次的以北海道夕张岳命名的 *Clinelymus yubaridakensis* Honda 组合为 *Elymus yubaridakensis*（Honda）Ohwi，发表在京都出版的《植物分类与地理植物学报（Acta Phytotax & Geobot.）》第6卷54页上。

1947年，美国亚利桑那大学的 Frank W. Gould 在《Madroño》第9卷发表一篇题为 "Nomenclaturial changes in *Elymus* with a key to the Californian species" 的研究报告，其中定名4个新种与10个新组合如下：

Elymus spicatus（Pursh）Gould（125页）；

Elymus arizonicus（Scribn. et J. G. Smith）Gould（125页）；

Elymus sierrus Gould（125页）；

Elymus glaucus ssp. *jepsonii*（Davy ex Jepson）Gould（126页）；

Elymus pauciflorus（Schwein.）Gould（126页）；

Elymus pauciflorus subsp. *subsecundus*（Link）Gould（126页）；

Elymus stebbinsii Gould（126页）；

Elymus multinodus Gould（126页）；

Elymus repens（L.）Gould（127页）；

Elymus subvillosus（Hook.）Gould（127页）；

Elymus riparius（Scribn. et J. G. Smith）Gould（127页）；

Elymus smithii（Rydberg）Gould（127页）；

Elymus pacificus Gould（127页）；

Elymus californicus（Bolander）Gould（127页）。

1949年，Gould 又在同一期刊第10卷上发表一篇题为 "Nomenclaturial changes in

Arizona grasses"的报告，其中有披碱草属两个新组合，一个新更名的种。

两个新组合是：

Elymus lanceolatus（Scribn. & Smith）Gould；

Elymus pauciflorus（Schwein.）Gould subsp. *pseudorepens*（Scribner et Smith）Gould。

他把 F. Lamson-Scribner 与 J. G. Smith 定名的 *Agropyron riparium* Scribn. et J. G. Smith 改名为 *Elymus rydbergii* Gould。因为他把这个分类群在 1947 年组合为 *Elymus riparius*（Scribn. et J. G. Smith）Gould，但是与 *Elymus riparius* Wieg. 同名，因此不得不重新命名。然而 *Elymus riparius* 与 *Elymus lanceolatus* 实际上是同一个种。

1954 年，美国植物学家 Lloyd H. Shinners 在新英格兰植物学俱乐部学报《Rhodora》第 56 卷，发表一篇 "Notes on North Taxas grasses" 的报告，在 28 页上把 Frank W. Gould 将 1833 年德国植物学家 Johann Friedrich Link 定名的 *Triticum trachycaulum* Link 组合为披碱草属而未发表的新组合代其发表为 *Elymus trachycaulus*（Link）Gould ex Shinners。

1956 年，美国阿拉斯加农业试验站农学系主任 H. J. Hodgson 在《Rhodora》第 58 卷，144～148 页，发表一篇题为 "A new *Elymus* from Alaska" 的报告，发表一个名为 *Elymus pendulosus* Hodgson 的新种。报告中他比较了这个新种与 *Elymus canadensis* L. 的差异，但他没有比较与它相近似的 *Elymus sibiricus* L. 的差异。在这里，这个新种与 *Elymus sibiricus* L. 却完全没有区别。

1960 年，苏联科学院列宁格勒科马诺夫植物研究所的形态分类学家 Николай Николаевич Цвелев 在该所出版的《植物学研究（列宁格勒）〔Ботанические Материалън（Ленинград）〕》20 卷上发表披碱草属的一个新种与一个新组合，一个名为 *Elymus pamiricus* Tzvelev，一个名为 *Elymus schrenkianus*（Fisch. & Mey.）Tzvelev。这两个实际上是同一个种。1972 年，他本人又把 *Elymus pamiricus* 定为 *Elymus schrenkianus* 的一个亚种。根据实验分析的结果来看，它是含 **H**、**St**、**Y** 染色体组的物种，应当是曲穗草属的一员。这里需要指出的是，Цвелев 把 *Elymus pamiricus* 作为 *Elymus schrenkianus* 的一个亚种也是没有实验依据的，完全是主观臆定。

1963 年，南京大学生物系教授耿以礼在《南京大学学报：生物学》第 1 期（总第 3 期）发表的 "国产鹅观草属 *Roegneria* C. Koch 之订正" 一文中把他在 1957 年出版的《中国主要禾本科植物属种检索表》70 及 183 页，以及 1959 年出版的《中国主要植物图说·禾本科》354 页图 285 命名的 *Roegneria calccola* Keng 加以拉丁文描述使它合法化。但以其 "内稃窄披针形，等长或稍长于外稃，先端较窄，常微裂，脊具短硬纤毛" 等特征，应当属于披碱草属。这个种分布于中国贵州与云南石灰岩山区亚热带常绿阔叶林带，可能是本属在东亚分布纬度最低的物种。

1964 年，Á. Löve 与 Otto T. Solbrig 在《分类群（Taxon）》13 卷上发表题为 "IOPH chromosome number reports Ⅱ" 的报告，其中发表了 Á. Löve 与 D. Löve 定的 3 个披碱草属新组合：第一个名为 *Elymus subsecundus*（Link）Á. Löve et D. Löve，他是把 1833 年 Johann Friedrich Link 定名的 *Triticum subsecundum* Link 组合为披碱草属的；第二个是

Elymus donianus (F. B. White) Á. Löve et D. Löve，他是把 1803 年 F. B. White 定立的 *Agropyron donianum* 组合为披碱草属的；第三个是 *Elymus donianus* ssp. *virescens* (Lange) Á. Löve et D. Löve，他是把 Johann Martin Christiab Lange1880 年定立的 *Agropyron violaceum* β *virescens* Lange 组合为披碱草属的。这 3 个新组合都刊载在 201 页上。

同年，加拿大实验植物分类学家 W. M. Bowden 在《加拿大植物学杂志（Canadian Journal of Botany)》第 42 卷上发表两个披碱草属的杂种，它们是：*Elymus*×*maltei* Bowden（575 页）与 *Elymus*×*uclueletensis* Bowden（563 页）。

1974 年，Gould 在《Brittonia》第 26 卷 60 页发表一个名为 *Elymus longifolius* (J. G. Smith) Gould 的新组合。它与 1824 年 Josef August Schultes 定名的 *E. Sitanion* Schult. 是相同的分类群。

1968 年，Н. Н. Цвелев 在他的《中亚植物（Раст. Тсентр. Азий)》第 4 卷中，把大量的鹅观草属与广义冰草属的种都组合成为披碱草属，共计有 19 个，分列如下：

Elymus kengii Tzvelev（＝*Roegneria hirsute* Keng）（188 页）；

Elymus antiquus (Nevski) Tzvelev（220 页）；

Elymus burchan-buddae (Nevski) Tzvelev（220 页）；

Elymus canaliculatus (Nevski) Tzvelev（220 页）；

Elymus confusus (Roshev.) Tzvelev（221 页）；

Elymus jacquemontii (Hook. f.) Tzvelev（221 页）；

Elymus tschimganicus（＝*czimganicum*）(Drob.) Tzvelev（221 页）；

Elymus czilikensis (Drob.) Tzvelev（214 页）；

Elymus gmelinii (Ledeb.) Tzvelev（216 页）；

Elymus komarovii (Nevski) Tzvelev（216 页）；

Elymus kronokensis (Komar.) Tzvelev（216 页）；

Elymus mutabilis (Drob.) TzveleV（217 页）；

Elymus macrolepis (Drob.) Tzvelev（217 页）；

Elymus pendulinus (Nevski) Tzvelev（218 页）；

Elymus praecaespitosus (Nevski) Tzvelev（218 页）；

Elymus scabridulus (Ohwi) Tzvelev（218 页）；

Elymus vernicosus (Nevski ex Grubov) Tzvelev（219 页）；

Elymus varius (Keng) Tzvelev（219 页）；

Elymus transbaicalensis (Nevski) Tzvelev（219 页）。

1970 年，Н. Н. Цвелев 又在《苏联植物志植物标本名录（Список Растений Гербарнои Флоры СССР)》第 18 卷上发表披碱草属的 3 个新组合与 1 个新种名，它们是：

Elymus panormitanus (Parl.) Tzvelev（27 页）；

Elymus fibrosus (Schrenk) Tzvelev（29 页）；

Elymus nevskii Tzvelev（29 页）；

Elymus macrourus (Turcz.) Tzvelev（30 页）。

同年，Áskell Löve 在《分类群（Taxon)》19 卷上，把 Frank Lamson-Scribner 与 Elmer D. Merrill 在 1910 年定名的 *Agropyron alaskanum* Scribn. & Merr. 组合到披碱草属中，成为 *Elymus alaskanum*（Scribn. & Merr.）Á. Löve。

同年，西班牙植物学家 M. Lainz 把 1808 年德国植物学家 L. B. Friedrico August Marschall A. Beiberstein 发表在《克里米亚-高加索植物志（Flora Taurico. -Caucasica）》第 1 卷 87 页定名为 *Triticum pectinatum* M. Beib. 的分类群组合到披碱草属中，成为 *Elymus pectinatus*（M. Beib.）Lainz，发表在《阿斯图里亚斯研究所通报科学增刊（Boletin de lnst. Estued. Astur. Supl. Cienc.）》15 卷，33 页，他的一篇题为 "Aportaciones al conocimento dela Flora Cántabro-Astur，Ⅸ（I）"（坎塔布里亚-阿斯图里亚斯植物区系名录）上。早在 1817 年，瑞士植物学家 Johann Jacob Roemer 与奥地利植物学家 Josef August Schultes 就正确地把这个分类群组合在冰草属中。Lainz 把这个分类群组合在披碱草属中显然是错误的。

1971 年，Н. Н. Цвелев 在《高等植物系统学新闻（Новости Систематика Высших Растнений）》第 8 卷，又组合了 3 个披碱草属的分类群，它们是：

Elymus macrourus ssp. *turuchanensis*（Reverd.）Tzvelev（63 页）；

Elymus uralensis（Nevski）Tzvelev（63 页）；

Elymus uralensis ssp. *viridiglumis*（Nevski）Tzvelev（63 页）。

1972，美国植物学家 Robert H. Mohlenbrock 在他编著的《伊利诺伊植物图志·禾草：雀麦到雀稗（The Illustrated Flora of Illinois，Grasses，bromus to paspalum）》一书 206 页发表一个名为 *Elymus hystrix* var. *bigeloviana*（Fern.）Mohlenbrock 变种新组合。他是把猬草属的 *Asperella hystrix* var. *bigeloviana* Fern. 组合为披碱草属。

同年，瑞典植物学家、隆德大学的 Hans Runemark 在瑞典出版的《遗传（Hereditas）》杂志 70 卷，2 期，156 页，发表一个名为 *Elymus varnensis*（Velen.）Runemark 新组合。他是把波希米亚植物学家 Josef Velenovsky 1894 年发表的 *Triticum varnense* Velenovsky 组合为披碱草属的分类群。

同年，Н. Н. Цвепев 在《高等植物系统学新闻（Новости Систематика Высших Растнений）》第 9 卷，又组合了 22 个披碱草属的分类群及 1 个新种与 1 个新亚种，它们是：

Elymus arcuatus（Golosk.）Tzvelev（61 页）；

Elymus buschianus（Roshev.）Tzvelev（61 页）；

Elymus caucasicus（C. Koch）Tzvelev（61 页）；

Elymus ciliaris（Trin.）Tzvelev（61 页）；

Elymus ciliaris ssp. *amurensis*（Drob.）Tzvelev（61 页）；

Elymus drobovii（Nevski）Tzvelev（61 页）；

Elymus himalayanus（Nevski）Tzvelev（61 页）；

Elymus glaucissimus（M. Pop.）Tzvelev（61 页）；

Elymus hyperarcticus（Polunin）Tzvelev（61 页）；

Elymus jacutensis（Drob.）Tzvelev（61 页）；

Elymus lachnophyllus（Ovcz. & Sidor.）Tzvelev（61 页）；

Elymus longearistatus（Boiss.）Tzvelev（62 页）；

Elymus lngearistatus ssp. *badachanicus* Tzvelev（62 页）；

Elymus longearistatus ssp. *canaliculatus*（Nevski）Tzvelev（62 页）；

Elymus macrochaetus（Nevski）Tzvelev（61 页）；

Elymus prokudiinii（Sered.）Tzvelev（61 页）；

Elymus pendulinus ssp. *brachypodioides*（Nevski）Tzvelev（60 页）；

Elymus praeruptus Tzvelev（61 页）；

Elymus schrenkianus ssp. *pamiricus*（Tzvelev）Tzvelev（62 页）；

Elymus sclerophyllus（Nevski）Tzvelev（59 页）；

Elymus schugnanicus（Nevski）Tzvelev（62 页）；

Elymus transhyrcanus（Nevski）Tzvelev（61 页）；

Elymus troctolepis（Nevski）Tzvelev（61 页）；

Elymus sajanensis（Nevski）Tzvelev（61 页）。

1973 年，Н. Н. Цвелев 在《高等植物系统学新闻（Новости Системаика Высших Расттений)》第 10 卷又发表了 25 个披碱草属的新组合及 1 个新种与 2 个新亚种，它们是：

Elymus australasicus（Steud.）Tzvelev（25 页）；

Elymus confusus ssp. *pruinosus*（Roshev.）Tzvelev（27 页）；

Elymus confusus ssp. *pubiflorus*（Roshev.）Tzvelev（27 页）；

Elymus dentatus（Hook. f.）Tzvelev（21 页）；

Elymus dentatus ssp. *lachnophyllus*（Ovcz. &. Sidor.）Tzvelev（21 页）；

Elymus dentatus ssp. *ugamicus*（Drob.）Tzvelev（21 页）；

Elymus duthiei ssp. *flexuosissimus*（Nevski）Tzvelev（26 页）；

Elymus duthiei ssp. *litvinovii* Tzvelev（26 页）；

Elymus fibrosus ssp. *subfibrosus*（Tzvelev）Tzvelev（25 页）；

Elymus fedtschenkoi Tzvelev（21 页）；

Elymus lenensis（M. Popov）Tzvelev（24 页）；

Elymus kronokensi ssp. *borealis*（Tzvel.）Tzvelev（24 页）；

Elymus kronokensis ssp. *subalpinum*（Neuman）Tzvelev（24 页）；

Elymus longearistatus ssp. *flexuosissimus*（Nevski）Tzvelev（26 页）；

Elymus longearistatus ssp. *litvinovii* Tzvelev（26 页）；

Elymus macrourus ssp. *neplianus*（V. Vassil.）Tzvelev（25 页）；

Elymus mutabilis ssp. *barbulata* Nevski ex Tzvelev（22 页）；

Elymus mutabilis ssp. *praecaespitosus*（Nevski）Tzvelev（22 页）；

Elymus mutabilis ssp. *transbaicalensis*（Nevski）Tzvelev（22 页）；

Elymus pallidissimus（M. Pop.）Peshkova（67 页）；

Elymus sajanensis ssp. *hyperarcticus*（Polunin）Tzvelev（24 页）；

Elymus sajanensis ssp. *villosus*（V. Vassil.）Tzvelev（24 页）；

Elymus trachycaulus ssp. *kamczadalorum*（Nevski）Tzvelev（24 页）；

Elymus uralensis ssp. *komarovii*（Nevski）Tzvelev（22 页）；

Elymus uralensis ssp. *prokudinii*（Sered.）TzveleV（22 页）；

Elymus uralensis ssp. *tianschanicus* Tzvelev（22 页）；

Elymus trachycaulus ssp. *majus*（Vasey）Tzvelev（24 页）；

Elymus trachycaulus ssp. *novae-angliae*（Scribn.）Tzvelev（23 页）。

1974 年，Н. Н. Цвелев 在《高等植物系统学新闻（Новости Системаика Высших Расттений）》第 11 卷又发表 1 个新变种与 1 个新组合，它们是：

Elymus dentatus var. *dasyphyllus* Tzvelev（72 页）；

Elymus racemifer（Steud.）Tzvelev（72 页）。

1974 年，爱沙尼亚分子遗传学与植物学家 Vello Jaaska 在《Eesti NSV Tead. Akad. Toim. Biol.》23 卷，1 期上，发表 3 个降级新组合，它们是：

Elymus carinus ssp. *behmii*（Melderis）Jaaska（5 页）；

Elymus caninus var. *donianus*（F. B. White）Jaaska（5 页）；

Elymus kronokensis ssp. *alaskanus*（Scribn. & Merr.）Jaaska（6 页）。

1975 年，Н. Н. Цвелев 在《高等植物系统学新闻（Новости Системаика Высших Расттений）》第 12 卷又发表 3 个新变种组合，它们是：

Elymus mutabilis var. *irendykensis*（Nevski）Tzvelev（94 页）；

Elymus mutabilis var. *oschensis*（Nevski）Tzvelev（94 页）；

Elymus mutabilis var. *burjaticus*（Sipl.）Tzvelev（95 页）。

1975 年，Áskell Löve 在捷克布拉格出版的《地理植物学与植物分类学（Folia Geobot. Phytotax.）》10 卷，274 页，把 1810 年 Brignoli 定名的 *Triticum biflorum* Brignoli 组合到披碱草属中，降级为犬草的亚种——*Elymus caninus* subsp. *biflorus*（Brign.）Á. Löve。

1976 年，他与 D. Löve 又在《植物学通告（Bot. Not.）》128 卷（编年：1975，实际出版：1976），502 页，发表 8 个披碱草属新组合，它们是：

Elymus trachycaulus subsp. *andinus*（Scribn. & Smith）A. & D. Löve；

Elymus alaskanus subsp. borealis（Turcz.）A. et D. Löve；

Elymus alaskanus subsp. *hyperarcticus*（Polunin）A. et D. Löve；

Elymus alaskanus subsp. *islandicus*（Meld.）A. et D. Löve；

Elymus alaskanus subsp. *subalpinus*（Neuman）A. et D. Löve；

Elymus alaskanus subsp. *villosus*（V. Vassil.）A. et D. Löve；

Elymus trachycaulus subsp. *violaceus*（Hornem.）A. et D. Löve；

Elymus trachycaulus subsp. *virescens*（Lange）A. et D. Löve。

同年，O. Anders 与 D. Podlech 在《慕尼黑国家植物学收藏通报（Mitt. Bot. Staatssamml. Munchen）》12 卷，发表两个披碱草属新组合。把 A. Melderis 的 *Agropyron edelbergii* Melderis 组合为 *Elymus edelbergii*（Meld.）O. Anders et Podlech（313 页）；把 *Ag. stenostachys* Melderis 组合为 *Elymus stenostachys*（Meld.）O. Anders et D.

Podlech（315 页）。

同年，W. G. Dore 在《加拿大自然（Nature Canada）》第 103 卷，第 6 期，557 页，与 Robert H. Mohlenbrock 一样，把 *Asperella hystrix* var. *bigeloviana* Fernald 组合到披碱草属中，不同的是他把它降级为变型，即：*Elymus hystrix* f. *bigelovianus*（Fernald）W. G. Dore。

1977 年，Н. Н. Цвелев 在《高等植物系统学新闻（Новости Систематика Высших Расттений）》第 14 卷又发表两个披碱草属的新组合：一个是把 *Roegneria kamczadalorum* Nevski 组合为 *Elymus kamczadalorus*（Nevski）Tzvelev（245 页）；另一个是把 *Agropyron novae-angliae* Scribner 组合为 *Elymus novae-angliae*（Scribn.）Tzvelev（245 页）。

1978 年，А. П. Хохряков 在《中央植物园公报（莫斯科）［Бюлл. Глав. Бот. Сада（Москова）］》109 期，发表 2 个披碱草属新种与 2 个新亚种，它们是：

Elymus boreoochotensis A. P. Khokhryakov（25 页）；

Elymus confusus ssp. *pilosifolius* A. P. Khokhryakov（26 页）；

Elymus kronokensis ssp. *dasyphyllus* A. P. Khokhryakov（27 页）；

Elymus magadanensis A. P. Khokhryakov（24 页）。

1978 年，英国植物学家 A. Melderis 在《林奈学会植物学杂志（Bot. J. Linn. Soc.）》76 卷，发表了 33 个披碱草属的新组合与 2 个新亚种及 1 个新变种，它们是：

Elymus alaskanus ssp. *scandicus*（Nevski）A. Melderis（375 页）；

Elymus bungeanus（Trin.）A. Melderis（376 页）；

Elymus bungeanus ssp. *pruiniferus*（Nevski）A. Melderis（376 页）；

Elymus bungeanus ssp. *scythicus*（Nevski）A. Melderis（376 页）；

Elymus distichus（Thunb.）A. Melderis（383 页）；

Elymus curvifolius（Lange）A. Melderis（377 页）；

Elymus elongatus ssp. *ponticus*（Podr.）A. Melderis（377 页）；

Elymus farctus（Viv.）Runemark ex A. Melderis（382 页）；

Elymus farctus ssp. *bessarabicus*（Savul. & Rayss）A. Melderis（383 页）；

Elymus farctus ssp. *boreali-atlanticus*（Simonet & Guinochet）A. Melderis（377 页）；

Elymus farctus ssp. *rechingeri*（Runemark）A. Melderis（383 页）；

Elymus flaccidifolius（Boiss. & Heldr.）A. Melderis（377 页）；

Elymus flexiaristatus（Nevski）A. Melderis（375 页）；

Elymus libanoticus（Hackel）A. Melderis（377 页）；

Elymus hispidus（Opiz）A. Melderis（380 页）；

Elymus hispidus ssp. *barbulatus*（Schur）A. Melderis（381 页）；

Elymus hispidus var. *epiroticus* A. Melderis（381 页）；

Elymus hispidus ssp. *graecus* A. Melderis（381 页）；

Elymus hispidus ssp. *pouzolzii*（Godron）A. Melderis（382 页）；

Elymus hispidus ssp. *varnensis*（Velen.）A. Melderis（381 页）；

Elymus junceus ssp. *bassarabicus*（Savul. & Rayss）A. Melderis（383 页）；

Elymus microlepis（Meld.）A. Melderis（131 页）；

Elymus lolioides（Kar. & Kir.）A. Melderis（328 页）；

Elymus nodosus（Nevski）A. Melderis（376 页）；

Elymus nodosus ssp. *corsicus*（Hackel）A. Melderis（377 页）；

Elymus pugens（Pers.）A. Melderis（380 页）；

Elymus pungens ssp. *campestris*（Gren. & Godron）A. Melderis（380 页）；

Elymus pungens ssp. *fontqueri* A. Melderis（380 页）；

Elymus pycnanthus（Godron）A. Melderis（378 页）；

Elymus reflexiaristatus（Nevski）A. Melderis（375 页）；

Elymus reflexiaristatus ssp. *strigosus*（M. Bieb.）A. Melderis（376 页）；

Elymus repens ssp. *arenosus*（Petif.）A. Melderis（379 页）；

Elymus repens ssp. *calcareus*（Cernjavski）A. Melderis（380 页）；

Elymus repens ssp. *elongatiformis*（Drob.）A. Melderis（379 页）；

Elymus repens ssp. *pseodocaesius*（Pacz.）A. Melderis（379 页）；

Elymus stipifolius（Czern. ex Nevski）A. Melderis（376 页）。

A. Melderis 这些组合把披碱草属更变成一个大大的"杂烩"，即将拟鹅观草属、冠毛草属的分类群都组合在披碱草属中。

同年，A. Melderis 又在《尼泊尔植物名录（Enum. Fl. Pl. Nepal）》第 1 卷中，又组合了 4 个披碱草属的新组合，它们是：

Elymus nepalensis（A. Melderis）A. Melderis（131 页）；

Elymus semicostatus（Nees ex Steud.）A. Melderis（132 页）；

Elymus sikkimensis（A. Melderis）A. Melderis（132 页）；

Elymus thomsonii（Hook. f.）A. Melderis（132 页）。

1978 年，苏联植物学家 Н. С. Пробатова 在《高等植物系统学新闻（Новости Системаика Высших Расттений）》第 15 卷 68 页上，发表一个名为 *Elymus dahuricus* ssp. *pacificus* Probatova 的新亚种。这个种，包括这个新亚种，都应当属于曲穗草属。

1979 年，苏联植物学家 С. С. Икониников 在《巴达赫山高等植物鉴定手册（Определител Высших Расттений Бадахшана）》57 页，把 Н. Н. Цвелев 定名的 *Elymus longe-aristatus* subsp. *badachschanicus* Tzvelev 升级为种，组合为 *Elymus badachschanicus*（Tzvelev）S. S. Ikonnikov, 1979, Opred. Vyssh. Rast Badakhshana。

1980 年，Á. Löve 在《分类群（Taxon）》29 卷上发表 11 个披碱草属的新组合，它们是：

Elymus alaskanus ssp. *latiglumis*（Scribn. & Smith）Á. Löve（166 页）；

Elymus albicans（Scribn. & Smith）Á. Löve（166 页）；

Elymus canadensis ssp. *wiegandii*（Fernald）Á. Löve（167 页）；

Elymus bakeri（E. Nels.）Á. Löve（167 页）；

Elymus griffithsii（Scribn. & Smith）Á. Löve（167 页）；

Elymus lanceolatus ssp. *psammophilus*（Gillett & Senn）Á. Löve（167 页）；

Elmus trachycaulus ssp. *latiglumis* (Scribn. & Smith) Á. Löve（166 页）；

Elymus trachycaulus ssp. *teslinensis* (Porsild & Senn) Á. Löve（167 页）；

Elymus trachycaulus ssp. *teslinensis* (Porsild & Senn) Á. Löve（167 页）；

Elymus yukonensis (Scribn. & Merr.) Á. Löve（168 页）；

Elymus triticoides ssp. *simplex* (Scribn. & Willians) Á. Löve（168 页）。

1980 年，R. Soo 在《匈牙利植物区系（Magyar Fl. Veg.）》第 6 卷上发表两个新组合，它们是：

Elymus repens ssp. *caesius* (Presl) R. Soo（185 页）；

Elymus truncatus ssp. *trichophorus* (Link) R. Soo（185 页）。

1981 年，B. Boivin 把加拿大 W. M. Bowden 定名的 *Elymus innovatus* var. *glabratus* Bowden 降级为变型，即：*Elymus innovatus* f. *glabratus* (Bowden) B. Boivin，发表在《Provancheria》12 卷 102 页上。

同年，А. П. Хохряков 在 М. Т. Мазуренко 编辑的《远东北部植物生物学与植物区系（Биол. Раст. и Фл. Сев. Дал'н. Восток.）》一书中发表一个名为 *Elymus versicolor* A. P. Khokhryakov 的新种（13 页）。

1981 年，苏联植物学家 С. К. Черепанов 在《苏联维管束植物（Сосуд. Раст. СССР）》一书中发表 2 个新种与 4 个新组合，如下：

Elymus amurensis (Drob.) S. K. Cherepanov（348 页）；

Elymus neplianus (V. N. Vassil.) S. K. Cherepanov（350 页）；

Elymus tianschanigenus S. K. Cherepanov（351 页）；

Elymus turuchanensis (Reverd.) S. K. Cherepanov（351 页）；

Elymus vassilijevii S. K. Cherepanov（351 页）；

Elymus viridiglumis (Nevski) S. K. Cherepanov（351 页）（comb. invalid）。

1982 年，T. A. Cope 在 E. Nasir 与 S. I. Ali 编辑的《西巴基斯坦植物志（Flora of West Pakistan)》一书的"禾本科"中发表了披碱草属的 5 个新组合，它们是：

Elymus dentatus (Hook. f.) T. A. Cope（623 页）；

Elymus kuramensis (Melderis) T. A. Cope（617 页）；

Elymus russellii (Melderis) Cope（618 页）；

Elymus stewartii (Melderis) T. A. Cope（627 页）；

Elymus jacquemontii (Hook. f.) T. A. Cope（622 页）。

1982 年，美国加州圣何塞的 Áskell Löve 与新西兰克赖斯特彻奇科学与工业研究部植物学组的 H. E. Connor 在《新西兰植物学杂志（New Zeal. J. Bot.）》第 20 卷发表一篇题为 "Relationships and taxonomy of New Zealand wheatgrasses" 的研究报告，其中发表了产于新西兰的披碱草属的 2 个新种与 8 个新组合，如下：

Elymus apricus Á. Löve & Connor（182 页）；

Elymus enysii (Kirk) Á. Löve & Connor（183 页）；

Elymus laevis (Petrie) Á. Löve & Connor（184 页）；

Elymus multiflorus (Banks & Solander ex Hook. f.) Á. Löve & Connor（183 页）；

Elymus multiflorus var. *longisetus*（Hack.）Á. Löve & H. E. Connor（183 页）；

Elymus narduroides（Turcz.）Á. Löve & Connor（184 页）；

Elymus stewartii Á. Löve（170 页）. erratum，non *Ag. stewartii* A. Melderis；

Elymus tenuis（Buch.）Á. Löve & Connor（183 页）；

Elymus × wallii（Connor）Á. Löve & H. E. Connor（183 页）；

Elymus rectisetus（Nees in Lehm.）Á. Löve & Connor（183）。

1983 年，M. Kerguelen 在《利祖尼亚（Lejeunia）》110 卷 57 页，发表两个披碱草属新组合，一个是把 *Agropyron campestre* Grenier et Godron 组合为 *Elymus campestris*（Grenier et Godron）M. Kerguelen，另一个是把 *Triticum athericum* Link 组合为 *Elymus athericus*（Link）M. Kerguelen。

同年 A. Melderis 及 D. C. McClint 在《瓦提申尼亚（Watsonia）》14 卷上发表 4 个新组合，如下：

Elymus × laxus（Fr.）A. Melderis et D. McClintock（394 页）；

Elymus × obtusiusculus（Lange）A. Melderis et D. McClintock（394 页）；

Elymus × oliveri（Druce）A. Melderis et D. McClintock（393 页）；

Elymus pycnanthus var. *setigerus*（Dumort.）A. Melderis（393 页）。

同年，J. Lambinon 在《比利时、卢森堡、北法兰西以及瑞士里吉山脉相邻地区新植物志（Nouv. Fl. Belgique，Luxemboug，N. France et Rig. vois)》一书（第 3 版）992 页上发表 3 个披碱草属新组合。除 *Elymus × littoreus*（Schumach）J. Lambinon 外，其他两个与 A. Melderis 及 D. C. McClint 同年稍早（8 月 26 日）发表的两个组合完全同名，因此也就成为不合法的异名，它们是：*Elymus × obtusiusculus*（Lange）J. Lambinon 与 *Elymus × oliveri*（Druce）J. Lambinon。

同年，美国犹他州立大学生物系的 Mary E. Barkworth 与美国农业部草原与牧草实验室的 Douglas R. Dewey 在《大盆地自然科学家（Great Basin Nat.)》43 卷 568 页上，发表两个披碱草属的新组合，把 Frank Lamson Scribner 与 J. G. Smith 的 *Agropyron pseudorepens* Scribn. & J. G. Smith 确定为一个杂种，并把它组合到披碱草属中成为 *Elymus × pseudorepens*（Scribn. & J. G. Smith）M. E. Barkworth & D. R. Dewey；把 *Ag. albicans* Scribn. & J. G Smith 也组合到披碱草属中并降级为亚种，成为 *Elymus lanceolatus* subsp. *albicans*（Scribn. & J. G. Smith）M. E. Barkworth & D. R. Dewey。

同年，印度植物学家 G. Singh 在《分类群（Taxon）》32 卷上发表了 8 个披碱草属的新组合，都是分布在喜马拉雅南坡、西藏以及阿富汗的一些分类群。这些新组合如下：

Elymus afghanicus（A. Melderis）G. Singh（639 页）；

Elymus duthiei（A. Melderis）G. Singh（639 页）；

Elymus × interjacens（A. Melderis）G. Singh（639 页）；

Elymus × nothus（A. Melderis）G. Singh（639 页）；

Elymus × spurius（A. Melderis）G. Singh（639 页）；

Elymus thoroldianus（Oliv.）G. Singh（640 页）；

Elymus thoroldianus var. *laxiusculus*（A. Melderis）G. Singh（640 页）；

Elymus tibeticus（A. Melderis）G. Singh（640 页）。

1984 年，内蒙古师范学院的王朝品与内蒙古农牧学院的杨锡麟在东北林业科学院出版的《植物研究》第 4 卷，第 4 期上，发表两个披碱草属的新种与一个新变种，它们是：

Elymus purpuraristus C. P. Wang & X. L. Yang（83 页）；

Elymus villifer C. P. Wang et X. L. Yang（84 页）；

Elymus dahuricus var. *violeus* C. P. Wang & X. L. Yang（86 页）。

同年，植物遗传系统学先驱 Áskell Löve 在《费德斯汇编（Feddes Repertorium）》中发表一篇题为"小麦族大纲（Conspectus of the Triticeae）"的文章，这是一个划时代的分类系统。他第一次提出以染色体单组（haplome）以及它的组合来作为分属的依据。根据现今的研究与实践来看无疑是正确的。但是在 1984 年，当时对亚洲与大洋洲的许多小麦族植物还没有研究，许多染色体组及其染色体组的组合还未被发现。例如 **Y**、**W** 等染色组、**StStYY**、**StStYYHH**、**StStYYPP**、**WW**、**HHWW**、**StStYYWW**、**StStYYWWHH** 等组合，以及它们构成的物种都还不知道。因此，他把这些亲缘关系完全不同的分类群混同在一起，追随形态分类学家 Н. Н. Цвелев 的错误，通通归入披碱草属，并主观地拟定它们都是含 **StStHH** 的物种是缺乏实验依据的。但将一些当时已研究清楚的 *Hystrix patula* 以及 *Sitanion albescens* 与 *Sitanion polyanthrix* 归入披碱草属却是正确的。他所定的披碱草属有以下 11 个组，145 个种与 82 个亚种。应当指出的是，他定的亚种是没有实验依据的。

Sect. *Elymus*（448 页）

Elymus antiquus（Nevski）Tzvelev

Elymus confuses（Roshev.）Tzvelev

Elymus burchan-buddae（Nevski）Tzvelev

Elymus nutans Griseb.

Elymus altissimus（Keng）Á. Löve

Elymus sclerus Á. Löve

Elymus purpurascens（Keng）Á. Löve

Elymus caesifolius Á. Löve

Elymus leiotropis（Keng）Á. Löve（449 页）

Elymus formosanus（Honda）Á. Löve

Elymus brachyaristatus Á. Löve

Elymus submuticus（Keng）Á. Löve

Elymus atratus（Nevski）Hand. -Mazz.

Elymus schrenkianus（Fisch. et Mey.）Tzvelev

　　subsp. *schrenkianus*

　　subsp. *pamiricus*（Tzvelev）Tzvelev

Elymus sibiricus L.

Elymus nipponicus Jaska

Elymus hirsutus K. Predl（450 页）

Elymus borealis Scribner

Elymus glaucus Buckl.

    subsp. *glaucus*

    subsp. *jepsonii*（Davy）Gould

    subsp. *virescens*（Piper）Á. Löve

Elymus arcustus（Golosk.）Tzvelev

Sect. *Turczaninovia*（Nevski）Tzvelev

Elymus dahuricus Turcz. ex Griseb.（451 页）

    subsp. *dahuricua*

    subsp. *excelsus*（Turcz. ex Griseb.）Tzvelev

    subsp. *micranthus*（Melderis）Á. Löve

    subsp. *pacificus* Probatova

    subsp. *villosulus*（Ohwi）Á. Löve

Sect. *Macrolepis*（Nevski）Jaaska

Elymus canadensis L.

    subsp. *canadensis*

    subsp. *wiegandii*（Fernald）Á. Löve（452 页）

Elymus virgenicus L.

    subsp. *virginicus*

    subsp. *interruptus*（Buckley）Á. Löve

    subsp. *riparius* Wiegand

    subsp. *villosus*（Muehl.）Á. Löve

Sect. *Goulardia*（Husnot）Tzvelev

Elymus panormitanus（Parl.）Tzvelev（453 页）

Eltmus marginatus（Lindb. F.）Á. Löve

Elymus drobovii（Nevski）Nevski

Elymus dolichaterum（Keng）Á. Löve

Elymus calcicolus（Keng）Á. Löve

Elymus puberulus（Keng）Á. Löve

Elymus macrochaetus（Nevski）Tzvelev

Elymus semicostatus（Nees ex Steud.）Á. Löve

    subsp. *semicostatus*

    subsp. *thomsonii*（Hook. f.）Á. Löve

    subsp. *alienus*（Keng）Á. Löve

    subsp. *foliosus*（Keng）Á. Löve（454 页）

    subsp. *scabridulus*（Ohwi）Á. Löve

    subsp. *striatus*（Nees ex Steud.）Á. Löve

Elymus curvatiformis（Nevski）Á. Löve

Elymus borianus（Melderis）Á. Löve

Elymus fedtschenkoi Tzvelev

Elymus nakai（Kitagawa）Á. Löve

Elymus stenistachyus（Melderis）Á. Löve

Elymus kuramensis（Melderis）Á. Löve

Elymus edelbergii（Melderis）Á. Löve

Elymus dentatus（Hook. f.）Tzvelev

    subsp. *dentatus*

    subsp. *elatus*（Hook. f.）Á. Löve（455 页）

    subsp. *kashmiricus*（Melderis）Á. Löve

    subsp. *lachnophyllus*（Ovcz. et Sidor.）Tzvelev

    subsp. *scabrous*（Nevski）Á. Löve

Elymus laxiflorus（Keng）Á. Löve

Elymus grandiglumis（Keng）Á. Löve

Elymus kengii Tzvelev

Elymus kokonoricus（Keng）Á. Löve

Elymus melantherus（Keng）Á. Löve

Elymus rigidulus（Keng）Á. Löve

Elymus retusus Á. Löve

Elymus selerophyllus（Nevski）Tzvelev（456 页）

Elymus platyphyllus（Keng）Á. Löve

Elymus stenachyrus（Keng）Á. Löve

Elymus microlepis（Melderis）Á. Löve

Elymus thoroldianus（Oliver）G. Singh

    subsp. *thoroldianus*

    subsp. *laxiusculus*（Melderis）Á. Löve

Elymus tibeticus（Melderis）G. Singh

Elymus gmelinii（Ledeb.）Tzvelev

    subsp. *gmelinii*

    subsp. *tenuisetus*（Ohwi）Á. Löve

    subsp. *ugamicus*（Drobov）Á. Löve

Elymus humidorus（Ohwi et Sakamoto）Á. Löve（457 页）

Elymus tsukushiensis Honda

Elymus colorans（Melderis）Á. Löve

Elymus mutabilis（Drobov）Tzvelev

    subsp. *mutabilis*

    subsp. *barbulatus* Nevski ex Tzvelev

    subsp. *transbaicalensis*（Nevski）Tzvelev

subsp. *praecaespitosus*（Nevski）Tzvelev

Elymus uralensis（Nevski）Tzvelev

    subsp. *uralensis*

    subsp. *komarovii*（Nevski）Tzvelev

    subsp. *prokudinii*（Sered.）Tzvelev（458 页）

    subsp. *tianschanicus* Tzvelev

    subsp. *viridiglumis*（Nevski）Tzvelev

Elymus brachyphyllus（Boiss. et Hausskn.）Á. Löve

Elymus buschianus（Roshev.）Tzvelev

Elymus troctolepis（Nevski）Tzvelev

Elymus grandis（Keng）Á. Löve

Elymus strictus（Keng）Á. Löve

Elymus varius（Keng）Tzvelev

Elymus minus（Keng）Á. Löve

Elymus pendulinus（Nevski）Tzvelev（459 页）

    subsp. *pendulinus*

    subsp. *brachypodioides*（Nevski）Tzvelev

    subsp. *multiculmis*（Kitagawa）Á. Löve

    subsp. *pubicaulis*（Keng）Á. Löve

Elymus ciliaris（Trin.）Tzvelev

    subsp. *ciliaris*

    subsp. *amurensis*

    subsp. *integris*（Keng）Á. Löve

    subsp. *japonicus* Á. Löve

Elymus anthosachnoides（Keng）Á. Löve

Elymus caninus（L.）L.（460 页）

    subsp. *caninus*

    subsp. *biflorus*（Brign.）Á. Löve et D. Löve

Elymus nepalensis（Melderis）Á. Löve

Elymus sikkimensis（Melderis）Á. Löve

Elymus tracgycaulus（Link）Gould ex Shinners

    subsp. *tradhycaulus*

    subsp. *andinus*（Scribner et Smith）Á. Löve et D. Löve

    subsp. *bakeri*（E. Nels.）Á. Löve

    subsp. *donianus*（F. B. White）Á. Löve（461 页）

    subsp. *kamczadalorum*（Nevski）Tzvelev

    subsp. *novae-angliae*（Scribner）Tzvelev

    subsp. *scribneri*（Vasey）Á. Löve

subsp. *sierras* （Gould） Á. Löve

subsp. *stefanssonii* （Melderis） Á. Löve et D. Löve

subsp. *subsecundus* （Link） Gould

subsp. *teslinensis* （Porsild et Senn） Á. Löve

subsp. *violaceus* （Hornem） Á. Löve et D. Löve

subsp. *virescens* （Lange） Á. Löve et D. Löve （462 页）

Elymus lenensis （M. Popov） Tzvelev

Elymus alaskanus （Scribner et Merr.） Á. Löve

subsp. *alaskanus*

subsp. *hyperarcticus* （Polunin） Á. Löve

subsp. *islandicus* （Melderis） Á. Löve et D. Löve

subsp. *kronokensis* （Kamarov） Á. Löve et D. Löve

subsp. *latiglumis* （Scribner et Smith） Á. Löve （463 页）

subsp. *scandicus* （Nevski） Melderis

subsp. *sajanensis* （Nevski） Á. Löve

subsp. *subalpinus* （Neuman） Á. Löve et D. Löve

subsp. *villosus* （V. Vassil.） Á. Löve et D. Löve

Elymus macrourus （Turcz.） Tzvelev

subsp. *macrourus*

subsp. *neplianus* （V. Vassil.） Tzvelev

subsp. *turuchanensis* （Reverd.） Tzvelev

Elymus jacutensis （Drobov） Tzvelev （464 页）

Elymus fibrosus （Schrenk） Tzvelev

subsp. *fibrosus*

subsp. *subfibrosus* （Tzvelev） Tzvelev

Sect. *Hystrix* （Moench） Á. Löve

Elymus hystrix L.

Elymus californicus （Bolander） Gould

Elymus coreanus Honda （465 页）

Elymus asiaticus Á. Löve

subsp. *asiaticus*

subsp. *longearistatus* （Hack.） Á. Löve

Elymus komarovii （Roshev.） Ohwi

Elymus japonicus （Hack.） Á. Löve

Elymus duthiei （Staff） Bor

Sect. *Sitanion* （Rafin.） Á. Löve

Elymus sitanion Schult.

Elymus mutisetus （J. G. Smith） Davy （466 页）

Sect. *Clinelymopsis* （Nevski） Tzvelev

    Elymus caucasicus （C. Koch） Tzvelev

Sect. *Anthosachne* （Steud.） Tzvelev

    Elymus praeruptus Tvelev

    Elymus russellii （Melderis） Cope （467 页）

    Elymus himalayanus （Nevski） Tzvelev

    Elymus tschimganicus （Drobov） Tzvelev

    Elymus breviglumis （Keng） Á. Löve

    Elymus brevipes （Keng） Á. Löve

    Elymus parviglume （Keng） Á. Löve

    Elymus pseudonutans Á. Löve

    Elymus serotinus （Keng） Á. Löve

    Elymus schugnanicus （Nevski） Tzvelev

    Elymus jacquemontii （Hook. f.） Tzvelev

    Elymus longearistatus （Boiss.） Tzvelev

        subsp. *longearistatus*

        subsp. *badachschanicus* Tzvelev （468 页）

        subsp. *canalicukatus* （Nevski） Tzvelev

        subsp. *duthiei* Á. Löve

        subsp. *flexuosissimus* （Nevski） Tzvelev

        subsp. *litvinovii* Tzvelev

    Elymus africanus Á. Löve

    Elymus scabrous （R. Br.） Á. Löve

    Elymus rectisetus （Nees in Lehm.） Á. Löve et Connor

    Elymus apricus Á. Löve et Connor

    Elymus multiflorus （Banks ex Solander ex Hook. f.） Á. Löve et Connor

    Elymus enysii （Kirk） Á. Löve et Connor （469 页）

    Elymus tenuis （Buch.） Á. Löve et Connor

    Elymus kingianus （Endl.） Á. Löve

    Elymus nubigenus （Nees ex Steud.） Á. Löve

Sect. *Stenostachys* （Turcz.） Á. Löve et Connor

    Elymus narduroides （Turcz.） Á. Löve et Connor

    Elymus laevis （Petrie） Á. Löve et Connor

Sect. *Dasystachyae* Á. Löve

    Elymus lanceolatus （Scribner et J. G. Smith） Gould （470 页）

        subsp. *lanceolatus*

        subsp. *psammophilus* （Gillett et Senn） Á. Löve

        subsp. *yukonensis* （Scribner et Merr.） Á. Löve

Elymus stebbinsii Gould *Elymus arizonicus*（Scribner et J. G. Smith）Gould

Elymus agropyroides K. Presl（471 页）

Elymus andinus Trin.

Elymus antarcticus Hook. f.

Elymus araucanus（Parodi）Á. Löve

Elymus asper Nees ex Steud.

Elymus barbatus F. Kurtz.

Elymus bolivianus（Candargy）Á. Löve

Elymus breviaristatus（A. S. Hitchc.）Á. Löve

    subsp. *breviaristatus*

    subsp. *scabrifolius*（Döll）Á. Löve

Elymus chonoticus Philippi

Elymus corallensis Philippi

Elymus erianthus Philippi

Elymus fuegianus（Speg.）Á. Löve

Elymus magellanicus（Desv.）Á. Löve（472 页）

Elymus mendocinus（Parodi）Á. Löve

Elymus muticus Philippi

Elymus notius Á. Löve

Elymus oreophilus Philippi

Elymus palenae Philippi

Elymus paposamus Philippi

Elymus palenae Philippi

Elymus paposamus Philippi

Elymus patagonicus Speg.

Elymus pilosus（K. Presl）Á. Löve

Elymus pratensis Philippi

Elymus remotiflorus（Parodi）Á. Löve

Elymus rigescens Trin.

Elymus scabriglumis（Hackel）Á. Löve（473 页）

Elymus attenuatus Á. Löve

Elymus tilcarensis（J. H. Hunziker）Á. Löve

Elymus uniflorus Philippi

Elymus vaginatus Philippi

Sect. *Hyalolepis*（Nevski）Á. Löve

    Elymus alatavicus（Drobov）Á. Löve

    Elymus batalinii（Krasn.）Á. Löve

        subsp. *batalinii*

subsp. *alaica*（Drobov）Á. Löve

由于当时实验研究进展的局限，使他把这 227 个分类群全都认为是含 **St H** 染色体组组合的种或亚种，从而重蹈 Н. Н. Цвелев 把披碱草属变成一个"大杂烩"的错误。

1984 年，英国植物分类学家 A. Melderis 也在《爱丁堡皇家植物园记事（Notes Roy. Bot. Gard. Edinburgh)》42 卷发表了披碱草属 1 个新种、4 个新亚种与 13 个新组合，其中有 9 个亚种，3 个变种，如下：

Elymus elongatus subsp. *salsus* A. Melderis（77 页）；

Elymus elongates subsp. *turcicus*（McGuire）A. Meld.（81 页）；

Elymus erosiglumis A. Melderis（78 页）；

Elymus farctus var. *sartorii*（Boiss. & Heldr.）A. Meld.（78 页）；

Elymus farctus var. *sartorii*（Boiss. & Heldr.）A. Melderis（78 页）；

Elymus farctus var. *striatulus*（Runemark）A. Melderis（82 页）；

Elymus gentryi（Meld.）A. Melderis（82 页）；

Elymus hispidus subsp. *pulcherrimus*（Grossh.）A. Melderis（78 页）；

Elymus lazicus（Boiss.）A. Melderis（79 页）；

Elymus koshaninii（Nab.）A. Melderis（79 页）；

Elymus lazicus subsp. *attenuatiglumis*（Nevski）A. Melderis（79 页）；

Elymus lazicus subsp. *divaricatus*（Boiss. & Bal.）A. Melderis（79 页）；

Elymus lazicus subsp. *lomatolepis* A. Melderis（79 页）；

Elymus nodosus subsp. *caespitosus*（C. Koch）A. Melderis（80 页）；

Elymus nodosus subsp. *gypsicolus* A. Melderis（82 页）；

Elymus nodosus subsp. *platyphyllus* A. Melderis（80 页）；

Elymus nodosus subsp. *sinuatus*（Nevski）A. Melderis（80 页）；

Elymus sosnowskyi（Hackel）A. Melderis（80 页）。

同年，南京大学植物学家耿伯介教授在东北林业科学院出版的《植物研究》第 4 卷 3 期 449 页上，将其父亲耿以礼教授定名的 *Clinelymus submuticus* Keng 组合到披碱草属中，成为 *Elymus submuticus*（Keng）Keng f.。

同年，墨西哥索罗拉的 Alan A. Beetle 在《植物学（Phytologia)》杂志 55 卷第 3 期上发表了披碱草属 *Elymus trachycaulus* 的 3 个变种与 1 个变型的新组合，它们是：

Elymus trachycaulus var. *latiglume*（Scribn. & Smith）A. A. Beetle（209 页）；

Elymus trachycaulus var. *majus*（Vasey）A. A. Beetle（210 页）；

Elymus trachycaulus var. *unilaterale*（Cassidy）A. A. Beetle（210 页）；

Elymus trachycaulus f. *andinum*（Scribn. & Smith）A. A. Beetle（210 页）。

同年，J. Feiberg 在《中格林兰生物科学（Medd. Grønland. Biosci.)》15 卷上发表一个新组合，把 *Triticum violaceum* Homem. 组合到披碱草属中，定名为 *Elymus violaceus*（Homen.）J. Feiberg（2 页）。

同年，H. Hartmann 把一个 *E. longearistata* ssp. *canaliculata* × *E. repens* 的杂种命名为 *Elymus* × *incertus* H. Hartmann，发表在《Candollea》39 卷，第 2 期，519 页上。

同年，苏联植物学家 Н. С. Пробатова 在《植物学杂志（Бот. Журнал）》69 卷第 2 期上发表 2 个披碱草属的新种与 1 个降级新组合，它们是：

Elymus charkeviczii N. S. Probatova（256 页）；

Elymus zejensis N. S. Probatova（257 页）；

Elymus pendulinus var. *brachypodioides*（Nevski）N. S. Probatova（259 页）。

这个降级组合是把 С. А. Невский 的 *Roegneria brachypodioides* Nevski 组合为 *Elymus pendulinus* 的变种。

1985 年，Н. С. Пробатова 又在《苏联远东维管束植物（Сосуд. Раст. Совет Дальнего Востока)》第 1 卷上发表两个新种，一个名为 *Elymus woroschilowii* N. S. Probatova 的新种，就是她本人曾经在 1978 年发表的 *E. dahuricus* subsp. *pacificus* Probatova；另一个新种名为 *Elymus kurilensis* N. S. Probatova，这个新种与 1936 年日本植物学家本田正次发表的 *Agropyron yezoense* Honda 是同一个分类群。

1985 年，苏联植物学家 В. Н. Ворошилов 在 А. К. Скворчов 编辑的《苏联不同地区植物区系研究（Флорист иссл. в разн. Раионах СССР)》一书中发表了两个披碱草属新组合，一个是把 Вассилий Петрович Дробов 的 *Agropyron aegilopoides* Drobov 组合为 *Elymus aegilopoides*（Drobov）V. N. Voroschilov（151 页）；另一个是把 А. П. Хохряков 的 *Elymus confuses* subsp. *pilosifolius* A. P. Khokhryakov 降级组合为 *Elymus sibiricus* var. *pilosifolius*（A. P. Khokhryakov）V. P. Voroshilov（152 页）。

同年，美国犹他州立大学生物系的 Mary E. Barkworth 与美国农业部牧草与草原研究室的 Douglas R. Dewey 在《美国植物学杂志（Amer. J. Bot.）》第 72 卷，第 5 期，发表 3 个披碱草属的新组合，它们是：

Elymus×dorei（Bowden）M. E. Barkworth & D. R. Dewey（772 页）；

Elymus hordeoides（Suksd.）M. E. Barkworth & D. R. Dewey（772 页）；

Elymus×mossii（Lapage）M. E. Barkworth & D. R. Dewey（772 页）。

同年，苏联植物学家 Г. А. Пешкова 在《高等植物系统学新闻（Новости Системаика Высших Расттений)》第 22 卷上发表两个新组合，它们是：

Elymus franchetii subsp. *pacificus*（Probat.）G. A. Peshkova（40 页）；

Elymus pubiflorus（Roshev.）G. A. Peshkova（41 页）。

1986 年，B. K. Simon 在澳大利亚出版的《阿斯楚阿拜利亚（Austrobaileya)》第 2 卷，3 期上，把 J. W. Vickery 在《Contr. New South Wales Nat. Herb.》第 1 卷发表的 *Agropyron scabrum* var. *plurinerve* Vickery 组合为 *Elymus scabrus* var. *plurinervis*（Vickery）B. K. Simon（242 页）。

同年，印度植物学家 G. Singh 在《经济与分类植物学杂志（J. Econ. Taxon. Bot.）》第 8 卷 2 期上发表了以下 5 个新组合：

Elymus dentatus var. *elatus*（Hook. f.）G. Singh（497 页）；

Elymus dentatus var. *kashmiricus*（Meld.）G. Singh（497 页）；

Elymus dentattus var. *scabrus*（Nevski）G. Singh（497 页）；

Elymus semicostatus var. *thomsonii*（Hook. f.）G. Singh（498 页）；

Elymus semicostatus var. *validus*（Meld.）G. Singh（498 页）。

同年，S. Talavera 在《拉嘎斯喀利亚（Lagascalia）》第 14 卷，1 期，170 页，把 Pierre Edmond Boissier 定名的 *Agropyron panormitanus* var. *hispanicus* Boiss. 组合到披碱草属中，成为 *Elymus hispanicus*（Boiss.）S. Talavera。

1987 年，苏联植物学家 A. Атаева 在《土库曼加盟共和国科学院新闻：生物学系列（Известия Академий Наук Туркменскои СССР，Серия Бологий）》第 3 期 64 页，发表一个名为 *Elymus transhycanus* var. *togarovii* A. Ataeva 的新变种。

同年，英国植物学家 A. Melderis 与 D. McClintock 在 D. McClintock 编著的《吉尔塞野生花卉增篇（Suppl. Wild Flow. Guernsey）》48 页发表一个名为 *Elymus repens* var. *aristatus*（Baumgarten）Meld. & D. McClintock 的新组合。

同年，日本植物学家小山哲夫在他编著的《日本及邻近地区的禾草（Grass. Jap. & Neibour. Regions）》一书中发表一个名为 *Elymus dahuricus* subsp. *villosus*（Ohwi）T. Koyama 的新亚种。

同年，D. Rivera 与 M. A. Carreras 在《穆尔西亚大学生物学部生物学年报（An. Biol. Fac. Biol. Univ. Murcia）》13 卷 25 页发表一个名为 *Elymus fontqueri*（Meld.）D. Rivera & M. A. Carreras 的升级组合，它是把 A. Melderis 定名的 *E. pugens* subsp. *fontqueri* Melderis 升级为种。

同年，M. -A. Thiebaud 把瑞士植物学家 Augustin Pyramus de Candolle 定名的 *Triticum acutum* DC. 组合为 *Elymus acutus*（DC.）M. -A. Thiebaud，发表在《坎多利亚（Candollea）》42 卷，1 期，340 页上。

1988 年，南京中山植物园的陈守良把耿以礼及她早年定名的鹅观草属的分类群以及耿以礼与她的早年著作中曾引用过的其他学者定名的鹅观草属的分类群，国内其他学者新定的鹅观草属的分类群，一同组合为披碱草属。其中把王朝品与杨锡麟的 *Roegneria hirtiflora* C. P. Wang & H. L. Yang 组合到披碱草属中，与 1934 年美国植物学家 Albert Spear Hitchcock 定名的 *Elymus hirtiflorus* 同名，她就加上"中国（sino）"一词加以区别；还有 *Elymus mayebaranus*（Honda）S. L. Chen 是错误的鉴定，因为她是根据耿（1959）的错误鉴定而来的。这些组合如下（《中山植物园丛刊》第 8 期，1987）：

Elymus alashanicus（Keng）S. L. Chen；

Elymus aristiglumis（Keng et S. L. Chen）S. L. Chen；

Elymus barbicallus（Ohwi）S. L. Chen；

Elymus foliosus（Keng）S. L. Chen；

Elymus geminatus（Keng et S. L. Chen）S. L. Chen；

Elymus glaberrima（Keng et S. L. Chen）S. L. Chen；

Elymus kamoji（Ohwi）S. L. Chen；

Elymus kamoji var. *intermedius* S. L. Chen et Y. X. Jin；

Elymus hondai（Kitag.）S. L. Chen；

Elymus hybridus（Keng）S. L. Chen；

Elymus intramongolia (S. Chen et Gaowua) S. L. Chen;

Elymus humilis (Keng et S. L. Chen) S. L. Chen;

Elymus mayebaranus (Honda) S. L. Chen;

Elymus longiglumis (Keng) S. L. Chen;

Elymus pulanensis (H. L. Yang) S. L. Chen;

Elymus sinohirtiflorus S. L. Chen;

Elymus sylvaticus (Keng & S. L. Chen) S. L. Chen;

Elymus viridulus (Keng & S. L. Chen) S. L. Chen。

1988 年，H. S. Dubey 和 S. N. Dixit 在《经济与分类植物学杂志（J. Econ. Taxon. Bot.）》第 12 卷，1 期，227 页，发表了一个采自印度与巴基斯坦，名为 *Elymus harsukhii* H. S. Dubey et S. N. Dixit 的新种。

同年，美国植物学家 R. D. Dorn 在《怀俄明维管束植物（Vasc. Pl. Wyoming）》一书中发表了以下 7 个披碱草属新组合：

Elymus albicans var. *griffithsii* (Scribn. & J. G. Smith ex Piper) R. D. Dorn（298 页）；

Elymus canadensis var. *hirsutus* (Farw.) R. D. Dorn（298 页）；

Elymus elongatus var. *ponticus* (Podp.) R. D. Dorn（299 页）；

Elymus elymoides var. *brevifolius* (J. G. Smith) R. D. Dorn（298 页）；

Elymus hispidus var. *ruthenicus* (Griseb.) R. D. Dorn（298 页）；

Elymus lanceolatus var. *riparius* (Scribn. & J. G. Smith) R. D. Dorn（298 页）；

Elymus trachycaulus var. *andinus* (Scribn. & J. G. Smith) R. D. Dorn（298 页）。

1989 年，日本植物学家长田武正在他编著的《日本禾本科植物图谱》一书中发表了以下 4 个披碱草属新组合：

Elymus gmelinii var. *tenuisetus* (Ohwi) T. Osada（738 页）；

Elymus humidus (Ohwi & Sakamoto) T. Osada（738 页）；

Elymus reciemifer var. *japonensis* (Honda) T. Osada（738 页）；

Elymus yezoensis var. *koryoensis* (Honda) T. Osada（738 页）。

同年，美国犹他州立大学农业部牧草与草原研究室的 K. B. Jensen 在加拿大出版的《核基因组（Genome）》32 卷，第 4 期，645 页，把 1811 年 Franz Xavier von Wulfen 与 Johann Christian Daniel von Schreber 定名的 *Triticum vaillantianum* Wulf. et Schreb. 组合为 *Elymus vaillantianus* (Wulf. & Schreb.) K. B. Jensen。但是学名 *Triticum vaillantianum* Wulf. et Schreb. 有个问题，它是 Wulfen 死后 6 年，于 1811 年发表在 Audust Friedrich Schweigger 的《Flora Erlangensis》一书，第 2 版，第 1 卷，143 页，按 Schweigger 的注释是 Wulfen 单独定的名，正确的写法应当是 "*Triticum vaillantianum* Wulf. 1811. in Schweigger, Fl. Erlangensis ed. 2, 1：143"。Agnes Chase 与 Cornelia D. Niles 在卡片上已指出它就是有芒的 *Agropyron repens*，也就是有芒的 *Elymus repens* (L.) Gould。

同年，S. Karthikeyan 在其编著的《单子叶植物详记（Fl. Ind. Rnumerat-Monocot.）》213 页发表一个名为 *Elymus nayarii* S. Karthikeyan 新种，而它与 1978 年 A. Melderis 组合为

Elymus thomsonii（Hook. f.）Meld. 是同一个分类群。

同年，J. F. Veldkamp 在《Blumea》34 卷，1 期，74 页，把美国植物学家 A. S. Hitchcock 定名为 *Brachypodium longisetum* Hitch. 组合为 *Elymus longisetus*（Hitch.）J. F. Veldkamp。

同年，丹麦哥本哈根大学的 Ole Seberg 在《植物系统学与演化（Pl. Syst. Evol.）》第 166 卷，1～2 期合刊，99 页上，发表一个名为 *Elymus glaucescens* O. Seberg 的新种。

1990 年，苏联植物学家 Г. А. Пешкова 在《西伯利亚植物志（Фл. Сибир.）》第 2 卷，23 页（英文版：《Flora of Sibiria》，第 2 卷，17 页），发表一个名为 *Elymus ircutensis* G. A. Peshkova 的新种。

同年，В. Н. Ворошилов 又在《莫斯科自然科学工作者协会公报：生物学组（Бюллетен Московског общчества испитателеи природь Отделение Биологий）》95 卷，2 期，91 页，发表一个名为 *Elymus hyperarcticus* subsp. *villosus*（V. Vassil.）V. N. Voroshilov 的新组合。他是把 *Roegneria villosa* V. Vassil 组合为披碱草属的。

同年，新西兰植物学家 H. E. Connor 在英国出版的《丘园公报（Kew Bull.）》45 卷，4 期，680 页，把 *Triticum kingianum* Endlicher（Prodr. Fl. Norf. 21. 1833）组合为 *Elymus multiflorus* var. *kingianus*（Endl.）H. E. Connor。

同年，崔大芳在《植物研究》第 10 卷 3 期上发表披碱草属 4 个新种与 4 个新变种，如下：

Elymus magnicaespes D. F. Cui（25 页）；

Elymus sinkiangensis D. F. Cui（26 页）；

Elymus kaschgaricus D. F. Cui（27 页）；

Elymus altaicus D. F. Cui（28 页）；

Elymus glaberrima var. *breviaristata* S. L. Chen ex D. F. Cui（29 页）；

Elymus mutabilis var. *nemoralis* S. L. Chen ex D. F. Cui（29 页）；

Elymus abolinii var. *pluriflorus* D. F. Cui（30 页）；

Elymus tschimganicus var. *glabrispiculus* D. F. Cui（30 页）。

同年，瑞典农业科学大学的 Björn Salomon 在柏林植物园与植物博物馆出版的，以德国植物分类学先驱 K. L. Willdenow 命名的植物学杂志《威尔登诺维亚（Willdenowia）》第 19 卷，2 期，449 页，把耿以礼错误鉴定为 *Roegneria mayebarana*（Honda）Ohwi 的产自中国山东的一个四倍体分类群改名为 *Elymus shandongensis* B. Salomon 正式发表。这个分类群是含 **StStYY** 染色体组的植物，应当属于鹅观草属。北欧学者大都追随 Н. Н. Цвелев 搞"大杂烩"的披碱草属，所以他也把它定为山东披碱草。

同年，长田武正又在日本出版的《植物研究杂志》第 65 卷，第 9 期，266 页，把 *Agropyron semicostatum*（Steud.）Nees ex Boiss. var. *transiens* Hackel 组合成为 *Elymus tsukushiensis* var. *transiens*（Hack.）T. Osada。

1991 年，新疆畜牧科学院草原研究所的张清斌在《云南植物研究》13 卷，1 期，21 页，发表一个名为 *Elymus triglumis* Q. B. Zhang 的新种。从种名就知道"三颖"是一个非正常的个别变异个体，不会是一个稳定的种群。

1991 年，台湾大学农学院的应绍舜在《台湾大学农学院论文集》31 卷 1 期上发表一篇名为"台湾植物注释及叙述（十四）"的报告。在 33 页，他把本田正次定名的 *Agropyron formosanum* Honda 组合为 *Elymus formosanum*（Honda）Ying。这个分类群 Áskell Löve 在 1984 年早就把它组合在披碱草属中，成为 *Elymus formosanum*（Honda）Á Löve。日本大井次三郎在 1941 年曾把它组合为 *Roegneria formosana*（Honda）Ohwi，从形态特征与地理分布（亚热带）来看，大井的组合 才是正确的。在这篇报告中应绍舜把 *Agropyron formosanum* Honda 误写为 *Agropyron formosana* Honda，把他的组合写成 *Elymus formosanum*（Honda）Ying，在拉丁文的"性"上，都是错误的。

1992 年，美国密苏里植物园的 Gerrit Davidse 与艾奥瓦州立大学的 Richard W. Pohl 在密苏里植物园出版的《新（Novon）》第 2 卷，第 2 期上，发表一篇题为"New taxa and nomenclatured combinations of Mesoamerican grasses（Poaeeae）"的报告，其中把 *Elymus attenuatus* Á. Löve 改名为 *Elymus cordilleranus* G. Davidse et R. W. Pohl（100 页），因为与 1890 年出版的《欧洲植物（Pl. Eur.）》第 1 卷的 *Elymus attenuatus*（Griseb.）K. Richter 同名。Á. Löve 的这个学名亦还有另外一个问题，那就是 Á. Löve 已指出是根据 1816 年发表的 *Triticum attenuatum* Kunth 组合为披碱草属的，但他在 1984 年发表这个组合时却没有写上"（Kunth）"。

同年，俄罗斯植物学家 Ю. А. Котухов 在《植物学杂志（Ботаниическы Журнал）》77 卷，第 6 期，发表了以下 6 个新种：

Elymus karakabinicus Yu. A. Kotukhov（89 页）；

Elymus occidentalialtaicus Yu. A. Kotukhov（89 页）；

Elymus tzvelevii Yu. A. Kotukhov（90 页）；

Elymus buchtarmensis Yu. A. Kotukhov（91 页）；

Elymus marmoreus Yu. A. Kotukhov（92 页）；

Elymus sibinicus Yu. A. Kotukhov（93 页）。

同年，瑞典农业科学大学的卢宝荣在《威尔登诺维亚（Willdenowia）》22 卷，发表了一个采自西藏的新种，以纪念杨俊良教授命名为 *Elymus yangii* B. R. Lu。但是它是一个含 **StStYY** 染色体组的分类群，应当属于鹅观草属。

1993 年，卢宝荣与 Björn Salomon 又在《北欧植物学杂志（Nord. J. Bot.）》第 13 卷，第 4 期，355 页，发表两个新种，它们是：

Elymus cacuminus B. R. Lu & B. Salomon；

Elymus retroflexus B. R. Lu & B. Salomon。

同年，中国科学院西北高原生物研究所的蔡联炳在《西北植物学报》13 卷，第 1 期，发表两个披碱草属的新种，这两个新种命名为 *Elymus barystachyus* L. B. Cai（70 页）与 *Elymus xiningensis* L. B. Cai（71 页）。

同年，G. Davidse 在 L. Brako & J. L. Zarucchi 编著的《秘鲁有花植物与裸子植物名录（Cat. Flower. Pl. Gymn. Peru）》，密苏里植物园系统植物学专著（Monogr. Syst. Bot. Missouri Bot. Gard.）第 45 号，1 258 页，发表一个名为 *Elymus hitchcockii* G. Davidse 的新种，用以纪念美国植物学家 Albert Soear Hitchecock。

1994 年，W. J. Cody 在《加拿大原野自然科学（Canad. Field-Nat.）》第 108 卷，第 1 期，93 页，把 *Ag. caninum* f. *glaucum* Pease & A. H. Moore 升级组合到 *Elymus trachycaulus* 中，成为 *Elymus trachycaulus* subsp. *glaucus*（Pease & A. H. Moore）W. J. Cody。

同年，伊朗森林与草原研究所的 M. Assadi 在《伊朗植物学杂志（Iranian J. Bot.）》第 6 卷，发表 1 个新种与 1 个新亚种，如下：

Elymus zagricus M. Assadi（191 页）；

Elymus transhycanus subsp. *lorestanicus* M. Assadi（194 页）。

同年，Björn Salomon 又在《北欧植物学杂志（Nord. J. Bot.）》第 14 卷，第 1 期，12 页，把 A. Melderis 定名的 *Agropyron striatum* var. *validum* Melderis 组合到披碱草属并升级为种，成为 *Elymus validus*（Meld.）B. Salomon。

同年，南京中山植物园的陈守良在东北林业科学院出版的《植物研究》14 卷，第 2 期，139 页，发表一个名为 *Elymus yilianus* S. L. Chen 的新种，而这个新种就是耿伯介于 1984 年发表的 *E. breviaristatus*（Keng ex Keng. f.）Keng f. 。

同年，北京植物研究所的刘亮在《横断山脉的维管束植物》第 2 卷，2 216 页，把耿以礼、陈守良在 1963 年定名的 *Roegneria geminata* Keng et S. L. Chen 组合为 *Elymus geminata*（Keng et S. L. Chen）L. Liou。而它实际上是一些不育的天然杂种个体出现在 *Kengyilia rigidula* 与 *Campeiostachys nutans* 混生的地区，节上具两个小穗的杂种 F_1 个体。

同年，新西兰坎特伯雷大学地理系的 H. E. Connor 在《新西兰植物学杂志（（New Zealand J. Bot.）》32 卷，第 2 期，发表了 2 个新种与 1 个新组合，如下：

Elymus falcis H. E. Connor（132 页）；

Elymus sacandros H. E. Connor（138 页）；

Elymus solandri（Steud.）H. E. Connor（140 页）。

1995 年，Julian J. N. Campbell 在《新（Novon）》第 5 卷，第 2 期，128 页，发表一篇题为 "New combinations in eastern North American *Elymus*（Poaceae）" 的报告，其中发表两个降级组合，把 Frank Lamson-Scribner 与 C. R. Ball 定名的两个种降级为变种：

Elymus glabriflorus var. *australis*（Scribn. & C. R. Ball）J. J. N. Campbell；

Elymus villosus var. *arkensanus*（Scribn. & C. R. Ball）J. J. N. Campbell。

同年，俄罗斯植物学家 С. К. Черепанов 在他编著的《俄罗斯及其相邻地区的维管束植物（前苏联）〔Vascular Plants of Russia and Adjacent Ststes（The former USSR）〕》一书中所列 216 个科，1945 个属，22 000 个种中，发表了以下 3 个披碱草属的新组合，即把 3 个鹅观草属的亚种组合为披碱草属的亚种，当然这些亚种是没有实验根据臆定的等级。它们是：

Elymus macrourus subsp. *pilosivaginatus*（Jurczev）S. K. Czerepanov（363 页）；

Elymus vassilijevii subsp. *coeruleus*（Jurczev）S. K. Czerepanov（364 页）；

Elymus vassilijevii subsp. *laxepilosus*（Jurczev）S. K. Czerepanov（364 页）。

1996 年，英国植物学家 P. D. Sell 在他与 G. Murrell 合著的《大不列颠与爱尔兰植物志（Flora of Great British and Ireland）》第 5 卷中，把 1890 年 F. B. White 定名的 *Agopyron donianum* F. B. White 降级组合为 *Elymus caninus*（L.）L. subsp. *donianus*（F. B. White）P. D. Sell。这个分类群在 1984 年已经被 Áskell Löve 组合为 *Elymus trachycaulus* subsp. *donianus*（F. B. White）Á. Löve。

同年，崔大芳在《新疆植物志》第 6 卷上发表了 3 个披碱草属的新组合，它们是：

Elymus kengii（Tzvel.）D. F. Cui（183 页）；

Elymus borealis（Turcz.）D. F. Cui（184 页）；

Elymus curvatus（Nevski）D. F. Cui（197 页）。

同年，美国伊利诺伊州立大学植物系的 Gorden C. Tucker 以纽约州立博物馆的生物学研究的名义在《哈佛植物学论文（Harvard Papers in Botany）》第 9 号，发表一篇题为 "The genera of Poöideae（Gramineae）in the Southeastern United States" 的报告，其中发表了一个名为 *Elymus×ebingeri* G. C. Tucker 的新种名。它可能是 *E. hystrix×E. virginicus* 的杂种。

同年，M. Assadi 又在《威尔登诺维亚（Willdenowia）》26 卷，1～2 期合刊，发表了 7 个披碱草属新组合，它们是：

Elymus elongatiformis（Drob.）M. Assadi（268 页）；

Elymus gentryi（Meld.）Meld. var. *ciliatiglumis* M. Assadi（261 页）；

Elymus hispidus（Opiz）Meld. var. *podeperae*（Nabelek）M. Assadi（265 页）；

Elymus hispidus（Opiz）Meld. var. *villosus*（Hack.）M. Assadi（265 页）；

Elymus nodosus（Nevski）Meld. subsp. *dorudicus* M. Assadi（258 页）；

Elymus pertenuis（C. A. Mey.）M. Assadi（256 页）；

Elymus tauri（Boiss. & Balansa）Meld. var. *kosaninii*（Nabelek）M. Assadi（258 页）。

1997 年出版的 1996 年度的《系统植物学（Systematic Botany）》第 3 卷上，美国犹他州立大学的 Mary E. Barkworth、蒙大拿州立大学的 R. L. Burkhamer 与 L. E. Talbert 共同发表一篇题为 "*Elymus calderi*：a new species in the Triticeae（Poaceae）" 的报告。报告中除发表新种 *Elymus calderi* M. E. Barkworth 外，还报道对这个新种进行的 DNA 重复序列分析的结果，证实它是一个含 **St** 与 **H** 染色体组的披碱草属的植物。

1997 年，南京中山植物园的陈守良在《新（Novon）》第 7 卷，第 3 期上，发表一篇题为 "A new subspecies and new combinations in Chinese Triticeae（Poaceae）" 的报告。报告中把耿以礼和她本人，以及其他人定名的小麦族植物，重蹈 Н. Н. Цвелев 的做法，通通组合到披碱草属中，把 *Elymus* 变成了一个"大杂烩"。她的这些新组合与 1 个新亚种如下：

Elymus aliena（Keng）S. L. Chen（227 页）；

Elymus aristiglumis（Keng et S. L. Chen）S. L. Chen var. *hirsutus*（H. L. Yang）S. L. Chen（227 页）；

Elymus aristiglumis（Keng & S. L. Chen）S. L. Chen var. *leianthus*（H. L. Yang）

S. L. Chen（227 页）；

Elymus barbicallus（Ohwi）S. L. Chen var. *pubifolius*（Keng）S. L. Chen（227 页）；

Elymus barbicalla（Ohwi）S. L. Chen var. *pubinodis*（Keng）S. L. Chen（228 页）；

Elymus ciliaris（Trin.）Tzvel. var. *amurenssis*（Drob.）S. L. Chen（228 页）；

Elymus ciliaris（Trin.）Tzvel. var. *hirtiflorus*（C. P. Wang & H. L. Yang）S. L. Chen（228 页）；

Elymus ciliaris（Trin.）Tzvel. var. *japonensis*（Honda）S. L. Chen（228 页）；

Elymus ciliaris（Trin.）Tzvel. var. *sumuticus*（Honda）S. L. Chen（228 页）；

Elymus confusus（Roshev.）Tzvel. var. *breviaristatus*（Keng）S. L. Chen（228 页）；

Elymus dahuricus Turcz. var. *xiningensis*（L. B. Cai）S. L. Chen（228 页）；

Elymus formosanus（Honda）Á. Löve var. *pubigerus*（Keng）S. L. Chen（228 页）；

Elymus jufinshanicus（C. P. Wang et H. L. Yang）S. L. Chen（228 页）；

Elymus leianthus（Keng）S. L. Chen（229 页）；

Elymus mutabilis（Drob.）Tzvel. var. *praecaespitosus*（Nevski）S. L. Chen（229 页）；

Elymus sinicus（Keng）S. L. Chen（229 页）；

Elymus tenuispicus（J. L. Yang et Y. H. Zhou）S. L. Chen（229 页）；

Elymus tridentatus（Yen et J. L. Yang）S. L. Chen（229 页）。

同年，H. J. Conert 在 G. Hegi 主编的《中欧植物图志（Illustr. Fl. Mitteeleur.）》第 3 版，1 卷，发表 4 个新组合，它们是：

Elymus arenosus（Spenner）H. J. Conert（793 页）=*Triticum repens* var. *arenosum* Spenner，1925，Fl. friberg，1：162；

Elymus×mucronatus（Opiz）H. J. Conert，1997，in G. Hegi，Illustr. Fl. Mitteleur.，ed. 3，1（3：Lief. 10）：802. =*Ag. mucronatus* Opiz，1824，Vestnik Kralov. 42；

Elymus obtusiflorus（DC.）H. J. Conert，1997，in G. Hegi，Illustr. Fl. Mitteleur.，ed. 3，1（3：Lief. 10）：787；

Elymus repens（L.）Gould subsp. *littoreus*（Schumach）H. J. Conert，1997，in G. Hegi，Illustr. Fl. Mitteleur.，ed. 3，1（3：Lief. 10）：798。

1998 年，Mary E. Barkworth 在出版的 1997 年度《植物学（Phytologia）》83 卷，第 4 期，发表 3 个披碱草属的新亚种组合。这 3 个亚种如下：

Elymus elymoides（Raf.）Swezey subsp. *brevifolius*（J. G. Sm.）M. E. Barkworth（305 页）=Sitanion brevifolium；

Elymus elymoides（raf.）Swezey subsp. *californicus*（J. G. Sm.）M. E. Barkworth（306 页）=Sitanion californicum；

Elymus elymoides（Raf.）Swezey subsp. *hordeoides*（Suksd.）M. E. Barkworth（1998 页）=Sitanion hordeoides。

同年，美国科罗拉多自然资源保护服务处的 Jack R. Carison 与 Mary E. Barkworth 在推迟出版的 1997 年度《植物学（Phytologia）》83 卷，第 4 期，312～330 页，发表了披碱草属 1 个名为 *Elymus wawawaiensis* J. R. Carlson & M. E. Barkworth 的新种。

同年，Mary E. Barkworth 在出版的 1997 年度《植物学（Phytologia）》83 卷，第 5 期，360 页，发表一个名为 *Elymus stebbinsii* subsp. *septentrionalis* M. E. Barkworth 的新亚种。

1998 年，在出版的 1997 年度的《瑞典植物学期刊（Svensk Bot. Tidskr.）》第 91 卷，第 5 期，249 页，T. Karksson 发表一个名为 *Elymus caninus*（L.）L. var. *behmii*（Meld.）T. Karksson 的新变种。

同年，丹麦哥本哈根大学的 O. Seberg 与 G. Peterson 在德国版的《系统植物学（Bot. Jahrb. Syst.）》120 卷，第 4 期，发表以下两个披碱草属新种：

Elymus parodii O. Seberg et G. Peterson（530 页）；

Elymus×lineariglumis O. Seberg et G. Peterson（528 页）。

同年，M. Ibn. Tattou 在《博科利亚（Bocconea）》第 8 卷，217 页，发表 3 个披碱草属的新组合，它们是：

Elymus embergeri（Maire）M. Ibn. Tattou；

Elymus festucoides（Maire）M. Ibn. Tattou；

Elymus repens（L.）Gould subsp. *atlantis*（Maire）M. Ibn. Tattou。

同年，J. H. Hunziker 在《达尔文（Darwiniana）》35 卷，167 页，发表 1 个名为 *Elymus scabrifolius*（Doell）J. H. Hunziker 的新组合。

同年，俄罗斯植物学家 Ю. A. Ктухов 在以 Николаи Степанович Турчанинюв 的姓命名的《图尔干利诺夫（Turczaninowia）》第 1 卷，第 1 期，发表两个披碱草属新种，如下：

Elymus sauricus Yu. A. Kotukhov（19 页）；

Elymus tarbagataicus Yu. A. Kotukhov（20 页）。

1999 年，Ю. A. Ктухов 又在《图尔干利诺夫（Turczaninowia）》第 2 卷，第 4 期，发表以下 5 个披碱草属的新种：

Elymus besczetnovae Yu. A. Kotukhov（9 页）；

Elymus lineicus Yu. A. Kutukhov（8 页）；

Elymus longispicatus Yu. A. Kotukhov（7 页）；

Elymus sarymsactensis Yu. A. Kotukhov（6 页）；

Elymus ubinica Yu. A. Kotukhov（5 页）。

2000 年，Н. Н. Цвелев 在《高等植物系统学新闻（Новости Системаика Высших Расттений）》第 32 卷，发表以下 4 个亚种组合。这些亚种的定立是没有实验根据的。

Elymus kronokensis（Kom.）Tzvelev subsp. *scandicus*（Nevski）Tzvelev（182 页）；

Elymus sajanensis（Nevski）Tzvelev subsp. *coeruleus*（Jurczev）Tzvelev（182 页）；

Elymus violaceus（Hornem.）Feilberg subsp. *andinus*（Scribn. et J. G. Smith）Tzvelev（182 页）；

Elymus violaceus（Hornem.）Feilberg subsp. *latiglumis*（Scribn. et J. G. Smith）Tzvelev（181 页）。

2002 年，美国密苏里植物园的朱光华与南京中山植物园的陈守良在《新（Novon）》

12 卷，第 3 期，发表一篇题为 "Nomeclatural noveliies in Chinese *Elymus*（Poaceae，Triticeae）" 的报告，把中国产的一系列的小麦族的分类群又组合或改名置于 *Elymus* 中。这些新组合与新改名如下：

Elymus abolinii（Drob.）Tzvel. var. *nudiusculus*（L. B. Cai）S. L. Chen et G. Zhu（425 页）；

Elymus angustispiculatus S. L. Chen et G. Zhu（425 页）；

Elymus caianus S. L. Chen & G. Zhu（425 页）；

Elymus curtiaristatus（L. B. Cai）S. L. Chen et G. Zhu（426 页）；

Elymus debilis（L. B. Cai）S. L. Chen et G. Zhu（426 页）；

Elymus gmelinii（Ledeb.）Tzvel. var. *macrantherus*（Ohwi）S. L. Chen et G. Zhu（426 页）；

Elymus hongyuanensis（L. B. Cai）S. L. Chen et G. Zhu（426 页）；

Elymus kamoji（Ohwi）S. L. Chen var. *macerrimus* G. Zhu（426 页）；

Elymus cheniae（L. B. Cai）G. Zhu（426 页）；

Elymus laxinodis（L. B. Cai）S. L. Chen et G. Zhu（427 页）；

Elymus magnipodus（L. B. Cai）S. L. Chen et G. Zhu（427 页）；

Elymus serpentinus（L. B. Cai）S. L. Chen et G. Zhu（427 页）；

Elymus sinicus（Keng）S. L. Chen et G. Zhu var. *medius*（Keng）S. L. Chen et G. Zhu（427 页）；

Elymus shouliangiae（L. B. Cai）G. Zhu（427 页）；

Elymus sinoflexuosus S. L. Chen et G. Zhu（428 页）；

Elymus strictus（Keng）Á. Löve var. *crassa*（L. B. Cai）S. L. Chen et G. Zhu（428 页）；

Elymus trichospicula（L. B. Cai）S. L. Chen et G. Zhu（428 页）；

Elymus yushuensis（L. B. Cai）S. L. Chen et G. Zhu（428 页）。

2002 年，J. J. N. Campbell 在美国出版的《塞达（SIDA）》22 卷，1 期，480 页，发表一个名为 *Elymus texanensis* J. J. N. Campbell 的新种。

2009 年，澳大利亚悉尼皇家植物园国家标本馆的 Surrey W. L. Jacobs 与美国犹他州立大学的 Mary E. Barkworth 在美国密苏里植物园出版的《新（Novon）》19 卷上，发表一个采自澳大利亚东部的披碱草属定名为 *Elymus fertilis* S. Wang ex S. W. L. Jacobs et Backworth 的新种。经实验检测，它是含 **StStYYWW** 染色体组的六倍体，应当属于花鳞草属，而不属于披碱草属。

披碱草属——*Elymus* L.，从林奈建属时开始，就是一个非常混乱的属。1848 年，德国植物学家 Christain Ferdinand Hochstetter 就把林奈定名的 *Elymus arenarius* L. 分出来另建 *Lymus* Hochst.。20 世纪 70 年代苏联植物学家 Н. Н. Цвелев 又把鹅观草属、花鳞草属都归入披碱草属，使它成为多达 200 多个种的 "大杂烩"。上述曾被定名为披碱草属的种，有许多都不应该是披碱草属的分类群。

（二）披碱草属的实验生物学研究

1946 年，美国加利福利亚大学伯克利分校遗传学部的 G. Ledyard Stebbins，Jr.、J. L. Valencia 与 R. Marie Valencia 在《美国植物学杂志（American Journal of Botany）》第 33 卷发表一篇题为 "Artificial and natural hybrids in gramineae, tribe Hordeae I. *Elymus*, *Sitanion* and *Agropyron*" 的论文。文章报道了他们对 *Agropyron parishii* Scribn. et Smith、*Agropyron pauciflorum*（Schwein.）Hitchc.、*Elymus glaucus* Buckl.、*Elymus glaucus* var. *jepsoni* Davy、*Sitanion hystrix*（Nutt.）J. G. Smith、*Sitanion jubatum* J. G. Smith，以及采自 San Benito 的一种类似 *Agropyron pauciflorum*，但植株较高、较松散，穗较长，芒较短或钝尖，花药较大的未定名的材料的人工及天然杂种进行的细胞遗传学观察分析。这里需要说明，在那个年代学名的考证不像今天这样细致深入。他们的 "tribe Hordeae"，就是我们今天订正为 tribe Tritceae 的族；这里的 "*Agropyron*"，也是广义的；这里所写的 "*Agropyron*" 的种，也都是属于 *Elymus* 的分类群，*Agropyron parishii* Scribn. et Smith 是 *Elymus glaucus* var. *jepsoni* Davy 的异名，*Agropyron pauciflorum*（Schwein.）Hitchc. 是 *Elymus trachycaulus*（Link）Gould ex Shinners 的异名。

他们用 *Elymus glaucus* 10 朵去雄小花，与 *Sitanion jubutum* 的花粉进行一次性的人工杂交，没有得到杂种种子。但是，根据他们的调查，毫无疑问，这两个种之间的天然杂种却经常存在。他们报道说他们得到了 *Agropyron* 与 *Sitanion* 之间的人工杂交的杂种，他们这里所说的 *Agropyron* 应当是 *Elymus*。母本是采自加州邻近 San Benito 的一个株系，原来鉴定为 *Agropyron pauciflorum*，已如前述，它与 A. *pauciflorum*（即 *Elymus trachycalus*）形态上有一些不同，除形态差异外，它的分布也在加州正常分布区以外，可能它与 *Agropyron parishii* 更为相近。

用这个来自 San Benito 的材料作为母本，人工去雄 40 朵小花，用 *Sitanion hystrix* 的花粉与它杂交，得到两粒杂种种子。杂种成苗健壮，形态呈双亲的中间型，不结实。

同样用这个来自 San Benito 的材料作为母本，与 *Elymus glaucus* var. *jepsonii* 杂交，40 朵人工去雄小花受精后得到 12 粒杂种种子。播种后都长出健壮的中间类型的杂种植株，这些杂种也完全不育。〔根据现在一些著作的订正（Á. Löve，1984），A. *parishii* 应当是 *Elymus glaucus* subsp. *jepsonii*（Davy）Gould 的异名，也就是说它们是同一个分类群。Stebbins 他们这个试验就否定了这个订正〕。

另一个人工杂交组合是 *Agropyron pauciflorum* × *Elymus glaucus* var. *jepsonii*，在得到的 5 粒杂种种子中有 4 株成苗，这些杂种无论是花粉，还是结实性都是完全不育的。

他们的细胞学观察结果如表 2-1、表 2-2 所示，不同亲本间杂交的杂种显示的染色体配合情况如图 2-1、图 2-2 所示。

他们报道说，这个观察研究中所观察的 *Agropyron parishii* Scribn. et Smith、*Agropyron pauciflorum*（Schwein.）Hitchc.、*Elymus glaucus* Buckl、*Elymus glaucus* var. *jepsonii* Davy、*Sitanion hystrix*（Nutt.）J. G. Smith、*Sitanion jubatum* J. G. Smith 以及

采自加州 San Benito 的 *Agopyron* sp. "San Benito"，都是四倍体植物，2n＝28。这些种在减数分裂过程中染色体的行为都很正常，在中期Ⅰ，形成 14 对二价体。

表 2-1 减数分裂中期Ⅰ染色体配对行为

（引自 Stebbins, et al., 1946a, 表 2）

种或杂种	植株号	观察细胞数	染色体配对细胞平均数						观察细胞数	细胞平均交叉	交叉频率					
											染色体平均1/2交叉	多价体中1/2交叉数				
			Ⅵ	Ⅴ	Ⅳ	Ⅲ	Ⅱ	Ⅰ				Ⅵ	Ⅴ	Ⅳ	Ⅲ	Ⅱ
种																
Agropyron parishii	3432	77	0	0	0	0	14	0	35	28.20	2.01	0	0	0	0	2.01
A. pauciflorum	403-4	50	0	0	0	0	14	0	15	30.00	2.14	0	0	0	0	2.14
Elymus glaucus	404-2	50	0	0	0	0	14	0	12	31.00	2.21	0	0	0	0	2.21
Sitanion jubatum	402-1	63	0	0	0	0	13.97	0.06	11	39.00	2.79	0	0	0	0	2.79
人工杂种																
A. "San Benito"× *A. pauciflorum*	548-3	29	0.34	0.34	0.28	0.21	10.10	1.44	29	21.10	1.53	1.73	1.60	1.56	1.33	1.63
A. "San Benito"× *E. glaucus*	549-2	30	0	0	0.10	0	12.86	3.46	6	26.30	1.88	0	0	1.50	0	2.13
A. "San Benito"× *S. hystrix*	553-2	32	0	0	0.06	0	12.72	4.62	22	22.81	1.62	0	0	1.50	0	1.77
A. pauciflorum× *E. glaucus*	550-2	27	0.48	0.04	0.40	0.33	10.40	1.55	27	26.06	1.86	1.92	2.00	1.77	1.60	2.00
天然杂种																
A. parishii× *S. jubatum*	3429	27	0	0	0.59	0.15	11.81	1.55	18	22.60	1.61	0	0	1.60	1.33	1.74
A. pauciflorum× *E. glaucus*	Cl4330	42	0.24	0.10	0.71	0.69	9.64	1.89	42	24.38	1.74	1.80	1.60	1.58	1.33	1.98
A. pauciflorum× *S. jubatum*	3388	34	0.12	0.12	0.29	0.50	10.20	3.62	34	18.70	1.33	1.67	1.60	1.55	1.33	1.54
E. glsucus× *S. jubatum*	3360	67	0	0	0	0	13.81	0.38	22	29.00	2.07	0	0	0	0	2.07

如表 2-1 所示这些杂种，在减数分裂中期Ⅰ，单价体的频率都比较低，最多的平均为 4.62，但是它的二价体达到平均 12.72。说明这些种都具有相同的两组染色体组。除一个天然杂种 *E. glaucus*×*S. jubatum* 外，其余的杂种都含有多价体，说明它们的染色体之间有结构上的变异。其中显示 *Agropyron pauciflorum* 的组合出现多价体的频率最高，涉及的染色体最多，价数多，四价体到六价体（表 2-1，图 2-1）。

对于 Stebbins 他们这篇报告的观测数据，即使严格地把亲本来源不确切的天然杂种除外，也确切证明这些亲本含有两个相同、染色体稍有一些结构性差异的染色体组，它

表 2 - 2　减数分裂后期染色体行为

（引自 Stebbins, et al.，1946a，表 4）

种或杂种	植株	后期 I			后期 II			四分子	
		观察细胞数	落后染色体（%）	桥片段（%）	观察细胞数	落后染色体（%）	桥片段（%）	观察细胞数	微核（%）
种									
Agropyron parishii	3432	—	—	—	126	0.8	4.0	170	0.6
Agropyron pauciflorum	403 - 4	25	0	0	67	5.9	0	50	0
Agropyron pauciflorum	403 - 1	107	12.0	0	58	17.0	7.0	189	17.0
Elymus glaucus	404 - 2	77	1.3	0	38	12.9	0	112	6.2
Sitanion jubatum	402 - 1	79	3.8	3.8	65	1.5		151	3.9
人工杂种									
A. "San Benito" × *A. pauciflorum*	548 - 3	143	75.5	9.3	—	—	—	94	53.2
A. "San Benito" × *E. glaucus*	540 - 2	—	—	—	53	98.1	3.8	50	78.0
A. "San Benito" × *S. hystrix*	553 - 2	244	41.3	3.7	116	71.6	0.4	502	54.9
A. *pauciflorum* × *E. glaucus*	550 - 2	74	28.3	1.3	100	69.0	4.0	100	49.0
天然杂种									
A. *parishii* × *S. jubatum*	3429	62	23.0	0	171	46.8	0	194	38.7
A. *pauciflorum* × *E. glaucus*	C14330	64	26.5	25.6	100	75.0	4.0	171	57.0
A. *pauciflorum* × *S. jubatum*	3388	56	54.0	5.0	100	91.0	4.7	165	72.0
E. *glaucus* × *S. jubstum*	3360	67	10.4	2.9	92	21.7	0	142	17.6

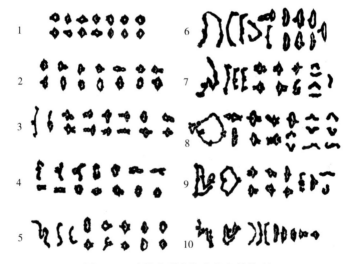

图 2 - 1　减数分裂中期 I 染色体构型

1. *Agropyron parishii*　2. *Elymus glaucus*　3. *Sitanion jubatum*　4. *E. glaucus* × *S. jubatum*

5. *A. parishii* × *S. jubatum*　6. *A.* sp. "San Benito" × *S. hystrix*　7. *A. pauciflorum* × *S. jubatum*

8. *A.* sp. "San Benito" × *A. pauciflorum*　9. *A. pauciflorum* × *E. glaucus* no. 550 - 2

10. *A. pauciflorum* × *E. glaucus* no. C14330

（引自 Stebbins, et al.，1946a，图 4 - 13，图的编号修改）

亲缘演化关系是非常相近的。根据外表形态的差异就把它们划为不同的属，是完全不恰当的。单从形态学来分类不可避免要带来错误。

从生物系统学来看，Stebbins 他们这篇报告的观测数据可以得出以下两个结论：

（1）这几个种之间的杂种不育，相互间具有清楚的生殖隔离，各自形成独立的基因库，它们都是独立的种。

（2）它们都是四倍体，相互间的杂种减数分裂染色体配对良好，单价体频率低，它们含有两组相同，但染色体相互有结构上差异的染色体组。虽然他们没有对这两组染色体命名，也没有对它们的起源进行探讨，但已足够证明它们是同一个属的不同的种。

同年，他们又在同一期刊第 7 期上发表一篇题为 "Artificial and natural hybrids in the Gramineae, tribe Hordeae Ⅱ. *Agropyron*, *Elymus* and *Hordeum*" 的研究报告。他们认为："前一篇报告报道了 *Elymus*、*Sitanion* 与 *Agropyron* 的一些种的人工以及天然杂种的细胞学检测结果，显示测试种之间有非常相近的亲缘关系。这一篇报告要报道的是对 *Agropyron pauciflorum*

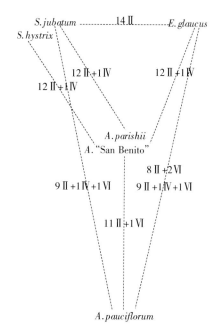

图 2-2　基于减数分裂观察环型染色体或棒型染色体相互改变的最大数与大小所作的图式，显示观测的种间细胞学的相互关系

（引自 Stebbins，et al.，1946a，图 14）

（Schwein.）Hitch、*Elymus glaucus* Buckl.，与一种在北美太平洋海岸非常常见的多年生禾草 *Hordeum nodosum* L. 之间的杂种的观察研究的结果。"在这里编著者要特别指出，Stebbins 等提的 *Hordeum nodosum* L. 显然是鉴定错了的，*Hordeum nodosum* L. 是南欧北非环地中海特有的二倍体种，在北美太平洋海岸非常常见的多年生四倍体大麦属的四倍体种只有 *Hordeum jubatum* subsp. *brachyantherum*（Nevski）Bonder. ex O. N. Korovina。现在我们不管他们把什么种鉴定成了 *Hordeum nodosum* L.，大麦属肯定没有鉴定错，因为它的穗子的形态结构太特殊了。今天我们知道美洲的大麦属的种都是含 **H** 染色体组的类群，对我们现在来读他们这篇报告，不管确切是什么种，关系都不大了。因为我们要了解的是美洲大麦属与这两各异属种的遗传组成的相互关系，以探明它们的亲缘系统。

他们用采自加州伯克利（Berkeley）的 *Hordeum nodosum* 40 朵小花与 *Elymus glaucus* 花粉杂交，得到两粒种子。两粒种子萌发成两棵植株，其中 1 株是真杂种，形态介于双亲之间呈中间型，这个 F_1 杂种完全不育。它的形态特征与 A. S. Hitchcock 1935 年编著的《美国禾草手册（Manual of the grassesof the United States）》所描述的 *Elymus aristatus* Merr. 的形态特征基本一致。他们查阅了收藏于美国国家标本馆（**US**）、密苏里植物园标本馆（**MO**）与加州大学标本馆的 6 份标本，其中 4 份有所不同，例如：更粗壮的分蘖，较长的穗，颖无较宽的基部等。另两份的形态特征与人工杂种相一致，它们是采自华盛顿州福尔达（Fulda）的 *Surksdorf* 5194（**US，MO**）与采自俄勒冈州 "Dead Indian Summit of the Cascades"的 *Cusick* 2958（US）。

Agropyron pauciflorum×*Hordeum nodosum* 40 朵人工授粉小花无一结实。几株天然杂种采自加州伯克利以北 9.6km、科斯塔县（Costa County）康特拉山丘（Contra hills），与两个亲本生长在一起，生长在黏土潮湿洼地，其形态介于双亲之间。

他们的细胞学观测数据列如表 2-3。

表 2-3　***Elymus glaucus***、***Agropyron pauciflorum***、***Hordeum nodosum***
以及它们的 F_1 杂种的减数分裂染色体行为观测结果

（引自 Stebbins 等，1946b，表2）

种或杂种	细胞数	中期Ⅰ				细胞数	交　叉		细胞数	后期Ⅰ	
		Ⅰ	Ⅱ	Ⅲ	Ⅳ		1/2染色体	细胞含		落后染色体(%)	桥(%)
E. glaucus 404-2	50	0	14	0	0	12	2.2	31.0	77	1.3	0
A. pauciflorum 403-4	50	0	14	0	0	15	2.2	30.0	25	0	0
H. nodosum 403-1	30	0	14	0	0	30	2.02	28.4	69	2.8	8
H. nodosum×*E. glaucus* 558-1	41	17.44	4.24	0.63	0.02	29	0.47	6.55	96	57.2	22
A. pauciflorum×*H. nodosum* 3387-6	53	15.89	5.57	0.28		53	0.51	7.11	50	40.0	84

3 个四倍体亲本减数分裂都是正常的或基本上是正常的，都是能育的正常物种。两个不同组合的杂种的减数分裂的染色体行为也很近似。

E. glaucus×*H. nodosum* 在减数分裂中期Ⅰ，大多数染色体（62%）不配对，在 41 个观察检测的花粉母细胞中只有 1 个细胞的染色体完全不配对，其余的花粉母细胞都含有 1~8 个二价体，54% 的检测细胞中含有三价体。含三价体的细胞中有 73% 含有 1 个三价体，27% 的细胞含有 2 个三价体。有一个花粉母细胞含有 1 个链状四价体，1 个链状三价体，4 个二价体与 13 个单价体。最多的构型是 12 个单价体，5 个二价体与 2 个链状三价体。12.5% 的花粉母细胞含 17 个单价体，4 个二价体与 1 个链状三价体。二价体大多数为棒型。单价体不规则地分布在细胞中位与纺锤丝之外。交叉频率比亲本少，平均每细胞 6.55 以及每染色体半交叉数 0.465。

A. pauciflorum×*H. nodosum* 在减数分裂中期Ⅰ，有 57.2% 的染色体不配对成为单价体，但是没有观察到有染色体全都不配对的花粉母细胞。4.52% 的观察细胞含有链状三价体。在含三价体的花粉母细胞中，有 15.4% 的细胞含有 2 个三价体。没有观察到三价体以上的多价体呈现。与 *E. glaucus*×*H. nodosum* 不同的是 16 条单价体加 6 对二价体的构型出现的频率非常高，占观察细胞总数的 45.2%。落后染色体出现的频率也较低。桥出现的频率较高。

他们分析了这两个杂种染色体配对的性质，认为这两个杂种的染色体配对与相关亲本染色体基数一致，也就是 7。减数分裂中期观察到的染色体配对总数也多为 7（虽然更多的是 6 而很少是 8）。在 *E. glaucus*×*H. nodosum* 的杂种中，39% 的观测细胞中含有 6~8 个配对染色体；而在 *A. pauciflorum*×*H. nodosum* 杂种中，67% 的观测细胞含有 6~8 对配对染色体。在配对原则上其表现为整组染色体的配合，且其配合有两种可能：一是由一个 *H. nodosum* 的染色体组与一个 *E. glaucus* 或 *A. pauciflorum* 染色体组相配合；二是一个亲本的两个染色体组之间的同源配对。三个亲本都是四倍体种，它们都含有两个具 7 条染色体的单倍组。如果是同源联会，很可能是来自 *H. nodosum*。

从杂种形态可以判断 *Elymus aristatus* Merr. 就是 *E. glaucus* 与 *H. nodosum* 之间杂交产生的天然不育 F_1 杂种；*Elymus macounii* Vasey 就是 *A. pauciflorum* 与 *H. nodosum* 或 *H. jubatum* 之间的天然不育 F_1 杂种。

1950 年，G. L. Stebbins 与 Ranjit Singh 在 5 月出版的《美国植物学杂志》37 卷第 388～392 页上，发表一篇题为 "Artificial and natural hybrids in thw Gramineae, tribe Hordeae Ⅳ. Two triploid hybrids of *Agropyron* and *Elymus*" 的观察报告。他们用二倍体的 *Agropyron spicatum*（Pursh）Scribn. et Smith 与 *A. inerme*（Scribn. et Smith）Rydb. 来作测试种鉴别 *A. parishii* Scribn. et Smith 与 *Elymus glaucus* Buckl 的亲缘关系。Hartung（1946）认为，*A. inerme* 是 *A. spicatum* 一种无芒的变异体，Stebbins 他们同意 Hartung 的看法。

他们对 *A. inerme* 的两个穗子各人工去雄 40 朵小花，授以 *E. glaucus* 的花粉，一个穗子得到 2 粒杂种种子，其中 1 粒萌发成为杂种植株 no. 719-1；另一穗得到 1 粒杂种种子，萌发成为杂种植株 no. 720-1。他们又用 24 朵 *A. parishii* 去雄小花，人工授以 *A. spicatum* 的花粉，得到 4 粒杂种种子，2 粒萌发成长为 2 株杂种植株 no. 618-1 和 no. 618-2。

据 Stebbins 等（1946）及 Snyder（1949）的观察检测，*Elymus glaucus* 与 *Agropyron parishii* 的减数分裂都是正常的，都在中期Ⅰ构成 14 个二价体与随机分布的交叉，二价体的交叉数稍高于 2。*A. spicatum* 与 *A. inerme* 减数分裂中期Ⅰ的花粉母细胞 98% 含 14 个二价体，大多都是环型。

他们对杂种的减数分裂的观测结果列如表 2-4 与表 2-5。

表 2-4　**A. inerme×E. glaucus**（no. 719-1 与 720-1）**及 A. parishii×A. spicatum**（no. 618-1）

（引自 Stebbins 与 Singh，1950，表Ⅰ）

	719-1		720-1		618-1	
	细胞数	%	细胞数	%	细胞数	%
细胞中含 7Ⅱ+7Ⅰ	23	29.5	13	23.6	28	56.0
细胞中含 6Ⅱ+9Ⅰ	17	21.8	16	29.1	5	10.0
细胞中含 5Ⅱ+11Ⅰ	17	21.8	11	20.0	1	2.0
细胞中含 4Ⅱ+13Ⅰ	8	10.3	7	12.7	0	0
细胞中含 3Ⅱ+15Ⅰ	3	3.8	3	5.5	0	0
细胞中含 2Ⅱ+17Ⅰ	0	0	1	1.8	0	0
细胞中含 2Ⅲ+5Ⅱ+5Ⅰ	1	1.3	0	0	0	0
细胞中含 1Ⅲ+6Ⅱ+6Ⅰ	2	2.6	0	0	15	30.0
细胞中含 1Ⅲ+5Ⅱ+8Ⅰ	4	5.1	0	0	1	2.0
细胞中含 1Ⅲ+4Ⅱ+10Ⅰ	3	3.8	3	5.5	0	0
细胞中含 1Ⅲ+3Ⅱ+12Ⅰ	0	0	1	1.8	0	0
细胞总数	78		55		50	
三价体平均数	0.14		0.07		0.31	
二价体平均数	5.6		5.4		6.3	
单价体平均数	9.3		10.0		6.9	

这篇文章分析认为，染色体配对的性质是由染色体的同源性所产生。本实验杂种的二价体形成的原因是 *Elymus glaucus* 或 *Agropyron parishii* 染色体间的同源联会派生的，或是代表这两个种的一个染色体组间的异源联会，或者 7 个染色体来自 *A. inerme* 或 *A. spicatum*，由于它们相互之间染色体在形态特征、体积大小都非常近似，因此难与判定。然而这里有强有力的直接证据可以证明它们是异源联会。在 *A. parishii* × *A. spicatum* 组合中特别可信。Stebbins 等（1946）已经证明 *A. parishii* 与 *E. glaucus* 都是异源多倍体，如果有同源联会，那都是非常有限。

表 2 - 5　后期 I 与后期 II 的染色体行为

（引自 Stebbins 与 Singh，1950，表 II）

	A. inerme × *E. glaucus*			*A. parishii* × *A. spicatum*	
	719 - 1	720 - 1		618 - 1	
	后期 I	后期 I	后期 II	后期 I	后期 II
正常细胞（%）	52.3	31.8	28.3	3.0	9.0
含落后染色体细胞（%）	46.9	56.9	44.3	88.0	91.0
含桥片段细胞（%）	0.8	11.3	32.4	9.0	0.0
观察细胞总数	128	44	176	100	100

从本实验的数据来看，*A. parishii* 含有的一个染色体组本质上与 *A. spicatum* 的染色体组相同，而另一组则决不同源。Hartung（1946）指出，*A. spicatum* 与 *A. inerme* 关系非常密切，可能是同一个种，它们的染色体组应当是非常相近，或者就是完全同源。Stebbins 等认定 *A. parishii*、*A. spicatum* 与 *A. inerme* 有一组染色体组相同，这一组染色体组他们命名为 **A** 组。

Stebbins 等（1946）曾观测到 *A. parishii* "San Benito" × *E. glaucus* var. *jepsonii* 的杂种的多数花粉母细胞含有 7 对或 7 对以上环型二价体，这显示 *A. parishii* 与 *E. glaucus* 的不是 **A** 染色体组的第 2 个染色体组相互间也非常近似。如果这样，*A. parishii* 的染色体组就可命名为 $A_1A_1E_1E_1$，*E. glaucus* 的染色体组就应该是 $A_2A_2E_1E_1$。

他们指出，异源四倍体 *A. parishii* 与 *E. glaucus* 杂交起源的一个亲本可能就是 *A. spicatum*，*A. inerme* 或者是一个与它们十分相近的二倍体植物。

1955 年，美国犹他州立大学农学院的 W. S. Boyle 与 A. H. Holmgren 在美国出版的《遗传学（Genetics）》杂志第 40 卷上发表一篇题为 "A cytogenetic study of natural and controlled hybrids between *Agropyron trachycaulum* and *Hordeum jubatum*" 的研究报告。在报告中他们介绍说："经常可以在犹他州北部看到被鉴定为 *Elymus macounii* Vasey 或 *Agropyron saundersii* (Vasey) Hitchc. 的健壮的不育禾草。从形态学与不育性显示它们可能是 *Agropyron trachycaulum* (Link) Malte 与 *Hordeum jubatum* L. 之间的 F_1 杂种。"他们对天然野生杂种与人工控制性杂交得到的人工杂种进行了细胞学与形态学的比较观察鉴定。他们的细胞遗传学检测数据列如表 2-6。由于这两个杂种的减数分裂不正常（图 2-3、图 2-4），它们都是完全不育，没有任何种子产生。

他们认为"*A. trachycaulum* 与 *H. jubatum* 都是四倍体并且都可能是异源四倍体，在终变期与中期Ⅰ稳定地呈现 14 对二价体，减数分裂没有不正常的现象。两个种都是高度的自花能育。这两个种含 28 条染色体已被多次鉴定记录（Myers，1947；Covars，1948；以及其他的人）。Nielsen（1939）记录 *Elymus macunii* 的根尖体细胞含 28 条染色体"。

在所有观察检测的细胞中，减数分裂终变期与中期Ⅰ单价体非常多，在天然杂种中单价体变幅 10～20，平均每细胞 13.8；在人工杂种中单价体变幅 8～22，平均每细胞 17.1。多价体在人工杂种中频率更高。在天然杂种中观察到 1 个三价体与 1 个四价体，而在人工合成杂种中观察到 6 个三价体与 6 个四价体。在 80% 的花粉母细胞中至少有 10 条染色体联会或偶见一两个多价体，平均每花粉母细胞含 6.3 对二价体，桥非常少见。在人工合成杂种中，89% 的二价体是棒型；在天然杂种中棒型二价体占 83%。他们认为天然杂种与人工杂种出现的差异是观测统计数量不足带来的频率误差，应当说两者染色体减数分裂行为是同一的。

他们认为，虽然关于配对的性质很难完全确定，同源配对的可能难于完全消除，但他们观察 *Hordeum jubatum* 与 *Agropyron trachycaulum* 的减数分裂都完全没有四价体出现，因此说是同源配对就难以解释。是 *Hordeum jubatum* 与 *Agropyron trachycaulum* 之间的异源配对更合乎逻辑。

他们认为，"如果可能是 *Hordeum jubatum* 与 *Agropyron trachycaulum* 之间的染色体异源配对，那就说明这两个种各有一组染色体大部分同源。*Hordeum jubatum* 与 *Agropyron trachycaulum* 的染色体组的结构式就可以分别写成 **AABB** 与 **AACC**。"

表 2 - 6　*Agropyron trachycaulum* 与 *Hordeum jubatum* 天然与人工杂种的减数分裂染色体行为的比较

（引自 Boyle 与 Holmgren，1955，表 1）

终变期与中期Ⅰ 染色体联会				细胞数	后期Ⅰ 每细胞落后染色体数	细胞数	后期Ⅱ 每细胞落后染色体数	细胞数	花粉粒微核数	细胞数	四分子微核数	细胞数
Ⅰ	Ⅱ	Ⅲ	Ⅳ									
A. 天然杂种												
14	7			16	0	6	0	2	0	1	12	2
12	8			4	1	7	2	2	1	3	14	3
16	6			4	2	5	3	12	2	14	15	4
10	9			1	3	6	4	14	3	27	16	3
10	8			1	4	7	5	12	4	23	17	5
13	7			1	5	7	6	10	5	18	18	1
20	4			1	6	4	7	12	6	25	19	4
14	5		1	1	7	7	8	11	7	14	20	2
11	7	1		1	8	2	9	2	8	4	21	1
					10	1	10	2	9	1	22	2
					11	1	11	2	10	3	23	1
											25	2
											27	2
											30	1

（续）

终变期与中期I染色体联会				细胞数	后期I每细胞落后染色体数	细胞数	后期II每细胞落后染色体数	细胞数	花粉粒微核数	细胞数	四分子微核数	细胞数
I	II	III	IV									
B. 人工杂种（正反交合并在内）												
18	5			19	3	1	4	1	0	4	3	1
14	7			13	6	1	7	1	1	37	5	1
16	6			11	10	1			2	27	6	3
20	4			7	12	1			3	21	7	9
12	8			7	13	1			4	8	9	4
16	4		1	6					5	5	10	1
14	5		1	4					6	2	11	3
16	5			2							12	3
18	3		1	2							13	1
15	5	1		2								
10	9			2								
20	5			2								
17	4	1		1								
8	7	2		1								
10	6	2		1								
8	8		1	1								
14	6		1	1								
26	1			1								
24	2			1								
22			1	1								

　　同年，阿根廷布宜诺斯艾利斯农业与畜牧业部植物研究所的 Juan Héctor Hunziker 把他在美国加利福尼亚大学伯克利分校 G. L. Stebbins 实验室作研究生的硕士论文以 "Artificial and natural hybrids in the Gramineae, tribe Hordeae. Ⅷ. Four hybrids of *Elymus* and *Agropyron*" 为题发表在《美国植物学杂志》42 卷上，在这篇论文中他报道了对南美阿根廷中部（Buenos Aires，San Luis，Rio Negro）的 *Agropyron agroelymoides*（Hickan）Hunz.，还有一种来自阿根廷西部的未鉴定确切种名的 *Agropyron*，以地名称之为 Calmuco、Mendoza，以及采自阿根廷西南部的 *Elymus patagonicus* Speg. 进行的染色体组的检测。这 3 个分类群都是六倍体，2n＝42。

　　这 3 个来自南美阿根廷的种本身减数分裂只能说是基本上正常，但都有四价体

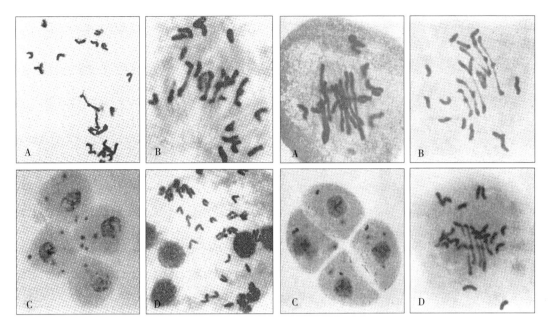

图 2 - 3　*Agropyron trachycaulum* 与 *Hordeum*
　　　　　jubatum 的天然杂种的减数分裂
　A. 中期Ⅰ：7Ⅱ+14Ⅰ　B. 中期Ⅰ：8Ⅱ+12Ⅰ
　C. 含微核的四分子　D. 后期Ⅰ：示落后染色体
　　　　（引自 Boyle 与 Holmgren，1955，图 1）

图 2 - 4　*Agropyron trachycaulum* 与 *Hordeum*
　　　　　jubatum 的人工 F₁ 杂种的减数分裂
　A. 中期Ⅰ：8Ⅱ+12Ⅰ　B. 中期Ⅰ：1Ⅳ，5Ⅱ+14Ⅰ
　C. 含微核的四分子　D. 中期Ⅰ：5Ⅱ+18Ⅰ
　　　　（引自 Boyle 与 Holmgren，1955，图 2）

出现，说明它们的染色体都存在有结构上的易位。因此，它们的花粉育性与结实率都不高。*Agropyron agroelymoides* 只有 88% 的正常花粉，结实率只有 73.5%。*Agropyron* sp. "Calmuco" 只有 85% 的正常花粉，结实率只有 68%。*Elymus patagonicus* 更是植株间就有很大的差异，植株 982 - 10 能育花粉只有 28%，结实率只有 4%；982 - 2 结实率只有 42%；982 - 4 结实率只有 46%；982 - 5 结实率只有 56%；982 - 6 结实率只有 79%；982 - 3 结实率最高，达 84%。进一步说明染色体的异常，植株间都有较大的差异。

　　Hunziker 用已知染色体组的两个种：*Elymus glaucus* 及 *Agropyron spicatum* var. *inerme* 与这 3 个南美植物作杂交来检测它们的染色体组成。他的检测数据分别列如表 2 - 7、表 2 - 8 与表 2 - 9。

　　Agropyron agroelymoides 与 *Agropyron* sp. "Calmuco" 两个分类群的减数分裂都不是完全正常，在所有观测的 *A. agroelymoides* 的花粉母细胞中，含 21 对二价体的只占 72.2%，这些二价体全部都呈闭合环型，或者有一两对呈棒型。其余的，有 22.2% 的花粉母细胞的构型为 20Ⅱ+2Ⅰ；有 5.5% 含 19 对二价体与 1 个四价体。*Agropyron* sp. "Calmuco" 的花粉母细胞中，含 21 对二价体的只占 71.4%，这些二价体全部都呈闭合环型，或者有 2 对呈棒型。含 2～4 条单价体的占 25.6%；有 2.8% 的花粉母细胞含有 1 个四价体。

表 2-7 *Agropyron agroelumoides*、*Agropyron* sp. "Calmuco"、*Elymus patagonicus*、*Elymus glaucus* 与 *Agropyron spicatum* var. *inerme* 的 F₁ 杂种减数分裂中期 I 的染色体配对

（引自 Hunziker，1955，表 2。编排修改）

种及杂种	2n		染色体联会 I	II	III	IV	V	VI	VII	VIII	观察细胞数
A. agr	42	变幅	0~2	19~21		0~1					34
		平均	0.44	20.66		0.05					
A. sp. "Cal"	42	变幅	0~4	19~21		0~1					35
		平均	0.57	20.62		0.02					
E. pat×E. gla	35	变幅	7~23	6~14	1~2						25
		平均	15.12	9.38	0.36						
A. agr×A. sp. "Cal"	42	变幅	2~7	7~16	0~4	0~4					50
		平均	8.76	9.40	2.14	0.5	0.14	0.02	0.04	0.02	
A. agr×E. gla	35	变幅	3~18	5~12	0~4	0~2	0~1	0~1	0~1	0~1	50
		平均	8.76	9.40	2.14	0.5	0.14	0.02	0.04	0.02	
A. agr×A. s. v. i.	28	变幅	1~16	2~10	0~3	0~2	0~1				27
		平均	9.27	6.20	0.81	0.7	0.18				

注：A. agr＝*Agropyron agroelymoides*；A. sp. "Cal" ＝*Agropyron* sp. "Calmuco"；E. pat＝*Elymus patagonicus*；E. gla＝*Elymus glaucus*；A. s. v. i. ＝ *Agropyron spicatum* var. *inerme*。

表 2-8 中期 I 环型二价体（每臂 1~2 个交叉）频率

（引自 Hunziker，1955，表 3。编排修改）

种及杂种	0	1	2	3	4	5	6	7	8	9	10	11	12	13	14	15	16	17	18	19	20	21	观测细胞总数
A. agroelymoides																	1	2	7	4	9	7	30
A. sp. "Calmuco"																2	2	4	4	10	6	4	32
E. p× E. g		1	2	9	9	16	11	12	4	1													65
A. a× A. "C"					2	0	4	7	5	2	3	1	1										25
A. a× E. g	1	3	12	20	15	6	2	1															50
A. a×A. s. v. i	1	2	5	9	10																		27

注：A. a＝*Agropyron agroelymoides*；A. "C" ＝*Agropyron* sp. "Calmuco"；A. s. v. i. ＝ *Agropyron spicatum* var. *inerme*；E. g＝*Elymus glaucus*；E. p＝*Elymus patagonicus*。

表 2-9　减数分裂后期情况与花粉育性

（引自 Hunziker，1955，表 4。编排修改）

种及杂种	后期 I			后期 II				四分子			花粉育性
	细胞数	含落后染色体细胞(%)	含桥细胞(%)	细胞数	含落后染色体细胞(%)	含桥细胞(%)	含黏着桥细胞(%)	细胞数	减数分裂指数	平均微核数	
A. agroelymoides	28	10.7						148	82.2	0.32	88
A. sp. "Calmuco"	60	10.0	3.33								85
E. patagonicus	34	5.8		20	20.0						28
E. p×E. g	8	(8 细胞)	(3 细胞)	179	99.4	6.6		134	0.74	7.14	0
A. a×A. "C"	85	98.8	3.5	98	86.7	2.04	4.08	100	16.0	2.62	15
A. a× E. g	85	97.6	22.3	100	99.0		1.0	100	1.0	5.99	0
A. a×A. s. v. i	11	(7 细胞)	(3 细胞)	53	90.5	1.89	3.77	30	10.0	2.6	0

注：A. a＝*Agropyron agroelymoides*；A. "C"＝*Agropyron* sp. "Calmuco"；A. s. v. i＝*Agropyron spicatum* var. *inerme*；E. g＝*Elymus glaucus*；E. p＝*Elymus patagonicus*。

Elymus patagonicus 的减数分裂很难进行观测分析，它的染色体聚集成团不好分辨。但是在个别花粉母细胞中清楚地观测到含 21 对二价体；有 1 个细胞含有 1 个四价体与 19 对二价体；有 4 个细胞存在 2 条单价体。它的减数分裂情况与前两个分类群差不多，不是每个花粉母细胞都是正常的。这与它结实率不高也是一致的。

E. patagonicus×*E. glaucus* 的 F$_1$ 杂种的减数分裂极不正常，在中期 I 不配对的染色体比较多。染色体配对的变幅在 6 II＋23 I 到 14 II＋7 I 之间，平均每细胞单价体为 15.1 条，是所有组合中最多的。大多数细胞中含有 5～7 对闭合环型二价体，频率最高的染色体构型是 10 II＋15 I，它占总观测数的 16.9%。减数分裂指数〔即：正常花粉四分子百分率（R. M. Love，1951）〕在所有杂交组合中也是最低的。平均每细胞微核数达到 7.1，这个数值在所有观测的杂种中也是一个极端值。

A. agroelymoides×*A.* sp. "Calmuco" 的 F$_1$ 杂种的减数分裂单价体特别少，平均每个花粉母细胞只有 4.2 个。更突出的是四价体特别多，几乎每个花粉母细胞都有四价体，观测的全部花粉母细胞中有 52% 含有 3 个四价体，有 4% 含有 4 个四价体，平均每细胞含有 2.3 个四价体。另外，有 25 个细胞无法精确判定，因为它们的染色体相互重叠。但是，还是能够看到它们含有 2 个或者 3 个四价体。二价体也占有很大的比例，每细胞的变幅在 7～16 对，其中闭合的二价体的变幅在 4 对到 12 对，含 7 对环型二价体的频率最高。频率最高的构型是 2 IV＋1 III＋12 II＋3 I，它占总数的 24%。在四分子时期不正常的情况却很少，减数分裂指数为 16，四分子含微核平均只有 2.6 个。有 15% 的能育花粉，结实率达到 2.9%。

A. agroelymoides×*E. glaucus* 的 F$_1$ 杂种的减数分裂也不正常，50 个检测的中期 I 花粉母细胞中有 40 个染色体构型的变幅在 9 II＋17 I 到 1 VI＋1 IV＋2 III＋8 II＋3 I，差异很大。如果比较另一个 35 条染色体的 *E. patagonicus*×*E. glaucus* 的 F$_1$ 杂种，*E. agroelymoides*×*E. glaucus* 的 F$_1$ 杂种的配对染色体因为大量多价体的存在而要多一些，但是闭合环型二价体却要少一些。94% 的检测细胞含有多价体，从三价体到八价体。其中有

22% 是长链型的五价体、六价体、七价体，或八价体。另外，每细胞平均三价体为 2.1，这也比其他杂种要多一些。花粉完全不稔、完全不结实。

$A. agroelymoides \times A. spicatum$ var. $inerme$ 的 F_1 杂种的减数分裂也同样不正常，检测花粉母细胞含多价体的比较多，有 18.5% 的细胞含有链型五价体，含有四价体与三价体的占总检测数的 88.8%。频率最高的构型是 1 Ⅳ＋7 Ⅱ＋10 Ⅰ，占总检测细胞数的 11%。没有能育花粉，也没有结实。

$A. spicatum$ var. $inerme$ 是二倍体，如果它的染色体与异源六倍体的 $A. agroelymoides$ 相互间有 1 组染色体同源，它们之间的 F_1 杂种的减数分裂预期有 7 对二价体呈现，其余的 14 条染色体应当成单价体，这 7 对二价体是两个亲本之间的异亲联会。但是，事实上是配对的染色体多于 7 对二价体，并且含有大量的三价体、四价体，甚至五价体，呈现出 1 Ⅳ＋1 Ⅲ＋10 Ⅱ＋1 Ⅰ 的构型，只有 1 条没有配对的单价体。这些染色体的联会有异亲联会，毫无疑问，也有同亲联会。这就说明六倍体的 $A. agroelymoides$ 的另外两个染色体组具有同源性，发生了 $A. agroelymoides$ 自身的两个染色体组间的同亲联会。多价体的构成显示 $A. agroelymoides$ 自身的两个染色体组间的同源染色体间具有结构性易位变异。

$A. agroelymoides$ 就其自身来看，它的减数分裂基本上是正常的，中期 Ⅰ 通常形成 21 对二价体，偶尔出现 1 个四价体。虽然它有同亲配对的潜力，但它的染色体组有优先配对性（编著者：二倍体化基因作用，它应当是类似小麦中 5**B**L 上的 Ph 基因）而使减数分裂趋于正常。

$E. patagonicus \times E. glaucus$ 是否存在同亲配对，Stebbins 与 Singh（1950）的检测认定 $E. glaucus$ 的两个染色体组没有同源性，因此可以排除 $E. glaucus$ 的染色体在杂种中构成同亲配对。在 $E. patagonicus$ 的花粉母细胞减数分裂中期 Ⅰ，曾经观察到有 1 个四价体，在这个杂种中 $E. patagonicus$ 的染色体间可能形成同亲配对。

Stebbins 与 Singh（1950）曾把 $A. spicatum$ var. $inerme$ 的染色体组标记为 **A₁A₁**。$A. agroelymoides \times A. spicatum$ var. $inerme$ 的 F_1 杂种的减数分裂通常有 3～4 对环型二价体，平均每细胞 6.2 对。可以确认 $A. agroelymoides$ 含有 1 组与 **A₁** 相近的 **A₃** 染色体组。$A. agroelymoides \times E. glaucus$ 的 F_1 杂种的减数分裂通常有 3～4 对环型二价体，显示两个种之间有 3～4 条染色体基本上相同。这 3～4 条染色体是属于 $E. glaucus$ 的 **A₂** 与 $A. agroelymoides$ 的 **A₃** 染色体组。

$E. patagonicus \times E. glaucus$ 的 F_1 杂种的减数分裂通常有 6～14 对环型二价体，平均每细胞 9.38 对，显示相互间有两组染色体基本上相同。$A. agroelymoides \times E. glaucus$ 的 F_1 杂种的减数分裂通常有 5～12 对环型二价体，平均每细胞 9.40 对，也显示相互间有两组染色体基本上相同。$A. agroelymoides \times A.$ sp. "Calmuco" 的 F_1 杂种的减数分裂通常有 7～16 对环型二价体，平均每细胞 12.44 对；平均每细胞三价体为 1.16，四价体为 2.36，显示相同的染色体在两组以上。说明这 3 种南美禾草含有相近的染色体组，与北美的 $E. glaucus$ 的两个染色体组也非常近似，显示它们都含有与 $A. spicatum$ 同源的染色体组。与 $E. glaucus$ 一样，还含有来自 $Hordeum$ 属的染色体组。

1956 年，从美国加利福尼亚大学伯克利分校遗传学部转到戴维斯分校遗传学系任教的 G. L. Stebbins Jr. 与美国明尼苏达大学农学与遗传学系的 L. A. Snyder 在《美国植物学杂志》43 卷上，共同发表一篇题为 "Artifical and natural hybrids in the Gramineae, tribe Hordeae. Ⅸ. Hybrids between western and eastern North American species" 的研究报告。在这篇报告中，报道了他们对 *A. caninus*（L.）P. Beauv.、*A. parishii* Scribn. et Smith、*A. spicatum*（Pursh）Scribn. et Smith、*A. trachycaulum*（Link）Hort.、*E. virginicus* var. *intermedius*（Vasey）Bush 与 *E. glaucus* Backl. 所做的染色体组型分析观测试验的结果。

表 2-10 记录了他们所进行的人工杂交试验的结果。从这些杂交来看，与 Hordeae 的其他属间的杂交情况相比较，除同源四倍体的 *A. spicatum* 以外，彼此间相对来说显示出容易杂交一些。这个从犹他州 Joel 来的同源四倍体的 *A. spicatum* 与 *A. cannium*、*A. trachycaulum*、*E. virginicus* var. *intermedius* 的杂交完全失败；与 *A. parishii* 杂交只得到一株杂种。但是二倍体的 *A. spicatum* 与 *A. cannium*、*A. trachycaulum*、*E. virginicus* var. *intermedius* 的杂交却非同寻常的成功，得到较高比例的杂种种子。这些杂种的减数分裂染色体配对率也较高，说明它们的亲缘关系比较相近。

表 2-10 二倍体 *Agropyron spicatum* 与四倍体 *A. trachycaulum*、*A. canninum*、*A. parishii*、*Elymus virginicus* var. *intermedium* 以及 *E. canadensis* var. *brachystachys* 杂交结果

（引自 Stebbins 与 Snyder，1956，表 1。编排稍作修改）

亲　本　组　合	去雄小花数	杂种种子数	F₁ 杂种植株数
A. cannium 039×*A. spicatum* 089	34	5	4
A. tranchycaulum 540×*A. spicatum* 021	57	12	10
E. virginicus var. *intermedius* 082×*A. spicatum* 089	31	16	13
E. virginicus var. *intermedius* 082×*A. spicatum*（4n）090	34	11	0
A. spicatum（4n）090×*E. virginicus* var. *intermedius* 082	54	0	0
E. canadensis var. *brachystachys* 851×*A. spicatum* 021	70	7	2
A. spicatum 021×*E. canadensis* var. *brachystachys* 851	45	3	1
E. glaucus 087×*E. virginicus* var. *intermedius* 082	48	7	0
E. glaucus 014×*E. virginicus* var. *intermedius* 082	42	2	2
A. parishii 095×*E. virginicus* var. *intermedius* 082	56	5	2
A. parishii 095×*A. spicatum*（4n）090	98	3	1
A. spicatum（4n）090×*A. trachycaulum* 540	50	0	0
A. canninum 039×*A. spicatum*（4n）090	45	3	0

他们指出，这篇报告中的杂种亲本不包括四倍体的 *A. spicatum*，所有亲本的减数分裂可以认为都是属于正常的。减数分裂中期 Ⅰ，二倍体的 *A. spicatum* 少数细胞含有 6 个二价体与两个单价体，绝大多数细胞都是正常的，含有 7 对二价体。四倍体亲本 *E. glaucus*、*A. parishii* 与 *A. trachycaulum* 也是正常的，第 1 中期含有 14 对二价体，二价体的交叉稍高于两个。另外两个四倍体种，*E. cabadensis* var. *brachystachys*（Scribn. et Ball）Farwell 与 *A. canninum* 第 1 中期也是正常的。基本上都是环型二价体，棒型二价

体很少见，平均交叉也超过两个。虽然第 1 后期与第 2 后期也属于正常，但它们都呈现有少数的落后染色体。在 100 个 *E. cabadensis* var. *brachystachys* 第 1 后期的细胞中观察到 1 个桥的片段。

E. glaucus 014×*E. virginicus* var. *intermedius* 082 的 F_1 杂种的减数分裂显示，两个亲本的染色体组具有很高的同源性，两株杂种分别有 64.9％ 与 72.9％ 的花粉母细胞的中期 I 有 14 对二价体或者 12 个二价体加一个易位四价体［原文称为易位双二价体（translocation amphikivalant）］。另外，大多数细胞有 11 个或 12 个二价体呈环型，很少的细胞含有两个以上的单价体（分别为 6.0％ 与 3.1％）。杂种的染色体配对率并不比亲本 *E. glaucus* 的染色体配对率低多少。这一杂种的减数分裂的以后各期也很正常，比所观察的其他杂种正常得多。后期 I 在两个杂种中都观察到在少数细胞中出现桥片段，只有一株的后期 II 看到有桥在少数细胞中出现。另一方面，后期 I 与后期 II 出现落后染色体，以及四分子中具微核相对来说就要高一些。花粉全都不能染色，也没有结实。

第 2 个四价体杂种是 *A. parishii*×*E. virginicus* var. *intermedius*，它也显示出染色体具有很高的配对率，配成 14 对二价体。在所观察的两株杂种的花粉母细胞中，这样的细胞要占 1/4 弱，通常 9～12 对二价体为环型。在这两株杂种植株中，最多的花粉母细胞是含 13 对二价体与两条单价体，其余的细胞含四条或更多的单价体加环型二价体。这些数据显示双亲的同源性稍低于 *E. glaucus* 与 *E. virginicus* var. *intermedius* 之间的同源性。与 *A. parishii*×*E. virginicus* var. *intermedius* 的杂种相比较来说，*E. glaucus*×*E. virginicus* var. *intermedius* 的杂种在第 1 与第 2 后期观察到有桥片段以及第 1 后期落后染色体出现的细胞的比例要少一些。这两株杂种第 2 后期的落后染色体分别达到 56.3％ 与 64.7％，有微核的四分子为 61.0％ 与 69.8％。花粉完全不育，不结实。

对三倍体杂种的减数分裂中期 I 的染色体配对情况观测的结果记录如表 2-11 所示，一些染色体配对的构型见图 2-5。

表 2-11　4 种三倍体杂种减数分裂中期 I 染色体构型

（引自 Stebbins 与 Snyder，1956，表 4。文字编排修改）

染色体构型	A. canninum ×A. spicatum 1120-3		A. trachycaulum ×A. spicatum 1121-8		E. canadensis var. brachystachys ×A. spicatum				E. virginicus var. intermedius ×A. spicatum			
					1122-1		1122-2		1125-4		1125-7	
	数量	%	数量	%	数量	%	数量	%	数量	%	数量	%
7 II +1 III +4 I			2	1.6								
5 II +2 III +5 I			5	4.0								
8 II +5 I			1	0.8					2	1.7		
6 II +1 III +6 I	1	3.1	11	8.9	1	1.1			24	20.3	15	15.4
4 II +1 IV +1 III +6 I			1	0.8								
7 II +7 I	12	37.5	48	38.6	8	8.8	9	14.3	63	53.4	51	52.0
5 II +1 IV +7 I	9	28.1	19	15.4								
5 II +1 III +8 I			5	4.0	2	2.2	2	3.2	5	4.2	2	2.0
6 II +9 I	7	21.9	17	13.7	21	23.1	21	33.3	20	17.0	24	24.5

（续）

染色体构型	A. caminum ×A. spicatum 1120-3		A. trachycaulum ×A. spicatum 1121-8		E. canadensis var. brachystachys ×A. spicatum				E. virginicus var. intermedius ×A. spicatum			
					1122-1		1122-2		1125-4		1125-7	
	数量	%	数量	%	数量	%	数量	%	数量	%	数量	%
4Ⅱ+1Ⅳ+9Ⅰ	2	6.3	6	4.9								
4Ⅱ+1Ⅲ+10Ⅰ			1	0.8	3	3.3	2	3.2				
5Ⅱ+11Ⅰ			7	5.7	31	34.0	18	28.5	4	3.4	6	6.1
3Ⅱ+1Ⅳ+11Ⅰ	1	3.1										
4Ⅱ+13Ⅰ			1	0.8	21	23.1	9	14.3				
3Ⅱ+15Ⅰ					4	4.4	1	1.6				
2Ⅱ+17Ⅰ							1	1.6				
总计	32		124		91		63		118		98	

本文观测的这 4 种三倍体杂种减数分裂中期 I 都显示含有 7 对二价体与 7 条单价体的构型。与 Stebbins 和 Singh（1950）在 *A. spicatum* var. *inerme* × *E. glaucus* 以及 *A. parishii*×*A. spicatum* 三倍体中观察到的情况完全相似。

Agropyron canium × *A. spicatum* 的三倍体杂种是一非常难于观测研究的材料，它的花药瘪瘦，花粉母细胞少，并且在减数分裂中期 I 时紧密成团。但绝大多数（55.0%）的细胞含有 7 对二价体与 7 条单价体，或 1 个易位四价体、5 对二价体与 7 条单价体。在 1 个终变期的细胞中观测到 1 个三价体、6 对二价体与 6 条单价体的构型（图 2-5：6）。

Agropyron trachycaulum×*A. spicatum* 的三倍体杂种，减数分裂染色体配对变幅比较大，有 16.1% 的花粉母细胞二价体超过 7 对，或联会的染色体超过 14 条（含多价体），相应的，单价体就少于 7 条（图 2-5：1～3）。与 *Agropyron canium* × *A. spicatum* 的三倍体杂种相似，大多数（54.0%）的细胞含有 7 对二价体与 7 条单价体；或 1 个四价体、5 对二价体与 7 条单价体；大多数的细胞中有 5～7 对环型二价体。含 8～13 条单价体的细胞也常有出现。

Elymus canadensis var. *brachystachys*×*A. spicatum* 的 F₁ 杂种，在减数分裂中期 I，染色体配对率比其他的杂种都低。但是两株杂种在中期 I 还是有一些细胞含有 7 对二价体与 7 条单价体，分别占 8.8% 与 14.3%。观察到 1 个细胞含有 1 个三价体、6 对二价体与 6 条单价体。大多数细胞含有 6 个二价体与 9 条单价体；或 5 对二价体与 11 条单价体（图 2-5：5）。大多数二价体都是棒型，只有 1 个交叉。含有 4 对二价体与 13 条单价体的细胞，或含有 3 对二价体与 15 条单价体的细胞也多次观察到。观察到 1 个细胞仅含有 2 对二价体，单价体多达 17 条。

最后一个三倍体杂种是 *Elymus virginicus* var. *intermedius*×*A. spicatum* 的组合，这个组合的两株杂种在减数分裂中期 I 都同样显示大部分的花粉母细胞含有 7 对二价体与 7 条单价体，二价体紧聚一起（图 2-5：7）。其次就是 1 个三价体、6 对二价体与 6 条单价

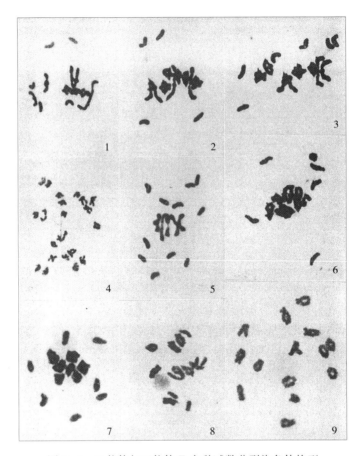

图 2-5　三倍体与四倍体 F₁ 杂种减数分裂染色体构型

Agropyron trachycaulum × *A. spicatum*：1. 中期 I：2 Ⅲ + 5 Ⅱ + 5 Ⅰ；2. 中期 I：1 Ⅲ + 7 Ⅱ + 4 Ⅰ；3. 中
期 I：1 Ⅲ + 6 Ⅱ + 6 Ⅰ；4. 后期 1：显示一个倒位桥与大的片段

Elymus canadensis var. *brachystachys* × *A. spicatum*：5. 中期 I：5 Ⅱ + 11 Ⅰ，二价体都是棒型，只有一个交叉
连接 *Agropyron canninum* × *A. spicatum*：6. 中期 I：1 Ⅲ + 6 Ⅱ + 6 Ⅰ

Elymus virginicus var. *intermedius* × *A. spicatum*：7. 中期 I：7 Ⅱ + 7 Ⅰ；8. 终变期：示 1 Ⅲ + 6 Ⅱ + 6 Ⅰ

Elymus glaucus × *E. virginicus* var. *intermedius*：9. 示 14 对二价体（绝大多数二价体是环型）

（引自 Stebbins 与 Snyder，1956，图 1-9）

体（图 2-5：8）。在其他杂种植株中观察到 8 对二价体与 5 条单价体。绝大多数的二价体
都是环型，少数细胞中有一两个开放的棒型二价体。超过 7 条单价体的细胞占的比例很
少，显示它们之间互有一个同源性很高的染色体组。

相对来说，所有上述三倍体杂种的后期 I 与后期 II 出现落后染色体与桥的比例都比较
低。在 *Elymus canadensis* var. *brachystachys* × *A. spicatum* 的 F₁ 杂种中最高，也仅占
10% 左右。在后期 I 有落后染色体的细胞与四倍体杂种相比较有一些高，在 *A. canninum*
× *A. spicatum* 中为 42.6%，*Elymus virginicus* var. *intermedius* × *A. spicatum* 中为
47.5%。在所有的三倍体杂种中，后期 II 有落后染色体、四分子有微核的细胞，明显比后
期 I 要高。所有这些杂种的花粉都不育，也都不能结实。

在这篇报告中他们指出，从本文以及以前观测到的细胞学数据来看，*Agropyron spicatum* 的染色体组与欧亚大陆的四倍体种 *Agropyron caninum*；北美洲的四倍体种 *Agropyron parishii*、*A. trachycaulum*、*Elymus glaucucus*，以及 *E. virginicus* var. *intermedius*；南美洲的六倍体种 *Agropyron agroelymoides*，共有一个相同的染色体组。可以说 *A. spicatum* 的染色体组也存在于 *Sitanion jubatum* 与 *S. hystrix* 中。在这些四倍体种中还另有一个相同的染色体组，它的来源还不清楚。他们对形态学分类把这些亲缘关系十分相近的种分为不同的属，提出了质疑。

1960 年，加拿大马尼托巴布兰当（Brandon），加拿大农业部研究分支实验农场的 A. T. H. Gross 在《加拿大植物学杂志（Canadian Journal of Botany）》38 卷，发表一篇题为 "Disortribution and cytology of *Elymus macounii* Vasey" 的研究报告。*Elymus macounii* Vasey 是一个分布在加拿大各省多个地方的不稔杂种。它的分布与 *Agropyron trachycaulum* 和 *Hordeum jubatum* 的分布总是交汇在一起，显示它可能是这两个种之间的杂种。他用 *Agropyron trachycaulum* 与 *Hordeum jubatum* 进行人工杂交，F_1 杂种与天然的 *E. macounii* 相比较，并用秋水仙碱将 F_1 杂种诱变成八倍体进行观察。*Agropyron trachycaulum* 与 *Hordeum jubatum* 都是四倍体，2n＝28，减数分裂都显示是正常的异源四倍体。*Agropyron trachycaulum* 199 个中期 I 花粉母细胞平均 13.98 对二价体，单价体平均只有 0.04 条，没有多价体；40 个后期 I 的花粉母细胞全都是正常的，没有落后染色体与桥的出现；746 个四分子中 0.4% 含有微核。*Hordeum jubatum* 141 个中期 I 花粉母细胞平均 14.00 对二价体，没有多价体；89 个后期 I 的花粉母细胞完全正常，没有落后染色体与桥的出现；120 个四分子中 4.17% 含有微核。天然的 *E. macounii* 的减数分裂就很不正常，340 个中期 I 花粉母细胞平均每细胞二价体只有 3.61，单价体高达每细胞平均 20.76 条，四价体不多平均为 0.005 个；43 个观察的四分子个个都含有微核。人工合成的 *Agropyron trachycaulum* 与 *Hordeum jubatum* 之间的 F_1 杂种，减数分裂符合预期，也是不正常的，138 个中期 I 花粉母细胞二价体平均只有 4.52 对，单价体高达每细胞平均 18.96 条，没有观察到多价体；135 个后期 I 的花粉母细胞全都是落后染色体；198 个观察的四分子全都含微核。这种杂种经秋水仙碱人工诱变形成的八倍体，减数分裂恢复正常，47 个中期 I 的花粉母细胞，没有单价体，没有多价体，个个都含 28 对二价体；205 个后期 I 的花粉母细胞，4.8% 含有落后染色体；108 个四分子，27.80% 含有微核。根据上述数据，*E. macounii* 应当是 *Agropyron trachycaulum* 与 *Hordeum jubatum* 之间的天然 F_1 杂种。

1961 年，美国犹他州立大学农业试验站与美国农业部作物研究室的研究农学家 Douglas R. Dewey 在美国《遗传杂志（The Journal of Heredity）》发表一篇题为 "Hybrids between *Agropyron repens* and *Agropyron desertorum*" 的研究报告。

报告介绍了新墨西哥州阿尔布奎尔奎（Albuquerque）地区种苗分部主任记录的 15 个推测为 *Agropyron desertorum* 与 *A. repens* 或 *A. trachycaulum* 的种间杂种经检测一部分是真杂种。其中两株为含 35 条染色体的真杂种，其余 13 株经细胞学与形态学鉴定应属于 *Agropyron repens*。经检测，*A. repens* 2n＝42，*A. desertorum* 2n＝28。当这两个种生长在一起，异花传粉，*A. repens* 有 4% 左右的种子可能是种间杂种。在人工控制杂交的情况下，杂交结实率为 14.4%。但是萌发很差。

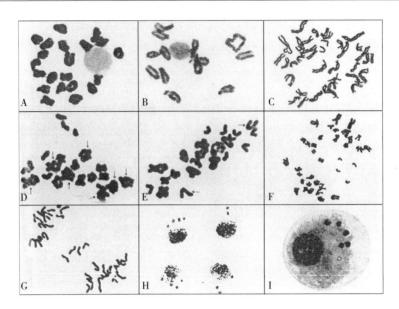

图 2-6 *Agropyron repens*、*A. desertorum* 以及它们的
F₁杂种的有丝分裂与减数分裂染色体构型

A. *Agropyron repens* 减数分裂终变期：含 21 对二价体   B. *Agropyron desertorum* 减数分裂终变期：含 10 对二价体与 2 个四价体   C. 杂种有丝分裂示不同种的染色体体积大小的差异，14 条大染色体来自 *A. desertorum*，21 条小染色体来自 *A. repens*   D. 杂种减数分裂中期 Ⅰ：14 对二价体与 7 条单价体，其中 7 对大二价体（箭头所指）来自 *Agropyron desertorum*   E. 杂种减数分裂中期 Ⅰ：13 对二价体与 9 条单价体，其中 7 条小单价体来自 *Agropyron repens*，两条大单价体（箭头所指）来自 *Agropyron desertorum*   F. 杂种减数分裂后期 Ⅰ：含 7 个落后染色体，其中两个早期分裂   G. 杂种减数分裂后期 Ⅱ：含有 4 条落后染色体   H. 四分子具 13 个微核
I. 杂种未成熟花粉粒，含 5 个微核

(引自 Dewey，1961，图 8)

这两个种的染色体的体积大小相差很大，在显微镜下很容易区别。亲本及 F₁ 杂种的减数分裂染色体行为记录如表 2-12 与表 2-13，图 2-6。

1962 年，Douglas R. Dewey 与 A. H. Holmgren 在《托瑞植物学俱乐部公报（Bulletin of the Torrey Botanical Club)》89 卷，第 4 期，发表一篇题为 "Natural hybrids of *Elymus cinereus* × *Sitanion hystrix*" 的检测报告。他们在美国爱达荷州肖肖尼（Shoshone）附近的一个封闭试验区发现几株疑似 *Elymus cinereus* 与 *Sitanion hystrix* 之间的天然杂种。这些杂种在形态特征上介于 *Elymus cinereus* 与 *Sitanion hystrix* 两个当地的种之间，经细胞学检测，*Elymus cinereus* 与 *Sitanion hystrix* 都是异源四倍体，2n＝28，在减数分裂中期 Ⅰ 染色体都配合成 14 对二价体。这些杂种也是四倍体，在减数分裂中期 Ⅰ，染色体基本上不能配对，所有 214 个检测的花粉母细胞中平均每细胞 26.8 条单价体，只有 0.6 对二价体；完全不配对含 28 条单价体的细胞多达 126 个；含 24 条单价体，2 对二价体的细胞有 22 个；含 22 条单价体，3 对二价体的细胞有 6 个；含 20 条单价体，4 对二价体的细胞有 1 个；含 26 条单价体，1 对二价体的细胞有 50 个。说明这两个亲本之间相互没有同源的染色体组。如果把 *Sitanion hystrix* 的染色体组写作 **AABB**，*Elymus cinereus* 的染色体组就应当写成 **CCDD**。

表 2 - 12　*Agropyron repens* 与 *A. desertorum* 减数分裂染色体行为

（引自 Dewey，1961，表 II）

	中期Ⅰ			后期Ⅰ		后期Ⅱ		四分子	
	Ⅱ	Ⅳ	细胞数	落后染色体	细胞数	落后染色体	细胞数	微核数	细胞数
	Agropyron repens								
	21	0	68	0	263	0	137	0	334
	19	1	28	1	5	1	3	2	2
	17	2	6	2	5	2	1		
	15	3	1						
	13	4	1						
总计	2 090	47	104	15	273	5	141	4	336
平均	20.10	0.45		0.05		0.04		0.01	
	Agropyron desertorum								
	14	0	1	0	171	0	164	0	165
	12	1	13	1	4	1	6	1	1
	10	2	17	2	1			2	4
	8	3	14					4	1
	6	4	6						
	4	5	33						
总计	**620**	**278**	**84**	6	176	6	170	**13**	171
平均	**7.36**	**3.30**		0.03		0.03		**0.08**	

注：Dewey 的表 Ⅱ 在四分子项下列有未观察到的构型，本表将它删除。总计及平均，计算有错误，经重新计算改正，改正数据用 Arial 黑体标明。

表 2 - 13　*Agropyron repens*×*A. desertorum* F₁ 杂种减数分裂染色体行为

（引自 Dewey，1961，表 Ⅲ）

中期Ⅰ					后期Ⅰ		后期Ⅱ		四分子	
Ⅰ	Ⅱ	Ⅲ	Ⅳ	细胞数	落后染色体	细胞数	落后染色体	细胞数	微核数	四分子数
7	14			133	2	1	0	7	0	13
9	13			53	3	7	1	15	1	23
6	13	1		17	4	13	2	31	2	34
5	15			12	5	34	3	61	3	36
8	12	1		12	6	56	4	71	4	36
11	12			3	7	60	5	53	5	38
13	11			2	8	25	6	71	6	33
5	13		1	1	9	16	7	68	7	36
8	10	1	1	1	10	8	8	20	8	35
10	11	1		1	14	1	9	16	9	41
							10	2	10	29
									11	35
									12	25

（续）

	中期 I				后期 I		后期 II		四分子	
	I	II	III	IV	细胞数	落后染色体	细胞数	落后染色体	细胞数	微核数	四分子数
									13	26
									14	13
									15	10
									16	5
									1	1
总计	$\overline{1\,748}$	$\overline{3\,188}$	$\overline{31}$	$\overline{2}$	$\overline{235}$	$\overline{1\,439}$	**221**	$\overline{2\,039}$	**417**	**3 374**	**469**
平均	7.44	13.57	0.13	0.009		**6.51**		**4.89**		**7.19**	

注：Dewey 的表 III 的总计与平均一部分计算有错误，核查更正后用 Arial 黑体字标明。

1963 年，美国犹他州立大学的 W. S. Boyle 在《Madroño》17 卷上发表一篇题为 "A controlled hybrid between *Sitanion hystrix* and *Agropyron trachycaulum*" 的研究报告。他用来自犹他州曼图阿（Mantua）的 *Sitanion hystrix* 作母本，40 朵人工去雄的小花授以邻近洛甘（Logan）的 *Agropyron trachycaulum* 的花粉，得到两粒杂种种子。赓即播于温室，得两株健壮的杂种植株。观测杂种减数分裂染色体配对的数据列如表 2-14。

表 2-14　减数分裂中期 I 染色体配对情况

（引自 Boyle，1963，表 1）

I	II	III	IV	VI	观测细胞数
	14			47	
	12	1		47	
2	13				30
2	11		1		26
4	12				12
	10		2		11
4	10		1		7
	13		1		5
2	9		2		3
3	11		1		2
1	13	1			1
2	12				1
6	11				1
5	10	1			1
	12		2		1
3	10	1			1
4	9		1		1

（续）

Ⅰ	Ⅱ	Ⅲ	Ⅳ	Ⅵ	观测细胞数
2	7		3		1
	11			1	1
4	11				1
	11		1		1
3	10		1		1
	13				1
1	12	1			1
按细胞平均 1.13	12.2	0.19	0.60	0.004	总计 204

在观测的 204 个花粉母细胞中，染色体配对有 24 种构型。14 对二价体的占 23.5％，12 对二价体加 1 个四价体的占 23.5％，13 对二价体加 2 条单价体的占 14.7％，11 对二价体加 1 个四价体加两条单价体的占 12.7％，这四种最常见的类型合起来约占 75％。图 2-7：A 可以做个代表，它含有 12 对二价体与 1 个四价体。其中 6 对二价体是环型，6 对是只有 1 个交叉的棒型。所有观测花粉母细胞中都含有二价体，平均每细胞含 12.2 对；每细胞中平均只含 1.13 条单价体，变幅为 0～6；一半以上的观测花粉母细胞含有 1 个或更多的四价体，平均每细胞 0.6 个，变幅 0～3。所有观测的花粉母细胞中观测到 3 个三价体与 1 个六价体。

在观测的 847 个后期Ⅰ的花粉母细胞中，近 1/3 含有一个或更多的落后染色体（表 2-15），平均每细胞 0.6 条，变幅 0～6。在观测的 1 756 个后期Ⅱ的花粉母细胞中，近一半含有 1 条或更多的落后染色体（图 2-7：B），平均每细胞 0.78 条，变幅 0～7。

所观测的 2 361 个四分子平均含 0.37 个微核，这就相当于每花粉母细胞含 1.43 个微核。近 70％的花粉母细胞没有微核，单个四分子最多含 3 个微核。所有观测的花粉粒几乎全部不育，在 9 064 个成熟花粉粒中只有 3 个可能具有可育性。

经检查的 2 500 朵小花一粒种子也没有，杂种完全不育。

表 2-15 后期Ⅰ与后期Ⅱ落后染色体的频率

（引自 Boyle，1963，表 2）

	每细胞含落后染色体平均值	含一个以上落后染色体百分值	观测细胞数
后期Ⅰ	0.60	34.1	847
后期Ⅱ	0.78	48.5	1 756

他在这篇报告的讨论中分析道："两个亲本减数分裂都没有四价体，说明两个都是异源四倍体，杂种染色体的配对都应当是异源联会。因此说明这两个种含有的两个异源染色体组在两个种之间或多或少彼此是同源的。在双亲染色体无法区分的情况下，高频率的四价体的呈现可以推测这两个种间的同源性。在中期Ⅰ超过 50％的花粉母细胞含有 1 个或 1 个以上的四价体。鉴于有近一半的花粉母细胞没有四价体，而含有的细胞数量不一致。这就不像是这些四价体相互易位可信的真实比率。如果是这样，毫无疑问高数量的四价体说

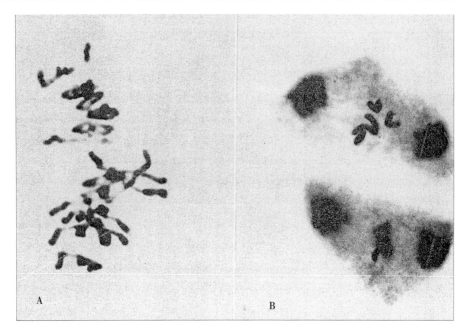

图 2-7　*Sitanion hystrix* 与 *Agropyron trachycaulum* F₁杂种减数分裂

A. 中期 I 的花粉母细胞，12 对二价体与 1 个四价体　B. 后期 II 的花粉母细胞，示落后染色体

（引自 Boyle，1963，图 1）

明二价体不是同源配对。*Agropyron trachycaulum* 与 *Sitanion hystrix* 之间具有重要的同源性比现在这种分类处理的关系要亲切得多。"从这一检测报告的数据可以判定这两个分类群是亲缘关系十分密切，具有两个相似染色体组，相互各具独立基因库的同属异种。

　　曾被定名为 *Agropyron saundersii*（Vasey）Hitchc.（= *Elymus saundersii* Vasey）的分类群，据 Boyle 认为它就是 *Agropyron trachycaulum* 与 *Sitanion hystrix* 之间的天然不育杂种，但 Boyle 的人工杂种与它的模式标本相比较，模式标本的穗较粗大，芒较长而直，形态上稍有不同。Boyle 在文中又介绍说："Arthur H. Holmgren 认为 *Sitanion longifolium* 可能是它的亲本，它与 *Agropyron saundersii* 的模式标本生长在同一地区。"

　　1963 年，Dewey 在《托瑞植物学俱乐部公报（Bulletin of the Torrey Botanical Club）》90 卷，第 2 期，发表一篇题为 "Natura hybrids of *Agropyron trachycaulum* and *Agropyron scribnerii*" 的研究报告。在报告中介绍，*Agropyron scribnerii* Vasey 是美国西部特有的禾草，且在高海拔地区与 *Agropyron trachycaulum* 常混生在一起，它们的开花习性相似而存在种间杂交的机遇。文献中还没有这两个种之间的天然或人工杂交的记载。

　　几年前，美国林业服务处山间森林与草原试验站的草原保护专家 A. Perry Plummer 在犹他州北部观察到一些天然不育杂种，其形态特征介于 *A. trachycaulum* 与 *A. scribnerii* 之间的中间型，虽然更多的偏向于 *A. trachycaulum*。他猜测这些杂种是 *A. trachycaulum* 与 *A. scribnerii* 之间的天然杂种。Dewey 与 Plummer 在 1960 年晚夏去考察采集了这种天然杂种，把它们及其可能的亲本从 3 240m 的高山上移植到洛甘（Logan）附近的犹他农业试验站的伊万斯农场（Evans Farm）。

　　双亲都是自花授粉小花药多年生禾草，28条染色体，减数分裂正常（图2-8），结实正常的异源四倍体植物。A. *trachycaulum* 观测的花粉母细胞的染色体全都配成14对二价体，90％都是两臂交叉的环型（图2-8：A、B），没有出现多价体，后期Ⅰ与后期Ⅱ染色体分向两极也是正常的（图2-8：C、D）。A. *scribnerii* 所观测的5个植株中有4株减数分裂都是完全正常的，只有1株减数分裂有不正常染色体分离，有桥与染色体片段出现（图2-8：H）。

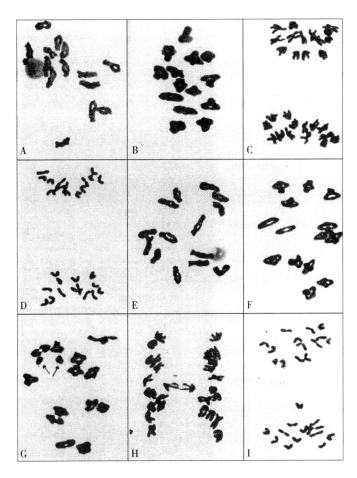

图2-8　A. *trachycaulum* 与 A. *scribnerii* 的减数分裂

A-D. *Agropyron trachycaulum* 的减数分裂：终变期、中期Ⅰ、后期Ⅰ与后期Ⅱ　E-I. *Agropyron scribnerii* 的减数分裂：终变期、中期Ⅰ、后期Ⅰ与后期Ⅱ　G. 示2个单价体与13对二价体，2个单价体看来像是二价体早期分离

（引自Dewey，1963，图3）

　　杂种的减数分裂情况，如图2-9与表2-16记录的数据所示。在杂种中，终变期染色体配对难于精确地确定，因为不可能总能从真正的交叉的形成来区别出染色体的连接，特别是存在多价体的情况下。虽然在终变期不可能精确地确定染色体配对的性质，染色体呈现完全配对或绝大部分配对，当其没有观察到有单价体出现时，但在中期常出现单价体，一些染色体在终变期配对必定较松散，可不代表真正的同源性。

　　所有杂种的染色体联会情况非常一致，因此把 5 个杂种的数据合在一起列如表 2 - 16。中期Ⅰ含 14 对二价体的花粉母细胞占 11%（图 2 - 9：A），并且没有少于 9 对二价体的花粉母细胞。大部分二价体都是环型，说明它们具有精确的同源性。在 60% 的花粉母细胞中含 1～6 条单价体（图 2 - 9：B）；多价体，包括三价体、四价体、五价体与六价体（图 2 - 9：C - F），在少数花粉母细胞中出现，分别占 0.24%，0.27%，0.03%，0.17%。由于在 *A. trachycaulum* 与 *A. scribnerii* 两个亲本中都没有多价体出现，而在它们的杂种中出现，说明双亲的两个染色体组虽然同源，但各自相对来说有染色体的结构性改变。

表 2 - 16　*A. trachycaulum* 与 *A. scribnerii* 的天然杂种减数分裂中期Ⅰ染色体联会

（引自 Dewey，1963，表 1）

	Ⅰ	Ⅱ	Ⅲ	Ⅳ	Ⅴ	Ⅵ	观察细胞数
		12	1				22
	2	13					20
		11				1	17
		14					15
	2	11		1			11
	3	11	1				11
	1	12	1				8
	4	12					7
	6	11					5
	2	10				1	5
	4	10		1			5
	1	11			1		4
		11	2				4
	2	10	2				2
	4	10	1				2
	4	9				1	2
总计	215	1 644	33	38	4	24	140
平均	1.54	11.74	0.24	0.27	0.03	0.17	

　　杂种的后期Ⅰ具典型的染色体落后，染色单体早期分离，以及桥片段的形成（图 2 - 9：G）。在 153 个观测的花粉母细胞中，有 60% 的细胞具 1～6 个落后染色体，平均每细胞具 1.43 个。这些数据与中期Ⅰ单价体的频率非常相近（见表 2 - 16）。落后染色体的姊妹染色单体分离的频率在后期Ⅰ中高于后期Ⅱ呈正常现象（图 2 - 9：G）。近 50% 的后期Ⅰ细胞含有 1 个或多个桥及通常与桥相连的染色体片段。杂种染色体组普遍呈现杂合倒位。

　　桥在后期Ⅱ中不像后期Ⅰ那么多，是因为 296 个后期Ⅱ细胞中具桥的只有 10%。60% 的后期Ⅱ细胞呈现落后染色体，平均每细胞含 1.0 个。186 个四分子中，有 45% 含 1～6 个微核，并一直存在于未成熟花粉粒中（图 2 - 9：I）。

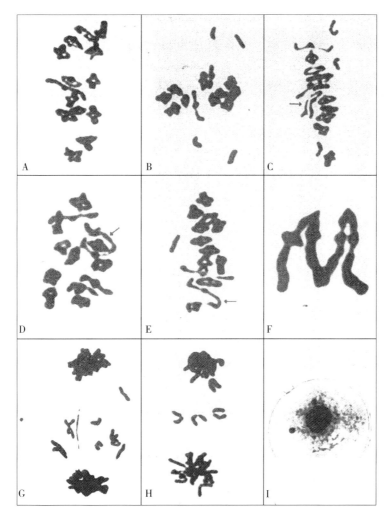

图 2-9　*A. trachycaulum* 与 *A. scribnerii* 的天然杂种的减数分裂

A. 14 对二价体　B. 12 对二价体与 4 条单价体　C. 11 对二价体，3 条单价体与 1 个三价体

D. 12 对二价体与 1 个四价体（箭头所指）　E. 11 对二价体，1 条单价体与部分不连接的五价体

（箭头所指）　F. 六价体联会　G. 后期 I，具 3 对落后二分体，2 条早分离的落后二分体与 1 个

桥片段　H. 后期 II，具 3 个落后染色体　I. 未成熟花粉粒，含 2 个微核

（引自 Dewey，1963，图 4）

杂种完全不育。它们的减数分裂染色体行为、它们的形态特征，以及它们及其亲本的生长与分布环境，可以确信它们是 *Agropyron trachycaulum* 与 *Agropyron scribnerii* 之间的种间天然杂种。这些杂种的形态构造与 A. S. Hitchcock（1951）描述的 *Agropyron subsecundum*（Link）Hitchc. var. *andinum*（Scribn. et Smith）Hitchc.〔= *A. trachycaulum* var. *unilaterale* f. *andinum*（Scribn. et Smith）Beetle〕完全一致。

根据以上数据，*Agropyron trachycaulum* 的染色体组可以写作 **AABB**，*Agropyron scribnerii* 的染色体组可以写作 $\mathbf{A_1A_1BB}$、$\mathbf{AAB_1B_1}$ 或 $\mathbf{A_1A_1B_1B_1}$。如果把 *Agropyron scribnerii* 的染色体组写作 $\mathbf{A_1A_1B_1B_1}$，则杂种的染色体组成应当是 $\mathbf{AA_1BB_1}$。

1964 年，Douglas R. Dewey 又在《托瑞植物学俱乐部公报（Bulletin of the Torrey Botanical Club)》91 卷，第 5 期发表一篇题为 "Natural and synthetic hybrids of *Agropyron spicatum* × *Sitanion hystrix*" 的检测报告。报告介绍，根据 1951 年 Hitchcock 的《Manual of the grasses of the United States》第 2 版的记述，*Agropyron spicatum*（Pursh) Scribn. et Smith 与 *Sitanion hystrix*（Nutt.) J. G. Smith 在美国西部的许多地方都是生长在一起，在同一地区形成种或属间杂种的频率很高。这些杂种完全不育，形态介于 *Agropyron spicatum* 与 *Sitanion hystrix* 之间呈中间型。这些杂种的形态与 Hitchcock 同书描述的 *Agropyron saxicala*（Scribn. et Smith）Piper 非常相似。许多禾草学家认为，*A. spicatum* 或它的无芒类型 *A. inerme*（Scribn. et Smith）Rydh. 与 *S. hystrix* 就是 *A. saxicala* 的亲本。他说他这一研究为了：①检测 *Agropyron spicatum* 与 *Sitanion hystrix* 之间的杂交亲和性；②澄清 *A. saxicala* 的来源，以及 *Agropyron spicatum* 与 *Sitanion hystrix* 染色体组之间的关系。

美国农业部农业研究服务部草原资源保护学家 A. C. Hull，Jr. 及 Dewey 与 A. H. Holmgren 对在爱达荷州采集的天然杂种、人工合成的杂交种及其亲本进行了细胞遗传学的观察分析研究。

为检测亲本之间的杂交亲和性，将 5 穗不去雄的二倍体 *A. spicatum* 授以 *S. hystrix* 的花粉，经验证得到 36 粒杂种种子。同一 *A. spicatum* 植株，5 穗自交得到 8 粒自交种子。在这个检测中显示 *S. hystrix* 的花粉优于自交花粉，说明 *A. spicatum* 与 *S. hystrix* 的杂交亲和性很高，也说明 *A. spicatum* 是异花授粉植物。他没有用 *S. hystrix* 不去雄作母本，因为它是已知的自交完全能育的植物，只有人工去雄才能避免自交。在天然环境中，*S. hystrix* 能否成为母本成了疑问，但却有证据证明的确发生过。来自华盛顿州引种站的 *S. hystrix* 种子 PI 232353，Dewey 播在他的苗圃里，50 株中确有 1 株是以 *S. hystrix* 为母本形成的 *S. hystrix* × *A. spicatum* 的天然杂种。

从细胞学检测的结果（表 2-17）来看，*A. spicatum* 与 *S. hystrix* 亲本的减数分裂都是正常的，天然杂种与人工杂种的减数分裂染色体配对行为的数据也非常接近。中期 I 7 条单价体与 7 对二价体（图 2-10：C），这种构型占观测细胞数 80% 左右。次多的构型就是 9 条单价体与 6 对二价体（图 2-10：D），三价体在观测的细胞中占 4% 左右。在所有观测细胞中，三价体都没有超过 1 个以上的。通常 6 对二价体中有一两对呈棒型，其余为环型。出现 8 对二价体时，其中 1 对呈松散的棒型。

表 2-17 *Agropyron spicatum*、*Sitanion hystrix* 及其 F₁ 杂种的减数分裂中期 I 染色体联会

（引自 Dewey，1964a，表 I）

种及其杂种	染色体联会			观察细胞数	总数百分率（%）
	I	II	III		
A. spicatum (2n=14)					
		7		178	95.2
	2	6		9	4.8
总　　数	18	1 300		187	100.0

（续）

种及其杂种	染色体联会			观察细胞数	总数百分率（%）
	I	II	III		
平　　均	0.10	6.95			
S. hystrix （2n＝28）					
		14		139	97.9
	2	13		3	2.1
总　　数	$\overline{6}$	$\overline{1\,985}$		$\overline{142}$	$\overline{100.0}$
平　　均	0.04	13.98			
天然杂种 （2n＝21）					
	7	7		114	83.8
	9	6		10	7.4
	5	8		7	5.1
	6	6	1	5	3.7
总　　数	$\overline{953}$	$\overline{944}$	$\overline{5}$	$\overline{136}$	$\overline{100.0}$
平　　均	7.01	6.94	0.04		
人工杂种 （2n＝21）					
	7	7		97	77.6
	9	6		18	14.4
	5	8		4	3.2
	6	6	1	6	4.8
总　　数	$\overline{897}$	$\overline{855}$	$\overline{6}$	$\overline{125}$	$\overline{100.0}$
平　　均	7.18	6.84	0.05		

　　杂种减数分裂后期 I 的特点是不均等分离，出现落后染色体（图 2 - 10：E）及桥（图 2 - 10：F）。在 219 个观察细胞中出现 1～8 个落后染色体的约占 90%，平均每细胞 4.2 个；大约有 10% 的后期 I 的花粉母细胞含有 1～3 个桥，它经常伴随染色体片段（图 2 - 10：F）。大多数落后染色体的两条单体在后期 I 就分离开来（图 2 - 10：G）。后期 II 的不正常情况与后期 I 相似，也出现落后染色体与桥（图 2 - 10：H）。

　　Sitanion hystrix 是一个异源四倍体，它有一组染色体与二倍体的 *Agropyron spicatum* 的染色体异源相联会，说明它有一组染色体组与 *Agropyron spicatum* 的染色体组同源。如果把 *Agropyron spicatum* 的染色体组写成 **AA**，*Sitanion hystrix* 的染色体组就应当写成 **A₁A₁BB** 或 **AABB**，它们的杂种就应当是 **AA₁B** 或 **AAB**。被定名为 *Agropyron saxicola*（Scribn. et Smith）Piper 的标本就是这样一个天然杂种。Stebbins 与 Snyder（1956）早就得到同样的论断。*Elymus*、*Agropyron*、*Sitanion* 的一些种都含有 *Agropyron spicatum* 类型的染色体组，存在于 *Sitanion hystrix* 中，也存在于 *Sitanion jubatum* 中。Stebbins 与 Snyder（1956）曾指出，*Agropyron trachycaulum* 含有一个与 *Agropy-*

ron spicatum 类似的稍有改变的染色体组亚型。Dewey（1963）检测的结果，*A. trachy-caulum* 与 *A. scribnerii* Vasey 两个种的染色体组非常相近，可以说它们都含有一个染色体组是 *A. spicatum* 的染色体组的亚型。

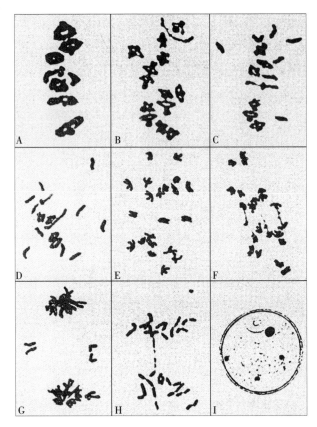

图 2 - 10　*Sitanion hystrix*、*Agropyron spicatum* 及其 F₁ 杂种的减数分裂

A. *Agropyron spicatum* 中期 I：6 对环型二价体与 1 对棒型二价体　B. *Sitanion hystrix* 中期 I：13 对环型二价体与 1 对棒型二价体　C. 杂种中期 I：7 对环型二价体与 7 条单价体　D. 杂种中期 I：6 对二价体与 9 条单价体　E. 杂种后期 I：具 3 条落后染色体　F. 杂种后期 I：具 3 个桥　G. 杂种后期 I：落后染色体滞后分离　H. 杂种后期 II：具 1 桥　I. 杂种花粉，含 3 微核

（引自 Dewey，1964a，图 2）

同年，Dewey 在《美国植物学杂志》52 卷，第 10 期，发表一篇题为 "Synthetic hybrids of New World and Old World *Agropyrons* Ⅱ. *Agropyron riparium* × *Agropyron repens*" 的研究报告。*Agropyron riparium* 是分布于美国西部具根茎的四倍体的草原禾草，91 个检测减数分裂中期 I 花粉母细胞平均染色体配对构型为 $0.04 \mathrm{I} + 13.98 \mathrm{II}$，显然是个异源四倍体。*Agropyron repens* 是原产于欧亚大陆现广布于东西两半球具强大根茎的六倍体禾草，55 个检测减数分裂中期 I 花粉母细胞平均染色体配对构型为 $20.27 \mathrm{II} + 0.36 \mathrm{IV}$，它应当是一个部分同源的异源六倍体。

以 *Agropyron riparium* 作母本，26 朵去雄小花授以 *Agropyron repens* 的花粉，得到 12 粒种子，有 5 株杂种成长，它们的形态特征呈中间型，但更偏向于 *A. repens*。F₁ 杂种 162 个检测的减数分裂中期 I 花粉母细胞染色体配对平均构型为 6.75 I ＋12.49 II ＋ 1.05 III＋0.01 IV＋0.01 V。Dewey 在这份报告中根据这个构型认为杂种的二价体一部分来自 *A. repens* 的染色体的同亲配对；另一部分来自 *A. repens* 的染色体与 *A. riparium* 的染色体之间的异亲配对。这两个种共有一个同源的染色体组，这个同源的染色体组都含有长根茎基因，他把这个染色体组称为 "**R**" 染色体组。Dewey 的这个 "**R**" 染色体组不是黑麦的 **R** 染色体组。他把 *A. riparium* 的染色体组写作 **R₂R₂SS**，把 *A. repens* 的染色体组写作 **R₁R₁X₁X₁X₂X₂**，把 F₁ 杂种的染色体组写作 **R₁R₂X₁X₂S**。Dewey 在这里分析染色体组时认为，*A. riparium* 有两组不同的染色体组，其中一对是 **S** 染色体组是完全正确的。*A. repens* 的染色体组由三组构成，其中有两组是同一染色体组的两个不同亚型也是正确的。他的这些数据也不可能把这些染色体组的来源论证清楚，还需要进一步的试验研究。

1965 年，Dewey 在美国芝加哥出版的《植物学公报（Botanical Gazette)》上发表一篇题为 "Morphology，cytology，and fertility of synthetic hybrids of *Agropyron spicatum* ×*Agropyron dasystachyum-riparium*" 的研究报告。

报告中他介绍说：*Agropyrum spicatum*（Pursh）Scribn. et Smith，蓝束小麦草，是一种美国西部本土生长的丛生种，在太平洋西北沿岸与洛基山脉、内华达山脉之间的内陆高原和大盆地地区构成草原植被的重要组分。这个种有二倍体（2n＝14）与四倍体（2n ＝28）两种类型，以及它的通常称为 *A. inerme*（Scribn. et Smith）Rydb. 的无芒类群。四倍体是同源四倍体，它只含有一种染色体组。四倍体是由二倍体加倍形成。

Agropyron spicatum 在小麦族许多种的系统演化中扮演着重要角色。已知有 5 个 *Agropyron* 的种，3 个 *Elymus* 的种，1 个 *Sitanion* 的种，含有它的一个染色体组或染色体组的变型。Dewey 说他尚未发表的有 *A. spicatum* 在内的种间或属间杂种的数据显示含有 *A. spicatum* 染色体组的种的名单还要扩大。在这里应当指出注意的是，Dewey 当时沿用的 "*Agropyron*" 是广义的老名词。

Agropyron dasystachyum（Hook.）Scribn.，肥穗小麦草，及其无毛类型，*A. riparium* Scribn. et Smith，溪岸小麦草，都是有根茎的种，也是美国西部土生土长的禾草，与 *A. spicatum* 生长在同一地区。*Agropyron dasystachyum* 与 *A. riparium* 的区别只在于颖上有柔毛或无柔毛。Dewey 介绍，"这种区分完全是人为的，在这篇文章中将这两个所谓的种看成一个种的两种类型"。*Agropyron dasystachyum* 与 *A. riparium* 都是四倍体，2n＝28，从细胞学的表现来看它们都是异源四倍体（Peto，1930；Dewey，1965）或部分异源四倍体（Winterton，1958）。

Dewey 这篇报告作了以下的试验研究与分析：

（1）杂交亲和性检测：他用了三种方法：去雄小花控制性授粉；未去雄小花控制性授粉；未去雄小花非控制性授粉（编者注：临近雄株开放性自由传粉）。三种试验的结果显示出 *Agropyron spicatum*×*Agropyron dasystachyum* 或 *A. riparium* 杂交亲和率很高。

*A. riparium*276 朵小花授以四倍体 *Agropyron spicatum* 的花粉，得到 72 粒杂交种子，一些种子是未能萌发的瘪粒，萌发的有 44 粒，得到 25 株杂种植株。反交 44 朵去雄小花得到 21 粒杂种种子，其中有 15 粒萌发，大多数幼苗很弱，只有 6 株成株。

二倍体 *A. spicatum* 的 5 个未去雄穗授以 *A. dasystachyum* 的花粉，得到 32 棵植株，

经检测，全部都是杂种。5穗自交穗，只结了两粒种子。显示出 *Agropyron dasystachyum* 的花粉比 *A. spicatum* 自己本花的花粉亲和力高，说明 *A. spicatum* 是一个很强的异花授粉植物。反交，5个 *Agropyron dasystachyum* 未去雄穗子授以二倍体 *Agropyron spicatum* 的花粉，得到30粒种子，成长后经检测证明有22株是杂种，其余的8株是因为早夭未能检测。

通常四倍体的 *A. spicatum* 自交能育性比二倍体高，不去雄的四倍体 *Agropyron spicatum* 作母本杂交较难于成功。5个四倍体 *A. spicatum* 的穗子授以 *Agropyron dasystachyum* 花粉，得到45粒种子，其中只有15粒证明是杂种。未进行反交。

他检测的田间天然相互杂交的情况是，所有种都有天然杂种产生，频率大约在25%～50%。

可以作出结论：二倍体与四倍体的 *Agropyron spicatum*、*A. dasystachyum* 以及 *A. riparium* 之间的杂交亲和率是比较高的。

（2）形态学特征：*Agropyron spicatum* 除芒的长短有较大变化外，其他特征都比较一致。二倍体比四倍体细小一些。*Agropyron dasystachyum* 与 *A. riparium* 都有强大的根茎，二者的区别只是颖有无柔毛。杂种都具根茎，只是一些较粗大，一些较细小；以 *Agropyron spicatum* 为母本的杂种，其根茎较细小；以 *Agropyron dasystachyum* 与 *A. riparium* 为母本的则较强大，显示出根茎发育受细胞质基因调控。杂种穗子的形态变化较大，芒长特别突出，从无芒到长芒，任一杂种的组合常常包含有无芒与有芒两种植物。在 *Agropyron spicatum* 的基因中，决定芒的性状的基因是杂合的。所有杂种的颖都像 *Agropyron spicatum* 亲本光滑无毛。

（3）细胞学与育性：二倍体的 *Agropyron spicatum* 减数分裂各时期都是正常的，100个观测花粉母细胞都形成7对二价体（图2-11：A），75%的二价体都是两端闭合的环型。在中期Ⅰ与后期Ⅱ染色体分离也很正常，215个四分子中没有观察到有微核的出现。90%的花粉粒都能正常染色，充分结实。

四倍体的 *Agropyron spicatum* 减数分裂，在72个观测花粉母细胞中，在晚终变期与早中期Ⅰ，平均8.28对二价体，2.86个四价体，呈现同源四倍体的染色体构型。少数单价体与三价体的出现，但它们看来是早期四价体分离的结果。在20%的后期Ⅰ花粉母细胞中有反常的桥、染色体片段、落后染色体与染色体不均等移向两极的情况出现。后期Ⅱ的不正常情况与后期Ⅰ相似，有5%的四分子含有微核。大约能被碘化钾染色的花粉占80%，50%的小花能结实。

所有的 *A. dasystachyum* 与 *A. riparium* 都是四倍体，它们的细胞学的表现说明是异源多倍体。分别在159个与161个观察花粉母细胞中，减数分裂中期Ⅰ呈14对二价体（图2-11：C）。剩下两个花粉母细胞分别为：一个含有13对二价体与2条单价体，另一个含有12对二价体与1个四价体。70%以上的二价体都是环型。除偶见桥外，后期基本上都是正常的。能染色花粉在85%～95%的变幅内，所有植株都正常结实。

杂种的细胞学观测数据列如表2-18。二倍体的 *Agropyron spicatum* × 四倍体的 *A. dasystachyum* 的 F_1 杂种的减数分裂绝大多数配成7对二价体与7条单价体（图2-11：D），这种构型占观察花粉母细胞的88%，二价体总是配成环型。有一些花粉母细胞形成

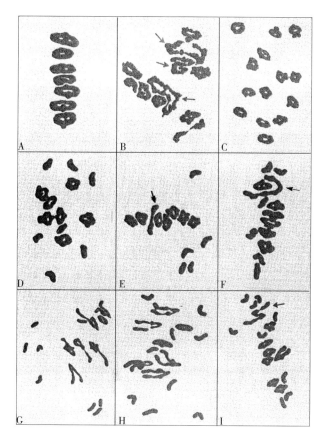

图 2-11　二倍体与四倍体的 *Agropyron spicatum*、*Agropyron dasystachrum-riparium*
　　　　及它们的杂种的减数分裂

A. 二倍体的 *A. spicatum* 减数分裂中期 I：7 对环型二价体　B. 四倍体的 *A. spicatum* 减数分裂
终变期：8 对二价体与 3 个四价体（箭头所指）　C. *Agropyron dasystachyrum-riparium* 减数分
裂终变期：14 对环型二价体　D. 三倍体杂种减数分裂终变期：7 对环型二价体与 7 条单价体
E. 三倍体杂种减数分裂中期 I：7 对环型二价体、1 对棒型二价体（箭头所指）与 5 条单价体
F. 三倍体杂种减数分裂中期 I：6 对环型二价体、1 个 3 价体（箭头所指）与 6 条单价体　G. 四
倍体杂种减数分裂终变期：1 对环型二价体、6 个三价体与 8 条单价体　H. 四倍体杂种减数分裂
终变期：2 对环型二价体、5 个三价体与 9 条单价体　I. 四倍体杂种减数分裂中期 I：6 对环型二
价体、1 个三价体、1 个四价体（箭头所指）与 9 条单价体

（引自 Dewey，1965c，图 2）

8 对二价体，其中 1 对呈棒型（图 2-11：E）。观察细胞中单价体变幅在 4～9 条，含 1 个
或 2 个三价体的构型出现在 6.4％的观察细胞中（图 2-11：F）。由于 *Agropyron spica-
tum* 是二倍体，而 *A. dasystachyum* 是异源四倍体，被 7 对环型二价体丢在一边的 7 条单
价体显然是属于 *A. dasystachyum* 的一组染色体。也就是说，*A. dasystachyum* 有一组染
色体与 *Agropyron spicatum* 的染色体组同源，并且非常相近。在 8 对二价体的细胞中，
其中 1 对棒型二价体与少数三价体应当是来自 *Agropyron dasystachyum* 染色组的同源配
对，可能是一些染色体发生了结构性易位。在中期 I 以后的各期，都出现种间杂种通常都

会出现的非正常分裂情况。在中期Ⅰ的大多数细胞中都出现落后染色体，且落后染色体的姊妹染色丝通常已经分离。在特定的杂种中，10%～30%观察细胞中形成1～2个染色体桥。在大多数杂种后期Ⅱ的细胞中都有落后染色体出现，少数具有桥。75%的四分子含有1～6个微核。有25株经检测的三倍体杂种中有1%～5%的能染色的能育花粉。1964年，这25株杂种植株有3株各结了1粒种子，其余22株杂种植株完全不结实。

四倍体的 *Agropyron spicatum* × *A. riparium* 的四倍体杂种的减数分裂变化差异较大。在192个花粉母细胞中，28条染色体的减数分裂的中期Ⅰ，单价体、二价体、三价体、四价体与五价体呈现了64种的不同组合（表2-18）。在观察的细胞中，单价体有的只有2条，多的有12条；二价体的变化从1对到12对；在195个观察细胞中有189个含有1～7个三价体（图2-11：G，H）；有50%的花粉母细胞含有1个到多个四价体（图2-11：I）；有2个花粉母细胞各含1个五价体。

从染色体联会的情况来看，在这个四倍体杂种中，*A. riparium* 的两个染色体组中，至少有1个染色体组与同源四倍体的 *Agropyron spicatum* 的染色体组部分同源。频频出现的三价体应当是 *Agropyron spicatum* 的两个同源染色体组的同源联会，再与 *A. riparium* 的一个染色体组的异源联会构成。在这些四倍体杂种中出现的频率较低的四价体与五价体可能是在 *Agropyron spicatum* 的两个染色体组间发生了如像曾在 *Agropyron spicatum* 与 *A. riparium* 观察到的那种染色体的构造杂合性。

表 2-18 二倍体 *Agropyron spicatum* × *Agropyron dasystachyum* 的三倍体杂种以及 *Agropyron riparium* × 四倍体 *Agropyron spicatum* 的四倍体杂种的染色体联会

（引自 Dewey，1965c，表1）

杂　种	染色体联会					观察细胞数	总数百分率（%）
	Ⅰ	Ⅱ	Ⅲ	Ⅳ	Ⅴ		
三倍体杂种（2n=21）	7	7	0	0	0	213	88.0
	6	6	1	0	0	14	5.8
	5	8	0	0	0	9	3.7
	9	6	0	0	0	2	0.8
	4	7	1	0	0	2	0.8
	5	5	2	0	0	2	0.8
总计	1 656	1 683	20	0	0	242	99.9
平均	6.84	6.95	0.08	0	0		
四倍体杂种（2n=28）	7	3	5	0	0	12	6.2
	6	3	4	1	0	12	6.2
	9	5	3	0	0	8	4.1
	6	5	4	0	0	8	4.1
	8	4	4	0	0	7	3.6
	8	7	2	0	0	7	3.6
	7	4	3	1	0	7	3.6
	8	1	6	0	0	6	3.1

（续）

杂　种	染色体联会					观察细胞数	总数百分率（%）
	Ⅰ	Ⅱ	Ⅲ	Ⅳ	Ⅴ		
	9	3	3	1	0	6	3.1
	5	5	3	1	0	6	3.1
	6	6	2	1	0	5	2.6
	6	4	2	2	0	5	2.6
	10	4	2	1	0	5	2.6
	8	5	2	1	0	5	2.6
	7	7	1	1	0	5	2.6
	6	6	3	0	0	4	2.0
	9	2	5	0	0	4	2.0
	6	8	2	0	0	4	2.0
	10	3	4	0	0	4	2.0
	9	8	1	0	0	4	2.0
	10	6	2	0	0	4	2.0
	8	2	4	1	0	4	2.0
	a	a	a	a	a	63	32.3
总计	1374	915	587	119	2	195	100.0
平均	7.05	4.69	3.01	0.61	0.01		

注：a 为 42 种其他组合，每种组合最多 3 个细胞。

在检测的 31 株四倍体杂种中，有 9 株不是预期的 28 条染色体，而是含有 32 条或 34 条染色体。这种含有 32 条或 34 条染色体的杂种的减数分裂与含 28 条染色体的杂种完全相似。这多出的染色体的来源不清楚，所有含有多于 28 条染色体的杂种都来自以 *A. riparium* 为母本的组合，Dewey 认为有可能这些多出来的染色体来自母本 *A. riparium*。在中期 Ⅰ 与后期 Ⅱ 染色体分离时不均等造成多于 14 条染色体的配子。

在四倍体杂种的后期 Ⅰ 与后期 Ⅱ 时期，落后染色体、桥-片段及不均等分离都有出现。326 个后期 Ⅰ 观察细胞中，平均含 6.52 个落后染色体；24% 的细胞含染色体桥，大多数都伴随有一个染色体片段。在 412 个后期 Ⅱ 细胞中，每细胞平均含有 3.97 条落后染色体，3.4% 的细胞含有桥，大多数四分子中都有微核。

由于四倍体杂种减数分裂高度不正常，31 株杂种能染色的花粉变幅在 0～50%。结实情况也与花粉育性一致，不同杂种植株间差别很大，从完全不结实到结有几百粒种子不等。大多数结实好的杂种都是含 32 条或 34 条染色体的杂种植株。大多数结实都是与亲本回交的结果。回交控制性试验表明，与 *A. spicatum* 或 *A. riparium* 亲本回交结实率为 25%，自交完全不结实。

四倍体杂种的育性比三倍体杂种好得多，可能是由于增加了 1 个 *A. spicatum* 染色体组的缓冲效应（buffering affect）的作用。四倍体杂种含有 3 个 *A. spicatum* 的染色体组，如果由于缺乏一个染色体组会造成配子夭折，但它可能因另外两个染色体组对它进行了代偿。Dewey 认为，在含有 32 条与 34 条染色体的杂种中存在额外染色体的情况下育性更好，或许可以说明这种代偿效应。

四倍体杂种与任一亲本回交都可能发生种质渗入。在自然野生情况下偶尔见到的具根茎的 A. spicatum 可能就是与 A. riparium 或 A. dasystachyum 之间发生渗入杂交形成的。

Dewey 在这篇报告中建议把二倍体的 A. spicatum 的染色体组的构型写作 **SS**，四倍体的 A. spicatum 写作 **SSSS**；A. dasystachyum-riparium 写作 **S₁S₁XX**；三倍体与四倍体的杂种分别写作 **SS₁X** 与 **SSS₁X**。**X** 是 A. dasystachyum-riparium 所含的一个来源不明的染色体组。

同年，Dewey 又在《托瑞植物学俱乐部公报》92 卷，第 6 期，发表一篇题为 "Synthetic hybrids of *Elymus canadensis*×*Elymus glaucus*" 的研究报告。

他认为，*Elymus canadensis* L. 是在美国大多数地方广为分布的禾草，它与自花授粉的 *E. virginicus* L.、*E. riparius* Wiegand、*E. interruptus* Buckl 及 *E. wiegandii* Fernald 几个种的关系比较相近，它们都是 2n＝28 的异源四倍体种（Brown 与 Pratt，1960；Church，1958）。属于这类群的种杂交亲和性较高且含有相近的染色体组，其中 1 个可能是来自于 *Agropyron spicatum*（Pursh）Scribn. et Smith（Stebbins 与 Snyder，1956）。

Elymus glaucus 是常见于美国西部，自花授粉，形态变异比较大，具有多种生态型的一种禾草。其中一些杂交亲和力很高，而另一些却反映出不育因子的隔离（Snyder，1950、1951）。它也是一个异源四倍体种，与 *Elymus canadensis* 一样，也有 1 个染色体组与 *Agropyron spicatum* 的染色体组近缘（Stebbins 与 Snyder，1956）。

Dewey 发现，有许多 *Agropyron*、*Elymus* 与 *Sitanion* 的种的染色体组基本上相同，只是染色体组亚型的不同，它们的起源是相似的。这样一个假说，需要更多的检测来验证。这篇报告也就是他的验证研究之一。

他用 32 朵人工去雄的 *Elymus canadensis* 小花，人工授以 *Elymus glaucus* 的花粉，得到 20 粒杂种种子，其中有 16 粒萌发，有 14 株杂种长成抽穗的成株。

经细胞学检测，*Elymus canadensis* 与 *Elymus glaucus* 两个亲本的减数分裂基本上是正常的，在中期 I，都形成 14 对二价体，90％以上的二价体都是两臂闭合的环型。以后各期也基本上是正常的，落后染色体、桥、微核，在 100 个检测细胞中不到 5％细胞中出现。双亲正常结实。

双亲及其杂种的检测数据列如表 2-19；典型的减数分裂染色体构型如图 2-12 所示。

表 2-19 ***Elymus canadensis***、***Elymus glaucus*** 及其 F₁ 杂种的减数分裂染色体配对情况

（引自 Dewey，1965d，表 2）

种或杂种	染色体联会				观察细胞数	总数百分率（％）
	I	II	III	IV		
E. canadensis（2n＝28）						
		14			206	99.0
	2	13			2	1.0
总计					208	100.0
平均	0.02	13.99				
E. glaucus（2n＝28）						

（续）

种或杂种	染色体联会				观察细胞数	总数百分率（%）
	I	II	III	IV		
		14			175	100.0
总计					175	100.0
平均		14.00				

E. canadensis × *E. glaucus*（2n=28）

终 变 期

	I	II	III	IV	观察细胞数	总数百分率（%）
		14			39	72.2
	2	13			8	14.8
		12		1	4	7.4
	1	12	1		2	3.7
	4	12	—	—	1	1.9
总计					45	100.0
平均	0.41	13.59	0.04	0.07		

中 期 I

	I	II	III	观察细胞数	总数百分率（%）
		14		27	26.0
	2	13		43	41.3
	4	12		21	20.2
	6	11		6	5.8
	8	10		5	4.8
	1	12	1	2	1.9
总计				104	100.0
平均	2.38	12.78	0.02		

所有的 F_1 杂种，经检测都是相似的，由于得到的数据终变期与中期 I 在判断上有一些差异，在表 2-19 中将它们分开列出。在终变期的花粉母细胞中含 14 对二价体的占观测细胞的 72.2%。在许多花粉母细胞中都呈现 1 个异形二价体，在每一个观测细胞中几乎都有联会松散的二价体（图 2-12：C）。54 个终变期细胞中有 11 个含有 1～4 个单价体（图 2-12：D）。在 4 个细胞中观察到有 1 个链状四价体。与终变期不同的是中期 I 含 14 对二价体的花粉母细胞只占 26.0%（图 2-12：E），而其余的花粉母细胞都含有 1～8 条单价体（图 2-12：F）。一些在终变期松散联会的二价体在中期 I 都分离成单价体。中期 I 的花粉母细胞通常含有 10 对或 11 对臂闭合的环型二价体；在中期 I 没有观察到四价体联会，只看到有 2 个花粉母细胞含有 1 个三价体。

F_1 杂种在后期 I 的细胞中普遍含有落后染色体，在 227 个观测细胞中有 155 个含有 1～6 个落后染色体。在 33 个中期 I 细胞中含有 1 个桥及伴随的染色体片段，占总观测数的 14.5%。在后期 II 的观测细胞中呈现相似的反常现象，在 286 个后期 II 观测细胞中 62% 含有 1～6 个落后染色体，平均 1.28 个。在这些后期 II 的观测细胞中有 6 个含有桥。

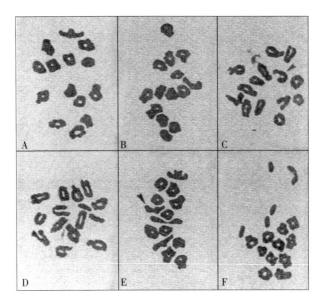

图 2-12　*Elymus canadensis*、*Elymus glaucus*
及其 F_1 杂种的减数分裂染色体构型

A. *E. canadensis* 中期Ⅰ：14 对二价体　B. *E. glaucus* 中期Ⅰ：14 对二价体　C. F_1 杂种终变期：
14 对二价体　D. F_1 杂种终变期：13 对二价体、2 条单价体　E. F_1 杂种中期Ⅰ：14 对二价体，其
中 1 个异形二价体（箭头所指）　F. F_1 杂种中期Ⅰ：12 对二价体、4 条单价体

（引自 Dewey，1965d，图 1）

一半左右的四分子都含有大小不等的微核。一些微核只是染色体片段，而另外一些则含 1 条或多条染色体。一些四分子含有 10 个微核，平均每个四分子含 1.45 个微核。

14 株 F_1 杂种植株进行了花粉粒的 I_2-KI 染色检测，其中 12 株的花粉不能染色，全是瘪粒，没有育性。其余 2 株具有 0.2% 的染色花粉，而这些能染色花粉也有一部分是瘪粒。只有 1 株杂种结了 8 粒种子，这 8 粒杂种种子都成活。而结这 8 粒种子的植株并不是那 2 株花粉能染色的植株。

从检测数据来看，*Elymus canadensis* 与 *Elymus glaucus* 两个种的染色体组相互之间最低限度 14 对染色体中有 10 对完全同源。桥与染色体片段的出现，以及偶尔含有多价体，说明相互间有染色体存在结构性的异质性。

Dewey 指出，前述的假说在 *Elymus canadensis* 与 *Elymus glaucus* 杂交检测中又再次得到证明，连同以前的检测，说明 *Agropyron subsecundum*（Link）Hitchc.、*A. trachycaulum*（Link）Malte ex Lewis、*A. scribnerii* Vasey、*A. parishii* Scrib. et Smith、*A. latiglume*（Scribn. et Smith）Rydb.、*Elymus glaucus* Buckl.、*E. canadensis* L.、*E. interrupyus* Buckl.、*E. wiegandii* Fernald、*E. virginicus* L.、*E. riparius* Wiegand、*Sitanion hystrix*（Nutt.）J. G. Smith、*S. jubatum* J. G. Smith，可能还包括所有其他 *Sitanion* 的种在内，它们的起源非常相近，染色体组非常相似，只是亚型的不同。而形态分类学根据主观人为定立的：穗轴节上是单小穗还是多小穗，颖是较宽还是钻形，穗轴节断离还是不断离，就人为地把它们分为不同的属，这显然是与自然演化系统不相符合的。

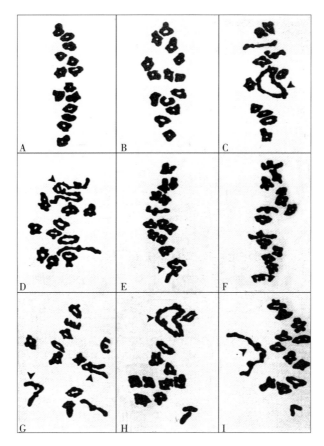

图 2 - 13 *Elymus canadensis*、*E. subsecundum* 及它们的
F₁ 杂种减数分裂中期 I 的染色体配对构型

A. *Elymus canadensis* 减数分裂中期 I：14 对环型二价体 B. *Elymus subsecundum* 减数分裂中期 I：14 对环型二价体 C. F₁ 杂种减数分裂中期 I：11 对环型二价体与 1 个环型六价体（箭头所指） D. F₁ 杂种减数分裂中期 I：11 对环型二价体与 1 个链型六价体（箭头所指） E. F₁ 杂种减数分裂中期 I：12 对二价体与 1 个四价体（箭头所指） F. F₁ 杂种减数分裂中期 I：14 对二价体，10 对环型，4 对棒型 G. F₁ 杂种减数分裂中期 I：11 对二价体与 2 个三价体（箭头所指） H. F₁ 杂种减数分裂中期 I：2 条单价体、10 对二价体与 1 个六价体（箭头所指） I. F₁ 杂种减数分裂中期 I：1 条单价体、11 对二价体与 1 个五价体（箭头所指）

（引自 Dewey，1966，图 2）

结论应当是把它们归之于一个相同的属才符合自然演化的本来面貌。

1966 年，Dewey 在《美国植物学杂志（American Journal of Botany）》53 卷，第 1 期，发表一篇题为 "Synthetic *Agropyron-Elymus* hybrids I. *Elymus canadensis* × *Agropyron subsecundum*" 的研究报告。他用 31 朵 *E. canadensis* 去雄小花授以 *A. subsecundum* 的花粉后得到 24 粒种子，有 14 粒种子萌发，12 株成长抽穗。经检测，12 株都证实是杂种。

两个亲本都是减数分裂正常的异源四倍体，2n＝28。

F₁ 杂种的减数分裂检测的数据列如表 2 - 20，它们的构型如图 2 - 13 所示。在 135 个观测花粉母细胞中，中期 I 含 14 对二价体的占 12.6%，其他的检测细胞含有不同组合的单价体、二价体与多价体（表 2-20）。平均染色体联会：0.22 条单价体，11.70 对二价体，0.11 个三价体，0.23 个四价体，0.01 个五价体，0.55 个六价体。所有杂种的花粉经检测都是不能染色的瘪粒。有 5 株杂种植株在开放情况下结了 8 粒种子，也就是说，有少数雌配子具有育性。*Elymua canadensis* 与 *Agropyron subsecundum* 的高亲和性，以及染色体的良好配合，说明它们的相互系统演化关系十分相近。而不是像形态分类学那样处理成相距很远的不同的两个属。

表 2-20 *Elymus canadensis*、*E. subsecundum* 及它们的 F₁ 杂种减数分裂中期 I 的染色体配对观测数据
（引自 Dewey，1966，表 2）

杂种及亲本种	染色体联会						观察细胞数	总数百分率（%）
	I	II	III	IV	V	VI		
F₁ 杂种（2n＝28）								
		11				1	68	50.4
		12		1			28	20.7
		14					17	12.6
		11	2				7	5.2
	2	10				1	6	4.4
	2	13					4	3.0
	2	11		1			2	1.5
	1	11			1		1	0.7
	1	12	1				1	0.7
	4	10	—	1	—	—	1	0.7
总计	30	1 566	15	31	1	74	135	99.9
平均	0.22	11.60	0.11	0.23	0.01	0.55		
E. canadensis（2n＝28）								
		14					92	100.0
A. subsecundum（2n＝28）								
		14					65	100.0

1966 年，Dewey 在《托瑞植物学俱乐部公报（Bulletin of the Torrey Botanical Club)》93 卷，第 5 期，发表一篇题为 "Synthetic hybrids of *Elymus canadensis* × *Elymus cinereus*" 的研究报告。他对这种美国通常称为 "Great Basin wild rye" 的八倍体种 *Elymus cinereus* Scribn. et Merr. 进行了检测研究。将它与四倍体种 *Elymus canadensis* 人工去雄的 150 朵小花进行杂交，得到 114 粒种子；另一次 200 朵小花，得到 175 粒种子，平均结实率 82.6%。播种后萌发的幼苗有许多是白化苗而夭折。127 株移植在田间，其中又有一部分苗子缺绿很弱而死亡。最终对一些抽穗的杂种进行了细胞学检测，检测的结果如表 2-21 与图 2-14 所示。

表 2 - 21　*Elymus canadensis*、*Elymus cinereus* 及其 F₁ 杂种减数分裂中期 I 染色体配对情况

（引自 Dewey，1966，表 1）

种与杂种	染色体联会 I	II	III	IV	V	VI	观察细胞数	总数百分率（%）
E. canadensis（2n=28）								
		14					118	97.5
	2	13					3	2.5
平均	0.05	13.98					总计 121	100.0
E. cinereus（2n=56）								
	2	25		1			11	16.2
	2	23		2			10	14.7
		24		2			9	13.2
		26		1			5	7.4
	2	27					4	5.9
		28					4	5.9
	1	22	1	2			4	5.9
	1	24	1	1			3	4.4
		22		3			3	4.4
	1	26	1				3	4.4
	2	21		3			2	2.9
	2	20		2		1	2	2.9
	2	22		1		1	2	2.9
		23		1		1	1	1.5
	2	20	2	2			1	1.5
		21		2		1	1	1.5
	2	19		4			1	1.5
	1	18	1	4			1	1.5
	1	23		1	1		1	1.5
	0	00	0	0	0	0	00	00.0
平均	1.15	23.90	0.19	1.47	0.01	0.09	总计 121	100.0
E. canadensis × *E. cinereus*（2n=42）								
	14	14					47	39.8
	16	13					38	32.2
	20	11					10	8.5
	18	12					9	7.6
	22	10					5	4.2
	12	15					4	3.4
	15	12	1				3	2.7
	19	10	1				2	1.7
平均	15.84	13.02					总计 118	100.1

注：F₁ 杂种减数分裂中期 I 的观测数据为 6 株杂种合并一起的。

Dewey 介绍这次试验检测的结果：*Elymus canadensis* 的减数分裂与以前观察的情况一样，很正常，在终变期与中期Ⅰ都是呈现 14 对紧密连接的环型二价体（图 2-14：A）。后期Ⅰ除偶尔出现桥以及与其相伴的很小一个染色体片段外，绝大多数都是正常的。后期Ⅱ也同后期Ⅰ，偶尔出现桥，但与后期Ⅰ不同的是出现染色体片段的情况要少一些。在四分子中没有观察到微核。90％的花粉用 I_2-KI 都能染色。所有植株在人工套袋自交的情况下，与开放授粉一样地正常结实。

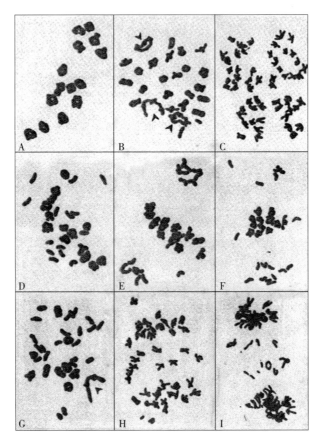

图 2-14　*E. canadensis*、*E. cinereus* 及
它们的 F_1 杂种的减数分裂

A. *E. canadensis* 减数分裂中期Ⅰ：14 对环型二价体　B. *E. cinereus* 减数分裂中期Ⅰ：2 条单价体（一大，一小）、21 对二价体与 3 个四价体（箭头所指）　C. *E. cinereus* A 26-30 的后期Ⅰ：染色体分离　D. F_1 杂种减数分裂中期Ⅰ：14 条单价体与 14 对二价体　E. F_1 杂种减数分裂中期Ⅰ：16 条单价体与 13 对二价体　F. F_1 杂种减数分裂中期Ⅰ：18 条单价体与 12 对二价体　G. F_1 杂种减数分裂中期Ⅰ：19 条单价体与 10 对二价体与 1 个三价体（箭头所指）　H. F_1 杂种减数分裂后期Ⅰ：落后染色体　I. F_1 杂种减数分裂后期Ⅰ：姊妹染色丝分离

（引自 Dewey，1966，图 2）

Elymus cinereus 过去没有细胞学的观察记录，这次检测的所有亲本都是八倍体，2n＝56。其中 1 株的染色体结成一团，难于对它的终变期与中期Ⅰ的染色体联会作出精确的分析。其他的植株却适合作细胞学分析研究。观测数据列如表 2-21。这个亲本的减数

分裂呈现有单价体与多价体，68个检测的中期Ⅰ花粉母细胞中有45个含有1～2条单价体。这些具有两条单价体的细胞中的单价体总是一条大一条小（图2-14：B）。四价体是最常见的多价体（图2-14：B），中期Ⅰ的花粉母细胞有83.8%含有1～4个四价体，平均每细胞1.47个。大多数四价体都成环型。有6个细胞呈现1个六价体。大多数后期Ⅰ的细胞都存在各种不同类型的不正常现象，在90个观察细胞中含有1～2条落后染色体的就占76.7%，18.9%的细胞含有桥，染色体不均等分离也不少见（图2-14：C）。后期Ⅱ却很正常，在所观察的200个细胞中含有落后染色体的只有4个，桥也非常少。在250个四分子中只有3个含有微核。不管第一减数分裂期间反常情况有多高，95%左右的花粉是能染色的，正常的。

Elymus cinereus 结实情况比较差，大约只有1/3的小花结了种子。造成结实差的原因可能是花粉数量不足。

除一株含43条染色体外，所有的F_1杂种都是具有42条染色体，它们的减数分裂中期Ⅰ染色体配对数不同杂种间有一定程度的差异。6株比较典型的杂种的观测数据列如表2-21。频率最高的配对是14条单价体加14对二价体（图2-14：D），大多数二价体都是环型。每个细胞中的单价体变幅在12～22，平均每细胞15.84条，接近两个染色体组的数值。三价体是唯一的多价体构型，并且在118个观测细胞中只有5个细胞含有三价体（图2-14：G）。其余配对的染色体都是二价体，其变幅每细胞10～15对，平均每细胞13.02对。

在后期Ⅰ的每一个观测花粉母细胞中都含有落后染色体（图2-14：H）。10%的后期Ⅰ的观测细胞中含有桥。落后染色体的两条姊妹染色丝常在后期Ⅰ就分离（图2-14：I）。许多后期Ⅱ的花粉母细胞中含有1～6条落后染色体，5%的花粉母细胞含有桥。

90%以上的四分子含有微核，其中许多都仅仅是由染色体片段构成。在一些杂种中四分子许多都分裂成5～6个细胞，但在另一些杂种中却很少或完全没有分裂5～6个细胞的情况，都是4个细胞。

从53株杂种收集来的花粉，没有1株观察到具有发育充分的花粉粒，其中12株具有不到0.1%的发育不充分的花粉粒。这些杂种后来经过手工单株分别脱粒检测，没有1株结实。观察到有小花开始授粉发育结实，但很快就夭折。杂种完全不育。

过去的研究已经明确 *Elymus canadensis* 是1个异源四倍体，其中1个染色体组来自 *Agropyron spicatum* （Stebbins 与 Snyder，1956；Dewey，1965；Dewey，1966a、1966c）。第2个染色体组来源不明。

四倍体的 *Elymus cinereus* 也是异源四倍体，但是它的两个染色体组的来源都不清楚（Dewey 与 Holmgren，1962）。八倍体的 *Elymus cinereus* 可能是由四倍体的 *E. cinereus* 染色体加倍演化而来。如果把四倍体 *E. cinereus* 的染色体组命名为 **AABB**，八倍体 *E. cinereus* 的染色体组就应当是 **AAAABBBB**，同源异源八倍体。如果它的染色体组是符合 **AAAABBBB** 模式，那它就具有构成最多14个四价体的潜力。但是实际观测的结果是56条染色体最多构成4个四价体，平均1.47个。这对同源异源八倍体的 *E. cinereus* 具有的 **AAAABBBB** 染色体组的配对来说似乎是太低了一点，它的染色体组可能是 $A_1A_1A_2A_2B_1B_1B_2B_2$。

　　四倍体的 *Elymus canadensis* 与八倍体的 *Elymus cinereus* 杂交形成的 F_1 杂种的染色体配对如果说不是全部，也是大部分由 *Elymus cinereus* 的染色体同源配对构成，*Elymus cinereus* 的同源配对可以达到 14 对二价体。而 *Elymus canadensis* 的染色体成为 14 条单价体。这种构型是这些杂种呈现的频率最高的类型（表 2 - 21）。*Elymus cinereus* 的染色体同源配对失败就成为单价体，这种情况在许多花粉母细胞中观察到。*Elymus cinereus* 的染色体间不能完全配对应当是配对染色体组间不完全同源造成的。这一研究显示 *Elymus canadensis* 与 *Elymus cinereus* 相互之间没有同源的染色体组。在 *Sitanion hystrix* 与四倍体 *Elymus cinereus* 的 F_1 杂种没有染色体配对就显示它们的染色体组之间没有同源性（Dewey 与 Holmgren，1962）。而 *Elymus canadensis* 与 *Sitanion hystrix* 含有基本上相同的染色体组（Dewey，1966c），因此四倍体的 *E. canadensis* 与八倍体的 *E. cinereus* 也应当是相同的，八倍体只是倍性的不同。Stebbins 与 Walters（1949）曾经在研究 *Agropyron parishii* × *Elymus canadensis* 杂种的亲本时作出结论，认为这两个亲本除少数染色体片段相同外不含有同源染色体。用它们的杂种与 *E. canadensis* 和八倍体的 *E. cinereus* 的杂种相比，则 *A. parishii* 与 *E. cinereus* 也是相近的种（Dewey，1966a）。把过去的其他研究综合起来看，四倍体与八倍体的 *E. cinereus*、*E. condensatus*，以及 *E. triticoides* 也是一群相近的种。在本书的第四卷第三章赖草属中编著者已详细介绍了这些种的研究资料，并论证了它们的相互关系，它们都是属于赖草属的植物。

　　1967 年，Dewey 在芝加哥出版的《植物学公报（Botanical Gazette）》128 卷，第 1 期，发表一篇题为 "Synthetic hybrids of *Elymus canadensis* × *Sitanion hystrix*" 的观测报告，报道了对 *Elymus canadensis* 与 *Sitanion hystrix* 两个被形态分类学家定为不同属的种之间的亲缘关系的检测结果。他用控制性杂交的方法，把 100 朵 *Elymus canadensis* 人工去雄的小花，授以 *Sitanion hystrix* 的花粉，得到 32 粒杂种种子。32 株杂种都长成正常的成株。F_1 杂种形态介于双亲之间呈中间型。经细胞遗传学检测，这些杂种都与双亲一样呈四倍体，2n=28。它们的减数分裂染色体构型如表 2 - 22 所示。

表 2 - 22　*Elymus cnadensis*、*Sitanion hystrix* 及它们的 F_1 杂种的减数分裂中期 I 染色体配对情况

（引自 Dewey，1967a，表 2）

种及杂种	染色体联会			观察细胞数	总数百分率（%）
	I	II	III		
Elymus canadensis		14		166	100.0
平均		14.00			
总计				100	100.0
Sitanion hystrix		14		155	97.5
	2	13		4	2.5
平均	0.05	13.97			
总计				159	100.0
Elymus canadensis × *Sitanion hystrix*		14		71	44.7
	2	13		56	35.2
	4	12		19	11.9

（续）

种及杂种	染色体联会			观察细胞数	总数百分率（％）
	I	II	III		
	6	11		9	5.7
	3	11	1	3	1.9
	1	12	1	1	0.6
平均	1.58	13.17	0.03		
总计				159	100.0

编著者注：为了与其他表格形式统一，本表与 Dewey 原表在形式上稍作更改。

两个亲本在过去的检测（Dewey，1964、1965、1966）已知都是异源四倍体，这些 F_1 杂种的减数分裂在终变期染色体配对即已完成，二价体每花粉母细胞平均高达 13.17，除 0.03％的三价体外，每花粉母细胞平均单价体只有 1.58。说明二价体是异源联会。有 0.03％的三价体，以及 1～6 条单价体的存在，中期 I 有染色体桥，显示两个亲本的染色体组相互间存在有几个染色体倒位段。杂种的花粉都是不能染色的瘪粒，完全不育。细胞遗传学的检测数据显示这两个种含有相同染色体组，稍有染色体结构改变的亚型。从演化起源来看它们的亲缘关系是非常相近的，按照形态分类学主观定的形态界限把它们分在不同的属中是不恰当的。

同年，Dewey 在《美国植物学杂志》第 54 卷，第 1 期，发表一篇题为"Synthetic hybrids of New World and Old World Agropyrons：III. *Agropyron repens* × tetraploid *Agropyron spicatum*"的研究报告。在这次试验研究中，Dewey 得到 3 株 *A. repens*（2n＝42）×*A. spicatum*（2n＝28）组合的 F_1 杂种，以及 2 株反交组合的 F_1 杂种。这些含 35 条染色体的五倍体杂种在形态特征上呈中间型，但更偏向于 *A. repens*。它们的 116 个观测的减数分裂中期 I 花粉母细胞，染色体配对的平均构型为 8.04 I ＋12.72 II ＋0.41 III ＋ 0.06 IV ＋ 0.009 V。Dewey 认为，大部分配对的染色体可能是同亲联会。*A. spicatum*、*A. repens* 及它们的 F_1 杂种的染色体组型应当是 **SSSS**、**$R_1 R_1 X_1 X_1 X_2 X_2$** 与 **$SSR_1 X_1 X_2$**。杂种结实比较好，每小穗平均结实变幅在 0.02～0.69 粒。

Dewey 介绍，根据以前研究的假说，*A. repens* 是个部分同源异源六倍体（Cauderon，1958；Dewey，1964b、1965b），*A. spicatum* 是个同源四倍体（Stebbins 与 Snyder，1956；Dewey，1964a、1965c），两个种的染色体都可以在这个杂种中进行同亲配对。确切地从形态鉴别来说，*A. spicatum* 与 *A. repens* 两者的染色体不好区分。这个杂种的染色体配对是同亲还是异亲只能间接推论。Dewey 主观认定它们的染色体组不同，很少有同源性，因而认为这些配对的二价体都是同亲配对。在这篇文章中 Dewey 介绍，*A. repens*、*A. spicatum* 与 *A. riparium* 的染色体组相互关系现在看来完全清楚了，过去的研究显示 *A. riparium* 含有一组稍有改变的 *A. spicatum* 的染色体组（Dewey，1965c），而第 2 个染色体组与 *A. repens* 的 3 个染色体组中的 1 个具有很近的同源性（Dewey，1965b）。Dewey 说这一试验认为，*A. repens* 与 *A. spicatum* 的染色体组之间很少有同源性，因而把它们的染色体组写作：**SSSS** 为 *A. spicatum* 的染色体组；**$S_1 S_1 R_2 R_2$** 为 *A. riparium* 的染色体组；**$R_1 R_1 X_1 X_1 X_2 X_2$** 为 *A. repens* 的染色体组。

编著者认为，在这里，Dewey 恰好没有把这三者之间的染色体组的相互关系搞清楚。正是由于 Dewey 拘泥于形态学老观点，认为 A. repens 是属于有强大根茎的 Elytrigia 属，而错误地判定平均 12.72 对二价体不是 **SS** 与 **X₁X₂** 染色体组之间的异亲联会。要不是这个形态学观念带来的错误影响，他早就可以确定 A. repens 含有两个不同亚型的 **S₁S₂** 染色体组。我们现在知道，A. repens 含有的具强大根茎的基因也不在他所强调的特殊的 **R** 染色体组上，是在 **S** 染色体组上。

同年，阿根廷布宜诺斯艾利斯大学生物科学系的 Juan H. Hunziker 在《分类群（Taxon）》16 卷，发表一篇题为 "Chromosome and protein differentiation in the *Agropyron scabriglume* comlex" 的研究报告。报道了对 *Agropyron scabriglume*（Hackel）Parodi 及 *Agropyron tilcarense* J. H. Hunziker 的相互关系进行的细胞遗传学与生物化学分析研究的结果。

A. scabriglume 是广泛分布在南美阿根廷从北到南，从南纬 22°、海拔 3 500m，直到南纬 38°、海拔 100m 的多年生自花授粉植物，生长在草甸中与河岸上。它是六倍体，2n=42，显然是由一个四倍体的 *Agropyron* 与一个二倍体的 *Hordeum* 天然杂交经染色体加倍形成的异源六倍体。根据 Hunziker（1966、1967）的研究，有可能这个四倍体就是 *Agropyron tilcarense* J. H. Hunziker。*A. scabriglume* 在阿根廷分布从北到南有许多群体，彼此在形态上没有什么差异。只有 3 个群体稍有所不同，一个在圣路易斯省的圣马丁（San Martin），叶上表面被短柔毛；另外两个群体的大多数的穗轴节上着生两个小穗，它们分布在拉潘帕省的伊尔卡然乔（El Carancho）附近以及布宜诺斯艾利斯省的巴尔卡尔什（Balcarce）。分布在不同地区的不同群体彼此间存在生态学上的差异，把它们集中种植在布宜诺斯艾利斯省海平面地区的同一气候条件下，圣马丁种系显得非常早熟；拉圭亚卡（La Quiaca）种系结实率与生长势都降低；巴尔卡尔什、伊尔卡然乔、圣马丁、土庞嘎托（Tupun-gato）、梯尔卡拉（Tilcara）种系都生长得非常健壮。

六倍体的 *A. scabriglume* 与四倍体的 *A. tilcarense* 减数分裂都非常正常，中期 Ⅰ 分别含 21 对与 14 对二价体，并且大多数都是环型。拉圭亚卡、伏尔坎（Volcán）与巴尔卡尔什种系的环型二价体分别为 18.67 ± 0.23、18.47 ± 0.28 与 19.30 ± 0.26。在这些种系中也存在少量的四价体，据 Hunziker（1966、1967）的观测，平均每细胞 $0.02\sim0.05$ 个。从细胞学来看，这些六倍体与四倍体植物都是正常的。

A. scabriglume（La Quiaca、Jujuy）与 *A. tilcarense*（Tilcara、Jujuy）杂交，其 F₁ 子代的减数分裂中期 Ⅰ，平均 12.64 对环型二价体，染色体联会构型 14Ⅱ＋7Ⅰ（编著者注：原文为 "14Ⅱ＋8Ⅰ"，显然是打印错误）的占 50%。当检测四倍体的 *A. tilcarense*，本身的减数分裂中期 Ⅰ 平均环型二价体也是 12.64。这些数据显示 *A. tilcarense* 应当是 *A. scabriglume* 的四倍体亲本。

来自伏尔坎、塔非(Tafi)、圣马丁、巴尔卡尔什、土庞嘎托的群体与同一个 *A. tilcarense*（Tilcara、Jujuy）杂交，平均每细胞环型二价体要少一些，多价体要多一些（表 2-23）。*A. tilcarense* 作为母本与圣马丁群体杂交它们的 F₁ 杂种平均环型二价体为 11.14 ± 0.17；与塔非群体杂交平均环型二价体为 10.68 ± 0.23，与伏尔坎群体杂交平均环型二价体为 8.42 ± 0.17；与巴尔卡尔什群体杂交平均环型二价体为 8.18 ± 0.18，反交为 8.02 ± 0.20；

表 2 - 23　Agropyron tilcarense、A. scabriglume 及它们的 F₁ 杂种的减数分裂染色体行为

（引自 Hunziker，1967，表 1）

种及杂种	植株编号	染色体数	中期 I 染色体联会平均及变幅					每细胞环型二价体平均及变幅	每细胞环型交叉平均及变幅	检测细胞数	结实数（%）
			V—VI	IV	III	II	I				
A. tilcarense (Tilcara)	705 - 4	28	0 0~1	0 0	0 0	13.96 13~14	0.07 0~2	12.64±0.10 9~14	33.1	145	93.5
A. scabriglume (San Martin)	7674	42	0 0~1	0.94 0~1	0 0	20.72 19~21	0.4 0~2	18.88±1.04 15~21	—	25	85.0
A. scabriglume (Tupungato)	214 - 1，4	42	0 0~1	0.08 0~1	0 0	20.78 19~21	0.12 0.36	19.02±0.24 14~21	—	50	88.9
A. scabriglume (Tupungato×Balcarce)	C93 - 1	42	0	0.14 0~1	0.03 0~1	20.50 19~21	0.36 0~2	19.29±0.29 16~21	—	36	95.1
A. scabriglume (La Quiaca×Balcarce)	C85 - 1	42	0.12 0~1	1.29 0~4	1.38 0~3	14.15 10~20	3.76 1~9	10.76±0.37 6~14	—	34	10.4
A. tilcarense (Tilcara) × A. scabriglume (La Quiace)	C85 - 1	35	0 0~1	0 0~4	0.43 0~3	13.45 11~14	6.81 4~9	12.64±0.11 8~14	30.3	93	36.2
A. scabriglume (Volcán) × A. tilcarense (Tilcara)	427 - 5 8，17	35	0.18 0~1	0.73 0~3	1.78 0~4	10.44 7~14	4.94 2~10	8.42±0.17 5~11	30.07	55	11.2
A. tilcarense (Tilcara) × A. scabruglume (Tafi)	217 - 1 219 - 1 224 - 1，3	35	0.02 0~1	0.11 0~1	1.82 0~5	11.86 8~15	5.23 3~9	9.76±0.21 6~12	28.64	52	28.5
A. scabriglume (Tafi) × A. tilcarense (Talcara)	391 - 4	35	0	0.16 0~1	1.64 0~3	11.97 10~14	5.48 3~8	10.68±0.23 8~12	30.63	31	23.0
A. tilcarense (Tilcara) × A. scabriglume (San Martin)	3107 - 2	35	0.03 0~1	0.2 0~4	0.56 0~2	12.70 9~15	6.99 5~11	11.14±0.17 5~11	30.19	70	16.6
A. tilcarense (Tilcara) × A. scabriglume (Balcarce)	C14 - 3	35	0.12 0~1	0.63 0~3	2.33 0~5	9.98 6~13	4.94 2~9	8.18±0.18 5~11	28.98	51	6.4
A. scabriglume (Balcarce) × A. tilcarense (Tilcara)	C23 - 2	35	0.09 0~1	0.51 0~2	2.28 0~5	10.06 6~14	5.60 2~10	8.02±0.20 5~12	27.94	53	8.3
A. scabriglume (Tupinato) × A. tilcarense (Tilcara)	C95 - 2	35	0.23 0~1	0.77 0~3	2.21 0~5	9.70 6~14	4.74 2~8	7.77±0.22 3~11	28.41	57	8.2

与土庞嘎托群体杂交平均环型二价体为 7.77 ± 0.22。这些分析结果说明巴尔卡尔什与土庞嘎托群体具有相同的染色体。证明这两个六倍体群体之间具有正常的染色体行为，且与它们的亲本相似（表 2-23）。La Quiaca×Balcarce 的杂种（C85），则显示两个六倍体之间相互有 3 个易位与 1 个同臂倒位，平均环型二价体与单价体分别是 10.8 对与 3.8 条。这个杂种的结实率只有 10%。F_1 杂种及其后代的这种部分不育或完全不育，就是因为两个群体间染色体构造的差异（易位与倒位）而使减数分裂不正常造成大量配子死亡的结果。

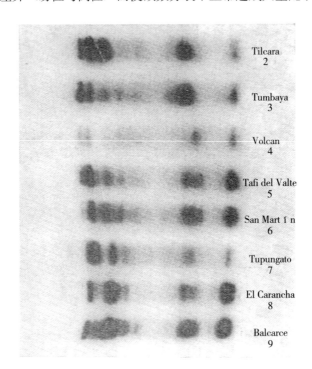

图 2-15　*Agropyron scabriglume* 不同地区群体的种子蛋白质电泳图谱

（带谱从上到下排列显示由北到南不同地区的群体，群体产地标明在图的右侧）

（引自 Hunziker，1967，图 3）

　　3 种五倍体杂种包括 *A. tilcatrense*（Tilcara）与 Tafi 以及 San Martín 的杂种，显示平均环型二价体数各不相同，但是它们的三价体数量都比 *A. tilcarense*（Tilcara）× *A. scabriglume*（La Quiaca）的要多一些。还有，它们出现四价体，有时还有五价体而其他杂种是没有的（表 2-23）。平均环型二价体数量的不同可能由于环境条件不同或者遗传的同源与非同源造成对交叉的影响。虽然 Tafi 与 San Matín 的环型二价体数值有差异，但 Hunziker 认为两者之间相互的染色体差异不大。因为蛋白质电泳带谱二者是近似的（图 2-15）。图 2-15 是在同一胶板上的种子蛋白质的电泳带谱，群体样本是从北到南排列。不同群体的带谱之间显示有明显的差异，一些染色较浅，一些较深，一些群体与群体间的差异主要是电泳带运行的快慢不同。当然，这些带谱的不同也显示出群体间的遗传差异性。从形态上看，San Martín 与 Tafi 群体的不同是前者叶片表面被短柔毛，但它们之间并未造成生殖隔离；La Quiaca 与 Balcarce 之间虽然形态上相似，但它们之间染色体结构因易位与臂内倒位而导致减数分裂失常，从而大量配子夭亡，结实率下降到 10% 左右，已经构成生殖隔离，相互之间的关系已成为隐伏种或同形种（cryptic species）。在分类学上如何处理需要考虑研究。

同年，Dewey 在《托瑞植物学俱乐部公报》94 卷，第 5 期，发表一篇题为 "Synthetic hybrids of *Agropyron scribneri* × *Elymus junceus*" 的检测报告，检测这两个种相互的系统演化亲缘关系。被形态分类学家命名为 *Elymus junceus* Fisch. 的俄罗斯野黑麦，与美洲的 *Agropyron scribneri* Vasey 松散小麦草是不是也有较近的亲缘关系。*E. junceus* 是二倍体，2n＝14，含 7 对染色体；*A. scribneri* 早已证明是异源四倍体。他用人工去雄的 34 朵 *Agropyron scribneri* 小花，授以 *Elymus junceus* 的花粉，得到 3 粒不饱满籽粒。2 粒萌发长成株，经检测证明是具有 21 条染色体的真杂种。

这两棵 F_1 杂种的减数分裂没有任何染色体配对，含 21 条单价体，并且花粉母细胞特别少，细胞质非正常分裂而形成大小不同、染色体数量不同的子细胞。这些子细胞直接形成大小不同的花粉粒而没有经过四分子时期。所有这些花粉粒都是瘪粒，并且不能染色，杂种完全不育。没有染色体配对说明它们没有相同的染色体组，相互间系统演化关系非常远。

Dewey 又在《托瑞植物学俱乐部公报》同卷、同期上发表一篇题为 "Genome relations between *Agropyron scribneri* and *Sitanion hystrix*" 的检测报告。他对 *Agropyron scribneri* 与 *Sitanion hystrix* 进行了人工去雄控制性的正反交，64 朵小花共得到 18 粒杂交种子。这 18 粒杂交种子得到 15 株杂种植株，经检测证明都是真杂种。它们的形态特征呈中间型，但更偏向于 *Sitanion hystrix*。

杂种的双亲 *Agropyron scribneri* 与 *Sitanion hystrix*，都经检测证明是异源四倍体，它们的减数分裂中期 I 染色体配合成 13～14 对二价体，单价体分别只有 0.18 条与 0.02 条，都是正常的异源四倍体。亲本及其杂种减数分裂检测数据列如表 2-24。

表 2-24 *Agropyron scribneri*、*Sitanion hystrix* 及它们的 F_1 杂种减数分裂中期 I 染色体配对情况

（引自 Dewey，1967d，表 1）

种或杂种	染色体联会		观测细胞数	总数百分率（%）
	I	II		
A. scribneri（2n＝28）				
		14	111	91.0
	2	13	11	9.0
总计			122	100.0
平均	0.18	13.91		
S. hystrix（2n＝28）				
		14	127	99.2
	2	13	1	0.8
总计			128	100.0
平均	0.02	13.99		
A. scribneri × *S. hystrix*（2n＝28）				

（续）

种或杂种	染色体联会		观测细胞数	总数百分率（%）
	Ⅰ	Ⅱ		
	2	13	60	43.5
		14	51	37.0
	4	12	21	15.2
	6	11	6	4.3
总计			138	100.0
平均	1.74	13.13		

编著者注：为了表格形式的统一，在 Dewey 原表格式上稍做修改。

全部 15 株 F_1 杂种的减数分裂都非常相似，因此把它们的观测数据合并在一起列如表 2-24。染色体在终变期早期就完全配合成对，一些配对松散的二价体与偶尔出现的单价体在终变期晚期出现。这可以解释中期稍晚有一半以上的花粉母细胞都含有单价体。最多的构型是 2 条单价体与 13 对二价体；其次就是 14 对环型二价体。通常都有 10 个以上的二价体两臂相交成 2 个或更多的交叉的环型。在中期Ⅰ观察到单价体数量最多的达 6 条。偶尔有个别细胞出现 1 个四价体联会，这个数值没有列在表 2-24 中。因为 Dewey 认为所有细胞中的染色体联会总合起来判断用不着那样精确。

一半以上的后期Ⅰ细胞都是完全正常的。常见的不正常就是落后染色体，在 209 个检测细胞中有 81 个含有 1～4 个落后染色体，落后二价体的姊妹染色体常常在后期Ⅰ就分离。在中期Ⅰ有 64% 的花粉母细胞含有单价体，但是在后期Ⅰ却只有 39% 的细胞含有落后染色体。说明有许多单价体已顺利移向两极。这些单价体可能是早期分离的二价体。一个单独的染色质桥常伴随一个小染色体片段，这类现象约占观测细胞的 10%。在少数细胞中染色体有不均等移向两极的情况。

后期Ⅱ的反常现象与后期Ⅰ相似，只是频率低一些。大约 80% 的后期Ⅱ子细胞没有落后染色体与桥，174 个检测细胞中有 41 个四分子含有 1～4 微核。虽然许多细胞从细胞学检测来看是正常的，但是没有一个杂种具有可染色的正常花粉。雌配子同样不育，因为没有任何杂种能结实。

从细胞学检测数据来看，*Agropyron scribneri* 与 *Sitanion hystrix* 含有相同的染色体组，只是亚型不同；起源与亲缘关系都非常相近，但它们是相互间具有生殖隔离的不同的种。按形态分类学的人为标准把它们分为不同的属是不恰当的。

同年，Dewey 在《美国植物学杂志》54 卷，第 9 期，又发表了他的这一系列研究的另一篇文章 "Synthetic *Agropyron-Elymus* hybrids：Ⅱ. *Elymus canadensis* × *Agropyron dasystachyum*"，他检测了这两个种相互的系统演化关系。

他用 40 朵 *Elymus canadensis* 人工去雄的小花，授以 *Agropyron dasystachyum* 的花粉，得到 12 粒不饱满的杂种种子。其中只有一株成长为杂种优势显著的苗壮植株。杂种植株的形态特征呈双亲的中间型。

双亲及杂种的减数分裂染色体配对的观测数据列如表 2-25。典型构型如图 2-16 所示。

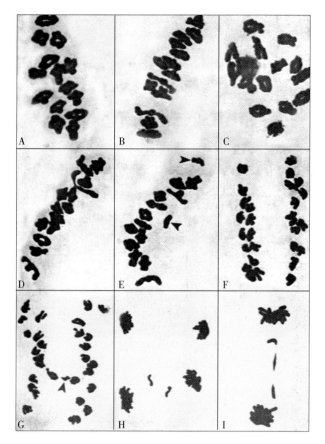

图 2-16　*Elymus canadensis*、*Agropyron dasystachyum* 及它们的 F₁ 杂种的减数分裂

A. *Elymus canadensis* 中期Ⅰ：14 对环型二价体　B. *Agropyron dasystachyum* 中期Ⅰ：14 对二价体中
12 对环型，2 对棒型　C. F₁ 杂种终变期：14 对二价体，注意：其中一些配对松散，一端是开放的
D. F₁ 杂种中期Ⅰ：14 对二价体，其中一对松散连接　E. F₁ 杂种中期Ⅰ：13 对二价体与 2 条单价体（箭
头所指）　　F. F₁ 杂种后期Ⅰ：14 对二价体正常分离　G. F₁ 杂种后期Ⅰ：具 1 个桥（箭头所指）　　H.
后期Ⅱ：1 个子细胞有 2 条落后染色体　I. F₁ 杂种后期Ⅱ的 1 个子细胞，具 1 个桥

（引自 Dewey，1967e，图 2）

　　双亲的减数分裂染色体配对行为都显示是典型的异源四倍体，2n＝28。减数分裂中
期Ⅰ染色体配对正常，*E. canadensis* 配合成 14 对环型二价体；*A. dasystachyum* 平均有
0.05 条单价体与 0.007 个四价体呈现，在 147 个观测花粉母细胞中，有 4 个中期Ⅰ细胞
含有两条单价体，有 1 个细胞含有 1 个四价体。

　　F₁ 杂种也是四倍体，2n＝28，其减数分裂异常正常，染色体配对在终变期就配合完
成。虽然一些联会比较松散（图 2-16：C）。3/4 以上的中期Ⅰ细胞含有 14 对二价体，并
且大多数呈环型（图 2-16：D）。在 142 个观测细胞中，只有 27 个含有 1～4 条单价体
（图 2-16：E）。大多数单价体看起来是由终变期松散联会的二价体分离而来。观察到有 4
个细胞含有 1 个四价体，有 3 个细胞含有 1 个三价体，有 3 个细胞各含有 1 条单价体，所
有多价体都是链状连接。142 个观测花粉母细胞染色体配对，每细胞平均 0.42 条单价体，

13.70 对二价体，0.02 个三价体，0.03 个四价体。

表 2 - 25 ***Elymus canadensis、Agropyron dasystachyum* 及其 F₁ 杂种的减数分裂染色体配对情况**

（引自 Dewey，1967e，表 1）

种或杂种	染色体联会				观测细胞数	总数百分率（％）
	Ⅰ	Ⅱ	Ⅲ	Ⅳ		
E. canadensis（2n＝28）						
	—	14			125	100.0
总计					125	100.0
平均		14.00				
A. dasystachyum（2n＝28）						
		14			143	96.6
	2	13			4	2.7
	—	12		1	1	0.7
总计					147	100.0
平均	0.05	13.96		0.007		
E. canadensis×*A. dasystachyum*（2n＝28）						
		14			111	78.2
	2	13			20	14.1
	4	12			4	2.8
		12		1	4	2.8
	8	10			5	4.8
	1	12	1	—	3	2.1
总计					142	100.0
平均	0.42	13.70	0.02	0.03		

199 个中期Ⅰ的花粉母细胞中 50％都是正常的（图 2 - 16：F），其余的后期Ⅰ细胞含有桥，大多数桥在后期非常早的时候就断裂（图 2 - 16：G）。一些桥伴随有一个小染色体片段；另一些桥却没有小片段。在 199 个观察后期Ⅰ细胞中，只有 18 个含有落后染色体，落后染色体的两条姊妹染色丝很少分离。

同样类型的不正常现象也出现在后期Ⅱ时期的花粉母细胞中。226 个后期Ⅱ细胞有 14 个观察到有桥呈现（图 2 - 16：I）；有 37 个细胞，总数的 16.4％含有 1～4 条落后染色体（图 2 - 16：H）。在 308 个四分子中有 12.7％含有微核。

杂种有 5％的花粉是发育良好比较饱满的，也能染色。有 10％的花粉染成黑色，但发育稍差一点，不完全饱满。这些杂种在 1965 年开放授粉情况下结出了 165 粒种子，一半发了芽，长成了 80 株 F₂ 植株。Dewey 认为，在开放授粉的情况下很可能是与 *A. dasystachyum* 回交形成的。

从以上检测数据来看，这两个种亲缘关系十分密切，含有相同染色体组，应当是同一个属、具有生殖隔离的不同的种。

1968 年，Dewey 对广义的大麦属 *Hordeum* 与冰草属 *Agropyron* 之间的系统关系的研究，在《托瑞植物学俱乐部公报》95 卷，第 5 期，发表一篇题为 "Synthetic hybrids among *Hordeum brachyantherum*，*Agropyron scribneri* and *Agropyron latiglume*" 的报告。这 3 个种都是产于北美洲的四倍体禾草，在本书第 2 卷中我们已论证了 *H. brachyantherum* 是含 **HHH**st**H**st 染色体组的近同源四倍体。*A. scribneri* 与 *A. latiglume* 是异源四倍体，各含有一组染色体与 *A. spicatum* 相同，也已在以前的研究中查明。在这篇报告所涉及的研究中，他用控制性人工杂交做了 3 个组合，*H. brachyantherum* × *A. scribneri*、*A. latiglume* × *H. brachyantherum* 以及 *A. scribneri* × *A. latiglume*。前两个组合分别在 27 朵与 22 朵去雄小花的人工杂交中各得到 6 粒能发芽的杂种种子；后一个组合在 47 朵去雄小花的人工杂交中得到 3 粒有活力的杂种种子。另外一个组合，*A. scribneri* × *H. brachyantherum* 21 朵去雄小花得到 8 粒不饱满的杂种种子，一颗都没有发芽。

A. scribneri × *A. latiglume* 组合的 F_1 杂种的减数分裂的染色体配对行为再一次证明它们是在演化上两个非常相近的种，它们含有两个非常相近似的同源染色体组。在 147 个观测花粉母细胞的减数分裂中期 I 呈现出平均每花粉母细胞含 2.6 条单价体，12.6 对二价体，0.05 个三价体的构型。虽然减数分裂的整个过程在许多花粉母细胞中都是正常的，但杂种仍然是完全不结实。再一次证明它们应当是同属的不同的种。

H. brachyantherum × *A. scribneri* 的 F_1 杂种的减数分裂高度不正常，每一个观测的中期 I 的花粉母细胞都含有单价体，其变幅在 12～20 条（表 2-26）。二价体的变幅在 3～7 对，频率最高的是 5 对（图 2-17：A）。观察到有少量的环型二价体，但绝大多数是棒型。在大约一半的中期 I 细胞中有 1 个或 2 个三价体（图 2-17：B）。在 80 个中期 I 的花粉母细胞中，有 2 个呈现有 1 个四价体（图 2-17：C）。

在后期 I 与后期 II 的细胞中，大量存在落后染色体。单价体在中期 I 常常就移向两极（图 2-17：A），但是在后期 I 又大多数聚集在细胞中央，呈现 15 条或更多的落后染色体的情况比较常见。姊妹染色丝总是早期就进行分离。后期 II 的细胞中落后染色体比后期 I 要少一些，甚至少数的后期 II 的细胞中没有落后染色体。没有观测到有桥的出现。有 20% 的四分子没有微核，但是其余的四分子微核可以多到 8 个。一些微核由一小段染色体残片构成，而另一些却由几条染色体组成。所有花粉都是空瘪的不能染色，6 株 F_1 杂种植株历经 3 年无一结实。

A. latiglume × *H. brachystachyum* 的 F_1 杂种的减数分裂与 *H. brachyantherum* × *A. scribneri* 的 F_1 杂种的减数分裂相似，相比之下更要不正常一些。中期 I 的染色体趋向于更细长，并且配对难于分析。Stebbins，J. L. Valencia 与 R. M. Valencia（1946）曾报道在 *H. brachyantherum* × *E. glaucus* 的 F_1 杂种的减数分裂中期 I 观察到这种染色体变细的现象。在这个组合的 F_1 杂种的减数分裂中期 I 细胞中呈现许多单价体（图 2-17：D），并且大多数二价体都是棒型。在中期 I 进行的时候，二价体牵引伸长呈长线最终断裂，其后成为染色体片段。在中期 I 这种类型的桥与染色体片段的形成不能与中期 I 由于倒位杂合性产生的桥混为一谈。

A. latiglume × *H. brachystachyum* 的 F_1 杂种的减数分裂后期 I 与后期 II 的细胞中普

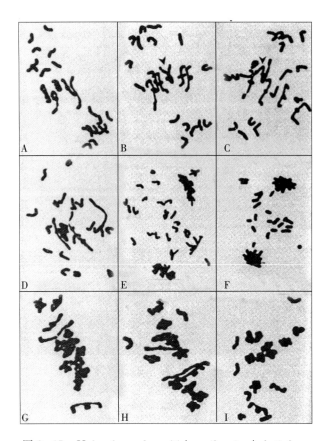

图 2-17　*H. brachystachyum*×*A. scribneri*、*A. latiglume*
×*H. brachystachyum*、*A. scribneri*
×*A. latiglume* 的 F₁ 杂种的减数分裂

A. *H. brachystachyum*×*A. scribneri* 中期Ⅰ：18 条单价体、5 对棒型二价体　　B. *H. brachystachyum*×*A. scribneri* 中期Ⅰ：15 条单价体、5 对棒型二价体（1 对已分离）与 1 个三价体（箭头所指）　　C. *H. brachystachyum*×*A. scribneri* 中期Ⅰ：14 条单价体、5 对棒型二价体与 1 个四价体（箭头所指）　　D. *A. latiglume*×*H. brachystachyum* 中期Ⅰ：18 条单价体、5 对棒型二价体（3 对棒型，1 对环型）　　E. *A. latiglume*×*H. brachystachyum* 后期Ⅰ：大量落后染色体姊妹染色丝已早期分离　　F. *A. latiglume*×*H. brachystachyum* 后期Ⅱ：落后染色体　　G. *A. scribneri*×*A. latiglume* 中期Ⅰ：14 对二价体（10 对环型，4 对棒型）　　H. *A. scribneri*×*A. latiglume* 中期Ⅰ：2 条单价体、13 对二价体（9 对环型，4 对棒型）　　I. *A. scribneri*×*A. latiglume* 中期Ⅰ：6 条单价体、11 对二价体（8 对环型，2 对棒型）

（引自 Dewey, 1968a, 图 2）

遍含有落后染色体。所有的落后染色体的姊妹染色丝在后期Ⅰ分离（图 2-17：E），许多落后染色体继续于每一个后期Ⅱ的花粉母细胞中（图 2-17：F），一些落后染色体在着丝点处断裂。每个四分子都含有不同数量的微核，没有不含微核的四分子，有一些含微核多达 14 个。没有能染色的花粉，所有杂种都完全不育。

　　A. scribneri×*A. latiglume* 的 F₁ 杂种的减数分裂染色体配对比较正常（表 2-26）。在 147 个中期Ⅰ花粉母细胞中有 39 个含 14 对环型二价体（图 2-17：G），占总观测数的

22.4%。其余的细胞含 2～8 条单价体，其中绝大多数含 2 条（图 2-17：H），这种细胞稍多于这类花粉母细胞的 1/3。5 个花粉母细胞含 1 个三价体，有 1 个花粉母细胞含 2 个三价体。

表 12-26　**H. brachystachyum、A. scribneri、A. latiglume，以及它们的 F₁ 杂种减数分裂中期 I 染色体配对的观测数据**

（引自 Dewey，1968a，表 1）

种及杂种		染色体联会				观测细胞数
		I	II	III	IV	
H. brachystachyum						
	变幅	0～2	13～14	—	—	70
	平均	0.06	13.97			
A. scribneri						
	变幅	0～2	13～14	—	—	128
	平均	0.1	13.95			
A. latiglume						
	变幅		14	—	—	76
	平均	0.06	13.97			
H. brachystachyum×						
A. scribneri	变幅	12～20	3～7	0～2	0～1	80
	平均	15.4	5.5	0.5	0.02	
A. latiglume×						
H. brachystachyum	变幅	12～20	3～7	0～2	—	62
	平均	0.06	13.97			
A. scribneri×						
A. latiglume	变幅	0～8	10～14	0～2	—	147
	平均	2.6	12.6	0.05		

A. scribneri×*A. latiglume* 的 F₁ 杂种的减数分裂后期 I 大约有 25% 的花粉母细胞表现正常，其余的部分含有 1～6 条落后染色体，观察到 1 个桥。后期 II 的花粉母细胞含有落后染色体的不到一半。有 40% 的四分子含有 1～4 个微核。虽然许多花粉母细胞减数分裂基本上正常，但是所有杂种没有检测到任何可以染色的花粉，全是空壳。经 4 年观察，没有任何结实的迹象，说明雌配子也是没有育性的。

虽然 Stebbins，J. L. Valencia 与 R. M. Valencia（1946）、Rajathy 与 Morrison（1959）都认为 *H. brachystachyum* 是异源多倍体。但是，一个与它十分相近的种 *Hordeum jubatum* 经 Wagenaar（1959）用染色体大小有显著区别的 *Secale ceraale* 与它杂交来检测，F₁ 杂种平均含 5.9 对环型二价体都是由 *H. jubatum* 的小型染色体构成，显然确证 *H. jubatum* 的两个染色体组是同源的，仅有很少的差异的亚型。Rajathy 与 Morrison（1959）在 *H. brachystachyum*×*H. vulgare* 与 *H. jubatum*×*H. vulgare* 的 F₁ 杂种中观察

到它们的减数分裂配对的二价体在每一个花粉母细胞中都在 1 对以下，说明
H. brachystachyum 与 *H. jubatum* 的两个染色体组只有很少一点同源性，这两个染色体
组是部分异源四倍体，但是它们与严格的异源多倍体或同源多倍体的差距并没有确切确
定。*H. brachyantherum*×*A. scribneri* 与 *A. latiglume*×*H. brachystachyum* 的 F₁ 杂种的
减数分裂中呈现的二价体可能是同源配对、异源配对，或者二者兼而有之，但是少量的三
价体显示它们应当是异源配对。说明 *A. scribneri* 与 *A. latiglume* 的两个染色体组，一个
来自 *A. spicatum*，另一个应当与 *H. brachyantherum* 的一个染色体组有一定的同源性。

　　同年，Dewey 在《美国植物学杂志》第 55 卷，第 10 期，发表了一篇题为 "Synthe-
tuic *Agropyron -Elymus* hybrids：Ⅲ. *Elymus canadensis*×*Agropyron caninum*，*A. tra-
chycaulum and A. striatum*" 的检测报告。*Agropyron caninum*（L.）Beauv. 来自欧洲，
A. trachycaulum（Link）Malte ex H. F. Lewis 来自美洲，*A. striatum* Nees ex Steud. 来
自亚洲。所有 4 个亲本都是含 28 条染色体的四倍体植物，2n＝28，经减数分裂核型分析
它们都是异源四倍体。*A. caninum* 与其余 3 个种杂交所得的 F₁ 杂种的减数分裂染色体配
对情况检测的结果列如表 2-27。

表 2-27 *Elymus canadensis*×*Agropyron caninum*、*A. trachycaulum* and *A. striatum* 减数
　　　分裂中期Ⅰ染色体配对情况

（引自 Dewey，1968b，表 1）

杂　　种	染色体联会										观察细胞数
	Ⅰ		Ⅱ		Ⅲ		Ⅳ		Ⅴ		
	变幅	平均	变幅	平均	变幅	平均	变幅	平均	变幅	平均	
E. canadensis×*A. caninum*	0～8	3.0	9～14	12.4	0～2	0.07					111
E. canadensis×*A. trachycaulum*	0～1	0.1	11～14	11.5	0～2	0.07	0～1	0.2	0～1	0.7	96
E. canadensis×*A. striatum*	12～20	15.7	4～8	6.1	0～1	0.07					110

　　从观测数据来看，*E. canadensis* 与 *A. trachycaulum* 及 *A. caninum* 的两组染色体具有
非常相近的同源性，虽然相比之下与 *A. trachycaulum* 更相近一些。

　　A. striatum 与 *E. canadensis* 相互之间则只有一组染色体同源，且还有亚型的差异。

　　如果把 *E. canadensis* 的染色体组写作 **S₁S₁X₁X₁**，*A. trachycaulum* 就应当写作
S₂S₂X₂X₂，*A. caninum* 的两组染色体写作 **S₃S₃X₃X₃**，而 *A. striatum* 的染色体组应该是
S₄S₄YY，或者是 **X₄X₄YY**。**S** 染色体组来自 *A. spicatum*。

　　同年，Dewey 在《植物学公报》第 129 卷，第 4 期，又连续发表两篇检测报告，它们
的题为 "Synthetic hybrids of *Agropyron dasystachyum* × *Elymus glaucus* and *Sitanion
hystrix*" 与 "Synthetic hybrids of *Agropyron caespitosum* × *Agropyron dasy-stachyum*
and *Sitanion hystrix*"。

　　在第一篇报告中他检测了 *Agropyron dasystachyum*×*Elymus glaucus* 以及 *Agropy-
ron dasystachyum*×*Sitanion hystrix* 两个组合的 F₁ 杂种的减数分裂的染色体配对与各个
时期进行分裂的情况。

　　Dewey 在这一检测工作中所用的 *Agropyron dasystachyum* 包括了 3 个不同的亲本材

料，一个是栽培品种 Sodar，另外两个是采自内华达州的 PI232115 与采自蒙大拿州的 PI232116。Sodar 是美国农业部农业土壤服务处选育的无毛品种，它又被定名为 *Agropyron riparium* Scribn. et Smith。Dewey 同意 Bowden（1965）的意见，认为 *Agropyron riparium* 就是 *Agropyron dasystachyum*，是同一个种。*Elymus glaucus* PI 232262，采自华盛顿州；*Sitanion hystrix* PI 232353，采自犹他州，它们都是北美洲的植物。

F₁ 杂种的减数分裂中期 I 的染色体配对的数据列如表 2-28，有代表性的染色体构型见图 2-18。

表 2-28   A. dasystachyum×E. glaucus、A. dasystachyum×S. hystrix F₁减数分裂中期 I 染色体配对情况

（引自 Dewey，1968c，表 1）

杂　　种	染色体联会			观察细胞数	总数百分率（%）
	I	II	III		
A. dasystachyum×E. glaucus		14		451	85.9
	2	13		58	11.0
	4	12		8	1.5
	1	12	1	4	0.8
	3	11	1	3	0.6
	6	11	—	1	0.2
平均	0.32	13.82	0.01		
总计				525	100.0
A. dasystachyum×S. hystrix		14		231	89.2
	2	13		24	9.3
	1	12	1	3	1.2
	4	12	—	1	0.4
平均	0.21	13.88	0.01		
总计				259	100.0

　　3 个亲本的减分裂都非常正常，中期 I 呈 14 对环型二价体，少数细胞含 13 对二价体与 2 条单价体。以后各期也很正常，结实正常，都是典型的异源四倍体（图 2-18：A、B、C）。一个 *A. dasystachyum* 亲本，在 155 个观测花粉母细胞中有 1 个细胞含有 1 个四价体。同一亲本植株，另外有 2 个细胞含有 1 条单价体与 1 个三价体。Dewey 认为这一株 *A. dasystachyum* 发生了染色体的结构性杂交。

　　A. dasystachyum 与 *E. glaucus* 非常容易杂交，两次杂交各 5 个穗子，分别得到 33 粒与 62 粒杂种种子。一半以上都出苗成长，经形态学、细胞学与结实性检测，证明每株都是真杂种。*Agropyron dasystachyum* 与 *Elymus glaucus* 也非常容易杂交，5 个 Sodar 品种的穗子，120 朵去雄小花，人工授粉得到 53 粒杂种种子。其中 47 粒萌发成长，经检测都是真杂种。

　　对 10 株 *A. dasystachyum* 与 *E. glaucus* 之间的 F₁ 杂种进行了细胞学检测，杂种间没

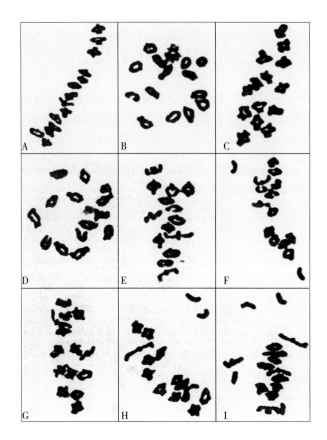

图 2 - 18 *A. dasystachyum*、*E. glaucus*、*S. hystrix* 及它们
的 F₁ 杂种的减数分裂染色体配对情况

A. *A. dasystachyum* 中期 I：14 对二价体　B. *E. glaucus* 终变期：14 对二价体　C. *S. hystrix* 中期
I：14 对二价体　D. *A. dasystachyum*×*E. glaucus* F₁杂种终变期：14 对环型二价体　E. *A. dasys-
tachyum*×*E. glaucus* F₁杂种中期 I：14 对二价体，(10 对环型，4 对棒型)　F. *A. dasystachyum*×
E. glaucus F₁杂种中期 I：2 条单价体，13 对二价体 (11 对环型，2 对棒型)　G. *A. dasystachyum*
×*S. hystrix* F₁杂种中期 I：14 对二价体 (12 对环型，2 对棒型)　　H. *A. dasystachyum*×*S. hystrix*
F₁杂种中期 I：2 条单价体，13 对二价体 (11 对环型，2 对棒型)　I. *A. dasystachyum*×*S. hystrix*
F₁杂种中期 I：4 条单价体，12 对二价体 (7 对环型，5 对棒型)

(引自 Dewey，1968c，图 3)

有发现有什么差异。因此把检测数据合并列入表 2 - 28。配对出乎意料的正常，在终变期
就全都配对 (图 2 - 18：D)。85％以上中期 I 的花粉母细胞含有 14 对二价体 (图 2 - 18：
E)，虽然它们的棒型二价体比亲本多一些。在 525 个检测的中期 I 细胞中，含 1～6 条单
价体的占 14.1％ (图 2 - 18：F)，有 7 个细胞含有 1 个三价体。大约 10％的中期 I 的花粉
母细胞含有 1～4 个落后染色体，落后染色体的姊妹染色丝常在后期 I 就分离。大约有
10％的中期 I 花粉母细胞含有 1 个倒位桥以及与它相伴的染色体片段。后期 II 的反常现象
与后期 I 相似。518 个四分子中有 38 个含有 1 个以上的微核。虽然减数分裂看起来比较
正常，但这 10 株杂种的花粉分别只有 2％～30％可以被 I₂-KI 染色，而且能染色的花粉只
有部分是充实的。30 株杂种植株在 1965 年有 23 株结了实，在开放授粉的情况下，分别

结了 1 粒到 259 粒种子。其余 7 株没有结实。

A. *dasystachyum* 与 S. *hystrix* 之间的 F₁ 杂种进行的细胞学检测结果是杂种间染色体配对情况没有差异，因此把 10 株杂种的检测数据合并列入表 2 - 28 中。在 259 个检测花粉母细胞中具 14 对二价体的占 90％（图 2 - 18；G）。在那些含 13 对二价体与 2 条单价体的细胞中，2 条单价体总是常常相聚在一起（图 2 - 18；H），可能它们是由二价体分离而来。只有 1 个细胞含 1 个四价体。325 个检测的后期 I 花粉母细胞中，只有 14％左右的细胞含有 1～4 条落后染色体；有 8 个细胞出现有桥。中期 I 的落后染色体观测的频率显示它们是所有中期 I 的单价体，是由配对失败或二价体早期分离而来的。后期 II 的落后染色体以及四分子的微核出现的频率与中期 I 落后染色体的频率相似。虽然 A. *dasystachyum*×S. *hystrix* 的 F₁ 杂种的减数分裂与 A. *dasystachyum*×E. *glaucus* 的 F₁ 杂种的减数分裂一样的正常，或者更正常一些，但它们的花粉能染色的却要少一些，在开放授粉的情况下结实率也要低一些。在 14 株 A. *dasystachyum*×S. *hystrix* 的 F₁ 杂种中能染色的花粉从最低不到 1％，到最高 8％。这些能染色的花粉也只有一部分是充实的。32 株杂种中有 13 株没有结实，19 株结实的杂种也分别只结了 1 颗至最多 9 颗的 F₂ 种子。

从以上检测数据来看，这 3 个分类群都是起源非常相近，具有相同染色体组型的种，形态分类学把它们分在 3 个不同的属中显然是与客观存在的现实不相一致的。

他的另一篇报告是用 A. *dasystachyum* 与 S. *hystrix* 这两个已知染色体组成的种来检测产于伊朗的 *Agropyron caespitosum* C. Koch 的染色体组组成以及它的系统演化关系，得到如下的检测结果（表 2 - 29）。

表 2 - 29 **A. *caespitosum*、A. *dasystachyum* 与 S. *hystrix* 以及它们的 F₁ 杂种减数分裂染色体配对情况**

（引自 Dewey，1968d，表 1）

种及杂种	染色体联会				检测细胞数	总数百分率（％）
	I	II	III	IV		
A. *caespitosum*（2n＝14）		7			101	90.0
	2	6			10	9.0
	平均 0.18	6.91			总计 111	100.0
A. *dasystachyum*（2n＝14）		14			89	97.8
	2	13			1	1.1
	—	12		1	1	1.1
	平均 0.02	13.97		0.01	总计 91	100.0
S. *hystrix*（2n＝14）		14			110	94.0
	2	13			7	6.0
	平均 0.12	13.94			总计 117	100.0
A. *caespitosum*×A. *dasystachyum*（2n＝21）	6	6	1		49	37.1
	7	7			36	27.3
	5	5	2		23	17.4
	4	4	3		5	3.8

（续）

种及杂种	染色体联会				检测细胞数	总数百分率（%）
	Ⅰ	Ⅱ	Ⅲ	Ⅳ		
	8	5	1		5	3.8
	5	8			4	3.0
	4	7	1		2	1.5
	9	6			2	1.5
	11	5			1	0.8
	2	2	5		1	0.8
	7	4	2		1	0.8
	10	4	1		1	0.8
	2	3	3	1	1	0.8
	4	5	1	1	1	0.8
平均	6.08	5.96	0.98	0.02 总计	132	100.2
A. caespitosum×*S. hystrix*（2n=21）	9	6			49	34.3
	7	7			40	32.2
	11	5			20	14.0
	6	6	1		15	10.5
	10	4	1		5	3.5
	8	5	1		5	3.5
	5	5	2		1	0.7
	12	3	1		1	0.7
	13	4	—		1	0.7
平均	8.34	6.03	0.20	总计	143	100.1

来自伊朗的 *Agropyron caespitosum* C. Koch 是一个自交不稔的二倍体禾草。它与 *A. dasystachyum* 杂交所产生的 6 粒杂种种子都很饱满，萌发成苗；与 *Sitanion hystrix* 杂交得到 34 粒发育良好的杂种种子。去雄反交，58 朵小花只得到 1 粒不饱满瘪缩的杂种种子。

从表 2-29 所列检测数据显示，*A. caespitosum*×*A. dasystachyum* 的 F_1 杂种的减数分裂染色体配对的构型是，在 132 个中期Ⅰ检测花粉母细胞中平均含 6.08Ⅰ＋5.96Ⅱ＋0.98Ⅲ＋0.02Ⅳ。*A. caespitosum*×*S. hystrix* 的 F_1 杂种的减数分裂染色体配对的构型是，在 143 个中期Ⅰ检测花粉母细胞中平均含 8.34Ⅰ＋6.03Ⅱ＋0.20Ⅲ。

看来 *A. dasystachyum* 和 *S. hystrix* 与 *A. caespitosum* 相互间都有 1 组染色体非常相近，只是个别染色体稍有结构性改变的相同染色体组不同亚型。

1969 年，Dewey 对这一群禾草进一步进行检测，他在《植物学公报》130 卷，第 2 期，发表一篇题为 "Synthetic hybrids of *Agropyron caespitosum* × *Agropyron spicatum*，*Agropyron caninum* and *Agropyron yezoense*" 的检测报告。

Agropyron caespitosum 80 朵去雄小花授以二倍体 *Agropyron spicatum* 的花粉，得到 24 粒瘪缩的杂种种子。23 粒萌发，有 16 株长到三叶期便夭折。194 朵四倍体 *A. spicatum* 的去雄小花授以 *A. caespitosum* 的花粉，完全没有结实；反交也没有结实。*Agropyron caespitosum* 与二倍体的 *Agropyron spicatum* 有一定的亲和性，与四倍体的则完全没有。

5 穗 *Agropyron caespitosum* 的去雄小花授以 *A. caninum* 的花粉，得到 124 粒有活力的杂种种子，并萌发生长出健壮的杂种植株。

5 穗 *Agropyron caespitosum* 的去雄小花授以 *A. yezoense* 的花粉，得到 5 粒有活力的种子。经检测，其中 1 株是自交形成的二倍体原母本种，其余 4 株是三倍体杂种。

3 个亲本的减数分裂都是正常的，在中期 I 绝大多数染色体都配合成环型二价体，没有多价体出现（表 2-30）。

表 2-30　**A. caespitosum、A. spicatum、A. caninum、A. yezoense 以及它们的 F₁ 杂种减数分裂中期 I 染色体配对情况**

（引自 Dewey，1969a，表 1）

种及杂种		染色体联会			检测细胞数
		I	II	III	
A. caespitosum（2n=14）	变幅	0～2	6～7		162
	平均	0.24	6.88		
A. spicatum（2n=14）	变幅	0～2	6～7		155
	平均	0.06	6.97		
A. caninum（2n=28）	变幅		14		121
	平均		14.00		
A. yezoense（2n=28）	变幅	0～2	13～14		82
	平均	0.12	13.94		
A. caespitosum× A. spicatum（2n=14）	变幅	0～4	4～7	0～1	154
	平均	0.53	6.71	0.02	
A. caespitosum× A. caninum（2n=21）	变幅	7～21	0～7	0～2	251
	平均	12.60	3.98	0.14	
A. caespitosum× A. yezoense（2n=21）	变幅	7～19	1～7	0～1	92
	平均	13.31	3.71	0.08	

亲本与 F₁ 杂种减数分裂染色体配对的构型数据列如表 2-30；具代表性的染色体配对

构型如图 2-19 所示。

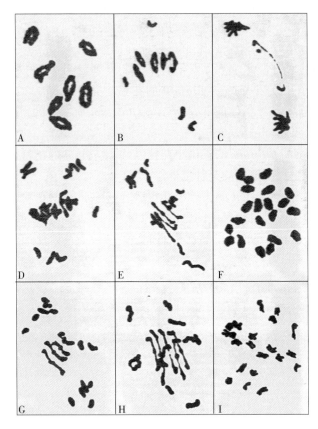

图 2-19　*A. caespitosum*×*A. spicatum*、*A. caespitosum*

×*A. caninum*、*A. caespitosum*×*A. yezoense*

三个组合的 F_1 杂种的减数分裂

A. *A. caespitosum*×*A. spicatum* F_1 杂种的减数分裂终变期：7 对环型二价体　　B. *A. caespitosum*×
A. spicatum F_1 杂种的减数分裂中期Ⅰ：5 对环型二价体，4 条单价体　　C. *A. caespitosum*×
A. spicatum F_1 杂种的减数分裂后期Ⅱ：1 个桥及其相伴的片段　　D. *A. caespitosum*×*A. caninum*
F_1 杂种的减数分裂中期Ⅰ：9 条单价体，5 对环型二价体，1 对棒型二价体　　E. *A. caespitosum*
×*A. caninum* F_1 杂种的减数分裂中期Ⅰ：12 条单价体，3 对环型二价体，1 个三价体
F. *A. caespitosum*×*A. caninum* F_1 杂种的减数分裂终变期：21 条单价体　　G. *A. caespitosum*×
A. yezoense F_1 杂种的减数分裂中期Ⅰ：13 条单价体，4 对棒型二价体　　H. F_1 杂种的减数分裂中
期Ⅰ：11 条单价体，5 对棒型二价体　　I. F_1 杂种的减数分裂后期Ⅰ：12 条落后染色体

（引自 Dewey，1969a，图 2）

　　A. caespitosum 与 *A. spicatum* 杂交的 F_1 杂种的减数分裂终变期染色体完全配合成 7
对环型二价体（图 2-19：A）。在 154 个检测花粉母细胞中含有单价体的只有 3 个，平
均每细胞 0.53 个。绝大多数二价体都是环型。在中期Ⅰ有些二价体就已经分离，看起
来像单价体。大约 1/4 的中期Ⅰ细胞含有 1～4 条单价体（图 2-19：B），在中期Ⅰ大
约还有一半的二价体呈环型。单价体的频率在中期增加，应当是二价体早期分离的结

果。154 个检测细胞中有 3 个细胞含有三价体，但是没有更高价位的多价体。200 个后期 I 的细胞有落后染色体的不到 10%，落后染色体不超过 2 条。在 245 个后期 II 的细胞中有 12 个含有 1 个桥及其相伴的染色体片段（图 2-19：C）。大约有 3% 的四分子含有 1～2 个微核。虽然减数分裂看起来比较正常，但是只有 4% 的花粉能染色，许多能染色的花粉却又比正常花粉小。在开放授粉的情况下也未能结实，说明雌配子不育。

A. *caespitosum* × A. *caninum* 的 F_1 杂种，随机选择 10 株作为细胞学与育性检测的对象。减数分裂杂种间差别比较大，表 2-30 中的数值是整个群体的平均数而不是任一典型植株。在一些杂种中，一组染色体显示完全相同，在中期 I 的花粉母细胞中含 7 对二价体与 7 条单价体的构型并不少见，并且大多数二价体呈环型（图 2-19：D）。而在大多数杂种中，中期 I 细胞含 3～5 对二价体。246 个检测细胞中有 30 个含 1～2 个三价体（图 2-19：E），为总数的 12.2%。

后期高度反常，90% 的中期 I 细胞含 1～12 条落后染色体，大约为总数的 20% 的细胞含有 1 个桥，通常有一小片段染色体相伴。后期 II 同样不正常，大多数的四分子都含有几个微核。10 株杂种植株只在 2 株中观察到 2 个花粉能染色，不到 0.1%。有 4 株杂种的空花粉很均一，但很小；有 6 株的空花粉大小相差较大，产生能染色花粉的属于这 6 株中的 2 株。在开放授粉情况下，这 6 株杂种各结了 1～7 粒 F_2 代种子。

A. *caespitosum* × A. *yezoense* 的 F_1 杂种的减数分裂比 A. *caespitosum* × A. *caninum* 的 F_1 杂种的减数分裂还要不正常一些。中期 I 平均每细胞只有 3.73 个二价体，并且大多数是棒型（图 2-19：H）。92 个检测花粉母细胞中有 6 个含有 1 个三价体。每一个后期 I 的细胞含有许多落后染色体（图 2-19：I），同时落后染色体的姊妹染色丝很早就分离。在一些后期 I 的细胞中纺锤丝功能似乎不起作用，染色体聚集成 3 团或更多无方向的聚群。后期 II 染色体向两极移动也少见。许多细胞含有几个大小不等无方向的染色体聚群。在四分子时期也出现不均等细胞质分裂，常形成 5～6 个四分子细胞，一些子细胞体积大体相等，另一些却大小相差很大；一些含有两个或更多的大小相同的核，而另一些却含有 1 个主核以及 1 个或更多的微核。有一个杂种在 3 000 粒花粉中出现 1 粒能发育正常、染色良好的花粉。这株杂种结了 7 粒 F_2 种子，而其他的杂种则无能染色的花粉，也未能结实。

上述 A. *caespitosum* × A. *spicatum* 组合的 F_1 杂种的减数分裂的检测数据与 Stebbins 及 Pun（1953）的检测数值基本上是一致的，但是 Dewey 的杂交亲和率要高一些。这个差异可能与杂交技术或者个别植株不同有关。但 Stebbins 与 Pun 的 A. *spicatum* var. *inerme* × A. *caespitosum* 组合的 F_1 杂种的减数分裂的染色体配对数值平均每个花粉母细胞 6.66 对二价体和 0.68 条单价体与本报告的 6.71 对二价体和 0.53 条单价体以及 0.02 个三价体还是比较接近的。这两个组合都没有结实。数值显示它们具有基本上相同的染色体组，而存在结构上的差异。两个四倍体种与 A. *caespitosum* 也有一组染色体基本上相同而存在结构上的差异。A. *caespitosum* 很可能是 A. *caninum* 的一个亲本，而 A. *yezoense* 有 1 个染色体组与 A. *caespitosum* 的染色体组部分同源。

同年，Dewey 在《美国植物学杂志》56 卷，第 6 期，发表一篇对美国蒙大拿州及其邻近地区比较稀有的 *Agropyron albicans* Scribn. et Smith 的染色体组进行检测的报告，题目是"Sybthetic hybrids of *Agropyron albicans* × *A. dasystachyum*，*Sitanion hystrix* and *Elymus canadensis*"。这 3 个组合的杂交分别用了 66、45 与 52 朵 *A. albicans* 去雄小花，授粉后分别得到 34、5 及 8 粒有活力的杂种种子。F₁ 杂种的形态特征介于双亲之间呈中间型。减数分裂检测中期 I 染色体配对数据列如表 2-31；有代表性的染色体构型如图 2-20 所示。

表 2-31 *Agropyron albicans* × *A. dasystachyum*、*A. albicans* × *Sitanion hystrix*、*Elymus canadensis* × *A. albicans* 的 F₁ 杂种减数分裂中期 I 染色体配对情况

(引自 Dewey，1969b，表1)

F₁ 杂种		染色体配对				检测细胞数
		I	II	III	IV	
A. albicans ×	变幅	0～2	13～14	0～1	0～1	370
A. dasystachyum	平均	0.02	13.97	0.003	0.006	
A. albicans ×	变幅	0～2	13～14		0～1	153
S. hystrix	平均	0.410 2	13.78		0.007	
Elymus canadensis ×	变幅	0～2	13～14	0～1	0～1	127
A. albicans	平均	0.19	13.88	0.008	0.008	

A. dasystachyum、*Sitanion hystrix*、*Elymus canadensis* 都是异源四倍体，在以前的研究中已清楚地得到验证。它们的两组染色体中一组与 *A. spicatum* 同源，另一组与 *Hordeum* 的染色体组相同。

A. albicans 经检测也是一个异源四倍体植物，含有 28 条染色体，它的减数分裂非常规范，在终变期的花粉母细胞都含 14 对二价体，并且只有少数细胞含 1～3 对开放棒型二价体。这些开放二价体中有一些两条染色体之间是由细丝相连。209 个检测细胞中只有 9 个细胞含有 2 条或 4 条单价体，看起来它们应当是由松散连接的二价体早期分离而来。大约有 20% 的中期 I 细胞含有落后染色体。在 196 个后期 I 细胞中呈现有桥。在后期 II 的花粉母细胞中，落后染色体比中期 I 要少一些，在 175 个后期 II 细胞中含落后染色体的约占 10%。440 个四分子中有 80 个含有微核。这些数值显示作为异源四倍体的 *A. albicans* 的减数分裂多少有一些不正常。

亲本 *A. dasystachyum*、*Sitanion hystrix*、*Elymus canadensis* 能染色的花粉都在 90% 以上，*A. albicans* 能染色的花粉只有 75% 左右。

A. albicans × *A. dasystachyum* 的 24 株 F₁ 杂种能染色的花粉，最高达 80%，最低为 40%，平均近 60%。只比亲本 *A. albicans* 大约低 10%，比 *A. dasystachyum* 大约低 25%。这 24 株杂种平均每穗结实 1.5 粒。结实少可能还有其他原因造成。

A. albicans 与 *Sitanion hystrix*，以及与 *E. canadensis* 的 F₁ 杂种绝大部分花粉都是空瘪不能染色的，只有极少，大约 1% 的能染色的花粉也只是含有部分淀粉，可能是无生活力的花粉，所有杂种无一结实。

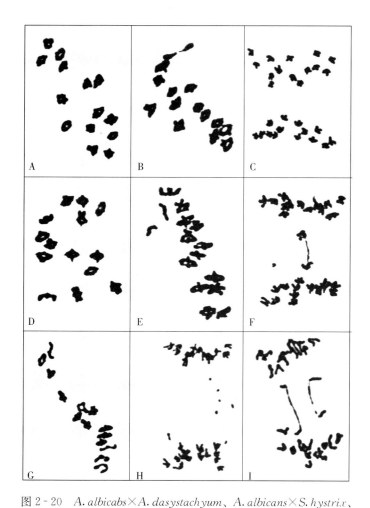

图 2 - 20　*A. albicabs*×*A. dasystachyum*、*A. albicans*×*S. hystri.x*、
Elymus canadensis×*A. albicans* 的 F₁ 杂种的减数分裂

A. *A. albicans*×*A. dasystachyum* F₁ 杂种的减数分裂中期I：14 对环型二
价体　B. *A. albicans*×*A. dasystachyum* F₁ 杂种的减数分裂中期I：13 对环
型二价体，1 对棒型二价体　C. *A. albicans*×*A. dasystachyum* F₁ 杂种的
减数分裂中期I：14 - 14 染色体分离　D. *A. albicans*×*S. hystri.x* F₁ 杂种的
减数分裂中期I：13 对环型二价体，1 对棒型二价体　E. *A. albicans*×
S. hystri.x F₁ 杂种的减数分裂中期I：13 对环型二价体，2 条单价体
F. *A. albicans*×*S. hystri.x* F₁ 杂种的减数分裂后期I：桥与染色体片段
G. *lymus canadensis*×*A. albicans* F₁ 杂种的减数分裂中期I：10 对环型二
价体，4 对棒型二价体　H. *Elymus canadensis*×*A. albicans* F₁ 杂种的减
数分裂后期I：染色体片段　I. *Elymus canadensis*×*A. albicans* F₁ 杂种的
减数分裂后期II的桥联

（引自 Dewey，1969b，图 2）

从检测数据来看，这 4 个分类群含有稍有结构差异的两组同源染色体。而 *A. albicans* 与 *A. dasystachyum* 的染色体组更为相近，两组染色体配合正常，F_1 杂种的花粉能育性以染色花粉为标准来看，平均近 60%。只比亲本 *A. albicans* 大约低 10%，比 *A. dasystachyum* 大约低 25%。按 Dewey 的意见，应把 *A. albicans* 订正为 *Agropyron dasystachyum*（Hook.）Scribn. subsp. *albicans*（Scribn. et Smith）Dewey。编著者认为 Dewey 的订正是正确的。

1970 年，Dewey 在《美国植物学杂志》57 卷，第 1 期，发表一篇对 *Agropyron albicans* Scribn. et Smith 的起源研究论文，题目是 "The origin of *Agropyron albicans*"。由于二倍体以及四倍体的 *Agropyron spicatum* 与 *Agropyron dasystachyum* 或 *A. riparium* 杂交的 F_1 子代都出现一些不稔或可稔，而在形态上与 *Agropyron albicans* 相似的个体。美国犹他州洛甘山间植物标本室主任 A. H. Holmgren（1951）、加拿大渥太华加拿大农业部研究室的植物学家 W. M. Bowden（1966），都认为 *Agropyron albicans* 是起源于这两个亲本的杂交。

Dewey 对这个问题进行了观察研究。他用二倍体 *A. spicatum* 与 *A. dasystachyum* 杂交得到 25 株 F_1 子代植株，所有这些 F_1 代种子萌发成长的植株经检测都是三倍体，$2n = 21$。它们产生的能染色的可育花粉不超过 5%，在开放传粉的情况下，从这些 F_1 子代植株上收集到 313 粒 F_2 代种子，并成长为 313 株 F_2 群体。

表 2-32 二倍体 *A. spicatum* × *A. dasystachyum* 含 21 条染色体的 F_1 子代开放授粉的情况下产生的 F_2 群体的染色体数与育性

（引自 Dewey，1970a，表 1）

F_2 形态特征	植株数	染色体数（2n）	单穗结实数 变幅	单穗结实数 平均
形态特征同 *A. dasystachyum*	1	26	—	0.1
	19	27	0～2.2	0.9
	24	28	0～4.3	2.2
形态特征同 *A. spicatum*	3	28	0～0.06	0.02
	1	34	—	0.7
中间类型（短直芒）	3	27	—	0
	3	28	1.8～3.4	2.5
	1	29	—	0
形态特征同 *A. albicans*	4	27	0～0.9	0.4
	6	28	0.8～2.8	2.3
	1	32	—	1.7
	1	35	—	2.8
	1	41	—	1.0
F_1 × *A. trachycaulum*	1	27	—	0.01
F_1 × *A. brachyphyllum*	1	35	—	0.05
F_1 × *E. patagonicus*	4	35	—	0

在 F₂ 群体中随机对 74 株进行了详细的形态学、细胞学与育性观测，观测的数据列如表 2-32。这 74 株中有 44 株与 *A. dasystachyum* 在形态上没有区别；只有 4 株在形态上近似 *A. spicatum*；有 13 株与 *A. albicans* 非常相似；另外 7 株具有短直芒；剩下 6 株可能与 *Agropyron trachycaulum*（Link）Malte ex H. F. Lewis、*A. brachyphyllum* Boiss. et Haussk. 以及 *Elymus patagonicus* Speg. 发生了飞花传粉的天然杂交。

F₂ 代植株含 27 条与 28 条染色体的频率比较高，说明 F₁ 杂种的雌配子含 13 条与 14 条染色体的频率高。从 F₁ 杂种的染色体组的组成就可以明白它的雌配子含 13 条与 14 条染色体的频率高的原因。二倍体 *A. spicatum* 的染色体组 **S₁S₁**，四倍体 *A. dasystachyum* 的染色体组为 **S₂S₂XX**，F₁ 杂种应为 **S₁S₂X**。**S₁** 与 **S₂** 配对正常，在后期 I 形成 7-7 正常分离；**X** 染色体组没有配对，是随机分向两极。**X** 染色体组的染色体可能偶然都分到同一极而产生 14 条染色体的雌配子，构成含 **S₁X** 或 **S₂X** 染色体组的雌配子。这些雌配子与其亲本 *A. dasystachyum* 的雌配子基本上是一样的。如果在后期 I，**X** 染色体组的染色体以 1-6 分向两极就会构成含 13 条染色体的雌配子，12 条染色体的雌配子应当是 **X** 染色体组的染色体以 2-5 分向两极的结果。一些雌配子少 1～2 条染色体仍然有活力，含 27 条与 26 条染色体的 F₂ 植株的存在就是明证。缺少 3 条染色体的雌配子就失去生存的能力。

这种含 13 条或 14 条染色体的细胞与四倍体的 *A. dasystachyum* 或 *A. spicatum* 杂交就形成含 27 条与 28 条染色体的 F₂ 代植株。5 株五倍体 F₂ 代植株可能来自与 *Agropyron brachyphyllum* 或 *Elymus patagonicus* 的杂交，这两个种都是六倍体，2n＝42。有 6 株五倍体形态特征非常近似 *A. albicans*，它们可能是三倍体 F₁ 杂种未减数的雌配子与减了数的 *A. dasystachyum* 的花粉相结合而产生的 F₂ 个体。

二倍体的 *A. spicatum* 与四倍体的 *A. dasystachyum* 杂交在 F₂ 代中出现大约有 5% 的个体，它们含 28 条染色体，形态特征与 *A. albicans* 一致，育性正常，与天然的 *A. albicans* 杂交完全亲和。它们的反曲长芒性状来自 *A. spicatum*，无毛性状是 *A. dasystachyum* 的遗传。这一实验重现了 *A. albicans* 的起源历程。

同年，Dewey 在《植物学公报》131 卷，第 3 期，发表了题为 "Hybrids of South American *Elymus agropyroides* with *Agropyron caespitosum*，*Agropyron subsecundum* and *Sitanion hystrix*" 的对南美洲四倍体 *Elymus agropyroides* Presl 的染色体组的组成的检测报告。他用已知染色体组的亚洲二倍体种 *Agropyron caespitosum* C. Koch、北美洲的四倍体种 *Agropyron subsecundum*（Link）Hitchc. 与 *Sitanion hystrix*（Nutt.）J. G. Smith 为测试种进行人工控制杂交，对它们的 F₁ 杂种的减数分裂作染色体组型分析。

A. caespitosum 是自交高度不稔的种，以它为母本授以 *E. agropyroides* 的花粉，5 个人工授粉的穗子得到 12 粒种子。由这些种子萌发成长的植株经检测都是真杂种，含 21 条染色体（2n＝21）。这些 F₁ 杂种在形态上虽然也呈中间型，但更偏重于 *A. caespitosum*。

北美洲的 *Agropyron subsecundum* 与 *Sitanion hystrix* 都是 2n＝28 的异源四倍体，它们作父本与 *Elymus agropyroides* 杂交，其 F₁ 杂种在形态上都呈双亲的中间型，都是四倍体，各含 28 条染色体（2n＝28）。

所有上述三种组合的 F₁ 杂种都是完全不稔，显示它们各自有独立的基因库，都是独立的种。

上述 3 个组合的 F₁ 杂种的减数分裂染色体配对情况的检测数据列如表 2-33。

A. caespitosum×E. agropyroides 的 F₁ 杂种的减数分裂中期 I 的 135 个花粉母细胞平均染色体配对为 1126 I ＋4.54 II ＋0.11 III。显示这两个亲本种之间有一个染色体组部分同源。也就是说，E. agropyroides 也含有一个 **S** 染色体组，但结构上与 A. caespitosum 的 **S** 染色体组有所不同，发生了一些改变。

表 2-33 **E. agropyroides、A. caespitosum、A. subsecundum、S. hystrix 及它们的 F₁**
杂种的减数分裂中期 I 染色体配对情况

（引自 Dewey，1970b，表 1）

种及杂种	2n	染色体配对								观测细胞数
		I		II		III		IV－VIII		
		变幅	平均	变幅	平均	变幅	平均	变幅	平均	
E. agropyroides	28	0～2	0.54	13～14	13.74					156
A. caespitosum	14	0～2	0.08	0～7	6.96					125
A. subsecundum	28				14.00					65
S. hystrix	28	0～2	0.05	13～14	13.97					159
A. caespitosum×E. agropyroides	21	7～15	11.62	3～7	4.54	0～1	0.11			135
E. agropyroides×A. subsecundum	28	0～9	3.44	7～14	10.79	0～2	0.33	0～2	0.33	58
E. agropyroides×S. hystrix	28	0～14	5.08	7～14	11.40	0～1	0.04			96

E. agropyroides×S. hystrix 的 F₁ 杂种的减数分裂从终变期开始细胞间差异就很大，染色体配对还是正常或近于正常。细胞间配对的差异很大显示在单价体变幅很大上（表 2-32）。后期 I 落后染色体的频率与中期 I 的单价体的情况相一致。另外，近 25% 的后期 I 的细胞含有桥及其相伴的染色体片段。后期 II 的不正常情况与后期 I 相似，90% 的四分子含有微核。

E. agropyroides×A. subsecundum 的 F₁ 杂种的减数分裂一般来说比较正常，细胞与细胞间的变异比 E. agropyroides×S. hystrix 的 F₁ 杂种要少一些。大多数在终变期就配对，其余的在中期 I 配对，平均只有 3.44 条染色体没有配对。在中期 I 出现的多价体，三价体到八价体，大约一半的花粉母细胞都有，显示亲本的染色体组相互之间存在比较多的结构上的差异。特别是八价体在终变期早期就出现，但也有一部分在中期 I 完成。大约有 25% 的后期 I 的细胞完全正常，其余的含有 1～7 条落后染色体或桥联及其片段。相似的不正常现象也出现在后期 II。270 个四分子中有 191 个含有微核。

E. agropyroides×A. subsecundum 的 F₁ 杂种的减数分裂中期 I 的 58 个花粉母细胞平均染色体配对为 3.44 I ＋10.79 II ＋0.33 III ＋0.33 IV～VIII，显示这两个亲本种之间的两个染色体组都是部分同源。而 E. agropyroides×S. hystrix 的 F₁ 杂种的减数分裂中期 I 的 86 个花粉母细胞平均染色体配对为 5.08 I ＋11.40 II ＋0.04 III，也显示这两个亲本种之间的两个染色体组也是部分同源。因此也就清楚了，这个南美洲的四倍体的 E. agropyroides 也是一个含 **SSHH** 染色体组的异源四倍体分类群。**H** 染色体组应当来自 Hordeum 属。

同年，Dewey 在《植物学公报》131 卷，第 4 期，发表一篇题为 "Hybrids and induced amphiploids of *Agropyron dasystachyum* × *Agropyron caninum*" 的研究报告。*Agropyron dasystachyum* P. I. 233664 采自加拿大艾伯塔省皮斯河上一个干旱高原。*Agropyron caninum* 两份材料，一份 P. I. 235438 来自洲欧瑞士，另一份 P. I. 252044 采自意大利北部。后一份材料曾用于以前的杂交分析研究（Dewey，1968、1969）。这两个种都是四倍体，2n＝28，它们的 F_1 杂种也是四倍体。对 5 株 F_1 杂种的减数分裂进行了检测。225 个中期I花粉母细胞中有 89 个含 14 对二价体，占总数的 40％。并且大多数都是环型二价体，每细胞变幅在 9～12 对之间。另外，39％的中期I的花粉母细胞含两条单价体与 13 对二价体，其余的花粉母细胞含有不同的单价体与二价体的组合，观察到极少量的多价体。显示 *A. dasystachyum* 与 *A. caninum* 大多数染色体都是完全同源的。278 个后期 I 的花粉母细胞中有 148 个含有一条到多条落后染色体，有 10％的花粉母细胞含有 1 个桥及其相伴的染色体片段。后期Ⅱ不正常的情况与后期 I 相近似。将近一半的四分子含有微核。杂种的花药不开裂，但有 25％的花粉能染色。结实情况杂种与杂种之间相差很大，在开放授粉的情况下，最少的单株结有 2 粒，多的多于 600 粒。从实验检测的数据来看，这两个远隔两个半球的不同的种之间含有基本上相同的染色体组，也就是 **SSHH** 染色体组。

同年，Dewey 在《托瑞植物学俱乐部公报》97 卷，第 6 期，发表一篇题为 "A cytogenetic study of *Agropyron stipaefolium* and its hybrids with *Agropyron repens*" 的研究报告。

Agropyron stipaefolium Czern. 是一个分布于伏尔加-顿河流域石质岩坡的草原禾草，同源四倍体植物，2n＝28，模式标本采自乌克兰的哈尔科夫附近。用套袋来检测它的自交能力，结实变幅每穗 0.1～8.5 粒，平均每穗 2.4 粒。大多数开放授粉平均每穗 37 粒。它的花粉染色变幅 60％～90％，平均 75.6％。显示它是一个异花授粉植物，但有一定的自交结实能力。所有检测的植株都是四倍体，2n＝28，终变期染色体配对率最高，分离早，所有观测的花粉母细胞都含有 1～6 个四价体，平均每细胞 3.34 个。像这样的高频率的四价体，显示它是一个同源四倍体植物。104 个检测的终变期花粉母细胞只有 1 个含有单价体。但在中期I单价体频率上升，这是由于二价体与四价体早期分离的结果。中期I表现比较正常，150 个后期I的花粉母细胞只有 11 个有不正常现象出现，例如：染色体不均等分离、落后染色体、桥与染色体片段等反常行为的出现。后期Ⅱ的情况与后期I相类似。328 个检测的四分子中只有 16 个含有微核。虽然花粉母细胞可见的不正常的只有 7.3％，但退化的花粉却平均高达 24.4％。可能是基因作用于一种隐形构造重组造成花粉退化。

Agropyron repens (L.) Beauv. 是个部分同源异源六倍体，是经多次观测确认无疑的，它的染色体组为 $R_1R_1R_2R_2XX$（Cauderon，1958；Dewey，1961、1964、1967）。

以 *A. repens* 为母本与 *A. stipaefolium* 杂交，得到 29 粒有活力的 F_1 种子。萌发后其中 19 株为绿色，有 1 株具花青素紫红色。这些 F_1 杂种都是五倍体，2n＝35，119 个减数分裂中期I的花粉母细胞平均染色体联会构型为 7.45 I ＋10.74 Ⅱ ＋0.90 Ⅲ ＋0.74 Ⅳ ＋0.08 Ⅴ。Dewey 仍拘泥于他主观认定的具根茎形态特征的特殊的 "R" 染色体组，如果二价体看成是同亲配对，但是频率比较高的多价体显示两亲本的染色体具有一定的同源性。在这篇报告中把 *A. repens* 的 "R" 染色体组定为有两个亚型，共四组，即 $R_1R_1R_2R_2XX$，

而不再是 **RRX₁X₁X₂X₂**。认为 *A. stipaefolium* 的染色体组是 **RRRR**，F₁ 杂种的染色体组组成应当是 **R₁R₁R₂R₂X**，并认为 *A. stipaefolium* 可能是 *A. repens* 的一个亲本。

1971 年，Dewey 在《托瑞植物学俱乐部公报》98 卷，第 4 期，发表一篇题为 "Genome relations among *Agropyron spicatum*, *A. scribneri*, *Hordeum brachyantherum* and *H. arizonicum*" 的染色体组的分析报告。*A. spicatum* 的 **S** 染色体组广泛存在于南、北美洲以及亚洲的 *Agropyron*、*Elymus*、*Sitanion* 等属的分类群中，*A. spicatum* 与大麦属的种的杂交以往尚无报道，**S** 染色体组与大麦属的关系也不了解。

Dewey 做了 3 个组合的杂交，*A. scribneri* × *A. spicatum*、*H. brachyantherum* × *A. spicatum* 与 *H. arizonicum* × *A. spicatum*，都是人工去雄，人工授粉。*A. scribneri* 35 朵小花授粉后得到 12 粒发育充分的杂种种子，10 粒萌发，其中有 6 株是白化苗，很早就夭折死亡，剩下的 4 株也呈半缺绿的状态存活了 3 年，植株矮小，只有母本一半高，穗呈中间型，断穗轴似母本。*H. brachyantherum* × *A. spicatum* 与 *H. arizonicum* × *A. spicatum* 的 F₁ 杂种都有显著的杂种优势，植株健壮。父本 *H. arizonicum* 虽然是一年生禾草，但它的 F₁ 杂种却像母本成为多年生，在犹他州洛甘试验农场越过三冬只受到轻微的冻害。

A. scribneri × *A. spicatum* 的两个亲本减数分裂都是正常的，*A. scribneri* 在中期 I 配成 14 对二价体，以后各期也都是正常的，结实正常；*A. spicatum* 在中期 I 配成 7 对二价体，以后各期也都是正常的，结实正常。它们的 F₁ 杂种正如预期含 21 条染色体，在 150 个检测的减数分裂中期 I 花粉母细胞中，有 120 个的染色体配成 7 对二价体与 7 条单价体。大多数二价体都是环型，显示具有非常相近的同源性。余下的有 15 个含 6 条单价体与 6 对二价体，以及 1 个三价体，占总数的 10%。所有的后期 I 细胞都含有落后染色体，平均每细胞含 5.4 个。在 115 个后期 I 的花粉母细胞中有 23 个具有桥-染色体片段。后期 II 也普遍含有落后染色体。200 个四分子中有 66 个具有微核。花粉粒全是不能染色的空壳。仅存的 4 株杂种植株全不结实。从染色体配对情况来看两个亲本之间有一组染色体同源。

H. brachyantherum × *A. spicatum* 的两个亲本的减数分裂都是正常的，没有多价体出现。它们的 F₁ 杂种正如预期含 21 条染色体，检测的 160 个花粉母细胞中有 52 个全部是单价体。其余的细胞含 1～4 对二价体，大都是松散联会。可能都是远亲或非亲联会。以后各期都完全不正常：后期 I 细胞含有大量的落后染色体（12～18 条）；后期 II 同样含大量的落后染色体，并且子细胞大小不等同；一些四分子除 1 个主核外，还含有两个或更多的大小与主核相近的核；全部花粉粒都是空瘪的，完全不能结实。从染色体配对情况来看，两个亲本之间没有一组同源的染色体。

杂交组合 *Hordeum arizanicum* × *A. spicatum* 人工去雄的 8 朵小花，得到 1 粒皱缩但能发芽的杂种种子，幼苗十分健壮。已如前述，*Hordeum arizanicum* 是一年生，这个 F₁ 杂种却与 *A. spicatum* 一样成为了多年生的植物，在形态上成为双亲的中间型且具显著的杂种优势。前面已提到，*A. spicatum* 的减数分裂十分正常，但 *Hordeum arizanicum* 的减数分裂变化很大，有半数中期 I 的花粉母细胞含有 1～2 个四价体，单价体与三价体也常有出现。后期 I 的花粉母细胞含 1～4 条落后染色体的占 11.2%。四分子中有 6.2% 含有微核。它们的 F₁ 杂种正如预期含 28 条染色体，减数分裂非常不正常。中期 I 最多的染色体配对构型是 16 条单价体加 6 对二价体。有 10 个检测细胞含有 14 条单价体与 7 对二价体，显示有一组完全同源的染色体组。大多数二价体都是棒型，虽然也观察到含有 3 对环型二价体的细胞。多价体却只有三价体，在 120 个检测细胞中含三价体的有 37 个。不正常的程度与 *H. brachyantherum × A. spicatum* 的减数分裂相当，后期 I 与后期 II 含有许多落后染色体。四分子分裂反常，常分裂成 4 个以上的子细胞。花粉全部不能染色，完全没有结实。

从检测数据来看，毫无疑问，*A. scribneri* 含有 1 组 *A. spicatum* 的 **S** 染色体组。它们的 F_1 杂种的减数分裂中期 I 二价体平均达到每细胞 6.88 对，并且环型二价体频率非常高；单价体平均每细胞为 6.91 条，也非常接近预期的数值 7。说明双亲的 **S** 染色体组非常近似，少量的三价体与后期 I 有桥及染色体片段出现，显示个别染色体稍有结构上的差异。这一检测的数据也显示 *A. scribneri* 与以前检测过的 *A. trachycaulum*、*Sitanion hystrix* 等都是近缘的物种。

把 *H. brachyantherum × A. spicatum* 组合的 F_1 杂种的减数分裂的数据与 *A. scribneri × A. spicatum* 组合的 F_1 杂种的减数分裂的数据相比较就可清楚地看出，如果 *H. brachyantherum* 与 *A. spicatum* 两个种之间的染色体组相互具有同源性的话，那是微乎其微。单价体平均每细胞高达 18.85 条，而二价体却只有 1.07 对，说明染色体间很少具有同源性。并且 *H. brachyantherum* 自身的染色体的同亲联会不能排除在外。说明 *H. brachyantherum* 与 *A. spicatum* 两个种之间的染色体组相互不具有同源性。

Hordeum arizanicum × A. spicatum 组合的 F_1 杂种的减数分裂虽然出现中期 I 最多的染色体配对构型是 16 条单价体加 6 对二价体，有 10 个检测细胞含有 14 条单价体与 7 对二价体，显示有一组完全同源的染色体组。但是，六倍体的 *Hordeum arizanicum* 自身的减数分裂中期 I 平均每细胞含 0.58 个四价体，说明它是一个部分同源多倍体，减数分裂必然会出现同亲联会。因此，在 *Hordeum arizanicum × A. spicatum* 组合的 F_1 杂种的减数分裂中由同亲联会构成 3～7 对二价体是完全可能的。可以说 *Hordeum arizanicum × A. spicatum* 组合的 F_1 杂种的减数分裂中出现的二价体都是来自 *Hordeum arizanicum* 亲本的染色体。进一步可以说 *H. brachyantherum* 与 *Hordeum arizanicum* 都不含有来自 *A. spicatum* 的 **S** 染色体组。

Dewey 的观测数据列如表 2-34。

表 2-34 *Agropyron spicatum*、*A. scribneri*、*Hordeum brachyantherum*、*H. arizonicum* 以及它们的 F_1 杂种的减数分裂中期 I 的染色体联会

（引自 Dewey，1971a，表 2）

种与杂种	2n	I 变幅	I 平均	II 变幅	II 平均	III 变幅	III 平均	IV 变幅	IV 平均	检测细胞数
A. spicatum	14	0～2	0.08	6～7	6.96					233
A. scribneri	28	0～2	0.10	13～14	13.95					115
H. brachyantherum	28	0～2	0.04	13～14	13.98					86

（续）

种与杂种	2n	染色体联会								检测细胞数
		I		II		III		IV		
		变幅	平均	变幅	平均	变幅	平均	变幅	平均	
H. arizonicum	42	0～2	0.15	17.21	19.63	0～1	0.09	0～2	0.58	65
A. scr× A. spi	21	5～9	6.91	5～8	6.88	0～1	0.11			150
H. bra× A. spi	21	13～21	18.85	0～4	1.07					163
H. ari× A. spi	28	11～22	17.92	3～7	5.02	0～1	0.31			120

注：A. spi＝*Agropyron spicatum*；A. scr＝*A. scribneri*；H. bra＝*Hordeum brachyantherum*；H. ari＝*Hordeum arizonicum*。

同年，Dewey 在《美国植物学杂志》58 卷，第 10 期，发表一篇重要的题为"Synthetic hybrids of *Hordeum bogdanii* with *Elymus canadensis* and *Sitanion hystrix*"的文章，用亚洲产的二倍体种 *Horedeum bogdanii* Wilensky 来检测 *Elymus canadensis* L. 与 *Sitanion hystrix*（Nutt.）J. G. Smith 原来不知来源以 **X** 作代号的染色体组。虽然过去 Bowden（1958）、Dewey（1966）都已初步了解 *Elymus canadensis* L. 与 *Sitanion hystrix* 的 **X** 染色体组可能与 *Hordeum* 的染色体有关。但所涉及的 *H. jubatum* L. 与 *H. jubatum* subsp. *breviaristatum*（*H. brachyantherum* Nevski）都是四倍体，没有二倍体检测种那样清楚无误，可避开染色体同亲联会问题的存在。

这 3 个种都是自花授粉植物，*Elymus canadensis* 与 *Sitanion hystrix* 小花大一些，比较容易去雄，就用 *Elymus canadensis* 与 *Sitanion hystrix* 作母本。*Elymus canadensis* 48 朵去雄小花，授以 *Hordeum bogdanii* 花粉，得到 12 粒皱缩的杂种种子，全都正常发芽成苗。*Sitanion hystrix* 37 朵去雄小花，授以 *Hordeum bogdanii* 花粉，只得到 1 粒种子，也正常萌发成苗。F_1 杂种形态性状呈双亲的中间型。

亲本 *Hordeum bogdanii*、*Elymus canadensis* 与 *Sitanion hystrix* 的减数分裂都是正常的，*H. bogdanii* 223 个中期花粉母细胞有 215 个含 7 对二价体（图 2-21：A），大多数都是环型二价体，其余 8 个细胞含 2 条单价体与 6 对二价体。*E. canadensis* 218 个中期花粉母细胞有 209 个含 14 对二价体（图 2-21：B）；*S. hystrix* 166 个中期花粉母细胞全都含 14 对二价体（表 2-35）。全部亲本都没有多价体出现，能染色的花粉都在 75% 以上，结实都正常。

E. canadensis×*H. bogdanii* 的 7 株 F_1 杂种的减数分裂完全相似，因此 Dewey 将 7 株 F_1 杂种的观测数据合并一起列入表 2-35 中。在 264 个检测的中期 I 的花粉母细胞中，含 7 条单价体加 7 对二价体的有 42 个（图 2-21：C），含 9 条单价体加 6 对二价体的有 84 个（图 2-21：D），含 11 条单价体加 5 对二价体的有 71 个（图 2-21：E），含 13 条单价体加 14 对 2 价体的有 43 个。这些构型的配对占总检测数的 91%。有 3 个花粉母细胞含有 1 个三价体，有 2 个含有 2 个三价体（图 2-21：G），没有观察到三价以上的多价体。近一半的二价体是环型，大部分细胞同时含有环型与棒型两种二价体。所有的后期 I 花粉母细胞都含有落后染色体（图 2-21：H），105 个检测细胞平均每细胞 8.1 个。落后染色体的姊妹染色丝在末期前就分离。在 16% 的后期 I 细胞中含有桥-染色体片段，可能是由于

杂合臂内倒位而形成的。后期Ⅱ完全不正常，所有的检测细胞都含有落后染色体（图 2 - 21：I）。所有的四分子都含有微核。200 个检测四分子中，每个四分子所含微核的变幅在 4～11 个，平均每四分子 7.1 个。所有花粉都是空瘪不稔，完全不结实。

表 2 - 35　*Hordeum bagdanii*、*Elymus canadensis*、*Sitanion hystrix* 以及它们的
F_1 杂种的减数分裂中期 I 染色体配对情况

（引自 Dewey，1971b，表 2。编排修改）

种及杂种	2n		染色体联会			观测细胞数
			I	II	III	
H. bogdanii	14	变幅	0～2	6～7	—	223
		平均	0.08	6.96	—	
E. canadensis	28	变幅	0～2	13～14	—	218
		平均	0.08	13.96	—	
S. hystri.x	28	变幅	—	—		166
		平均	—	14.00		
E. canadensis×*H. bagdanii*	21	变幅	7～15	3～7	0～2	264
		平均	9.98	5.40	0.08	
S. hystri.x×*H. bagdanii*	21	变幅	5～15	3～7	0～1	106
		平均	9.09	5.72	0.16	

S. hystri.x×*H. bogdanii* 的 F_1 杂种的减数分裂与 *E. canadensis*×*H. bogdanii* 的 F_1 杂种的完全相似。中期 I，9 条单价体加 6 对二价体的构型最多，在 106 个检测花粉母细胞中占 34%；7 条单价体加 7 对二价体的构型占 23%；11 条单价体加 5 对二价体的构型占 18%。有 17 个细胞含有三价体，平均每细胞 0.16 个。115 个后期 I 的花粉母细胞中平均每细胞 8.4 条落后染色体，变幅在 5～11 条。200 个四分子中平均每四分子 6.7 个微核。所有花粉都不稔，F_1 杂种不结实。

从两个杂交组合的 F_1 杂种的减数分裂的染色体的配对情况来看，*Elymus* 基本上相同，相互间只有少数染色体有结构上的差异。也就是说 *Elymus canadensis* 与 *Sitanion hystri.x* 含 1 组与 *Hordeum bogdenii* 的染色体组同源的染色体组。我们把 *Hordeum bogdenii* 的染色体组定名为 **H** 染色体组，则 *Elymus canadensis* 与 *Sitanion hystri.x* 都含 1 组 **H** 染色体组。以前已确定 *Elymus canadensis* 与 *Sitanion hystri.x* 都含 1 组来自 *Agropyron spicatum* 的 **S** 染色体组，它们的染色体组的组成曾定为 **SSXX**，异源组合，则其中的 **X** 染色体组就应当是 **H** 染色体组，即 *Elymus canadensis* 与 *Sitanion hystri.x* 的染色体组都应当是 **SSHH** 异源组合。也就是说它们都是起源于一个含 **S** 染色体组的二倍体与一个含 **H** 染色体组的二倍体的两个亲本间的天然杂交经染色体加倍而形成。

同年，Dewey 在芝加哥出版的《植物学公报》第 133 卷上发表一篇题为 "Genome analysisof South American *Elymus patagonicus* and its hybrids with two North American and two Asian *Agropyron* species" 的研究报告。在这个报告中要检测的 *Elymus patagonicus* 来自智利，是一个六倍体禾草，曾被鉴定为 *Elymus antarcticus* Hook. f.（USDA

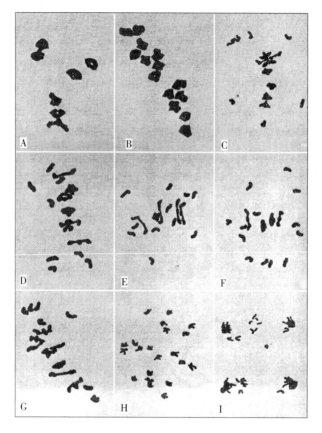

图 2 - 21　*Hordeum bagdanii*、*Elymus canadensis* 及
Elymus canadensis × *Hordeum bagdanii*
F₁杂种减数分裂染色体构型

A. *Hordeum bagdanii* 中期 I：7 对二价体　　B. *Elymus cana-
densis* 中期 I：14 对二价体　　C - I. *Elymus canadensis* × *Hor-
deum bagdanii* F₁杂种，C. 中期 I：7 条单价体与 7 对二价体
（6 对环型与 1 对棒型）；D. 中期 I：9 条单价体与 6 对二价体
（3 对环型与 3 对棒型）；E. 中期 I：11 条单价体与 5 对二价体
（1 对环型与 4 对棒型）；F. 中期 I：13 条单价体与 4 对二价体
（2 对环型与 2 对棒型）；G. 中期 I：7 条单价体、4 对二价体
与 2 个三价体；H. 后期 I：染色体 6 - 6 分离与 9 条落后染色
体；I. 后期 II：示落后染色体

（引自 Dewey，1971b，图 2 到图 10。图片编码修改）

Plant Inventory 171，1968），后经 J. H. Hunziker 重新鉴定，订正为 *Elymus patagonicus*
Speg.。Dewey 用 4 个已知染色体组的测试种与它进行杂交，这 4 个测试种两个来自北
美，它们是 *Agropyron spicatum*（Pursh）Scribn. et Smith 与 *A. dasystachyum*（Hook.）
Scribn.；两个来自亚洲，它们是 *A. libanoticum* Hack. 与 *A. angustiglume* Nevski。四个
杂交组合都以 *Elymus patagonicus* 为父本。在 F₁杂种进行减数分裂时观察它们的染色体

配对情况来鉴别它们相互间的亲缘关系。

这 4 个测试种中，*A. spicatum* 与 *A. libanoticum* 是含 **S** 染色体组二倍体种，*A. dasystachyum* 与 *A. angustiglume* 是含 **SSHH** 染色体组的异源四倍体种。*A. angusti-glume* 来自亚洲北部，虽然它的染色体组还没有经过直接测试，但它与 *A. caninum* (L.) Beauv. 之间天然杂交的存在，以及它的 106 个减数分裂花粉母细胞中就有 104 个形成 14 对二价体，说明它是一个亲缘关系与 *A. caninum* 比较相近的一种正常的异源四倍体。Hunziker（1955）对 *E. patagonicus* 进行过研究，把它与 *E. glaucus* 进行杂交作染色体组分析，显示它们至低限度是部分同源。而 *E. patagonicus* 每一穗轴节上着生 3 个小穗，穗轴成熟时脆裂，自花授粉，都显示具有 *Hordeum* 的遗传特性。据 Dewey 的观察，*E. patagonicus* 的 182 个减数分裂中期Ⅰ花粉母细胞中，含 21 对二价体的有 85 个，有 70 个含 19 对二价体与 1 个四价体，有 13 个含 17 对二价体与 2 个四价体，有 15 个花粉母细胞含有 1~2 条单价体，占总数的 8.2%。

A. libanoticum × *E. patagonicus* 组合 90 朵去雄小花授粉以后得到 57 粒皱缩的 F₁ 杂种种子，只有 16 粒发芽，12 株长成长势、大小、高矮各有差异的成株。但它与 *A. spicatum* × *E. patagonicus* 组合不同，它没有白化苗，形态为中间型，半脆折穗轴特性也介于双亲之间。减数分裂中期Ⅰ染色体配对 217 个观察花粉母细胞平均为 14.15 Ⅰ + 6.68 Ⅱ + 0.17 Ⅲ，变幅：单价体 6~22，二价体 3~11，三价体 0~2。5 种最多的构型是：10Ⅰ + 9Ⅱ，12Ⅰ + 8Ⅱ，14Ⅰ + 7Ⅱ，16Ⅰ + 6Ⅱ 与 18Ⅰ + 5Ⅱ，这 5 种构型在 217 个观测细胞中占有 157 个。没有三价体以上的多价体。以后各期都不正常，所有后期Ⅰ的花粉母细胞都含有落后染色体，平均每细胞 7.0 条。桥与染色体片段频率特别高，近 1/3 的细胞都含有桥与染色体片段。所有四分子都含有微核，218 个观察四分子中平均每个含 5.1 个微核。没有能染色的花粉，完全不结实。

A. spicatum × *E. patagonicus* 组合与 *A. libanoticum* × *E. patagonicus* 组合两个母本都是含 **SS** 染色体组的二倍体，一般说来应当是一样的，含有基本上相同的染色体组。但是实际的结果稍有差别。*A. spicatum* 是异花授粉植物，36 个未去雄小穗，授以 *E. patag-onicus* 花粉，得到 196 粒有活力的杂种种子，播种后出苗许多都是白化苗，只有 53 株能移栽到室外苗圃，在苗圃中继续死亡，剩下 28 株，有 23 株是杂种。这两个种杂交障碍很低，但后续生长具有遗传性的不协调。这个组合减数分裂染色体配对情况却比 *A. libanoticum* × *E. patagonicus* 组合好，207 个观察中期Ⅰ花粉母细胞平均构型是：5.27 Ⅰ + 10.75 Ⅱ + 0.24 Ⅲ + 0.07 Ⅳ + 0.01 Ⅴ + 0.03 Ⅵ，染色体变幅：单价体为 0~16，二价体为 6~14，三价体为 0~2，四价体为 0~1，五价体为 0~1，六价体为 0~1。看来 *E. patagonicus* 的 **S** 染色体组可能直接或者间接来源于 *A. spicatum*。

A. dasystachyum × *E. patagonicus* 组合 104 朵去雄小花授粉以后得到 51 粒杂种种子，种子都很饱满，发育较好。34 粒萌发的种子都成长为苗壮的杂种植株，形态呈中间型，小穗密度中等，穗下部每一穗轴节上着生两枚小穗，上部一枚；成熟时穗轴节脆断性也介于双亲之间。供检测的杂种 10 株，有 9 株杂种都是五倍体，2n=35；有 1 株是非整倍体，只有 34 条染色体，可能产生于 1 个含 14 条染色体的雌配子与 1 个含 20 条染色体的花粉结合。这株非整倍体杂种没有再作为进一步观测的材料用。观测的 132 个减数分裂中期Ⅰ

花粉母细胞，平均染色体配对构型是：$3.84 \mathrm{I} + 9.97 \mathrm{II} + 3.30 \mathrm{III} + 0.11 \mathrm{IV} + 0.11 \mathrm{V} + 0.07 \mathrm{VI} + 0.02 \mathrm{VII} + 0.01 \mathrm{VIII}$，配对变幅为：单价体 $1\sim10$，二价体 $7\sim13$，三价体 $1\sim6$，四价体 $0\sim1$，五价体 $0\sim1$，六价体 $0\sim1$，七价体 $0\sim1$，八价体 $0\sim1$。这个组合减数分裂染色体没有配对的比其他 3 个组合都少。最多的构型是 $4 \mathrm{I} + 11 \mathrm{II} + 3 \mathrm{III}$，132 个观测细胞中占 27 个。所有的中期 I 的花粉母细胞都含有三价体，一些细胞含有 $5\sim6$ 个三价体。将近有 25% 的细胞含有的多价体由 $4\sim8$ 条染色体构成，异质相互易位产生这种高多价体。

446 个后期 I 的花粉母细胞中有 440 个含有 $1\sim12$ 条落后染色体，平均每细胞 3.38 条，或稍少于中期 I 的单价体数；有 57 个细胞含有 1 个桥与染色体片段；356 个四分子中有 338 个含微核，平均每细胞 3.43 个微核。所有花粉都是空瘪的，没有能结实的杂种植株。

A. angustiglume × *E. patagonicus* 是意外获得的天然杂种。*A. angustiglume* 是种植在距 23 株 *E. patagonicus* 15m 远的同一苗圃中，虽然 *A. angustiglume* 是一种正常的自花授粉植物，但发现有一株 *A. angustiglume* 的子代，它在形态上显然带有 *E. patagonicus* 的外貌特征：叶大多数基生，秆粗而硬直，小穗密集，大多数穗轴节上着生两枚，穗轴脆断，都近似 *E. patagonicus*。这个天然杂种的减数分裂中期 I 花粉母细胞平均染色体配对构型是：$9.62 \mathrm{I} + 9.87 \mathrm{II} + 1.79 \mathrm{III} + 0.02 \mathrm{IV}$，变幅为：单价体 $5\sim18$，二价体 $3\sim13$，三价体 $0\sim3$，四价体 $0\sim1$。所有的后期 I 花粉母细胞都含有落后染色体，167 个后期 I 花粉母细胞平均每细胞 8.4 条。近 20% 的细胞含有 1 个桥及其相伴的染色体片段，有几个细胞含两个桥与染色体片段。所有的四分子中都含有微核，平均每四分子 4.9 个。所有花粉都不能染色，完全不结实。

根据以上数据来看，*E. patagonicus* 是一个部分同源异源六倍体，如果 *Agropyron dasystachyum* 含有 **S₁S₁H₁H₁** 染色体组，*E. patagonicus* 的染色体组就应当写作 **S₂S₂H₂H₂H₃H₃**。*Agropyron angustiglume* 应当是一个含 **SSHH** 染色体组的异源四倍体。

1972 年，Dewey 在《美国植物学杂志》59 卷，第 8 期，发表一篇题为 "The origin of *Agropyron leptourum*" 的文章，是他对分布于南亚的禾草 *Agropyron leptourum* (Nevski) Grossh. 的起源研究的论文。

Dewey 分析研究的 *Agropyron leptourum* (Nevski) Grossh. 的材料 PI 229520 是 H. S. Gentry 1955 年采自阿塞拜疆 "Northeast base of Kuhe Sahand"，H. S. Gentry 的凭证标本采集号是 15469。N. L. Bor 在《Flora Iranica》中将这份标本鉴定为 *Agropyron leptourum* (Nevski) Grossh.。这一研究另外的参试材料 *Agropyron libanoticum* Hackel，PI 228389 是 H. S. Gentry 采自伊朗 "Sanandaj, Kurdistan" 附近。采集时错误鉴定为 *Agropyron caespitosum* C. Koch，订正后应为 *Agropyron libanoticum*；*Agropyron caninum* (L.) P. Beauv.，PI 252044，也是 H. S. Gentry 采集的，采自意大利的 Terminillo。还有 1 个杂种 *Agropyron libanoticum* × *Agropyron caninum* C_0 来自 Dewey (1969a) 以前的不育的研究材料，分蘖苗经 0.2% 秋水仙碱水溶液 24h 浸泡使其染色体加倍，而成为花药开裂并大量结实双多倍体。*Agropyron libanoticum* × *Agropyron caninum* C_1 来自这个双多倍体的种子。1966—1970 年，经过 5 年研究，数据得自 1971 年的观测。

在这里笔者认为，Dewey 指出 *Agropyron libanoticum* 被错误地鉴定为 *Agropyron caespitosum* C. Koch 这件事很重要，因为前面 Dewey 以及 Stebbhins 等人的一系列的文章中所说的 *Agropyron caespitosum* C. Koch 都是被错误鉴定为二倍体的 *Agropyron libanoticum* Hackel，也就是后来笔者把它组合为 *Pseudoroegneria tauri* var. *libanorica* (Hackel) C. Yen et J. L. Yang 的分类群，它是欧亚大陆 **St** 染色体组重要的供体。而 *Agropyron caespitosum* C. Koch 则是毛麦属——*Trichopyrum* Á. Löve 的一个异源四倍体植物。请读者在阅读前面引用的文章时注意有这个错误鉴定的问题。

A. libanoticum 是 2n＝14 的二倍体异花授粉植物，减数分裂正常。*A. caninum* 是 2n＝28 的异源四倍体自花授粉植物，减数分裂正常。*Agropyron leptourum* 是 2n＝42 的异源六倍体，减数分裂不完全正常，201 个观测花粉母细胞中含 21 对二价体的有 171 个（图 2-22：A），含 2 条单价体与 20 对二价体的有 18 个（图 2-22：B），余下的 12 个花粉母细胞含 19 对二价体与 1 个四价体（图 2-22：C）。在 386 个后期Ⅰ的花粉母细胞中有 26 个含有 1～4 条落后染色体，在 256 个后期Ⅱ的花粉母细胞中有 24 个含有落后染色体。在 561 个四分子中有 44 个含有微核。能染色的花粉在 75％～90％，平均 87％。开放授粉的情况下，50 穗平均每小穗结实 2.33 粒；套袋自交情况下，平均每小穗 2.21 粒，显示它与 *A. caninum* 一样是自花授粉植物。

Agropyron libanoticum × *Agropyron caninum* C_1 与 *Agropyron leptourum* (Nevski) Grossh. 在形态上完全相似，没有区别。它也是异源六倍体，2n＝42，它的减数分裂比 *A. leptourum* 的减数分裂还要不正常一些。在 121 个观测花粉母细胞中含 21 对二价体的只有 47 个（图 2-22：D），35％的花粉母细胞中含有单价体。这个双多倍体四价体的频率比 *A. leptourum* 的也要多一些（表 2-36，图 2-22：E）。少数花粉母细胞同时含有三价体与四价体（图 2-22：F）。在 36％的后期Ⅰ的花粉母细胞中含有 1 条或多条落后染色体。在 165 个观测后期Ⅰ花粉母细胞中只有 1 个含有 1 个桥及其相伴的染色体片段。后期Ⅱ的花粉母细胞中落后染色体的频率要低一些。180 个四分子中有 47 个含有微核，占 26％。能染色花粉不同植株间变幅 60％～85％，平均 78％。虽然双多倍体的减数分裂比 *A. leptourum* 的更不正常，可染色花粉也少一些，但它仍然结实。在开放授粉情况下，50 穗平均每小穗 2.79 粒；套袋自交平均每小穗 2.38 粒。看来 *A. libanoticum* × *A. caninum* C_1 自花授粉的特性应当来自 *A. caninum* 的遗传。

A. leptourum 与 *A. libanoticum*-*A. caninum* C_1 双多倍体杂交的子代仍然是六倍体，与预期一致，2n＝42。它的减数分裂基本上是正常的，90 个检测花粉母细胞中有 10 个终变期或中期Ⅰ的细胞含 21 对二价体，并且大多数是环型。多价体比两个亲本都多一些（表 2-36），大约一半的花粉母细胞都含有四价体（图 2-22：G），其他的细胞含有一到多个三价体（图 2-22：H）。在这 90 个检测细胞中，有 29 个含有 1 个六价体（图 2-22：I）。毫无疑问，一些多价体是由于染色体间相互杂合易位造成的。检测的 340 个后期Ⅰ花粉母细胞中，有 149 个含有 1～4 条落后染色体，平均每细胞 0.73 条；有 21 个或 6.2％的后期Ⅰ细胞含有 1 个桥及其相伴的染色体片段。后期Ⅱ的反常情况与后期Ⅰ相近似。345 个四分子中有 73 个含有微核，占 21％。它的花药大多数是开裂的，33％的花粉能染色。在开放授粉的情况下，759 个小穗收到 116 粒种子，平均每小穗 0.15 粒；50 个套袋自交

穗平均每小穗 0.07 粒。从这个杂种的形态特征、染色体组的良好配合、育性来看，
A. leptourum 与 *A. libanoticum* - *A. caninum* C_1 双多倍体基本上是相同的分类群。也就是
说 *A. leptourum* 是起源于 *A. libanoticum* 与 *A. caninum* 的天然杂交，并经染色体天然加
倍而形成的六倍体种。它的染色体组组成是 *A. libanoticum* 的 **SS** 染色体组加上来自
A. caninum 的 **SSXX** 染色体组。这 **X** 染色体组来自 *Hordeum* 属（Dewey，1971b），因此
A. caninum 的染色体组应当写作 **SSHH**，*A. leptourum* 的染色体组应当是 **SSSSHH**。
同年，Dewey 在《植物学公报》133 卷，第 4 期，发表一篇题为 "Genome ansalysis of
South American *Elymus patagonicus* and its hybrids with two North American and two

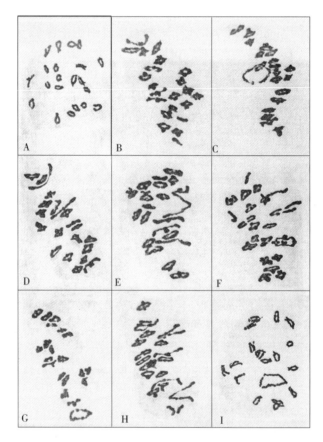

图 2 - 22   *A. leptourum*（A - C）、*A. libanoticum* - *A. caninum*
双多倍体（D - F）、*A. leptourum*×*A. libanoticum* -
A. caninum 双多倍体 F_1 杂种减数分裂终变期
或中期 I 的染色体联会情况（G - I）

A. 21 对二价体   B. 2 条单价体与 20 对二价体   C. 19 对二价体与 1 个四
价体   D. 21 对二价体   E. 17 对二价体与 2 个四价体（1 个呈 8 字形，1
个呈 Z 字形）   F. 2 条单价体，15 对二价体，2 个三价体与 1 个四价体
（环型）   G. 19 对二价体与 1 个四价体（环型）   H. 2 条单价体，7 对
二价体与 2 个三价体（Ⅴ型）   I. 18 对二价体与 1 个六价体（环型）

（引自 Dewey，1972a，图 2）

Asian *Agropyron* species "的研究报告。

南美洲的 *Elymus patagonicus* Speg.，经检测，它是一个六倍体，2n＝42。它与北美洲的二倍体 *Agropyron spicatum*（Pursh）Scribn. et Smith、四倍体的 *A. dasystachyum*（Hook.）Scribn.，亚洲的二倍体的 *A. libanoticum* Hack.、四倍体的 *A. angustiglume* Nevski 杂交，Dewey 对它们的 F_1 杂种的减数分裂染色体联会情况进行了染色体组分析。

表 2 - 36 *A. libaniticum*、*A. caninum*、*A. leptourum*、*A. libanoticum* - *A. caninum* 双多倍体以及 *A. leptourum* × *A. libanoticum* - *A. caninum* 双多倍体 F_1 杂种的终变期及中期 I 的染色体联会情况

（引自 Dewey，1972a，表 2）

种 与 杂 种		染 色 体 联 会						观测细胞数
		I	II	III	IV	V	VI	
A. libanoticum	变幅	0~2	6~7					161
	平均	0.24	6.88					
A. caninum	变幅							121
	平均	14.00						
A. leptourum	变幅	0~2	19~21		0~1			201
	平均	0.18	20.79		0.06			
A. lib - A. can C_1's	变幅	0~4	15~21	0~2	0~2			123
	平均	0.66	19.73	0.14	0.37			
A. leptourum × *A. lib - A. can* C_1's	变幅	0~4	15~21	0~2	0~2	0~1	0~1	161
	平均	0.60	18.29	0.36	0.58	0.02	0.22	

注：*A. lib - A. can* C_1's ＝ *A. libanoticum* - *A. caninum* 双多倍体。

E. patagonicus 182 个减数分裂中期 I 的花粉母细胞，平均 0.14^{I}、19.81^{II}、0.01^{III}、0.55^{IV}。这 182 个检测细胞中有 85 个细胞含 21 对二价体，有 70 个细胞含 19 个二价体与 1 个四价体，有 13 个细胞含 17 对二价体与 2 个四价体。有 15 个细胞含有 1~2 条单价体，占总数的 8.2%。所有检测的植株都有少量四价体出现，说明它是一个部分同源异源六倍体。

二倍体的 *A. spicatum* 与 *E. patagonicus* 杂交，F_1 杂种是四倍体，三组染色体来自 *E. patagonicus*。207 个减数分裂中期 I 花粉母细胞平均含 5.27 I、10.75 II、0.24 III、0.07 IV、0.01 V 与 0.03 VI；单价体的变幅在 0~16 条，二价体的变幅在 6~14 对，三价体的变幅在 0~2 个，四价体、五价体、六价体的变幅都在 0~1 个。少数花粉母细胞含 14 对二价体，显示 *E. patagonicus* 有两组染色体可以同源配合，而另一组染色体与 *A. spicatum* 同源。*A. libanoticum* 与 *E. patagonicus* 杂交，F_1 杂种减数分裂中期 I 染色体联会与 *A. spicatum* × *E. patagonicus* 组合的 F_1 杂种情况相近似，但没有四价体、五价体与六价体出现。217 个减数分裂中期 I 花粉母细胞平均 14.15 I、6.68 II、0.17 III。进一步证明 *E. patagonicus* 含有一组 **S** 染色体组。

四倍体的 *A. dasystachyum* 与 *E. patagonicus* 杂交，F_1 杂种是五倍体，132 个减数分

裂中期 I 花粉母细胞平均含 3.84 I、9.97 II、3.30 III、0.11 IV、0.11 V、0.02 VI、0.02 VII 与 0.01 VIII；单价体的变幅在 1～10 条，二价体的变幅在 7～13 对，三价体的变幅在 1～6 个，四价体的变幅在 0～1 个，五价体、六价体、七价体与八价体的变幅都在 0～1 个。这些数值显示 *A. dasystachyum* 的 **S** 染色体组及 **H** 染色体组与 *E. patagonicus* 的染色体组基本上同源，但染色体结构上有差异。与亚洲的 *A. angustiglume* 杂交，F₁ 杂种也是五倍体，78 个减数分裂中期 I 花粉母细胞平均含 9.82 I、9.87 II、1.79 III 与 0.02 IV；单价体的变幅在 5～18 条，二价体的变幅在 3～13 对，三价体的变幅在 0～3 个，四价体的变幅在 0～1 个。

A. spicatum 的染色体组是 **SS** 染色体组，*A. dasystachyum* 的染色体组是 **S₁S₁H₁H₁** 染色体组，则 *E. patagonicus* 的染色体组应当是 **S₂S₂H₂H₂H₃H₃** 染色体组。

1974 年，Dewey 在《植物学公报》135 卷，第 1 期，发表了题为 "Cytogenetics of *Elymus sibiricus* and its hybrids with *Agropyron touri*，*Elymus canadensis* and *Agropyron caninum*"，对来自北亚（编著者注：应为东北亚）的 *Elymus sibiricus* L. 的染色体组分析的研究报告。*A. touri*、*E. canadensis* 与 *Agropyron caninum* 的染色体组的组成都是已知的。

以 *A. touri* 为母本与 *Elymus sibiricus* 杂交不用去雄，因为 *A. touri* 是高度自交不孕的物种。10 个 *A. touri* 的穗子授以 *Elymus sibiricus* 的花粉，共计得到 63 粒杂种种子。F₁ 杂种健壮，检测证明都是含预期的 21 条染色体的真杂种。检测的 129 个减数分裂中期 I 的花粉母细胞，每一个都含有单价体，平均含 9.64 条（表 2-37）。最多的染色体联会构型是 9 I+6 II（图 2-23：A），有 33 个这种构型的花粉母细胞。其次是 11 I+5 II，有 25 个这种构型的花粉母细胞（图 2-23：B）。预期的 7 I+7 II 构型的花粉母细胞，有 21 个（图 2-23：C）。一半以上的二价体都是棒型，显示 *E. sibiricus* 含有一组与 *A. touri* 的染色体组同源但有一定差异的染色体组。所有后期 I 的花粉母细胞都含有落后染色体，其变幅在 6～13 条，在 180 个检测细胞中平均每细胞 9.1 条。27% 的后期 I 的花粉母细胞含有桥及其相伴的染色体片段。后期 II 的花粉母细胞与后期 I 一样不正常。192 个检测的四分子有 186 个含有微核，平均每四分子 7.3 个。后期 II 也出现细胞质不均等分裂，其结果是一个花粉母细胞形成 5 个或 5 个以上的四分子。所有花粉都是空瘪不稔的。10 株 F₁ 杂种，没有一株能结实的。

E. sibiricus 与 *E. canadensis* 都是自交能育的植物，因此杂交时母本必须去雄。116 朵 *E. canadensis* 去雄小花授以 *E. sibiricus* 花粉，得到 11 粒有活力的杂种种子。F₁ 杂种苗壮成株，许多性状都呈双亲的中间型。

E. canadensis 与 *E. sibiricus* 的减数分裂都是正常的。*E. canadensis* × *E. sibiricus* 检测的 100 个 F₁ 杂种的减数分裂中期 I 花粉母细胞，每一个都含有单价体（表 2-37），染色体配对最多的构型是 2 I+13 II，这种构型的细胞有 40 个。另外有 20 个细胞有 4 条单价体与 12 对二价体（图 2-23：D）。有一半的二价体是环型。有 52 个细胞含有多价体，其中有三价体、四价体、五价体、六价体，最多的是三价体与四价体（图 2-23：E），少数具有五价体或六价体（图 2-23：F）。

表 2 - 37　*E. sibiricus*、*A. touri*、*E. canadensis*、*A. caninus* 以及它们的 F_1 杂种的减数分裂中期 Ⅰ 染色体联会

（引自 Dewey，1074，表 1）

种及杂种	2n		染色体联会						检测细胞数
			Ⅰ	Ⅱ	Ⅲ	Ⅳ	Ⅴ	Ⅵ	
E. sibiricus	28	变幅							100
		平均	14.00						
A. touri	28	变幅	0～2	6～7					103
		平均	0.08	6.96					
E. canadensis	28	变幅	0～2	13～14					105
		平均	0.08	13.96					
A. caninus	28	变幅							121
		平均	14.00						
A. tour×E. sibi	28	变幅	6～15	3～7	0～1				129
		平均	9.64	5.23	0.30				
E. cana×E. sibi	28	变幅	2～9	7～13	0～2	0～2	0～1	0～1	100
		平均	4.96	10.18	0.34	0.31	0.06	0.03	
A. cani×E. sibi	28	变幅	0～6	9～14	0～1	0～1			111
		平均	1.80	11.93	0.18	0.45			

注：E. sibi＝*Elymus sibiricus*；E. cana＝*Elymus canadensis*；A. cani＝*Agropyron caninus*；A. tour＝*Agropyron touri*。

检测的 142 个后期Ⅰ的花粉母细胞中只有 6 个是正常的，其余的都有不同程度的反常现象，诸如：落后染色体、非均等分离、桥与相伴的染色体片段，以及染色体断裂等。落后染色体变幅 0～10 条，平均每细胞 3.4 条。有 23 个细胞含有桥及其相伴的染色体片段。这些反常显示两亲本之间存在杂合同臂倒位。染色体断裂，除去片段与它相关联的倒位，在许多后期Ⅰ的细胞中普遍存在。相似的反常现象也存在于后期Ⅱ的花粉母细胞中。在 220 个四分子中有 210 个含有 1～10 个微核，平均每四分子 4.1 个微核。许多微核只不过是染色体片段，而它们是来自后期Ⅰ与后期Ⅱ染色体的断裂。F_1 杂种的花粉都是空瘪的，不能染色，完全不稔，在开放情况下也没有结实。

Agropyron caninum × *Elymus sibiricus* 的 F_1 杂种的减数分裂比 *A. touri* × *Elymus sibiricus* 以及 *E. canadensis* × *E. sibiricus* 的 F_1 杂种的减数分裂要正常得多。中期Ⅰ单价体比较少，在 111 个检测花粉母细胞中，平均每细胞只有 1.80 条。染色体全部配对的有 35 个，其中有 12 个的染色体配合成 14 对二价体（图 2 - 23：G），并且一半以上是环型二价体。出现最多的构型是 12Ⅱ＋1Ⅳ（图 2 - 23：H），这种构型的细胞有 50 个。另外，20 个细胞含有 1 个三价体（图 2 - 23：I）。显示双亲之间有相互异质易位。没有 4 条染色体以上的多价体。

检测数据显示 *Elumus sibiricus* 与 *Elymus canadensis* 以及 *Agropyron caninus* 的亲缘

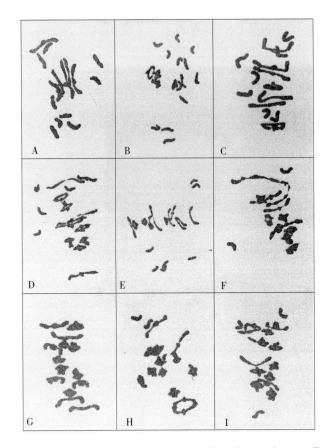

图 2-23 *A. touri*×*E. sibiricus*（A-C）、*E. canadensis*×*E. sibiricus*（D-F）、*A. caninus*×*E. sibiricus*（G-I），F₁杂种减数分裂中期Ⅰ染色体配对情况

A. 9 条单价体与 6 对棒型二价体 B. 11 条单价体与 5 对二价体（1 对棒型，4 对环型） C. 7 条单价体与 7 对二价体（6 对棒型，1 对环型） D. 4 条单价体与 12 对二价体（6 对棒型，6 对环型） E. 7 条单价体、9 对二价体（6 对棒型，3 对环型）与 1 个三价体（Ⅴ型）F. 2 条单价体、10 对二价体（3 对棒型，7 对环型） G. 14 对二价体（7 对棒型，7 对环型） H. 2 条单价体、11 对二价体（2 对棒型，9 对环型）与 1 个四价体（链型） I. 3 条单价体、11 对二价体（4 对棒型，7 对环型）与 1 个三价体（Ⅴ型）

（引自 Dewey，1974，图 2）

关系非常相近，含有相同而稍有差异的 **SSHH** 染色体组。

1975 年，Dewey 在《植物学公报》136 卷，第 1 期，发表一篇题为 "Introgression between *Agropyron dasystachyum* and *A. trachycaulum*" 的研究报告。对北美洲的这两种形态上有显著差异而生殖方式不同的异源四倍体小麦族植物进行了分析研究，研究它们相互的亲缘关系与遗传学的差异。

Agropyron dasystachyum（Hook.）Scribn.（粗穗小麦草）是一个具根茎，长花药，异花授粉禾草，广泛分布于加拿大与美国大湖区以西地区。*Agropyron trachycaulum*（Link）Malte ex H. F. Lewis（细穗小麦草）是一种丛生、短花药、自花授粉禾草，它的分布区环绕 *Agropyron dasystachyum* 并向东直到东海岸。有时它们共同生长在同一个地区，有机会相互杂交，推测是它们之间的天然杂种以及人工合成的杂种都有记录。Bowden（1962）介绍，这种杂种在加拿大很常见，并且认为它们就是 *Agropyron × pseudorepens* Scribn. et Smith 的两个亲本。

虽然 *Agropyron dasystachyum* 与 *Agropyron trachycaulum* 在形态上、生殖习性上都有显著差异，但是它们都是异源四倍体，含有相同的染色体组，来自亲本 *A. spicatum* 的 **S** 染色体组与来自 *Hordeum* 属的 **H** 染色体组（Dewey，1968、1969）。在生物系统学上它们的相互关系以前没有人研究过，这篇文章就是 Dewey 在这方面的研究结果。

Dewey 把 158 朵 *Agropyron dasystachyum* 去雄小花授以 *Agropyron trachycaulum* 的花粉得到 21 粒杂种种子。12 粒萌发，成长为苗壮的成株。许多性状都呈双亲的中间型。F_1 杂种没有 *Agropyron dasystachyum* 那样多的长根茎，它的形态性状除颖以外，其他性状与 *Agropyron × pseudorepens* 的模式标本非常相似。*Agropyron × pseudorepens* 模式标本的颖近似 *Agropyron trachycaulum*。模式标本的颖与外稃等长，具有突起的脉。而这个 F_1 杂种的颖只有外稃 2/3 长，且没有突起的脉。模式标本的大颖，使 Pohl's（1962）认为 *A. smithii* 更可能是 *Agropyron × pseudorepens* 的一个亲本，而不是 *A. dasystachyum*。

Agropyron dasystachyum 与 *Agropyron trachycaulum* 两个种都是异源四倍体，2n=28，减数分裂都是正常的，在中期 I 形成 14 对二价体（表 2 - 38）。所有的 F_1 杂种也都是四倍体，2n=28，在 104 个检测中期 I 细胞中有 96 个染色体配对很完全，但是许多花粉母细胞含有多价体与二价体一样。除 14 个花粉母细胞的二价体外，大多数的二价体都是环型二价体。*Agropyron dasystachyum* 与 *Agropyron trachycaulum* 两个种的染色体组应当是非常相近的。在 84% 的中期 I 的花粉母细胞中，多价体为三价体到六价体，六价体频率很高，在 104 个花粉母细胞中有 60 个含有六倍体。18 个细胞含有四价体，有 8 个细胞含有 1～2 个三价体。没有含 2 条以上单价体的花粉母细胞。多价体显示双亲的染色体组之间存在结构异质性，3 条染色体间有两段互换，当它与没有发生互换的染色体配对时可以形成六价体联会。高频率的含有六价体的细胞，大多数六价体呈环型，显示两个互换段比较大。六价体以下的多价体，在这里可能是由于联会不完全或早期分离所造成的。

大约 90% 的后期 I 的花粉母细胞是正常的。在 178 个后期 I 检测细胞中，有 16 个含有 1～3 条落后染色体，平均每细胞 0.15 条落后染色体。观察到 1 个花粉母细胞含有 1 个桥及与其相伴的染色体片段，显示有一个很小的同臂倒位存在。250 个四分子中 87% 都是正常的，其余的含有 1～5 个微核，平均每四分子 0.26 个微核。6 株 F_1 杂种能染色的花粉分别有 5%～30%，平均 13%。同样 6 株杂种，在开放传粉的情况下，以株平均（10 穗样本），每穗结实 0.2～1.1 粒。F_1 杂种穗子在套袋人工控制授粉情况下，授以 *A. dasystachyum*、*A. trachycaulum*、*A. albicans*、*A. griffithsi*、*A. subsecundum* 与

A. caninum 的花粉。每组合 10 穗以上平均，其结实率的变幅每穗在 0.2～6.5 粒。因为只是一次授粉，作为结实潜力来看，这些结实率是一个很保守的数值；任何一次授粉总有 1/3 以上的雌蕊没有暴露，没有接受到花粉。

表 2 - 38　**A. dasystachyum、A. trachycaulum，以及其 F₁ 杂种与回交子代的减数分裂中期 I 染色体联会情况**

（引自 Dewey，1975，表 1）

种及杂种	染色体联会						观测植株	观测细胞数
	I	II	III	IV	V	VI		
A. dasystachyum								
变幅	0～2	13～14					1	116
平均	0.01	13.99						
A. strachycaulum								
变幅							1	105
平均		14.00						
F₁ 杂种								
变幅	0～2	9～14	0～2	0～1	0～1	0～1	6	104
平均	0.12	11.57	0.12	0.17	0.01	0.01		
F₁ × *A. dasystachyum*								
变幅	0～3	11～14	0～1	0～1	0～1	0～1	15	412
平均	0.07	13.47	0.01	0.04	0.01	0.14		
F₁ × *A. trachycaulum*								
变幅	0～4	10～14	0～2	0～1	0～1	0～1	13	253
平均	0.32	12.74	0.08	0.15	0.01	0.22		

　　F₁ 杂种回交 *A. dasystachyum*，5 次，每次用 10 个 F₁ 杂种穗子做母本，每穗结实 0.2～4.9 粒，平均 3.2 粒。结实率的变化可能是因授粉情况的不同而效果有差异，不是杂交亲和性的本质差异。

　　回交子代的许多形态特征与 *A. dasystachyum* 非常相似没有区别。它们有具蜡粉、窄、坚韧的叶，同时发育的根茎与 *A. dasystachyum* 的差不多，穗子也一个样。也有少数几株与标准的 *A. dasystachyum* 相比，根茎短一点，叶子稍微宽一点、软一点。知道其回交背景的人应知它们是受到了 *A. trachycaulum* 的影响。检测的 16 株回交子一代中，15 株 2n＝28，1 株 2n＝29。每一株含 28 条染色体的回交子一代，取 25～30 个减数分裂中期 I 的花粉母细胞进行检测，其数据列如表 2 - 38。回交群体作为一个整体来看，它的单价体少，多价体也少，同时二价体比 F₁ 杂种多。有 3 株回交一代杂种，它们的减数分裂与 F₁ 杂种相似，在多数中期 I 花粉母细胞中含有 1 个六价体。其他 12 株回交子一代杂种常形成 14 对二价体，虽然也有形成少数的四价体与三价体。

　　F₁ 杂种产生有活力的配子的频率与类别可以从回交子代的配对的数据来估计。15 个整倍体 F₁ 配子中的 12 个形成这一群体中含有与 *A. dasystachyum* 相同的染色体组构造的配子，

因此与 *A. dasystachyum* 的染色体配成 14 对二价体。有 3 个 F_1 配子含有与 *A. trachycaulum* 相同的染色体构造，因此与 *A. dasystachyum* 的染色体相配时就形成六价体。

回交群体的减数分裂中期Ⅰ，相对来说，要比 F_1 杂种的中期Ⅰ要正常一些。因此，在 301 个后期Ⅰ花粉母细胞中只有 11 个含有 1～3 条落后染色体，平均每细胞 0.06 条。520 个四分子中只有 25 个含有微核，平均每细胞 0.08 个。

16 株回交子代，能染色的花粉 5%～75% 不等，平均 40%，显然高于 F_1 杂种群体的平均值。开放授粉的情况下，单穗结实 2.3～75.6 粒（10 穗计），整个群体平均每穗 22.6 粒。那些通常配成 14 对染色体的植株结实也很好，这种类型的 12 株植株中的 3 株的观察结果，平均每小穗结实数都高于 2 粒。它们与正常的 *A. dasystachyum* 的结实率相当。3 株含六价体的回交杂种，平均结实率要低一些，每穗 7.0～19.9 粒。

两株 F_1 杂种各 10 穗与 *A. trachycaulum* 回交，平均每穗结实 3.8 粒与 6.5 粒。平均成功率比与 *A. dasystachyum* 回交要高一些，*A. trachycaulum* 回交平均每穗 5.1 粒，与 *A. dasystachyum* 回交平均每穗 3.2 粒。成功率高一些可能由于 F_1 杂种与 *A. trachycaulum* 的开花习性相似。F_1 杂种与 *A. trachycaulum* 都是在早上扬花，而 *A. dasystachyum* 却是在午后较晚才扬花。在早上进行 F_1 杂种与 *A. trachycaulum* 的回交，F_1 杂种的花柱处于充分开展成熟；下午与 *A. dasystachyum* 回交，F_1 杂种的花柱都已衰老。F_1 杂种与 *A. trachycaulum* 的回交子代在形态上与 *A. trachycaulum* 的营养器官与花穗的特征相近似，即它们的颖与外稃等长，具突起的脉。仅具短根茎这一点与 *A. trachycaulum* 有所不同。这些与 *A. trachycaulum* 的回交子代具有大的颖，比 F_1 杂种更与 *Agropyron×pseudorepens* 的模式标本相似。

17 株 F_1 杂种与 *A. trachycaulum* 回交的子代中，有 13 株 2n＝28，有 3 株 2n＝29，有 1 株 2n＝26。每一株 2n＝28 的回交子代检测 20 个减数分裂中期Ⅰ的花粉母细胞。这个群体不同植株染色体配对情况也是不一致的，整体来说缺乏完整的配对，并且多价体频率比 *A. dasystachyum* 回交子代要高一些（表 2-38）。有 8 株 2n＝28 的回交子代含有六价体；有 1 株含有多个四价体而没有六价体；有 4 株完全没有多价体。这些六价体对二价体的情况与在 *A. dasystachyum* 回交子代中观察到的情况恰好相反，但是结论却是相同，那就是，许多 F_1 杂种有活力的配子的染色体组的结构与 *A. dasystachyum* 的相一致，中期Ⅰ的反常情况比 *A. dasystachyum* 的回交子代要多一些。466 个后期Ⅰ花粉母细胞，其中有 90 个含有 1～3 条落后染色体，平均每细胞 0.27 条。786 个四分子中有 141 个含有微核，平均每四分子 0.35 个微核。

能染色的花粉，植株间变幅 0～60%，平均 25%，比起 *A. dasystachyum* 的回交子代平均 40% 要低得多。含 26 条染色体的植株完全不稔，3 株含 29 条染色体的植株平均每穗结实 3.3 粒。8 株含六价体的回交子代，平均每穗结实 3.5 粒，而 4 株含正常二价体的回交子代平均每穗结实 15.0 粒。在整个回交子代中，六价体的形成与非整倍体都降低了育性，这种植株在以后的世代中将趋向于消亡。

F_1 杂种与两个非亲本的分类群杂交，一个是 *A. albicans*，另一个是 *A. griffithsi*。两个杂交组合，各杂交 10 穗，分别每穗得到 2.7 粒与 4.4 粒杂种种子。这两个杂交组合的成功率与回交 *A. dasystachyum* 得到的平均每穗 3.3 粒相近似。F_1 杂种×*A. albicans* 与 F_1

杂种×A. griffithsi 的杂种在形态特征上与 A. dasystachyum 非常相似,只是具长达 1cm 的颖芒与 A. dasystachyum 有所不同。两个杂种群体都进行了细胞学观察,它们的细胞学行为与 F_1 杂种回交 A. dasystachyum 的子代群体的细胞学行为完全相似。两个群体都有 1 株杂种 2n＝29,其他 18 株 2n＝28。18 株整倍体中有 4 株在减数分裂中期Ⅰ含有六价体,其他 14 株形成 14 对二价体。F_1×A. albicans 的子代平均能染色的花粉为 45%,F_1× A. griffithsi 的杂种平均能染色的花粉亦为 45%;同样两个群体平均每穗结实分别为 17.3 粒与 16.4 粒。所有数据显示这 3 个分类群:A. dasystachyum、A. albicans 与 A. griffithsi,事实上是生物学上的同一个群体。

Dewey 用 5 穗 F_1 杂种授以 A. subsecundum 花粉,得到 7 粒有活力的种子。F_1× A. subsecundum 子代的形态特征除具有同 A. subsecundum 一样的短而直的外稃芒外,其余的性状同 F_1 杂种与 A. dasystachyum 的回交子代的形态完全相似。7 株 F_1× A. subsecundum 子代中有 6 株 2n＝28,有 1 株 2n＝29。减数分裂的染色体行为,除单价体多一些以外,同 F_1 杂种与 A. trachycaulum 的回交子代的减数分裂相一致,落后染色体多一些,微核多一些。不过有大约 1/3 的中期Ⅰ花粉母细胞含有 14 对二价体。不同寻常的是在后期Ⅰ呈现出大量的桥与染色体片段,并且有的细胞含有 3 个桥与染色体片段。所有 F_1×A. subsecundum 子代的花粉能染色的都不到 10%,平均 3%。结实最好的植株平均每穗结实 5.5 粒,有许多子粒都是瘪的,没有发芽力。

用 F_1 杂种与 A. caninum 作了 3 次杂交,每次 10 穗以上,平均每穗结实 2.5 粒。这个杂交子代在形态上与前述杂种都完全不同,它是无根茎的高大(100～120cm)禾草,具有宽、平、疏松、亮绿的叶,与 A. caninum 相似。它的穗子具有长达 1cm 的反曲稃芒。13 株杂种都是四倍体,2n＝28,它们的减数分裂是这次观察研究中最反常的一个群体。一半以上的中期Ⅰ的花粉母细胞含单价体,并且一些细胞多达 8 条;25% 中期Ⅰ的花粉母细胞含有 14 对二价体,不过这些细胞每一个都有部分二价体是松散连接的棒型。在这次观察的杂种中,它是唯一的在同一个细胞中同时含有两种多价体,1 个三价体与 1 个四价体,或 1 个六价体与 1 个四价体。这些杂种中的多价体组合说明 A. caninum 的染色体组的染色体与 A. dasystachyum 及 A. trachycaulum 的染色体组的染色体在构造上有所不同。

后期Ⅰ的花粉母细胞中落后染色体普遍存在,306 个后期Ⅰ细胞有 201 个含有 1～8 条落后染色体,平均每细胞 1.7 条。桥与染色体片段较少。有的四分子高达 14 个微核,平均每四分子 2.4 个微核。6 株杂种完全没有能染色的花粉,其余的杂种能染色的花粉只有 5%。全都没有结实。

以上细胞遗传学的实验检测结果表明,A. dasystachyum、A. trachycaulum、A. albicans、A. griffithsi、A. subsecundum 以及 A. caninum 都含有相同的 **S** 与 **H** 染色体组,它们的染色体组的差异在于染色体的构造发生了重组与节段倒换。A. trachycaulum 可能包括其他的细穗小麦草复合群的分类群,染色体的构造是独特的,与其他的 **SSHH** 种不相同。它的两段交换使 A. trachycaulum 与没有发生交换的种杂交时形成六价体。六价体不仅仅在 A. dasystachyum 与 A. trachycaulum 之间的杂种中呈现,A. trachycaulum 与 A. scribneri Vasey(Dewey 1963)、Sitanion hystrix(Nutt.)J. G. Smith(Boyle 1963)、Elymus canadensis L.(Dewey 1968)的杂交子代中也存在。

根据实验结果，把 *A. dasystachyum* 与 *A. trachycaulum* 分成两个种看来是完全正确的，它们相互之间不但形态特征、开花习性不同，F_1 杂种高度不稳是一个重要的指标。要把 *A. dasystachyum*、*A. albicans*、*A. griffithsi* 分成 3 个种就不能成立。因为它们与 *A. dasystachyum* × *A. trachycaulum* F_1 杂种杂交，其子代的减数分裂的染色体构型数据完全是一致的。*A. dasystachyum* 与 *A. albicans* 直接杂交的结果也是一样（Dewey，1969），这 3 个分类群应当是同一个种。

从细胞遗传学检测数据的差异与 F_1 杂种高度不育来看，加以形态特征与地理分布也各不相同，*A. trachycaulum* 与 *A. caninum* 应当是不同的种。形态分类学家 Jozwik（1966），Hitchcock、Cronquist 与 Owenby（1969）把它们处理成同一个种显然是不正确的。

美国的形态植物分类学家 Hitchcock（1951）把 *A. trachycaulum* 与 *A. subsecundum* 都定为种一级的分类群，加拿大的细胞植物分类学家 Bowden（1965）把 *A. subsecundum* 作为 *A. trachycaulum* 的变种。从 F_1 × *A. subsecundum* 的杂种来看，比较正常的减数分裂与部分能育，说明 *A. trachycaulum* 与 *A. subsecundum* 非常相近。另外，它们都含有相同构造的染色体组，因此它们与其他的种杂交的子代会出现六价体，例如与 *Elymus canadensis* 杂交（Dewey，1966、1968）。这些情况，再加上除芒以外的其他性状都很相似，Dewey 认同 Bowden 的观点。

A. dasystachyum 与 *A. trachycaulum* 两个种天然杂交可能性非常大，它们的花期重叠，杂交抑制因子比较低；它们的 F_1 杂种部分能育，可以与任一亲本回交，与 *A. dasystachyum* 回交的子代减数分裂稳定，杂种趋向于产生 *A. dasystachyum* 染色体组类型的配子，结实率恢复很快。看来，*A. trachycaulum* 的基因渗入 *A. dasystachyum* 比较难，因为回交杂种在形态上与 *A. dasystachyum* 非常相似；*A. dasystachyum* 的基因渗入 *A. trachycaulum* 比较容易，因为类似 *A. trachycaulum* 的子代又具有根茎。

关于 *Agropyron* × *pseudorepens* 多年来有不同的看法，Melderis（1950）认为 *Agropyron* × *pseudorepens* 是 *A. trachycaulum*（Link）Steud. var. *majus*（Vasey）Fern. 的异名，并且认为与苏格兰的 *A. donianum* F. B. White 是同一个分类群，而且不是一个杂种。因为在美国国家标本馆许多 *Agropyron* × *pseudorepens* 标本都是结实的，无根茎，具大颖，它是细穗小麦草复合群的一部分。只有少部分标本，包括模式标本是不稳杂种，具短根茎。Pohl（1962）认为 *Agropyron* × *pseudorepens* 的模式标本，Rydberg 2018，是一个杂种是公认的事实。*A. trachycaulum* 是它的一个亲本，另一个亲本 Pohl 认为基于穗部形态特征是 *A. smithii*。Pohl 这个观点显然是不正确的，*A. trachycaulum* 与 *A. smithii* 的花期相差 2 周左右，*A. smithii* 是个含 56 条染色体的八倍体植物，*A. trachycaulum* 是含 28 条染色体的四倍体植物，进行杂交的可能性非常之小。Bowden（1965）认为另一亲本就是 *A. dasystachyum*。亲本 *A. trachycaulum* 可能是具大颖的特殊个体。从上述实验结果来看，这份模式标本也不一定就是 F_1 代杂种。

1976 年，Dewey 在美国芝加哥出版的《植物学公报》137 卷，第 2 期，又发表一篇题为 "Cytogenetic of *Agripyron pringlei* and its hybrids with *A. spicatum*, *A. scribneri*, *A. violaceum* and *A. dasystachyum*" 的研究报告。对分布于北美西部加利福尼亚、内华达一带高海拔地区的 *Agripyron pringlei*（Scribn. et Smith）Hitchc. 进行了细胞遗传学的分

析检测，来确定它真实的生物系统的地位。由于它在形态上与北美的一些具反曲芒的小麦草相近似，因此在一些标本馆的标本中把它鉴定为 *A. scribneri* 或 *A. spicatum*。为了确定它真实的生物系统的地位，Dewey 把 *A. spicatum*、*A. scribneri* 以及 *A. dasystachyum* 作为检测亲本与它进行杂交来作染色体组型分析。检测所用的 *A. pringlei* 种子是经 G. L. Stebbins 鉴定，采自美国加州塔霍湖（Lake Tahoe）西南，伊尔多拉多县（Eldorado County）布雷斯山（Mount Price）西南坡，海拔 2 925m 处。*A. scribneri* 是 Dewey 采自犹他州，三普特县（Sanpe-te County）瓦萨齐高原（Wasatch Plateau），伊弗瑞蒙（E-phraim）以东 16km，海拔 3 200m 处。*A. spicatum* 来自加拿大不列颠哥伦比亚省南部，斯罗坎（Slocan）南 2km 处，是它的无芒变种，即 var. *inerme*。*A. dasystachyum* 也是来自加拿大，采于不列颠哥伦比亚省南部瓦特顿湖国家公园（Waterton Lakes National Park）。*A. violaceum*（Hornem.）Lange 采自美国犹他州，达吉提县（Daggett County）阿希勒国家森林（Ashley National Forest），海拔 2 700m 处。

1971 年以 *A. pringlei* 作母本，人工去雄分别授以上述 4 种小麦草的花粉。1972 年 4 个组合的杂种种子播种于洛甘（Logan）附近的试验农场，1973 年与 1974 年杂种抽穗后进行细胞遗传学染色体组分析检测。检测的数据列如表 2-39；有代表性的减数分裂染色体构型如图 2-24 所示。

所有的 *A. pringlei* 植株经检测都是四倍体，2n=28。检测的 249 个减数分裂中期 I 的花粉母细胞中，243 个含有 14 对二价体（图 2-24：A），其余 6 个含 13 对二价体与 2 条单价体，没有观察到多价体等非正常现象出现。看来它是一个正常的异源四倍体植物。后期减数分裂与四分子时期，基本上都是正常的，虽然有少量的落后染色体与微核出现（表 2-39），但能染色的花粉变幅在 70%～95%，平均 87.1%。套袋自交，每小穗结实变幅在 0.13～2.33 粒，5 株平均每小穗 1.31 粒；开放授粉平均每小穗 0.93 粒。显示它是一个正常的自花授粉植物。

表 2-39 *Agropyron pringlei* 以及它与 *A. spicatum*、*A. scribneri*、*A. violaceum*、*A. dasystachyum* 的 F₁ 杂种的减数分裂

（引自 Dewey，1976，表 1）

种及杂种	2n		中 期 I				检测细胞数	后期 I	检测细胞数	四分子	检测细胞数
			I	II	III	IV					
A. pringlei	28	变幅	0～2	13～14			149	0～3	191	0～4	449
		平均	0.04	13.98				0.02		0.04	
A. pringlei×*A. spicatum*	21	变幅	6～10	4～7	0～1		95	2～9	132	0～7	180
		平均	8.69	5.98	0.12			5.5		2.7	
A. pringlei×*scribneri*	28	变幅	0～12	8～14	0～1	0～1	156	0～10	122	0～10	175
		平均	3.87	11.94	0.05	0.03		4.0		4.3	
A. pringlei×*violaceum*	28	变幅	0～10	9～14	0～1	0～1	133	0～5	108	0～8	149
		平均	2.18	12.77	0.05	0.04		1.0		1.4	
A. pringlei×*dasystachyum*	28	变幅	0～6	11～14	0～1	0～1	179	0～6	271	0～8	252
		平均	1.23	13.31	0.03	0.01		1.1		1.5	

关于杂交亲和性情况，*A. pringlei* 作母本与*A. spicatum* var. *inerme* 杂交，18 朵小花人工套袋授粉，只得到 1 粒瘪缩的杂种种子，但它成功萌发成苗，并长成成株。亲和率 6%。其他 3 个组合，*A. pringlei*×*A. scribneri* 与 *A. pringlei*×*A. dasystachyum*，效果都比较好，并且杂种子粒饱满。*A. pringlei*×*A. scribneri*，24 朵小花授粉后得到 16 粒杂种种子，亲和率 66%；*A. pringlei*×*A. dasystachyum*，28 朵小花授粉后得到 19 粒杂种种子，亲和率 67%，但只有 12 颗萌发成苗。*A. pringlei*×*A. violaceum* 稍差一点，26 朵小花授粉后得到 3 粒杂种种子，亲和率 12%。杂交时条件稍差一点，可能是一个原因。很可能 *A. pringlei* 与这 3 个四倍体的亲和率彼此是差不多的。

Agropyron pringlei×*A. spicatum* var. *inerme* 的各个时期都高度不正常，在所有的中期 I 花粉母细胞中都有单价体，变幅在 6~10 条。最多的联会构型是 9 I ＋6 II（图 2-24：B），在 95 个检测细胞中有 49 个，占 52%。其次是 7 I ＋ 7 II，占 23%。大多数二价体是环型，但是每一个花粉母细胞中都有 1 个以上的棒型二价体。95 个检测细胞中有 11 个含有 1 个三价体，占 12%（图 2-24：C）。从总体来看，它们之间有 1 个染色体组完全同源，也就是说 *A. pringlei* 含有一组 **S** 染色体组。所有的后期 I 花粉母细胞都含有落后染色体，变幅在 2~9 条，平均每细胞 5.5 条。在 132 个后期 I 的检测细胞中有 4 个含有桥与染色体片段，说明存在一小段杂合倒位。虽然后期 I 的花粉母细胞普遍都含有落后染色体，但是许多在四分子时期并不成为微核。后期 I 落后染色体的频率为 5.5，但每个四分子平均只有 2.7 个微核，只相当于后期 I 的一半。在 180 个检测的四分子中，有 20 个不含微核。所有的花粉都是空瘪不能染色的，F₁ 杂种完全不结实。

Agropyron pringlei 与 *A. scribneri* 在形态上比较近似，常常容易混淆。但是 *A. pringlei* 的叶片扁平，植株紫色，穗轴坚实，颖芒短直，外稃芒卷曲度稍小；*A. scribneri* 的叶片内卷，植株绿色，穗轴脆折，颖芒长曲，外稃芒卷曲度大，即它们在形态上还是有所不同。*A. pringlei*×*A. scribneri* 的 F₁ 杂种的减数分裂在这次试验的几个四价体中是最不正常的一个。156 个检测的中期 I 花粉母细胞中只有 24 个的染色体完全配对，其他的细胞都有单价体，变幅在 2~12 条（图 2-24：D）。在那些染色体完全配对的细胞中，有几对是棒型二价体，它们比环型二价体的分离要早一些（图 2-24：E）。大约有 10% 的花粉母细胞含有多价体，显示染色体有一小段杂合性互换。在后期 I 落后染色体的频率与中期 I 单价体的频率相当。122 个检测的后期 I 花粉母细胞中，没有落后染色体的只有 8 个，其他的都有，变幅在 1~10 条，平均 4.0 条。有 29 个细胞含有桥及其相伴的染色体片段，占总数的 24%，显示存在一个较大的杂合臂间倒位。175 个四分子中有 158 个含微核，平均每四分子 4.3 个，与单价体以及落后染色体的频率相当（表 2-39）。所有 16 株 F₁ 杂种的花粉都不能染色，也没有结任何种子，全都不稔。

A. pringlei×*A. violaceum* 的 F₁ 杂种的减数分裂染色体配对比较正常，133 个中期 I 的检测花粉母细胞中，有 40 个染色体完全配合（图 2-24：G）（编著者按：如图 2-24：G，含 14 对二价体的细胞，配对的染色体有一半，即 7 对是松散的棒型配合，Dewey 的报告中忽略了这一点，而强调了"完全配对"）。2 I ＋13 II 和 4 I ＋12 II 的构型占检测细胞总数的 80%。有 1 个细胞具有两个多价体（图 2-24：H），这个现象在这次试验的其他杂种中没有观察到。检测的 108 个后期 I 花粉母细胞中大约一半（51 个）不含有落后染

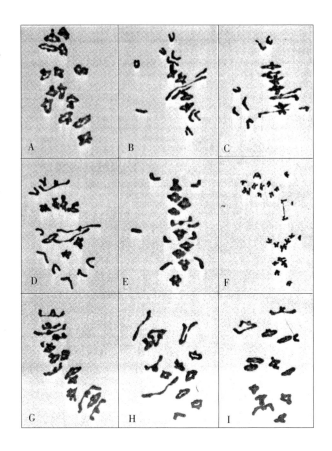

图 2-24 *Agropyron pringlei*（A）以及它与 *A. spicatum*（B-
C）、*A. scribneri*（D-F）、*A. violaceum*（G-H）、
A. dasystachyum（I）的 F_1 杂种的减数分裂的染色
体行为

A. 中期 I：14 对环型二价体　B. 9 条单价体与 6 对二价体（4 对环
型，2 对棒型）　C. 6 条单价体、6 对二价体与 1 个 V 型三价体
D. 8 条单价体与 10 对二价体（7 对环型，3 对棒型）　E. 14 对二价
体，其中 4 对已早期分离　F. 后期 I 形成 1 个桥及其相伴的染色体
片段　G. 14 对二价体（7 对环型，7 对棒型）　H. 1 条单价体、10
对二价体、1 个 V 型三价体与 1 个环型四价体　I. 1 条单价体、12 对
二价体（10 对环型，2 对棒型）与 1 个 V 型三价体

（引自 Dewey，1976，图 1）

色体，是完全正常的；其余的含有 1～5 条落后染色体，以及 1 个桥-染色体片段。在检测
的 149 个四分子中，有 77 个具有微核，占总数的 52%，平均每四分子 1.4 个微核。虽然
近一半的花粉母细胞减数分裂基本上是正常的，显示这两个种亲缘关系非常相近，但没有
产生能染色的花粉，也完全没有结实。

　　A. pringlei × *A. dasystachyum* 的 F_1 杂种的减数分裂的配对也比较正常，179 个中期

Ⅰ的花粉母细胞中有 51% 的细胞是 14 对二价体，有 31% 的细胞只含两条单价体与 13 对二价体。多价体很少，179 个检测细胞中只有 8 个含有 1 个三价体（图 2-24：Ⅰ）或 1 个四价体。后期Ⅰ与中期Ⅰ一样，比较正常，含落后染色体的细胞稍多于一半，落后染色体最多 6 条。有 10% 的后期Ⅰ的细胞含有桥 - 染色体片段。四分子中微核的频率与中期Ⅰ的单价体、后期的落后染色体的频率持平（表 2-39）。

在 185 页 Dewey 介绍："Partial fertility of *A. pringlei* × *A. dasystachyum* hybrids fits a previously established, though unexplained, pattern involving *A. dasystachyum* hybrids"，但是全篇没有记载这方面的具体数据。我们暂且信任他，认定这一杂种具有部分育性，能结少量种子。提到这事是因为论证一个亲缘关系远近的问题。从形态特征来看，*A. pringlei* 与 *A. dasystachyum* 两个种相差非常大，*A. pringlei* 叶光滑无毛，无根茎，穗紫黑色，芒反曲，小花药，自花授粉；*A. dasystachyum* 叶被短柔毛，具长根茎，穗白绿色，芒直伸，长花药，异花授粉。但它们的染色体组却非常相近，它们的 F₁ 杂种的减数分裂染色体配对情况与其他四倍体杂种相比较最为良好，并且部分能育。他指出，结合以往的试验来看，与 *A. dasystachyum* 杂交的子代都能部分结实，这是一个未解开的谜团。

从以上检测数据来看，*A. pringlei* 是一个与其他四倍体种一样，含有 **SSHH** 染色体组，相互间染色体有结构差异，具生殖隔离的独立的种。

表 2-40 ***A. tilcarense* 以及它与 *A. libanoticum*、*A. spicatum*、*A. dasystachyum*、*A. trachycaulum* 的 F₁ 杂种的减数分裂**

（引自 Dewey，1977，表 2。种名因篇幅缩写）

种或杂种	2n		中 期 Ⅰ							后 期 Ⅰ		四分子	
			Ⅰ	Ⅱ	Ⅲ	Ⅳ	Ⅴ	Ⅵ	观测细胞数	落后染色体数	观测细胞数	微核数	观测四分子数
til	28	变幅	0~4	12~14					195	0~2	135	0~4	403
		平均	0.08	13.96						0.03		0.07	
til×lib	21	变幅	4~13	1~8	0~2	0~2	0~1		212	0~12	242	0~12	398
		平均	8.21	5.28	0.57	0.09	0.03			4.27		4.14	
til×spi	21	变幅	5~11	2~7	0~2	0~2	0~4		103	0~4	123	0~6	277
		平均	6.70	4.78	0.64	0.33	0.30			0.78		1.17	
til×das	28	变幅	0~3	8~12	0~2	0~2	0~1	0~1	122	0~4	282	0~7	396
		平均	0.46	9.50	0.33	0.71	0.03	0.76		0.45		0.62	
til×tra	28	变幅	0~4	11~14	0~2	0~1	0~1	0~1	133	0~3	243	0~5	250
		平均	0.58	12.18	0.36	0.35	0.02	0.08		0.32		0.45	

注：til = *Agropyron tilcarense*；lib = *A. libanoticum*；spi = *A. spicatum*；das = *A. dasystachyum*；tra = *A. trachycaulum*。

1977 年，Dewey 对来自阿根廷北部，久久伊省（Jujuy Province）乌马瓦卡谷（Humahuaca Valley）的 *Agropyron tilcarense* J. H. Hunziker 的染色体组进行了分析。分析的结果以 "Genome relationships of South American *Agropyron tilcarense* with North

American and Asian *Agropyron* species"为题发表在美国芝加哥出版的《植物学公报》138 卷，第 3 期。他用已知染色体组的亚洲的 *Agropyron libanoticum* Hack.，北美洲的 *Agropyron spicatum*（Pursh）Scribn. et Smith、*Agropyron dasystachyum*（Hook.）Scribn.，以及 *Agropyron trachycaulum*（Link）Host 与它进行杂交，观测它们的 F₁ 杂种的染色体配对行为。检测的数据列如表 2-40；具代表性的减数分裂染色体构型列如图 2-25 所示。

Agropyron tilcarense J. H. Hunziker 是多年生、丛生、短花药、自花授粉植物，四倍体，2n＝28。它曾与另一个南美六倍体种 *Agropyron scabriglume*（Hack.）Parodi 作过杂交，检测的结果认为 *A. tilcarense* 是 *A. scabriglume* 的一个亲本（Hunziker，1967）。除此之外，它没有与其他的种相互间作过检测。Dewey 这篇报告报道它与上述不同地区的 4 个已知染色体组的种所作杂交检测的结果。

30 朵 *A. tilcarense* 的去雄小花授以 *A. libanoticum* 的花粉，得到 22 粒杂种种子，杂交成功率 75%，亲和性很好。种子虽然比较轻，但全都萌发成苗苗壮成长。与二倍体的 *A. spicatum* 杂交，得到 14 粒饱满的杂种种子，杂交成功率 37%，12 粒萌发成苗。与 *A. dasystachyum* 杂交，40 朵小花得到 34 粒皱缩的杂种种子，但是只有 11 粒萌发，移栽前死去 5 苗，只有 6 苗长成成株。

与四倍体 *A. spicatum* 杂交，得到 16 粒种子，但全都没有萌发。与 *Hordeum californicum* Covas et Stebbins 杂交一粒种子都未结。

10 株 *A. tilcarense* 种植在苗圃中，发现有它的子代 5 株杂种，经检测，应当是与它相距 4m 远的 *A. trachycaulum* 天然飞花相杂交的杂种。这个杂种先是从形态上看，具有 *A. trachycaulum* 的特征，其后检测其减数分裂行为应当是一个杂种。

经检测，*A. tilcarense* 是一个正常的异源四倍体，在减数分裂中期Ⅰ，28 条染色体配合成为 14 对二价体，绝大多数是环型（图 2-25：A）。含有单价体的花粉母细胞不到 5%。以后各期也是正常的。

A. tilcarense 与 *A. libanoticum* 杂交的 F₁ 子代是三倍体，2n＝21。212 个中期Ⅰ花粉母细胞中，有 27 个含 7 条单价体与 7 对二价体（图 2-25：B），显示有一组染色体完全同源。但是其他的花粉母细胞染色体配对就不是那样的完全，其中有的细胞单价体达 13 条，有 55% 的花粉母细胞含有多价体（三价体与五价体），说明这两个种相互之间染色体具有一或多段构造易位的差异。个别细胞含一个以上的多价体（图 2-25：C），三价体最多见，占多价体总数的 85%。几乎所有的后期Ⅰ的花粉母细胞都含有落后染色体与姊妹染色丝早期分离，有 10% 的细胞含有桥及染色体片段，说明至少存在有一个同臂倒位。在一些杂种中减数分裂直到四分子时期都比较正常。但在一些杂种中，后期Ⅰ以后，出现有细胞质不均等分裂与染色体数不均等分裂取代了正常的四分子（图 2-25：D），有细胞呈现具有两个或多个完整的染色体组（图 2-25：E）。重复、不同步、不均等细胞质与染色体分裂，造成体积与染色体数差异很大的细胞，这些细胞最后形成一种厚壁的花粉粒。所有的成熟的花粉都是空瘪的，用 I₂-KI 不能染色，花药也不开裂。虽然花粉不稔，但在开放授粉的情况下，20 株杂种每株都结有 1～3 粒种子。

所有 12 株 *A. tilcarense*×*A. spicatum* 的 F₁ 杂种都比较纤弱，只有 7 株在苗圃中长成

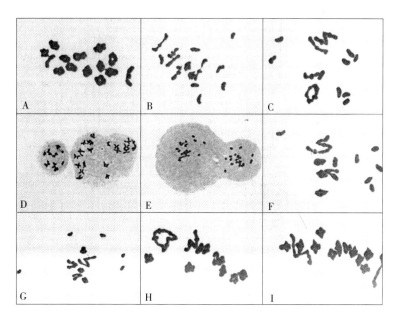

图 2-25　*A. tilcarense*（A）、*A. tilcarense*×*A. libanolicum*（B-E）、*A. tilcarense*
×*A. spicatum*（F-G）、*A. tilcarense*×*A. dasystachyum*（H）、*A. til-*
carense×*A. trachycaulum*（I）F₁ 杂种的减数分裂

A. 中期Ⅰ：14 对二价体（12 对环型，2 对棒型）　B. 中期Ⅰ：7 对二价体，7 条单价
体　C. 中期Ⅰ：9 条单价体，2 对二价体，2 个四价体（1 个环型，1 个 Z 型）　D. 不
正常细胞质分裂形成大小不均等的子细胞　E. 两个中期Ⅰ赤道板面在同一个单一细胞
质团中　F. 中期Ⅰ：7 条单价体，3 对二价体，1 个三价体（V 型），1 个五价体（Z
型）　G. 中期Ⅰ：5 条单价体，3 对二价体，2 个三价体（V 型），1 个四价体（Z 型）
H. 中期Ⅰ：9 对二价体，1 个四价体（Z 型），1 个六价体（环型）　I. 中期Ⅰ：12 对
二价体，1 个四价体（Z 型）

（引自 Dewey，1977，图 2）

成株，形态特征呈中间型，但比双亲都瘦小。染色体数 2n＝21，为双亲之和。减数分裂
中期Ⅰ的单价体频率比 *A. tilcarense* 与 *A. libanoticum* 的 F₁ 杂种低，但多价体的频率却要
高一些（表 2-40）。在 103 个中期Ⅰ花粉母细胞中含多价体的有 90 个，其中有 37 个细
胞含 2 个多价体（图 2-25：F），有 2 个细胞含 3 个多价体（图 2-25：G）。在后期Ⅰ时
期，不正常现象显著下降，有 40% 的花粉母细胞完全正常，平均每细胞落后染色体只有
0.78。*A. tilcarense*× *A. libanoticum* 的 F₁ 杂种那种极不正常的情况 *A. tilcarense* ×
A. spicatum 的 F₁ 杂种中却没有观察到。四分子时期很突出，60% 的四分子含微核，平均
每细胞 1.17 个微核。所有花粉粒都是瘪缩的，用 I₂-KI 全都不能染色。在开放授粉的情
况下，有两株杂种结了 1～5 粒种子。

　　四倍体的 *A. tilcarense* 与四倍体的 *A. dasystachyum* 杂交，6 株 F₁ 杂种都是 2n＝28。
但是它们彼此之间的生长势、植株大小各不相同，它们都具有短根茎，从亲本
A. dasystachyum 来的性状；花器比双亲都大。减数分裂中期Ⅰ染色体几乎全都配对，显

示双亲之间染色体组具有很高的同源性。122个中期Ⅰ的检测花粉母细胞，其中有84个的染色体全部配对，没有单价体；同时有单价体的花粉母细胞，每个细胞的单价体没有超过3条的。所有检测花粉母细胞都含有1～3个多价体，每个多价体由3～6条染色体构成。频率最高的染色体联会构型是9Ⅱ+1Ⅳ+1Ⅵ（图2-25：H），有49个细胞，占总数的49.92%。后期Ⅰ比较正常，2/3以上的细胞没有落后染色体，含有落后染色体的细胞也不超过4条。在283个检测的后期Ⅰ花粉母细胞中，有6个含有1个桥-染色体片段，显示有一个非常小的杂合倒位。四分子时期也比较正常，282个检测四分子中有196个不含微核。6株杂种植株能染色的花粉变幅在3%～15%，毫无疑问，花药不开裂。在开放授粉的情况下，结实率的变幅在每株13～182粒，平均58.8粒。

从形态学以及细胞学比较推断认定 A. tilcareens 与 A. trachycaulum 的天然 F₁ 杂种，2n=28，完全不稔。染色体配对率很高，133个检测减数分裂中期Ⅰ花粉母细胞中有84个没有单价体，占总数60%。含有单价体的细胞最多含有4条单价体。频率最高的染色体构型是12Ⅱ+1Ⅳ，有38个这样的细胞（图2-25：I）。另外，23个细胞含14对二价体，显示 A. tilcareens 与 A. trachycaulum 的染色体组同源性非常高。后期Ⅰ正常的花粉母细胞占75%，其他不正常的花粉母细胞含有1～3条落后染色体与偶见的桥－染色体片段。250个四分子中有72个含有微核，占25%。这些杂种能染色花粉变幅在1%～15%，没有开裂的花药。在开放授粉的情况下，单株结实率变幅在3－168粒，平均每株62.2粒。

从以上检测数据来看，再次证明 Hunziker（1967）的结论，A. tilcarense 是一个异源四倍体，与二倍体的 A. libanoticum 以及 A. spicatum 之间有一组染色体同源，也就是含有一组 S 染色体组。与四倍体的 A. dasystachyum 以及 A. trachycaulum 之间两组染色体组都同源，含基本上相同的 SSHH 染色体组。它与 A. dasystachyum 以及 A. trachycaulum 之间的 F₁ 杂种部分结实，说明它们之间亲缘关系很近。

A. tilcarense 与 A. libanoticum 以及与 A. spicatum 杂交的三倍体 F₁ 子代，出现三价体、四价体以及五价体，显示相互之间染色体构造有组间与组内易位的差异。如果易位发生在同一 S 染色体组的染色体之间，则会形成四价体；如果易位发生在 S 染色体组与 H 染色体组间，则会形成三价体；如果两条 S 染色体组与一条 H 染色体组的染色体发生易位，则会形成五价体。因此这个杂交组合的两个亲本之间至低限度有两个 S 染色体组与 H 染色体组间的易位，以及一个 S 染色体组内的易位。而 A. tilcarense 与 A. dasystachyum 以及与 A. trachycaulum 杂交的四倍体 SSHH 子代，组内与组间易位都可能出现四价体，三价体是因为四价体有一条染色体没有配对或者是一条染色体早期分离造成的。南美的 A. tilcarense 与北美的 A. dasystachyum 以及与 A. trachycaulum 的差异就是染色体结构稍有不同。

1979年，Dewey 在《植物学公报》140卷，第4期，发表一篇对 Agropyron mutabile Drobov 进行研究的报告，报告的题目是"Cytogenetics, mode of pollination and genome structure of Agropyron mutabile"。他用4个已知染色体组的种与它杂交，对 F₁ 杂种的减数分裂的染色体联会构型进行染色体组型分析。这4个已知染色体组的种是：亚洲的含 S 染色体组的二倍体种——*Agropyron libanoticum* Hack.，含 **SH** 染色体组的四倍体种——*Agropyron caninum*（L.）Beauv.；北美洲的含 **SH** 染色体组的四倍体种——*Agropyron dasystachyum*（Hook.）Scribn. et Smith 与 *Sitanion hystrix*（Nutt.）J. G. Smith。

　　Agropyron mutabile Drobov 是一个分布于北欧直到中亚的多年生禾草。正如其种名，它有许多形态上互有差异的变种。Dewey 跟随俄罗斯形态分类学家 Н. Н. Чвелев 把它们分为 4 个亚种（这个划分是没有任何实验数据依据的），笔者把它们作为变种处理。这次试验他用的是原变种 var. *mutabile*。原来 Dewey 这份 Pullman 编号为 P. I. 314622 的材料，是美国农业部 1965 年引进，它是 Quentin Jones 与 Wesley Keller 采自哈萨克斯坦，天山，距阿尔马 阿塔（Alma Ata）97km 处的一个云杉峡谷。原始记录写的是 "*Agropyron* sp."，后来美国农业部的专家把它定名为 "*Agropyron praecaespitosum* Nevski"。Dewey 把栽培压制的标本寄给 Н. Н. Чвелев 鉴定，Н. Н. Чвелев 鉴定为 *Elymus mutabilis*（Drobov）Tzvelev subsp. *mutabilis* var. *aschensis*（Nevski）Tzvelev。Dewey 不用这个烦琐的名称，而用原名 *Agropyron mutabile* Drobov。经检测，它是个四倍体，2n＝28。它与上述 4 个已知种杂交，F_1 杂种的减数分裂的检测数据列如表 2 - 41；有代表性的减数分裂染色体构型列如图 2 - 26 所示。

　　从 *A. mutabile* 的减数分裂来看，中期 Ⅰ 形成 14 对环型二价体（图 2 - 26：A），在

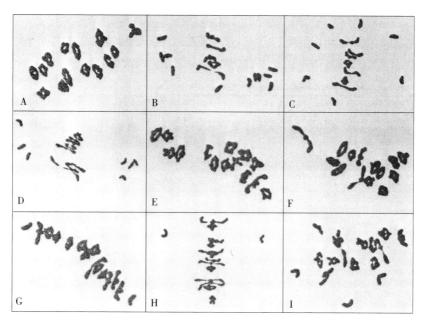

图 2 - 26　*Agropyron mutabile* 以及它与 *A. libanoyicum*、*A. caninum*、

A. dasystachyum、*Sitanion hystrix* 的 F_1 杂种的减数分裂

A. *A. mutabile* 的中期 Ⅰ：14 Ⅱ　B - D. 与 *A. libanoyicum* 的 F_1 杂种的中期 Ⅰ：B. 11 Ⅰ ＋5 Ⅱ；C. 7 Ⅰ ＋7 Ⅱ；D. 7 Ⅰ ＋4 Ⅱ ＋2 Ⅲ；E. 与 *A. caninum* 的 F_1 杂种的中期 Ⅰ：14 Ⅱ　F - G. 与 *A. dasystachyum* 的 F_1 杂种的中期 Ⅰ：F. 14 Ⅱ；G. 2 Ⅰ ＋13 Ⅱ　H - I. 与 *Sitanion hystrix* 的 F_1 杂种的中期 Ⅰ：H. 2 Ⅰ ＋13 Ⅱ；I. 4 Ⅰ ＋10 Ⅱ ＋1 Ⅳ

（引自 Dewey，1979，图 2）

130 个检测花粉母细胞中含 14 对二价体的有 117 个，占总数 90％。充分说明它是一个异源四倍体。由于个别细胞含有 1 个四价体（0.04％），显示在这个群体中染色体有一个很小的杂合交换。以后各期基本上都是正常的。后期Ⅰ有 10％的细胞含有 1 个桥-染色体片段，表明存在一个杂合臂内倒位。有 5％的四分子含有微核。

A. libanoticum×A. mutabile 的 F1 杂种，符合预期，都是三倍体，2n＝21。在减数分裂中期Ⅰ频率最高的染色体构型是 11Ⅰ＋5Ⅱ（图 2-26：B），这种构型在 361 个检测花粉母细胞中有 77 个，占总数的 22％。另外，43 个含 7Ⅰ＋7Ⅱ，占总数的 12％，显示它们之间有一个染色体组完全同源。在所有的花粉母细胞中，二价体大多数都是棒型，又显示虽然同源，但彼此有差异，是同一个染色体组的不同亚型。在 33％的花粉母细胞中出现1~3 个三价体（图 2-26：D），可能是有 33％的 A. mutabile 的花粉母细胞两个染色体之间发生了易位，导致两条 A. mutabile 的染色体与一条 A. libanoticum 的染色体构成三价体。

后期Ⅰ平均每细胞含 2.17 条落后染色体，比中期Ⅰ的单价体的数值平均 9.83 低得多，显示中期Ⅰ的一些单价体是二价体早期分离造成的假象。在 13％的后期Ⅰ细胞中出现桥-染色体片段，有一些细胞中出现一个以上的桥-染色体片段。

四分子中微核的数值比后期Ⅰ的落后染色体低（表 2-41）。正常的无微核的四分子在 20％以上，但花粉全都不能染色。检测了 50 个穗子，全都没有结实。

表 2-41 *Agropyron mutabile* 以及它与 *A. libanoticum*、*A. caninum*、*A. dasystachyum*、
Sitanion hystrix 的减数分裂构型

（引自 Dewey，1979，表 1）

种及杂种	2n	植株数		中　期　Ⅰ				检测细胞数	后期Ⅰ		四分子	
				Ⅰ	Ⅱ	Ⅲ	Ⅳ		落后染色体数	检测细胞数	微核数	检测四分子数
A. mutabile	28	10	变幅	0~4	12~14		0~1	130	0~1	125	0~2	125
			平均	0.14	13.85		0.04		0.01		0.07	
A. libanoticum× *A. mutabile*	21	10	变幅	5~17	1~7	0~3	0~1	361	0~8	300	0~7	317
			平均	9.83	4.96	0.42	0.003		2.17		1.74	
A. mutabile× *A. caninum*	28	9	变幅	0~10	9~14	0~1	0~1	237	0~4	426	0~6	450
			平均	0.41	13.14	0.04	0.05		0.29		0.91	
A. dasystachyum× *A. mutabile*	28	6	变幅	0~9	7~14	0~3	0~1	191	0~7	300	0~7	300
			平均	2.55	12.04	0.36	0.07		1.15		2.20	
A. mutabile× *S. hystrix*	28	2	变幅	1~18	4~13	0~2	0~1	167	0~8	200	0~10	200
			平均	7.60	9.85	0.19	0.03		3.29		3.19	

Agropyron caninum×*A. mutabile* 容易杂交，结实率在 50％以上，38 朵去雄小花，得到 23 粒发育完好的杂种种子，20 粒萌发成长为成株。这些 F1 杂种，符合预期，含 28 条染色体。减数分裂中期Ⅰ的花粉母细胞有 40％形成 14 对二价体，而且大多数都是环型（图 2-26：E）；30％的细胞含 2Ⅰ＋13Ⅱ；有 8％的细胞含有多价体，其中包括三价体

与四价体，显示两亲本之间的染色体有一小段结构差异。

80％的后期Ⅰ的花粉母细胞都是正常的，只有 20％的细胞含有落后染色体或桥－染色体片段。只有 60％的四分子是正常的，另外 40％的四分子含有 1～6 个微核，平均每四分子 0.91 个。

虽然减数分裂各期都比较正常，正常的细胞在一半以上，但检测的 10 株杂种有 8 株没有能染色的花粉，其余 2 株能染色的花粉也不到 1％。50 穗开放授粉的杂种穗子，只得到 2 粒饱满的种子，5 粒皱瘪种子。说明它们是两个亲缘关系很近，但各自具有独立的基因库的不同的种。

Agropyron dasystachyum × *A. mutabile* 48 朵去雄小花，人工授粉得到 13 粒皱缩的杂种种子，10 粒萌发成长为 10 株苗壮的植株。这些 F₁ 杂种符合预期，含 28 条染色体。杂种呈双亲的中间型，具短根茎，来自亲本 *A. dasystachyum* 的性状。

这些 F₁ 杂种经检测，都是四倍体，2n＝28。减数分裂中期Ⅰ的花粉母细胞大约有 15％ 完全配合，含 14 对二价体，并且至少有一半是环型二价体（图 2-26；F）。频率最高的构型是 $2^{Ⅰ}+13^{Ⅱ}$（图 2-26；G），在 300 个检测细胞中占 24％；其次是 $4^{Ⅰ}+12^{Ⅱ}$，占 21％。有 34％的细胞含有多价体，其中一些细胞含有 3 个多价体，显示染色体有杂合易位存在。

58％左右的后期Ⅰ花粉母细胞含有落后染色体，6％左右的花粉母细胞含有桥及其相伴的染色体片段。75％左右的四分子含有微核，平均每细胞 2.20 个，与中期Ⅰ平均每细胞的单价体数 2.55 相当。其余 25％的四分子正常无微核。所有花粉都是空瘪的，不能染色，检测 50 穗杂种穗子全都没有结实。

Agropyron mutabile × *Sitanion hystrix* 36 朵去雄小花人工授粉后只得到 2 粒皱缩的种子。不过出苗很好，并成长为两株苗壮的 F₁ 植株。经检测，2n＝28，都是四倍体杂种。在中期Ⅰ，167 个检测的花粉母细胞中，73％的染色体都配对成二价体或多价体，没有染色体完全配了对的花粉母细胞。有 7 个，占总观测数的 4％的花粉母细胞含 2Ⅰ + 13Ⅱ的染色体联会构型（图 2-26；H）。高频率的构型分别是 4Ⅰ＋12Ⅱ，占 13％；6Ⅰ + 11Ⅱ，占 22％；8Ⅰ + 10Ⅱ，占 14％。有 35 个花粉母细胞含有多价体（图 2-26；I）。

后期Ⅰ以后各期是这次所有杂交组合的杂种中最不正常的，包括三倍体杂种。90％以上的后期Ⅰ细胞都含有落后染色体，90％以上的四分子都含有微核，所有的花粉粒都是空瘪的，也没有一株杂种能结实。

以上实验检测的数据清楚地显示，*Agropyron mutabile* Drobov 是一个含 **SSHH** 染色体组的异源四倍体，它的染色体组的同源性与亚洲的 *A. caninum* 非常相近，而与美洲的含 **SSHH** 染色体组的异源四倍体 *A. dasystachyum* 以及 *Sitanion hystrix* 相对较远。

1989 年，犹他州立大学的美国农业部牧草与草原研究室的 K. B. Jensen、凯萨琳萧（C. Hsiao）与 K. H. Asay 在加拿大出版的《核基因组》32 卷上，发表一篇题为"Genomic and taxonomic relationships of *Agropyron vaillantianum* and *E. arizonicus*（Poaceae：Triticeae）"的研究报告。报道了他们对墨西哥产的 *Agropyron vaillantianum*（Wulf. etSchreb.）Trautv. 与美国新墨西哥州产的 *E. arizonicus*（Scrib. et Smith）Gould 进行的染色体组分析的结果。*A. vaillantianum* 与 *E. trachycaulus*（Link）Gould 在形态上

很相似，但它具有根茎；与 *Elymus repens* 也相似，因此许多形态分类学家把它作为 *Elymus repens* 的异名。*E. arizonicus* 是分布于美国得克萨斯州西部、新墨西哥州、亚利桑那州、内华达州、加利福尼亚州及墨西哥北部奇瓦瓦等地的一种能适应这些干旱地区的岩坡的高粗禾草。

他们用已知染色体组的 *Pseudorogeneria spicata*（**StSt**）、*Elymus trachycaulus*（**StStHH**），以及 *Elymus canadensis*（**StStHH**）作为测试种与 *Agropyron vaillantianum* 及 *E. arizonicus* 做杂交来检测这两个未知种的染色体组组成。以 *Agropyron vaillantianum* 作母本，人工去雄 116 朵小花，授以 *Ps. spicata* 的花粉，得到 1 粒杂种种子，并成功萌发成长为一棵 F_1 杂种植株。*A. vaillantianum* 作母本，人工去雄 96 朵小花，授以 *E. trachycaulus* 的花粉，得到 3 粒杂种种子，3 粒全都成长为 F_1 杂种植株。175 朵 *E. arizonicus* 的去雄小花，授以 *E. canadensis* 的花粉，得到 12 粒杂种种子，只有 3 粒成长为 F_1 杂种植株。

A. vaillantianum 体细胞含 28 条染色体，所有减数分裂中期 I 细胞全构成 14 对二价体（图 2-27：A），是典型的异源四倍体构型。花粉染色体变幅在 85%～95%，平均 90%。套袋平均每穗结实 49.9 粒，开放授粉平均每穗 97.6 粒。两相比较它是一个部分自花授粉禾草。*E. arizonicus* 也是异源四倍体植物，2n＝28，减数分裂中期 I 含 14 对二价体的花粉母细胞占 80%（图 2-27：J）。平均能染色的花粉 89.6%。套袋隔离自花授粉每穗平均结实 33.6 粒，开放授粉平均每穗 24.1 粒，显示它是一个自花授粉植物。

表 2-42 **A. vaillantianum、E. arizonicus 以及检测亲本种与它们的 F_1 杂种的减数分裂染色体配对情况**

（引自 Jensen、Hsiao 与 Asay，1989，表 3。编排稍作修改补充，增加二价体"合计"一项）

亲本与 F_1 杂种	2n	植株数	观察细胞数		I	II			III	IV	交叉数
						棒型	环型	合计			
A. vail	28	2	104	平均	0.0	0.56	13.44	14.00	0.0	0.0	0.98
				变幅		0～5	9～14				
E. trac	28	3	181	平均	0.06	0.52	13.45	13.97	0.0	0.0	0.98
				变幅	0～2	0～4	10～14				
P. spic	14	1	121	平均	0.03	0.98	6.00	6.98	0.0	0.0	0.92
				变幅	0～2	0～3	4～7				
A. vail×E. trac	28	2	196	平均	2.75	3.98	8.58	12.56	0.04	0.005	0.76
				变幅	2～9	0～8	8～14		0～1	0～1	
A. vail×P. spic	21	1	156	平均	7.53	2.06	4.15	6.21	0.24	0.08	0.79
				变幅	4～11	0～5	2～6		0～2	0～1	
E. ariz	28	3	104	平均	0.46	3.42	10.35	13.87	0.0	0.0	0.86
				变幅	0～4	0～7	6～13				
E. cana	28	2	156	平均	0.0	0.85	13.15	14.00	0.0	0.0	0.97
				变幅		0～6	8～14				
E. ariz×E. cana	28	3	208	平均	2.67	2.16	10.44	12.60	0.02	0.0	0.83
				变幅	0～10	0～6	9～14	0～1			

注：A. vail＝*A. vaillantianum*；E. trac＝*E. trachycaulus*；E. ariz＝*E. arizonicus*；P. spic＝*Ps. spicata*；E. canadensis。

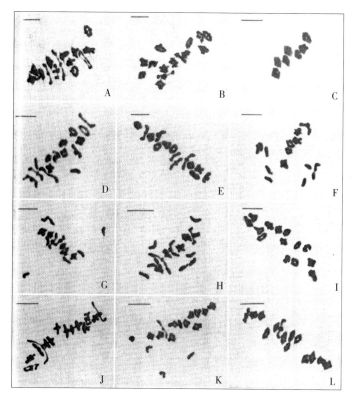

图 2-27 *A. vaillantianum*、*E. arizonicus* 以及检测亲本种与它们的
F₁ 杂种的减数分裂中期 I 染色体配对情况（图上线长 10μm）

A. *A. vaillantianum*：14 对二价体（11 对环型，3 对棒型）
B. *E. trachycaulus*：14 对二价体（2 对棒型） C. *Ps. spicata*：7 对二
价体，全是环型 D. *A. vaillantianum*×*E. trachycaulus*：2 条单价
体，13 对二价体（5 对棒型） E. *A. vaillantianum*×*E. trachycaulus*：
14 对二价体（6 对棒型） F. *A. vaillantianum*×*Ps. spicata*：9 条单价
体，6 对二价体（1 对棒型） G. *A. vaillantianum*×*Ps. spicata*：7 条
单价体，7 对二价体（2 对棒型） H. *A. vaillantianum*×
Ps. spicata：6 条单价体，6 对二价体（3 对棒型），1 个三价体
I. *E. canadensis*：14 对二价体全是环型 J. *E. arizonicus*：14 对二价体
（4 对棒型） K. *E. arizonicus*×*E. canadensis*：4 条单价体，12 对二
价体（1 对棒型） L. *E. arizonicus*×*E. canadensis*：14 对二价体（2 对
棒型）

（引自 Jensen、Hsiao 与 Asay，1989，图 1）

  A. vaillantianum×*E. trachycaulus* 组合有 3 株 F₁ 杂种，它们在形态上呈双亲的中间型。减数分裂中期 I 染色体配对情况（图 2-27：D、E）：平均为 2.75 I ＋12.56 II ＋0.04 III ＋0.005 IV（表 2-42）；环型二价体的频率为 8.58；染色体交叉值为 0.76。显示与 *E. trachycaulus* 的 **S** 与 **H** 两个染色体组有很显著的同源性。有许多花粉母细胞呈现 2 I ＋13 II 的构型（图 2-27：D），占观察花粉母细胞总数的 38 ％。完全配合含 14 对二价体的

花粉母细胞达观察总数的 16 ％（图 2 - 27：E）。J. Torabinejad、J. G. Carman 与 C. F. Crane（1976）曾经在单倍体的 *E. canadensis*（体细胞染色体数＝14，**S**、**H** 两个单组）观察到有平均 0.49 对二价体。也就是说，来自同亲 **S** 与 **H** 两染色体组之间的配对可能性概率非常小。因此，这个试验中出现的大量二价体只能是异亲配对的结果。*A. vaillantianum* 的两个染色体组与 *E. trachycaulus* 的 **S** 与 **H** 两染色体组显然是高度同源呈现的异亲配对，显示 *A. vaillantianum* 的两个染色体组与 *E. trachycaulus* 的 **S** 与 **H** 两染色体组基本上相同，只是在不同的演化进程中稍有不同的差异。他们认为杂种的染色体组可以写作 $S_iS_iH_jH_j$，i 与 j 代表基本 **S** 与 **H** 染色体组的亚型。这表明 *A. vaillantianum* 与 *E. trachycaulus* 的两个 **S** 组比两个 **H** 染色体组的差异更小，可以说是相同。减数分裂以后各期都不正常，后期 I 每细胞平均落后染色体达 2.12 条；每四分子平均 3.44 个微核；没有能染色的花粉，开放情况下也没有结实。杂种不育表明两个种间具有生殖隔离。

A. vaillantianum×*Ps. spicata* 组合有一株三倍体 F_1 杂种，减数分裂中期 I：平均 7.53 I ＋6.22 II ＋0.24 III ＋0.08 IV（表 2 - 42）；环型二价体频率为 4.15；交叉值为 0.79；50％的花粉母细胞含有 7 I ＋7 II 的染色体配对构型（图 2 - 27：G）。两个种的 **S** 染色体组完全配合，显示 *A. vaillantianum* 与 *Ps. spicata* 的 **S** 染色体组相互具有很高的同源性。剩余的 7 条单价体应当是 *A. vaillantianum* 的 **H** 染色体组的染色体。32％ 含有多价体的花粉母细胞可能是由于两个种之间发生杂合性互换造成的（图 2 - 27：H）。几乎所有的后期 I 的花粉母细胞都含有落后染色体。杂种所有的花药都不开裂，在开放授粉的情况下也完全不结实。

E. canadensis 减数分裂中期 I 的花粉母细胞，呈现 14 对二价体（表 2 - 42，图 2 - 27：I），Dewey（1968）的核型分析已证明它含有 **S** 与 **H** 两个染色体组。

经检测，所有的 *E. arizonicus* 都是四倍体（2n＝28），从细胞学来看它的染色体配对行为是一个异源四倍体。80％的减数分裂中期 I 的花粉母细胞染色体完全配合成 14 对二价体（表 2 - 42，图 2 - 27：J）；染色体交叉值为 0.86。显示它是一个含有两组不同染色体组的异源四倍体。花粉染色达 89.6％，套袋自交每穗平均结实 33.6 粒，与开放授粉每穗 24.1 粒相比较，*E. arizonicus* 是一个自花授粉植物。

E. arizonicus 与 *E. canadensis* 杂交，得到 3 株 F_1 杂种。杂种的穗形呈双亲的中间型。减数分裂中期 I 平均构型为 2.67 I ＋12.60 II ＋0.02 III（表 2 - 42，图 2 - 27：K）。频率最高的构型是 2 I ＋13 II，占总数 34％。完全配对，14 对二价体的花粉母细胞占总数的 25％（图 2 - 27：L）。这些数据显示这两个种的染色体组之间高度同源。两个种之间的染色体配合具有 0.83 的交叉值，充分说明 *E. arizonicus* 与 *E. canadensis* 一样含有基本上相同的 **S** 与 **H** 两染色体组。后期 I 平均每花粉母细胞有 1.89 条落后染色体，观测细胞中有 0.1％的细胞含有桥-染色体片段。四分子平均含 2.11 个微核。花药不开裂，没有能染色的花粉，在开放传粉的情况下也不结实。

根据以上检测数据，*A. vaillantianum* 与 *E. arizonicus* 都是含有 **S** 与 **H** 两染色体组的异源四倍体种，都具有生殖隔离独立的基因库。*A. vaillantianum* 不应当是冰草属的分类群，应当属于披碱草属。K. B. Jensen 把它组合为 *Elymus vaillantianus*（Wulf. et Schreb.）K. B. Jensen 是完全正确的。

　　同年，丹麦的 Ole Seberg 在奥地利出版的《植物系统学与演化（Plant Systematics and Evolution)》166 卷上，发表一篇题为 "A biometrical analysis of South American *Elymus glaucescens* complex (Poaceae：Triticeae)" 的研究报告。他用生物统计的数学方法来检测几种南美洲的多年生小麦族分类群，用外部形态特性异同区别它们是否是相同或相异的种。无论用生物统计的数学方法来分析有多么精确，首先它无法检测与区别由于遗传的显隐性造成的外部形态性状的隐性与显性掩盖。因此，造成他这一研究方法上的根本性错误，其结果与结论当然也是不正确的。他对 *Agropyron pubiflorum* complex 的分类群：*A. patagonicum*、*A. antarcticum*、*A. fuegianum* 与 *A. magellanicum* 的外部性状进行统计分析认为，所有这些分类群的性状相互重叠，应当包含在同一个有变异的种之中。他根据现今分类观测（Dewey，1972、1977、1984；Löve，1982、1984），把 *Agropyron* 改为 *Elymus*，并且把这一些分类群合在一起，定一个新学名，称为 *Elymus glaucescens* O. Seberg。而不管把这些种合成一个种对不对，单就学名来讲，按国际命名法规（International Code of Botanical Nomenclature）原则三（Principle Ⅲ），也应当以最早的种名为种名，这些类群都是早有命名，新定名是不合法的。他这个新种名当然也就是不合法的。何况他分析的基础，只根据外部形态性状，从方法论上来看就是不可靠的。

　　在这里编著者想指出，在小麦族中隐形种（cryptic species）与隐形属（cryptic genus）的事例很多，例如 *Elymus tilcarensis*（J. H. Hunziker）Á. Löve 与 *Elymus scabriglumis*（Hackel）Á. Löve，一个是四倍体含 **StStHH** 染色体组，一个是含 **StStHHHH** 染色体组的六倍体，相互不能杂交，具生殖隔离，是起源完全不同的两个种，但在形态特征上无法区别。*Elymus vaillantianus*（Wulf. et Schreb.）K. B. Jensen 与 *Elymus repens*（L.）Gould 也是这样。Genus *Elymus* L. 与 Genus *Campeiostachys* Drobov 之间也无法用形态学特征来区别。在认识分类群的客观存在的第一步形态学是非常重要的，但要最终确定它的系统地位，形态学是有局限性的，是无能为力的。原因就是遗传的显隐性造成的外部形态性状的隐形性与显性掩盖问题。Seberg 的这篇文章除命名不合法外，也就是错在这个问题上。许多形态分类学家的错，有许多也就是出在这个问题上。

　　1990 年，苏联科学院西伯利亚分院中西伯利亚植物园的 А. В. Агафонов 与 О. В. Агафонов 在苏联的《遗传学（Генетика)》杂志 26 卷，11 期，发表一篇题为 "Electrophoretic prolamine spectra in specimens of *Elymus* of various origin" 的分析报告。他用不同地区的披碱草标本的谷醇溶蛋白的电泳带谱来进行分析，西伯利亚的 *Elymus trachycaulus* 样本总的谷醇溶蛋白的多样性分化没有美洲采集的样本变异大，印证了 *Elymus trachycaulus* 起源于欧亚大陆的论据。这篇报告对系统学来说，重要的在于它证明谷醇溶蛋白的电泳带谱显示 *Elymus trachycaulus*（Link）Gould et Shinners 与 *Elymus novae-angliae*（Scribn.）Tzvelev 二者之间基本上没有区别（图 2 - 28），同一个种不同地区采集的材料的带谱的差异还大于所谓的"种"间差异（图 2 - 29）。虽然它们在形态上有一些差异而被 Н. Н. Цвелев 等形态分类学家定为不同的两个种（图 2 - 30）。加以这两个分类群杂交的 F₁ 杂种完全正常结实，没有生殖隔离。А. В. Агафонов 与 О. В. Агафонова 认为 *Elymus trachycaulus*（Link）Gould et Shinners 与 *Elymus novae-angliae*（Scribn.）Tzvelev 二者应当是同一个种，也就是说，*Elymus novae-angliae*（Scribn.）Tzvelev 只能是

Elymus trachycaulus（Link）Gould et Shinners 的异名。

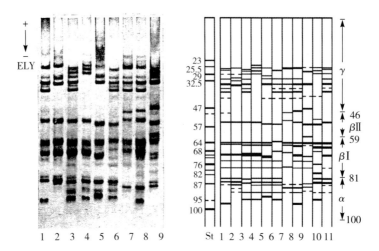

图 2 - 28 *Elymus trachycaulus*（Link）Gould et Shinners（2～4）与
Elymus novae-angliae（Scribn.）Tzvelev（1，5～11）谷醇
溶蛋白的电泳带谱

1、2. 来自符拉迪沃斯托克附近　3. 来自佩沃麦斯克附近　4～8、10、11. 来
自新西伯利亚附近　9. 丹麦样本；St：标准带谱，西伯利亚 ALT - 1 系

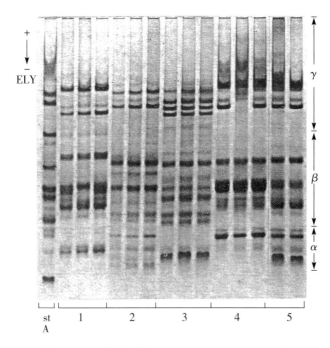

图 2 - 29 不同地区的 *Elymus trachycaulus*（Link）
Gould et Shinners 谷醇溶蛋白的电泳带谱

1. 美国犹他州　2. 美国科罗拉多州　3. 美国阿拉斯加州

4. 俄罗斯　5. 新西伯利亚　St：标准带谱，西伯利亚 ALT - 1 系

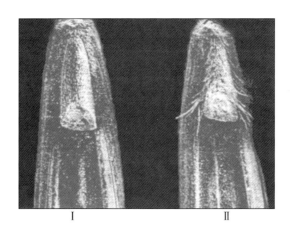

Ⅰ   Ⅱ

图 2 - 30   *Elymus trachycaulus*（Link）Gould et Shinners（Ⅰ）
与 *Elymus novae-angliae*（Scribn.）Tzvelev（Ⅱ）形
态特征主要差异在于 *Elymus trachycaulus* 小穗轴节间光
滑无毛，*Elymus novae-angliae* 小穗轴节间被毛
（引自 A. B. Арафонова 与 O. B. Арафонова，1990）

1991 年，丹麦哥本哈根植物学实验室的 Ole Seberg 与瑞典农业科学大学作物遗传与育种系的 Roland von Bothmer 在奥地利出版的《植物系统学与演化（Plsnt Systematics and Evolution）》174 卷，发表一篇题为"Gemone analysis of *Elymus angulatus* and *E. patagonicus*（Poaceae）and their hybrids with N. sns S. American *Hordeum* spp."的研究报告。他们以 *Elymus angulsatus* J. S. Presl 及 *E. patagonicus* Spegazzini 与 *H. chilense* Roemer et Schultes、*H. comosum* J. S. Presl、*H. jubatum* L.、*H. lechleri*（Steudel）Schenck、*H. muticum* J. S. Presl、*H. parodii* Covas、*H. patagonicum*（Hauman）Covas、*H. pubiflorum* J. D. Hooker、*H. flexuosum* Steudel、*H. procerum* Nevski、*H. stenostachys* Godron、*H. tetraploidum* Covas 进行杂交，得到 *Elymus patagonicus*×*Hordeum procerum*、*E. patagonicus*×*H. tetraploidum*、*E. angulatus*×*H. jubatum*、*E. angulatus*×*H. lechleri*、*E. angulatus*×*H. parodii* 等 5 个杂交组合的 F_1 杂种。对这 5 个 F_1 杂种的减数分裂中期Ⅰ的染色体行为进行观测的结果列如表 2 - 43。

他们认为就这些披碱草与大麦的属间杂种的减数分裂染色体配对构型来看，它们的染色体组间相互关系不是十分明显。*E. patagonicus* 与 *H. procerum* 以及 *H. tetraploidum* 组合的单价体的平均值分别为 13. 91` 与 7. 72，非常接近 14 与 7，如果它们正如此设，那它们相互间有两个染色体组是同源。二价体最高数为 13，这两个披碱草与大麦的杂交组合的减数分裂都有高频率的多价体（三价体到五价体），显示它们的染色体组间具有一定的同源性，也同样具有一定的频率的异质互换。*H. tetraploidum* 与 *H. jubatum* 的染色体组为 $H_1H_1H_2H_2$（Bothmer 与 Jacobsen，1986；Bothmer，Flink 与 Landstrom，1988；Dewey，1972、1984），*H. procerum* 的染色体组为 $H_1H_1H_2H_2H_3H_3$，*H. lchleri* 与 *H. parodii* 的染色体组是 $H_1H_1H_2H_2H_4H_4$（Dewey，1972、1984），*E. patagonicus* 的染色

体组应当是 $SSH_1H_1H_2H_2$，E. angulatus 的染色体组也应当是 $SSH_1H_1H_2H_2$。

表 2 - 43　Elymus 与 Hordeum 属间杂种减数分裂染色体配对

（引自 Seberg 与 Bothmer，1991，表 3。因篇幅限制学名改为缩写）

杂　种	N	I	II			III	IV	V	交叉/细胞
			总计	棒型	环型				
H. parod×E. angul	36	17.52	8.42	6.50	1.92	2.17	0.17	0.11	15.84
HH 1567，2n=42		r 11~28	4~13	1~13	0~6	0~5	0~1	0~1	9~22
H. lechl×E. angul	28	17.11	8.89	6.13	2.75	2.14	0.18		16.36
HH 1578，2n=42		r 10~24	5~13	3~11	0~6	0~4	0~2		9~22
H. jubat×E. angul	26	11.81	6.73	4.58	2.15	2.92	0.19	0.04	15.69
HH 2053，2n=35		r 8~16	3~10	2~9	0~6	1~6	0~2	0~1	12~20
H. proce×E. patag	32	13.91	9.00	5.78	3.22	2.81	0.38	0.03	19.25
HH 2037，2n=42		r 7~21	4~13	2~10	0~5	0~5	0~2	0~1	14~23
H. tetra×E. patag	18	7.72	10.38	4.33	5.94	1.28	0.72		21.22
HH2057，2n=35		r 5~12	7~12	3~6	3~10	0~3	0~2		16~25

注：N=观察细胞数；r=变幅；H. parod=<i>H. parodii</i>；H. lechl=<i>H. lechleri</i>；H. jubat=<i>H. jubatum</i>；H. proce=<i>H. procerum</i>；H. tetra=<i>H. tetraploidum</i>；E. angul=<i>E. angulatus</i>；E. patag=<i>E. patagonicus</i>。

Seberg 这篇报告的分析设计与观测都比较粗糙，观测细胞偏少，远低于一般要求的低限 50 个，有的只有 18 个。S 染色体组没有检测的分析组合，它与 $H_1H_1H_2H_2$ 染色体组的定性也是根据前人的研究推论的，不作 H 染色体组亚型的定性，也可作为 E. angulatus 与 E. patagonicus 含有两个 H 染色体组亚型的参考资料。von Bothmer 编著者很熟习，他的工作是很严谨的，这篇报告不像是他平时的研究，可能主要是 Seberg 的工作。

1993 年，设在犹他州立大学的美国农业部牧草与草原研究室的 Kevin B. Jensen 在加拿大出版的《核基因组》36 卷，发表一篇题为 "Cytogentics of *Elymus magellanicus* and its intra-and inter-generic hybrids with *Pseudotoegneria spicata*，*Hordeum violaceum*，*E. trachycaulus*，*E. lanceolatus* and *E. glaucus* (Poaceae：Triticeae)" 的研究报告。在这篇报告中报道了 Jensen 对这个产于南美洲的禾草进行的细胞遗传学分析研究的结果。他用已知染色体组的北美产的 *Pseudoroegneria spicata*（2n=2x=14，SS），伊朗产的 *Hordeum violaceum*（2n=2x=14，HH），北美产的 *E. glaucus*（2n=4x=28，$SSHH$）、*E. lanceolatus*（2n=4x=28，$SSHH$）、*E. trachycaulus*（2n=4x=28，$SSHH$），与它进行杂交，对它们的 F_1 杂种的减数分裂作了染色体组型分析。减数分裂中期 I 观测的结果列如表 2 - 44。

Elymus magellanicus（Desvaux）Á. Löve 是南美四倍体多年生禾草，2n=28，自花授粉结实率达 44%~57%。减数分裂中期 I 有 88% 的花粉母细胞呈 14 对二价体，没有多

价体出现，说明它是一个正常的异源四倍体，含有两组不同的染色体组。

表 2 - 44 *E. magellanicus* 以及它与 *P. spicata*、*H. violaceum*、*E. trachycaulus*、
E. lanceolatus、*E. glaucus* 的 F₁ 杂种的减数分裂中期 Ⅰ 的染色体配对

（引自 Jensen，1993，表 3。稍作编排修改）

种及 F₁ 杂种	2n		染色体联会						观测细胞数	C 值
			Ⅰ	Ⅱ			Ⅲ	Ⅳ		
				环型	棒型	总计				
E. magel	28	平均	0.27	12.14	1.13	13.87	—	—	103	0.93
		变幅	0～4	8～14	0～5	12～14				
E. magel×P. spica	21	平均	11.50	0.70	3.39	4.09	0.30	0.30	66	0.45
		变幅	7～19	0～3	1～6	1～6	0～3	0～1		
E. magel×H. viola	21	平均	10.53	0.66	4.20	4.86	0.24	—	104	0.43
		变幅	6～15	0～3	1～7	3～7	0～2			
E. magel×E. trach	28	平均	3.89	7.44	3.98	11.42	0.22	0.16	165	0.71
		变幅	0～11	3～12	0～8	7～14	0～2	0～2		
E. magel×E. lance	28	平均	0.82	10.61	2.41	13.02	0.04	0.26	93	0.88
		变幅	0～6	6～14	0～6	10～14	0～1	0～2		
E. magel×E. glauc	28	平均	5.61	5.62	5.33	10.91	0.17		18	0.61
		变幅	2～10	2～8	3～7	9～13	0～1			

注：E. magel = *E. magellanicus*；P. spica = *P. spicata*；H. viola = *H. violaceum*；E. trach = *E. trachycaulus*；E. lance=*E. lanceolatus*；E. glauc=*E. glaucus*。

E. magellanicus 与 *Pseudoroegneria spicata* 杂交的 F₁ 杂种，2n＝21。减数分裂中期Ⅰ染色体联会的交叉值为 0.45，完全配对（7Ⅱ＋7Ⅰ）的花粉母细胞为 3%；频率最高的构型为 11Ⅰ＋5Ⅱ，占 20%；52% 的花粉母细胞含有 4～7 对二价体，平均每细胞二价体为 4.09。全部含有多价体的花粉母细胞占 29%，显示这两个亲本的染色体组间存在一小段异质交换或残存同源性。F₁ 杂种花药不开裂，开放授粉的情况下也不结实，说明它含有一组稍有改变的 **S** 染色体组。

E. magellanicus 与 *Hordeum violaceum* 杂交的 F₁ 杂种，2n＝21。杂种的形态介于双亲之间呈中间型，穗更近似 *Hordeum violaceum*。这个组合的 F₁ 杂种，其减数分裂中期Ⅰ染色体配对频率比 *E. magellanicus* 与 *Pseudoroegneria spicata* 杂交的 F₁ 杂种要高一些，有 11% 的花粉母细胞呈现 7Ⅰ＋ 7Ⅱ 的构型，72% 的花粉母细胞含有 4～7 对二价体，频率最高的构型是 11Ⅰ＋5Ⅱ，占总数的 25%。数据显示 *E. magellanicus* 的另一个染色体组应当是 **H** 染色体组。在 22% 的观测细胞中只含有三价体。这些三价体可能是 **S** 染色体组与 **H** 染色体组之间的残存同源性构成的。花药不开裂，在开放授粉情况下也不结实。

E. magellanicus× *E. trachycaulus*、*E. magellanicus*× *E. lanceolatus* 与 *E. magellanicus*× *E. glaucus* 3 个组合的检测结果更进一步证明 *E. magellanicus* 含有 **SSHH** 染色体组。这 3 个组合的平均二价体：*E. magellanicus*× *E. trachycaulus* 为 11.42 对，*E. magellanicus*× *E. lanceolatus* 为 13.02 对，*E. magellanicus*× *E. glaucus* 为 10.91 对。由此可知，*E. magellanicus* 与

E. lanceilatus 的两组染色体更为相似，也说明亲缘关系更近。

表 2-45 两个披碱草种的染色体数、近中央着丝点染色体最高数（SM）、随体染色体（SAT）与核仁（N）数、染色体长、染色体长短臂比（L/S）及组成异染色质含量百分率

（引自 Linde-laursen et al.，1994，表1）

种	资源编号	2n	SM	SAT	N	染色体长与变幅（μm）	L/S	组成异染色质（%）
E. dentatus	H 4092	28	4	6	6	11.2（8.3～12.6）	1.5	8.3
S 染色体组		14		4		10.9（8.3～12.3）	1.5	6.5
H 染色体组		14	4	2		11.6（10.3～12.6）	1.2	10.0
E. glaucescens	H 6102	28	4	4	4	14.6（10.7～17.1）	1.6	9.5
S 染色体组		14		4		14.4（10.7～16.7）	1.6	6.8
H 染色体组		14	4			14.8（12.1～16.3）	1.3	11.8

1994 年，四川农业大学小麦研究所的孙根楼、颜济、杨俊良在英文版的《Chinese Journal of Botany》6 卷，2 期，发表一篇题为 "Morphological and cytological studies on an artificial hybrids between *Elymus transhyrcanus* and *Roegneria tsukushiensis* var. *transiens*" 的研究报告。*Elymus transhyrcanus* (Nevski) Tzvelev 是分布于外高加索、伊朗、土库曼斯坦，直到吉尔吉斯斯坦的帕米尔阿赖山脉一带的六倍体小麦族禾草，供试材料为来自美国华盛顿州普曼国家种子资源库的 PI 401266，采集于俄罗斯，含 **SSSxSxHH** 染色体组（Dewey，1972）。*Roegneria tsukushiensis* var. *transiens* 为东亚的小麦族六倍体禾草，从中国的四川一直分布到日本本州，供试材料采京都近郊。它含 **SSHHYY** 染色体组（Sakamoto，1964；卢宝荣、颜济、杨俊良，1990）。这两个种之间的 F₁ 杂种的减数分裂中期 I 染色体构型平均为 15.40 I ＋13.112 II ＋0.113 III ＋0.014 IV，显示它们之间有两组染色体基本上相同，有一组染色体不同源。再一次从不同的亲本组合证明 *Elymus transhyrcanus* 含 **SSSxSxHH** 染色体组，*Roegneria tsukushiensis* var. *transiens* 含 **SSHHYY** 染色体组的观测是正确的。*Roegneria tsukushiensis* var. *transiens* 含 **SSHHYY** 染色体组应当归入 *Campeiostachys* 属，订正的学名是 *Campeiostachys kamoji* (Ohwi) B. R. Baum，J. L. Yang et C. Yen（Baum, et al.，2010）。

同年，中国科学院植物研究所系统与进化植物学开放研究实验室的卢宝荣在《植物分类学报》32 卷，第 6 期，发表一篇题为 "*Elymus sibiricus*，*E. nutans* 和 *E. burchan-buddae* 的形态学鉴定及其染色体组亲缘关系的研究" 的论文。他在这篇论文中以 *Elymus sibiricus*、*E. nutans* 和 *E. burchan-buddae* 为材料，探讨了传统的形态分类学存在的种间形态变幅相互重叠相混造成分类错误的问题，以及可靠的形态特征。实际上涉及形态分类学的局限性，以及正确的研究与使用的方法问题。他列举把 *E. nutans* 混同为 *Elymus sibiricus* 并认为是 *Elymus sibiricus* 的两种细胞型（Bowden，1964；卢宝荣等，1990）；把 *E. nutans* 和 *E. burchan-buddae* 合并成一个种（陈守良等，1978）。而这 3 个分类群实际上是起源各不相同的 3 个独立的种，*Elymus sibiricus* 含 **StStHH** 染色体组（Dewey，1974），*E. nutans* 含 **StStHHYY** 染色体组（Lu，1993），*E. burchan-buddae*（应当是

Roegneria nutans）含 **StStYY** 染色体组（Lu and Salomon，1992），但是它们的内稃的形态特征却可以清楚地相互区别而不会混淆（图2-31）。这里我们可从这个事例看到形态学让我们初步认识到一个分类群的客观存在，但因遗传显隐性的作用使它们的真实区别常被

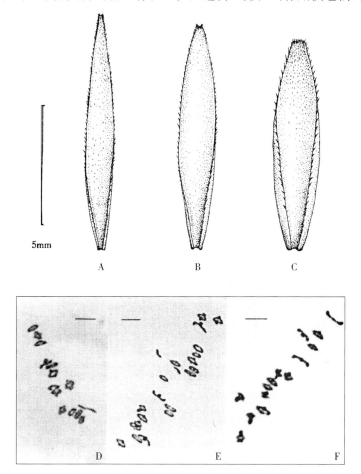

5mm

图2-31 小麦族3个因 **St** 染色体组的强显性造成在形态上容易混淆的种：具显著差别的内稃形态特征，以及它们的减数分裂中期Ⅰ染色体构型

A. *Elymus sibiricus* 的内稃［稍长或等长于外稃，窄披针形（两脊间相对窄狭），尖端具两小尖头，两脊具全长白刺状小纤毛］　B. *Elymus nutans*（＝*Compeiostachys nutans*）的内稃（披针形，与外稃等长，尖端具两小尖或平截，上3/4部被纤毛）　C. *Elymus burchan-buddae*（应为 *Roegneria nutans*）的内稃［宽披针形（两脊间明显相对较宽），与外稃稍短或等长，尖端钝，上1/2部被相对较长的纤毛］　D. *Elymus sibiricus* 的减数分裂中期Ⅰ染色体构型（2n＝4x＝28）　E. *Elymus nutans*（＝*Compeiostachys nutans*）的减数分裂中期Ⅰ染色体构型（2n＝6x＝42）　F. *Elymus burchan-buddae*（应为 *Roegneria nutans*）的减数分裂中期Ⅰ染色体构型（2n＝4x＝28）

（引自卢宝荣，1994，图版1。说明修改）

显性性状所掩盖而造成混淆不清。经细胞遗传或分子遗传学的检测，鉴别出它们之间的相

互真实的亲缘系统关系，再找出它们可以区别的代表性的形态特征以便于简便地识别应用，是分类应用的一个妥善方法。我们可以看到只有遗传分析方法才能澄清分类群间的真实差别，单纯的形态学是有很大的局限性，是不可能鉴别出这样一些本质差异的，遗传特性造成的混乱只有用遗传学的方法才能澄清。

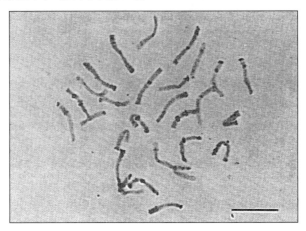

图 2 - 32　*Elumus dentatus* H 4092 的体细胞分裂中期染色体
　　　　　的 C -带照片（2n＝28，横线＝10μm）
（引自 Linde - Laursen et al.，1994，图 1）

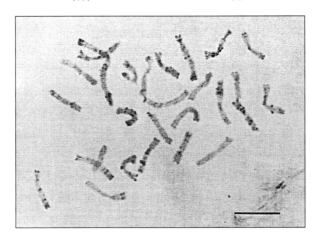

图 2 - 33　*Elumus glaucescens* H 6102 的体细胞分裂中期染色
　　　　　体的 C -带照片（2n＝28，横线＝10μm）
（引自 Linde - Laursen et al.，1994，图 3）

　　编著者需要指出，卢宝荣这里所用的学名 *Elymus burchan-buddae*（Nevski）Tzvelev，在本书第四卷中已指出，应当是 *Roegneria nutans*（Keng）Keng，因为他分析的材料是来自四川阿坝松潘红源的 *R. nutans*。卢宝荣把 *Roegneria nutans* 作为 *E. burchan - buddae* 的异名，因此他用学名 *E. burchan - buddae*。编著者也仔细观察并研究过 *E. burchan - buddae* 与 *R. nutans* 的主模式标本，很难判断两者的异同。只有将原产地的 *E. burchan -*

buddae 用来与 *R. nutans* 作杂交，进行染色体组型分析，看它们之间是否具有生殖隔离，才能最终判定它们的异同。在没有这样的实验根据之前，编著者认为妥善的处理是不合并为好。不合并，表明有这两个分类群客观存在，是否是同一个种留待有遗传学的实验分析结果后才能确定。这就是编著者希望通过这一事例提请读者注意的一个研究方法上的问题。

同年，丹麦 Risø 国家实验室的 I$_B$ Linde - Laorsen、哥本哈根大学植物所的 Ole Seberg、瑞典农业科学大学植物育种系的 Bjön Salonom，在奥地利出版的《植物系统学与进化》192 卷，发表一篇题为 "Comparison of the Giemsa C - banded and N - banded karyotypes of two *Elymus* species, *E. dentatus* and *E. glaucescens* (Poaceae：Triticeae)" 的研究报告。在这篇报告中，他们用吉姆萨染色显带的技术来观察研究这两个种的染色体组。这里编著者需要指出的是其中一个学名，即 *Elymus glaucescens* Ole Seberg 是不合法的，正确的学名应当是 *Elymus magellanicus* (Desvaux) Á. Löve。

他们观测的核型数据列如表 2 - 45。观察结果显示：*E. dentatus* 的核型含有 18 条中央着丝点染色体，4 条近中央着丝点染色体，6 条随体染色体（图 2 - 32）。*E. glauscens* 的核型与 *E. dentatus* 相似，只是其中一对随体染色体为一对形态相似的无随体的染色体所取代（图 2 - 33）。两个种的染色体上的 C-带，由 1～5 条明显的带与少数不明显的带构成；N-带只有 **H** 染色体组的染色体上呈现。两个种的 **S** 染色体组非常相似，都有 5 条中央着丝点染色体与两条随体染色体。大多数明显的 C-带都呈现在臂的末端与远中部位，与 *Pseudoroegeria* 的 **S** 染色体组相似。**H** 染色体组有 4 条相似中央着丝点染色体与 2 条近中央着丝点染色体。*E. dentatus* 的 **H** 染色体组的第 7 条染色体是随体染色体；*E. glauscens* 的这条染色体其形态与它相似，但是不具随体。**H** 染色体组的 C-带分散全臂，没有集中在哪一部分的倾向（图 2 - 34）。他们以核型的特征判断这两个种都是含 **SSHH** 染色体组的异源四倍体。有人记录 *E. dentatus* 含 42 条染色体，即 2n=6x=42，异源六倍体（Parkash，1979；Löve，1984），他们认为这些六倍体记录显然是另外的种，而不是 *E. dentatus*。

同年，新加坡国立大学的 Y. H. Lee、印度米尔茹提大学（Meerut University）经济植物系的 H. S. Balyan、加拿大农业部的 B. J. Wang 与 G. Fedak，在欧洲出版的《Euphytica》第 72 卷，发表一篇题为 "Cytogenetic analysis of three *Hordeum*×*Elymus* hybrids" 的研究报告。在这个报告中他们检测了六倍体的 *Hordeum parodii* 与六倍体的 *Elymus scabriglumis* 的六倍体 F$_1$ 杂种减数分裂中期 I 的染色体配对情况，平均构型为 22.20 I ＋ 9.14 II ＋ 0.50 III，以及少量的四价体与五价体。这结果构成交叉频率为 11.71，交叉值为 0.25。多价体的呈现显示 *Elymus scabriglumis* 的第 3 个染色体组可能是 **H** 染色体组。另一支持第 3 个染色体组是 **H** 染色体组的证据是 1988 年印度学者 P. K. Gupta 与 G. Fedak 发表在《Genome》30 卷上题为 "A study on genomic relationships of *Agropyron trachycaulum* with *Elymus scabriglumis*, *E. innovatus* and *Hordeum procerum*" 的研究报告。在这篇报告中，含 **StStHH** 染色体组的四倍体的 *Elymus trachycaulus* 与六倍体的 *Elymus scabriglumis* 的五倍体的 F$_1$ 杂种的减数分裂中期 I 染色体配对平均构型是 6.42 I ＋11.69 II ＋1.47 III ＋0.15 IV，显示有两组染色体组同源。因此，证明 *Elymus scabriglumis* 是个含 **StStHHHH** 染色体组的异源同源六倍体植物。

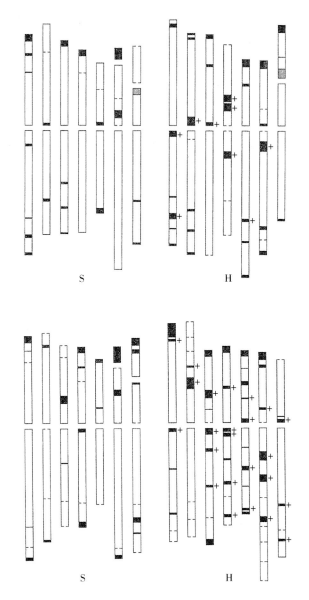

图 2 - 34　*Elymus dentatus* 与 *E. glaucescens* C -带核型模
　　　　 式图（黑色区为 C 带，破断线为微细 C 带；**S**
　　　　 与 **H** 指示染色体的染色体组关系；＋指示 **N**
　　　　 带存在位置）

　　　　（引自 Linde - Laursen et al.，1994，图 2）

　　1995 年，在瑞典隆德大学系统植物学系的伊朗学者 Mostafa Assadi 与 Hans
Runemark 在奥地利出版的《植物系统学与进化》184 卷，发表一篇题为 "Hybridisation，
genomic constitution and generic delimitation of *Elymus* s. l. （Poaceae：Triticeae）" 研究
报告。在这篇报告开头叙述了 *Elymus* 属的不同的概念，说他们所主张的是基于 Áskell

Löve（1984）以染色体组界定的属，并且作了一个图（Assadi 与 Runemark，1995，图 1）来表明各个属的染色体组组成与相互关系。实际上是背离 Áskell Löve 的建属原则的形式主义的北欧概念。Áskell Löve 的建属原则是"一种单倍组（haplome）或一种单倍组的组合构成一个属"。Áskell Löve 在他 1984 年发表文章中非常清楚地写明 *Elymus* 这个属的细胞学组成是"Haplomes **H** and **S**，genomic constitution **HS**，**HHS**，**HSS** or **HH-SS**"（448 页）。当时有许多染色体组尚未发现，因此 Áskell Löve 只有根据形态学特征来分类，也就无法避免地带来错误。因而也就把含 **Y** 与 **W** 染色体组的种，以及把含 **SYP** 组合的种错误地归入 *Elymus* 属，这是情有可原的。现今细胞学研究的进步已经知道 Áskell Löve 还不知道的染色体组及组成，不按 Áskell Löve 的建属原则，而形式主义地坚持 Áskell Löve 的错误划分，当然是错误的。

在这篇文章中他们对一些种进行的细胞遗传学实验分析，是我们需要参考的。这篇报告所报道主要检测对象就是 *Elytrigia repens*（L.）Nevski，Dewey1984 年检测的结果肯定这个六倍体种含有两个 **S** 染色体组与一个来源不明的染色体组（**X**）。也就是检测这个来源不明的染色体组（**X**），他们用已知染色体组的 *Agropyron cristatum* subsp. *pectinatum*（Bieb.）Tzvelev（**PPPP**）、*Elymus transhyrcanus*（Nevski）Tzvelev（**SSSSHH**）、*Pseudoroegneria libanotica*（Hackel）Dewey（**SS**），以及 *Thinopyrum intermedium*（Host）Barkworth et Dewey（**SSJJJJ**）与 *Elytrigia repens*（L.）Nevski（**SSSSXX**）作杂交，进行染色体组型分析。检测的结果列如表 2 - 46。

表 2 - 46 *Elymus* L. s. l. 属间杂种减数分裂中期 I 染色体构型

（引自 Assadi 与 Runemark，1995，表 4。编排修改）

亲本与居群 ♀×♂	观测细胞数	染 色 体 构 型								每细胞交叉数
		I	II			III	IV	V	VI	VII	
			总计	棒型	环型						
Elymus transhyrcanus× *Elytrigia repens*											
H 3763×H3736 （**SSSSHX**）	11	6.36 (0~14)	16.18 (12~21)	5.19 (1~11)	11.00 (6~15)	0.80 (0~2)	0.09 (0~1)	0.09 (0~1)			29.45 (23~35)
Elymus transhyrcanus× *Pseudoroegneria libanotica*											
H 3756×H3729 （**SSSH**）	50	13.94 (12~16)	6.94 (6~8)	0.16 (0~2)	6.78 (5~7)	0.06 (0~1)					13.84 (12~15)
H 3756×H3787 （**SSSH**）	50	11.82 (8~16)	7.08 (4~10)	1.62 (0~5)	5.46 (1~8)	0.54 (0~3)	0.18 (0~2)				13.92 (10~17)
Pseudoroegneria libanotica× *Elymus transhyrcanus*											
H 3785×H3756 （**SSSH**）	50	10.22 (6~16)	7.58 (5~10)	2.34 (0~6)	5.24 (3~8)	0.74 (0~3)	0.10 (0~1)				14.66 (10~19)
Elymus transhyrcanus× *Thinopyrum intermedium*											
H 3786×H3757 （**SSSJJH**）	50	16.50 (10~22)	10.62 (5~17)	5.88 (3~12)	4.74 (0~9)	0.82 (0~3)	0.29 (0~2)	0.04 (0~1)			18.22 (11~19)

（续）

亲本与居群 ♀×♂	观测细胞数	染 色 体 构 型									每细胞交叉数
		I	II			III	IV	V	VI	VII	
			总计	棒型	环型						
H 3756×H3705 （**SSSJJH**）	50	16.24 (11~26)	10.60 (8~14)	5.74 (1~10)	4.90 (2~8)	0.86 (0~4)	0.36 (0~2)	0.04 (0~1)	0.02 (0~1)	0.02 (0~1)	19.00 (13~24)
H 3786×H3757 （**SSSJJH**）	50	18.70 (13~26)	9.20 (4~13)	7.04 (3~12)	2.16 (0~5)	1.10 (0~4)	0.40 (0~2)				14.96 (11~19)
H 3756×H3752 （**SSSJJH**）	50	14.72 (7~22)	9.62 (4~13)	5.12 (1~8)	4.05 (0~8)	1.34 (0~4)	0.78 (0~3)	0.08 (0~1)	0.06 (0~1)	0.02 (0~1)	20.18 (13~27)
H 3768×H3757 （**SSSJJH**）	50	16.72 (12~25)	8.74 (4~12)	4.73 (2~7)	4.02 (0~7)	1.58 (0~4)	0.66 (0~4)	0.06 (0~1)	0.02 (0~1)		18.44 (12~22)
H 3763×H3766 （**SSSJJH**）	50	14.00 (10~26)	9.60 (5~16)	5.58 (0~12)	4.02 (1~7)	1.34 (0~5)	0.88 (0~4)	0.24			20.30 (12~25)
H 3763×H3725 （**SSSJJH**）	30	19.37 (14~32)	10.53 (5~14)	7.06 (2~12)	3.47 (0~17)	0.20 (0~1)	0.20 (0~2)	0.03 (0~1)			15.13 (5~21)
Pseudoroegneria libanotica× *Agropyron cristatum* H 3729×H3760 （**SPP**）	47	11.30 (5~19)	4.90 (1~8)	3.40 (0~6)	1.50 (0~4)						7.80 (2~11)
Pseudoroegneria libanotica× *Thinopyrum intermedium* H 3783×H3775 （**SSJJ**）	50	6.68 (3~16)	8.62 (4~12)	4.96 (1~10)	3.66 (6~7)	1.06 (0~5)	0.20 (0~1)	0.02 (0~1)			15.14 (7~19)
Thinopyrum intermedium× *Elytrigia repens* H 3703×H3736 （**SSSJJX**）	50	16.94 (0~14)	10.46 (12~21)	5.40 (1~11)	5.06 (6~15)	1.04 (0~2)	0.18 (0~1)	0.06 (0~1)			18.46 (11~25)

从 Assadi 与 Runemark 这一组试验，我们可以看到两个有关 *Elytrigia repens* 的两个杂交组合的 F_1 杂种世代的减数分裂染色体行为，一个是 *Elymus transhyrcanus* 与 *Elytrigia repens* 组合，另一个是 *Thinopyrum intermedium* 与 *Elytrigia repens* 组合。*Elytrigia repens* 有一个染色体组不知道它的来源，Dewey（1984）的研究只知道它另外的两个染色体组是 **S** 染色体组。已知 *Elymus transhyrcanus* 的染色体组是 **SSSSHH** 构成的异源同源六倍体，它与 *E. repens* 的 F_1 杂种的染色体组应当是由 **SSSSHX** 6 个染色体组组成。这个杂种的减数分裂中期 I 的花粉母细胞显示其中一些花粉母细胞的染色体全部配对，没有单价体出现，平均单价体只有 6.36。说明两个种的染色体相互间同源性很高，**X** 染色体组应当是 **H** 染色体组。而 *Thinopyrum intermedium* 与 *Elytrigia repens* 组合的 F_1 杂种（**SSSJJX**）的减数分裂中期 I 的花粉母细胞显示全都含有单价体，至少有 9 条，多的可达 26 条，显然有一个染色体组没有配对，这个染色体组应当是 **X** 染色体组。说明 **X** 染色体组不是 **J** 染色体组。

他们认定 *Elytrigia repens* 是含有 **SSSSHH** 染色体组的异源同源六倍体，应当归入 *Elymus* L. 属。编著者认为这个意见无疑是正确的。他们提出 *Elytrigia repens*（L.）Nevski 是 *Elytrigia* Desv. 属的模式种，因此这个属应归入 *Elymus* L. 属作为异名。这个意见也应当是正确的。不过 *Elytrigia* Desv. 属中有一些种按它的染色体组组成，应当归入其他的属，例如：*Elytrigia intermedia*（Host）Nevski 应当归入毛麦属（*Trichopyrum* Á. Löve），*Elytrigia intermedia* subsp. *pulcherrima*（Grossh.）Tzvelev 应当归入仲彬草属（*Kingyilia* C. Yen et J. L. Yang），等等。

1996 年，美国犹他州立大学生物系山间标本室的 Mary E. Barkworth 与蒙大拿州立大学植物、土壤与环境科学系的 R. L. Burkhamer 及 L. E. Talbert 在美国植物分类学会主编的《系统植物学（Systemetic Botany)》21 卷，第 3 期，发表一个名为 *Elymus calderi* 的新种，这个新种后来 Mary E. Barkworth 把它作为 *Elymus lanceolatus* subsp. *psammophilus* 的异名，不再是一个独立的种（见《Flora of North America》24 卷）。但他们用分子遗传学的方法检测它是一个含 **StStHH** 染色体组的异源四倍体植物的检测资料是有用的，

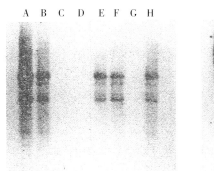

图 2-35　几个披碱草种的 *Hind*Ⅲ-限制性 DNA 与 **H** 染色体组及 **Y** 染
色体组探针杂交的电泳 Southern 印迹

（电泳凝胶板 1：H 染色体组探针 pH17 杂交的印迹；电泳凝胶板 2：H 染色体组探针 pH129 杂交的印迹；电泳凝胶板 3：Y 染色体组探针 Ps174 杂交的印迹）

A. *Elymus trachycaulus*（PI 232156）（**StH** 染色体组）　B. *Elymus trachycaulus*（PI 499608）（**StH** 染色体组）　C. *Elymus gmelinii*（PI 499606）（**StY** 染色体组）　D. *Elymus gmelinii*（PI 499608）（**StY** 染色体组）　E. *Elymus trachycaulus*（MB 9175）F. *Hordeum jubatum*（"Willie Mitchell"）　G. *Pseudoroegneria spicata*（DS 7002）H. *Elymus trachycaulus*（PI 372650）（**StH** 染色体组）

［引自 Barkworth，et al.，1996，图 2。编者注：图中 B 与 D 的说明，美国国家种子资源库（Pullman）编号都是"（PI 499608)"，可能其中一个是误写］

可以说明 *Elymus lanceolatus* subsp. *psammophilus* 是含 **StStHH** 染色体组的异源四倍体植物。

他们检测的电泳带谱如图 2-35 所示。他们把几个种的 *Hind* Ⅲ-限制性 DNA 用来与 **H** 染色体组及 **Y** 染色体组的特异探针做杂交，显示是含 H 或 Y 染色体组。从 Southern 印迹来看，除 *Elymus gmelinii* （＝*Roegneria gmelinii*）外，其他 3 个种：*Elymus trachycaulus*、*Elymus calderi*、*Hordeum jubatum* 都不含有 Y 染色体组，而含有 H 染色体组。

同年，美国农业部在犹他州立大学的牧草与草原研究室的 K. B. Jensen 与 K. H. Asay 在芝加哥出版的《国际植物科学杂志》157 卷，第 6 期，发表一个来自土耳其伊尔朱茹木（Erzuum）省的披碱草属新种 *Elymus hoffmanii* K. B. Jensen et K. H. Asay，它是一个含 **SSSSHH** 染色体组的同源异源六倍体。这个种的种子是 J. A. Hoffman 与 R. J. Metzger1979 年采自土耳其伊尔朱茹木省伊利斯克尔特（Eleskirt）西北 56km 的一个麦田边。

根据他们所做染色体组分析的结果（表 2-47），认定它与 *Elymus repens* （L.）Gould ［＝*Triticum repens* L.；＝*Agropyron repens* （L.）P. Beauv.；＝*Elytrigia repens* （L.）Nevski］一样，含有 **SSSSHH** 染色体组。他们根据形态学的统计分析，认为这个分类群与 *Elymus repens* 在形态上有区别（图 2-36：a），而把它定为一个新种，即：*Elymus hoffmanii* K. B. Jensen et K. H. Asay。

根据他们检测的生殖隔离状态，*Elymus hoffmanii* 与 *Elymus repens* 的 F_1 杂种却有很高的结实率（表 2-47），只能是半隔离状态。生殖隔离是确定种的唯一标准。这就说明这两个分类群间的关系只能是亚种间的关系，不是种间关系。也就是说 *Elymus hoffmanii* 是 *Elymus repens* 的一个亚种，它们之间的关系与 *Secale montanum* Guss. 与 *Secale montanum* subsp. *africanum* （Stapf）Yen et J. L. Yang 之间的关系相似。

表 2-47　*Elymus hoffmanii* 以及它与 *Elymus repens*、披碱草栽培品种 NewHy （**SSSSHH**）及冰草栽培品种 Hycrest （**PPPP**）之间的 F_1 杂种的染色体配对情况

（引自 Jensen 与 Asay，1996，表 4。学名缩写）

种及杂种	2n	植株数	I	II			III	IV	V	观察细胞数	C-值
				环型	棒型	总计					
E. hof.	40~43	7									
平均			1.63	2.41	15.46	17.87	0.35	0.67	0.04		
变幅			0~6	0~7	7~21	11~21	0~3	0~4	0~1	225	0.87
E. rep.×E. hof.	42	6									
平均			1.88	4.61	14.51	19.12	0.16	0.46			
变幅			0~14	0~10	7~14	14~21	0~2	0~3		396	0.85
NewHy×E. hof.	41~43	7									
平均			1.36	2.88	16.55	19.43	0.22	0.31	0.01		
变幅			0~7	0~9	9~21	14~21	0~3	0~3	0~1	410	0.89
E. hof.×Hycrest	36	2									
平均			9.22	5.03	7.70	12.74	0.40	0.02			
变幅			6~17	2~8	3~11	10~15	0~2	0~2		50	0.59

注：E. hof. ＝*Elymus hoffmanii*；E. rep. ＝*Elymus repens*。

我们在前面已多次谈到，由于遗传的显隐性造成形态分析有很大的局限性。在小麦族中已有不少的实例，同形种［或隐形种（cryptic species）］的存在，如 *Roegneria panormitana*（Parl.）Nevski 与 *R. heterophylla*（Bornm. ex Melderis）Yen et J. L. Yang；还有同形属（cryptic genus），如 *Elymus* L. 与 *Compeiostachys* Drobov。前者具有完全的生殖隔离，后者具有不同的染色体组组合。它们都无法用形态学的方法来区分。过去以形态的特异性来作为 *Asperella* Humb. 模式种的 *A. hystrix*（L.）Humb.，以及在形态上与它截然不同的 *Elytrigia* Desv. 属的模式种 *Elytrigia repens*（L.）Nevski，它们都具有相同的染色体组组合。因此，现在从演化的客观实际为根据，把它们都组合在同一个 *Elymus* L. 属中。撇开遗传学检测数据单独以形态性状来定种是不可靠的。

从表 2 - 47 中可以看到 *Elymus hoffmanii* 同其与栽培品种 NewHy 的 F₁ 杂种的减数分裂染色体配对行为非常相近。栽培品种 NewHy 是 *Elymus repens* 与 *Pseudoroegneria spicata* 杂交后选育而成的。从形态性状的统计分析结果（图 2 - 36：b）来看，*Elymus hoffmanii* 与 NewHy 之间无论染色体组组成还是形态特征都非常相似。可以说二者有相近似的起源途径。因此，他们认为 *Elymus hoffmanii* 可能起源于 *Elymus repens* 与土耳其分布的一个拟鹅观草属的一个种天然杂交后演化而来的。

Elymus hoffmanii、*E. repens*、NewHy 及 F₁ 杂种 10 穗种子结实数列如表 2 - 48。

表 2 - 48　*Elymus hoffmanii*、*E. repens*、NewHy 及 F₁ 杂种 10 穗种子结实数

（引自 Jensen 与 Asay，1996，表 5）

种及杂种	植株数	10 穗结实数
Elymus hoffmanii	12	93.4±49.5
Elymus repens	10	473.9±174.8
NewHy	10	352.1±158.2
Elymus hoffmanii×NewHy	10	389.3±204.6
Elymus repens×*Elymus hoffmanii*	2	112.0±46.7
Elymus hoffmanii×Hycrest	28	2.4±5.2

1997 年，美国科罗拉多州国家资源保护处的 Jack R. Carlson 与犹他州立大学生物系的 Mary E. Barkworth 在《植物学（Phytologia）》83 卷，第 4 期，发表一篇题为"*Elymus wawawaiensis*：A species hitherto confused with *Pseudoroegneria spicata*（Triticeae；Poaceae）"的研究报告。这又是一例隐形种的事例，正如有趣的题目所说"至今仍混同为 *Pseudoroegneria spicata* 的一个种"。这个分布于美国西北部华盛顿州与爱达荷州蛇河（Snake River）流域的四倍体禾草，过去一直被认为是四倍体的 *Pseudoroegneria spicata*。这两个种在外部形态特征上看不出有什么差异。但是它的减数分裂很正常，没有四价体呈现，说明它的两个染色体组是异源的，是一个异源四倍体。而不是 *Pseudoroegneria spicata* 含 **StStStSt** 染色体组的同源四倍体，同源四倍体的减数分裂必然会呈现大量的四价体。在北美洲四倍体的小麦族禾草含 **St** 染色体组的异源组合只有 **StStHH** 组合，没有 **StStYY** 组合存在。形态与 *Pseudoroegneria spicata* 相似，说明它含

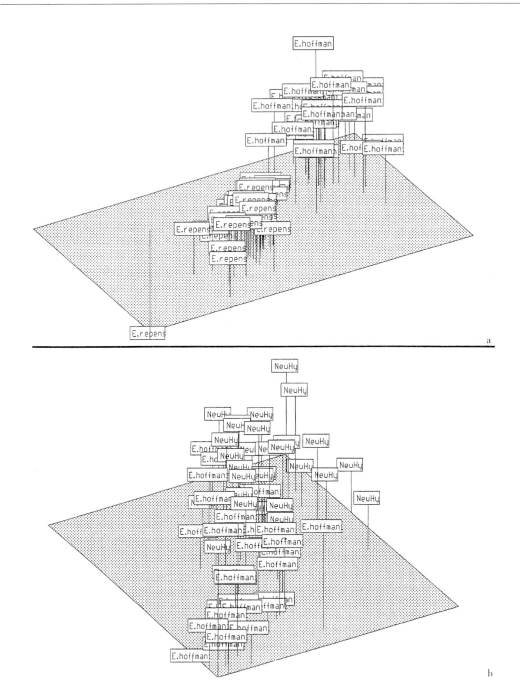

图 2 - 36　用 *Elymus hoffmanii* 与 *Elymus repens* 的形态数据 PC1、PC2 与 PC3 所作的三维集束
　　　　分析结果（a），以及用 *Elymus hoffmanii* 与栽培品种 NewHy 的形态数据 PC1、PC2
　　　　与 PC3 所作的三维集束分析结果（b）

（引自 Jensen 与 Asay，1996，图 3）

有 **St** 染色体组。因此他们判断它含的是 **StStHH** 染色体组，他们以产地命名这个新种为

Elymus wawawaiensis J. R. Carlson et M. E. Barkworth。虽然这个种含 **StStHH** 染色体组是推论得来的，但它的可信度还是比较高的。它是异源四倍体是细胞学观测的结论，它含 **St** 染色体组是以 **St** 染色体组的表形特征来判断的。

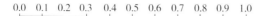

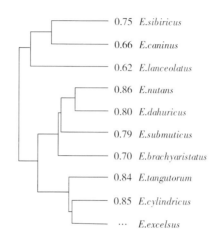

图 2 - 37　用 Nei 相似性系数聚类分析产生的树状分枝图

（引自周永红等，1999，图 2）

同年，中国科学院西北高原生物研究所的蔡联炳与冯海生在《西北植物学报》17 卷，发表一篇题为"披碱草属 3 个种的核型研究"的报告。报道他们对 *Elymus brachyaristatus* Á. Löve、*Elymus submuticus*（Keng）Keng f. 与 *Elymus barystachyus* L. B. Cai 的核型观测结果。他们观测的结果显示这 3 个种都是六倍体，2n=6x=42。这与卢宝荣、颜济、杨俊良（1990）及 Mason-Gamer，et al.（2005）对 *Elymus brachyaristatus* Á. Löve 的观测结果不相同，*Elymus brachyaristatus* Á. Löve 是一个四倍体植物。另外，*Elymus brachyaristatus* Á. Löve 与 *Elymus submuticus*（Keng）Keng f. 的形态特征相差很小，模式标本产地非常相近，前者在四川德格，后者在四川甘孜，都在雅砻江流域。它们是一个种还是两个种也还没有实验检测结论。就 *Elymus brachyaristatus* Á. Löve 的倍性来说，它是四倍体，还是六倍体？如果这两种的不同倍性都确实存在无误，那这里又存在两个同形种。

按国际植物学名命名法规，*Elymus brachyaristatus* Á. Löve 的正确学名应当是 *Elymus breviaristatus*（Keng）Keng f. 。虽然这两个学名都是 1984 年发表的，但是耿伯介的是 7 月出版的，Á. Löve 的是 10 月出版的，耿伯介早于 Á. Löve。

按蔡联炳与冯海生的观测，*Elymus brachyaristatus* 的随体位于第 14 对与第 18 对的短臂上；*Elymus submuticus* 的随体位于第 14 对上；*Elymus barystachyus* 的随体位于第 12 对与第 14 对上，这就显示可能不含 **Y** 染色体组。因为 **Y** 染色体组的随体染色体较短，通常都是位于最末一对与倒数第 3 对上。如果是六倍体含 **Y** 染色体组，那它的随体应当位于第 19 对与第 21 对上。并且迄今为止，所有观察过的含 **Y** 染色体组的异源多倍体，都

是 **Y** 染色体组显现随体。当然，还是需要作细胞遗传学或分子遗传学的染色体组型分析才能做出可靠的染色体组组成的定论。

1999 年，四川农业大学小麦研究所的周永红、郑有良、杨俊良、颜济与中国农业科学院品种资源研究所的贾继增，在《植物分类学报》37 卷，第 5 期，发表一篇题为 "10 种披碱草植物的 RAPD 分析及其系统学意义" 的分析报告。这些分析材料中包括 *Elymus brachyaristatus* Á. Löve 与 *Elymus submuticus*（Keng）Keng f. 这两个种，也检测认定是六倍体植物。聚类分析的结果显示，这两个种非常相近，并且聚类在应当属于 *Campeiostachys* 属的一个分支（图 2-38）。分析结果见图 2-37，表 2-49 与表 2-50。

表 2-49　引物及其序列和扩增结果

（引自周永红等，1999，表 2）

引物	序列（5'-3'）	总扩增带数	多态性扩增带数
OPA - 01	5'CAGGCCCTTC 3'	2	1
OPA - 02	5'TGCCGAGCTG 3'	5	2
OPA - 04	5'AATCGGGCTG 3'	11	10
OPA - 05	5'AGGGGTCTTG 3'	11	9
OPB - 07	5'GGTGACGCAG 3'	6	4
OPB - 08	5'GTCCACACGG 3'	11	11
OPB - 10	5'CTGCTGGGAC 3'	11	10
OPB - 11	5'GTAGACCCGT 3'	9	9
OPC - 12	5'TGTCATCCCC 3'	7	7
OPC - 13	5'AAGCCTCGTC 3'	8	8
OPD - 17	5'TTTCCCACGG 3'	6	5
OPD - 19	5'CTGGGGACTT 3'	12	8
OPD - 20	5'ACCCGGTCAC 3'	8	5
OPR - 13	5'GGAGGACAAG 3'	7	2
OPR - 16	5'CTCTGCGCGT 3'	17	17
OPX - 02	5'TTCCGCCACC 3'	5	3
总计	16	136	111

根据分析结果，六倍体的 *Elymus brachyaristatus* Á. Löve 与 *Elymus submuticus*（Keng）Keng f. 不属于披碱草属，四倍体的应当是披碱草属的种。

在这篇报告中有一处错写，即表中 *E. tangutorum* 的染色体组组成写的是 "**StStHHHH**"。*E. tangutorum* 的染色体组组成在当年也还无人检测过，属于未知。

2001 年，丹麦皇家畜牧与农业大学生态学系植物学组的 Marian Φrgaard 与冰岛大学生物系的 Kesara Anamthawat - Jónsson 在加拿大出版的《核基因组》44 卷，发表一篇题为 "Genome discrimination by in situ hybridization in Icelandic species of *Elymus* and *Elytrigia*（Poaceae：Triticeae）" 的原位杂交的研究报告。在这篇报告中他们用选择的克隆序列做探针对 *Elymus caninus*、*Elymus alaskanus* 以及 *Elytrigia repens* 进行染色体组原位杂交（GISH）与荧光原位杂交（FISH）来检测它们的染色体组组成。

表 2 - 50 10 个 *Elymus* 物种间的 Nei 相似性系数

（引自周永红等，1999，表 3）

	1	2	3	4	5	6	7	8	9	10
1	1.000									
2	0.690	1.000								
3	0.576	0.859	1.000							
4	0.645	0.681	0.717	1.000						
5	0.586	0.760	0.831	0.705	1.000					
6	0.613	0.676	0.686	0.846	0.701	1.000				
7	0.625	0.797	0.791	0.727	0.781	0.768	1.000			
8	0.667	0.676	0.671	0.839	0.686	0.853	0.708	1.000		
9	0.752	0.603	0.585	0.641	0.567	0.609	0.634	0.637	1.000	
10	0.658	0.623	0.590	0.649	0.602	0.601	0.613	0.591	0.667	1.000

注：1～10 代表物种序号。1. *Elymus sibiricus* L.；2. *E. nutans* Griseb.；3. *E. dahuricus* Turcz.；4. *E. tangutorum* (Nevski) Hand. - Maazz.；5. *E. submuticua* (Keng) Keng. f.；6. *E. cylindricus* (Franch) Honda；7. *E. brachyaristatus* Á. Löve；8. *E. excelsus* Turcz.；9. *E. caninus* (L.) L.；10. *E. lanceolatus* (Scribner et Smith) Gould。

他们对 *Elymus caninus* 与 *Elymus alaskanus* 的检测结果见图 2-39。结果显示这两个

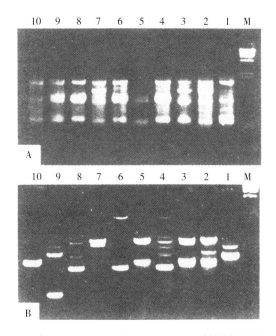

图 2-38　由 OPD-20（A）和 OPR-16（B）扩增产生的 RAPD
带型（M 为分子量标记，1～10 代表物种序号）

1. *Elymus sibiricus* L.　2. *E. nutans* Griseb.　3. *E. dahuricus* Turcz.　4. *E. tangutorum* (Nevski) Hand. - Maazz.

5. *E. submuticus* (Keng) Keng. f.　6. *E. cylindricua* (Franch) Honda　7. *E. brachyaristatus* Á. Löve　8. *E. excelsus* Turcz.　9. *E. caninus* (L.) L.　10. *E. lanceolatus* (Scribner et Smith) Gould

（引自周永红等，1999，图 1）

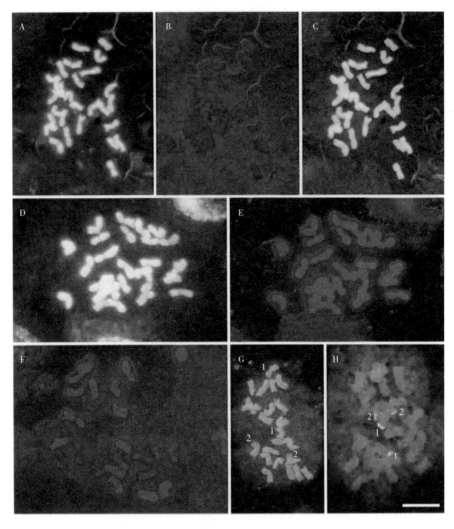

图 2-39 *Elymus caninus* 与 *Elymus alaskanus* 染色体原位杂交（GISH）与荧光原位杂交（FISH）分析
〔在 4，6-二胺基-2-苯基吲哚染色后显示 2n＝28 条染色体（A）。GISH 用先退火的罗丹明标记的 *Hordeum brachyan-therum* ssp. *cali fornixcum* 的 DNA 与来自 *Pseudoroegneria spicata* 的生物素标记的 DNA，在探针使用前，用 *Lymus mollis* 的 DNA 封阻，14 条 **H** 染色体组的染色体呈亮红色荧光。在 B 图中的红色荧光 **H** 染色体组的染色体在通过三带过滤图（C）得到证实。*E. caninus* 的一个中期细胞经 4，6-二胺基-2-苯基吲哚染色（D）以及在存在 *Hordeum mari-num* ssp. *marinum* 与 *Hordeum murinum* ssp. *leporinum* 染色体组 DNA 的 *P. spicata* 的生物素标记的 DNA 进行染色体原位杂交（E）。**St** 染色体组探针均一地染红了所有染色体，**H** 与 **St** 染色体组不能区分。一个 *E. alaskanus* 的中期细胞（2n＝28）（F）的 GISH 照片，处理与 *E. caninus*（B）相同。**H** 染色体组探针使 14 条 **H** 染色体组的染色体呈现亮红色荧光，而其他 14 条 **St** 染色体组的染色体呈现微弱的杂交信号。一个 *E. caninus* 的中期细胞用核糖体 pTa71 探针进行荧光原位杂交（FISH）分析（G），4 个杂交位点局限在两对同源随体染色体 NORs（位点 1 与位点 2）。一个 *E. alaskanus* 的中期细胞用核糖体 pTa71 探针进行荧光原位杂交（FISH）分析（H），4 个杂交位点局限在两对同源随体染色体 NORs（位点 1 与位点 2）。标尺线＝10μm（F、H），12μm（A-E、G）〕

（引自∅rgaard 与 Anamthawat-Jónsson，2001，图 1）

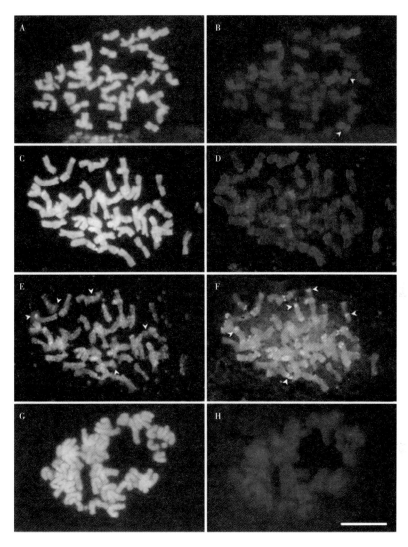

图 2-40　*Elymus repens* 的染色体原位杂交（GISH）与荧光原位杂交（FISH）分析
［在 DAPI（4，6-二胺基-2-苯基吲哚）染色后显示 2n＝28 条染色体（A）。GISH 用与图 1：B 相同的
探针与封阻处理以后，14 条 **H** 染色体组的染色体呈亮红色荧光（B）。一对伸展与未标记的 **H** 组染色体
已用箭头指出。28 条所谓的 **St** 染色体用 **H** 探针显示轻微的杂交信号。一个中期细胞显示 DAPI 染色
（C），以及一同用 **St** 与 **H** 染色体组探针（D），即存在 *Elymus mollis* DNA 封阻情况下，用先退火的洋
地黄毒苷标记的 *Pseudoroegneria spicata* DNA 与荧光标记的 *Hordeum brachyantherum* ssp. *californiv-
cum* 的 DNA 进行探测。从抗洋地黄毒苷-罗丹明可以看到那些杂交位点，呈红色荧光，分散在 28 条染
色体上呈点信号。染色体玻片重新用可察看的红色核糖体 pTa71（E）与绿色 pTa1 克隆（F）一同使
用，五处主位点用箭头指出以及两个以上的位点可以通过绿过滤片观察到（F）。在图 E 中，分散的红
色荧光点是以前 GISH 遗留下来的。pRa1 探针与 20 条染色体杂交（F），大部分都位于亚端位点（箭头
所指），显示大多数 pTa1 阳性染色体是染色体组标记的 **St** 染色体组的染色体。*E. repens* 的 42 条染色
体用 DAPI 染色后（G）用罗丹明标记的 pAes41 克隆探针显示在所有染色体上显示均一的分散杂交图
像（H）。标尺线＝12μm］

（引自∅rgaard 与 Anamthawat-Jónsson，2001，图 2）

披碱草属植物都含 **H** 与 **St** 染色体组。这与其他的检测相一致。

对 *Elytrigia repens* 的检测结果（图 2 - 40），也肯定含有 **H** 染色体组。但他们认为 *Elytrigia repens* 的另外两个染色体组与其他 *Elymus* 的 **St** 染色体组不相同，与 *Pseudoroegneria spicata* 的 **St** 染色体组也不相同。**St** 染色体组的探针在 *Elytrigia repens* 的两个染色体组上只显现分散的点信号，说明 *Elytrigia repens* 的另外两个染色体组只有有限的序列与 St 探针同源。他们认为这一检测的结果不支持 *Elytrigia repens* 含有两个 **St** 染色体组。

编著者认为，他们这一检测结果说明 *Elytrigia repens* 的两个 **St** 染色体组与其他的 **St** 染色体组有较大的差异，这应当是对的。所有的 **St** 染色体组彼此之间都或多或少有差异，就是同一个种的不同个体间也必然在基因序列上或多或少有差异。究竟以多大的差异来区别一个染色体组，标准是什么？这是应当回答的首要问题。

我们说，Áskell Löve 对属定立了一个合乎系统演化的标准，即一个染色体单倍组（haplome），或一个染色体单倍组的组合划分一个属。种的标准应当是有无生殖隔离，种间有生殖隔离，亚种间有半生殖隔离，变种间有遗传性状差异，但无生殖隔离。任何染色体或染色体组间有差异也是必然的。划分染色体组的差异应当是以遗传传递自然配对关系为准，它是客观存在的植物种异同关系。Dewey1967 年发表的试验结果是，*Elymus repens* 与四倍体的 *Pseudoroegeria spicata* 杂交产生的 F_1 子代自身进行的生殖过程中截获下来的减数分裂染色体配对行为的客观相互关系，是染色体全长所载的基因相互认同与否最客观的显示。这是生活中的 F_1 子代自身的认同标准显示出来的，不是 GISH、FISH、RFLP、RAPD 等以 DNA 间的亲和性为基础的染色探针的印痕的化学性的人为显示。所以最客观的标准显示 *Elytrigia*（*Elymus*）*repens* 含有两个植物自己认定的与 *Pseudoroegeria spicata* 的 **St** 染色体组同类的染色体组，它们之间的基因基本上是可以相互交换的，这是主观不可能否定的客观存在的事实。即六倍体的 *Elytrigia*（*Elymus*）*repens* 按生物学的检测含 **StStSt₂St₂HH** 染色体组。至于这两个 **St** 染色体组与其他的 **St** 染色体组有一定的差异是对的，虽然有化学分子间的差异，但是植物自身认同它们仍然属于 **St** 染色体组，在生殖过程中相互可以配对，进行基因交换。因此不能以化学性的识别来否定生物性的认同。它们之间是有原则性的差别的。

2005 年，在捷克布拉格召开的第 5 届国际小麦族讨论会上，美国芝加哥伊利诺伊大学生物科学系的 R. J. Mason-Gamer、M. M. Burns 与 M. Naum 发表一篇题为 "Polyploidy, introgression and complex phylogentic patterns within *Elymus*" 的报告。他们用两个核基因，β-淀粉酶基因与淀粉合成基因作为探针测试表 2 - 51 所列各披碱草种。检测的结果显示中国西北的 *Elymus brachyaristatus* 是含有 **StStHH** 染色体组的异源四倍体。他们所用的学名 *Elymus brachyaristatus* Á. Löve 是 *Elymus breviaristatus*（Keng）Keng ex Keng f. 的异名。

表 2 - 51 有关 *Elymus* 种检测结果

（引自 R. J. Mason-Gamer et al.，2005，表 1）

染色体组 *Elymus* 种	居群号	采集地	测试基因序列			
			β-淀粉酶		GBSSI	
			St	H	St	H
StStYY						
E. abolinii	PI 531555	中国西北	×	na	×	na
E. caucasicus	PI 531573	爱沙尼亚		na	×	na
E. ciliaris 1	PI 531575	中国西北	×	na		na
E. ciliaris 2	PI 531577	日本	×	na		na
E. ciliaris 5	PI 531576	爱沙尼亚	×	na	×	na
E. gmelinii	PI 499477	中国西北	×	na	×	na
E. longearistatus	PI 401277	伊朗		na	×	na
E. nevskii	PI 314620	伊朗	×	na	×	na
E. pendulinus	PI 499452	中国中北部	×	na	×	na
StStHH - 欧亚大陆						
E. brachyaristatus	PI 499411	中国西北	×	×	×	×
E. caninus1	PI 314205	乌兹别克斯坦	×	×	×	×
E. caninus2	PI 314612	哈萨克斯坦	×	×	×	×
E. caninus4	PI 499413	中国西北	×	×	×	×
E. caninus5	PI 531571	波兰	×	×	×	×
E. dentatus1	PI 628702	俄罗斯中南部	×	×	×	
E. dentatus2	PI 531599	巴基斯坦	×			×
E. mutabilis1	PI 628704	俄罗斯中南部	×	×		×
E. mutabilis2	PI 499449	中国西北	×	×	×	×
E. sibiricus1	PI 628699	俄罗斯东南部		×		×
E. sibiricus3	PI 499461	中国中北部	×	×		×
StStHH - 北美洲						
E. elymoides	PI 531606	美国华盛顿			×	×
E. glaucus4	RJMG 130	美国爱达荷			×	×
E. glaucus6	W6 10215	美国科罗拉多			×	×
E. glaucus7	PI 593652	美国俄勒冈				×
E. hystrix	MEB 97-87	美国犹他			×	
E. lanceolatus1	W6 14220	美国爱达荷	×	×	×	×
E. lanceolatus2	W6 14218	美国犹他			×	×
E. riparius	RJMG 160	美国康涅狄格				×
E. trachycaulus1	PI 372500	加拿大西北部	×	×		×
E. trachycaulus3	PI 452446	加拿大艾伯塔			×	×

（续）

染色体组 Elymus 种	居群号	采集地	测试基因序列			
*E. virginicus*4	RJMG 161	美国康涅狄格			×	×
*E. virginicus*5	RJMG 162	美国康涅狄格			×	
*E. virginicus*9	RJMG 168	美国缅因			×	×
E. wawawaiensis	PI 285272	美国华盛顿	×	×	×	×
E. wawawaiensis	PI 598812	美国俄勒冈			×	×
StStStStHH						
*E. repens*1	RJMG 119	美国爱达荷			×	×
*E. repens*2	RJMG 123	美国爱达荷	×	×	×	
*E. repens*3	RJMG 131	美国爱达荷	×	×	×	
*E. repens*4	RJMG 159	美国威斯康星	×	×		×
*E. repens*5	RJMG 166	美国缅因	×	×		×
*E. repens*6	RJMG 167	美国缅因			×	×
*E. repens*8	PI 440065	俄罗斯	×			
*E. repens*9	PI 317409	阿富汗	×	×		
*E. repens*10	PI 380623	伊朗	×			

（三）披碱草属的分类

Elymus L. 1753. Spec. Pl. : 83. et 1754. Gen, Pl. ed. 5. 36. 披碱草属

异名：*Asperella* Humb.，1790. in Roem. & Usteri，Bot.. Mag. 3，7：5；

Hystrix Moench，1794. Meth. Pl. : 294；

Gymnostichum Schreb.，1810. Beschr. Graser 11：127，t. 47；

Sitanion Rafin.，1819. J. Phys. Chym. 89：103；

Elymus Sect. *Clinelymus* Griseb.，1852. In Ledeb. Fl. Ross. 4：330；

Torrellia Lunell.，1915. Amer. Midl. Nat. 4：228；

Zeia Lunell.，1915. Amer. Midl. Nat. 4：226. p. p；

Clinelymus（Griseb.）Nevski，1932. Bull. Jard. Bot. Acad. Sci. URSS 30：640；

Semeiostachys Drob.，1941. Fl. Uzbek. 1：539. p. p；

Cokaynea Zotov，1943. Trans. Proc. R. Soc. New Zealand 73：253？

属的特征：披碱草属是多形属，有一些种间形态差别很大，因此曾被形态分类学者臆定为几个不同的属。它又是一个同形属，有许多种与弯穗草属在形态上没有区别，而与鹅观草属区别很小，只是内稃常长于外稃，两脊间距窄，纤毛细密；而与鹅冠草属的内稃常短于外稃，两脊间距宽，脊上纤毛疏长有别。因此，曾被形态分类学者混为一个属。总的来说它是多年生；密丛生或疏丛生，稀秆单生；具直立或匍匐的短或长的根状茎。秆直

立，基部常膝曲，稀外倾。叶片平展、对折、边缘内卷、内卷。穗状花序直立至下垂，穗轴坚实不断折或断折；小穗单生，或 2～4（～6）枚着生于每一穗轴节上，或仅上、下两端单生，无柄、近于无柄或具短柄，具（1～）2～7 花，顶花有时仅存一外稃着生在伸长的小穗轴节间上；小穗轴坚实，或断折，脱节于颖之上小花之下或稀颖之下；颖披针形、线状披针形、钻形、刚毛形，或退化不存，或仅一颖退化，或形成数裂，先端尖至具芒，具（1～）3～7（～8）脉；外稃披针形、线状披针形、长圆状披针形，粗糙或被毛，稀平滑无毛，具或不具芒；基盘多少被毛，稀平滑无毛；内稃等长于或短于外稃，稀长于外稃，先端平截、略钝或内凹，两脊间较狭窄，无毛或粗糙或被毛，两脊上具纤毛或糙毛，稀平滑无毛；花药长 1.2～5（～7）mm。

属名来自希腊文 elymos，小米的一种（a species of millet by Hippocrates and Dioscorides.）。

属的模式种：***Elymus sibiricus*** L.（1976 年 Tzvelev 指定）。

细胞学特征：2n = 4x、6x、8x = 28、42、56；染色体组组成：**StStHH、StStSt-StHH、StStHHHH、StStStStHHHH**。

分布区：主要分布于亚洲、北美洲、南美洲，欧洲较少；生长在温寒地带。

披碱草属组、种、变种检索表

60. 颖披针形，对称，近等长，先端急尖，无芒；外稃无毛平滑，两侧与先端稍粗糙，无芒或具长 1mm 的芒尖；内稃与外稃等长，两脊近基部外具小刺毛，脊间被微毛 ………………………………………………………………………………… *E. novae-angliae*

  59. 穗状花序弓形 ……………………………………………………………… 61

    61. 颖线状披针形 ………………………………………………………… 62

      62. 两颖腹面疏被微毛，先端渐尖，具长 2mm 的短芒；外稃无毛，稍粗糙或近于平滑，两侧粗糙，先端急尖，具长 2～4mm 的短芒；内稃稍短于外稃，两脊上具短而粗的小刺毛，两脊间疏被微毛 ……………………… *E. marmoreus*

      62. 两颖腹面无毛，粗糙，先端渐尖而形成 1.5mm 的芒尖；外稃粗糙，先端具长 8mm 的芒；内稃与外稃等长，两脊上被长刚毛，两脊间疏被短小刺毛 ………………………………………………………………… *E. ubinica*

    61. 颖长圆形或长圆状披针形 ……………………………………………… 63

      63. 穗状花序短，长 12～20cm，小穗密；颖长圆形，脉上稍粗糙，腹面被短柔毛，先端急尖，具长 1.5～2mm 的短芒尖或短芒；外稃被柔毛，具长 2～3mm 的短芒；内稃与外稃等长，脊上着生小刺毛，脊间被短柔毛 …………………………………………………………………………… *E. besczetnovae*

      63. 穗状花序长，长 25～30cm，小穗疏松；颖长圆状披针形，脉上被粗而短小的刺毛，先端渐尖，具长 5mm 的短芒；外稃粗糙，被短小刚毛，先端具长 14～17mm 弯曲的芒；内稃与外稃等长，脊上着生短小刺毛，脊间被微小刺毛 …………………………………………………………………………… *E. longespicatus*

  58. 穗状花序下垂 ………………………………………………………………… 64

  64. 穗状花序稍下垂 …………………………………………………………… 65

    65. 小穗密集 ……………………………………………………………… 66

      66. 小穗偏于一侧；叶片平展，上表面粗糙至被糙伏毛，下表面无毛；颖长圆状针形，不等长，先端渐尖，成芒尖或短芒，或长达 11mm 的芒；外稃窄长圆状披针形，无毛，有时在脉上稍粗糙，先端具长（10～）17～40mm 的直芒；内稃与外稃等长或稍短，先端平截，具两齿 …………… *E. subsecundus*

      66. 小穗不偏于一侧 …………………………………………………… 67

        67. 叶鞘粗糙，下部叶鞘被散生柔毛；叶片上表面被白色分叉的长柔毛，下表面无毛粗糙；两颖近等长，成熟后仍绿色，具（3～）5～7 脉，强壮，先端渐尖，具长 4mm 的短芒；外稃密被小刺毛或柔毛，先端渐尖，具长 7～11mm 的反曲的芒；内稃先端稍内凹，脊上被纤毛 …………………………………………………………………… *E. viridiglumis*

        67. 叶鞘无毛，基部叶鞘幼时稍被微毛；叶片上表面密被微毛，稀疏被微毛，下表面无毛，稀粗糙；两颖不等长，无毛，通常粗糙，具 1～3 脉，先端渐尖，具长 4～6mm 的芒；外稃平滑或稍粗糙，沿基部边缘疏被微毛，先端具长 10～25mm 的芒，成熟时反折；内稃与外稃近等长，腹面疏被或中度被糙伏毛，两脊间背部向先端疏被糙伏毛，两脊具纤毛 ………………… *E. wawawaiensis*

    65. 小穗疏松 ……………………………………………………………… 68

    68. 外稃线状披针形 …………………………………………………… 69

      69. 小穗绿紫色，稀绿色；小穗轴节间密被柔毛；颖具膜质边缘，先端渐尖，有时具芒尖或齿；外稃背部被柔毛或仅下部被短柔毛，先端渐尖，具长（2～）5～

12mm 的芒 ·· *E. jacutensis*

69. 小穗绿色；小穗轴节间被细小刺毛；颖不具膜质边缘，先端急尖，具长 2mm 的
芒尖；外稃疏被小刺毛，先端具长 5～8mm 直而细的芒 ············· *E. zejensis*

68. 外稃披针形；宿存叶鞘纸质，柔软，叶鞘无毛；叶耳通常存在下部叶上；叶片上
表面被糙伏毛，下表面无毛；穗轴节间细，棱脊上具纤毛；颖披针形，无毛，先
端渐尖，具长 3～10mm 的短芒；外稃无毛，有时稍粗糙，先端渐尖，芒基部具两
齿，芒长 15～30mm，强烈外弯；内稃与外稃近等长，先端窄，平截 ···············
··· *E. sierrae*

64. 穗状花序下垂 ·· 70

70. 小穗着生密集 ··· 71

71. 芒直；颖披针形至卵圆形，两颖等长至不等长，背面无毛，粗糙，腹面被细微毛，
通常具长 2～4mm 的短芒，稀具芒尖，具膜质边缘；外稃无毛，有时稍粗糙，具
长（7～）15～20mm 的芒 ··· *E. caninus*

71. 芒反折至弯曲 ··· 72

72. 颖线形至线状披针形，3～5 脉，无毛，中脉粗糙，先端具长 8～30mm 的芒；
外稃通常无毛至粗糙—被微毛，中脉延伸成一反折至弯曲的芒，长 10～30（～
40）mm，内稃通常长于外稃，脊上部具纤毛，脊上脉延伸成 2 齿 ···············
··· *E. scribneri*

72. 颖披针形，2～3 脉，脉上粗糙或具短小刺毛，先端具长 1.5～3mm 的短芒；外
稃粗糙或疏生硬毛，先端具细弱稍弯曲的芒，长 7～10mm；内稃长于外稃，脊
上被短刺毛，先端平截，两脊间粗糙 ···
··· *E. debilis*

70. 小穗着生疏松 ··· 73

73. 小穗偏于一侧；植株密丛，中部秆膝曲，形成弓形弯曲，平滑无毛；叶鞘无
毛，平滑；叶片窄而短，宽 1～3.5mm，被白霜；穗轴节间常呈波状弯曲，
致使小穗排列不成行；颖线状披针形，具 3 脉，脉突起并具短纤毛，脉间无
毛，先端具长 3～5mm 的细芒；外稃无毛，平滑或稍粗糙，先端渐尖，具长
（5～）10～20mm 的直芒；内稃与外稃等长或稍短，脊上具短纤毛，先端具
两齿 ··· *E. arcuatus*

73. 小穗不偏于一侧 ··· 74

74. 颖披针形，两颖等长或近等长 ··· 75

75. 植株丛生，不具纤维状根；叶片柔软，上表面散生糙伏毛与微毛，或无
毛，下表面平滑或被微毛，边缘粗糙；穗轴较细，无毛，棱脊上粗糙；
小穗轴节间无毛；颖窄披针形，3～5（～6）脉，边缘透明膜质，基部扁
平，先端急尖或渐尖，有时具长 4mm 的短芒或不等长两齿；外稃线状披
针形，无毛或微粗糙，先端渐尖，具长 10～25mm（～30）的粗糙、弓
形外展的芒；内稃等长或稍长，或短于外稃，先端渐窄，平截 ···············
··· *E. arizonicus*

75. 植株密丛生，具多数纤维状须根；叶片平展，上下表面均无毛，粗糙，稀
上表面脉上疏被柔毛；颖披针形，3～5 脉，脉上粗糙，颖腹面多少被柔
毛，无透明膜质边缘；外稃披针形，无毛，先端钻状渐尖，无芒，有时具
长 1～1.5mm 的芒尖；内稃与外稃近等长，脊上具纤毛，两脊间无毛······

针形或卵状披针形，两颖近等长，先端渐尖，有时具长 1 mm 的芒尖；外稃披针形，被短小微毛，或有时背部平滑无毛，或边缘两侧被短刺毛，先端具芒尖或长短芒，长（1～）2.5 mm；内稃与外稃等长，先端钝或稍内凹，两脊上部具纤毛，两脊间背部被微毛 ……… *E. breviaristatus*

分 种 描 述

1. *Elymus alaskanus*（Scribn. et Merr.）**Á. Löve, 1970. Taxon 19：290.** 阿拉斯加披碱草（图 2-41：a、b）

1a. var. *alaskanus*

模式标本：加拿大："Circle City of Upper Yukon, Aug. 18, 1899, U. H. Osgood"；主模式标本：**US!**。

异名：*Agropyron latiglume*（Scribn. et Smith）Rydb.，1909. Bull. Torr. Bot. Club 36：539. s. str；

      Agropyron alaskanum Scribn. et Merr.，1910. Contr. U. S. Nat. Herb. 13 (3)：85；

      Agropyron alaskanum Scribn. et Merr. var. *arcticum* Hulten，1941. Fl. Alaska & Yukon 257；

      Triticum boreale Turcz.，1856. Bull. Soc. Nat. Moscou 29：56；

      Agropyron boreale ssp. *alaskanum*（Scribn. et Merr.）Melderis，1968. Arkiv för botanik 7 (1)：19；

      Elymus alaskanus ssp. *latiglumis*（Scribn. et Smith）Á. Löve，1980. Taxon 29：166。

形态学特征：多年生，丛生，具细弱的根状茎。秆直立，有时基部倾斜，斜伸至上部直立，高（12～）20～90 cm，无毛，秆节上被贴生微毛，稀无毛。叶常集中在秆基部；叶鞘平滑无毛或粗糙，或被柔毛；叶舌长 0.2～0.6 mm，先端撕裂状，被小纤毛；叶耳不存或长至 0.5 mm；叶片平展或内卷，长 10～25 cm，宽（3～）4～7 mm，两面均平滑或粗糙，或被微毛。穗状花序伸出较长，较细瘦，直立或先端稍弯曲，长（3.5～）6～14 cm，宽 5～8 mm，小穗 1 枚着生于每一穗轴节上，偶在下部穗轴节上具 2 小穗，小穗排列紧密；穗轴中部节间长（3～）4～10 mm，宽 0.5～0.8 mm，多数节间无毛，平滑，棱脊上粗糙；小穗长 9～15（～20）mm，长于穗轴节间 2～5 倍，贴生穗轴，具 3～6 小花；小穗轴节间密被糙硬毛与短而直挺的毛；脱节于颖之上，小花之下；颖倒披针形至倒卵形，两颖近等长，长 4～8 mm，宽（1.2～）1.5～2 mm，长为邻接外稃的 1/3～2/3，（1～）3～4（～5）脉，无毛、粗糙或密被长柔毛，毛长 0.3～0.5 mm（生长于阿拉斯加北部与北冰洋岸的），边缘具膜质，但上、下不等宽，最宽处在中部以上，宽达 0.4～1 mm，不达先端，先端骤钝或平截，常稍内凹，具长 0.5～1mm 短的尖头；外稃披针形，长 7～11 mm（芒除外），通常沿两侧或脉上被糙硬毛，特别是向基部的基盘部分，其余部分无毛或粗糙，但有时先端密被长 0.2 mm 的毛（生长于阿拉斯加北部与北冰洋岸的），外稃无芒，或具长达 7 mm 的短直芒；内稃与外稃近等长，先端平截，两脊上部具纤毛；花药长 1～2 mm。

细胞学特征：2n＝4x＝28（Löve，1984）；染色体组组成：**StStHH**（Φergaard et Anamthawat-Jonsson，2001）。

分布区：加拿大：育空（Yukon）地区、马更些（Makenzie）区、弗兰克林（Franklin）区、拉布拉多（Labrador）区、魁北克（Quebec）省、曼里托巴（Manitoba）省与不列颠哥伦比亚（British Columbia）省；美国：阿拉斯加（Alaska）州，以及本土的华盛顿（Washington）州、蒙大拿（Montana）州、怀俄明（Wyoming）州至科罗拉多（Colorado）州；格陵兰（Greenland）；瑞典与丹麦；生长在山谷荒地、溪旁、河边、阴被山坡。

（注：Bowden 于 1965 年将 *Agropyron alaskanum* 作为 *Agropyron violaceum* 的异名）

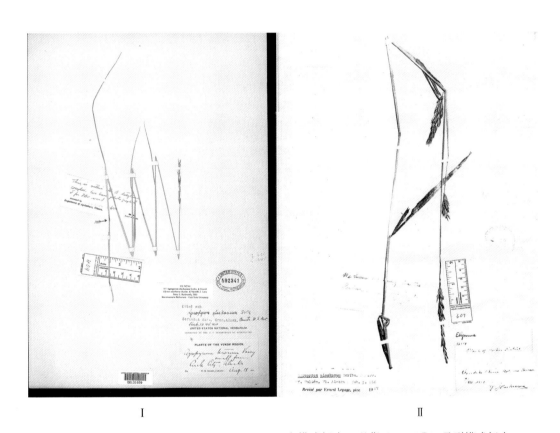

Ⅰ   Ⅱ

图 2-41：a *Elymus alaskanus* var. *alaskanus* 主模式标本，现藏于 US（Ⅰ）及副模式标本，现藏于 Catholic 大学标本馆（Ⅱ）

1b. var. *hyperarcticus*（Polunin）Yen et J. L. Yang. comb. nov. 根据 *Agropyron violaceum* var. *hyperarcticum* Polun.，1940，Bull. Nat. Mus. Canada，92，Bot. 24：95. 极地披

碱草（图 2 - 41：b）

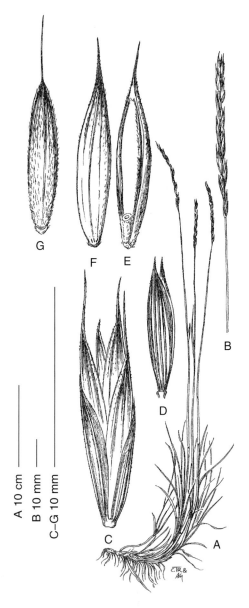

图 2 - 41：b *Elymus alaskanus* var. *alaskanus*
(A-F) 与 var. *hyperarcticus* (G)
A. 全植株 B. 穗 C. 小穗 D. 颖 E. 小花腹面观
F. 小花背面观 G. 小花背面观
［引自 Mary E. Barkworth 编著《北美植物志（Flora of
Noerth America）》，Cindy Talbot Roché 等绘］

模式标本：美国：阿拉斯加："Nicholas Polunin，Arctic Bay，Baffin Island，No.

2531，Sept. 9，1936. ”（主模式标本：**BM**！；副模式标本：Gray Herbarium and National Herbarium of Canada）。

  异名：*Agropyron violaceum* var. *hyperarcticum* Polun.，1940，Bull. Nat. Mus. Canada，92，Bot. 24：95；

    Rœgneria borealis ssp. *hyperarctica*（Polun.）Á. Löve et D. Löve，1956. Acta Horti Gotob. 20：188；

    Rœgneria hyperarctca（Polun.）Tzvel.，1964，in Arkt fl. SSSR，2：244；

    Agropyron boreale（Turcz.）Nevski subsp. *hyperarcticum*（Polun.）Meld.，1968. Arkiv f. Bot. Ⅱ，7：19；

    Elymus hyperarcticus（Polun.）Tzvel.，1972，Nov. Sist. Vyssch. Rast. 9：61；

    Elymus sajanensis ssp. *hyperarcticus*（Polun.）Tzvel.，1973. Nov. Sist. Vyssch. Rast. 10：24；

    Elymus alaskanus（Scribn. et Merr.）Á. Löve，ssp. *hyperarcticus*（Polun.）Á. Löve et D. Löve，1976. Bot. Not. 128：502。

  形态学特征：本变种与原变种的区别在于：不具根状茎；叶片上、下表面均密被短柔毛；外稃密被长 0.2～0.5 mm 的毛。

  细胞学特征：$2n=4x=28$（Probatova & Sokolovskaya，1982）。

  分布区：从俄罗斯极地的 Taymyr Basin，跨过北美北部至格陵兰；生长在石质山坡、河岸与山脚草地、卵石与岩石中。

  2. *Elymus albicans*（Scribn. et J. G. Smith）**Á. Löve，1980，Taxon 29：166. 白披碱草**（图 2-42：a、b）

  模式标本：美国：“Yogo Gulch，Montana，altitude 5 000 ft，Mr. P. A. Rydberg No. 3405，August 22，1896.”；主模式标本：**US**！。

  异名：*Agropyron albicans* Scribn. et J. G. Smith，1897. U. S. Dept. Agric.，Div. Agrostol. Bull. 4：32；

    Agropyron griffithii Scribn. et J. G. Smith，1905. In Piper，Biol. Soc. Wash. 18：148；

    Agropyron albicans var. *giffithii*（Scribn. et J. G. Smith ex Piper）Beetle，1952. Rhodora 54：196；

    Elymus griffithii（Scribn. eT J. G. Smith）Á. Löve，1980. Taxon 29：167；

    Agropyron dasystachys（Hook.）Scribn. et J. G. Smith ssp. *albicans*（Scribn. et J. G. Smith）Dewey，1983，Brittonia 35：31；

    Elytrigia dashystachya（Hook.）Á. Löve et D. Löve ssp. *albicans*（Scribn. & J. G. Smith）Dewey，1983. Brittonia 35：31；

    Elymus lanceolatus（Scribn. et J. G. Smith）ssp. *albicans*（Scribn. & J. G. Smith）Barkworth et D. R. Dewey，1983，Great Basin Naturalist 43（4）：562；

    Rœgneria albicans（Scribn. et J. G. Smith）Beetle，1984. Phytologia 55

（3）：212；

Roegneria albicans var. *griffithii* （Scribn. & J. G. Smith） Beetle，1984. Phytologia 55 （3）：212；

Elymus albicans var. *griffithii* （Scribn. & J. G. Smith） R. D. Dorn，1988. Pl. Wyoming 298。

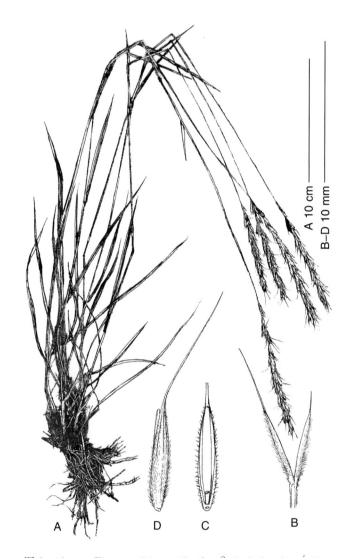

图 2 - 42：a *Elymus albicans* （Scribn. & J. G. Smith） Á. Löve
A. 全植株　B. 颖及穗轴一段　C. 小花腹面观　D. 小花背面观

[B 与 D 引自 Mary E. Barkworth 等编著《北美植物志（Flora of North America）》24 卷，335 页；A 与 C 颜济绘]

形态学特征：多年生，疏丛生，具强壮的根状茎。秆直立或基部斜升，高 40～100 cm，无毛，被白霜，秆基部具宿存的枯叶鞘。叶鞘平滑无毛，被白霜；叶耳常存，可长至 0.8 mm；叶舌长 0.2～0.5 mm，膜质，具小纤毛；叶片坚硬，斜升，常内卷，长7～15 cm，宽 1~3 mm，上表面粗糙至被糙伏毛，下表面无毛。穗状花序直立，微弯，长 4~14 cm，宽 3~8 mm（芒除外），小穗 1 枚着生于每一穗轴节上；穗轴节间长 6~14 mm，宽 0.2~0.4 mm，无毛，或在小穗下被微毛；小穗长 10~18 mm，长于穗轴节间 1.5~2 倍，贴生于穗轴或斜升，具 3~6 花；小穗轴被小糙伏毛，脱节于颖之上，小花之下。颖倒披针形，无毛或被毛，两颖近等长，长为相邻外稃的 1/2，第 1 颖长 4~8 mm；第 2 颖长 4.5~8 mm，3~5 脉，脉较宽，中脉微形成脊，脉上平滑至极粗糙，边缘膜质，宽 0.2~0.3 mm，先端急尖，渐尖或具长至 4 mm 的短芒，基部增厚。外稃卵状披针形，背部圆形，无毛至密被毛，长 7.5~9.5 mm，先端具芒，芒长 4~12 mm，多反折；内稃与外稃近等长，向先端渐窄成宽 0.1~1.3 mm 的先端，具 2 小齿。花药长 3~5 mm。

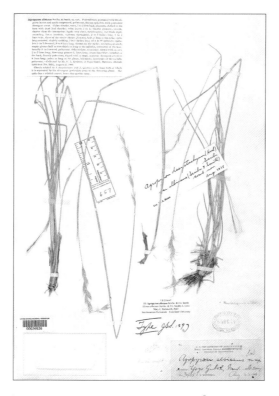

图 2-42：b *Elymus albicans*（Scribn. & J. G. Smith）
Á. Löve 主模式标本（现藏于 **US**）

细胞学特征：2n ＝ 4x ＝ 28（Dewey，1970）；染色体组组成：**StStHH**（Dewey，1970）。

分布区：美国：洛矶山脉（Rochy Mountains）中段，至大平原（Great Plain）西部的北达科他（North Dakota）州与南达科他（South Dakota）州西部、蒙大拿（Montana）州、怀俄明（Wyoming）州，以及科罗拉多（Colorado）州；加拿大：艾伯塔（Alberta）省。生长在平原与干燥山地浅薄的岩石土壤中，在林下或在北美艾灌丛（Sagebrush）覆盖的坡上中部。

3. *Elymus angulatus* **J. Presl，1830. in C. Presl，Reliquiae Haenkeanae 264 - 265.** 狭颖披碱草（图 2 - 43：a、b)

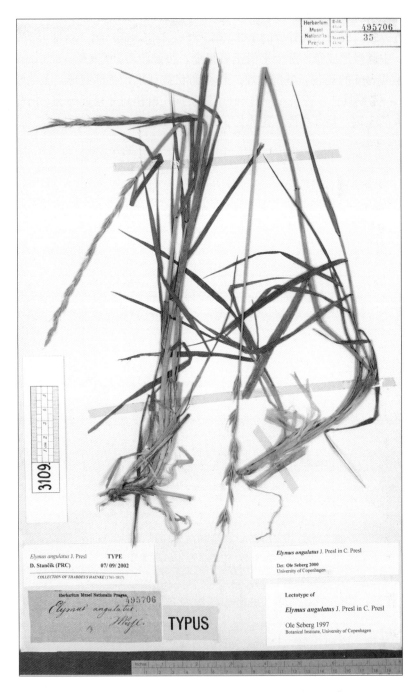

图 2 - 43：a *Elymus angulatus* J. Presl 主模式标本（现藏于 **PR**)

图 2 - 43：b *Elymus angulatus* J. Presley 主模式标本局部，
示穗轴及小穗（现藏于 **PR**）

模式标本："Haenke s. n. /s. a.，Hab. In Peruviae montanis?"，主模式标本现藏于 **PR**!
O. Seberg 在模式标本上又贴上他的"指定模式标签"，1998 年，在他们的文章中写道：
模式标本，由他与 G. Petersen 指定! 在 James Presley 定名的主模式标本上贴上他的"指定模式标签"，这显然是不合法的。在这一篇文章中，他还介绍他们指定的"指定同模式标本"现藏于 **W**。**W** 现藏有 10 份来自南美的 *Elymus angulatus* J. Presley 标本，**W** 的负责人 Lia Pignott 介绍 **W** "没有保存有模式标本（The type is not present）"，当然也就包括他们所谓的"指定同模式标本"。

异名：*Agropyron breviaristatum* Hitchc.，1927. Contr. U. S. Nat. Herb. 24：353；

Elymus agropyroides J. Presl 1830. In C. Presl，Rel. Haenk.：1：265；

Elymus andinus Poepp. ex Trin.，1835-1836. Linnaea 10：304；

Elymus rigescens Poepp. ex Trin.，1835-36. Linnaea 10：304；

Elymus antarcticus Hook. f.，1847. Fl. Antarctica 1（2）：388；

Elymus gayanus E. Desv.，1853. In Gay，Historia fisica y politica de Chile.
　　Vol. 6. Botanica 467 - 468；

Elymus valdiviae Steud.，1855. Synop. Pl. Glum. 1：349；pro. syn；

Elymus asper Nees，1855. In Steud. Synop. Pl. Glum. 1：349，non *Elymus asper*（Simonk.）Brand，1907. In Koch，Synop. Der Deutschen und Schweizer Fl. Vol. 3（18）：2800；

Elymus chonoticus Phil.，1857-1858. Linnaea 29：104；

Elymus paposanus Phil.，1860. Reise durch die Wueste Atacama：56；

Elymus muticus Phil.，1864-65. Linnea 32-33：300；

Elymus vaginatus Phil.，1864. Linnaea 33：300-301；

Elymus gracilis Phil.，1864. Linnaea 33：301；

Elymus pratensis Phil.，1864. Linnaea 33：301-302；

Elymus latiglumis Phil.，1864. Linnaea 33：302-303；

Elymus corralensis Phil.，1864. Linnaea 33：303；

Elymus albowianus Kurtz，1896. Revista Mus. La Plata 7：401-402；

Elymus oreophilus Phil.，1896. Anales Univ. Chile 94：347；

Elymus palenae Phil.，1896. Anales Univ. Chile 94：348-349；

Elymus uniflorus Phil.，1896. Anales Univ. Chile 94：349；

Elymus leptostachyus Speg.，1897. Revista Fac. Agron. Veterin. La Plata 32-33：631- 632；

Elymus chubutensis Speg.，1897. Revista Fac. Agron. Veterin. La Plata 32-33：632- 633；

Hordeum valdiviae (Steud.) Schenck，1907. Bot. Jahrb. Syst. 40：109；

Elymus agropyroides var. *brevimucronatus* Haumann，1918. Anales Soc. Ci. 85：233-234；

Elymus breviaristatus (Hitchc.) Á. Löve，1984. Feddes Repert. 95 (7-8)：471. (nom. illeg.)，non *Elymus breviaristaus* (Keng) Keng ex Keng f.，1984. Bot. Res. 4 (3)：191-192；

Elytrigia breviaristata (Hitchc.) Covas，1985. Apuntes Fl. Pampa 100：400. (nom. illeg.)；

Elytrigia breviaristata (A. Hitchc.) Covas ex J. Hunz. & Xifreda，1986. Darwiniana 27：562。

形态学特征：多年生，丛生，部分具短的根状茎。秆直立，高达100～150 cm，具3～5 (～7) 节，节褐色，无毛，秆基部具坚纸质宿存叶鞘，常裂成纤维状，无毛。叶鞘无毛；叶舌直，长0.5～2.4 (～4) mm；叶片平展，或多或少内卷，长 (5～) 7.5～25 (～31) cm，宽 (2.4～) 3.2～10.4 (～16) mm，上表面粗糙，有时疏生长柔毛，下表面无毛至粗糙。穗状花序直立，长5～25 cm，宽3～ 12 (～15) mm，绿色，有时具紫晕，每一穗轴节上着生1枚或2枚小穗，稀3枚小穗，同一穗上每一穗轴节上小穗数也有变异；穗轴棱脊上粗糙，具9～25 (～34) 节，穗轴节间长2.6～7.8 mm，下部者可长达15 mm；小穗长 (8～) 10～18 (～26) cm，宽 (1～) 2～5 (～6) mm，具 (1～) 2～5 (～8) 花，顶端具1不育外稃，着生在一伸长的小穗轴节间上；小穗轴微粗糙。颖非常窄至窄椭圆形，两颖不等长，无毛，脉上粗糙，第1颖长4.4～12.9 (～19.9) mm，宽0.8～2 (～3) mm，(2～) 3～5 (～6) 脉，先端急尖、长渐尖或具一长4 (～6) mm长的芒；第2颖长 (4.7～) 6.6～15.8 (～20.4) mm，宽 (0.8～) 1～1.9 (～3.2) mm，具 (1～) 3～5 (～6) 脉，先端长渐尖或具一长达6.5 (～11.2) mm的芒。外稃长 6.8～16.5 mm，宽 1.9～3.7 mm，（3～）5（～7）脉，先端急尖，或具长达 25 mm 的芒，芒基部扁平延伸出一膜质的齿，芒直，有时反折；内稃稍短于外稃，长 6.4～15.1 mm，宽 0.7～1.8（～2.4）mm，先端平截、内凹或急尖。花药长（1.6～）2.7～4.9 mm。

细胞学特征：2n＝4x＝28（Dubcovsky et al.，1992；Seberg & Petersen，1998），2n＝6x＝42（Seberg & Bothmer，1991）；染色体组组成：**StStH₁ H₁ H₂ H₂**（Seberg & Bothmer，1991）。

分布区：南美：主要沿安第斯（Andes）山，已知从波利维亚、秘鲁、阿根廷本土、智利至 Tierra del Fuego；生长在河边与湖岸的潮湿草地、海岸沙地、盐化草甸、开阔林地，以及倒石堆中；海拔从海平面至 4 400 m，随纬度降低而上升至山上。

4. *Elymus breviaristatus*（Keng）Keng ex Keng f.，1984. Bot. Res. 4（3）"191 - 192，non *Elymus breviaristatus*（A. S. Hitchc.）Á. Löve，1984. Feddes Repert. 95（7-8）：471. 短芒披碱草（图 2 - 44）

模式标本：中国四川；"雅垄江岸"；主模式标本：**PE!**。

异名：*Clinelymus brevisristatus* Keng，1959. Fl. Ⅰll. Pl. Prim. Sin. Gram.：423.
（in Chinese）；

Elymus brachyaristatus Á. Löve，1984. Feddes Repert. 95（7-8）：449。

（本种系对 *Clinelymus breviaristatus* Keng 重新组合命名，但是 *Elymus breviaristatus*（Keng）Keng ex Keng f. 的组合发表在 1984 年 7 月，而 Á. Löve 的组合发表于 1984 年 10 月，按国际植物命名法规，Keng ex Keng f. 的组合有效）

形态学特征：多年生，疏丛生，具短而下伸的根状茎。秆直立或基部膝曲，高约 70 cm，径约 1.6 mm，具 4 节，基部常带有少量白粉。叶鞘光滑无毛；叶舌短而不明显；叶片平展，长 4～12 cm，宽 3～5 mm，上、下表面均粗糙，或下表面平滑。穗状花序柔弱下垂，长 10～15 cm，通常小穗 2 枚着生于每一穗轴节上，有时接近先端各节仅具 1 枚小穗，小穗排列疏松；穗轴棱脊上粗糙或具小纤毛，上部节间长 4～5 mm，基部节间长 15～20 mm；小穗灰绿色而稍带紫色，长 13～15 mm，具 4～6 花；小穗轴节间长 1.5～2 mm，密生微毛；颖长圆状披针形，或卵状披针形，两颖近等长，长 3～4 mm，1～3 脉，脉上粗糙，先端渐尖或具芒长仅 1 mm 的小尖头；外稃披针形，全体被短小微毛或有时背部平滑无毛，或边缘两侧被短刺毛，第 1 外稃长 8～9 mm，具芒尖或短芒，芒长（1～）2～5 mm，基盘被短小微毛；内稃与外稃等长，先端钝圆或微内凹，两脊上具纤毛，至下部毛渐消失，两脊间背部被微毛。

细胞学特征：2n＝4x＝28（Lu，1990）；染色体组组成：**StStHH**（Mason-Gamer et al. 2005）。

分布区：中国四川、青海、宁夏；生长在山坡上。

5. *Elymus canadensis* L.，1753. Sp. Pl.，ed. 1，vol. 1：83 - 84. 加拿大披碱草

5a. var. *canadensis*（图 2 - 45：a、b）

模式标本：加拿大："Lectotype-Savage（1945）Catalogue No. 100. 3，Hort. Upsal.，Habitat in Canada. Kalm."，后选模式标本：**LINN!**。

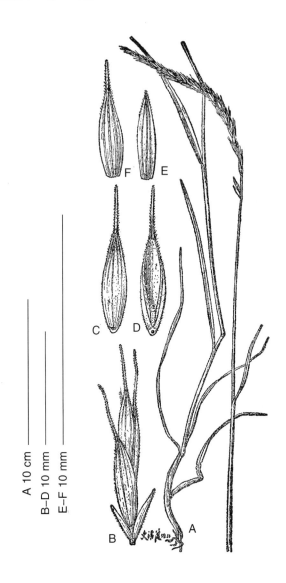

图 2 - 44　*Elymus breviaristatus*（Keng）Keng ex Keng f.

A. 全植株　B. 小穗　C. 小花背面观

D. 小花腹面观　E. 第 1 颖　F. 第 2 颖

（引自耿以礼主编《中国主要植物图说·禾本科》，图 354，史渭清绘）

异名：*Elymus philadelphicus* L.，1753. Cent. Pl. i：6；

　　　Hordeum patulum Moench，1794. Meth. 199；

　　　Sitanion brodiei Piper，1899. Erythea 7：100；

　　　Hordeum canadensis（L.）Aschers. & Graebn.，1902. Syn. Mitteleur. Fl.
　　　　2：745；

　　　Elymus canadensis Wheeler，1903. Minn. Bot. Studies 3：106；

Elymus glaucifolius Muehl.，1908. in Willd. Enum. Hort. Berol. 131；

Torrellia canadensis（L.）Lunell，1915. Amer. Midl. Nat. 4：228；

Clinelymus canadensis（L.）Nevski，1932. Bull. Jard. Bot. Ac. Sc. URSS 30：650；

Elymus canadensis L. forma *glaucifolia*（Muehl.）Fern.，1933. Rhodora 35：191。

形态学特征：多年生，疏丛生，具短的根状茎。秆直立或基部稍膝曲，粗壮，高（40～）60～150（～200）cm，直立或外倾，具5～7（～10）节，无毛。叶鞘无毛或微粗糙；叶耳长1.5～4 mm，褐色至紫黑色；叶舌长约1（～2）mm，先端平截，撕裂状；叶片平展，稍内卷，厚而硬，长20～30 cm，宽4～15（～20）mm，上、下表面均粗糙，或下表面较平滑。穗状花序弓形，长（6～）12～30 cm（芒在内），小穗2～3（～4～5）枚着生于每一穗轴节上，稀一些节上仅1枚，小穗排列紧密；穗轴节间无毛或生短小刺毛，棱脊上粗糙至具纤毛，上部节间长（2～）5～7 mm，下部者长10～20 mm；小穗长10～20 mm（芒除外），具（2～）3～5（～7）花；小穗轴节间长约1.5 mm，密被短硬毛；颖线状形至近刚毛状，中部较宽，两颖等长或近等长，长约6～13 mm（不含芒），基部0～1 mm呈近圆柱状，稍硬化，宽0.5～1.6 mm，3～4脉，脉上粗糙至具小刺毛，稀脉上与边缘被长柔毛，先端具长（5～）10～25（～27）mm的芒，直立或外弯；外稃披针形，长8～17 mm，上部明显5脉，全部密生长柔毛至糙毛至仅疏生小刺毛而粗糙，具芒，芒长（10～）20～40（～50）mm，成熟后向外展开或弯曲，基盘被糙毛或小毛；内稃稍短于至等长于外稃，先端尖至圆钝而微凹，两脊上具纤毛，两脊间背部具短毛。花药长约（2～）3～4 mm。

细胞学特征：2n＝4x＝28（Bowden，1959）；染色体组组成：**StStHH**（Dewey，1971；Mason-Gamer，2001）。

分布区：北美洲：加拿大与美国、墨西哥；生长在干沙地、砾石堆、岩石上，以及河流、溪流的岸边、湖边的冲积土上。

5b. var. *brachystachys*（Scribner et Ball）Farwell，1920. Mich. Acad. Sci. Rept. 21：357. 加拿大披碱草短穗变种

模式标本：美国："Indian Territory（Oklahoma），chiefly on the False Washita，between Fort Cobb and Fort Arbuckle，1868. E. Palmer 420"；主模式标本：**US!**。

异名：*Elymus brachystachys* Scribner & Ball，1901. U. S. Dept. Agric.，Div. Agrostol. Bull. 24：47；

Elymus canadensis glabrifolius Vasey，1894，Contr. U. S. Nat. Herb. 2：550（in part）。

形态学特征：与 var. *canadensis* 的区别在于，颖基部不明显硬化或外倾，芒长10～20mm；外稃平滑或微粗糙，芒通常长20～30mm，中度外弯；穗长6～20cm，下垂，不具很重的白霜，常呈黄色或淡红褐色；穗轴节间多为3～4mm。

细胞学特征：2n＝4x＝28（Stebbins，G. L. and Snyder，1956）。

分布区：广布于北美大平原南部，从内布拉斯加到墨西哥，以及加拿大南部，从不列

图 2-45：a *Elymus canadensis* L. var. *canadensis*

A. 全植株 B. 小穗 C. 小花腹面观

（引自 A. S. Hitchcock，1951. Manual of the grasses of the United States，图 505）

颠哥伦比亚到魁北克。

5c. var. *robustus* （Scribner et J. G. Smith） **Mackenizie. et Bush，1902，in Manual of The Flora of Jackson County，Missouri，38.** 加拿大披碱草强力变种

模式标本：美国："Missouri：Courtney，Bush 9467，Sept. 27，1921，U. of Ill. Herb.；Floyd，Bush 9399，July 11，1921，U. of Ill. Herb."。

异名：*Elymus robustus* Scriber et J. G. Smith，1897，U. S. D. A. Div. Agrost. Bull. No. 4：37；

　　　Elymus glaucifolius robustus （Scribn. & J. G. Smith） Bush，1926，

图 2 - 45：b　Carl von Linné 定名的 *Elymus canadensis* 的合模式标本
（Ⅰ现藏于英国伦敦，LINN！；Ⅱ现藏于瑞典斯德哥尔摩，S！）

Am. Midl. Nat. 10：87。

形态学特征：本变种与 var. *canadensis* 的区别，在于穗状花序长 15～25（～30）cm，中度下垂，稀直立，不被重度白霜，常为黄色或淡红褐色；穗轴节间长 3～4mm；颖基部常稍硬化而外曲，芒长 15～25mm；外稃平滑至微粗糙，稀被糙毛，芒长 30～40mm，中度或强烈外曲。

细胞学特征：未知。

分布区：美国：主要分布在东部—中部，自伊利诺伊（Illinois）州与俄亥俄（Ohio）州到俄克拉何马（Oklahoma）州与内布拉斯加（Nebraska）州。

6. *Elymus caninus*（L.）L.，1755. Fl. Suec.，ed. 2：39. 犬草（图 2 - 46：a、b）

模式标本：合模式标本现藏于 **LINN！**。

异名：*Triticum caninum* L.，1753. Spec. Pl. 86；

　　　Agropyron caninum（L.）P. Beauv.，1812. Ess. Agrostol. 146；

　　　Triticum rupestre Link，1821. Enum. Pl. Horti Berol. 1：98；

　　　Agropyron pauciflorum Schur，1859. Verh. Siebenb. Ver. Naturw. 10：77；

Agropyron alpinum Schur，1866. Enum. Pl. Transs. 810；

Goulardia canina（L.）Husnot. 1899. Graminees 4：83；

Agropyron abchazicum Voronov，1912. Vestn. Tifl. Bot. Sada 22：2；

Zeia canina（L.）Lunell，1915. Amer. Midl. Nat. 4：226；

Roegneria canina（L.）Nevski，1934. Tr. Sredneaz. Univ.，ser. 8B，17：71；

Elytrigia canina（L.）Drob.，1941. Fl. Uzbek. 1：285，539；

Roegneria tuskaulensis Vass，1953. Bot. Mat.（Leningrad）15：36。

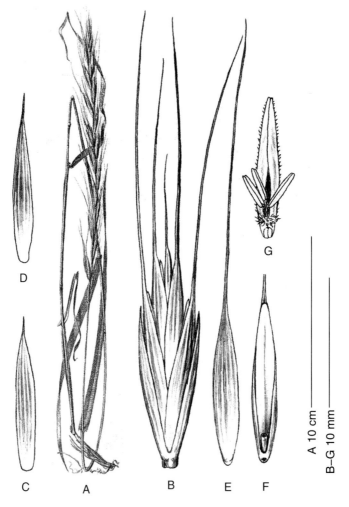

图 2 - 46：a *Elymus caninus*（L）L.

A. 全植株　B. 小穗　C. 第 1 颖　D. 第 2 颖　E. 小花背面观　F. 小花腹面观

（A 引自 Gustav Hegi，19xx. Illustrierte Flora von Mittel-europa，

Band I，Teil 3；Tafel 40 - 1；B- F 颜济绘制）

形态学特征：多年生，疏丛生，无强壮的根状茎。秆高（30～）70～150cm，直立或膝曲，平滑无毛，节或节下有时被毛。叶鞘无毛，具条纹；叶耳长至 1.5mm；叶舌长

0.2~1.5mm；叶片平展而薄，长（10~）20~30cm，宽 4~11mm，绿色或灰绿色，上、下表面均粗糙，无毛，或上表面脉上疏生柔毛，长至 0.5mm，脉不明显突起，脉间距大。穗状花序下垂或弓形，稀直立，长（5~）10~20cm，宽 5~8mm（芒除外），绿色或为紫绿色，小穗 1 枚着生于每一穗轴节上，排列较密集；穗轴节间长（4.5~）6~12mm，棱脊粗糙或被纤毛；小穗长 10~15（~20）mm（芒除外），贴生穗轴或稍外展，具 2~6 小花；小穗轴微粗糙或被微毛；颖披针形至窄卵圆形，两颖等长至不等长，背面无毛，粗糙，腹面被细微毛，第 1 颖长 6~10（~11）mm，第 2 颖长（7~）10~13mm，宽 0.6~1mm，两颖均具 3~5 脉，先端骤窄，通常具短芒，第 1 颖芒长约 2mm，第 2 颖芒长 2~4mm，稀具芒尖，颖具透明干膜质边缘；外稃通常平滑，有时上端微粗糙，长 9~13mm，具芒，芒长（7~）15~20mm，直立或弯曲；内稃与外稃近等长，先端平截，窄，两脊上几乎全长被细而密的纤毛；花药长 2~3mm。

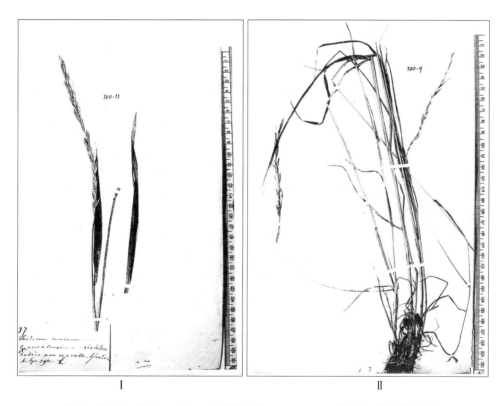

图 2-46：b　Carl von Linné 定名的 *Elymus caninus*（L）L. 的合模式标本
Ⅰ. 现藏于 **LINN**，No. 100.11　Ⅱ. 现藏于 **LINN**，No. 100.9

细胞学特征：2n＝4x＝28；染色体组组成：**StStHH**（Dewey，1974；Redinbaugh et al.，2000；Oergaard & Anamthawat-Jonsson，2001）

分布区：中亚；俄罗斯：西伯利亚、高加索；伊朗；斯堪的纳维亚南部；中欧；中国：新疆。北美也有引进而成为野生。

7. *Elymus dentatus*（Hook. f.）T. A. Cope，1982. In E. Nasir & S. I. Ali，Fl. Pak. 143：

623. 齿颖披破草

7a. var. *dentatus* （图 2 - 47）

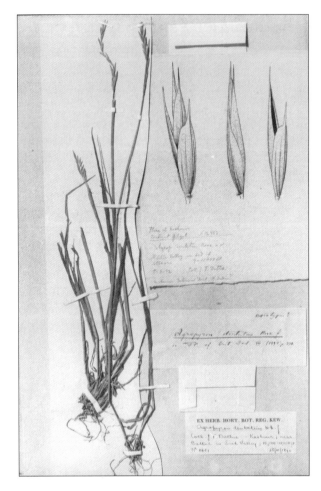

图 2 - 47　*Elymus dentatus*（Hook. f. ）T. A. Cope 副模式标本
（现存于 **K**）

模式标本：克什米尔："Kashimir，alt. 9 — 12 000 ft. ，Jacquemont，Thomas，and Western Tibet，Karakorum，alt. 14 000 ft. ，Clarke"；合模式标本：**BM!**；副模式标本 **K!**。

异名：*Agropyron dentatum* Hook. f. ，1896，Fl. Brit. Ind. 7：370；

　　　Elymus dentatus var. *scabrus*（Nevski）Á. Löve，1984. Feddes Repert. 95（7 - 8）：455；

　　　Elymus dentatus var. *elatus*（Hook. f. ）G. Singh，1986，J. Econ. Taxon Bot. 8（2）：497。

形态学特征：多年生，丛生，具细而匍匐的根状茎。秆直立或基部膝曲斜升，高25～80cm，除花序下粗糙外，其余平滑无毛。叶片长可达30cm，宽4～11mm，上、下表面均平滑无毛，稀上表面粗糙，边缘粗糙。穗状花序直立，长 6～15cm，绿色或具淡紫色晕，小穗 1 枚着生于每一穗轴节上，小穗排列中度紧密；穗轴节间无毛，沿稜脊粗糙；小穗长 12～15mm，贴生穗轴，具 3～5 花；颖长圆形或窄椭圆状长圆形，平滑无毛或粗糙，两颖不等长，第 1 颖长 6～8mm，3～5 脉，脉上粗糙；第 2 颖长 7～9mm，5～9 脉，先端具 1 齿，有时渐尖或具短芒；外稃长圆状披针形，长（8～）9～11mm，至少背下部被短小刚毛而粗糙，先端急尖或被短芒；内稃与外稃等长；花药长 1.5～2mm。

细胞学特征：2n＝4x＝28；染色体组组成：**StStHH**（Salomon，1993）。

分布区：克什米尔、喀喇昆仑、喜马拉雅；生长在高山海拔 2 591～3 048m。

7b. var. *kashimiricus*（Meld.）Á. Löve，1984. Feddes Repert. 95（7‐8）：455. 齿颖披碱草克什米尔变种

模式标本：克什米尔："Kashimir，Munro"。

异名：*Agropyron dentatum* var. *kashimiricum* Melderis，1960. In Bor，Grass. Burm. Ceyl. Ibnd. & Pak. 690。

形态学特征：与 var. *dentatus* 的区别，在于叶鞘密被短柔毛；颖 3 脉。

细胞学特征：未知。

分布区：克什米尔。

8. *Elymus elymoides*（Raf.）Sweezey，1891. Nebr. Pl. Doane Col. 15. 松鼠尾披碱草（图 2‐48）

模式标本：美国："Carrington Island，Great Salt Lake"；主模式标本：**US!**；同模式标本：**BM!**。

异名：*Sitanion elymoides* Rafin.，1819. J. Phys. Chym. Hist. Nat. Arts 89：18；

　　　Aegilops hystrix Nutt. 1818. Gen. N. Pl.，1：86；

　　　Elymus sitanion Schult.，1824. Mantissa 2：426；

　　　Polyanthrix hystrix（Nutt.）Nees，1838. Ann. Nat. Hist. 1：284；

　　　Sitanion minus J. G Smith，1899. U. S. Dept. Agric.，Div. Agrostol. Bull. 18：12；

　　　Sitanion californicum J. G. Smith，1899. U. S. Dept. Agric.，Div. Agrostol. Bull. 18：13；

　　　Sitanion glabrum J. G. Smith，1899. U. S. Dept. Agric.，Div. Agrostol . Bull. 18：14；

　　　Sitanion cinereum J. G. Smith，1899. U. S. Dept. Agric.，Div. Agrostol. Bull. 18：14；

　　　Sitanion insulare J. G. Smith，1899. U. S. Dept. Agric.，Div. Agrostol. Bull. 18：14；

　　　Sitanion hystrix（Nutt.）J. G. Smith，1899. U. S. Dept. Agric.，Div. Agrostol. Bull. 18：15；

　　　Sitanion montanum J. G. Smith，1899. U. S. Dept. Agric.，Div. Agrostol. Bull. 18：16；

Sitanion caespitosum J. G. Smith，1899. U. S. Dept. Agric. ，Div. Agrostol. Bull. 18：16；

Sitanion strigosum J. G. Smith，1899. U. S. Dept. Agric. ，Div. Agrostol. Bull. 18：17；

Sitanion brevifolium J. G. Smith，1899. U. S. Dept. Agric. ，Div. Agrostol. Bull. 18：17；

Sitanion longifolium J. G. Smith，1899. U. S. Dept. Agric. ，Div. Agrostol. Bull. 18：17；

Sitanion molle J. G. Smith，1899. U. S. Dept. Agric. ，Div. Agrostol. Bull. 18：17；

Sitanion pubiflorum J. G. Smith，1899. U. S. Dept. Agric. ，Div. Agrostol. Bull. 18：19；

Sitanion latifolium Piper，1899. Erythea 7：99；

Elymus glaber Davy，1902. Calif. Univ. Publs. ，Bot. 1：57. nom illeg；

Elymus pubiflorus Davy，1902. Calif. Univ. Pubs. ，Bot. 1：58. nom. illeg；

Sitanion marginatum Scribn. & Merr. ，1902. Bull. Torrey Bot. Club 29：469；

Sitanion velutinum Piper，1903. Bull. Torrey Bot. Club. 30：233；

Sitanion basalticola Piper，1903. Bull. Torrey Bot. Club. 30：234；

Sitanion albescens Elmer，1903. Bot. Gaz. 36：57；

Sitanion ciliatum Elmer，1903. Bot. Gaz. 36：58；

Hordeum elymoides （Rafin. ）Schenck，1907. Bot. Jahrb. 40：109；

Elymus brevifolius M. E. Jones，1912. Contr. West. Bot. 14：20. nom. illeg；

Elymus hystrix （Nutt. ）M. E. Jones，1912. Contr. West. Bot. 14：20；

Elymus insularis M. E. Jones，1912. Contr. West. Bot. 14：20. nom. illeg；

Elymus minor M. E. Jones，1912. Contr. West. Bot. 14：20. nom. illeg；

Sitanion rigidum var. *califolium* Smiley，1921. Calif. Pubs. Bot. 9：99. nom. illeg；

Elymus longifolius （J. G. Smith）Gould，1947. Brittonia 26：60；

Sitanion hystrix var. *californicum* （J. G. Smith）F. D. Wilson，1963. Brittonia 15：?；

Elymus elymoides var. *brevifolius* （J. G. Smith）R. D. Dorn. 1988. Pl. Wyoming 298。

形态学特征：多年生，丛生，稀秆单生。秆直立，基部有时膝曲，高（10～）30～150cm，平滑无毛至粗糙至被微毛，秆基部具宿存纸质叶鞘。叶鞘无毛至被长毛，或被白霜，最上面的叶鞘常膨胀而包裹穗状花序基部；叶舌短于 1mm；叶耳不明显或缺乏，如存在长约 1mm，常为紫色；叶片平展或边缘内卷，有时折叠，长（2～）5～20cm，宽（1～）2～5（～6）mm，常硬而直立，上表面无毛至粗糙、至被微毛、至被白色长柔毛，或糙毛，下表面无毛或被微毛。穗状花序直立至弯曲，长（2.5～）3～15cm（芒除外），小穗（1～）2～3（～4）枚着生于每一穗轴节上，排列紧密；穗中部的穗轴节间长（2～）3～12mm，通常无毛，有时在小穗下被微毛，穗状花序成熟时自穗轴节基部断折；小穗长12～20mm，具（1～）2～6花，最下的花常退化形成一芒状物；小穗轴脱节于颖之上及诸小花之间；颖刚毛状，最宽处仅0.2～1mm，基部窄，增厚，具1～2（～3）脉，颖完整不裂或不等长2～3裂，先端具芒，颖体连同芒长（20～）35～125mm，粗糙，外展，芒基部有时又具一至数枚刚毛状附属物；外稃披针形至椭圆形，背部圆，长6～12mm，无毛，粗糙至被微毛，3～5脉，中脉延伸成一长20～90mm的粗糙弯曲的芒；内稃与外稃等长或近等长，先端急尖至平截，两脊上的脉常延伸成长2（～5）mm的刚毛；花药长1～2.2mm。

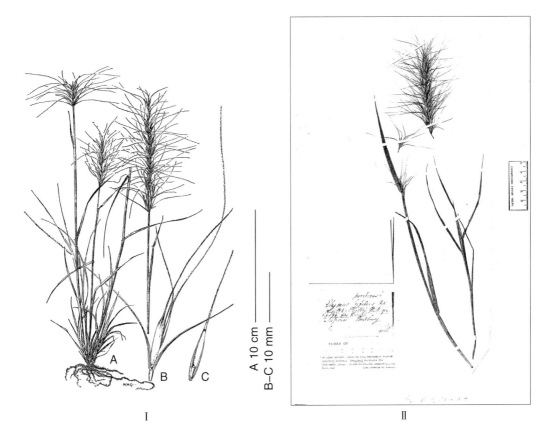

图2-48 *Elymus elymoides*（Raf.）Sweezey

Ⅰ. A. 全植株；B. 小穗；C. 小花腹面观

（引自 A. S. Hitchcock，1951. Manual of the grasses of the United States，图358）

Ⅱ. 同模式标本，现藏于 **BM**

细胞学特征：2n＝4x＝28（Dewey，1964；Redinbaugh et al.，2000）；染色体组组成：**StStHH**（Dewey，1964；Redinbaught al.，2000；Mason-Gamer et al.，2002；Larson et al.，2003）。

分布区：北美：美国中部与西部各州，南达得克萨斯（Texas）州；加拿大的不列颠哥伦比亚（British Columbia）省与萨斯卡彻万（Saskatchewan）省；也见于墨西哥（Mexico）。生长在开阔平原、干旱山坡、盐生荒漠灌丛、开阔林地与岩石山坡、高山草地；海拔 600～4 200m。

9. *Elymus glaucus* Buckley，1862. Proc. Acad. Nat. Sci. Phila. 1862：99‑100. 俄勒冈披碱草

9a. var. *glaucus* （图 2‑49：a、b）

模式标本：美国："Oregon：Columbia River，Nuttall s. n."；主模式标本：**PH！**。

异名：*Elymus nitidus* Vasey，1886，Bull. Torrey Bot. Club. 13：120；

Elymus americanus Vasey et Scribner，1888. in Macoun，Catal. Can. Pl. 2，4：245；

Elymus sibiricus var. *americanus* Wats. & Coult.，1890. in Gray，Man. Ed. 6：673；

Elymus glaucus var. *tenuis* Vasey，1893. Contr. U. S. Nat. Herb. 1：280；

Elymus angustifolius Davy，1901. in Jepson，Fl. West. Mid. Calif.：79；

Elymus hispidulus Davy，1901. in Jepson，Fl. West. Mid. Calif.：79；

Elymus howellii Scribner et Merr.，1910. Contr. U. S. Natl. Herb. 13：88；

Elymus strigatus St. John，1915. Rhodora 17：102. p. P；

Torrellia glaucus（Buckl.）Lunell，1915. Amer. Midl. Nat. 4：228；

Clinelymus glaucus（Buckl.）Nevski，1932. Bull. Jard. Bot. Ac. Sc. URSS. 30：648；

Clinelymus glaucus ssp. *californicus* Nevski，1932. Bull. Jard. Bot. Ac. Sc. URSS. 30：649；

Clinelymus glaucus ssp. *caloratus* Nevski，1932. Bull. Jard. Bot. Ac. Sc. URSS 30：648；

Elymus glaucus f. *jepsonii* St. John，1937. Fl. S. E. Wash. & Adj. Idaho：42；

Elymus glaucus subsp. *jepsonii*（Davy）Gould，1947. Madrono 9：126。

形态学特征：多年生，疏丛生或密丛生，有时具短而细的根状茎。秆直立或稍倾斜，高（20～）50～120（～140）cm，常被白霜，节被微毛或无毛，褐色或紫褐色，基部宿存叶鞘无毛或被糙毛。叶鞘平滑无毛或粗糙，下部叶片的叶鞘被倒生微毛至糙毛常为紫色；叶耳存，长可至 2.5mm，紫色；叶舌长 1mm，平截，全缘或啮齿状至具纤毛；叶片平展，稀内卷，薄，长（6～）10～20cm，宽 2～13（～17）mm，上表面粗糙，无毛，有时在脉上具单行柔毛或长柔毛，稀微毛，下表面无毛。穗状花序直立或稍下垂，细瘦，长（5～）7～21cm，小穗 2 枚着生于每一穗轴节上，稀 1 枚或 3 枚，排列较疏松；穗轴坚实，棱脊上具粗糙纤毛至短糙毛，穗轴节间长约 4～8（～12）mm，棱脊上粗糙，小穗下无毛；小穗绿色、禾秆色或紫色，贴生穗轴或稍外倾，长 8～25mm，（1～）2～4（～6）花，顶花常退化仅存外稃着生于伸长的小穗轴上或仅具伸长的小穗轴；小穗轴密被贴生短毛；颖线形或线状披针形，无毛或粗糙，两颖近等长，长（5.5～）8～17（～19）mm，宽（0.6～）0.8～1.2（～2）mm，（1～）3～5（～7）脉，中脉突起或稍突起，脉

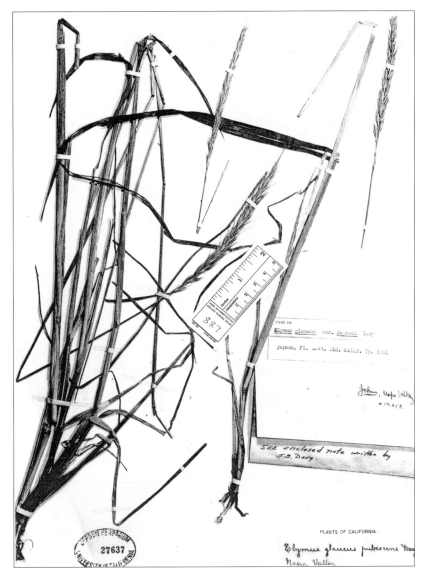

图 2-49：a *Elymus glaucus* Buckley 主模式标本（现藏于美国
费城自然科学院植物系，**PH**）

上粗糙，颖边缘膜质，颖基部常增厚硬化，无脉或脉微弱，颖先端渐尖，稀具 2 齿，具
芒，长（0.5～）1～5（～9）mm；外稃背部微粗糙至粗糙，有时部分无毛，或基部边缘
被短硬毛，长（8～）9～14（～16）mm，5 脉，脉在顶端延伸至芒中，外稃边缘膜质，
先端具芒，芒长（0～）1～30（～35）mm，直立或向外反曲，基盘被短硬毛；内稃短于
外稃或等长，先端稍内凹或具 2 齿，两脊上部约 2/3 或 4/5 被纤毛；花药紫绿色，长
1.5～2.5（～3.5）mm。

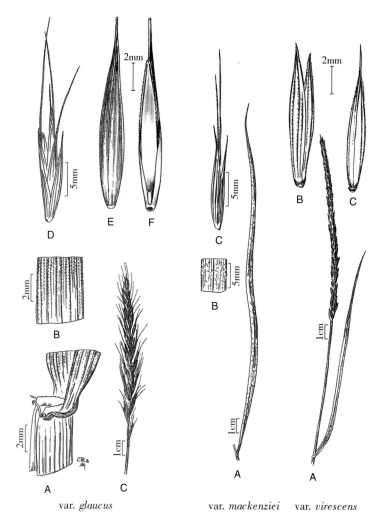

var. *glaucus*   var. *mackenziei*   var. *virescens*

图 2 - 49：b var. *glaucus*、var. *maclkenzii*、var. *virescens*

var. *glaucus*：A. 叶鞘上端、叶片下端、叶舌与叶耳；B. 叶片一段，示上表面；C. 穗；D. 小穗；
E. 小花背面观；F. 小花腹面观

var. *mackenzii*：A. 旗叶；B. 叶片一段，示上表面；C. 小穗

var. *virescens*：A. 旗叶、穗下节间及穗；B. 第 2 及第 1 颖；C. 小花背面观

（引自 Mary E. Barkworth 等编著《Flora of North America》24 卷；Cindy Talbot Roché 等绘；

var. *glaucus* 图 E 与 F，颜济改绘；排列字码更改）

细胞学特征：2n ＝ 4x ＝ 28（Bowden，1959；Dewey，1965）；染色体组组成：
StStHH（Dewey，1965；Mason-Gamer et al.，2002）。

分布区：北美：广布于北美西部，加拿大的安大略（Ontario）省西北部、曼里托巴
（Manitoba）省、萨斯卡彻万（Saskatchewan）省、艾贝塔（Alberta）省、育空（Yu-
kon）地区以及不列颠哥伦比亚（Britian Columbia）省；美国的阿拉斯加（Alaska）、密
歇根（Michigan）到南达科他（South Dakota）、科罗拉多（Colorado）到新墨西哥（New

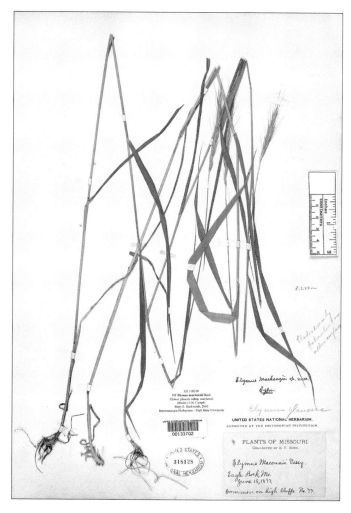

图 2 - 49：c　var. ***mackenzii***（Bush）J. J. N. Campbell 主模式标本：**US**

Mexico）与加利福尼亚（California），以及艾奥瓦（Iowa）、密苏里（Missouri）与阿肯色（Arkansas）各州；生长在针叶林与落叶林中，沿海岸与海滩的岩石区域、湖边、河边、溪边，草地、山坡上；海拔自海平面至 2 286m。

9b. var. *mackenzii*（Bush）J. J. N. Campbell，2002，J. Kentuchy Acad. Sci. 61（2）：93 - 96. 俄勒冈披碱草马氏变种（图 2 - 49：b、c）

模式标本：美国：密苏里州："U. S. A.，Missouri，[Barry Co.] Eagle Rock，15 Jun. 1897，B. F. Bush 77，US 318128."（主模式标本：**US!**）。

异名：*Elymus mackenzii* Bush，1926，Am. Midl. Naturalist 10：53。

形态学特征：本变种与 var. *glaucus* 的区别，在于其叶鞘通常被微毛；叶片通常较窄，宽仅 3～8mm，上表面密被短柔毛与散生长毛；颖芒长 3～8mm；外稃芒长 20～30mm。

细胞学特征：未知。

分布区：美国：密苏里、阿肯色、俄克拉何马等州；生长在沿河及溪流的石灰岩山坡、林隙、开阔林地与灌丛中。

9c. var. *virescens* **（Piper）Bowden，1964. Canad. J. Bot. 42：560－561. 俄勒冈披碱草绿色变种**（图 2－49：b）

模式标本：美国：华盛顿州："United States：Washington State：Olympic Mts.，near the head of Duckaboose River，3000 to 4000 ft alt.，C. V. Piper 1988"；主模式标本：US！；模式标本照片：**DAO!**。

异名：*Elymus virescens* Piper，1899. Erythea，7：101；

　　　Elymus glaucus Buckl. subsp. *virescens* （Piper）Gould，1947. Madrono 9：126。

形态学特征：本变种与 var. *glaucus* 的区别，在于其叶鞘无毛或粗糙；叶片宽 2～10mm，平滑或微粗糙至被微毛；外稃常仅具芒尖，如芒存在，芒短于稃体，长 0.3～5（～7）mm；颖芒长 0～1.8（～2）mm。

细胞学特征：2n＝4x＝28 （Hartung，1946）。

分布区：北美：从美国阿拉斯加南部、加拿大不列颠哥伦比亚（包括夏洛特皇后岛 Queen Charlotte Islands），到美国华盛顿与加利福尼亚州；生长在海滩、海岸与河岸峭壁以及山林中；海拔 914～1 220m。

10. *Elymus hoffmanni* **K. B. Jensen et K. H. Asay，1996. Int. J. Plant Sci. 175（6）：758. fig. 4. 荷夫曼披碱草**（图 2－50）

模式标本：1979 年由 J. A. Hoffman 与 R. J. Metzger 采自土耳其的种子 MH－114－1085 （U. S. Plant Introduction （W613943）），在美国犹他（Utah）州伊凡（Evan）研究农场种植的植株。种子原产地："the edge of a wheat field 56 km northwest of Eleskirt，Erzurum Province，Turkey，alt. 1 700m."。主模式标本：**UT!**；同模式标本：**US、K、LE、TAES**。

形态学特征：多年生，丛生，具根状茎。秆直立，高 54～135cm，无毛。叶鞘无毛；叶舌长 0.6～1mm，平截，撕裂状；叶耳常不存，如存在，长约 1mm；叶片平展至内卷，长 10～40cm，宽 5～13mm，上表面无毛或疏被糙伏毛，下表面无毛。穗状花序直立至稍下垂，长 10～50cm，绿色，小穗 1 枚着生于每一穗轴节上，排列较紧密；穗轴节间长 5～8mm，最下部穗轴节间长 26mm，被毛，毛长 0.2～0.4mm；小穗长 15～27mm，无柄，贴生至斜生，具 5～7（～9）花，上端花有时退化；小穗轴微粗糙；颖披针形至线状披针形，两颖几乎等长，长 5～11mm，宽 1～1.8（～2）mm，3～5 脉，脉上无毛，边缘透明膜质，先端渐尖，无芒或具长达 8mm 的芒；外稃平滑无毛，长 7～12mm（芒除外），宽 1～3mm，5 脉，先端渐尖，无芒至长达 12mm 的芒；内稃长圆形，长 8～11mm，宽 1～2mm，先端略钝，两稜脊上具纤毛；花药长 4～7mm。

细胞学特征：2n＝6x＝42 （Jensen & Asay，1996）；染色体组组成：**StStStStHH**（Jensen & Asay，1996）。

分布区：土耳其；生长在田边；海拔 1 700m。

11. *Elymus hordeoides* **（Suksdorf）Barkworth et D. R. Dewey，1985. Amer. J. Bot. 768.**

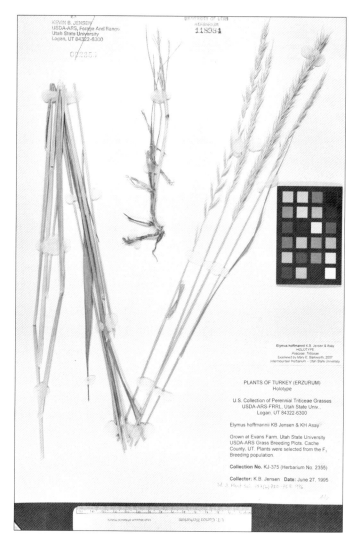

图 2 - 50　*Elymus hoffmanii* K. B. Jensen et K. H. Asay 主模式
标本（现藏于 **UT**）

大麦状披碱草（图 2 - 51）

模式标本：美国：华盛顿州："Dry prairie n of Spangle，Spokane Co.，Wash.，29
Jun 1916，Suksdorf 8705"（主模式标本：**WS!**；同模式标本：**GH!**、**NY!**、**UC!**、**US!**）。

异名：*Sitanion hordeoides* Skuksdorf，1923. Werdenda 1：4；

　　Sitanion hystrix（Nutt.）J. G. Smith var. *hordeoides*（Suksdorf）C. L. Hitchc.，
　　　1969. In C. L. Hitchc.，A. Cronq.，and M. Ownbey，eds. Vascular plants of the
　　　Pacific Northwest Pt. 1，Gramineae. ?

　　Elymus elymoides（Raf.）Swezey ssp. *hordeoides*（Suksdorf）Barkworth，1993.
　　　In Hichman，J. C.，The Jepson Manual higher Plant of California：1254。

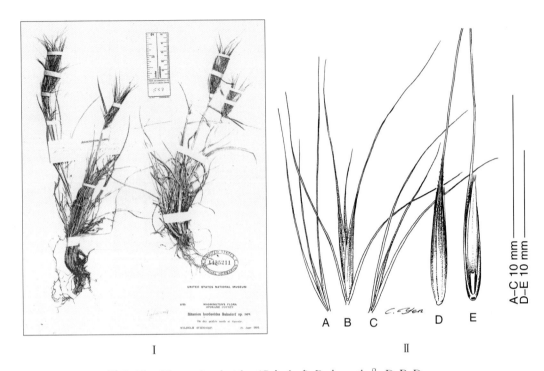

图 2-51 *Elymus hordeoides* (Suksdorf) Barkworth & D. R. Dewey

Ⅰ. 同模式标本，现藏于 US　Ⅱ. A. 侧生小穗，小花退化颖状；B. 中央小穗，只下部两小花发育完全能结实；
C. 侧生小穗，小花退化颖状；D. 能育小花背面观；E. 能育小花腹面观，内稃顶端有时两脊延伸形成两刚毛状构造

形态学特征：多年生，疏丛生。植株常低矮，秆细瘦，直立，高 10～20cm，无毛。叶鞘被纤细微毛至长柔毛，具条纹，亮绿色至被白霜；叶片平展至内卷，亮绿色至被白霜，宽 1～4mm，上表面被细微毛至长柔毛，下表面无毛或被微毛。穗状花序长 3～6cm，常部分包裹在最上面的叶鞘中，排列紧密；穗成熟时穗轴自穗轴节间下端断折；小穗 3 枚着生于每一穗轴节上，中间一枚小穗能育，通常具 2 能育花与 1 顶生的不育花，侧生小穗不育退化成颖状；颖完整，稀 2 裂，因此在每一穗轴节上颖的数目变化为 6～14，颖钻形至很窄的披针形，先端延伸成一细而粗糙的芒，芒长 15～50mm；外稃长约 10mm，具不明显 5 脉，能育花的外稃中脉延伸成一短的刚毛，或长 10～30mm 的芒；内稃与外稃约等长，先端钝或平截，或偶然具 2 短于 1mm 的刚毛，两脊粗糙。

细胞学特征：2n＝4x＝28（Clausen et al.，1940；Stebbins & Löve，1951；Wilson，1963）；染色体组组成：**StStHH**（Wilson，1963）。

分布区：美国：华盛顿（Washington）州中部与东部、俄勒冈（Oregon）州中部以及加利福尼亚（California）州最北部，稀见于内华达（Nevada）州北部与爱达荷（Idaho）州西南部；生长在土壤很薄的干旱的岩石上。

12. *Elymus hystrix* L.，1753. Sp. Pl. 560. 猬草（图 2-52）

模式标本：美国："Gronovius, Virginia , USA. "（主模式标本：**LINN!** Sheet 100：8）。［合模式标本 Syntype："United states：Virginia：Clayton 570，ex Herb. Gronovii（**BM!**）"］

异名：*Asperella hystrix*（L.）Humb.，1790. Mag. Bot.（Roem. & Usteri）3. 7：5 nom illeg；

    Hystrix patula Moench，1794. Meth. Pl：294；

    Asprella hystrix（L.）Willd. 1809. Enum. pl.：132 nom. illeg；

    Gymnosticum hystrix（L.）Schreb.，1810. Beschr. Gräs. 2：127. tab. 47；

    Zeocriton hystrix（L.）P. Beauv.，1812. Ess. Agrostol.：115，182；

    Asperella echidnea Rafin.，1819. Amer. Monthly Mag. 4：100；

    Elymus pseudohystrix Schult.，1824. Syst. Veg. 2，Mantissa：427 nom. illeg；

    Asprella americana Nutt.，1837. Trans. Amer. Phil. Soc.，N. S. 5：151；

    Asprella angustifolia Nutt.，1837. Trans. Amer. Phil. Soc.，N. S. 5：151；

    Asprella major Fresen，1840. In Steud.，Nom. Bot. ed. 2，1：152；

    Hystrix hystrix（L.）Millsp.，1892. Fl. W. Virg.：474；

    Hystrix elymoides Mack. & Bush，1902. Man. fl. Jackson County：39 nom. illeg；

    Hordeum hystrix（L.）A. Schenk，1907. Bot. Jahrb. Syst. 40：109 nom. illeg.，non Roth，1797，Catal. Bot. 1：23；

    Gymnostichum patulum（Moench）Lunell，1915. Amer. Midl. Nat. 4：228 nom. illeg；

    Asperella hystrix（L.）Humb. var. *bigeloviana* Fern.，1922. Rhodora 24：229 - 231；

    Hystrix patula var. *bigeloviana* Fern. ex Deam，1929. Ind. Dept. Conserv. Publ. 82：117；

    Hystrix patula f. *bigelovania*（Fern.）Gleason，1952. Phytologia 4：21；

    Elymus hystrix var. *bigelovania*（Fern.）Muhlenbr.，1972. Illustr. Fl. Illinois，Grasses，Bromus to Paspalum：206；

    Elymus hystrix f. *bigelovaninus*（Fern.）Dore，1976. Nat. Canad. 103：557。

形态学特征：多年生，疏丛生，不具根状茎，植株中度被白霜。秆直立，有时下部膝曲，细瘦，高（45～）67～140（～150）cm，直径 4mm，具 6～8 节，无毛，基部宿存叶鞘褐色，无毛或被微毛。叶鞘无毛，稀被微毛，常为紫色；叶舌长（0.5～）1～2（～3）mm；叶耳存，长（0.5～）1～3mm，褐色至黑色；叶片薄，平展，长（7～）12～25（～39）cm，宽 4～12（～16）mm，上、下表面均无毛至粗糙，有时上表面脉上具柔毛。穗状花序直立或成熟时下垂，长（4～）7～20cm，宽 5～15（～20）mm（芒除外），小穗 2 枚（稀 1 或 3 枚）着生于每一穗轴节上，排列疏松；穗轴具（10～）12～18（～26）节，节间长（3～）4～8（～10）mm，无毛，棱脊具长达 0.1mm 的纤毛，曲折；小穗长 10～18mm，明显具柄，长 2～3mm，具（1～）2～4（～6）花，小穗轴长 1～2mm，成

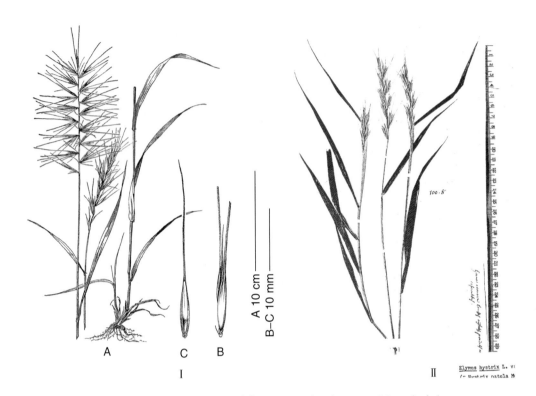

图 2-52 *Elymus hystrix* L.（Ⅰ. 引自 A. S. Hitchcock，1951. Manual of the grasses of the United States，图 359，编排修改；Ⅱ. 合模式标本，现藏于 **LINN**）

熟时向外开展或与穗轴呈直角水平开展；颖常退化消失，有时退化呈短小锥形，有时发育正常而呈一长（4～）7～18（～30）mm 的锥状颖（含芒），粗糙，有时贴生微毛至糙伏毛；外稃长 8～11mm，背部无毛，有时先端与近边缘处粗糙或贴生微毛，至糙伏毛，具不明显 5 脉，外稃芒长（12～）20～40（～47）mm，粗糙，直立，稀弯曲；内稃长（7～）8～10（～11）mm，先端钝或平截，有时内凹，两棱脊具纤毛，中部以上具窄膜质边缘，两脊间背部先端无毛或被毛；花药长（2.5～）3～4（～5）mm。

细胞学特征：2n ＝ 4x ＝ 28（Dewey，1982）；染色体组组成：**StStHH**（Mason-Gamer，2001、2002）。

分布区：北美：分布于北美东部温带大部分地区，向西延伸至加拿大魁北克（Quebec）省到安大略（Ontario）省，稀见于曼里托巴（Manitoba）省；美国：从缅因（Maine）州到北达科他（North Dakota）州，南到俄克拉何马（Oklahoma）州与佐治亚（Georgia）州，但南部的海岸平原无分布。生长在沙土、沃土、黏土中，山坡的林沿、林中或灌木丛中，特别是土壤富含碱性的山坡与小溪阶地。

13. *Elymus lanceolatus*（Scribn. et J. G. Smith）Gould，1947. Madrono 10：94. 尖头披碱草

13a. var. *lanceolatus* （图 2 - 53：a、b）

模式标本：美国爱达荷州："Idaho：266， E. Palmer，1893"（主模式标本：**US!**）。

异 名：*Agropyron lanceolatum* Scribn. & J. G. Smith，1897. U. S. Dept. Agric.，
　　　　　Div. Agrostol. Bull. 4：34；

　　　　Agropyron dasystachyum （Hook.） Scribn.，1883. Bull. Torrey Bot. Club.
　　　　　10：78，non *Elymus dasystachys* Trin.，1829；

　　　　Triticum repens var. *dasystachyum* Hook.，1840. Fl. Bot. Amer. 2：254；

　　　　Agropyron elmeri Scribn.，1898. U. S. Dept. Agric.，Div. Agrostol. Bull.
　　　　　11：54；

　　　　Elytrigia dasystachya （Hook.） Á. Löve & D. Löve，1954. Bull. Torrey
　　　　　Bot. Club 81：33。

形态学特征：多年生，丛生，具强而匍匐的根状茎，植株淡黄绿色或被白霜。秆直立，高（22～）40～120（～130）cm，下部光滑，上部具条纹，节褐色或黑色，无毛，秆基部具宿存的纸质叶鞘。叶鞘有些膨大，上部者平滑并具白霜，下部者被微毛；叶舌长1mm以下，膜质，啮齿状，有时具小纤毛；叶耳通常存在于下部的叶片上，长 0.5～1.5mm；叶片平展，干后内卷，长 15.5～35cm，宽 1～4（～6） mm，上表面被微毛或被细长硬毛，下表面与边缘粗糙。穗状花序直立，或稍弯曲，长 7.5～22cm，小穗 1 枚着生于每一穗轴节上，稀在少数节上具 2 枚小穗，排列较稀疏；穗轴在小穗下无毛，穗轴节间在中部者长 5～16mm，无毛或被毛；小穗长（8～）10～28mm，具 3～7（～12）花；小穗轴节间长约 2mm，无毛或被绢毛；颖窄披针形至倒披针形，无毛，脉上粗糙，两颖近等长或不等长，长 4～14mm，宽 0.7～3mm，（2～）3～5（～7）脉，先端急尖至渐尖，或具芒尖至短芒；外稃宽披针形，长 7～12（～14） mm，背部圆，无毛或疏被微毛，毛短于 1mm，3 脉，脉上向先端粗糙，先端急尖、具尖头，或具长 2mm 的短芒，平截或具2 齿，基盘被长柔毛；内稃与外稃等长，先端钝，脊平滑或微粗糙，两脊间背部无毛；花药长（2.5～）3～6mm。

细胞学特征：2n＝4x＝28 （Dewey，1967；Bowden，1967；Mason - Gamer，2001）；染色体组组成：**StStHH** （Dewey，1967；Mason - Gamer，2001；Mason - Gamer et al.，2002）。

分布区：北美：从阿拉斯加跨过加拿大，向南穿过美国西部，经大平原南到堪萨斯，东至西弗吉尼亚；也分布至墨西哥。生长在开阔的草甸、柏树林地、落叶阔叶林地、路边、旱生灌丛、山地灌丛中；海拔高度可达 3 350m。

13b. var. *psammophilus* （Gillett et Senn） **C. Yen et J. L. Yang comb. nov.** 根据 *Agropyron psammophilum* **Gellett et Senn，1961. Can. J. Bot. 39：1169 - 1175. 尖头披碱草沙生变种**（图 2 - 53：c）

模式标本：加拿大："Ontario：Bruce County：J. H. Soper and M. Dale 3964，sandy dunes on mouth of Pine River，6 miles south of Kincardine，Lake Huron，June 19，1948."（主模式标本：**DAO!**；同模式标本：**GH、MO、TRT、US!**）。

异名：*Agropyron psammophilum* Gellett et Senn，1961. Can. J. Bot. 39：1169 - 1175；

　　　Elymus lanceolatus ssp. *psammophilus* （Gillett & Senn） Á. Löve，1980.

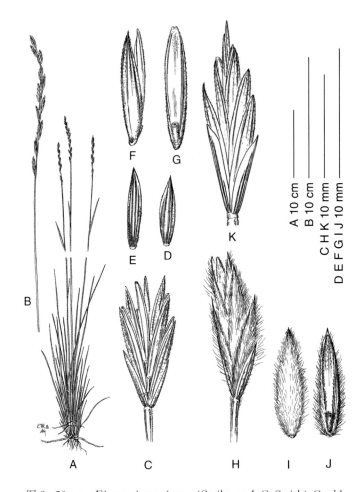

图 2 - 53：a *Elymus lanceolatus* （Scribn. et J. G. Smith）Gould
var. *lanceolatus*：A. 全植株 B. 穗 C. 小穗 D. 第 1 颖 E. 第 2
颖 F. 小花背面观 G. 小花腹面观
var. *psammophilus*：H. 小穗 I. 小花背面观 J. 小花腹面观
var. *riparius*：K. 小穗
［引自 Mary E. Barkworth 等编著《北美植物志（Flora of the North
America）》24 卷，328 页］

Taxon 29：167；

Elytrigia dasystachya ssp. *psammophila*（Gillett & Senn）D. Dewey，1983.
Brittonia 35：31；

Elymus calderi Barkworth，1996. Syst. Bot. 21（3）：349 - 354。

形态学特征：本变种与 var. *lanceolatus* 的区别，在于其颖疏被或密被微毛；穗状花
序长 5～26cm；穗轴在小穗下被微毛；小穗较长，长（9～）15～31mm；小穗轴节间被
长柔毛；外稃背部密被白色长柔毛；基盘被长柔毛；内稃脊上部被毛，两脊间被毛；花药
长4.5～6mm。

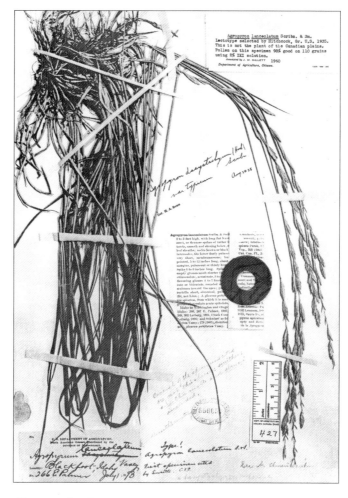

图 2 - 53：b　*Elymus lanceolatus*（Scribn. et J. G. Smith）Gould：
I. var. *lanceolatus* 主模式标本照片（现藏于 **US**）

细胞学特征：2n ＝ 4x ＝ 28（Gillett & Senn，1961；Bowden，1965；Barkworth，1996）；染色体组组成：**StStHH**（Barkworth，1996）。

分布区：北美：密歇根湖（Lake Michigan）与胡荣湖（Lake Huron）畔，美国的阿拉斯加（Alaska）州东部；加拿大的曼里托巴岛（Manitoba Island），生长在沙丘或沙地上；育空（Yukon）地区、不列颠哥伦比亚（British Columbia）省北部，生长在海岸边，以及碱性沙质土壤中，常形成大片群落。

13c. var. *riparius*（Scribn. et J. G. Smith）**R. D. Dorn，1988. Vasc. Pl. Wyoming 298. 尖头披碱草河岸亚种**（图 2 - 53：d）

模式标本：美国：蒙大拿（Montana）州："River banks，Montana，June and July. Founded on specimens collected in 1895 by P. A. Rydberg，2127，Garrison；C. L. Shear，369，Garrison，and 372，Deer Lodge."。主模式标本，现藏于 **US**！。

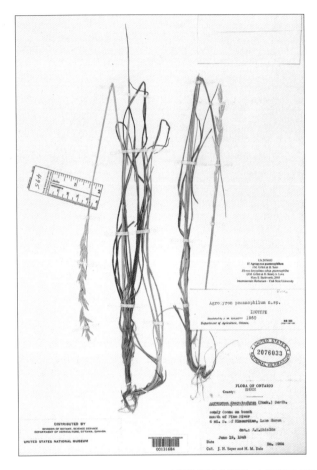

图 2 - 53：c　var. *psammophilus* 同模式标本照片（现藏于 **US**）

异名：*Agropyron riparium* Scribn. & J. G. Smith，1897. U. S. Dept. Agric.，Div. Agrostol. Bull. 4：35；

　　　Agropyron dasystachyum var. *riparium*（Scribn. et J. G. Smith）Bowden，1965. Can. J. Bot. 43：1434；

　　　Elytrigia riparia（Scribn. et J. G. Smith）Beetle，1984. Phytologia 55（3）：209；

　　　Elymus lanceolatus var. *riparius*（Scrib. et J. G. Smith）Barkwarth，2007，Flora of North America vol. 24：329。

形态学特征：本变种与 var. *lanceolatus* 的区别，在于秆较矮，高 22～60cm；穗状花序较短，长 6～10cm；外稃平滑无毛，上端粗糙，上部边缘被毛。

细胞学特征：未知。

分布区：美国：蒙大拿州；喜中性土壤。

14. *Elymus magellanicus*（Devsaux）Á. Löve，1984，Feddes Repert. 95（7 - 8）：472.
马吉兰披碱草（图 2 - 54）

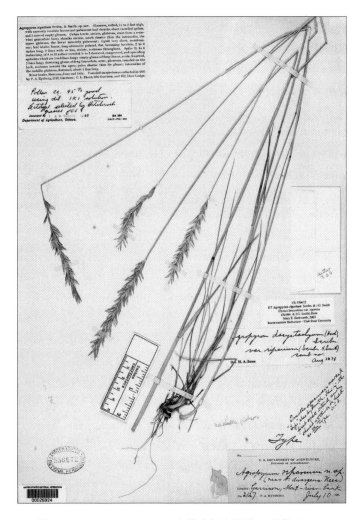

图 2 - 53：d　var. *riparius* 主模式标本照片（现藏于 **US**）

模式标本：南美："Guillou s. n. /1838 - 1840，Détroit de Magellan-Port Gajant"，
lectotype：**P**，designated by O. Seberg，1998。

异名：*Triticum pubiflorum* Steud. ，1855. Syn. Pl. Glum. 1：429 - 430，non *Elymus pubifloeus*（J. G. Sm. ）Burtt Davy，1902；

Triticum magellanicum（Desvaux）Speg. ，1896，Anal Mus. Hist. Nat. Buenos Aires 5：98. *Triticum pubiflorum* Steud. ，1855，Syn. Pl. Glum. 1：429 - 430；

Triticum magellanicum（E. Desv. ）Speg. var. *pubiflora*（Stud. ）Speg. ，1896. Anales Mus. Nac. Hist. Buenos Aires 5：98 - 99；

Agropyron pubiflorum（Steud. ）P. Candargy，1901. Arch. Biol. Veg. Pure Appl. 1：28（nom. nud. ）；

Agropyron magellanicum（E. Desv. ）Hack. var. *pubiflorum*（Steud. ）Hauman et Van der Veken, 1917. Anales Mus. Nac. Hist. Buenos Aires 29：25；

Agropyron pubiflorum （Steud.） Parodi, 1940. Revista Mus. La Plata, Secc. Bot. 3：36‐40；

Elytrigia pubiflora (Steud.) Tzvel., 1973. Nov. Sist. Vyssch. Rast. 10：33；

Agropyron antarcticum Parodi, 1940. Revista Mus. La Plata, Secc. Bot. 3：48‐51；

Elymus notius Á. Löve, 1984. Feddes Repert. 95 (7‐8)：472；

Agropyron attenuatum （Kunth） Roem. et Schult. var. araucanum Parodi, 1940. ；Revista Mus. La Plata, Secc. Bot. 3：35‐36；

Elymus araucanus （Parodi） Nicora, 1978. In Correa, M. N. （ed.） Fl. Patagon. Vol. 8, 3：458‐459；

Elymus araucanus (Parodi) A. Love, 1984. Feddes Repert. 95 (7‐8)：471；

Elytrigia araucana （Nicora） Covas, 1985. Apunte Fl. Pampa 101：401 （nom. illeg.）；

Elytrigia araucana （Nicora） Covas ex J. Hunz. et Xifreda, 1986. Darwiniana 27：562；

Agropyron attenuatum （Kunth） Roem. et Schult. var. *ruizianum* Parodi, 1940. Revista Mus. La Plata, Secc. Bot. 3：35‐36；

Triticum fuegianum Speg., 1896. Anales Mus. Nac. Hist. Buenos Aires 5：99‐100；

Agropyron fuegianum (Speg.) Kurtz, 1896. Revista Mus. La Plata 7：401；

Agropyron fuegianum (Speg.) Macloskie, 1904. Reports of the Princeton University Expeditions to Patagonia, 1896‐1899. Vol. 8. Bot. Part V. Flora Patagonica. Sec. 1. Pinaceae‐Santalaceae：245‐246 （nom. illeg.）；

Elymus fuegianus (Speg.) A. Love, 1984. Feddes Repert. 95 (7‐8)：471.

Elytrigia fuegiana （Speg.） Covas, 1985. Apunte Fl. Pampa 101：401 （nom. illeg.）；

Elytrigia fuegiana （Speg.） Covas ex J. Hunz. et Xifreda, 1986. Darwiniana 27：562. Les phanerogames des Terres Magellaiques；

Agropyron fugianum (Speg.) Kurtz var. *brachyatherum* Parodi, 1940. Revista Mus. La Plata, Secc. Bot. 3：55‐57；

Agropyron fuegianum var. *chaetophorum* Parodi, 1940. Revista Mus. La Plata, Secc. Bot. 3：57‐59；

Triticum fuegianum var. *patagonicum* Speg., 1897. Revista Fac. Agron. Veterin. La Plata 30‐31：588；

Agropyron fuegianum patagonicum （Speg.） Macloskie, 1904. Reports of the Princeton University Expeditions to Patagonia, 1896‐1899. Vol. 8. Bot. Part V. Flora Patagonica. Sec. 1. Pinaceae‐Santalaceae：246 （nom. illeg.）；

Triticum magellanicum （E. Desv.） Speg. var. *patagonica* （Speg.） De. Willd.，1905. Resultats du Voyage du S. Y. Belgica en 1897 - 1898 - 1899. Botanique：53；

Agropyron fuegianum Kurtz var. *patagonicum* （Speg.） Hauman & Van der Veken，1917. Anales Mus. Nac. Hist. Buenos Aires 29：25；

Agropyron patagonicum （Speg.） Parodi，1940. Revista Mus. La Plata，Secc. Bot. 3：23 - 25；

Elytrigia patagonica （Parodi） Covas，1985. Apunte Fl. Pampa 101：401 （nom. illeg.）；

Elytrigia patagonica （Parodi）Covas ex J. Hunz. & Xifreda，1986. Darwiniana 27：562；

Agropyron fuegianum var. *polystachyum* Parodi，1940. Revista Mus. La Plata，Secc. Bot. 3：59；

Agropyron fuegianum f. *submutica* Kurtz，1986. Revista Mus. La Plata 7：401；

Agropyron magellanicum （E. Desv.） Hack.，1900. In Dusen，Wisss. Ergebn. Schwed. Exp. Magellader 1895 - 1897，Ⅲ，5：231 - 232；

Triticum repens L. var. *magellanicum* E. Desv. 1853. In Gay，Hist. Chile Bot. 6：452；

Triticum magellanicum （E. Desv.） Speg.，1896. Anales Muz. Nac. Buenos Aires 5：98；

Triticum magellanicum （E. Desv.） Speg. var. *festucoides* Speg.，1897. Revista Fac. Agron. Veterin. La Plata 30 - 31：588；

Agropyron magellanicum festucoides （Speg.） Macloskie，1904. Reports of the Princeton University Expeditions to Patagonia，1896 - 1899. Vol. 8. Bot. Part V. Flora Patagonica. Sec. 1. Pinaceae - Santalaceae：246 （nom. illeg.）；

Agropyron magellanicum var. *festucoides* （Speg.） Hauman et Van der Veken，1917. Anales Mus. Nac. Hist. Buenos Aires 29：25；

Agropyron patagonicum （Speg.） Parodi var. *festucoides* （Speg.） Parodi，1940. Revista Mus. La Plata，Secc. Bot. 3：25~26；

Triticum magellanicum var. *glabrivalva* Speg.，1896. Anales Muz. Nac. Buenos Aires5：98；

Agropyron magellanicum （E. Desv.） Hack. var. *glabrivalva* （Speg.） Hauman et Van der Veken，1917. Anales Mus. Nac. Hist. Buenos Aires 29：25；

Triticum magellanicum var. *lasiopoda* Speg.，1897. Revista Fac. Agron. Veterin. La Plata 30 - 31：587 - 588；

Agropyron magellanicum （E. Desv.） Hack. var. *glabrivalva* （Speg.） Hauman et Van der Veken，1917. Anales Mus. Nac. Hist. Buenos Aires 29：25；

Triticum magellanicum var. *lasiopoda* Speg.，1897. Revista Fac. Agron. Veterin. La Plata 30 - 31：587 - 588；

Agropyron megallanicum lasiopodum（Speg.）Macloskie，1904. Reports of the Princeton University Expeditions to Patagonia，1896 - 1899. Vol. 8. Bot. Part Ⅴ. Flora Patagonica. Sec. 1. Pinaceae - Santalaceae：247（nom. illeg.）；

Agropyron magellanicum（E. Desv.）Hack. var. *lasiopodum*（Speg.）Hauman et Van der Veken，1917. Anales Mus. Nac. Hist. Buenos Aires 29：25；

Agropyron patagonicum（Speg.）Parodi，var. *australe* Parodi，1940. Revista Mus. La Plat，Secc. Bot. 3：27 - 28；

Agropyron pubiflorum（Steud.）P. Candargy var. *aristatum* P. Candargy，1901. Arch. Biol. Veg. Pure Appl. 1：28；

Agropyron pubiflorum var. *fragile* Parodi，1940. Revista Mus. La Plat，Secc. Bot. 3：40 - 42；

Agropyron pubiflorum var. *megastachyum* P. Candargy，1901. Arch. Biol. Veg. Pure Appl. 1：28；

Agropyron pubiflorum var. *microstachyum* P. Candargy，1901. Arch. Biol. Veg. Pure Appl. 1：28；

Agropyron pubiflorum var. *tridentatum* P. Candargy，1901. Arch. Biol. Veg. Pure Appl. 1：28；

Agropyron pubiflorum var. *trifidum* P. Candargy，1901. Arch. Biol. Veg. Pure Appl. 1：28；

Agropyron remotiflorum Parodi，1940. Revista Mus. La Plat，Secc. Bot. 3：19 -22；

Elymus remotiflorum（Parodi）A. Love，Feddes Repert. 95（7 - 8）：472；

Agropyron remotiflorum macrochaetum Parodi，1940. Parodi，1940. Revista Mus. La Plat，Secc. Bot. 3：27 - 28；

Agropyron patagonicum（Speg.）Parodi var. *macrochaetum*（Parodi）Nicora，1978. In Correa，M. N.（ed.）Fl. Patagon. Vol. 8，3：458；

Triticum glaucum auct. non Desf. ex DC. et Lam.，1815. d'Urv.，Mem. Soc. Linn. Paris 4：601（1826）；

Elymus glausescens Seberg，1989. Pl. Syst. Evol. 166：99。

形态学特征：多年生，丛生，具或不具短的根状茎。秆直立，高达 100cm，具 2～4 褐色无毛的节，秆基部具宿存的硬纸质或纤维状的叶鞘，无毛或被微毛。叶鞘无毛；叶舌直，长（0.2～）0.6～1.9mm；叶片平展或内卷，长（2～）5.5～19（～26）cm，宽 1.3～10（～14.5）mm，上表面无毛，粗糙，有时具稀疏长毛，稀被微毛，下表面无毛。穗状花序直立，长（5～）7～18.5cm，宽（4～）6～15mm，绿色，稀具紫晕，小穗 1 枚着生于每一穗轴节上，排列紧密；穗轴棱脊无毛，粗糙，稀被微毛，穗轴节间长 3.1～15.1（～22.6）mm，具（7～）12～27（～33）节；小穗无柄或近于无柄，长 8～25mm，宽（2～）3～6mm，具 2～5（～6）花，顶花仅具着生于伸长的小穗轴节间上空外稃；小穗轴微粗糙；两颖不等长，颖窄长圆形、窄椭圆形及窄倒卵形，通常多不对称，具宽膜质边缘，无毛或粗糙至被微毛，至少脉上粗糙，先端钝，或急尖至渐尖，第 1 颖长（4～）5～14.5（～17.8）mm，宽 1.4～3.9mm，2～5（～7）脉，具一长 1.4（～5.1）mm 的芒尖或短芒，第 2 颖长（4.7～）6～15.3（～18.5）mm，宽（1.2～）1.5～5.4mm，（1～）5～6 脉，具一长 4～10mm 的短芒；外稃长 6.2～14.6（～18）mm，宽 2～5mm，先端急尖，具芒，芒长 4～10mm；内稃与外稃等长或稍短或稍长，长 7～13.1mm，先端急尖或内凹；花药长 2～3.3（～4）mm。

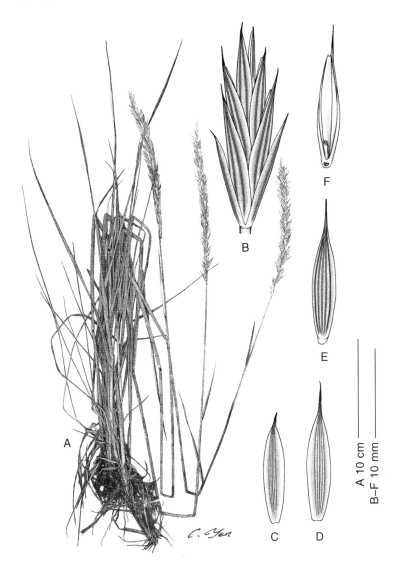

图 2-54　*Elymus magellanicus*（Devsaux）Á. Löve

A. 全植株　B. 无柄小穗及穗轴节间上部　C. 第 1 颖

D. 第 2 颖　E. 小花背面观　F. 小花腹面观

细胞学特征：2n = 4x = 28（K. B. Jensen，1993）；染色体组组成：**StStHH**（K. B. Jensen，1993）。

分布区：南美：阿根廷南部、智利与 Tierra del Fuego 及 Las Islas Malvinas（the Falkland Island）；生长在沿路边与河边的草地、海岸沙地与铺满卵石的海滩、盐性草甸，以及倒石堆上。

15. *Elymus mutabilis*（Drob.）Tzvel.，1968. Rast. Tsentr. Azii. 4：217. 易变披碱草

15a. var. *mutabilis*（图 2 - 55：a、b）

模式标本：俄罗斯联邦：雅库特自治共和国："Yakutia, Bank of Chona River near village Dushenki, 1914, n° 315, V. Drobov"（后选模式标本：**LE!** Tzvelev 1976 年指定）。

异名：*Agropyron mutabilis* Drob.，1916. Tr. Bot. Muz. Akad. Nauk，1：88. s. str.（emend. Vestergren，1926. in Holmb. Skand. Fl. 2：271）；

Triticum caninum β *altaicum* Griseb.，1852. Gramineae. In Ledeb. Fl. Rossica，4：340；

Agropyron angustiglume Nevski，1932. Bull. Jard. Bot. Ac. Sc. URSS 30：615. nom. illeg；

Agropyron ilmense Roshev. ex Nevski，1932，Bull. Jard. Bot. Ac. Sc. URSS 30：609. nom. nud；

Agropyron angusitglume subsp. *irendykense* Nevski，1932. Bull. Jard. Bot. Ac. Sc. URSS 30：618；

Roegneria angustiglumis（Nevski）Nevski，1933. Tr. Bot. Inst. Akad. Nauk SSSR，ser. 1，1：25；

Roegneria oschensis Nevski，1934. Fl. SSSR. 2：619；

Agropyron oschense Roshev. ex Nevski，1934. Fl. SSSR 2：619；

Agropyron transiliense M. Pop.，1938. Bull. Mosk. Obshch isp. Prir.，Otd. Boil. 47：85；

Roegneria mutabilis（Drob.）Hyl. 1945. Uppsala Univ. Arskr. 7：36；

Roegneria transiliensis（M. Pop.）Filat.，1969. Ill. Opred. Rast. Kazakhst. 1：116. comb. invalid。

形态学特征：多年生，疏丛生，具根状茎。秆直立或在基部膝曲，高（25～）40～125cm，无毛，或在穗状花序下与节上被微毛。叶鞘平滑无毛，稀粗糙；叶片平展，宽 4～10（～12）mm，上表面粗糙并疏被长毛，下表面及边缘粗糙。穗状花序直立，绿色具紫晕，长 7～18（～20）cm，小穗着生偏于一侧，小穗 1 枚着生每一穗轴节上，排列紧密；穗轴节间棱脊上粗糙；小穗长 15～22mm，具 3～5（～7）花；小穗轴节间被柔毛；颖线状披针形或披针形，两颖近等长，粗糙，长 8～15mm，宽 1.5～2mm，3～5（～7）脉，先端渐尖而形成芒尖，或长达 3mm 的短芒，颖的腹面（特别是下部）被毛；外稃披针形，背部被微毛，或上部被小刺毛，长 9～14（～15）mm，先端长渐尖而形成一长 2～5mm 的短芒，基盘中度被柔毛；内稃与外稃近等长，先端尖或窄、内凹，两脊间背部被微毛；花药长（1.5～）1.8～2.5mm。

细胞学特征：2n＝4x＝28（Dewey，1974；Probatova & Sokolovskaya，1982）；染色体组组成：**StStHH**（Dewey，1974；Redinbaugh et al.，2000）。

分布区：俄罗斯：西伯利亚极地，东、西西伯利亚；中亚：哈萨克斯坦、中国、天山、帕米尔；蒙古；斯堪的纳维亚半岛。生长在草甸、林隙、疏林、河边。

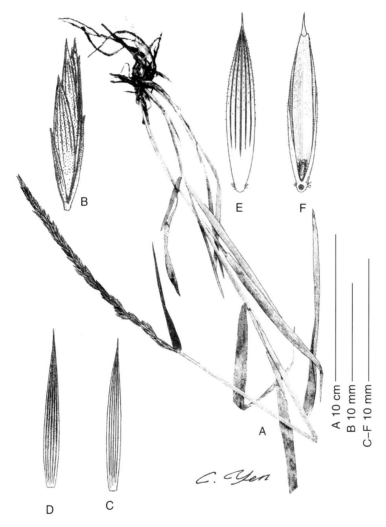

图 2 - 55：a　*Elymus mutabilis*（Drob.）Tzvel.

A. 全植株　B. 小穗　C. 第 1 颖　D. 第 2 颖　E. 小花背面观　F. 小花腹面观

15b. var. *barbulatus*（Nevski ex Tzvel.）**J. L. Yang et C. Yen status. nov. 根据 *Elymus mutabilis* subsp. *barbulata* Nevski ex Tzvel. 1973. Nov. Sist. Vyssch. Rast. 10：22. 易变披碱草小芒变种**（图 2 - 55：b）

模式标本：俄罗斯：大高加索山："Caucasus，Ossetia merionalis，in declivitate herbose prope pag. Edisi，20 Ⅷ 1923，n°409，G. Voronov and S. Juzepczuk"（主模式标本：**LE!**）。

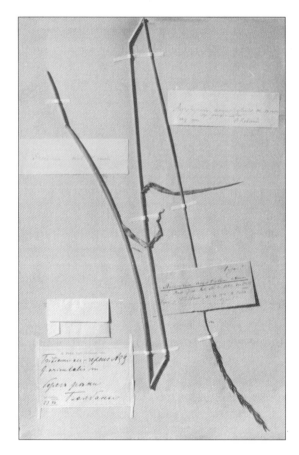

图 2-55：b *Elymus mutabilis*（Drob.）Tzvel. 后选模式标本（现藏于 **LE**）

异名：*Elymus mutabilis* subsp. *barbulata* Nevski ex Tzvel. 1973. Nov. Sist. Vyssch. Rast. 10：22。

形态学特征：本变种与 var. *mutabilis* 的区别，在于其基盘密被柔毛；叶片上表面无毛。

细胞学特征：未知。

分布区：俄罗斯：大高加索山；生长在中山地带的潮湿地、石质山坡、林隙。

15c. var. *transbaicalensis*（Nevski）J. L. Yang et C. Yen comb. nov. 易变披碱草外贝加尔变种

模式标本：俄罗斯：贝加尔湖区："Upper Angara, the Khininua beach, sandy bank，2 Ⅶ 1912，n° 534，V. Sukachev and G. Poplavskaya"（主模式标本：**LE!**）。

异名：*Agropyron transbaicalense* Nevski，1932，Bull. Jard. Bot. Ac. Sc. URSS. 30：618；

   Agropyron mutabilis var. *pilosum* Drob. ，1916. Tr. Bot. Muz. Akad. Nauk，1：89. p. max p；

> *Roegneria transbaicalensis*（Nevski）Nevski，1934，Fl. SSSR. 2：619；
>
> *Agropyron pallidissimum* M. Pop.，1957，Sisok Rast. Gerb. Fl. SSSR 14：8；
>
> *Roegneria burjatica* Sipl. 1966. Nov. Sist. Vyssch. Rast. 1966：275；
>
> *Elymus transbaicalensis*（Nevski）Tzvel.，1968. Rast Tsentr. Azii. 4：219；
>
> *Elymus pallidissimus*（M. Pop.）Peschk.，1973. Nov. Sist. Vyssch. Rast. 10：67；
>
> *Elymus mutabilis* subsp. *transbaicalensis*（Nevski）Tzvel.，1973. Nov. Sist. Vyssch. Rast. 10：22。

形态学特征：本变种与 var. *mutabilis* 的区别，在于其颖的腹面无毛；外稃仅沿脉疏被贴生小刺毛，外稃芒短（长 1～3mm）；小穗常被蓝色蜡粉；花药长仅 0.7～1.8mm。

细胞学特征：2n＝4x＝28（Probatova，1990? In Fl. Sib.）。

分布区：俄罗斯西伯利亚、蒙古；生长在河边沙地与卵石间、林隙、灌丛间，可达中山地带。

15d. var. *praecaespitosus*（Nevski）J. L. Yang et C. Yen comb. nov. 根据 *Agropyron praecaespitosum* Nevski，1930，Izv. Glavn. Bot. Sada SSSR，29：541. 易变披碱草刺稃变种

模式标本：俄罗斯："Russia：eastern Tian Shan：Kuldsha，Jultu‑Arystan，7 Ⅶ 1879，n° 108，A. Regel"（主模式标本：**LE**）。

> 异名：*Agropyron praecaespitosum* Nevski，1930，Izv. Glavn. Bot. Sada SSSR，29：541；
>
> *Roegneria praecaespitosa*（Nevski）Nevski，1934，Tr. Sredneaz. Univ. Ser. 8B，17：70；
>
> *Elymus praecaespitosus*（Nevski）Tzvel.，1968，Rast. Tsentr. Azii. 4：218；
>
> *Elymus mutabilis* ssp. *praecaespitosus*（Nevski）Tzvel.，1973，Nov. Sist. Vyssch. Rast. 10：22。

形态学特征：本变种与 var. *mutabilis* 的区别，在于其外稃由于具细刺通常粗糙；叶片宽 2～4mm，常内卷。

细胞学特征：未知。

分布区：中亚：准噶尔-塔尔巴噶台（Jungaria‑Tarbagatai）、天山中部与北部、阿拉伊（Alai）、帕米尔（Pamir）高原西部。

15e. var. *nemoralis* S. L. Chen ex D. F. Cui，1990，Bull. Bot. Res. Harbin 10（3）：29. 易变披碱草林缘变种

模式标本：中国：新疆乌鲁木齐，海拔 1 650m，崔乃然 793761，**XJA‑1AC！**。

异名：*Roegneria mutabilis* var. *nemoralis*（D. F. Cui）L. B. Cai?

形态学特征：本变种与 var. *mutabilis* 的区别，在于本变种具根状茎；颖为宽披针形；整个外稃背部被微毛，芒长 1～2mm。

细胞学特征：未知。

分布区：中国新疆；生长在林隙、山坡；海拔 1 800～1 900m。

16. ***Elymus patagonicus*** **Speg.，1897. Revista Fac. Agron. Veteri La Plata 32 - 33：630 - 631. 阿根廷披碱草**（图 2 - 56）

模式标本：阿根廷："Spegazzini s. n. /s. a.（Herb. Spegazzini no. 2481）. In pratis editoribus Rio Carren‑leofu"（后选模式标本：**LP！**，1998 年 Seberg & Petersen 指定 Spagazzini 标本室 2481 号标本右侧标有 A 的；同后选模式标本：**LP、BAA**）。

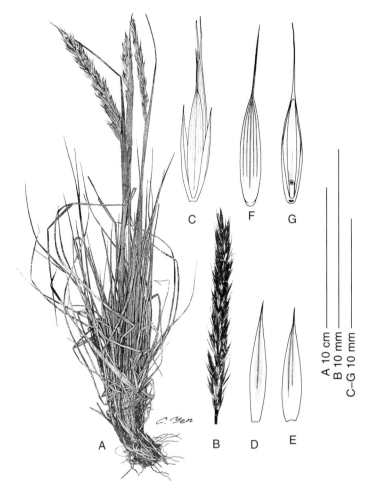

图 2 - 56 *Elymus patagonicus* Speg.
A. 全植株 B. 全穗 C. 小穗 D. 第 1 颖 E. 第 2 颖 F. 小花背面观 G. 小花腹面观

形态学特征：多年生，丛生。秆直立，高 90～135cm，具 3～5 褐色无毛的节，基部具宿存的厚纸质被微毛的叶鞘。叶鞘被微毛；叶舌直，长 0.4～1.3（～1.7）mm；叶片长 5～23cm，宽 3.9～9.2mm，上表面无毛或被微毛，下表面无毛。穗状花序直立，长 4～12cm，宽 3～13mm，小穗 3 枚（稀 2 枚）着生于每一穗轴节上；穗轴棱脊上粗糙，具 11～30 节，穗轴节间长 1.8～3.6（～5.1）mm，宽 0.6～0.9（～1.2）mm；小穗长 8～11mm，宽（1～）3～4mm，具 1～2 花，顶花具一空的外稃着生在伸长的小穗轴节间上，小花旋转约 90°，使最下面的内稃面对两颖的空隙；小穗穗轴微粗糙；颖无毛，脉上粗糙，两颖近等长，多对称，第 1 颖很窄的披针形，长 5～10mm，宽 0.6～1（～2.2）mm，1～2（～4）脉，先端渐尖，延长成一长 3.1mm 的芒尖，或长 5.7～11mm 的芒；第 2 颖长 5.2～8.6mm，宽 0.7～1.2（～1.7）mm，（1～）2～3（～4）脉，先端渐尖，具一长约 4mm 的芒尖，或长 6.8～12mm 的芒；外稃长 6～11.5mm，宽 2.2～3.2mm，5 脉，脉常不明显，先端急尖，具长 0.7mm 的芒尖，或长 6mm 的短芒；内稃与外稃近等长，长 6～10.2mm，宽 0.9～1.3（～1.7）mm，先端急尖、平截，或内凹；花药长 2～3mm。

细胞学特征：2n = 6x = 42（Seberg & Petersen，1998）；染色体组组成：**StStH₁H₁H₂H₂**（Seberg & Bothmer，1991），**StStHHHH**（Redingbaugh et al.，2000）。

分布区：南美：阿根廷南部与 Tierra del Fuego；生长在沿河与湖岸的草甸；海拔由海平面到 1 300m。

17. *Elymus repens*（L.）Gould，1947. Madrono 9：127. 偃麦草（图 2-57）

模式标本：欧洲："in Europae sepibus"（合模式标本：**LINN**）。

异名：*Triticum repens* L.，1753. Spec. Pl. 86；

    Triticum vaillantianum Wulf. & Schreb.，1811. In Schweigger & Koerte，1811，pl. Erlang. 1：143；

    Agropyron repens（L.）P. Beauv.，1813. Ess. Agrostol. 102；

    Agropyron caesium J. K. Prest，1822. Deliq. Prag. 1：213；

    Bracconotia officinaum Gordon，1844. Fl. Lorr. 3：192；

    Zeia repens（L.）Lunell，1915. Amer. Midl. Nat. 4：227；

    Agropyron sachalinense Honda，1931. In Miyabe & Kudo，Pl. Hokk. & Saghal. 2：177；

    Elytrigia repens（L.）Nevski，1933. Tr. Bot. Inst. AN SSSR，ser. 1，1：14. in adnot；

    Triticum imbricatus Lam.，1971. Illustr. 1：262。

形态学特征：多年生，密丛生，具长而匍匐的根状茎。秆直立，有时基部膝曲，平滑无毛或被白霜，高（40～）50～120（～160）cm。叶鞘平滑无毛，但最下部的叶鞘疏被至密被微毛并杂以散生柔毛，基部分蘖叶鞘具倒生柔毛；叶舌短小，长约 0.25～1.5mm；具膜质叶耳，长 0.3～1mm；叶片平展，干时常内卷，长（8～）10～30cm，宽 5～10（～15）mm，上表面无毛或疏生柔毛，有时被白霜，下表面平滑或疏生柔毛。穗状花序直立或近于直立，长（5～）8～20cm，宽 8～15mm，小穗 1 枚着生于每一穗轴节上，极稀在少数节上着生 2 枚；穗轴节间平滑，棱脊上具短小刺毛，长（3～）7～15mm，基部者有时长达 30mm；小穗绿色至具紫晕，长 8～17（～20）mm，宽 6～10mm，具 3～8（～10）花，小穗脱节于颖之下而不断折于小花之间；小穗轴节间长 1.5mm，无毛；颖披针形至披针状椭圆形，通常不对称，两颖在形态与大小上相似，长 6～13（～15）mm，宽（1.3～）2～3mm，3～7（～9）脉，背部圆形稍具脊，无毛，或脉间微粗糙，边缘膜质，先端逐渐变窄而成一长 0.5～5mm 的芒尖或短芒；外稃长圆状披针形，长 7～13mm，背部圆至稍具脊，无毛至近尖端处微粗糙，5 脉，先端急尖至具长 1～2mm 的芒尖、至具长 3～10（～15）mm 的芒；内稃等长于或稍短于外稃，长 7～10mm，先端圆或平截，两脊上具小刺毛；花药长（3～）4～7mm。

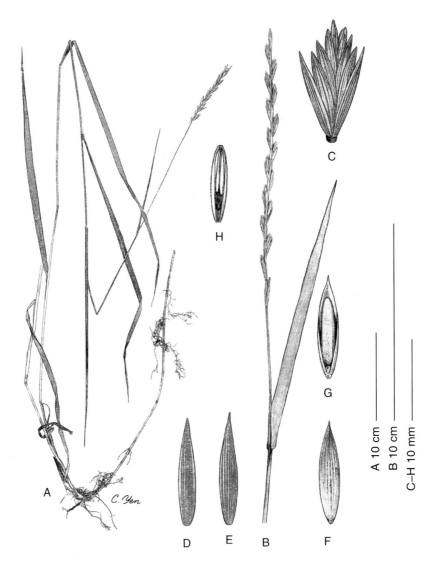

图 2 - 57 *Elymus repens*（L.）Gould
A. 全植株 B. 全穗 C. 小穗 D. 第 1 颖 E. 第 2 颖
F. 小花背面观 G. 小花腹面观 H. 内稃腹面观，示雄蕊

细胞学特征：2n ＝ 6x＝42（Löve，1984；Assadi et Runemark，1994）；染色体组组成：**StStStStHH**（Assadi et Runemark，1994；Vershinin et al.，1994；Redingbaugh et al.，2000）；或 **XXXXHH**（Oergaard et Anamthawat - Jonsson，2001）；或 **StStHH**（**VV - EE - TaTa - XX**）（Mason-Gamer，2004）。

分布区：广布于欧洲、亚洲；北美洲的美国与加拿大系引进后广布成为杂草；生长在山谷、草甸、荒地、路边。

Elymus repens 由于广布于欧洲、亚洲、北美洲的各种生态条件下，因而形态上形成很多小的变异，而被一些学者划分为许多亚种、变种或变型。一般采用大种的概念，不再划分种以下的单位。

18. *Elymus riparius* Wiegand，1918. Rhodora 20：84－86. non 1947，*Elymus riparius* (Scribn. & Smith) Gould. 沿河披碱草（图 2-58：a、b）

A 10 cm
B 10 mm
C 10 mm

B　　C　　A

图 2-58：a　*Elymus riparius* Wiegand
A. 全穗及旗叶　B. 小穗　C. 小花腹面观
［引自 Mary E. Barkworth 等编著《北美植物志（Flora of North America）》24 卷，
Cindy Talbot Roché 等绘］

模式标本：美国：纽约州："Tompkine Co.；Ithaca，open alluvial and marshyflats between the city and Cayuga Lake，west of the Inlet，A. J. Eames & L. H. Macdaniels 3567"；主模式标本：**GH！**；同模式标本：**US！**。

异名：*Elymus canadensis* L. var. *riparius*（Wieg.）Boivin。

形态学特征：多年生，丛生，不具根状茎。秆高 70~180cm，无毛。叶鞘通常平滑无毛或微粗糙，常为红褐色；叶耳不存或长至 2mm，褐色；叶舌短于 1mm；叶片薄，绿色或稍具白霜，宽 5~15（~25）mm，上、下表面均无毛或粗糙。穗状花序下垂或稍弯曲，通常长（7~）9~15（~25）cm（芒除外），小穗 2 枚着生于每一穗轴节上，稀 3 枚，排列紧密；穗轴节间长 3~4.5mm，稀 5~8mm，无毛；小穗外展，具 2~3（~4）花；颖窄线形，亚革质，较芒稍宽，中部宽 0.4~1mm，两颖等长或近等长，长 9~17mm（芒除外），宽（0.3~）0.5~0.8（~1）mm，具小糙伏毛或粗糙，2~3（~4）脉，其中 1 脉突起，颖基部 0.5~1mm 增厚并成圆柱形，先端具芒，芒长（8~）10~12（~19）mm；外稃披针形，长 7~14mm，背部被短小硬毛至糙伏毛，毛在边缘及脉上较长，具芒，芒长 15~35mm，直；内稃短于外稃，长（6.5~）7.5~8mm，先端急尖，或钝至平截，以及具 2 齿，两棱脊上粗糙至具纤毛；花药长 2~2.7mm。

细胞学特征：2n = 4x = 28（Church，1958；Bowden，1964）；染色体组组成：**StStHH**（Mason-Gamer et al.，2002）

分布区：加拿大：魁北克（Quebec）西南部、安大略（Ontario）南部；美国：从缅因（Maine）州到内布拉斯加（Nebraska）州，南到阿肯色（Arkensas）州与弗罗里达（Florida）州北部。通常沿河流与溪岸、低地或疏林缘，或灌丛中生长。

19. *Elymus scabriglumis*（Hack.）**Á. Löve，1984. Feddes Repert. 95**（7 - 8）：**472. 糙颖披碱草**（图 2 - 59）

模式标本："Budin 69（**LIL.** Herb. no. 4952），Maimai，Prov. Jujuy，alt. 2200 m；22 I 1906"（后选模式标本：**LIL**，1998 年由 Seberg & Petersen 指定；同后选模式：**BAA**、**US**、**W**）。

异名：*Agropyron repens* P. Beauv. var. *scabriglume* Hack.，1911. In Stuckert，Anales Mus. Nac. Hist，Nat. Buenos Aires 14：175；

Agropyron tenerum auct. non. Vasey，1885. Stuckert，Annuaire Conserv. Jard. Bot. Genève 17：301，1914；

Elymus antarcticus Hook. f. var. *agroelymoides* Hicken，1915. Revista Soc. Argent. Ci. Nat. 2：8；

Agropyron scabriglume（Hack.）Parodi，1940. Revista Mus. La Plat，Secc. Bot. 3：28 - 31；

Agropyron agroelymoides（Hicken）J. Hunz.，1953. Revista Invent，Agric. 7：74；

Elytrigia scabriglume（Parodi）Covas，1985. Apuntes Fl. Pampa 100：399（nom. illeg.）；

Elytrigia scabriglume（Parodi）Covas ex J. Hunz. & Xifreda，1986. Darwiniana 27：562。

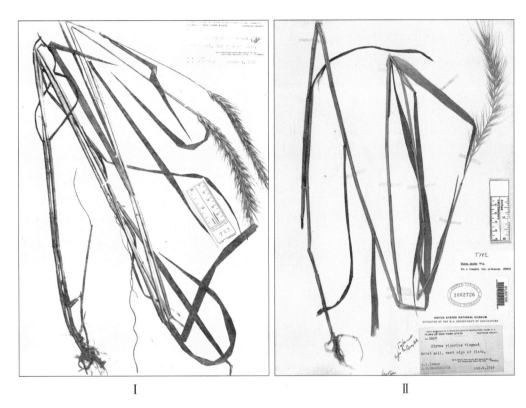

图 2-58：b *Elymus riparius* Wiegand

Ⅰ. 主模式标本（现藏于 **GH**）　Ⅱ. 同模式标本（现藏于 **US**）

形态学特征：多年生，丛生。秆直立，高达 75（～120）cm，具 2～3（～5）节，节褐色，无毛，秆基部具宿存厚纸质的叶鞘，无毛，有时成纤维状。叶鞘无毛；叶舌直，长 0.8～1.1mm；叶片平展，长 4～18cm，宽 2.7～5.6mm，上、下表面均粗糙或无毛。穗状花序直立，长 7.5～15.5cm，宽 4～10mm，小穗 1 枚（稀基部着生 2 枚）着生于每一穗轴节上，着生较密集；穗轴棱脊上粗糙，穗轴节间长 2.9～6.3mm，小穗近于无柄，长 9～15mm，宽 2～5mm，具 2～3（～4）花，顶花仅具空外稃着生在伸长的小穗轴节间上；小穗轴微粗糙；颖椭圆形，仅脉上粗糙，两颖等长，长 8.2～13.9mm，宽 1.4～2mm，（3～）4～5（～7）脉，渐尖而形成一长 2.3～3.2mm 的短尖头或短芒；外稃长 8.8～10.9mm，具长 4.8mm 的短芒；内稃短于外稃，长 7.7～9.2（～10.1）mm，宽 0.9～1mm，先端急尖或平截；花药长 1.7～2.3（～2.5）mm。

从阿根廷北部南纬 22°，La Quiaca（海拔 3 500m）采集的群体与南部近南纬 38°，Balcarce（海拔 100m）采集的群体杂交，结实率只有 10.4％。分布区中南部门多萨省的南纬 33°左右的 Tupungato 采集的群体与 Balcarce 群体杂交，则结实正常，结实率达 95.1％。其原因是 La Quiaca 群体与 Balcarce 群体之间相互有多段染色体易位的构造性改变，从而造成它们之间的杂种的减数分裂不正常，构成生殖隔离。按种是一个独立基因库的概念，它们已分化成为不同的种，虽然在形态上相似（含有相同的基因）。分类上如何

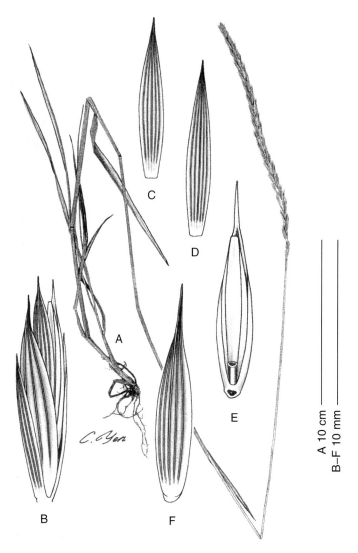

图 2 - 59　*Elymus scabriglumis*（Hack.）Á. Löve
A. 全植株　B. 小穗　C. 第 1 颖　D. 第 2 颖　E. 小花腹面观　F. 小花背面观

处理，留待论证分析后再来解决。

细胞学特征：2n＝6x＝42（Hunziker，1967；Y. H. Lee et al.，1994）；染色体组组成：**StStHHHH**（Hunziker，1967；Y. H. Lee et al.，1994）。

分布区：南美：阿根廷与智利；生长在潮湿草地；海拔从海平面至 3 500m，海拔高度随纬度降低而上升。

20. *Elymus scribneri*（Vasey）M. E. Jones，1912. Contr. West. Bot. 14：20. 斯克瑞布勒披碱草（图 2 - 60：a、b）

模式标本：美国："United States：Montana，6000—7000 ft alt.，Scribner s. n.，1883"。后选模式标本：**US!**。

异名：*Agropyron scribneri* Vasey，1883. Bull. Torrey Bot. Club 10：128；

Elymus trachycaulus（Link）Gould ex Shinner ssp. *scribneri*（Vasey）Á. Löve，1984. Feddes Repert. 95（7-8）：461。

图 2 - 60：a　*Elymus scribneri*（Vasey）M. E. Jones 后选模式
标本（现藏于 **US**）

形态学特征：多年生，密丛生，不具根状茎。秆平卧至弯曲斜升，下部节常膝曲或曲折，长（4～）15～55cm，无毛，基部具宿存叶鞘，色淡，纸质。叶通常基生，仅 2～3 叶茎生；叶鞘无毛至被短柔毛；叶舌短，长约 0.5mm；叶耳通常不存，如存，长 0.5～1mm；叶片平展或疏松内卷，特别是分蘖叶，叶片长 3～6cm，宽 1～3（～4）mm，上、下表面无毛至被微毛。穗状花序常下垂或曲折，长 3.5～10cm（芒除外），小穗 1 枚着生于每一穗轴节上，稀少数下部节上着生 2 枚，排列紧密；穗轴在成熟后断折，穗中部的穗轴节间长 2~4 (~5) mm, 下部者较长, 无毛; 小穗长 9~15mm, 具 (2~) 3~6 花; 小穗轴节间长 0.8~1.3 (~2) mm, 微粗糙; 颖线形至窄披针形, 中脉粗糙, 长 4~9mm, 宽 0.3~1.5mm, (1~) 3~5 脉, 中脉延伸成一反曲而粗糙的芒, 长 8~30mm, 两侧脉有时也伸出颖外形成短芒; 外稃背部圆形, 宽于颖, 无毛至粗糙至被微毛, 长 7~10mm, 5 脉, 中脉延伸成一反折至弯曲的芒, 长 10~30 (~40) mm; 内稃等长或稍长于外稃, 先端急尖, 脊上脉延伸成 2 短细齿, 两脊上被短小硬毛; 花药长 1~1.7mm。

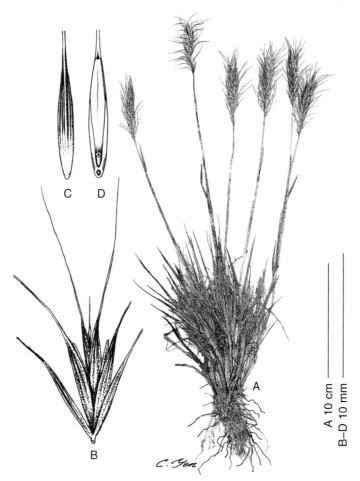

图 2-60: b *Elymus scribneri* (Vasey) M. E. Jones
A. 全植株 B. 小穗 C. 小花背面观 D. 小花腹面观

细胞学特征: 2n=4x=28 (Tateoka, 1956; Dewey, 1967); 染色体组: **StStHH** (Dewey, 1967)。

分布区: 美国: 蒙大拿 (Montana) 州、犹他 (Utah) 州、新墨西哥 (New Mexico) 州北部、内华达 (Nevada) 州与亚利桑那 (Arizona) 州北部, 稀见于加利福尼亚 (California) 州; 加拿大: 不列颠哥伦比亚 (British Columbia) 省与艾伯塔 (Alberta) 省。生长在海拔 2 740~4 200m 的开阔岩坡、暴露的冻原山脊, 稀见于开阔山地的灌丛与连绵的针叶林中。

21. *Elymus sibiricus* L.，1753. Sp. Pl. 83. 老芒麦（图 2-61：a、b）

模式标本：俄罗斯西伯利亚："Sibiria"。现藏于 **LINN**!。

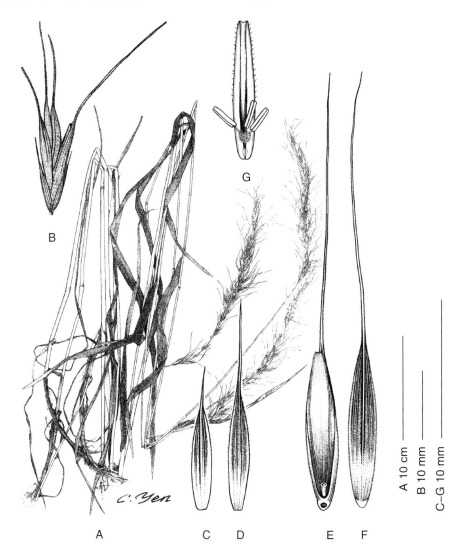

图 2-61：a *Elymus sibiricus* L.

A. 全植株　B. 小穗　C. 第1颖　D. 第2颖　E. 小花腹面观

F. 小花背面观　G. 内稃腹面观，示雄蕊及柱头

异名：*Elymus tener* L. f.，1781. Suppl. Pl. 114；

　　　Elymus praetervisus Steud.，1854. Syn. Pl. Gram. 348；

　　　Hordeum sibiricum（L.）Schenk，1907. Bot. Jahrb. 30：109；

　　　Elymus yezoensis Honda，1930，J. Fac. Sci. Univ. Tokyo，Ⅲ，Bot. 3：

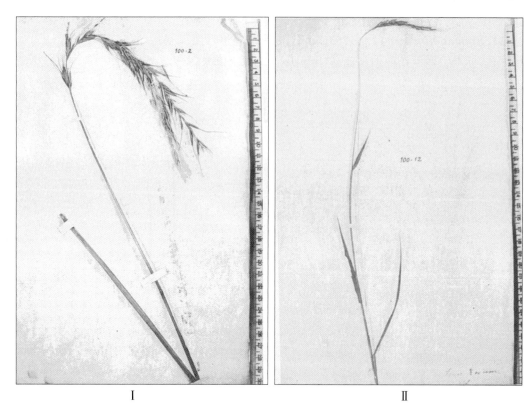

I II

图 2-61：b *Elymus sibiricus* L. 合模式标本（Ⅰ、Ⅱ：现藏于 **LINN**）

16，non；

Clinelymus sibiricus（L.）Nevski，1932. Bull. Jard. Bot. Ac. Sc. URSS 30：
641-644；

Elymus krascheninmikovii Roshev.，1932. Bull. Jard. Bot. Ac. Sc. URSS 30：780；

Agropyron yezoensis Honda，1936，Bot. Mag. Tokyo 61：292；

Triticum arctasianum F. Hermann，1936. Verh. Bot. Ver. Brandenb，76：42；

Elymus pendulosus Hodgson，1956. Rhodora，58：690。

形态学特征：多年生，疏丛生，有时具微弱的根状茎，具多数纤维状须根。秆直立或
基部膝曲稍倾斜，高（30~）40~100（~150）cm，粉绿色，具 3~4 节。叶鞘平滑无
毛，或被糙毛，常为紫色；叶舌膜质，长 0.5~1mm；叶片平展，长（3~）10~20cm，
宽 5~10（~16）mm，上、下表面均粗糙，或下面平滑，有时上面脉上生短柔毛或糙毛。
穗状花序下垂，长（7~）10~20（~30）cm，小穗 2 枚着生于每一穗轴节上，有时基部
和上部的各节仅具 1 枚小穗，小穗排列疏松；穗轴边缘粗糙至具小纤毛，穗轴节间上部者
长 4~6mm，基部者长 7~12mm；小穗灰绿色或带紫色，长 13~15mm，具（3~）4~5
（~7）花；小穗轴节间长 1.5~1.8mm，密生微毛；颖披针形或线状披针形，两颖等长或
近等长，长（3~）4~8mm，（1~）3~5 脉，脉上粗糙，边缘透明膜质或干膜质，先端
渐尖或具长 1~5mm 长的芒尖或短芒；外稃披针形，全部（包括基盘）密生微毛，5 脉，

粗糙，脉在基部不明显，外稃长 8～13mm，具芒，芒长 15～25mm，粗糙，稍展开或向外反曲；内稃与外稃近等长，先端 2 裂，两脊上全部具刺状小纤毛，两脊间背部被疏微毛；花药长 1～1.7（～2）mm。

细胞学特征：2n＝4x＝28（Dewey，1974；Sokolovskaya & Probatova，1976）；染色体组组成：**StStHH**（Dewey，1974）。

分布区：欧洲、亚洲、北美洲的亚热带高山、温带与寒温带；生长在冲积地、干草地、开阔山坡、河边沙地、稀疏灌丛中、林间空地。

22. *Elymus sierrae* Gould，1947. Madrono 9：125. 高山披碱草（图 2-62）

模式标本：美国："California：Pringle 1882，Sierra Nevada Mountains above Summit Velley.（This is，in part，Vasey' stype of A. scribneri.）"（合模式标本：**US!**？）。

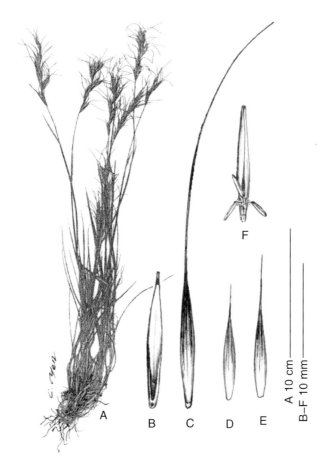

图 2-62　*Elymus sierrae* Gould

A. 全植株　B. 小花腹面观　C. 小花背面观　D. 第 1 颖　E. 第 2 颖

F. 内稃腹面观，示雄蕊、鳞被、柱头等花器

异名：*Agropyron gmelinii* Scrinbn. et J. G Smith var. *pringlei* Scribn. et J. G. Smith，
　　1897. U. S. Dept. Agric.，Div. Agrostol. Bull. 4：31；

Agropyron pringlei（Scribn. et J. G. Smith）Hitchc.，1912. In Jepson，
    Fl. Calif. 1：183，auct. non 1901，*Elymus pringlei* Scribner. et Merill；

Elymus trachycaulus（Link）Gould ex Shinners ssp. sierras（Gould）Á. Löve，
    1984. Feddes Repert. 95（7-8）：461。

形态学特征：多年生，<u>丛生</u>。秆平卧，外倾，自基部膝曲，高 20～50cm，无毛，基部宿存叶鞘柔软，纸质。叶鞘无毛；叶舌长 0.2～0.5mm；叶耳不存或下部叶上存在，长约 1mm；叶片平展或疏松内卷，短，长 5～10cm，宽 1～5mm，质硬，上表面被糙伏毛，下表面无毛，被白霜，先端急尖。穗状花序多有些曲折，长 4～7cm，小穗 1 枚着生于每一穗轴节上，稀下部节上具 2 小穗，排列较疏松，大约每穗具小穗 3～7 枚；穗轴节间细，棱脊上具纤毛，中部者长 8～10（～15）mm；小穗长 10～15（～20）mm，大多具 3～5（～7）花；小穗轴节间微粗糙，长约 2mm；颖窄披针形至披针形，两颖近等长，长 6～9mm，宽 0.7～1mm，无毛，3 脉，先端渐狭而成一直芒，长约 3～10mm；外稃披针形，长（7～）12～16mm，无毛，有时微粗糙，先端渐尖，具 2 齿，具芒，芒长 15～30mm，强烈外弯；内稃与外稃近等长，先端窄，平截；花药长 2～3.5mm。

细胞学特征：2n＝4x＝28（Dewey，1976）；染色体组组成：**StStHH**（Dewey，1976）。

分布区：美国：加利福尼亚（California）州、内华达（Nevada）州与怀俄明（Wyoming）州，也见于华盛顿（Washington）州与俄勒冈（Oregon）州；生长在石质山坡、针叶疏林中；海拔 2 100～3 500m。

23. *Elymus subsecundus*（Link）Á. Löve et D. Löve，1964，Taxon 13：201. 偏穗披碱草（图 2-63：a、b）

模式标本：北美："Semina quoque ex itrere in America boreales cocidentalem attulit cl. Dr. Richardson nobisque dedit."。主模式标本：**B**，在第二次世界大战中可能已毁；共模式标本：**LE!**。

异名：*Triticum subsecundum* Link，1833，Hort. Reg. Bot. Berol. 2：190；

    Triticum richardsonii Schrader，1838，Linnaea 12：467；

    Agropyon unilaterale Casside，1890，Colo. Agr. Exp. Sta. Bull. 12：63；

    Agropyron gmelinii Scribn. & Smith，1897，USDA，Div. Agrostol. Bull. 4：
        30，non（Trin.）Candargy，1901；

    Agropyron trachycaulum var. *richardsoni*（Schrad）Malte，1931，in Lewis，
        Canada Fedeld Nat. 45：201；

    Agropyron trachycaulum var. *unilateral*（Casside）Malte，1932，Canada
        Nat. Mus. Bull. 68：46；

    Agropyron secundum Hitchc. 1934，Am. J. Bot. 21：131；

    Agropyron subsecundum（Link）Hitch.，1934，Amer. J. Bot. 21：131；

    Elymus pauciflorus（Link）Gould ex Shinner ssp. *subsecundus*（Link）
        Gould，1947，Madrono. 9：126。

形态学特征：多年生，<u>丛生</u>，不具匍匐茎。秆直立，高（40～）50～110cm，绿色或

图 2 - 63：a *Elymus subsecundus*（Link）Á. Löve et D. Löve
A. 全植株 B. 全穗，示偏于一侧的小穗 C. 颖 D. 小花背面观 E. 小花腹面观
［B、C、D 引自《北美植物志（Flora of North America）》vol. 24，2007，323 页，Mary Barkworth 等编写，Cindy Talbot Roché 等绘图；A 与 E 颜济补绘］

灰绿色，无毛。叶鞘无毛，稀被倒生糙毛或长柔毛；叶舌长 0.2～0.8mm，平截；叶耳常不存，如存在长不超过 1mm；叶片平展，宽 3～8mm，上表面微粗糙至被糙伏毛，边缘粗糙，下表面无毛。穗状花序直立或稍下垂，长 6～25cm，小穗着生偏于一侧，小穗 1 枚着生于每一穗轴节上，排列紧密；穗轴在稜脊上粗糙或具纤毛，有时穗轴节断折；小穗长 10～15（～20）mm（芒除外），具 3～7（～9）花；小穗轴被长柔毛；颖长圆状披针形，两颖不等长，长 11～17mm，与小穗约等长，3～7 脉，较突起，先端渐窄而成芒尖或短芒，或长达 11mm 的芒；外稃窄长圆状披针形，长 6～13mm，无毛，有时先端的脉上微

粗糙，明显 5 脉，脉突起向先端汇合并延伸成芒，芒直立或近于直立，长（10～）17～40mm；内稃与外稃近等长或短于外稃，先端平截，两脊上脉延伸或成齿。

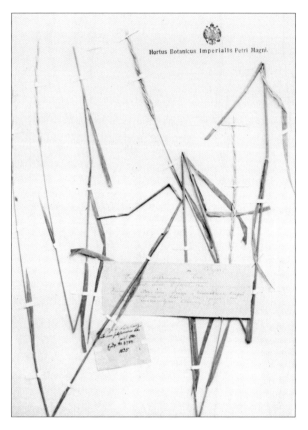

图 2 - 63：b *Elymus subsecundus*（Link）Á. Löve et
D. Löve 副模式标本（现藏于 **LE**）

细胞学特征：2n＝4x＝28（Dewey，1966）；染色体组组成：**StStHH**（Dewey，1966）。

分布区：北美：从纽芬兰（New Foundland）到阿拉斯加（Alaska），南达马里兰（Maryland）、印第安纳（Indiana）、内布拉斯加（Nebraska）、新墨西哥（New Mexico）、亚利桑娜（Arizona）以及加利福尼亚（California）等州；生长在湿润草地、草原与开阔林地与灌丛间；海拔 2 100～3 050m。

24. *Elymus tilcarensis*（J. H. Hunziker）Á. Löve，1984，Feddes Repert 95（7 - 8）：473. 梯尔卡披碱草（图 2 - 64）

模式标本：阿根廷："Prov. Jujuy；Depto，Tilcara：a unos 800m al N del pueblo de Tilcara，2 460m s. m. ，en vega a la derecha del camino a La Cuiaca，J. H. Hunziker 8082 Ⅰ - Ⅲ - 1965"（主模式标本：**CORD**；同模式标本：**BAA**、**BAB**、**LP**、**SI**、**UC**）。

异名：*Agropyron tilcarense* J. Hunz. ，1966，Kurtziana 3：121 - 122；

　　　　Elytrigia tilcarense（J. Hunz. ）Covas ex J. Hunz. & Xifreda，1986. Darwin-
　　　　iana 27：63。

形态学特征：多年生，丛生。秆只具鞘内分枝，稀鞘外分枝，通常秆高达80cm，具2~4节，节上无毛，下部节常膝曲。叶鞘无毛，有沟槽；叶耳发育，微带紫色；叶舌短，膜质，长约0.5mm，先端平截；叶片线形，平展，渐尖，柔软，长10~15cm，宽约2.5mm，上表面微粗糙，具沟槽，下表面平滑至微粗糙。穗状花序长6~16cm，具7~25节，每穗轴节上1枚小穗（稀基部节上有成对小穗）；穗轴坚韧、细，穗轴节两侧具纤毛，基部4个节间长达27mm，上部2个节间长4~5mm；小穗具（3~）4~5（~7）花，上部花不育；小穗轴长1.4~2.2mm，被糙毛；颖披针形，长10~15.5mm，宽1.8~2.8mm，琥珀色，5~7脉，脉突起，具小刺而粗糙，具短芒，芒长0.9~2.3mm，稀基部小穗无芒；外稃披针形，长11~16.5mm，上部微粗糙，5~6（~7）脉，具短芒，芒长1.5~3mm；内稃线状披针形，与外稃近等长，先端具2齿，两脊上具纤毛；花药长1.8~2.4mm；颖果长5~6mm，线状披针形，略带紫色。

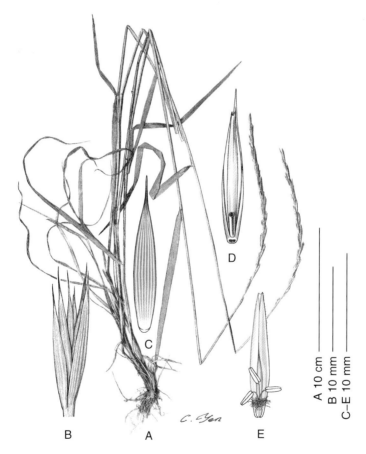

图2-64　*Elymus tilcarensis*（J. H. Hunziker）Á. Löve
A. 全植株　B. 小穗　C. 小花背面观
D. 小花腹面观　E. 内稃、雄蕊、雌蕊及鳞被

细胞学特征：2n＝4x＝28（Hunziker，1966；Dewey，1977）；染色体组组成：**StStHH**（Dewey，1977）。

分布区：南美：阿根廷北部胡胡伊省的 Tilcara；生长在潮湿的山谷；海拔可达 2 460m。

25. *Elymus trachycaulus*（Link）Gould ex Shinners，1954，Rhodora 56：28. 糙秆披碱草

25a. var. *trachycaulus*（图 2 - 65：a）

模式标本：北美："Grown in the Berlin Botanical Garden from seeds，collected by Dr. Richardson from western North America"（主模式标本：**B**；主模式标本照片：Plate Ⅳ of Malte，Ann. Rept.，1930，Natl. Mus. Canada，Bull. 68，1932）。

异名：*Triticum trachycaulum* Link，1833，Hort. Bot. Berol. 2：189；

Triticum pauciflorum Schwein.，1824，in Keating，Narr，Exp. St. Peters. River 2：383；

Agropyron tenerum Vasey，1885，Bot. Gaz. 10：258；

Agropyron trachycaulum（Link）Malte ex H. F. Lewis，1931，Can. Field-Nat. 45：201；

Agropyron pauciflorum（Schwein.）Hitchc.，1934，Amer. J. Bot. 21：132，non Schur，1859；

Roegneria pauciflora（Schwein.）Hylander，1945，Uppsala Univ. Arsskr.，7：89；

Elymus pauciflorus（Schwein.）Gould，1947，Madrono 9：126，non Lam.，1791，Tabl. Encyclop. 1：207（incertae sedis）；

Elymus trachycaulus ssp. *trachycaulus* Probat.，1976，Nov. Sist. Vyssch. Rast. 13：37。

形态学特征：多年生，密丛生，具多数纤维状须根，不具匍匐根状茎或稀具微弱的根茎。秆通常直立，高 30～100（～150）cm 或以上，绿色或灰绿色，无毛或花序下微粗糙，或节下被倒生微毛。叶鞘通常无毛，下部者常被倒生微毛；叶片平展或边缘内卷，宽 2～8mm，上表面粗糙，有时被微毛，下表面平滑无毛。穗状花序直立或顶端微弯，长（4～）8～20（～30）cm，绿色或灰绿色，小穗 1 枚着生于每一穗轴节上，排列较疏松；穗轴节间长 8～15mm，平滑无毛，仅棱脊上粗糙；小穗长 10～20mm（芒除外），与穗轴贴生，具 3～9 花；小穗轴被长柔毛；颖披针形或长圆状椭圆形，无毛至微粗糙或被微毛，两颖不等长，第 1 颖长（5～）6～10（～12）mm，第 2 颖长 7～12（～14）mm，质坚硬，（3～）4～7（～8）脉，脉粗壮，先端急尖或渐变窄形成长可达 2mm 的短芒，边缘膜质；外稃长 7～12（～13）mm，除上部脉上具少数短小刺毛外，其于均平滑无毛，先端渐尖，无芒或具长 1.5～2（～5）mm 的短芒；内稃与外稃近等长，先端平截，脊上的脉有时延伸出先端形成小齿，两脊上具短纤毛；花药长 1～2.5（～3）mm。

细胞学特征：2n＝4x＝28（Dewey，1977）；染色体组组成：**StStHH**（Dewey，1977；Redinbaugh et al.，2002）。

分布区：北美西部：美国、加拿大、墨西哥；欧洲及中亚作为牧草与饲草种植，均引自北美。生长在路边、荒地、草原、山岩、湖边、林间空地等。

注：*Elymus trachycaulus* 在许多著作中，合并了很多种，而又划分为许多变种、亚种。编著者在 DAO 见到的标本，其变异太大。如颖和稃密被柔毛的 var. *violaceus*，小穗完全偏于一侧，外稃具长 10～20mm 的芒等。而又未见到细胞遗传学的资料，因此在描述时，按不同的种处理，可放在存疑种中。

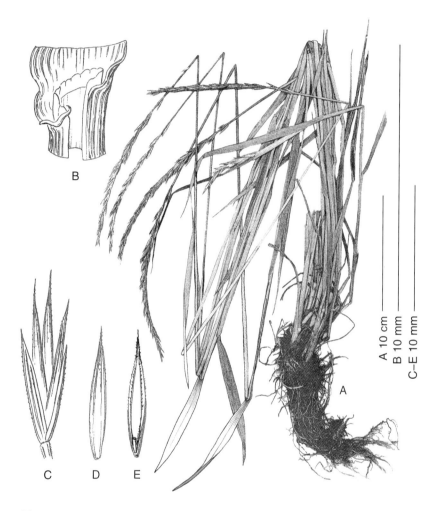

图 2 - 65：a *Elymus trachycaulus* (Link) Gould ex Shinners var. *trachycaulus*
A. 全植株　B. 叶鞘上部，叶片下部，并示叶耳及叶舌　C. 小穗　D. 小花背面观　E. 小花腹面观
［B—E 引自 Maey E. Barkworth 等编著《北美植物志（Flora of North America）》，
Cindy Talbot Roché 等绘；A 颜济补绘］

25b. var. *virescens* （Lange）**J. L. Yang et C. Yen，comb. nov.** 根据 *Agropyron violaceum β virescens* **Lange，1880，Medd. om Grönl. 3：155**？（41？）．糙秆披碱草绿色变种（图 2 - 65：b）
模式标本：采自格陵兰。主模式标本：**C**。
异名：*Agropyron violaceum β virescens* Lange，1880，Medd. om Grönl. 3：155？．
（41？）；

Agropyron violaceum var. *majus* Vasey，1893，Contr. U. S. Nat. Herb. 1：280；

Agropyron tenerum majus Piper，1905，Bull. Torrey Bot. Club 32：543；

Elymus donianus ssp. *virescens* (Loange) Á. Löve & D. Löve，1964，Taxon 13：201，non *elymus virescens* Piper，1899；

Roegneria virescens (Lange) Böcher，in Holmen & Jakobsen，1966，Grönl. Fl. ，2. udg. ；294；

Agropyron pauciflorum ssp. *majus* (vasey) Melderis，1968，Arkiv f. Bot. Ⅱ，7：20；

Elymus trachycaulus ssp. *majus* (Vasey) Tzvelev，1973，Nov. Sist. Vyssch. Rast. 10：24。

形态学特征：本亚种与 var. *trachycaulus* 的区别，在于其秆高 20～80cm；穗状花序长 5～10cm；穗轴节间长 5～10mm；颖长 9.5～13.5mm，1 脉，脉上大部分粗糙，具短芒，芒长 1.5～2mm；外稃具芒，芒长 2.5～10mm，弯曲。

细胞学特征：2n＝4x＝28（Á. Löve，1984）。

图 2 - 65：b *Elymus trachycaulus* var. *virescens* (Lange) J. L. Yang et C. Yen
A. 穗及旗叶　B. 小穗及穗轴节间上段　C. 小花半侧面观
［引自 Maey E. Barkworth 等编著《北美植物志（Flora of North America）》，
Cindy Talbot Roché 等绘；颜济稍作修正改绘，编排更改］

分布区：据文献记载，仅见于格陵兰（但在 DAO 见到一份标本，采集人为 Löve 夫妇：采自 New Hampshire：Mt. Wasgington 30/8，1962，A. & D. Love，7820.）。

26. *Elymus transhycanus*（Nevski）**Tzvel.，1972. Nov. Sist. Vyssch. Rast. 9：61. 土库曼披碱草**（图 2 - 66）

模式标本：土库曼："Turkumania，Ashkhabad region，stony areas at 1 000m，Chapandag mountain（Kopet-Dag），25 Ⅷ 1931，nº725，A. Borisova"（主模式标本与同模式标本：**LE!**）。

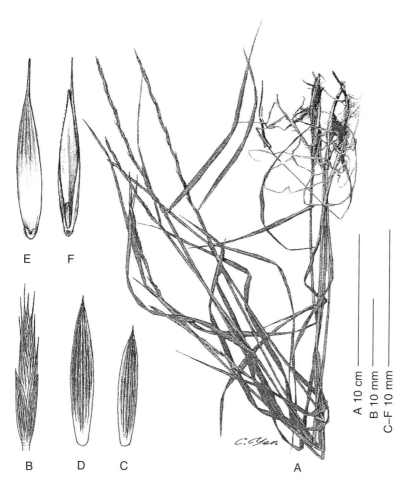

图 2 - 66　*Elymus transhycanus*（Nevski）Tzvel.
A. 全植株　B. 小穗　C. 第 1 颖　D. 第 2 颖　E. 小花背面观　F. 小花腹面观

异名：*Roegneria transhycana* Nevski，1934（April），Tr. Sredneaz. Univ.，ser. 8B，17：70；

　　　Roegneria leptoura Nevski，1934（September）. Fl. SSSR 2：623.（用同一模式标本另行命名，为不合法命名）；

　　　Roegneria leptoura Nevski，1936. Tr. Bot. Inst. Akad. Nauk，SSSR，ser. 1，2：53；

Agropyron leptoura（Nevski）Grossh.，1939. Fl. Kavk. 2：331；

Semeiostachys leptura（Nevski）Drob.，1941. Fl. Uzbeck. 1：285；

Elytrigia vvedenskyii Drob.，1941. Fl. Uzbeck. 1：173；

Agropyron transhycanum（Nevski）Bondar.，1968. Opred. Rast. Sredn. Azii
　　1：173；

Elymus stewartii Á. Löve，1982，New Zeal. J. Bot. 20：179，erratum，non
　　Agropyron stewartii Melderis。

形态学特征：多年生，秆单生，具短而细的匍匐根状茎。秆直立或膝曲斜升，高40～75cm，纤细、平滑无毛。叶片粉绿色，稍内卷，稀近于平展而边缘内卷，长可达20cm，宽3～4mm，上表面疏被短柔毛，边缘微粗糙，下表面平滑无毛，被白霜。穗状花序直立，长7～14.5（～24）cm，绿色或具紫晕，小穗1枚着生于每一穗轴节上，小穗排列疏松；穗轴扁，穗轴节间长10～12mm；小穗长（10～）15～18（～22）mm，贴生穗轴，具3～5（～7）花；颖披针形或线状披针形，无毛，脉上很粗糙，两颖不等长，第1颖长（6～）7～8mm，第2颖长9～11（～13）mm，两颖均5～7脉，渐尖，先端有时形成一长0.5（～1）mm的尖头；小穗轴被毛；外稃披针形，长8～11（～13）mm，无毛，5脉，先端具短芒，芒长2～4（～5）mm，粗糙，基盘被毛；内稃与外稃等长或稍长，先端内凹，两脊上被纤毛；花药长3.5～4（～5）mm。

细胞学特征：2n＝6x＝42（Dewey，1972；Sun, G. L. et al.，1994）；染色体组组成：**StStSt₂St₂HH**（Dewey，1972），或 **StStStxStxHH**（Sun, G. L. et al.，1994）。

分布区：土库曼：上土库曼；伊朗；俄罗斯：高加索、外高加索；中亚：帕米尔-阿拉伊（Pamir-Alaj）。生长在中山带与高山带的石质山坡、岩石与卵石中。

27. Elymus vaillantianus（Wulfen et Schreber）**K. B. Jensen，1989，Genome 32**（4）：**645.** 托卢卡披碱草（图2-67：a、b）

模式标本："Mexico：on a hillside south of the CIMMIT Station of Toluca, Dr. D. R. Dewey，1981，accesion D-2816"（指定主模式标本：**SAUTI!**）。

异名：*Triticum vaillantanum* Wulfen & Schreber，1811，in Schweigger & Koerte，
　　　　Fl. Erlangensis 1：143-144；

　　　　Agropyron vaillantianum Schreb. ex Besser，1822，Enum. Pl. 41. nom. nud.。

形态学特征：多年生，疏丛生，具细根状茎。秆高80～86.5cm，具3～4节，节无毛，节间无毛，穗下节间无毛。叶鞘无毛；叶耳不存；叶舌长约1mm，平截；叶片旗叶长6.5～6.8cm，秆叶长23.1～31.5cm，上表面无毛，下表面粗糙。穗状花序直立，长15～20cm；穗轴节被毛，穗轴节间无毛，棱脊具刺毛；小穗长11.8～12.2mm，卵圆形至长圆形，具3～4花；颖长圆形，上端渐尖，长8～11mm，背部被刺毛，腹面无毛，先端具长0.8～1mm小尖头；外稃披针形，长约10.1mm，无毛，先端渐尖，具长约1.2mm的小尖头；内稃与外稃等长，两脊具微糙毛，先端平截；花药长约1.2mm。

细胞学特征：2n＝4x＝28（K. B. Jensen，1989）；染色体组组成：**StStHH**（K. B. Jensen，1989）。

分布区：北美：墨西哥。

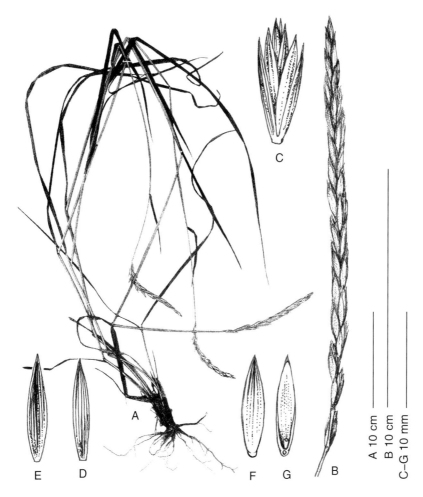

图 2 - 67：a　*Elymus vaillantianus*（Wulf.）K. B. Jensen
A. 全植株　B. 全穗　C. 小穗　D. 第 1 颖　E. 第 2 颖　F. 小花背面观　G. 小花腹面观

28. *Elymus violaceus*（Hornem.）J. F. Feilberg，1984，in Melderis，Grφnland Biosci. 15：12. 紫披碱草

28a. var. *violaceus*（图 2 - 68：a、b）

模式标本：格陵兰："J. Vahl in sudlichen Theile Gronds"；Southern Greenland：Igaliko，no date，J. Vahl，合模式标本；Igaliksensis，1828，Aug.，J. Vahl，合模式标本：C！。

异名：*Triticum violaceum* Hornem.，1832，Fl. Dan. 12（35）：3. t. 2044；

   Agropyron violaceum（Hornem.）Lange，1857，in Reinhardt et al. ex Rink，Gronland geographisk，etc.，vol. 2：Nat. Bidrag，pt. 6.，115；and J. Lange，1880，Medd. Om Gronl.，3. p. 155；

   Agropyron violaceum Vasey，1883，Grass. U. S.；Special Rept. Dept. of Agric. No. 63：45. 1883；

图 2 - 67：b *Elymus vaillantianus*（Wulf.）K. B. Jensen
后选模式标本（现藏于 **SAITI**）

Agropyron violaceum var. *andinum* Scribn. & Smith，1897，U. S. D. A. Div. Agrostol. Bull. 4：30；

Agropyron violaceum var. *latiglume* Scribn. & Smith，1897，U. S. D. A. Div. Agrostol. Bull. 4：30；

Agropyron biflorum latiglume Piper，1905. Bull. Torrey Bot. Club 32：547；

Agropyron andinum（Scribn. et Smith）Rydb. ，1906，Colo. Agr. Exp. Sta. Bull. 100：54；

Agropyron latiglume（Scribn. et Smith）Rydb. ，1909，Bull. Torry Bot. Club，36：539；

Roegneria violacea（Hornemann）Meld. ，1950，Svensk. Bot. Tidskr. 44：159；

Agropyron trachycaulum（Link）Malte ex H. F. Lewis var. *latiglume*（Scribn. et J. G. Smith）Beetle，1952. Rhodora 54：196；

Roegneria latiglumis（Scribn. et Smith）Nevski，1936，Tr. Bot. Inst. AN SSSR 1，2：55. non *Elymus latiglumis* Phill. ，1864，nec Nikif. ，1968；

Elymus trachycaulus ssp. *andinus*（Scribn. et Smith）Á. Löve & D. Löve，1976，Bot. Not. 128：502；

Elymus trachycaulus ssp. *violaceus*（Hornem.）Á. Löve & D. Löve，1976，
    Bot. Not. 128：502；

Elymus alaskanus（Scribn. et Merr.）Á. Löve ssp. *latiglumis*（Scribn. eT
    Smith）Á. Löve，1980，Taxon 29：166；

Elymus trachycaulus ssp. *latiglumis*（Scribn. & J. G. Smith）Á. Löve，
    1980. Taxon 29：166；

Elymus trachycaulus ssp. *latiglumis*（Scribn. & J. G. Smith）Barkworth et
    Dewey，1983. Great Basin Nat. 43（4）：562，nom. illeg；

Elymus trachycaulus var. *latiglumis*（Scribn. & J. G. Smith）Beetle，
    1984. Phytologia 55（3）：209。

形态学特征：多年生，密丛生。秆直立，斜升或基部稍膝曲，高（10～）30～60（～76）cm，平滑无毛，节无毛。叶鞘平滑无毛；叶耳长约 0.5mm；叶舌很短，长 0.5～1mm，平截；叶片平展或内卷，长 10～15.5cm，宽 2～9mm，上表面密被柔毛，下表面粗糙或疏被微毛，有时下面平滑。穗状花序直立，紫色，长（3～）5～12cm，小穗 1 枚着生于每一穗轴节上，排列紧密至稍疏松；穗轴节间长 4～5.5mm，棱脊上被纤毛；小穗长 11～19mm，贴生穗轴，小穗具（3～）4～5 花；小穗轴被长约 0.4mm 的毛；颖宽，

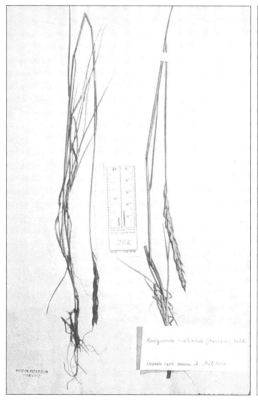
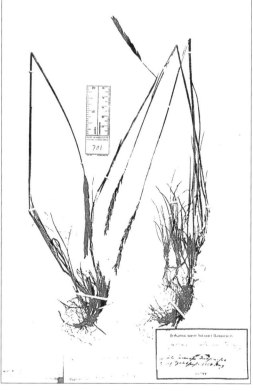

图 2 - 68：a　*Elymus violaceus*（Hornem）J. F. Feiberg 合模式标本（现藏于 **C**!）

图 2 - 68：b *Elymus violaceus* (Hornem) J. F. Feiberg

A. 全植株 B. 全穗 C. 小穗 D. 颖及穗轴上段 E. 小花背面观

[B-E 引自 Mary E. Barkworth 等编著《北美植物志 (Flora of Noeth America)》，

24 卷，Cindy Talbot Roché 等绘；A 颜济补绘]

窄卵圆形至倒卵圆形，或倒宽披针形，通常紫色，具宽 0.3～1mm 的干膜质边缘，上宽
下窄，长 6～12（～13）mm，宽 1.2～2mm，长为相邻外稃的 3/4，无毛，有时粗糙，
3～5 脉，脉上平滑，中脉有时形成脊，先端急尖至圆形，有时具芒尖或具长 2mm 的芒；
外稃长圆状披针形，紫色，长 8.5～10.6mm，5～7 脉，稃体疏被微毛，毛弯曲，或脉上
粗糙，先端具芒尖或长 1.2～3（～6.5）mm 的芒；内稃与外稃近等长，由下至上渐窄，
仅宽约 0.4mm，棱脊上粗糙；花药长 0.7～1.3mm。

细胞学特征：2n = 4x = 28（Dewey，1976）；染色体组组成：**StStHH**（Dewey，
1976）。

分布区：北欧；北美：格陵兰（Greenland）；由北极地区的阿拉斯加（Alaska）州，通过

加拿大极地到落矶山脉（Rocky Mountains），再向南到新墨西哥（New Mexico）州；也有报道在亚洲也有分布。生长在极地、亚高山与高山带，于石灰质或是白云岩上，以及沙质土中。

28b. var. *pilosiglumis*（Hult.**）C. Yen et J. L. Yang comb. nov.** 根据 ***Agropyron latiglume* Rydb. var. *pilosiglume* Hultton，1942. Acta Univ. Lund，n. ser. 38：259. 毛颖紫披碱草**（图 2 - 68：c）

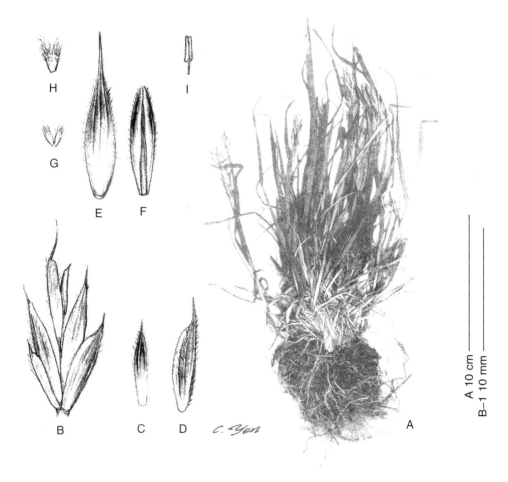

图 2 - 68：c *Elymus violaceus* var. *pilosiglumis*（Hult.）C. Yen et J. L. Yang

A. 全植株　B. 小穗　C. 第 1 颖　D. 第 2 颖　E. 小花背面观

F. 内稃腹面观　G. 鳞被　H. 雌蕊　I. 雄蕊

模式标本：美国阿拉斯加："Central Pacific Cpast distr.，east side of Lake Clark，Gorman 226." 主模式标本现藏于 **US**！。

异名：*Agropyron latiglume* Rydb. var. *pilosigkume* Hulton，1942. Acta Univ. Lund，n. ser. 38：259。

形态学特征：本变种与 var. *violaceus* 的区别，在于其颖、外稃、内稃内面与节上均被疏柔毛。

细胞学特征：未知。

分布区：美国：阿拉斯加；加拿大：育空、维多利亚岛等高纬度北极地区。

29. *Elymus virginicus* L.，1753. Sp. Pl.，ed. 1，84. 弗吉尼亚披碱草

29a. var. *virginicus* （图 2 - 69：a、b）

模式标本：Catalogue No. 100. 5，Hort. Upsal.，"Habitat in Virginia"，合模式标本：**UPS!**［（后选模式标本：Savage，1945）以及（"U. S. A. Kentucky，Fayette County，Lexington，streambank，3525 Willowood Road，4 Jul 1995，Campbell 95 - 001"］；Julian J. N. Campbella 1996 年指定模式标本：**US**，均为不合法，因 Carl von Linné 定名本种时所根据的模式标本至今仍保存完好，这些指定后选模式都是无效的。Campbell 在他说明他指定模式标本的短文中的理由是：因为 Benjamin Franklin Bush 在 1926 年设立变种时把穗伸出叶鞘的定名为 var. *jejunus* (Ramaley) Bush，认定它的穗是伸出叶鞘，而把穗一部分或全部包裹在宽大的叶鞘内的定为 var. *virginicus*。以后又被 Fernald（in Rhodora 35：197，1933）、Fernald & Schubert（Gray's Manual ed. 8：140. 1950）、Gleason（New Britton & Brown Ill. Fl，1：145. 1952）等引用。就对 Bush 的这一错误将错就错，新指定一个模式来弥补。这完全无视法规的原则，也无视北美学者 Hitchcock（in Contr. U. S. Natl. Herb. 12：124. 1908）、W. M. Bowden（Can. J. Bot. 42：547601. 1964）、Ralph E. Brooks（in Flora of the Great Plains：1170. 1986）等的正确意见。Bush 的 var. *jejunus* (Ramaley) Bush 只能是原变种的异名。

异名：*Elymus carolinianus* Walt.，1788. Fl. Carol. 82；

　　　Hordium cartilagineum Moench，1794. Meth. 199；

　　　Elymus striatus Willd.，1797，Spec. Pl. 1：470；

　　　Elymus hordeiformis Desf.，1804. Tabl. Ecol. Bot. Mus. 15. nom. nud；

　　　Elymus durus Hedw. Ex Steud.，1840. Nom. Bot.，ed. 2，1：550，in syn；

　　　Hordeum virginicum Schenck，1907. Bot. Jahrb. 40：109；

　　　Terrellia virginica (L.) Lunell，1915. Amer. Midl. Nat. 4：228；

　　　Terrellia striata Lunell，1915. Amer. Medl. Nat. 4：228；

　　　Elymus virginicus var. *jejuns* (Ramalay) Bush，1926，Amer. Midl. Nat. 10：65；

　　　Elymus virginicus forma *jejuna* Ramaley，1894，Bull. Geol. And Nat. Hist. Surv. Minn. 9：114；

　　　Elymus virginicus var. *minor* Vasey ex L. H. Dewey，1892. Contr. U. S. Natl. Herb. 2：550；

　　　Elymus virginicus minor Vasey，1895，in Rydb. Contr. U. S. Nat. Herb. 3：193；

　　　Elymus jejuna (Ramaley) Rydberg，1909，Bull. Torr. Club 36：539；

　　　Elymus virginicus var. *jenkinsii* Bowden，1964. Canad. J. Bot. 42：583。

形态学特征：多年生，疏丛生或密丛生，不具根状茎，植株稀被白霜，特别是穗部。秆直立至稍外倾，粗壮，高 30～120（～150）cm，具 4～9 节，绿色，通常无毛，稀被微毛。上部叶鞘有些膨胀，无毛或稀被糙毛，偶为红绿色或紫绿色；叶耳不存至长 1.8mm，

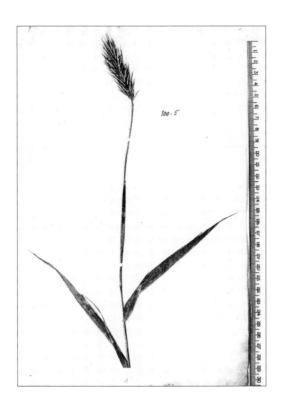

图 2‑69：a *Elymus virginicus* L. 合模式标本

（现藏于 **LINN**）

淡褐色；叶舌短于 1mm；叶片薄或较薄，平展，或内卷，宽 2～14（～18）mm，绿色，上表面平滑或粗糙，稀被微毛，下表面无毛，或粗糙。穗状花序直立，坚硬，常伸出顶端叶鞘之外，有时部分包于膨胀的叶鞘中，长（3～）5～15（～22）cm，宽 1～3cm（包含芒），通常小穗 2 枚着生于每一穗轴节上，稀节上具 3 枚，排列紧密；穗轴节间长 3～5mm，平滑无毛，或在棱脊上粗糙，或在小穗下被毛；小穗长 10～15mm，贴生至稍外弯，具（1～）2～4（～6）花，下部小花为能育花，脱节于颖之下与小花下，或最下部花与颖一起脱落；颖扁平，线状披针形，两颖近等长或等长，坚实，长 7～15mm，3～5（～6）脉，其中一脉较突起，中部宽 0.8～2mm，基部 1～4mm 呈柱状，硬化，无脉，外弓，带黄色，颖平滑或微粗糙，边缘坚实，先端具直芒，芒长 3～10（～15）mm；外稃长 6～10mm，微粗糙，无毛或被长柔毛至糙毛，或向基部无毛而向先端粗糙，上部 5 脉，先端具长（4～）10～25（～35）mm 的直芒；内稃长 5～9mm，先端钝至平截或稍内凹，两脊上粗糙或具纤毛，通常上部具较长纤毛；花药长（1.5～）2～3.5（～4）mm。

细胞学特征：2n＝4x＝28（Bowden，1958；Mason‑Gamer，2001）；染色体组组成：**StStHH**（Mason‑Gamer，2001；Mason‑Gamer et al.，2002）。

分布区：广布于北美温带，加拿大：纽芬兰（New Foundland）至阿尔贝塔（Alber-

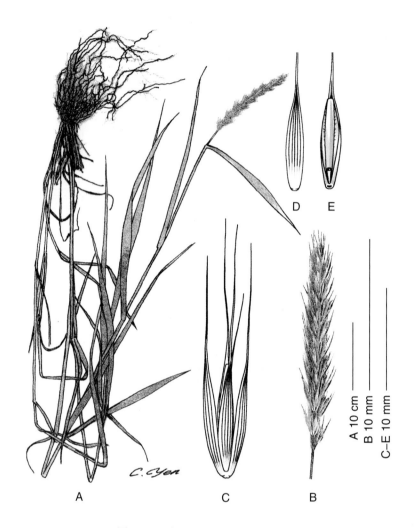

图 2 - 69：b *Elymus virgenicus* L.

A. 全植株 B. 全穗 C. 小穗 D. 小花背面观 E. 小花腹面观

ta)，以及大西洋沿岸各省；美国：纽约（New York）州、缅因（Maine）州，南达北卡罗来纳（North Carolina）州、佛罗里达（Florida）州、得克萨斯（Texas）州、新墨哥（New Mexico）州、亚利桑那（Arizona）州，以及太平洋的西北岸。生长在潮湿林中、草甸、灌丛、河或湖岸。

29b. var. *halophilus*（E. P. Bicknill）Wiegand，1918. Rhodora 20：83. 弗吉尼亚披碱草喜盐变种（图 2 - 69：c）

模式标本：美国：马萨诸塞（Massachusetts）州，"Acquidness Point，Nantucket，Sept. 11，1907"。

异名：*Elymus halophilus* Bicknell，1908. Bull. Torrey Bot. Club 35：201；

　　　　Terrellia halophila（Bicknell）Nevski，1932. Bull Jard. Bot. Ac. Sc. URSS 30：639；

Elymus virginicus var. *halophilus* f. *lasiolepis* Fern.，1933. Rhodora 35：198。

形态学特征：本变种与 var. *virginicus* 的区别，在于其植株较细瘦，高不超过 80cm；上部叶鞘不膨胀，穗状花序不包于膨胀的叶鞘中；叶片较窄，较坚实，宽仅 2～5 mm，内卷；穗状花序较短，长 3.5～11 cm，颖较短，基部 1～2 mm 硬化，外弓；常生长在盐性土壤中。

细胞学特征：未知。

分布区：美国：缅因（Maine）州至新泽西（New Jersey）州的海岸，明尼苏达州、弗吉尼亚州的盐性沼泽、湿地。

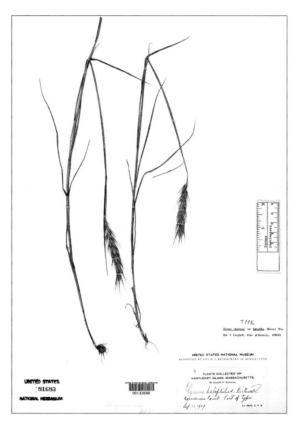

图 2 - 69：c *Elymus virginicus* var. *halophilus*（E. P. Bicknill）
Wiegand 主模式标本（现藏于 **US**）

29c. var. *intermedius*（Vasey）**Bush，1926，Amer. Midl. Nat. 10：60. 弗吉尼亚披碱草中间变种**

模式标本：美国："United States：New York State：Lansinburg，E. C. Howe s. n.，1886"（主模式标本：**US**!）。

异名：*Elymus canadensis* var. *intermedius* Vasey，1890，in S. Wats. & Coulter，
A. Gray，Man.，ed. 6，673；

Elymus virginicus var. *minor* Vasey ex L. H. Dewey，1892. U. S. Natl.
Herb. Contrib. 2：550；

Elymus intermedius （Vasey） Scribn. et Smith，1897. U. S. Dept. Agric.，
　　Div. Agrostol. Bull. 4：38，non M. Bieb.，1808；

Elymus hirsutiglumis Scribner，1898. U. S. Dept. Agric.，Div. Agrostol.
　　Bull. 11：58；

Elymus virginicus var. *hirsutiglumis* （Scribn.） A. S. Hitchc. 1908. Rhodora
　　10：65；

Elymus virginicus L. var. *virginicus* f. *hirsutiglumis* （Scribn.） Fern.，
　　1933. Rhodora 10：65；

Terrellia hirsutiglumis （Scribn.） Nevski，1932. Bull. Jard. Bot. Ac. Sc. URSS
　　30：639。

　　形态学特征：本变种与 var. *virginicus* 的区别，在于植株通常部分被白霜，成熟后为
黄色、红色或稍带紫褐色；小穗通常被白霜；穗轴、颖、外稃被糙毛至长柔毛。

　　细胞学特征：未知。

　　分布区：在美国，从大平原中部与南部，穿过密西西比（Mississippi）州中部与俄亥
俄（Ohio）州谷地，到美国及相邻的加拿大的东北部，不存或稀见于俄克拉何马（Okla-
homa）州南部至田纳西（Tennessee）州与马里兰（Maryland）州；生长于富含碱性土壤
的开阔林地与灌丛中，特别喜生于岩石上、卵石堆，或较大溪流的沙岸上。

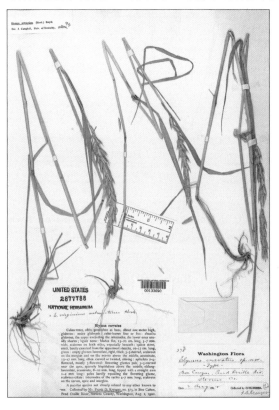

图 2 - 69：d　var. *submuticus* Hook. 后选模式标本（现藏于 **K**）

29d. var. *submuticus* Hook.，1840. Fl. Bor. Amer. 2：255‑256. 弗吉尼亚披碱草无芒变种（图 2‑69：d）

模式标本：后选模式标本：加拿大 "Saskatchewan：Cumberland House Fort，Drummond s. n.，1825."。后选模式标本：**K!**，Wray M. Bowden 1964 选定。

［Bowden 1964 年注："Syntype，‑Canada：Common on the shores of lakes and rivers to the east of the Rocky Mountains，but never found to the west of that Range，Douglas s. n.，without date.（**K!**）；Mounted on same sheet as the lectotype］

异名：*Elymus curvatus* Piper，1903. Bull. Torrey Bot. Club 30：233；

　　　Elymus submuticus（Hook.）Smyth & Smyth，1913. Trans. Kans. Acad. 25：99；

　　　Elymus virginicus f. *submuticus*（Hook.）Pohl，1947. Amer. Midl. Nat. 38：549。

形态学特征：本变种与 var. *virginia* 的区别，在于其颖和外稃先端渐尖具小尖头至仅长 1～2mm 的短芒。

细胞学特征：2n＝4x＝28（Bowden，1964）。

分布区：加拿大：魁北克（Quebec）省、安大略（Ontario）省、曼里托巴（Manitoba）省、萨斯喀彻温（Saskatchewan）省、艾伯塔（Alberta）省以及不列颠哥伦比亚（British Columbia）省；美国：由东至西从罗得岛（Rhode Island）州至华盛顿（Washington）州，向南达俄克拉何马（Oklahoma）州与肯塔基（Kentuky）州。生长在河边、湖边。

30. *Elymus wawawaiensis* J. Carlsen et Barkworth，1997（October）**. Phytologia 83**（4）**：327‑329. 蛇河披碱草**（图 2‑70）

模式标本：美国：华盛顿（Washington）州："Whiteman County，Wawawai，June 1902，C. V. Piper 3954"。主模式标本：**US 1017771**；同模式标本：**US!**。

形态学特征：多年生，密丛生，有时具微弱根状茎。秆直立，高（15～）50～130cm，基部径粗 1～1.9 mm，具 2～5 节。基部叶鞘幼时中度被微毛，成熟后无毛，秆叶鞘无毛或疏被微毛；叶舌长 0.1～1.1 mm；叶片长 8.5～28.2 cm，宽 1.7～4.2 mm，上表面密被微毛，稀疏被微毛，下表面无毛，极稀粗糙。穗状花序直立至稍下垂，长 9.4～22.6 cm，小穗 1 枚着生于每一穗轴节上，小穗排列较紧密；穗轴节间长 5～13（～18）mm，无毛；小穗长 9～22mm，宽 2～8.5mm，具 4～10 花；小穗轴长 0.8～2.1mm，无毛；颖披针形至窄披针形，无毛，通常粗糙，两颖不等长，第 1 颖长 3.1～8.3mm，宽 0.5～1.1mm，第 2 颖长 4～9.5mm，宽 0.6～1.2mm，1～3 脉，先端渐尖至具长 4～6mm 的短芒；外稃披针形，背部平滑至略粗糙，沿基部边缘疏被微毛，长 6～12mm，宽 1.4～2.8mm，具芒，芒长 10～25mm，成熟时反折；内稃与外稃近等长，内稃腹面疏被至中度被糙伏毛，两脊间背部向先端疏被糙伏毛，两脊具纤毛；花药长 3～6mm。

细胞学特征：2n＝4x＝28（Carlson and Barkworth，1997）；染色体组组成：**StStHH**（Carlson & Barkworth，1997）。

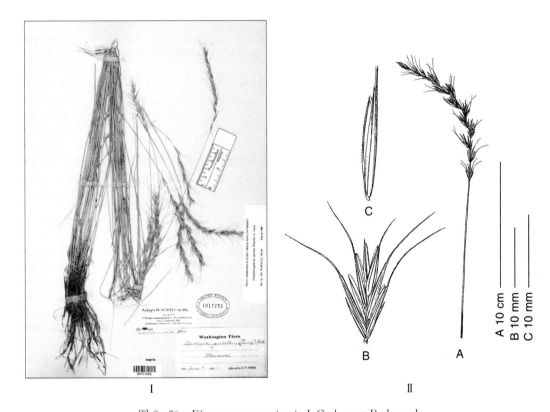

图 2-70 *Elymus wawawaiensis* J. Carlsen et Barkworth

Ⅰ. 主模式标本，现藏于 **US** Ⅱ. A. 全穗；B. 小穗；C. 小花侧面观

［引自 M. E. Barkworth 等编著《北美植物志（Flora of North America）》24 卷，Clindy Talbot Roché 等绘］

分布区：美国：华盛顿（Washington）州东南部与爱达荷（Idaho）州北部，稀见于俄勒冈（Oregon）州，沿蛇河（Snake River）及其支流的河岸岩坡土壤浅薄处，也见于冲积地。

存 疑 分 类 群

以下分类群因尚未进行实验分析，染色体组组成尚不明确。因此，它们的确切系统地位暂时还不能确定。待将来的实验分析研究结果再来确定它们的归属。

31. *Elymus arcuatus*（Golosk.）Tzvel.，1972. Nov. Sist. Vyssch. Rast. 9：61. 弓穗披碱草

模式标本：哈萨克斯坦："Tian-schan septentrionalis, Kungei Alatau, fontes fl. Tau-Czilik（Tschilik）, fl. Kunganter, regio alpina, in declivibus meridionalibus, alt. 3150m s. m., 11 Ⅷ 1944, legit V. Goloskokov"。主模式标本与同模式标本：**LE！**；副模式标本：**Alma-Ata**。

异名：*Agropyron arcuatum* V. Golosk.，1950. Bot. Mat.（Leningrad）12：27；

Roegneria arcuata（V. Golosk.）V. Golosk.，1969. In Ill. Opred. Rast. Kazakhst. 1：115. comb. invalid。

形态学特征：多年生，密丛生。秆在节上膝曲上升，由此使秆在中部形成弓形弯曲，高 40～50cm，平滑无毛，秆基部具宿存淡褐色发亮的枯萎叶鞘。叶鞘平滑无毛；叶舌短；具叶耳；叶片被白霜而呈苍白色，平展或内卷，窄、短，宽仅 1～3.5mm，常有纵沟，上、下表面平滑或上面略粗糙；分蘖叶多数，与秆生叶相似，但较长而对折。穗状花序弓形弯曲，或下垂，稀直立，长 6～10cm，小穗 1 枚着生于每一穗轴节上，排列疏松，常偏于一侧；穗轴细，平滑，在棱脊上微粗糙，穗轴节间短，长 3～4mm，常呈波状弯曲，致使小穗排列不成行；小穗长 15～18mm（芒除外），具 2～3 花；颖窄披针形或线状披针形，两颖近等长，长 6～8mm，3 脉，脉突起并具短纤毛，脉间平滑无毛，先端渐尖而成 1 细芒，微粗糙，长 3～5mm；外稃披针形，背面平滑无毛至微粗糙，长 10～15mm，先端长渐尖，具直芒，芒长（5～）10～20mm，粗糙；内稃与外稃等长或稍短，披针形，先端具 2 齿，两脊上具短纤毛；花药黄色，长约 2.5～3.5mm。

细胞学特征：未知。

分布区：中亚：天山；生长在山的中部至上部的石质山坡或岩石上。

32. *Elymus arizonicus*（Scribn. et J. G. Smith）Gould，1947. Madrono 9：125.. 亚利桑那披碱草（图 2 - 71：a、b）

模式标本：美国新墨西哥："New Mexico：3174 Lemmon，1884，near Laguna."（主模式标本：**US!**）。

异名：*Agropyron arizonicum* Scribn. et J. G. Smith，1897. U. S. Dept. Agric.，Div. Agrostol. Bull. 4：27 - 28；

　　　Agropyron spicatum var. *arizonicum*（Scribn. et J. G. Smith）Jones，1912. Contr. West. Bot. 14：19；

　　　Pseudoroegneria arizonica（Scribn. et J. G. Smith）Á. Löve，1980. Taxon 29：168；

　　　Elytrigia arizonica（Scribn. et J. G. Smith）D. Dewey，1983. Brittonia 35：31。

形态学特征：多年生，丛生，不具根状茎，植株具白霜。秆直立或基部倾斜，高（45～）60～100cm，具条纹，无毛或下部微粗糙，节上无毛或几乎无毛，基部具纸质宿存叶鞘。叶鞘无毛或疏被毛；叶耳存，可长至 1mm；叶舌膜质，在基部的叶上短，长 1mm，上部的叶上长 2～3（～4）mm；叶片柔软，薄，平展，下垂，长 13～18（～22）cm，宽（2.5～）4～6mm，上表面散生糙伏毛（长 0.5～1mm）与微毛或无毛，下表面平滑或被微毛，边缘粗糙，分蘖叶片较长，长 22～36cm。穗状花序曲折，成熟时下垂，长（10～）15～25（～30）cm，宽 10～15mm（芒除外），具 7～14 小穗，小穗 1 枚着生于每一穗轴节上，排列稀疏；穗轴较细，曲折，无毛，在棱脊上粗糙，穗轴节间长（9～）14～17mm；小穗长（14～）18～26mm，贴生穗轴或外倾，具（3～）5～7 花；小穗轴细，无毛，长约 3mm，脱节于颖之上，小花之下；颖窄披针形，两颖约等长，长为小穗长度的一半，第 1 颖长 5～9mm，第 2 颖长 8～10mm，3～5（～6）脉，边缘透明膜质，

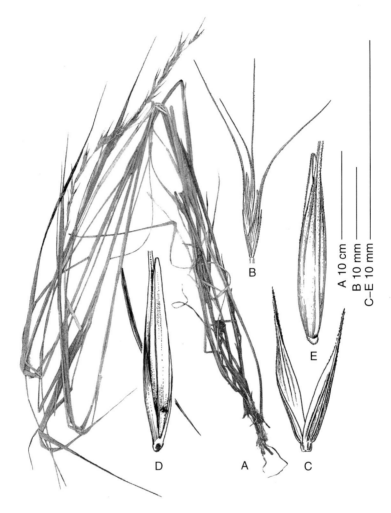

图 2 - 71：a　*Elymus arizonicus*（Scribn. et J. G. Smith）Gould
A. 全植株　B. 小穗　C. 颖　D. 小花腹面观　E. 小花背面观
［B-E 引自 Mary E. Barkworth 等编辑《北美植物志（Flora of North America）》第 24 卷，
Cindy Talbot Roché 等绘，编排修改；A、D 颜济补绘］

宽约 0.2mm，基部扁平，先端急尖或渐尖，或具长 4mm 的短芒，或具两不等长的齿；外稃线状披针形，坚实，长（8～）10～15mm，无毛或微粗糙，背部圆形，先端渐尖，具芒，芒长 10～25（～30）mm，粗糙，弓形外展；内稃与外稃等长或稍长，或稍短于外稃，先端渐窄，宽约 0.3mm，平截；花药长 3～5mm。

细胞学特征：2n=4x=28（F. W. Gould，1975；Löve，1984）。

分布区：美国：新墨西哥（New Mexico）州、亚利桑那（Arizona）州、得克萨斯（Texas）州、内华达（Nevada）州以及加利福尼亚（California）州北部；墨西哥（Mexico）北部。生长在较湿的峡谷中。

33. *Elymus atratus*（Nevski）Hand. -Mazz.，1936. Symb. Sin. Pt. 7：1292. 黑紫披碱

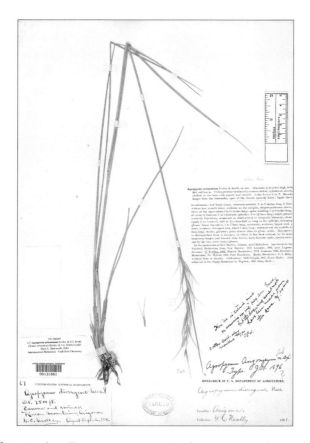

图 2-71：b　*Elymus arizonicus*（Scribn. et J. G. Smith）Gould，
主模式标本（现藏于 **US**）

草（图 2-72）

模式标本：中国甘肃："China，prov. Kan-su. Piasezky，14 Ⅷ 1875"（主模式标本：**LE**）。

异名：*Clinelymus atratus* Nevski，1932. Bull. Jard. Bot. Ac. Sc. URSS 30：644；

　　　Hystrix kunlunensis Hao，1938. Engler's Bot. Jahrb. 68：580。

形态学特征：多年生，密丛生，具多数须根。秆直立，基部膝曲，较细弱，高
（25～）40～60cm，具2～3节。叶鞘平滑无毛；叶舌短而不明显；叶片线形，常内卷，
长3～6cm，宽2mm，除基生叶片的上表面有时被柔毛外，其余的叶片上、下表面均无
毛；穗状花序曲折而下垂，长5～11cm，小穗2枚着生于每一穗轴节上，有时上端各节
仅1枚小穗，基部节上小穗常不发育，小穗多偏于一侧，排列较紧密；穗轴节间较细
弱，棱脊上粗糙，上部者长2～3mm，下部者长5～12mm；小穗成熟后黑紫色，长8～
10mm，具2～3花，但常仅1～2花发育；小穗轴节间长1.8～3mm，密生微毛；颖小，
狭长圆形或披针形，两颖近等长，长2～4mm，1～3脉，通常侧脉不显著，主脉粗糙，
先端渐尖，稀具长1mm的小尖头；外稃披针形，长7～11mm，全部密生微毛，5脉，脉
在基部不甚明显，先端渐尖，具芒，芒长10～22（～25）mm，向外反曲或展开，基盘密

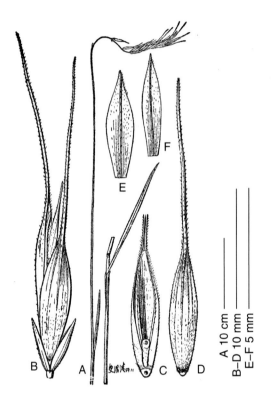

图 2-72 *Elymus atratus* (Nevski) Hand. -Mazz.

A. 茎、叶及全穗 B. 小穗 C. 小花腹面观

D. 小花背面观 E. 第 2 颖 F. 第 1 颖

（引自耿以礼主编《中国主要植物图说・禾本科》，

图 357，史渭清绘，编码更改）

生短柔毛；内稃与外稃等长，先端钝圆，两脊上具纤毛，在接近基部时不明显；花药长 1～1.2mm。

细胞学特征：2n＝4x＝28（Lu et al.，1990）。

分布区：中国：四川、青海、甘肃、西藏；生长在草地上。

34. *Elymus bakeri*（E. Nelson）Á. Löve，1980. Taxon 29：167. 贝克披碱草（图 2-73：a、b）

模式标本：美国："C. E. Baker，no. 139，near Pagosa Peak in southern Colorado，altitutde 2750 m（9000 ft），August，1899."（同模式标本：**US!**）。

异名：*Agropyron bakeri* E. Nels.，1904. Bot. Gaz. 38：378；

Elymus trachycaulus（Link）Gould ex Shinners ssp. *bakeri*（E. Nels.）Á. Löve，1984. Feddes Repert. 95（7-8）：460-461；

Agropyron trachycaulum（Link）Malte ex H. F. Lewis var. *bakeri*（E. Nels.）Boivin?

形态学特征：多年生，丛生，不具根状茎。秆粗壮，直立，高 30～50cm，平滑无毛。

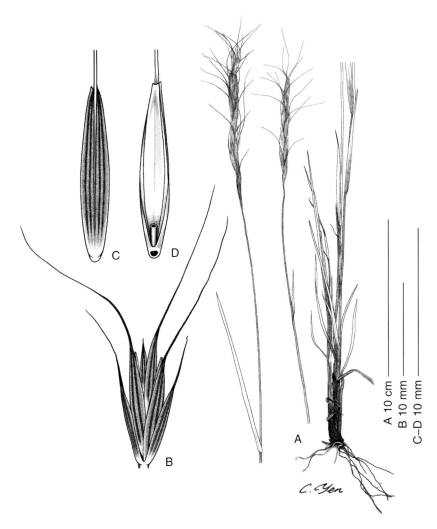

图 2-73：a *Elymus bakeri*（E. Nelson）Á. Löve
A. 全植株 B. 小穗 C. 小花背面观 D. 小花腹面观

叶鞘无毛或疏被微毛；叶耳长 0.3～0.6mm；叶舌长 0.5～1mm；叶片平展，直立，脉明显突起，脉间窄，长 12～20（～30）cm，宽 2～4mm，上表面平滑无毛或微粗糙，下表面平滑无毛。穗状花序常不完全伸出叶鞘，直立，长（5～）9～12cm，宽 1cm（芒除外），小穗 1 枚着生于每一穗轴节上，疏松覆瓦状排列；穗轴棱脊上粗糙，穗轴节间长 5～9mm；小穗圆柱状，长 10～19mm，两倍长于相邻节间，贴生，具 4～5 花；小穗轴粗糙或被小硬毛；颖窄长圆形，无毛，长 7～12mm，宽 1.4～2mm，5 脉，脉上粗糙，边缘干膜质，基部至少有 0.5mm 硬化，先端骤窄形成一长 2～8mm 的芒，芒基部一侧具或不具 1 齿；外稃披针形，长约 12mm，背部粗糙或近于平滑，主脉强壮延伸成 1 外展的芒，芒长 10～40mm，常在其基部具 2 齿；内稃等长或稍长于外稃，先端渐窄，宽仅 0.2～0.4mm；花药长 0.8～1.5mm。

细胞学特征：2n＝4x＝28（Barkworth et al.，2007）　（Flora of North America vol. 24：330）。

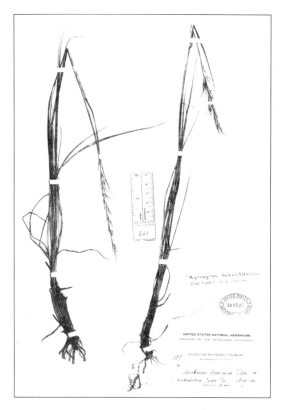

图 2-73：b　*Elymus bakeri*（E. Nelson）Á. Löve，C. F. Baker
No. 139 同模式标本（现藏于 **US**）

分布区：北美：美国：科罗拉多（Colorado）州、新墨西哥（New Mexico）州、华盛顿 Washington）州、蒙大拿（Montana）州，以及密歇根（Michigan）州北部；加拿大：艾伯塔（Alberta）省。生长在高海拔的开阔山坡、山地草甸。

35. *Elymus barystachys* L. B. Cai，1993，Acta Bot. Boreal. -Occident. 13（1）：70-71. 硕穗披碱草（图 2-74）

模式标本：中国："Qinghai（青海省），Gonghe Xian（共和县），Longyangxia（龙羊峡），ad ripas fluviorum，alt. 2700 m，19 Aug. 1983，Exped. Longyangxia（龙羊峡调查队）101"（主模式标本：**NWBI!**）。

形态学特征：多年生，疏丛生或单生，根须状。秆直立，下部节明显膝曲，高 50～83cm，径 2.5～4.5mm，具 3～5 节。叶鞘平滑无毛；叶舌膜质，先端钝圆，长约 1mm；叶片平展，长 7～22cm，宽 4～8mm，上、下表面均平滑无毛。穗状花序直立，常呈淡紫色，排列紧密，长 8～18cm，宽 5～9mm，小穗 2 枚着生于每一穗轴节上，有时上部及下部穗轴节上仅 1 枚小穗；穗轴节间通常长 4～8mm，棱脊上具小纤毛；小穗长 10～

18mm，具4～6花；颖线状披针形，两颖近等长，长7～10mm，具4～7脉，脉上疏生短刺毛，先端渐尖或有时具长不及1.5mm的短尖头；外稃长圆状披针形，第1外稃长7～8mm，下部粗糙，上部及边缘密被短柔毛，具5脉，明显，先端尖或中脉延伸成长1～2mm的短芒；内稃与外稃近等长，先端钝圆，脊上部具纤毛，脊间无毛；花药黑色或黄色，长约2mm。

细胞学特征：未知。

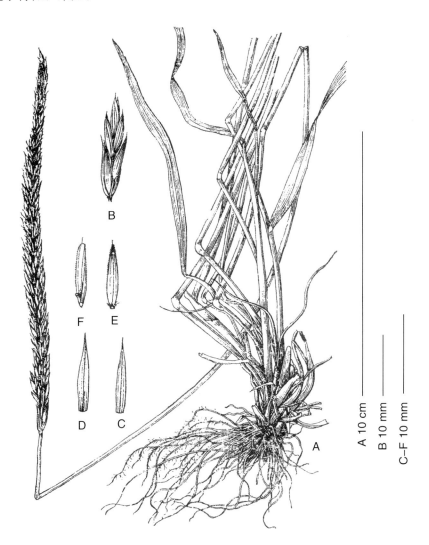

图2-74　*Elymus barystachys* J. B. Cai

A. 全植株　B. 小穗　C. 第1颖　D. 第2颖　E. 小花背面观　F. 小花腹面观

（引自蔡联炳，1993，王颖绘；本图删减，编码更改）

分布区：中国：青海（共和、斑马）、四川（色达）、西藏（隆子）；生长在河边、林中；海拔2 700～3 300m。

36. *Elymus besczetnovae* Kotuch.，1999. Turczaninowia 2（4）：9‐10. 贝氏披碱草

模式标本：哈萨克斯坦：阿尔泰西部："Altai Occidentalis，jugum Ivanovskiense，1000 m s. m.，in valle fl. Gromatucha，ruderatum，5 Ⅶ 1997. Ju. Kotuchov"（主模式标本：**LE!**）。

形态学特征：多年生，密丛生。秆直立，有时基部膝曲，高85～100cm，无毛。叶片平展，宽5～9mm，上表面被短柔毛，下表面无毛至微粗糙。穗状花序弯曲，长12～20cm，宽4～5mm，小穗1枚着生于每一穗轴节上，小穗排列紧密；穗轴微粗糙，棱脊上具短小刺毛；小穗轴被柔毛；颖椭圆形，稍不等长，3～4脉，脉上微粗糙，先端急尖，具长1.5～2mm的芒尖或短芒，颖内面被短柔毛；外稃长9～10mm，整个外稃着生柔毛，具短芒，芒长2～3mm；内稃与外稃等长，两脊上着生小刺毛，脊间背部被短柔毛；花药黄色，长1.5～1.7mm。

细胞学特征：未知。

分布区：哈萨克斯坦：阿尔泰西部、伊凡洛夫斯克（Ivanovsk）山、格若马图赫（Gromatuch）河谷；海拔1 000m。

37. *Elymus buchtarmensis* Kotuch.，1992. Bot. Zhurn. 77（6）：91‐92. 布河披碱草

模式标本：哈萨克斯坦："Altai Australis，in fluxu superiore fl. Buchtarma，2100 m. S. m.，declivitas australi-occidentalis，laricetun collucatum，prata graminosa substepposa，22 Ⅶ 1990，Ju. Kotuchov"（主模式标本：**LE!**）。

形态学特征：多年生，密丛生。秆直立，高90～110cm，无毛。叶片平展，宽6～11mm，上表面粗糙，稀疏被柔毛，下表面无毛。穗状花序直立，长9～16cm，宽8～12mm，小穗1枚着生于每一穗轴节上，小穗排列紧密；穗轴无毛，仅棱脊上具短刚毛；小穗轴被短柔毛；颖长圆状披针形，无毛，脉上微粗糙，两颖不等长，长8～11mm，5（～7）脉，先端急尖，偏斜，白色膜质边缘在先端形成齿状；外稃长10～12mm，背面被短柔毛，具芒，芒长20～25mm，近直立，基盘被短柔毛；内稃与外稃等长，两脊上具纤毛，两脊间背部被微毛；花药长2～2.5mm。

细胞学特征：未知。

分布区：哈萨克斯坦：阿尔泰山南部；生长在海拔2 100m的禾草亚草原。

［注：Kotuchov 认为，本种与 *E. fedtschenkoi* Tzvelev 相近似，但颖较短（8～11mm，而不是10～18mm），具5～7脉（而不是5～11脉）；外稃芒较短，近直立，而不是反曲。可能是 *Roegneria* 的种］。

38. *Elymus calcicola*（Keng）Á. Löve，1984，Feddes Repert. 95（7‐8）：453. 钙生披碱草（图2‐75）

模式标本：中国："贵州：毕节县，生石灰岩土上，海拔高1 600m，1943年6月3日，侯学煜2186"（主模式标本：**N!**）。

异名：*Roegneria calcicola* Keng，1963，In Keng & S. L. Chen，Acta Nanking Univ.（Biol.）3(1)：21；1959. Fl. Ill. Pl. Prim. Sin. Gram. 354. (in Chinese)。

形态学特征：多年生，疏丛生。秆细弱，斜升至直立，高100cm，具5节，上部节常膝曲，无毛。叶鞘无毛；叶舌质厚，平截，长约0.5mm；叶片平展，长10～20cm，宽

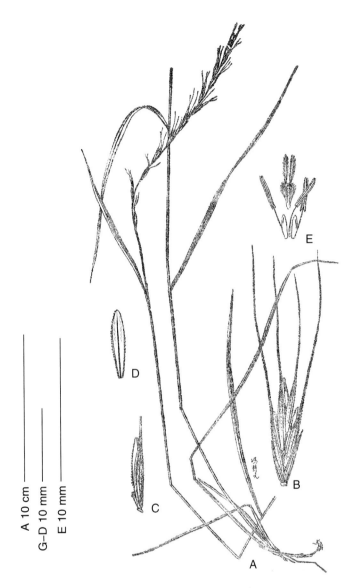

图 2-75　*Elymus calcicola*（Keng）Á. Löve，
A. 全植株　B. 小穗　C. 小花　D. 内稃　E. 鳞被、雄蕊与雌蕊
（引自耿以礼主编《中国主要植物图说·禾本科》，图 285。
冯钟元根据模式标本：侯学煜 2186 号绘制，图 D 稍作修正）

4～5mm；上表面粉绿色，被毛，下表面绿色，无毛或在脉上被微毛。穗状花序直立或稍曲折，长 12～20cm，小穗 1 枚着生于每一穗轴节上，小穗稀疏排列，下部 1～2 小穗常退化；穗轴节间长 7～12mm，下部者常长达 20～30mm，棱脊边具短纤毛；小穗绿色，长 12～17mm，具 3～6 花；小穗轴节间长 1～2mm，被短微柔毛；颖窄披针形，两颖不等长，无毛，脉上微粗糙，第 1 颖长 5～8mm，3～5 脉，第 2 颖长 6～10mm，5～7 脉，先端渐尖，两侧不均等，边缘膜质；外稃披针形，背部无毛，或上部常被短微毛或微粗糙，第1外稃长9~11mm，具芒，芒长15~25mm，纤细，微粗糙，基盘两侧具微毛；内稃狭披针形，等长或稍长于外稃，先端较狭而圆，常微裂，两脊上被短硬纤毛向基部渐小而少，两脊间背部贴生微柔毛；花药黄色，长2mm。

细胞学特征：未知。

分布区：中国：贵州、云南、四川、福建、河南、甘肃；生长在含钙质的山坡草地、河边；海拔400~3 600m。

39. *Elymus charkeviczii* Probat.，1984. Bot. Zhurn. 69（2）：256. 柴克维奇披碱草

模式标本：俄罗斯：科瑞阿克自治区（Koryak Automous Area）："Koryak Area, Penzhina district, right bank of a branch of the Penzhina River 2 km from Ayanka village, shrub thickets，17 Ⅶ 1971，N. Probatova, V. Seledets"。主模式标本：**VLA**；同模式标本：**LE!**。

形态学特征：多年生，疏丛生。秆直立，稍膝曲，粗壮，高（35~）50~70（~100）cm，无毛，节上微粗糙。叶鞘平滑无毛；叶舌在上部叶片上长0.3~0.5mm；叶片平展，宽4~8mm，亮绿色，上表面粗糙并常被疏毛，下表面粗糙。穗状花序直立，长7~14cm，宽6~8（~10）mm，绿色，小穗1枚着生于每一穗轴节上，排列紧密，稍偏于一侧；小穗长12~18mm，具3~5花；小穗轴具很短的刺毛；颖披针形，长8~11mm，3~5（~7）脉，主脉突起成脊，在脊侧脉上具刺毛，先端具芒尖，长达1.8mm，第1颖约与其相邻的外稃等长；外稃长10~13mm，背部平滑无毛，先端急尖具芒尖或短芒，长1.3~2.5（~4）mm，基盘稍被柔毛；内稃与外稃几等长，两脊上密被细刺毛，两脊间几乎无毛；花药长1.8~2.5mm。

细胞学特征：未知。

分布区：俄罗斯；生长在河谷摞荒地。

40. *Elymus churchii* J. J. N. Campbell，2002，SIDA 22（1）：486 - 488. 邱氏披碱草（图2 - 76）

模式标本：美国："Arkansus：Conway Co.：Petit Jean State Park, rocky bluffs, P. O. Morrilton，1500 ft，3 Jul 1957，D. Demaree 37234."（主模式标本：**UARK**；同模式标本：**OKL、SMU-BRIT**）。

形态学特征：多年生，丛生，不具根状茎，常或多或少被白霜。秆直立，高50~120cm，节红褐色或黑色，无毛。叶鞘通常无毛，有时先端被微毛；叶耳长1~2mm，常为红褐色或黑色；叶舌长至1mm，常为红褐色；叶片宽3~11mm，平展，上表面无毛或被短柔毛，下表面无毛。穗状花序长10~18cm，略下垂，每一穗轴节上具2枚小穗；穗轴节间长（5~）7~13（~18）mm，最细处仅宽0.2mm，曲折，无毛，仅棱脊上被小硬毛，具绿色侧生带；小穗长10~15mm，常贴生，具3（~5）花，下部小花能育；颖刚毛状至钻形，两颖不等长，长0~15（~20）mm（含未分化的芒），宽0.1~0.3mm，有时上部小穗颖不存，具0~1脉，无毛，边缘坚实，颖下部硬化，芒常外曲；外稃长8~10mm，被毛，稀无毛，芒长（10~）20~30（~35）mm，成熟时略外曲至强烈外曲；内稃短于外稃，长7~9mm，先端钝至平截，有时内凹；花药长

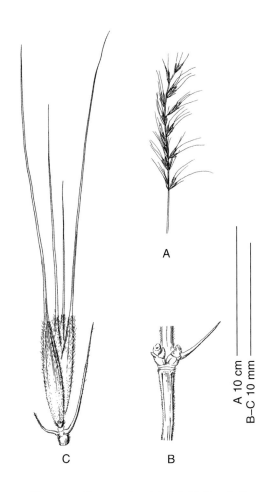

图 2-76　*Elymus churchii* J. J. N. Canpbell

A. 全穗　B. 穗轴一段，示节上两小穗基部退化呈刺状的

颖与节间翎脊上的刺毛　C. 小穗

［引自 Mary E，Barkworth 等编著《北美植物志（Flora of Noeth

America)》24 卷，Cindy Talbot Roché 等绘。编排修改，图 C 补芒］

2.5～3mm。

　　细胞学特征：未知。

　　分布区：美国：阿肯色（Arkansas）州、俄克拉何马（Oklahoma）州至密苏里
（Missouri）州，包括 Ouachita 山脉与 Ozark 山脉的范围；生长在干燥岩坡、富含碱性的
土壤、山脊开阔林地、河岸与岩壁上。

　　41. *Elymus confusus*（Roshev.）Tzvel.，1968. Rast. Tsentr. Azii 4：221 紊草

　　41a. var. *confuses*（图 2-77）

　　模式标本：俄罗斯：伊尔库茨克："Irkutia，1828；Turczaninow"（后选模式与后选
同模式标本：**LE!**，1976 年 Tzvelev 选定）。

图 2 - 77 *Elymus confusus* var. *confuses*
后选模式标本（现藏于 **LE**）

异名：*Agropyron confusum* Roshev.，1924. Bot. Mag. Glavn. Bot. Sada RSFSR 5：150；

Agropyron confusum var. *pruinosum* Roshev.，1924. Tr. Peterb. Bot. Sada. 38：151；

Agropyron confusum var. *pubiflorum* Roshev.，1924. Tr. Peterb. Bot. Sada. 38：151；

Roegneria confusa（Roshev.）Nevski，1934. Fl. SSSR 2：605；

Elymus confuses ssp. *pruninosus*（Roshev.）Tzvel.，1973. Nov. Sist. Vyssch. Rast. 10：27；

Elymus confuses ssp. *pubiflorus*（Roshev.）Tzvel.，1973. Nov. Sist. Vyssch. Rast. 10：27；

Elymus confuses ssp. *pilosifolius* A. P. Khokhryakov，1978. Byull. Glvn. Bot Sada（Moscow）109：26。

形态学特征：多年生，密丛生。秆直立，高（35～）50～100cm，具 3～4 节，无毛，秆基部具宿存叶鞘，纤维状。叶鞘平滑无毛；叶舌很短，平截，长约 0.5mm，或退化；叶片平展或边缘内卷，长 6～20cm，宽 3～9mm，上表面粗糙或具稀疏短毛或柔毛，下表面无毛或稍粗糙或被毛。穗状花序下垂，或多或少曲折，长 10～20cm，小穗排列疏松，小穗1枚着生于每一穗轴节上，每穗具小穗10～20枚；穗轴无毛或被柔毛，节间棱脊上粗糙，具小纤毛，长7～15mm；小穗绿紫色或被白霜，长10～15mm，具3～5花；颖线状披针形，两颖不等长，第1颖长4～6mm，3脉，第2颖长6～8mm，3～5脉，脉上粗糙，先端长渐尖，或具短芒；外稃窄披针形，长9～11mm，上部具明显5（～7）脉，背部具稀疏或密的小刺毛而粗糙，具芒，芒长20～25mm，反折；内稃与外稃等长，先端略钝并微内凹，两脊上部1/2具短纤毛，两脊间平滑。花药黄色，长约2.5mm。

细胞学特征：2n＝4x＝28（Sokolovskaya & Probatova，cited in Tzvelev，1976）。

分布区：俄罗斯：东西伯利亚、远东；蒙古；中国。生长在草甸、林隙、河岸沙地与卵石堆。

41b. var. *breviaristatus*（Keng）S. L. Chen，1997，Novon 7：228. 紊草短芒变种（图2-78）

模式标本：新疆："焉耆，生扎塔什哈草场，1954年8月19日，朱懋顺寄自乌鲁木齐八一农学院，No.2"（主模式标本：N!）。

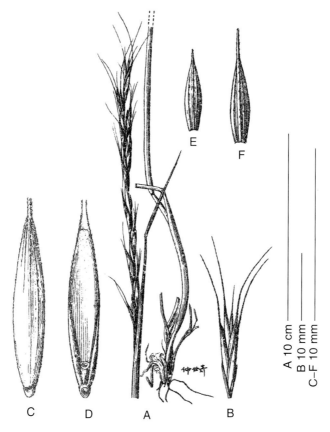

图2-78　*Elymus confusus* var. *breviaristatus*（Keng）S. L. Chen
A. 全穗及下部茎秆　B. 小穗　C. 小花背面观　D. 小花腹面观　E. 第1颖　F. 第2颖
（引自耿以礼主编《中国主要植物图说·禾本科》，图309，仲世奇绘）

异名：*Roegneria confusa*（Roshev.）Nevski var. *breviaristata* Keng，1963. in Keng et Chen，Acta Nanking Univ.（Biol.）3（1）：52 - 53；1959. Fl. Ill. Pl. Sin. Gram. 381.（in Chinese）。

形态学特征：本变种与 var. *confuses* 的区别，在于秆高约 30 cm，其下部叶鞘的上方具倒生柔毛，以及外稃 5 脉，芒较短（长 13～15 mm）。

细胞学特征：未知。

分布区：中国：新疆；生长在草地。

42. *Elymus cordilleranus* Davidse et R. W. P. Pohl，1992. Novon 2：100. 山地披碱草

模式标本："Humboldt & Bonpland 2295，Crescit in temperatis siccis，apricis propter Burropotrero et Chillo Quitensium，alt. 1350 hexap."（主模式标本：**P - Bonpl.**；同模式标本：**P**，以及 Bonpland 标本室模式标本残遗片段：**US**）。

异名：*Triticum attenuatum* Kunth，1816. In Humboldt，A. de & Bonpland，A.（eds.），Voyage de Humbodt et Bonpland. Sixieme partie. Botanique. Vol. 1：190；

Agropyron attenuatum（Kunth）Roem. & Schult.，1817. Syst. veget. Vol. 2：751 - 752；

Agropyron secundum J. Presl，1830. In C. Presl，Rel. Haenk.：266；

Triticum secundum（J. Presl）Kunth，1833. Enumeration plantarum ominium huscusque cognitarum，secundum familias naturals disposita adjectis characteribus，differentiis et synonymis Vol. 1：442；

Triticum magellanicum（E. Desv.）Speg. var. *secunda*（J. Presl）Speg.，1896. Anales Mus. Nac. Hist. Buenos Aires 5：99；

Agropyron boliviacum P. Candargy，1901. Arch. Biol. Veg. Pure Appl. 1：25.（nom. nud.）；

Agropyron magellanicum secundum（J. Presl）Macloskie，1904. Reports of the Princeton University Expeditions to Patagonia，1896 - 1899. Vol. 8. Bot. Part V. Flora Patagonica. Sec. 1. Pinaceae-Santalaceae：247.（nom. illeg.）；

Agropyron magellanicum var. *secundum*（J. Presl）Hauman & Van der Viken，1917. Anales Mus. Nac. Hist. Buenos Aires 29：25；

Elymus attenuatus（Kunth）Á. Löve，1984. Feddes Repert. 95（7 - 8）：473，non（Griseb.）K. Richt.，1890. Plantae Europeae 1：132（nom. illeg.）；

Elymus bolivianus（P. Candargy）Á. Löve，1984. Feddes Repert. 95（7 - 8）：471；

Elytrigia attenuata（Kunth）Covas，1985. Apuntes Fl. Pampa 100：400.（nom. illeg.）；

Elytrigia attenuata（Kunth）Covas ex J. Hunz. & Xifreda，1986. Darwiniana 27：562。

形态学特征：多年生，疏丛生，具短的根状茎。秆直立，高可达 125cm，具 2～5 无

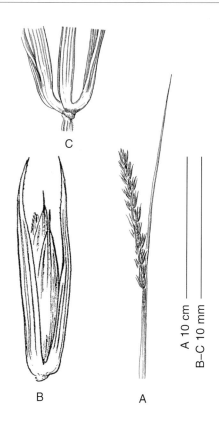

图 2 - 79　*Elymus curvatus* Piper

A. 旗叶及全穗　B. 小穗　C. 2 个小穗的 2 对颖的下部

［引自 Mary E. Barkworth 等编著《北美植物志

（Flora of North America)》24 卷，Cindy

Talbot Roché 等绘。编排修改］

毛褐色的节，秆基部具宿存的厚纸质的叶鞘，有时呈纤维状。叶鞘无毛；叶舌直，长 0.3~1.2（~1.8）mm；叶片平展或内卷，长 6.5~25（~44）cm，宽 2.4~7.3mm，上表面粗糙，常具散生的长毛，下表面粗糙或无毛。穗状花序直立，长 7~18（~25.5）cm，宽（2~）4~10（~12）mm，常具紫晕，小穗 1 枚着生于每一穗轴节上，排列较紧密；穗轴棱脊粗糙，穗轴节间长（2~）3~10mm，宽 0.7~1.1mm；小穗长 9~23mm，宽 2~7mm，无柄或近于无柄，具（2~）3~5（~6）花，顶花仅具一外稃着生在延伸的小穗轴节间上；小穗轴微粗糙；颖窄椭圆形，粗糙，至少在脉上粗糙，两颖不等长，第 1 颖长（7~）8.4~14.3mm，宽 1.7~3.4mm，3~6（~8）脉，第 2 颖长 8~14.8（~16）mm，宽 2~3.7mm，（4~）5~7（~8）脉，先端钝或急尖，稀具长 0.5mm 的尖头；外稃长（8~）9~14.3mm，宽 2~4mm，5（~7）脉，急尖或钝，极稀具长 1.8（~4.3）mm 的短芒；内稃短于或等长于外稃，长 7.3~11.4mm，宽 1~2mm，先端内凹；花药长（1.8~）2.3~4.3mm。

　　细胞学特征：2n=4x=28（Seberg & Petersen，1998）。

分布区：南美：哥斯达黎加（Costa Rica）的 Cordillera de Talamanca、委内瑞拉（Venezula）的 Cordillera de Merida、安第斯（Andes）山高地的哥伦比亚（Columbia）、厄瓜多尔（Ecuador）、秘鲁（Peru）及玻利维亚（Bolivia）；生长在沿河的草地、灌丛间，倒石堆上，稀在田间与废弃地；海拔 2 300～4 500m。

43. *Elymus curvatus* Piper, 1903, Torrey Bot. Club Bull. 30：233 - 235. 弯颖披碱草（图2 -79）

模式标本：美国：华盛顿州："Collected by Mr. Frank O. Kreager, no. 375, in Box Canon, Pend Oreille River, Stevens County, Washington, Aug. 2, 1902"（主模式标本：**US**）。

异名：*Torrella curvata* (Piper) Nevski, 1932, Izv. Bot. Sada AN SSSR 30：639;

Elymus virginicus var. *submuticus* Hook., 1840, Fl. Bor. Am. 2：255。

形态学特征：多年生，丛生，不具根状茎，植株常被白霜。秆直立，常基部膝曲，高 60～100cm，无毛，节上平滑无毛。叶鞘无毛，常为红褐色；叶耳有时不存，如存在可长 1mm；叶舌长 1mm，被小纤毛；叶片平展，有时内卷，长 15～20cm，宽 3～15mm，上表面平滑，或微粗糙，稀粗糙，下表面平滑无毛。穗状花序强壮，直立，几乎完全抽出叶鞘，长（9～）10～15cm，宽（5～）7～13mm，绿色，每一穗轴节上具 2 枚小穗；穗轴节间长（2.5～）4～4.5（～7）mm，小穗下、脉、棱脊上粗糙；小穗长 10～15mm，贴生，成熟时常为红褐色，具（2～）3～4（～5）花，多数为 3 花，最下部小花与颖同脱落；颖线状披针形，硬而厚，常在基部 2～3mm 处硬化，增厚，强烈向外弯曲或扭曲，发亮，脉不明显，两颖等长或近等长；长 7～15（～17）mm，3～5 脉，通常中部以上的边缘与脉粗糙，有时被小糙毛，稀脉上被糙毛，先端渐尖，无芒或具长 3～5mm 的短芒；外稃长圆状披针形，长 6～10mm，色淡，稃体中部以上疏被短硬毛，近先端 3～5 脉，先端渐尖，无芒，或具短直芒，芒长 1～3（～4）mm，稀长 5～10mm；内稃与外稃等长或近等长，先端钝，常内凹，两脊上具粗糙的纤毛；花药长 1.5～3mm。

细胞学特征：未知。

分布区：加拿大的萨斯喀彻温（Saskatchewan）省、不列颠哥伦比亚（British Columbia）省至美国的山间区（Intermountain Region）与落基山脉（Rochy Mountains）北部至大平原北部，稀见于大湖区（Great Lakes）的中西部；生长在河边、低地，具潮湿土壤的开阔林地、灌丛、草地中。

44. *Elymus debilis* (L. B. Cai) S. L. Chen et G. Zhu, 2002, Novon 12：426. 柔弱披碱草（图 2 - 80）

模式标本：中国："甘肃：肃南，林中，海拔 2 300m，1991 年 7 月 29 日，何廷农 2939"（主模式标本：**HNWP!**）。

异名：*Roegneria debilis* L. B. Cai, 1997. Acta Phytotax. Sin. 34（3）：327。

形态学特征：多年生，秆单生，具下伸的根状茎。秆细瘦，高 50～60cm，茎粗 1～2mm，微粗糙，具 5～7 节，节上被微毛。叶鞘无毛；叶舌平截，长约 0.3mm；叶片平展，长 7～15cm，宽 3～5mm，上表面粗糙或疏生长柔毛，下表面无毛。穗状花序稍弯曲或下垂，长 6～11cm，宽 5～7mm，每穗常有 2～6 枚小穗退化，小穗 1 枚着生于每一穗轴节上，排列紧密；穗轴节间细，棱脊具短刺毛，长 4～5mm；小穗绿色，长约 9mm（芒除外），具 2～3

花；颖披针形，两颖近等长，或第 1 颖稍短，长 2.5～4mm，2～3 脉，脉上粗糙或具短小刺毛，先端具芒尖或短芒，长 1.5～3mm；外稃披针形，背部粗糙或疏生硬毛，5 脉，长 7～8mm，具芒，芒细弱，稍弯曲，长 7～10mm；内稃较长于外稃，先端平截，脊上被短刺毛，两脊间背部粗糙；花药黄色，长约 1mm。

细胞学特征：未知。

分布区：中国：甘肃、青海；生长在林中；海拔 2 300～3 400m。

图 2-80　*Elymus debilis*（L. B. Cai）S. L. Chen et G. Zhu
A. 全植株　B. 小穗　C. 第 1 颖　D. 第 2 颖　E. 小花背面观　F. 小花腹面观
（引自蔡联炳 1996，王颖绘。本图修正改绘；编排更改）

45. *Elymus diversiglumis* Scribn. et C. R. Ball，1901，U. S. Dept. Agr.，Div. Agrost. Bull. 24：48-49. fig. 22. 异颖披碱草（图 2-81）

模式标本：美国："Wyoming：in openings of the Bear Lodge Mountains，T. A. Williams，no. 2653，July 23，1897，altitude 6 000 feet."（主模式标本：**US!**）。

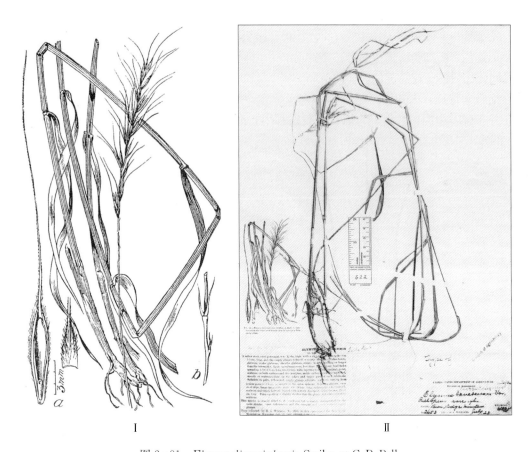

Ⅰ   Ⅱ

图 2 - 81　*Elymus diversiglumis* Scribn. et C. R. Ball

Ⅰ. 引自 F. Lamson-Scribner and C. R. Ball，1900，U. S. Dept. Agr.，Div. Agrost. Bull. 图 22

Ⅱ. 主模式标本，现藏于 **US**

异名：*Elymus interruptus* sens. auct. Amer.，pro part，non *Elymus interruptus* Buckl. sens. str.。

形态学特征：多年生，丛生，不具根状茎，植株有时中度被白霜。秆直立，高 70～160cm，具 4～9 节，无毛。叶鞘无毛，具条纹，常为紫色；叶舌膜质，长 1～2mm；叶耳长 1～2mm，紫黑色或褐黑色；叶片长 15～25cm，宽 6～17mm，上表 面常被柔毛，至少脉上被柔毛，稀粗糙，下表面无毛或粗糙，边缘粗糙。穗状花序下垂，长 8～28cm，宽 3～5cm，小穗 2 枚着生于每一穗轴节上，稀 1 或 3 枚；穗轴节间长 4～6（～9）mm，棱脊上与节顶端常具微毛；小穗长 10～16mm，贴生，具 2～4（～5）花，上部花不育，最下部花正常，脱节于颖之上小花之下；颖的形态与长度差异较大，刚毛状，长（1～）2～15（～20）mm（包含不能区分的芒），至少长 3（～4）mm，偶有退化不存，宽（0.1～）0.2～0.4（～0.6）mm，基部增厚，0～1 脉，粗糙或具小硬毛，至少向先端如此，边缘坚实，芒长外弯；外稃披针形，长 7～12mm，背部常被银色糙毛至绢毛，或短硬毛，或糙伏毛，至少在近边缘处如此，有时粗糙，先端具芒，芒长（8～）10～20（～35）mm，成熟时中度至强烈外弯；内稃与外稃等长或近等长，长 7～10mm，先端钝，稀内凹，两脊微粗糙，两脊间背部先端具中度簇生较短的毛；花药长 2～4mm。

细胞学特征：2n＝4x＝28（Bowden，1964）；染色体组组成：未知。

分布区：北美：大平原北部的加拿大萨斯喀彻温（Saskatchwan）省与曼里托巴（Manitoba）省，到美国的怀俄明（Wyoming）州、威斯康星（Wisconsin）州与艾奥瓦（Iowa）州；生长在湿润与干旱生境，富含碱性以及冲积土壤中，在开阔林地、林缘以及灌丛中。

46. *Elymus fibrosus*（Schren）Tzvel.，1970. Spisok Rast. Gerb. Fl. SSSR 18：29. 须根披碱草（图 2-82）

模式标本：哈萨克斯坦："Songaria, in montibus Karkaraly，1843，no 1541，A. Schrenk"（主模式标本：**LE!**；同模式标本：**LE!**）。

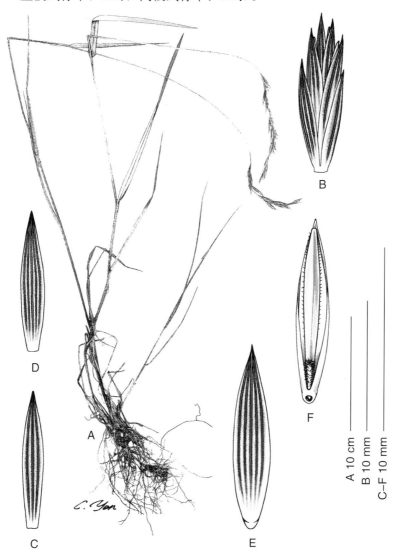

图 2-82 *Elymus fibrosus*（Schrenk）Tzvel.
A. 全植株　B. 小穗　C. 第1颖　D. 第2颖　E. 小花背面观　F. 小花腹面观

异名：*Triticum fibrosum* Schrenk，1845. Bull. Phy. - Math. Acad. ScⅠ. （Petersb. ）3：209；

   Agropyron fibrosum （Schrenk）Gandargy，1901. Arch. Biol. Veg. Athenes，1：24，44；

   Agropron tobolense Gorodk. ex Roshev. ，1924. Tr. Peterb. Bot. Sada，38：147，nom nud；

   Roegneria fibrosa （Schrenk）Nevski，1934. Tr. Sredneaz. Univ. ，ser. 8B，17：70。

形态学特征：多年生，密丛生，具多数纤维状须根。秆直立或基部节膝曲，高30～80cm，径粗1～2mm，无毛。叶鞘无毛；叶舌长约0.2mm；叶片平展，长7～15cm，宽3～10mm，上、下表面均无毛，粗糙，稀上表面脉上被疏柔毛。穗状花序弓形下垂，长5～12cm，小穗1枚着生于每一穗轴节上，排列较稀疏，特别是下部的小穗；小穗绿紫色或绿色，长（9～）10～13（～15）mm，具2～4（～5）花；小穗轴密被毛；颖披针形，脉上粗糙，两颖近等长，长5～8（～9）mm，短于最下的小花，3～5脉，先端急尖，颖的腹面多被柔毛；外稃披针形，无毛，长8～11mm，5脉，先端钻状渐尖，无芒，有时具一芒尖，长1～1.5mm；内稃与外稃近等长，两脊上具纤毛，两脊间无毛。花药长1.2～2mm。

细胞学特征：2n＝4x＝28（Tzvelev，1976）。

分布区：哈萨克斯坦；俄罗斯：西、东西伯利亚及欧洲部分；斯堪的纳维亚半岛。生长在草甸，林隙，河边沙地与卵石间，灌丛中，路边。

47. Elymus glabriflorus （Vasey）**Scribn. et C. R. Ball，1900，U. S. Dept. Agri. Div. Agrost. Bull. 24：49 - 50. 光花披碱草** （图 2 - 83）

模式标本：美国："In low，miry，even saltish places at Pointe-a-la-Hache，Louisiana，by A. B. Langlois，No. 81，June，1885"（主模式标本：**US!?**）。

异名：*Elymus canadensis* var. *glabriflorus* Vasey，1894，in L. H. Dewey，Contr. U. S. Nat. Herb. 2：550；

   Elymus australis Scribn. et Ball，1901. U. S. Dept. Agric. ，Div. Agrostol. Bull. 24：46；

   Elymus australis var. *glabriflorus* （Vasey）Wiegand，1918. Rhodora 20：84；

   Elymus virginicus var. *australis* （Scribn. & Ball）Hitchc. ，1929. In Deam，Pub. Ind. Dept. Conserv. 82：113；

   Elymus virginicus var. *glabriflorus* （Vasey）Bush f. australis （Scribn. & Ball）Fernald，1933. Rhodora 35：198；

   Elymus virginicus var. *glabriflorus* （Vasey）Bush f. *glabriflorus* Bush，1972. Ⅰll. Fl. Illin. Grass. bromus to paspalum ed. 2，230。

形态学特征：多年生，丛生，不具根状茎，常被白霜。秆直立，高 60～140cm，具6～9节，无毛。叶鞘无毛或被微毛，常为红褐色；叶舌短，长不超过 1mm；叶耳不存至长 2mm，通常紫褐色；叶片平展或稍内卷，斜升，长15～30cm，宽 7～15mm，暗绿色，有时被白霜，上表面无毛，疏生糙毛而粗糙，或密被短柔毛，下表面微粗糙或平滑。穗状

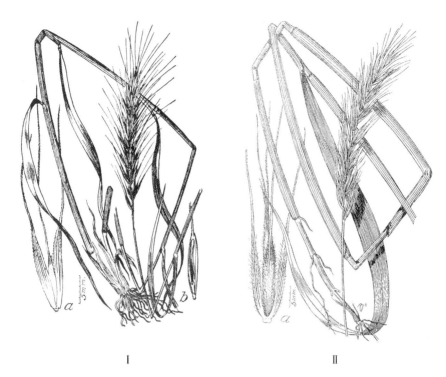

图 2 - 83　*Elymus glabriflorus*（Vasey）Scribn. et C. R. Ball
Ⅰ. var. *glabriflorus*（引自 U. S. Dept. Agri. Div. Agrost. Bull. 24：图 23）
Ⅱ. var. *australis*（引自 U. S. Dept. Agri. Div. Agrost. Bull. 24：图 20）

花序直立或弯曲，长 6～20cm，宽（2～）2.5～4（～5.5）cm（芒在内），具（10～）18～30（～36）穗轴节，小穗 2～3 枚着生于每一穗轴节上，偶见有的节上具 5 枚小穗，小穗排列较紧密；穗轴节间长 3～5mm，通常具 4 棱，最薄处厚 0.3～0.8mm，无毛，或在小穗下被微毛；小穗长 10～20mm，强烈外展，成熟时常为红褐色，具（2～）3～5（～6）花，最下面的花结实，脱节于颖之下与各小花之间，或最下部的小花与颖一起脱落；颖完全，披针形，平滑或粗糙，有时被糙毛，边缘坚实，有时微被纤毛，两颖等长或近等长，基部 1～3mm 呈圆柱状，硬化，中度向外展，脉不明显，基部以上扩展，形成线状披针形，长 7～18mm，宽（0.7～）0.9～1mm，（3～）4～5（～7）脉，先端具芒，芒长（10～）15～25（～30）mm；外稃披针形，长 6～13mm，无毛，平滑或微粗糙，稀被糙毛，先端具芒，芒长（15～）25～35（～40）mm；内稃与外稃等长或稍短，长 6～12mm，先端平截或微具 2 齿，两脊上粗糙；花药长 2～4mm。

细胞学特征：2n＝4x＝28（Barkworth et al.，2007）。

分布区：美国：主要在东南部，向北至艾奥瓦（Iowa）州、伊利诺伊（Illinois）州、印第安纳（Indiana）州、西弗吉尼亚（West Virginia）州，沿大西洋岸至缅因（Maine）州，稀见于马里兰（Maryland）州北部；生长在潮湿或干的土壤中，在开阔的林地或灌丛中，以及高草草地、田野与路边。

细胞学特征：2n＝4x＝28（Bowden，1964）。

48. *Elymus hirsutus* Presl，1830. Rel. Haenk. 1：264. 糙毛披碱草（图 2 - 84：a、b）

模式标本：北美："British Columbia or Alaska；in sinu Nootka；Archipelagus Moulgravf，Haenke s. n."（主模式标本：**PRC！**）。

异名：*Elymus ciliatus* Scribn.，1898. U. S. Dept. Agricult. Div. Agrost. Bull. 11：57. pl. 16. non Mühl. 1817；

Elymus borealis Scribn.，1900. U. S. Dept. Agricult. Div. Agrost. Circ. 27：27。

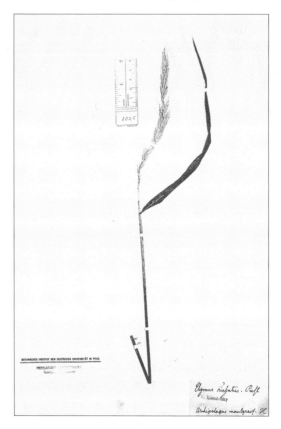

图 2 - 84：a　*Elymus hirsutus* Presl 主模式标本（现藏于 **PRC**）

形态学特征：多年生，丛生，有时具短而细的根状茎。秆直立，或基部膝曲，平滑，高（33～）65～150cm，节通常无毛或稀被疏微毛，绿、褐、紫或黑色，基部具宿存叶鞘，无毛至被倒生糙毛或微毛。叶鞘平滑无毛，稀微粗糙或被倒生毛，具条纹；叶耳长至1.5mm，常不存；叶舌短，长不达 1mm；叶片平展，薄，长 12～20cm，宽 4～12mm，上表面粗糙，脉上被单行长柔毛或柔毛，下表面无毛，或脉上粗糙，边缘粗糙。穗状花序细或较宽，成弧形弯曲或下垂，长（6～）10～15（～20）cm，小穗 2 枚着生于每一穗轴节上，稀 1 枚或 3 枚，排列疏松；穗轴节间长 3～10（～12）mm，边缘极粗糙，具纤毛至短硬毛状纤毛，纤毛在穗轴节段由下至上逐渐增长；小穗绿色至紫色，长约 12～20mm（芒除外），贴生或稍外展，具 2～4（～7）花；小穗轴节间密被贴生短糙毛而极粗糙；颖

图 2 - 84：b　*Elymus hirsutus* Presl

A. 全植株　B. 内稃背面观及小穗轴节间　C. 颖　D. 外稃背面观　E. 外稃腹面观

线形至线状披针形，粗糙至被糙毛，两颖等长或近等长，长（4.5）7～10（～11）mm，宽（0.7～）0.8～1.2（～1.5）mm，明显 3～5 脉，中脉突起，脉上粗糙至被硬毛，边缘透明膜质或干膜质，先端具芒尖或具长 2.5～8（～10）mm 的芒；外稃长 7～10（～14）mm，背部无毛粗糙至被长硬毛，边缘被纤毛状长毛，上部明显 5 脉，中脉较突起，具芒，芒长（2～）12～28（～30）mm，直立或反曲；内稃与外稃近等长，先端具 2 齿，两棱脊上部 4/5 具硬毛状纤毛，近基部无毛；花药长 2～3.2（～3.5）mm。

细胞学特征：2n＝4x＝28（Bwden，1964）。

分布区：北美：从美国的阿拉斯加（Alaska）州至加拿大的不列颠哥伦比亚（British Columbia）省、美国的华盛顿（Washington）州、俄勒冈（Oregon）州与加利福尼亚（California）州；生长在林中、草甸、海滩及海岸、湖边与河岸的岩石坡上，以及山坡；从海平面到1 828.8m。

49. *Elymus interruptus* Buckl.，1862. Proc. Acad. Nat. Sci. Philadelphia 1862：99. 间断披碱草（图 2-85）

模式标本：美国："Texas：Llano Co.，S. B. Buckley s. n. "（主模式标本：**PH!**）。

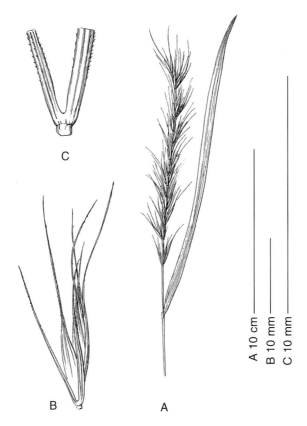

图 2-85 *Elymus interruptus* Bucld.

A. 旗叶及全穗　B. 小穗　C. 颖下段，示细刺毛

［引自 Mary E. Barkworth 等编著《北美植物志（Flora of North America）》24 卷，Cindy Talbot Roché 等绘，编排修改］

异名：*Elymus canadensis* L. var. *interruptus*（Buckl. ）Church，1967. Rhodora 69：133；

　　　Elymus virginicus L. ssp. *interruptus*（Buckl. ）Á. Löve，1984. Feddes Repert. 95（7-8）：452；

Elymus occidentalis Scribn.，1898. U. S. Dept. Agric.，Div. Agrostol. Bull. 13：49。

形态学特征：多年生，丛生，不具根状茎。秆直立，高（40～）70～120（～160）cm，无毛，常被白霜，具4～8节。叶鞘无毛，稀被糙毛，被白霜；叶舌长达1mm；叶耳不存或长至2mm，淡褐色至红褐色；叶片平展，长8～40cm，宽（3～）5～15mm，上表面密被短柔毛、短硬毛或粗糙，下表面无毛。穗状花序长5～25cm，宽2～5cm（芒在内），弓形或下垂，小穗2枚（稀1枚或3枚）着生于每一穗轴节上，排列较紧密；穗轴扁平，边缘具纤毛，穗轴节间长（5～）8～14mm，两侧具绿色带；小穗长（5～）9～15（～22）mm，向外叉开，小穗具2～5花，常具1顶生不育的花；颖线状至刚毛状，基部以上增宽，两侧面平行，无毛或微粗糙，边缘坚实，两颖近等长，长6～10mm，宽（0.2～）0.3～0.5（～0.7）mm，基部0～1mm呈圆柱状，增厚，1～3脉，先端具芒，芒长9～20mm，直或曲折；外稃披针形，无毛至微粗糙，稀被微硬毛，特别在近边缘处，长7～10（～12）mm，微弱5脉，被银色长硬毛，具芒，芒长15～22mm，粗糙，直立或呈弧形外展；内稃稍短于外稃，长6～9mm，先端钝或窄平截，通常内凹；花药长2～4.5mm。

细胞学特征：2n＝4x＝28（Bowden，1965）。

分布区：北美：美国：亚利桑那（Arizona）州、新墨西哥（New Mexico）州、得克萨斯（Texas）州等西部州；墨西哥（Mexico）：北部。生长在干旱至潮湿的岩石土壤上，常见于山谷、开阔林地与灌丛中。

50. *Elymus jacutensis*（Drob.）Tzvel.，1972. Nov. Sist. Vyssch. Rast. 9：61. 雅库梯亚披碱草（图2-86）

模式标本：俄罗斯："Vilyuiskii area，Bilyuchai River（right tributary of Vilyui）40 versts from the mouth，pebbled bank，15 Ⅷ 1914，no 625，V. Drobov"。后选模式标本：LE！，1976年Tvelev选定。

异名：*Agropyron jacutense* Drob.，1916. Tr. Bot. Muz. Akad. Nauk. 1：94. tab. 9，fig. 5；

　　　Triticum pubescens Trin.，1835，Mem. Sav. Rtr. Petersb. 2：528，non Bieb. 1800，non Hornem. 1813；

　　　Agropyron pubescens Schischk，1928，Shishk.，1928. in Kryl. Fl. Zap. Sib.（Flora of Western Siberia）2：351；

　　　Agropyron tuguscense Drob.，1931. In Avdulov，Tr. Prikl. Bot. Genet. Sel.，Pril. 44：259；

　　　Agropyron tugarinovii Reverd. 1932. Sist. Zam. Herb.. Tomsk. Univ. 4：1；

　　　Roegneria pubescens（Schischk.）Nevski，1934. Fl. SSSR 2：626；

　　　Roegneria trinii Nevski，1936. Tr. Bot. Inst. AN SSSR，ser. 1，2：49。

形态学特征：多年生，疏丛生。秆直立或基部膝曲斜升，细瘦，高（25～）40～80cm，无毛，秆节上稀被稀疏短毛。上部叶鞘平滑无毛，下部者被微毛；叶片平展，绿色或被白霜，宽（2～）3～6mm，上表面无毛，粗糙，下表面平滑无毛。穗状花序直立

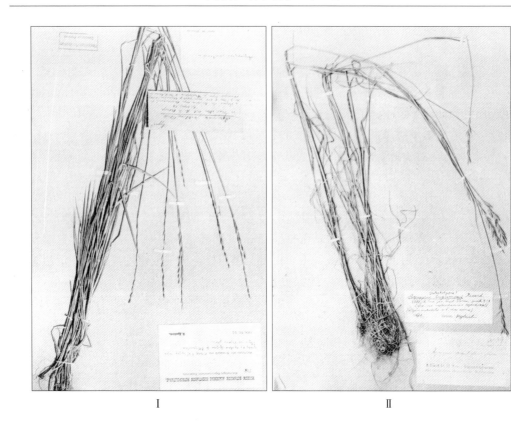

图 2 - 86　*Elymus jacutensis*（Drob.）Tzvel.

Ⅰ. 后选模式标本　Ⅱ. 后选同模式标本；现藏于 **LE**

或略下垂，细瘦，长（5～）6～15cm，小穗 1 枚着生于每一穗轴节上，小穗排列疏松；上部穗轴节间长 8～12mm，下部者长 15～30mm；小穗绿紫色，稀绿色，长 12～17mm，具（3～）5～7 花；小穗轴节间密被柔毛；颖披针形或线状披针形，背部平滑无毛，边缘与脉上粗糙，两颖近等长，长 5～9mm，3～5 脉，边缘干膜质，先端渐尖，有时具短芒尖，或具齿；外稃线状披针形或披针形，背部被柔毛或仅下部被短柔毛，长 8～12mm，先端长渐尖延伸成芒，芒长（2～）5～12mm；内稃与外稃等长，先端略钝，稀内凹；花药长 1.2～1.8mm。

细胞学特征：2n＝4x＝28（Zhukova，1967、1969）。

分布区：俄罗斯：西伯利亚；美国：阿拉斯加；加拿大。生长在河边沙地卵石中、冲积平原草地上。

51. *Elymus karakabinicus* Kotuch.，1992. Bot. Zhurn. 77（6）：89. 阿尔泰披碱草

模式标本：哈萨克斯坦：阿尔泰："Altai Australis, jugum Tarbagatai, depressio Karakabinica, 1800 m s. M., tumuli morenici tecti, prata graminosa substepposa, 25 Ⅷ 1984, Ju. Kotuchov"。主模式标本：**LE！**

形态学特征：多年生，密丛生，植株灰白绿色。秆直立，高 70～100cm，无毛。叶片平展，宽 8mm，上、下表面无毛，或上表面被稀疏柔毛。穗状花序直立，长 9～

15cm，宽4～6mm，常具紫晕，小穗1枚着生于每一穗轴节上，排列紧密；穗轴无毛，棱脊上具短而硬的刚毛；小穗轴密被短柔毛；颖披针形至长圆形，两颖不等长，3～6脉，脉上粗糙，先端急尖，具长3mm的直芒；外稃长8～10mm，近于无毛，稀脉上微粗糙，基盘两侧被短柔毛；内稃较外稃略短或等长，两脊密被短刚毛，两脊间无毛；花药长约2mm。

细胞学特征：未知。

分布区：哈萨克斯坦：阿尔泰南部山区；生长在禾草亚草原；海拔1 800m。

注：根据 Kotukhov 的比较描述，其形态特征较接近 *Roegneria komarovii* 与 *R. tianshanica*，仅外稃近无毛，以及小穗轴被短柔毛，可能归于 *Roegneria* 作为上述种的变种或合并，有待实验分析数据来定。

52. *Elymus longespicatus* Kotuch.，1999. Turczaninowia 2（4）：7 - 8. 长穗披碱草

模式标本：哈萨克斯坦："Altai Occidentalis，jugum Ivanovski，in valle fl. Bystrucha，in viciniis montis Czascazevitaja，ad marginem saliceti，inter frutices，01 IX 1993，Ju. Kotuchov"。主模式标本；**LE!**。

形态学特征：多年生，密丛生，植株粉白绿色。秆直立，高160～180cm，除节下被短柔毛外，其余部分无毛。叶片平展，灰绿色，宽7～10mm，上表面疏被长柔毛，下表面脉上粗糙。穗状花序长，弯曲，长25～30cm，宽3～5mm，小穗1枚着生于每一穗轴节上，小穗排列稀疏；穗轴无毛，沿脊上被短小刺毛；小穗轴被短柔毛；颖披针状长圆形，两颖近等长，长7～8mm，3～4脉，脉上被粗而短小的刺毛而粗糙；先端渐尖而成一长可达5mm的短芒；外稃长10～11mm，具短小刚毛而粗糙，具芒，芒长14～17mm，弯曲，基盘两侧具短柔毛；内稃与外稃等长，两脊被短小刺毛，两脊间背部被微小刺毛；花药长约2mm。

细胞学特征：未知。

分布区：哈萨克斯坦：阿尔泰西部、伊万洛夫斯克山脉、贝斯特鲁赫河谷；生长在柳树林边缘灌丛中。

53. *Elymus lineicus* Kotuch.，1999. Turczaninowia 2（4）：8 - 9. 里内伊斯克山披碱草

模式标本：哈萨克斯坦：阿尔泰西部："Altai Occidentalis，jugum Lineiski，1700 m s. m.，in valle fl. Czernaja Uba，ad margines viarum，24 VII 1998，Ju. Kotuchov"。主模式标本；**LE!**。

形态学特征：多年生，密丛生，植株粉白绿色。秆直立，有时基部膝曲，高95～105cm，无毛。叶片平展，宽3～9mm，上、下两面无毛，沿脉多少粗糙。穗状花序略为弯曲，长10～17cm，宽5～8mm，灰绿色，小穗1枚着生于每一穗轴节上，小穗排列紧密；穗轴无毛，沿棱脊上具短小刺毛而粗糙；小穗轴被小刚毛；颖椭圆状长圆形，两侧不对称，两颖略不等长，无毛，长6.5～7.5mm，3脉，沿脉粗糙，先端急尖，形成一长1.5～2.5mm的芒尖或短芒，颖内面平滑至粗糙；外稃长10～11mm，整个背面着生长刚毛，基盘被短柔毛；内稃与外稃等长，两脊着生密而短小的刺毛，两脊间背部疏被小刺毛；花药黄色，长约2mm。

细胞学特征：未知。

分布区：哈萨克斯坦：阿尔泰西部里内伊斯克山、伊万洛夫斯克山；生长在河谷路边。

54. *Elymus macgregorii* R. Brooks et J. J. N. Campbell，2000，J. Kentucky. Acad. Sci. 61（2）：88. 马氏披碱草（图 2 - 87）

模式标本：美国：肯塔基州："U. S. A.，Kentucky，Fayette Co.，wooded banks of West Hickman Creek near Amstrong Mill Road，31 May 1998，J. Campbell 98 - 001"（主模式标本：**US**；同模式标本：**KY**、**KANU**、**KNK**、**MADI**、**MO**、**NCU**、**WIS**）。

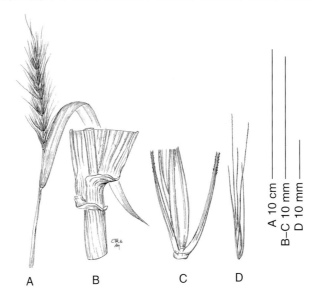

图 2 - 87　*Elymus macgregorii* R. Brooks et J. J. N. Campbell
A. 全穗及旗叶　B. 叶鞘上段及叶片下段，示叶耳　C. 小穗下段放大图，示颖与外稃形态　D. 小穗
（引自 Mary E. Barkworth 等编著《北美植物志（Flora of North America）》24 卷，Cindy Talbot Roché 等绘，编排修改）

形态学特征：多年生，丛生，不具根状茎，通常植株苍白色具白霜。秆直立或稍倾斜，高 40～120cm，无毛。叶鞘无毛，稀被长柔毛；叶舌短，长 1mm 以下；叶耳长 2～3mm，紫色至黑色；叶片疏松，宽 7～15mm，上、下表面均无毛，在淡的苍白蜡粉下呈暗绿光泽。穗状花序直立，长 4～12cm，宽 2.5～4cm（包括芒），具 9～18 穗轴节，小穗 2（～3）枚着生于每一穗轴节上；穗轴细瘦，节间长 4～7mm，不具背部突起的棱脊，无毛，或在小穗下微粗糙；小穗外展，长 10～15mm（芒除外），苍白色，成熟时为淡黄褐色，具（2～）3～4 花，最下面小花连同其颖与小穗轴一起脱落；颖线状披针形，通常无毛或粗糙，两颖近等长，长 8～16mm，宽 1～1.8mm，（2～）4～5（～8）脉，基部 1～3mm 硬化（脉不明显）并中度外弯，先端具芒，芒长10～25mm，芒直，或在下部小穗者扭曲；外稃披针形，通常无毛或粗糙，偶有被长柔毛至糙毛，长 6～12mm，先端具芒，芒长（15～）20～30mm，芒直；内稃与外稃等长或稍短，先端钝；花药长 2～4mm。

细胞学特征：$2n=4x=28$（Brooks，1974）；染色体组组成：未知。

分布区：北美：美国分布广泛，主要在密西西比河（Mississippi River）和俄亥俄河（Ohio River）两流域及其支流，向西可达得克萨斯（Texas）中部；加拿大也可能有分布。生长在肥沃冲积土的树林与灌丛中，特别是青冈属的树林。

［Brooks，R. E. 1974. Intraspecific variation in *Elymus virginicus*（Gramineae）in the central United States，Master's thesis，University of Kansas，Lawrence，Kansas，U. S. A. 112pp.］

55. *Elymus macrourus*（Turcz.）Tzvel.，1970. Spisok Rast. Herb. SSSR 18：30. 安嘎拉披碱草

55a. var. *macrourus*（图 2 - 88）

模式标本：俄罗斯："In sabulosis ad fl. Angaram superiorem，1834，Ｊ. Kuznetzov"（主模式标本：**LE!**；同模式标本：**LE!**）。

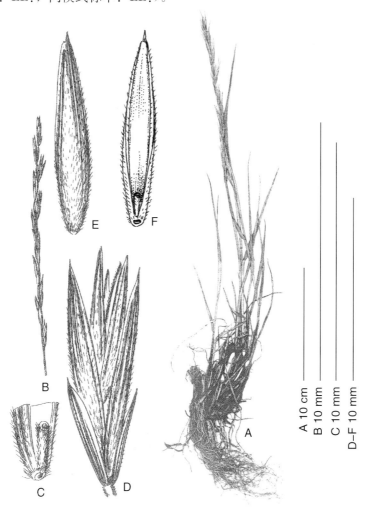

图 2 - 88 *Elymus macrourus*（Turcz.）Tzvel.
A. 全植株　B. 全穗　C. 小花下部，示小穗轴　D. 小穗　E. 小花背面观　F. 小花腹面观
（引自 Mary E. Barkworth 等编著《北美植物志（Flora of North America）》24 卷，
Cindy Talbot Roché 等绘；A 与 F 颜济补绘）

异名：*Triticum macrourum* Turcz.，1855. In Steudel，Syn. Pl. Glum. 1：343；

Agropyron sericeum Hitchc.，1915. Amer. J. Bot. 2：309；

Agropyron macrourum（Turcz.）Drob.，1916. Tr. Bot. Muz. AN 16：86；

Roegneria macroura（Turcz.）Nevski，1934. Fl. SSSR 2：627；

Roegneria nepliana V. Vassil.，1954. Bot. Mat.（Leningrad）16：56；

Agropyron nomokonovii M. Pop，1957. Bot. Mat.（Leningrad）18：3；

Elymus macroucurus ssp. *neplianus*（V. Vasey）Tzvel.，1973. Nov. Sist. Vyssch. Rast. 10：25。

形态学特征：多年生，疏丛生，常具根状茎，稀不具。秆直立，高 30～100cm，平滑无毛，稀在花序下粗糙。秆节无毛，稀具稀疏短毛。叶鞘无毛，稀被疏柔毛，具条纹；叶舌短，膜质，撕裂状，长 0.5～1mm；叶片直立，平展，有时先端内卷成锐尖，长 12～20cm，宽（3～）5～10mm，上表面粗糙，下表面平滑或微粗糙；穗状花序直立或稍下垂，细瘦，长（6～）10～20（～30）cm，小穗 1 枚着生于每一穗轴节上，排列疏松；穗轴棱脊上具小硬毛而粗糙，长 7～8mm，最下部穗轴节间可长达 20～35mm；小穗绿色，常具紫晕，长（10～）15～20mm，具（3～）5～7 花；小穗轴被微毛；颖披针形，长（5～）7～10mm，长为小穗的 1/3～2/3，无毛，稀基部被长柔毛，3～5 脉，脉上微粗糙，边缘干膜质，先端渐尖或急尖而成一长约 1mm 的小尖头；外稃披针形，长（8～）10～12mm，稃体下部被短柔毛，上部毛较短而稀疏至尖端无毛，5 脉，脉在下部不明显，先端具长约 1～2（～7）mm 的芒尖或短芒，芒尖或芒下具 2 齿；内稃与外稃近等长，先端渐尖，两脊上具小硬毛状纤毛；花药长 1～1.6（～2）mm。

细胞学特征：2n＝4x＝28（Zhukova，1967；Zhukova & Peterovskii，1975）。

分布区：俄罗斯：西伯利亚极地、东西伯利亚与远东北部；北美：美国的阿拉斯加州与加拿大的育空地区；生长在岩石山坡、河边沙地与卵石中，柳树林中，有时也在路边。

55b. var. *pilosivaginatus*（Jurtz.）J. L. Yang et C. Yen comb. nov. 根据 *Roegneria macroura*（Turcz.）Nevski ssp. *pilosivaginata* Jurtz.，1981. Bot. Zhurn. 66（7）：1042 安嘎拉披碱草毛鞘变种

模式标本：俄罗斯："Districtus autonnomicus Tschukotskyi，pars septentrionalis planitiei demissae Anadyrensis Inferioris（Nizhne‑Anadyrskaja），in valle inundata fl. Tnekveem（affluentiae dextrae fl. Kanczalan）15 km ab ostio，7 Ⅷ 1978，fr.，N. A. Sekretareva，B. A. Jurtzev"（主模式标本：**LE!**）。

异名：*Roegneria macroura*（Turcz.）Nevski ssp. *pilosivaginata* Jurtz.，1981. Bot. Zhurn. 66（7）：1042；

Elymus macrourus（Turcz.）Tzvel. ssp. *pilosivaginatus*（Jurtz.）Czer.，1995. Vasc. Pl. Russia & Adjacent States（The former USSR）：?

形态学特征：本变种与 var. *macrourus* 的区别，在于其秆叶下部叶鞘被长而疏生的倒生柔毛；叶片上表面微粗糙，具长毛，稀被短微毛。

细胞学特征：未知。

分布区：俄罗斯：同模式标本产地；生长在河谷中。

55c. var. *turuchanensis*（Reverd.）J. L. Yang et C. Yen stat. nov. 根据 *Elymus macrourus* ssp. *turuchanensis*（Reverd）Tzvel.，1971. Nov. Sist. Vyssch. Rast. 8：63. 安嘎拉披碱

草叶尼塞变种

模式标本：俄罗斯："lower reaches of Enisei，Lapkaikha valley，meadows along banks，30 Ⅶ 1914，V. Reverdatto"。后选模式标本：**TK**，由 Tzvelev1976 年指定；同指定模式标本：**LE!**。

异名：*Agropyron turuchanense* Reverd.，1932. Sist. Zam. Gerb. Tomsk. Univ. 4：2；

        Roegneria turuchanensis（Reverd.）Nevski，1934. Fl. SSSR 2：626；

        Elymus macrourus ssp. *turuchanensis*（Reverd）Tzvel.，1971. Nov. Sist. Vyssch. Rast. 8：63。

形态学特征：本变种与 var. *macrourus* 的区别，在于其植株较矮，高不到 40cm；叶片上表面散生柔毛；小穗较密集；颖沿脉多被柔毛，特别是下部，边缘膜质较宽。

细胞学特征：2n＝4x＝28（Sokolovskaya，1970）。

分布区：俄罗斯：东西伯利亚、北极、叶尼塞；生长在河边沙地和卵石中、柳树林以及各种堤岸的路边。

56. *Elymus marmoreus* Kotuch.，1992. Bot. Zhurn. 77（6）：92‐93. 南阿尔泰披碱草

模式标本：哈萨克斯坦："Altai Australis，jugum Azutau，mons Mramornaja，declivitas orientalis，1100 m. s. m.，inter frutices（Daphne altaica Pall.，Astragalus vereszaginii Kryl. et Sumn.，A. majevskianus Kryl. et Al.），20 Ⅷ 1988 Ju. Kotuchov"。主模式标本：**LE!**。

形态学特征：多年生，疏丛生，植株粉白绿色。秆直立，高 150～190cm，无毛，穗下略粗糙。叶片平展，灰绿色，宽约 12mm，上、下表面均粗糙。穗状花序弯曲，长 12～24cm，宽 4～6mm，小穗 1 枚着生于每一穗轴节上，小穗排列紧密；穗轴无毛，微粗糙，棱脊上具粗而短的刺毛；小穗轴被短柔毛；颖线状披针形，粗糙，两颖近等长，长 8～10mm，3 脉，先端渐尖，具一长可达 2mm 的芒尖，稃内面疏生柔毛；外稃背部略粗糙或近于平滑，两侧粗糙，先端急尖，具短芒，芒长 2～4mm，基盘被短柔毛；内稃较外稃略短，两脊上具短而粗的小刺毛，两脊间背部疏生短柔毛；花药长 1.7～2mm。

细胞学特征：未知。

分布区：哈萨克斯坦：阿尔泰山南部；生长在灌丛中；海拔 1 100m。

57. *Elymus multisetus*（J. G. Smith）Davy，1902. Univ. Calif. Publ. Bot. 1：57. 多裂披碱草（图 2‐89）

模式标本：美国：加利福尼亚州："Coville and Funston. No. 1121，Tchachapi Valley，Kern County，Cal.，June 25，1891."（主模式标本：**US!**）。

异名：*Sitanion jubatum* J. G. Smith，1899. U. S. Dept. Agric.，Div. Agrostol. Bull. 18：10，non *Elymus jubatus*（L.）Link，1827；

        Sitanion multisetum J. G. Smith，1899. U. S. Dept. Agric.，Div. Agrostol. Bull. 18：11；

        Sitanion villosum J. G. Smith，1899. U. S. Dept. Agric.，Div. Agrostol. Bull. 18：11；

        Sitanion breviaristatum J. G. Smith，1899. U. S. Dept. Agric.，Div. Agrostol.

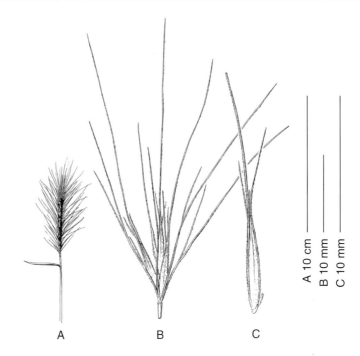

A 10 cm
B 10 mm
C 10 mm

A   B   C

图 2-89 *Elymus multisetus*（J. G. Smith）Davy

A. 全穗 B. 小穗群，穗轴节及穗轴节间 C. 小穗，颖去除，示第 1 小花背面

（引自 Mary E. Barkworth 等编著《北美植物志（Flora of North America）》24 卷，

Cindy Talbot Roch 等绘）

Bull. 18：12；

Sitanion polyantrix J. G. Smith，1899. U. S. Dept. Agric.， Div. Agrostol.

Bull. 18：12；

Sitanion strictum Elmer，1903. Bot. Gaz. 36：59。

形态学特征：多年生，密丛生。秆直立或基部膝曲斜伸，粗壮，稀细瘦，高（10～）25～60（～90）cm，无毛。叶鞘圆柱状，在咽部张开，幼时被疏微毛至密微毛或长柔毛，逐渐无毛，具干膜质边缘，暗绿色至灰绿色，不被白霜；叶耳不存或长约 1mm，紫色；叶舌膜质或硬纸质，平截，完整或撕裂状，长约 0.5～1.5mm；叶片较硬，下部平展，向上逐渐内卷，长 5～18cm，宽（1.5～）3～6mm，上、下表面均被疏微毛、微毛至长柔毛，稀无毛，上表面脉较细，下表面中脉突起。穗状花序直立，伸出最上部叶鞘或部分包裹在叶鞘内，长（3～5.5～）10～20cm（芒除外），小穗通常 2 枚（稀 3～4 枚）着生于每一穗轴节上，排列紧密；穗轴扁，或平展至下凹，上部匙形，无毛，边缘亮而粗糙，穗轴节间长 3～8mm，成熟或断折脱落；小穗长 8～15mm，在每一穗轴节上的两枚小穗 1 枚能育，1 枚不育，能育小穗具 2～4 花，能育花仅 1～2 枚，常最上 1 或 2 花，以及最下 1 花不育，不育花颖状；不育小穗的花退化成一宽而数裂似颖或芒状；颖具数脉，常自基部或中部 3～9 裂，每一裂片延伸成细的刚毛状的芒，均不等长，颖与芒共长 25～200mm；外稃长 8～10mm，通常粗糙，5 脉，中脉在上部明显并延伸成一细至粗壮外展的刚毛状的芒，芒长 25～110mm，芒在多数时候为红色或紫红色，稀绿色，侧脉在基部不明显，向先端渐明显，其中两侧脉延伸成长1～20mm的芒状的刚毛；内稃与外稃等长或稍长，先端平截、急尖、内凹，或具 2 枚长至 1mm 的刚毛，两脊上粗糙；花药长 1～2mm。

细胞学特征：2n＝4x＝28（Wilson，1963；Barkworth，1993）。

分布区：美国：从加利福尼亚（Californis）州南部与内华达（Nevada）州，经 俄勒冈（Oregon）州与哥伦比亚（Columbia）河峡谷到华盛顿（Washington）州、亚利桑那（Arizona）州东北部与相邻的爱达荷（Idaho）州，存在于整个大盆地；生长在开阔的沙质与岩石地区；海拔高度可从海平面到 3 200m。

58. *Elymus nepalensis*（Meld.）Á. Löve，1984，Feddes Repert. 95（7－8）：**460. 尼泊尔披碱草**

模式标本：尼泊尔："Lumsa, N. W. of Jumla, open slopes, 9500 ft. 10/8，1952，O Polunin, W. R. Sykes and L. H. Williams 5111"。主模式标本：**MB**。

异名：*Agropyron nepalense* Meld. ，1960. In Bor，Grass. Burm. Ceyl. & Pak. 692。

形态学特征：多年生，丛生。秆直立，高 60～70cm，穗状花序下粗糙，有时在节与节下密被短毛。叶鞘通常无毛，有时在下部的叶鞘被短毛；叶舌透明，先端钝，呈撕裂状；叶片平展，长 10～17cm，宽 1～6mm，上表面通常在脉上被稀疏长柔毛，下表面无毛。穗状花序直立，长 6～12cm（芒除外），每一穗轴节上着生一枚小穗，小穗排列稀疏；穗轴节间密被短刺毛，棱脊上粗糙；小穗绿色或稍具紫晕，长圆状披针形，长 12～15mm（芒除外），具 3～5 花；小穗轴节间被微毛；颖线状披针形，两颖不等长，第 1 颖长 4～5.5mm，第 2 颖长 5.5～8mm，均具3～5（～6）脉，脉上明显粗糙，先端急尖或渐尖，具窄膜质边缘；外稃线状披针形，长 8～9mm，被硬毛，5 脉，脉上明显被紫晕，具芒，芒长 10～20mm，直立；内稃与外稃近等长，或稍长于外稃，先端平截或稍内凹，两脊上部具纤毛，两脊间背部具硬毛；花药黄色或紫色，长 2～2.5mm。

细胞学特征：未知。

分布区：尼泊尔；生长在开阔山坡；海拔 2 700m。

59. *Elymus novae-angliae*（Scribn.）Tzvel. ，1977，Nov. Sist. Vyssch. Rast. 14：245. 佛蒙特披碱草（图 2 - 90）

模式标本：Wilbughby 1894（Grout and Eggleston）.（主模式标本：**US!**）。

异名：*Agropyron novae-angliae* Scribn. ，1900，in Brain，Jones，Eggl. Fl. Vermont：103；

　　　Agropyron brevifolium Schribn. ，1898，U. S. D. A. Div. Agrostol. ，Bull. 11：55；

　　　Roegneria pauciflora（Schwein.）Hyland. ，1945，Uppsala Univ. Arkskr. 7：89；

　　　Agropyron pauciflorum ssp. *majus*（Vasey）Meld. ，1968，Arkiv f. Bot. II，7：20；

　　　Agropyron pauciflorum ssp. *novae-angliae*（Scribn.）Meld. ，1968，Arkiv f. Bot. II，7：20；

　　　Elymus trachycaulus ssp. *novae-angliae*（Scribn.）Tzvel. ，1973，Nov.

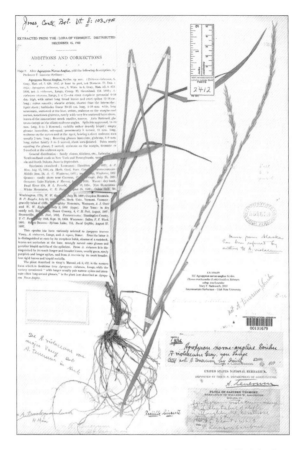

图 2 - 90　*Elymus novae-angliae*（Scribn.）Tzvel.（主模式标本，现藏于 **US**）

Sist. Vyssch. Rast. 10：23。

形态学特征：多年生，密丛生。秆通常直立，基部有时膝曲，高 30～80（～150）cm，无毛。叶鞘平滑无毛，最下部叶鞘呈膜质并具紫晕；叶舌短；叶耳镰刀形，较长；叶片狭窄，平展，长 3～7cm，宽（2～）3～4（～7）mm，上表面无毛，粗糙，下表面平滑。穗状花序直立或稍弯曲，长 6～15（～20）cm，宽 3～6mm，小穗 1 枚着生于每一穗轴节上，呈覆瓦状排列；小穗长 10～15mm，具 2～3 花；颖披针形，两颖近等长，或第 1 颖稍短于第 2 颖，长（7～）8～13mm，长约为邻近外稃的 3/4，3～7 脉，脉上粗糙，先端急尖，颖腹面无毛；外稃披针形，长 9～11mm，背部平滑无毛，两侧及近先端略粗糙，先端无芒或具长约 1mm 的尖头；内稃与外稃等长，先端平截，两脊上除近基部外具小刺毛；两脊间背部先端被微毛；花药长 1.5～2mm。

细胞学特征：2n＝4x＝28（Tzvelv，1976）。

分布区：中亚；生长在路边、荒地、堤岸及田野。美国、俄罗斯引进后逸生成为杂草。

60. *Elymus occidentali-altaicus* Kotuch.，1992. Bot. Zhurn. 77（6）：89 - 90. 北阿尔泰披碱草

模式标本：哈萨克斯坦："Altai Occidentalis, jum Ivanovski, locus Kedrovaja Jama,

1900 s. m.，silva collucata（Pinus sibirica），loci substeppsi，13 Ⅷ 1977，Ju. Kotu-chov"。主模式标本：**LE!**。

形态学特征：多年生，疏丛生，植株绿色具白霜。秆高 60～100cm，无毛。叶片平展，宽约 10mm，上表面平滑或脉上微粗糙，稀疏生长柔毛，下表面无毛。穗状花序直立，长 10～20cm，宽 4～5mm，粉白绿色，小穗 1 枚着生于每一穗轴节上，排列稀疏；穗轴无毛，棱脊上疏被短小刺毛；小穗轴疏被短柔毛；颖披针状长圆形，两颖不等长或近等长，较外稃短 2.5～3mm，5 脉，脉上粗糙；外稃长约 10mm，平滑无毛，稀被短而粗的小刺毛而粗糙，先端具短芒，芒长 1.5～2.5mm，基盘被短柔毛；内稃与外稃等长或稍短，两脊上具小刺毛，两脊间背部无毛；花药长 2.5～3mm。

细胞学特征：未知。

分布区：哈萨克斯坦：阿尔泰山北部；生长在海拔 1 900m 的西伯利亚松林与亚草原地带。

61. *Elymus parodii* Seberg et G. Petersen，1998. Bot. Jahrb Syst. 120（4）：**530‐532.**
帕氏披碱草

模式标本：阿根廷："Haenke s. n. /s. a.，Hab. In Cordilleris chilensibus ?* "（主模式标本：**PR!**）。

＊ Seberg 与 G. Petersen 在发表本种时对模式标本的产地 Cordilleris chilensibus 提出质疑，因为本种并不分布于智利。但 T. Haenke 在 1790 年 2～4 月，曾经从布宜诺斯艾利斯到智利的南 Jago，进行过植物采集（Sternberg，1830）。因而很可能是在布宜诺斯艾利斯的附近采集的。

异名：*Triticum condensatum*（J. Presl）Kunth，1833. Enumeration plantarum omni-
um huscusque cognitarum，secundum familisa naturals disposita adjectis
characteribus，differentiis et synonymis. Vol. 1：442；

Triticum repens L. var. *scabrifolium* Döll，1880. In Martius，Fl. Brasiliensis
Vol. 2（3）：266；

Triticum magellanicum（E. Desv.）Speg. var. *condensata*（J. Presl）Speg.，
1896. Anales Mus. Nac. Hist. Nat. Buenos Aires 5：99；

Agropyron repens P. Beauv. var. *scabrifolium*（Döll）Arechav.，1897. Anales
Mus. Nac. Montevideo 6：510‐511；

Agropyron magellanicum condensatum（J. Presl）Macloskie，1904. Reports of
the Princeton Univ. Exped. To Patagonia，1896‐1899. Vol. 8. Bot. Part
V. Fl. Pataonica. Src. 1. Pinaceae-Santalaceae；246.（nom. illeg.）；

Agropyron magellanicum（E. Desv.）Hack. var. *condensatum*（J. Presl）
Hauman ＆ Van der Veken，1917. Anales Mus. Nac. Hist. Nat. Buenos
Aires 29：25；

Agropyron condensatum J. Presl，1930. In C. Presl，Reliq. Haenke：266；

Agropyron attenuatum（Kunth）Roem. ＆ Schult. var. *platens* Parodi，
1940. Revista Mus. La Plata，Secc. Bot. 3：33‐34；

Agropyron scabrifolium（Döll）Parodi，1946. Gramineas Bonarienses. ed 4：88；

Elymus breviaristatus（Hitchc.）Á. Löve ssp. *scabrifolius*（Döll）Á. Löve，

　　1984. Feddes Repert. 95（7-8）：471；

Elytrigia scabrifolia（Parodi）Covas，1985. Apuntes Fl. Pampa 100：339

　　（non illeg.）；

Elytrigia scabrifolia（Parodi）Covas ex J. Hunz. et Xifreda，1986. Darwi-

　　niana 27：562。

形态学特征：多年生，疏丛生，常具短的根状茎。秆直立，高可达 125cm，具 3～6
褐色无毛的节，基部宿存叶鞘坚纸质，无毛。叶鞘无毛；叶舌直，长 0.6～2mm；叶耳存
或不存，如存在长 0.6～1.4mm，膜质；叶片平展，长 15～25（～31）cm，宽 3.4～7
（～10.2）mm，上表面粗糙，下表面无毛。穗状花序长 14.5～23cm，宽 5～14mm，小穗
1 枚着生于每一穗轴节上；穗轴坚实，棱脊上粗糙或被微毛，具（16～）20～33 节，节间
长（4.5～）6.8～9.5mm，宽 0.8～1.3（～1.4）mm；小穗近于无柄，长 1.5～2.5cm，
宽 0.3～0.7mm，具（4～）6～12 花，顶花仅余一空的外稃，着生在长 0.5～2.3
（～2.8）mm 的穗轴节间上；小穗轴微粗糙；颖窄椭圆形，稀窄卵形，无毛，通常脉上粗
糙，两颖近等长，第 1 颖长（7.9～）9～13.6mm，宽（1.5～）1.9～2.2（～2.4）mm，
4～7 脉，急尖，稀渐尖，具长达 1.7mm 的渐尖头；第 2 颖长（7.7～）10～13.3mm，宽
（1.4～）1.9～2.3（～2.9）mm，（4～）5～8 脉，先端具长 2.1mm 的渐尖头；外稃披针
形，长 9.9～13.3（～14.5）mm，宽 2.6～3.4（～3.6）mm，先端急尖，极稀长 2mm
的粗糙的芒；内稃短于或等长于外稃，长（8～）9.7～11.9mm，宽 1.2～2.1mm，先端
平截、急尖或稍内凹；花药长（3.4～）3.6～6mm。

细胞学特征：2n＝4x＝28（Seberg et al.，1998）。

分布区：巴西南部、乌拉圭与阿根廷北部；生长在沿河的灌丛间，稀生长在开阔林地
或荒地；海拔从海平面到 1 100m。

**62. *Elymus pringlei* Scribn. et Merill，1901. U. S. Dept. Agric. Dev. Agrostol. Bull. 24：
30. 齿脊披碱草**（图 2-91：a、b）

模式标本：墨西哥："collected in wet soil in a valley near Tula, State of Hidalgo,
altitude 2200 m, 6637 C. G. Pringle, June 8, 1897"（主模式标本：**US!** 316873）；dis-
tributed of Elymus botteri; 7165 C. G. Pringle, same locality, October 24, 1896, belong
here."合模式标本：**US!**。

异名：*Elymus viringicus* L. subsp. *interruptus*（Buckley）Á. Löve，1984. Feddes

　　Repert. 95（7-8）：452。

形态学特征：多年生，丛生，不具根状茎，植株多被白霜。秆直立，下部节常膝曲，
细瘦，高（50～）60～90（～110）cm，具 6～9 节，无毛，节平滑。叶鞘平滑，稀被倒生
柔毛，具条纹，多数短于节间；叶舌透明膜质，钝，稍具齿，长约 1mm；叶耳长约
1mm，淡褐色或褐色；叶片平展，长 10～20cm，宽 3～12mm，上表面微粗糙，或在脉上
被短硬毛至柔毛，被白霜至蜡粉，下表面粗糙。穗状花序直立或自穗颈部下弯，排列较疏
松，长 4～12cm，宽 2～3cm（芒在内），小穗 2 枚着生于每一穗轴节上；穗轴稍扁，略粗
糙，穗轴节间长 3～6mm，短于小穗，棱脊上疏被糙伏毛；小穗长约 10～15mm（芒除

外），贴生穗轴，具 3～5（～6）花，顶端花常退化；颖钻形至刚毛形，无毛，粗糙，两颖近等长，长 12～22mm（芒在内），宽 0.2～0.3（～0.5）mm，0～1 脉；外稃披针形，背面被糙伏毛与微毛，毛短而直立，特别是上部，长 8～10mm，5 脉，先端渐尖，具芒，芒细瘦，直立，粗糙，长 8～22mm；内稃披针形，短于外稃，先端钝或急尖，常内凹，两脊上部边缘具强壮齿而粗糙；花药长 2.5～4mm。

细胞学特征：未知。

分布区：北美：墨西哥（Mexico）东部的 Sierra Madre Orientale；美国的得克萨斯（Texas）州南部，接近墨西哥边境。生长在潮湿山坡与山谷的松树与落叶树的混交林中；海拔 1 500～2 250m。

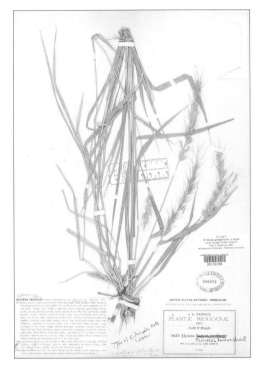

图 2-91：a *Elymus pringlei* Scribn. et Merill
合模式标本之一（现藏于 **US**）

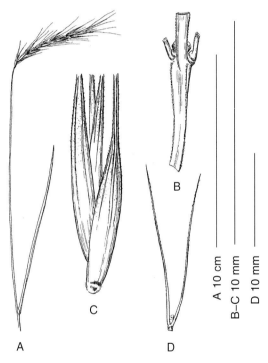

图 2-91：b *Elymus pringlei* Scribn. et Merill
A. 全穗　B. 穗轴一段　C. 小穗的 4 朵小花，芒除　D. 颖
（引自 Mary E. Barkworth 等编著《北美植物志（Flora of North
America）》24 卷，Cindy Talbot RocHé 等绘，编排修改）

63. *Elymus purpuraristatus* C. P. Wang et H. L. Yang，1984. Bot. Res. 4（4）：83-84. 紫芒披碱草

模式标本：中国内蒙古："大青山，山坡草地。王朝品 278，1965 年 8 月 6 日。"主模式标本：**NMAC!**。

形态学特征：多年生，丛生，全植株皆被白粉。秆直立，粗壮，高可达 160cm，径 1.5～3.5mm，基部节间常呈粉紫色。叶鞘无毛；叶舌先端钝圆，长约 1mm；叶片常内卷，长 15～25cm，宽 2.5～4mm，上表面微粗糙，下表面平滑。穗状花序直立或微弯曲，粉紫色，细弱，长8～15cm，宽4～6mm，小穗2枚着生于每一穗轴节上，排列紧密；穗轴节间长（5～）10～15mm，棱脊上具小纤毛；小穗粉绿色带紫色，长10～12mm，具2～3花；小穗轴密生微毛，长1.5～2mm，颖披针形至线状披针形，两颖近等长，长7～10mm，3脉，脉上具短刺毛，边缘、先端及基部均点状粗糙，并夹以紫红色小点，先端渐尖，具长约1mm的芒尖；外稃长圆状披针形，背部全体被毛，亦具紫红色小点，尤以先端、边缘及基部更密，长6～9mm，具芒，芒长7～15mm，直立或弯曲，被毛，带紫色；内稃与外稃等长或稍短，先端窄而平截，两脊上被短毛，毛在中部以下渐稀疏而细小。

细胞学特征：未知。

分布区：中国：内蒙古；生长在山沟、山坡草地。

64. *Elymus sajanensis*（Nevski）Tzvel.，1972. Nov. Sis. Vyssch. Rast. 9：61. 萨枣披碱草（图2-92）

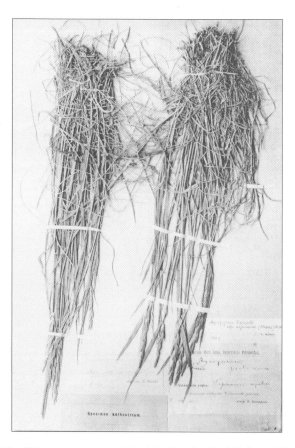

图2-92　*Elymus sajanensis*（Nevski）Tzvelev 权威标本（现藏于 **LE**）

模式标本：俄罗斯：西伯利亚"Tuniskii region，Garganskii pass，31 Ⅶ 1902，V. Komarov"。主模式标本与同模式标本：**LE!**。

异名：*Roegneria sajanensis* Nevski，1934. Acta Inst. Bot. Acad. Sc. URSS，ser. 1，2：?；1934. Fl. SSSR 2：624；

Agropyron sajanense（Nevski）Grub. 1955. Konsp. Fl. MNR（Concise Flora of Mongolia）：76. quoad nom；

Elymus sajanensis subsp. *sajanensis* Tzvel.，1976. Grass. Soviet Union，1：121。

形态学特征：多年生，密丛生。植株低矮，秆高（10～）25～35cm，无毛。叶片平展，直立向上，宽2.5～5mm，上、下表面均无毛，粗糙，极稀被毛。穗状花序长4.5～7cm，小穗1枚着生于每一穗轴节上，小穗着生较密；下部穗轴节间长7mm；小穗长10～13mm，具2～3花；颖宽披针形，上部不对称，两颖近等长，长6～8mm，3～5脉，脉上粗糙，具紫色膜质边缘，先端骤然变窄，形成一长约1mm的尖头；外稃披针形，背部具贴生小刺毛而粗糙，小刺毛在两侧与上部更多，下部几乎平滑，稀粗糙，长8～10mm，5脉，先端骤窄，具长1～2mm的芒尖，芒尖基部具2齿；内稃先端钝尖，两脊上具纤毛；花药长1.3～1.8（～2）mm。

细胞学特征：未知。

分布区：俄罗斯：西伯利亚；生长在石质山坡、山脚草地，可达高山带。

65. *Elymus sarymasactensis* Kotuch.，1999，Turczaninowia 2（4）：6 南阿尔泰披碱草

模式标本："Altai Australis, jugum Sarymsacty, vallis fl. Buchtarma, in viciniis pag, Czingistaj, betuletum collucatum, prata altiherboso-graminosa, 28 Ⅶ 1990, Ju. Kotuchov"。主模式标本：**LE**。

形态学特征：多年生，密丛生。秆直立，高130～170cm，苍白绿色，无毛。叶片平展，宽8～15mm，灰绿色，上表面粗糙具疏生柔毛，下表面微粗糙。穗状花序略弯曲，长10～20cm，宽5～7mm，灰绿色，小穗排列紧密；穗轴无毛或微粗糙，沿棱脊被直立刚毛；小穗轴节间被短柔毛；两颖略不等长，披针状长圆形，具3～5脉，沿脉粗糙，先端渐尖，而成一长1.5～3mm的直芒，第1颖短于相邻外稃2.5～4mm；外稃长8～9mm，上部及边缘粗糙，背部平滑，先端具长约20mm的弯曲的芒；基盘近于平滑，两侧被少量短柔毛；内稃与外稃等长或稍短，两脊被粗而短的柔毛，背部两脊间疏被柔毛；花药长约2mm。

细胞学特征：未知。

分布：俄罗斯：阿尔泰南部；生长在高草禾草草原。

66. *Elymus sibinicus* Kotuch.，1992. Bot. Zhurn. 77（6）：93. 卡尔巴山披碱草（图2-93）

模式标本：哈萨克斯坦："Planities elata Kalbinica, jugum Kalba Orientalis, depression Sibinica, prata fruticosa substepposa, 14 Ⅷ 1988, Ju. Kotuchov"。主模式标本：**LE!**。

形态学特征：多年生，密丛生。秆直立，基部膝曲，高70～120cm，平滑无毛，或在节上被短柔毛。叶片平展，可宽达15mm，上表面粗糙并疏被柔毛，下表面微粗糙。穗状花序直立，绿紫色，长13～18cm，宽3～7mm，小穗1枚着生于每一穗轴节上，小穗排列紧密，但在下部较疏；穗轴微粗糙，棱脊上被短小刺毛；小穗轴密被长柔毛；颖长圆状披针形，粗糙，两颖近等长，长9～11mm，5～7脉，具膜质边缘，先端渐窄，具长可达5mm的芒尖或短芒，颖腹面疏被柔毛；外稃长9～10mm，略粗糙，背部近于平滑，先端具芒，芒长10～16mm，弯曲；基盘被柔毛；内稃与外稃等长，两脊上被短刺毛，两脊间

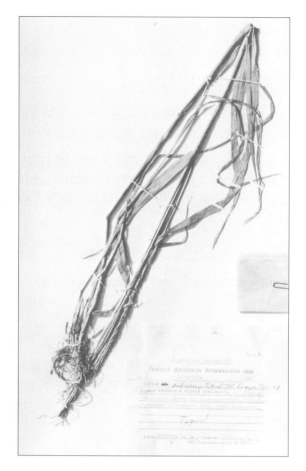

图 2 - 93　*Elymus sibinicus* Kotuch. 主模式标本（现藏于 **LE**）

上部疏生短小刺毛；花药长 1.5～1.8mm。

　　细胞学特征：未知。

　　分布区：哈萨克斯坦：卡尔巴山东部高原；生长在灌丛草原中。

　　67. *Elymus stebbinsii* Gould，1947. Madrono 9：126（参考图：Ill. Fl. Pacific States，242 页）**斯氏披碱草**

　　67a. var. *stebbinsii*（图 2 - 94：a、b）

　　模式标本：美国："S. B. Parish in Waterman's Canon，San Bernardino Mountains，California，at an altitude of 3 000 ft，No. 2054，June 28，1888（holotype），and No. 2238，June 23，1891"（主模式标本：**US!** 56669）。

　　异名：*Agropyron parashii* Scribn. & J. G. Smith，1897，U. S. Dept. Agric.，Div. Agrostol. Bull. 4：28，non *Elymus parashii* Davy & Merr. 1902；

　　　　　Elytrigia parashii（Scribn. & J. G. Smith）D. Dewey，1983. Brittonia 35：31。

　　形态学特征：多年生，丛生，具或不具根状茎。秆直立，或基部倾斜，高（70～）100～150cm，光滑无毛，具条纹；节肿胀，具倒生微毛。叶鞘具条纹，无毛，下部者常被微毛，边缘疏生纤毛；叶舌膜质，长 0.5～1mm；叶耳长 0.2～2.8mm；叶片平展或内卷，长（2.5～）5～23cm，宽（2.6～）4.2～8mm，上表面多数密被柔毛，有时疏被或中度被柔毛，稀无毛或粗糙、边缘粗糙，下表面平滑。穗状花序窄，长 10～30cm，小穗 1 枚着生于每一穗轴节上；具 8～12 枚倒披针形小穗，排列稀疏；穗轴棱脊上粗糙，穗轴节间长 16～27mm；小穗长 16～29mm，长于穗轴节间，具 5～9 花；小穗轴长约 2mm，被微毛或无毛；颖披针形，长 6～15mm，长为小穗的 2/3，两颖近等长，5 脉，脉上平滑、粗糙或微粗糙、边缘粗糙，先端急尖或渐尖；外稃披针形，长 8～14.5mm，背下部平滑，向先端粗糙、上部 5 脉突起，先端急尖，无芒，微具 3 齿，稀具芒或芒尖，如芒存在，长可至 12mm；内稃与外稃等长，先端急尖或钝；花药长（3～）4.6～5.4（～7）mm。

细胞学特征：2n＝4x＝28（Barkworth et al.，2007）。

分布区：美国：加利福尼亚（California）州南部；生长 1 600m 以下的峡谷岩坡上与林地区域。

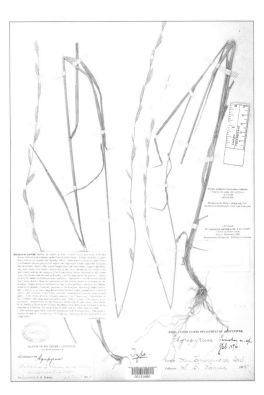

图 2-94：a　*Elymus stebbinsii* Gould
主摸式标本（现藏于 **US**）

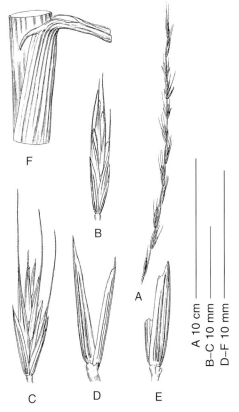

图 2-94：b　*Elymus stebbinsii* Gould
A. 全穗　B. 小穗（var. *stebbinsii*）　C. 小穗（var. *septentrionalis*）
D. 颖（var. *septentrionalis*）　E. 颖（var. *stebbinsii*）
F. 叶鞘上段、叶片下段与叶耳
（引自 Mary E. Barkworth 等编著《北美植物志（Flora of North
America）》，24 卷，Cindy Talbot RocHé 等绘，编排修改）

67b. var. *septentrionalis*（Barkworth）J. l. Yang et C. Yen，status nov. 根据 *Elymus stebbinsii* Gould subsp. *septentrionalis* Barkworth，1997. Phytologia 83（5）：360. **斯氏披碱草北方变种**

模式标本：美国加利福尼亚州："U. S. A. California：El Dorado County，0.5 miles west of Omo Ranch Post Office，22 June 1956，Beecher Crumpton 3598"（主模式标本：**AHUC!** 22602；副模式标本：**CHSC!** 42952，**UC!** 1040715，**AUHC!** 21154）。

异名：*Elymus stebbinsii* Gould subsp. *septentrionalis* Barkworth，1997. Phytologia 83（5）：360。

形态学特征：本变种与 var. *stebbinsiidi* 的区别，在于其最下部秆节几乎常常无毛；叶鞘极稀被毛；小穗较短，长 13～22mm，小穗具 4～6 花；穗轴节间长 9～21mm；外稃具芒，长 8～28mm。

细胞学特征：未知。

分布区：美国：加利福尼亚（California）州北部；生长在峡谷与岩坡上。

68. *Elymus submuticus*（Keng）Keng ex Keng f. ，1984. Bull. Bot. Res. 4（3）：192 - 193. 无芒披碱草（图 2 - 95）

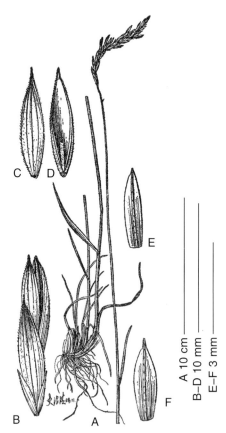

图 2 - 95　*Elymus submuticus*（Keng）Keng ex Keng f.

A. 全植株　B. 小穗　C. 小花背面观　D. 小花腹面观　E. 第 1 颖　F. 第 2 颖

（引自耿以礼主编《中国主要植物图说·禾本科》，图 355，史渭清绘，编码修改）

模式标本：中国四川："Tehkeh（德格县），ad declivitatem crescens，Aug. 5. 1951. Y. W. Cui（崔友文）7172"，主模式标本：**PE!**。

异名：*Clinelymus submuticus* Keng，1959. Fl. Ill. Pl. Prim. Sin. Gram. 424. fig. 355. (in Chinese)。

形态学特征：多年生，丛生，具多数纤维状须根。秆直立或基部稍膝曲，较细弱，高 25～45cm，具 2 节，平滑无毛。叶鞘平滑无毛；叶舌极短而近于退化；叶片平展或内卷，长 3～6cm，宽 1.5～3mm，上表面粗糙，下表面平滑。穗状花序通常弯曲，绿紫色，长 3.5～7.5cm，小穗 2 枚着生于每一穗轴节上，近顶端各节仅具 1 枚小穗，顶生小穗有时不发育，基部 1～3 节的小穗常退化，小穗排列疏松；穗轴边缘粗糙，上部节间长 3～4mm，下部长 5～9（～15）mm；小穗长（7～）9～13mm，近于无柄或具长约 1mm 的短柄，具（1～）2～3（～4）花；小穗轴节间长 1～2mm，密生微毛；颖长圆形，两颖近等长，长 2～3mm，3 脉，侧脉不甚明显，主脉粗糙，先端锐尖或渐尖，不具小尖头；外稃披针形，长 7～8mm，上部明显 5 脉，脉的前端和背部两侧均具稀疏微毛，中脉延伸成一短芒，长 2mm，基盘被微毛；内稃与外稃等长，先端钝圆，两脊上具小纤毛；花药长约 1.7mm。

细胞学特征：2n＝4x＝28（Lu et al.，1990）。

分布区：中国：四川特有；生长在山坡上。

69. *Elymus subalpinus*（V. Golosk.）J. L. Yang et C. Yen，comb. nov. 根据 *Agropyron subalpinum* V. Golosk.，1950. Bot. Mat.（Leningrad）12：26 - 27. 亚高山披碱草（图 2 - 96）

模式标本：哈萨克斯坦：北天山："Tian-schan septentrionalis，Alatau transiliensis，fonts fl. Ulkun Turgen，in deliviis meridionalibus herbosis regionis subalpinae，alt. ca 2800 m. s. m.，28 Ⅷ 1938，legit V. P. Goloskokov"。主模式标本：**LE!**；副模式标本：**Alma-Ata!**。

异名：*Agropyron subalpinum* V. Golosk.，1950. Bot. Mat.（Leningrad）12：26 -27；

Agropyron kasteki M. Popov，1938，Bull. Obsch. Isp. Prir.，Otd. Biol. 47（1）：84；

Elytrigia kasteki（M. Pop.）Tzvel.，1973. Nov. Sist. Vyssch. Rast. 10：31。

形态学特征：多年生，疏丛生，具匍匐的根状茎。秆直立或斜升，高 40～70cm，平滑无毛，秆基部具宿存枯萎褐色叶鞘。叶片平展或边缘内卷，宽 3～5mm，上表面粗糙，下表面平滑。穗状花序狭窄，直立或稍下垂，长 5～10cm，小穗 1 枚着生于每一穗轴节上，小穗排列疏松；穗轴细而曲折，平滑无毛，棱脊上粗糙；小穗披针形，绿紫色，长 12～16mm（芒除外），具 4～6 花；颖披针形，平滑无毛，两颖近等长，长 6～10mm，5 脉，边缘膜质，先端渐尖；外稃披针形，长 9～11mm，背面粗糙，具窄膜质边缘，具细芒，芒长 5～8（～9）mm，直，粗糙；内稃与外稃近等长或稍长，先端钝，两脊上具长纤毛；花药长 2.5～3mm。

细胞学特征：未知。

分布区：哈萨克斯坦：北天山；生长在亚高山草甸；海拔约 2 800m。

图 2 - 96　*Elymus subalpinus*（V. Golosk.）J. L. Yang et C. Yen

Ⅰ. 主模式标本　Ⅱ. 权威标本，现存于 **LE**

70. *Elymus svensonii* G. L. Church，1967. Rhodora 69：134 - 135. 田纳西披碱草（图 2 -97：a、b）

模式标本：美国田纳西州："steep limestone bluffs on the Cumberland River at the end of an abandoned road off McGavock Pike and ca. 0. 9 mile from the intersection with Lebanon Pike，just north of Donelson，Davidson Co. ，Tennessee. Church 2527"（主模式标本：**BRU**！；同模式标本：**GH**！、**US**！；等模式标本：Svensonii 9452，**BKL**！、**MO**！）。

形态学特征：多年生，丛生，植株全部具白霜。秆直立，高 50～110cm，基部径粗 2mm，节常为红褐色。叶鞘无毛，或被长柔毛至糙毛，边缘不相互重叠，常为红褐色；叶舌长至 1mm，红褐色；叶耳不存至长 1～2mm，暗红色，干后红褐色；叶片长 15～25cm，宽 4～10mm，平展，通常上表面被长柔毛，下表面无毛，边缘平滑或微粗糙。穗状花序最初直立后呈弓形弯曲，长 10～16cm，宽 3～5cm（芒在内），小穗 2 枚着生于每一穗轴节上，排列疏松；穗轴扁平，明显呈波状，穗轴节间长（4～）6～10（～12）mm，薄，曲折，棱脊上具微硬毛；小穗长 10～16mm（芒除外），紧贴穗轴节间，具 3～

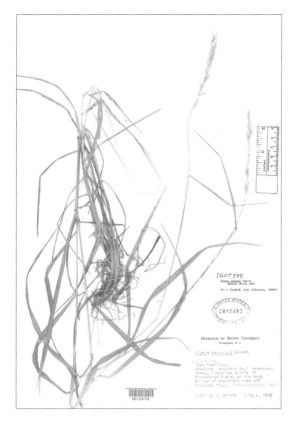

图 2 - 97：a *Elymus svensonii* G. L. Church 同模式标本（现藏于 **US**）

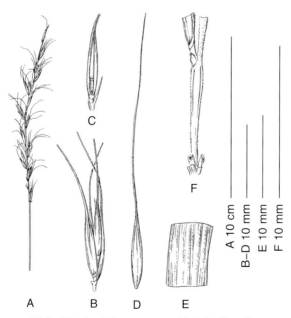

图 2 - 97：b *Elymus svensonii* G. L. Church，

A. 全穗　B. 小穗　C. 小花腹面及颖　D. 小花背面观　E. 叶片一段，示上表面叶脉上的小纤毛　F. 穗轴一段，示小刺毛
［引自 Mary E. Barkworth 等编著《北美植物志（Flora of North America）》，24 卷，Cindy Talbot RocHé 等绘，编排修改］

5 花，最上部的花常退化；颖钻形或刚毛状，无毛，具 0~1 脉，脉明显，基部增厚近圆柱状，两颖长度相差甚远，包括芒在内长 1~15 （~18） mm，宽 0.1~0.3mm，偶有退化不存；外稃通常无毛，稀先端脉上被小糙毛，长 8~10mm，先端具长 （8~） 10~20 （~25） mm 向外反折的芒；内稃长 7~9mm，先端钝或平截，有时稍内凹，两棱脊上被长柔毛；花药长 3~5mm。

细胞学特征：有与 *E. canadensis*、*E. villosus* 的杂交试验，但未说明染色体数与染色体组组成。未知。

分布区：美国：田纳西 （Tennessee） 州、肯塔基 （Kentucky） 州；生长在石灰石河岸开阔林下的岩石上。

71. *Elymus tarbagataicus* Kotuch. ， 1998， Tuczaninovia 1 （1）： 20 - 21. 塔尔巴嘎台披碱草

模式标本：俄罗斯："Altaj Australis, jugum Tarbagataj, trajectus Burchat, 1600 m s. m. , declivitus boreale-occidentalis, laricetum collucatum, prata fruticosa steppificata, 04. Ⅷ. 1985, Ju. Kotuchov"。主模式标本：**LE！**。

形态学特征：多年生，密丛生。秆高 90~100cm，无毛。叶片平展，坚挺，宽 9~12mm，上表面疏被长柔毛，下表面无毛。穗状花序长 15~18cm，，宽 8~10mm，灰绿色，直立，小穗排列密集；穗轴略粗糙，棱脊上具小皮刺；小穗轴被短柔毛；颖线状披针形，两颖不等长，长 10~12mm，粗糙，5 脉，先端急尖，形成长达 2mm 的芒，颖内面无毛；外稃长 11~12.5mm，被长柔毛并杂以糙毛，先端急尖，具近于直立的芒，芒长 2~2.5cm；内稃短于外稃，两脊上具长的刚毛，两脊间被稀疏短柔毛；基盘被短柔毛；花药发育不全，长约 3mm。

细胞学特征：未知。

分布区：俄罗斯：阿尔泰山南部。

注：根据定名人 Ju. Kotuchov 在文中写道，本种可能是一杂种，为 *Elymus gmelinii* （Ledeb.） Tzvel. × *Elymus praecaespitosa* （Nevski） Tzvel.，或 *Elymus gmelinii* × *Elymus uganmicus* Drob. 的杂交起源。

72. *Elymus texensis* J. J. N. Campbell， 2002， SIDA 22 （1）： 488 - 489. 得克萨斯披碱草 （图 2 - 98）

模式标本：美国："Texas：Gillespie Co. ；Serpenting Mounds, about 9 mi N of Willow City, hilly area vegetated mainly with grasses, 18 May 1966, E. S. Nixon 531"。主模式标本：**TEX 5322**。

形态学特征：多年生，丛生，植株被白霜。秆直立，高 70~110cm，具 4~6 节，无毛。叶鞘无毛或被纤毛；叶舌长 1~2mm，顶端啮齿状；叶耳长约 2mm，有时与叶鞘顶端贴生，淡褐色至紫褐色；叶片宽 2~9mm，平展或微内卷，上表面微粗糙至被糙毛，或密被柔毛，因被白霜而呈淡绿色，下表面无毛。穗状花序直立至微下垂，长 9~20cm，宽 2~2.5cm （芒在内），小穗 2 枚着生于每一穗轴节上；穗轴节长 （5~） 7~15 （~22） mm，除棱脊上被小纤毛外，其余无毛，穗轴节间在内凹的一面具绿色带纹；小穗长 13~20mm （芒除外），与穗轴贴生，具 4~6 （~8） 花 （含

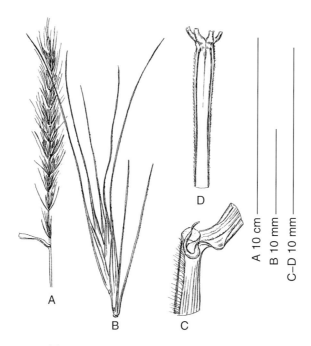

图 2 - 98　*Elymus texensis* J. J. N. Campbell

A. 全穗　B. 小穗，颖呈长线形　C. 叶鞘上段与叶片下段，示长叶耳与叶鞘边缘的长纤毛

D. 穗轴节间，示棱脊上细密的短纤毛与节上两对颖的基部

［引自 Mary E. Barkwoth 等编著《北美植物志（Flora of North America）》24 卷，CindyTalbot Roch 等绘］

顶端退化的花）；颖刚毛状，两颖近等长，无毛，包含芒在内长 14～24mm，宽 0.1～0.3mm，0～1 脉（不包含增厚的边缘）；外稃披针形，平滑，无毛，长 8～12mm，顶端具芒，芒长 8～25mm，直，曲折或稍弯曲；内稃稍短于外稃，长 7～11mm，先端钝或窄而平截至内凹；花药长 4.5～6mm。

细胞学特征：未知。

分布区：美国：得克萨斯（Texas）州西南部的爱德华兹高原（Edwards Plateau）；已知仅生长在含石灰质的山岩与小山坡的柏树林中。

73. *Elymus tzvelevii* Kotuch.，1992. Bot. Zhurn. 77（6）：90 - 91. 茨维列夫披碱草（图 2 - 99）

模式标本：哈萨克斯坦："Altaici Australis，jugum Altai Australis，2500 m. s. m. in fluxu superiore fl. Buchtarma，tumuli moreniai，prata graminosa substepposa，18 Ⅶ 1990，Ju. Kotuchov"，主模式标本：**LE!**。

形态学特征：多年生，密丛生。秆直立，高 30～70cm，无毛。叶片平展，宽约 7mm，上表面无毛或微粗糙，下表面在脉上疏被长柔毛。穗状花序粉白紫色，直立，长（3～）5～10（～12）cm，宽 4～6mm，小穗 1 枚着生于每一穗轴节上，小穗排列紧密；穗轴无毛，棱脊上被短小刚毛；小穗轴密被短小刚毛；颖披针形至长圆形，无毛，脉上粗糙，两颖等长或近等长，长 3.5～4.5（～6）mm，3～4 脉，先端渐尖，形成长可达 7mm

图 2-99　*Elymus tzvelevii* Kotuch. 主模式标本（现藏于 **LE**）

的芒；外稃背面粗糙，长 7～9mm，先端具芒，芒长达 15mm，稍弯曲，基盘两侧被短柔毛；内稃与外稃等长，两脊上被长刚毛，两脊间背部被短而稀疏的柔毛；花药长 1.5mm。

细胞学特征：未知。

分布区：哈萨克斯坦：阿尔泰山南部；生长在海拔 2 500m 的山坡禾草亚草原。

注：根据 Kotuchov 的记述，本种与 *Campeiostachys schrenkiana* 近似，可能应归属于 *Campeiostachys*，但无细胞学资料确认。

74. *Elymus ubinica* Yu. A. Kotukhov, 1999, Turczaninowia 2（4）：5. 乌巴披碱草

模式标本：哈萨克斯坦阿尔泰山区："Altai occidentalis, jugum Lineiski, 1 500m. s. m.，in valle fl. Czernaja Uba，in regione loci Sidjashicha，prata altiherbosograminosa vallis inundatae, 19 Ⅷ 1993, Ju. Kotuchov"（主模式标本：**LE**！）。

形态学特征：多年生，密丛生，植株苍白绿色。秆直立，有时在基部膝曲，高 120～140cm，无毛。叶片平展，灰绿色，宽 5～10mm，上、下表面均粗糙或近无毛。穗状花序苍白紫色，弯曲，长 12～22cm，宽 5～7mm，小穗 1 枚着生于每一穗轴节上，小穗排列紧密；穗轴粗糙，棱脊上具长刺毛；小穗轴被短柔毛；颖线状披针形，粗糙，两颖稍不等长，长7~8mm，3脉，先端渐尖而形成长1.5mm的芒尖，颖内面无毛粗糙；外稃长10~12mm，粗糙，先端具芒，长达8mm，略弯曲，基盘两侧被短柔毛；内稃与外稃等长，两脊上被长刚毛，两脊间背部疏被短小刺毛；花药长约2mm。

细胞学特征：未知。

分布区：哈萨克斯坦：阿尔泰西部；生长在海拔1 500m山谷泛滥地禾草草地。

75. *Elymus uralensis*（Nevski）Tzvel. . , 1971. Nov. Sist. Vyssch. Rast. 8：63. 乌拉尔披碱草（图2-100）

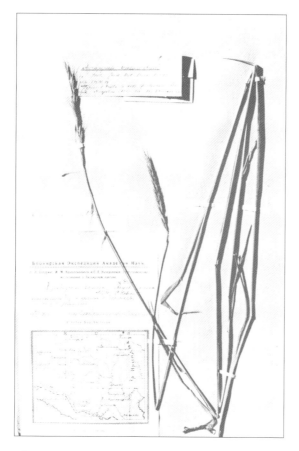

图2-100　*Elymus uralensis*（Nevski）Tzvel. 后选模式标本（现藏于 **LE**）

模式标本：俄罗斯："Zilairskii canton（region），meadow in Sakmara valley below the village Nurgalino，24 Ⅷ 1929，no 864，Ⅰ. Krasheninnikov and K. Afanasiev"。后选模式标本：**LE**！，1976年Tzvelev指定。

异名：*Agropyron uralense* Nevski，1930. Bull. Jard. Bot. Princ. URSS 29：89；

Roegneria uralensis（Nevski）Nevski，1934. Fl. SSSR. 2：614；

Elymus uralensis ssp. *uralensis* Tzvel. ，1976. Grass. Soviet Union 1：117。

形态学特征：多年生，丛生，整个植株密被毛。秆直立，节下被微毛。叶鞘密被柔毛；叶片平展，或边缘内卷，上、下表面均密被短柔毛。穗状花序直立，长8.5~17cm，小穗1

枚着生于每一穗轴节上，排列紧密，常稍偏于一侧；穗轴节在棱脊上具纤毛；小穗绿色或绿紫色，具3～5花；颖披针形，粗糙，长6～10mm，（3～）5～7脉，第1颖常短于相邻外稃2～3mm，先端常具1齿，具芒，芒长3～7mm；外稃披针形，背部被微毛，下部被贴生小刺毛，近先端被较长的柔毛，长8～11mm，具芒，芒直或近于直，长8～18mm；内稃短于外稃，长7～10mm，先端窄钝或稍内凹，两脊上具密而小的刺毛；花药长约2.5mm。

细胞学特征：未知。

分布区：俄罗斯：乌拉尔南部；生长在低山地带的草甸、林隙、灌丛间。

76. _Elymus vassiljevii_ Czer.，1981，Pl. Vasc. URSS：351. 华西里叶夫披碱草

模式标本：俄罗斯西伯利亚："Chukotsk，district，valley of the Chegitun River，Chegitauni valley，sand-pebble deposits 8 Ⅷ 1938，Trushkovsky"。主模式标本：**LE**；同模式标本：**LE**。

异名：_Roegneria villosa_ V. Vassil.，1954，Bot. mat.（Leningrad），16：57，non _Elymus villosa_ Muhl. ex Willd. 1809；

Elymus sajanensis ssp. _villosus_（V. Vassil.）Tzvel.，1972，Nov. Sist. Vyssch. Rast. 10：24；

Elymus alaskanus（Scribn. et Merr.）Á. Löve ssp. _villosus_（V. Vassil.）Á. Löve，1976，Bot. Not. 128：502；

Roegneria villosa subsp. _laxi-pilosa_ Jurtz.，1981，Bot. Zhurn. 66（7）：1041。

形态学特征：多年生，密丛生，秆直立，细瘦，高25～40cm，除下部的节上被短柔毛外，余均平滑无毛。叶片平展或边缘内卷，宽2～5mm，通常上、下表面均无毛，粗糙，有时在上表面被稀疏长柔毛。穗状花序直立，长4～10cm，小穗排列紧密，小穗1枚着生于每一穗轴节上；小穗长8～13mm，与穗轴贴生，具3～4花；小穗轴具短而密的柔毛；外稃长8～10mm，稃体全部被短柔毛，先端具短芒，芒长1～2mm；花药长0.8～1.5mm。

细胞学特征：2n=4x=28（Zhukova，1965）。

分布区：俄罗斯：东西伯利亚、远东极地；生长在石质山坡岩石上、河边沙地与卵石间；在北极可达山峰顶部。

77. _Elymus villosus_ Muhl. ex Willd.，1809. Enum. Pl. Hort. Reg. Bot. Berol. 1：131.（参考图：Illustr. Fl. Illinois：fig. 214）**长柔毛披碱草**

77a. var. _villosus_（图2-101）

模式标本：美国："United States：Pennsyvania，Muhlenberg mis［it］，Willenow Herb. No. 2297，sheet 1（B）"。主模式标本：**B!**；主模式标本照片：**DAO!**。

异名：_Elymus ciliatus_ Muhl.，1817. Deser. Gram. 179；Muhl.，1813. Cat. Pl. 14. nom nud；

Elymus hirsutus Schreb. ex Roem. & Schult.，1817. Syst. Veg. 2：776. as syn. of _Elymus villosus_ Muhl.；

Elymus striatus var. _villosus_（Muhl.）Gray，1848. Man. 603；

Elymus propinquus Fresen ex Steud.，1854. Syn. Pl. Glum. 1：349；

Elymus striatus var. _ballii_ Pammel，1905. Iowa Grol. Survey Sup. Rpt. 1903：347；

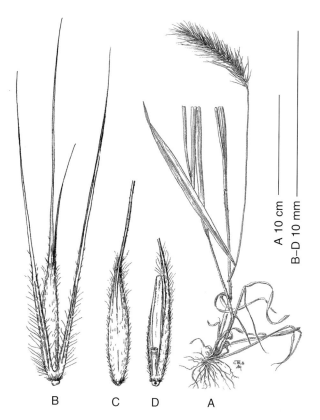

图 2 - 101　*Elymus villosus* Muhl. Ex Willd.

A. 全植株　B. 小穗　C. 小花背面观　D. 小花腹面观

〔引自 Mary E. Barkworth 等编著《北美植物志（Flora of North
America)》24 卷，Cindy Talbot Roché 等绘，颜济稍作修改〕

Hordeum villosum Schenck，1907. Bot. Jahrb. 40：109；

Elymus villifer C. P. Wang et H. L. Yang，1984. Bot. Res. 4（4）：84 -
86. fig. 2。

形态学特征：多年生，丛生，不具根状茎。秆细瘦，高 37～130cm，平滑无毛。叶鞘
通常被长柔毛或柔毛，稀无毛，其顶端扩展成一宽的硬纸质的平展凸缘；叶耳长 1～
3mm，常为红褐色；叶舌很短，长 1mm 以下；叶片薄，平展，长 12～23cm，，宽 4～
12mm，上表面被短柔毛至长柔毛，并混以白色细毛，稀仅在脉上被柔毛，下表面粗糙或
无毛。穗状花序下垂或弓形弯曲，长 5～15cm，宽 15～35mm（芒在内），小穗 2 枚着生
于每一穗轴节上，稀有些节具 1 枚或 3 枚，排列紧密；穗轴节间长 1.5～3（～4）mm，
棱脊上被长硬毛或糙毛状纤毛，特别是小穗下，稀无毛；小穗无柄或近于无柄，长 7～
12mm，具 1～2（～3）花；颖窄，刚毛状，长 7～10mm，被糙硬毛或长硬毛，中部较
宽，宽 0.4～1mm，基部圆柱状，增厚硬化，向外弓曲，颖中、上部具一明显突起的主脉
与 1～2 个侧脉，颖先端渐窄而形成芒，包括芒在内长 12～30mm；外稃长 5.5～9mm，背

部被白色糙伏毛至长柔毛，或被糙硬毛，毛向先端和边缘渐长，先端渐尖而形成直芒，芒长 9～33mm；内稃与外稃等长或稍长，长 5～6.7（～7.5）mm，先端钝，有时内凹，两棱脊上部粗糙至具短的硬毛状纤毛，有时具长纤毛；花药长（1.6～）2～3（～4）mm。

细胞学特征：2n=4x=28（Neilsen & Humpgry，1937；Bowden，1964）。

分布区：加拿大：仅见于安大略（Ontario）省与魁北克（Quebec）省南部；美国：由东到西，从佛蒙特（Vermont）州至怀俄明（Wyoming）州，南至得克萨斯（Texas）州与南卡罗来纳（South Carolina）州。生长在河岸、岩坡的含钙质或盐分的树林与灌丛中，也见于冲积土或沙地。

77b. var. *arkansanus* (Hitchc.) **J. L. Yang et C. Yen，st. nov.** 根据 *Elymus villosus* **forma *arkansanus*** (Scribn. & Ball) **Fern.，1933. Rhodora 35：195. 长柔毛披碱草无毛变种**

模式标本：美国："United States：N. W. Arhansus，specimen on right side of sheet，F. L. Harvey（No.7）"（主模式标本：**US!**）。

异名：*Elymus arkansanus* Schribn. & Ball，1901. U. S. Dept. Agr.，Div. Agrost. Bull. 24：45. f. 19；

Elymus striatus var. *arkansanus* Hitchc.，1906. Rhodora 8：212；

Elymus villosus f. *arkansanus*（Scribn. & Ball）Fern.，1933. Rhodora 35：195；

Elymus villosus forma *arkansanus*（Scribn. & Ball）Fern.，1933. Rhodora 35：195。

形态学特征：本变型与 *villosus* 变种的区别，在于其颖与外稃无毛至粗糙，极稀被毛；如毛存在时，仅见于先端。

细胞学特征：未知。

分布区：美国：由纽约（New York）州到怀俄明（Wyoming）州，南达得克萨斯（Texas）州与南卡罗来纳（South Carolina）州；加拿大：稀见于安大略（Ontario）省。

78. *Elymus viridiglumis*（Nivski）**Czer.，1981. Sosud. Rast. SSSR：351. 绿颖披碱草**（图 2 - 102）

模式标本：俄罗斯南乌拉尔："Argayashshskii canton in the Bashkirian ASSR，birch forests near village Ajitarovo，8 Ⅷ 1930，no 312，S. Nevskii）"，主模式标本：**LE!**。

异名：*Roegneria viridiglumis* Nevski，1934. Fl. SSSR 2：616（in Russian）；1936. Tr. Bot. Inst. Akad. Nauk，SSSR，ser. 1，2：50；

Roegneria taigae Nevski，1934. Fl. SSSR 2：616（in Russian）；1936. Tr. Bot. Inst. Akad. Nauk，SSSR. ser. 1，2：50；

Agropyron karkaralense Roshev.，1936. Tr. Bot. Inst. Akad. Naukk SSSR，ser. 1，2：100；

Roegneria karkaralensis（Roshev.）Filat.，1969. In Ill. Opred. Rast. Kazakhst.（the Illustrated Identification Manual of Plants from Kazakhstan）1：115. com. invalid；

Elymus uralensis ssp. *viridiglumis*（Nevski）Tzvel.，1971. Nov. Sist. Vyssch.

Rast. 8：63。

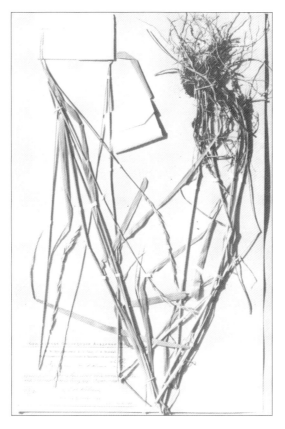

图 2-102　*Elymus viridiglumis*（Nivski）Czer. 主模
式标本（现藏于 **LE**）

　　形态学特征：多年生，丛生。秆直立，基部膝曲，高 100～115cm，粗壮，节上被微
毛，其余无毛。叶鞘粗糙，下部叶鞘被散生柔毛；叶片平展，绿色被白霜，宽 5～7mm，
上表面被白色分叉的长柔毛，下表面无毛粗糙。穗状花序稍下垂，长 11～12cm，粗壮，小
穗 1 枚着生于每一穗轴节上，排列紧密；小穗绿色或粉绿色，具 3～5 花；小穗轴被微毛；
颖披针形或线状披针形，无毛，脉上粗糙，长 9～10mm，（3～）5～7 脉，脉粗壮，先端
渐尖，具短芒，芒可长达 4mm，成熟后外稃转为黄色，而颖仍为绿色；外稃披针形，被
密生小刺毛而极粗糙或被柔毛，长 10～11mm，先端渐尖延伸成长 7～10mm 的反曲的芒；
内稃先端尖，具不明显内凹，两脊上具纤毛；花药长约 2mm。

　　细胞学特征：未知。

　　分布区：俄罗斯：乌拉尔、西西伯利亚；生长在森林草原地带桦木林中以及灌丛间、
卵石堆中；可达低山地带。

　　79. *Elymus vulpinus* Rydb.，1909. Bull. Torrey Bot. Club 36：540-541.（参考图：
Illstr. Fl. Northern US，Can……：289）**内布拉斯加披碱草**（图 2-103）

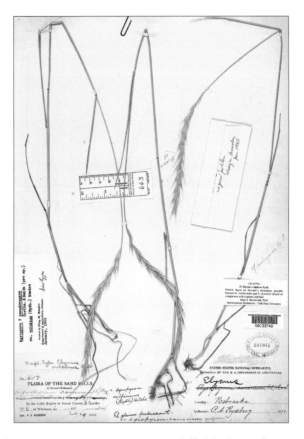

图 2-103　*Elymus vulpinus* Rydb. 主模式标本（现藏于 **NY**）

模式标本：美国内布拉斯加："Nebraska：Lake region of Grant Co.，northeast of Whitman，Rydberg 1617"，主模式标本：**NY!**。

异名：*Agropyron vulpinum*（Rydb.）A. S. Hitchc.，1934. Amer. J. Bot. 21：132；

　　　Agropyron pseudorepens Scribn. et J. G. Smith var. *vulpinum*（Rydb.）Boivin. ?

形态学特征：多年生，丛生，具短的根茎。秆细，直立，基部膝曲，高 50～75cm，具条纹，平滑无毛。叶鞘平滑；叶舌短，长约 1mm，膜质，平截，褐色；叶片直立，通常平展，干后疏松内卷，长 10～15cm，宽 2～6mm，上表面无毛，有时微粗糙，下表面平滑无毛，边缘粗糙。穗状花序略下垂，长 10～15cm，厚 6～7mm，小穗通常 1～2 枚着生于每一穗轴节上，呈覆瓦状排列，贴生穗轴；穗轴棱脊上被直的粗纤毛；小穗具（3～）4～6 花；小穗轴贴生微毛；颖线状披针形，粗糙，两颖近等长，长 8～10mm，明显 5 脉，先端渐尖形成芒尖；外稃线状披针形，长约 8mm，被小硬毛，上端 5 脉，先端长渐尖而形成芒，芒基具齿，芒长 8～10mm，粗糙，直。

细胞学特征：未知。

分布区：北美：美国：内布拉斯加（Nebraska）州；加拿大：艾伯特（Alberta）省。

生长在湖区潮湿草地。

80. *Elymus wiegandii* Fern.，1933. Rhodora 35：192－193. 卫氏披碱草（图 2－104）

模式标本：美国：缅因（Maine）州 "low gravelly thicket by St. John River，St. Francis，Maine，August 5，1893，M. L. Fernald，no. 197"。主模式标本：**GH**；同模式标本：**US!**。

异名：*Elymus philadelpnicus* var. *hirsutus* Farwell，1927，Am. Midl. Nat. 10：214，
　　　non *E. hirsutus* Schreb. 1817，nor Presl 1825；

　　　Elymus weigandii form. *calvescens* Fern.，1933，Rhodora 35：192；

　　　Elymus canadensis L. var. *weigandii*（Fern.）Bowden，1964. Can. J. Bot.
　　　42：572；

　　　Elymus canadensis L. ssp. *weigandii*（Fern.）Á. Löve，1980. Taxon 29：167。

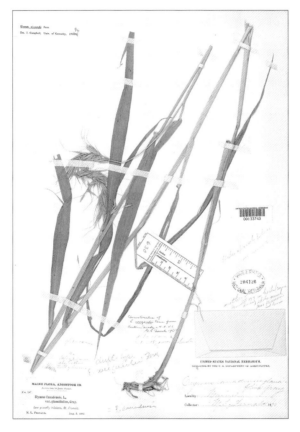

图 2－104　*Elymus wiegandii* Fern. 同模识标本（现藏于 **US**）

形态学特征：多年生，丛生。秆直立，粗壮，高 100～200（～220）cm，多少被白霜，无毛，可具 9～18 节。叶鞘无毛，稀被长柔毛，常边缘重叠，常为红褐色；叶耳长 1～3mm；叶舌长至 1mm；叶片暗绿色，薄，平展，长 20～35cm，宽（8～）10～20（～24）mm，上表面常被细柔毛及长柔毛，稀无毛，下表面无毛。穗状花序

下垂，曲折，长 10～30（～35）cm，宽 3～5cm，小穗排列疏松，通常小穗 2 枚着生于每一穗轴节上；穗轴节间长于小穗，中部者长 5～8（～12）mm，常在小穗下被微毛；小穗长 10～25mm，具（3～）4～6（～7）花；颖线形刚毛状，两颖等长或近等长，长 12～30mm（芒在内），宽 0.4～0.7（～1.2）mm，基部稍增厚，近圆柱状，基部以上变宽，或两侧平行，先端骤尖而窄，与芒分不开界线，颖体长 7～12mm，1～3（～5）脉，无毛、被小硬毛或长柔毛，特别近边缘处；外稃长 10～15mm，稃体被长柔毛与糙毛，稀无毛或粗糙至具微硬毛，具中度至强烈外曲的长芒，芒长 15～25（～30）mm；内稃短于外稃，长 9～15mm，先端窄而平截，具 2 齿，并密被毛；花药长 2～3.5mm。

细胞学特征：2n＝4x＝28（Church，1958）。

分布区：加拿大：新苏格兰（Nova Scotia）省、新布朗思卫克（New Brunswick）省、魁北克（Quebec）省、安大略（Ontario）省、曼里托巴（Manitoba）省与萨斯喀彻温（Saskatchewan）省；美国：从缅因（Maine）州至宾夕法尼亚（Pennsylvania）州，向西到明尼苏达（Minnesota）州。喜生长在冲积土上，特别是河流冲积的沙地以及林中。

81. *Elymus xiningensis* L. B. Cai，1993，Acta Bot. Boreal. -Occident. Sin. 13（1）：71 - 72. 西宁披碱草（图 2 - 105）

模式标本：中国青海："Xining Shi（西宁市），Nanshan（南山），in clivis apicis, alt. 2 600m，5 Aug. 1985，Wu Yuhu（吴玉虎）1857"（主模式标本：**NWBI!**），W1992。

形态学特征：多年生，疏丛生，须根较细密。秆直立，基部节稍膝曲，高 80～110cm，径 2～3mm，平滑无毛，具 4 节。叶鞘无毛，短于节间；叶舌长约 0.5mm，先端平截；叶片内卷，长 18～25cm，宽 5～10mm，上下表面均无毛。穗状花序直立，长而窄，绿色，长 11～16cm，宽 4～7mm，小穗 2 枚着生于每一穗轴节上；穗轴节间上部者长 5～7mm，下部者长 15～20mm，棱脊上被纤毛；小穗狭窄，长 12～15mm，与穗轴贴生，具 3～5 花；颖线状披针形，具 3～4 脉，粗糙，两颖近等长，长约 9mm，先端渐尖或具长约 2mm 的短芒；外稃披针形，第 1 外稃长约 8mm，5 脉，背部疏被微毛，具芒，芒长 2～5mm，细；内稃与外稃等长，先端钝或稍内凹，两脊上部具微刺；颖果黄褐色，长约 5mm，宽约 1mm。

细胞学特征：未知。

分布区：中国：青海西宁市；山坡顶部；海拔 2 600m。

82. *Elymus yubaridakensis*（Honda）Ohwi，1937，Acta Phytot. & Geobot. 6：54. 夕张岳披碱草

模式标本：日本北海道："in monte Yubari-dake, prov. Isikari（J. Sugimoto, no. 25397, anno 1933"（主模式标本：**TI**）。

异名：*Clinelymus yubaridakensis* Honda，1936，Bot. Mag. Tokyo 68：572。

形态学特征：多年生，丛生。秆高 30～50cm，无毛，具 2～3 节。叶片平展，长 7～15cm，宽 5～8mm，上、下表面均粗糙。穗状花序下垂，长 8～12cm，小穗 2 枚（除穗上、下端外）着生在每一穗轴上，而穗上、下端则常仅 1 枚着生；穗轴细柔；

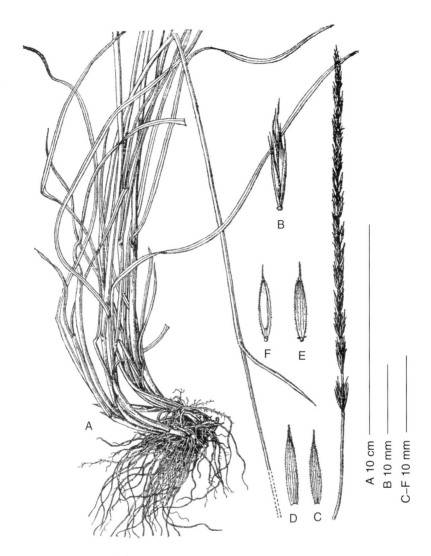

图 2 - 105 *Elymus xiningensis* L. B. Cai
A. 全植株 B. 小穗 C. 第 1 颖 D. 第 2 颖 E. 小花背面观 F. 小花腹面观
（引自蔡联炳，1993，王颖绘；本图删减，标码更改）

小穗亮绿色，有时具紫晕，长 12～15mm，具 2～3 花；颖线状披针形，或线状倒披针形，长 7～8mm，粗糙，3 脉，先端急尖，常在一侧具 1 齿；外稃宽披针形，或披针状椭圆形，长 9～10mm，5 脉，粗糙，渐变窄而在顶端形成芒，芒粗壮，下弯，长 22～30mm。

细胞学特征：未知。

分布区：日本：北海道、夕张山；生长在高山地区。

83. *Elymus zejensis* Probat.，1984. Bot. Zhurn. 69（2）：257. 热雅披碱草

模式标本：俄罗斯："Prov. Amurensis distr. Zeja, in viciniis pag. Novo-vysokoje, in querceto, 19 Ⅷ 1971，S. Schlotgauer"。主模式标本：**VLA**。

形态学特征：多年生，丛生。秆细，高 45～65（～100）cm，节上粗糙。叶鞘平滑无毛；上部叶的叶舌长约 0.8mm；叶片宽 1.5～2.5（～5）mm，多少内卷，上、下表面均无毛或上表面疏被长柔毛。穗状花序直立或稍下垂，长（6～）10～18cm，宽 4mm，小穗 1 枚着生在每一穗轴节上，排列疏松；下部穗轴节间长 10～13mm；小穗长 10.5～12mm（芒除外），具 3～4 花；小穗轴节间具很短的小刺毛；颖窄披针形，长 5～6.5mm，3～5 脉，第 1 颖长为邻近外稃的 1/2，先端急尖具长约 2mm 的芒尖；外稃窄披针形，长 9～10.5mm，背部疏被短小刺毛，先端具直而细的芒，长 5～8mm；内稃与外稃等长，两脊上密被小刺毛，两脊间背部平滑无毛；花药长 2.1～2.8mm。

细胞学特征：未知。

分布区：俄罗斯：阿穆尔省；生长在栎林与山坡上。

不 成 立 的 种

1991 年，新疆畜牧科学院草原研究所的张清斌在《云南植物研究》13 卷，1 期，21～22 页，发表一个名为三颖披碱草（*Elymus triglumis* Q. B. Zhang）的新种。这个所谓的 *Elymus triglumis* Q. B. Zhang 的"种"是不能成立的。因为发育形态学的实验结果告诉我们，小麦族的植物，第一发育形态阶段，叶原基及其腋芽都充分发育，而节间不伸长，形成基生叶与分蘖。这一过程是受内源激素与外在环境条件所控制的。经过一定的低温，完成春化以后，其腋芽原基受抑制，而叶原基仍然充分发育，这是它进入第二形态发育阶段。在长日照与适当温度下，其节间伸长构成茎秆与茎生叶。当它进入第三形态发育阶段时，叶原基受抑制而腋芽原基恢复生长构成小穗。小穗轴上的叶原基在激素半抑制下发育成颖与内外稃。这时穗轴上受抑制的叶原基在特定环境条件下半抑制发育成颖状叶是比较常见的现象，它不是颖，也不属于小穗，它是穗轴上的颖状叶。例如耿以礼主编的《中国主要植物图说·禾本科》411 页，图 344 中的西伯利亚冰草的小穗上就绘有这样一个颖状叶。这种受特殊环境条件影响出现的变异，通常都是不遗传的。张清斌看到的标本就是这样一种变异体，把这种变异体看成一个"新种"，显然是不正确的，不能成立的。为供参考，我们还是把它引述如下：

***Elymus triglumis* Q. B. Zhang**，1991，Acta Bot. Yunnan. 13（1）：21 - 22. 三颖披碱草

模式标本：新疆："Artux Xian（阿图什县），Tian Shan（天山），alt. 2 800～3 400m in clivorum monitim inter grassland，27 Ⅶ 1981，Zhang Qing-bin（张清斌），X01052"。主模式标本：新疆畜牧科学院草原研究所 **XJIG-RASAH**！；同模式标本：**NJU**！

形态学特征：多年生，疏丛生，须根具沙套。秆直立或基部膝曲，高 13～20cm，直径 0.5～1mm，平滑无毛，具 2～3 节。叶鞘具短柔毛，长于节间；叶舌膜质，长 0.5～1mm，先端弧形隆起；叶耳呈镰刀状；叶片绿色，平展，顶端内卷，长 2～8cm，宽 3～5mm，上、下表面均粗糙。穗状花序通常弯曲，长 3～8cm，宽 3～7mm，除穗轴中部个别节上具 2 枚小穗外，通常各节仅具 1 枚小穗，排列较紧密；穗轴节间上部者长 1～2mm，下部者长 3～5mm，具白色小短毛；小穗绿色，成熟后变为紫色，长 9～13mm，具 2～4 小花及 1 朵不发

育小花；小穗轴节间长约 0.1～1mm，平滑或具微毛；颖锥状或窄披针形，不覆盖外稃或交叉成对而生，在穗状花序的中下部，除个别小穗具 2 颖外，通常皆具 3 颖，其先端具短芒，被白色短纤毛，具 3 脉；第 1 颖长 4～5mm，芒长 2～3mm；第 2 颖长 4～5mm，芒长 3～5mm；第 3 颖长 3～4mm，芒长 3～4mm；外稃披针形，上部具 5 脉，脉明显，边缘膜质，被白色小短毛；第 1 外稃长 6～9mm（芒除外），具芒，芒长 3～9mm，粗糙，直立或稍开展；内稃与外稃等长或稍长，先端微尖或椭圆，脊上具白色短硬毛，其毛接近基部渐消失，脊间被稀疏白色小短毛，花药淡黄色，长 2～2.8mm。

细胞学特征：未知。

分布区：中国新疆：阿图什县、天山；生长在山地草地；海拔 2 800～3 400m。

在文献记述中，还有一些种间杂种也被定为正规的拉丁文学名。这些形态上有差别的个体，都是一些不育的单株，它们不构成群体，也不能传宗接代，没有实际的系统意义，例如：*Elymus* × *aleuticus* Hulten、*Elymus* × *cayouetteorum*（B. Boivin）Barkworth、*Elymus* × *hanseni* Scribn.、*Elymus* × *lineariglumis* Seberg & G. Petersen、*Elymus* × *pseudorepens*（Scribn. & J. G. Smith）Barkworth & Dewey、*Elymus* × *yokonensis*（Scribn. et Merr.）Á. Löve，等等。在本书中就不再记述。

后　记

Elymus repens（L.）Gould 的染色体组究竟是不是 **StStStStHH** 染色体组的亚型？它的染色体组组成有 3 种截然不同的检测结论，这 3 种结论是用 3 种不同的方法检测得来的。检测认定它的染色体组组成为 **St¹ St¹ St² St² HH**，是用细胞遗传学的方法检测的（Dewey，1967a，1976；Assadi et Runemark，1994；Vershinin et al.，1994；Redingbaugh et al.，2000）；也就是用生物学的方法，在双亲相互杂交以后检测它们的 F_1 代减数分裂染色体相互配对的数据来认定的；也就是被检测的生物自身是否认定相互同源，同源才可能配对交换基因。用分子遗传学方法得来的 **XXXXHH**（Oergaard et Anamthawat-Jonsson，2001）与 **StStHH**（**VV-EE-TaTa-XX**）（Mason-Gamer，2004）的检测结论都是用化学方法比较分子结构的差异来下的人为结论，是主观的。相互差异总是有的，生物本身认定同源不同源也会有一定可接受的差异。同不同源谁说了算？当然是生物自身配不配对说了算。能够配对，它们之间的成对基因是可以互换组合的，就说明生物自身认定这些差异不否定其同源性，是客观的。

主 要 参 考 文 献

蔡联炳，冯海生 . 1997. 披碱草属 3 个种的核型研究 . 西北植物学报，17（2）：238 - 241.

卢宝荣 . 1994. *Elymus sibiricus*、*E. nutans* 和 *E. burchan-buddae* 的形态学鉴定及其染色体组亲缘关系的研究 . 植物分类学报，32（6）：504 - 513.

周永红，郑有良，杨俊良，等 . 1999. 10 种披碱草植物的 RAPD 分析及其系统学意义 . 植物分类学报，37（5）：425 - 432.

Агафонов А В и О В Агафонов. 1990. Electrophoretic prolamine spectra in specimens of *Elymus* of various origin. Генетика，26 （11）：1992 - 2001.

Assadi M and H Runemark. 1995. Hybridisation，genomic constitution and generic delimitation of *Elymus* s. l. （*Poaceae*：*Triticeae*）. Pl. Eyst. Evol. ，194：189 - 205.

Barkworth M E ，R L Burkhamer and L E Talbert. 1996. *Elymus caldera*：a new species in the Triticeae （Poaceae）. Systemetic Botany，21 （3）：349 - 354.

Boyle W S. 1963. A controlled hybrid between *Sitanion hystrix* and *Agropyron trachycaulum*. Madroño，17：10 - 16.

Boyle W S and A H Holmgren. 1955. A cytogenetic study of natural and controlled hybrids between *Agropyron trachycaulum* and *Hordeum jubatum*. Genetics 40：539 - 545.

Carlson J R and Mary E Barkworth. 1997. *Elymus wawawaiensis*：A species hitherto confused with *Pseudoroegneria spicata* （Triticeae：Poaceae）. Phytologia，83 （4）：312 - 330.

Dewey D R. 1961. Hybrids between *Agropyron repens* and *Agropyron desertorum*. J. Hered. ，52 （1）：13 -21.

Dewey D R and A H Holmgren. 1962. Natural hybrids of *Elymus cinereus* × *Sitanion hystrix*. Bull. Torrey Bot. Club，89 （4）：217 - 228.

Dewey D R. 1963. Natura hybrids of *Agropyron trachycaulum* and *Agropyron scribnerii*. Bull. Torrey Bot. Club，90：111 - 122.

Dewey D R. 1964a. Natural and synthetic hybrids of *Agropyron spicatum* × *Sitanion hystrix*. Bull. Torrey Bot. Club，91 （5）：396 - 405.

Dewey D R. 1964b. Synthetic hybrids of New World and Old World *Agropyrons* Ⅱ. *Agropyron riparium* × *Agropyron repens*. Amer. J. Bot. 52 （10）：1039 - 1045.

Dewey D R. 1965a. Morphology，cytology，and fertility of synthetic hybrids of *Agropyron spicatum* × *Agropyron dasystachyum-riparium*. Bot. Gazet. ，126：269 - 275.

Dewey D R. 1965b. Synthetic hybrids of *Elymus canadensis* × *Elymus glaucus*. Bull. Torrey Bot. Club，92：468 - 475.

Dewey D R. 1966a. Synthetic *Agropyron-Elymus* hybrids，Ⅰ. *Elymus canadensis* × *Agropyron subsecundum*. Amer. J. Bot. ，53 （1）：87 - 94.

Dewey D R. 1966b. Synthetic hybrids of *Elymus canadensis* × *Elymus cinereus*. Bull. Torrey Bot. Club，93 （5）：323 - 331.

Dewey D R. 1967a. Synthetic hybrids of *Elymus canadensis* × *Sitanion hystrix*. Bot. Gazet. ，128 （1）：11 - 16.

Dewey D R. 1967b. Synthetic hybrids of New World and Old World Agropyrons：Ⅲ. *Agropyron repens* × tetraploid *Agropyron spicatum*. Amer. J. Bot. ，54 （1）：93 - 98.

Dewey D R. 1967c. Synthetic hybrids of *Agropyron scribneri* × *Elymus junceus*. Bull. Torrey Bot. Club，94 （5）：395 - 404.

Dewey D R. 1967d. Genome relations between *Agropyron scribneri* and *Sitanion hystrix* Bull. Torrey Bot. Club，94 （5）：388 - 395.

Dewey D R. 1967e. Synthetic *Agropyron-Elymus* hybrids：Ⅱ. *Elymus canadensis* × *Agropyron dasystachyum*. Amer. J. Bot. ，54 （9）：1084 - 1089.

Dewey D R. 1968a. Synthetic hybrids among *Hordeum brachyantherum*，*Agropyron scribneri* and *Agropyron latiglume*. Bull. Torrey Bot. Club，95 （5）：454 - 464.

Dewey D R. 1968b. Synthetic *Agropyron-Elymus* hybrids：Ⅲ. *Elymus canadensis* × *Agropyron caninum*，*A. trachycaulum*，and *A. striatum*. Amer. J. Bot.，55（10）：1133 - 1139.

Dewey D R. 1968c. Synthetic hybrids of *Agropyron dasystachyum* × *Elymus glaucus* and *Sitanion hystrix*"与"Synthetic hybrids of *Agropyron caespitosum* × *Agropyron dasy-stachyum* and *Sitanion hystrix*. Bot. Gaz.，129（4）：309 - 315.

Dewey D R. 1969a. Synthetic hybrids of *Agropyron caespitosum* × *Agropyron spicatum*，*Agropyron caninum* and *Agropyron yezoense*. Bot. Gaz.，130（2）：110 - 116.

Dewey D R. 1969b. Sybthetic hybrids of *Agropyron albicabs* × *A. dasystachyum*，*Sitanion hystrix* and *Elymus Canadensis*. Amer. J. Bot. 56（6）：664 - 670.

Dewey D R. 1970a. The origin of *Agropyron albicans*. Amer. J. Bot.，57（1）：12 - 18.

Dewey D R. 1970b. Hybrids of South American *Elymus agropyroides* with *Agropyron caespitosum*，*Agropyron subsecundum* and *Sitanion hystrix*. Bot. Gaz.，131（3）：210 - 216.

Dewey D R. 1970c. Hybrids and induced amphiploids of *Agropyron dasystachyum* × *Agropyuron caninum*. Bot. Gaz.，131（4）：342 - 348.

Dewey D R. 1970d. A cytogenetic study of *Agropyron stipaefolium* and its hybrids with *Agropyron repens*. Bull. Torrey Bot. Club，97（6）：315 - 320.

Dewey D R. 1971a. Genome relations among *Agropyron spicatum*，*A. scribneri*，*Hordeum brachyantherum* and *H. arizonicum*. Bull. Torrey Bot. Club，98（4）：200 - 206.

Dewey D R. 1971b. Synthetic hybrids of *Hordeum bogdanii* with *Elymus canadensis* and *Sitanion hystrix*. Amer. J. Bot.，58（10）：902 - 908.

Dewey D R. 1972a. Genome analysis of South American *Elymus patagonicus* and its hybrids with two North American and two Asian *Agropyron* species. Bot. Gaz.，133（4）：436 - 443.

Dewey D R. 1972b. The origin of *Agropyron leptourum*. Amer. J. Bot.，59（8）：836 - 842.

Dewey D R. 1974. Cytogenetics of *Elymus sibiricus* and its hybrids with *Agropyron tauri*，*Elymus canadensis* and *Agropyron caninum*. Bot. Gaz.，135（1）：80 - 87.

Dewey D R. 1975. Introgres-sion between *Agropyron dasystachyum* and *A. trachycaulum*. Bot. Gaz.，136（1）：122 - 128.

Dewey D R. 1976. Cytogenetic of *Agripyron pringlei* and its hybrids with *A. spicatum*，*A. scribneri*，*A. violaceum* and *A. dasystachyum*. Bot. Gaz.，137（2）：179 - 185.

Dewey D R. 1977. Genome relationships of South American *Agropyron tilcarense* with North American and Asian *Agropyron* species. Bot. Gaz.，138（3）：369 - 375.

Dewey D R. 1979. Cytogenetics，mode of pollination，and genome structure of *Agropyron mutabile*. Bot. Gaz.，140（2）：216 - 222.

Gross A T H. 1960. Distribution and cytology of *Elymus macounii* Vasey. Can. J. Bot.，38：63 - 67.

Hunziker，Juan Héctor. 1955. Artificial and natural hybrids in the Gramineae，tribe Hordeae. Ⅷ. Four hybrids of *Elymus* and *Agropyron*. Amer. J. Bot.，42：459 - 469.

Hunziker，Juan H. 1967. Chromosome and protein differentiation in the *Agropyron scabriglume* comlex Taxon，16：259 - 271.

Jensen K B. 1993. Cytogentics of *Elymus magel-lanicus* and its intra-and inter-generic hybrids with *Pseudotoegneria spicata*，*Hordeum violaceum*，*E. trachycaulus*，*E. lanceolatus*，and *E. glaucus*（Poaceae：Triticeae. Genome，36：72 - 76.

Jensen K B. 1996. Cytology and morphology of *Elymus hoffmanii*（Poaceae：Triticeae）：A new species from the Erzurum Province of Turkey. Int. J. Pnat Sci. ，157（6）：705 - 758.

Jensen K B，C Hsiao and K H Asay. 1989. Genomic and taxonomic relationships of *Agropyron vaillantianum* and *E. arizonicus* (Poaceae：Triticeae) . Genime，32：640 - 645.

Lee Y H，H S Balyan，B J Wang and G Fedak. 1994. Cytogenetic analysis of three *Hordeum×Elymus* hybrids. Euphytica，72：115 - 119.

Linde-Laorsen I，O Seberg and B Salonom. 1994. Comparison of the Giemsa Cbanded and N-banded karyotypes of two *Elymus* species，*E. dentatus* and *E. glaucescens*（*Poaceae*：*Triticeae*）. Pl. Syst. Evol.，192：165 - 176.

Mason-Gamer R J，M M Burns and M Naum. 2005. Polyploidy，introgression，and complex phylogentic patterns within *Elymus*. Czech J. Genet. Plant Breed.，41：21 - 26.

Ørgaard M. and K. Anamthawat-Jónsson，2001. Genome discrimination by in situ hybridiza-tion in Icelandic species of *Elymus* and *Elytrigia* (Poaceae：Triticeae) . Genome，44：275 - 283.

Seberg O. 1989. A biometrical analysis of South American *Elymus glaucescens* complex（*Poaceae*：*Triticeae*）. Plant Systematics and Evolution，166：91 - 104.

Seberg O，Roland von Bothmer. 1991. Gemone analysis of *Elymus angulatus* and *E. patagonicus* (Poaceae) and their hybrids with N. sns S. American *Hordeum* spp.. Plsnt Systematics and Evolution，174：75 - 82.

Stebbins G L，Jr，J L Valencia and R Marie Valencia. 1946. Artificial and natural hybrids in gramineae，tribe Hordeae Ⅰ. *Elymus*，*Sitanion* and *Agropyron* . Amer. J. Bot.，33：338 - 351.

Stebbins G L，Jr J L Valencia and R Marie Valencia. 1946. Artifical and natural hybrids in the Gramineae，tribe Hordeae Ⅱ. *Agropyron*，*Elymus* and *Hordeum* Amer. J. Bot.，33：579 - 586.

Stebbins G L and Ranjit Singh. 1950. Artifical and natural hybrids in thw Gramineae，tribe Hordeae. Ⅳ. Two triploid hybrids of *Agropyron* and *Elymus*. Amer. J. Bot. 37：388 - 392.

Stebbins G L and L A Snyder. 1956. Artifical and natural hybrids in the Gramineae，tribe Hordeae. Ⅸ. Hybrids between western and eastern North American species. Amer. J. Bot.，43：305 - 312.

Sun G L C Yen snd J L Yang. 1994. Morphological and cytological studies on an artifical hybrids between *Elymus transhyrcanus* and *Roegneria tsukushiensis* var. *transiens*. Chinese J. Bot.，6（2）：163 -167.

三、牧场麦属（Genus *Pascopyrum*）的生物系统学

（一）牧场麦属的古典形态分类学简史

1883 年，美国农业部的 Frank Lamson-Scribner 收到 W. A. Kellerman 教授寄给他的一包堪萨斯州的禾草标本，经他鉴定后写成一篇题为 "A contribution to the flora of Kansas-Gramineal（with plates Ⅰ，Ⅱ and Ⅲ.）" 的报告，并发表在《堪萨斯科学院年会会报（Transactions of the annual meetings of the Kansas Academy of Sceince）》第 9 卷上。在 119 页，他发表 1 个名为 *Agropyron glaucum* R. & S. var. *occidentale* Scribn. 的新变种。他说这个变种比欧洲的原种颖更窄、更急尖。他把该变种称为 "occidentale（西方的）"，有别于欧洲东半球的原种。他说："许多美洲的作者把它归入 *Triticum repens* L.，但是它们显然不同。" 这个新变种也就是他 4 年后与 J. G. Smith 共同发表的新种——*Agropyron spicatum* Scribn. & Smith，它们实际上是同一个分类群。

1897 年，Frank Lamson-Scribner 与 Jared Gage Smith 在《美国农业部禾草学分部公报（U. S. D. A. Div. Agrostol. Bull.）》第 4 卷，33 页，发表 1 个名为 *Agropyron spicatum* Scribn. & Smith 的新种以及它的两个变种，*Agropyron spicatum* var. *palmeri* Scribn. & Smith 与 *Agropyron spicatum* Scribn. & Smith var. *molle* Scribn. & Smith。*Agropyron spicatum* Scribn. & Smith 是根据德国植物学家 Carl Geyer 采自美国 "上密苏里（Upper Missouri）" 的一份标本定名的，这份标本现藏于美国米苏里植物园英格尔曼植物标本室（Engelmann herbarium）。这个分类群不是 1814 年 Pursh 在《美洲植物志（Fl. Amer. Sept.）》第 1 卷 83 页上发表的 *Festuca spicata* Pursh。两者是不同的物种，但 Frank Lamson-Scribner 与 Jared Gage Smith 用了一个相同的种形容词 "具穗状花序的（spicatum）"。

var. *palmeri* Scrib. & Smith 是根据保存美国国家标本室（**US**）的 1969 年 Palmer 采自美国亚利桑那〔无具体地点以及 563 号，1890 年 6 月，柳泉（Willow Spring）3192 Lemmon，1884〕旧金山山上的几份标本定名的。它与原变种不同在于强壮的茎秆基部为纸质叶鞘包裹，全植株或疏或密地被糙伏毛，小穗更紧贴。

var. *molle* Scribn. & Smith 与原变种不同在于颖、外稃、穗轴或多或少被柔毛。从加拿大的萨斯喀彻温省到美国科罗拉多州往西到爱达荷州与华盛顿州都有分布，但较原变种稀少。

1900 年，在纽约植物园作助理主任的瑞典植物学家 Pehr Axel Rydberg 在《纽约植物园研究报告（Memoirs of the New York Botanical Garden）》第 1 卷上发表一篇题为 "蒙大那州与黄石国家公园植物目录（Catalogue of the flora of Montana and Yellowstone National Park）" 的研究报告。在 64 页，他把 Frank Lamson-Scribner 与 J. G. Smith 定名为

Agropyron spicatum Scribn. et Smith 的分类群改名为 *Agropyron smithii* Rydb.，他说这个种名是为纪念他的朋友美国农业部的 J. G. Smith，他对 *Agro-pyron* 知识的贡献比其他人更多。但他没有明说改名的原因。很显然，在看到 *Agropyron spicatum* Scribn. et Smith 这个学名的人都会觉得它犯了 *Festuca spicata* Pursh 的讳。

　　同年 12 月 4 号，F. Lamson-Scribner 也意识到 *Agropyron glaucum* var. *occidentale* Scribn. 与 *Agropyron spicatum* Scribn. & Smith 是同一个种，同时 *Agropyron spicatum* Scribn. & Smith 这个种名不太好。他在《美国农业部禾草学组通告（U. S. D. A. Agro-st. Circular）》27 期，第 9 页，把 *Agropyron glaucum* var. *occidentale* Scribn. 升级组合为种，即 *Agropyron occidentale* Scribn.，以取代 *Agropyron spicatum* Scribn. & Smith；把 *Agropyron spicatum* var. *molle* Scribn. & Smith 也组合为 *Agropyron occidentale* var. *molle* Scribn.，但他这些组合比 *Agro-pyron smithii* Rydb. 发表的时间晚了月份，*Agro-pyron smithii* Rydb. 占有优先权。

　　1902 年，美国研究密歇根州植物的 Oliver Athins Farwell 在《密歇根科学院报告（Michigan Acad. Sci. Rept.）》21 期，356 页，发表 1 个名为 *Agropyron spicatum* Scribn. & Smith var. *viride* Farwell 的新变种。由于"O. A. Farweell 的命名常有差错，至今标准的文献目录索引都不引用"（F. A. Stafleu 与 R. S. Cowan，1976）。

　　1915 年，住在美国北达科他州柳城（Willow City）与里德斯（Leeds）的瑞典出生的美国植物学家 Joël Lunell，在《美国中部自然科学家（Amer. Midl. Nat.）》第 4 卷上发表 1 个名为 *Zeia* Lunell 的新属，实际上就是把 Joseph Gaertner 定名的 *Agropyron* J. Gaertn.（冰草属）改了个名字，凡是 *Agropyron* 的种，他都把它们组合到 *Zeia* Lunell 属中。F. Lamson-Scribner 的 *Agropyron occidentale* Scribn. 当然也就组合成为 *Zeia occi-dentalis*（Scribn.）Lunell，发表在 226 页。这个所谓的新属本身就是不合法的，当然这些组合也是不合法的。

　　1933 年，苏联植物学家 Серген Арсениевич Невский 按 *Agropyron smithii* Rydb. 具有强大根茎，颖与外稃具小尖头或短芒尖，以其形态分类标准把它组合为 *Elytrigia smithii*（Rydb.）Nevski，发表在《苏联科学院植物研究所报告（Труды Ботанического Института，АН，СССР）》，系列 1，1 卷，25 页。

　　1980 年，作为细胞分类学家的 Á. Löve，对 Douglas R. Dewey（1975）的细胞遗传学的分析研究认为 *Agropyron smithii* 含有 **SSHHJJXX** 染色体组，可能起源于 *A. dasystachyum*（**SSHH**）与 *Elymus triticoides* Buckl.（**JJXX**）之间的天然杂交，经染色体加倍而形成的异源八倍体植物的推论予以关注。这个分类群具有独特的染色体组组合，按他的建属原则，应独立成属。他在《分类群（Taxon）》29 卷，2 月份出版的第 1 期 168 页，以这个 *Agropyron smithii* Rydb. 为模式种，建立一个新属，以它常见于北美牧场而命名为牧场麦属，即 *Pascopyrum* Á. Löve。把模式种名组合为 *Pascopyrum smith-ii*（Rydb.）Á. Löve，但是没有这个新属的拉丁文描述。他赓即补上拉丁文描述，发表在同卷 8 月份出版的第 3 期 547 页上。这样，按国际命名法规就成为一个合法的新属。从目前的调查资料来看，它是一个北美特有的八倍体单种属。

（二）牧场麦属的实验生物学研究

早在 1930 年加拿大蒙特利尔大学的 F. H. Peto 就观察到 *Agropyron smithii* Rydb. ［即 *Pascopyrum smithii*（Rydb.）Á. Löve］是一种 2n＝56 的八倍体植物。另一个颖与外稃具毛的变种 *Agropyrum smithii* f. *molle*，他说他观察到两种细胞型，2n＝28 与 2n＝56，即四倍体与八倍体。

1960 年，加拿大农业部渥太华植物研究所的 J. M. Gillett 与 H. A. Senn 对 *Agropyron smithii* Rydb. 作了细胞分类学与种内变异的观察研究，研究结果发表在《加拿大植物学杂志（Canadian Journal of Botany）》38 卷上。他们采集了加拿大与美国各地随机抽样的 62 个观察材料，都是八倍体，2n＝56；没有观察到有四倍体细胞型的 *Agropyrum smithii* f. *molle* 存在。他们采集的变型及做了细胞学鉴定样本的地理分布如图 3-1 所示。

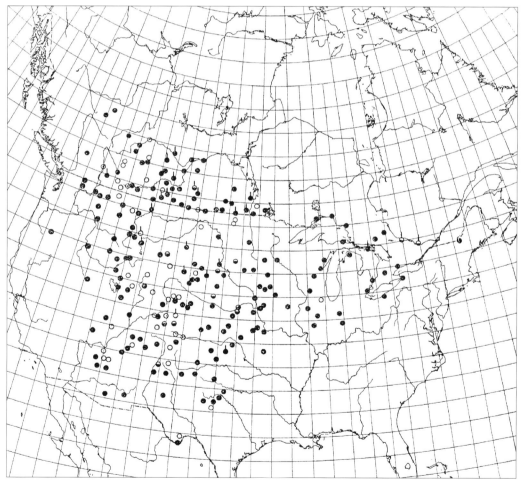

图 3-1　*Agropyron smithii* Rydb. 的地理分布（黑圆点为 *smithii* 变型，白圆点 *molle* 变型，半黑半白点表示两种变型都有分布。圆点上有一竖立黑线表示已作细胞学观察鉴定，2n＝56）

（引自 Gillett 与 Senn，1960，图 1。编著者注：图示加拿大与美国）

他们认为，*Agropyron smithii* 的起源有两种可能：一种是一个四倍体种的染色体加倍；另一种是两个四倍体种的杂交，再经染色体加倍形成的异源八倍体。从一般形态性状来看，例如具根茎，叶形、穗子的相似，以及柔毛的长法，*Agropyron dasystachyum* 可能是它的一个亲本。*A. smithii* 一个很特殊的形态特征是它的颖的形状，与 *Elynus* 的颖很相似，*Elymus* 的一个种可能是它另一个亲本。

　　Agropyron smithii 很稳定，特殊的色泽、柔毛、芒的情况等都在预期的变异幅度以内。因为它是一个高倍多倍体，许多性状的重组是可以预期的，但没有一个地区的特有性状。长芒的或具短柔毛的可能在局部地区存在，由根茎无性繁殖（图 3-2）。

图 3-2　*Elymus canadensis*、*E. triticoides*、*E. dasystachys*、*Agropyron smithii*、*E. canadensis* × *E. triticoides*、*E. canadensis* × *E. dasystachys*（分枝穗）、*E. canadensis* × *A. smithii* 的穗部形态（从左至右）

（引自 Dewey，1970，图 1）

　　1970 年，美国犹他州立大学美国农业部作物研究室的 Douglas R. Dewey 在《美国植物学杂志（American Journal of Botany）》发表题为 "Genome relations among *Elymus canadensis*，*Elymus triticoides*，*Elymus dasystachys* and *Agropyron smithii* " 的报告。他以 *Elymus canadensis* 为母本，人工去雄 56 朵、52 朵与 52 朵花，授予 *Elymus triticoides*、*Elymus dasystachys* 以及 *Agropyron smithii* 的花粉，分别得到 15 粒、21 粒与 1 粒有生活力的杂种种子。

　　Elymus canadensis、*Elymus triticoides* 与 *Elymus dasystachys* 的减数分裂相似，它们行为都显示出一种典型的异源四倍体的特征（表 3-1）。在近于所有的中期I细胞中都含有 14 个二价体，大多数都是环型二价体；极少数细胞含有两条单价体；没有观察到多价体。减数分裂各时期基本上都是正常的。它们的花粉平均染色率分别为 85%、90% 与 75%。

　　由于过去 *Agropyron smithii* 的细胞学的信息较少，因此比四倍体亲本给予了更多的注意。除亲本外，另观察了 11 个植株。除亲本与另外 5 株为八倍体含有 56 条染色体外，其他的也是近于八倍体，3 株含 55 条染色体，3 株含 57 条染色体。

　　八倍体的亲本植株减数分裂形成 28 对二价体（图 3-3：A），25 对以上为环型二价体。87 个中期Ⅰ细胞中有 18 个细胞含有两条单价体与 27 对二价体，有 3 个细胞形成 26 对二价体与 1 个四价体。那些非整倍体的植株配对就稍有不正常，在所有的中期Ⅰ细胞中

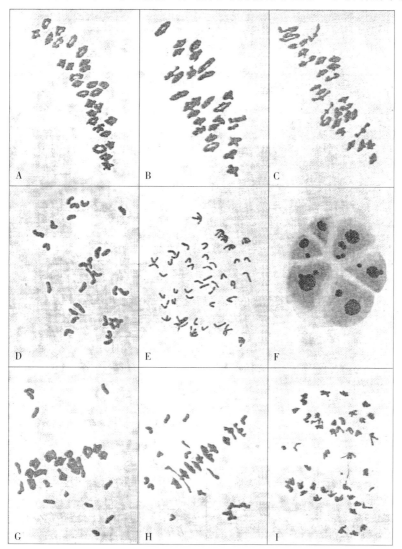

图 3-3　*Agropyron smithii*（A-C）、*Elymus canadensis*×*E. triticoides*（D-F），以及
E. canadensis×*A. smithii*（G-I）的减数分裂

A. 减数分裂中期Ⅰ，28 对环型二价体　B. 27 对二价体与两条单价体　C. 26 对二价体与 1 个五价体（W 连接，上左角）　D. 24 条单价体与两对松散联会的二价体　E. 后期Ⅰ，含有许多落后二分体，它们的姐妹染色单体已经分离　F. 一个 6 个细胞的四分子，具有 10 个微核　G. 10 个单价体与 16 对二价体（两对松散联会的棒型二价体，其中一对已开始分离）　H. 16 条单价体与 13 对二价体（其中 1 对已分离）　I. 后期Ⅰ含有落后染色体与 1 个桥-片段。

都有 1～3 条单价体（图 3-3：B）。在超倍体植株中半数的细胞都含有 1 条单价体。57 条染色体的植株如果没有单价体，通常就含有 1 个三价体，或 1 个五价体（图 3-3：C）。

含 56 条染色体的 *Agropyron smithii*，大约 85% 的后期 I 的花粉母细胞呈 28-28 条染色体正常地分向两极。其他的花粉母细胞存在落后染色体、桥，或不均等分离。非正常的后期 II 的频率与后期 I 相当。370 个四分体中有 8 个含有微核。非整倍体后期不正常与微核的频率要高一些，特别是含 55 条染色体植株更高。正常八倍体的 *Agropyron smithii* 亲本能染色的花粉大约为 75%。

测试种及 F₁ 杂种的减数分裂染色体配对情况记录如表 3-1 所示。

表 3-1 *Elymus canadensis*、*Elymus triticoides*、*Elymus dasystachys*、*Agropyron smithii* 及其 F₁ 杂种减数分裂中期 I 染色体配对情况

（引自 Dewey，1970，表 1）

种或杂种	2n	I		II		III		IV		观察细胞数
		变幅	平均	变幅	平均	变幅	平均	变幅	平均	
E. canadensis	28	—	—	—	14.00	—	—	—	—	140
E. triticoides	28	0～2	0.06	13～14	13.97	—	—	—	—	127
E. dasystachys	28	—	—	—	14.00	—	—	—	—	242
E. smithii	56	0～2	0.41	26～28	27.72	—	—	0～1	0.03	87
E. canadensis×*E. triticoides*	28	18～28	23.90	0～5	2.03	0～1	0.013	—	—	235
E. canadensis×*E. dasystachys*	28	16～28	24.38	0～6	1.79	0～1	0.006	—	—	178
E. canadensis×*E. smithii*	42	10～18	13.37	12～16	14.31	—	—	—	—	76

E. canadensis×*E. triticoides* 与 *E. canadensis*×*E. dasystachys* F₁ 杂种的减数分裂非常相似，它们都是预期的四倍体，2n＝28。一些花粉母细胞的染色体完全不配对全是单价体；二价体前一个组合最多只有 5 对，后一个组合只有 6 对。所有的二价体都是只有一端配合的棒型二价体（图 3-3：D）。不到 1% 的细胞中观察到有 1 个三价体存在。所有的后期 I 细胞都含有许多落后染色体，以及落后二分体分开的姐妹染色单体（图 3-3：E）。在许多细胞中观察到染色体断裂，纺锤丝机制很弱并且在许多细胞中不起作用，同时染色体无导向聚成一团。不正常的细胞质分裂导致子细胞大小不等，并且所含染色体数不等。后期 II 也是极端不正常，表现在存在落后染色体、染色体断裂、不均等的细胞质分裂。四分子时期因为不正常胞质分裂在一些杂种中难以界定。许多四分子具有 5 个或更多的细胞并含有大量的微核（图 3-3：F）。这两个杂交组合的杂种都产生 2% 或更少的可染色的花粉。这些可染色的花粉特别大，可能含有未减数或部分减数的染色体组。这些杂种都未能结实，花药也不开裂。

E. canadensis×*E. smithii* 的 F₁ 杂种含有预期的 42 条染色体，减数分裂中期 I 单价体与二价体的频率近于相等（表 3-1）。没有 1 个花粉母细胞的二价体超过 16 对，也没有低于 12 对的（图 3-3：G，H），至少一半的二价体是闭合的环型二价体。许多细胞含有 1～2 对染色体联会非常松弛的二价体，把它们划为名符其实的二价体似乎有些问题。因而把它作为同源配对可能评价过高。后期 I 不到一半的单价体落后，很少观察到落后染色

体多于 7 条，并且一些细胞中没有落后染色体。在 1/3 的细胞中观察到 1 个构成桥的染色体片段（图 3-3：I），也有几个细胞不只一个桥。在许多后期 I 的细胞中除桥以外还观察到一些染色体片段。后期 II 落后染色体、染色体片段普遍存在外，偶尔观察到桥。不同大小的微核在大多数四分子中观察到。所有的花粉都是空瘪的，不能染色，杂种完全不育。

他认为减数分裂的相似性支持 *Elymus triticoides* 与 *Elymus dasystachys* 具有相同的同源染色体组。而与 *E. canadensis* 之间的杂种的染色体配对率很低显示 *Elymus triticoides* 与 *Elymus dasystachys* 的 **JJXX** 染色体组及与 *E. canadensis* 的 **SSXX** 染色体组的同源性如果说还有，也仅有很少一点。杂种染色体配对很少，平均有 2 对松散联会的二价体，表明只有很少的部分同源性或者完全没有。

Dewey 认为从现有的数据对 *A. smithii* 的起源，以及它与其他种的关系还不能得出确切的结论。从这个试验，以及 Gillett 与 Sunn（1960）观察到的大多数细胞中所有二价体的形成来看，都暗示它是一个异源多倍体并具有一个 AABBCCDD 型染色体组组成程式。可是，一个 $A_1A_1A_2A_2B_1B_1B_2B_2$ 型的部分同源异源多倍体的偏向配对（preferential pairing）对大多数二价体的配合也可以解释，很少数的四价体联会可以解释为部分同源性或异源染色体交换造成的。

E. canadensis × *E. smithii* 的 F_1 杂种的染色体配对可以有两种解释：第一种解释是 *E. canadensis* 的两个染色体组与 *E. smithii* 的两个染色体组间异亲配对，留下 *E. smithii* 的两个染色体成为单价体。这种解释暗示 *E. smithii* 是一个异源多倍体，*E. canadensis* 或者一个染色体组与它相似的种是 *E. smithii* 的一个亲本。认为 *E. canadensis* 是 *E. smithii* 的一个亲本可能不很恰当，*Agropyron dasystachyum* 与他的染色体组基本上相同（Dewey，1967），或者与它相近的如 *Agropyron elmeri* Scribn. 非常可能是它的亲本。众所周知 *Agropyron dasystachyum* 与 *A. smithii* 在形态上相似，Gillett 与 Senn（1960）就指出 *Agropyron dasystachyum* 可能是 *A. smithii* 的一个亲本。他们进一步认为一个 *Elymus* 的种是另一个亲本。*Elymus triticoides* 与 *A. smithii* 的生态需求相同而形态特征又近似，*Elymus triticoides* 是合乎逻辑的另一亲本。

第二种解释是假定杂种中配对的都是同亲配对的 *A. smithii* 的染色体，*A. smithii* 与 *E. canadensis* 之间没有同源染色体组。如果 *A. smithii* 的染色体组是 $A_1A_1A_2A_2B_1B_1B_2B_2$ 型的，在这个杂种中 14 对染色体可能由同亲配对而来，*E. canadensis* 的 14 条染色体成为未配对的单价体。如果这种解释是正确的，那 *A. smithii* 的起源就可能由一个异源四倍体染色体加倍形成或者由两个非常相近的异源四倍体杂交再经染色体加倍形成，*Agropyron dasystachyum* 以及染色体组与之相似的种就不是 *A. smithii* 的亲本。把 *Agropyron dasystachyum* 以及它的近缘种排除在可能的亲本之外看来理由不足，因此 Dewey 认为他更倾向于第一种解释。对 *Agropyron smithii* 的染色体组的构成与它的种系发生还需进一步研究验证。

Douglas R. Dewey 对 *Agropyron smithii* 继续研究，于 1975 年发表了一篇名为"*Agropyron smithii* 的起源"的论文。他用了一个已知染色体组的人工合成的八倍体双二倍体与 *Agropyron smithii* 杂交来检测 *Agropyron smithii* 的染色体组。这个人工合成的双二倍体是含 **StStHH** 染色体组的 *Elymus canadensis* 与含 **JJXX** 染色体组的 *Elymus dasystachys*，经人工杂交的 F_1 杂种，用秋水仙碱进行引变而成为含有 **SSHHJJXX** 染色体组的八倍体。这个双二倍体杂种的亲本 *Elymus canadensis* PI232249，来自蒙大那州；*Elymus dasystachys* PI 210988 采自阿富汗。*Agropyron smithii* 是犹他州洛干本地生长的。母本 *Agropyron smithii* 133 朵去雄小花与 *E. canadensis-E. dasystachys* 双二倍体杂交得到 46 粒饱满的杂种种子。虽种子很饱满，但只有 25 粒萌发。发芽不好是 *Agropyron smithii* 典型的特性，这一特性也传给了杂种种子。反交成功率低一些，146 朵去雄小花杂交后只得到 31 粒瘪缩的杂种种子，但萌发率要高一些，31 粒有 22 粒发了芽。有 1/3 的杂种缺绿白化，白化苗大多数死于苗期。杂种植株间健壮程度相互差别很大，移植时死去一些。幸存者都是些中等健壮的植株，大多数都与 *Agropyron smithii* 一样长出外伸的根茎。叶与穗的性状呈中间型，虽然杂种的穗形更近于人工双二倍体亲本（图 3-4）。

图 3-4 *Elymus canadensis* 、*E. dasystachys*、*E. canadensis-E. dasystachys* 双二倍体、*Agropyron smithii*、*A. smithii* × *E. canadensis-E. dasystachys* 双二倍体的穗部形态（从左到右）

Agropyron smithii × 双二倍体的 F_1 杂种的减数分裂中期 I 的每一个花粉母细胞都有未配对的单价体（图 3-5：G，H），单价体不少于 3 条，也不多于 16 条。大约 85% 的染色体都配了对，并且大多数都是配合紧密的环型二价体。在观察的 101 个细胞中有 39 个含有 3 条或 4 条染色体构成的多价体（图 3-5：G）。杂种及其亲本减数分裂中期 I 染色体配对情况列如表 3-2。

表 3-2 **Agropyron smithii、Elymus canadensis-E. dasystachys 双二倍体及它们的 F_1 杂种的减数分裂中期 I 染色体配对情况**

（引自 Dewey，1975，表 1）

亲本及杂种		染色体联会				观察细胞数
		I	II	III	IV	
Agropyron smithii	变幅	0~6	25~28	0~1	0~1	184
	平均	0.52	27.70	0.01	0.01	

（续）

亲本及杂种		染色体联会				观察细胞数
		I	II	III	IV	
双二倍体	变幅	0～6	25～28	—	—	190
	平均	1.13	27.44	—	—	
A. smithii × 双二倍体	变幅	3～16	20～26	0～2	0～1	101
	平均	8.20	23.28	0.34	0.50	

在 154 个后期 I 的细胞中，有 10 个含有落后染色体，其变幅为 1～11 条，平均 3.5 条；形成桥—染色体片段较为常见（图 3-5：I），一些细胞含有 3 个桥及其染色体片段。在 208 个四分子中有 185 个含有 1～10 个微核，平均 2.8 个。所有花粉都是空瘪的，没有一株杂种能结实。

在这篇文章中，Dewey 认为，要讨论 *Agropyron smithii* 的起源必须回答相关连的 3 个问题：（1）*Agropyron smithii* 是异源多倍体，还是同源异源多倍体？（2）*Agro-pyron smithii* 是否含有 **S**、**H**、**J** 以及 **X** 染色体组？（3）什么种给 *Agropyron smithii* 提供了 **S**、**H**、**J** 以及 **X** 染色体组？

如果 *Agropyron smithii* 是同源异源八倍体，但是没有找到过与之相当的合适的四倍体。北美洲的同源异源八倍体的 *Elymus*，例如 *Elymus cinereus* 与 *Elymus innovatus* 它们都有相应的四倍体亲系，分布的频率比八倍体还高。*Elymus cinereus* 是个同源异源八倍体，它的减数分裂中期 I，84% 的花粉母细胞都具有 1～4 个四价体（Dewey，1966）。而 *Agropyron smithii* 的减数分裂中期 I，不到 1% 的花粉母细胞中偶尔含有 1 个四价体。实质上，*Agropyron smithii* 从细胞学的表现来看，是 1 个严格的异源八倍体。

从 *Elymus canadensis* × *Agropyron smithii* 的 F₁ 杂种的染色体配对数据来看，*Agropyron smithii* 含有 S 与 H 染色体组（Dewey，1970）。并且 *Agropyron smithii* × *Elymus canadensis-Elymus dasystachys* 双二倍体的 F₁ 杂种的减数分裂中期 I 染色体配对显示 *Agropyron smithii* 也含有 **J** 与 **X** 染色体组。如果 *Agropyron smithii* 与 *Elymus canaden-sis-Elymus dasystachys* 双二倍体的 **SSHHJJXX** 染色体组完全相同，应该预期形成 28 对二价体，但是它们的杂种二价体不超过 26 对，中期 I 的多价体的频率高一些，后期 I 有更多的桥—染色体片段，显示两者之间有染色体结构上的差异。*Agropyron* 与 *Elymus* 属中染色体组相同的种之间有这种染色体差异是非常普遍的（Stebbins 与 Snyder，1956；Dewey，1972）。

还有一个证据说明 *Agropyron smithii* 是含有 **SSHHJJXX** 染色体组的八倍体，来自它与含 **SSHHJJXX** 染色体组的 *Elymus canadensis-Elymus dasystachys* 双二倍体之间的高亲和性。众所周知，*Agropyron smithii* 是一个很难与其他物种杂交的植物，只有这两个亲本间杂交成功的唯一记录（Dewey，1970）。Gillett 与 Senn（1960）曾用不同的 5 个种 *Agropyron*、19 个组合与它杂交都失败。*Agropyron smithii* 与 *Elymus canadensis-Ely-mus dasystachys* 双二倍体杂交不仅成功，而且很容易。有 80 株紧邻 *Agropyron smithii* 种植的开放传粉的 *Elymus canadensis-Elymus dasystachys* 双二倍体植株上形成了 1 个天然杂种。两者之间的高亲和性也说明它们的染色体组相似。

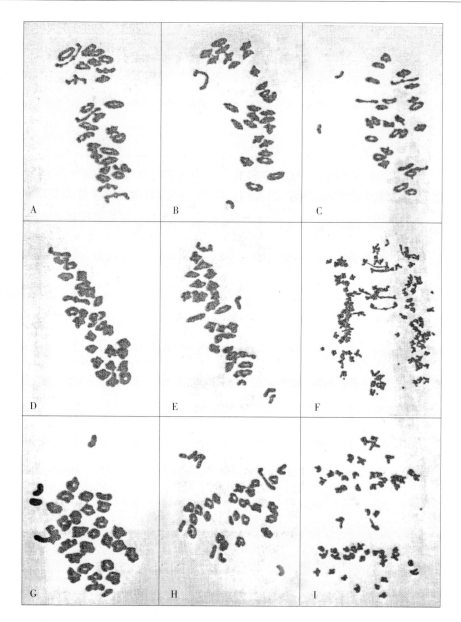

图 3-5 *Agropyron smithii*（A-C）、*Elymus canadensis-E. dasystachys* 双二倍体（D-F）、
A. smithii × 双二倍体 F₁ 杂种（G-I）减数分裂中期I及后期I花粉母细胞染色体配对情况

A. 28 对二价体 B. 1 个单价体与 28 对二价体 C. 2 个单价体与 27 个二价体 D. 28 对二价体 E. 4 个单价体与 26
对二价体 F. 后期I的 1 个多核细胞，大约有 100 条染色体 G. 5 个单价体、24 对二价体与 1 个三价体 H. 10 个
单价体与 23 对二价体 I. 后期I具 2 条落后染色体与 1 个桥-染色体片段

前述数据显示 *Agropyron smithii* 是 1 个由 **SSHH** 与 **JJXX** 两种四倍体间杂交形成的
双二倍体杂种。在北美有许多 **SSHH** 及 **JJXX** 染色体组组成的四倍体种。但是从形态、生
态与生殖习性来看，大多数将被排除在 *Agropyron smithii* 可能的亲本之外。Gillett 与
Senn（1960）曾认为，*Agropyron dasystachyum* 从各方面看都可能是 *Agropyron smithii*

的一个亲本，在形态上就是有经验的分类学家也偶尔把它们相互认错。这两个种生长在共同的分布区，并且常常生长在同一地点，两个种都是正常的异花传粉。属于 *Agropyron dasystachyum* 复合群的种只有含有 **SSHH** 染色体组的四倍体才可能是 *Agropyron smithii* 的一个亲本。所有北美其他含 **SSHH** 染色体组的四倍体种都是自花授粉，花药短小，丛生禾草，属于 *Elymus canadensis* 复合群、*Agropyron trachycaulus* 复合群及 *Sitanion* 组的物种（Dewey，1976b、1968）。

如果 *Agropyron dasystachyum* 是 *Agropyron smithii* 的一个亲本，那另一个亲本必须是一个异花授粉，具有强大根茎，含 **JJXX** 染色体组的四倍体。在北美，含 **JJXX** 染色体组的四倍体禾草包括 *E. cinereus*、*E. condensatus*、*E. innovatus* 以及 *E. triticoides*（Dewey，1972），可能还有 *E. mollis*、*E. ambiguus* 以及 *E. simplex*。除 *E. triticoides* 与 *E. simplex*，从形态上来看，其他的都将排除在 *Agropyron smithii* 的亲本之外。*E. triticoides* 与 *E. simplex* 非常相近，有人把 *E. simplex* 作为 *E. simplex* 的变种（Bowden，1964）。真正的 *E. simplex* 的分布很窄，只生长在美国的怀俄明州与科罗拉多州的一部分地区（Hatch，1972）。而 *E. triticoides* 的分布却要广大得多，美国西部大多数地方都有它。*Agropyron triticoides* 与 *Agropyron smithii* 杂交的可能性比与 *E. simplex* 大得多。从生态适应特性以及种子萌发特性来看，*Agropyron triticoides* 作为 *Agropyron smithii* 的一个亲本可能性也非常大。这两个种都适应黏重、潮湿的盐碱土；它们的种子发芽都不好，有很长的休眠期。

2000 年，设立在美国犹他州立大学的美国农业部农业研究服务司牧草与草原研究室的 Tom A. Jones，设立在俄亥俄州武斯特尔市（Wooster）美国农业部农业研究服务司玉米与大豆研究室的 M. G. Redinbaugh，与美国犹他州立大学的 Z. Zhang，在美国出版的《作物科学（Crop Sceince）》第 40 卷，1 期，发表一篇题为 "The western wheatgrass chloroplast genome originates in *Pseudoroegneria*" 的报告。他们用 9 个属、12 个种，其中 *Pascopyrum smithii* 有 9 个不同的居群。可能的亲缘种有：*Elymus wawawaiensis*、*E. laceolatus*、*Pseudoroegneria spicata*、*Lymus triticoides*、*L. cinereus*、*Hordeum bogdanii*、*H. vulgare*、*Psathyrostachys juncea*；另外 3 种为对照，它们是 *Poa pratensis*、

编者按：在这里，Dewey 所用的学名按现在的分类学应校订如下：

Agropyron dasystachyum（Hook.）Scribner＝*Elymus lanceolatus*（Scribn. et Smith）Gould；

Agropyron smithii Rydberg＝*Pascopyrum smithii*（Rydb.）Å. Löve；

Elymus ambiguus Vasey et Scribner＝*Leymus ambiguous*（Vasey et Scribn.）D. Dewey；

Elymus cinereus Scribn. et Merr.＝*Leymus cinereus*（Scribn. et Merr.）Å. Löve；

E. condensatus K. Presl＝*Leymus condensatus*（K. Presl）Å. Löve；

Elymus dasystachys Trin.＝*Elymus lanceolatus*（Scribn. et Smith）Gould；

Elymus innovatus Beal＝*Leymus innovatus*（Beal）Pilger；

Elymus mollis Trin.＝*Leymus mollis*（Trin.）Pilger；

Elymus simplex Scribn. et Williams＝*Leymus simplex*（Scribn. et Williams）D. Dewey；

Elymus triticoides Buckl.＝*Leymus triticoides*（Buckl.）Pilger。

按 1994 年第二届国际小麦族会议上通过的国际染色体组命名委员会修定的染色体组统一命名法规，Dewey 所用的染色体组名称 **SSHHJJXX** 应修订为 **StStHHNsNsXmXm**。

Avena sativa、*Piptantherum racemosum*，共计 21 份材料进行叶绿体 DNA 序列的比较分析。他们研究的目的是鉴定 *Pascopyrum*、*Elymus* 以及 *Leymus* 等多倍体属的叶绿体基因组来自那种二倍体。

上述 21 份材料种植在温室中，每一居群采取两株的叶片直接浸渍在液氮中供提取 DNA；每居群两株叶片作为重复。用 Lassner 等（1989）、Williams 等（1993）改良 CTAB 法提取全 DNA。3′-末端叶绿体 *ndhF* 基因（～830bp）用引物 1318F 与 2110R 进行扩增。DNA 是在 $100\mu L$ 反应液中进行扩增，其中含有 10mmol/L Tris-HCl（pH 9.0），50mmol/L KCl，0.1％（v/v）Trition X-100，0.25mmol/L dNTP，0.86pmol/L *ndhF* 2110R 引物，0.42pmol/L *ndhF* 1318F 引物，2mmol/L $MgCl_2$，以及 50ng 模板 DNA。样品 93℃ 预热 3min，加入 2.5U Taq DNA 聚合酶（Promega，Madison，WI）。30 次循环（93℃ 35s，51℃ 35s，72℃ 2.5min）扩增，接着于 72℃ 恒温箱中 10min。扩增 DNA 的大小与纯度用琼脂糖凝胶电泳校定。PCR 产物用 Promega Wizard PCR Preps DNA Purification System 按生产商使用说明进行提纯。用 TAO 100 微型荧光计测定 DNA 浓度。DNA 序列分析用一台 ABI 373 自动测序机，或用 AmpliTaq 或 AmpliTaq FS 聚合酶以及染色终止剂循环测序器按生产商的流程进行测序分析。反向引物是为烟草（*Nicotiana tabacum* L.）*ndhF* 基因设计的引物 1655R 与 2110R。也采用了 Olmstead 与 Sweere（1994）设计的正向引物 1318F。设计了两种专用于单子叶植物 *ndhF* 基因测序的正向引物。引物 1602F，5′-CC（G/T）CATGAAAC—GGGAAATAC-3′，他们的记录相当于 bp257 到 276 序列以及烟草序列 bp1602 到 1621（基因库登记♯TOBCPNDHF；Olmstead 等，1993）。引物 1821F，5′-TT（T/G/C）GGTT（C/T）TATTCATAGCATA-3′，相当于分析序列 bp497 到 516 以及烟草序列 bp 1821 到 1840。

用威斯康星组件（Wisconsin Pakage）的积聚（PILEUP）与成行（LINEUP）功能使 DNA 序列排列成一行（Devereux，1994）。用 MEGA 程序（Kumar 等，1993）的相邻连接距离法（neighbor-joining distance method）（Saitou 与 Nei，1987）形成亲缘系统树。自制值（bootstrap values）（基于 500 重复）由 MEGA 形成。用 Jukers-Cantor 距离法（Jukers 与 Cantor，1969）形成核苷酸序列间距离。这方法给予两个序列间核苷酸置换数最大可能的估量。他们说，他们的序列符合 Jukers-Cantor 距离法的标准，每位点（d）核苷酸置换数是≤0.3，同时碱基转换/颠换率＜2。他们用 *p* 参数、氨基酸位点比例在两个居群的序列的差，来估量他们推断的氨基酸序列间的遗传距离。

几种质体 DNA 序列用于显示植物间的系统发育包括叶绿体 *rbcL*（核酮糖二磷酸羧化酶-加氧酶大亚基编码区基因）与 *ndhF* 基因以及内含子与 *trnL* 基因（亮氨酸 tRNA 基因）间的间隔区。*ndhF* 编码区比 *rbcL* 的变异大得多，由于部分 *ndhF* 特别长（＞2 000bp 对应 *rbcL* 的 1 400 而言）。在禾本科之间，观察到 60％ 的变异性都在 *nfdhF* 序列第 3′端（Clark 等，1995）。由于要检测的小麦族物种亲缘关系很近，他们把序列分析集中在叶绿体基因 *ndhF* 第 3′端上。

18 个小麦族居群每一种的两个个体的序列相同，显示这些居群的序列大都一致，同时在扩增过程中没有带入点突变（point mutation）。

他们测试的 *ndhF* DNA 序列数据制定出相邻连接亲缘系统树，如图 3-6 所示。

表 3-3　叶绿体基因 *ndhF* DNA 核苷酸及演绎氨基酸序列比较

［用 MEGA（Kumar et al.，1993）程序计算的 DNA 序列间 Jukes-Cantor 距离（对角线以上）与推断氨基酸序列 *p*-距离（对角线以下）。一个种内相同序列已合并在一起。*Pascopyrum smithii* 第 1 组包括栽培品种 Rodan、Flintlock、Arriba 以及 Walsh，居群 Atkins-172 与 R-9-1-5 也包括在内。*Pa. smithii* 第 2 组包括品种 Rosana 与居群 Atkins-142。*Pa. smithii* 第 3 组只有居群 EPC-8］

（引自 Jones 等，2000，表 2）

	Pascopyrum smithii			*Leymus cinereus*	*Leymus triticoides*	*Psathyrostachys juncea*	*Hordeum vulgare*	*Hordeum bogdanii*	*Elymus* spp.	*Pseudoroegneria spicata*	*Poa pratensis*	*Avena sativa*	*Piptatherum racemosum*
	Group1	Group2	Group3										
Pa. smitltii G1		0.003	0.004	0.011	0.012	0.021	0.020	0.016	0.003	0.005	0.084	0.091	0.066
Pa. smithii G2	0.008		0.001	0.008	0.009	0.019	0.017	0.013	0.000	0.003	0.081	0.088	0.063
Pa. smithii G3	0.008	0.000		0.009	0.011	0.020	0.019	0.015	0.001	0.004	0.082	0.090	0.065
L. cinereus	0.020	0.016	0.016		0.001	0.019	0.012	0.008	0.008	0.005	0.081	0.085	0.060
L. triticoides	0.024	0.020	0.020	0.004		0.020	0.011	0.007	0.009	0.007	0.082	0.087	0.062
Ps. juncea	0.036	0.032	0.032	0.024	0.028		0.027	0.024	0.019	0.016	0.082	0.085	0.063
H. vulgare	0.036	0.032	0.032	0.016	0.012	0.040		0.012	0.017	0.015	0.090	0.094	0.060
H. bogdanii	0.024	0.020	0.020	0.004	0.012	0.028	0.012		0.013	0.011	0.087	0.091	0.065
Elymus spp.	0.008	0.000	0.000	0.01.6	0.020	0.032	0.032	0.020		0.003	0.081	0.088	0.063
P. spicata	0.012	0.008	0.008	0.008	0.012	0.024	0.024	0.012	0.008		0.078	0.085	0.060
Poa pratensis	0.127	0.123	0.123	0.115	0.111	0.115	0.127	0.115	0.123	0.115		0.103	0.081
Avena sativa	0.130	0.127	0.127	0.123	0.123	0.123	0.134	0.123	0.127	0.119	0.158		0.094
Pi. racemosum	0.099	0.095	0.095	0.087	0.091	0.083	0.095	0.091	0.095	0.087	0.127	0.130	

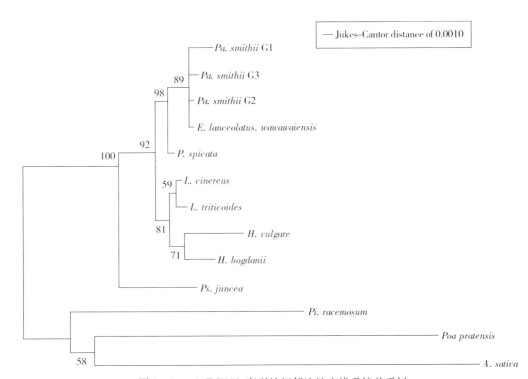

图 3-6　*ndhF* DNA 序列的相邻连接亲缘系统关系树

［*Poa pratensis*、*Avena sativa* 与 *Piptatherum racemosum* 作为外缘对照。枝秆上的数值为 500 复制的自制置信值。数值大于 90 显示枝间居群呈统计学上的显著性集聚（Kumar 等，1993）。遗传距离按 Jukes 与 Canyor（1969）的方法计算］

细胞质来自母体，其中的叶绿体当然也是母体遗传。从叶绿体 DNA 序列把 *Pascopyrum smithii* 与 *Elymus lanceolatus*、*E. wawawaiensis* 以及 *Psudoroegneria spicata* 聚集在一起。说明含 **St** 染色体组的亲本是母本，也就是说 *Pascopyrum smithii* 的母本是 *Elymus*，而 *Leymus* 是父本。

（三）牧场麦属的分类

Pascopyrum Á. Löve，1980. Taxon 29：547. 牧场麦属

属的形态学特征：多年生，整个植株绿色具白霜，具长而匍匐的根状茎。秆较细，高 30～75 cm。叶鞘平滑无毛；叶片平展或内卷，宽 2～6mm，脉较强壮。穗状花序直立，长 7～15 cm，小穗 1 枚或 2 枚着生于每一穗轴节上；穗轴坚实不断折，棱脊上粗糙；小穗长 10～20mm，具 5～10 花；颖质硬，长 4～10mm，具干膜质边缘，无毛，先端圆钝或渐窄而形成短芒，脉微弱；外稃长 7～10mm，先端近于钝、具小尖头或短芒；内稃脊上被微毛；花药长 5～6mm。

属的模式种：*Pascopyrum smithii*（Rydb.）Á. Löve。

属名：来自拉丁文 pascoum：牧场；希腊文 pyrum：麦，两字的组合。

细胞学特征：2n＝8x＝56（J. M. Gillett & H. A. Senn，1960）；染色体组组成：**StStHHNsNsXmXm**。

分布区：北美：美国与加拿大。

本属仅有一个种。

Pascopyrum smithii（Rydb.）Á. Löve，1980，Taxon 29：547. 牧场麦 （图 3-7）

模式标本：美国："Upper Missouri，Geyer s. n."。主模式标本：**MO!**；模式标本照片：**DAO!**。

异名：*Agropyron spicatum* Scribn. & Smith，1897，U. S. D. A. Div. Agrostol. Bull. 4：33，non *Festuca spicata* Pursh.，1814；

Agropyron spicatum Scribn. & Smith，var. *viride* Farwell，1902，Mich. Acad. Sci. Rept. 21：356；

Agropyron smithii Rydb.，1900，Mem. N. Y. Bot. Gard. 1：64；

Agropyron smithii Rydb. var. *typical* Waterf.，1949，Rhodora 51：21；

Agropyron spicatum Scribn. & Smith var. *molle*（Scribn. & Smith）Scribn.，1897，U. S. D. A. Div. Agrost. Bull. 4：33；

Agropyron smithii Rydb. f. *molle*（Scribn. & Smith）J. M. Gillett & H. A. Senn，1960，Can. J. Bot. 750；

Elymus smithii（Rydb.）Gould，1947，Madrono 9：127；

Elytrigia smithii（Rydb.）Nevski，1933，Tr. Bot. Inst. AN SSSR. ser. 1，1：25，in obs.；A. Love，1950，Bot. Not. 1950：31；

Agropyron glaucum R. & S. var. *occidentale* Scribn.，1885，Trans Kans. Acad. 9：119；

Agropyron occidentale Scribn.，1900，U. S，D. A. Agrost. Circ. 27：9（Dec. 4）；

Agropyron occidentale Scribn. var. *molle*（Scribn. & Smith）Scribn.，1900，U. S，D. A. Agrost. Circ. 27：9（Dec. 4）；

Zeia occidentalis（Scribn.）Lunell，1915，Amer. Midl. Nat. 4：226。

图 3 - 7　*Pascopyrum smithii*（Rydb.）Á. Löve

Ⅰ. 主模式标本，现藏于 **MO**　Ⅱ. 植株及小穗：a. 颖；b. 7 朵小花及穗轴

[引自 F. Lamson-Scribner，1899，American Grasses-Ⅱ，（Illustrated），图 594]

形态学特征：多年生，疏丛生，具长而匍匐的根茎及深而多的纤维状须根，整个植株被白霜，秆基部宿存苍白色叶鞘。秆直立，高（20～）30～100（～110）cm，干时具条纹，平滑无毛，通常具 2～5 紫褐色的节。叶鞘具条纹，平滑无毛，稀被疏或密的柔毛；叶舌短，长约 1mm，先端啮齿状，常为紫色；叶耳很小，长 0.2～1mm，急尖，紫色；叶片坚实，蓝绿色，稀绿色或淡绿色，平展或干时内卷，直立或开展，长（2～）6～15 cm，宽 1～5（～6）mm，上表面粗糙，有时被毛，边缘与突起的脉上粗糙，下表面平滑或微粗糙。穗状花序直立，长 6～17（～20）cm，下部 4 个穗轴节（稀 6 个穗轴节）的小穗常不育，小穗 1 枚或 2 枚（常在下部）着生于每一穗轴节上，排列较疏；穗轴中部节间长 4～16mm，棱脊上粗糙，或多或少被微毛，最下部两节间长于上部者约两倍；小穗长 12～26（～30）mm，具（2～）7～13 花；小穗轴节间圆柱状，微粗糙；颖线状披针形至

披针形，坚实，蓝绿色或部分紫色，无毛或不同程度被微毛，长为小穗的一半或 2/3，长 8～15mm，第 1 颖稍长于第 2 颖，3～7 脉，脉明显突起，无毛，粗糙至被微毛，边缘膜质，先端偏斜或不等，渐尖或具芒尖；外稃披针形，背部圆或稍具脊，平滑无毛，或不同程度被毛，长 8～14mm，5 脉，先端急尖，具芒尖或具长 0.5～5mm 的芒；内稃略短于外稃，先端啮齿状，两脊上部具纤毛；花药长 2.5～5mm。颖果长 4～5mm，紫褐色，先端被柔毛，与内、外稃粘贴。

细胞学特征：2n＝8x＝56（J. M. Gillett & H. A. Senn，1960）；染色体组组成：**StStHHNsNsXmXm**（Dewey，1975，曾写作 **StStHHJJNN**）。

分布区：北美：美国：以西部与中部大平原为主要分布区，向东可到大湖区；加拿大：从安大略（Ontario）省到不列颠哥伦比亚（British Columbia）省。生长在草原、高原。

主 要 参 考 文 献

Bowden W M. 1964. Cytotaxonomy of the species and interspecific hybrids of the genus *Elymus* in Canada and neighboring areas. Can. J. Bot.，42：547 - 601.

Bowden W M. 1965. Cytotaxonomy of the species and interspecific hybrids of genud *Agropyron* in Canada and neighboring areas. Canad. J. Bot.，43：1421 - 1448.

Devereux J R. 1994. GCG，sequence analysis software package，version 8. University Research Park，Madison，W I.

Dewey D R. 1966. Synthetic hybrids of *Elymus canadensis* × octoploid *Elymus cinereus*. Bull. Torrey Bot. Club，93：323 - 331.

Dewey D R. 1967a. Synthetic *Agropyron-Elymus* hybrids：Ⅱ. *Elymus canadensis* × *Agropyron dasystachyum*. Amer. J. Bot.，54：1084 - 1089.

Dewey D R. 1967b. Synthetic hybrids of *Elymus canadensis* × *Sitanion hystrix*. Bot. Gaz.，128：11 - 16.

Dewey D R. 1968. Synthetic *Agropyron-Elymus* hybrids：Ⅲ. *Elymus canadensis* × *Agropyron caninum*，*A. trachycaulum*，and *A. striatum*. Amer. J. Bot.，55：1133 - 1139.

Dewey D R. 1970. Genome relation among *Elymus canadensis*，*Elymus triticoides*，*Elymus dasystachys*，and *Agropyron smithii*. Amer. J. Bot.，57：861 - 866.

Dewey D R. 1871. Synthetic hybrids of *Hordeum bogdanii* × *Elymus canadensis*，and *Sitanion hystrix*. Amer. J. Bot.，58：，902 - 908.

Dewey D R. 1972. Cytogenetics of tetraploid *Elymus cinereus*，*E. triticoides*，*E. multicaulis*，*E. karataviensis*，and their F_1 hybrids. Bot. Gaz.，135：51 - 57.

Dewey D R. 1975. The origin of *Agropyron smithii*. Amer. J. Bot.，62：524 - 530.

Gillett J M. and H. A. Senn. 1960. Cytotaxonomy and infraspecific variation of *Agropyron smithii* Rydb. Can. J. Bot.，38：747 - 759.

Hatch S L. 1972. A cytological，morphological，and anatomical stydy of *Elymus simplex*. M. S. thesis. Utah State University.

Jones T A，M G Redinbaugh and Y Zhang. 2000. The western wheatgrass chloroplast genome originates in Pseudoroegneria. Crop Sci.，40：43 - 47.

Jukes T H and C R Cantor. 1969. Evolution of protein molecules. pp. 21 - 32. In H. N. Munro（ed. ）Mammalian protein metabolism. New York：Academic Press.

Lassner，M. W. ，P. Peterson and J. I. Yoder，1989. Simultaneous amplification of multiple DNA fragments by polymerase chain reactionin the analysis of transgenic plants and their progeny. Plant Mol. Biol. Report. ，7：116 - 128.

Olmstead R G and J A Sweere. 1994. Combining data in phylogenetic systemtics：Anempirical approach using three molecular data sets in Solanaceae. Syst. Biol. ，43：467 - 481.

Olmstead R G，J A Sweere and K H Wolfe. 1993. Ninety extra nucleotides in ndhF gene of tobacco chloroplast DNA：A summary of revisions to the 1986 genome sequence. Plant Mol. Biol. ，22：1191 - 1193.

Peto F H. 1930. Cytological studies in the genus *Agropyron*. Can. J. Res. ，3：428 - 448.

Saitou，N. ，and M. Nei，1987. The neighbor-joining method：Anew method for reconstructing phylogenetic tree. Mol. Bio. Evol. ，4：406 - 425.

Stafleu Frank A and Richard S Cowan. 1976. Taxonomic literature，vol. I：814.

Stebbins G L，L A Snyder. 1956. Artificial and natural hybrids in the Gramineae，tribe Hordeae. IX. Hybrids between western and eastern North American species. Amer. J. Bot. ，43：305 - 312.

Wang R R-C，R von Bothmer，J Dvorak，et al. 1994. Genome symbols in the Triticeae (Poaceae) . Proc. 2nd Intern. Triticeae Symp. 29 - 34. Logan，Utah，U. S. A.

Williams J G K，M K Hanafey，J A Rafalski and S V Tingey. 1993. Genetic analysis using random amiplified polymorphic DNA markers. Methods Enzymol，218：704 - 740.

四、冠毛麦属（Genus *Lophopyrum*）的生物系统学

冠毛麦属（Genus *Lophopyrum* Á. Löve）是遗传系统学的先驱 Áskell Löve 于 1980 年在《Taxon》第 29 卷 351 页发表的一个新属。他在 1984 年发表的 "小麦族大纲（Conspectus of the Triticeae）" 中界定 *Lophopyrum* 是含 **E、EE、EEE、EEEE** 与 **EEEEE** 染色体组的属。在 1980 年的同一篇文章同一页上还发表了另一个名为 *Thinopyrum* Á. Löve 的新属。1984 年，他界定 *Thinopyrum* Á. Löve 是含 **J、JJ、JJJ** 与 **JJJJ** 染色体组的属。*Lophopyrum* Á. Löve 是以 *Lophopyrum elongatum*（Host）Á. Löve 为模式种，*Thinopyrum* Á. Löve 是以 *Thinopyrum junceum*（L.）Á. Löve 为模式种建立的两个属。经 20 多年实际检测的结果，E 与 J 是两个十分相近的染色体组，它们之间的差异只能是同一染色体组亚型间的差异。因此，1995 年在美国犹他州洛甘市召开的第 2 届小麦族国际会议上通过了染色体组命名委员会（Committee on Genome Designations）的报告，把 E 染色体组，改名为 **E^e** 染色体组；把 J 染色体组，改名为 **E^b** 染色体组，认定它们是同一染色体组的两个变型。既然这两个属是同属一个染色体组，按 Á. Löve 创立的遗传系统学建属原则："一种染色体单组（haplome）或一种染色体单组的组合建立一个属"，它们就应当合并为一个属。这两个属同时发表在同一篇文章的同一页上，一般来说，没有孰先孰后的优先权问题，如果认真理论，*Lophopyrum* 还是排在 *Thinopyrum* 的前面。按 Áskell Löve 以染色体组来建属时认定 *Lophopyrum* Á. Löve 是含 E 染色体组的属，因此我们认为既然认定染色体组组名是 E 染色体组，属名就应当是 *Lophopyrum* Á. Löve，而不应该是 *Thinopyrum* Á. Löve。

（一）冠毛麦属的古典形态分类学简史

Lophopyrum Á. Löve 与 *Thinopyrum* Á. Löve 是 Áskell Löve 于 1980 年同时建立的两个属，现在把它们合二为一，名为 *Lophopyrum* Á. Löve。虽然他的建属历史不久，只有 30 多年。但其中包含的一些分类群的历史却很久远，今分别介绍如下。

早在 1755 年，现代分类学的奠基人、瑞典植物学家 Carl von Linné 在他的《A. D. J. 一百植物标本（A. D. J. Centuria I Plantarum）》一书的小麦属中发表了 1 个名为 *Triticum junceum* L. 的分类群，其合模式标本的大部分应当是 Áskell Löve 组合为 *Thinopyrum junceum*（L.）Á. Löve 的分类群，它也是 Áskell Löve 建立 *Thinopyrum* 属的模式种。由于 *Lophopyrum* 与 *Thinopyrum* 两个属的合并，这个分类群应当重新组合为 *Lophopyrum junceum*（L.）C. Yen et J. L. Yang。

1794 年，瑞典植物学家 Carl Peter Thunberg 在他的《卡彭塞植物初编（Prodromus

Plantarum. Capensium)》第 1 卷，23 页，发表 1 个名为 *Triticum distichum* Thunb. 的分类群。根据 Pienaar et al.（1988）、Liu et Wang（1993）实验检测的结果来看，它是个含 **E**ᵇ**E**ᵇ**E**ᵉ**E**ᵉ染色体组的物种，也应当是冠毛麦属的一个成员。

1802 年，奥地利弗兰兹一世的御医、植物学家 Thomas Nicolaus Host，在他的《奥地利禾本科图说（Icones et Descriptions Graminum Austriacorum)》第 2 卷，第 18 页与图版 23 上发表 1 个名为 *Triticum elongatum* Host 的分类群。1980 年，Áskell Löve 以它为模式种建立 *Lophopyrum* 属，并界定它的染色体组为 **E** 染色体组。

1804 年，意大利植物学家 Domanico Viviani 在《植物学年鉴（Annali di Botanica)》第 1 卷，158 页，发表 1 个名为 *Triticum farctum* Viv. 的分类群。但这个分类群实际上就是 Carl von Linné 在 1755 年定名为 *Triticum junceum* L. 的植物，它只能是 *Triticum junceum* L. 的异名。

1812 年，Ambroise Marie Francois Joseph Palisot de Beauvois 在他的《禾草学论文（Essai d'une nouvelle Agrost ographie)》102 页与 146 页上，把 3 个小麦属的植物 *Triticun distichum* Thunberg、*T. elongatum* Host 与 *T. junceum* L. 组合到冰草属中，成为 *Agropyron distichum* （Thunb.） P. Beauv.、*A. elongatum* （Host） P. Beauv. 与 *T. junceum* （L.） P. Beauv. 。他认为这 3 个分类群不应当归入小麦属是正确的，受历史局限，今天来看，把它们归入冰草属中也是不对的。

1813 年，瑞士植物学家 Augustin Pyramus de Candolle 在他的《蒙士卜里植物标本名录（Catalogus Plantarum Horti Botanici Monspliensis)》153 页上发表一个名为 *Triticum obtusi florum* DC. 的新种。这个"新种"实际上就是 10 年前奥地利植物学家 Thomas Nicolaus Host 定名为 *Triticum elongatum* Host 的分类群。

1817 年，瑞士植物学家 Johann Jacob Roemer 与奥地利植物学家 Joseph August Schultes 在他们编辑的《植物系统（Systema vegetabilium)》第 2 卷，753 页，把 de Candolle 4 年前发表的钝花小麦组合到冰草属中，成为 *Agropyron obtusi florum* （DC.） . Roem. et Schult. 。de Candolle 的 *Triticum obtusi florum* DC. 就是 *Triticum elongatum* Host 的异名；*Agropyron obtusi florum* （DC.） . Roem. et Schult. 也只能是 *Triticum elongatum* Host 的异名。

1826 年，捷克布拉格国家博物馆馆长、布拉格大学植物学教授 Karel Bořivoj Presl 在他的《西西里莎草科与禾本科（Cyperaceae et Gramineae siculae)》一书 49 页，发表 1 个名为 *Agropyron scirpeum* K. Presl 新种。它是根据采自意大利的模式标本定的这个种。1984 年，Áskell Löve 把它组合为 *Lophopyrum scirpeum* （K. Presl） Á. Löve。后经检测，它是含 **E**ᵉ**E**ᵉ**E**ᵉ**E**ᵉ染色体组的同源四倍体植物（Liu & Wang，1993），说明 Áskell Löve 的这个组合是正确的。

1860 年，丹麦哥本哈根皇家农牧学院植物学教授 Johan Martin Christian Lange 在他的《主要来自伊比利亚半岛的一些植物（Pugillus Plantarum Imprimis Hispanicarum)》一书 55 页，发表 1 个特产于伊比利亚半岛禾草新种，命名为 *Agropyron curvi folium* Lange。1984 年，Áskell Löve 把它组合为 *Lophopyrum curvi folium* （Lange） Á. Löve。后经检测，它是含 **E**ᵉ**E**ᵉ**E**ᵉ**E**ᵉ染色体组的同源四倍体植物（J. K. Jarvie，1991）。

1882 年，瑞士植物学家 Pierre Edmoind Boissier 与 德国出生旅居希腊的植物学家 Theodor von Heldreich 在瑞典植物学家 Carl Fredrik Nyman 编辑的《欧洲植物纵览 (Conspectus Florae Europaeae)》中，共同发表 1 个名为 *Triticum sartorii* Boiss. et Heldr. 的新种。经实验检测，它是含 $E^b E^b E^e E^e$ (Liu & Wang，1992) 染色体组的分类群，应当是 *Lophopyrum* 属的一个成员。

1884 年，Boissier 与 Heldreich 又在 Boissier 的《东方植物志（Flora Orientalis)》第 5 卷，666 页，发表 1 个名为 *Agropyron scirpeum* var. *flaccidifolium* Boiss. et Heldr. 的软叶变种。

1898 年，罗马尼亚植物学家 Dimitrie Grecescu 在他的《罗马尼亚植物纵览（Conspectul Florei Romaniei)》637 页，把 Boissier 与 Heldreich 的 *Triticum sartorii* Boiss. et Heldr. 组合为 *Agropyron sartorii* (Boiss. et Heldr.) Grecescu。

1901 年希腊植物学家 Paléologos C. Candargy 在《大麦族研究专著（Monogr. tēs phys tōn krithōdōn)》51 页，把 Boissier 与 Heldreich 定名的 *Agropyron scirpeum* var. *flaccidifolium* Boiss. et Heldr. 变种升级为种，而成为 *Agropyron flaccidifolium* (Boiss. et Heldr.) P. C. Candargy。

1902 年，捷克植物学家 Josef Podpěra 在《维也纳动-植物学会丛刊（Verh. Zool.-Bot. Ges，Wien)》52 卷，681 页，发表 1 个名为 *Triticum ponticum* Podpera 新种，经检测，它是 1 个含 E^b 染色体组的十倍体植物。

1923 年，罗马尼亚植物学家 Trajan Savulescu 与布加勒斯特农业研究所植物病理系的犹太植物学家 Tscharna Rayss 在《罗马尼亚科学院公报（Bull. Sect. Sci. Acad. Roum.)》Ⅷ卷，10 期，282 页，发表 1 个名为 *Agropyron bessarabicum* Savul. et Rayss 的分类群。1985 年经美国犹他州立大学汪瑞其教授的检测，它是 1 个含 $E^b E^b$ 染色体组的二倍体植物，应当属于 *Lophopyrum* 属。

1929 年，捷克布尔诺马萨瑞克大学植物学家 František Nábělek 在《布尔诺马萨瑞克大学理学院丛刊（Publ. Fac. Sci. Univ. Masaryk，Brno)》第 3 期，24 页，发表 1 个以 Josef Podpěra 的姓来命名的冰草属植物，即 *Agropyron podperae* Nábělek。根据 1984 年美国犹他州立大学的 Douglas R. Dewey 的分析，是含 **JJJEEE** 染色体组的植物。

1933 年，苏联植物学家 Серген Арсениевич Невский 在《苏联科学院植物研究所学报（Труды Ботаническго Института АН СССР)》组 1，1 卷，23 页，把 Thomas Nicolaus Host 定名的 *Triticum elongatum* 组合到偃麦草属中，成为 *Elytrigia elongata* (Host ex Beauv.) Nevski。如果按属的染色体组组成来看，*Triticum elongatum* 是含 $E^e E^e$ 染色体组植物，应当是属于冠毛麦属的植物，而不是偃麦草属的植物，因为按 Áskell Löve 的界定，*Elytrigia*（偃麦草属）是含 **E**、**J** 与 **S**（= E^e、E^b 与 **St**）的植物。1934 年，他又在《中亚大学学报（Тр. Среднеаз. Унив.)》组 8Б，17 期，83 页，重复发表这个组合。

1934 年，Невский 在《苏联植物志（Флора СССР)》第 2 卷，659 页，发表 1 个名为 *Agropyron sinuatum* Nevski 的新种。1984 年 Á. Löve 把它组合为 *Lophopyrum sinuatum* (Nevski) Á. Löve，但是，迄今为止，还未得到实验检测的确认。

1936 年，Невский 在《苏联科学院植物研究所学报（Труды Ботаническго Института

AH CCCP)》组 1，2 卷，80 页，发表 1 个名为 *Elytrigia sinuata*（Nevski）Nevski 的新种。这个分类群 1984 年 Á. Löve 把它组合为 *Lophopyrum sinuatum*（Nevski）Á. Löve。在 83 页，他把 C. Linné 的 *Triticum junceum* L. 组合在偃麦草属中成为 *Elytrigia juncea*（L.）Nevski，偃麦草属就是形态分类学者臆定的大杂烩，它的模式种属于披碱草属，在自然系统中实际上是不存在这样一个属，"皮之不存毛将焉附"，他的这个组合只能是 *Lophopyrum junceum* 的一个异名。

1938 年，法国植物学家 Marc Simonet 与 Marrcel Guinochet 在《法兰西植物学会公报（Bull. Soc. Bot. France）》85 卷，176 页，发表 1 个名为灯心冰草北大西洋亚种的分类群——*Agropyron junceum* ssp. *boreali-atlanticum* Simont et Guinochet。

在同一页上，Marc Simonet 还发表了 1 个名为地中海冰草——*Agropyron mediterraneum* Simont 的新种。实际上它就是 Carl von Linné 定名的 *Triticum junceum* L.。

1939 年，苏联植物学家 Ию. Н. Прокудин 在《哈尔科夫大学植物研究所学报（Труды Института Ботаники Харкивского Университета）》3 卷，166 页，发表 1 个名为 *Elytrigia ruthenica* Prokudin 的偃麦草属新种。它就是 1902 年，Josef Podpěra 定名为 *Triticum ponticum* Podpera 的分类群。

1945 年，苏联植物学家 Ромаин Юлиевич Рожевич 在 Köle 编辑的《伊朗西南部植物文献（Beitr. Fl. SW Iran）》52 页发表 1 个名为 *Agropyron ciliatiforum* Roshev. 的新种。它与 1929 年捷克植物学家 František Nábělek 定名的 *Agropyron podperae*，Nábělek 是同 1 个分类群。

1947 年，美国植物学家 Sydney Ward Gould 在美出版的期刊《Madnoño》9 卷，126 页，发表 1 个名为 *Elymus multinodes* Gould 的新种，它实际上与 Carl Linné 1755 年发表的 *Triticum junceum* L. 同是 1 个分类群，应当是 *Lophopyrum junceum*（L.）C. Yen et J. L. Yang 的一个异名。

1948 年，Á. Löve 与 D. Löve 在《冰岛大学应用科学研究所农业系报告（Univ. Icel. Inst. Appl. Sci.，Dept. Agric. Rep.）》系列 B，第 3 期，106 页，发表了 1 个名为 *Agropyron juncei forme* Á. et D. Löve 的新种名，他们又认为应属于偃麦草属，即 *Elytrigia juncei formis* Á. et D. Löve。1980 年，Á. Löve 建立 *Thinopyrum* 属时，又把它组合在这个新属中。现在看来，它应当是 *Lophopyrum bessarabicum*（Savul. & Rayss）C. Yen et J. L. Yang 的一个异名。

1950 年，意大利植物学家 Rafaele Ciferri. 与 Giacom. 把 *Agropyron scirpeum* K. Presl 降级组合为 *Agropyron elongatum* ssp. *scirpeum*（K. Presl）Ciferri & Giacom. 发表在他们的《意大利植物学名汇编（Nomencl. Fl. Ital.）》1 卷，47 页上。

1952 年，英国植物学家 A. Melderis 在 H. Runemark 编辑的《植物学记录（Arkiv för Bot.）》系列 2，2 册，304 页，发表 1 个名为海法长穗偃麦草——*Elytrigia elongata*（Host）Nevski var. *hai fensis* Melderis 的新变种。1984 年，Á. Löve 把他组合在冠毛草属中，并升级为种。

1953 年，瑞典乌普萨拉大学 Nils Hylander 教授把法国植物学家 Marc Simonet 定名的 *Agropyron mediterraneum* Simont 组合为 *Elytrigia juncea* ssp. *mediterranea*（Simont）

Hylander；又把 Marc Simonet 与 Marrcel Guinochet 定名的 *Agropyron junceum* ssp. *boreali-atlanticum* Simont et Guinochet 也组合在偃麦草属中成为 *Elytrigia juncea* ssp. *boreo-atlantica*（Simont et Guinochet）Hylander，这两个组合都发表在《植物学通告（Bot. Notiser）》1953 卷，357 页上。

1961 年，在 K. H. Rechinger 的 "Die Flors von Euboea" 一文中发表了瑞典隆德大学系统植物学系的 Hans Runemark 的 1 个名为 *Agropyron rechingeri* Runemark 的冰草属新种，并认为 *A. elongatum*（Host）Beauv. var. *aegaeum* Rech. 是它的异名。这个种名刊载在德国斯图加特（Stuttgart）出版的《关于系统植物学与植物地理学的植物学年鉴（Botanische Jahrbücher für Systematik Pflanzengeschichte und Pflanzengeographie）》80 卷，442 页上。

1962 年，Runemark 又把它组合到披碱草属中，成为 *Elymus rechingeri*（Runemark）Runemark，发表在《遗传（Hereditas）》48 卷，548 页上。

1962 年，Áskell Löve 把乌克兰植物学家 Ю. М. Прокудін 组合的 *Elytrigia distichum*（Thunb.）Prokudin 发表在《栽培植物（Kulturpflanze）》增篇第 3 卷，83 页上，成为 *Elytrigia distichum*（Thunb.）Prokudin ex Á. Löve。

同年，Runemark 在北欧出版的《遗传（Hereditas）》杂志第 48 卷，550 页，发表 1 个名为 *Elymus diae* Runemark 的新种名，但它是个无效的裸名。1984 年，Áskell Löve 把它补充了拉丁文描述，使它合法化，并把它归入 *Thinopyrum* 属。为纪念 Hans Runemark 对这个分类群的发现，将它更名为 *Thinopyrum runemarkii* Á. Löve，发表在他的 "Conspectus of the Triticeae" 一文中（见《Feddes Repert》95 卷，376 页）。

1967 年，英国植物学家 A. Melderis 在《分类群（Taxon）》16 卷，467 页，发表 1 个名为 *Agropyron podperae* var. *velutinum* Meld. 的变种。现在来看，它应当是坡氏冠毛麦的一个变种。

1972 年，罗马尼亚植物学家 Beldie 在《罗马尼亚社会主义共和国植物志（Flora Republicii Socialiste Romania）》第 12 卷，619 页，发表 1 个名为 *Agropyron elongatum* ssp. *ruthenicum* Beldie 的新亚种。

同年，瑞典隆德大学的 Runemark 在北欧《遗传（Hereditas）》杂志第 70 卷，把长穗冠毛草以及它的两个亚种组合到披碱草属中，成为：

Elymus elongates（Host）Runemark（153. 页）；

Elymus elongatus ssp. *flaccidifolius*（Boiss. et Heldr.）Runemark（156）；

Elymus elongatus（Host）Runemark ssp. *haifensis*（Meld.）Runemark（156）。

同年，Runemark 又在《植物学通告（Bot. Notiser）》125 卷，419 页，发表 1 个名为 *Elymus striatulatus* Runemark 的披碱草属新种。它与 1923 年 Trajan Savulescu 及 Tscharna Rayss 共同发表的 *Agropyron bessarabicum* Savul. et Rayss 是同一个分类群。

1973 年，苏联植物学家 Н. Н. Цвелев 在《维管束植物新系统学（Новости Систематики Высших Растений）》第 10 卷，发表两个偃麦草属的新组合，它们是：

Elytrigia caespitosa ssp. *sinuata*（Nevski）Tzvel.（30 页）；

Elytrigia juncea ssp. *bessarabica*（Savul. et Rayss）Tzvel.（32 页）。

1973 年，捷克科学院植物研究所的 Josef Holub 在捷克出版的《地理植物学与植物分类学杂志（Folia Geobot. Phytotax. ）》第 8 卷，171 页，发表 3 个偃麦草属的组合，它们是：

Elytrigia farcta（Viv. ）Holub；

Elytrigia pontica（Podp. ）Holub；

Elytrigia scirpea（K. Presl）Holub。

1974 年，他在同一杂志第 9 卷，270 页，又发表两个偃麦草属的组合，这两个组合是：

Eltrigia flaccidifolia（Boiss. et Heldr. ）Holub；

Elytrigia rechingeri（Runemark）Hulub。

1977 年，植物学家 Josef Holub、Ю. М. Прокудін 与 О. Дубовик 都把 1923 年罗马尼亚植物学家 Trajan Savulescu 与 Tscharna Rayss 发表的 1 个名为 *Agropyron bessarabicum* Savul. et Rayss 的分类群组合到偃麦草属中，成为 *Elytrigia bessarabica*。它们是：

Elytrigia bessarabica（Savul. et Rayss）J. Holub，见捷克布拉格《地理植物学与植物分类学杂志（Folia Geobot. Phytotax. ，Praha）》第 12 卷，426 页；

Elytrigia bessarabica（Savul. et Rayss）Yu. M. Prokudin，见《乌克兰禾草（Злаки України）》72 页；

Elytrigia bessarabica（Savul. et Rayss）Dubovik，见《维管束与非维管束植物系统学新闻（Новости Систематики Высших и Низших Растений）》，1976；10 页。

Josef Holub 在他的这一篇捷克布拉格《地理植物学与植物分类学》杂志上的文章中还介绍了 3 个偃麦草属的组合，即：

Elytrigia curvifolia（Lange）Holub（426 页）；

Elytrigia podperae（Nábělek）Holub（426 页）；

Elytrigia striatulata（Runemark）Holub（426 页）。

О. Дубовик 在他这篇刊登在《维管束与非维管束植物系统学新闻》上的文章中还发表了 1 个由 Друлева 定名的新种，她以 Ю. М. Прокудін 的姓作为种形容词，以纪念 Ю. М. Прокудін 这个种名为 *Elytrigia prokudinii* Druleva（11 页）。

1978 年，在英国出版的《林奈学会植物学杂志（Botanical Journal of the Linnean Society）》第 76 卷，由 V. H. Heywood 编辑的 "Flora Europaea Notulae Systematicae ad Floram Europaeam Spectantes" No. 20 的附录中，英国植物学家 A. Melderis 发表了 16 个披碱草属种一级的组合，其中 6 个种 4 个亚种从已有测试数据来看，它们都应当是冠毛麦属的分类群，这 6 个组合如下：

Elymus flaccidifolius（Boiss. et Heldr. ）Melderis（377 页）；

Elymus curvifolius（Lange）Melderis（377 页）；

Elymus elongatus ssp. *ponticus*（Podp. ）Melderis（377 页）；

Elymus farctus（Viv. ）Runemark ex Melderis（382 页）；

Elymus farctus ssp. *boreali-atlanticus*（Simont et Guinochet）Melderis（383 页）；

Elymus farctus ssp. *rechingeri*（Runemark）Meld. ，1978，Bot. J. Linn. Soc. 76：383；

Elymus distichus（Thunb. ）Melderis（383 页）；

Elymus junceus ssp. *bessarabicus* (Savul. et Rayss) Melderis（383 页）。

这里我们要指出的是，这些亚种是由形态分类学者臆定的，不是根据杂交亲和率测定的数据来鉴定的。

1980 年，Áskell Löve 在《分类群（Taxon）》第 29 卷上发表两个新属，*Lophopyrum* Á. Löve 与 *Thinopyrum* Á. Löve，并同时发表了这两个属的模式种，即 *Lophopyrum elongatum*（Host）Á. Löve（351 页）与 *Thinopyrum junceum*（L.）Á. Löve（351 页）；另外还有一个新组合 *Thinopyrum junceiformis*（Á. & D. Löve）Á. Löve（351 页）。

1983 年，美国犹他州立大学的 Mary E. Barkworth 与 Douglas R. Dewey 在犹他杨伯汉大学出版的《大盆地自然科学家（The Great Basin Naturalist）》第 43 卷，发表一篇题为 "New generic concepts in the Triticeae of the Intermountain region key and comments" 文章，其中他们根据 "Basionym：*Triticum elongatum*（Host），Gram. Austr. 2：18，1802" 把 Josef Podpěra 定名的 *Triticum ponticum* Podpera 组合为 *Thinopyrum ponticum*（Podp.）Barkworth & D. R. Dewey。*Triticum elongatum* Host 与 *Triticum ponticum* Podpera 是两个完全不同的分类群：1 个是二倍体，1 个是十倍体。基于 *Triticum elongatum* Host 的拉丁文描述，把 *Triticum ponticum* Podpera 组合为 *Thinopyrum ponticum*（Podp.）Barkworth & Dewey 这一点，1984 年 Áskell Löve 在他的 "Conspectus of the Triticeae" 一文中就指出他这个组合不合法，根据是错误的。

同年，美国加州大学戴维斯分校农学与草原科学系的 Patrick E. McGuire 在捷克布拉格《地理植物学与植物分类学杂志（Folia Geobot. Phytotax.，Praha）》，第 18 卷，发表一篇题为 "*Elytrigia turcica* sp. nova, an Octoploid Species of the E. elongata Complex"（108 页）文章，报道了这个八倍体的分类群，并定名为 *Elytrigia turcica* McGuire。

1984，Áskell Löve 在《费德斯汇编（Feddes Repertorium）》95 卷，7－8 期合刊，发表了他的染色体组系统分类的名作 "Conspectus of the Triticeae" 一文中，发表了有关冠毛麦属的组合，共计 13 个。其中：

把 1929 年捷克植物学家 František Nábělek 定名的 *Agropyron podperae* Nábělek 组合为 *Elytrigia intermedia* ssp. *podperae*（Nábělek）Á. Löve（487 页）。

组合为冠毛麦属的有 9 个，它们是：

Lophopyrum curvifolium（Lange）Á. Löve（488 页）；

Lophopyrum elongatum（Host）Á. Löve（351 页）；

Lophopyrum flaccidifolium（Boiss. & Heldr.）Á. Löve（489 页）；

Lophopyrum haifense（Meld.）Á. Löve（488 页）；

Lophopyrum ponticum（Podp.）Á. Löve（489 页）；

Lophopyrum runemarkii Á. Löve（476 页）；

Lophopyrum scirpeum（K. Presl）Á. Löve（489 页）；

Lophopyrum sinuatum（Nevski）Á. Löve（490 页）；

Lophopyrum turcicum（McGuire）Á. Löve（489 页）。

组合为沙丘麦属（*Thinopyrum*）的有 3 个，它们是：

Thinopyrum bessarabicum（Savul. et Rayss）Á. Löve（475 页）；

Thinopyrum distichum（Thunb.）Á. Löve（476 页）；

Thinopyrum sartorii（Boiss. et Heldr.）Á. Löve（476 页）。

从已有实验检测数据来看，这些分类群都应当属于冠毛麦属。

1984 年，在 J. P. Gustafson 编辑的 16 届 Stadler 遗传研讨会论文集《植物改良中的基因操纵（Gene manipulation in plant improvement）》中，犹他州立大学美国农业部草原与牧草研究室的 Douglas R. Dewey 的一篇题为 "The genomic system of classification as a guide to intergeneric hybridization with the perennial Triticeae" 的论文发表了两个新组合，它们是：

Thinopyrum podperae（Nábĕlek）D. R. Dewey（276 页）；

Thinopyrum scirpeum（K. Presl）D. R. Dewey（275 页）。

1985 年，英国丘园（Kew Garden）的植物学家 N. L. Bor 在 R. D. Meikle 主编的《塞浦路斯植物志（Flora Cyprus）》第 2 卷，1818～1819 页，把 A. Melderis 的 *Elytrigia elongata*（Host）Nevski var. *haifensis* Melderis 升级组合为 *Agropyron haifense*（Meld.）Bor。这个升级看来是对的，但属的归属不对，它应当是 *Lophopyrum* 属的植物。

1991 年，美国哈佛大学阿诺德植物园的 J. K. Jaevie 在《北欧植物学杂志（Nordic Journal of Botany）》12 卷上，发表一篇题为 "Taxonomy of *Elytrigia* sect. *Caespitosae* and sect. *Junceae*（Gramineae：Triticeae）" 的研究报告，在这篇报告的 162 页，他与犹他州立大学的 Mary E. Barkworth 共同把 Patrick E. McGuire 定名的八倍体 *Elytrigia tuecica* McGuire 组合为十倍体种 *Elytrigia pontica*（Podp.）Holub 的亚种，即 *Elytrigia pontica* ssp. *turcica*（McGuire）Jarvie et Barkworth。1 个八倍体与 1 个十倍体之间的杂交亲和率显然是非常低的，不可能是同一个基因库，同一个种。显然，这个"亚种"也是主观臆定的，也没有实验测试数据的支持。

（二）冠毛麦属的实验生物学研究

Lophopyrum Á. Löve（冠毛麦属）的物种是分布在欧洲、中亚与西亚、北非以及南非沿海地区的多年生禾草，这个属是 1980 年 Áskell Löve 发表的。在同一篇文章中，他还发表了另一个新属——*Thinopyrum* Á. Löve。经过实验生物学的分析研究，今天来看，它们应当是同一个属。这位实验生物系统学的先驱，对这一大群被形态分类学家们搞成一个大杂烩的 *Agropyron* 与 *Elytrigia* 属的物种进行整理，由于历史的局限，在缺乏实验证据的情况下，仍然主要依据的是形态学分析的方法。他把 *Elytrigia* sect. *Holopyron* series *Elongatae* Nevski 升级为属，以 *Lophopyrum elongatum*（Host）Á. Löve 为模式种建立 *Lophopyrum* 属，并以 **E** 作为属的染色体组符号；把 *Elytrigia* sect. *Holopyron* series *Junceae* Nevski 也升级为属，以 *Thinopyrum junceum*（L.）Á. Löve 为模式种建立 *Thinopyrum* 属，以 **J** 作为属的染色体组的符号；把 *Elytrigia* Desv. 其他的种仍然保留在这个不合法的"属"中。虽然这里与后来实验数据显示的亲缘系统稍有差异，但在当年实验论据缺乏的条件下能把它们与其他的所谓 *Elytrigia* 属的物种从这个大杂烩中区别开来，已经是十分难能可贵的了。其后的实验生物学的研究成果，才逐步揭开了这个类群的

面纱。

实验生物学对这一类群的研究是从以改良小麦为目的的远缘杂交开始的。因为这一群多年生禾草与小麦比较容易杂交而引起育种家的兴趣，例如前苏联鄂木斯克的 Н. В. Цицин，他曾经想通过这种远缘杂交选育出多年生小麦。由于他用 *Agropyron glaucoma*、*A. trichophorum*、*A. elongatum*、*A. junceum* 与小麦杂交获得成功，而 *Agropyron* 属的其他种的杂交却失败了。因此，他认为这 4 个种应当属于 *Triticum* L. 属。他在鄂木斯克西伯利亚谷物栽培研究所的同事 Б. А. Вакар、Е. Б. Крот 与 Л. А. Брекина，在鄂木斯克西伯利亚谷物栽培研究所 1934 年的报告中介绍，他们在 *Triticum durum* × *A. elongatum*、*T. vurgare* × *A. elongatum*、*T. vurgare* × *A. glaceum* 的 F_1 杂种的减数分裂中期察到有 10～12 对二价体。因此，他们认为是小麦的 A 与 B 染色体组与 *Agropyron* 含有的相同的 A 与 B 染色体组之间的配对。1935 年，苏联的 А. А. Сапегин 在《苏联植物学杂志（Ботанчский Журнал СССР）》第 20 卷，2 期，发表一篇题为 "К цитолгии пшениично-пырейных гибридов" 的研究报告。在这篇报告中 Сапегин 介绍，在 *T. vurgare* × *A. elongatum* F_1 的花粉母细胞分裂期观察到 59 条染色体，而不是 Б. А. Bakap、Б. А. Крот 与 Л. А. Брекина 所观察到的 56 条染色体，二价体数可达 21 对而不是 10～12 对。也就是说 М. И. Салтыквский 给他提供的 *A. elongatum* 是八倍体，而 Н. В. Цицин 给 Б. А. Bakap 提供的却是十倍体。因此，Сапегин 认为对 *A. elongatum* 的生物型应该进行一系列的植物学与细胞学进一步的分析研究。只是 *A. elongatum* 就有二倍体、四倍体、八倍体、十倍体。

这些远缘杂种的出现也引起系统学家与细胞遗传学家的关注，杂种减数分裂出现的二价体是同源配对，还是异源配对？它们的染色体组组成究竟是什么，以及它们的亲缘系统关系如何？成为他们关注的问题。

1936 年，加拿大国家实验室生物学与农业分部的 F. H. Peto 在渥太华召开的加拿大皇家学会上提供的一篇题为 "Hybridization of *Triticum* and *Agropyron* Ⅱ. Cytology of the male patrents and F_1 generation" 的报告。他介绍他所检测的这个 *Agropyron elongatum* 在减数分裂第 1 后期可以清楚地看到含有 70 条染色体；在减数分裂中期 Ⅰ 染色体平均配对为 $2.0 Ⅰ + 22.1 Ⅱ + 0.6 Ⅲ + 3.0 Ⅳ + 0.2 Ⅴ + 0.7 Ⅵ + 0.6 Ⅷ$。四倍体小麦 *Triticum dicoccum* var. vernal 与它杂交的 F_1 杂种，含 49 条染色体，采集 1 号的减数分裂中期 Ⅰ 染色体平均配对是 $6.6 Ⅰ + 12.1 Ⅱ + 3.6 Ⅲ + 1.1 Ⅳ + 0.6 Ⅴ$；采集 2 号的减数分裂中期 Ⅰ 染色体平均配对是 $17.7 Ⅰ + 8.3 Ⅱ + 3.0 Ⅲ + 0.7 Ⅳ + 0.56 Ⅴ$。六倍体小麦 Kharkov 与它杂交的 F_1 杂种，含 56 条染色体，减数分裂中期 Ⅰ 染色体平均配对是 $19.5 Ⅰ + 9.5 Ⅱ + 3.0 Ⅲ + 1.6 Ⅳ + 0.5 Ⅴ$；六倍体小麦 C. A. N. 与它杂交的 F_1 杂种，含 56 条染色体，减数分裂中期 Ⅰ 染色体平均配对是 $13.0 Ⅰ + 11.7 Ⅱ + 3.4 Ⅲ + 1.7 Ⅳ + 0.4 Ⅴ + 0.1 Ⅵ$；六倍体小麦 Lutescens 与它杂交的 F_1 杂种，含 56 条染色体，减数分裂中期 Ⅰ 染色体平均配对是 $14.2 Ⅰ + 10.6 Ⅱ + 3.4 Ⅲ + 1.1 Ⅳ + 0.8 Ⅴ + 0.2 Ⅵ$。显微折射绘图仪（camera-lucida）绘制的 Kharkov 与 *A. elongatum* 杂交的 F_1 杂种减数分裂中期 Ⅰ 染色体配对情况如图 4 - 1 所示。

图 4 - 1　Kharkov×*A. elongatum*F₁ 中期 Ⅰ 染色体联会

Ⅰ. 引自 Peto，1936. Text-Fig. 2，单价体用白色区分开来　Ⅱ. 编著者将原图右边 "三价体" 上叠加的单价体也用白色区分开来，Peto 认为是 "三价体" 的一组，可能是个二价体与一个叠压在它上面的小麦的小单价体。这样看来，来自小麦的 21 条染色体都呈现为单价体，配对的全是 *A. elongatum* 的同源染色体

　　从图 4 - 1 就可以清楚地看到单价体全都是小染色体，而联会成二价体与多价体的都是大染色体。小染色体显然是属于小麦的，大染色体应当是 *Agropyron elongatum* 的。即使上述三价体是异源联会，显然绝大多数是 *A. elongatum* 染色体的同源联会（在这个细胞中也可能全部都是同源联会，这个三价体有可能是叠加在 *Agropyron elongatum* 的二价体上面的小麦单价体所构成的影像）。已经说明 *Agropyron elongatum* 的染色体组与小麦完全不同。Peto 却视而不见，受苏联同行的影响，先入为主地认为 *Agropyron elongatum* 可能含有与小麦相同的 A 与 B 染色体组。他在这篇报告中强调在六倍体小麦 Lutescens×*Agropyron glaucum* 的 F₁ 杂种的减数分裂中观察到有 1 个三价体与 2 个二价体的染色体大小异型，用以证明存在异源联会。而对他自己所描绘的 "Text-Fig. 2" 的配对染色体与单价染色体显示清晰的大小异型却只字未提！编著者认为，这正是判明这些杂交子代主要是同源配对的重要证据。

　　经过对配对概率的预期与观测数据对比，他得出三条结论，即：（1）比起属间杂交来说，更像是一种种间杂交。（2）六倍体 *Agropyron* 种似乎不存在两组像小麦的染色体。（3）从 *A. glaucum* 与 *A. elongatum* 的形态相似性来看，不得不支持通过杂交以及其后的染色体加倍，一个起源于另一个的推测。他的第 1 条结论显然不正确。

　　具有极少数的异源联会是客观存在的，它与这些属间杂种的客观存在，以及它们之间基因可以发生交换（Zhang，X Y et al.，1996），都说明这些不同属、不同染色体组的分类群具有一定的同源性。但是不能说它们是同一个属，具有相同的染色体组。编著者也向读者指出，他用的学名 *A. glaucum* 与 *A. elongatum*，前者应当是 *Trichopyrum interme-dium*（Host）Á. Löve，后者应当是 *Lophopyrum ponticum*（Podp.）Á. Löve。

　　1961 年，法国 Station d'Amélioration des Plantes 的 Y. Cauderon 与 B. Saigne 在日本木原研究所出版的《小麦信息服务（Wheat Information Service)》12 期上，报道了几个 *Agropyron* 的新的种间与属间杂种的信息。它们是 *Agropyron repens*（L.）P. B.（**R₁R₂Z₁** 染色体组）×*Hordeum secalinum* Schreb.（两个未知染色体组），2n＝35；*Agropyron junceum boreo-atlanticum*（L.）S. G.（**J₁J₂** 染色体组）×*Agropyron elongatum*（Host）P. B.（**E**

染色体组），2n＝21；以及 *Agropyron junceum boreo-atlanticum*（L.）S. G.（**J₁J₂**染色体组）×*Agropyron repens*（L.）P. B.（**R₁R₂Z₁**染色体组），2n＝35。这 3 个杂种的减数分裂中期I的染色体构型分别是：

Agropyron repens×*Hordeum secalinum* 25 个花粉母细胞：

  8. 28（3～5）Ⅰ＋12. 52（8～16）Ⅱ＋0. 40（0～2）Ⅲ＋0. 12（0～1）Ⅳ。

Agropyron junceum boreo-atlanticum×*Agropyron elongatum* 100 个花粉母细胞：

  3. 40（0～7）Ⅰ＋4. 50（0～9）Ⅱ＋2. 76（0～7）Ⅲ＋0. 08（0～1）Ⅳ。

Agropyron juhceum boreo-atlanticum×*Agropyron repens* 200 个花粉母细胞：

  15. 30（5～29）Ⅰ＋9. 70（3～15）Ⅱ＋0. 09（0～2）Ⅲ＋0. 00（0～1）Ⅳ。

这些杂种减数分裂染色体的配对率都很高，分别是 76％、84％与 56％。但它们的雌、雄配子都是不育的。

A. repens×*H. secalinum* 的杂种是这两个属之间杂交所得到的唯一的 1 个成功的先例，也证实了 Cauderon 与 Saigne 事前的推测 *Agropyron repens* 与 *Hordeum* 属有较为相近的亲缘关系。它们之间的这个杂种的减数分裂染色体的配对正好证明了这一点。另外，也可能是 *A. repens* 的 **R₁** 与 **R₂**染色体组的染色体之间的同源配对。但是 *A. repens* 的 **Z₁**染色体组与 *H. secalinum* 的一个染色体组必然很相近，Cauderon 与 Saigne 称之为 **Z₂**。

A. junceum boreo-atlanticum×*A. elongatum* 杂种的减数分裂中期Ⅰ出现高频率的三价体，可以得出这样的结论，**J₁J₂**染色体组与 **E** 染色体组之间的亲缘关系相近。同样的结论也可以从核型分析得来。

A. junceum boreo-atlanticum×*A. repens* 杂种的减数分裂中期Ⅰ染色体配对显示都是 **J₁** 与 **J₂**、**R₁** 与 **R₂**染色体组之间的同源配对，原定不同染色体组符号是对的。

总的结论是：第一，*H. secalinum* 的一个 **Z₂**染色体组与 *A. repens* 的 **Z₂**染色体组同源；第二，**E** 染色体组与 **J** 染色体组非常相近。

1962 年，加拿大马尼托巴省温尼伯大学植物科学系的 L. E. Evans 对 *Agropyron elongatum*（Host）P. B. 作了核型分析（图4-2），他的目的是在与小麦杂交子代中用于

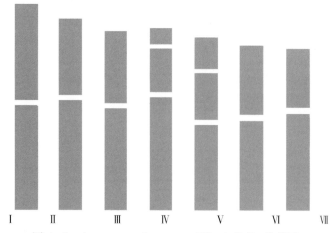

图 4-2 *Agropyron elongatum*（Host）P. B. 的核型

（引自 L. E. Evans，1962，图 2）

识别 *A. elongatum* 的附加与代换染色体。作为系统学来说，他的这个研究阐明了 *A. eoingatum* 的染色体组的形态特征。他观察测量了 10 个有丝分裂中期细胞每条成对染色体的总长度（μm）及平均臂长指数与变幅。按长度排列分别是：

  染色体Ⅰ：平均长 10.50μm；平均臂长指数 1.07，变幅 1.03～1.09。

  染色体Ⅱ：平均长 9.75μm；平均臂长指数 1.44，变幅 1.26～1.61。

  染色体Ⅲ：平均长 9.65μm；平均臂长指数 1.23，变幅 1.10～1.34。

  染色体Ⅳ：平均长 9.10μm；平均臂长指数 1.84，变幅 1.61～2.04。

  染色体Ⅴ：平均长 8.60μm；平均臂长指数 1.14，变幅 1.05～1.25。

  染色体Ⅵ：平均长 8.35μm；平均臂长指数 1.28，变幅 1.06～1.44。

  染色体Ⅶ：平均长 8.20μm；平均臂长指数 1.61，变幅 1.50～1.78。

  1972 年，瑞典隆德大学遗传学与系统植物学研究所的 Waheeb K. Heneen 与 Hans Runemark 在瑞典《遗传（Hereditas）》杂志，70 卷，发表一篇题为 "Cytology of the *Elymus*（*Agropyron*）*elongatus* complex" 的研究报告。他们用细胞学的方法来观察研究

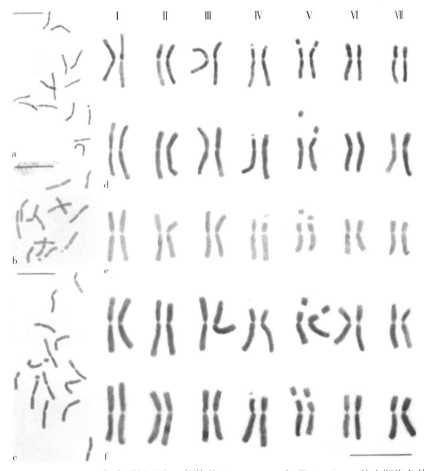

图 4-3 *Elymus elongatus* 复合群的两个二倍体种 *E. elongatus* 与 *E. haifensis* 的中期染色体的核型

a、b、d 与 e. ssp. *elongatus*：a 与 d 种质资源来自 Winnipeg；b 与 e 来自 Versailles c 与 f. ssp. *haifensis*

（引自 Heneen 与 Runemark，1872，图 1）

了 *Elymus*（*Agropyron*）*elongatus* 复合群的 3 个亚种与另 1 个十倍体种 *E. varnensis*（2n＝70）的相互关系。

他们按染色体长的顺序排列成的核型图，第Ⅳ与第Ⅴ对染色体是随体染色体。第Ⅳ染色体的随体小，第 2 次缢痕（核仁形成体），随体与短臂之间的间距也近，随体紧挨着染色体短臂。第Ⅴ染色体的随体大，随体与短臂之间的间距也较宽大，随体也远离染色体短臂。最长的一对染色体Ⅰ，着丝点居中。第Ⅱ、第Ⅲ、第Ⅵ与第Ⅶ对染色体都是近中着丝点染色体。

从他们观察的结果与提供的图片来看，*Elymus elongates* 的两个二倍体亚种：ssp. *elongatus*（图 4 - 3：d、e）与 ssp. *haifensis*（图 4 - 3：f）的核型是相似的，看不出有什么实质上的差异。从核型上来看这两个分类群是同一个种应当是可信的。

他们对 4 株 *Elymus elongates* 的花粉母细胞的减数分裂进行了观察。4 株的情况各不相同：1 株很正常，减数分裂中期Ⅰ配成 7 对二价体（图 4 - 4：a），218 个观察细胞中只有 2.8% 的细胞含有两条单价体。另 2 株中单价体可达 2～6 条，占 57 个观察细胞的 22.8% 与 73 个观察细胞的 61.6%。第 4 株更有四价体出现。说明这些植株中有的发生了染色体易位。中期Ⅰ染色体构型分别是：7Ⅱ，5Ⅱ＋4Ⅰ，1Ⅳ＋5Ⅱ。

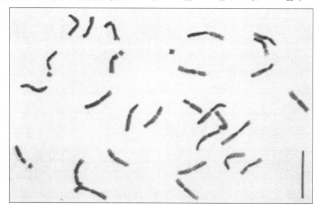

图 4 - 4：a *Elymus elongatus* ssp. *flaccidifolius*（2n＝28）的中期染色体（标尺＝10μm）
（引自 Heneen 与 Runemark，1972，图 2a）

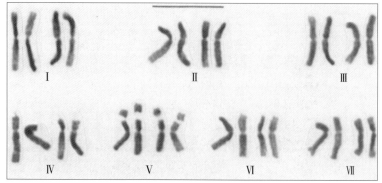

图 4 - 4：b 用图 4 - 4：a 显示的细胞染色体排列组成的 *Elymus elongatus* ssp. *flaccidifolius* 的核型（标尺＝10 μm）
（引自 Heneen 与 Runemark，1972，图 3b）

Elymus elongatus ssp. *flaccidifolius* 是四倍体，体细胞含 28 条染色体。从它的核型来看（图 4-4：b），它的两组染色体的第Ⅳ与第Ⅴ对染色体是随体染色体，第Ⅳ对是小随体，第Ⅴ对是大随体，与二倍体的 *Elymus elongatus* 以及 ssp. *haifensis* 相同。它可能是二倍体种染色体加倍形成的同源四倍体。这两组各 7 对染色体间，从核型看，有微小的差异，表现在染色体的体积大小与着丝点的位置上。编著者认为，由于它的染色体已经加倍成同源四倍体，与二倍体杂交必然造成生殖障碍，它应当是一个独立的种。

Elymus elongates ssp. *flaccidifolius* 的花粉母细胞减数分裂，中期Ⅰ的观测数据如表 4-1 所示。观测的细胞中有 74.6% 染色体全都成二价体，这就显示染色体之间交叉频率很高，具有很高的同源性。在很少的细胞中有四价体出现，含 1 个四价体的细胞占 51%。最多的，在 272 个观测细胞中有 1 个细胞含 2 个四价体，其中 1 个呈 Z 形连接。在 2 个细胞中看到三价体，有可能是压片时造成的影像。他们未把它列入统计数据中，只在叙述中提到。少数细胞中有 2～4 个单价体。它的中期Ⅰ的染色体联会构型有 3 种，即：14Ⅱ，1Ⅳ＋12Ⅱ，13Ⅱ＋2Ⅰ。它的减数分裂中期Ⅰ与后期Ⅰ的数据与图像如表 4-1 与图 4-5 所示。

表 4-1　*Elymus elongates* ssp. *flaccidifolius* 的减数分裂染色体构型

〔引自 Heneen 与 Runemark，1972。编排上稍作更改，2 与 3 项数据合并（同株），

4 与 5 项数据合并（同株）〕

四价体	二价体		单价体	观测细胞数	%
	环型	棒型			
	13.32	0.68		203	74.6
	11.94＋10.25	1.06＋1.75	2～4	54	19.9
2	9.66＋10.00	1.0	2	14	5.1
2	10.00			1	0.4

图 4-5　*Elymus elongatus* ssp. *elongatus*（Winnipeg 的材料）（标尺＝10 μm）

a. 7Ⅱ　　b. 5Ⅱ＋4Ⅰ　　c. 1Ⅳ＋5Ⅱ

（引自 Heneen 与 Runemark，1972，图 3）

来自爱琴海地区的 *Elymus varnensis* 是十倍体，2n＝70，他们观测的材料染色体变幅在 66～72 之间。有丝分裂中期的图像如图 4-6 所示。在 *Elymus elongates* ssp. *elongatus*、ssp. *haifensis* 与 ssp. *flaccidifolius* 中的两种随体染色体在 *E. varnensis* 中也观察到，如图 4-7 箭头所指。在 *Elymus elongates* ssp. *haifensis* 中的一种二次缢痕位于短臂近中，随体特别长、大的染色体在 *E. varnensis* 中也观察到（图左箭头所指）。这都显示它们的染色体间的相似。

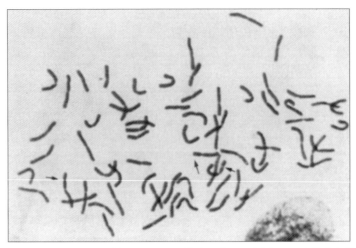

图 4 - 6　*Elymus varnensis* 的中期染色体（2n＝70）（箭头所指为不同类型的随体染色体，标尺＝10μm）
（引自 Heneen 与 Runemark，1972，图 5）

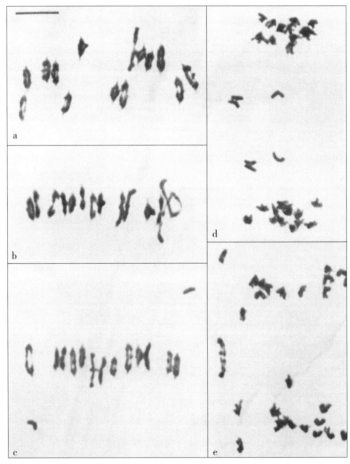

图 4 - 7　*Elymus elongatus* ssp. *flaccidifolius* 花粉母细胞中期 I 与后期 I（标尺＝10 μm）
a. 14II　b. 1IV＋12II　c. 13II＋1I　d. 后期I的落后单价体，一个二分体　e. 后期I一个难于分开的落后二价体
（引自 Heneen 与 Runemark，1972，图 4）

1980 年，美国犹他州立大学农部西南干旱区作物实验室的 Douglas R. Dewey 在美国作物学报《Crop Science》20 卷上发表一篇题为 "Hybrids and induced amphiploids involving *Agropyron curvifolium*，*A. repens* and *A. desertorum*" 研究报告。以已知染色体组为 $S_1S_1S_2S_2XX$（Dewey，1976）的 *Agropyron repens* 做检测种，对 *A. curvifolium* 与 *A. desertorum* 进行染色体组组型检测。*A. desertorum* 已在本书第三卷阐述，这里只介绍 *A. curvifolium* 的检测结果。*A. curvifolium* 是西班牙特有禾草，与 *A. elongatum* 相近（Melderis，1978）。*A. curvifolium* 在开放传粉的情况下，平均每穗结实 86.8 粒；在套袋自交的情况下，同一植株只有 0.2～18.0 粒。说明它是异花授粉植物。

被检测的 10 株 *A. curvifolium* 的减数分裂都很正常，全都是四倍体，2n＝28。311 个中期 I 花粉母细胞中，272 个都是含有 14 对二价体（图 4 - 8：A）。但是，每一株都有少数花粉母细胞含有 1～2 个四价体（图 4 - 8：B）。中期 I 以后各期也都很正常（图 4 - 8：C，表 4 - 2）。

少数四价体的出现可能由于异质互换，或者是部分同源四倍体造成的。如果是异质互换，那应该是少数植株在多数花粉母细胞中存在。而在所有的植株中都含有少量的四价体，则应该是部分同源四倍体。它是 *A. elongatum* 复合群的一员，它的染色体组组成可以写作 $E_1E_1E_2E_2$。

A. repens×*A. curvifolium* F_1 的减数分裂检测结果如表 4 - 2 与图 4 - 8 所示。

表 4 - 2 *Agropyron curvifolium*、*A. repens* 以及它们的 F_1 杂种与 Co 复单倍体（Amphiploid）的减数分裂

（引自 Dewey，1980）

种、杂种、复倍体	植株数	染色体数 2n		中　期　I					后期 I		四分子	
				I	II	III	IV	细胞数	落后染色体/细胞	细胞数	微核/细胞	四分子数
A. curvifolium	10	28	变幅	0~2	10~14	0~1	0~2	311	0~2	150	0~2	276
			平均	0.03	13.78	0.003	0.11		0.03		0.03	
A. repens	8	42	变幅	0~4	17~21	0~1	0~2	159	0~3	100	0~2	100
			平均	0.24	20.31	0.01	0.28		0.12		0.26	
F_1 杂种	12	35	变幅	7~23	5~14	0~2	0~1	409	0~16	486	0~19	692
			平均	14.82	9.73	0.20	0.03		5.26		2.88	
Co 复单倍体	1	79	变幅	0~20	25~35	0~2	0~2	123	0~11	278	0~14	177
			平均	6.02	31.36	0.17	0.19		1.43		2.01	

由于 *A. curvifolium* 的染色体明显地比 *A. repens* 的染色体大一些，因此在观察它们的 F_1 杂种的减数分裂时，可以清楚地加以识别。虽然它们的 F_1 杂种的减数分裂中期 I 呈现出许多二价体（5～14 对，平均 9.73 对）与一些三价体以及四价体，但可以清楚地看出这些配对的染色体来自同一亲本的同源配对。这两个种之间的染色体并没有配对，没有同一性，各自含有不同的染色体组。因此，可以把它们的染色体组写作 $E_1E_1E_2E_2$

（*A. curvifolium*）、**S₁S₁S₂S₂XX**（*A. repens*）与 **E₁E₂S₁S₂X**（F₁杂种）（Á. Löve et D. Löve）。

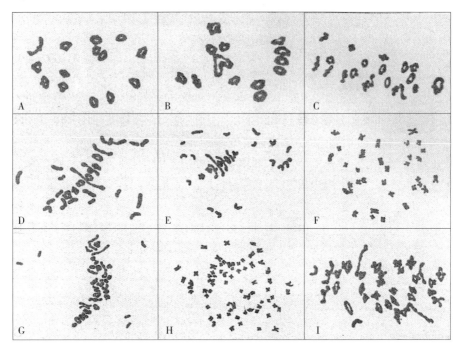

图 4 - 8 *A. curvifolium*（A、B）、*A. repens*（C）、*A. repens*×*A. curvifolium*（D、F）、
A. repens×*A. curvifolium* Co 复倍体（G、H）与 *A. repens-A. curvifolium* Co×
A. repens-A. desertorum Co 杂种（Ⅰ）的减数分裂

A. 中期Ⅰ：$14^{Ⅱ}$ B. 中期Ⅰ：$12^{Ⅱ}+1^{Ⅳ}$（环型） C. 中期Ⅰ：$19^{Ⅱ}+1^{Ⅳ}$（环型） D. 中期Ⅰ：$15^{Ⅰ}+19^{Ⅱ}$
（注：染色体大小有差异） E. 中期Ⅰ：$17^{Ⅰ}+9^{Ⅱ}$ F.21 条小染色体（*A. repens*）与 14 条大染色体
（*A. curvifolium*） G. 中期Ⅰ：$5^{Ⅰ}+31^{Ⅱ}+1^{Ⅲ}$（Ⅴ型） H. 后期Ⅰ（注：染色体大小差异） I. 中期Ⅰ：
$2n=66$，$2^{Ⅰ}+29^{Ⅱ}+1^{Ⅵ}$（M 型）

（引自 Dewey，1980，图 1）

1981 年，美国加州大学戴维斯分校的 J. Dvořák 在《加拿大遗传学与细胞学杂志
(Can. J. Genet. Cytol.)》23 卷，发表一篇题为 "Genome relationships among *Elytrigia*
(= *Agropyron*) *elongata*, *E. stipifolia*, '*E. elongata* 4x,' *E. caespitosa*, *E. intermedia*
and '*E. elongata* 10x'" 的研究报告。对这些分类群之间的 F₁ 杂种的减数分裂染色体行为
作了观测与染色体组型分析。观测结果列如表 4 - 3 所示。

"*Elytrigia elongata* 4x" 减数分裂中期Ⅰ最多只有 1 个四价体，暗示它是 1 个异源多
倍体。

Elytrigia elongata × "*Elytrigia elongata* 4x" 组合，Dvořák 得到 1 株 F₁ 杂种，它
含有 22 条染色体而不是预期的 21 条染色体。这应当是其中一个亲本的配子含有一个二价
体染色体（disomy）。杂种染色体配对情况如表 4 - 3 所示。高频率的三价体，平均每细胞
达 2.2 个，变幅在 0～5 之间，显示 "*Elytrigia elongata* 4x" 的染色体两组染色体之间发

生同源配对的同时又与 *E. elongata* 的染色体发生异源 相配。这也就显示 "*Elytrigia elongata* 4x" 的两组染色体都与 *E. elongata* 的染色体具有同源性。在一些细胞中有 1 个四价体或五价体，说明染色体组间最少有一个易位。

Elytrigia stipifolia 与 *E. elongata* 以及 "*Elytrigia elongata* 4x" 杂交都得到杂种。但是 *Elytrigia stipifolia* 与 *E. elongata* 的两株杂种生长几个月后都相继夭折。与 "*Elytrigia elongata* 4x" 的杂种却没有出现致死的现象。

Elytrigia stipifolia 与 "*Elytrigia elongata* 4x" 的 F_1 杂种的减数分裂的特点是大量的二价体与很少的三价体（表 4-3），清楚地显示多数都是 "*Elytrigia elongata* 4x" 的染色体组间的同源配对。很少有 *Elytrigia stipifolia* 与 "*Elytrigia elongata* 4x" 的染色体之间相互配对，显示这两个种含有不同的染色体组，仅仅在演化系统上较为相近（编著者注：由于相互杂交能形成杂种子代）。

对 2 株 *Elytrigia caespitosa* 进行了减数分裂观察分析。它们的不同在于细胞中形成多价体的数量有所差异。其中一株通常最多含 2 个四价体与 1 个六价体，少数情况下含有 1 个八价体（表 4-3）；而另一株只有 1 个三价体或四价体。它们之间减数分裂染色体的不同行为，特别是前一株高频率的六价体显示大多数多价体是由于易位异质性造成而不是异源染色体配对。

表 4-3 ***Elytrigia caespitosa*、"*E. elongata* 4x"、*E. intermedia*、*E. elongata* 与 *E. stipifolia* 以及它们的 F_1 杂钟的减数分裂染色体配对构型**

（引自 Dvořák，1981，表Ⅱ）

	植株数	2n	单价体	二价体			三价体	四价体	五价体	六价体	八价体
				棒型	环型	总计					
E. caespitosa A-62-62	1	28	0.1	—	—	11.3	0.0	0.4	0.0	0.6	<0.1
			(0~2)			(9~14)		(0~2)		(0~1)	(0~1)
E. caespitosa A-62-62	1	28	0.9	—	—	13.0	<0.1	0.2	0.0	0.0	0.0
			(0~4)			(11~14)	(0~1)	(0~1)			
"*E. elongate* 4x" TS-2-21	1	28	0.4	—	—	13.5	0.0	0.1	0.0	0.0	0.0
			(0~2)			(12~14)		(0~1)			
E. intermedia PI 206259	1	42	1.5	—	—	18.6	0.3	0.6	0.0	0.0	0.0
			(0~6)			(17~21)	(0~3)	(0~2)			
E. intermedia PI281863	1	42	0.2	3.3	16.1	19.4	0.0	0.5	0.0	0.1	<0.1
			(0~2)			(15~21)		(0~1)	(0~2)	(0~1)	(0~1)
E. elongate×	1	22	3.7	—	—	5.6	2.2	0.1	<0.1	0.0	0.0
"*E. elongate* 4x"			(1~7)			(2~8)	(0~5)	(0~1)	(0~1)		
E. stipifolia×	2	21	7.8	2.8	3.1	5.9	0.41	<0.1	0.0	0.0	0.0
"*E. elongate* 4x"			(5~11)	(1~5)	(1~5)	(4~7)	(0~2)	(0~1)			
"*E. elongate* 4x"×	3	28	1.4	4.4	6.2	10.6	0.6	0.9	<0.1	0.0	0.0
E. caespitosa A-62-62			(0~4)	(1~7)	(2~10)	(10~14)	(0~3)	(0~3)	(0~1)		
E. intermedia PI281863	1	36	4.0	1.2	9.8	11.0	1.2	0.7	0.5	0.2	0.0
×*E. caespitosa* A-62-62			(3~6)	(1~2)	(7~13)	(8~14)	(0~4)	(0~2)	(0~2)	(0~1)	

注：括弧内为变幅。

　　"E. elongata 4x"×Elytrigia caespitosa 的杂种减数分裂中期 I 染色体配对一个特点是环型二价体数量多，多价体与单价体少（图 4 - 9：1，表 4 - 3）。Dvořák（1981）曾经用 Triticum aestivum-Elytrigia elongata 双端体（ditelosomic）附加系为标记与 Eytrigia caespitosa 杂交，在它们的子代的减数分裂中观察到 E. elongata 的染色体很难与 E. caespitosa 的染色体配对，E. caespitosa 的染色体自身同源配对。说明 E. caespitosa 与 E. elongata 不含有相同的染色体组。"E. elongate 4x"× E. caespitosa 的杂种的染色体也是同源联会。看起来似乎是正常的染色体配对分开形成正常的四分体（图 4 - 9：2），但是这个杂种花粉的育性非常之低。一个杂种能染色的花粉只有 1.8%，另一个只有 0.3%。编著者认为这是一个很好的事例，对分析染色体联会的性质很有参考意义。这个杂种是一个含有 4 组各不相同，又两两相近的染色体，也就是一个复倍体（Amphipliod），更确切地说，它是一个复单倍体（Amphihaploid）。其中两两相近的染色体组的染色体各自配成二价体。看起来很正常，直到四分体也看起来也正常。但是它是同源配对，也就是父、母本各自的两组染色体相互配对，而不是父、母本间的染色体配对。父、母本的染色体组是不相同的，它们的这个子代是不育的。

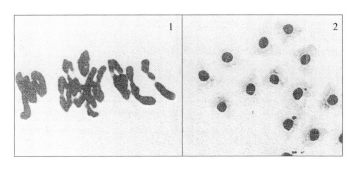

图 4 - 9　"Elytrigia elongata 4x"× E. caespitosa F₁ 杂种减数分裂
（引自 Dvořák，1981，图 1 - 2）1. 12^{II} +1^{IV}　2. 同一杂种的四分体

　　Elytrigia intermedia×E. caespitosa 的杂种与母本一样是具根茎的高草，具有较长的穗，小穗含 5 朵以上的小花。但两颖钝，无颖尖却与父本相似。除具有根茎外，这个杂种很像"E. elongata 4x"与"E. elongata 10x"。

　　杂种的减数分裂形成许多多价体（表 4 - 3），其中常见一个为五价体，并形成两个环。可以推测它是由同源与异源联会构成。这个杂种花药不开裂，完全不育。编著者认为这已经可以断定它们是两个独立的种。

　　Dvořák 在这篇报告中列出一个各个种的染色体组组型，现介绍如下（表 4 - 4）。

表 4 - 4　拟定的 Elytrigia 属一些种的染色体组结构式

（引自 Dvořák，1981，表 IV）

种	2n	染色体组结构式	备　注
E. elongata（Host）Holub.	2x	EE	
"E. elongata 4x"	4x	E^{s}E^{s}E^{sc}E^{sc*}	

（续）

种	2n	染色体组结构式	备 注
"*E. elongata* 10x"	10x	$>$	
E. bessarabica（Savul. et Rayss）Löve	2x	E^{j}E^j	
E. junceiformus Löve et Löve	4x	E^{a}E^{a}E^{b}E^b	
E. jubcea（L.）Löve	6x	E^{a}E^{a}E^{b}E^{b}E^{c}E^c	
E. caespitosa（C. Koch）Nevski	4x	X$_{15}$X$_{15}$X$_{15}^j$X$_{15}^j$ * *	X$_{15}$可能与 N 等同 N 与 X$_{15}$都与 E 相关
E. intermedia（Host）Nevski	6x	NNN^{j}N^{j}X$_4$X$_4$	
E. libanotica（Hack.）Holub.	2x	SS	
E. stipifolia（Czern. ex Nevski）Nevski	2x	S^{s}S^s	
E. spicata（Pursh）Löve	3x	S^{p}S^p	

* 染色体组上标符号表示相互有差异。

* * 染色体组下标符号表示相互有差异。

1984 年，美国加州大学戴维斯分校的 Patrick E. McGuire 在《加拿大遗传学与细胞学杂志（Can. J. Genet. Cytol.）》26 卷，发表一篇题为 "Chromosome pairing in triploid and tetraploid hybrids in *Elytrigia*（Triticeae：Poaceae）" 的论文。讨论 *Elytrigia scirpea*（K. Presl）Holub.、*E. bessarabica*（Savul. et Rayss）Dubrovik、*E. junceiformis* Á. Löve et D. Löve、*E. curvifolia*（Lange）Holub、*E. elongate*（Host）Nevski 的染色体组的相互关系。

他在绪言中介绍，二倍体 *Elytrigia elongata*（Host）Nevski 的染色体组已定为 **E** 染色体组，与它相近的一些多倍体种含有 **E** 染色体组的变型（Dvořák，1981b）。在 *Elytrigia* 属中还有另一个复合群，它的二倍体种 *Elytrigia bessarabica*（Savul. et Rayss）Dubrovik 与一些多倍体种在形态上也极为相似，它们具有长根茎。四倍体种 *E. curvifolia*（Lange）Holub 与两个复合群都不相似，但它的丛生习性更近于 *E. elongata*。他在这篇文章中报道了 *E. bessarabica* × *E. scirpea*（K. Presl）Holub（*E. elongta* 复合群的四倍体种）、*E. curvifolia* × *E. bessarabica* 与 *E. junceiformis*（*E. bessarabica* 复合群的 1 个四倍体种）× *E. curvifolia* 3 个杂交组合 F$_1$ 的减数分裂中期 I 染色体配对数据（表 4 - 5）以及他的分析结果。表 4 - 5 中所列杂种从育性来看都是不结实的种间杂种，并具有多年生习性。

中期 I 平均每细胞含 1.47 个三价体，变幅在 0～5 之间，显示这些染色体既有异源相配也有同源配对。高达 9 对的二价体、2 个四价体或五价体的出现意味着杂种的 3 个染色体组中至少有两个易位发生。以前的研究已显示 *E. scirpea* 含有变型的 **E** 染色体组（Dvořák，1981b）。它与 *E. elongata* 的 **E** 染色体组相比较每一条染色体都有所演变（Dvořák，1981a）。他认为这些观察数据支持 Dvořák 的主张（1981b），即：*E. bessarabica* 也含有 **E** 染色体组的亚型（**E^b**）。

E. curvifolia × *E. bessarabica* 的减数分裂染色体构型（表 4 - 5）显示 2 个种的 3 个染色体组基本上是一样的，也与上述 *E. scirpea* × *E. bessarabica* 的减数分裂相似，平均 2.64 个三价体，变幅 0～5，显示同源与异源联会共存。3 个染色体组中至少有 2 个染色体组间存在一个易位，在一些花粉母细胞中有一个四价体足以证明。从染色体在减数分裂中期 I

的构型来看，*E. curvifolia* 也同样含有两个 E 染色体组的亚型，现写作 **E**c 与 **E**cu。

　　E. junceiformis 是个四倍体，在形态上与 *E. bessarabica* 近似，从核型上来看，它也有一个染色体组与 *E. bessarabica* 近似（Heneen 与 Runemark，1972）。Cauderon 与 Sajgne（1961）曾做过 *E. junceiformis* × *E. elongata* 的杂交，它们的 F₁ 杂种的减数分裂中期 I 染色体配对的构型列在表 4 - 5 第 6 项，平均 2.76 个三价体，变幅在 0～6 之间。说明 *E. junceiformis* 的染色体同时存在同源与异源联会。这些配对数据与 *E. bessarabica* × *E. scirpea* 以及 *E. curvifolia* × *E. bessarabica* 的减数分裂染色体构型相比较，它们的相似性说明 *E. junceiformis* 的染色体组也是 **E** 染色体组的两个亚型，可以写作 **E**j 与 **E**ju。

表 4 - 5 *Elytrigia* 种间杂种染色体配对

（引自 Patrick E. McGuire，1984，表 1）

序号	染色体组	杂种	花粉母细胞数	染色体配对平均值（括弧内为变幅）							参考
				单价体	棒型二价体	环型二价体	总计	三价体	开放四价体	闭合四价体	五价体	
1	**E**s**E**sc × **E**b	*E. scirpea* ×	36	5.14	1.36	3.86	5.22	1.47	0.11	0.00	0.11	
		E. bessarabica（一株）		(2～7)	(0～4)	(1～6)	(2～9)	(0～5)	(0～2)		(0～1)	
2	**E**c**E**cu × **E**b	*E. curvifolia* ×	28	3.71	2.29	1.82	4.11	2.64	0.92	0.00	0.00	
		E. bessarabica（一株）		(1～8)	(0～5)	(0～5)	(1～7)	(0～5)	(0～1)			
3	**E**j**E**ju × **E**c**E**cu	*E. junceiformis* ×	14	3.00	1.00	1.57	2.64	1.36	1.79*	1.14*	0.79	
		E. curvifolia（一株）		(1～6)	(0～3)	(0～3)	(0～6)	(0～3)	(0～3)	(0～2)	(0～2)	
4	**E** × **E**s**E**sc	*E. elongate* ×	50	3.70	—	—	5.60	2.20	0.10	0.00	<0.10	Dvořák，1981b
		E. scirpea（一株）**		(1～7)			(2～8)	(0～5)	(0～1)		(0～1)	
5	**S** × **E**s**E**sc	*E. stipifolia* ×	50	7.80	2.80	3.10	5.90	0.41	<0.10	0.00	0.00	Dvořák，1981b
		E. scirpea（两株）		（每株)(5～11)	(1～5)	(1～5)	(4～7)	(0～2)	(0～1)			
6	**E**j**E**ju × **E**	*E. junceiformis* ×	100	3.40	—	—	4.50	2.76	0.08	0.00	0.00	Cauderon and
		E. elongate		(0～7)			(0～9)	(0～7)				Saigne，1961

　　*　四价体总平均为 2.93，变幅为 0～5。　* *　2n=22。

　　1985 年，美国农业部设在犹他州立大学的作物研究室的汪瑞琪，在《加拿大遗传学与细胞学杂志（Can. J. Genet. Cytol.）》27 卷，发表一篇题为 "Genome analisis of *Thinopyrum bessaribicum* and *T. elongatum*" 的研究报告。他在这篇报告的绪言中介绍了有关一个染色体组的界定的论述。染色体组的演化可以归咎于染色体的结构、组织、成分序列与体积大小的改变（Flavell，1982）。这些改变造成染色体的同源性的流蚀，最终造成遗传隔离相互不亲和。虽然衡量染色体的演变最好是检测种间杂交子代的配对情况，有丝分裂核型的差异也可以辨别（Chennaveeraiah，1960）。在小麦族中，界定为不同的染色体组，至低限度它们的单倍染色体组要有 4 对染色体分化减数分裂配对受阻，而同源染色体受阻要在 3 对以上才可以认为是不同的染色体组［木原 均（Kihara），1954、1963、1975；Á. Löve，1982］。

　　按照 Áskell Löve（1982、1984）的染色体组分类，*Lophopyrum elongatum*（Host）

Á. Löve［＝ *Agropyron elongatum*（Host）Beauvois；*Elytrigia elongata*（Host）Nevski］含有 **E** 染色体组，而 *Thinopyrum bessarabicum*（Savul. et Rayss）Á. Löve［＝ *Agropyron bessarabicum* Savul. et Rayss；*Elytrigia bessarabica*（Savul. et Rayss）Dubovik］则含的是 **J** 染色体组。从核型来看，这两个染色体组非常相近（Heneen 与 Runemark，1972；Dvořák，1981；McGuire，1984）。由此看来染色体组 **J** 应该改写为 **E^b**（Dvořák，1981；McGuire，1984）。Dewey（1984）就把 *L. elongatum* 改放在 *Thinopyrum* 属中，虽然没有二倍体的 *Thinopyrum bessarabicum* 与 *Lophopyrum elongatum* 之间杂种检测得来的直接证据。汪瑞琪介绍，已成功地得到了这一组合的杂种，这篇报告就是对这个杂种及其亲本检测的记录。他做了亲本有丝分裂的核型分析与 F_1 杂种减数分裂的染色体组型分析。

核型分析的数据与相应的模式图如表 4-6 与图 4-10 所示。

表 4-6　***Thinopyrum bessarabicum* 与 *Lophopyrum elongatum* 的**
染色体长及其臂比（每个种 10 个根尖细胞）

（引自 R. R. -C. Wang，1985，表 2）

种	染色体性状	染 色 体						
		1	2	3	4	5	6	7
T. bessarabicum	长度（μm）随体				0.90	1.90		
	短臂	4.59	4.92	3.74	2.12	2.01	3.85	3.03
	长臂	5.91	5.35	5.74	6.18	5.14	4.68	4.98
	总计	10.50	10.27	9.48	9.20	9.05	8.53	8.28
		(0.44)	(0.57)	(0.51)	(0.47)	(0.47)	(0.37)	(0.49)
	臂比（L/S）	1.29	1.09	1.53	2.04	1.31	1.21	1.51
		(0.02)	(0.02)	(0.03)	(0.10)	(0.11)	(0.09)	(0.05)
T. elongatum	长度（μm）随体				0.28	1.62		
	短臂	4.53	4.92	3.28	2.40	2.22	3.03	2.86
	长臂	4.81	4.91	4.70	5.30	3.88	4.59	4.24
	总计	9.34	8.93	7.98	7.98	7.72	7.62	7.10
		(0.74)	(0.55)	(0.64)	(0.36)	(0.55)	(0.59)	(0.48)
	臂比（L/S）	1.06	1.22	1.43	1.98	1.01	1.52	1.48
		(0.01)	(0.01)	(0.04)	(0.15)	(0.06)	(0.09)	(0.06)

注：括弧内数字为标准差。

他用 *Thinopyrum elongatum* 作母本，用 *T. bessarabicum* 的花粉与它杂交，做了 138 朵小花，全都没有结种子。但是反交的效果完全不同，*T. bessarabicum* 两个居群，一个 77 朵小花授以 *T. elongatum* 的花粉得到 4 粒杂种种子；另一个居群 79 朵小花，授以 *T. elongatum* 的花粉得到 17 粒杂种种子。这些杂种种子都比较大。21 粒萌芽的杂种种子得到 5 株 F_1 杂种植株，其中 2 株来自居群 Jaaska，3 株来自 Jaaska-Ⅱ。未经春化就成长抽穗。所有 F_1 杂种相互都非常相似，许多穗部性状都介于双亲之间呈中间型，但失去 *T. bessarabicum* 的灰蓝色。F_1 杂种植株非常健壮，但是不结实。

这两个亲本种的核型的相对应染色体的相似与相异的数据列如表 4-6 与图 4-10。染色体 3、4、7 的长度与臂比在两个染色体组之间都相似。两个染色体组之间主要的差异在染色体 1、2、5 与 6 的臂比不同，两个染色体组间的染色体长度差异不显著。相关染色体长度，或每一染色体部分长度占染色体组的染色体总长度，相对来说 J 染色体组与 E 染色体组的 7 对染色体是相似的。编著者想再指出一点，即随体都位于 4 与 5 染色体，并且相对大小也基本一致，虽然长度稍有不同。

亲本的减数分裂是正常的，因此 90% 以上的花粉都可以染上色。大多数中期 I 的花粉母细胞都含 7 对环型二价体（图 4 - 11：3）。T. bessarabicum 居群 Jaaska 比居群 Jaaska Ⅱ 与 T. elongtatum 含有的单价体以及棒型二价体要多一些（图 4 - 11，表 4 - 7）；在子代中以它作母本也比用 Jaaska Ⅱ 作母本含有的单价体以及棒型二价体要多一些。两个杂交组合

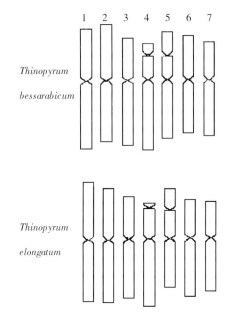

图 4 - 10　*Thinopyrum bessarabicum* 与 *Thinopyrum elongatum* 7 条染色体的模式核型
（引自 R. R. -C. Wang, 1985，图 2）

都同样显现每细胞最多含 2 个四价体（图 4 - 11：5）或 2 个三价体（图 4 - 11：6），或 1 个五价体（图 4 - 11：7）。在 1 个花粉母细胞中观察到 1 个环型四价体、1 个异形二价体（两个染色体不等长）（图 4 - 11：8）。含有 2 个异型单价体也在子代中观察到（图 4 - 11：4）。在同一个细胞中观察到含有 1 个三价体与 1 四价体（图 4 - 11：9）。少数的落后染色体在后期 I 的细胞中观察到（图 4 - 11：10）。但是在四分子中观察到最高有 4 个微核。近 10% 的花粉可以用 I₂ - KI 将其淀粉染成蓝黑色。

亲本种的核型分析结果与 Cauderon 与 Saigne（1961）、Evans（1962）、Heneen 与 Runemark（1972）、Dvořák 及 McGuire 与 Mendlinger（1984）基本上一致。Dvořák 等是以与小麦染色体的同源性来排列的，而这篇文章是按自身染色体的长度顺序来排列的。这里的 1～7 号的染色体与 Dvořák 等的 7、2、4、5、6、3、1 号染色体相当。比较 *T. bessarabicum* 与 *T. elongatum* 相对应的 7 条染色体，3 号、4 号、7 号 3 对染色体近于等同，这 3 对染色体只有很少一点结构性改变。其他 4 对染色体之间有较为广泛的结构性重组。这一观察结论也得到 F₁ 减数分裂染色体配对数据的支持。一个细胞中出现 2 个四价体（图 4 - 11：5），说明在 4 条染色体上发生了两段染色体互换。图 4 - 11：8 出现的异形二价体，显示一段染色体交换形成两条同源染色体表现出明显的长度不同。如果是这样，*T. bessarabicum* 与 *T. elongatum* 的 4 条染色体的同源性就可以不必以长度而论，它们在这两个种演化过程中发生过染色体重组。核型模式图（图 4 - 10）中 *T. bessarabicum* 的 1 号与 2 号染色体反过来与 *T. elongatum* 的 2 号与 1 号是相互对应的同源染色体。从这两个种的模式核型图来看，支持 J 与 E 染色体组关系相近。

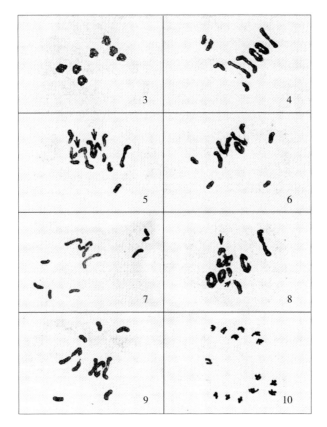

图 4-11　*Thinopyrum elongatum*（3）以及 *T. bessarabicum*×
T. elongatum F$_1$ 杂种的减数分裂（4-10）

3.7 对环型二价体　4.2 对环型二价体＋4 对棒型二价体＋2 单价体（不等长）
5.2 单价体＋2 对棒型二价体＋2 环型四价体（箭头所指）　6.4 单价体＋1 对环型
二价体＋1 对棒型二价体＋2 三价体　7.7 单价体＋1 对棒型二价体＋1 五价体；
8.3 对环型二价体＋2 对棒型二价体（不同形，用小箭头指示）＋1 对环型四价体
（大箭头所指）　9.5 单价体＋1 对棒型二价体＋1 三价体＋1 四价体　10. 后期 I
示一落后染色体

（引自 R. R.-C. Wang，1985. 图 3-10）

　　汪瑞琪的这个试验研究的减数分裂数据，以及其他人（Cauderon 与 Saigne，1961；
Dvořák，1981；McGuire，1984）在三倍体与四倍体杂种的观测，都表明 J 与 E 染色体
组显示程度很高的同源性。*T. bessarabicum* 与 *T. elongatum* 的二倍体杂种的减数分裂环
型二价体高达 5 对（表 4-7），显示存在 5 对同源染色体。中期 I 细胞中单价体频率平
均少于 3 条，也显示 J 与 E 染色体组之间很高的同源性。前述作者所表述的在三倍体杂
种中观察到 5～7 个三价体也都是由于同源配对形成。因此，J 与 E 染色体组之间的同
源性比 Kimber 与 Riley（1963）所观察的六倍体小麦的亲本种之间的同源性高得多，分
别含 A、B、D 染色体组的亲本种形成的二倍体杂种的减数分裂环型二价体最多只有 2
对。

表 4-7 *Thinopyrum bessarabicum*、*T. elongatum* 及其 F₁ 杂种的花粉母细胞减数分裂行为

(引自 R. R.-C. Wang，1985，表 3)

亲本种与杂种	植株数	观察细胞数	中期 I							后期 I 落后染色体/细胞	微核/四分子
			I	oII	rII	III	oIV	cIV	V		
T. bessarabicum	1	102	0.14	5.66	1.27	—	—	—	—	0.02	0.03
(Jaaska)			(0~6)	(0~7)	(0~5)					(0~1)	(0~1)
T. elongatum	1	102	0.02	6.51	0.47	—	—	—	—	0.01	0.02
(Jaaska II)			(0~2)	(4~7)	(0~3)					(0~1)	(0~2)
T. elongatum	1	102	—	6.72	0.28	—	—	—	—	0.00	0.03
				(5~7)	(0~2)						(0~2)
T. bessarabicum	3	322	3.05	1.16	3.42	0.29	0.05	0.16	0.01	0.48	0.73
(Jaaska) ×*T. elongatum*			(0~12)	(0~5)	(0~7)	(0~2)	(0~1)	(0~2)	(0~1)	(0~3)	(0~4)
T. bessarabicum	2	204	2.11	1.86	2.98	0.23	0.11	0.26	0.01	0.42	0.95
(Jaaska II) ×*T. elongatum*			(0~10)	(0~5)	(0~7)	(0~2)	(0~1)	(0~2)	(0~1)	(0~2)	(0~4)

注：oII＝环型二价体；rII：棒型二价体；oIV：环型四价体；cIV：链型四价体。

日本的 Endo, T. R.（远藤·隆）与美国堪萨斯的 B. S. Gill（1984），用 C 带分析显示 **J** 与 **E** 染色体组的染色体的 C 带分布有所不同。编著者同意汪瑞琪的意见，杂种中染色体的配对才可显示杂种自身认可的同源性。C 带差异是显示异染色质的分布有所不同，但这个层次的差异并未改变生殖过程所反映的同源性。正如孟德尔的豌豆试验，红花-白花、绿色豆-黄色豆，并未改变它们还是同一个种一样。这些不同层次的差异并不反映同源性的异同。

基于核型与减数分裂所反映的相同性，可以界定它们应当是同一个染色体组。Östergren（1940）、Cauderon 与 Saigne（1961），把 **E** 染色体组改为 **J**ᵉ 染色体组；Dvořák（1981）、McGuire（1984）把 **J** 染色体组改为 **E**ᵇ 染色体组；Dewey 1984 年基于染色体组的相同性，把 *Lophopyrum elongatum* 改为 *Thinopyrum elongatum*。

1994 年在美国犹他州洛甘召开的第 2 届国际小麦族会议上，第 1 届会议选举出的六人染色体组命名小组提出题为 "Genome symbols in Triticeae（Poaceae）"，而不是 *Thinopyrum* Á. Löve。*Thinopyrum* Á. Löve 合并在 *Lophopyrum* Á. Löve 属中，应当是 *Lophopyrum* Á. Löve 的异名。

1988 年，M. Moustakas、L. Symeonidis 与 G. Ouzounideou 在《植物系统学与进化（Plant Systematics and Evolution）》161 卷，发表一篇题为 "Genome relationships in the Elytrigia group of the genus *Agropyron*（Poaceae）as indicated by seed protein elec-tro-phoresis" 的分析报告。

测试的 6 个 *Agropyron* 种的种子水溶蛋白等电聚焦电泳图谱显示显著的相似性，典型的具有 40 个带（图 4-12）。它们显示没有质的差异只有量的差异（一些带的强度）。目前这 6 个种应属于 *Thinopyrum* 属的两个复合群，种名与染色体组应当是：*T. bessarabicum* **J**ʲ¹ **J**ʲ¹，*T. sartorii*（= *A. rechingeri*）**J**ʲ¹ **J**ʲ¹ **J**ʲ³ **J**ʲ³，*T. junceiforme* **J**ʲ¹ **J**ʲ¹ **J**ʲ² **J**ʲ²，*T. elongatum* **J**ᵉ¹ **J**ᵉ¹，*T. flaccidifolium* **J**ᵉ¹ **J**ᵉ¹ **J**ᵉ¹ **J**ᵉ¹ 与 *T. scirpeum* **J**ᵉ¹ **J**ᵉ¹ **J**ᵉ² **J**ᵉ²。

1988 年，附设在美国犹他州立大学的美国农业部实验室的美籍印度裔学者 Prem P. Jauhar 在《核基因组（Genome）》第 30 卷，发表一篇题为 "A reassessment of genome relationships between *Thinopyrum bessarabicum* and *T. elongatum* of the triticeae" 的研究报告。这篇报告是针对 1985 年他同一实验室的汪瑞琪的论文，认为 **J** 与 **E** 两个染色体组应当合二为一的论点而做的。他观察了两个二倍体亲本材料 *T. bessarabicum* 与 *T. elongatum*，它们分别含有 **J** 与 **E** 两个染色体组。汪曾将 *T. bessarabicum* 与 *T. elongatum* 杂交获得 **JE** 双单倍体（F₁）杂种，并将这个 F₁ 杂种用秋水仙碱引变成为 **JJEE** 双二倍体，以及与 *T. bessarabicum* 回交形成 **JJE** 三倍体。Jauhar 对汪提供的这 3 种材料也进行了观察。

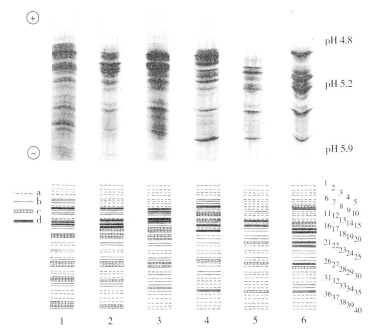

图 4-12　种子蛋白电泳图谱（电泳凝胶版照片与相对应的模式带谱）

1. *Agropyron bessarabicum*　2. *A. juncei forme*　3. *A. rechingeri*　4. *A. elongatum*

5. *A. flaccidi folium*　6. *A. scrirpeum*

（引自 Moustakas、Symeonidis 与 Ouzounidou，1988，图 1）

　　他介绍：二倍体杂种平均配对为 <0.01Ⅴ+0.06Ⅳ+0.28Ⅲ+4.98Ⅱ+1.97Ⅰ，每细胞交叉平均 8.36。Jauhar 认为配对比较差，许多二价体都是棒型，一些清楚地可以看到是异型与松散配对（可能是假交叉）。这个二倍体杂种是不育的，显示亲本是生殖隔离的不同的种。**JJE** 三倍体平均染色体构型是 <0.01Ⅵ+0.06Ⅳ+1.53Ⅲ+5.46Ⅱ+5.20Ⅰ，每细胞交叉平均 13.45。重复染色体组 **JJ**，显现优先配对，正如其亲本 *T. bessarabicum* 形成多数环型二价体，具 2 个甚至 3 个交叉。而 **E** 染色体组的染色体剩下来成为单价体。**E** 染色体组的染色体很少与 **J** 染色体组的染色体亲和配对。**JJEE** 双二倍体突出显现二价体配对，在一些细胞中环型二价体高达 14 对。它的平均染色体构型为 0.01Ⅵ+0.55Ⅳ+0.26Ⅲ+11.75Ⅱ+1.42Ⅰ，每细胞四价体平均频率变幅在 0.10～1.53。因此，**J** 与 **E** 染色体组在 4x 水平上基本上保持它们各自的减数分裂的完整性。不同倍性的杂种的染色体行为以及二倍体杂种的不育显示 **J** 与 **E** 是两个不同染色体组，虽然 **J** 与 **E** 两个染色体组

足够相近可以进行组间基因流交换。他不同意将 J 与 E 两个染色体组合并为一个。

从相关的文献来看，Dvořák（1981）、McGuire（1984）、汪瑞琪（1985）都没有把 *T. bessarabicum* 与 *T. elongatum* 看成是同一种，也没有把 **J** 与 **E** 两个染色体组看成是一个相同的染色体组，而是写成有所不同的亚型，即 **Eᵉ** 与 **Eᵇ**。Jauhar 也认为这两个染色体组"close enough"。

1988 年，南非共和国斯梯伦堡什大学的 R. de Pienaar 与 G. M. Littlehohn 以及美国哥伦比亚密苏里大学的 E. R. Sears 在《（南非植物学杂志 S. Afr. J. Bot.）》54 卷，发表一篇题为 "Genomic relationships in *Thinopyrum*" 的研究报告。这篇报告主要介绍对南非特有的 *Thinopyrum distichum*（Thunb.）Á. Löve 进行了染色体组组型分析研究。分析研究的所得数据如表 4-8 所示。

表 4-8 ***Thinopyrum bessarabicum***（2n＝14）、***Th. elongatum***（2n＝14）、***Th. curvifolium***（2n＝28）、***Th. distichum***（2n＝28）、***Th. junceiforme***（2n＝28）、***Th. scirpeum***（2n＝28）与 ***Triticum durum***（2n＝28）的杂种减数分裂中期Ⅰ染色体的联会及其变幅

（引自 R. de Pienaar et al.，1988，表 2；删减改排）

杂种谱系	2n与染色体组	花粉母细胞数	单价体	二价体			多价体				交叉/细胞	平均臂交频率(c)
				棒型	环型	总计	Ⅲ	oⅣ	rⅣ	V+		
Th. bessa/	14	526	2.68	3.24	1.43	4.68	0.27	0.20	0.07	0.01	—	
Th. elong	$J_1J_1^e$		(0~12)	(0~7)	(0~5)		(0~2)	(0~2)	(0~1)	(0~1)		
Th. junceif/	21	100	3.40	—	—	4.50	2.76	0.08	0.00	0.00		
Th. elong	$J_1J_2J_1^e$		(0~7)			(0~9)	(0~7)	(0~1)				
Th. curvif/	21	28	3.71	2.29	1.82	4.11	2.64	0.29	0.00	0.00		
Th. bessa	$J_2J_1^cJ_2^c$		(1~8)	(0~5)	(0~5)	(1~7)	(0~5)	(0~1)				
Th. scirp/	21	36	5.14	1.36	3.86	5.22	1.47	0.11	0.00	0.00		
Th. bessa	$J_2J_1^cJ_2^c$		(2~7)	(0~4)	(1~6)	(2~9)	(0~5)					
Th. scirp/	21	100	4.01	1.44	2.73	4.17	2.83		0.04	—	13.05	0.932
Th. elong	$J_1^eJ_1^cJ_2^e$		(1~7)	(0~5)	(0~6)	(1~8)	(0~6)		(0~1)		(9~16)	
Th. scirp	28	50	0.04	0.70	13.16	13.86	—		0.06		27.26	
	$J_1^eJ_1^eJ_2^eJ_2^e$		(0~2)	(0~4)	(10~14)	(12~14)			(0~1)		(14~28)	
Th. elong	28	50	1.82	3.55	4.75	8.30	0.94		1.69	—	20.41	0.729
同源四倍体	$J_1^eJ_1^eJ_1^eJ_1^e$		(0~8)	(0~10)	(0~12)	(2~14)	(0~3)		(0~5)		(15~26)	
Th. scirp/	28	10	1.00	1.80	6.10	7.90	—				23.80	0.850
Th. elong 4x	$J_1^eJ_1^eJ_1^cJ_2^e$		(0~2)	(0~3)	(5~9)	(6~10)			(2~4)		(22~26)	
Th. junceif/	28	14	3.00	1.07	1.57	2.64	1.36	1.79	1.14	0.79	—	—
Th. curvif	$J_1J_2J_1^cJ_2^c$		(1~6)	(0~3)	(0~3)	(0~5)	(0~3)	(0~3)	(0~2)	(0~2)		
Th. distich/	21	50	2.92	1.58	2.78	4.36	2.96		0.12	—	13.20	0.916
Th. elong	$J_1^dJ_2^dJ_1^e$		(1~6)	(0~4)	(0~6)	(0~8)	(0~7)		(0~1)		(11~19)	
Th. distich/	28	50	5.0	2.98	3.58	6.56	1.70		0.88	0.22	18.58	0.624
Th. junceif	$J_1J_2J_1^dJ_2^d$		(1~8)	(1~7)	(1~7)	(4~11)	(0~6)		(0~3)	(0~2)	(14~20)	

注：Th. bessa＝*Thinopyrum bessarabicum*；Th. curvif＝*Th. curvifolium*；Th. distich＝*Th. distichum*；Th. elong＝*Th. elongatum*；Th. junceif＝*Th. junceiforme*；Th. scirp＝Th. scirp＝*Th. scirpeum*。

黑体为 R. de Pienaar 等所做的试验观察，其余是引用前人数据。本表删去与硬粒小麦杂交的数据，并在编排上作了修改，把前人研究集中在前，把 R. de Pienaar 的观察结果集中在后。

从表 4-8 所列数据来看，*Thinopyrum distichum*（Thunb.）Á. Löve 的染色体组是 **J** 染色体组的变型。R. de Pienaar 在这篇文章中把它写作 $\mathbf{J_1^d}$ 与 $\mathbf{J_2^d}$。

1989 年，美国农业部犹他洛甘牧草与草原研究室与犹他洛甘农业试验站的汪瑞琪与凯萨林萧（Catherine Hsiao）在《核基因组（Genome）》32 卷发表一篇题为 "Genome relationship between *Thinopyrum bessarabicum* and *T. elongatum*: revisited" 的研究报告。他们在这篇重新订正这两个种的染色体组的相互关系文章的绪言中介绍，*Thinopyrum bessarabicum* 与 *T. elongatum* 是这个属中仅有的两个二价体种。基于它们之间的二倍体杂种（Wang，1985），以及包括这两个种在内的三倍体与四倍体杂种（Cauderon 与 Saige，1961；Dvořák，1981；McGuire，1984），都显示这两个种的染色体组非常相近，并把它们改成同一个染色体组符号加以不同的上标（Dvořák，1981；McGuire，1984；Wang，1985）。也就是 *Thinopyrum junceiforme*（Á. Löve et D. Löve）Á. Löve 在 1984 年 Dewey 的分类系统中 *T. bessarabicum* 复合群的一个四倍体种。在它的酯酶同功酶图谱中显示出一些带与 **J** 以及 **J**ᵉ 染色体组所共有（J. Jarvie 未发表数据），而核型分析也显示含有 **J** 以及 **J**ᵉ 两个染色体组的随体染色体。用不同的 DNA 探针测试 *T. junceiforme*，它具有 *T. elongatum* 的 DNA 杂交相似的带（McIntyre，1988）。因此给予 *T. junceiforme* 的染色体组符号是 **JJJᵉJᵉ**。*Thinopyrum scirpeum*（Lange）D. R. Dewey 被认为是四倍体的 *T. elongatum*，因此它应当含有 **Jᵉ Jᵉ Jᵉ Jᵉ** 染色体组。虽然 *T. curvifolium*（Longe）D. R. Dewey 没有 *T. scrpeum* 那么像 *T. elongatum*，McGuire（1984）、Dewey（1984）仍然认为它是属于 *T. elongatum* 复合群的一个种，因此，*T. curvifolium* 的染色体组符号也写作 **Jᵉ Jᵉ Jᵉ Jᵉ**。

T. bessarabicum 与 *T. elongatum* 间的双二倍体与三倍体杂种，以及 *T. junceiforme* × *T. bessarabicum* 与 *T. scirpeum* × *T. bessarabicum* 所得到的数据，进一步证明 *T. bessarabicum* 与 *T. elondatum* 的染色体组基本上是同一个染色体组，它们之间的不同可能在于两个易位。

T. bessarabicum 与 *T. elongatum* 间杂交形成的三倍体，有三份材料他们进行了分析。体细胞有丝分裂的核型分析显示所有这三份材料都含有 **JJJᵉ** 染色体组（图 4-13）。它们都具有绿色的叶，多数小花的花药开裂。

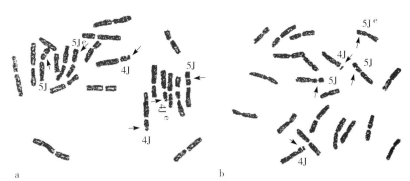

图 4-13 两株含有 **JJJᵉ** 染色体组的三倍体的根尖细胞的有丝分裂
[a. 植株 576，b. 植株 136；随体染色体用箭头指示，符号根据 Wang（1985）所定名]

（引自 Wang and Hsiao，1989，图 1）

它们减数分裂的观测数据列如表 4-9。在第 1 个三倍体（No.576）中，汪瑞琪在 100 个花粉母细胞中观察到平均 2.60 个三价体，这份材料是 1987 年 3 月 3 日采自温室。后 Jaugar 在 1988 年 4 月于同一材料上采了一些穗子，经观察，250 个花粉母细胞中平均只有 1.53 个三价体。由于这两个观察结果不一致，汪瑞琪在 1988 年研究了温室环境（主要是温度）对染色体配对是否造成差异。平均三价体数下降到 2.18。汪瑞琪原来采自温室的数据为萧采自大田的同一 **JJJ**e 三倍体的无性繁殖系（HD-34-21）的观测结果 2.86 所支持。

第 2 个三倍体材料（HD-33-66）是冬性植株，这个三倍体材料与前一个三倍体材料（HD-34-21）种植在同一个大田苗圃。汪与萧是同一天取样。这个三倍体的减数分裂染色体配对的构型与第一个有所不同，平均配对数据来自不同观察者的不同涂片，却得到几乎相同的数据。而汪仅仅观测了 27 个细胞（表 4-9）。

表 4-9　不同观测者检测的含有 JJJe 染色体组的三倍体的
减数分裂中期 I 花粉母细胞染色体配对构型

（引自 Wang and Hsiao，1989，表 1）

植株	检测样本 地点	检测样本 日期*	观测者	细胞数	中期 I — I	棒型 II	环型 II	III	链型 IV	环型 IV	V	VI 与 VII	C+	X+
No.576	温室	3/3/1987	R. Wang	100	3.93	0.95	3.64	2.60	0.06	0.02		0.01	0.934	0.828
					(2~7)	(0~5)	(1~6)	(0~5)	(0~1)	(0~1)		(0~1)		
	温室	4/?/1987	P. Jauhar++	250	5.20	1.19	4.27	1.53	0.05	0.01	<0.01	0.911	0.929	
					(0~9)	(0~4)	(1~7)	(0~5)	(0~1)	(0~1)		(0~1)		
	温室	3/30/1989	R. Wang	135	4.42	0.77	3.99	2.19	0.09	0.01	0.015	—	0.938	0.871
					(1~9)	(0~3)	(0~7)	(0~6)	(0~1)	(0~2)	(0~1)			
	温室	4/5/1988	R. Wang	109	4.42	0.68	4.07	2.29	0.04	—	0.01		0.957	0.872
					(0~8)	(0~3)	(1~7)	(0~6)	(0~1)		(0~1)			
	温室	6/18/1988	R. Wang	50	4.96	0.76	4.02	2.10	0.04				0.929	0.887
					(2~9)	(0~2)	(0~7)	(0~5)	(0~1)					
HD-34-21	大田	6/8/1988	C. Hsiao	330	3.78	0.85	3.23	2.86	0.09	—	0.01	0.006	0.934	0.806
					(1~7)	(0~4)	(0~6)	(0~5)	(0~1)		(0~1)	(0~1)		
	大田	6/8/1988	R. Wang	100	4.06	1.15	3.39	2.56	0.03		0.01	—	0.932	0.831
					(1~7)	(0~4)	(0~7)	(0~5)	(0~1)		(0~1)			
HD-33-66	大田	6/8/1988	R. Wang	27	3.48	2.15	1.44	3.30	0.07	0.04	—	—	0.831	0.500
					(1~8)	(0~5)	(0~3)	(1~6)	(0~1)	(0~1)				
	大田	6/8/1988	C. Hsiao	201	3.76	2.16	1.24	3.26	0.13		0.02	0.005	0.797	0.500
					(0~10)	(0~6)	(0~6)	(0~6)	(0~1)		(0~1)	(0~1)		
8819-2	温室	3/21/1989	R. Wang	71	4.13	1.20	3.13	2.72	0.01	—	—		0.921	0.816
					(1~7)	(0~4)	(0~7)	(0~6)	(0~1)					

注：No.576 = *T. besarabicum* × (*T. bessarabicum* × *T. elongatum*) C1. No.267；HD-34-21 = No.576 无性繁殖株；HD-33-66 = (*T. bessarabicum* × *T. elongatum*) F1；8819-2 = (*T. bessarabicum* × *T. elongatum*) C1 No.373 × *T. bessarabicum*。

* 月/日/年。

+ C 与 X 值都是按 Alonso 与 Kimber（1981）的 2:1 适合度模式方法测试。

++ Jauhar，1988。

第 3 个三倍体（8819-2）的减数分裂的染色体配对构型与第 1 个三倍体（No.576＝HD-34-21）相似（表 4-9），它们都是 *T. bessarabicum*×*T. elongatum* 的双二倍体与 *T. bessarabicum* 回交得来的，虽然二倍体种的居群不同以及双二倍体是反交组合。

这些三倍体的减数分裂数据都是用 Alonso 与 Kinber（1981）数学方法分析得来的 C（平均交叉频率）与 X 值（相对近似值）（表 4-9）。除 Jauhar（1988）所得数据外，其他测试数据形成的 X 值都低于 0.9。如果只看大田的数据，X 值低于 0.83。HD-33-66 单独来看，其 X 值只有 0.500。所有观察者都观测到一些细胞含有 5 个三价体，而汪与萧观察到含有高达 6 个三价体的花粉母细胞（图 4-14：a），以及其他多价体（图 4-14：b、c）。分析了 200 多个细胞，萧的数据显示细胞典型的正常分布频率，尽管细胞的分布频率有所不同，汪与萧从 HD-33-66 得来的染色体平均配对构型近于相等（表 4-9）。

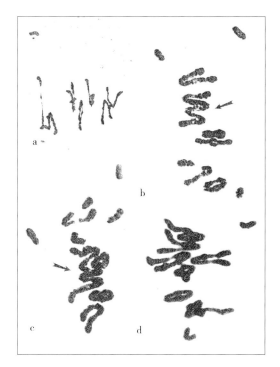

图 4-14　*T. bessarabicum* 与 *T. elongatum*（a-c）以及与 *T. scirpeum*（d）
之间杂交形成的三倍体的减数分裂中期 I 的花粉母细胞

a. HD-33-66 的 1 个细胞，显示 1 I ＋1 II ＋6 III　b. 3 I ＋3 II ＋2 III ＋1 VI（箭头所指）　　c. HD-34-21 的 1 个细胞，显示 3 I ＋2 II ＋2 III ＋1 VII（箭头所指）
d. *T. bessarabicum*×*T. scirpeum* 的 1 个细胞，2 I ＋2 II ＋5 III
（引自 Wang and Hsiao，1989，图 2）

T. bessarabicum×*T. elongatum* 的双二倍体，在涂片制作与减数分裂分析计数中发现一些植株是含 26、27 与 29 条染色体的非整倍体，与其他的有所不同。

为什么 3 个三倍体具有相同的 **JJJ**ᵉ，3 个染色体组组成而有差异？由于同源性的差异造成优先配对在这个事例里可以排除。当 HD-33-66 是由两个二倍体种的一个未减数的雌配子与一个减了数的雄配子受精所产生，它含有两个"原生"J与一个J^e染色体组。与它不同的是，HD-34-21与8819-2可能含有一个原生的与一个"改变"了的J加一个"改变"了的J^e染色体组，一些J染色体组的染色体可能有一些J^e染色体的节段，如像双二倍体No.267与No.373中发生的染色体交换所造成的结果（表4-10）。HD-33-66两个"原生"J染色体组的同原性应当比HD-34-21与8819-2要高一些（高X值）。这个估计并不真实。因此，不能用优先配对来解释这3个三倍体间配对构型的差异。

表4-10 *T. bessarabicum* × *T. elongatum* 双二倍体（2n＝28）减数分裂中期 I 染色体配对[*]

（引自 Wang and Hsiao，1989，表2）

植株	世代	细胞数	中期 I 构型						
			I	棒型 II	环型 II	III	链型 IV	环型 IV	总计（III＋IV）
B1-11XA9	C0	71	0.51	1.79	10.23	0.20	0.27	0.44	0.91
			(0～4)	(0～6)	(7～14)	(0～2)	(0～2)	(0～2)	
No.267	C1	77	0.88	2.47	9.54	0.17	0.36	0.26	0.80
			(0～6)	(0～5)	(5～13)	(0～1)	(0～2)	(0～2)	
No.151	C1	37	0.64	2.24	8.86	0.08	0.30	0.89	1.27
			(0～4)	(0～5)	(5～12)	(0～1)	(0～3)		
No.152	C1	31	0.55	2.26	10.45	0.06	0.16	0.26	0.48
			(0～4)	(0～7)	(6～13)	(0～1)	(0～1)	(0～2)	
No.252	C!	71	0.97	2.69	8.30	0.18	0.56	0.56	1.30
			(0～6)	(0～6)	(3～13)	(0～2)	(0～2)	(0～2)	
No.249	C1	24	1.71	2.79	7.13	0.29	0.75	0-63	1.67
			(0～5)	(0～7)	(4～10)	(0～2)	(0～3)		
No.373	C1	16	2.25	2.81	6.00	0.38	1.06	0.69	2.13
			(0～5)	(0～8)	(2～11)	(0～2)	(0～3)	(0～2)	
自生植株	C2	32	1.31	3.09	6.94	0.38	0.66	0.72	1.76
			(0～8)	(0～8)	(3～12)	(0～3)	(0～3)	(0～3)	

[*] 稀有的五价体或高价体不包括在内。

除此之外，可以提供一种解释就是两种三倍体的不同是因基因型的差异。可以假定一些 *T. elongatum* 含有二价体化基因（gene for bivalentization）（这一词是由 diploidization 一词转变而来，J. Sybenga 建议，Wang 1989 年采用）。这一个解释也是 Charpentier 等（1986、1988）所建议，是基于他们引变的四倍体 *T. elongatum* 的数据提出这种看法的（表4-11）。这个二价体化基因是一种半合子控制无效系统（隐性）（Charpentier 等，1988，表4-10与表4-11），在高温下起作用（表4-9），可以改变同源多倍体染色体的构型，例如 *T. elongatum*（N4x），以及异源多倍体 *T. scirpeum*、*T. curvifolium*、*T. junceiforme*（表4-11），因此，一些三价体与四价体杂种（那些 X 值近于 0.5 的）适合 3∶0 与 4∶0 模型，而另一些（那些 X 值近于 1.0 的）就显示不同程度地偏离向 2∶1 与 2∶2 模型（表4-9至表4-11）。假定这个隐性基因控制系统位于 J^e 染色体组的染色体上，只有 HD-34-21（No.576）与 8819-2 可能存在这些基因成纯合状态。由于植株 No.267 与 No.373 含有易位染色体片段，HD-34-21 与 8819-2 "改变"了的 J 染色体组的染色体也可能把携带的这些基因加入到一组 **J^e** 染色体组中。因此，HD‐33‐66 只有一组 **J^e** 染色体组加上两组"原生" **J** 染色体组，这个基因系统只能是杂合的（不表达）。这个基因型的差异可能造成这些 **JJJ^e** 三倍体减数分裂染色体配对构型不同（表4‐9）。

从第2个三倍体植株 HD‐33‐66 的发现与分析来看，**J** 与 **E** 染色体组是同一个基本染色体组，应当用同一个符号。在这两个二倍体种中由于已证实具有两个易位，可以用一个上标来表示这两个染色体组的不同（Wang，1985）。

表4‐11　*Thinjopyrum* 属含 **J** 与 **Je** 染色体组的三倍体与四倍体杂种的
花粉母细胞减数分裂中期 I 染色体配对

（引自 Wang 与 Hsiao，1989，表3）

杂　种	染色体组	中期I构型								C	X	参考
		I	棒型II	环型II	总计II	三价体	链型IV	环型IV	总计IV			
T. junceilforme (4x) ×	JJ^eJ	2.34	0.11	2.78	2.89	4.29	—	—	—	1.00	0.680	Wang 与 Hssiao
T. bessarabicum (2x)		(0~5)	(0~2)	(0~7)		(1~7)						
T. bessarabicum (2x) ×	JJJ^e	2.71	0.71	3.33	4.04	3.38		0.02	0.02	1.00	0.772	Wang 与 Hsiao
T. junceiforme (4x)		(0~6)	(0~3)	(0~6)		(0~6)		(0~1)				
T. junceiforme (4x) ×	JJ^eJ^e	3.40	—		4.50	2.76			0.08			Cauderon 与
T. efongatum (2x)		(0~7)			(0~9)	(0~7)		(0~1)				Saigne, 1961
T. bessarabicum (2x) ×	JJ^eJ^e	4.87	0.46	4.39	4.85	2.14				0.966	0.894	Wang 与 Hsiao
T. scirpeum (4x)		(2~9)	(0~2)	(1~7)		(0~5)						
T. scirpeum (4x) ×	J^eJ^eJ	5.14	1.36	3.86	5.22	1.47	0.11		0.11	0.859	0.899	McGuire, 1984
T. bessarabicum (2x)		(2~7)	(0~4)	(1~6)		(0~5)	(0~2)					
T. elongatum (2x) ×	J^eJ^eJ	3.70	—		5.60	2.20			<0.10			Dvořák, 1981
T. scirpeum (4x)		(1~7)			(2~8)	(0~5)		(0~1)				
T. elongatum (4x) ×	$J^eJ^eJ^e$	4.12	1.30	2.80	4.10	2.82			0.03	0.896	0.789	Charpentier 等
T. elongatum (2x)		(1~8)	(0~5)	(0~7)		(0~6)		(0~1)				
T. curvifolium (4x) ×	J^eJ^eJ	3.71	2.29	1.82	4.11	2.64	0.29		0.29	0.801	0.500	McGuire, 1984
T. bessarabicum (2x)		(1~8)	(0~5)	(0~5)		(0~5)	(0~1)					
T. junceiforme (4x) ×	$JJ^eJ^eJ^e$	3.00	1.00	1.57	2.57	1.36	1.79	1.14	2.93	0.600	0.500	McGuire, 1984
T. curvifolium (4x)		(1~6)	(0~3)	(0~3)		(0~3)	(0~3)	(0~2)				
T. elongatum (C4x)	$J^eJ^eJ^eJ^e$	2.39	3.90	4.48	8.38	1.03			1.44	0.688	0.792	Charpentier 等，
		(0~8)	(0~10)	(0~12)		(0~4)		(0~5)				1986
T. elongatum (N4x) ×	$J^eJ^eJ^eJ^e$	1.00	1.80	6.10	7.90	—			2.80	0.800	0.759	Charpentier 等，
T. elongatum (C4x)		(0~2)	(0~3)	(5~9)				(2~4)				1986
T. elongatum (N4x)	$J^eJ^eJ^eJ^e$	0.05	0.92	12.92	13.84				0.05	0.961	0.979	Charpentier 等，
		(0~2)	(0~4)	(9~14)				(0~1)				1986
T. junceiforme (4x)	JJJ^eJ^e	0.02	0.59	13.30	13.89	—	0.03	0.02	0.05			Wang 与 Hsiao
		(0~2)	(0~3)	(11~14)			(0~1)	(0~1)				
T. scirpeum (4x)	$J^eJ^eJ^eJ^e$	0.40			13.50				0.01			Dvořák, 1981
		(0~2)			(12~14)			(0~1)				
T. curvifolium (4x)	$J^eJ^eJ^eJ^e$	—	0.42	13.26	13.68			0.16	0.16			Wang 与 Hsiao
			(0~2)	(10~14)				(0~2)				

染色体显带（Endo 与 Gill，1984；Gill，1984）、16 个同功酶谱的 5 个（McIntyre，1988）、植物形态学（Kellogg，1989；J. Jarvie 与 M. Barkworth，1990），显示 *T. bessarabicum* 与 *T. elongatum* "不同"，可能使这个问题还有一些争议。可是，种子蛋白电泳分析（Moustakas 等，1988）以及染色体配对数据（表 4 - 9～表 4 - 11）却支持这两个种含有基本上相同的染色体组。Kimber（1984）曾指出杂种的染色体配对所显示的染色体组的同源性比其他分析方法都要好一些。两个含有相同染色体组的植物可能出现显然不同的形态、染色体显带，以及（或）同功酶谱，这些差异可能由于基因型的不同或者表达的不同而造成。当然两个种在一些性状上有区别而保持它的种的地位。对于 *T. bessarabicum* 与 *T. elongatum* 很清楚，它们含有基本上相同的染色体组，不同在于两个易位。然而，它们是不同的种，它们在形态上、生态上都不相同，它们之间的杂种也不育（Wang，1985）。

由于存在二倍体化现象，他们指出会意识到出现一个问题，这个机制可以使一个同源多倍体染色体的行为类似异源多倍体（Charpentier 等，1986、1988；Hashemi 等，1989）。因此，这种多倍体的染色体的配对可能导致低估它们所含染色体组相互的同源性。

1990 年，美国犹他州立大学生物系山间植物标本馆（Intermountain Herbarium）的 J. K. Jarvie 与 M. E. Barkworth 在加拿大出版的《核基因组（Genome）》33 卷，发表一篇题为 "Isozyme similarity in *Thinopyrum* and its relatives（Triticeae；Gramineae）" 的研究报告。他们对 *Thinopyrum*、*Lophopyrum*、*Trichopyrum* 及 *Psudoroegneria* 的 6 个酶系 8 个位点 37 个等位基因进行了数量分析表 4 - 12～表 4 - 15。从分析的结果来看，含 J 与 E 染色体组的 *Thinopyrum* 与 *Lophopyrum* 完全相似聚合在一起，只有二倍体的 *L. elongatum* 在这一群中偏离较远（图 4 - 15、图 4 - 16）。所有这一群的物种都与 *Psudoroegneria* 的完全不同。含 E 与 S 染色体组异源多倍体的物种显示同功酶带谱与 *Psudoroegneria* 的带谱相似。

表 4 - 12　种名、异名、染色体组与居群

（引自 Jarnic 与 Barkworth，1990，表 1）

No. *	种[+]	染色体组	居群
1	*Th. bessarabicum*（Savul. & Rayss）Löve；*Et. juncea* ssp. *bessarabics*（Savul. & Rayss）Tsvelev；*El. farctus* ssp. *bessarabicus*（Savul. & Rayss）Mclderis；*Agropyron bessarabicum* Savul. & Rayss	**J**	PI 531710 PI 531711 PI 531712
2	*Th. junceiforme*（Löve & Löve）Löve；*Et. juncea* ssp. *boreoatlantica*（Simonet & Guinochet）Hyl.；*El. farctus* ssp. *boreali-atlanticus*（Savul. & Rayss）Mclderis	**J₁J₂**	PI 297873 PI 531730
3	*Th. junceum*（L.）Löve；*Et. juncea*（L.）Nevski；*El. farctus* Runemark ex Mclderis；*A. junceum*（L.）Bcauv.	**JJE**	PI 234708 PI 277180 PI277184
4	*Th. sartorii*（Boiss. & Heldrich）Löve；*El. farctus* ssp. *rechingeri*（Runemark）Melderis	**JE**	PI 414667 PI 531745
5	*Th. distichum*（Thunb.）Löve；*A. distichum*（Thunb.）Beauv.	**J₁J₂**	D 3652 D 3653
6	*L. elongatum*（Host）Löve；*Et. elongata*（Host）Nevski；*El. elongatus*（Host）Runemark；*A. elongatum*（Host）	**E**	PI 531718 PI 531719

（续）

No. *	种+	染色体组	居群
7	*L. caespitosum*（Koch）Löve；*Et. caespitosus*（Koch）Nevski；*El. nodosum* ssp. *caespitosus*（Koch）Melderis	**ES**	PI 531718 PI 531719
8	*L. nodosum*（Nevski）Löve；*Et. caespitosa* ssp. *nodosa*（Nevski）Tsvelev；*El. nodosus*（Nevski）Melderis	**ES**	PI 531733 PI 531734
9	*L. turcicum*（McGuire）Löve；*El. elongatus* ssp. *turcicus*（McGuire）Melderis	**(EJ)4**	PI 401117
10	*L. ponticum*（Podp.）Löve；*El. elongatus* ssp. *ponticus*（Podp.）Melderis	**(EJ)5**	Conard
11	*Tr. intermedium*（Host）Löve；*Et. intermedia*（Host）Nevski；*El. hispidus*（Opiz）Melderis；*A. intermedium*（Host）Beauv.	**EES**	PI98568 PI 440000
12	*Tr. intermedium* ssp. *podperae*（Nabelek）Löve；*El. hispidus* ssp. *podperae*（Nabelek）Melderis；*A. podperae* Nabelek	**EES**	PI 229473
13	*P. libanotica*（Hackel）Löve；*Elymus libanoticus*（Hackdl）Mekleris；*A. libanoticum* Hackel	**S**	PI 222959 PI 380650
14	*P. spicata*（Pursh）Löve；*A. spicatum*（Pursh）Scrib. & Smith	**S/SS**	Davis - 4 D 2815 D 2838
15	*P. stipifolia*（Czern ex Nevski）Löve；*Et. stipifolia* Czern ex Nevski；*El. stipifolius*（Czern ex Nevski）Mcfderis	**SS**	PI 313960 PI 325181 PI 531751
16	*P. strigosa*（Bieb.）Löve；*Et. strigosa*（Bieb.）Nevski；*El. reflexiaristatus* ssp. *strigosus*（Bieb.）Melderis；*A. strigosum*（Bieb.）Boiss.	**SS**	PI 531752 PI 531753

* 种数与表 4 - 13～表 4 - 15 同。

+ *El.*：*Elymus*；*Et.*：*Elytrigia*；*A.*：*Agropyron*。

表 4 - 13 跨越八个位点等位基因频率

（引自 Jarnie 与 Bakworth，1990，表 2）

位点	种*															
	1	2	3	4	5	6	7	8	9	10	11	12	13	14	15	16
Sdh																
a	0.00	0.00	0.00	0.00	0.00	0.00	0.06	0.02	0.00	0.01	0.01	0.00	0.00	0.09	0.00	0.00
b	0.00	0.00	0.00	0.00	0.00	0.00	0.44	0.42	0.00	0.00	0.49	0.13	0.37	0.75	0.10	0.09
c	1.00	1.00	0.91	1.00	0.00	1.00	0.00	0.00	0.50	0.60	0.00	0.00	0.00	0.00	0.00	0.00
d	0.00	0.00	0.00	0.00	0.00	0.00	0.34	0.54	0.00	0.00	0.49	0.87	0.62	0.14	0.30	0.11
e	0.00	0.00	0.09	0.00	1.00	0.00	0.00	0.00	0.50	0.36	0.00	0.00	0.00	0.00	0.00	0.00
f	0.00	0.00	0.00	0.00	0.00	0.00	0.16	0.02	0.00	0.03	0.01	0.00	0.02	0.02	0.60	0.80
Mdh - 1																
a	0.00	0.00	0.00	0.00	0.00	0.48	0.00	0.00	0.00	0.00	0.00	0.00	0.00	0.00	0.00	0.00

（续）

位点	种*															
	1	2	3	4	5	6	7	8	9	10	11	12	13	14	15	16
b	0.50	0.50	0.25	0.50	0.50	0.48	0.00	0.00	0.35	0.27	0.00	0.00	0.00	0.49	0.08	0.00
c	0.00	0.00	0.25	0.00	0.00	0.04	0.00	0.00	0.35	0.37	0.04	0.35	0.78	0.36	0.58	0.45
d	0.50	0.50	0.25	0.50	0.50	0.00	0.50	0.46	0.35	0.37	0.47	0.32	0.00	0.15	0.00	0.17
e	0.00	0.00	0.25	0.00	0.00	0.00	0.50	0.54	0.00	0.00	0.49	0.35	0.22	0.00	0.34	0.38
Mdb - 2																
a	0.00	0.08	0.22	0.00	0.00	0.00	0.00	0.00	0.00	0.12	0.00	0.00	0.12	0.00	0.00	0.28
b	1.00	0.46	0.38	1.00	0.50	1.00	1.00	1.00	1.00	0.78	0.97	0.80	0.80	1.00	1.00	0.70
c	0.00	0.46	0.22	0.00	0.50	0.00	0.00	0.00	0.00	0.12	0.03	0.20	0.08	0.00	0.00	0.00
Ep																
a	0.00	0.00	0.00	0.00	0.00	0.00	0.10	0.07	0.00	0.00	0.03	0.00	0.03	0.01	0.12	0.05
b	0.00	0.00	0.00	0.00	0.00	0.00	0.46	0.50	0.00	0.00	0.56	0.45	0.26	0.14	0.78	0.30
c	0.03	0.01	0.03	0.26	0.00	0.00	0.00	0.00	0.03	0.08	0.00	0.00	0.00	0.00	0.00	0.00
d	0.54	0.12	0.48	0.47	0.50	0.00	0.44	0.43	0.50	0.53	0.41	0.55	0.72	0.85	0.10	0.65
e	0.44	0.87	0.49	0.27	0.50	1.00	0.00	0.50	0.38	0.00	0.00	0.00	0.00	0.00	0.00	0.00
Aat - 1																
a	0.00	0.00	0.00	0.00	0.00	1.00	0.00	0.00	0.00	0.00	0.00	0.00	0.00	0.00	0.00	0.00
b	0.00	0.00	0.00	0.00	0.00	0.00	0.00	0.00	0.00	0.00	0.02	0.23	0.00	0.00	0.00	0.00
c	0.00	0.00	0.00	0.19	0.00	0.00	0.00	0.00	0.00	0.00	0.23	0.63	0.00	0.00	0.02	0.13
d	1.00	1.00	1.00	0.81	1.00	0.00	1.00	1.00	1.00	1.00	0.75	0.13	1.00	1.00	0.98	0.88
Aat - 2																
a	0.00	0.00	0.00	0.00	0.00	0.00	0.00	0.00	0.00	0.00	0.00	0.00	0.00	0.00	0.00	0.07
b	0.00	0.00	0.00	0.82	0.00	0.00	0.00	0.00	0.00	0.00	0.09	0.00	0.00	0.00	0.00	0.00
c	0.00	0.00	0.00	0.00	0.50	0.00	1.00	1.00	0.00	0.00	0.84	0.63	1.00	1.00	1.00	0.93
d	0.84	1.00	0.96	0.00	0.00	1.00	0.00	0.00	1.00	1.00	0.07	0.37	0.00	0.00	0.00	0.00
e	0.16	0.00	0.04	0.00	0.00	0.00	0.00	0.00	0.00	0.00	0.00	0.00	0.00	0.00	0.00	0.00
f	0.00	0.00	0.00	0.18	0.50	0.00	0.00	0.00	0.00	0.00	0.00	0.00	0.00	0.00	0.00	0.00
Lap																
a	1.00	0.67	0.50	0.83	0.75	1.00	0.78	0.49	0.50	0.67	0.67	0.88	0.03	0.02	0.06	0.07
b	0.00	0.00	0.00	0.00	0.00	0.00	0.08	0.02	0.00	0.00	0.03	0.00	0.50	0.51	0.59	0.57
c	0.00	0.00	0.00	0.00	0.00	0.00	0.00	0.01	0.00	0.00	0.00	0.00	0.40	0.47	0.35	0.37
d	0.00	0.33	0.50	0.17	0.25	0.00	0.14	0.48	0.50	0.33	0.25	0.13	0.07	0.00	0.00	0.00
Pgi																
a	0.00	0.00	0.00	0.00	0.25	0.00	0.00	0.00	0.00	0.00	0.00	0.00	0.00	0.00	0.00	0.00
b	0.65	1.00	0.54	0.87	0.50	1.00	0.86	1.00	0.70	0.90	0.99	1.00	0.92	0.77	0.88	0.85
c	0.03	0.00	0.00	0.00	0.00	0.00	0.01	0.00	0.25	0.00	0.01	0.00	0.08	0.00	0.12	0.14
d	0.32	0.00	0.46	0.13	0.25	0.00	0.13	0.00	0.05	0.00	0.00	0.00	0.00	0.23	0.00	0.00

* 种数见表 4 - 12。

表 4‑14 所有种所有位点的遗传变异

（引自 Jarnic 与 Barkworth，1990，表 3）

种	位点平均样本大小	位点平均等位基因数	位点多型性（%）	平均杂合性
Th. bessarabicum	48.8	1.8	50.0	0.223
Th. juncei forme	56.5	1.8	50.0	0.220
Th. junceum	42.5	2.4	75.0	0.415
Th. sartorii	47.5	1.9	75.0	0.284
Th. distichum	4.0	1.9	75.0	0.400
L. elongatum	55.0	1.3	12.5	0.068
L. caespitosum	50.0	2.3	62.5	0.297
L. nodosum	55.0	2.1	50.0	0.267
L. turcicum	22.5	2.0	62.5	0.331
L. ponticum	33.1	2.4	75.0	0.345
Tr. intermedium	52.5	2.9	75.0	0.353
Tr. podperae	26.3	2.1	87.5	0.371
P. libanotica	38.8	2.4	75.0	0.289
P. spicata	67.5	2.3	62.5	0.271
P. stipi folia	57.5	2.3	62.5	0.281
P. strigosa	33.4	2.6	100.0	0.388

表 4‑15 遗传相似性与距离系数矩阵

（引自 Jarnie 与 Barkworth，1990，表 4）

	1	2	3	4	5	6	7	8	9	10	11	12	13	14	15	16
1. *Th. bessarabicum*		0.780	0.783	0.798	0.650	0.683	0.612	0.548	0.782	0.790	0.553	0.512	0.471	0.559	0.464	0.466
2. *Th. juncei forme*	0.113		0.790	0.695	0.646	0.693	0.517	0.526	0.736	0.801	0.525	0.483	0.435	0.437	0.414	0.430
3. *Th. junceum*	0.111	0.090		0.636	0.639	0.557	0.535	0.548	0.809	0.817	0.511	0.482	0.490	0.506	0.448	0.506
4. *Th. sartorii*	0.152	0.274	0.323		0.617	0.591	0.633	0.575	0.664	0.705	0.629	0.547	0.485	0.548	0.482	0.504
5. *Th. distichum*	0.406	0.436	0.455	0.432		0.370	0.597	0.555	0.657	0.663	0.558	0.499	0.497	0.540	0.457	0.499
6. *L. elongatum*	0.276	0.264	0.411	0.439	0.875		0.415	0.388	0.593	0.614	0.435	0.468	0.306	0.334	0.335	0.304
7. *L. caespitosum*	0.424	0.619	0.595	0.426	0.380	0.897		0.912	0.602	0.630	0.884	0.699	0.736	0.742	0.736	0.698
8. *L. nodosum*	0.517	0.628	0.604	0.476	0.436	0.977	0.023		0.622	0.611	0.903	0.698	0.765	0.715	0.731	0.681
9. *L. turcicum*	0.112	0.143	0.108	0.288	0.311	0.365	0.459	0.453		0.891	0.580	0.514	0.546	0.591	0.538	0.530
10. *L. ponticun*	0.078	0.096	0.070	0.244	0.320	0.334	0.421	0.440	0.016		0.611	0.582	0.585	0.580	0.526	0.562
11. *Tr. intermedium*	0.468	0.611	0.625	0.417	0.453	0.832	0.021	0.017	0.457	0.423		0.761	0.710	0.670	0.691	0.676
12. *Tr. podperae*	0.547	0.684	0.703	0.555	0.641	0.695	0.217	0.212	0.541	0.465	0.122		0.635	0.526	0.563	0.601
13. *P. libanotica*	0.739	0.879	0.725	0.710	0.619	0.284	0.205	0.175	0.555	0.531	0.206	0.330		0.813	0.803	0.809
14. *P. spicata*	0.581	0.817	0.709	0.578	0.502	1.175	0.028	0.220	0.516	0.521	0.244	0.501	0.091		0.740	0.735
15. *P. stipi folia*	0.719	0.910	0.873	0.754	0.721	1.183	0.200	0.202	0.635	0.638	0.225	0.425	0.116	0.210		0.826
16. *P. strigosa*	0.738	0.886	0.750	0.703	0.632	1.307	0.213	0.237	0.609	0.570	0.262	0.439	0.110	0.172	0.074	

注：对角线以下：Nei（1978）不偏倚遗传距离；对角线以上：Rogers（1972）遗传相似性。

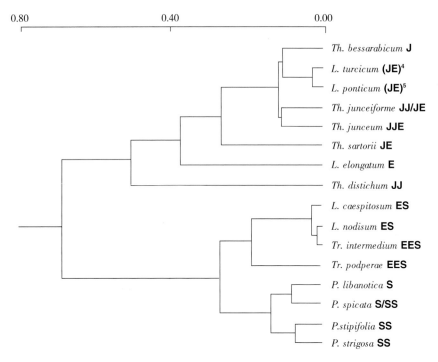

图 4 - 15　按种的数据非加权成对群法算术平均树状图［统计适合度：Farris（1972）"f" =
5.816；Prager 与 Wilson（1976）"F" = 7.865；SD（%）（Fitch 与 Margoliash，
1967）= 15.164；同源表形相关（cophenetic correlation）= 0.867］

（引自 Jarvie 与 Barkworth，1990，图 1）

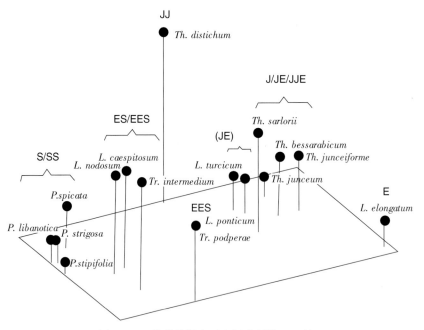

图 4 - 16　分种数据主要坐标分析第一三轴

（引自 Jarvie 与 Barkworth，1990，图 2）

他们在论述这一研究的绪言中说介绍，"从形态学来看，*Thinopyrum* 与 *Lophopyrum* 有所不同，Melderis（1978）把这两个属都放在 *Elymus* 属中，但是把 *Thinopyrum* 的种单独归入一个组中（section *Farctus*），因为从生长习性而把 *Lophopyrum* 与 *Psudoroegneria* sensu Dewey and Löve 组合在一起（section *Caespitosae*）。基于具有根茎，把所有的 *Trichopyrum* 放在 *Elytrigia* 的一个组中。*Elytrigia* sensu Dewey and Löve 包括一些含 **E、J** 与 **S** 染色体组而尚未完全确定的六倍体与八倍体种。"这些根据形态学性状人为标准的分类结果及他们的同功酶数据的客观聚类显示与上述形态分类不相同。这也进一步以另一种检测证实了染色体组分析正确性。

同功酶谱显示 *Thinopyrum* 与 *Lophopyrum* 彼此非常相似而与 *Psudoroegneria* 不同。这个检测结果与汪瑞琪（1985）、汪瑞琪及凯萨林萧（1989）检测染色体配对的结论相一致。

来自南非的 *Thinopyrum distichum* 与 *Th. sartorii* 相互的距离稍远一点，两者都与本属其他种也稍远一些。*Th. sartorii* 高层次的杂合性可能与它的开放授粉有关，所有其他欧洲的 *Thinopyrum* 种都是完全自交结实，只有它是异花传粉。它也是 *Thinopyrum* 属唯一一个有根茎的种。从解剖学来看，它也是 *Thinopyrum* 多倍体种中唯一一个叶片背面没有下皮的种。

同年，日本冈山大学的村松幹夫在《核基因组（Genome）》33 卷，发表一篇题为 "Cytogenetics of decaploid *Agropyron elongatum*（*Elytrigia elongate*）（2n = 70）I. Frequency of decavalent formation" 的观测报告。他所用的材料种子来自加拿大 K. W. Neatby，松村把它种在三岛日本国立遗传研究所。1971 年，这个多年生禾草的无性系种植于冈山大学。这个十倍体的禾草自交亲和结实。他对这个十倍体的减数分裂染色体配对行为观察如下：

由于染色体数量很多，以及形成大量的多价体，造成分辨染色体联会构型的困难。不过，从 MI 细胞侧面观察染色体排列在赤道板上还是比较正常的。单价体非常之少，而多价体显示趋向于之字形排列。详细观察可以选择在前中期或中期早期进行。分析的困难不仅来自多价体形态趋向，更因为一些染色体覆盖在其他染色体上造成染色体臂联会难于清楚地识别，常常造成不止一种解释。染色体分散能够清楚鉴别的细胞相对来看就不是很多。他分析观察了 16 个能够清楚识别的细胞，其中只有 13 个可以确信，这 13 个细胞的数据列如表 4-16，构型如图 4-17。

表 4-16　十倍体 *A. elongatum*（2n＝10x＝70）减数分裂中期染色体联会

（引自村松，1990，表 1）

细胞数	X		VIII			VII	VI					IV			III		II		I	总计
	R	C	R	B	C	C	R	B	C	B	C	R	B	C	B	C	R	O		
11	2												2	1		2	9	6		—
3	1			1	1				1				1			1	11	6		—
4	1		1	1	2		1		1			2		1		1	11			—
14			1	1	1		2ᵃ					2				2	14	1		—
13	1			1			1				2			2		1	10	5		—

（续）

细胞数	Ⅹ		Ⅷ			Ⅶ	Ⅵ			Ⅴ		Ⅳ			Ⅲ		Ⅱ		Ⅰ	总计
	R	C	R	B	C	C	R	B	C	B	C	R	B	C	B	C	R	O		
16	—	1	—	—	—	—	—	—	1	—	—	1	1	—	—	—	19	4	—	
8	—	—	1	1	—	—	2	—	—	—	—	1	1	—	—	—	11	6	—	
15	—	—	2	—	—	—	1	1	—	—	—	1	1[b]	—	—	—	13	4	—	
7	—	—	—	1	—	1	3	—	—	—	—	2	—	—	—	—	12	1	—	
9[c]	—	—	—	1	—	1	1	—	—	1	2	1	—	1	—	—	12	1	—	
6	—	—	—	1	—	1	1	—	—	—	—	—	1	—	—	—	16	5	—	
1	—	—	—	—	—	—	—	—	—	—	—	3	—	—	—	1	13	3	—	
10	—	—	—	—	—	—	2	—	—	—	—	4	—	1	—	1	14	3	—	
总计（13 个细胞）	5	2	6	2	3	3	15	4	6	1	2	21	5	8	1	2	163	46	3	
染色体总数	50	20	48	16	24	21	90	24	36	5	10	84	20	32	3	6	326	92	3	910
平均	0.38	0.15	0.46	0.15	0.23	0.23	1.15	0.31	0.46	0.08	0.15	1.62	0.38	0.62	0.08	0.15	12.54	3.54	0.23	
交叉总数	50	18	48	16	21	21	90	24	36			84	21	24	3	4	326	0		838
总计，除去细胞 9[c]（12 个细胞）	5	2	5	2	3	2	14	4	6	0	0	20	5	7	1	2	151	45	3	
染色体总数	50	20	40	16	24	14	84	24	36	—	—	80	20	28	3	6	302	90	3	840
平均	0.42	0.17	0.42	0.17	0.25	0.17	1.17	0.33	0.5	—	—	1.67	0.42	0.58	0.08	0.17	12.58	3.75	0.25	
交叉总数	50	18	40	16	12	12	84	26	30			80	21	21	3	4	302	45	0	773

注：R：环型联会；C：链型联会；B：分枝多价体；O：开放二价体。

a O-型与 O-O-O 型联会（参阅正文）。

b O-O 型联会（参阅正文）。

c 参阅正文删去理由。

分支构型包括两条染色体联会成一环形，环的数量从 1 个可以到 3 个。环可以联在一头，成一个"O-"型（＝煎盘形），或联在居中成 O-O 四价体（细胞 15），甚至形成 O-O-O（细胞 14）。有一个细胞没有，见下述。

12 个细胞染色体平均联会构型：0.42 环型Ⅹ+0，17 链型Ⅹ+0.42 环型Ⅷ+0.17 分枝Ⅷ+0.25 链型Ⅷ+0.17 链型Ⅶ+1.17 环型Ⅵ+0.33 分枝Ⅵ+0.5 链型Ⅵ+1.67 环型Ⅳ+0.42 分枝Ⅳ+0.58 链型Ⅳ+0.08 分枝Ⅲ+0.17 链型Ⅲ+12.58 环型Ⅱ+3.75 开放Ⅱ+0.25Ⅰ，观察到的最多染色体联会是 10 条联成环。没有出现奇数的九价体与七价体，单价体非常少，而二价体相对很多，总数 2n=70 条染色体中二价体的变幅占到 25.7%～65.7%（表 4-17）。这些染色体应当属于同一个同源群，几乎都是近端着丝点染色体。

从染色体臂配对频率来看，交叉位置近于随机常出现在臂中部。虽然也观察到臂端相配，但不是很多。基于配对臂记录下的实际交叉数，12 个细胞配对臂总数为 773。当 12 个细胞有 840 臂配对，P 值（Jackson 与 Casey，1982；Driscoll et al.，1979；Kimber et al.，1981）为 773／840＝0.929，如果是 13 个细胞，包括一个畸变的细胞，838／910＝0.921。这个数值与大多数小麦族的物种相似。

大的多价体的频率并不高。这是预先期望的，因为形成一个多价体的每一步两个未配对的臂末端相互配对闭合起来都有一个概率。没有出现环型多价体多于 10 条染色体，说明十价体由 10 条染色体形成［一个十体（one decasome）］不如说由一系列易位染色体形成。如果这一假设是正确的，这个立论必然可以解释所有的配对构型以及它的频率。

在一个细胞中出现两个十价体［细胞 11（表 4-16，图 4-17：a）］，这必须是至少存在两个十体的结果。出现每一个多价体高于五价体，必代表存在一个独立的十体。在观察的 13 个细胞的每一细胞中都看到 2～5 个这样的多价体。

如果 *A. elongatum* 是一个同源十倍体，预期最多有 7 个十价体。可是，同源染色体

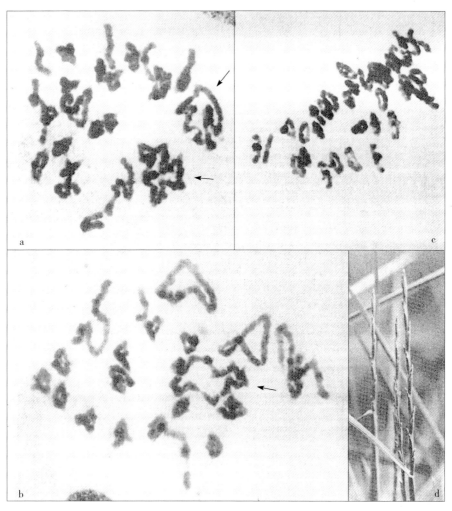

图 4-17　*Agropyron elongatum*（2n＝70）减数分裂中期 I 的染色体配对

a. 一个含有两个十价体的 MI 花粉母细胞，2 环型 Ⅹ（箭头所指）＋2 环型 Ⅳ＋1 分枝 Ⅳ＋2 链型 Ⅳ＋9 环型 Ⅱ＋6 开放（棒型）Ⅱ　b. 1 Ⅹ（箭头所指）＋1 链型 Ⅷ＋　环型 Ⅵ＋1 链型 Ⅵ＋2 环型 Ⅳ＋1 分枝 Ⅳ＋链型 Ⅳ＋9 开放 Ⅱ（编著者认为 b 图中"9 开放 Ⅱ"可能是 9 环型 Ⅱ之误）　c. 1 链型 Ⅷ＋1 链型 Ⅶ＋华表型 Ⅵ＋1 环型 Ⅳ＋分枝 Ⅲ＋6 环型 Ⅱ＋5 开放 Ⅱ　d. *A. elongatum* 10x 的穗部，示小穗

（引自村松，1990，图 1）

间随机联会与比较低的交叉频率，$P=0.920$，将导致显著小的构型。除一个细胞外，它可能出现的染色体联会组合，不管构型怎样，成为 7 组 10 条染色体。例如，细胞 4（表 4-16）的染色体联会，$1 \; X + 1 \; VIII + 3 \; VI + 4 \; IV + 9 \; II$，可能组成下列几种组合：（X）+（VIII+II）+3（VI+IV）+（IV+3 II）+（5 II），或（X）+（VIII+II）+2（VI+IV）+（VI+2 II）+2（IV+3 II），或（X）+（VIII+II）+3（VI+2 II）+2（2IV+II）。

但是，细胞 9（表 4-16），它的联会是 $1 \; VIII + 1 \; VII + 1 \; VI + 3 \; V + 2 \; IV + 13 \; II$，并没有按这个规律，当它形成 1 个七价体必然要伴随 1 个三价体，或 1 个二价体与 1 个单价体，或 3 个单价体。有可能在这个细胞中 1 个三价体与 1 个二价体靠得很近看起来像是 1 个五价体。

关于多价体的频率，村松介绍，在全部 13 个细胞中出现的十价体数目，总数为 7（十体）×13＝91，也就是 13 个十体中的 1 个，或 7 个。在一个特定的细胞中一个十体可能出现的概率为 $7 \times pq^6 = 7 \times \frac{1}{13} \times \left(\frac{12}{13}\right)^6 = 0.3331$，与 4.33，这个细胞可以预期在这 13 个细胞中观察到。同样，没有十价体的细胞数为 7.42 个细胞（表 4-18），以及含两个或更多十价体的细胞应当是 1.25。观察数为 5、7 与 1 显示这个种的十价体从 7 个十体而来，是同源染色体构成。

在粗线期，在一个多体中配对臂组合的 $_nC_r$ 数是 $\binom{n}{r} = \dfrac{_nP_r}{r!}$（$n$ 不同染色体的 r 组合）以及 $_nC_2 \times _{n-2}C_2 \times _{n-4}C_2 \times _{n-6}C_2 \cdots _{n-(n-2)}C_2 \div (n/2)!$。在一个同源十倍中 $n=10$，则 $_{10}C_2 \times _8C_2 \times _6C_2 \times _4C_2 \times _2C_2 \div 5! = 945$。

一条染色体在 9 种组合中开始配对选择其结果也是一样。对于剩下的 8 条染色体，它们可以有 7 种选择，直到最后两条有一种选择，或（n−1）（n−3）…（n−9）＝9×7×5×3×1＝945。

一条染色体的两臂独立配对有 945^2 的不同组合，是总数可能。构成环型多价体的结果，在其中一个数量均等的多价体的所有的染色体都包括在当中，对于每一个臂-配组合等于（n−1）×（n−4）×…×[n−（n−2）]。这是因为一条染色体，它的一个臂配，有（n−2）种选择，而其他的臂有（n−4）机会去与一个剩余的臂相配，等等，[n−（n−2）] 结果造成一个环形构型。对于 n＝10，就是 384×945。被构型总数分解，其结果是 384/945＝0.4063。12 个细胞的 $P=773/840=0.9202$ 的一个臂联会频率见表 4-16，在中期 I 1 个十价体所有 10 个臂联会的频率等于 $(773/840)^{10}$，或 0.4355。一个链型十价体是由 10 个臂的任何一个臂配对失败形成，它的频率为 $10 \times P^9 \times (1-P)$。

因此，在 13 个分析细胞中（包括细胞 9，加上一个省去 P 值的细胞 9），环型十价体的期望数等于 13×0.463×0.4355×7＝16.1；链型十价体的期望数为 13×0.4063×10×0.4733×0.0798×7＝14.0。因此，环型加链型的期望数总和 30.1。所以，十价体期望总数比实际观察数高得多（表 4-19）。

在这个高倍多倍体中，村松观察到的染色体后期分离与育性情况是：虽然有许多多价体，联会染色体排列在中期细胞的赤道板上相对来说是比较正常的；后期染色体分离正常而落后染色体不常见；没有花粉母细胞显现不正常的分裂，包括不正常的胞质分裂；雌雄配子都可育，花药正常开裂散粉，与其他二倍体小麦族物种相似。在 1989 年 6～7 月不良季风雨季，4 个随机抽样穗子结实率平均 16.3%，变幅 6.9%～29.1%，显示它是育性相对较高的植物。

表 4-17　联会染色体包括一个奇数染色体以及二价体的量与百分率（括弧内）

（引自村松，1990，表 2）

细胞号	染色体联会	Ⅱ
	Ⅶ ＋ Ⅴ ＋ Ⅲ ＋ Ⅰ	
11	0	30（42.9）
3	0	34（48.6）
4	0	18（25.7）
14	0	30（42.9）
13	0	30（42.9）
16	0	46（65.7）
8	0	34（48.6）
15	0	34（48.6）
7	8（11.4）	28（40.0）
9	22（31.4）	26（37.1）
6	10（14.3）	42（60.0）
1	4（5.7）	32（45.7）
10	4（5.7）	34（48.6）
总计	48（5.3）	418（45.9）
总计删除 9[a]	26（3.1）	392（46.7）

注：括弧中的数值都是 2n＝70 条染色体的百分率。a：删除的理由见正文。

表 4-18　13 个观察细胞十价体的观察数与期望数

（引自村松，1990，表 3）

	十　价　体　数				总　　计
	0	1	2	＞2	
观察到含有细胞数	7	5	1	0	13
期望数	7.42	4.33	1.25		13

注：期望值基于一个十价体在 13 个细胞中的频率。详细解说见正文。

表 4-19　*A. elongatum*（2n＝10x＝70）十价体期望与观察频率

（引自村松，1990，表 4）

十价体	期望频率	观察数
环型	16.1	5
链型	14.0	2
13 个细胞总计	30.1	7

在讨论中村松介绍，当一个高倍多倍体种显示减数分裂中期与后期都比较正常而结实率又高，一般都不期望它是一个同源多倍体。10x A. elongatum 相对高的结实率使过去的研究者对它的染色体组的组成的解释明显混淆。需要什么？才能精确地确定染色体臂如何配对，而不是肤浅地分析大量的细胞。在中期Ⅰ出现多价体，特别是十价体，不支持异源多倍体的看法。十价体可能是一个染色体环由多个易位形成，排除由常见的出现的小环构成。减数分裂行为只能解释由同源多倍体构成。在一个细胞中含有 1Ⅹ＋1Ⅷ＋3Ⅵ＋4Ⅳ＋9Ⅱ，70 条染色体中只有 18 条（25.7%）形成二价体，虽然所有余下的 52 条染色体（74.3%）都构成四条或更多的染色体联会，但最多的染色体联会只有 10 条。不过，细胞中十价体出现的频率比一个同源十倍体的预期的频率低得多。在这 12 个细胞共 840 条染色体中，只有 3.1% 的多价体由奇数染色体构成。二价体占 46.7%，其中绝大多数是环型（表 4-16 与表 4-17）。

结论是，十倍体的 A. elongatum 是一个同源十倍体，它的减数分裂二价体出现的频率高。

村松在这里观察研究的十倍体 A. elongatum，我们今天称它为 Lophopyrum ponticum（Podp.）Á. Löve。从形态上来看它与二倍体的 Lophopyrum elongatum（Host）Á. Löve 难于区分，只是因为它是同源多倍体生长要粗壮高大一些，这也是多倍体的常见特征。它与二倍体的 Lophopyrum elongatum 相互是隐形种之间的关系，只有用细胞学的方法观察它们的倍性才能准确的加以区别鉴定。由于倍性不同，相互不能杂交结实，各自成为一个种、一个独立的基因库。

同年，设立在犹他州立大学的美国农业部牧草与草原研究室的印度裔美国学者 P. P. Jauhar 在《理论与应用遗传学杂志（Theor. Appl. Genet.）》80 卷，发表一篇题为"Multidisciplinary approach to genome analisis in the diploid species, Thinopyrum bessarabicum and Th. elongatum (Lophopyrum elongatum), of the Triticeae"的报告。Jauhar 对同一个研究室的 Dewey 与汪瑞琪将 **J** 与 **E** 染色体组作为同一个染色体组的两个亚型，即 **J**ᵇ 与 **J**ᵉ，把 Thinopyrum 与 Lophopyrum 合并为一个属持不同意见。他在这篇文章中有如下的论述：

二倍体杂种的配对与染色体组分析：二倍体杂种只含两组染色体，不存在优先配对的问题。因此，在二倍体杂种中分析染色体配对在某种意义上来说类似一个试验没有对照，这两个染色体组只存在两种选择，相互之间不是配对就是不配对。在这种情况下染色体联会不需要同源性功能。染色体就像有一种内在的配对趋向，在没有自己的同源伙伴时，它们就可能与稍为相近的（近同源）或者不同源的染色体配对，正如像在许多单倍体与多元单倍体所显示的。例如大麦单倍体（Sadasivaiah 与 Kasha，1971、1973）、珍珠粟（Powell 等，1975；Jauhar，1981），以及小麦多元单倍体（**ABD**）在失去配对控制基因（编著者注：Ph1 基因）或失去功能（Riley 与 Chapman，1958；Kimber 与 Riley，1963；P. P. Jauhar、O. Riera-Lizarazu、W. G. Dewey、B. S. Gill、C. F. Crane，以及 J. H. Bennett 未发表资料，见表 4-22），以及在一些例子中配对持续到中期Ⅰ。

大多数细胞遗传学家能不依据二倍体染色体配对来作染色体组分析，例如，Kimber 与 Feldman（1997）介绍，二倍体种之间的杂种对染色体组分析都是"本质上无用"。任何二倍体杂种的染色体配对作为染色体组分析的证据都是价值不大的。

基于二倍体杂种的配对来研究染色体组的关系可能带来错误的结论，表 4-20 就是一个例子，小麦族 **SJ**、**ES** 与 **JE** 3 个二倍体杂种得来的配对数据。**SJ** 杂种具有与 **JE** 杂种非常相似环型二价体频率，如果这个配对构型可以解释为 **J** 与 **E** 染色体组是同源，则 **S** 与 **J** 间的关系基本上是相似的配对又作何解释呢？如果把 **E**（编著者注：原文是"**J**"，可能是排印错误）改为 **J^e**（汪，1985），是不是 **S** 应当改成 **J^s**？更进一步说，如果 **J** 与 **E** 是真正的同源或者是非常之相近，*Pseudoroegneria spicata* 又该如何呢？如果 **J=E**，而 **J** 也与 **S** 相同，**E** 就必然也等于或近于与 **S** 相同。这些例子显示二倍体染色体组分析可信度不高。

表 4-20 多年生小麦族 3 个二倍体杂种（2n=2x=14）染色体配对

（引自 Jauhar, 1990, 表 1）

| 杂　种 | 染色体组 | 平均染色体联会及变幅 | | | | | | C | 引自 |
| | | IV | III | II | | | I | | |
				环型	棒型	总计			
Ps. specta	**SJ**	0.14	0.24	1.42	2.77	4.19	4.34	0.47	Wang,
×*Th. bessarabicum*		(0~1)	(0~1)	(0~4)	(0~6)	(1~7)	(0~9)		1988
Th. elongatum	**ES（J^eS）**	—	0.05	0.08	2.27	2.36	9.13	0.18	Wang,
×*Ps. specta*			(0~1)	(0~2)	(0~6)	(0~6)	(2~14)		1986
Th. bessarabicum	**JE（JJ^e）**	0.27	0.27	1.43	3.25	4.68	2.69	0.54	Wang,
×*Th. elongatum*		(0~2)	(0~2)	(0~5)	(0~7)	(1~7)	(0~12)		1985

注：括号内染色体族名称是汪瑞琪（1985、1986）所用。

二倍体杂种近同源染色体组间染色体配对：Jauhar 引用 Sears（1941）、Kimber 与 Riley（1963）在小麦中进行试验所得的数据（表 4-21）来说明 **J** 与 **E** 染色体组是近同源染色体组，而不是同源染色体组。他说表 4-21 中所显示的 **AD** 与 **AB** 染色体组的染色体相互配对与表 4-20 中所显示的 **JE** 与 **SJ** 杂种染色体组之间的染色体配对的数据基本上是相似的。**J** 与 **E** 染色体组之间的染色体相配对的环型二价体的频率比公认的近同源染色体组 **A** 与 **D** 及 **A** 与 **B** 染色体组之间的染色体相配的频率还要低。因此，最好还是把 **J** 与 **E** 看成不同的染色体组。在一些 **AD** 与 **AB** 杂种中也有平均臂交频率低的 C 值的记录，不过表 4-21 的例子是选择说明二倍体杂种的配对可能带来错误的结论。当大量的不同居群的 *Thinopyrum bessarabicum* 与 *Th. elongatum* 进行研究以后，可能会找到比表 4-20 的 C 值低的。因此最好再多研究一些居群看究竟如何。

表 4-21 普通小麦公认的二倍体祖先间挑选的二倍体杂种染色体配对情况

（引自 Jauhar, 1990, 表 2）

| 杂　种 | 染色体组组成 | 细胞数 | IV | III | II | | | I | C | 参考 |
					环型	棒型	总计			
Triticum monococcum	**AD**	50	0.08	0.20	1.58	3.28	4.86	3.36	0.506	Sears,
×*Aegilops squarrosa*			(0~1)	(0~1)	(0~4)	(0~6)	(1~7)	(0~10)		1941

（续）

杂　　种	染色体组组成	细胞数	IV	III	II			I	C	参考
					环型	棒型	总计			
Ae. speltoides[a] ligustica I ×T. monococcum	AB	50	0.02	0.18	2.44	3.84	6.28	0.82	0.653	Sears, 1941
				(0~2)	(0~5)	(0~6)	(1~7)	(0~4)		
Ae. speltoides[a] ×Ae. squarrosa	BD	50	—	0.46	0.18	3.28	3.46	5.70	0.326	Kimber 与 Rilet, 1963
				(0~3)	(0~2)	(1~6)	(0~6)	(1~10)		

a　*Aeglops speltoides* 现在称它的染色体组为 **S**（Kimber 与 Feldman，1987），它完全不是 *Pseudoroeg-neria* 的 **S** 染色体组。*Ae. speltoides* 的染色体组可能就是 **B** 染色体组或者与小麦的 **B** 染色体组非常相近。

如果根据 **JE** 杂种的数据（表 4 - 20）要把这两个染色体组合并，则按 **AD** 与 **AB** 杂种以及 **ABD** 三倍体（表 4 - 22）的数据也把 **A**，**B** 与 **D** 合并成一个染色体组？

表 4 - 22　普通小麦中国春多单倍体（2n＝3x＝21）以及不含 *Ph1*
基因缺 5B 单倍体（2n＝3x＝20）染色体的配对

（引自 Jauhar，1990，表 3）

单倍体及染色体组	细胞数	IV			III	II			I	交叉频率	C	参考
		环型	棒型	总计		环型	棒型	总计				
整单倍体 ABD，含 *Ph1*	100	—	—	—	0.02	0.02	0.81	0.32	19.28	0.89	0.064	本研究
整单倍体 ABD，不含 *Ph1*	50	0.04	0.08	0.12	1.16	1.54[a]	2.92	4.46	8.04	9.08	0.623	本研究
缺单倍体 ABD，缺 5**B**	75	—	—	0.02	0.86	0.96	3.20	4.16	9.02	6.90	0.493	Riley 及 Chapman, 1958

a　显带分析显示这些环型二价体是由 **A** 与 **D** 染色体组的染色体联会而成。

六倍体小麦的 **A**、**B** 与 **D** 染色体组与它们起源的二倍体基本上是一样的（Riley，1960）。这些姻亲关系相对应的染色体之间控制相互不配对主要是位于 5**B** 染色体上的 *Ph1* 基因的作用（冈本，1957；Rilry 与 Chqpman，1958；Sears 与冈本，1958；Sears，1976）。因此，**A**、**B** 与 **D** 染色体组的染色体相互配对关系可以用含有 *Ph1* 基因和不含有 *Ph1* 基因的三单倍体（2n＝3x＝21）与不含有 *Ph1* 基因的缺 5**B** 的缺单倍体（2n＝3x－1＝20）的染色体配对情况相互比较分析来研究（表 4 - 22）。很清楚，**ABD** 整单倍体含 *Ph1* 基因的情况下染色体配对非常少（图 4 - 18：a）。由 *Ph1b*、*Ph1b* 突变体而来的多单倍体，它没有配对调控基因，每细胞交叉频率增加 10 倍，而在缺体单倍体中增加近 8 倍。

应用 Alonso-Kimber 模型显示 **ABD** 整单倍体没有 *Ph1* 基因最优化染色体组构型为 2：1。中期Ⅰ染色体联会由于各种染色体组组合配对方式形成几部分，由 s_1、s_2 型与 s_3 为代表的递减序列分别是 0.749、0.125 与 0.125。s_1 值代表中期Ⅰ两个关系最相近的染色体组间的染色体联会，这两个染色体组就是 **A** 与 **D**，Jauhar 介绍，由于中期Ⅰ染色体 N-带分析显示是 **A** 与 **D** 组间的染色体相配近于占有 75％，**A** 与 **D** 染色体组形成一些环型二价体，多的一个细胞有 4 个（原文为"5"个，但与表 4 - 21 **AD** 组合的数值不符，按表 4 - 21 改为 4 个），使这两个染色体组成为近同源染色体组。一些 **AB** 二倍体杂种也显示非常好的配对，差不多与 **AD** 杂种一样或者比 **AD** 杂种更好一些（表 4 - 21）。可是，当优先配对的条件存在，如像 **ABD** 整单倍体中没有 $Ph1$ 基因存在，**A** 与 **D** 配对优先，显示它们比其他的染色体组，如像 B 染色体组，更相近。Jauhar 认为，"这些例子说明用二倍体配对来研究染色体组间关系是有缺陷的"。

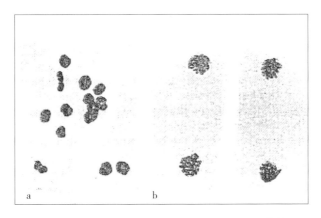

图 4 - 18　*Thinjopyrum bessarabivum* 与 *Th. elongatum* 双二倍体（2n＝4x＝28）

JJEE 杂种二倍体化的减数分裂

a. 中期Ⅰ含 13 环型Ⅱ＋1 棒型Ⅱ（注意：全部优先配对）　b. 后期Ⅱ，反映第Ⅰ与第Ⅱ次分裂都完全正常

（引自 Jauhar，1990，图 3）

$Ph1$ 是小麦中主要的配对控制基因，存在 $Ph1$ 基因的情况下两个染色体组究竟配对还是不配对，可作为检测它们相互关系的关键性试验。因为小麦的 $Ph1$ 位点抑制近同源配对，同源与近同源配对程度可以用它查清楚。**JJEE** 双二倍体显示像二倍体一样的配对（图 4 - 18：a），带有低频率的多价体。虽然没有直接的证据证明 **JJEE** 双二倍体存在类似 $Ph1$ 的调控基因，由于二倍体化基因的分离，在一些双二倍体的子代中观察到有多价体频率的分离。如果有类似 $Ph1$ 基因存在，则 **J** 与 **E** 染色体组配对调控能力必然有某种程度的分化（两个染色体组之间至低限度相当于近同源）。因此，**J** 与 **E** 最好是处理为不同的近同源染色体组。

Jauhar 引用 Forster 与 Miller（1989）的研究，介绍 **J** 与 **E** 在小麦（**AABBDD**）的背景下的配对关系。**AABBDDJE** 杂种减数分裂显示大量的 21 Ⅱ＋14 Ⅰ 构型。在 120 个花粉母细胞中，平均配对为 0.02 Ⅳ＋16.80 环型Ⅱ＋3.98 棒型Ⅱ＋14.32 Ⅰ。很清楚，在存在 $Ph1$ 基因的情况下，**J** 与 **E** 染色体组间的近同源染色体被抑制没有配对，在同一细胞环境中，同源染色体形成 21 个二价体，而余下的 **J** 与 **E** 染色体组的染色体没有配对，最好认定它们是近同源染色体组。与这个结果相似，Jauhar 与 Bickford（1989）观察到在 **ABJE** 杂种中 $Ph1$ 基因大大减低了 **J** 与 **E** 间的配对。图 4 - 19：a 与 b 显示 28 条单价体与 3 Ⅱ＋22 Ⅰ 的构型。在 **ANJE** 杂种中只有大约 26% 的染色体配了对，**A** 与 **B**、**A** 与 **J**、**A** 与 **E**、**B** 与 **J**、**B** 与 **E**，以及 **J** 与 **E** 配对的总和。这些配对大大低于二倍体 JE 杂种近 86% 配对的数值。虽然不完全了解染色体组分化要有多大的程度 $Ph1$ 才起作用，但这些试验显示 **J** 与 **E** 不是同源，或者至低限度它们的相近程度还不足以限制配对调控基因的作用。

Jauhar 在这篇文章中还引用了核型与显带的不同、麦醇溶蛋白电泳谱的不同、5s DNA 以及 rDNA 的不同，来证明他的观点。但他总的结论是："J 与 E 染色体组在不同倍性水平上 J 与 E 配对并不高，*Ph*1 配对控制基因抑制了 **J - E** 近同源染色体之间的配对，二倍体杂种（**JE**）完全不育，两个染色体组的核型有差异，在染色体上异染色质总量与分布都不相同，麦醇溶蛋白、同功酶、5s DNA，以及 rDNA 标记不同，显示 J 与 E 是不同的染色体组。J 与 E 染色体组之间的差异程度与普遍认可的小麦 A、B 与 D 近同源染色体组相比较，J 与 E 染色体组是近同源而不是同源，虽然一些研究者仍然称它们为同源。"

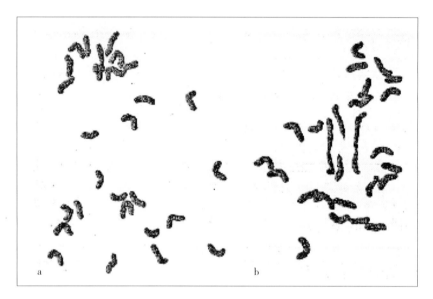

图 4-19　硬粒小麦（AABB）与 *Thinopyrum bessarabicum-Th. elongatum*
双二倍体（**JJEE**）的三种间杂种（**ABJE**）的减数分裂
a. 28 条单价体，注意：存在 *Ph*1 基因的情况下，完全没有近同源配对
b. 3 个棒型二价体与 22 条单价体。注意：二价体异形
（引自 Jauhar，1990，图 4）

编著者认为 Jauhar 还是认为 J 与 E 染色体组相近，但有差别；而他所反对的是以汪瑞琪为代表的观点：J 与 E 染色体组相近，有差别，应标记为不同的亚型 **J**[b] 与 **J**[e]。这也是 1994 年在第 2 届小麦族国际会议上被通过认定的 **E**[b] 与 **E**[e] 染色体组。Jauhar 把 Áskell Löve 的 J 与 E 染色体组与木原均的小麦 A、B 与 D 近同源染色体组相比较，说明 Jauhar 不了解木原均与 Áskell Löve 的定组的标准是稍有不同的。共同的一点，两个染色体组相近，稍有差别，这就没有争论的必要了。另外，我们应当尊重国际会议通过的决议，这样我们才有共同的科学语言。有理由要改，也得等待国际会议通过新决议。

1991 年，美国农业部牧草与草原研究室的汪瑞琪、伊利诺伊州的 Joy E. Mar-burger 与犹他州立大学植物、土壤与生物气象系的 Chen-Jiang Hu 在《理论与应用遗传学杂志（Theor. Appl. Genet.）》81 卷，发表一篇题为 "Tissue-culture-facilitaed production of aneupolyhaploid *Thinopyrum ponticum* and amphidiploid *Hordeum violaceum* × *H. bogdanii* and their uses in phylogenetic studies"的研究报告。他们用花药培养获得 *Thinopyrum ponticum* 的非整多单倍体（2n=36）。这个非整多单倍体直接从小孢子成胚而未经过先形成愈伤组织。它的减数分裂染色体平均配对频率为 2.67 单价体+0.54 棒型二价体+8.85 环型二价体+2.75 三价体+0.17 链型四价体+0.56 环型四价体+0.65 五价体，非常适合 2：2：1 模型。高频率的多价体（1 个细胞中有 5 个三价体，或 3 个四价体，或 4 个五价体）显示十倍体的 *Th. ponticum* 含有 5 组分常相近的染色体组，它的染色体组符号应当是 $J_1J_1J_1J_2J_2$。

1992 年，设在犹他州立大学的美国农业部牧草与草原研究室的刘志武与汪瑞琪在加拿大出版的《核基因组（Genome）》35 卷，发表一篇题为"Genome analysis of *Thinpyrum junceiforme* and *T. sartorii*"的研究报告。他们对这两个种的染色体组进行了分析，除应用杂种减数分裂配对分析外，又采用了吉姆萨 C-带分析。*Thinopyrum bessarabicum*、*Th. elongatum*、*Th. curvifolium* 已知染色体组种作为测试种。按照 Áskell Löve 的染色体组分类系统，*Thinpyrum junceiforme* 与 *T. sartorii* 都是含 **JJJJ** 染色体组的四倍体。

Thinopyrum junceiforme 是欧洲大西洋沿岸生长的具根茎的四倍体（Ostergren，1940）禾草，它含两对随体染色体（Heneen，1962），这个种的减数分裂染色体配对构型像异源四倍体（Wang 与 Hsiao，1989）；这个种花粉染色率为 65%，虽然在田间开放传粉的情况下结实不错，但很少散粉。与 *Th. elongatum* 杂交形成的三倍体杂种减数分裂平均构成 2.76 个三价体，最高可达 7 个（Cauderon 与 Saigne，1961）；与 *Th. bessarabicum* 杂交形成的三倍体杂种三价体也高（3.38 与 4.29）（Wang 与 Hsiao，1989）；与四倍体的 *Th. curvifolium* 杂交形成的四倍体杂种四价体达 2.93（McGuire，1984）。

Thinopyrum sartorii 是东南欧爱琴海岛屿沿海植物，四倍体，核型与 *Th. junceiforme*、*Th. bessarabicum* 相似，自交结实率非常低，平均自交一穗只有 0.3 粒（Jensen et al.，1990；Heneen，1977）。种子蛋白分析它位于 Junceum 复合群内，而介于 Junceum 复合群与 Elongatum 复合群之间（Moustakas et al.，1986、1988）；叶片组织同功酶电泳分析 *Thinopyrum sartorii*、*Th. junceiforme* 与 *Th. bessarabicum* 聚合在一起，而不与 *Th. elongatum* 聚合在一起（Jarvie 与 Barkworth，1990）。

这份报告所使用的材料：*Thinopyrum junceiforme*（居群 D-3462=PI 531730）来自法国 Y. Cauderon；*Thinopyrum sartorii*（PI 531745）来自 W. K. Heneen，Heneen 用的学名是 *Elymus rechingeri*。他们所做的染色体组分析得到的数据列如表 4-23。表 4-23 中还引列一些其他研究者的数据作为比较参考。这些数据包括 *Th. bessarabicum* 以及 *Th. elongatum* 的天然四倍体［= *Th. scirpeum*（K. Presl）D. R. Dewey］与秋水仙碱人工引变四倍体之间的杂种的减数分裂配对情况。

Th. sartorii 的减数分裂中期 I 平均配对是 0.081 I +13.84 II +0.06 IV，94% 的二价体都是环型。这个种的减数分裂染色体行为很像一个异源四价体，只是偶尔出现四价体（图 4-20：a）。这个种能染色花粉达 90%，但在田间自然状态下结实很少，在温室栽培条件下完全不结实。

表 4‑23　**Thinopyrum sartorii** 与 **Th. junceiforme** 及其减数分裂中期 I 平均配对

(引自 Liu 与 Wang，1992)

种及杂种	2n	染色体组	I	II 棒型	II 环型	II 总计	III	IV	参考*
T. sartorii	28	**JJJJ**	0.08	0.82	13.02	13.84	—	0.06	本试验
T. sartorii×T. bessarabicum	21	**JJJ**	3.83	0.27	3.65	3.92	3.11	—	本试验
T. sartorii×（T. bessarabicum×T. elongatum）C₁	28	**JJJJ**	0.93	2.19	5.27	7.46	0.62	2.44	本试验
（T. bessarabicum×T. elongatum）C₁×T. sartorii	28	**JJJJ**	3.41	4.58	4.81	9.39	0.74	0.88	本试验
T. junceiforme	28	**JJJJ**	0.02	0.59	13.30	13.89	—	0.05	1
T. junceiforme×T. bessarabicum	21	**JJJ**	2.34	0.11	2.78	2.89	4.29		1
T. bessarabicum×T. junceiforme	21	**JJJ**	2.71	0.71	3.33	4.04	3.38	0.02	1
T. bessarabicum×（T. bessarabicum×T. elongatum）C₁	21	**JJJ**	4.06	1.15	3.39	4.54	2.56	0.03	1
			3.78	0.85	3.25	4.10	2.86	0.09	1
T. bessarabicum×T. elongatum	21	**JJJ**	3.48	2.15	1.44	3.59	3.30	0.11	1
			3.76	2.16	1.24	3.40	3.26	0.13	1
T. junceiforme×T. elongatum	21	**JJJ**	3.40	—	—	4.50	2.76	0.08	2
T. junceiforme×T. curvifolium	28	**JJJJ**	3.00	1.00	1.57	2.57	1.36	2.93	3
T. elongatum-N4x×T. elongatum-C4x	28	**JJJJ**	1.00	1.80	6.10	7.90	—	2.80	4

　　* 　1. Wang and Hsiao (1989)；2. Cauderon and Saigne (1961)；3. McGuire (1984)；4. Charpenlier et al. (1986)。

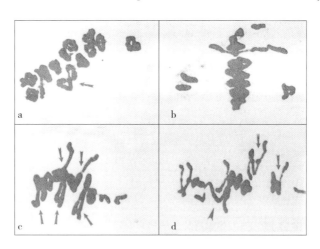

图 4‑20　花粉母细胞减数分裂中期 I

　　a. *Thinopyrum sartorii*，含有一个四价体（箭标所指）　　b. *Thinopyrum sartorii*×
Th. bessarabicum 杂种，显示 7 I＋7 II（6 环型与 1 棒型）　　c. 与 b 相同杂种显示 2
I＋2 II＋5 III（箭标所指）　　d. *Th. sartorii*×（*Th. bessarabicum*×*Th. elongatum*）
双二倍体，显示 1 I＋7 II＋2 IV（箭标所指）＋1 V（箭头所指）

(引自 Liu 与 Wanf，1992，图 1)

　　对 *Th. sartorii*×*Th. bessarabicum* 的 3 株杂种进行了减数分裂中期 I 的染色体配对的
观察分析，平均配对为 3.83 I＋0.27 棒型 II＋3.65 环型 II＋3.11 III。7 I＋7 II（图 4‑

20：b）与 7 Ⅲ 的构型也偶尔出现。大多数花粉母细胞含有 2～5 个三价体（图 4 - 20：c）。只有 1% 的花粉能染色。这些三倍体植株都没有结实。

2 株杂种来自 *Th. sartorii* ×（*Th. bessarabicum* × *Th. elongatum*）双二倍体，3 株杂种来自反交组合。前者减数分裂中期Ⅰ平均染色体配对是 0.93 Ⅰ＋7.46 Ⅱ＋0.62 Ⅲ＋2.44 Ⅳ＋0.07 Ⅴ＋0.03 Ⅵ，后者是 3.41 Ⅰ＋9.39 Ⅱ＋0.74 Ⅲ＋0.88 Ⅳ。含有 2 个四价体与 1 个五价体的 1 个花粉母细胞如图 4 - 20：d 所示。能染色的花粉，前者为 10%，后者为 5%。没有一株能结实的杂种。

Th. sartorii 与 *Th. junceiforme* 的醋酸地衣红染色根尖体细胞有丝分裂染色体按长度排列成核型图与 *Th. bessarabicum* × *Th. elongatum* 双二倍体的核型相比较（图 4 - 21）。染色体 1～7 来自 *Th. bessarabicum*，8～13 来自 *Th. elongatum*。除随体数量不同外，*Th. sartorii* 与 *Th. junceiforme* 的核型与这个双二倍体的核型都非常相似。*Th. sartorii* 与这个双二倍体相比较，只是第 2 染色体组的小随体看不见。而在 *Th. junceiforme* 的核型中，第 2 染色体组的大小两个随体都看不见。另外，*Th. junceiforme* 的第 1 染色体比第 2 与第 3 染色体短一些。最大与最小染色体间的比率 *Th. sartorii* 与 *Th. junceiforme* 的也与 *Th. bessarabicum* × *Th. elongatum* 双二倍体的相似（分别为 1.68、1.70 与 1.64）。

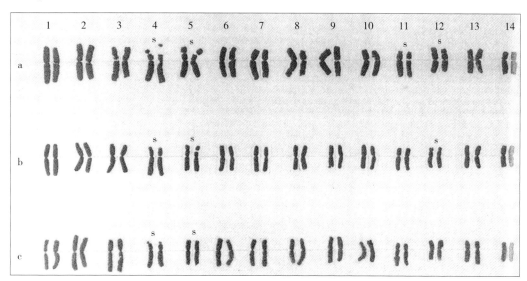

图 4 - 21　醋酸地衣红染色根尖体细胞核型

a. *Thinopyrum bessarabicum* × *Th. elongatum*　b. *Th. sartorii*　c. *Th. junceiforme*

（引自 Liu 与 Wang，1992，图 2）

Th. sartorii 与 *Th. junceiforme* 的根尖细胞有丝分裂染色体用醋酸洋红染色以及吉姆萨 C-带处理的染色体排列核型，如图 4 - 22 所示。图 4 - 22 的染色体对应排列与图 4 - 21 是一致的。与此相同，*Th. sartorii* × *Th. bessarabicum* 以及 *Th. junceiforme* × *Th. bessarabicum* 的三价体杂种的根尖细胞有丝分裂染色体用醋酸洋红染色以及吉姆萨 C-带处理的染色体排列核型，如图 4 - 23 所示。

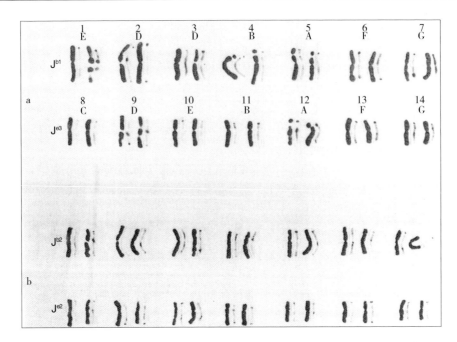

图 4-22　醋酸洋红染色（左）与吉姆萨 C-带（右）体细胞有丝分裂染色体

［a. *Thinopyrum sartorii* 与 b. *Th. junceiforme*，按染色体长与染色体组亚排列。按 Hsiao et al.

(1886) 排列，数字 8～14 用于短 **J**e 染色体；字母按 Endo 与 Gill (1984) 排列］

(引自 Liu 与 Wang，1992，图 3)

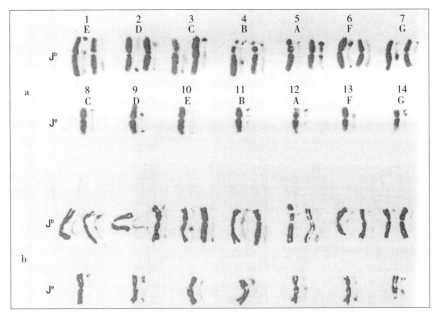

图 4-23　醋酸洋红染色（左）与吉姆萨 C-带（右）体细胞有丝分裂染色体

［a. *Th. sartorii* 与 b. *Th. junceiforme*，按染色体长与染色体组亚排列。按 Hsiao et al. (1886) 排

列，数字 8～14 用于短 **J**e 染色体；字母按 Endo 与 Gill (1984) 排列］

(引自 Liu 与 Wang，1992，图 4)

除两条染色体的臂外，*Th. sartorii* 的长染色体（1～7）在三倍体杂种中与 *Th. bessarabicum* 的染色体对应一致（图 4 - 23：a）。*Th. sartorii* 的长染色体 3（或 C）以及 7（或 G）臂端 C-带在 *Th. sartorii* 的染色体上没有（图 4 - 22：a）。因此，这两条染色体在三倍体中不匹配（图 4 - 23：a）。7 条短染色体（8～14）中有 5 条的 C-带与 *Th. elongatum* 的 **J**[e] 染色体组的染色体相似。染色体 10（或 E）与染色体 13（或 F）在短臂上有显著的带、长臂上有弱带（图 4 - 22：a），与 **J**[e] 染色体组相应的染色体不同。

Th. junceiforme 的染色体与 *Th. sartorii* 以及 *Th. bessarabicum* 的染色体相比较，它的 C - 带的端带要小一些，间带多一些。*Th. junceiforme* 的染色体 4、6 和 7 与 *Th. bessarabicum* 的带型不同。在 *Th. junceiforme* 的染色体中 No. 4 长臂与 No. 7 短臂有黑端带，但 No. 6 短臂没有。这 3 对染色体的差异在 *Th. junceiforme* × *Th. bessarabicum* 三倍体杂种中也相应不匹配（图 4 - 23：b）。*Th. junceiforme* 短染色体（8～14）的带型比 *Th. sartorii* 的短染色体的带型更与 **J**[e] 染色体组的染色体相似。与 *Th. sartorii* 一样，*Th. junceiforme* 的染色体 10（或 E）与染色体 13（或 F）在短臂上存在黑端带，而与 **J**[e] 染色体组的相对应的染色体不同。

从 *Th. sartorii* 与 *Th. bessarabicum* 的杂种的减数分裂染色体配对来看 *Th. sartorii* 有一个染色体组与 *Th. bessarabicum* 相同，另一个也可能是 **J**[e] 染色体组的变型。从长染色体组与短染色体组的比值来看，第 2 染色体组是不是 **S** 染色体组？如果它是 **S** 染色体组，那它的长染色体组与短染色体组的比值应当大约是 2.10 ［如像含 **J**[e] 与 **S** 染色体组的 *Lophopyrum caespitosum* （Koch）Á. Löve （Liu 与 Wang，1989）］。根据观察检测 *Th. sartorii* 与 *Th. bessarabicum* 的长短染色体的比值分别是 1.68 与 1.70，而与 *Th. bessarabicum* × *Th. elongayum* 双二倍体的比值 1.64 相近。

Th. sartorii × *Th. bessarabicum* 的三倍体杂种减数分裂平均配对构型与另外已知 **J**[b] **J**[b] **J**[e] 杂种相似。因此，*Th. sartorii* 的染色体组可以定为 **J**[e] **J**[e] **J**[b] **J**[b] 染色体组。

从核型及其 C - 带分析来看，*Th. sartorii* 的 **J**[e] 染色体组与 *Th. elongayum* 的 **J**[e] 染色体组差异比较大一些，而 *Th. bessarabicum* 的 **J**[b] 染色体组与 *Th. bessarabicum* 的 **J**[b] 染色体组差异比较大一些（图 4 - 22、图 4 - 23）。

从减数分裂的染色体组分析来看，*Thinopyrum* 的种所含染色体组都是基本为 **J** 的亚型或变型，*Th. bessarabicum* 为 **J**[b1] 染色体组，*Th. elongayum* 为 **J**[e1] 染色体组，*Th. sartorii* 的染色体组则为 **J**[b1] **J**[b1] **J**[e3] **J**[e3] 染色体组，*Th. junceiforme* 的染色体组则为 **J**[b2] **J**[b2] **J**[e2] **J**[e2] 染色体组（表 4 - 24）。

表 4 - 24　***Thinopyrum sartorii*** 与 ***Th. junceiforme*** 及其相关的 ***Th. bessarabicum*** （**J**[b1]）
与 ***Th. elongatum*** （**J**[e1]） 的 **J** 染色体组 （n＝7） 不同亚型的染色体特征

（引自 Liu 与 Wang，1992，表 2）

特　征	染　色　体　组				
	J[b1]	J[b2]	J[b3]	J[b2]	J[b1]
染色体组总长	长	长	短	短	短
随体					
大	1	1	1	0	1

（续）

特　征	染　色　体　组				
	J^{b1}	J^{b2}	J^{b3}	J^{b2}	J^{b1}
小	1	1	0	0	1
C-带					
端带	大	中	小	小	小
中间带	少	多	少	多	多

在 *Th. sartorii* 与 *Th. junceiforme* 的染色体组组成显示与 J 染色体组的 5 个亚型关系中，与 *Th. bessarabicum* 杂交形成的三价体杂种的染色体配对数据总的都符合预期。由于预期的低优先配对，*Th. junceiforme* × *Th. bessarabicum* 形成的 $J^{b1} J^{b2} J^{e2}$ 染色体组杂种具有高三价体频率，3.38～4.29（表 4-23）。*Th. sartorii* × *Th. bessarabicum* 的 $J^{b1} J^{b1} J^{e3}$ 染色体组杂种与 *Th. bessarabicum* × (*Th. bessarabicum* × *Th. elongatum*) 的 $J^{b1} J^{b1} J^{e1}$ 染色体组杂种的三价体频率都要比 $J^{b1} J^{b2} J^{e2}$ 染色体组杂种低。实际情况是 $J^{b1} J^{b1} J^{e3}$ 染色体组杂种是 3.11，$J^{b1} J^{b1} J^{e1}$ 染色体组杂种是 2.56～3.30。由于两个 J^{b1} 染色体组之间的强优先配对，这两种三倍体杂种三价体的频率比 *Th. jubceiforme* × *Th. bessarabicum* 就要低一些。另一方面，观察到 *Th. junceiforme* × *Th. elongatum* 三倍体杂种的三价体频率平均只有 12.76，它的 $J^{b2} J^{e2} J^{e1}$ 染色体组必然造成低优先配对。三价体频率比预期的低可能是由于这个三倍体的两个 J^{e} 染色体组的强二倍体化机制的作用（Wang 与 Hsiao，1989）。

这一研究说明首先应当观测染色体配对来确定基本染色体组是什么；染色体显带与分子分析进一步确定种的染色体组亚型的分化。稍有二倍体化的四倍体杂种，*Th. sartorii* × (*Th. bessarabicum* × *Th. elongatum*) 双二倍体，具有的配对构型与天然四倍体 *Th. elongatum* (*Th. elongatum* N4x = *Th. scirpeum*) 以及秋水仙碱引变的四倍体 *Th. elongatum* (*Th. elongatum* C4x) 相似（表 4-23；Charpentier et al.，1986）。与 *Th. junceiforme* × *Th. curvifolium* 四倍体杂种相比较，两种杂种都可能是部分二倍体化，它含有 1.36 三价体与 2.93 四价体（表 4-23；Mcguire，1984）。只有 *Th. sartorii*、*Th. junceiforme*、*Th. scirpeum* 与 *Th. curvifolium* 是完全二倍体化。因为，二倍体化机制可能由多隐性等位基因控制，这些半合子不起作用。

这一研究说明 *Th. sartorii* 与 *Th. junceiforme* 两个都是节段异源四倍体，含有基本型 **JJJJ** 染色体组，但由于它们具有二倍体化机制而使它们的染色体的行为像真的异源四倍体。这两个四倍体种可能由 *Th. bessarabicum* 与 *Th. elongatum* 或它们相近的二倍体祖先的杂交子代经染色体组重组演化而来。

1993 年，刘志武与汪瑞琪又在《核基因组（Genome）》36 卷，发表一篇题为 "Genome conatitutions of *Thinopyrum curvifolium*，*T. scirpeum*，*T. distichum*，and *T. junceum* (Triticeae；Poaceae)" 的研究报告。

Thinjopyrum curvifolium 是一个四倍体（2n=4x=28），多年生，丛生植物。McGuire (1984) 曾经对它与 *Th. bessarabicum* 以及 *Th. junceiforme* 的杂种做过染色体减数分裂配

对行为的研究，观察到 *Th. curvifolium* 的两个染色体组与这两个种的染色体组的关系都非常相近。刘志武与汪瑞琪（1992）研究确定 *Th. junceiforme* 的两个染色体组一个与 *Th. bessarabicum* 的 J^b 染色体组相近，另一个与 *Th. elongatum* 的 J^e 染色体组相近。

　　Th. scirpeum 也是一个四倍体，多年生丛生禾草。Dvořák（1981）、Charpentier et al.（1986a）认为它是一个 *Th. elongatum* 的天然同源四倍体。因此称它为 *Agropyron elongatum* subsp. *scirpeum*。Breton-Sintes 与 Cauderon（1978）把它的染色体组定为 E_1E_1 E_2E_2。这个种与 *Th. elongatum*（Dvořák，1981）及 *Th. bessarabicum*（McGuire，1984）的杂种的染色体组分析，显示它与 *Th. elongatum* 相近，而与 *Th. bessarabicum* 较远。Dvořák（1981）与 McGuire（1984）的减数分裂数据以及 Sharma（1987）的 N-带分析说明 *Th. scirpeum* 是一个部分（节段）异源四倍体。另一个 *Th. scirpeum* 居群来自地中海东部，曾名为 *Elymus elongates* subsp. *flaccidifolius*（Boiss. et Heldr.）Runemark，经 Heneen 与 Runemark（1972）检测，它的两个染色体组与二倍体的 *Th. elongatum* 的染色体组相同，是一个同源四倍体。同源四倍体 *Th. scirpeum* 分布于以色列。它与二倍体的杂交形成的三倍体杂种，三价体与四价体出现的频率很高（Charpentier et al.，1986a）。

表 4-25　*Thinopyrum curvifolium*、*Th. scirpeum*、*Th. distichum*、*Th. junceum* 以及（或）它们的杂种的花粉母细胞减数分裂中期 I 染色体联会平均值

（引自 Liu 与 Wang，1993）

种或杂种	染色体组	$2n$	细胞数	I	II			多价体			参考
					环型	棒型	总计	III	IV	V	
T. curvifolium	$J^b J^b J^b J^b$	28	42	0.10 (0~2)	1.71 (0~5)	12.17 (10~14)	13.85	—	0.05 (0~1)	—	本试验
T. curvifolium ×*T. bessarabicum*	$J^b J^b J^b$	21	28	3.71 (1~8)	2.29 (0~5)	1.82 (0~5)	4.11	2.64 (0~5)	0.29 (0~1)		Mc Guire，1984
T. junceiforme ×*T. curvifolium*	$J^b J^b J^b J^e$	28	14	3.00 (1~6)	1.07 (0~3)	1.57 (0~3)	2.64	1.36 (0~3)	2.93 (0~3)	0.79 (0~2)	Mc Guire，1984
T. curvifolium ×*P. scythica*	$J^b J^b J^e S$	28	175	5.35 (2~10)	5.13 (3~9)	4.59 (0~8)	10.72	0.34 (0~2)	0.03 (0~1)	—	本试验
T. elongatum（4x）	$J^e J^e J^e J^e$	28	50	0.05 (0~2)	0.92 (0~4)	12.92 (9~14)	13.84	—	0.05 (0~1)		Charpentier et al.，1986a
T. elongatum（4x） ×*T. elongatum*（2x）	$J^e J^e J^e$	21	100	4.12 (1~8)	1.30 (0~5)	2.80 (0~7)	4.10	2.82 (0~6)	0.03 (0~1)		Charpentier et al.，1986a
T. elongatum（2x） ×*T. scirpeum*	$J^e J^e J^e$	22	—	3.70 (1~7)			5.60 (2~8)	2.20 (0~5)	<0.10 (0~1)		Dvořák，1981
T. elongatum（N4x） ×*T. elongatum*（C4x）	$J^e J^e J^e J^e$	28	10	1.00 (0~2)	1.80 (0~3)	6.10 (5~9)	7.90	—	2.80 (2~4)		Charpentier et al.，1986a
T. scirpeum	$J^e J^e J^e J^e$	28		0.44	0.89	12.19	13.08	0.07	0.03	—	Wang，1992
T. scirpeum ×*T. bessarabiucm*	$J^b J^e J^e$	21	36	5.14 (2~7)	1.36 (0~4)	3.86 (1~6)	5.22	1.47 (0~5)	0.11 (0~2)		McGuire，1984
T. scirpeum ×*T. sartorii*	$J^b J^e J^e J^e$	28	45	3.05 (0~8)	5.35 (3~8)	4.49 (1~8)	9.84	0.85 (0~3)	0.67 (0~2)	—	本试验

（续）

种或杂种	染色体组	2n	细胞数	I	II			多价体			参考
					环型	棒型	总计	III	IV	V	
T. scirpum ×（T. bessarabicum ×T. elongatum）C1	JᵇJᵉJᵉJᵉ	28	—	3.04	4.05	4.31	8.36	1.26	1.08	—	Wang，1992
T. scirpueum ×T. caespitosum	JᵉJᵉJᵉS	28	—	1.40 (0~4)	4.40 (1~7)	6.20 (2~10)	10.60	0.60 (0~3)	0.90 (0~3)		Dvořák，1981
T. disichum ×T. elongatum	JᵇJᵉJᵉ	21	50	2.92 (1~6)	1.58 (0~4)	2.78 (1~6)	4.36	2.96 (0~7)	0.12 (0~1)		Pienaar et al.，1988
T. distichum ×T. sartorii	JᵇJᵇJᵉJᵉ	28	50	5.00 (1~8)	2.98 (1~7)	3.58 (1~7)	6.57	1.70 (1~6)	0.88 (0~3)	0.22 (0~2)	Pienaar et al.，1988
T. junceum	JᵇJᵇJᵇJᵇJᵉJᵉ	42	40	0.04 (0~2)	0.34 (0~3)	20.60 (12~21)	20.94	—	0.02 (0~1)	—	Charpentier et al.，1986a
T. junceum ×T. sartorii	JᵇJᵇJᵇJᵉJᵉ	35	65	5.40 (3~9)	4.34 (3~7)	6.02 (4~8)	10.36	1.68 (1~3)	0.88 (0~2)	0.10 (0~1)	未试验

  Thinopyrum distichum 是唯一分布于南非的 *Thinopyrum* 属的种。Pienaar（1981）认为它是一个部分异源四倍体，含有两个相近似的染色体组。Pienaar 等（1988）认定这两个近似的染色体组是 **J** 染色体组的变型。Armstrong et al.（1991）所做 *Th. distichum* 的 C-带核型来看，它与 *Th. junceiforme* 的 **JᵇJᵇJᵉJᵉ** 的 C-带核型相似。

  Thinopyrum junceum 是一个滨海多年生六倍体禾草。Cauderon（1979）根据所做的检测分析而把它的染色体组定为 **J₁J₁J₂J₂EE**。这个异源六倍体减数分裂显示中期 I 几乎都是二价体（Östergren，1940）；Mujeeb-Kazi 与 Rodrtignez（1981）观察到它与普通小麦的杂种中其染色体与小麦的染色体配成二价体；Charpentier et al.（1986b）认为它的染色体组间具有相似性。*Th. junceum* 与 *Th. bessarabicum*、*Th. junceiforme*、*Th. sartorii* 的种子蛋白电泳表形具有相似性（Moustakas et al.，1988）；幼叶的同功酶谱也具有相似性。

  刘志武与汪瑞琪在这一研究中对 *Th. curvifolium*、*Th. scirpeum*、*Th. distichum* 与 *Th. junceum* 的染色体组的组成进行了分析检测。他们所做的染色体组分析数据以及引证的有关数据列如表 4-25 所示。这个表中他们还引列了其他研究者的数据以供讨论参考。

  Thinopyrum curvofolium 的减数分裂中期 I 染色体平均配对构型为 0.10 I +13.85 II +0.05 IV，其配对行为显示它是一个异源四倍体。它与 *P. scythica* 的四倍体杂种的减数分裂配对是 5.35 I +10.72 II +0.34 III +0.03 IV。*Thinopyrum curvofolium* 的花粉的染色率为 96%，自交结实率只有 5%~8%。它与 *P. scythica* 的四倍体杂种的花粉染色率与结实率都为 0。*Th. scirpeum* × *Th. sartorii* 的四倍体杂种的减数分裂中期 I 染色体平均配对构型为 3.05 I +9.84 II +0.85 III +0.67 IV，杂种的花粉染色率为 15%~20%，但不结实。*Th. junceum* × *Th. sartorii* 的五倍体杂种的减数分裂中期 I 平均染色体配对构型为 5.40 I +10.36 II +1.68 III +0.88 IV +0.01 V，能染色的花粉不到 1%，不结实。

表 4 - 26 ***Thinopyrum scirpeum*、*Th. curvifolium*、*Th. elongatum*（4X）、*Th. distichum* 与 *Th. juncerum* 根尖细胞最长与最短染色体的比率**

（引自 Liu 与 Wang，1993，表 2）

种或杂种	2n	居群	染色体组组合	平均比率
Th. curvifolium	28	PI - 287739	JᵇJᵇJᵇJᵇ	1.54 ± 0.04
Th. bessarabicum	21	PI - 531711	JᵇJᵇJᵇ	1.54 ± 0.08
×*Th. curvifolium*		PI - 287739		
*Th. bessarabicum**	14	PI - 531711	JᵇJᵇ	1.32
Th. curvifolium	28	PI - 287739	JᵇJᵇJᵉS	2.21 ± 0.08
×*Psudur. scythica*		PI - 283272		
Th. elongatum（4x）	28	Jarvie	JᵉJᵉJᵉJᵉ	1.48 ± 0.04
Th. scirpeum	28	PI - 531750	JᵉJᵉJᵉJᵉ	1.52 ± 0.06
Th. scirpeum	29	PI - 531750	JᵇJᵉJᵉJᵉ	1.82 ± 0.04
×*Th. sartorii*		PI - 531745		
Th. distichum	28	D6353	JᵇJᵇJᵉJᵉ	1.69 ± 0.06
Th. junceum	42	PI - 277184	JᵇJᵇJᵇJᵇ JᵉJᵉ	1.65 ± 0.06
Th. junceum	35	PI - 277184	JᵇJᵇJᵇJᵉ Jᵉ	1.85 ± 0.05
×*Th. sartorii*		PI - 531745		
Th. sartorii	28	PI - 531745	JᵇJᵇJᵉJᵉ	1.62 ± 0.06

* 引自 Wang，1985。

他们所做醋酸地衣红染色根尖细胞核型如图 4 - 24（*Th. curvifolium* 与三倍体杂种 *Th.*

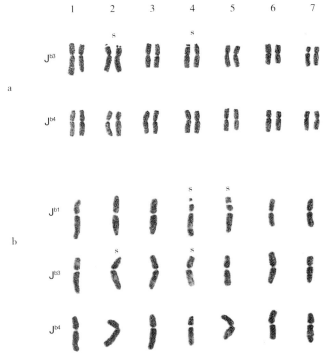

图 4 - 24　*Thinopyrum curvifolium*（a）与 *Th. curvifolium* × *Th. bessarabicum*（b）
的核型（按已确定的染色体组排列；s 标明随体染色体）

（引自 Liu 与 Wang，1993，图 1）

curvifolium × *Th. bessarabicum*）及图 4 - 25（四倍体 *Th. elongatum*（4x），*Th. scirpeum* 与四倍体杂种 *Th. scirpeum* × *Th. sartorii*）所示。表 4 - 26 是 *Th. curvifolium*、*Th. distichum*、*Th. elongatum*（4x）、*Th. junceum*、*Th. sartorii*、*Th. scirpeum* 以及它们的杂种的体细胞有丝分裂最长与最短染色体的比率。*Th. curvifolium*（图 4 - 24：a）以及它与 *Th. bessarabivuum* 的杂种（图 4 - 24：b）显示 *Th. curvifolium* 的两个染色体组与 *Th. bessarabivuum* 的 J^{b1} 染色体组长度相同，但是它的两个染色体组中只有一个染色体组含有两对随体染色体在短臂上具有小随体。*Th. elongatum*（4x）（图 4 - 25：a）与 *Th. scirpeum* 核型（图 4 - 25：b）显示染色体长度相同，但是随体染色体数量不同。*Th. scirpeum* × *Th. sartorii* 的四倍体杂种的核型（图 4 - 25：c）显示具有一组长染色体与三组短染色体，说明 *Th. scirpeum* 不含 J^b 染色体组，含有两组 J^e 染色体组，与 *Th. sartorii* 的一组相同。

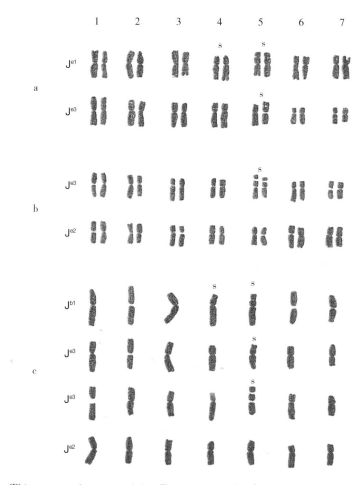

图 4 - 25　*Thinopyrum elongatum*（a）、*Th. scirpeum*（b）与 *Th. scirpeum* × *Th. sartorii*（c）
四倍体杂种的核型（按已确定的染色体组排列；s 标明随体染色体）
（引自 Liu 与 Wang，1993，图 2）

Th. distichum 的核型（图 4 - 26：a）与 *Th. junceiforme* 的染色体组组成类似，含有

J^b与 **J**^e染色体组。*Th. junceum* × *Th. sartorii* 五倍体杂种（图 4-26：c）含有三组长染色体与两组短染色体，显示 *Th. junceum* 含有两组 **J**^b 与一组 **J**^e染色体组。

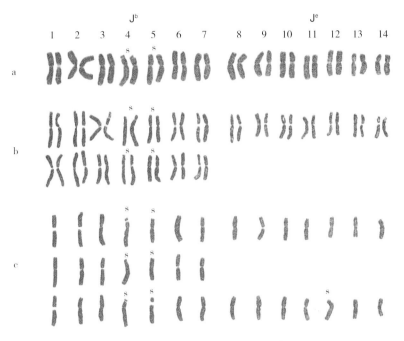

图 4-26　*Thinopyrum distichum*（a）、*Th. junceum*（b）与 *Th. junceum* × *Th. sartorii*
（c）五倍体杂种的核型（按已确定的染色体组排列；s 标明随体染色体）
（引自 Liu 与 Wang，1993，图 3）

　　他们对 *Th. curvifolium*、*Th. curvifolium* × *Th. bessarabicum* 的三倍体杂种（图 4-27），以及四倍体 *Th. elongatum* 与 *Th. scirpeum*（图 4-28）、*Th. distichum* 与 *Th. junceum*（图 4-29）的根尖体细胞有丝分裂的染色体进行醋酸洋红染色后，又再进行吉姆萨 C-带处理。*Th. curvifolium* 的 C-带显示（图 4-27：a）它的第 1 染色体组（**J**^{b3}）的第 2 与第 3 对染色体，第 2 染色体组的第 4 对染色体的长臂没有端带。其他的染色体臂都具有显著的端带以及不多的中间带。三倍体杂种（图 4-27：b）的 C-带没有 *Th. curvifolium* 的显著，但是大多数染色体的端带还是看得见。

　　除去 *Th. scirpeum* 稍微多几条可见带以外，*Th. elongatum*（4x）（图 4-28：a）与 *Th. scirpeum*（图 4-28：b）相互之间 C-带没有大的差异。*Th. distichum*（图 4-29：a）的 C-带与本研究的其他种都不相同，所有的染色体都具有大到中等的端带或亚端带以及居间带。在 *Th. junceum*（图 4-29：b）的大多数染色体的短臂以及一些长臂上具有小端带；所有 3 个染色体组的染色体上显现出许多居间带。

　　根据刘志武与汪瑞琪 1992 年与 1993 年的研究，*Th. junceiforme* 与 *Th. saryorii* 都是含 **J**^b**J**^e染色体组的四倍体，而 *Th. caespitosum* 与 *Pseudoroegneria scythica* 都是含 **J**^e**S** 染色体组的四倍体，这次观察研究的目标种都像异源多倍体的染色体行为（表 4-25）。**J**^b **J**^e染色体组的四倍体种，以及 **J**^b 与 **J**^e染色体组种杂交的四倍体杂种，减数分裂中期 I 都

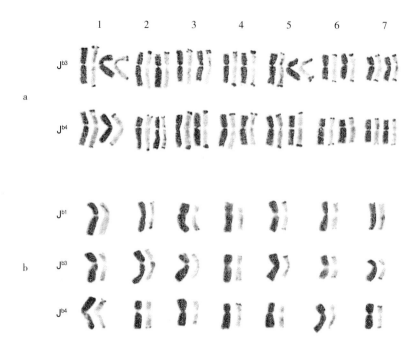

图 4 - 27　*Thinopyrum curvifolium*（a）与 *Th. curvifolium*×*Th. bessarabicum*（b）的三倍体杂种的核型［醋酸洋红染色（左）与吉姆萨 C - 带（右），按已确定的染色体组排列］

（引自 Liu 与 Wang，1993，图 4）

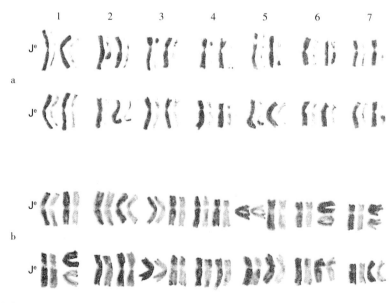

图 4 - 28　*Thinopyrum elongatum*（4x）（a）与 *Th. scirpeum*（b）的核型［醋酸洋红染色（左）与吉姆萨 C - 带（右），按已确定的染色体组排列］

（引自 Liu 与 Wang，1993，图 5）

图 4 - 29 *Thinopyrum distichum*（a）与 *Th. junceum*（b）的核型［醋酸洋红
染色（左）与吉姆萨 C -带（右），按已确定的染色体组排列］

（引自 Liu 与 Wang，1993，图 6）

观察到三价体与（或）四价体的频率较高。这些目标种与含 **J^eS** 染色体组的种杂交，三价
体与（或）四价体的频率较低。这样的事实显示这些目标种所含的是两个 **J** 染色体组，由
于具有二倍体化控制系统而使它们的染色体配对行为类似异源多倍体（Wang 与 Hsiao，
1989）。

刘志武与汪瑞琪观测的 C -带图谱也证实了 McGuire（1984）所做的减数分裂染色体
组型分析数据得来的结论，*Th. curvifolium* 的两个染色体组分别与 *Th. bessarabicum* 以
及 *Th. elongatum* 的染色体组相近。*Th. curvifolium* 以及它与 *Th. bessarabicum* 的杂种的
长/短染色体比率近于相等（分别为 1.54 ± 0.04 与 1.54 ± 0.08）。它们比 *Th. bessarabi-*
cum×*Th. elongatum* 双二倍体的比率（1.64）更为近似。除此之外，在 *Th. bessarabicum*
×*Th. elongatum* 的三倍体杂种中 **J^{b1}**/**J^{b3}**、**J^{b1}**/**J^{b4}** 与 **J^{b3}**/**J^{b4}** 染色体组的全长的比率分别为
1.03、1.04 与 1.02；*Th. junceiforme*×*Th. bessarabicum* 杂种中观测到的为 1.04、1.29
与 1.23；而在 *Th. sartorii*×*Th. bessarabicum* 的杂种则为 1.03、1.23 与 1.19。后面两个
三倍体杂种含有相同的 **J^bJ^bJ^e** 染色体组。因此，在这两个三倍体杂种中，**J^b** 与 **J^e** 染色
体组间染色体组总长的比率变幅由 1.19 到 1.28，但是在 *Th. junceiforme* 与 *Th. sartorii* 两
个种中变幅则由 1.27 到 1.33。这些结果排除了在 *Th. curvifolium* 的染色体组中含有一

个 **J^e**染色体组的可能性。与 *Th. bessarabicum* 的染色体长度相比较，*Th. curvifolium* 的两个染色体组应当是 **J^b**染色体组的两个变型。不过这两个染色体组也是由 **J^{b1}** 与 **J^{b2}** 染色体组演变而来的两个彼此各不相同的 **J^b**染色体组的变型（Liu and Wang，1882），与随体形态以及 C-带带谱相符合。*Th. curvifolium* 的这两个新的 **J^b**染色体组变型分别定名为 **J^{b3}** 与 **J^{b4}**染色体组。

在分析研究了 *Th. scirpeum* 与 *Th. elongatum* 以及 *Th. bessarabicum* 的杂种以后，Dvořák（1981）与 McGuire（1984）认定 *Th. scirpeum* 是一个部分异源四倍体，含有两个相近的 **J^e**染色体组。Charpentier、Feldman 与 Cauderon（1986a）检测认定 *Th. elongatum*（4x）是一个同源四倍体，含有两个二倍体 *Th. elongatum* 的染色体组。因为，天然的 *Th. elongatum*（4x）与 *Th. elongatum* 以及人工引变的同源四倍体的杂种的减数分裂三价体与四价体的频率非常高。他们认为不同地方采集的材料有可能得到不同的结果。刘志武、汪瑞琪介绍，他们的 *Th. scirpeum* 的核型与 Breton-Sintes 及 Cauderon（1978）的相同，只有一对大随体染色体。与之相反，*Th. elongatum*（4x）（J. Jarvie 采自法国）含有两对大随体与一对小随体，而与 Heneen 及 Runemark（1972）对 *E. elongate* sub-sp. *flaccidifolia* 的观察结果相一致。*Th. scirpeum* 与 *Th. elongatum*（4x）都含有两组 **J^e**染色体组，它们也具有相似的长/短染色体比率（1.52，1.48），它们比 *Th. scirpeum* × *Th. sartorii* 的四倍体杂种的 1.82 更为相近似。这个四倍体杂种含有一组长染色体与三组短染色体，长染色体组 **J^{b2}**来自 *Th. sartorii*，很容易识别。*Th. scirpeum* 的一组 **J^e**染色体没有随体，与 *Th. junceiforme* 的 **J^{e2}**染色体组相似。*Th. scirpeum* 其余的 **J^e**染色体组具有大随体，它与短臂等长并且比 *Th. sartorii* 的 **J^{e3}**染色体组的稍大一些。*Th. scirpeum* 的两个 **J^e**染色体组总长比率为 1.06。*Th. elongatum*（4x）有一组染色体具有小的与大的随体，与二倍体的 *Th. elongatum* 的 **J^{e1}**染色体组相似。*Th. scirpeum* 与 *Th. sartorii* 的其他的 **J^e**染色体组写作 **J^{e3}**。

可以得下这样的结论，*Th. elongatum*（4x）与 *Th. scirpeum* 都是部分异源四倍体，含有稍有改变的 **J^e**染色体组，他们把这两个种分别定为 **J^{e1}J^{e3}** 与 **J^{e2}J^{e3}**染色体组。

Th. distichum 的核型两个染色体组长/短染色体的比率为 1.65，染色体组总长的比率为 1.26，它的染色体组的组成也是 **J^bJ^b** 与 **J^eJ^e** 染色体组。它的减数分裂染色体配对数据；它与 *Th. elongatum* 以及与 *Th. sartorii* 的杂种的减数分裂染色体配对数据（Pienaar 等，1988）都支持这个结论。它的 **J^b**染色体组具有两对随体，**J^e**染色体组没有随体。编著者认为，这说明它起源时含 **J^b**染色体组的种是母本。虽然 *Th. distichum* 与 *Th. junceiforme* 含有相似的染色体组，但它们的 C-带与植株器官形态却彼此各不相同，差别很大。*Th. distichum* 的 C-带图谱有大到中等的端带与亚端带，以及一些大到中等的居间带分布在多数染色体上。

Th. junceum × *Th. sartorii* 的五倍体杂种减数分裂平均染色体配对 5.40 I ＋ 10.36 II ＋ 1.68 III ＋ 0.88 IV ＋ 0.19 V。这一染色体配对构型类似 *Th. ponticum* 的多单倍体（Wang et al.，1991），显示 *Th. junceum* 含有的这 3 个染色体组与 *Th. sartorii* 的 **J^b** 与 **J^e**染色体组非常近似。这个杂种的核型（图 4-26：c）显示有三组长染色体与两组短染色体，长/短染色体的比率为 1.85，与 *Th. scirpeum* × *Th. sartorii* 的杂种的比率 1.82 近似。证明 *Th. ju-*

nceum 含有两组 **J**^b染色体组，每一组都有两对随体染色体，一组 **J**^e 染色体组具有一个随体。*Th. junceum* 的 C-带核型（图 4 - 29：b）与 *Th. junceiforme* 具有相同的带型，例如，在大多数臂上具有小端带，许多小居间带分布在所有的染色体上。

1996 年，中国农业科学院的刘学勇、董玉琛与美国农业部牧草与草原研究室的汪瑞琪在加拿大出版的《核基因组（Genome）》39 卷，发表一篇题为 "Characterization of genomes and chromosomes in partial amphiploids of the hybrid *Triticum aestivum* × *Thinopyrum ponticum* by in situ hybridization，isozyme analysis and RAPD" 的研究报告。他们用原位杂交（GISH）与染色体组特定 RAPD 标志邵氏杂交（Southern hybridization）检测显示 *Thinopyrum ponticum* 的染色体组是由 **E** 染色体组与 **St** 染色体组组成。他们之所以认为含有 **St** 染色体组，在 *Thinopyrum ponticum* 的染色体组中，有两组染色体在着丝点及其邻近部位能够与 **St** 染色体组的 DNA 杂交，展现着丝点及其邻近区域可能是 **St** 染色体组区别于 **E** 染色体组的关键部位。他们认为 **St** 染色体组与 **E** 染色体组是小麦族中两个亲缘关系比较相近的染色体组。根据这一检测报告，美国犹他州立大学生物系的 Mary E. Barckworth 在她的 "Genomic Constitution of Taxa in Triticeae" 的记录中把 **EEEStSt**（Zhang et al. 1996）登记为 *Thinopyrum ponticum* 的染色体组的组成。

1998 年，加拿大农业与农业食品部李斯桥研究中心的陈勤、R. L. Conner、A. Laroche 与 J. B. Thomas 也在《核基因组（Genome）》上发表一篇题为 "Genome analysis of *Thinopyrum intermedium* and *Thinopyrum ponticum* using genomic in situ hybridization" 的研究报告，在这篇报告报道的检测中做了更多的材料与比较。他们检测了 *Th. ponticum* 5 个居群，*Th. intermedium* 10 个居群（表 4 - 27），以及 *Th. bessarabicum*（**J** 染色体组）、*Th. elongatum*（**E** 染色体组）、*Pseudoregneria strigosa*（**S** 染色体组）3 个二倍体种。更加准确地比较分析 *Th. ponticum* 与 *Th. intermedium* 的染色体组的组成。他们与刘学勇等用的是相同的原位杂交检测，但对比更多。从 *Th. bessarabicum*（**J** 染色体组）、*Th. elongatum*（**E** 染色体组）、*Pseudoregneria strigosa*（**S** 染色体组）3 个二倍体种提取的染色体组 DNA 标记作为探针加生物素（biotin）通过切口平移。染色体组 DNA 探针按 1：20～40 的比例混合了未标记的封阻染色体组 DNA。

在没有封阻剂作用下，*Th. ponticum* 的 70 条染色体不管用 **J** 染色体组还是 **E** 染色体组 DNA 探针都呈现荧光亮黄色，显示 *Th. ponticum* 的染色体组之间以及与探针之间的密切近缘关系。反过来说，不管用 **E** 染色体组 DNA 做探针，以 **J** 染色体组 DNA 作封阻剂，还是用 **J** 染色体组 DNA 做探针，以 **E** 染色体组 DNA 作封阻剂，杂交信号都没有明显的区别。在这两种情况下，所有 70 条染色体都同样呈现相同的红色或由于封阻了的探针的轻微杂交因混合使用红色荧光碘化丙锭与浅黄色荧光异硫氰酸荧光素而呈橙红色。当使用的一个作用探针封阻自己，说明 **J** 染色体组与 **E** 染色体组以及 *Th. ponticum* 的染色体相互关系都是非常相近的。

当 *Th. ponticum* 的有丝分裂染色体与 **S** 染色体组 DNA 探针探测用 **J** 染色体组与 **E** 染色体组 DNA 封阻时情况就不相同，70 条染色体大多数呈现 PI 的红色荧光。在检测的 4 个居群中有 28 条染色体呈现较强的 FITC 的黄色荧光，但是只限于在着丝点及其附近部位；在另一个居群中，这样的染色体有 35 条（图 4 - 30：a）。对相反的原位杂交组合分析，

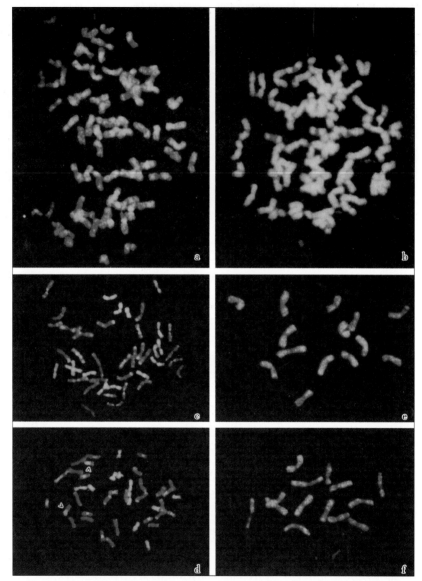

图 4 - 30　*Thinopyrum ponticum*（a 与 b）、*Th. intermedium*（c 与 d）、*Th. elongatum*（e）与 *Th. bessarabicum*（f）体细胞有丝分裂中期原位杂交（GISH）（探针杂交的位点呈现 FITC 的荧光黄色或绿黄色，而没有杂交的位点呈现碘化丙锭的红色荧光）

a. *Th. ponticum* 用 *Ps. strigosa* 的 **S** 染色体组 DNA 做探测，*Th. elongatum* 的 **E** 染色体组 DNA 作封阻，显示在 28 条染色体的着丝点区域呈现黄色荧光杂交信号　b. *Th. ponticum* 用 *Th. bessarabicum* 的 **J** 染色体组 DNA 做探测，*Ps. strigosa* 的 **S** 染色体组 DNA 作封阻，显示在所有的 70 条染色体上都呈现黄色荧光杂交信号，而在 28 条染色体的着丝点区域没有黄色荧光信号　c. *Th. intermedium* 用 *Ps. strigosa* 的 **S** 染色体组 DNA 做探测，*Th. elongatum* 的 **E** 染色体组 DNA 作封阻，显示在 14 条染色体上全长都显现 **S** 染色体组的黄色荧光杂交信号，而 11 条 **J**ˢ 染色体只在着丝点区域显现黄色杂交信号。另外 18 条红色染色体应当属于 **J** 染色体组（图 4 - 31）　d. *Th. intermedium* 用 *Ps. strigosa* 的 **S** 染色体组 DNA 做探测，*Th. elongatum* 的 **E** 染色体组 DNA 作封阻，显示 13 条 **S** 染色体组的染色体，9 条 **J**ˢ 染色体组的染色体，18 条 **J** 染色体组的染色体，2 条 **S** - **J** 易位染色体　e. *Th. elongatum* 用 *Ps. strigosa* 的 **S** 染色体组 DNA 做探测，*Th. elongatum* 的 **E** 染色体组 DNA 作封阻，显示所有 14 条染色体包括着丝点区域都被 **E** 染色体组 DNA 封阻，没有杂交信号　f. *Th. bessarabicum* 用 *Ps. strigosa* 的 **S** 染色体组 DNA 做探测，*Th. bessarabicum* 的 **J** 染色体组 DNA 作封阻，显示所有 14 条染色体包括着丝点区域都被 **E** 染色体组 DNA 封阻，没有杂交信号

（引自 Chen et al.，1998，图 1）

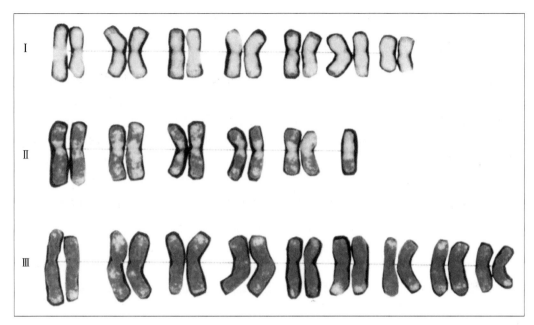

图 4 - 31　以图 4 - 30：c 来编排的核型，按形态与 **S** 染色体组探针标记的染色体分为三组：第 1 组 14 条
　　　　　染色体（7 对）属于 **S** 染色体组，染色体全长都显示杂交的黄色；第 2 组 11 条染色体属于 **J**ˢ
　　　　　染色体组，只在着丝点区域杂交呈黄色；第 3 组 18 条染色体（9 对）属于 **E** 或 **J** 染色体组，
　　　　　没有杂交呈现黄色，而是呈现红色荧光，只是在臂端等很少部分稍有浅黄色荧光
　　　　　　　　　　　　　　　　　　　　　　（引自 Chen et al. ，1998，图 2）

用 **J** 与 **E** 染色体组 DNA 探针探测用 **S** 染色体组 DNA 作为封阻剂，所有 70 条染色体绝大
部分或全长都标记成 FITC 的亮黄色。在这些染色体中，有 28 条染色体在着丝点显示较
强的杂交信号（图 4 - 30：b）。因此，它显现出 *Th. ponticum* 的 5 个染色体组都或多或少
与 **J** 与 **E** 染色体组的关系相近，而没有 1 个与 **S** 染色体组相近。可是，有两组染色体组
在着丝点附近部分含有 **S** 染色体组的 DNA 序列，*Th. elongatum* 与 *Th. bessarabicum* 的
染色体上却没有。他们把着丝点附近部分含有 **S** 染色体组的 DNA 序列的称为 **J**ˢ 染色体
组，把 *Th. ponticum* 的染色体组定为 **JJJJJJJ**ˢ**J**ˢ**J**ˢ。

（三）冠毛麦属的分类

Lophopyrum Á. Löve，1980，Taxon 29：351. 冠毛麦属

属的异名：*Elytrigia* Desv. ，1810，Nouv. Bull. Soc. Philom. Paris 2：191；

　　　　　Elytrigia sect. *Holopyrum* ser. *Junceae* Nevski，1936，Tr. Inst. Bot. AN
　　　　　　　SSSR，ser. 1，2：83；

　　　　　Elytrigia sect. *Junceae*（Prat）Tzvel. ，1973，Nov. Sist. Vyssch. Rast. 10：32；

　　　　　Elymus sect. *Junceae*（Prat）Melderis，1978，Bot. J. Linn. Soc. 76：382；

Thinopyrum Á. Löve，1980，Taxon 29：351。

属的模式种：*Lophopyrum elongatum*（Host）Á. Löve。

属名的来源：来自希腊文 *Lophos*：冠毛，或顶饰；*pyrum*：麦。

属的形态特征：多年生，丛生，具长而粗壮且分枝的根状茎。秆坚实粗壮，无毛，高（20～）30～100cm。叶平展或内卷，常被白霜或蜡粉，上表面与边缘平滑无毛、被毛或粗糙，下表面常平滑，叶脉常明显突起。穗状花序直立，或微弯曲，粗壮，多数较长，小穗1枚着生于每一穗轴节上；穗轴坚实不断折，或在成熟时易碎，面对小穗的穗轴节间近于扁平，棱脊上无毛、具短纤毛或刺状纤毛；小穗多数长、大，具2～10花，无柄，两侧压扁，花常紧贴穗轴，但散粉时外展；颖长圆形或披针形，质硬或革质，先端钝至平截，有时略偏斜，急尖、亚急尖、具小尖头或具芒，具4～12脉，脉明显，常突起，并常呈平行排列；外稃披针形、宽披针形，背部圆，5脉，中脉在先端常突起成脊，并着生纤毛；基盘平滑无毛；内稃披针形或宽披针形，与外稃等长或略短于外稃，棱脊上具纤毛；花药多数长、大，长4～12mm。

细胞学特征：$2n=14$、28、42、56、70；染色体组组成：E^eE^e、E^bE^b、$E^eE^eE^e$、E^bE^b-E^bE^b、$E^eE^eE^bE^b$、$E^eE^eE^bE^bE^bE^b$、$E^eE^eE^eE^eE^bE^bE^bE^b$、$E^eE^eE^eE^eE^eE^eE^eE^eE^eE^e$。

分布区：欧洲北部、南部、西部；非洲南部、北部；亚洲中部、西部。生长在石质山坡、海岸岩坡、沙质海滩、盐性沼泽、盐质草原。

1. *Lophopyrum bessarabicum*（Savul. & Rayss）C. Yen et J. L. Yang comb. nov. 摩尔达维亚冠毛麦（图 4 - 32）

模式标本：摩尔达维亚："Moldavia，in arenosis maritimis ad Puntum in Bessarabia prope Zolocari et Jebriani（Zhebriyany），distr. Ismail，19th June 1922，Savulescu & Rayss"（主模式标本：**BUCA!**）。

异名：*Agropyron bessarabicum* Savul. & Rayss，1923，Bull. Sect. Sci. Acad. Roum. Ⅷ，10：282；

  Elytrigia juncea ssp. *bessarabica*（Savul. & Rayss）Tzvel.，1973，Nov. Sist. Vyssch. Rast. 10：32；

  Elytrigia bessarabica（Savul. & Rayss）Dubovik，1977，Nov. Sist. Vyssch. I Nizachkh Rast. 1976：10；

  Elymus junceus ssp. *bessarabicus*（Savul. & Rayss）Meld.，1978，Bot. J. Linn. Soc. 76：383；

  Thinopyrum bessarabicum（Savul. & Rayss）Á. Löve，1984，Feddes Repert. 95（7 - 8）：475；

  Elymus striatulatus Runemark，1972，Bot. Not. 125：419；

  Elytrigia striatulata（Runemark）Holub，1977，Folia Geobot. Phytotax. Praha 12：426。

形态学特征：多年生，具短根状茎。秆强壮，高33～65cm，径粗2.2～3mm，平滑无毛。叶鞘平滑无毛；叶舌长0.4～1mm；叶片边缘内卷，宽1.5～4mm，上、下表面均无毛，叶脉8条或少于8条在上表面突起。穗状花序直立，长12～75cm，具6～11小穗，小穗1枚着生于每一穗轴节上，排列稀疏；穗轴节间无毛，上部穗轴节间长11～15mm，

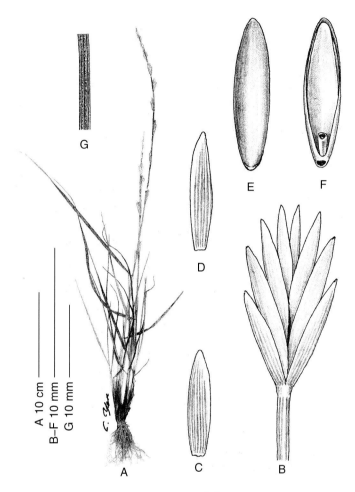

图 4 - 32　*Lophopyrum bessarabicum*（Savul. & Rayss）C. Yen et J. L. Yang
A. 全植株　B. 小穗，示穗轴节与节间上段　C. 第 1 颖　D. 第 2 颖
E. 小花背面观　F. 小花腹面观　G. 叶片一段，示突起的叶脉

下部穗轴节间长 19～30mm；小穗长 13～21mm，具4～6 花；颖披针形，先端钝至急尖，两颖不等长，第 1 颖长9～13.5mm，宽 1.5～3mm，第 2 颖长 10～14mm，宽 2～3.5mm，颖5～9（～10）脉，突起；外稃长 9～13mm，宽 2～4mm；内稃稍短于外稃，长 8～12mm，宽 1～2mm，两脊上部约 2/5 具纤毛；花药长4.5～6mm。

细胞学特征：$2n = 2x = 14$（Vilyasoo & Ross.，1973，cited from Tzvel.，1976；R. R. - C. Wang，1985）；染色体组组成：$E^b E^b$（R. R. - C. Wang，1985）。

分布区：黑海海岸、阿佐福海（Sea of Azov）与地中海东北部海岸；生长在海岸边岩石上，海岸线以及沙丘上。

2. *Lophopyrum boreali - atlanticum*（Simont G Gulnochet）C. Yen et J. L. Yang comb nov. 北大西洋冠毛麦（图 4 - 33）

模式标本：地中海东部（Eastern Mediterranean），"In Orientale"（**P!**）。

异名：*Agropyron junceum* ssp. *boreali - atlanticum* Simont & Guinochet，1938，
           Bull. Soc. Bot. France 85：176；

        Elytrigia juncea ssp. *boreoatlantica*（Simont & Guinochet）Hyl.，1953，
           Bot. Not. 1953：357；

        Elymus farctus ssp. *boreali-atlanticus*（Simont & Guinochet）Meld.，1976，
           Bot. J. Linn. Soc. 76：383；

        Elytrigia juncei formis Á. & D. Löve，1948，Rep. Sept. Agric. Univ. Inst.
           Appl. Sci. Ser. B（Reykjavik），3：106；

        Agropyron juncei forme Á. & D. Löve，1948，Rep. Sept. Agric. Univ. Inst.
           Appl. Sci. Ser. B（Reykjavik），3：106；

        Thinopyrum juncei forme（Á. & D. Löve）Ä. Löve，1980，Taxon 29：351。

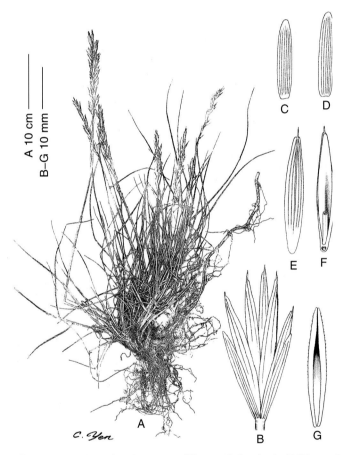

图 4 - 33　*Lophopyrum boreali-atlanticum*（Simont Gulnochet）C. Yen et J. L. Yang
A. 全植株　B. 小穗　C. 第 1 颖　D. 第 2 颖　E. 小花背面观　F. 小花腹面观　G. 内稃

形态学特征：多年生，疏丛生，具长而分枝的匍匐状根状茎。秆直立，坚硬，高25～
60mm，径粗约2.6～3mm，平滑无毛。叶鞘平滑无毛，下部叶鞘呈黄褐色；叶舌短，长
仅0.5～1mm；叶片蓝绿色，被蜡粉，长而挺直，平展或稍内卷，长约20cm，宽8～9mm

（平展时），上、下表面均平滑无毛，边缘粗糙，叶脉增厚。穗状花序直立，长达 20cm，小穗 1 枚着生于每一穗轴节上，排列疏松；穗轴粗壮，平滑无毛，棱脊也平滑无毛，穗轴节间面对小穗面扁平，上部节间长 8～22mm，下部节间长（11～）15～25mm，花序成熟后逐节断转折；小穗蓝绿色，长（14～）20～25（～30）mm，（3～）4～8 花；小穗轴被短柔毛，节间长约 3mm；颖长圆形，平滑，两颖近等长，第 1 颖长 9～16mm，第 2 颖长 10～18mm，颖宽 2～4mm，5～9（～11）脉，颖先端钝；外稃平滑，长 10～16mm，先端内凹，具短尖头；内稃与外稃近等长，长 9～14mm，两脊上具纤毛；花药长 6～12mm。

细胞学特征：2n＝4x＝28（Tzvelev，1976；Liu & Wang，1992）；染色体组组成：$E^{b2}E^{b2}E^{e2}E^{e2}$（Liu & Wang，1992）。

分布区：主要在北欧，也见于法国中部；生长在北欧海岸线的岩石、沙地上。

3. *Lophopyrum curvifolium*（Lange）Á. Löve，1984，Feddes Repert. 95（7-8）：488. 弯叶冠毛麦

模式标本：（**MPU?**）。

异名：*Agropyron curvifolium* Lange，1860，Pug. Fl. Impr. Hispan.；55；

  Elytrigia curvifolia（Lange）Holub，1977，Folia Geobot. Phytotax. Praha 12：426；

  Elymus curvifolius（Lange）Meld.，1978，Bot. J. Linn. Soc. 76：377。

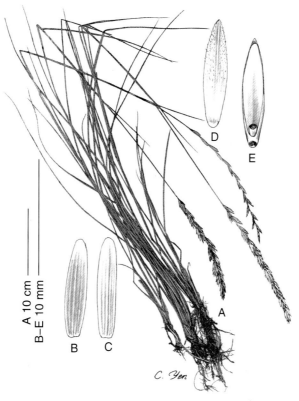

图 4-34　*Lophopyrum curvifolium*（Lange）Á. Löve
A. 全植株　B. 第 1 颖　C. 第 2 颖　D. 小花背面观　E. 小花腹面观

形态学特征：多年生，<u>丛生</u>。秆粗壮，<u>直立</u>，常在基部膝曲，高 58～100cm，茎粗 2.5～2.7mm，除节下被糙伏毛外，其余无毛。叶鞘无毛；叶舌短，长 0.4～0.9mm，叶耳长 0.75mm；叶片内卷，宽 2～3mm，上表面具 8 条或少于 8 条的圆形突起，被刺毛的脉。穗状花序直立，长 10～19cm，小穗单生于每一穗轴节上，具12～18 枚小穗；穗轴上部节间长 7～9mm，下部节间长 7～24mm；小穗长 9～18mm，具4～10 花，两侧强烈压扁；小穗轴节被糙伏毛；颖长圆形，无毛，两颖近等长，长6～9mm，第 1 颖宽 1.5～2mm，第 2 颖宽 2mm，5 脉，先端钝；外稃长 7～9mm，宽 1.5～2.5mm，上半部具纤毛；内稃短于外稃，长5～9mm，宽1.5～2mm，两脊上部 3/4 具短纤毛；花药长约 4mm。

细胞学特征：2n ＝ 4x ＝ 28（Dewey，1980）；染色体组组成：$E^1E^1E^2E^2$（Dewey，1980）、$E^eE^eE^{cu}E^{cu}$（McGuire，1984）、$J^{b3}J^{b3}J^{b4}J^{b4}$（Liu and Wang，1993）。

分布区：西班牙与葡萄牙，地方种；生长在含盐、石灰质以及石膏质的土壤中；海拔 730～1 220m。

4. *Lophopyrum distichum*（Thunb.）Prokudin ex Á. Löve，1962，Kultur. Pflanze, Beih. 3：83. 二列冠毛麦（图 4 - 35）

图 4 - 35　*Lophopyrum distichum*（Thunb.）Prokudin ex Á. Löve

A. 植株上部及下部　B. 小穗　C. 第 1 颖　D. 第 2 颖　E. 小花背面观　F. 小花腹面观

模式标本：采自南非。主模式标本：现藏于 **UPS!**。

异名：*Triticum distichum* Thunb. ，1794，Prodr. Fl. Cap. 1：23，non *Triticum dis-tichum* Schleich. ex DC. 1794，Fl. Franc. Suppl. 281；

　　Agropyron distichum（Thunb.）P. Beauv. ，1812，Ess. Agrost. ：102；

　　Elytrigia distichum（Thunb.）Prokudin ex Á. Löve，1962，Kulturpflanze，Beih. 3：83；

　　Elymus distichus（Thunb.）Meld. ，1978，Bot. J. Linn. Soc. 76：383；

　　Thinopyrum distichum（Thunb.）Á. Löve，1984，Feddes Repert. 95（7‑8）：476。

形态学特征：多年生，疏丛生，具长而匍匐的根状茎。秆直立，壮实，高 34～80cm，茎粗 2.5～5.1mm，平滑无毛。叶鞘平滑无毛；叶舌长 2～4mm；叶片宽 2～5mm，上表面密被柔毛，具 8 条或少于 8 条突起的脉，下表面无毛。穗状花序直立，长 8～19cm，具 5～15 枚小穗，小穗排列疏松；穗轴无毛，上部穗轴节间长 9～17mm，下部穗轴节间长 10～25mm；小穗长 28～39mm，具 5～10 花；颖披针形，无毛，先端钝至急尖，两颖不等长，第 1 颖长 19～24mm，宽 6～8mm，第 2 颖长 18～26mm，宽 4～6mm，两颖均具 10～14 脉，脉突起；外稃宽披针形，无毛，先端平截，长 18～23mm，宽 4～6mm；内稃明显短于外稃，长 11～18mm，两脊上均具纤毛；花药长 5～6mm。

细胞学特征：2n＝4x＝28（Á. Löve，1984；Pienaar et al. ，1988；Liu et Wang，1993）；染色体组组成：**E^{b}E^{b}E^{e}E^e**（Pienaar et al. ，1988；Liu et Wang，1993）。

分布区：南部非洲；生长在海岸线的岩石与沙地上。

5. *Lophopyrum elongatum*（Host）Á. Löve，1980，Taxon 29：351. 长穗冠毛麦（图 4‑36、图 4‑37）

模式标本："in siccis et locis aqua marina inundates Tergesti all Saule；alle Saline di Capo d" Istria，Pirano，alibique"（主模式标本：**W!**）。

异名：*Triticum elongatum* Host，1802，Gram. Austr. 2：18. tab. 23；

　　Agropyron elongatum（Host）P. Beauv. ，1912，Ess. Agrost. ：102；

　　Elytrigia elongata（Host）Nevski，1034，Tr. Sredneaz. Univ. ，ser. 8B，17：83；

　　Elymus elongates（Host）Runemark，1972，Hereditas 70：153；

　　Triticum obtusiflorum DC. ，1813，Catal. Pl. Hort. Monsp. ：153。

形态学特征：多年生，疏丛生，具匍匐根状茎，植株被白霜。秆粗壮，坚硬，实心，直立，高（35～50～）75～127（～160）cm，稀低矮，秆径粗 2.3～3.2mm。叶鞘无毛，边缘具纤毛；叶舌长 0.4～1.5mm；叶耳小，长 0.25～1.5mm；叶片灰绿色或被蜡粉，内卷，稀平展，直挺，长 15～20（～50）cm，宽（1.5～）2.5～7mm，上表面粗糙或疏被柔毛，下表面平滑无毛，脉明显增厚，形成 6～8 个脊。穗状花序直立，长（5～）20～30（～43）cm，稀更短，具 14～18 枚小穗，小穗 1 枚着生于每一穗轴节上，排列疏松；穗轴无毛，节间面对小穗面扁平或近于扁平，棱脊上粗糙，下部穗轴节间长（10～）15～30mm，上部穗轴节间较短，长 9～16mm；小穗长（10～）14～25mm，开花前紧贴穗轴，开花时外折，具（2～）5～11（～13）花；小穗轴节间长 1～1.5mm，粗糙；颖长圆形，

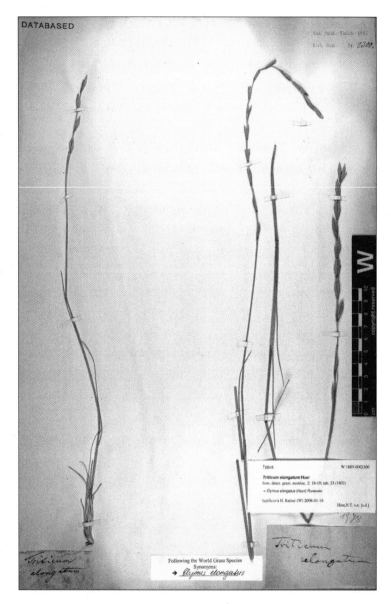

图 4 - 36　*Lophopyrum elongatum*（Host）Á. Löve 主模式标本（现藏于 **W**）

革质，平滑，第 1 颖长（5.5～）6～9mm，宽 1.5～2.5mm，第 2 颖长（6～）7～11mm，宽 1.5～3mm，5～7（～9）脉，先端钝或近平截，偏斜，无芒；外稃宽披针形，背部圆，长（6～）10～12mm，5 脉，稀 4 脉，中脉突起，有时延伸成一小尖头，先端钝，偏斜；内稃稍短于外稃，长（7.5～）9～10mm，先端钝圆，两脊上半部具纤毛；花药长（3～）6～7mm。

　　细胞学特征：2n＝2x＝14（Dewey，1984；R. R. - C. Wang，1985），2n＝4x＝28（J. K. Jarvie，1992）。染色体组组成：**EE**（Dewey，1984；J. K. Jarvie，1991）；**E^e E^e**（R. R. -C. Wang，1985）。

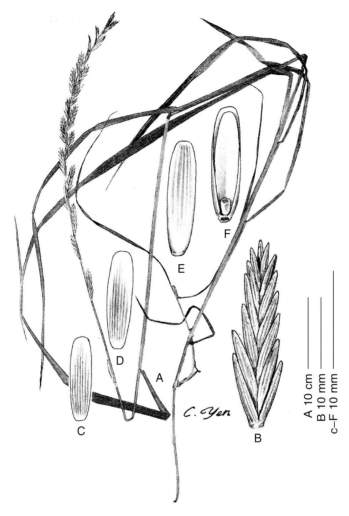

图 4 - 37 *Lophopyrum elongatum*（Host）Á. Löve
A. 全植株　B. 小穗　C. 第 1 颖　D. 第 2 颖　E. 小花背面观　F. 小花腹面观

分布区：欧洲；亚洲：环地中海、黑海及里海南岸；生长在盐性沼泽、盐生草原、草甸中。

6. *Lophopyrum gentryi*（Meld.）C. Yen et J. L. Yang, comb. nov. 根据 *Agropyron gentryi* Meld., 1970, in Rech., Fl. Iranica 70：165 - 166. 金氏冠毛麦（图 4 - 38）

模式标本：伊朗："W：Bakht.（Bakhtiari va Chaharmahall），Kuh Rang, Chaharmahal, 28 iii Anno 1955, Gentry 15617"（grown at Pullman, Washington, U. S. A. - 228277）。主模式标本：**K!**。

异名：*Agropyron gentryi* Meld., 1970, in Rech., Fl. Iranica 70：165 - 166;

　　　Elytrigia gentryi（Meld.）Tzvel., 1973, Nov. Sist. Vyssch. Rast. 10：30;

　　　Elytrigia intermedia ssp. *gentryi*（Meld.）A. Love, 1984, Feddes Repert. 95：487;

Thinopyrtum gentryi（Meld.）D. R. Dewey，1984. In Gastafsen，Gene manipulation in plant improvement：275；

Thinopyrum gentryi（Meld.）Á. Löve，1986. Veröff. Geobat. Inst. ETH stiftung Rübel Zurich，87：49。

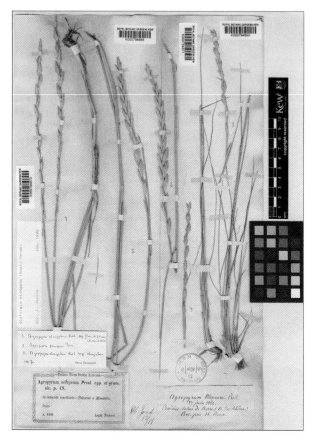

图 4 - 38　*Lophopyrum gentryi*（Meld.）C. Yen et J. L. Yang
主模式标本（现藏于 **K!**）

形态学特征：多年生，丛生。秆直立，高 90～110cm，平滑无毛，基部稍呈球状增大。叶鞘平滑，不具纤毛；叶舌极短；叶片平展，长 5～20cm，宽 3～6mm，上表面脉上微粗糙，或疏被长柔毛，边缘成白色增厚，下表面平滑无毛，脉较细而较密。穗状花序坚挺，直立，长 12～16cm；穗轴节间粗糙，棱脊上具刺毛状纤毛；小穗窄披针形，长 10～14mm，被蜡粉，具 3～6 花；颖宽长圆状披针形，或长圆状披针形，坚实，略具脊，两颖近等长，第 1 颖长 5～6mm，第 2 颖长 5.5～6.5（～8.5）mm，均 3～5 脉，脉上平滑无毛，或中脉向先端微粗糙，具宽透明膜质边缘，先端平截，钝或微内凹，骤然急尖或具小尖头；外稃长圆状披针形，先端圆形，长（6～）7～8mm，5 脉，在先端主脉与外部侧脉形成粗的小尖头，主脉在上部略成脊，边缘透明膜质，先端圆形；内稃两脊上部 2/3 具纤毛；花药长 3.5～4mm。

细胞学特征：$2n = 6x = 42$（Á. Löve，1984）；染色体组组成：**JJEE**（= **$E^b E^b E^e E^e$**）（Dewey，1984）。

分布区：伊朗，地方种。

7. *Lophopyrum junceum*（L.）C. Yen et J. L. Yang comb. nov.，根据 Triticum Junce-um L. Cent. Pl. 1：6. 脆穗冠毛麦（图 4 - 39、图 4 - 40）

模式标本：主模式标本："in Helvetia，Oriente"（**LINN!**）。

异名：*Triticum junceum* L.，1755，Cent. Plant.：6，pro parte；

　　　Agropyron junceum（L.）P. Beauv.，1812，Ess. Agrost.：102，146；

　　　Elytrigia juncea（L.）Nevski，1936，Tr. Bot. Inst. AN SSSR ser. 1，2：83；

　　　Elymus multinodes Gould，1947，Madnono 9：126；

　　　Triticum farctum Viv.，1804，Ann. Bot. 1：158；

　　　Elytrigia farcta（Viv.）Holub，1973，Folia Geabot. Phytotax. Praha 8：171；

　　　Elymus farctus（Viv.）Runemark ex Meld.，1978，Bot. J. Linn. Soc. 76：382；

　　　Agropyron mediterraneum Simont，1938，Bull. Soc. Bot. France 85：176；

　　　Elytrigia juncea ssp. *mediterranea*（Simont）Hyl.，1953，Bot. Not. 1953：357；

　　　Thinopyrum junceum（L.）Á. Löve，1980，Taxon 29：351。

形态学特征：多年生，疏丛生，具长而分枝的匍匐根状茎。秆直立，坚硬，高 25～60mm，径粗约 2.6～3mm，平滑无毛。叶鞘平滑无毛，下部叶鞘呈黄褐色；叶舌短，长仅

图 4 - 39　*Lophopyrum junceum*（L.）C. Yen et J. L. Yang 主模式标本

（现藏于 **LINN**）

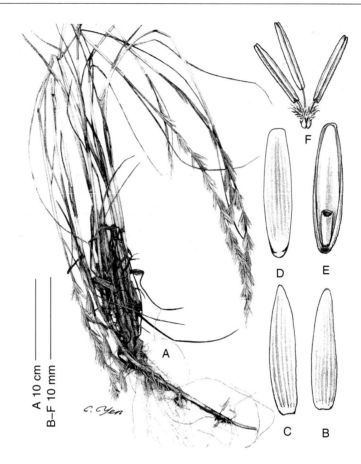

图 4 - 40 *Lophopyrum junceum*（L.）C. Yen et J. L. Yang
A. 全植株 B. 第 1 颖 C. 第 2 颖 D. 小花背面观 E. 小花腹面观 F. 鳞被、雌蕊及雄蕊

0.5～1mm；叶片蓝绿色，被蜡粉，长而挺直，平展或内卷，长约 20cm，宽 8～9mm（平展时），上、下表面均平滑无毛，边缘粗糙，叶脉增厚。穗状花序直立，长（6～）15～35（～55）cm，小穗 1 枚着生于每一穗轴节上，具 4～8 小穗，排列疏松；穗轴粗壮，平滑无毛，棱脊也平滑无毛，穗轴节间面对小穗面扁平，下部间长（11～）15～25mm，花序成熟后逐节断折；小穗蓝绿色，长（14～）20～25（～30）mm，（3～）4～8 花；小穗轴被短柔毛，节间长约 3mm；颖长圆形或披针形，平滑，两颖近等长，第 1 颖长 9～16mm，第 2 颖长 10～18mm，颖宽 2～4mm，5～9（～12）脉，颖先端钝至急尖；外稃平滑，长 10～17mm，先端钝；内稃与外稃近等长，长 9～14mm，两脊上具纤毛；花药长 6～12mm。

细胞学特征：2n = 6x = 42（Z. W. Liu & R. R. -C. Wang，1993），2n = 8x = 56（J. K. Jarvie 1992）；染色体组组成：$E^bE^bE^bE^bE^eE^e$（Z. W. Liu & R. R-. C. Wang，1993）。

分布区：地中海区域的海边与海岸，大西洋区域的南欧、北非，以及黑海南岸；生长在岸边岩石上、流动沙丘，以及上述地区的河流支流含盐分的地带。

8. *Lophopyrum podperae*（Nábělek）C. Yen et J. L. Yang，comb. nov.，根 据 *Agropyron podperae* Nábělek，1929，Publ. Sci. Univ. Masaryk，Brno. 3：24. 坡氏冠毛麦（图 4-41）

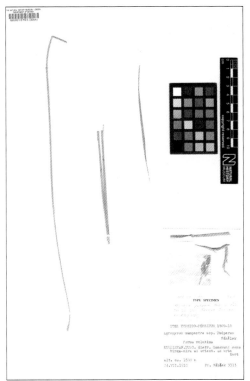

I

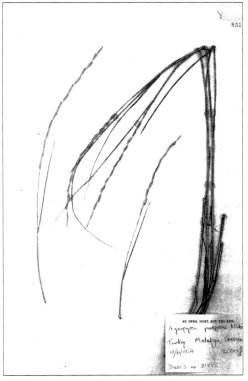

II

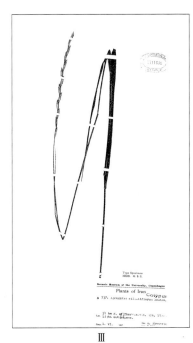

III

图 4 - 41　*Lophopyrum podperae*（Nábělek）C. Yen et J. L. Yang
I. 主模式标本，现藏于 **BRA**　II. 同产地模式标本，现藏于 **K**
III. 异名（*Agropyron ciliatiforum* Roshrv.）共模式，现藏于 **MO**

8a. var. *podperae*

模式标本：土耳其："Kurdist. Turc.，Ramôran：mons Mirgamira，ad pagum Šernach（Şirnak）ad orientaen ab oppido S'ert，inter futices quercuum，c. 1 500m，24 vii 1910，Nabelek 3313"（主模式标本：**BRA!**）。

异名：*Agropyron podperae* Nábělek，1929，Publ. Fac. Sci. Univ. Masaryk，Brno 3：24；

Elytrigia podperae（Nábělek）Holub，1977，Folia Geobot. Phytotax. Praha 12：426；

Elytrigia intermedia ssp. *podperae*（Nábělek）Á. Löve，1984，Feddes Repert. 95（7-8）：487；

Thinopyrum podperae（Nábělek）D. R. Dewey，1984，in Gustafson，Gene manipulation in plant improvement，Plenum Publ. Corp. ：276；

Agropyron ciliatiforum Roshev.，in Köle，1945，Beitr. Fl. SW Iran：52。

形态学特征：多年生，丛生，具短的匍匐状根状茎。秆直立，或基部膝曲斜升，高可达 80cm，被贴生短柔毛，穗状花序下粗糙。叶鞘无毛，边缘具纤毛，稀被短柔毛；叶片较坚实，长可达 20cm，宽 5～8mm，上、下表面均被短柔毛至柔毛，或无毛，边缘粗糙。穗状花序直立，长 8～15cm，具小穗 10～12 枚；穗轴贴生微毛，棱脊上粗糙；小穗长 12～15mm，具 4～6 花，穗下部小穗贴生穗轴，上部则向外微弯；颖长圆形至线形，有时楔形，背部无毛，两颖不等长，第 1 颖长约 6mm，第 2 颖长约 8mm，6～9 脉，脉突起，边缘有时具短纤毛；外稃长圆状椭圆形，长约 9mm，5 脉，脉在上部微突起成脊，边缘密被纤毛，先端具短芒尖。

细胞学特征：2n=6x=42（Á. Löve，1984）；染色体组组成：**JJJJEE**（= $E^bE^bE^bE^b$-E^eE^e）（Dewey，1984）。

分布区：意大利：安拉托里亚，以及伊朗、伊拉克、土耳其、阿塞拜疆；生长在干旱栎林中，海拔 1 500～2 300m。

8b. var. *velutinum*（Meld.）**C. Yen et J. L. Yang，comb. nov.，毛鞘坡氏冠毛麦**

模式标本：伊拉克："Kurd. ：M. Zawita prope Sharanish N Zakho，1600 m，Rech. 10915"（主模式标本：**W!**）。

异名：*Agropyron podperae* var. *velutinum* Meld. ，1967，Taxon 16：467。

形态学特征：与 var. *podperae* 的区别在于本变种的叶片无毛，叶鞘被短柔毛。

细胞学特征：未知。

分布区：伊拉克；生长地海拔 1 600m。

9. *Lophopyrum ponticum*（Podp.）**Á. Löve，1984，Feddes Repert. 95**（7-8）：**489.** 黑海冠毛麦（图 4-42）

模式标本：保加利亚："auf dürren，steinigen Hügeln gegen Gerdem bei Kavaklij，[Podpera]"（主模式标本：**BRNM**?）。

异名：*Triticum ponticum* Podpera，1902，Verh. Zool. -Bot. Ges，Wien 52：681；

Elytrigia pontica（Podp.）Holub，1973，Folia Geobot. Phytotax，Praha

8：171；

Elymus elongatus ssp. *ponticus*（Podp. ）Meld. ，1978，Bot. J. Linn. Soc. 76：377；

Thinopyrum ponticum（Podp. ）Barkworth &. Dewey，1983，Great Basin Natur. 43：570.（comb. Invalid，basion. Falsus）；

Agropyron obtusiflorum DC. ，1813，Cat. pl. horti. Monsp. ；153；

Elytrigia ruthenica Prokudin，1939，Tr. Inst. Bot. Kharkov Univ. 3：166；

Elytrigia prokudinii Druleva，1977，in Dubovik，Nov. Sist. Vyssch. ，I Nizschikh Rast. 1976：11；

Agropyron elongatum ssp. *ruthenicum* Beldie，1972，Flora Republicii Socialiste Romania，12：619；

Agropyron caespitosum auct. ，non C. Koch。

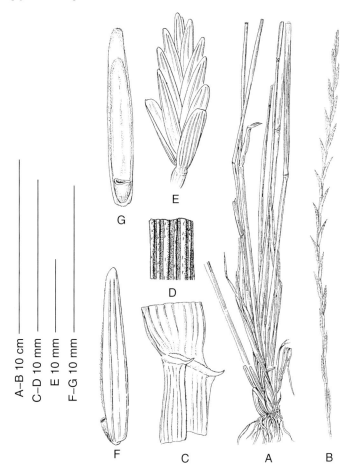

图 4 - 42　*Lophopyrum ponticum*（Podp. ）Á. Löve［A‑C 与 E‑G 引自 Mary E. Barkworth 等编著
《北美植物志（Flora of North America）》24 卷，Cindy Talbot Roché 等绘；D 引自
J. K. Jarvie，1992. Nord. J. Bot. 12：166，Fig. 8：C］

A. 植株下部　B. 全穗　C. 叶片下段与叶鞘上段，示叶耳与叶舌　D. 叶片一段，示叶脉明显增厚
E. 小穗　F. 小花侧面观　G. 小花腹面观

形态学特征：多年生，丛生。秆强壮，高 50～150cm，茎粗 3～3.5mm，平滑无毛。叶鞘上部者无毛，下部叶鞘边缘具纤毛；叶舌长 0.3～1.5mm；叶耳长 0.2～1.5mm；叶片边缘内卷，宽 2～6.5mm，上表面具 8 条或少于 8 条的圆形突起的脉，其上被刺毛，下表面无毛。穗状花序直立，具 10～23 枚小穗，小穗 1 枚着生于每一穗轴节上，排列疏松；穗轴节间平滑无毛，上部节间长 9～19mm，下部节间长 16～42mm；小穗长 13～30mm，具 6～12 花；颖长圆形，先端平截，两颖近等长，第 1 颖长 6.5～10mm，宽 1.5～3.5mm，5～7 （～9） 脉，第 2 颖长 7～10mm，宽 1～3.5mm，5～7 （～9） 脉，有时在脊的上部粗糙；外稃长 9～12mm，宽 2.5～5.5mm，6～9 脉，无毛；内稃短于外稃，长 7.5～11mm，宽 1.5～2.5mm，两脊全长具纤毛，纤毛长于 0.3mm；花药长 2.5～6mm。

细胞学特征：2n ＝ 10x ＝ 70 （Muramatsu，1990；Wang et al.，1991；Zhang et al.，1996）。染色体组组成：**EEEEEEEEEE** （Muramatsu，1990；Wang et al.，1991）；**EEEEEESt-StStSt** （Zhang et al.，1996）；**JJJJJJJ^{s}J^{s}J^{s}J^s** （Chen et al.，1998）。

分布区：欧洲东南部，法国、德国与意大利；小亚细亚。通常生长在山地的干旱或盐土中；海拔 360～1 740m。

10. *Lophopyrum sartorii* （Boiss. et Heldr.） **C. Yen et J. L. Yang，comb. nov.**，根据：***Triticum sartorii* Boiss. et Heldr.，1882，in Nyman，Consp. 4：840.** 希腊冠毛麦 （图 4 - 43）

模式标本：希腊："Greece，Crete near Kisamos，June 1896，De Heldreich H/1629/89"（主模式标本：**K！**）。

异名：*Agropyron sartorii* （Boiss. et Heldr.）Grecescu，1898，Consp. Fl. Rom.：637；

    Thinopyrum sartorii （Boiss. et Heldr.） Á. Löve，1984，Feddes Repert. 95 （7 - 8）：476；

    Agropyron rechingeri Runemark，1961，in Rech. Fil.，Bot. Jahrb. Syst.，80：442；

    Elymus rechingeri （Runemark） Runemark，1962，in Runemark & Heneen，Hereditas 48：548；

    Elytrigia rechingeri （Runemark） Hulub，1974，Folia Geobot. Phytotax. Praha 9：270；

    Elymus farctus ssp. *rechingeri* （Runemark） Meld.，1978，Bot. J. Linn. Soc. 76：383。

形态学特征：多年生，丛生。秆壮实，高 （15～） 22～62cm，径粗 1.4～2.3mm，平滑无毛，秆基明显膨大。叶鞘通常无毛，下部叶鞘稀具短毛；叶舌长 0.4～2mm；叶片边缘内卷，宽 1～3mm，上、下表面均无毛，上表面具 8 条或少于 8 条突起的叶脉。穗状花序直立或微弯，长 2～10cm，具 3～8 枚小穗，小穗排列疏松；穗轴无毛，上部穗轴节间长 7～12mm，下部穗轴节间长 6～11mm；小穗长 9～15mm，具 （2～） 4～6 花；颖窄披针形至窄长圆形，先端钝至急尖，无毛，两颖近等长，长 6～11mm，有时第 2 颖稍长 1mm，第 1 颖宽 1.5～2.5mm，3～7 脉，第 2 颖宽 1.5～3mm，3～8 脉，中脉突起；外稃披针形，长 7～10mm，宽 2～3mm，通常具很短的芒尖；内稃与外稃等长或短于外稃，长 5～10mm，两脊上部 2/5～1/2 具纤毛；花药长 4.5～5.5mm。

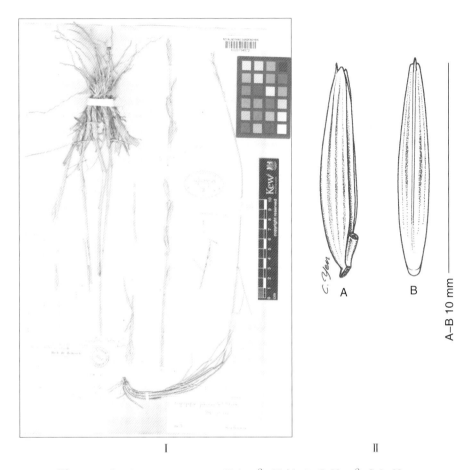

图 4 - 43 *Lophopyrum sartorii*（Boiss. & Heldr.）C. Yen & J. L. Yang

Ⅰ. 主模式标本，现藏于 **K** Ⅱ. 小穗：A. 半侧面观；B. 背面观

细胞学特征：2n＝4x＝28（Melderis，1980；Liu & Wang，1992）；染色体组组成：$E^bE^bE^eE^e$（Liu & Wang，1992）。

分布区：意大利、希腊、土耳其、南斯拉夫、叙利亚；生长在海岸岩石与沙质海滩上。

11. *Lophopyrum scirpeum* （K. Presl）**Á. Löve，1984，Feddes Repert. 95**（7 - 8）：**489.** 蔗草冠毛麦（图 4 - 44）

模式标本：意大利："Between Palermo and Mondello，H/1424/89"（**K!**）。

异名：*Agropyron scirpeum* K. Presl，1826，Fl. Sicul. ：49；

Agropyron elongatum ssp. *scirpeum*（K. Presl）Ciferri & Giacom.，1950，Nomencl. Fl. Ital.，1：47；

Thinopyrum scirpeum（K. Presl）D. R. Dewey，1984，in Gustafson，gene manipulation in plant improv. ：275；

Elytrigia scirpea（K. Presl）Holub.，1973，Folia Geobot. Phytotax. Praha 8：171。

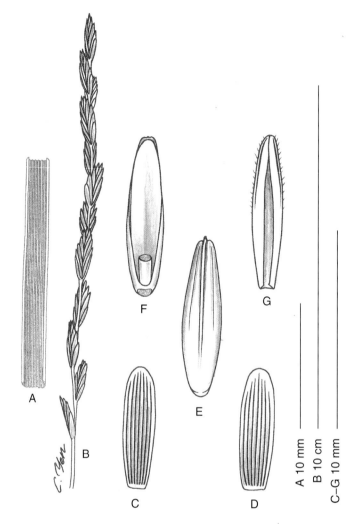

图 4-44 *Lophopyrum scirpeum*（K. Presl）Á. Löve
A. 叶片上面观，示内卷边缘、突起的叶脉与糙毛　B. 全穗
C. 第 1 颖　D. 第 2 颖　E. 小花背面观　F. 小花腹面观　G. 内稃

形态学特征：多年生，丛生。秆直立，高 19～96cm，细瘦，径粗 1.3～1.7mm。叶鞘通常无毛，但下部叶鞘边缘具纤毛；叶舌短，长 0.2～0.7mm；叶耳长 0.5～0.9mm；叶片边缘内卷，宽 1～2mm，上表面具 8 条（稀少于 8 条）明显突起呈圆形的脉，被糙毛，下表面无毛。穗状花序直立，长 12～26cm，具 9～17 枚小穗，小穗 1 枚着生于每一穗轴节上，排列疏松；穗轴节间无毛，下部者长 11～19mm，上部者长 10～18mm；小穗强烈压扁，长 13～20mm，具 7～10 花；颖长圆形，两颖等长，长 7～10mm，第 1 颖宽 1.5～2mm，7 脉，第 2 颖宽 1.5～2.5mm，6～7 脉，先端平截；外稃长圆形，长 6～8mm，宽 1.5～2.5mm，无毛；内稃短于外稃，长 5.5～7.5mm，宽 1.5～2mm，两脊上部 1/3～1/2 具纤毛；花药长约 7mm。

细胞学特征：2n＝4x＝28（Á. Löve，1984；McGuire，1984；Liu & Wang，1993）。

染色体组组成：E^{s}E^{s}E^{sc}E^{sc}（McGuire，1984）；E^{e}E^{e}E^{e}E^e（Liu & Wang，1993）。

分布区：地中海岛屿、地中海东欧海岸；仅一份标本采自摩洛哥与阿尔及利亚的边界；生长在潮湿黏土与沼泽中。

12. *Lophopyrum turcicum*（McGuire）**Á. Löve，1984，Feddes Repert，95**（7‑8）：**489. 土耳其冠毛麦**（图 4‑45、图 4‑46）

模式标本：土耳其："Turkey，Nigde，10 miles west of Bor. Cultivated from seed（PI 179162）collected by J. Harlan"（主模式标本：**AHUC** 38150!）。

异名：*Elytrigia turcica* McGuire，1983，Folia Geobot. Phytotax. Praha 8：171；

   Elytrigia pontica ssp. *turcica*（McGuire）Jarvie & Barkworth，1991，

   Nord. J. Bot. 12（2）：162。

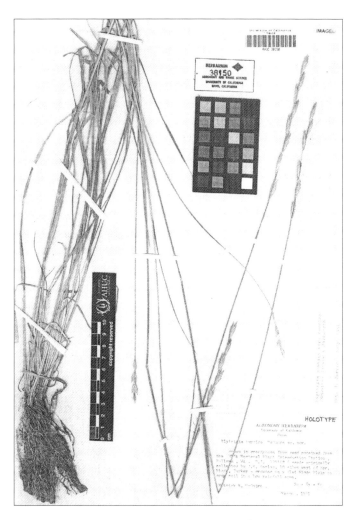

图 4‑45 *Lophopyrum turcicum*（McGuire）Á Löve 主模式标本

（现藏于 **AHUC**）

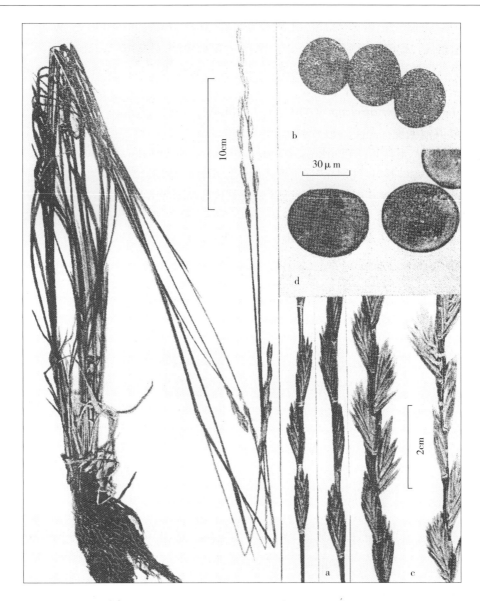

图 4 - 46 *Lophopyrum turcicum*（McGuire）Á. Löve

[主模式标本全植株及 *L. turcicum* 的小穗（a）及花粉（b）与 *L. ponticum* 的小穗（c）及花粉（d）]

（引自 McGuire，1984，图版）

形态学特征：多年生，丛生。秆强壮，高 50～75cm，茎粗 3～3.5mm，平滑无毛，叶鞘上部者无毛，下部叶鞘边缘具纤毛；叶舌长 0.3～1.5mm；叶耳长 0.2～1.5mm；叶片边缘内卷，宽 2～6.5mm，上表面具 8 条或少于 8 条的圆形突起的脉，其上被刺毛，下表面无毛。穗状花序直立，具 12～15 枚小穗，小穗 1 枚着生于每一穗轴节上，排列疏松；穗轴节间平滑无毛，上部节间长 9～19mm，下部节间长 16～20mm；小穗长 13～30mm，具 6～12 花；颖长圆形，先端平截，两颖近等长，第 1 颖长 6.5～10mm，宽 1.5～3.5mm，5～7（～9）脉，第 2 颖长7～10mm，宽 1～3.5mm，5～7（～9）脉，有时在脊的上部粗糙；外稃长 9～12mm，宽 2.5～5.5mm，6～9 脉，无毛；内稃短于外稃，长 7.5～11mm，宽 1.5～2.5mm，两脊上部 2/3 具纤毛，纤毛短于 0.3mm；花药长 2.5～3.5mm。

细胞学特征：2n=8x=56（Löve，1984；Jarvie，1992）；染色体组组成：**EEEEJJJJ**（Jarvie et al.，1992）。

分布区：土耳其、伊朗北部，向北可至格鲁吉亚；生长在山地的干旱与盐性土壤中；海拔 90～1 700m。

存 疑 分 类 群

13. *Lophopyrum clivorum*（Meld.）C. Yen et J. L. Yang comb. nov. 根据 *Elymus clivorum* Melderis，1984，Notes R. B. G. Edinb. 42：77. 坡生冠毛麦

模式标本：土耳其："Turkey B8 Muş：6 km from Caylar to Varto，1750 m，slopes in steppe，11 vii 1966，P. Davis 46308"（主模式标本：**E!**）。

异名：*Elymus clivorum* Melderis，1984，Notes R. B. G. Edinb. 42：77。

形态学特征：多年生、疏丛生，具短而匍匐的根状茎，植株蓝绿色。秆直立，下部膝曲斜升，细，高 40～50cm，平滑无毛。上部的叶鞘无毛，边缘具纤毛，下部的叶鞘疏生短柔毛；叶片平展，或边缘内卷，宽 2～3mm，上表面脉明显，被短柔毛，下表面平滑无毛，秆下部的叶片边缘疏生刺毛状纤毛。穗状花序长 5～6cm，具 5～9 枚疏生小穗；穗轴无毛，棱脊上疏生短刺毛而粗糙；小穗长 10～11mm，通常具 3 花；小穗轴被微小糙伏毛；颖长圆状至椭圆形，窄，平滑无毛，两颖近等长，长 5～6mm，均 3～4 脉，先端骤尖呈小尖头；外稃长圆状披针形，长 6～7mm，平滑无毛，上部明显 5 脉，先端亚钝形，具长 0.5～1.5mm 的小尖头；内稃与外稃近等长，两脊上部具短纤毛。

细胞学特征：未知。

分布区：土耳其，地方特有种；生长在海拔 1 750m 的草原上坡。

14. *Lophopyrum erosiglume*（Meld.）C. Yen et J. L. Yang, comb. nova. 根据 *Elymus erosiglumis* Melderis，1984，Notes RBG Edinb. 42（1）：78. 啮齿颖冠毛麦（图 4 - 47）

模式标本：土耳其："Turkey B6 Malatya：Gürün，3500 ft. ［1070m］，eroded hills of calc. shale，19 v. 1954，Davis 21888"（主模式标本：**BM!**；同模式标本：**E!、K!**）。

异名：*Elymus erosiglumis* Melderis，1984，Notes RBG Edinb. 42（1）：78。

形态学特征：多年生、密丛生，具短而木质化的根状茎。秆基部斜升，上部直立，高 70～80cm，平滑无毛。叶鞘通常在边缘具短纤毛，秆下部叶鞘常密被微毛；叶片平展或边缘内卷，长 15～40cm，宽 2～4.5mm，上表面叶脉较突起，被密而短的柔毛，下表面平滑无毛。穗状花序纤细，长 9.5～22cm，小穗排列疏松；穗轴在棱脊上具稀疏短的刺状纤毛；小穗长12～15mm，具 5 花；颖背部平滑无毛，边缘常被微毛，先端啮齿状，或内凹，或平截，具短尖头，两颖近等长，长 7～10.5mm，5～6 脉明显，边缘具宽 0.3～0.4mm 的透明膜质；外稃背部无毛，边缘被微毛，长 9～10mm，具明显 5 脉，先端内凹，常在弯曲处伸出小尖头；内稃短于外稃，两棱脊上部具小纤毛。

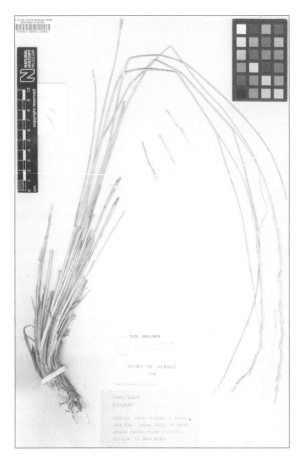

图 4 - 47　*Lophopyrum erosiglume*（Meld.）C. Yen et J. L. Yang
同模式标本（现藏于 **K**）

细胞学特征：未知。

分布区：土耳其，地方特有种。生长在被侵蚀的石灰质山上；海拔 1 070m；

15. *Lophopyrum flaccidifolium*（Boiss.& Heldr.）Á. Löve，1984，Feddes Repert. 95（7 - 8）：**489. 软叶冠毛麦**（图 4 - 48）

模式标本：希腊："Graece, inplanitie maritime Atticae ad Phaleraeum, Heldreich 501"（主模式标本：**G!**；同模式标本：**BM!**、**K!**、**LEI!**）。

异名：*Agropyron scirpeum* var. *flaccidifolium* Boiss. & Heldr.，1884，in Boiss.，Fl. Or. 5：666；

　　Agropyron flaccidifolium（Boiss. & Heldr.）Candargy，1901，Monogr. Tes phys ton krithodon：51；

　　Elymus elongatus ssp. *flaccidifolius*（Boiss. & Heldr.）Runemark，1972，Hereditas 70：156；

　　Elymus flaccidifolius（Boiss. & Heldr.）Meld.，1978，Bot. J. Linn. Soc.

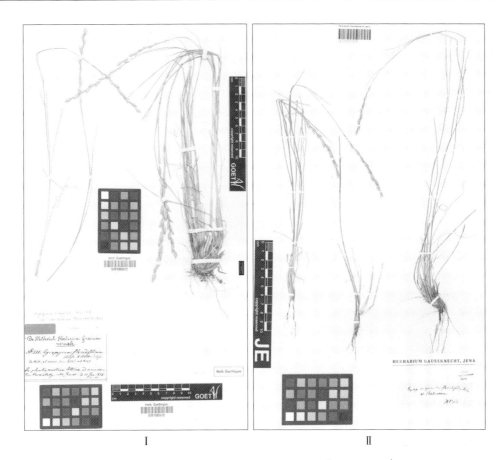

图 4 - 48　*Lophopyrum flaccidifolium*（Boiss. & Heldr. ）Á. Löve
Ⅰ. 主模式标本，现藏于 **G**　Ⅱ. 同模式标本，现藏于 **K**

76：377；

Elytrigia flaccidifolia （Boiss. & Heldr. ）Holub，，1974，Folia Geobot.
Phytotax. Praha 9：270；

Elytrigia scirpea （K. Presl）Holub.，1973，Folia Geobot. Phytotax. Praha
8：171. p. p.。

形态学特征：多年生，丛生。秆直立，强壮，高 35～75cm，平滑无毛。下部叶鞘被糙伏毛；叶片平展或内卷，柔软，叶片宽 1～2mm，叶脉细，上表面密被短而密的柔毛，杂以稀疏纤毛，下表面无毛，或被微毛。穗状花序长 7～15cm，小穗排列疏松；穗轴无毛，或在棱脊上略粗糙；小穗长 10～11mm，明显压扁，具 6～9 花；颖长圆形，无毛，先端钝，平截或稍内凹，长 4～6mm，通常 5 脉，全部到达尖端；外稃通常长 6mm，先端钝，或稍内凹，在凹缺处具 1 短尖头；内稃与外稃近等长，两棱脊上近先端具纤毛；花药长约 4mm。

细胞学特征：2n＝4x＝28（Á. Löve，1984）。

分布区：地中海区域，向西可到西西里（Sicilia）；生长在海岸沼泽中。

16. *Lophopyrum haifense* （Meld.） **Á. Löve，1984，Feddes Repert. 95** （7 - 8）：**488.** 海法冠毛麦

模式标本：海法（Haifa）："Haifa Sandstrand，Samuelsson 1025"，主模式标本：W!。

异名：*Elytrigia elongata*（Host）Nevski var. *haifensis* Meld.，1952，Arkiv for Bot.，ser. 2，2：304；

Elymus elongatus（Host）Runemark ssp. *haifensis*（Meld.）Runemark，1972，Hereditas 70（2）：156；

Agropyron haifense（Meld.）Bor，in R. D. Meikle，Fl. Cyprus 2：1818 -1819；

Agropyron elongatum（non Host，P. Beauv.）A. K. Jackson．1936，Kew Bull.，1936：16。

形态学特征：多年生、丛生。秆直立，秆基常肿大而微弯，高约 45cm，平滑无毛，或多或少被蜡粉。叶鞘平滑无毛，具条纹，紧包茎；叶舌非常短；叶片内卷，线形，长可达 25cm，宽 2～3mm，上表面被短而弯曲的柔毛，其间常杂以长毛，下表面平滑无毛，叶脉粗壮。穗状花序长 17～30cm，小穗 1 枚着生于每一穗轴节上，小穗多可达 11 枚；穗轴坚实，穗轴节间（包括棱脊）全部平滑无毛；小穗长 15～20mm，菱形，7～14 花；颖长圆形，平滑无毛，长 5～8mm，5～7 脉，先端钝，平截，或平截而偏斜；外稃长圆形，平滑无毛，先端钝或平截或内凹；内稃与外稃等长，两脊上部具纤毛；花药长 6～7mm。

细胞学特征：2n=2x=14（Á. Löve，1984）。

分布区：地中海东部；生长在近海平面的盐性沼泽。

17. *Lophopyrum lolioides* （Kar. et Kir.） **C. Yen et J. L. Yang，com. nov.，根据 *Triticum lolioides* Kar. et Kir.，1841，Bull. Soc. Nat. Moscou，14：866. 稗状冠毛麦** （图 4 - 49、图 4 - 50）

模式标本：哈萨克斯坦东部："In sabulosis prope Semipalatinsk ad rivulum Suchaja retschka，1840，nos. 1123，1124，Karelin et Kiriloff"。主模式标本：LE!；同模式标本：LE!、G!。

异名：*Triticum lolioides* Kar. et Kir.，1841，Bull. Soc. Nat. Moscou，14：866；

Agropyron lolioides（Kar. et Kir.）Candargy，1901，Monogr. Tes phyls ton krithodon：49；

Elytrigia lolioides（Kar. et Kir.）Nevski，1934，Tr. Sredneaz. Univ.，Ser. 8B，17：61；

Elymus lolioides（Kar. et Kir.）Meld.，1978，Bot. J. Linn. Soc. 76：382；

Agropyron akmolinense Drob. ex Roshev.，1924，Tr. Glavn. Bot. Sada 38（1）：146；

Agropyron intermedium var. *angustifolium* Kryl.，1928，Fl. Zap. Sib. （Fl. of West Sib.）Ⅱ：354；

Agropyron ciliolatum Nevski，1934，Fl. SSSR 2：650（in Russian）；1936，Tr. Bot. Inst. AN SSSR. ser. 1，2：84；

Elytrigia pachynera Prokudin，1941，Tr. Inst. Bot. Kharkov Univ. 4：197。

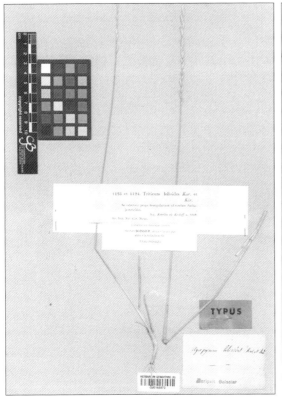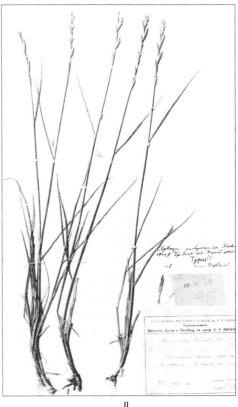

Ⅰ   Ⅱ

图 4 - 49　*Lophopyrum loliodes*（Kar. et Kir.）C. Yen et J. L. Yang

Ⅰ. 同模式标本，现藏于 **G**　Ⅱ. 异名（*Elytrigia pachyneura* Prokud.）异模式标本，现藏于 **LE**

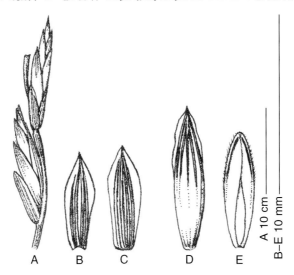

图 4 - 50　*Lophopyrum loliodes*（Kar. et Kir.）C. Yen et J. L. Yang

A. 小穗及穗轴　B. 第 1 颖　C. 第 2 颖　D. 外稃　E. 内稃

（引自《苏联植物志（Флора СССР）》第 2 卷，图版 XLⅦ）

形态学特征：多年生，疏丛生，具长而匍匐的根状茎，植株蓝绿色。秆直立，高（12～）30～90cm，平滑无毛。叶鞘平滑无毛；叶片边缘内卷，稀平展，宽5～8mm，上表面被很短的柔毛，或沿叶脉疏被白色长毛，下表面平滑无毛。穗状花序直立，长7～14cm，小穗排列疏松，特别是下部；穗轴在棱脊上粗糙；小穗贴生穗轴或微向外展，蓝绿色，长（10～）11～15（～17）mm，具（3～）5～8花；颖小，披针形或卵状披针形，先端钝或略钝，稀急尖，无毛，长（3～）·4～7mm，5～7脉，中脉稍突起，边缘干膜质；外稃披针形，先端亚钝形，长（7.5～）8～8.5mm，5脉，中脉在先端突起而外伸成一短芒尖，上部边缘干膜质；内稃与外稃等长，两脊上具长而粗的纤毛；花药长4～5mm。

细胞学特征：2n=6x=42（Á. Löve，1984）；2n=8x=56（Tzvel.，1976）。

分布区：哈萨克斯坦、俄罗斯；生长在石质山坡与石灰岩上、草原、林隙、沙地以及卵石间，有时也在路边。

18. *Lophopyrum runemarkii* Á. Löve，1984，Feddes Repert. 95（7 - 8）：476. 茹氏冠毛麦（图4 - 51）

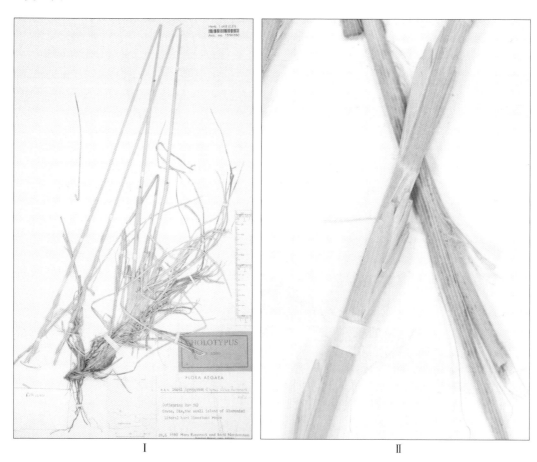

图4 - 51　*Lophopyrum runemarkii* Á. Löve 异名（*Elymus diae* Runemark）异模式，现藏于瑞典隆德大学标本馆- **LD**［该标本是 Runemark 直接采自原产地：爱琴海第阿岛（Island Dia）］
Ⅰ. 全植株　Ⅱ. 小穗及穗轴节与节间

模式标本：原产爱琴海（Aegean Sea）第阿岛（Island Dia），Runemark 采集的种子（无号），栽培于美国犹他（Utah）州卡切（Cache）县伊凡斯农场（Evans Farm）。1979年8月17日，杜威采集作为标本，标本号为 CS-30-90（主模式标本：**UTC**）。现藏于瑞典隆德大学标本馆-**LD** 的 *Elymus diae* Runemark 模式标本才是这个种 Runemark 采自第阿岛（Island Dia）的标本。

异名：*Elymus diae* Runemark，1962，Hereditas 48：550. nom. nud.

形态学特征：多年生，丛生，具纤细的匍匐的根状茎。秆直立，高 20～35cm，无毛，蓝绿色。叶片内卷，窄，宽 1～3mm，蓝绿色，上表面微粗糙，下表面平滑无毛。穗状花序短，长 5～10cm；穗轴易脆，较平滑；小穗长 15～20mm，具 3～4 花，蓝绿色；颖线状长圆形，先端平截，平滑无毛，两颖近等长，第 1 颖长 6～8mm，第 2 颖长 7～9mm，均具 8～12 脉；外稃无芒。

细胞学特征：2n=8x=56（Á. Löve，1984）；染色体组组成：未知。

分布区：仅见于爱琴海及其岛屿的海岸。

19. *Lophopyrum sinuatum*（Nevski）Á. Löve，1984，Feddes Repert 95（7-8）：490. 波状冠毛麦（图 4-52）

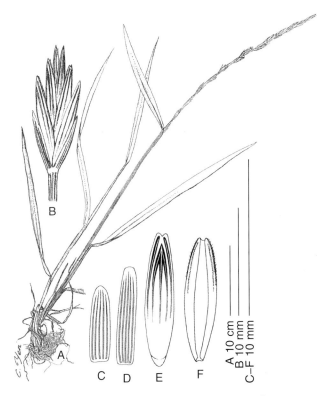

图 4-52　*Lophopyrum sinuatum*（Nevski）Á. Löve
A. 全植株　B. 小穗　C. 第 1 颖　D. 第 2 颖　E. 小花背面观　F. 内稃

模式标本：土耳其东北部："Artvinskii area，Ardanug，stony slopes on the screes between Ardanugu and Arvatsu，30 V 1914，no. 500，S. Turkevich"（**LE!**）。

异名：*Agropyron sinuatum* Nevski，1934，Fl. SSSR 2：639；

Elytrigia sinuata（Nevski）Nevski，1936，Tr. Bot. Inst. AN SSSR ser. I，2：80；

Elytrigia caespitosa ssp. *sinuata*（Nevski）Tzvel.，1973，Nov. Sist. Vyssch. Rast. 10：30。

形态学特征：多年生，植株蓝绿色具白霜。秆直立或基部膝曲斜升，高35～65cm，除节上被细毛外，余均无毛。叶鞘边缘具纤毛，下部叶鞘被短柔毛；叶片平展，边缘内卷，或内卷，长达18cm，宽2～2.5mm，上表面密被硬刚毛，下部叶片下表面被短柔毛，边缘粗糙。穗状花序纤细，直立，长15～20cm，小穗1枚着生于每一穗轴节上，排列疏松；穗轴节间在棱脊上粗糙，下部穗轴节间长13～16mm；小穗与穗轴贴生，蓝绿色，长12～15mm，具5～6花；颖长圆形，短于下部小花，两颖明显不等长，平滑，先端钝，第1颖长4.5～6mm，第2颖长6～7mm，5脉，边脉与主脉不汇合；外稃长圆状披针形，平滑无毛，长7.5～8.5mm，5脉，边脉与主脉不汇合；先端钝，常在顶部具一凹槽；内稃与外稃等长，先端钝，两棱脊上部具纤毛。

细胞学特征：未知。

分布区：土耳其、伊朗，以及高加索区域；生长在石质山地，分布较少；海拔1 560～1 610m。

主 要 参 考 文 献

Armstrong K C，Le H，Fedak G. 1991. Expression of *Thinopyrum distichum* NORs in wheat × *Thinopyrum* amphiploids and their backcross generations. Theor. Appl. Genet. 81：363 - 368.

Breton-Sintes S，Cauderon Y. 1978. Étude cytotaxonomique de 1' *Agropyron scirpeum* C. Presl et de 1'A. *elongatum*（Host）P. B. Bull. Soc. Bot. Fr. 125：443 - 455.

Cauderon Y，B Saigne. 1961. New interspecific and generic hybrids involving *Agropyron*. Wheat Inffoem. Serv. 12：13 - 14.

Cauderon Y. 1979. Use of *Agropyron* species for wheat improvement. *In* Proccdings of the Conference on Broadening Genetic Base of Crops，Poudo，Wageningen. p. 129 - 139.

Charpentier A，Feldman M，Cauderon Y. 1986a. Genetic control of meiotic chromesome pairing in tetraploid *Agropyron elongatum*. I. Pattern of pairing in natural tetraploid and in induced tetraploid and F_1 tetraploid hybrids. Can. J. Genet. Cytol. 28：783 - 788.

Charpentier A，Feldman M，Cauderon Y. 1986b. Chromosomal pairing at meiosis of F_1 hybrid and back-cross derivatives of *Triticum aestivum* × hexaploid *Agropyron junceum*. Can. J. Genet. Cytol. 28：1 - 6.

Chen Q，R L Conner，A Laroche and J B Thomas. 1998. Genome analysis of *Thinopyrum intermedium* and *Th. ponticum* using genomic in situ hybridization. Genome 41：580 - 586.

Dewey D R. 1984. The genomic system of classification as a guide to intergeneric hybridization with the perennial Triticeae. In Gene manipulation in plant improvement. ed. J. P. Gustafson，209 - 279. New York：Plenum.

Dvořák J. 1981a. Chromosoma differentitiation in polyploidy species of *Elytrigia*，with special reference to the evolution of diploidlike chromosome pairing in polyploidy species. Can. J. Genet. Cytol. 23：287 - 303.

Dvořák J. 1981b. Genome relationships among *Elytrigia* (*Agropyron*) *elongata*，*E. stipifolia*，"*E. elongate* 4x"，*E. caespitosa*，*E. intemedia* and "*E. elongate* 10x". Can. J. Genet. Cytol. 23：481 - 492.

Dvořák J，P E McGuire and S Mendlihger. 1984. Inferred chromosoma morphology of the ancestral genome of *Triticum*. Plant Syst. Evol. 144：209 - 220.

Endo T R and B S Gill. 1984. The heterochromatindistribution and genomic evolution in diploid species of *Elymus* and *Agropyron*. Can. J. Genet. Cytol. 26：669 - 678.

Evans L E. 1962. Karyotype analysis and chromosomdedesignations for diploid *Agropyron elongatum* (Host) P. B. Can J. Genet. Cytol. 4：267 - 271.

Heneen W K and H Runemark. 1972a. Cytology of *Elymus* (*Agropyron*) *elongates* complex. Hereditas 70：155 - 164.

Heneen W K and H Runemark. 1972b. Chromosomal polymorphism in isolated populations of *Elymus* (*Agropyron*) in Aegean Ⅰ. *Elymus striatulus* sp. nov.. Bot. Not. 125：419 - 429.

Jarvie J K. 1992. Taxonomy of *Elytrigia* sect. *Caespitosae* and sect. *Junceae* (Gramineae：Triticeae). Nordic J. Bot. 12：155 - 169.

Jarvie J K. and Barkworth M E. 1990. Isozyme similarity in *Thinopyrum* and its relative (Triticeae：Gramineae) Genome，33：885 - 891.

Jarvie J K，Barkworth M E. 1992. Morphological variation and genome constitution in some perennial Triticeae. Bot. J. Linn. Soc. 108：167 - 180.

Kimber G and R Riley. 1963. The relationships of the diploid progenitors of hexaploid wheat. Can. J. Genet. Cytol. 5：83 - 88.

Liu Z W，R R - C Wang. 1992. Genome analysis of *Thinopyrum junceiforme* and *Th. sartorii*. Genome 35：758 - 764.

Liu Z W，R R - C Wang. 1993. Genome constitutions of *Thinopyrum curvifolium*，*T. scirpeum*，*T. distichum* and *T. junceum* (Triticeae：Gramineae). Genome 36：641 - 651.

Löve Á. 1982. Generic evolution in the wheatgrasses. Biol. Zentralbl. 101：199 - 212.

Löve Á. 1984. Conspectus of the Triticeae. Feddes Repert. 95：425 - 521.

McGuire. P. E.，1984，Chromosome pairing in triploid and tetraploid hybrids in *Elytrigia* (Triticeae：Poaceae). Can. J. Genet. Cytol. 26：519 - 522.

Moustakas M L，Symeonidis L，Ouzounidou G. 1988. Genome relationships in the *Elytrigia* group of the genus *Agropyron* (Poaceae) as indicated by seed protein electrophoresis. Plant Syst. Evol. 161：147 -153.

Mujeeb - Kazi A，Miranda J L. 1985. Enhanced resolution of somatic chromosome constriction as an aid to identifying intergenetic hybrids among some Triticeae. Cytologia. 50：701 - 709.

Mujeeb - Kazi A，Rodrignez. 1981. Cytogeneica in intergeneric hybrids involing genera within the Triticeae. Cereal Res. Commun. 9：39 - 45.

Muramatsu M. 1990. Cytogenetics of dacaploid *Agropyron elongatum* (*Elytrigia elongata*) (2n = 70). I. Frequency of decavalent formation. Genome 33：811 - 817.

Östergren G. 1940. Cytology of *Agropyron junceum* and *A. repens* and their spontaneous hybrids. Hereditas (Lund，Sweden) 26：305 - 316.

Peto F H. 1936. Hybridization of *Triticum* and *Agripyron* Ⅱ. Cytology of the male parents and F_1 generation. Can. J. Res. 14：203 - 214.

Pienaar R de V. 1981. Genome relationships in wheat×*Agropyron distichum* (Thunb.) Beauv. hybrids. Z. Pflanzenzuecht. 89: 193 - 212.

Pienaar R V, G M Littlejohn, E R Sears. 1988. Genome relationships in *Thinopyrum*. S. Afr. J. Bot. 54: 541 - 550.

Sharma H C, Aylward S G, Gill B S. 1987. Partial amphiploid from *Triticum aestivum×Agropyron scirpeum* cross. Bot. Gaz. 146 (2): 258 - 262.

Wang R R-C. 1985. Genome analysis of *Thinopyrum bessaribicum* and *T. elongatum*. Can. J. Gent. Cytol. 27: 722 - 728.

Wang R R-C. 1992. Amphidiploids of perennial Triticeae. I. Synthetic *Thinopyrum* species and their hybrids. Genome. 35: 951 - 956.

Wang R R-C. Hsiao C T. 1989. Genome relationship between *Thinopyrum bessarabicum* and *T. elongatum* revisited. Genome, 32: 802 - 809.

Wang R R-C, J E Marburger, C-J Hu. 1991. Tissue-culture-facilitated-production of aneupolyploid *Thinopyrum ponticum* and amphidiploid of *Hordeum violaveum* × *H. bogdanii* and their uses in phylogenetic studies. Theor. Appl. Genet. 81: 151 - 156.

Zhang X Y, Y S Dong, R R-C. Wang. 1996a. Characterization of genomes and chromosomes in partialphiploids of the hybrid *Triticum aestivum* × *Thinopyrum ponticum* by *in situ* hybridization, isozyme analysis, and RAPD. Genome 39: 1052 - 1071.

Zhang X Y, A Koul, R Petroski, et al. 1996. Molecular verification and characterization of BYDV-resistant germ plasms derived from hybrids of wheat with *Thinopyrum ponticum* and *Th. intermedium*. Theor. Appl. Genet. 93: 1033 - 1039.

五、毛麦属（Genus *Trichopyrum*）的生物系统学

毛麦属（*Trichopyrum* Á. Löve）是 Áskell Löve 1986 年发表在《 Veröff. Geobot. Inst. ETH，Stiftung Rubel，Zürich 》87 卷上的一个新属，刊载于他的一篇题为 "Some taxonomical adjustments in eurosiayic whratgrasses" 论文中。他发表这个属是因其含有特有的 **EESS** 染色体组组合，而不含 **J** 染色体组。Löve 认为它有别于 *Elytrigia* Desv. 属，在于 *Elytrigia* 含 **E**、**J**、**S** 染色体组。但从目前已有检测数据来看，**E** 与 **J** 两个染色体组只是同一个染色体组的两个变型（Wang，1985），并已重新定名为 E^e 与 E^b 染色体组。因此这两个属也就应当合并为一个属。由于 *Elytrigia* Desv. 属建属的模式种 *Elytrigia repens*（L.）Nevski 经检测是含 **StStStStHH** 染色体组组合（Assadi 与 Renemark，1994；Vershinin，Svitashev，Gummesson Salomon，Bothmer 与 Bryngelsson，1994 ）的植物，它应当归入披碱草属。因此，*Elytrigia* Desv. 属建属的根据已不再存在，当然这个偃麦草属也就失去它的合法性，理所当然 *Trichopyrum* Á. Löve 就成为这一类含 $E^e E^e$-**StSt**、$E^e E^e E^e E^e$**StSt**、$E^b E^b E^e E^e$**StSt** 染色体组组合植物的合理合法的属名。

（一）毛麦属的古典形态分类学简史

1805 年，奥地利植物学家 Nicolaus Thomas Host 在他的《奥地利禾本科植物图说（Icones et descriptions graminum austriacorum)》第 3 卷，23 页，第 1 次记录了本属的模式种，也是第 1 个种：*Triticum intermedium* Host。

同年，瑞士植物学家 Augustin Pyramus de Candolle 把德裔植物学家 Johann Christoph Schleicher 定名的新种 发表在他主编的《法兰西植物志续篇(Flore Française Suppl.)》281 页上，名为：*Triticum distichum* Schleich. ex DC.。它实际上与上述 *Triticum intermedium* Host 是同一个种。由于时间稍晚，只能是前者的异名。

1812 年，法国禾草学家 Baron Ambroise Marie François Joseph Palisot de Beauvois 在他的《禾草学评论（Ess. Agrost.)》一书 102 页与 146 页上，把前述 *Triticum intermedium* Host 组合到冰草属中成为 *Agropyron intermedium*（Host）P. Beauv.。

1815 年，de Candolle 把法国植物学家 René Louiche Desfontaines 定名的 *Triticum glaucum* 发表在法国生物学家 Jean Baptiste Antoine Pierre Monnet de Lamarck 与他编辑的《法兰西植物志（Flore Française)》第 3 版，第 5 卷，28 页上，成为 *Triticum glaucum* Desf. ex DC.。而这个分类群与上述 *Triticum intermedium* Host 仍然是同一物种。

1817 年，瑞士苏黎世植物园的主任 Johann Jakob Roemer 与植物学家 Jos Augusto Schultes，在他们合编的《植物系统（Systema Vegetabilium)》第 2 卷，752 页，把

Triticum glaucum Desf. ex DC. 组合到冰草属中成为 *Agropyron glaucum*（Desf. ex DC.）Roem. et Schult.。

1819 年，旅居俄罗斯哈尔科夫附近米若法（Мерофа）的德裔植物学家 Friedrich August Marschall von Bieberstein 在他的《托瑞科-高加索植物志（Flora Taurico - Caucasica）》第 3 卷，96 页，把芬兰植物学家 Christian von Steven 定名的一个新种代其发表（根据通信），这个新种名是 "*Triticum nodosum* Steven in litt."，是作为 *Triticum junceum* 的异名来发表的。从现在的实验检测结果来看，它是一个四倍体的毛麦属植物。

1838 年，芬兰植物学家 Christian von Steven 把毛麦属的一个分类群定名为 *Triticum hirsutum* Steven，它是分布于中欧东南部，地中海东部，直到巴基斯坦、阿富汗、哈萨克斯坦的一个广布种。德国植物学家 Heinrich Adolph Schrader 代他将其发表在《林奈（Linnaea）》12 卷上，成为 *Triticum hirsutum* Stev. ex Schrad.（466 - 467 页）。

1843 年，德国植物学家 Johann Friedrich Link 在《林奈（Linnaea）》17 卷，395 页，发表一个名为 *Triticum trichophorum* Link 的新种。现在根据实验检测的结果，它应当是 *Trichopyrum intermedium* 的一个变种，即：*Trichopyrum intermedium* var. *trichophorum*（Link）C. Yen et J. L. Yang。

1846 年，意大利植物学家 Giuseppe De Notaris 在他的《力究立亚植物区系汇编（Repertorium Florae Ligusticae）》一书第 57 页，发表一个名为 *Agropyron savignonii* De Not. 的新种。这个新种与上述 *Triticum trichophorum* Link 是同一个分类群。

1848 年，德国植物学家 Karl Heinrich Emil Koch 在《林奈（Linnaea）》21 卷，342 页，发表一个名为 *Agropyron caespitosum* C. Koch 的新种。这个新种根据现今实验检测，它应当属于毛麦属。

1852 年，德国植物学家 August Heinrich Rudolph Grisebach 在植物学家 Carl Friedrich von Ledebour 编辑的《俄罗斯植物志（Flora Rossica）》第 4 卷，第 13 部："俄罗斯的禾本科"中，发表的一个新变种与一个新变种组合，它们应当属于毛麦属的两个异名，它们是：

Triticum repens γ *nodosum* Stev. ex Griseb.（341 页）；

Triticum rigidum β *ruthenicum* Griseb.（342 页）。

1853 年，德国植物学家 Philipp Johann Ferdinand Schur 在他的《外塞尔凡尼亚植物选集（Sertum Florae Transsilvaniae）》第 4 卷 91 页，发表一个名为 *Agropyron barbulatum* Schur 的新种。根据实验检测，应当属于毛麦属。

1854 年，法国植物学家 Dominique Alexandre Godron 在《道布斯协会论文集（Mém. Soc. Émul. Doubs.）》系列 2，5 卷，11 页，发表一个名为 *Triticum pouzolzii* Godron 小麦属新种。这个新种应当是属于毛麦属的一个分类群。

1874 年，意大利植物学家 Roberto de Visiani 在法国植物学家 Augustion Goiran 编写的《维罗纳新维管束植物评论（Pl. Vasc. Nov. crit. Verona）》21 页，以及 Augustion Goiran 在《维罗纳农业科学院丛刊（Mem. Acad Agr. Verona）》52：175 页，发表一个采自意大利的禾草，它是以 Augustin Goiran 的姓来命名的冰草属新种，即 *Agropyron goiranianum* Vis（*Ag. goiranicum* Vis.）。现在看来，这个种名应当是 *Trichipyrum intermedium* 的一个异名。

1890 年，奥地利植物学家 Karl Richter 在他的《欧洲植物（Plantae Europaeae）》第

1 卷中发表两个新组合，一个是把 Schur 在 1853 年定名的 *Agropyron barbulatum* Schur 降级组合为 *Agropyron glaucum* subsp. *barbulatum*（Schur）Richter（124 页）；另一个是把 1843 年 Link 定名的 *Triticum trichophorum* Link 组合在冰草属中成为 *Agropyron trichophorum*（Link）Richter（124）。

1894 年，捷克波希米亚植物学家、著名植物形态学家 Josef Velenovský 在《1894 年波希米亚科学协会会议报告（Sitz. - Ber. Böhm. Ges. Wiss. 1894）》28 页，发表一个名为 *Triticum varnense* Velenovsky 的新种。根据检测结果，这是一个很特殊的十二倍体禾草，是一个毛麦属的分类群。

1897 年，俄罗斯植物学家 Иван Федорвч Шмалхаюсен（Johannes Theodor Schmalhausen）在他的《俄罗斯中部与西部植物志（Фл. Средн. иЮжн. Росс.）》2 卷，657 页，发表一个新变型，名为 *Agropyron intermedium* f. *villosum* Schmalh. 。

1898 年，Velenovsky 又把 *Triticum varnense* Velen. 发表在他的《保加利亚植物志增篇 I（Flora Bulgarica Supplementum I）》302 页上。

1899 年，法国植物学家 Pierre Tranquille Husnot 把他的同胞 Gilbert Mandon 定名的一个变种代其发表在他的《禾本科（Graminées）》一书的 82 页上。这个变种名为 *Agropyron litorale* var. *rottboelloides* Mandon ex Husnot。它与 1854 年 Godron 发表的 *Triticum pouzolzii* Godron 是相同的分类群。

1901 年，德国植物学家 Paul Friedrich August Ascherson 与 Kael Otto Robert Peter Paul Graebner 在他们的《中欧植物志总览（Synopsis der mitteleuropäischen Flora）》第 2 卷上，发表以下 3 个新组合，从现在的检测结果来看，这 3 个新组合都应当属于毛麦属的分类群。现抄录如下：

Agropyron intermedium subsp. *trichophorum*（Link）Ascherson & Graebner（658 页）；

Triticum intermedium subsp. *pouzolzii*（Godron）Ascherson et Graebner（660 页）；

Triticum rottboelloides（Mandon ex Husnot）Ascherson et Graebner（660 页）。

1904 年，克罗地亚南部达尔马提亚植物学家 Lujo Adamović 在《维也纳科学院数学、自然科学、分类学备忘录（Denkschr. Akad. Wiss. Math. Nat. Kl.，Wien）》74 卷，119 页，发表一个名为 *Agropyron incrustatum* Adamović 的新种。这个新种与 1894 年 Velenovský 发表的 *Triticum varnense* Velenovský 是相同的分类群。

同年，奥地利植物学家 Eugen von Halacsy 在《希腊植物大纲（Consp. Fl. Graec.）》第 3 卷中，把 *Triticum trichophorum* Link 降级组合为冰草属的一个变种，即：*Agropyron intermedium* var. *trichophorum*（Link）Halac. 。

1908 年，瑞士植物学家 Gustav Hegi 把 德国植物学家 Heinrich Gottlieb Ludwig Reichenbach 降级组合的一个亚种代其发表在他编辑的《中欧植物图志（Illustrierte Flora von Mittel-Europa）》第 1 卷，386 页上，即：*Agropyron intermedium* subsp. *trichophora*（Link）Reichb. ex Hegi。

1913 年，法国植物学家 Georges Rouy 在他的《法国植物志（Flore de France）》14 卷，320 页，发表一个名为 *Agropyron pouzolzii* proles *rottboelloides*（Mandon ex Husnot）Rouy 的亚种组合。他这里很特殊地用"proles（种族）"，而不是用亚种或变种，不

过也是次于种一级族群。

1932 年，奥地利植物学家 August Hayek 在《费德斯汇编（Feddes Repertorium Beih.）》39 卷，3 期，222 页，把 Velenovský 的 *Triticum varnense* Velenovský 组合到冰草属中，成为 *Agropyron varnense*（Velen.）Hayek。

1933 年，苏联植物学家 Серген Арениевич Невский 在《苏联科学院植物研究所丛刊（Труды Ботанического Института Академий Наук СССР）》系列 1，1 卷，14 页，把 1805 年 Host 定名的 *Triticum intermedium* Host 组合到偃麦草属成为 *Elytrigia intermedia*（Host）Nevski。从现今实验检测来看，偃麦草属是不能成立的，因为它的模式种属于披碱草属。而这个 *Elytrigia intermedia*（Host）Nevski 的染色体组组成应当属于毛麦属。

1934 年，Невский 在他编辑的《苏联植物志（Флора СССР）》第 2 卷中，发表 4 个冰草属的新种，它们都应当是毛麦属的分类群，这 4 个种是：

Agropyron scythicum Nevski（638 页）；

Agropyron angulare Nevski（639 页）；

Agropyron nodosum Nevski（646 页）；

Agropyron firmiculme Nevski（646 页）。

同年，Невский 在《中亚大学学报（Труды Среднеазиатского Университет）》系列 8Б，17 期，61 页，发了两个应当属于毛麦属的组合，他把它们放在偃麦草属中。它们是：

Elytrigia caespitosa（C. Koch）Nevski；

Elytrigia trichophora（Link）Nevski。

同年，Невский 又在《土库曼加盟共和国科学院生物研究所学报（Труды Института Биолгий АН Туркменск ССР）》5 卷，79 页，发表一个应当属于毛麦属的，但他定名为偃麦草属的新组合，这个组合名为 *Elytrigia angularis*（Nevski）Nevski。

1936 年，Невский 在《苏联科学院植物研究所学报（Труды Ботанического Института АН СССР）》系列 1，第 2 卷，又发表了以下 3 个应属于毛麦属的组合，它们是：

Elytrigia scythica（Nevski）Nevski（79 页）；

Elytrigia firmiculmis（Nevski）Nevski（82 页）；

Elytrigia nodosa（Nevski）Nevski（83 页）。

1939 年，苏联植物学家 Ю. Н，Прокудин 在《哈尔科夫大学植物研究所学报（Труды Института Ботаники Харъковского Университета）》第 3 卷，166 页，发表一个名为 *Elytrigia ruthenica*（Griseb.）Prokudin 的新组合。它也应该是属于毛麦属的分类群。

1960 年，在英国禾草学家 Norman Loftus Bor 主编的《缅甸、锡兰、印度与巴基斯坦的禾草（The Grasses of Burma，Ceylon. India and Pakistan）》一书中，A. Melderis 发表一个冰草属的新种，它名为 *Agropyron afghanicum* Melderis（689 页）。Á. Löve 认为它应当是 *Elytrigia intermedia* 的一个亚种，即：*Elytrigia intermedia* subsp. *afhanica*（Maderis）Á. Löve，发表在《费德斯汇编（Feddes Repert.）》95 卷，7～8 合期，486 页。既然它是 *Elytrigia intermedia* 亚种，那就应当归入毛麦属。Á. Löve 这个亚种也是没有实验依据臆定的，定为变种更符合实际一些。

1970 年，奥地利维也纳自然历史博物馆前主任 Karl Heinz Rechinger 在他主编的《伊朗植物志（Flora Irenica）》No.70，英国丘园（Kew）的 N. L. Bor 编辑的禾本科（包括伊朗、阿富汗、西巴基斯坦、伊拉克北部、阿塞尔拜疆、土库曼斯坦）中，发表了英国 A. Melderis 的一个名为 *Agropyron gentryi* Melderis（165～166 页）的冰草属新种。这个分类群与 *Tricophorum intermedium*（Host）Á. Löve 非常近似，应当是 *Tricophorum intermedium* 的一个变种。

1972 年，H. Runemark 在北欧《遗传（Hereditas）》杂志第 70 卷上，把 Josef Velenovský 在 1894 年定名的 *Triticum varnense* Velenovský 组合到披碱草属中，成为 *Elymus varnensis*（Velen.）Runemark（156 页）。这个很特殊的十二倍体植物不是含 **HSt** 染色体组而是含 **EᵉEᵉEᵉEᵉEᵉEᵉEᵉEᵉStStStSt** 染色体组，它不应当属于披碱草属，而应当属于毛麦属。他这个组合只能是一个异名。

1973 年，H. H. Цвелев 在《高等植物系统学新闻（Новости Системаика Высших Растtений）》第 10 卷上，发表 3 个偃麦草属新组合。这 3 个组合如下：

Elytrigia caespitosa subsp. *nodosa*（Nevski）Tzvelev 1973（30 页）；

Elytrigia gentryi（Meld.）Tzvelev（30 页）；

Elytrigia intermedia subsp. *trichophora*（Link）Tzvelev（31 页）。

现在来看，偃麦草属是不存在的。这 3 个分类群都应该属于毛麦属。

1977 年，捷克科学院植物研究所的植物学家 Josef Holub 在捷克布拉格出版的《植物地理与植物分类（Folia Geobot. Phytotax.）》12 卷，发表 2 个偃麦草属的新组合如下：

Elytrigia afghanica（Meld.）Holub（426 页）；

Elytrigia varnensis（Velen.）Holub（426 页）。

正如上述，偃麦草属是不存在的。它们都是毛麦属的异名。

1978 年，英国植物学家 A. Melderis 在《林奈学会学报植物学（Bot. J. Linn. Soc.）》76 卷上发表了 4 个新亚种与 1 个变种组合。这些亚种都是没有实验检测数据臆定的，归入披碱草属也同样是没有实验数据的。以下 4 个所谓的亚种与 1 个变种都应当是毛麦属的 5 个异名。

Elymus hispidus（Opiz）Melderis subsp. *barbulatus*（Schur）Melderis（381 页）；

Elymus hispidus（Opiz）Melderis subsp. *barbulstus*（Schur）Melderis var. *epiroyicus* Melderis（381 页）；

Elymus hispidus（Opiz）Melderis subsp. *graecus* Melderis（381 页）；

Elymus hispidus（Opiz）Melderis subsp. *pouzolzii*（Godron）Melderis（382 页）；

Elymus hispidus subsp. *varnensis*（Valen.）Melderis，1978（381 页）。

1984 年，印度德里大学植物学系的 Gurcharan Singh 在《分类群（Taxon）》32 卷，发表篇题为 "New combinations in Asiatic Elymus（Poaceae）" 的短文，6 个组合中有一个是与毛麦属有关的 *Elymus afghanicus*（Melderis）G. Singh（639 页）。他把它归入披碱草属显然是不恰当的，与实验检测的结果是不相符的。

同年，遗传植物分类学先驱 Áskell Löve 在《费德汇编（Feddes Repertorium）》95 卷，7～8 合期上发表的他的著名论文 "Conspectus of the Triticeae" 中，由于历史的局限，在缺少实验测试数据的情况下，把它们错分在冠毛麦属与不应当存在的偃麦草属中。

以下错分的 4 个种都应当是毛麦属的分类群。

Lophopyrum caespitosum（C. Koch）Á. Löve（489 页）；

Elytrigia intermedia ssp. *afghanicus*（Meld.）Á. Löve（486 页）；

Elytrigia intermedia ssp. *gentryi*（Meld.）Á. Löve（487 页）；

Lophopyrum nodosum（Nevski）Á. Löve（490 页）。

1986 年，Áskell Löve 在瑞士《苏黎世，地理植物学研究所 ETH 出版物（Veröff. Geobot. Inst. ETH，Stiftung Rübel）》87 卷，发表一篇题为 "Some taxonomical adjustments in euroasiatic wheatgraasses" 的报告。文中发表了两个新属，一个名为 *Trichopyrum* Á. Löve（49 页），另一个名为 *Pasmmpyrum* Á. Löve（50 页）。

他指出，*Trichopyrum* Á. Löve 是含 **EESS**、**EEEESS** 染色体组的分类群。文中列出有以下的种与亚种：

Trichopyrum intermedium（Host）Á. Löve；

Trichopyrum intermedium ssp. *afghanicum*（Melderis）Á. Löve；

Trichopyrum intermedium ssp. *barbulatum*（Schur）Á. Löve；

Trichopyrum intermedium subsp. *epiroticum*（Melderia）Á. Löve；

Trichopyrum intermedium subsp. *graecum*（Melderia）Á. Löve；

Trichopyrum intermedium ssp. *gentryi*（Melderis）Á. Löve；

Trichopyrum intermedium ssp. *poderae*（Nabelek）Á. Löve；

Trichopyrum intermedium subsp. *pouzolzii*（Godron）Á. Löve；

Trichopyrum intermedium ssp. *pulcherrimum*（Grossh.）Á. Löve；

$2n = 42$。

Trichopyrum varnense（Velen.）Á. Löve；

$2n = 84$。

以上这些分类群中，*Trichopyrum intermedium* ssp. *pulcherrimum*（Grossh.）Á. Löve 应当属于仲彬草属，即 *Kengyilia pulchettima*（Grossh.）C. Yen, J. L. Yanf et B. R. Baum。

（二）毛麦属的实验生物学研究

1945 年，美国加州大学戴维斯分校农学系的 R. Merton Love 与 C. A. Suneson 在《美国植物学杂志（American Journal of Botany）》32 卷，发表一篇题为 "Cytogenetics of certain *Triticum - Agropyron* hybrids and their fertile derivatives" 的研究报告。这份报告报道的是对 1938 年美国农业部的 M. W. J. Sando 寄给他们的两份杂种种子，一份是 *Triticum durum* var. Mindem × *Agripyron trichophorum*；另一份是 *Triticum macha* × *Agropyron trichophorum* 进行的研究结果。他们认为，*Triticum durum* var. Mindem（$2n = 28$）与 *Agropyron trichiphorum*（$2n = 42$）之间有非常小的一点同源性。对 1 个不育子代（$2n = 35$）与 3 个能育子代（$2n = 56、70、70$）进行了观察研究。含 56 条染色体的植株显然不是双二倍体，另外两个能育植株减数分裂具有大量的单价体显示它们也不是

双二倍体。它们的产生，更确切地说，可能归结于部分减数与未减数配子碰巧授精。

这 41 粒种子播种后仅有 12 株成长，其中 5 株进行了细胞学观察，仅 2 株具有双二倍体染色体数，但它们并没有预期的双二倍体染色体行为。异源多倍体在适合的环境条件下可以产生具亲和力的配子并幸运地结合，可能这种异源多倍体的产生方式比通常认为的概率高一些。

在 1953 年以前，有许多人曾经得到并研究毛麦属的一些种与小麦以及黑麦之间的杂种。例如 F. H. Peto（1936）、松村清二（1948）、W. K. Peto and R. M. Love（1952）、R. Merton Love and C. A. Suneson（1945）。在当时，远缘杂交是个新事物，吸引许多育种学家与系统学家从事这方面的研究。由于这些属间杂交比较容易获得杂种子代，并且部分能育，减数分裂时含有二价体与多价体，因而被认为它们与小麦属及黑麦属的染色体间有同源性。

1953 年，美国加州大学戴维斯分校的 G. L. Stebbins, Jr. 与 Fung Ting Pun 发表一篇题为 "Artifical and natural hybrids in the Gramineae, tribe Hordeae. Ⅵ. Chromosome pairing in *Secale cereale*×*Agropyron intermedium* and the problem of genome homologies in the Triticinae." 的论文。他们利用黑麦染色体形体特别大，在观察中可清楚地与中间毛麦的小染色体区分开来的特性，清楚地辨别出两个属间、黑麦与中间毛麦的染色体并没有配对，是中间毛麦的 3 个染色体组间的染色体有配对的行为，它们之间有同源性。他们观察的结果见表 5-1 与图 5-1。

表 5-1 *Secale cereale*×*Agropyron intermedium* 50 个杂种的花粉母细胞减数
分裂中期 Ⅰ 染色体配对行为

（引自 G. L. Stebbins, Jr. 与 Fung Ting Pun, 1953, 表 1）

	染色体构型		观察细胞数	百分率（%）
	Agropyron	*Secale*		
细胞含有	10Ⅱ+2Ⅰ	7Ⅰ	1	2
细胞含有	9Ⅱ+3Ⅰ	7Ⅰ	1	2
细胞含有	7Ⅱ+7Ⅰ	7Ⅰ	8	16
细胞含有	1Ⅲ+8Ⅱ+2Ⅰ	7Ⅰ	5	10
细胞含有	1Ⅲ+7Ⅱ+4Ⅰ	7Ⅰ	6	12
细胞含有	1Ⅲ+6Ⅱ+6Ⅰ	7Ⅰ	9	18
细胞含有	1Ⅲ+5Ⅱ+8Ⅰ	7Ⅰ	9	18
细胞含有	1Ⅲ+6Ⅱ+2Ⅰ	AS+6Ⅰ*	2	4
细胞含有	1Ⅲ+6Ⅱ+3Ⅰ	7Ⅰ	4	8
细胞含有	1Ⅲ+5Ⅱ+5Ⅰ	7Ⅰ	1	2
细胞含有	1Ⅲ+3Ⅱ+9Ⅰ	7Ⅰ	1	2
细胞含有	1Ⅲ+5Ⅱ+2Ⅰ	7Ⅰ	1	2
细胞含有	1Ⅲ+5Ⅱ+2Ⅰ	1Ⅱ+5Ⅰ	1	2
细胞含有	1Ⅲ+4Ⅱ+4Ⅰ	7Ⅰ	1	2

注：细胞中联会染色体数：变幅：12～21，平均：15.83；
复合配对中的染色体数：变幅：0～9，平均：3.24；
* AS 表示二价体中一个染色体来自 *Agropyron*，一个来自 *Secale*。

1962 年，美国农业部犹他洛甘农业试验站的 Douglas R. Dewey 在美国《遗传杂志（Journal of Heredity）》53 卷，发表一篇题为 "The genome structure of intermediate

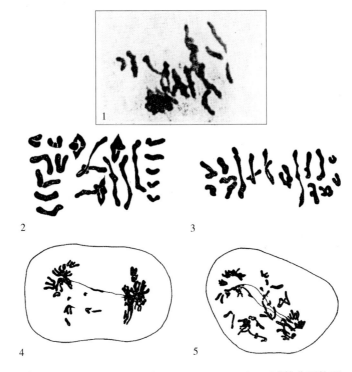

图 5-1　*Secale cereale* × *Agropyron intermedium* 减数分裂构型

1. 中期Ⅰ照片，显示 *Secale* 以及 *Agropyron* 的染色体联会　2. 中期Ⅰ显示 *secale* 的 7 条单价体（左侧），*Agropyron* 的 2 个三价体与 5 个二价体（中央），以及 5 个单价体　3. 显示 *Secale* 的 5 个单价体与 1 个二价体（左侧），*Agropyron* 的 3 个三价体与 5 个二价体（中央），以及 2 个单价体　4、5. 显示后期落后染色体与桥片段构型

（引自 G. L. Stebbins，Jr. 与 Fung Ting Pun，1953，图 1-5）

wheatgrass”的研究报告。他利用从中间毛麦的双胚种子得来的多组单倍体植物（2n＝21）进行减数分裂染色体配对行为的研究，进一步证实多组单倍体中间毛麦的减数分裂存在染色体组间的同源联会。说明中间毛麦的 3 个染色体组具有部分同源性，它们之间的部分染色体可以配对。

　　Dewey 这个多组单倍体是从美国国家种子库 PI. 98568 号中间毛麦（当时称为 *Agropyron intermedium*）种子发芽后选得 8 个双苗（双胚）植株，栽培于犹他洛甘苗圃。它们较正常植株瘦小，并且完全不育。对它们的减数分裂进行的细胞学观察研究结果如表5-2及图5-2与图5-3所示。

表 5-2　**A. intermedium 多组单倍体植株减数分裂中期Ⅰ染色体配对情况**

（引自 Dewey，1962，表 1）

染色体配对			出现细胞数
Ⅰ	Ⅱ	Ⅲ	
21			7
19	1		28
17	2		48

（续）

染色体配对			出现细胞数
Ⅰ	Ⅱ	Ⅲ	
15	3		46
13	4		39
11	5		30
9	6		15
7	7		6
18		1	1
16	1	1	9
15		2	1
14	2	1	3
13	1	2	1
12	3	1	7
10	4	1	3
8	5	1	2
总计	3 561	759	29	246
平均	14.5	3.1	0.1	

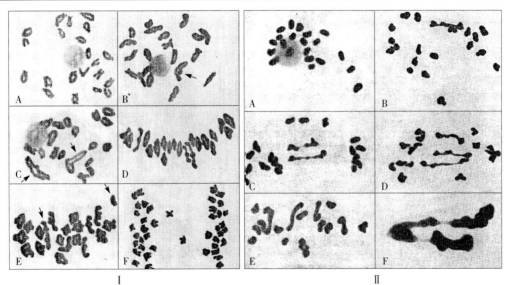

图 5-2　六倍体减数分裂与多组单倍体减数分裂

Ⅰ. 六倍体减数分裂：A. 终变期含 21 对二价体；B. 终变期含 19 对二价体与 1 个四价体（箭头所指）；C. 终变期含 17 对二价体与 2 个四价体（箭头所指）；D. 中期Ⅰ示 21 对二价体，其中 18 对为环型；E. 中期Ⅰ示 19 对二价体、1 个三价体与 1 个单价体（箭头所指为三价体与单价体）；F. 后期Ⅰ示 20-20 分离与 2 个落后单价体

Ⅱ. 多组单倍体的减数分裂：A. 终变期含 21 个单价体；B. 中期Ⅰ示 19 个单位价体与 1 对二价体；C. 中期Ⅰ示 17 个单价体与 2 对二价体；D. 中期Ⅰ示 15 个单价体与 3 对二价体；E. 中期Ⅰ示 10 个单价体、4 个二价体（1 对环型）与 1 个三价体（箭头所指）；F. 三价体的构型

（引自 Dewey，1962，图 14 与图 15）

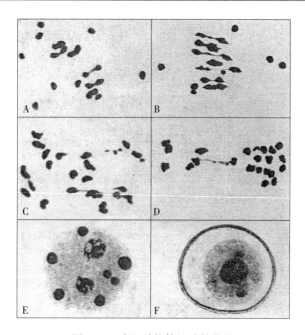

图 5 - 3 多组单倍体的减数分裂

A. 中期Ⅰ：示 9 个单价体与 6 对二价体 B. 中期Ⅰ：示 7 个单价体与 7 对二价体 C. 后期Ⅰ：形成桥
D. 后期Ⅰ：一个桥与不均等分离 E. 多核细胞 F. 未成熟花粉具 2 个微核

（引自 Dewey，1962，图 16）

Dewey 的这些观察结果从另一个侧面支持 Stebbins 与 Fung Ting Pun 的结论。毛麦的 3 个染色体组间具有部分同源性，组间染色体可以配对。过去 Peto（1936）认为 *Agropyron intermedium* 含有 **AAXXYY** 三组不同的染色体组，这一点是正确的。但是他把它与小麦之间的属间杂种中减数分裂有二价体与多价体形成错误地看成是与小麦染色体配对，认为 *Agropyron intermedium* 的 A 染色体组与小麦的染色体组部分同源；而 Varkar（1938）认为 *Agropyron intermedium* 含有 **AaAaDaDaX$_2$X$_2$** 染色体组，**A** 与 **D** 染色体类似小麦的两个染色体组。原因就在于他们把杂种减数分裂时同亲配对误认为是属间配对。前述 Stebbins 与 Fung Ting Pun 的检验，以及 Dewey 的这个观察，就把这个问题澄清了。配对的染色体不是毛麦与小麦的染色体，而是毛麦自身的染色体在配对。毛麦与小麦染色体间并没有配对，毛麦与小麦的染色体组之间并没有同源性。

Dewey 拟定六倍体的 *Agropyron intermedium* 的 3 个染色体组为 **A$_1$A$_1$A$_2$A$_2$BB**。我们应当注意到当时染色体组符号命名没有统一的标准与规定，不同学者之间各定各的，木原均、Dewey、Peto 的符号各不相同，含义还是一致的，标准可能稍有不同，比如木原与 Dewey 之间就稍有差异。在这里，Dewey 的 **A** 与 **B** 染色体组完全不是木原在小麦属中命名的 **A** 与 **B** 染色体组。

1963 年，Dewey 在芝加哥 7 月出版的《美国植物学杂志（American Journal of Botany）》50 卷，发表一篇题为 "Cytology and mprphology of a synthetic *Agropyron trichophorum* × *Agropyron desertorum* hybrid" 的研究报告。他以 *Agropyron tricho -*

phorum（n＝21）为母本，以 *Agropyron desertorum*（n＝14）为父本，进行人工杂交。在 1 200 朵去雄控制授粉的小花中得到 1 粒杂种种子。杂种形态介于双亲之间的中间型。父本 *Agropyron desertorum* 的细胞学鉴定为同源四倍体，母本 *Agropyron trichophorum* 为部分同源异源六倍体。在这含 35 条染色体的 F_1 杂种的减数分裂中期 I 花粉母细胞中，平均含单价体 5.75，二价体 8.94，三价体 2.91，四价体 0.59，五价体 0.04。他认为，基于这样的染色体配对情况，这两个亲本共有一个或两个部分同源染色体组。他拟定 *Agropyron desertorum* 的染色体组为 **AAA$_1$A$_1$**；*Agropyron tricophorum* 的染色体组为 **A$_1$A$_1$B$_1$-B$_1$B$_2$B$_2$**。他的观测结果如表 5-3、表 5-4，以及图 5-4 所示。

表 5-3　亲本 *Agropyron desertorum* 与 *Agropyron tricophorum* 减数分裂终变期染色体配对情况

（引自 Dewey，1963a，表 2）

	染　色　体　配　对				观察细胞数
	I	II	III	IV	
Agropyron desertorum		12		1	6
		10		2	17
		8		3	27
		6		4	17
		4		5	4
总计		$\overline{576}$		$\overline{209}$	$\overline{71}$
平均		8.11		2.94	
Agropyron tricophorum		21			48
	2	20			4
		19		1	22
	1	19	1		2
		17		2	4
总计	$\overline{10}$	$\overline{1612}$	$\overline{2}$	$\overline{30}$	$\overline{80}$
平均	0.12	20.15	0.02	0.38	

表 5-4　*Agropyron tricophorum* ×*Agropyrum desertorum* F_1 杂种减数分裂中期 I 染色体配对情况

（引自 Dewey，1963a，表 3）

染　色　体　配　对					观察细胞数
I	II	III	IV	V	
5	9	4	—	—	10
6	8	3	1	—	10
7	9	2	1	—	9
6	10	3	—	—	9
7	11	2	—	—	8
3	10	8	—	—	8
5	7	4	1	—	7
6	11	1	1	—	7
7	7	2	2	—	6
7	6	4	1	—	6
4	11	3	—	—	6

（续）

染 色 体 配 对					观察细胞数
I	II	III	IV	V	
7	8	4	—	—	4
10	8	3	—	—	4
6	13	1	—	—	4
6	7	5	—	—	4
5	12	2	—	—	4
4	9	2	1	—	4
8	9	3	—	—	3
3	8	4	1	—	3
4	9	2	1	—	4
8	9	3	—	—	3
3	8	4	1	—	3
4	7	3	2	—	3
3	9	2	2	—	2
4	12	1	1	—	2
4	8	5	—	—	2
5	10	2	1	—	2
7	7	3	—	1	2
7	12	—	1	—	2
另有 25 个组合每种组合只有 1 个细胞					25
总计 897	1 395	454	92	7	156
平均 5.75	8.94	2.91	0.59	0.04	

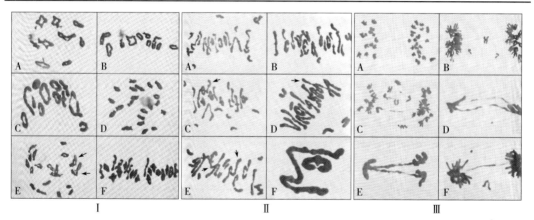

图 5-4 *A. desertorum*、*A. tricophorum* 及其 F₁ 代减数分裂

I：A. *A. desertorum* 减数分裂终变期含 4 对二价体，5 个四价体；B. *A. desertorum* 减数分裂终变期含 8 对二价体，3 个四价体；C. *A. desertorum* 减数分裂中期 I 含 8 对二价体，3 个四价体；D. *A. tricophorum* 减数分裂终变期含 21 对二价体；E. *A. tricophorum* 减数分裂终变期含 17 对二价体，2 个四价体（箭头所指）；F. *A. tricphorum* 减数分裂中期 I 含 21 对二价体

II：*A. tricophorum* × *A. desertorum* F₁ 子代减数分裂：A. 10 个单价体，8 对二价体与 3 个三价体；B. 3 个单价体，10 对二价体与 4 个三价体，4 个二价体早分向两极看起来像三价体；C. 6 个单价体，11 对二价体，1 个三价体与 1 个四价体；D. 6 个单价体，6 对二价体，3 个三价体与 2 个四价体（箭头所指）；E. 7 个单价体，5 对二价体，3 个三价体与 1 个四价体（箭头所指）；F. 五价体与二价体联会

III：*A. tricophorum* × *A. desertorum* F₁ 子代减数分裂后期 I 与后期 II：A. 后期 I，14-21 染色体分离；B. 后期 I，滞后与早分离染色体；C. 后期 I，染色体不均等分离、早分离、滞后与形成两个桥片段；D. 后期 I，两个桥；E. 3 个染色体构成两个桥；F. 后期 II，形成 1 个桥与滞后染色体

（引自 Dewey, 1963a, 图 3 至图 5）

综合现有的实验测试的结果来看，Dewey 在这篇报告中的分析是错误的。已很清楚，*Agropyron desertorum* 是含 **PPPP** 染色体组的分类群，*Agropyron tricophorum*（即 *Tricopyrum hirsutum*）是含 **E^bE^bE^eE^eStSt** 染色体组的分类群，它们的染色体组之间没有同源性。由于这两个种一个是同源四倍体，一个是部分同源六倍体，它们各自的同亲配对率非常高，又没有去区分二者的染色体，因而造成误解。之所以介绍 Dewey 这篇报告，就是希望通过这篇实例使读者知道同源异源多倍体分析研究中容易遇到这种难于辨识的事例。前面介绍 Stebbins 与 Fung Ting Pun 在 1953 年发表的黑麦与中间毛麦，Dewey 在 1962 年发表的中间毛麦单倍体减数分裂染色体配对的事例，就可以反证这篇报告的错误所在。

同年 12 月出版的同一期刊上，Dewey 又发表一篇同一类型的报告，不过所用的研究材料换成 *Agropyron tricophorum* 与同源六倍体的 *Agropyron cristatum*，即后来 Áskell Löve 定名为 *Agropyron deweyii* Á. Löve 的分类群，它是含 **PPPPPP** 染色体组的同源六倍体。Dewey 在这篇报告中犯与前一篇报告完全相同的错误。

1981 年，在美国加州大学戴维斯分校农学与草原科学系任教授的捷克遗传学家 J. Dvořák 在《加拿大遗传学与细胞学杂志（Can. J. Genet Cytol.）》23 卷，发表一篇题为 "Genome relationships among *Elytrigia*（= *Agropyron*）*elongate*、*E. stipifolia*、'*E. elongate* 4x'、'*E. caespitosa*、*E. intermedia* and '*E. elongate* 10x'"的研究报告。在这一研究中，除采用相互杂交通过减数分裂染色体配对来检测相互染色体组的异同外，还用已知的含中间偃麦草（即中间毛麦）双端体附加系的小麦来检测与中间偃麦草的染色体组的关系。在当时原位杂交的技术尚未发明的情况下，只有采用标志性的 telosome – 端体（只有一个臂，容易识别）来检测。他的观察研究的结果如表 5 - 5、表 5 - 6 所示。

表 5 - 5 *Eluytrigia caespitosa*、"*E. elongate* 4x"、*E. intermedia*、*E. elongate* 与 *E. stipifolia* 亲本及杂种的染色体配对

（引自 Dvořák，1981，表Ⅱ）

亲本及杂种	植株数	2n	单价体	二价体 环型	二价体 棒型	二价体 总计	三价体	四价体	五价体	六价体	八价体
E. caespitosa A - 62 - 62	1	28	0.2 (0~2)	—	—	11.3 (9~14)	0.0	0.4 (0~2)	0.0	0.6 (0~1)	<0.1 (0~1)
E. caespitosa A - 62 - 62	1	28	0.9 (0~4)	—	—	13.0 (11~14)	<0.1 (0~1)	0.2 (0~1)	0.0	0.0	0.0
"*E. elongate* 4x" TS - 2 - 21	1	28	0.4 (0~2)	—	—	13.5 (12~14)	0.0	0.1 (0~1)	0.0	0.0	0.0
E. intermedia PI 206259	1	42	1.5 (0~6)	—	—	18.6 (17~21)	0.3 (0~3)	0.6 (0~2)	0.0	0.0	0.0
E. intermedia PI 281863	1	42	0.2 (0~2)	3.3	16.1	19.4 (15~21)	0.1 (0~1)	0.5 (0~2)	0.0	0.1 (0~1)	<0.1 (0~1)
E. elongate × "*E. elongate* 4x"	1	22	3.7 (1~7)	—	—	5.6 (2~8)	2.2 (0~5)	0.1 (0~1)	<0.1	0.0	0.0
"*E. stipifolia* × "*E. elongate* 4x"	2	21	7.8 (5~11)	2.8 (1~5)	3.1 (1~5)	5.9 (4~7)	0.41 (0~2)	<0.1 (0~1)	0.0	0.0	0.0

（续）

亲本及杂种	植株数	2n	单价体	二价体			三价体	四价体	五价体	六价体	八价体
				环型	棒型	总计					
"E. elongate 4x" ×	3	28	1.4	4.4	6.3	10.6	0.6	0.9	0.0	<0.1	0.0
E. caespitosa A-62-62			(0~4)	(1~7)	(2~10)	(10~14)	(0~3)	(0~3)		(0~1)	
E. intermwedia PI 281863×	1	36	4.0	1.2	9.8	11.0	1.2	0.7	0.5	0.2	0.0
E. caespitosa A-62-62			(3~9)	(1~2)	(7~13)	(8~14)	(0~4)	(0~2)	(0~2)	(0~1)	

注：括弧内为染色体数变幅。

表 5-6　来自中国春与"E. elongata 10x"，几个 E. elongate 双端体附加系（DTA）×"E. elongata 10x"，以及"E. elongata 10x"双端体附加系 7E1α×E. intermedia 的杂种个体的染色体行为

（引自 Dvořák，1981，表Ⅲ）

杂种	含端体配对的细胞百分率（%）				染色体配对平均值				
	2n	总计	二价体	三价体	单价体	二价体	三价体	四价体	五价体以上
中国春×"E. elongata 10x"	56	—	—	—	15.1	14.5	2.1	1.3	0.1
DTA lES×"E. elongata 10x" acc. 24	57	0.0	0.0	0.0	33.2	8.9	1.7	0.2	0.0
	57	0.0	0.0	0.0	29.9	11.2	1.0	0.4	0.0
DTA 6Eα×"E. elongata 10x" 24	57	6.4	4.8	1.6	20.2	10.7	2.8	1.2	0.4
DTA 7EL×"E. elongata 10x" 28	57	25.0	22.2	2.8	23.6	11.8	1.9	0.8	0.1
DTA VS×"E. elongata 10x" 24	57	7.5	5.0	2.5	24.0	12.0	1.8	0.9	0.1
DTA 7EL1α×E. intermedia	43	20.2	15.7	4.5	24.3	7.8	0.9	0.1	0.0

Dvořák 这篇报告的研究对象，只有 Elytrigia caespitosa 与 Elytrigia intermedia 是毛麦属的分类群，在这里也着重介绍有关 Elytrigia caespitosa 与 Elytrigia intermedia 的部分。根据测试结果的分析，他把 Elytrigia caespitosa 的染色体组标示为 X_{15} X_{15} X_{15} X_{15}，并且认为 X_{15} 可能等同于 N，N 与 X_{15} 都与 E 近缘。把 Elytrigia intermedia 的染色体组标示为 $NNN^1N^1X_4X_4$。

Dvořák 介绍，Stebbins 与 Pun（1953b），其后 Cauderon（1958、1966），认为 E. intermedia 至少有一个染色体组与 E. elongata 的染色体组同源或非常相近。前者并推测 E 染色体组可能存在于"E. elongata 10x"之中。在一个杂种中附加系 E. intermedia $7in_1α$ 在 4.3% 的细胞中与 E. elongate 7E 相配对（Dvořák，1981）。相似的方式，附加系"E. elongata 10x"染色体与附加系 E. elongata 同源相配。这两个种之间特定的附加染色体配对的频率在细胞中的变幅为 0~13.6%（Dvořák，1975，1981）。这一研究中来自 E. elongata 双端体附加系与"E. elongata 10x"杂交得到的杂种，其花粉母细胞中 E. elongata 端体配对率为 0~25.9%。在所有事例中，E. elongata 的染色体与"E. elongata 10x"以及 E. intermedia 的配对率都比较低。

在双端体附加系 $7in_1α$×E. intermedia 的杂种细胞中，"E. elongata 10x"端体 $7in_1α$ 配对率为 20.2%。$7in_1α$ 端体的配对频率与在 Triticum aestivum × E. intermedia 杂种的

端体平均数配对频率相似，它的每细胞平均交叉数与含 $7in_1\alpha$ 端体的杂种相似，每细胞平均 9.5 个交叉。*Triticum aestivum* 端体 7AL 与 7DS 在杂种细胞中配对率分别为 16.0% 与 17.1%，具有 7.6 与 11.2 个交叉；端体 $6E\alpha$ 在杂种中分别有 15.8% 与 30.0% 的细胞配对，每细胞有 8.5 与 9.2 个交叉；而 7EL 在杂种中分别有 5.4% 与 11.1% 的细胞配对，每细胞具 7.9 与 7.0 个交叉（Dvořák，1981）。这就显示 "*E. elongata* 10x" 提供的 7EL 与 *E. intermedia* 的染色体组的亲缘关系并不比 *E. elongata* 更近。用两个小麦端体的配对频率作参考，*E. elongata* 与特定的 "*E. elongata* 10x" 的亲缘关系程度为一方，*E. intermedia* 的染色体组为另一方，正如小麦的 A 与 D 染色体组的亲缘关系程度。因而 *E. elongata*、*E. intermedia* 与 "*E. elongata* 10x" 的染色体组的分化已很难认为是同源或稍有分化。

Dvořák（1981）曾报道，*E. elongata* 端体与 *E. intermedia* 染色体配对成单端二价体与单端三价体。这就显示 *E. intermedia* 有两个染色体组在亲缘上与 **E** 染色体组有关，这两个染色体组标名为 **N** 与 **N¹**。第 3 个染色体组的来源不明。它与其他两个显然不同（Stebbibs 与 Pun，1953b；Dewey，1962；Cauderon，1966），这个来源不明的染色体组标名为 **X₁**。*E. intermedia* 的染色体组应当是 **NNN¹N¹X₁X₁**。

在这个报告中，"*E. elongata* 10x" 与四倍体及六倍体的小麦的杂种显示有一组相近的 3 个染色体组与另一组相近的染色体组，因为出现高频率的二价体与三价体，而四价体的频率较低，这个现象 Peto（1963）也观察到。在双端体附加系与 "*E. elongata* 10x" 的杂种中，*E. elongata* 端体大多数配对成单端二价体，很少配成单端三价体，且不与更高的多价体配对。虽然三价体、四价体、五价体以及更高的多价体都存在（表 5-5）。这就意味着 *E. elongata* 的染色体与 "*E. elongata* 10x" 的 2 个相近一组的染色体组关系较近，而与 3 个一组的染色体组的关系较远。

E. elongata、*E. elongata* 4x、*E. caespitosa*、*E. intermedia* 与 "*E. elongata* 10x" 之间的相互关系存在一种亲缘关系很近的多倍体系列。可以说一个种位于一个特有的倍性水平而成为高一级倍性的组成部分。非常清楚，*E. elongata* 4x 不是八倍体的 "*E. elongata* 10x" 的祖先，与十倍体种相比较，这个四倍体种的染色体与 *E. elongate* 的染色体相近得多。可以说四倍体的 *E. caespitosa* 与六倍体的 *E. intermedia* 才是 "*E. elongata* 10x" 的祖先。*E. elongata* 4x、*E. caespitosa*、*E. intermedia* 与 "*E. elongata* 10x" 可推测起源于二倍体的 *E. elongate* 与 *E. bessarabica*。*E. elongata* 4x 的起源比 *E. caespitosa*、*E. intermedia* 与 "*E. elongata* 10x" 要晚得多。以上是 Dvořák 检测的结论，当时他没有检测出 *E. caespitosa* 与 *E. intermedia* 含有一组 **St** 染色体组。因此他推测 *E. caespitosa* 是一个含 **X₁₅X₁₅X₁₅X₁₅** 染色体组的同源四倍体也是不正确的。

1989 年，美国农业部设在犹他州立大学的牧草与草原研究室的汪瑞琪与他的研究生刘志武在加拿大出版的《核基因组（Genome）》32 卷上，发表一篇题为 "Genome analysis of *Thinopyrum caespitosum*" 的研究报告。报告中报道了他们用已知染色体组的测试种 *Thinopyrum bassarabicum*、*Pseudoroegneria libanotica*，与 *T. caespitosum* 进行杂交，对亲本及它们的杂种的检测以及引用其他参考测试的结果如表 5-7、表 5-8 及图 5-5、图 5-6 所示。

表 5-7 基于 *Thinopyrum caespitosum* 染色体组组合的假说，预期 *Thinopyrum caespitosum* 的根尖细胞染色体最长与最短间的比率，对 *Thinopyrum caespitosum* 与 *Pseudoroegneria libanotica* 的杂种，以及 *Thinopyrum caespitosum* 与 *Thinopyrum bessarabicum* 的杂种，三个根尖细胞染色体最长与最短间的比率的比较

（引自 Liu 与 Wang，1989，表 1）

种与杂种	观测比率	*T. caespitosum* 预期比率		
		$J^eJ^eJ^eJ^e$ 或 JJJ^eJ^e	J^eJ^eSS	SSSS
T. caespitosum	1.51			
	2.08			
	2.02			
平均	1.87	1.32	1.73	1.34
P. libanotica × *T. caespitosum*	2.03			
	2.05			
	2.51			
平均	2.20	1.73	1.73	1.34
T. bessarabicum × *T. caespitosum*	2.19			
	2.36			
	2.31			
平均	2.29	1.32	1.73	1.72
		否定	符合	否定

表 5-8 *Thinopyrum caespitosum*（2n＝4x＝28）亲本及其杂种的减数分裂染色体配对情况，以及有关参考数值

（引自 Liu 与 Wang，1989，表 2）

种与杂种	2n	拟定染色体组	I	二价体			III	IV	C*	X*	参考文献
				棒型	环型	总计					
T. caespitosum	28	J^eJ^eSS	0.1 (0~2)	—	—	11.3 (9~14)	—	0.4 (0~2)			Dvořák, 1981a
		J^eJ^eSS	0.9 (0~4)	—	—	13.0 (11~14)	<0.1 (0~1)	0.2 (0~1)			Dvořák, 1981b
		J^eJ^eSS	0.1 (0~4)	0.8 (0~4)	13.1 (10~14)	13.9 (11~14)	0.01 (0~1)	0.01 (0~1)			本试验
Pseudoroegneria × *T. caespitosum*	21	SSJ^e	4.83 (2~7)	0.78 (1~2)	4.09 (0~6)	4.87 (0~7)	2.14 (0~7)	0.01 (0~1)	0.95	0.89	本试验
T. bessarabicum × *T. caespitosum*	21	JJ^eS	5.16 (0~7)	2.71 (0~6)	2.16 (0~7)	4.87 (0~8)	1.99 (0~7)	0.03 (0~1)	0.79	0.79	本试验
Triticum aestivum × *T. caespitosum*	35	$ABDJ^eS$	27.50	2.53	0.04	2.57	0.56	0.16			Mujeeb et al.，1987

（续）

种与杂种	2n	拟定染色体组	I	二价体			III	IV	C*	X*	参考文献
				棒型	环型	总计					
		ABDJ^eS	23.7	4.0	0.9	4.9	0.2	0.2			Dvořák, 1981b
		ABDJ^eS	29.6	2.3	0.4	2.7	0.1	—			Dvořák, 1981b
Triticum aestivum	28	ABDJ	24.8	1.51	0.08	1.59	0.02	—			Mujeeb et al., 1987
×*T. caespitosum*		ABDJ	26.23	0.83	0.04	0.87	0.01	—			Sharma & Gill, 1983
T. elongatum	14	J^eS	9.13	2.27	0.08	2.35	0.05	—			Wang, 1986
×*P. spicata*			(2~14)	(0~6)	(0~2)	(0~6)	(0~1)				
P. spicata	14	SJ	4.34	2.77	1.42	4.19	0.24	0.14			Wang, 1988
×*T. bessarabicum*			(0~9)	(0~6)	(0~4)	(1~7)	(0~1)	(0~1)			
T. bessarabicum	14	JJ^e	3.05	3.42	1.16	4.58	0.29	0.21			Wang, 1985
×*T. elongatum*			(0~12)	(0~7)	(0~9)	(1~7)	(0~2)	(0~2)			
		JJ^e	2.11	2.98	1.86	4.84	0.23	0.37			Wang, 1985
			(0~10)	(0~7)	(0~5)	(1~7)	(0~2)	(0~2)			
Triticum asetivum	21	ABD	19.18	0.89	0.005	0.90	0.008	—			Kinber & Riley, 1863
多单倍体		ABD	20.76	—	—	0.24	—	—			Sharma & Gill, 1983

注：括弧内数值为变幅。 * C 与 X 都是按 Alonso 与 Kimber（1981）模型计算。

从核型分析的结果（表 5-7，图 5-5）来看，只有 J^eJ^eSS 染色体组组合的预期比率与观测值较为接近。J^eJ^eJ^eJ^e 或 JJJ^eJ^e 以及 SSSS 染色体组组合的预期比率与观测值相差较远，预期值低得太多。在所有核型分析中，四倍体种与三倍体杂种最长染色体与最短染色体间的观察比值高于理论比值，其中包括一个把 *T. caespitosum* 拟定为 J^eJ^eSS 染色体组组合的预期比值。这就显示在三倍体与四倍体中都发生了随体丧失。认为 *T. caespitosum* 是同源四倍体的假说，无论是 J^eJ^eJ^eJ^e（JJJ^eJ^e），或者是 SSSS 染色体组组合都不能成立。

从表 5-8 中的数据我们可以看到，含 S 染色体组的 *Pseudoroegneria libanotica* 与 *T. caespitosum* 杂交，其三倍体 F₁ 杂种的减数分裂染色体平均配对为 4.83 I ＋0.78 II（棒型）＋ 4.09 II（环型）＋2 III。含 J^e 染色体组的 *T. bessarabicum* 与 *T. caespitosum* 杂交，其三倍体 F₁ 杂种的减数分裂染色体平均配对为 5.16 I ＋2.71 II（棒型）＋2.16 II（环型）＋ 1.99 III。前者符合 SSJ^e 组合；后者符合 JJ^eS 组合的数值。上述实验数据证明 *Thinpyrum caespitosum* 是一个含 J^eJ^eSS 染色体组的异源四倍体禾草。

1993 年，美国犹他州立大学刘志武与汪瑞琪又在《核基因组（Genome）》36 卷，发表一篇题为 "Genome analysis of *Elytrigia caespitosa*, *Lophopyrum nodosum*, *Pseudoroegneria geniculata* ssp. *scythica* and *Thinopyrum intermedium*（Triticeae：Gramineae）" 的研究报告。在这篇报告中，他们对四倍体种 *Elytrigia caespitosa*、*Lophopyrum nodosum*、*Pseudoroegneria geniculata* subsp. *scythica*，与六倍体种 *Thinopyrum intermedium* 以及它们的 10 个杂种进行了染色体组型分析；对 *Elytrigia caespitosa*、*Lophopyrum no-*

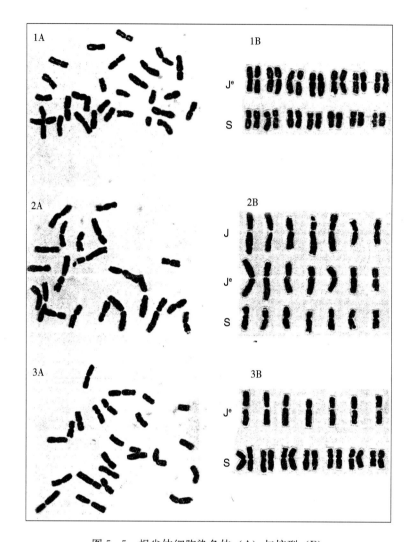

图 5-5　根尖体细胞染色体（A）与核型（B）

1. *Thinopyrum caespitosum*　2. *T. bessarabicum* × *T. caespitosum*

3. *Pseudoroegneria libanotica* × *T. caespitosum*

（引自 Liu 与 Wang，1989，图 1-3）

dosum、*Pseudoroegneria geniculata* subsp. *scythica*、*Thinopyrum intermedium* 等 4 个种以及它们与 *Thinopyrum bessarabicum* 的杂种进行了根尖体细胞的核型分析；对 3 个四倍体与 2 个三倍体杂种进行了吉姆萨 C-带核型分析。他们采用 *Elytrigia caespitosa*（2n=28，**J^eJ^eSS**）、*Pseudoroegneria stipifolia*（2n=28，**SSSS**）、*Pseudoroegneria strigosa*（2n=28，**SSSS**）、*Thinopyrum bessarabicum*（2n=14，**J^bJ^b**）、*Thinopyrum elongatum*（2n=14，**J^eJ^e**）、*Thinopyrum sartorii*（2n=28，**J^bJ^bJ^eJ^e**）、*Thinopyrum intermedium*（2n=42，**J^eJ^eJ^eJ^eSS**）7 个已知染色体组的测试种来检测两个染色体组不明的四倍体种，一个是 *Pseudoroegneria geniculata* subsp. *scythica*，另一个是 *Lophopyrum nodosum*。染色体

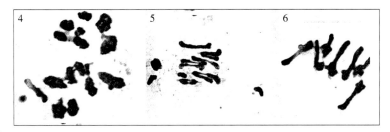

图 5-6　花粉母胞减数分裂中期 I 染色体联会

4. *Thinpyrum caespitosum*，14 对二价体　5. *T. bessarabicum* × *T. caespitosum*，

5 I ＋5 II ＋2 III　6. *Pseudoroegneria libanotica* × *T. caespitosum*，7 III

（引自 Liu 与 Wang，1989，图 4-6）

组型分析的结果如表 5-9 所示。

表 5-9　*Elytrigia*、*Pseudoroegneria*、*Thinopyrum*、*Lophopyrum* 属的四个种、一些杂种，

以及一个多单倍体的减数分裂中期 I 染色体联会（括弧中为变幅）

（引自 Liu & Wang，1993，表 3）

种或杂种及其染色体组组成	2n	观察细胞数	I	二价体			多价体		参考文献
				棒型	环型	总计	III	IV	
E. caespitosa J^e J^e SS	28	100	0.10 (0~4)	0.80 (0~4)	13.10 (10~14)	13.90	0.01 (0~1)	0.01 (0~1)	Liu & Wang，1989
T. intermedium J^e J^e J^e SS	42	50	1.16 (0~5)	4.74 (1~8)	15.12 (11~29)	19.86	0.24 (0~1)	0.10 (0~1)	
L. nodosum J^e J^e SS	28	40	0.16 (0~2)	1.02 (0~4)	12.78 (10~14)	13.80	—	0.06 (0~1)	
P. geniculata ssp. *scythica* J^e J^e SS	28	50	0.48 (0~4)	2.52 (0~6)	10.88 (6~14)	13.40	0.08 (0~1)	0.12 (0~1)	
P. geniculata ssp. *scythica* × *T. bessarabicum* J^e SJ^b	21	264	5.08 (1~8)	2.28 (0~5)	2.82 (0~5)	5.10	1.88 (0~5)	0.01 (0~1)	
T. bessarabicum × *E. caespitosa* J^b J^e S	21	201	5.16 (0~7)	2.71 (0~6)	2.16 (0~7)	4.87	1.99 (0~7)	0.03 (0~1)	Liu & Wang，1989
P. libanoyica × *E. caespitosa* SJ^e S	21	86	4.83 (2~7)	0.78 (1~2)	4.09 (0~6)	4.87	2.14 (0~7)	0.01 (0~1)	Liu & Wang，1989
P. stipifolia (2x) × *T. scirpeum* SJ^e J^e	21	50	7.80 (5~11)	2.80 (1~5)	3.10 (1~5)	5.90	0.41 (0~2)	0.04 (0~1)	Dvořák，1981
T. elongatum × *T. scirpeum* J^e J^e J^e	22	50	3.70 (1~7)	—		5.60 (2~8)	2.20 (0~5)	0.04 (0~1)	Dvořák，1981
T. sartorii × *E. caespitosa* J^b J^e J^e S	28	150	4.26 (2~11)	7.13 (3~9)	4.01 (1~7)	11.14	0.36 (0~2)	0.10 (0~2)	

（续）

种或杂种及其染色体组组成	2n	观察细胞数	I	二价体			多价体		参考文献
				棒型	环型	总计	III	IV	
T. sartorii×*P. geniculata* ssp. *scythica* **J**ᵇ**J**ᵉ**J**ᵉ**S**	21	94	6.35 (2~10)	6.88 (3~8)	2.50 (2~7)	9.38	0.77 (0~2)	0.16 (0~1)	
T. sartorii×*L. nodosum* **J**ᵇ**J**ᵉ**J**ᵉ**S**	21	50	6.92 (0~12)	6.84 (3~12)	2.00 (0~7)	8.84	0.84 (0~3)	0.22 (0~2)	
T. sartorii×*L. nodosum* **J**ᵇ**J**ᵉ**J**ᵉ**S**	21	50	6.92 (0~12)	6.84 (3~12)	2.00 (0~7)	8.84	0.84 (0~3)	0.22 (0~2)	
(*T. bessarabicum* × *T. elongatum*) C₀× (*T. elongatum*×*P. spica-ta*) C₀ **J**ᵇ**J**ᵉ**J**ᵉ**S**	28	67	7.82 (3~12)	4.33 (1~9)	2.76 (0~6)	7.09	1.51 (0~4)	0.35 (0~2)	Wang, 1992b
E. caespitosai×*L. nodosum* **J**ᵉ**SJ**ᵉ**S**	28	140	1.55 (0~6)	2.79 (1~7)	10.05 (5~12)	12.84	0.22 (0~3)	0.12 (0~2)	
(*T. elongatum*×*P. spicata*) C₀ **J**ᵉ**J**ᵉ**SS**	28	50	2.90 (0~6)	4.44 (1~2)	7.50 (3~11)	11.94	0.14 (0~1)	0.20 (0~1)	Wang, 1992b
P. strigosa×*E. caespitosa* **SSSJ**ᵉ	28	126	3.43 (0~6)	5.14 (2~12)	5.65 (2~11)	10.79	0.46 (0~3)	0.41 (0~1)	
P. strigosa×*L. nodosum* **SSSJ**ᵉ	28	150	2.19 (0~5)	3.79 (2~6)	7.42 (2~10)	11.21	0.48 (0~3)	0.49 (0~3)	
P. geniculata ssp. *scythica*× *P. stipifolia* **J**ᵉ**SSS**	28	149	1.29 (1~4)	4.06 (0~6)	8.32 (0~3)	12.38	0.32 (0~1)	0.23 (0~2)	
T. intermedium × *T. bessarabicum* **J**ᵉ**J**ᵉ**SJ**ᵇ	28	52	4.64 (2~8)	5.29 (2~8)	5.00 (2~8)	10.29	0.67 (0~2)	0.19 (0~2)	
T. scirpetum×*E. caespitosa* **J**ᵉ**J**ᵉ**J**ᵉ**S**	28	50	1.40 (0~4)	4.44 (1~7)	6.20 (2~10)	10.60	0.60 (0~3)	0.90 (0~3)	Dvořák, 1981
T. scirpetum× (*T. bessarabicum* × *T. elongatum*) C₀ **J**ᵉ**J**ᵉ**J**ᵉ**J**ᵇ	28	150	3.04 (0~7)	4.05 (1~7)	4.56 (0~9)	8.36	1.26 (0~4)	1.08 (0~3)	Wang, 1992b
T. intermedium× (*T. bessarabicum* × *T. elongatum*) C₀ **J**ᵉ**J**ᵉ**SJ**ᵇ**J**ᵉ	34*	31	3.74 (2~7)	4.55 (2~8)	5.22 (2~8)	9.77	2.74 (1~5)	0.52 (0~2)	
T. intermedium×*E. caespitosa* **J**ᵉ**J**ᵉ**SJ**ᵉ**S**	36⁺	10	4.00 (3~6)	1.20 (1~2)	9.80 (7~13)	11.00	1.20 (0~4)	0.70 (0~2)	Dvořák, 1981
T. ponticum 单倍体 **J**ᵉ**J**ᵉ**J**ᵉ**J**ᵉ**J**ᵉ	36⁺⁺	48	2.67 (0~5)	0.54 (0~3)	8.85 (0~13)	9.39	2.75 (0~5)	0.73 (0~2)	Wang et al., 1991

* 五价体＝0.09（0~1）；＋ 五价体＝0.05（0~2）；＋＋ 五价体＝0.65（0~4）。

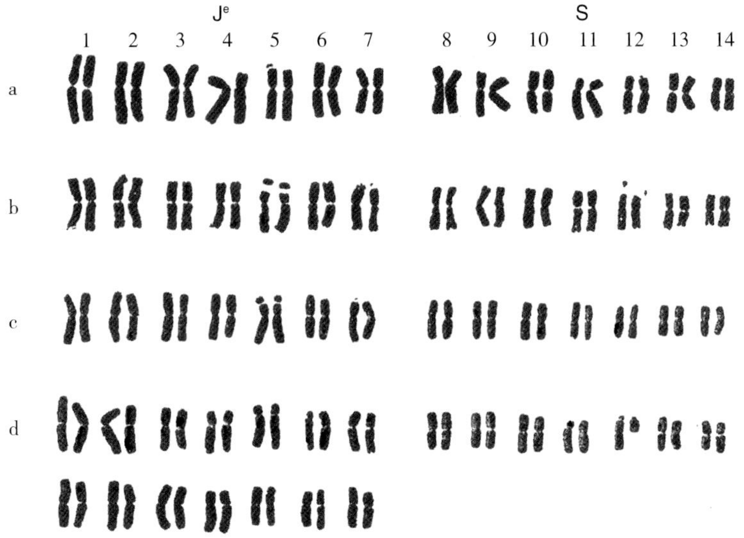

图 5-7 按染色体组排列的体细胞染色体

a. *Elytrigia caespitosa*（× 652）　b. *Lophopyrum nodosum*（× 620）

c. *Pseudoroegneria geniculata* ssp. *scythica*（× 593）　d. *Thinopyrum intermedium*（× 618）

（引自 Liu & Wang，1993，图 1）

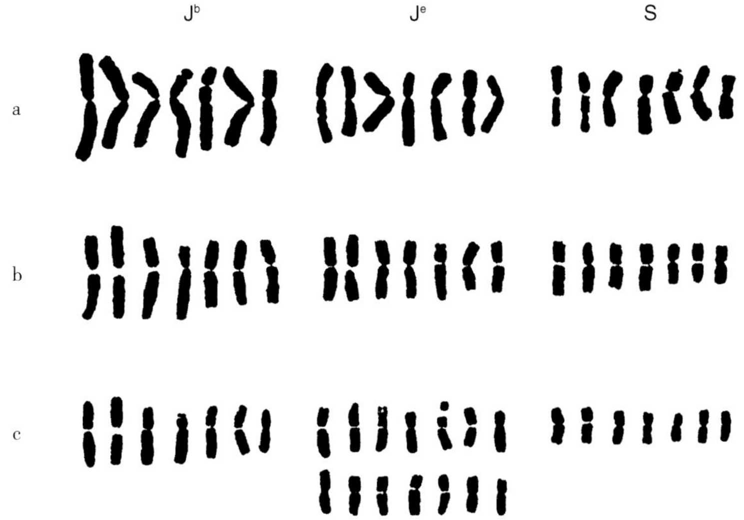

图 5-8 按染色体组排列的体细胞染色体

a. *Thinopyrum bessarabicum* × *Elytrigia caespitosa* 三倍体杂种（× 664）

b. *Pseudoroegneria geniculata* ssp. *scythica* × *Thinopyrum bessarabicum* 三倍体杂种（× 651）

c. *Thinopyrum intermedium* × *Thinopyrum bessarabicum* 四倍体杂种（× 642）

（引自 Liu & Wang，1993，图 2）

图 5-9　按染色体组排列的体细胞染色体，醋酸洋红染色（左），吉姆萨 C-带（右）

a. *Elytrigia caespitosa*（×744）　　b. *Lophopyrum nodosum*（×770）

c. *Pseudoroegneria geniculata* ssp. *scythica*（×726）

（引自 Liu & Wang，1993，图 3）

所有的亲本种都具有开裂的花药，花粉至低限度都有 78% 以上能染色。由于它们都是自交不育的异花授粉植物，套袋隔离不结实或少量结实。大多数杂种都是雄性不育，没有可染色的花粉。只有两株杂种，*E. caespitosa* × *L. nodosum* 与 *P. geniculats* ssp. *scythica* × *P. stipifolia*4x 结了少数皱缩种子。即使是染色体配对非常好，二价体非常多的 **JᵉJᵉSS** 与 **JᵉSSS** 组合的杂种花药也不开裂。说明它们分别是生殖隔离的种。

检测目标种形成的二价体数，显示它们都是真正的异源多倍体。虽然 *Elytrigia caespitosa*（Liu & Wang，1989）与 *Thinopyrum intermedium*（表 5-9）显示二价体配对率比 Dvořák（1981）的记录稍高，这些种仍然不能认为是同源多倍体。

Pseudoroegeria geniculats ssp. *scythica* 与 *Thinopyrum bessarabicum* 杂交形成的三倍体杂种的减数分裂中期 I 染色体配对构型为 5.08 I ＋5.10 II ＋1.8 III ＋0.01 IV。这样的构型与 *Thinopyrum bessarabicum* × *Elytrigia caespitosa*（Liu & Wang，1989）的三倍体杂种的构型相似。说明 *Pseudoroegeria geniculats* ssp. *scythica* 有一个染色体组与 *Thinopyrum bessarabicum* 的 **Jᵇ**染色体组相似。

Thinopyrum sartoreii 与 *Elytrigia caespitosa*、*Pseudoroegneria geniculata* subsp. *scythica* 以及 *Lophopyrum nodosum* 的杂种显示完全不同的减数分裂染色体配对构型（表

图 5 - 10　按染色体组排列的体细胞染色体，醋酸洋
红染色（左），吉姆萨 C -带（右）

a. *Thinopyrum bessarabicum* × *Elytrigia caespitosa*（×776）

b. *Pseudoroegneria geniculata* ssp. *scythica* × *Thinopyrum bessarabicum*（×823）

（引自 Liu & Wang，1993，图 4）

5-9）。*Elytrigia caespitosa* × *Lophopyrum nodosum*，*Pseudoroegneria strigosa* × *Elytrigia caespitosa*，以及 *Pseudoroegneria strigosa* × *Lophopyrum nodosum* 的四倍体杂种减数分裂染色体配对构型显示 *Elytrigia caespitosa* 与 *Lophopyrum nodosum* 含有相同的染色体组组合。记录表明 *Elytrigia caespitosa* 与 *Lophopyrum nodosum* 的杂种和 *Lophopyrum elongatum* × *Pseudoroegneria spicata* 的 C_0 双二倍体染色体配对构型以及多价体总频率也完全相似，显示它们都含有 **J^{e}J^{e}SS** 染色体组组合。

　　Thinopyrum intermedium × *Thinopyrum bessarabicum* 的四倍体杂种减数分裂染色体平均配对为 4.64 I ＋5.29 II（棒型）＋5.00 II（环型）＋0.67 III ＋0.19 IV（表5-9），与 *Thinopyrum scripeum* × *Elytrigia caespitosa* 杂种相似，只是后者四价体的频率要高一些。这就显示在 E. *caespitosa* 中的 **S** 染色体组与 **J^e** 染色体组之间的关系比 *Thinopyrum intermedium* 的 **S** 染色体组要相近一些。

　　除 *Thinopyrum scripeum* × *Elytrigia caespitosa* 组合外，所有 **J^{b}J^{e}J^{e}S** 与 **SSSJ^e** 杂种的三价体频率（分别为 0.36～0.84 与 0.32～0.48），比 **J^{e}J^{e}SS** 杂种（0.14～0.22）要高

一些。它们这个试验的 **J**b**J**e**J**e**S** 杂种的三倍体频率与 Dvořák（1981）对 **J**e**J**e**J**e**S**
（*T. scripeum* × *E. caespitosa*）杂种观测所得数据相近似，这就支持应将染色体组符号 **J**
与 **E** 改为 **J**b 与 **J**e。它们这个试验的 **J**b**J**e**J**e**S** 杂种中观测到的多价体频率比用二倍体人工
合成的 **J**b**J**e**J**e**S** 杂种（*T. bessarabicum* × *T. elongatum*）C0 × （*T. elongatum* ×
P. spicata）C0 要低一些。出现这样的现象他们认为有三种可能性：其一，*T. sartorii*、
E. caespitosa、*P. geniculata* subsp. *scythica* 和 *L. nodosum* 的 **J**b 与 **J**e 染色体组与二倍体的
染色体组已有所分化；其二，本试验观测的 **J**b**J**e**J**e**S** 杂种有二倍体化的基因系统在起作
用，而人工合成的 **J**b**J**e**J**e**S** 杂种没有；其三，上述两种原因都在起作用。

  T. intermedium × （*T. bessarabicum* × *T. elongatum*）C1 五倍体杂种除了它五价体
频率比较低以外，它的减数分裂染色体的构型与 *T. ponticum* 的多单倍体非常相似，如果
把它的这个构型来与 *T. intermedium* × *E. caespitosa* 的杂种相比较，就不如与
T. ponticum 的多单倍体的构型那么相近似。在 **J**e**J**e**J**e**J**b 染色体组组合中单独存在一个 **S**
染色体组就大大降低了五倍体 的频率。**J**e**J**e**J**e**J**b 染色体组组合在四倍体与五倍体杂种中，
三价体（1.26～2.75）与四价体（0.52～1.08）的频率就比较高，进一步证明 **J**e 与 **J**b 的
关系比它们两个与 **S** 染色体组的关系更要近一些。

  由于趋向于二倍体化，所有含 **J**e**J**e**J**e**S**、**SSSJ**e、**J**b**J**e**J**e**S** 与 **J**e**J**e**J**e**J**b 组合的四倍体杂
种都趋向符合 **Kimber** 与 **Alonso**（**1981**）的2：2配对模型，而不是3：1或4：0模型。
如果不参考相关的杂种作比较，这种偏离预期的数据将使得基于减数分裂染色体配对来确
定这些四倍体杂种的染色体组组成不大可靠。在表5-9中注出了染色体组组成，当这些
杂种与 **J**e**J**e**SS** 以及 **J**e**J**e**J**e**J**e 四倍体种作比较就可以解释清楚。

  他们除了对染色体组型分析外，还做了 *E. caespitosa*、*L. nodosum*、*P. geniculata*
subsp. *scythica* 与 *T. intermedium* 以及3个杂种的核型分析，如表5-10及图5-7至图5-
10所示。在图5-7中，可以看到所有四倍体种都具一组长染色体与一组短染色体，有3
对随体染色体。*E. caespitosa* 的随体都是小随体；而 *L. nodosum* 与 *P. geniculata* sub-
sp. *scythica* 的随体，有一对是大的，有两对是小的。六倍体种 *T. intermedium* 有两组长
染色体与一组短染色体，正如 *L. nodosum* 与 *P. geniculata* subsp. *scythica* 一样，有一对
大随体与两对小随体。图5-8中，为 *T. besarabicum* × *E. caespitosa*，*P. geniculata* sub-
sp. *scythica* × *T. besarabicum* 与 *T. intermedium* × *T. besarabicum* 杂种的核型。比较起来
Jb 组的染色体比 **J**e 组与 **S** 组的染色体要长一些，当四倍体种和六倍体种与 *T. besarabicum*
杂交后，最长与最短的染色体间的比率就有一些改变（表5-10），*T. besarabicum* 的 **J**b 染
色体组的染色体要长一些。细胞间也有一些差异，在他们1989年的报告中 *E. caespitosa*
平均3个细胞为1.87，这次检测平均5个细胞则为1.83。**J**e 组与 **S** 组组合的最长染色体
与最短染色体平均比率变幅为1.67～1.97。当 **J**b 染色体组与 **J**e 染色体组及 **S** 染色体组组
合在一起时，平均比率为2.3（变幅为2.24～2.47）。**J**b**J**b**J**b**J**b、**J**e**J**e**J**e**J**e 以及 **J**b**J**b**J**e**J**e 染
色体组组合的变幅分别为1.3～1.5、1.3～1.5及1.6～1.8（Liu & Wang 未发表数据）。
这些测定可以作为 *P. geniculata* subsp. *scythica*、*L. nodosum* 与 *E. caespitosa* 一样是含 **J**e
与 **S** 的染色体组的异源四倍体，*T. intermedium* 是含 **J**e**J**e**J**e**J**e**SS** 染色体组的异元六倍体
的旁证。

表 5 - 10　*E. caespitosa*、*L. nodosum*、*P. geniculata* subsp. *scythica* 与 *T. intermedium* 以及 **3** 个杂种的根尖细胞有丝分裂最长染色体与最短染色体平均（5 个细胞以上）比率

（引自 Liu & Wang，1993，表 4）

种与杂种	2n	染色体组	平均比率
E. caespitosa	28	**J^{e}J^{e}SS**	1.83±0.10
L. nodosum	28	**J^{e}J^{e}SS**	1.82±0.14
P. geniculata subsp. *scythica*	28	**J^{e}J^{e}SS**	1.76±0.09
T. intermedium	42	**J^{e}J^{e}J^{e}J^{e}SS**	1.85±0.12
T. besarabicum	14	**J^{b}J^b**	1.32
T. besarabicum × *E. caespitosa*	21	**J^{b}J^{e}S**	2.31±0.06
P. geniculata subsp. *scythica* × *T. besarabicum*	21	**J^{e}SJ^b**	2.38±0.09
T. intermedium × *T. besarabicum*	28	**J^{e}J^{e}SJ^b**	2.32±0.08

他们又对 *E. caespitosa*、*P. geniculata* subsp. *scythica* 与 *L. nodosum* 进行了吉姆萨 C-带分析（图 5 - 9）。进行吉姆萨 C-带分析的还有 2 个三倍体杂种，这 2 个杂种是：*T. besarabicum* × *E. caespitosa* 与 *T. besarabicum* × *P. geniculata* subsp. *scythica*（图 5 - 10）。*E. caespitosa* 所含 **J^e** 与 **S** 染色体组的 14 对染色体中有 11 对的长短两臂都具有端带，第 1、第 2 与第 9 对染色体则只有短臂具端带。*P. geniculata* subsp. *scythica* 则 14 对染色体的短臂都具端带，而 1、2、7、8、11，一共有 5 对染色体的长臂没有端带。*L. nodosum* 的 C-带与前两者都不相同，第 2 对与第 4 对染色体都没有端带；第 6、第 12、第 13 与第 14 对染色体长短两臂都具端带；其余的染色体长臂没有端带。

所有 3 个四倍体种的 C-带显示都有大的端带与少数间带。它们的长染色体组（**J^e** 染色体组）的 C-带型与二倍体种 *T. elongatum* 的 **J^e** 染色体组的带型不一样（Endo & Gill，1984），但是却与 *T. sartorii* 的 **J^e** 染色体组的带型一样（Liu & Wang，1992）；短的一组染色体（**S** 染色体组），也与 *Pseudoroegneria* 二倍体种 **S** 染色体组有差异（Endo & Gill，1984）。2 个三倍体杂种的 **J^b**、**J^e** 与 **S** 染色体组间染色体长与 C-带都呈现出有所不同。

检测显示 *E. caespitosa*、*P. geniculata* subsp. *scythica* 与 *L. nodosum* 含有相同的 **J^{e}J^e - SS** 染色体组，从它们之间以及与二倍体供体之间的 **C**-带的差异显示它们彼此有所分化。

1998 年，加拿大农业部 Lethbridge 研究中心的陈勤、R. L. Conner、A. Laroche 与 J. B. Thomas 在加拿大出版的《核基因组（Genome）》41 卷上发表一篇题为 "Genome analysis of *Thinopyrum intermedium* and *Thinopyrum ponticum* using genomic in situ hybridization" 的研究报告。他们用 *Thinopyrum elongatum*（Host）D. R. Dewey（**E** 染色体组，2n ＝ 14）、*Thinopyrum bessarabicum*（Savul. & Rayss）Á. Löve（**J** 染色体组，2n＝14）与 *Pseudoroegneria strigosa*（M. Bieb.）Á. Löve（**S** 染色体组，2n＝14）3 个二倍体种所提取的 DNA 进行标记，作为探针，用原位杂交的方法（Chen, et al., 1996）来对 *Thinopyrum intermedium*（Host）M. R. Barkworth & D. R. Dewey（2n＝6x＝42）以及 *Thinopyrum ponticum*（Podp.）M. R. Barkworth & D. R. Dewey（2n＝ 10x＝ 70）的染色体组进行检测。

用 *Th. elongatum*（**E** 染色体组）或 *Th. bessarabicum*（**J** 染色体组）的标记 DNA 对 *Th. ponticum* 进行原位杂交并互作封阻时，都没有封阻效应，都把 *Th. ponticum* 的 70 条染色体全都染成荧光亮黄色。显示这些 **E** 染色体组或 **J** 染色体组探针都与 *Th. ponticum* 的染色体组物质存在亲和性。

在没有封阻的情况下，无论是用 *Th. elongatum*（**E** 染色体组）或 *Th. bessarabicum*（**E** 染色体组）的标记 DNA 对 *Th. ponticum* 进行原位杂交，都把 *Th. ponticum* 的 70 条染色体全都染成荧光亮黄色。显示这些 **E** 染色体组或 **J** 染色体组探针与 *Th. ponticum* 的染色体组物质存在亲和性。相反，如果以 **E** 染色体组 DNA 做探针，**J** 染色体组 DNA 作封阻剂，在 *Th. ponticum* 的 70 条染色体上看不到任何信号；以 **J** 染色体组 DNA 做探针，**E** 染色体组 DNA 作封阻剂，在 *Th. ponticum* 也看不到任何信号（基因组异质性）。在这两种情况下，*Th. ponticum* 的 70 条染色体由于被封阻的探针的轻度杂交而呈现相同的、由红色荧光剂碘化丙锭（PI）与一种淡黄荧光剂荧光异硫氰酸盐（FITC）综合而成的荧光红或荧光橘红色。这一检测显示 **E** 染色体组与 **J** 染色体组的关系相互之间非常相近，它们与 *Th. ponticum* 的染色体组之间也非常相近。

与之相反，当 *Th. ponticum* 的染色体组用 *Pseudoroegneria strigosa* 的 **S** 染色体组 DNA 作为探针，无论用 **E** 染色体组或 **J** 染色体组 DNA 进行封阻，*T. ponticum* 的 70 条染色体的大多数不显现碘化丙锭的红色荧光，但是有 4 个居群的 28 条染色体与一个居群的 35 条染色体显现很强的荧光异硫氰酸盐的荧光，然而它们只限于在邻近中心粒（着丝粒）的染色体部分（图 5 - 11：a，表 5 - 11）。在相反的 GISH 分析中，**E** 染色体组与 **J** 染色体组 DNA 作为探针，**S** 染色体组 DNA 作为封阻剂，所有 70 条染色体的全长或绝大部分都标记上异硫氰酸盐（FITC）的亮黄色荧光。在其中，有 28 条染色体显示在中心粒附近有明显的杂交信号（图 5 - 11：b）。检测显示 *Th. ponticum* 的 5 个染色体组或多或少都与 **E** 染色体组与 **J** 染色体组相近，而没有一个与 **S** 染色体组相近的。有两个 **E**-型或 **J**-型的染色体组的染色体在中心粒附近存在 *Ps. strigosa* 的 **S** 染色体组 DNA 序列，而不是 **E** 染色体组或 **J** 染色体组的 DNA 序列。

从他们对 *Th. intermedium* 的 10 个不同居群的 GISH 检测结果来看，它的染色体组比 *Th. ponticum* 的染色体组的分化要大得多（表 5 - 11）。他们观测所用的 *Th. intermedium* 的主要居群，显示含 13～14 条 **S** 染色体组的染色体与 6～11 条中心粒区域与 **S** 染色体组 DNA 探针强烈杂交的染色体（图 5 - 11：c 与 5 - 11：b），而株系 98020 显示有 21 条 **S** 组染色体。图 5 - 11 显示株系 98016 用 **S** 染色体组 DNA 作探针，用 **E** 染色体组 DNA 封阻，原位杂交的结果。图 5 - 12 为株系 98016 同一原位杂交体细胞染色体排列而成的核型图。14 条 *Th. intermedium* 的染色体全长被杂交成亮黄色，红色非常少（第Ⅰ组）。其余的被 **J** 或 **E** 染色体组 DNA 封阻呈红色。这当中有 11 条染色体近中心粒区域没有被封阻，具荧光异硫氰酸盐（FITC）的黄色信号。有 18 条染色体除部分端粒有黄色信号外，全被封阻呈红色（第Ⅲ组）。在 **E** 染色体组封阻 DNA 被 **J** 染色体组 DNA 所取代的试验中，其结果完全相似。在图 5 - 11：d 中，观察到两条来自第Ⅰ组与第Ⅱ组的罗伯逊易位染色体（Robertsonian translocated chromosome）。因此，可以说 *Th. intermedium* 含有 14 条 **S** 染色体组的染色体，28 条Ⅱ组与Ⅲ组的染色体，它们是两组稍有分化的染色体，恰好证明

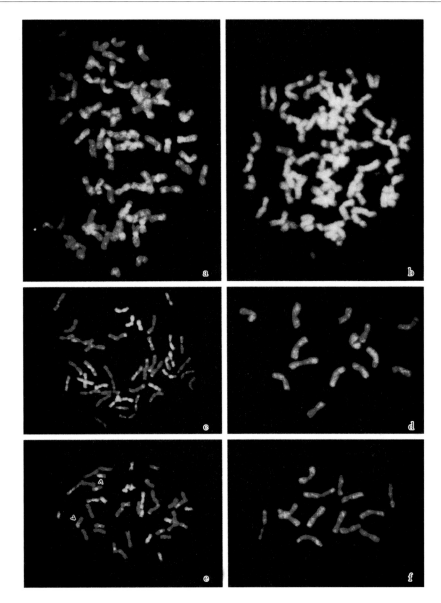

图 5 - 11 *Thinopyrum ponticum*（a 与 b）、*Th. intermedium*（c 与 d）、*Th. elongatum*（e）与 *Th. bessarabicum*（f）根尖体细胞有丝分裂中期 GISH 分析。荧光异硫氰酸盐（FITC）探针杂交位点呈荧光黄或绿黄色，未杂交位点为红色荧光剂碘化丙锭（PI）对染

a. *Thinopyrum ponticum* 用 *Ps. strigosa* **S** 染色体组 DNA 作探针，用 *Th. elongatum* 的 **E** 染色体组 DNA 封阻，在 28 条染色体的中心粒区域呈荧光黄　b. *Th. ponticum* 用 *Th. bessarabicum* 的 **J** 染色体组 DNA 作探针，用 *Ps. strigosa* 的 **S** 染色体组 DNA 封阻，70 条染色体全都显示黄色荧光，但有 28 条染色体在中心粒区域没有黄色荧光　c. *Th. intermedium* 用 *Ps. strigosa* 的 **S** 染色体 DNA 作探针，用 *Th. elongatum* 的 **E** 染色体组 DNA 封阻，14 条 **S** 染色体组的染色体全长都显示黄色，11 条属于 **Jˢ** 染色体组的染色体只在中心粒区域显示黄色荧光，18 条红色染色体属于 **J** 染色体组　d. *Th. intermedium* 用 *Ps. strigosa* 的 **S** 染色体组的 DNA 作探针，用 *Th. elongatum* 的 **E** 染色体 DNA 封阻，显示有 13 条 **S** 染色体组的染色体，9 条 **Jˢ** 染色体组的染色体，18 条 **J** 染色体组的染色体，与 2 条 **S - Jˢ** 易位染色体（箭头所指）　e. *Th. elongatum* 用 *Ps. strigosa* 的 **S** 染色体组作探针，用 *Th. elongatum* 的 **E** 染色体组 DNA 封阻，14 条染色体全被 **E** 染色体组 DNA 所封阻，没有任何一条染色体具有中心粒信号　f. *Th. bessarabicum* 用 *Ps. strigosa* 的 **S** 染色体组作探针，用 *Th. bessarabicum* 的 **J** 染色体组 DNA 封阻，14 条染色体全被 **J** 染色体组 DNA 所封阻，没有任何一条染色体具有中心粒信号

（引自 Qin Chen et al.，1998，图 1）

Dewey（1984）的 **E₁** 与 **E₂** 的组型分析的观测结果。他们还进行了相反的 GISH 分析，即以 **E** 或 **J** 染色体组 DNA 作探针，用 **S** 染色体组的 DNA 来封阻，其结果完全相似。

对 *Th. intermedium* 的染色体用 **J** 染色体 DNA 作探针，**E** 染色体组 DNA 来封阻，其结果是由于红色荧光剂碘化丙锭（PI）的对换，来自残留在杂交中只有少量的封阻探针的淡黄荧光剂荧光异硫氰酸盐（FITC），所有染色体都成为相同的红色。互换探针与封阻 DNA 的结果也完全相似。不能用 GISH 来区别染色体。**J** 染色体组与 **E** 染色体组相互反差很小。

表 5 - 11　*Th. ponticum* 与 *Th. intermedium* 种质材料的染色体组成

（引自 Chen et al.，1998，表 1）

种	株系	2n	来源 *	居群或品种	S	Jˢ	J
Th. ponticum	98006	70	加拿大	UGG Leth	0	28	42
	98007	70	加拿大	Lethbridge	0	28	42
	98015	70	美国	Orbit	0	28	42
	98013	70	美国	Jose	0	35	35
	98014	70	美国	Largo	0	28	42
Th. intermedium	98001	42	北美	Chef	14	8	20
	98002	42	北美	Clarke	14	8	20
	98002	42	北美	Clarke	14	8	20
	98003	42	中国	PI 547333	14	7	21
	98004	42	法国	PI 547338	14	6	22
	98005	42	土耳其	PI 109219	14	8	20
	98010	42	葡萄牙	PI 249145	14	8	20
	98010	41	葡萄牙	PI 249145	13	10	18
	98009	42	阿富汗	PI 317406	14	10	18
	98012	42	美国	PI 578696	14	10	18
	98012	42	美国	PI 578696	13	9	18+2**S－Jˢ**
	98016	43	北美	96 - 1233	14	11	18
	98020	49	法国	Y. Cauderon	21	10	19

注：陈勤等（1998）观测。

* 编著者注：陈勤等原表本栏为"Geographic origin"，这两个种不产于中国，也不产于加拿大与美国，原产地为欧洲与西亚。一些栽培品种选育于加拿大或美国。中国是引进自欧洲，PI 547333 是转引自中国。用"Geographic origin"不恰当，容易误解，改为"来源"。

对二倍体种 *Th. elongatum* 与 *Th. bessarabicum* 进行杂交检测，在存在 **J** 或 **E** 染色体组 DNA 封阻的情况下，**S** 染色体组 DNA 探针不能与它杂交，染色体与中心粒上没有任何信号（图 5 - 11：e 与 5 - 11：b）。同样，对 *Ps. strigosa* 的体细胞染色体，用 **J** 染色体组 DNA 探针进行杂交，在 **S** 染色体组 DNA 封阻的情况下，也没有淡黄荧光剂荧光异硫氰酸盐（FITC）的信号。在 *Th. ponticum* 与 *Th. intermedium* 的测试中，中心粒区域显示的对 *Ps. strigosa* 的 **S** 染色体组 DNA 的亲和性在这 3 种二倍体中都不存在，因此也就不是从它们当中继承而来，在中心粒区域具有与 **S** 染色体组相同的基因序列应当是另有起源机制。编著者认为，这篇报告说明：（1）**J** 染色体组与 **E** 染色体组基本上是相同的，

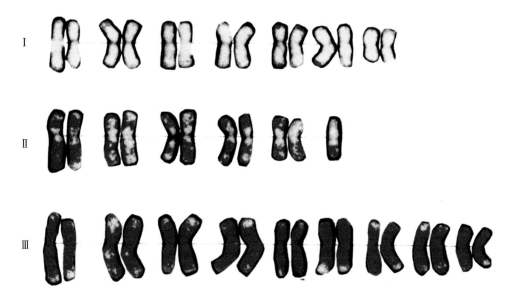

图5-12　根据 **S** 染色体组 DNA 探针标记图形排列的 *Thinopyrum intermedium*（图 5-11：c）的核型

　　Ⅰ.14 条（7 对）属于 **S** 染色体组的染色体全标记为黄色　　Ⅱ.11 条（4 对半）属于 **J**ˢ 染色体组的染色体只有中心粒区域呈黄色　　Ⅲ.18 条（9 对）属于 **E** 或 **J** 染色体组的染色体，除一些端区有淡黄色外，全都呈现红色，标记不上 **S** 染色体组的探针

（引自 Qin Chen et al.，1998，图 2）

前述汪瑞琪的结论，即分别为 **J**ᵉ 与 **J**ᵇ，再一次得到证明；（2）*Th. intermedium* 是含 **JJJJSS** 染色体组的异源-同源六倍体，但其中一些 **J** 染色体组的染色体发生了变异，在中心粒区域具有与 **S** 染色体组相同的 DNA 序列；（3）*Th. ponticum* 是含 **JJJJJJJJJJ** 染色体组的同源十倍体，其中一些染色体在中心粒区域发生了变异，具有与 **S** 染色体组相同的 DNA 序列；（4）不同居群的 *Th. intermedium* 与 *Th. ponticum* 染色体结构上都有不同程度的变异。

　　2005 年，墨西哥国际玉米小麦研究中心的 M. Kishii、美国犹他州立大学美国农业部草原与牧草研究室的 R. R. - C. Wang（汪瑞琪）与日本鸟取大学 H. Tsujimoto（辻本寿）在《捷克遗传与育种杂志（Czech J. Genet. Plant Breeding)》41 卷特刊（第 5 届国际小麦族会议论文集），发表一篇题为 "GISH analysis revealed new aspect of genomic constitution of *Thinopyrum intermedium*" 的研究报告。他们用 **E**（红色）与 **St**（绿色）染色体组的两种 DNA 探针同时对 *Thinopyrum intermedium* 的体细胞染色体进行检测。虽然 **E** 染色体组的探针有一定程度的杂交，其结果显示有 14 条染色体没有染上任何颜色（图 5-13：a）。清楚地显示 *Thinopyrum intermedium* 存在第 3 组不同的染色体，既不是 **St** 染色体组，也不是 **E/J** 染色体组。这一组染色体中心粒区域具有 **St** 探针信号。他们用了多种二倍体种的 DNA 作探针进行测试，测试结果是不同的二倍体种染色体组的 DNA 探针间的信号各有所不同：信号分散（*H. chilense* 与 *Ps. huashanica* 图 5-13：b）；所有的染色体上信号均匀一致（*A. cristatum*，图 5 - 13：c）；一部分染色比其他的强（*Secale cereale*，图 5 - 12：d 及 *Aegilops tauschii*，图 5 - 13：e）。当用簇毛麦的 **V** 染色体组的 DNA 作探针（图 5 - 13：f），其图形与图 5 - 13：a 完全相似。用 **St** 与 **V** 染色体组 DNA 作探针，清楚地显示 **V** 染色体组 DNA 探针与 **St** 和 **E** 染色体组以外的 14 条染色体杂交（图 5 - 12:a 与 h）。这组染色体中有 9 条中心粒区域有 **St** 染色体组探针信号，而这种有 **St** 染色体组探针信号的染色体的数量居群间各有不同，其变幅在 8～10 之间。说明在 *Thinopyrum intermedium* 的类似 **V** 染色体组的染色体的演化经历比较复杂。所有 **J** 与类似 **V** 染色体组的染色体在顶端部分都有不明显的、一定程度的 **St** 染色体组探针信号。来自美国的具 43 条染色体的 *Thinopyrum intermedium* 含有不同染色体组间的易位染色体。

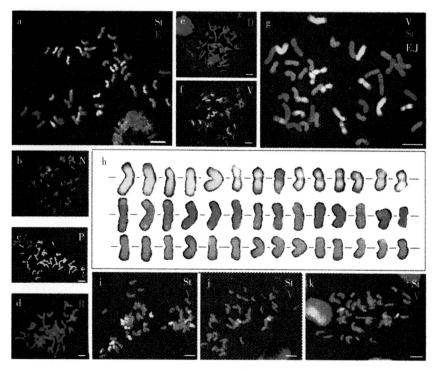

图 5 - 13　*Thinopyrum intermedium* GISH 图像及其双倍体与附加系

a - g. *Th. intermedium*　h. 用图 g 剪拼的核型图　i. *Triticum aestivum* - *Thinopyrrum* 双倍体（Yuan - 5）　j - k. *Th. intermedium* 染色体附加系（j=Ai≠E；k=A≠F）

［每张图像所用探针注写在图的右上方（绿色＝绿色荧光标记探针，红色＝红色荧光标记探针，白色＝封阻 DNA），所有的标尺等于 10 μm］

（引自：Kishii et al.，2005，图 1）

他们用 **V** 染色体组特定的 STS 标记进行 PCR 分析作为旁证。测试结果证明 **V** 染色体组序列确实存在于 *Th. intermedium* 的染色体组之中，但不是 *Th. intermedium* 含有的今天的 **V** 染色体组（图 5 - 14：a）。他们发现 CAPS 标记显示 *Th. intermedium* 与 *Secale cereale* 共有一个独特的片段（图 5 - 14：b）。这些结果与 GISH 分析显示 **V**、**J/E** 与 **R** 染色体组有不同强度的杂交信号（图 5 - 13），说明第 3 个染色体组可能来自 **V**、**J/E** 与 **R**

3 个染色体组在它们分化前的原始染色体组。他们试将 *Th. intermedium* 的染色体组改写为 **StStJ^sJ^s（V - J - R)^s（V - J - R)^s**。

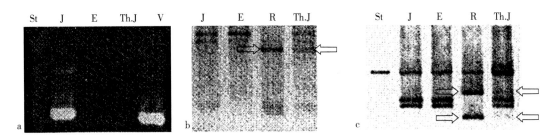

St＝*Pseudoroegneria stifolia*；J＝ *Thinopyrum bessarabicum*；E＝ *Thinopyrum elongatum*；
Th. J＝ *Thinopyrum intermedium*；V＝ *Dasypyrum villosum*；R＝ *Secale cereale*

图 5 - 14　STS 与 CAPS 分析的电泳图像

a. **V** 染色体组特异 STS 标记，*Dasypyrum villosum* 与 *Th. bessarabicum* 显示都具有 239bp 带，而 *Th. intermedium* 却没有　b、c. CAPS 标记，凝胶图像黑白反转，在 *Hind* Ⅲ（b）与 *EcoR*I（c）酶切以后，*Th. intermedium* 与 *Secale cereale* 都有 CAPS 带

（引自 Kishii，et al.，2005. 图 2）

（三）毛麦属的分类

***Trichopyrum* Á. Löve 1986，Veroff. Geobot. Inst. ETH，Stiftung Rubel，Eurich 87：49.** 毛麦属

　　模式种：*Trichopyrum intermedium*（Host）Á. Löve。

　　异名：*Elytrigia* ser. *Trichophorae* Nevski，1936，Tr. Bot. Inst. AN SSSR，ser. Ⅰ，2：83；

　　　　　Thinopyrum A. Löve，1980，Taxon 29：351。

　　属的形态学特征：多年生，多疏丛生，具匍匐的根状茎。秆直立，或基部节膝曲，粗壮，高 40～115cm，稀基部稍膨大或明显膨大呈球状，平滑无毛，或花序下略粗糙。上部叶鞘通常无毛，边缘有时具纤毛，下部叶鞘被疏毛或无毛；叶舌短；叶片平展，或多少内卷，上表面微粗糙，疏被柔毛或长柔毛，下表面平滑无毛，稀粗糙，被或不被蜡质。穗状花序直立或微弯，长（3、5～）5～30cm，每一穗轴节上着生 1 枚小穗，小穗排列疏松；穗轴节间无毛，棱脊粗糙，或具刺毛状纤毛；小穗长圆形、楔形或披针形，长 8～18（～20）mm，具 3～10 花；颖长圆形、长圆状披针形、倒披针形，平滑无毛或被毛，先端钝、平截、亚急尖，或具小尖头，具窄或宽的膜质边缘，具 3～7 脉；外稃披针形、长圆状披针形，平滑无毛，先端钝、圆或平截，具或不具小尖头；内稃两脊部分或全长具纤毛；花药较长，长 3.5～8mm。

　　属名：来自希腊文 tricho（毛）和 pyros（麦）两词组合而成。

　　细胞学特征：2n＝28、42、84；染色体组组成：**E^eE^eStSt**、**E^eE^eE^eE^eStSt**、**E^bE^bE^e - E^eStSt**、**E^eE^eE^eE^eE^eE^eE^eE^eStStStSt**。

分布区：欧洲、西亚、中亚。

1. *Trichopyrum caespitosum*（C. Koch）C. Yen et J. L. Yang comb. nov. 根据 *Agropyron caespitosum* **C. Koch，1848，Linnaea，21：424. 丛生毛麦**（图 5 - 15）

模式标本：土耳其："Kur-Hochland, Gau Artahan, 5500 ft，C. Koch"（主模式标本：**B**，已毁）；后选模式标本：土耳其："Çoruh, Lomaşen, nr. Artvin, 30th June 1907, G. Woronow". **BM**!，C. A. Невски 选定。

异名：*Agropyron caespitosum* C. Koch，1848，Linnaea，21：424；

　　　Agropyron angulare Nevski，1934，Fl. SSSR 2：639；

　　　Agropyron firmiculme Nevski，1934，Fl. SSSR 2：646；1934，Tr. Inst. Biol. Akad Nauk Turkmansk，SSR 5：79；

　　　Elytrigia caespitosa（C. Koch）Nevski，1934，Tr. Sredneaz. Univ.，ser/8B, 17：61；

　　　Elytrigia angularis（Nevski）Nevski，1934，Tr. Inst. Biol. AN Turkmensk SSR 5：79；

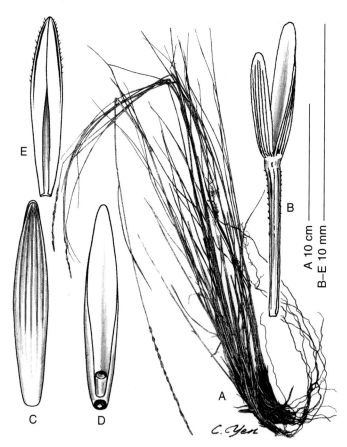

图 5 - 15　*Trichopyrum caespitosum*（C. Koch）C. Yen et J. L. Yang
A. 全植株　B. 小穗轴节间及第 1 颖与第 2 颖
C. 小花背面观　D. 小花腹面观　E. 内稃

Elytrigia firmiculmis（Nevski）Nevski，1936，Tr. Inst. Bot. AN SSSR
  ser. 1，2：82；1934，Tr. Inst. Biol. Akad Nauk Turkmansk. SSR 5：82；

Lophopyrum caespitosum（C. Koch）Á. Löve，1984，Feddes Repert. 95（7 -
  8）：489。

形态学特征：多年生，丛生，具匍匐根状茎。秆细瘦，直立或基部膝曲斜伸，高45～
90cm，茎粗 1.1～1.6mm，平滑无毛。叶鞘无毛，或边缘具纤毛；叶舌短，长 0.2～
1.4mm；叶耳小，长 0.2～1.3mm。叶片蓝绿色，通常平展，或内卷，长可达 15 cm，宽
2～3.5mm，上表面常被柔毛，但不密集，有时粗糙，下表面平滑无毛，叶脉的数目与突
起的状况变异较大。穗状花序直立，长 5～16cm，具（3～）9～13 枚小穗；穗轴无毛，
棱脊上粗糙，上部穗轴节间长 6～17mm，下部穗轴节间长 6～18mm；小穗不强烈压扁，
长 9～15mm，蓝绿色，具3～5 花；颖长圆形，无毛，两颖不等长，第 1 颖长（4～）6～
8mm，宽 1.5～2.5mm，4～7 脉，第 2 颖长 8～9mm，宽 1.5～2.5mm，4～7 脉，先端钝
形、平截至亚急尖，具窄膜质边缘；外稃背部平滑无毛，长（5～）8～10.5mm，宽
1.5～3mm，5 脉，先端具小尖头；内稃长于外稃，或等长于外稃，长 6～10.5mm，宽
1～2.5mm，两脊上半部具纤毛。

细胞学特征：2n＝4x＝28（Liu & Wang，1989、1993）；染色体组组成：**E^{e}E^{e}StSt**
（Liu & Wang，1989、1993）。

分布区：东南欧与小亚细亚：主要在克里米亚、高加索地区、土耳其、伊朗、叙利
亚，以及西西里，也延伸至阿塞尔拜疆与佐治亚；生长在山坡含钙质的土壤中；海拔
1 680～2 900m。

**2. *Trichopyrum intermedium*（Host）Á. Löve，1986，Veröff. Geobot. Inst. ETH，Stif-
tung Rübel，Zürich 87：49. 中间毛麦**

2a. var. *intermedium* 中间毛麦原变种（图 5 - 16）

模式标本：欧洲："In Istria，Dalmatia，in insulis maris Adriatici，Host"。主模式标
本：**W!**。

异名：*Triticum intermedium* Host，1805，Gram. Austr. 3：23，non *Triticum inter-*
  medium Bess. 1822；non *Triticum intermedium* Bieb.，1822；non *Tritic-*
  um intermedium Nocca & Balb. 1816；non *Triticum intermedium*（Host）
  Barkworth & D. R. Dewey，1983；

  Agropyron intermedium（Host）P. Beauv.，1812，Ess. Agrost.；102，146；

  Elytrigia intermedia（Host）Nevski，1933，Tr. Bot. Inst. AN SSSR ser. 1，
  1：14；

  Triticum distichum Schleich. ex DC.，1805，Fl. Franc. Suppl. 281，non
  Triticum disticum Thunb.，1794；

  Triticum glaucum Desf. ex DC.，1815，in Lam. & DC.，Fl Franc.（ed. 3），
  5：28，non Honckeny，1782；

  Agropyron glaucum（Desf. ex DC.）Roem. et Schult.，1817，Syst. Vege.
  2：752。

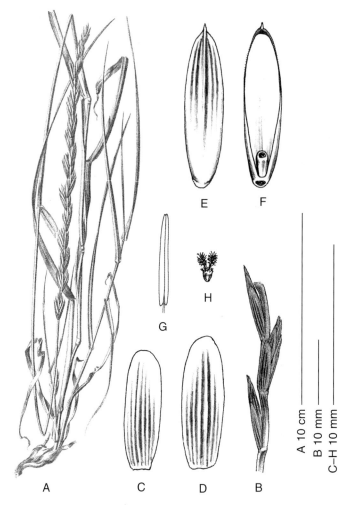

图 5 - 16　*Trichopyrum intermedium*（Host）Á. Löve var. *intermedium*

A. 全植株　B. 穗轴与小穗　C. 第 1 颖　D. 第 2 颖　E. 小花背面观

F. 小花腹面观　G. 雄蕊　H. 雌蕊

（A 引自 Gustav Hegi, 1907, Illustrierte Flora von

Mittel Europa. Band 1, Tafel 40；B - H 颜济补绘）

　　形态学特征：多年生，疏丛生，具长的根状茎，植株蓝绿色。秆直立，高 52～100
（～15）cm，径粗 2.2～3mm，平滑无毛。叶鞘无毛，边缘具纤毛；叶舌短，长 0.1～
0.75mm；叶耳长 0.5～1.25mm；叶片平展，宽（2～）3～7（～8）mm，上表面粗糙，
杂疏生长柔毛，具多数平而不突起的脉，下表面平滑或在先端粗糙。穗状花序直立，长
（8～）10～21cm，具 9～22 枚小穗，小穗排列较疏；穗轴无毛，在棱脊上粗糙，上部穗
轴节间长 7～12mm，下部穗轴节间长 11～18mm；小穗长 10～18mm，具 3～5（～10）
花；颖长圆形或长圆状披针形，宽，先端钝，偏斜平截至亚急尖，平滑无毛，具宽膜质边
缘，两颖近等长，第 1 颖长 4.5～7.5mm，宽 1.5～2.5mm，5～6 脉，第 2 颖长 5.5～
8mm，宽 2～3mm，5～7 脉；外稃宽披针形，先端近钝形，无毛，长 7.5～10mm，宽

2.5～3.5mm；内稃与外稃近等长，长 7～9.5mm，两棱脊上通常上部 1/2 具纤毛；花药长 5～7mm。

细胞学特征：2n＝4x＝28，2n＝6x＝42（Tzvel.，1976；Liu & Wang，1993）；染色体组组成：**E^b E^b E^e E^e StSt**（Liu & Wang，1993；Xu & Connor，1994）；**JJJ^s J^s StSt**（Chen et al.，1998）；**J^s J^s StSt（V - J - R）^{s}**（Kishii et al.，2005）。

分布区：欧洲：西班牙、法国、瑞士、奥地利、德国、俄罗斯南部、土耳其；亚洲：伊朗、伊拉克、巴基斯坦等地；生长在干燥山坡、海岸石壁、石质草原、疏林；海拔可达 3 000 m 的山坡。

2b. var. *afghanicum*（Melderis）C. Yen et J. L. Yang comb. nov. 根据 *Agropyron afghanicum* Meld.，1960，in Bor，Grass. Burma，Ceyl. Ind，Pak.：689. 中间毛麦阿富汗变种

模式标本：阿富汗："Khorasan，16，17，21/6 1885. J. E. T. Atchison 1145，p. p. "；主模式标本：**BM!**。

异名：*Agropyron afghanicum* Meld.，1960，in Bor，Grass. Burma，Ceyl. Ind，Pak.：689；

　　　　Elymus afghanicus（Meld.）G. Singh，1983，Taxon 32：639；

　　　　Elytrigia afghanica（Meld.）Holub，1977，Folia Geobot. Phytotax. Praha 12：426；

　　　　Elytrigia intermedia ssp. *afghanicus*（Meld.）Á. Löve，1984，Feddes Repert. 95（7～8）：486。

形态学特征：多年生，丛生。秆直立，花序下微粗糙，其余平滑无毛。叶片平展，坚实，被蜡粉，长达 20cm，宽 3～5mm，上表面叶脉稍增厚，被短柔毛，下表面无毛，近边缘粗糙。穗状花序直立，坚实，黄绿色，长 14～16cm，小穗排列疏松；穗轴坚实，棱脊上多少粗糙，被短纤毛而粗糙；小穗长圆形至椭圆形，长 12～15mm，具 4～6 花；小穗轴具极小的刚毛；颖倒披针形，或长圆状倒披针形，坚实，先端钝至三角形，骤尖或具小尖头，无毛，边缘淡黄色，两颖近等长，第 1 颖长 6～7mm，第 2 颖长 7～8mm，4～9 脉，脉略突起成脊，粗糙；外稃长圆状披针形，长 8.5～9.5mm，5 脉，脉在上部略为突起成脊，外稃背部无毛，边缘具短小刚毛，先端圆或平截，或具长不到 1mm 的小尖头；内稃短于外稃，窄披针形，先端内凹，两脊上具纤毛，两脊间背部具短小刺毛；花药长 5～5.5mm。

细胞学特征：未知。

分布区：伊朗；生长在山坡上。

2c. var. *epiroticum*（Melderis）C. Yen et J. L. Yang，comb. nov. 根据 *Elymus hispidus*（Opiz）Melderis subsp. *barbulstus*（Schur）Melderis var. *epiroyicus* Melderis，1978，Bot. J. Linn. Soc. 76：381. 中间毛麦毛穗轴变种

模式标本：希腊（Greece）："Graecia；Epirus，prope Dramisous（?）in collibus saxosis，c. 425 m，S. C. Atchley，267"。主模式标本：**K!**；同模式标本：**BM!**。

异名：*Elymus hispidus*（Opiz）Melderis subsp. *barbulstus*（Schur）Melderis var. *epiroyicus* Melderis，1978，Bot. J. Linn. Soc. 76：381；

Trichopyrum intermedium ssp. *epiroticum*（Melderia）Á. Löve，1986，Ver-
öff. Geobot. Inst. ETH，Stiftung Rübel，Zürich 87：49。

形态学特征：与原变种的区别在于其穗状花序长 23～26cm；穗轴密被微毛；颖长
8.5～11mm，先端渐窄而成短芒，颖背与脉间贴生短而密的毛，脉上微粗。

细胞学特征：2n＝6x＝42（Á. Löve，1986）；染色体组组成：**EEEESS**（Á. Löve，
1986）。

分布区：欧洲：希腊（Greece）北部与西部；生长在多石与岩石处，海拔约 425 m。

2d. var. *graecum*（Melderia）**C. Yen et J. L. Yang，comb. nov.** 根据 *Elymus hispidus*
（Opiz）**Melderis subsp. *graecus* Melderis，1978，Bot. J. Linn. Soc. 76：381.** 中间毛麦希腊
变种

模式标本：希腊（Greece）： "Graecia：Attica，inter frutices ad ripas Cephisi，
pr. Myli. 3. 7. 1886，Heldreich"；主模式标本：**BM!**。

异名：*Elymus hispidus*（Opiz）Melderis subsp. *graecus* Melderis，1978，Bot. J.
Linn. Soc. 76：381；

Trichopyrum intermedium ssp. *graecum*（Melderia）Á. Löve，1986，Ver-
öff. Geobot. Inst. ETH，Stiftung Rübel，Zürich 87：49。

形态学特征：多年生；具匍匐根状茎。秆直立，高 80～100cm。叶片平展或略内卷，宽
3～4.5mm，上表面叶脉突起，平，粗糙，下表面平滑无毛。穗状花序长 20～30cm，小穗排
列疏松；小穗长 15～20mm，下部小穗明显短于下穗轴节间；颖披针形至长圆形，两颖近等
长，长 6.5～9.5mm，偏斜平截，或钝至突然收缩形成尖头，5～6 脉。第 1 外稃长 9～
12mm，无毛，不明显的 5 脉，先端钝或突然收缩形成尖头；花药长，长约 7.5mm。

细胞学特征：2n＝6x＝42（Á. Löve，1986）；染色体组组成：**EEEESS**（Á. Löve，
1986）。

分布区：欧洲：希腊南部与东部的阿提喀（Attica）；生长在灌丛中。

2e. var. *hirsutum*（Stev. ex Schrad.）**C. Yen et J. L. Yang，comb. nov.** 根据 *Triticum
hirsutum* **Stev. ex Schtad.，1838，Linnaea 12：466.** 硬毛毛麦（图 5 - 17）

模式标本：Triseste："Prope Tergestum ad salinas"；主模式标本：**B**（注：Fl. SSSR
II 记载）。

异名：*Triticum hirsutum* Stev. ex Schrad.，1838，Linnaea，12：466，non Hor-
nem.，1819；

Triticum trichophorum Link，1843，Linnaea 17：395；

Agropyron aucheri Boiss.，1844，Diag n. Pl. Or.，ser. 1，5：75；

Agropyron savignonii De Not.，1846，Prosp. Fl. Lig.：57；

Triticum rigidum β *ruthenicum* Griseb.，1852，in Ledeb.，Fl. Ross. 4：342；

Agropyron barbulatum Schur，1853，Verh. Siebenb. Ver. Naturw.，4：91；
1866，Enum. Pl. Transs.：809；

Agropyron goiranianum Vis.，1874，in Goiran，Pl. Vasc. Nov. Crit.

Veron.，21；

Agropyron glaucum subsp. *barbulatum*（Schur）Richter，1890，Pl. Eur. 1：124；

Agropyron trichiphorum（Link）Richter，1890，Pl. Eur.，1：124；

Agropyron intermedium f. *villosum* Schmalh.，1897，Fl. Sredn. I yuzhn. Ross. 2：657；

Agropyron intermedium subsp. *trichophorum*（Link）Ascherson & Graebner，1901，Syn. Fl. Mitteleur. 2：658；

Agropyron intermedium ssp. *trichophora*（Link）Reichb. Ex Hegi，1908，Ⅲ. Fl. Mitteleur. 1：386；

Elytrigia trichophora（Link）Nevski，1934，Acta Univ. As. Med.（ser. 8b），17：61；

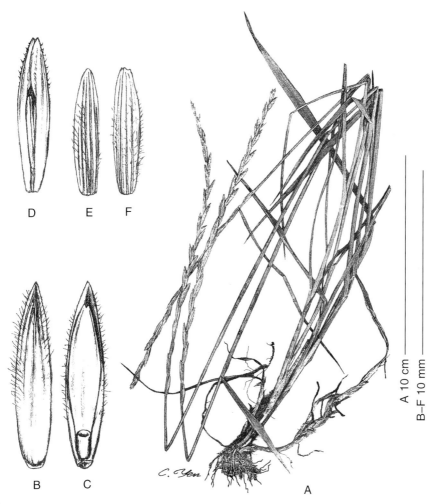

图 5 - 17　*Trichopyrum intermedium* var. *hirsutum*（Stev. ex Schrad.）C. Yen et J. L. Yang

A. 全植株　B. 小花背面观　C. 小花腹面观　D. 内稃　E. 第 1 颖　F. 第 2 颖

Elytrigia ruthenica（Griseb.）Prokudin，1939，Tr. Inst. Bot. Harkov. Univ. 3：166；

Elytrigia intermedia subsp. *trichophora*（link）Tzvelev，1973，Nov. Sist. Vyssch. Rast. 10：31；

Elymus hispidus（Opiz）Melderis subsp. *barbulatus*（Schur）Melderis，1978，Bot. J. Linn. Soc. 76：381；

Trichopyrum intermedium ssp. *barbulatum*（Schur）Á. Löve，1986，Veröff. Geobot. Inst. ETH, Stiftung Rübel, Zürich 87：49。

形态学特征：多年生，疏丛生，具长而匍匐的根状茎。秆直立，基部常膝曲，高60～100cm，除花序下略粗糙外，其余平滑无毛，被白霜。叶鞘通常无毛，边缘被纤毛，下部叶鞘被柔毛，极稀无毛；叶片平展，蓝绿色，可长达30cm，宽3～5mm，直立，上表面极粗糙，并被长柔毛，边缘粗糙，下表面极粗糙，有时被稀疏柔毛。穗状花序直立或略弯，长（6～）10～20cm，小穗排列疏松；穗轴背面被柔毛，边缘粗糙被短柔毛；小穗椭圆形或楔形，长9～18mm，具（3～）4～7花；颖长圆状披针形，背部被柔毛，边缘干膜质，先端钝，或急尖，稀突尖，两颖稍不等长，第1颖长7～8mm，第2颖长8～9mm，两颖宽2～2.5mm，均（4～）5～7脉；外稃长圆状椭圆形，长9～11mm，7脉，先端急尖，具突尖或小尖头，背部向先端以及边缘被白色硬毛，下部无毛；内稃稍短于外稃，两脊上被长纤毛；花药长约8mm。

细胞学特征：2n＝6x＝42（Dewey，1963）；染色体组组成：**EEEESS**（Dewey，1963）；**E^eE^eE^eStSt**（Liu 与 Wang，1993b）；**E^bE^bE^eSS**（Xu 与 Conner，1994）。

分布区：天山北部与西部、哈萨克斯坦、伊拉克、伊朗、阿富汗、巴基斯坦、克里米亚、第聂伯河中段、伏尔加—顿河、高加索地区、中欧东南部、地中海东部等；生长在草原、石质山坡、灌丛中。

2f. var. pouzolzii（Godron）**C. Yen et J. L. Yang，comb. nov.** 根据 *Triticum pouzolzii* **Godron，1854，Mém. Soc. Emul. Doubs.**（sér. 2），**5：11.** 中间毛麦普佐氏变种

模式标本：模式标本 **NCY**。

异名：*Elymus hispidus*（Opiz）Melderis subsp. *pouzolzii*（Godron）Melderis，1978，Bot. J. Inst. Linn. Soc. 76：382；

Triticum pouzolzii Godron，1854，Mém. Soc. Emul. Doubs.（sér. 2），5：11；

Agropyron litorale var. *rottboelloides* Mandon ex Husnot，1899，Gram. Fl. Belg.：82；

Triticum intermedium subsp. *pouzolzii*（Godron）Ascherson & Graebner，1901，Syn. Mitteleur. Fl. 2（1）：660；

Triticum rottboelloides（Mandon ex Husnot）Ascherson & Graebner，1901，syn. Mitteleur. Fl. 2（1）：660；

Agropyron pouzolzii proles *rottboelloides*（Mandon ex Husnot）Rouy，1913，Fl. Fr. 14：320；

Trichopyrum intermedium ssp. *pouzolzii*（Godron）Á. Löve，1986，Veröff.

Geobot. Inst. ETH，Stiftung Rübel，Zürich 87：49。

形态学特征：多年生，秆高 40～115cm。叶上表面具突起而粗糙的叶脉。穗状花序线形，长 6～14cm，小穗排列疏松；小穗长 8～10mm，具 1～3 花，紧贴穗轴并部分埋于穗轴节间内；颖长 5～7mm，通常 4～5 脉，脉强烈突起成脊，无毛，先端钝，具一非常短的尖头；外稃长约 6mm，尖端钝。

细胞学特征：2n=6x=42（Á. Löve，1986）；染色体组组成：**EEEESS**（Á. Löve，1986）。

分布区：欧洲：法国西部与南部；生长在田边。

3. *Trichopyrum nodosum* （Steven ex M. Bieb.） **C. Yen et J. L. Yang，comb. nov.** 根据 ***Triticum nodosum* Steven ex M. Bieb.，1819. Fl. Taur. Cauc. 3：96.** 球茎毛麦

模式标本：克里米亚（Crimea）："Tauria，leg. Steven"（主模式与同模式标本：**LE!**；同产地模式标本：**DAO!**）。

异名：*Triticum nodosum* Steven ex M. Bieb.，1819，Fl. Taur. Cauc. 3：96，in syn；

　　　Triticum repens γ *nodosum* Steven ex Griseb.，1852，in Ledeb.，Fl. Ross. 4：

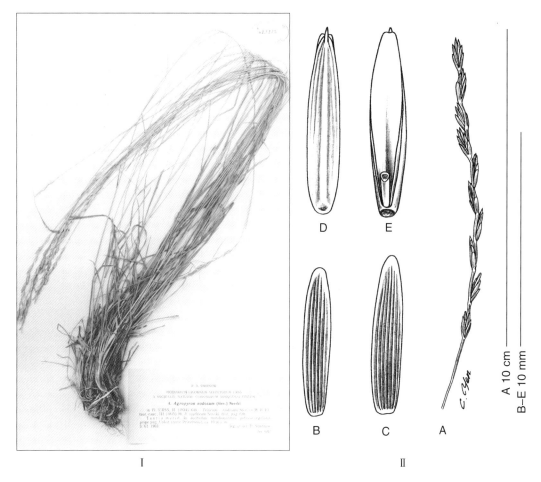

Ⅰ　　　　　　　　　　　Ⅱ

图 5 - 18　*Trichopyrum nodosum*（Steven ex M. Bieb.）C. Yen et J. L. Yang

Ⅰ. 同产地模式标本，现藏于 **DAO**　Ⅱ. A. 全穗　B. 第 1 颖　C. 第 2 颖　D. 小花背面观　E. 小花腹面观

341. p. p；

Agropyron nodosum （Steven） Nevski，1934，Fl. SSSR 2：646；

Elytrigia nodosa （Steven） Nevski，1936，Tr. Bot. Inst. AN SSSR，ser. 1，2：83；

Elytrigia caespitosa ssp. *nodosa* （Nevski） Tzvel.，1973，Nov. Sist. Vyssch. Rast. 10：30*；

Lophopyrum nodosum （Nevski） Á. Löve，1984，Feddes Repert. 95 （7～8）：490。

形态学特征：多年生，丛生，具匍匐根状茎。秆直立，细，高（25～）30～60（～80）cm，平滑无毛，基部明显膨大呈块茎状。叶鞘通常无毛，但下部叶鞘被纤毛；叶片蓝绿色，狭窄，宽仅 1.5～2mm，内卷，上表面密被微小刺毛或柔毛，以及疏生纤毛，下表面平滑无毛。穗状花序蓝绿色，直立，长（3.5～）4～12cm，小穗排列疏松；穗轴扁平，无毛，棱脊上粗糙，下部穗轴节间长 9～15（～20）mm；小穗通常蓝绿色，长 10～12（～14）mm，稍反折，常贴生穗轴，具 3～5 花；小穗轴密被糙伏毛；颖长圆形，平滑，两颖不等长，第 1 颖长 4～6mm，第 2 颖长 5～7mm，均 5～6 脉，先端钝，具窄的透明膜质边缘；外稃披针形，长 7.5～8.5mm，先端近于钝；内稃两脊近先端具微小纤毛；花药长约 4.5mm。

细胞学特征：2n＝4x＝28；染色体组组成：**E^e E^e StSt**（J. K. Jarvei，1992；Liu & Wang，1993）。

分布区：克里米亚（Crimea）；生长在石质干旱山坡、岩石块与倒石堆中；海拔可达 920m。

注：* 1973 年，Н. Н. Цвелев 把 С. А. Невский 组合 *Triticum nodosum* Steven ex M. Bieb. 为 *Agropyron nodosum* （Steven） Nevski 的原作者 "（Steven）" 取消，并改为 "（Nevski）" 是错误的。即使 Невский 是错误的也不能改原作者，只能说明，何况 Невский 是正确的。1984 年，Á. Löve 在他的 "Conspectus of the Triticeae" 一文中照抄 Цвелев 的错误引证当然也是不正确的。

4. *Trichopyrum scythicum* （Nevski） **C. Yen et J. L. Yang，comb. nov.** 根据 *Agropyron scythicum* Nevski，1934，Fl. SSSR 2：638. 克里米亚毛穗麦（图 5 - 19）

模式标本：克里米亚（Crimea）："Stony screes on the southern slopes of Chatyrdag mountain，21 Ⅵ 1929，no. 150，G. Poplavskaya"（主模式标本：**LE！**）。

异名：*Agropyron scythicum* Nevski，1934，Fl. SSSR 2：638；

Elytrigia scythica （Nevski） Nevski，1936；

Pseudoroegneria giniculata subsp. *scythica* （Nevski） Á. Löve，1984，Feddes Repert，95：446。

形态学特征：多年生，丛生。秆壮实，高 45～70cm，平滑无毛。除下部叶鞘有时被疏毛外，叶鞘通常无毛，边缘多少被纤毛；叶片蓝绿色，边缘内卷或平展，宽 2～4mm，上表面被短柔毛，下表面无毛，边缘由于被小刺毛而微粗糙。穗状花序细，长 9.5～15cm，小穗排列疏松；穗轴无毛，在棱脊上粗糙，下部穗轴节间长 10～14mm；小穗蓝

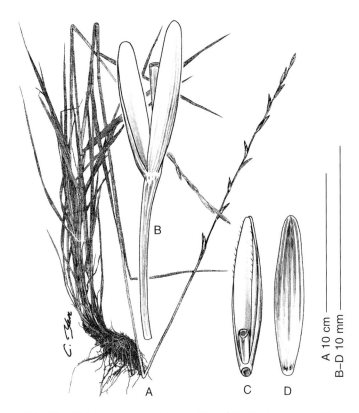

图 5 - 19　*Trichopyrum scythicum*（Nevski）C. Yen et J. L. Yang
A. 全植株　B. 穗轴一段示节间及颖　C. 小花腹面观　D. 小花背面观

绿色，长 12～17mm，具 4～5 花，略向外反折；颖披针形，先端圆钝至亚急尖，平滑，两颖不等长，第 1 颖长（5～）6～8mm，第 2 颖长 7～10mm，颖宽 1.8～2mm，5～6 脉；外稃披针形，长 9～10mm，先端钝，5（～7）脉，边脉与中脉在先端聚集，但不汇合，间脉与中脉在先端以下靠合；内稃披针形，与外稃等长，亚急尖，微下凹，两脊上部具纤毛；花药长 5～7mm。

细胞学特征：2n＝4x＝28（Löve，1984；Liu ＆ Wang，1993）；染色体组组成：E^eE^eStSt（Liu ＆ Wang，1993）。

分布区：欧洲：克里米亚；生长在石质山坡上。

5. *Trichopyrum varnense*（Velen.）Á. Löve，1986，Veröff. Geobot. Inst. ETH，Stiftung Rübel，Zürich 87：49.（图 5 - 20）

模式标本：欧洲："In arenosis ad Pontum prope Varnam et Kebedž legi ＆ 1885"。

异名：*Triticum varnense* Velenovsky，1894，Sitz. - Ber. Böhm. Ges. Wiss. 1894：28；

　　　Triticum varnense Valen.，1898，Fl. Bulg. Suppl. 1：302；

　　　Agropyron varnense（Velen.）Kayek，1932，Feddes Repert. Beih. 30 （3）：222；

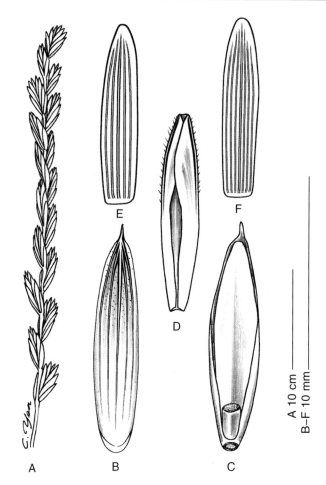

图 5 - 20 *Trichopyrum varnense*（Velen.）Á. Löve

A. 全穗　B. 小花背面观　C. 小花腹面观　D. 内稃　E. 第 1 颖　F. 第 2 颖

Elymus varnensis（Velen.）Runemark，1972，Hereditas 70：156；

Elytrigia varnensis（Velen.）Holub，1977，Folia Geobot. Phytotax. Praha
　　12：426；

Agropyron incrustatum Adamovic，1904，Denkschr. Akad. Wiss. Math.
　　Nat. Kl.，Wien 74：119；

Elymus hispidus ssp. *varnensis*（Valen.）Melderis，1978，Bot. J. Linn. Soc
　　76：381。

　　形态学特征：多年生，疏丛生，具长而匍匐的根状茎，植株被白粉而呈粉绿色。秆直
立，高 60～100cm，无毛。叶鞘无毛；叶片直挺，坚实，平展、或多或少内卷，上表面叶
脉较突起，脉上密被短毛至疏柔毛，下表面无毛。穗状花序宽线形，直立，长 30～35cm，
小穗排列疏松，不太贴生穗轴；穗轴节间上部者较短，下部者长于小穗；小穗两侧压扁，
长 15～20mm，具 4～10 花；颖长圆状或披针形长圆状，坚实，两颖近等长，长 7～
10mm，5～7 脉，脉突起呈脊，近先端处粗糙，先端钝；外稃长 9～11mm，具达先端的

脊，先端具很短的芒尖；内稃两脊具刺状纤毛。

　　细胞学特征：$2n=12x=84$（Á. Löve，1984、1986）；染色体组组成：**EEEEEEEESSSS**（＝**EᵉEᵉEᵉEᵉEᵉEᵉEᵉEᵉStStStSt**）（Á. Löve，1986）。

　　分布区：欧洲：巴尔干半岛东部；生长在海岸沙地。

参 考 文 献

松村清二，1984. 小麦近緣種としてのカそジグサのグノム分析（1）カそジグサの種間雑種. 牧野佐二郎（编辑）：北海道大学教授农学博士小熊捍氏退职记念细胞学遗传学论文集，上卷：116 - 124. 北方出版社，日本.

Dewey D R. 1962. The genome structure of intermediate wheatgrass. J. Heredity，53：282 - 290.

Dewey D R. 1963a. Cytologyand morphologyof a synthetic *Agropyron tricophorum* × *Agropyron desertorum* hybrid. Amer. J. Bot. ，50：522 - 562.

Dewey D R. 1963b. Cytologyand morphologyof a synthetic hybrids of *Agropyron tricophorum* × *Agropyron cristatum*. Amer. J. Bot. ，51：1 028 - 1 034.

Cauderon Y. 1958. Etude cytogénétique des Agropyrum francais et de leurs hybrides avec les blés. Ann. Inst. Nat. Rech. Agron. Sec. B，8：389 - 566. Paris.

Chen Q. R L Connor，A Laroche and J B Thomas. 1998. Genome analysis of *Thinopyrum intermedium* and *Th. ponticum* using genomic in situ hybridization. Genome，41：580 - 586.

Gaul H. 1953. Analytical genome investigations of Triticum × *Agropyrum intermedium* including consderation of Secale cereale × *A. intermedium*. Zeit. Ind. Abst. Vererb. 85：505 - 546. Pl. Br. Abst. ，24：373. 1954.

Hartung M E. 1946. Chromosome nymbers in Poa，*Agropyron and Elymus*. Amer. J. Bot. ，33：516 - 531.

Jarvie J. K，M R Barkworth. 1992. Morphological variation and genome constotution in some perennial Triticeae. Bot. J. Linn. Soc. ，108：157 - 180.

Kishii M，R R - C Wang and H Tsujimoto. 2005. GISH analysis revealed new aspect of genomic constitution of Thinopyrum intermedium. Proc. 5th Intern. Triticeae Symp. ；92 - 95. Prague，Czech Republic.

Liu Z - W，R R - C Wang. 1989. Genome analysis of *Thinopyrum caespitosum*. Genome，32：141 - 145.

Liu Z - W，R R - C Wang. 1993. Genome analysis of *Elytrigia caespitosa*，*Lophopyrum nodosum*，*Pseudoroegneria geniculata* ssp. *scythica* and *Thinopyrum intermedium*. Genome，36：102 - 111.

Löve，Á. 1984. Conspectus of the Triticeae. Feddes Repert. ，95：425 - 521.

Löve，Á. ，1986. Veröff. Geobot. Inst. Rübel. ，87：43 - 52.

Matsumura S. （松村清二）1948. Hybrids between wheat and *Agropyron*. Jap. J. Genet. ，23：27 - 29.

Matsumura S. 1949. Genome analysis on *Agropyron*，as a related genus of *Triticum*. Ⅱ. Intergeneric hybrids brtween *Triticum* and *Agripyron*. Jap. J. Genet. ，2：35 - 44.

Matsumura S，M Muramatsu and S Sakamoto. 1958. Genome analysis in *Agropyron*，a genus related to *Triticum*. Seiken Ziko，9：8 - 16.

Muramatsu M. 1955. Karyological studies on the F1 hybrid between *Triticum aegiloploides*（autotraploid）and *Agropyron intermedium*. Seiken Ziko，7：75 - 85.

Peto F H. 1936. Hynridization of *Triticum* and *Agropyron*. Ⅱ. Cytology of the male parents and the F_1 generation. Canad. J. Res. ，14：203 - 214.

Stebbins G L Jr and Fung Ting Pun. 1953. Artifical and natural hybrids in the Graminineae tribe Hordeae. Ⅵ. Chromosome pairing in Secale cereale×*Agropyron intermedium* and the problem of genomehomologies in the Triticineae. Genetics，38：600‑608.

Varkar B A. 1938. A cytological study of F_1 ‑ F_6 *Triticum* × *Agropyron intermedium* hybrids. Bul. Acad. Sci. U. S. S. R.，1938：627‑641.

Wang R R‑C. 1985. Genome analysis of *Thinopyrum bessarabicum* and *T. elongatum*. Can J. Genet. Cytol.，27：722‑728.

六、大麦披碱草属（Genus *Hordelymus*）的 生物系统学

（一）大麦披碱草属的古典形态分类学简史

1767 年，科学植物分类学的创始人瑞典的 Carl von Linné 在《植物志增补（Mantissa Plantarum)》1 卷 35 页发表一个采自德国的分类群，把它命名为欧洲披碱草——*Elymus europaeus* L.。

1770 年，他的学生、瑞典植物学家 Johan Andreas Murray 把这同一个分类群鉴定为大麦属的一个种，又命名为圆柱大麦——*Hordeum cylindricum* J. A. Murray，发表在《Prodromus designationis stirpium goettingensium cum figuris aeneis》一书的 43 页上。

1778 年，居住在伦敦的英国植物学家 William Hudson，在《英国植物志（Flora Anglica)》第 2 版，第 1 卷，57 页，发表一个名为林生大麦——*Hordeum sylvaticum* Hudson 的分类群。这个分类群实际上就是林奈的欧洲披碱草。

1785 年，意大利植物学家 Carlo Allioni 在他的《Flora pedemoniana sive enumeration methodica stirpium indigenarum Pedemontii》一书的第 2 卷，260 页，把 Linné 的 *Elymus europaeus* L. 组合到大麦属中成为 *Hordeum europaeum*（L.）All.。

1789 年，德国植物学家 Franz von Paulsa von Schrank 在他的《巴伐利亚植物志（Baiersche Flora München)》第 1 卷，386 页，发表一个名为山地大麦——*Hordeum montanum* Schrenk 的新种。但它与 Linné 的 *Elymus europaeus* L. 是同一个分类群。

1802 年，德国植物学家 Georg Ludwig Koeler 认为 Linné 的 *Elymus europaeus* L. 不应当是披碱草属的分类群，应当是个新属。因此，他为纪念著名法国动物学家 Georges Cuvier，把这新属命名为 *Cuviera*，把 *Elymus europaeus* L. 组合为 *Cuviera europaeus*（L.）Koeler，发表在他的《禾本科描述（Descriptio Graminum)》一书的 328 页上。本来这是对这一个分类群十分恰当的处理，但它与瑞士植物学家 Alphonse Louis Pierre Pyramus de Candolle 于 1807 年在茜草科（Rubiaceae）中所定的 *Cuviera* DC. 的属名相同，经 1950 年第七届国际植物学大会［斯德哥尔摩（Stockholm)］审定，1952 年出版的国际植物学命名法规的附表中把 *Cuviera* DC. 列为保留属名，而把 *Cuviera* Koeler 列为废弃属名，虽然 *Cuviera* Koeler 发表在先（早 5 年）。

1885 年，德国真菌学家、植物学家 Carl（Karl）Otto Harz，把德国植物学家 Karl Friedrich Wilhelm Jessen 在《德国的禾草与谷物（Deutschland Gräser und Getreidearten)》一书中发表的大麦属的一个亚属，*Hordeum* subgenus *Hordelymus* Jensen 升级为属，即大麦披碱草属——*Hordelymus*（Jensen）C. Harz。在这个属中，把 Linné 的 *Elymus europaeus* L. 组合为 *Hordelymus europaeus*（L.）Harz. 作为建属的模式种，发表在

他的《Landwirthschaftliche Samenkunde》一书的第 2 卷，1 147 页上。这就是今天为分类学家们所认可的大麦披碱草属的属名与模式种名。

（二）大麦披碱草属的实验生物学研究

1939 年，H. D. Wulff 第 1 次报道了 *Hordelymus europaeus* 是个四倍体植物，其体细胞中含有 28 条染色体。

1959 年，J. W. Morrison 与 T. Rajhathy 对大麦属的一些种间与属间杂种进行细胞遗传学研究时发现 *Hordelymus europaeus* 体细胞有丝分裂染色体有两对随体染色体，两对随体都是非常小，与大麦属所有其他物种显著不同。它的减数分裂很正常，基本上是 14 个二价体。他们得到的 *Hordeum jubatum* × *Hordelymus europaeus* 的 F$_1$ 杂种，其减数分裂染色体配对率非常低，观察结果是平均每花粉母细胞 2.6 对二价体，0.1 个四价体，交叉频率为每细胞 3.1 个。显示这两个种之间染色体组没有同源性。

1982 年，Á. Löve 在他的一篇题为"麦类草属的演化（Generic evolution of wheat-grasses）"的论文中，对当时尚无实验检测数据的 *Hordelymus europaeus*，假定它是一个含 **H** 与 **T** 染色体组的异源四倍体种，也就是估计它可能来源于大麦属大麦草组的一个二倍体种与带芒草属的一个二倍体种之间杂交起源。而这个估计是从它的地理分布、生态学与形态学资料得来的。在他 1984 年发表的"小麦族大纲（Conspectus of Triticeae）"一文中仍然沿用这个估计。

1989 年，瑞典农业科学大学作物遗传与育种系的 Roland von Bothmer 及丹麦皇家兽医及农业大学植物研究所的 Niels Jacobsen 在《北欧植物学杂志（Nordic J. Bot.）》上，共同发表一篇题为"大麦属与大麦披碱草属之间的属间杂种"的报告，报道了他们对这个属间组合的细胞遗传学分析研究的结果。

他们以采自德国的 H188：Thöringer Wald，Thal；H189：Rostock，Sasnitz，Rügen；H190：Erfurt，Ershausen，Richsfall，作为父本，表 6-1 所列大麦作为母本进行杂交。

表 6-1 母本大麦与父本 *Hordelymus europaeus* 间杂交结果

（引自 Bothmer 与 Jacobsen，1989，表 1）

Hordeum 母本	杂交数	花数	结实数 No	%	成株数 No	%
H. vulgare	2	19	0	0		
H. murinum 4x	2	19	2	10.5	0	
H. secalinum	2	20	0	0		
H. capense	2	26	0	0		
H. marinum 2x	3	35	8	22.9	4	50.0
H. marinum 4x	1	14	2	14.3	1	50.0
H. bogdani	1	15	0	0		
H. roshevitzii 2x	1	14	0	0		

（续）

Hordeum 母本	杂交数	花数	结 实 数		成 株 数	
			No	%	No	%
H. roshevitzii 4x	1	13	0	0		
H. brevisubulatum 4x	1	14	0	0		
H. brachyantherum 2x	2	21	2	9.5	0	
H. brachyantherum 4x	2	21	4	19.0	4	100
H. depressum	2	21	14	66.7	7	42.6
H. tetraploidum	2	24	4	16.7	2	50.0
H. parodii	1	12	0	0		
H. patagonicum	2	21	4	19.0	1	25.0
H. pusillum	1	14	11	78.6	7	63.6
H. flexuosum	1	12	2	16.7	0	
H. jubatum	1	14	6	42.9	6	100
H. pibiflorum	1	5	0	0		
H. arizonicum	1	13	6	46.2	1	16.7
H. lechieri *	2	31	3	9.7	3	100
H. procerum *	2	28	0	0		

* 一个 *H. lechleri* 的杂交与一个 *H. procerum* 的杂交，*Hordeum* 曾作为父本。

对它们的 F_1 子代及亲本进行细胞遗传学的观察分析。采自丹麦 Sorö Sönderskov 的 H5029 号材料进行减数分裂图像研究。

Hordelymus europaeus 的减数分裂与 Morrison 及 Rajhathy（1959）所观测到的结果非常一致，基本上都是二价体（表6-2）。

表6-2 ***Hordeum* spp.** 与 ***Hordelymus europaeus*** 属间杂种减数分裂染色体配对情况及母本 ***Hordelymus europaeus*** 减数分裂染色体配对情况

（引自 Bothmer 与 Jacobsen，1989，表1）

	N	I	II			III	IV	交叉/细胞
			总计	棒型	环型			
H. depressum × *Hordelymus* HH682	48	14.21	6.33	3.23	3.10	0.29	0.06	10.27
		r 8~18	4~9	0~6	1~6	0~2	0~1	6~15
—HH723	28	14.96	6.04	3.07	2.96	0.18	0.11	9.89
		r 11~18	4~8	1~7	1~7	0~1	0~1	6~15
H. brachyantherum × *Hordelymus* HH696	30	25.73	1.13	1.10	0.03			1.17
		r 20~28	0~4	0~4	0~1			0~4
—HH717	50	26.28	0.86	0.82	0.04			0.90
		r 22~28	0~3	0~3	0~1			0~3

（续）

| | N | I | II | | | III | IV | 交叉/细胞 |
			总计	棒型	环型			
H. jubatum×*Hordelymua* HH 759	26	25.46	1.27	1.19	0.08			1.35
		r 22~28	0~3	0~3	0~1			0~4
H. pusillum×*Hordelymus* HH 1633	32	19.41	0.78	0.72	0.06			0.84
		r 15~21	0~3	0~2	0~1			0~3
Hordelymus europaeus H 5029	26	14.0	0.85	13.15				27.15
		r	14	0~3	11~14			25~28

编著者注：N＝观察细胞数；r＝变幅。

在这篇报告中，报道了他们采用 *Hordeum* 属 20 个种共 23 个细胞型为父本，以 *Hordelymus europaeus* 为母本进行属间杂交。其中有 13 个杂交组合得到杂交种子，结实率从 *H. lechleri* 的 9.7％到 *H. pusillum* 的 78.6％不等。有两个杂交组合用 *Hordelymus* 为母本，一个是与 *H. lechleri* 杂交，另一个是与 *Hordeum procerum* 杂交，但都未得到种子。

其中 10 个组合萌发成长，发芽率非常高，植株十分苗壮。这些真杂种都含有预期的染色体数。杂种成株形态上 *Hordelymus europaeus* 十分清楚地呈显性，例如：宽而淡绿色的叶片，密而开张的柔毛以及具长芒的穗部形态（图 6-1）。所有杂种都完全不育，没有发育完好的花粉，也不结实。

他们对 4 个属间杂交组合的 6 个 F₁ 杂种进行了减数分裂染色体配对情况的分析，如表 6-2 所示。

对 *Hordeum depressum*×*Hordelymus europaeus* 组合的两个杂种 HH 682 与 HH 723 分析的结果，显示这两个杂种的减数分裂都有比较高的染色体配对，分别最高可达 8 对及 9 对，也有相近似的棒型与环型二价体频率，三价体与四价体非常低。两个杂种的染色体交叉频率也相似，分别是 10.27 与 9.89。

Hordeum brachyantherum 4x×*Hordelymus* 组合的两个杂种 HH 696 与 HH 717 的父本 *Hordelymus europaeus*（H190）相同，母本一个是来自苏联的 H 325，另一个是来自美国西部的 H 254。这两个杂种的减数分裂显示染色体配对频率都非常低，大量的单价体，最高可达 28 条。二价体主要是棒型，一个平均 1.13，一个平均 0.86。每细胞中染色体交叉平均频率分别只有 1.17 与 0.90（图 6-2；B）。减数分裂有许多不正常干扰，以及一些次级配对。观察到一个细胞 2n＝29。

H. jubatum×*Hordelymus europaeus* 组合只分析研究一个杂种，其减数分裂配对率非常低，花粉母细胞平均二价体只有 1.27 对，最多只有 3 对；二价体主要是棒型，环型只是偶见；每细胞染色体交叉频率只有 1.35 个；没有观察到其减数分裂有其他的异常现象。

Hordeum pusillum×*Hordelymus europaeus* 是唯一一个与二倍体大麦种的属间杂交组合进行减数分裂染色体组分析的 F₁ 杂种。它的染色体配对频率非常低，每花粉母细胞

图 6-1　穗部形态（标尺＝1cm）

A. *Hordelymus europaeus*　B. *Hordeum brachyantherum*×*Hordelymus europaeus*　C. *Hordeum brachyantherum*

D. *Hordeum jubatum*×*Hordelymus europaeus*　E. *Hordeum jubatum*

（引自 Bothmer 与 Jacobsen，1989，图 1）

平均二价体为 0.78 对，最多 3 对（图 6-2：C）。观察到许多减数分裂异常，例如：染色体片段、滞后染色体、错分裂等；观察到 1 个细胞含 2n＝20。

　　他们在讨论中指出，在其研究中发现 *Hordelymus* 与四倍体的 *Hordeum brachyantherum*、*Hordeum jubatum* 以及二倍体的 *Hordeum pusillum* 之间的属间杂种染色体交叉频率非常低，比 Morrison 与 Rajhathy（1959）的记录（0.8～1.4）还低。可以说 *Hordelymus europaeus* 与这些大麦的染色体组之间没有同源性。观察到的二价体可能是 *Hor-*

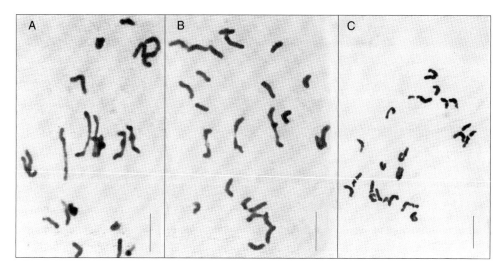

图 6 - 2　一些 *Hordelymus* 的属间杂种的减数分裂染色体配对情况（标尺＝10μm）

A. *Hordeum depressum*×*Hordelymus europaeus*（HH723）：16 个单价体，5 对棒型二价体与 1 对环型二价体

B. *Hordeum brachyantherum*×*Hordelymus europaeus*（HH717）：22 个单价体与 3 对棒型二价体

C. *Hordeum pusillum*×*Hordelymus europaeus*（HH1633）：21 个单价体，注意一些着丝点分裂

deum brachyantherum 以及 *Hordeum jubatum* 的两个染色体组之间的染色体的同源联会。因为它们都是部分异源多倍体（Morrison & Rajhathy，1959；Bothmer、Flink & Landström，1987），也可能是来自 *Hordelymus europaeus* 的两个染色体组之间的同源联会。

　　他们指出，除去正常的二价体（10～14 对，平均 12.5 对），Morrison 与 Rajhathy（1959）记录有亲本 *Hordelymus europaeus* 每个花粉母细胞平均含有 0.7（变幅 0～2）个四价体。Morrison 与 Rajhathy 解释是一个异源易位造成的（或异常的双着丝点染色体造成的不正常现象），不像是 *Hordelymus europaeus* 的两个染色体组间的残余同源性造成的。Bothmer 与 Jacobsen 认为他们的观察中相同的材料只有二价体，也就支持这个论点。

　　Hordeum depressum×*Hordelymus europaeus* F$_1$ 杂种的减数分裂与其他的组合显然不一样，两个观察的 F$_1$ 杂种 HH 682 与 HH 723，它们有平均 6.33 对及 6.04 对二价体，包括频率近相等的环型二价体与棒型二价体。如果这 2 个四倍体种有一组染色体组相同，则这个数据就非常接近于 7 对二价体与 14 个单价体的预期数。*H. depressum* 是一个异源四倍体，已证明它有一组 **H** 染色体组与其他大多数 *Hordeum* 二倍体种的 **H** 染色体组相一致（Bothmer、Flink & Landström，1986、1987）。这第 2 个染色体组，目前在已检测的任何大麦种中都尚未找到。如果没有其他证据，就必然下这样一个结论，即这两个不同的属种有一组染色体组同源，这同源的就是 *Hordeum depressum* 的与其他大麦不同的第 2 个染色体组。他们认为应对这两个分类群，特别是 *Hordelymus europaeus*，与其他小麦族分类群的关系应作更多的研究，以便提供更多的证据。

1983 年，瑞典隆德大学遗传学系的 Susanne Pelger 在《核基因组（Genome）》36 卷，发表一篇题为"单隆抗体分辨出的谷醇溶蛋白变异与小麦族内的演化（Prolamin variation and evolution in Triticeae as recognized by monoclonal antibodies）"的论文。她用小麦族 18 个属为材料，对它们的可溶性异丙醇种子贮存蛋白、谷醇溶蛋白进行了凝胶电泳分析、考马斯染色及免疫印迹分析，其结果显示所有分析研究的小麦族物种都产生谷溶醇蛋白而其结构相似可以在整个族中找到（图 6-3）。在所有种中出现相同的抗原位点显示那些多肽具有非常保守区域。它们也显示小麦族物种的谷醇溶蛋白具有相同的起源。所有分析研究的物种观察到具有与 B-大麦醇溶蛋白及 C-大麦醇溶蛋白相同的抗原位点。一些多肽反应也只有一个位点只存在 B-大麦醇溶蛋白。除 *Agropyron*、*Hordelymus* 与 *Secale* 外，所有其他的属都具有 B-大麦醇溶蛋白的位点。这些结果说明，一个快速迁移的多肽含有 B-大麦醇溶蛋白位点，就直接反应 **H** 染色体组的存在。按她的检测，*Hordelymus* 不存在 **H** 染色体组。

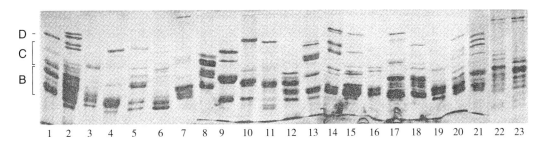

图 6-3　考马斯染色的谷醇溶蛋白多肽电泳带

1. *Hordeum vulgare* 品种 Bomi　2. *Aegilops ovata*　3. *Agropyron cristatum*　4. *Chrithopsis delileana*

5. *Dasypyrum villosum*　6. *Elytrigia repens*　7. *Eremopyrum orientale*　8. *Henrardia persica*

9. *Heteranthelium piliferum*　10. *Hordelymus europaeus*　11. *Psathyrostachys juncea*　12. *Psaudoroegneria cognata*

13. *Secale cereale*　14. *Secale montanum*　15. *Taeniantherum crinitum*　16. *Thinopyrum junceum*

17. *Triticum monococcum*　18. *Elymus sibiricus*　19. *Elymus ciliaris*　20. *Elymus tsukushiensis*

21. *Triticum aesticum*　22. *Leymus angustus*　23. *Leymus racemosus*

（最左边为对照大麦 Bomi 品种的大麦醇溶蛋白群）

上述报告的测试材料中没有 *Hordeum depressum*。因此，也就不能包括 *Hordeum depressum* 的染色体组与 *Hordelymus europaeus* 的染色体组的亲缘关系

1994 年，瑞典农业科学大学植物育种研究系的 Roland von Bothmer 与卢宝荣、丹麦瑞索国家实验室植物生物学部的 Ib Linde-Laursen 在奥地利出版的《植物系统学与演化》189 卷，发表一篇题为"*Hordelymus*（小麦族：禾本科）的属间杂交及 C-带图像"的报告。

在这篇报告中，他们报道了 *Hordelymus europareus* 的体细胞有丝分裂中期染色体吉姆萨 C-带分析以及间期细胞硝酸银染色研究的结果。非 C-带中期染色体观察用孚尔根氏技术制备。对 *Hordelymus europaeus* 的染色体组型分析采用了已知染色体组的 4 个属、8 个种与它进行属间杂交，结果见表 6-3 所示。属间杂交以 *Hordelymus europaeus* 为母本。

表 6 - 3 *Hordelymus europaeus* 为母本，属间杂交的结果

（引自 Bothmer、Lu 与 Linde-Laursen，1994，表 1 与表 2 合并；删减，改变编排）

组合 *Hordelymus europaeus*（L.）Harz×	染色 体组	2n	杂交 花数	结　实 数	结　实 %	幼胚数	植株数
Hordeum bogdanii Wil.	**H**	14	161	11	6.8	5	5
H. depressum（Scribn. et Sm.）Rydb.	**H**	28	65	13	20.0	8	7
H. vulgare L.	**I**	14	46	18	39.1	15	0
Secale cereale L.	**R**	14	134	77	57.5	6	2
Elymus sibiricus L.	**SH**	28	60	3	5.0	0	0
E. jacutensis（Drobov）Tzvelev	**SH**	28	33	6	18.2	3	0
E. caninus（L.）L.	**SH**	28	36	0	0	0	0
Pseudoroegneria spicata（Pursh）Á. Löve	**S**	14	43	2	4.7	0	0

从表 6 - 3 中可以看到，只有 *Hordelymus europaeus* × *Hordeum bogdanii*，*Hordelymus europaeus* × *H. depressum* 与 *Hordelymus europaeus* × *Secale cereale* 3 个组合得到开花的 F₁ 杂种成株，对它们进行了染色体组型分析。观察分析的结果列如表 6 - 4。

表 6 - 4 *Hordelymus europaeus* 属间杂种减数分裂染色体配对情况

（引自 Bothmer、Lu 与 Linde-Laursen，1994，表 3；编排、说明、稍加修改）

组合	观察 细胞 数	I	II 总计	II 棒型	II 环型	III	细胞中 平均交 叉数
Hordelymus europaeus × *Hordeum bogdanii*	200	20.77 r 17~21	0.11 0~1	0.11 0~1	— 	0.01 0~1	0.12 0~2
Hordelymus europaeus × *Hordeum depressum*	100	15.67 r 12~22	6.15 3~8	2.42 0~6	3.73 1~7	0.01 0~1	9.90 5~14
Hordelymus europaeus × *Secale cereale*	100	20.14 r 15~21	0.28 0~3	0.28 0~3	— 	0.01 0~1	0.30 0~1

注：r＝变幅。

这些亲本材料的减数分裂分析已分别在 Bothmer、Flink 与 Landström，1987；Bothmer 与 Jacobsen，1989；Lu 与 Bothmer，1990；Lu、Salomon 与 Bothmer，1990 的论文中做了报道。减数分裂都非常正常，在四倍体材料中绝大多数都是形成二价体。*Hordelymus europaeus* 与二倍体的 *Hordeum bogdanii* 之间的 F₁ 杂种显示染色体配对率非常低，平均每个花粉母细胞中只有 0.11 对棒型二价体，偶见三价体，显示它们的染色体组之间没有同源性。由于配对染色体间在大小与形态上的相似，不可能是同亲或异亲联会。

与以前的研究一致，*Hordelymus europaeus* 与 *Hordeum depressum* 之间的杂种具有较高的减数分裂配对率。Bothmer 与 Jacobsen（1989）两次不同亲本材料的同一组合杂种，平均每花粉母细胞的染色体臂交叉数分别为 9.89 与 10.27。而这次的杂种亲本代表另外的基因型，具有每细胞平均 9.90 的染色体臂交叉频率与 6.15 的二价体频率。这与以前做的结果十分相近。

大麦披碱草与黑麦之间的杂种，其减数分裂染色体配对率非常低。平均每花粉母细胞的染色体臂交叉数只有 0.30；只有棒型二价体以及偶见的三价体（每细胞平均 0.01）。由于 *Secale cereale* 的染色体特别大，而 *Hordelymus europaeus* 的染色体又非常小，很容易区别。有 68％的属于 *Hordelymus europaeus* 自身染色体的配对（平均每花粉母细胞 0.21 对）；14％属于 *Hordelymus europaeus* 与 *Secale cereale* 之间的染色体配对（平均每花粉母细胞 0.05 对）；18％属于黑麦自身的染色体配对（平均每花粉母细胞 0.05 对）。这些数据显示两个亲本的染色体组之间没有同源性。

他们对 *Hordelymus europaeus* 的体细胞进行的观察再次证明含 28 条染色体（图 6-4：Ⅰ），也观察到有 3 个异常细胞只含有 27 条染色体。在图 6-4 中可以清楚地看到有两对随体染色体，其中一对中央着丝点随体染色体的随体较小；另一对亚中央着丝点随体染色体的随体属于微型随体（图 6-4：Ⅰ、Ⅱ）。

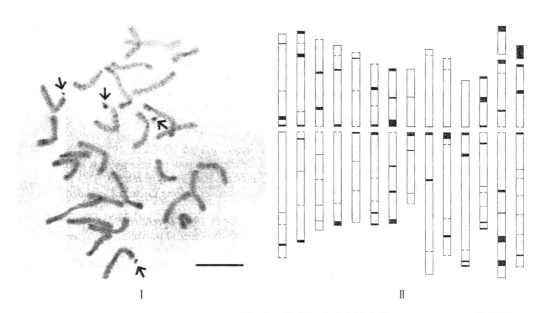

图 6-4 *Hordelymus europaeus* H5029 吉姆萨 C-带体细胞中期染色体（Ⅰ）（2n＝28，箭头所指为随体；标尺＝10μm）及 *Hordelymus europaeus* H5029 吉姆萨 C-带模式图（Ⅱ）（单倍染色体组）显示染色体相对大小与 C-带位置（黑色部分；破折线表示非常小，有时看不见的带）。

（引自 Bothmer、Lu 与 Linde-Laursen，1994，图 1 及图 2）

从图 6-4：Ⅰ与Ⅱ中，可以看到每条染色体上的吉姆萨 C-带的特点是带小、带少（2～7 条），没有大带。所有的染色体上除具有 1～7 条显著的小强带外，还增加一些不明显的弱带，在一条随体染色体上总带数达到 11 条。它们位于中心粒附近、染色体臂尖端，以及居间段，没有特殊强势的地方。显著的带呈现在随体染色体的短臂核仁形成缢缩部。最小的一个微型随体完全都是异染色质的；大的一个随体只有顶端具 C-带。14 对染色体C-带图像完全的相似性与形态上的相同以及识别出的非同型性，可以认为 *Hordelymus europaeus* 主要是自交的植物。带长只占染色体总长的 6.8%，可以认为是带小到非常小的类型。同样，吉姆萨染色的间期细胞显示没有明显的染色中心。

从属间杂种染色体组分析的结果来看，*Hordelymus europaeus* 除一组染色体与 *Hordeum depressum* 相似外（Morrison 与 Rajhathy，1959；Bothmer 与 Jacobsen，1989），与其他的大麦属二倍体以及多倍体植物的染色体组都不相同。但是，这也说明 *Hordelymus europaeus* 有一组染色体与 *Hordeum depressum* 的 **H** 染色体组同源。至于 Á. Löve（1982、1984）认为 *Hordelymus europaeus* 含有一组 **T** 染色体组的假设看来还不能完全否定。虽然没有找到具有 **T** 染色体组特征的随体染色体（Linde-Laursen 与 Frederiksen，1989）；然而有可能被 *Hordelymus europaeus* 的 4 条非 **T** 染色体组的随体染色体所抑制，因此影响鉴定。与此相联系的是 Frederiksen 与 Bothmer（1989）得到的 9 个 *Taeniantherum caputmedusae* × *Hordelymus europaeus* 的幼胚全都退化，未能萌发成苗。

他们比较其他文献认为，Morrison 与 Rajhathy（1959）观察研究的 *Hordelymus europaeus* 的随体染色体，得到与任何一个观察过的 *Hordeum* 属的种都不一样的结论。在他们广泛进行的 *Hordeum* 属不同物种的 C-带核型观察研究结果中也得到支持。在大麦亚族（Hordeineae），唯一一个属与 *Hordelymus europaeus* 的随体染色体相似的是 *Psathyrostachys*（Endo 与 Gill，1984、Linde-Laursen 与 Bothmer，1984，1986；Hsiao 等，1986；Baden 等，1990）。它们的亚中央着丝点的随体染色体同样都具有微型异染色质随体。从吉姆萨 C-带分析结果来看，他们认为 *Hordelymus europaeus* 的染色体组可能与 *Taeniatherum* 及 *Psathyrostachys* 相近。

1998 年，瑞典农业科学大学斯瓦洛夫植物育种研究系的 S. Svitashev 与 T. Bryngelssen，以及美国犹他州立大学美国农业部农业研究司牧草与草原实验室的李小梅（Xiaomei Li）与汪瑞琪（R. R. - C. Wang）在加拿大出版的《核基因组（Genome）》41 卷，发表一篇题为 "Genome-specific repetitive DNA and RAPD markers for genome identification in *Elymus* and *Hordelymus*" 的报告。他们用随机扩增多态性 DNA（PAPD）分析，采用美国 Operon Techhnologies Inc. 公司的十聚体引物，对 16 种小麦族分类群检测它们的基因组特异重复序列 DNA 的 RAPD 标记带来鉴别它们的染色体组组型。检测的结果如表 6-5 所示。

表 6-5 用美国 Operon Techhnologies Inc. 公司的十聚体引物对小麦族的种进行的 RAPD 分析

（引自 Svitashev、Bryngelsson、Li & Wang，1998，表 3）

属	种	倍性	St 染色体组			Y 染色体组			Ns 染色体组	
			OPA20	OPB08	OPN01	OPB14	OPG15	OPL18	OPK07	OPW05
Agropyron	*cristatum*	2x	−	+	−	++	+	−		
Australopyrum	*velutinum*	2x	−	+	−	−	−	−		
Elymus	*coreanus*	4x	+	+	−	−	+	−	++	++
	duthiei	4x	−	−	−	−	++	−	++	++
	elimoides	4x	++	++	++	−	−	−		
	enysii	4x	−	+	−	−	−	−		

（续）

属	种	倍性	St 染色体组			Y 染色体组			Ns 染色体组	
			OPA20	OPB08	OPN01	OPB14	OPG15	OPL18	OPK07	OPW05
	grandis	4x	++	++	++	++	++	++	−	+
	hystrix	4x	−	++	−	−	−	−	−	+
	komarovii	4x	−	−	−	−	+	−	++	++
	borianus	6x	+	++	−	+	++	++	−	+
	caesifolius	6x	++	++	++	+	++	++	−	+
	eriantherum	6x	−	−	−	−	−	−	++	++
Hordelymus	*europaeus*	4x	−	−	−	−	−	−	+	++
Hordeum	*bogdanii*	2x	−	+	−	−	+	++	−	−
Lymus	*arenarius*	8x	+	+	−	−	−	−	++	++
Psathyrostachys	*spicata*	2x	++	−	++	−	−	−	−	−

注释："−"，"+"及"++"指示无或有染色体组特异 RAPD 带及其强度。

根据他们这一检测，证实 *Hordelymus europaeus* 含有 **Ns** 染色体组。但根据检测资料，他们认为，对第 2 个染色体组从何而来？不能下任何结论。

（三）大麦披碱草属的分类

Hordelymus (Jensen) **C. Harz Harz，Carl**（Karl）**Otto，1885. Landwirthschaftliche Samenkunde 2：1147.**

异名：*Hordeum* subgenus *Hordelymus* Jensen，1863，Deutsehl. Gräser：202.

Cuviera Hoeler，1802，Descr. Gram. Gall. Et Germ.：328，non DC.，1807，n. Conserv.

属的形态学特征多年生，疏丛生或单生，喜阴性草本。常具短而匍匐的根状茎。穗状花序直立，小穗排列紧密，穗轴坚实，小穗 3 枚着生于每一穗轴节上，具短柄，中央小穗小花常退化，仅具颖，但有时也发育成为完整的两性花（Melderis，1980，Fl. Europ.），侧生小穗两性，小穗具一能育花与第 2 不育小花；外稃披针形，具芒；内稃稍短于外稃，两脊具纤毛。

模式种：*Hordelymus europaeus*（L.）Harz。

细胞学特征：$2n=4x=28$（Á. Löve，1984；Bothmer et al.，1994）；染色体组组成：X_o、X_r（Bothmer et al.，1994；Svitashev et al.，1998）。

属名的来源：由拉丁文 *Hordeum*（大麦属）与 *Elymus*（披碱草属）两词拼接而成。

分布区：本属仅 1 种，由欧洲北部（斯堪的纳维亚中部）分布至南欧、西欧与东欧，直到伊朗。生长在林下及蔽荫处。

Hordelymus europaeus（L.）**Harz，1885，Samenk. 2：1148. 大麦披碱草**（图 6-5）

模式标本：欧洲中部："in Germania"。合模式标本存放在伦敦林奈学会林奈标本室——LINN！。

异名：*Elymus europaeus* L.，1767，Mant. 1：35；

   Cuviera europaeus（L.）Koeler，1802，Descr. Gram.：328；

   Hordeum cylindricum J. A. Murray，1770，Prodr. Stirp. Goetting.：43；

   Hordeum sylvaticum Hudson，1778，Fl. Angl. ed. 2：57；

   Hordeum europaeum（L.）All.，1785，Fl. Pedem. 2：260；

   Hordeum montanum Schrenk，Baier.，1789，1：386。

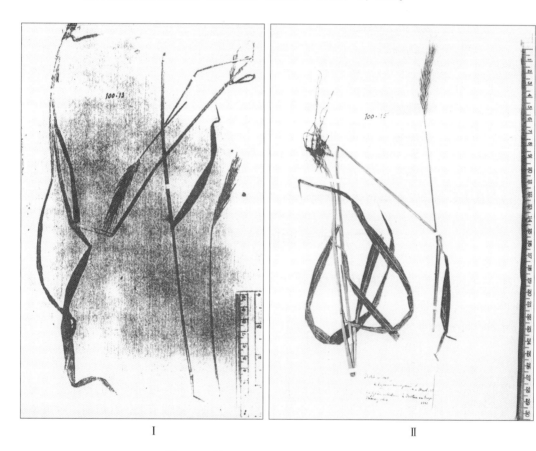

Ⅰ   Ⅱ

图 6-5 *Hordelymus europaeus*（L.）Harz
（Carl Linné 的两份合模式标本，现藏于英国伦敦林奈学会林奈标本室——LINN！）
Ⅰ. 100-13 号标本 Ⅱ. 100-15 号标本

  形态学特征：多年生，丛生，具短而匍匐的根状茎。秆直立，高 40～120cm，穗状花序下微粗糙，节与节下被微毛。叶鞘被疏柔毛，有时上部叶片的叶鞘无毛；叶舌膜质，长0.3～1mm；叶耳新月形；叶片线形，平展，亮绿色，宽 4～14mm，上、下表面多少粗糙，有时疏被柔毛。穗状花序直立，圆柱形，先端渐狭，长（4～）5～12cm，宽 5～9mm，小穗着生紧密，小穗 3 枚着生于每一穗轴节上，具长 0.5mm 的短柄，中央小穗常退化，仅存颖与退化的小花，侧生小穗两性；穗轴坚实，不断折；小穗具 2 花，第 1 花能

图 6 - 6　*Hordelymus europaeus*（L.）Harz

（根据编著者采自丹麦的标本绘制，标本采自丹麦皇家兽医与

农业大学林业实习站附近针阔混交林下）

A. 全植株　B. 三联小穗侧面观，并示穗轴节与上下两段节间　C. 三联小穗背面观，切去长芒

D. 中央小穗颖及小穗轴第 1 节间　E. 中央小穗小花背面观，长芒上段切去　F. 中央小穗小花腹

面观，长芒中上段切去，并示小穗轴第 2 节间及其上端的不育小花　G. 侧生小穗颖　H. 侧生小

穗小花腹面观，并示小穗轴第 2 节间及其上端的不育小花，长芒切去 5/6 左右　I. 内稃腹面观，

半透明的外侧稃体显示内含三枚雄蕊　J. 鳞被　K. 雌蕊

育，第 2 花仅具颖；小穗轴被小刺毛而粗糙；颖线状钻形或线形，革质，逐渐变窄形成一

细芒，两颖基部相连接，连同芒在内长 14～20mm，背部圆形，平滑至略粗糙，具 1（～

3）脉，如为 3 脉，主脉稍突起成脊；外稃披针形，长 8～11mm（除芒外），薄革质，微粗糙，5 脉，背部圆形无脊，逐渐变窄而形成芒，芒长 15～27mm，粗糙；基盘尖，长约 0.5mm，两侧被短刺毛；内稃稍短于外稃，先端钝或具 2 齿，两脊上部微粗糙，下部平滑或近于平滑；鳞被完整，沿边缘被单生纤毛；花药长 3～4mm；颖果长 5～7mm，与外稃稍粘贴。

细胞学特征：2n＝4x＝28（Á. Löve，1984；Bothmer et al.，1994）；染色体组组成：**H**dep、**Ns**〔**H**、**T**（Á. Löve，1984）；**Xo**、**Xr**（"Bothmer et al.，1994"见 R. R‐C. Wang 等，1994）〕。

分布区：由欧洲北部向南至中部，于地中海、小亚细亚，以及北非山地；生长在落叶林或混交林中，或蔽荫处的含石膏或石灰石的土壤中。

主 要 参 考 文 献

Baden C，Linde‐Laursen & D R Dewey. 1990. Anew Chinese species of *Psathyrostachys*（Poaceae）with notes on tis karyotype. Nordic J. Bot.，9：449 - 460.

Bothmer R von & N Jacobsen. 1989. Intergeneric hybridization between *Hordeum* and *Hordelymus*（Poaceae）. Nord. J. Bot.，9：113 - 117.

Bothmer R von，B R Lu & I Linde‐Laursen. 1994，Intergeneric hybridization and Cbanding patterns in *Hordelymus*（Triticeae：Poaceae）. Pl. Syst. Evol.，189：259 - 266.

Endo T R & B S Gill. 1984. The heterochromatin distribution AND genome evolution in diploid species of *Elymus* and *Agropyron*. Canad. J. Genet. Cytol.，26：669 - 678.

Hsiao C，R R‐C Wang & D R Dewey. 1986. Karyotype analysis and genome relationships of 22 diploid species In the tribe Triticeae. Canad. J. Genet. Cytol.，28：109 - 120.

Linde‐Laursen I & R von Bothmer. 1984. Identification of the somatic chromosomes of Psathyrostachys fragilis. Canad. J. Genet. Cytol.，26：430 - 435.

Linde‐Laursen I . & R. von Bothmer. 1986. Comparison of the karyotype of *Psathyrostachys juncea* and *P. huashanica*（Poaceae）studied by banding techniques. Pl. Syst. Evol.，151：203 - 213.

Löve Á. 1982. Generic evolution of wheatgrasses. Biol. Zbl.，101：199 - 212.

Löve Á. 1984. Conspectus of the Triticeae. Feddes Repert.，95（7-8）：441.

Morrison J W & T Rajhathy. 1959. Cytogenetic studies in the genus *Hordeum*. Ⅲ. Pairing in some interspecific and intergeneric hybrids. Canad. j. Genet. Cytol.，1：65 - 77.

Pelger S. 1993. Prolamin variation and evolution in Triticeae as recognized by monoclonal antibodies. Genome

Svitashev S，T Bryngelsson，X M Li & R R ‐C Wang. 1998. Genome‐specific repetitive DNA and RAPD markers for genome identification in *Elymus* and *Hordelymus*. Genome，41：120 - 128.

Wang R R‐C，R von Bothmer，J Dvorak，et al. G. Fedak，I. Linde‐Laursen，& M. muramatsu，1994. Genome symbols in the Triticeae（Poaceae）. Proc. 2nd Intern. Triticeae Symp.：30. Logan，Utah，U. S. A.

Wulff H D. 1039. Chromosomenstudien an der schleswig - holsteinischen Angiospermen Flora. Ⅳ. Ber. Deutsch. Bot. Ges.，75：424 - 431.

七、拟狐茅属 (Genus *Festucopsis*) 的生物系统学

(一) 拟狐茅属的古典形态分类学简史

1928 年，阿尔及尔大学理学院植物实验室法籍植物学教授 René Charles Joseph Ernest Maire 在《马若克自然历史科学学会公报 (Bull. Soc. Sci. Hist. Nat. Maroc)》，第 8 卷，142 页，发表一个名为 *Agropyron festucoides* Maire 冰草属的新种。一种生长在摩洛哥阿特拉斯山区石灰质岩坡上的特有禾草。他的模式标本分别存于阿尔及尔大学植物实验室与摩洛哥拉巴特 (Rabat) 科学研究所植物分类与生态实验室标本室。

1935 年，法国里昂大学的 Marie Louis Emberger 也在《马若克自然历史科学学会公报 (Bull. Soc. Sci. Hist. Nat. Maroc)》第 15 卷，191 页，发表 3 个名为假似狐茅冰草的分类群，它们是 *Agropyron pseudofestucoides* Emberger，*Agropyron pseudofestucoides* var. *muticum* Emberger，*Agropyron pseudofestucoides* var. *acutiflorum* Emberger。这 3 个分类群与 *Agropyron festucoides* Maire 仅有一点个体形态间的轻微差异，达不到种一级的区分。

同年，英国植物学家 Charles Edward Hubbard 将来自阿尔巴尼亚的一个生长在蛇纹石岩坡上禾草鉴定为短柄草属的一个新种，定名为蛇纹石短柄草——*Brachypodium serpentini* C. E. Hubbard，发表在 William Jackson Hooker 主编的《植物图志 (Icones Plantarum.)》上 (图 3280)。这个分类群就是现在拟狐茅属的模式种。

1939 年，Maire 又发表两个无毛的变型：一个是穗轴无毛的 *Agropyron pseudofestucoides* var. *acutiflorum* f. *leiorrhachis* Marie；另一个是 *Agropyron pseudofestucoides* var. *muticum* f. *glabrum* Marie。它们都发表在《马若克自然历史科学学会公报 (Bull. Soc. Sci. Hist. Nat. Maroc)》第 30 卷上，前一个见于 369 页，后一个见于 370 页。

1948 年，保加利亚植物学会会员 Борисъ Ахтаровъ 与 Китанов，在马其顿《斯科普里大学哲学院年报 (Gogisen Zborn. Filos. Fak. Univ. Skoplje, Prir. - Matt. Odel.)》，自然科学分册，第 1 卷，190 页，发表一个名为阿尔巴尼亚短柄草 *Brachypodium albanicum* Achterov et Kitanov 的新种。这个阿尔巴尼亚短柄草就是 Hubbard 13 年前发表的 *Brachypodium serpentini* C. E. Hubbard。

1954 年，Brichambaut 与 Sauvage 对摩洛哥产的上述分类群进行研究整理，他们把 *Agropyron pseudofestucoides* Emberger 降级为 *Agropyron festucoides* Maire 的变种，即 *Agropyron pseudofestucoides* var. *muticum* Emberger，以及 *Agropyron pseudofestucoides* var. *acutiflorum* Emberger 相应降级为变型，即 *Agropyron festucoides* var. *pseudofestucoides* f. *muticum* (Emb.) Brichambaut et Sauvage、*Agropyron festucoides* var. *pseudofestucoides* f. *acutiflorum*（Emb.）Brichambaut et Sauvage 与 *Agropyron festucoides* var. *leiorrhachii* f. *glabrum* Maire senst Brichambaut et Sauvage。另外发表一个新变型 *Agropyron festucoides* f. *atherantha* Brichambaut et Sauvage。他们这样处理是很恰当的。这些新组合与新变型发表在《马若克自然历史科学学会公报（Bull. Soc. Sci. Hist. Nat. Maroc）》34 卷，250 与 254 页上。

1955 年，Maire 与 Weiller 继 Brichambaut 与 Sauvage 的修正之后，将降级组合 *Agropyron festucoides* var. *pseudofestucoides*（Emb.）Maire et Weiller 发表在 Maire 的《北非植物资料（Contributions à l'étude de la flore de Afrique du Nord）》第 3 篇，321 页上。

在这篇资料中，他们把 *Agropyron pseudofestucoides* var. *acutiflorum* f. *leiorrhachis* Marie 组合并升级为 *Agropyron festucoides* var. *leiorrhachii*（Maire）Maire et Weiller，把 *Agropyron pseudofestucoides* var. *muticum* f. *glabrum* Marie 组合并升级为 *Agropyron festucoides* var. *leiorrhachii* subvar. *glabrum*（Maire）Maire et Weiller；新定一个亚变种 *Agropyron fustucoides* var. *leuorrhachii* subvar. *aristulatum* Maire et Weiller。

1966 年，苏联植物学者 Чернявсккий 与 Соска，以及 C. Chase 在《新维管束植物系统学（Новости Систематика Высших Растений）》第 3 卷 Чернявсккий 的一篇文章中发表两个新种，它们是：*Agropyron kosaninii* Cernjavski et Soska（302 页）与 *Agropyron festucifolium* Cernjavski et C. Chase（306 页）。这两个新种实际上是一个分类群，这个分类群就是 1935 年 Hubbard 定名为 *Brachypodium serpentini* C. E. Hubbard 的同一个物种。

1978 年，英国植物学家 A. Melderis 认为这个名为 *Brachypodium serpentini* C. E. Hubbard 的物种，不属于短柄草属，更不是冰草属。Hubbard 订立的 *Brachopodium* sect. *Festucopsis* C. E. Hubbard 应当是一个新属，他就以 *Festucopsis serpentini*（Hubbard）Melderis 为模式种把它升级为属，发表在《林奈学会会刊植物学（Bot. J. Linn. Soc.）》第 76 卷上。

1984 年，Á. Löve 在他的 "Conspectus of the Triticeae" 一文中，把 *Agropyron festucoides* Maire 也组合到拟狐茅属中，成为 *Festucopsis fetucoides*（Maire）Á. Löve，发表在《Feddes Repertorium》第 95 卷，442 页。

（二）拟狐茅属的实验生物学研究

1984 年，一直在从事植物染色体数记录的 Á. Löve 在他的 "Conspectus of the Triticeae" 一文中报道拟狐茅属的两个种：*Festucopsis serrpentini* 与 *F. festicoides*，都是二倍体，2n＝14。

1991 年，丹麦哥本哈根大学植物实验室的 Ole Seberg 与 Signe Frederiksen，丹麦皇家兽医与农业大学植物系的 Claus Baden 以及丹麦瑞学国家实验室农业研究系的 Ib Linde-Laursen 在德国柏林植物园出版的《Willdenowia》21 卷，发表一篇题为 "Peridictyon, a new genus from the Balkan peninsula, and its relationship with *Festucopsis*" 的研究报告。在这篇报告中，除把 *Festucopsis sancta* 独立成一新属外，也报道了分布于阿尔巴尼亚与希腊的 *Festucopsis serpentini* 是二倍体，2n ＝ 14。对于分布于西北非摩洛哥的 *Festucop-*

sis festucoides，他们没有进行到活材料，没有进行细胞学观察。*Festucopsis serpentini* 的减数分裂中期 I 含 7 对二价体，如图 7 - 1 所示。

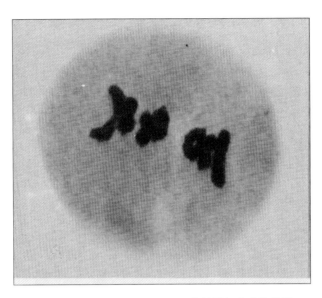

图 7 - 1 *Festucopsis serpentini* 花粉母细胞减数分裂
中期 I（5 对环型二价体与 2 对棒型二价体）
（引自 Seberg et al.，1991，图 2A）

迄今为止，未见拟狐茅属有性杂交成功的报道。

1986 年，Á. Löve 在《Veröff. Geobot. Inst. ETH，Stiftung Rubel，Zurich》87 卷，50 页，发表他的新属——*Psammopyrum* 时，认为它的 3 个种是三倍性；*Psammopyrum fontqueri* 是四倍体，染色体组组成是 **GJ**；*Psammopyrum athericum* 是六倍体，染色体组组成是 **GGJ**；*Psammopyrum pungens* 是八倍体，染色体组组成是 **GGJJ**。按 1994 年第 2 届国际小麦族会议上染色体组命名委员会的建议，**G** 应改为 **L**，**J** 应改为 **E**，也就是说拟狐茅属的 **L** 染色体组是沙滩麦属的染色体组的一个供体。2001 年，瑞典农业科学大学的 Ellneskog-Staam P.、B. Salomon、R. von Bothmer 与冰岛大学生物系的 K. Anamthawat-Jónsson 发表在《染色体研究（Chromosome Research）》第 9 卷的报告中，报道了用 *Festucopsis serpentini* 标记的 DNA 能与 *Psammopyrum athericum* 的一个染色体组进行原位杂交，并且 *Psammopyrum athericum* 的 **E** 染色体组的一对染色体的着丝点区也能与 **L** 染色体组的标记 DNA 杂交。验证了 Á. Löve 的估计，*Psammopyrum athericum* 的染色体组来自 *Festucopsis* 与 *Lophopyrum* 两个属，但是另一个染色体组并不是 **L** 染色体组。他们 2003 年在《Genome》46 卷上发表的另一篇原位杂交报告证明了另一个染色体组是来自 *Agropuron* 属的 **P** 染色体组。

由于法国 Y. Cauderon 在 1966 年发表的报告中，按自己染色体组符号把 *Psammopyrum athericum* 的染色体组定为 **NNY**，Douglas R. Dewey1984 年把 Cauderon 的个人符号改写为通用的符号，成为 **SSX**。**S** 染色体组来自 *Pseudoroegneria*，按染色体组命名委员会的建

议应当改写为 **St** 染色体组。因此，他们把含有 **St** 染色体组的二倍体种 *Psedoroegneria ferganensis*（Nevski）Á. Löve 的全 DNA 作为 **St** 染色体组的探针加入测试。测试结果表明 *Psammopyrum athericum* 含有一组 **St** 染色体组。而这一组染色体正好是与 **L** 染色体组能杂交的一组染色体，**E** 染色体组的 1 对染色体的着丝点区与能 **L** 染色体组杂交的部位与 **St** 染色体组同样能杂交（图 7 - 2）。并且用 **L** 染色体组封阻，**St** 染色体组杂交就很弱；用 **St** 染色体组封阻，**L** 染色体组就完全不能杂交。说明 *Psammopyrum athericum* 的这一组染色体组与 **St** 染色体组以及 **L** 染色体组都有同源性，但它更近于 **St**

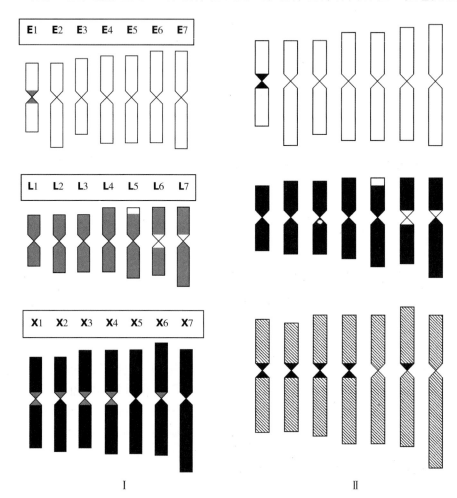

图 7 - 2 *Psannopyrum athericum* 单倍染色体组核型图

Ⅰ. 引自 Ellneskog - Staam, et al., 2001, 图 2。**E** 染色体组及其片段用白色表示，**L** 染色体组及其片段用灰色表示，**X** 染色体组用黑色表示。一对 **E** 染色体组的染色体近着丝点臂内有来自 **L** 染色体组的嵌段。**L** 染色体组有两对染色体近着丝点臂内有来自 **E** 染色体组的嵌段；一对染色体短臂端有来自 **E** 染色体组片段。**X** 染色体组有 5 对染色体近着丝点有来自 **L** 染色体组的嵌段。

Ⅱ. 引自 Ellneskog-Staam, et al., 2003, 图 2。**E** 染色体组及其片段用白色表示，**St** 染色体组及其片段用黑色表示，**P** 染色体组用斜线表示。从两图比较来看，2001 年未探明的 **X** 染色体组应当是 **P** 染色体组。**L** 染色体组及其片段与 **St** 染色体组及其片段所杂交的部位完全相同染色体组。这也就说明 **St** 染色体组与 **L** 染色体组之间是具有一定同源性的不同染色体组。

（三）拟狐茅属的分类

Festucopsis (C. E. Hubbard) **Melseris Bot. J. Linn. Soc. 76：317. 1978. 拟狐茅属**

属的异名：*Brachopodium* sect. *Festucopsis* C. E. Hubbard，1935，in Hook. Icon. Pl. t. 3280：1。

属的形态学特征：多年生，密丛生，具鞘内分蘖。叶纤细，对叠或内卷而成纤毛状，具短而骤尖的叶舌。穗状花序小穗排列多少密集，穗轴坚实不断折，小穗无柄，圆柱形，成熟后扁压，色淡，具 3～12 花；小穗轴脱节于颖之上与诸小花之间；两颖不等长，(2～)3～5（～6）脉；外稃背部圆形，5 脉，无芒、具芒尖或短芒；基盘不明显；内稃具两脊，脊上被毛；花药长 5～6mm。

模式种：***Festucopsis serpentini*** （**C. E. Hubbard**） **Melderis**。

属名：来自希腊文 Festuca（狐茅），加上 opsis（相似）而来。

细胞学特征：2n ＝ 14；染色体组组成：**LL**（R. R. - C. Wang, et al.，1994）。

分布区：本属已知仅有两个种，一个种分布于东南欧：阿尔巴尼亚与希腊；另一个分布于西北非：摩洛哥、阿特拉斯山。多生长在含石灰质的干旱山坡。

1. *Festucopsis serpentini* （C. E. Hubbard） **Melderis，1978，Bot. J. Linn. Soc. 76：317. 蛇纹石拟狐茅** （图 7 - 3）

模式标本：阿尔巴尼亚："Albania, distrct of Moskopole, W of Korce, above Moskopole, rocks on serpentine slopes, c. 4000 ft., 1. 7. 1933, Alston & Sandwith 2016"。主模式标本：**K!**；同模式标本：**BM!**。

异名：*Brachypodium serpentini* C. E. Hubbard，1935，in Hook. Icon. Pl. t. 3280：1；

  Brachypodium albanicum Achterov et Kitanov，1948，Ann. Fac. Phil. Univ. Skopje，Sect. Sci. Nat. 1：190.（或 in Gogisen Zborn. Filos. Fak. Univ. Skoplje，Prir. - Matt. Odel. 1：190）；

  Agropyron kosaninii Cernjavski et Soska，1966，in Cernjavski，Nov. Sist. Vyssch. Rast. 3：302，non Nabelek，1929；

  Agropyron festucifolium Cernjavski et C. Chase，1966，in Cernjavski，Nov. Sist. Vyssch. Rast. 3：306。

形态学特征：多年生，丛生，基部叶鞘连合，多少崩解成平行的纤维。秆直立，高（29～）33～43cm，2 节，无毛。叶鞘无毛；叶舌极短；叶耳缺；基生叶强烈内卷或对叠而呈纤毛状至刚毛状，长（5.5～）7.1～11.9（～13），宽仅 0.4～0.6（～0.8）mm，上表面和边缘微粗糙，下表面无毛。穗状花序长 5.3～7.1（～7.9）cm，具 8～13 小穗，小穗排列较疏松；穗轴节间长 7.2～11.3（～13）mm；小穗黄绿色，长 12～24（～26）mm，具 2～8 花；颖窄椭圆形，无毛，先端急尖，两颖不等长，第 1 颖长（6.4～）6.7～8.1（～8.5）mm，宽 1.3～1.5mm，3～4 脉，第 2 颖长（7.8～）8.1～8.9（～9.5）

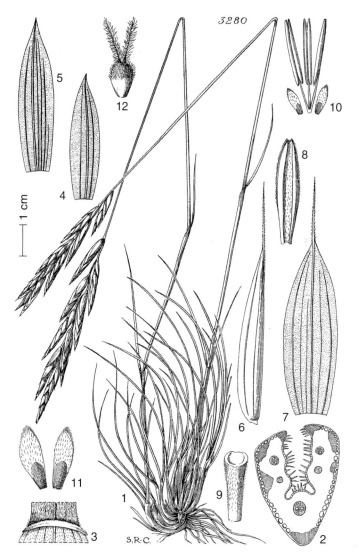

图 7 - 3 *Festucopsis serpentini* (C. E. Hubbard) Melderis
1. 全植株，×1　2. 叶片横切面，×96　3. 叶舌，×18　4. 第 1 颖，×6
5. 第 2 颖，×6　6. 小花侧面观，×6　7. 外稃，×6　8. 内稃，×6　9. 小穗轴节间，×12
10. 鳞被与雄蕊，×6　11. 鳞被，×8　12. 雌蕊，×18
(引自 Hubbard, C. E., 1935. *Brachypodium serpentini* C. E. Hubbard.
Hooker's Icones Plantarum, vol. XXXⅢ：Tabula 3280)

mm，宽 1.4～1.6mm，4～5 脉；外稃长 （9.2～） 9.4～13 （～14） mm（芒在内），宽 2～
2.2mm，芒长 0.1～1.3 （～2） mm，背部无毛；内稃远短于外稃，长 （4.8～） 5.1～8.3
（～9.2） mm，先端两裂，两脊上部具纤毛；花药黄色，长 （1.6～） 3～4 （～4.2） mm；
鳞被长 1.1～1.6mm，被毛；颖果长 4～5mm，顶端被毛。

细胞学特征：2n＝14 （A. Löve，1984；Seberg et al.，1991）；染色体组组成：1984

年 Á. Löve 命名为 **G**，由于与小麦属木原均所命名的 **G** 染色体组重复，1994 年小麦族染色体组命名委员会建议改为 **L** 染色体组。

分布区：仅限于阿尔巴尼亚；生长在蛇纹石的干旱山坡或沟谷；海拔 900~2 000m。

2. *Festucopsis festucoides*（Maire）Á. Löve，1984，Feddes Repert 95（7-8）：442.
类狐茅拟狐茅

模式标本：北非摩洛哥 "in ditiones Glaoua monte Ager-n-Mougar ad meridiem castelli Telouet 1924，Maire s. n.（n. v.）；monte Antemer，1926，Litardiere & Maire s. n.（n. v.）" 主模式标本藏于阿尔及尔大学植物实验室-**AL**；同模式标本藏于摩洛哥拉巴特（Rabat）科学研究所植物分类与生态实验室标本室-**RAB**。

异名：*Agropyron festucoides* Maire，1928. Bull. Soc. Sci. Nat. Maroc 8：142；

   Agropyron festucoides f. *atherantha* Brichambaut et Sauvage，1954，Bull. Soc. Sci. Nat. Morac 34：254；

   Agropyron pseudofestucoides Emberger，1935，Bull. Soc. Sci. Nat. Morac 15：191；

   Agropyron festucoides var. *pseudofestucoides*（Emb.）Maire et Weiller，1955，In Maire，Fl. Afr. Nord. 3：321；

   Agropyron pseudofestucoides var. *mutica* Emb.，1935，Bull. Soc. Sci. Nat Maroc 15：191；

   Agropyron festucoides var. *pseudofestucoides* f. *muticum*（Emb.）Brichambaut et Sauvage，1954，Bull. Soc. Sci. Nat. Maroc 34：250；

   Agropyron festucoides subvar. *muticum*（Emb.）Maire et Weiller，1955，in Maire，Fl. Afr. Nord 3：321；

   Agropyron pseudofestucoides var. *acutiflorum* Emb.，1935，Bull. Soc. Sci. Nat. Maroc 15：19；

   Agropyron festucoides var. *pseudofestucoides* f. *acutiflorum*（Emb.）Brichambaut et Sauvage，1954，Bull. Soc. Sci. Nat. Maroc 34：250；

   Agropyron festucoides var. *pseudofestucoides* subvar. *acutiflorum*（Emb.）Maire et Weiller，1955，in Maire Fl. Afr. Nord 3：321；

   Agropyron pseudofestucoides var. *acutiflorum* f. *leiorrhachis* Marie，1939，Bull. Soc. Sci. Nat. Maroc 30：369；

   Agropyron festucoides var. *leiorrhachii*（Maire）Maire et Weiller，1955，in Maire，Fl. Afr. Nord 3：321；

   Agropyron fustucoides var. *leuorrhachii* subvar. *aristulatum* Maire et Weiller，1955，in Maire，Fl. Afri. Nord 3：322；

   Agropyron pseudofestucoides var. *muticum* f. *glabrum* Marie，1939，Bull. Soc. Sci. Nat. Maroc 30：370；

   Agropyron festucoides var. *leiorrhachii* f. *glabrum* Maire sensu Brichambaut et Sauvage，1954，Bull. Soc. Sci. Nat. Maroc 34：250；

Agropyron festucoides var. *leiorrhachii* subvar. *glabrum*（Maire）Maire et Weiller，1955，in Maire，Fl. Afri. Nord 3：322。

形态学特征：多年生，密丛生，不具根状茎，基部叶鞘连合，撕裂呈纤维。秆直立，高 25～60cm，无毛，2～3 节。叶鞘无毛；叶舌短，长不到 0.5mm；叶片内卷，坚硬，直挺，长可达 35cm，宽约 1mm，上表面及边缘粗糙，下表面平滑。穗状花序长 6～15cm，可具 12 小穗，小穗排列疏松；穗轴节间长 6～11mm，常被柔毛；小穗长 10～22mm，具 3～12 花；颖窄椭圆形，先端急尖，两颖近等长，第 1 颖长约 6mm，1～3 脉，第 2 颖长 6.5～7mm，3～5 脉；外稃披针形，长 8～10mm，稍急尖，3～5 脉，基部粗糙至被微毛。内稃较外稃短，长约为外稃的 1/2～2/3，先端 2 裂；鳞被长约 1.2mm，被毛；花药长约 5.5mm；颖果长约 0.6mm，宽约 1.5mm，先端被毛。

细胞学特征：2n＝14（Á. Löve，1984、1986）。

分布区：北非：摩洛哥，仅见于阿特拉斯高地（Atlas High）；生长在岩石上或含石灰质的山坡；海拔 2 100～2 300 m，很稀少。

主 要 参 考 文 献

Aldén B. 1976，Floristic reports from the high mountains of Pindhos, Greece. Bot. Not. ，129：297 - 321.

Kožuharov S I. 1984. in Á. Löve（ed），IOPB Chromosomes number reports XLⅧ. Taxon，24：367 - 377.

Löve Á. 1984. Conspectus of the Triticeae. Feddes Repert，95（7 - 8）：442.

Löve Á. 1986. Some taxonomical adjustments in eurasiatic wheatgrasses. Veröff.

Geobot. Inst. ETH，Stiftung Rübel Zürich，87：43-52.

Maire R. 1955. Flora de l' Afrique Nord 3. – Ecycl. Biol. ，48.

Seberg O，Frederiksen，S Baden C，& Linde-Laursen，I. 1991. Peridictyon, a new genus from the Balkan peninsula，and its relationship with *Festucopsis*（Poaceae）. Willdenowia，21：87 - 104.

八、网鞘草属（Genus *Peridictyon*）的生物系统学

（一）网鞘草属的古典形态分类学简史

1871 年，刚结束奥地利军旅生活，在匈牙利首都布达佩斯作自然历史博物馆植物学部主任的植物学家 Victor von Janka，在维也纳出版的《奥地利植物学杂志（Öesterreichische Botanische Zeitschrift）》21 卷，第 7 期，250 页，发表一个名为 *Festuca sancta* Janka 的新种。这个新种在采集的标本上曾定名为 *Triticum sanctum* Janka，但这个 *Triticum sanctum* Janka 仅写在标本的标签上，没有拉丁文描述，是个无效的裸名。

第 2 年，他又把这个分类群重新组合到短柄草属中成为 *Brachypodium sanctum* Janka，发表在《奥地利植物学杂志（Österreichische Botanische Zeitschrift）》22 卷，第 5 期，181 页。这个种名在 1882 年为瑞典植物学家 Cael Fredrik Nyman 引用在他的《欧洲植物大纲（Conspectus Florae Europaeae.）》中；1884 年瑞士植物学家 Pierre Edmond Boissier 也引载在他的《东方植物志（Flora Orientalis）》第 5 卷，659 页上；1904 年，祖籍匈牙利的奥地利植物学家 Eugen von Halácsy 在他的《希腊植物大纲（Conspectus Florae Graecae）》中也有引载。

奥地利禾草学家 Eduard Hackel 把 Janka 的这个分类群组合到广义的冰草属中，成为 *Agropyron sanctum*（Janka）Hackel，但他自己没有发表。经 Eduard Formáne 把它发表在 1897 年《布瑞恩自然科学联合会进展（Verh. Naturf. Vereins Brünn）》35 卷，157 页，成为 *Agropyron sanctum*（Janka）Hackel ex Formánek。

1978 年，英国植物学家 A. Mekderis 又把它组合到拟狐茅属中成为 *Festucopsis sancta*（Janka）Melderis，发表在《林奈学会会刊植物学（J. Linn. Soc. Bot.）》76 卷，317 页上。

1991 年，丹麦哥本哈根大学植物实验室的 Ole Seberg 与 Signe Frederiksen、丹麦皇家兽医与农业大学植物学系的 Claus Baden、丹麦瑞学（Risø）国家实验室农业研究系的 Ib Linde-Laursen，在柏林植物园与博物馆出版的《Willdenowia》21 卷，87～104 页，发表一篇题为 "*Perdictyon*, a new genus from the Balkan peninsula, and its relationship with *Festucopsis*（Poaceae）" 的论文。在这篇论文中，他们把 *Festucopsis sancta*（Janka）Melderis 从拟狐茅属中分出并升级为属，以它的枯老苞叶崩解成网状纤维包裹根茎而命名为网鞘（*Peridictyon*）草属。把 *Festuca sancta* Janka 组合为 *Peridictyon sanctum*（Janka）O. Seberg, S. Frederiksen, C. Baden et I. Linde-Laursen，也就成为这个单种属的模式种。

（二）网鞘草属的实验生物学研究

1975 年，保加利亚科学院植物研究所的 S. I. Kožuharov 与 A. V. Petrova（1975、1981）、美国的 Stace（in Robertson，1981）、丹麦哥本哈根大学系统植物研究所的 A. Strid 与瑞典隆德大学植物分类系的 R. Franzén（1983）、丹麦哥本哈根大学植物学实验室的 O. Seberg 与 S. Frederiksen、皇家兽医及农业大学植物系的 C. Baden 以及丹麦瑞学（Risø）国家实验室农业研究系的 I. Linde - Laursen（1991），都对圣克塔网鞘草的染色体数进行了观察研究，一致肯定它的染色体数 2n＝14。Seberg 等的观察，其花粉育性很高（89％），减数分裂正常，减数分裂中期 I 形成 6～7 对环型二价体（平均 6.4 对），棒型二价体 0～1 对（平均 0.6 对），每花粉母细胞具 13～14 个端化交叉（图 8 - 1）。

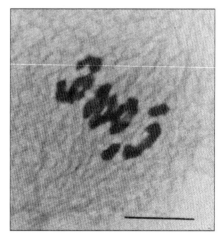

图 8 - 1　*Peridictyon sanctum*（Janka）O. Seberg，S. Frederiksen et C. Baden

减数分裂中期 I，示 6 对环型二价体与 1 对棒型二价体，其中 4 对环型二价体已开始向两极分离（标尺＝10 μm）

（引自 Seberg 等，1991，图 2B）

有丝分裂染色体很大，任一观测中期细胞测得的染色体个体长度变幅在 11.5～20.5μm 以及 6.4～14.2 μm 之间，平均为 16.2μm 与 10.1μm。他们介绍，观测的植株的核型都具有相似的 5 对中央着丝点与两对亚中央着丝点染色体（编著者：从他们的核型图来看，应当是 4 对中央着丝点与 3 对亚中央着丝点染色体）。他们介绍，在 H5575 号观察材料中看到一对非常小的随体位于一对亚中央着丝点染色体的短臂顶端。但在 H6410 号材料中却看到有 3 条染色体上有很小的随体。从硝酸银染色的中期与间期核中观察到最多 4 个核仁形成区（NORs）以及 4 个核仁。说明它应当具有两对随体很小、位于短臂上的随体染色体。由于随体很小，很难测定它的长度，因而在许多中期细胞中也就观察不到随体，特别是在没有染上色的情况下。

Peridictyon sanctum 吉姆萨-C 带的特点是在染色体长臂顶端都有或大或小的端带，只在一条染色体的长臂上没有观察到。另外，在随体染色体的长臂上观察到有小的中心粒带。其他的带非常微小，并且常常看不见。它们位于臂端以及中心粒的一侧或两侧，或在一些染色体上呈一条或两条居间带。显带区仅占染色体全长的 2.6％。间期细胞显现一些小的到大的染色中心，其最大数量与观察到的带数一致（图 8 - 2）。

Peridictyon sanctum 的大型染色体与 *Psathyrostachys*、*Secale*、*Agropyron* s. str. 的大型染色体都是小麦族中很独特的。*Peridictyon sanctum* 的核型与许多 *Psathyrostachys* 以及 *Agropyron* 的物种一样具有 4 条亚中央着丝点小（微）随体染色体，它具有非常特殊的生长习性与独特的形态特征、非常狭窄的分布区，至今没有与其他属种可以杂交的报道。在

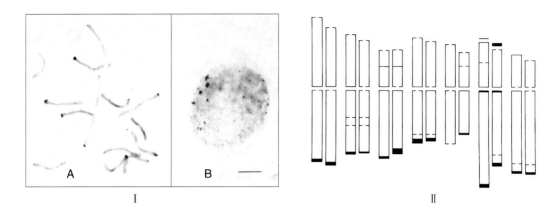

图 8 - 2　*Peridictyon sanctum*（Janka）O. Seberg，S. Frederiksen et C. Baden 体细胞吉姆萨显带

Ⅰ：A. 有丝分裂中期Ⅰ吉姆萨-C 带；B. 间期细胞吉姆萨显带，示染色中心（横标线＝10 μm）

Ⅱ. 吉姆萨-C 带模式图，示 C 带区（黑色）位置与大小，横线示小带，破裂横线示不经常呈现的非常微弱的小带

（Ⅰ. 引自 Seberg 等，1991，图 6；Ⅱ. 引自 Seberg 等，1991，图 5）

第二届国际小麦族学术会议上，染色体组命名委员会提出的"小麦族（禾本科）染色体组代号"的报告，将其染色体组定名为 **Xp**（Wang et al.，1994）。

（三）网鞘草属的分类

***Peridictyon* O. Seberg，S. Fredriksen et C. Baden，1991. Willdenowia 21：87 - 104. 网鞘草属**

　　属的主要特征：叶鞘边缘连合，在叶片组织衰老后，与叶鞘连接处形成离层而脱落；上升地表的粗壮根茎呈坚硬木质；老苞叶鞘枯死后崩解成网状纤维结构包裹根茎。其余特征见种的描述。

　　属的模式种：*Peridictyon sanctum*（Janka）O. Seberg，S. Frederiksen & C. Baden。

　　属名：来自希腊文 Peri -，围绕或环绕；dictyon，网状，反映其基部根茎苞叶鞘衰老枯死后呈网状纤维结构。

　　细胞学特征：2n＝2x＝14（Kožuharov 与 Petrova，1975.1981；Stace in Robertson，1981；Strid 与 Franzén，1983；Seberg et al.，1991）；染色体组组成：**Xp**〔Seberg et al.，1991；见 C. C. -R. Wang 等，1994，Genome Symbols in the Triticeae（Poaceae）. Proc. 2nd Intern. Triticeae Symp.：30〕。

　　分布区：本属仅一种，仅见于希腊；生长在石灰岩与含石灰质的岩坡上。

***Peridictyon sanctum*（Janka）O. Seberg，S. Frederiksen et C. Baden，1991，Willderowia 21：96 - 97. 散克图网鞘草**（图 8 - 3）

　　模式标本：欧洲希腊：regionis alpinae m. Athos declivitae meridionali，25. 7. 1871，

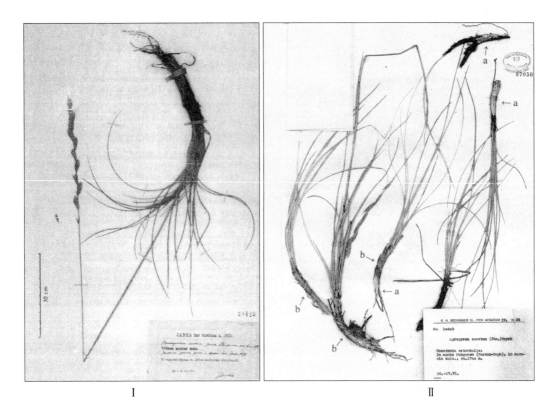

图 8-3 *Peridictyon sanctum*（Janka）O. Seberg，S. Frederiksen et C. Baden

Ⅰ. V. Jamka 的合模式标本之一，BR 28429 号，Uwe Schippmann 与 Silvia Guth 1989 年指定为后选模式标本，现藏于 **BR**　Ⅱ. 根茎切开的标本：a. 所指为升高根茎切开示坚硬的木质构造；b. 所指为包裹根茎的纤维状已崩解的枯死苞叶（这份标本现藏于 **DAO**）

Janka s. n.（Janka Iter Turcicum a 1871，sub *Triticum sanctum* Janka"）（后选模式：BR 28429!，Schippman 与 Guth1989 年选自 Von Richter Janka 的合模式标本；同后选模式：B，BR 28424-28428，**BRNM，C! COL，K! LE! W! WU**。isolectotypes）。

异名：*Festuca sancta* Janka，1871，Österr. Bot. Zeitschr. 21：250；

　　　　Brachypodium sanctum（Janka）Janka，1872，Österr. Bot. Zeitschr. 22：181；

　　　　Agropyron sanctum（Janka）Hackel ex Formánek，1897，Verh. Naturf. Vereins Brünn 35：157；

　　　　Festucopsis sancta（Janka）Melderis，1978，J. Linn. Soc. Bot. 76：317。

形态学特征：多年生，丛生，具有十分特殊，分蘖丛下。地面以上，粗壮实心坚硬木质化的升高根茎（图 8-3：Ⅱ），直径达 0.7～1cm，长 5.5～8.5cm，节上合生的苞叶鞘，枯死后崩解呈褐色的网状纤维结构包裹根茎，而使形成一段高垫，其上形成一丛（1～）3～4 个分蘖。秆直立，高（37～）47～80（～110）cm，直径 1.5～2mm，无毛，2～3 节。叶鞘无毛；叶舌极短；叶耳长（0.1～）0.3～0.7（～0.8）mm；基生叶内卷，长

（8～）13.5～26.5（～33）cm，宽（1.1～）1.6～2.6（～3.1）mm，上表面与边缘微粗糙，下表面平滑无毛，在叶片与叶鞘连接处具离层。穗状花序长（5～）8～14（～17）cm，，具（6～）7～13（～15）枚小穗，小穗排列疏松；穗轴节间长（7.5～）9～14.5（～17）mm；小穗长（11～）12～19（～21）mm，绿色，具5～10小花；内、外稃连同颖果脱落，小穗轴不断折。颖披针形，平滑无毛，两颖不等长，第1颖长5～8.4（～11）mm，宽（0.8～）9～1.7（～2.9）mm，2～4脉，第2颖长（6～）7.2～9.4（～11.3）mm，宽1.1～2.1（～2.9）mm，3～6脉，两颖先端具长0.5～1（～1.3）mm的芒尖；外稃长（11～）13～16.7（～18.5）mm（含芒在内），宽1.5～2.6（～2.9）mm，芒长（3～）3.8～7（～9）mm；内稃与外稃等长或长于外稃，长（7～）7.6～9.6（～11）mm，两脊上部被纤毛；花药黄色，长4.2～6（～6.3）mm；鳞被长（0.8～）1.1～1.7（～2）mm，被毛；颖果先端被毛，黏稃（图8-4）。

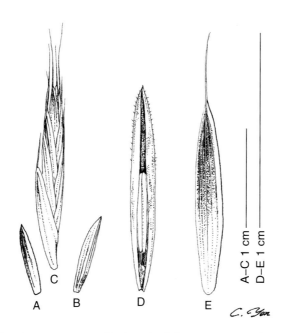

图8-4　*Peridictyon sanctum*（Janka）O. Seberg，S. Frederiksen et C. Baden
A. 第1颖　B. 第2颖　C. 去颖的小穗
D. 内稃腹面观及其包裹着的雄蕊、雌蕊、及鳞被　E. 外稃背面观

细胞学特征：2n＝14（Kožuharov 与 Petrova，1975、1981；Stace in Robertson，1981；Strid 与 Franzén，1983）；染色体组组成：**Xp Xp**（根据 Seberg et al. 1991 年观察数据，国际染色体组命名委员会 1994 年命名）。

分布区：欧洲希腊：Sterea Ella-South Pindhos 山到希腊东北部，以及保加利亚南部（图8-5）；生长在石灰石上或岩石山坡；海拔 800～1 500 m。

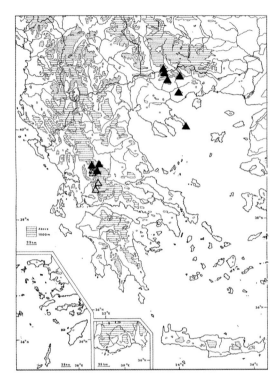

图 8 - 5　*Peridictyon sanctum*（Janka）O. Seberg，S. Frederiksen et C. Baden 的地理分布
［引自 Seberg 等，1991，图 4。白三角资料来自 Aldén（1976）与 Gustavsson（1978）；本图删去 *Festucopsis serpentine* 的分布点］

主 要 参 考 文 献

Kožuharov S I and A V Petrova. 1975. Reports，p. 369. - In Löve，Á.（ed.），IOPB Chromosome number reports XLⅧ，Taxon，24：367 - 377.

Kožuharov S I and A V Petrova. 1981，The karyotypes of a relic grass species and some notes on relations. Bol. Soc. Brot.，Ser.，2，53：1177 - 1181.

Robertson I H. 1981. Chromosome numbers in *Brachypodium* Beauv.（Gramineae）. Genitica（The Hague），56：55 - 60.

Seberg O，S Fridriksen，C Baden and Ib Linde Laursen. 1991. *Peridictyon*，a new genus from the Balkan peninsula，and its relationship with *Festucopsis*（Poaceae）. Willdenowia，21：87 - 104.

九、沙滩麦属（Genus *Psammopyrum*）的生物系统学

（一）沙滩麦属的古典形态分类学简史

1805 年，德国植物学家 Christaiaan Hendrik Persoon 根据采自法国东南部 Gallia 地中海海滨沙丘上生长的标本，以其叶片尖锐，在他的《植物纲要（Synopsis Plantarum）》第 1 卷上，发表一个名为 *Triticum pungens* Pers. 新种。这个新种就是现在的沙滩麦属最早发现的一个分类群。

1809 年，奥地利植物学家 Nicolaus Thomas Host 在他的《奥地利禾本科图谱与描述（Icones et descriptions graminum autriacforum）》第 4 卷，第 5 页以及图版 9，发表一个小麦属的另一个新种，以其生长在海滨沙岸命名为 *Triticum littorale* Host。它与 Persoon 发表的 *Triticum pungens* Pers. 是很相近的一个分类群，是现在沙滩麦属发现的第 2 个分类群。

1817 年，Johann Jakob Roemer 与 Julius Hermann Schultes 把 Persoon 的 *Triticum pungens* Pers. 组合在冰草属中，成为 *Agropyron pungens*（Pers.）Roem. & Schult. 发表在他们的《植物系（Systema Vegetabilium）》第 2 卷，753 页上。

1844 年，德国植物学家 Johann Friedrich Link 在《林奈（Linnaea）》17 卷，365 页，发表一个小麦属的新种——*Triticum athericum* Link。

1854 年，法国南锡的植物学家 Dominique Alexandre Godron，在《Mém. Soc. Êmul. Doubs.》系列 2，第 5 卷，10 页，发表一个小麦属的新种，以其小穗与小花密集而名为 *Triticum pycnathum* Godron。而它就是 45 年前 Host 命名为 *Triticum littorale* Host 以及 10 年前 Link 命名为 *Triticum athericum* Link 的同一个种。

1856 年，也就是在两年后，Godron 的合作者，法国贝桑松的植物学家 Jean Charles Marie Grenier，在他们合编的《法兰西植物志（Flora de Frence）》第 3 卷中，又把它组合到 *Agropyron* 属中成为 *Agropyron pycnathum*（Godron）Gren.。在这一卷中，他们还发表一个名为 *Agropyron campestre* Gren. et Godron 的新种。这个冰草属的新种是一个与 *Agropyron pycnathum* 非常近的分类群。

1865 年，瑞典植物学家 Carl Fredrik Nyman 在他的《欧洲植物标本（Sylloge Florae Europeae）》74 页，发表一个小麦属名为 *Triticum campestre* Nyman 的新种，这个分类群与 9 年前 Jean Charles Marie Grenier 和 Dominique Alexandre Godron 发表的 *Agropyron campestre* Gren. et Godron 是同一个分类群。

1897 年，美国农业部禾草学处的 Frank Lamson-Scribner 与 Jared G. Smith 根据采自美国东北部缅因州伊丽萨伯角大西洋海岸的两份标本：一份是 F. L. Scribner 于 1895 年 7

月 26 日采集，另一份是 E. Tuckerman 于 1860 年 8 月采集，订立一个新种，名为 *Agropyron tetrastachys* Scribn. & Smith，发表在《 美国农业部禾草学处公报（USDA Div. Agrost. Bull.）》第 4 卷，32 页上。这个分类群实际上是来自欧洲逸生的 *Triticum pungens* Pers. 。

1910 年出版的《 葡萄牙植物志（Fl. Portugal）》74 页，发表了一个名为 *Agropyron athericum*（Sampaio）Sampaio 的新组合。这个新组合的种加形容词与 J. F. Link 定名的 *Triticum athericum* Link 是相同的，而所描述的分类群也是相同的。从定名的优先权来看这个学名是不合法的。

1952 年，Thomas Gaskell Tutin 在他的一篇题为 "Note on the nomenclature of *Roegneria doniana*（F. B. White）Meld" 的论文中，把 C. H. Persoon 的 *Triticum pungens* Pers. 组合到偃麦草属成为 *Elytrigia pungens*（Pers.）Tutin，发表在《Watsonia》第 2 卷，186 页上。

1975 年，法国国家农业研究所的 Michel Kerguélen 在《Lejeunia》Nouvelle série N° 75，刊载发的一篇题为 "法国植物区系中的禾本科的分类与命名" 一文的 "勘误与增补" 中，发表一个名为 *Agropyron godronii* M. Kerguélen 的新种（380 页），这个新种实际上是把 *Agropyron campestre* Gren. et Godron 改换一个名称，以他的名义来发表，完全是相同的分类群。

1977 年，捷克斯洛伐克科学院植物研究所的 Josef Holub 把 *Agropyron godronii* M. Kerguélen 组合为 *Elytrigia godronii*（Kerguélen）Holub，发表在《地理植物学与植物分类学杂志·布拉格（Folia Geobotanica et Phytotaxonomica, Praha）》12 卷，426 页上。

1978 年，英国植物学家 A. Melderis 在《林奈学会杂志·植物学（Bot. J. Linn. Soc.）》第 76 卷，把 *Triticum pungens* Pers. 组合成为 *Elymus pungens*（Pers.）Melderis，把 *Triticum pycnathum* Godron 也组合到披碱草属中成为 *Elymus pycnanthus*（Godron）Melderis。他又在这篇报告中发表一个名为 *Elymus pungens*（Pers.）Melderis subsp. *fontqueri* Melderis 的新亚种。另外，他把 *Agropyron campestre* Gren. et Godron 也降级组合为 *Elymus pungens* subsp. *compestre*（Gren, et Godron）Melderis。

1980 年，在美国的德裔植物学家 Áskell Löve，以其具有强大的根茎，又把这个分类群组合到偃麦草属中成为 *Elytrigia pycnatha*（Godron）Á. Löve，发表在《分类群（Taxon）》第 29 卷，351 页上。

1984 年，Áskell Löve 在他著名的《小麦族大纲（Conspectus of the Triticeae）》中，将 Persoon 的 *Triticum pungens* 与 Godron 的 *Triticum pycnanthum* 都组合到偃麦草属中，分别成为 *Elytrigia pungens*（Pers.）Tutin 与 *Elytrigia pycnantha*（Godron）Á. Löve。并把 *Agropyron campestre* Gren. et Godron 与 *Elymus pungens*（Pers.）Melderis subsp. *fontqueri* Melderis 分别组合成为 *Elytrigia pungens* subsp. *camprestris*（Gren. et Godron）Á. Löve 与 *Elytrigia pungens*（Pers.）Tutin subsp. *fontqueri*（Melderis）Á. Löve 两个亚种。他把这两个分类群定为亚种一级并没有任何实验数据，是按主观见解认定的。

1986 年，Áskell Löve 把这一类群禾草升级为新属，即 *Psammopyrum* Á. Löve（沙滩

麦属），并以 *Psammopyrum athericum*（Link）Á. Löve 为模式种，发表在《苏黎世联邦地理植物研究所学报（Veröff. Geobot. Inst. ETN，Stiftung Rübel，Zürich）》87 卷，43～52 页。在这篇文章中，还把 *Elymus pungens*（Pers.）Melderis subsp. *fontqueri* Melderis 组合到沙滩麦属并升级为种，成为 *Psammopyrum fontqueri*（Meld.）Á. Löve；把 *Triticum pungens* Link 组合为 *Psammopyrum pungens*（Link）Á. Löve；把 *Agropyron campestre* Gren. et Godron 组合为 *Psammopyrum pungens* subsp. *campestre*（Gren. et Godron）Á. Löve。

1987 年，法国国家农业研究所的 Michel Kerguélen 又在《Lejeunia》120 卷，86 页，发表了名为 *Elytrigia atherica*（Link）M. A. Carreras ex M. Kerguélen 的新组合。M. A. Carreras 与 M. Kerguélen 对这个分类群的研究显然已落后于时代。

（二）沙滩麦属的实验生物学研究

2001 年，瑞典农业科学大学的 Pernilla Rllneskog-Staam、Björn Salomon、Roland von Bothmer 与冰岛大学生物系的 Kesara Anamthawat-Jònsson 在《染色体研究（Chromosome Research)》第 9 卷，发表一篇题为 "Trigenomic origin of the hexaploid *Psammopyrum athericum*（Triticeae；Poaceae）revealed by *in-situ* hybridization" 的研究报告。他们用 DNA 原位杂交的方法来检测 *Psammopyrum athericum* 3 个染色体组的来源。

Psammopyrum athericum 是六倍体，含有 3 组共 42 条染色体。他们在这篇报告的序言中介绍，"*Psammopyrum athericum* 的染色体组的组成曾经有多种说法，例如是 **NNY**（Cauderon，1966）、**SSX**（Dewey，1984），以及 **GGJ**（Löve，1986）。**NNY** 程式是 Cauderon 自己的染色体组定名系统；Dewey 把它改写为 **SSX**，**X** 为未知染色体组，**S** 染色体组来自 *Pseudoroegneria*（Nevski）Á. Löve；**GGJ** 分别来自 *Festucopsis*（C. E. Hubbard）Melderis 与 *Thinopyrum* Á. Löve。如果用 Wang et al. 1997 年提出的染色体组命名方案，则应改写为 LLE。Wang et al. 1997 年把 **J** 染色体组更名为 **E**，因为来自 *Thinopyrum* 的 **J** 染色体组与来自 *Lophopyrum* 的 **E** 染色体组之间非常相近似。作者把 *Festucopsis* 的 **G** 染色体组更名为 **L**，因为 *Festucopsis* 不是 *Triticum timopheevi*（Zhuk.）Zhuk. **G** 染色体组的供体。把 *Psammopyrum athericum* 的染色体组写成 **LLE** 还未曾发表过。

在这个研究中，他们用了如表 9-1 所列的材料。

表 9-1 研究材料的染色体数、假定染色体组组成、居群号、地理来源及其分布

（引自 P. Ellineskog-Staam et al.，2001，表 1）

种　　名	染色体数 No.（2n）	染色体组	居群号	来源	通常分布
Psammopyrum athericum	6x＝42	**ELL**	H3799	法国	南欧与西欧海岸
Thinopyrum bessarabicum	2x＝14	**E**[b]	H6711、H6712	俄罗斯	黑海海岸
Thinopyrum junceiforme	4x＝28	**E**[b]**E**[e]	—	法国	北欧与西欧海岸
Festucopsis serpentinii	2x＝14	**L**	H6691	阿尔巴尼亚	阿尔巴尼亚特有

（续）

种　名	染色体数 No.（2n）	染色体组	居群号	来源	通常分布
Leymus mollis	4x＝28	**NsXm**	A499	阿拉斯加	北美洲及北太平洋
Hordeum brachyantherum	2x＝14	**HH**	H2084	美国	北美洲
Hordeum murinum	2x＝14	**XuXu**	H813	阿塞拜疆	地中海地区及西南欧

从 *Thinopyrum bessarabicum*（**Eᵇ**）、*Th. junceiforme*（**EᵇEᵉ**）与 *F. serpentinii*（**L**）提取出来的染色体组 DNA 以及两个克隆的重复 DNA 序列 pTa71 及 pSc119：2 用作探针，用荧光核苷酸切口平移标记探针，即罗丹明- 4 - dUTP（Amersham）或荧光黄- 11 - dUTP（Amersham）。标记流程按 Anamthawat-Jónsson et al.（1996）的方案进行。

DNA 标记：pTa71 是一个从小麦分离出来的克隆 pTa71 的 9 - kbp 插入片段（Gerlach & Bedbro-ok，1979）再克隆到载体 pUC19。这个片段是整个核糖体基因 18S、26S 同时杂交到核糖体基因以及杂交到随体染色体的 NORs（核仁形成区）。插入片段从载体上切下，用 GeneClean Kit（BIO 101）纯化并标记。

原位杂交：根据 Schwarzacher 与 Leitch（1994）的方法进行根尖染色体涂片制备，在冰水中处理 24h 稳住染色体在有丝分裂状态下，赓即用 3：1（V/V）乙醇-冰醋酸固定。

原位杂交按 Anamthawat-Jónsson 与 Reader（1995）、Anamthawat-Jónsson et al.（1996）的方法进行。GISH 用全染色体组 DNA 作为探针；FISH 用分离出的克隆序列作为探针，分别进行。一些 GISH 试验进行了预退火处理，变性探针混合物在 58℃ 50min 赓即在 72℃ 的 70％甲酰胺中 2min 进行变性处理，并在 62℃ 进行杂交 2h（Schwarzacher 与 Leitch，1995）。多数试验的染色体与探针都是用一个具有模拟载片控制功能的改良温度循环器在 87℃ 或 88℃的温度下 10min 进行联合变性（Cambio and Hybaid）（Anamthawat-Jónsson et al.，1996）。封阻 DNA，*Leymus mollis* 或 *Thinopyrum junceiforme* 未标记的染色体组 DNA 包括在一些试验中。DAPI（4，6-二氨基-2-苯基吲哚）用作复染。荧光信号用落射荧光显微镜与适当的滤片进行观察研究。摄影用富士反转片放大 1 000 倍。

所有 3 个染色体组都显示一些居间带。一些 **E** 染色体组的染色体含有一个从 **L** 染色体组来的同臂内着丝点嵌段（图 9 - 1：a、b）。有两对 **L** 染色体组染色体含有同臂内片段来自 **E** 染色体组，还有一对 **L** 染色体组染色体含有臂端 **E** 染色体组片段（图 9 - 1：b）。这些嵌段位置参见核型图（图 9 - 2）。

来自 *Hordeum brachyantherum*（**H** 染色体组）与 *H. murinum*（**Xu** 染色体组）的染色体组探针没有显示任何杂交信号。核糖体 DNA 克隆 pTa71 在 *Psammopyrum athericum* 杂交上 3 对位点，两强、一弱（图 9 - 1：c、d）。所有位点都位于短臂亚端位并且都不在 **E** 染色体组上，而在 **L** 与 **X** 染色体组上。

黑麦 pSc119：2 克隆在 *Ps. athericum* 的染色体上，显示近 30 个杂交位点（图 9 - 1：e、f）。基于大量的位点与在图 9 - 1：f 中看到的弱染色体组分化以及在其他的细胞中没有显示，那些位点至少在 3 个染色体组的两个中呈现，在 **L** 染色体组以及其他一个或所有的染色体组上呈现。PTa71 与 pSc119：2 也在含 **E** 染色体组的二倍体 *Thinopyrum bessarabicum* 上测试，显示有两对 *p*Ta71 位点以及 20 个 pSc119：2 位点（测试详细结果未在论文中报道，只是作为旁证简略提出）。

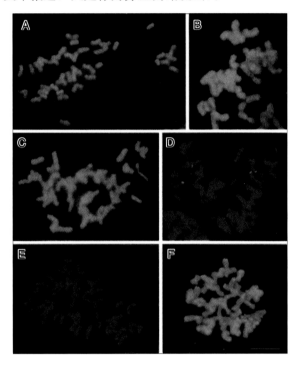

图 9-1　*Psammopyrum athericum* 染色体荧光原位杂交（FISH）显微照片（A－F）

A. 全细胞与部分细胞（B），杂交后 *Thinopyrum bessarabicum*（**E** 染色体组）及 *Festucopsis serpentinii*（**L** 染色体组）染色体组探针直接用荧光核苷酸标记。A 显示 14 条染色体与 *Thinopyrum bessarabicum* 探针杂交上，同时围绕 14 条与 *F. serpentinii* 探针杂交上的绿色较小的染色体。剩余的 14 条染色体与任何探针都不能杂交，但它有 5 对染色体的近着丝点区有嵌段与 *F. serpentinii* 探针能杂交　B. 在一些染色体上可以清楚地看到有居间带。有两对绿色染色体在近着丝点区有红色嵌段；还有一对染色体的臂端有红色嵌段，一对红色染色体在近着丝点区有绿色嵌段　C、D. 体细胞荧光原位杂交后用 *Thinopyruim bessarabicum* 染色体组探针及 pTa71 探针处理。*Thinopyruim bessarabicum* 染色体组探针在 C 图中直接用绿色荧光染料标记，在 D 图中用红色荧光染料标记。pTa71 探针在 C 图中标记为红色，在 D 图中标记为绿色。pTa71 探针与 6 条染色体相对应的 3 对核糖体 DAN 位点或核仁形成区位点进行了杂交。这些位点都不在 **E** 染色体组的染色体上　E. 用 pSc119：2 探针荧光原位杂交后显示 31 个位点，一些染色体两臂端都有 F. 用 pSc119：2 探针与 *F. serpentinii* 染色体组探针原位杂交后的细胞，指示 **L** 染色体组与非 **L** 染色体组染色体上的位点微弱的分化［标尺＝10μm（A-E），标尺＝5μm（F）］

（引自 Ellneskog-Staam，et al.，2001，图 1）

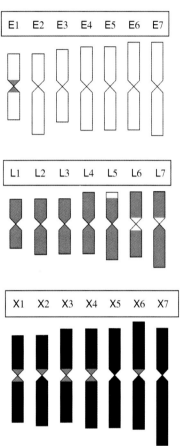

图 9-2　*Psannopyrum athericum* 单倍染色体组核型图

［**E** 染色体组及其片段用白色表示，**L** 染色体组及其片段用灰色表示，**X** 染色体组用黑色表示。一对 **E** 染色体组的染色体近着丝点臂内有来自 **L** 染色体组的嵌段。**L** 染色体族有两对染色体近着丝点臂内有来自 **E** 染色体组的嵌段，一对染色体短臂端有来自 **E** 染色体组片段。**X** 染色体组有 5 对染色体近着丝点有来自 **L** 染色体组的嵌段（图中染色体显示相对体积大小）］

（引自 Ellneskog-Staam et al.，2001，
图 2。本图稍加修正改绘）

他们这个试验结果显示 *Thinopyrum bassarabicum* 与 *Th. junceiforme* 的染色体组 DNA 能够与 *Psammopyrum athericum* 的 14 条染色体杂交，说明 *Psammopyrum athericum* 含有一组 **E** 染色体组。*Festucopsis serpentinii* 的 **L** 染色体组探针与 14 条染色体的着丝点区杂交，显示 *Psammopyrum athericum* 有 14 条染色体属于 **L** 染色体组。其他的探针没有显示。*Psammopyrum athericum* 有 14 条染色体是目前还不知道来自何处的未知染色体组，暂时以未知的 **X** 染色体组称之。根据他们这个原位杂交测定，六倍体的 *Psammopyrum athericum* 的染色体组组成是 **EELLXX**。

2003 年，Pernilla Ellneskog-Staam、Björn Salomon、Roland von Bothmer 与 Kesara Anamthawat-Jònsson 对沙滩麦属继续进行研究，他们研究的结果以一篇题为 "The genome composition of hexaploid *Psammopyrum athericum* and octoploid *Psammoptrum pungens* (Poaceae：Triticeae)" 的短文在《核基因组 (Genome)》第 46 卷上发表。在这次的测试中所用的材料记录如表 9 - 2。

表 9 - 2　材料的种名、染色体数 (2n)、染色体组组成、居群号、产地与其地理分布

(引自 Ellneskog-Staam et al. ，2003，表 1)

种　名	2n	染色体组	居群	来源	分布
Psammopyrum athericum (Link) Á. Löve	6x＝42		H3799	法国	南欧与西欧直到丹麦
Psammopyrum pungens (Pers.) Á. Löve	8x＝56		H3797	法国	法国、葡萄牙与西班牙
Pseudoroegneria ferganensis (Nevski) Á. Löve	2x＝14	**St**	H10273	塔什干	中亚
Agropyron cristatum Gaetner	2x＝14	**P**	H10154	阿尔泰	南欧、中欧、东欧与亚洲部分地区
Thinopyrum junceiforme (Á. & D. Löve) Á. Löve	4x＝28	**E^b E^e**		法国	北欧与西欧
Thinopyrum bessarabicum (Savul. & Rayss.) Á. Löve	2x＝14	**E^b**	H6712	俄罗斯	黑海沿岸
Festucopsis serpentinii (C. E. Hubbard) Melderis	2x＝14	**L**	H6691	阿尔巴尼亚	阿尔巴尼亚
Lymus mollis (Trin.) Hara	4x＝28	**NsXm**	A499	阿拉斯加	北美及北太平洋地区
Hordeum brachyantherum Nevski	2x＝14	**H**	H2084	美国加州	北美
Hordeum murinum L.	2x＝14	**Xu**	H813	阿塞拜疆	地中海地区与西南欧
Hordeum vulgare L.	2x＝14	**I**	H8226	中国西藏	栽培谷物区
Peridictyon sanctum (Janka) Frederiksen & Baden	2x＝14	**Xp**	H5575	希腊	希腊及保加利亚
Psathyrostachys juncea (Fischer) Nevski	2x＝14	**Ns**	H10108	阿尔泰、俄罗斯	西南亚及中亚

上述已知染色体组的植物材料提取它们的全 DNA 并标记用作探针。采用 Schwarzacher

与 Leitch（1994）的方法制备根尖涂片。按 Anamthawat-Jónsson 与 Reader（1995）以及 Anamthawat-Jónsson 等（1996）的方法进行原位杂交。他们这个试验用 40μL 的杂交混合物，其中含有每一种探针 50～100ng 40%（V/V）甲酰胺，8μL 50%（W/V）的葡聚糖硫酸酯，2μL 的 20×标准柠檬酸盐溶液（SSC），1μL 10%的十二烷基硫酸钠（SDS）。通常包括了来自一个种或几个种的变性、不标记、封阻 DNA。综合染色体与探针的变性在一台带有模拟载片控制功能的温度循环器（Hybaid，Middlesex，U. K.）中于 87℃下进行 10min。一些载片在二甲苯中退色后在低变性温度下重探测。4，6-二甲基-2-苯基吲哚（DAPI）用作对染。

六倍体的 *Psammopyrum athericum* 与 *Ps. pungens* 都用标记了的 **P**-染色体组与 **St**-染色体组或 **P**-染色体组与 **E**-染色体组探针进行综合探测。在前一种探测中用 **E**-染色体组 DNA 封阻，后一种探测用 **St**-染色体组 DNA 封阻（图 9-3：a、b、d、e）。也使用了来自 *Festucopsis serpentinii* 的探针。单独探测用 *Pseudoroegneria ferganensis* 的 DNA 封阻（图 9-3：c、f）；或 **P**-染色体组与 **E**-染色体组探针综合探测。标记了的 *Hordeum vulgare*、*H. brachyantherum*、*H. murinum*、*Peridictyon sanctum*，以及 *Psathyrostachy juncea* 的 DNA 都进行了与沙滩麦属的两个种的杂交探测，但都没有得到任何信号（数据从略）。因此，可以说沙滩麦的这两个种不含有这些种的 **I**、**H**、**Xu**、**Xp** 以及 **Ns** 染色体组。

Psammopyrum athericum 与来自 *Agropyron cristatum* 已标记的 **P**-染色体组 DNA，来自 *Pseudoroegneria ferganensis* 已标记的 **St**-染色体组 DNA，来自 *Thinopyrum junceifome* 或 *Th. bessarabicum* 已标记的 **E**-染色体组的 DNA 都各自杂交上 14 条染色体，即一个二倍染色体组（图 9-3：a、b）。标记了的 **L**-染色体组 DNA 与 **St**-染色体 DNA 具有相同的杂交图式（Ellneskog-Staam et al.，2001）。在一个测试中，*Psammopyrum athericum* 用标记了的 **St**-染色体组探测同时用 **L**-染色体组、**P**-染色体组及 **E**-染色体组 DNA 封阻，**St**-染色体组探测因 **L**-染色体组封阻 DNA 的存在而导致探针在 14 条染色体上杂交微弱（图 9-3：c）。另一张涂片用标记 **L**-染色体组作探针，用 **St**-染色体组、**P**-染色体组及 **E**-染色体组 DNA 封阻，**L**-染色体组探针就完全不能与 *Psammopyrum athericum* 的染色体杂交。从这个单一的试验来看，**St**-染色体组似乎比 **L**-染色体组，与 *Psammopyrum athericum* 的染色体更为同源。他们认为这个问题还需要作进一步的试验才能得到确切的答案。

在 *Psammopyrum pungens* 中，**P**-染色体组探针与 14 条染色体进行了杂交，其中两对整个杂交上；有 4 对除着丝点区域外，其余部分全部杂交上；有 1 对只有短臂杂交上。在与 **St**-染色体组同源的 28 条染色体中，**P**-染色体组探针与 1 对染色体的短臂完全杂交上。**St**-染色体组探针与 28 条染色体能够杂交，但其中 1 对染色体的着丝点区域不能杂交。在这 **St**-染色体组同源的 28 条染色体中，**P**-染色体组探针与 1 对染色体的短臂完全杂交上。**St**-染色体组探针同 4 对与 **P**-染色体组同源的染色体的着丝点区域能够杂交；与 1 对与 **P**-染色体组同源的染色体的着丝点区域杂交上。**E**-染色体组探针与其他 14 条染色体能够杂交，已如前述，这 14 条染色体中的 1 对在着丝点区域与 **St**-染色体组探针杂交上。

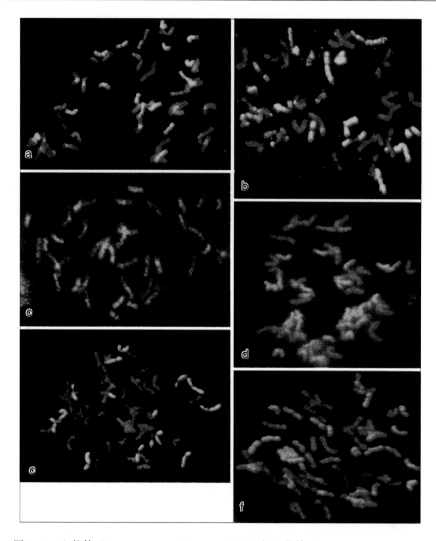

图 9-3 六倍体 *Psammopyrum athericum*（a-c）与八倍体 *Psammopyrum pungens*
（d-f）有丝分裂中期染色体组原位杂交（GISH）（a 放大 600 倍；b-f
放大 1 000 倍）

a. 洋地黄毒苷标记的 **St** 染色体组 DNA（绿色）与罗丹明标记的 **P** 染色体组 DNA（红色），用 **P** 染色体组 DNA 封阻。14 条染色体显示与原 14 条和 **P** 染色体组探针同源；4 对 **P** 染色体组同源染色体的着丝点区域与 **St** 染色体组探针杂交；剩下 14 条染色体未标记　b. 洋地黄毒苷标记的 **P** 染色体组 DNA（绿色）与罗丹明标记的 **E** 染色体组 DNA（红色），用 **St** 染色体组 DNA 封阻。14 条染色体显示与 **P** 染色体组同源，14 条染色体与 **E** 染色体组同源，一些染色体在着丝点区域未杂交，剩下 14 条染色体未标记，但其中一对顶端有一段与 **E** 染色体组探针杂交　c. 洋地黄毒苷标记的 **St** 染色体组 DNA（绿色），用 **L** 染色体组、**E** 染色体组与 **P** 染色体组 DNA 封阻同时用 4，6-二胺基-2-苯基吲哚染色综合显示。14 条染色体显示与 **St** 染色体组同源，其中一些显示其全长与着丝点区域都同源　d. 洋地黄毒苷标记的 **St** 染色体组 DNA（绿色）与罗丹明标记的 **P** 染色体组 DNA（红色），用 **E** 染色体组 DNA 封阻。**St** 染色体组探针杂交上 28 条染色体，但其中一对染色体的短臂没有与 **St** 染色体组探针杂交而是与 **P** 染色体组探针杂交。**P** 染色体组探针与另外 14 条染色体杂交（其中一条这里未看见），有 4 对染色体的着丝点区域没有与 **P** 染色体组探针杂交上以及一对长染色体的长臂没有与 **P** 染色体组探针杂交上。剩余的 14 条染色体没有信号　e. 洋地黄毒苷标记的 **P** 染色体组 DNA（绿色）与罗丹明标记的 **E** 染色体组 DNA（红色），用 **St** 染色体组 DNA 封阻。显示 14 条染色体与 **P** 染色体组同源，其中一对染色体的长臂与 **E** 染色体组探针同源。图中还有一个额外染色体的一个臂与 **P** 染色体组探针结合　f. 罗丹明标记的 **L** 染色体组 DNA（红色）显示至少能与 14 条染色体杂交

（引自 Ellneskog-Staam et al.，2003，图 1。对其文字解说中的错写作了校正）

St -染色体组探针能杂交的 28 条染色体也就是 **L** -染色体组探针能杂交的 28 条染色体（图 9 - 3：f）。从他们的这组测验来看，这两个染色体组之间有一定的同源性，但也不是相同的染色体组。单倍染色体模式核型见图 9 - 4。

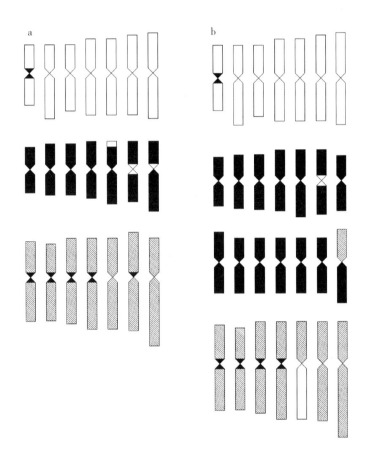

图 9 - 4　单倍染色体模式核型：*Psammopyrum athericum*（a）与
　　　　　Psammopyrum pungens（b）（**E** -染色体组染色体或其片
　　　　　段以白色表示；**St** -染色体及 **L** -染色体组染色体或其片段
　　　　　用黑色表示；**P** -染色体组染色体或其片段用斜线表示）
　　　　　（引自 Ellneskog-Staam et al.，2003，图 2。本图稍加修正改绘）

（三）沙滩麦属的分类

Psammopyrum Á. Löve，1986. Veröff. Geobot. Inst. ETN，Stiftung Rübel，Zürich 87：43 - 52. 沙滩麦属

　　属的特征：多年生，疏丛生，具长而匍匐的根状茎，植株具白粉。秆通常高可达 120cm。叶片平展，或边缘内卷，上表面叶脉稍增厚，粗糙，先端具锐尖头，在此破裂，并具特殊的气味。穗状花序近直立，较疏松；穗轴背面无毛或具较短微毛，棱脊上具刺毛

状纤毛；小穗具 3～10 花；颖长圆形，或长圆状披针形，革质，先端急尖或具短尖头，5～6 脉；花药长 4～7mm。

属的模式种：*Psammopyrum pungens*（Perc.）Á. Löve

属名的来源：来自希腊文：psammo，沙滩；pyros，麦。

属的细胞学特征：2n＝28、42、56；染色体组组成：**EEStSt**、**EEStStPP**、**EEStSt-StStPP**（Ellneskog-Staam et al.，2003）。先前 Á. Löve（1986）估计为 **GGJJ**、**GGGGJJ**、**GGGGJJJJ**；Wang et al.（1994）建议改写为 **LLEE**、**LLLLEE**、**LLLLEEEE**。

属的分布区：原产西北欧斯堪的纳维亚半岛南部直到南欧与地中海西部沿海沙岸；北美东北部沿海沙岸（有可能是引种后逸生）。

1. *Psammopyrum athericum*（Link）Á. Löve, 1986, Veröff. Geobot. Inst. ETN, Stiftung Rübel, Zürich 87：43 - 52. 西南欧沙滩麦（图 9 - 5）

模式标本：法国南部："sables maritimes à Pérols et à Mireval, près de Montpellier"；主

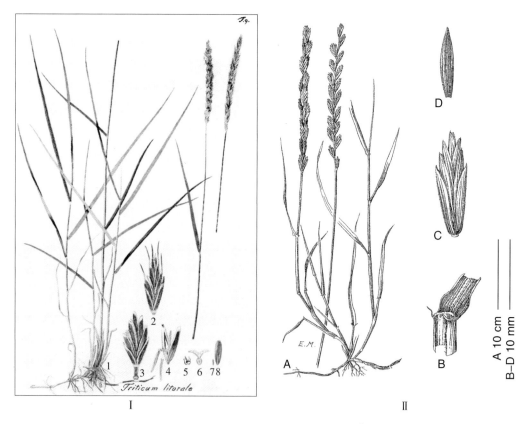

图 9 - 5 *Psammopyrum athericum*（Link）Á. Löve

Ⅰ：1. 全植株；2. 有芒小穗；3. 无芒小穗；4. 小花；5. 鳞被；6. 雌蕊；7. 种子自然大；8. 种子放大
（引自 Nicolaus Thomas Host，1809，Icones et Descriptiones Graminum Austriacorum，vol. Ⅳ，tabula 9）
Ⅱ：A. 全植株；B. 叶鞘上段、叶片下段、叶舌与叶耳；C. 小穗；D. 外稃
（引自 Hans J. Conert，1998，In Gustav Hegi's Illustrierte Flora von Mitteleuropa，Band I. Teil 3. 图 325。标尺与字码修改）。

模式标本：**P!**。

异名：*Triticum athericum* Link，1844（1843?）. Linnaea 17：365；

  Agropyron athericum（Sampaio）Sampaio，1910. Fl. Portugal：74；

  Elytrigia atherica（Link）M. A. Carreras ex M. Kerguelen，1987. Lejeunia 120：86；

  Triticum pycnathum Godron，1854. Mém. Soc. Ámul. Doubs.，sér. 2，5：10；

  Agropyron pycnanthum（Godron）Gren.，1856，in Gren. & Godron，Fl. Fr. 3：606；

  Elymus pycnanthus（Godron）Melderis，1978. Bot. J. Linn. Soc. 76：378；

  Elytrigia pycnatha（Godron）Á. Löve，1980. Taxon 29：351；

  Triticum littorale Host，1809，Gram. Austr. 4：5. non Pallas，1773；

  Agropyron littorale auct.，non（Host）Dun. 1823；

  Triticum pungens auct.，non Pers.，1895；

  Agropyron pungens auct.，non（Pers.）Roem. & Schult.，1817。

形态学特征：多年生，丛生，具较长的匍匐根状茎。秆直立，硬，高（10～）40～120cm，无毛。叶鞘无毛，下部叶鞘被纤毛；叶片粉绿色，平展或内卷，硬，长可达35cm，宽2～6mm，上表面叶脉较宽，突起，间距较小，脉上粗糙，或微粗糙，下表面平滑无毛。穗状花序挺直，长（4～）10～20cm，小穗着生密集；穗轴扁平，坚实，不脱节，棱脊边缘具刺毛状纤毛或小齿；小穗长10～20mm，彼此间至少有一半重叠，具3～10花；小穗轴被糙硬毛；颖长圆状披针形，革质，两侧不对称，长8～10mm，（4～）5～7脉，脉突起成脊，微粗糙，先端急尖；外稃披针形，长7～11mm，钝形或亚钝形，上部具脊，脊上粗糙，无芒、具短芒（稀长达10mm），或短尖头；内稃与外稃等长，先端内凹，两脊被刺状纤毛；花药长5～7mm。

细胞学特征：2n＝6x＝42（Melderis，1980；Á. Löve，1986；Elineskog-Staam et al.，2003）。染色体组组成：**GGGGJJ**（Löve，1986）；**EEStStPP**（Elineskog-Staam et al.，2003）。

分布区：欧洲：英国的英格兰（England）与威尔士（Wales）的海岸与河口、爱尔兰（Irland）南部与东海岸、西欧与南欧；非洲北部。生长在沙丘上、盐性沼泽中。

2. *Psammopyrum fontqueri*（Meld.）Á. Löve，1986，Veröff. Geobot. Inst. ETN, Stiftung Rübel, Zürich 87：43-52. 冯氏沙滩麦

模式标本：西班牙（Hispania）："Catalaunia, Lleyda, Cervera, 7. 1916. Front Quer, 5"。主模式标本：**BC!**；同模式标本：**BM!**。

异名：*Elymus pungens*（Pers.）Melderis subsp. *fontqueri* Melderis，1978，in Heywood，Bot. J. Linn. Soc. 76：380；

  Elytrigia pungens（Pers.）Tutin subsp. *fontqueri*（Melderis）Á. Löve，1984，Feddes Repert. 95（7-8）：488。

形态学特征：多年生，丛生，具匍匐根状茎，植株被白粉。秆直立，高40～65cm，穗状花序下与节下常被短柔毛。叶鞘被柔毛，边缘常散生纤毛；叶片平展或边缘内卷，挺直，宽至5mm，上、下表面均被微毛或疏被柔毛，叶脉在上表面稍增厚，粗糙。穗状花序直立，长7～15cm，小穗排列疏松；穗轴节间背部被短微毛，棱脊上粗糙；小穗长10～13mm，具4～7花；颖长圆状披针形，长7～9.5mm，先端亚急尖，密被短小柔毛，4～6脉；第1外稃长9.5～11mm，密被短小柔毛，特别是先端，钝或亚钝，有时具短尖头；内稃两脊上具较长的纤毛；花药长（3～）3.5～4.5mm。

细胞学特征：2n＝4x＝28（Á. Löve，1984、1986）。

分布区：西班牙南部与东南部、巴勒热斯岛屿（Baleare），葡萄牙东部与中部也可能有分布。

3. *Psammopyrum pungens*（Pers.）Á. Löve，1986，Veröff. Geobot. Inst. ETN，Stiftung Rübel，Zürich 87：43－52. 尖叶沙滩麦（图9－6）

3a. var. *pungens*

模式标本：欧洲法国南部："Gallia meridionalis, dunes on bord de l' ocean"

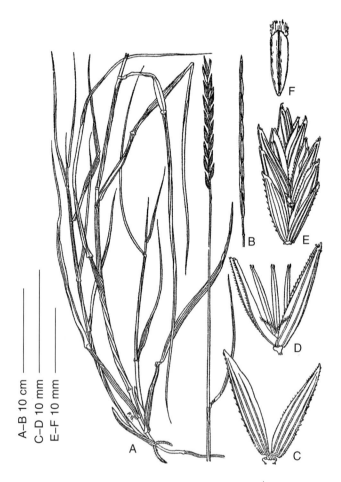

A–B 10 cm
C–D 10 mm
E–F 10 mm

图9－6　*Psammopyrum pungens*（Pers.）Á. Löve

A. 全植株　B. 穗部侧面观　C. 颖　D. 小花　E. 小穗　F. 颖果

（引自 Roger W. Butcher，1861，A New Illustrated British Flora，

Part Ⅱ：图1702，Florence E. Strudwick 绘。本图删去原图 D 与 E；标尺更改）

［Tzvelev1976年认为在 **LE** 的"*Triticum pungens* Pers．，Paris，1806，D. Persoon"为同模式标本。Bowden1965 年认为："Type.-In Rijksherbarium（L.）；notes on the type by Hubbard，Kew（**DAO!**）．The type is from England according to Hitchcock（1951）．"］

异名：*Triticum pungens* Pers．，1805，Syn. Pl. 1：109. excl. Syn. Smith；

Agropyron pungens（Pers.）Roem. & Schult．，1817，Syst. Veg. 2：753；

Elymus pungens（Pers.）Melderis，1978，Bot. J. Linn. Soc.76：380；

Agropyron tetrastachys Scribn. & Smith，1897. USDA Div. Agrost. Bull. 4：32；

Elytrigia pungens（Pers.）Tutin，1952，Watsonia 2：186。

形态学特征：多年生，疏丛生，秆少数，植株被白粉，具长而壮的根状茎。秆直立，坚实，细，高40～100cm，无毛。叶鞘上部者平滑无毛，下部者被微毛；叶舌不存；叶片直立，平展或内卷，长13～20cm，宽2.5～5mm，叶脉在上表面突起，较宽，脉距较宽，疏生，脉上粗糙，边缘粗糙，下表面平滑，先端锐尖。穗状花序直立，横切面呈四方形，长5～12（～15）cm，小穗着生较密集，呈覆瓦状排列；穗轴节间成四棱形，棱脊上具硬刺毛；小穗宽长圆形，强烈扁压，贴生穗轴，长13～20mm，宽4～9mm，具（6～）7～11花；颖披针形至长圆形，革质，无毛，5～7脉，脉突起成脊，脊上粗糙或仅近先端处粗糙，上端渐窄而成小尖头或芒尖；外稃披针形，长8.5～10mm，无毛，先端近钝形至急尖，具短尖头，稀具短芒；内稃与外稃近等长，两脊具较长的刺状纤毛；花药长约4mm。

细胞学特征：2n＝6x＝42（Bowden，1965）；2n＝8x＝56（Löve，1986；Elineskog-Staam et al．，2003）；染色体组组成：**GGGGJJJJ**（Löve，1986）；**EEStStStStPP** 或 **EEStStLLPP**（Elineskog-Staam et al．，2003）

分布区：欧洲：西班牙（Spain）北部和中部，葡萄牙（Portugal）北部，斯堪的纳维亚（Scandinavia）南部，地中海（Mediterranian）西岸；北美洲引进而逸生。常生长在海岸沙地、盐性沼泽边缘。

3b. var. *campestre*（Gren. et Godron）C. Yen et J. L. Yang，comb. nov. 根据 *Agropyron campestre* Gren. et Godron，1856，Fl. Fr. 3：607. 尖叶沙滩麦平原变种

模式标本：法国："Midi（abondont）；çà et là dans le resto de la France，jusqu'en Normanie el aux env. de Paris；var. β．，çà là. "。主模式标本：现藏于 **P!**。

异名：*Agropyron campestre* Gren. et Godron，1856，Fl. Fr. 3：607，excl. syn. Reichenb；

Triticum campestre Nyman，1865，Syll．，Supl．，p. 74，non Kit. 1817；

Agropyron godronii Kerguélen，1975，Lejeunin，N. S. 75：298，306；

Elytrigia godronii（Kerguélen）Holub，1977，Folia Geobot. Phytotax. Praha 12：426；

Elymus pugens ssp. *campestris*（Gren. et Godron）Melderis，1978，Bot. J. Linn. Soc. 76：380；

Psammopyrum pungens subsp. *campestre*（Gren. et Godron）Á. Löve，1986，

Veröff. Geobot. Inst. ETN，Stiftung Rübel，Zürich 87：43-52。

形态学特征：多年生，疏丛生，具匍匐根状茎。秆直立，细，高 50～100cm，无毛。叶鞘通常具纤毛，平展或内卷；叶舌不存；叶片通常平展，稀内卷，宽可达 10cm，上表面粗糙，叶脉突起，脉上粗糙，下表面粗糙，但不具疏生长毛；穗状花序直立，长 12～25cm，小穗排列较疏松；穗轴节无毛；小穗侧向压扁，长 13～17mm，具 5～9 花；小穗轴被糙伏毛；颖披针形至长椭圆形，无毛，脉突起成脊，先端急尖或亚急尖，具很短的小尖头；外稃披针形，先端钝，具小尖头；内稃与外稃近等长，两脊上具刺状纤毛；花药长 4～4.5mm。

细胞学特征：2n = 8x = 56 （Melderis，1980）；染色体组组成：**EEStStStStPP**（Elineskog-Staam et al，2003）[**GGGGJJJJ**（Á. Löve，1986，臆定）]。

分布区：欧洲：自法国西、北部沿大西洋海岸向南分布到葡萄牙。

主 要 参 考 文 献

Dewey D R. 1984. The genomic system of classification as a guide to intergeneric hybridization with the perennial Triticeae. In Gustafson，J. P. （ed.）. Gene manipulation in plant improvement. New York：Plenum Publ，Corp.，：209-279.

Elineskog-Staam P，B Salomon，R Von Bothmer and K Anamthawat-Jónsson. 2001. Trigenomic origin of the hexaploid *Psammopyrum athericum* （Triticea：Poaceae） recealed by *in-situ* hybridization. Chromosome Research，9：243-249.

Elineskog-Staam，P，B Salomon，R Von Bothmer and K Anamthawat-Jónsson. 2003. The genome composition of hexaploid *Psammopyrum athericum* and octoploid *Psammopyrum pingens* （Poaceae：Tritiveae）. Genom，46：164-169.

Löve Á. 1986. Some taxonomical adjusments in eurasiatic wheatgrasses. Veröff. Geobot. Inst. ETN，Stiftung Rübel，Zürich，87：43-52.

Melderis A. 1980. inTutin，T. G. Et al.，（ed.）. Flora Europaea 5：197. Cambridge：Cambridge University Press.

Rouy Georges. 1913. Flore de France，Tom. XIV et dernier：321.

附　录　一

Elymus L.，1753. Spec. Pl. 83.

Sect. 1. *Elymus* ＝ *Clinelymus*（Griseb.）Nevski，1932，Izv. Bot. Sada AN SSSR 30：640. ＝*Campeiostachys* Drob.，Fl. Uzbek. 1：540. 1941.

Sect. 2. *Turczaninovia*（Nevski）Tzvel.，1968，Rast. Tsentr. Azii 4：214. s. str. ＝*Clinelymus* sect. *Turczaninovia* Nevski，1932，Bull. Jard. Bot. Ac. Sc. URSS 30：640.

Sect. 3. *Macrolepis*（Nevski）Jaaska，1974，Eesti NSY Tead. Akad. Toim.，Biol. 23：12. ＝*Clinelymus* sect. *Macrolepis* Nevski，l. c.

Sect. 4. *Goulardia*（Husnot）Tzvel.，1970，Spisok Rast. Herb. Fl. SSSR 18：27. ＝ *Ag.* sect. *Goulardia*（Husnot）Holmberg，1920，Skand. Fl. 2：269. ＝ *Semeoistachys* Drob.，1941，Fl. Uzbek. 1：285. ＝ *Ro.* sect. *Cynopa* Nevski，1934，Tr. Sredneaz. Univ.，ser. 8B，17：68. ＝*Elytrigia* sect. *Goulardia*（Husnot）Drob.，Fl. Uzbek. 1：285. 1941.

Sect. 5. ＝*Hystrix*（Moench）1984，Á. Löve，Feddes Repert. 95（7‐8）：464. ＝*Hystrix* Moench，1794，Meth. Pl. 295. ＝ *Asperella* Humb.，1790，in Roem & Usteri，Mag. Bot. III，7：5，non *Asprella* Schreber，1789.

Sect. 6. *Sitanion*（Rafin.）A. Love，1984，Feddes Repert. 95（7‐8）：465. ＝*Sitanion* Rafinesque，1819，J. Phys. Chym. Hist. Nat. Arts 89：103.

Sect. 7. *Clinelymopsis*（Nevski）Tzvel.，1972，Nov. Sist. Vyssch. Rast. 9：61. ＝ *Roegneria* C. Koch，1848，Linnaea 21：413. ＝ *Ro.* sect. *Clinelymopsis* Nevski，1934，Tr. Sredneaz. Univ.，ser. 8B，17：68. ＝*Ag.* sect. *Clinelymopsis*（Nevski）Bor，1970，in Reich. f.，Fl. Iranica 70：68.

Sect. 8. *Anthosachne*（Steud.）Tzvel.，1973，Nov. Sist. Vyssch. rast. 10：25. ＝*Anthosachne* Steud.，1854，Syn. Pl. Glum. 1：237. ＝ *Ag.* sect. *Anthosachne*（Steud.）Melderis，1970，in Reich. f.，Fl. Iranica 70：168.

Sect. 9. *Stenostachys*（Tucz.）Á. Löve et Connor，1982，New Zeal. J. Bot. 20：183. ＝ *Stenostachys* Turcz.，1862，Bull. Soc. Nat. Moscou 35：330. ＝ *Cockaynea* Zotov，1943，Trans. R. S. New Zeal. 73：253.

Sect. 10. *Dasystachyae* Á. Löve，1984，Feddes Repert. 95（7‐8）：469. ＝ *Elytrigia* sect. *Dasystachiae* Dubovik，1976，Nov. Sist. Vyssch. i Nizsch. 1976：8. nom. prov.

Sect. 11. *Hyalolepis*（Nevski）A. Love，1984，Feddes Repert. 95（7‐8）：473. ＝ *Ag.* sect. *Hyalolepis* Nevski，1934，Tr. Sredneaz. Univ.，ser. 8B，17：60. ＝*Elytrigia* sect. *Hyalolepis* Nevski，1934，Tr. Sredneaz. Univ.，ser. 8B，17：60. 1934.

Elymus abolinii var. *pluriflorus* D. F. Cui，1990，Bull. Bot. Res. 10 （3）：30.

Elymus abolinii (Drob.) Tzvel. var. *nudiusculus* (L. B. Cai) S. L. Chen，2002，Novon 12 （3）：425. = *Ro. nudiuscula* L. B. Cai，1997，Acta Phytotax. Sin. 35 （2）：171.

Elymus acicularis Suksdorf，1923，Werdenda 1：3. =*Leymus triticoides* (Bukl.) Pilger.

Elymus acutus （DC. ） M. -A. Thiebaud，1987，Candollea，42 （1）：340. = *Triticum acutum* DC.

Elymus aegilopoides (Drob.) V. N. Voroschilov，1985，in A. K. Skvortzov (ed.)，Fliorist issl. v razn. Raionakh SSSR：151. =*Ag. aegilopoides* Drob.

Elymus aemulans (Nevski) Nikif. ，1968，Opred Rast Sredn. Azii 1：197. =*Aneurolepidium aemulans* Nevski，1934，Fl. SSSR 2：711. = *Leymus aemulans* (Nevski) Tzvel. ，1960，Bot. Mat. (Leningrad) 20：430.

Elymus afghanicus (Meld.) G. Singh，1983，Taxon 32 （4）：639. =*Ag. afghanicum* Meld. ，1960，in Bor，Grass. Burm. Ceyl. Ind. Pak. = *Elytrigia* intermedia ssp. *afghanica* (Meld.) Á. Löve. 1984，Feddes Repert. 95 （7 - 8）：468. =*Trichopyrum intermedium* Á. Löve ssp. *afhanicum* (Melderis) Á. Löve，1986，veroff. Geobot. Inst. EYN，Stiftung Rubel，Zurich 87：49.`

Elymus africanus Á. Löve，1984，Feddes Repert. 95 （7 - 8）：468. =*Triticum elymoides* Hochst. ，1851，in A. Richard，Tent. Fl. Abyss. 2：440. non Hornem. ，1813；non *Elymus elymoides* Sweezy. 1891. = *Anthosachne elymoides* (Hochst.) Nevski，1934，Tr. Sredneaz. Univ. ，ser. 8B，17：65. 1934.

Elymus agropyroides J. Presl. 1830，Rel. Haenk. 1：265. =*E. angulatus* J. Presl.

Elymus agropyroides var. *brevimucronatus* Haumann，1918，Anal. Soc. Ci. 85：233 - 234. = *E. angulatus* J. Presl.

Elymus ajanensis （V. Vassil. ） Vorosch. ，1968，Fl. Sov. Daljn. Vost. 74. = *Asperella ajanensis* V. Vassil. ，1940，Bot. Mat. (Leningrad) 8：216. =*Leymus mollis* ssp. *interior* (Hulten) Á. Löve.

Elymus akmolinensis Drob. ，1915，Trav. Mus. Bot. Acad. Petersb. 14：133. = *Leymus paboanus* (Claus) Pilger ssp. *akmolinensis* (Claus) Tzvel.

Elymus alaicus Korsh. ，1896，Mem. Acad. Sci. Petersb. ，ser. 8，4：101. = *Leymus alaicus* (Korsh.) Tzvel. 1960，Bot. Mat. (Leningrad) 20：429.

Elymus alashanicus （Keng） S. L. Chen，1987，Bull. Nanjing Bot. Gard. Mem. Sun Yat Sen. 1987：8 （publ. 1988） . = *Roegneria alashanica* Keng，1963，in Keng & S. L. Chen，Acta Nanking Univ. (Biol.) 3 （1）：73.

Elymus alaskanus (Scribn. et Merr.) Á. Löve，1970，Taxon 19：299. =*Ag. alaskanum* Scrib. & Merr. ，1910，Contr. U. S. Natl. Herb. 13：85.

Elymus alaskanus ssp. *borealis* (Turcz.) Á. Löve et D. Löve，1976，Bot. Not. 128：502. = *Triticum boreale* Turcz. ，1856，Bull. Soc. Nat Moscou 29：56. = *E. kronokensis* ssp. *borealis* (Turcz.) Tzvel.

Elymus alaskanus ssp. *hyperarcticus* (Polunin) Á. Löve et D. Löve，1976，Bot. Not. 128：502. = *Ag. violaceum* var. *hyperacticus* Polunin，1940，Bull. Natl. Mus. Canad. 92：95. =*E. sajanensis* ssp. *hyperarcticus* (Polunin) Tzvel.

Elymus alaskanus ssp. *islandicus* (Meld.) Á. Löve et D. Löve，1976，Bot. Not. 128：502. = *Ro. borealis* var. *islandica* Meld.，1950，Svensk Bot. Tidskr. 44：163.

Elymus alaskanus ssp. *kronokensis* (Komarov) Á. Löve et D. Löve，1984，Bot. Feddes Repert. 95 (7 - 8)：462. =*Ag. kronokense* Komarov，1915，Feddes Repert. 13：87. = *E. kronokensis* (Komar.) Tzvel.

Elymus alaskanus ssp. *latiglumis* (Scribn. et Smith) A. Love，1980，Taxon 29：166. = *Ag. violaceum* var. *latiglume* Scrib. et Smith，1897，USDA Div. Agrost. Bull. 4：30.

Elymus alaskanus ssp. *sajanensis* (Nevski) Á. Löve，1984，Feddes Repert. 95 (7 - 8)：463. =*Ro. sajanensis* Nevski，1934，Fl. SSSR. 2：624. =*E. sajanensis* (Nevski) Tzvel.

Elymus alaskanus ssp. *scandicus* (Nevski) Meled. 1978，Bot. J. Linn. Soc. 76：375. = *Ro. scandica* Nevski，1934，Fl. SSSR. 2：624. 1934. = *E. kronokensis* ssp. *subalpinum* (Neuman) Tzvel. 2n＝28.

Elymus alaskanus ssp. *subalpinus* (Neuman) Á. Löve et D. Löve，1976，Bot. Not. 128：152. =*Triticum violaceum* f. *subalpinum* Neuman，1901，Sveriges Fl. 726. = *E. kronokensis* ssp. *subalpinum* (Neuman) Tzvel.

Elymus alaskanus ssp. *villosus* (V. Vassil.) Á. Löve & D. Löve，1976，Bot. Not. 128：502. = *E. sajanensis* ssp. *villosus* (V. Vassil.) Tzvel.，1973，Nov. Sist. Vyssch. Rast. 10：24. 2n＝28.

Elymus alatavicus (Drob.) Á. Löve，1984，Feddes Repert. 95 (7 - 8)：473. = *Ag. alatavicum* Drob.，1925，Feddes Repert. 21：43. = *Kengyilia alatavica* (Drobov) J. L. Yang，Yen & Baum，Can. J. Bot. 71：343. 1993.

Elymus albertii Regel，1881，Tr. Peterb. Bot. Sada 7，2：561. = *Psathrostachys juncea* (Fisch.) Nevski.

Elymus albicans (Scribn. et Smith) Á. Löve，1980，Taxon 29：166. = *Ag. albicans* Scribn. & Smith，USDA Div. Agrost. Bull. 4：32. =*E. lanceolatus* (Scribn. & Smith.) Gould.

Elymus albicans var. *griffithsii* (Scribn. et J. G. Smith ex Piper) R. D. Dorn.，1988，Vasc. Pl. Wyoming 298. = *Ag. griffithsii* Scribn. et Smith ex Piper，1905，in Piper，Proc. Biol. Soc. Wash. 18：148. = *E. lanceolatus* (Scribn. et Smith ex Piper) Gould.

Elymus albovianus F. Kurtz，1896，in Alboff，N.，Revist Mus. La Plata 7：401 - 402.；1900，Bol. Acad. Nac. Cien. Cordoba 16：259. =*E. antarcticus* Hook. f. = *E. angulatus* J. Presl.

Elymus aleuticus Hulten，1936，Svensk Bot. Tidskr. 30：518. =*E.* X *aleuticus* Hulten，1964，Bowden in Canad. J. Bot. 42：564.

Elymus aliena (Keng) S. L. Chen，1997，Novon 7 (3)：227. = *Ro. aliana* Keng，1963， in Keng & S. L. Chen，Acta Nanking Univ. (Biol.) 3 (1)：31.

Elymus altaicus Sprengel，1828，Tent. Suppl. ad Spreng. Syst. Veg. 5：5. = *Psathyrostachys juncea* (Fisch.) Nevski.

Elymus altaicus D. F. Cui，1990，Bull. Bot. Res. 10 (3)：28.

Elymus altissimus (Keng) Á. Löve，1984，Feddes Repert. 95(7 - 8)：448. = *Ro. altissima* Keng，1963，in Keng et S. L. Chen，Acta Nanking Univ. (biol.) 3 (1)：53.

Elymus ambiguus Vasey et Scribn. 1893，Contr. U. S. Natl. Herb. 1：280. = *Leymus ambiguus* (Vasey et Scribn.) D. Dewey，1983，Brittonia 35：32.

Elymus ambiguus var. *salinus* (M. E. Jones) C. L. Hitchc. ，1909，Vasc. Pl. Pacific North-west 1：558. = *Leymus salinus* (M. E. Jones) Á. Löve.

Elymus ambiguus var. *salmonis* C. L. Hitchcok，1969，Univ. Wash. Publ. Biol. 17：558. = *Leymus ambiguus* (Vasey et Scribn.) ssp. *salmonis* (C. L. Hitchcock) R. Atkins，1983，in Barkworth & Dewey，Great Basin Naturalist 43：569.

Elymus americanus Vasey et Scribn，1802，in Macoun，Catal. Can. Pl. 2，4：245. = *E. glaucus* Buckl.

Elymus ampliculmis Provancer，1862，Fl. Canada 2：706. = *Leymus mollis* (Trin.) Pilger.

Elymus amurensis (Drob.) S. K. Cherepanov，1981，Sosud. Rast. SSSR 348. = *Ag. amurense* Drob. ，1914，Tr. Bot. Muz. AN 12：50. = *Ro. amurensis* (Drob.) Nevski，1934，Fl. SSSR 2：606.

Elymus andinus Poepp. ex Trin. ，1836，Linnaea 10：304. = *E. chubutensis* Speg. = *E. leptostachyus* Speg. = *E. angulatus* J. Presl.

Elymus angulatus J. Presl，1830，in C. Presl，Rel. Haenk. 264 - 265.

Elymus angustifolius Davy，1901，in Jepson，Fl. West. Midl. Calif. 79. = *E. glaucus* Buckl.

Elymus angustiformis Drob. ，1941，Fl. Uzbek. 1：304. 540. excl. typo. non Davy 1901. non Pavlov，1956. = *Leymus latiglumis* Tzvel. = （quod typum） *Leymus alaicus* (Korsh.) Tzvel.

Elymus angustiformis Pavlov，1952，Vest. Akad. Nauk. Kazakhst. 5：86. ；1956，Fl. Kazakhst. 1：322. non Drobov 1941. = *Leymus karelinii* (Turcz.) Tzvel.

Elymus angustispiculatus S. L. Chen et G. Zhu，2002，Novon 12 (3)：425. = *Ro. angusta* L. B. Cai，1996，Acta Phytotax. Sin. 34 (3)：332.

Elymus angustus Trin. ，1829，in Ledeb. ，Fl. Alt. 1：119. = *Leymus angustus* (Trin.) Pilger，1947，Bot. Jahrb. 74：7. (publ. in 1949) .

Elymus antarcticus Hook. f. ，1846，Fl. Antarct. 2：388. = *E. latiglumis* Philippi. = *E. albovianus* F. Kurtz. . = *E. angulatus* J. Presl.

Elymus antarcticus var. *fulvescens* Kurtz，1896，in N. Alboff et al. ，Rev. Mus. La Plata 7：401. = *E. valdiviae* Steud. ，1855，Syn. Pl. Glum. 1：349. = *E. angulatus* J. Presl.

Elymus anthosachnoides （Keng） Á. Löve，1984，Feddes Repert. 95 （7 - 8）；459. = *Ro. anthosachnoides* Keng，1963，in Keng and S. L. Chen，Acta Nanking Univ. (biol.) 3 (1)：65. 2n=28.

Elymus antiquus （Nevski） Tzvel. ，1968，Rast Tsentr. Azii 4：220. = *Ag. antiquum* Nevski，1932，Bull. Jard. Bot. Ac. Sc. URSS 30：515.

Elymus apricus Á. Löve et Connor，1982，New Zeal. J. Bot. 20 (2)：182. =*Anthosachne aprica* （ Love et Connor） C. Yen et J. L. Yang，2006，Biosyst. Tri. vol. 3：232.

Elymus aralensis Regel，1868，Bull. Soc. Nat. Moscou 41：285. = *Leymus multicaulis* （Kar. & Kir. ） Tzvel.

Elymus araucanus （Parodi） Á. Löve，1984，Feddes Repert. 95 （7 - 8）：471. = *Ag. altenuatum* var. *araucanum* Parodi，1940，Rev. Mus. La Plata，Secc. Bot. 3：35. = *E. glaucescens* Seberg，1989，Pl. Syst. Evol. 166：91 - 104.

Elymus arcuatus （Golosk. ） Tzvel. 1972，Nov. Sist. Vyssch. Rast. 9：61. =*Ag. arcuatum* Golosk. ，1950，Bot. Mat. （Leningrad) 12：27.

Elymus arenarius L. ，1753，Spec. Pl. 83. = *Leymus arenarius* （L. ） Hochst. ，1848，Flora 7：118.

Elymus arenarius var. *giganteus* （Vahl. ） Schmalh. ，1897，Fl. Sredn. i Yuschn. Ross. 2：667. = *Leymus racemosus* （Lam. ） Tzvel.

Elymus arenarius ssp. *mollis* （Trin. ） Hulten，1927，Fl. Kamtsch. 1：153. = *Leymus arenarius* （Trin. ） Pilger.

Elymus arenarius L. ssp. *sabulosus* （M. Bieb. ） Beldie ，1972，Fl. Republ. Social Roman. ，12：579. = *E. sabulosus* M. Bieb. = *Leymus racemosus* ssp. *sabulosus* （M. Bieb. ） Tzvel.

Elymus arenarius var. *sabulosus* （M. Bieb. ） Schmalh. ，1897，Fl. Sredn. i Yuschn. Ross. 2：667. =*E. sabulosus* M. Bieb. =*Leymus racemosus* ssp. *sabulosus* （M. Bieb. ） Tzvel.

Elymus arenarius var. *villosus* E. Meyer，1839，Pl. Labrad. 20. =*Leymus mollis* （Trin. ） Pilger.

Elymus arenicolus Scribn. et J. G. Smith，1899，USDA Div. Agrost. Bull. 9：7. =*Leymus flavescens* （Scrib. & J. G. Smith) Pilger，1945，Bot. Jahrb. 74：6.

Elymus arenosus （Spenn. ） H. J. Conert，1997，in G. Hegi，Illustr. Fl. Mitteleur. ，ed. 3，1 (3：Lief. 10)：793. = *Triticum repens* var. *arenosum* Spenn.

Elymus aristiglumis （Keng et S. L. Chen） S. L. Chen，1987，Bull. Nanjing Bot. Gard. Mem. Sun Yat Sen 1987：9. （publ. in 1988) . =*Ro. aristiglumis* Ken et S. L. Chen，1963，Acta Nanking Univ. （Biol. ） 3 （1)：55 - 56. =*Campeiostachys aristiglumis* （Keng et S. L. Chen） J. L. Yang，B. R. Baum et C. Yen.

Elymus aristiglumis （Keng et S. L. Chen） S. L. Chen var. *hirsutus* （H. L. Yang） S. L. Chen，1997，Novon 7 （3）：227. = *Ro. aristiglumis* Keng et S. L. Chen var. *hirsuta* H. L. Yang，1980，Acta Phytotax. Sin. 18：253. =*Campeiostachys aristiglumis* （Keng et S. L. Chen） J. L. Yang，B. R. Baum et C. Yen var. *hirsuta* （H. L.

Yang) J. L. Yang, B. R. Baum et C. Yen.

Elymus aristiglumis (Keng et S. L. Chen) S. L. Chen var. *lianthus* (H. L. Yang) S. L. Chen, 1997, Novon 7 (3): 227. = *Ro. aristiglumis* Keng et S. L. Chen var. *liantha* H. L. Yang, 1980, Acta Phytotax. Sin. 18: 253. = *Campeiostachys aristiglumis* (Keng et S. L. Chen) J. L. Yang, B. R. Baum et C. Yen var. *liantha* (H. L. Yang) J. L. Yang, B. R. Baum et C. Yen.

Elymus arizonicus (Scribn. et J. G. Smith) Gould, 1947, Madrono 9: 125. = *Ag. arizonicum* Scribn. & Smith, 1897, USDA Div. Agrost. Bull. 4: 27. = *Pseudoroegneria arizonica* (Scribn. & Smith) Á. Löve, 1980, Taxon 29: 168. = *Elytrigia arizonica* (Scribn. & Smith) D. Dewey, 1983, Brittonia 35: 31.

Elymus arkansanus Scribne. et Ball, 1901, USDA Div. Agrost. Bull. 24: 45. = *E. virginicus* ssp. *villosus* (Muel.) Á. Löve.

Elymus asiaticus Á. Löve, 1984, Feddes Repert. 95 (7 - 8): 465. = *Asperella sibirica* Trautv., 1877, Tr. Peterb. Bot. Sada 5: 132.

Elymus asiaticus ssp. *longearistatus* (Hack.) A. Love, 1984, Feddes Repert. 95 (7 - 8): 465. = *Asperella sibirica* var. *longe-aristata* Hack., 1899, Bull. Herb. Boiss. 7: 715. = *Asperella longearistata* (Hack.) Ohwi, 1941, Acta Phtotax. Geobot. Kyoto 10: 103. = *Hystrix longearistata* (Hack.) Honda, 1930, J. Fac. Sci. Univ. Tokyo 3, 3: 14. = *Leymus duthiei* var. *longearistatus* (Hack.) Y. H. Zhou et H. Q. Zhang.

Elymus asper Nees ex Steud., 1854, Syn. Pl. Glum. 1: 349. non 1907, *E. asper* (Simonk.) Brand, = *E. angulatus* J. Presl.

Elymus asper (Simonkai) Brand, 1907, in Koch, Syn. Deutsch. Fl. ed. 3, 3: 2800. = *Taeniatherum caputmedusae* (L.) Nevski, 1934, Tr. Sredneaz. Univ. ser. 8B, 17: 34.

Elymus athericus (Link) M. Kerguelen, 1983, Lejeunia 110: 57. = *Triticum athericum* Link, 1843, Linnaea 17: 395.

Elymus atratus (Nevski) Hand.-Mazz., 1936, Symb. Sin. Pt. 7: 1292. = *Clinelymus atratus* Nevski, Bull. Jard. Bot. Ac. Sc. URSS 30: 644.

Elymus attenuatus (Griseb.) K. Richter, 1890, Pl. Eur. 1: 132. = *Leymus racemosus* (Lam.) Tzvel.

Elymus attenuatus Á. Löve, 1984, Feddes Repert. 95: 473. = *Tr. attenuatum* H. B. K., Nov. Gen. & Spec. 1: 180

Elymus auritus Keng, 1941, Sunyatsenia 6: 65. = *Leymus auritus* (Keng) Á. Löve.

Elymus australasicus (Steud.) Tzvel., 1973, Nov. Sist. Vyssch. rast. 10: 25. = *Anthosacne australasica* Steud., 1854, Syn. Pl. Glum. 1: 237. = E. rectisetus (Nees in Lehm.) Á. Löve.

Elymus australis Scribn. & Ball., 1901, USDA Div. Agrost. Bull. 24: 46. = *E. virginicus* L.

Elymus australis Scribn. & Ball. var. *glabrifolia* (Vasey) Scribn. & Ball., 1901, USDA

Div. Agrost. Bull. 24: 46.

Elymus badachschanicus (Tzvel.) S. S. Ikonnikov，1979，Opred. Vyssch. Rast. Badakh-shana 57＝*Ro. longearistata* var. *badachschanicus* J. L. Yang，B. R. Baum et C. Yen.

Elymus bakeri (E. Nels.) Á. Löve，1980，Taxon 29: 167. ＝*Ag. bakeri* E. Nels.，1904，Bot. Gaz. 38: 378. ＝ *E. trachycaulus* ssp. *bakeri* (E. Nels.) Á. Löve.

Elymus baldshuanicus Roshev.，1932，Bull. Jard. Bot. Ac. Sc. URSS 30: 779. ＝*Leymus tianschanicus* (Drob.) Tzvel.，1960，Bot. Mat. (Leningrad) 20: 469.

Elymus barbatus F. Kurtz，1899，Bol. Acad. Nac. Cien. Cordoba 15: 522.

Elymus barbicallus (Ohwi) S. L. Chen，1987，Bull. Nanjing Bot. Gard. Mem. Sun Yat Sen 1987: 9 (publ. in 1988). ＝ *Ro. barbicalla* Ohwi，1942，Acta Phytotax. Geobot. 11 (4): 257.

Elymus barbicallus (Ohwi) S. L. Chen var. *pubifolius* (Keng) S. L. Chen，1997，Novon 7 (3): 227. ＝*Ro. barbicalla* Ohwi var. *pubifolia* Keng，1963，in Keng & S. L. Chen，Acta Nanking Univ. (Biol.) 3 (1): 25.

Elymus barystachyus L. B. Cai，1993，Act. Bot. Bor. -Occid. Sin. 13 (1): 70.

Elymus batalinii (Krassn.) Á. Löve，1984，Feddes Repert. 95 (7 - 8): 273. ＝ *Triticum batalinii* Krassn.，1887，Spisok Rast. Sobr. Vost. Tyanj Schane 120. ＝ *Kengyilia batalinii* (Krassn.) J. L. Yang，C. Yen & B. R. Baum，1993，Canad. J. Bot. 71: 343.

Elymus batalinii ssp. *alaica* (Drob.) Á. Löve，1984，Feddes Repert. 95 (7 - 8): 273. ＝ *Ag. alaicum* Drob. 1916，Tr. Bot. Muz. AN 16: 138. ＝ *Kengyilia alaica* (Drob.) J. L. Yang，C. Yen & B. R. Baum，1993，Canad. J. Bot. 71: 343. 2n＝42.

Elymus bescetnovae Kotuch. 1999，Turczaninowia 2 (4): 9.

Elymus bolivianus (Candargy) Á. Löve，1984，Feddes Repert. 95 (7 - 8): 471. ＝ *Ag. bolivianum* Candargy，1901，Monogr. tes phyls ton krithodon 46.

Elymus borealis Scribner，1900，USDA Div. Agrost. Circ. 27: 9. ＝ *E. hirsutus* K. Presl.

Elymus borianus (Meld.) Á. Löve，1984，Feddes Repert. 95 (7 - 8): 454. ＝*Ag. borianum* Meld.，1960，in Bor，Grass. Burm. Ceyl. Ind. and Pak. 690.

Elymus boreoochotensis A. P. Khokhryakov，1978，Byull. Glavn. Bot. Sada (Moscow) 109: 25.

Elymus brachyaristatus Á. Löve，1984，Feddes Repert. 95 (7 - 8): 449. ＝ *Clinelymus breviaristatus* Keng，1959，Fl. Ill. Prim. Sin. Gram. 423. sine descr. latin ＝ *E. breviaristatus* (Keng) Keng f. Bull. 1984，Bot. Res. 4 (3): 191.

Elymus brachyphyllus (Boiss. et Hausskn.) Á. Löve，1984，Feddes Repert. 95 (7 - 8): 458. ＝*Ag. brachyphyllum* Boiss. et Hausskn. 1884，in Boiss. Fl. Or. 5: 663.

Elymus brachypodioides (Nevski) G. A. Peschkova.，1972，in Stepn.，Fl. Bayk. Sib. 45. ＝*Ro. brachypodioides* Nevski. ＝ *E. pendulinus* ssp. *brachypodioides* (Nevski) Tzvel.

Elymus brachystachys Scribn. et Bell，1901，USDA Div. Agrost. Bull. 24: 47. ＝ *E.*

canadensis L.

Elymus breviaristatus (A. S. Hitchc.) Á. Löve, 1984, Feddes Repert. 95 (7 - 8): 471.
= *Ag. breviaristatum* A. S. Hitchc., 1927, Contr. U. S. Natl. Herb. 24: 353.

Elymus breviaristatus ssp. *scabrifolius* (Doll) Á. Löve, 1984, Feddes Repert. 95 (7 - 8):
471. = *Ag. repens* var. *scabrifolius* Doell, 1877, in Martius, Fl. Brasil. 2.

Elymus brevifolius (J. G. Smith) M. E. Jones, 1912, Contr. West. Bot. 14: 20. = *E.
sitanion* Schult.

Elymus breviglumis (Keng) Á. Löve, 1984, Feddes Repert. 95 (7 - 8): 467. = *Ro. bre-
viglums* Keng, in Keng & S. L. Chen, 1963, Acta Nanking Univ. (Biol.)
3 (1):48 - 49.

Elymus brevipes (Keng) Á. Löve, 1984, Feddes Repert. 95 (7 - 8): 467. = *Ro. brevipes*
Keng, 1963, in Keng & S. L. Chen, Acta Nanking Univ. (Biol.) 3 (1): 49. =
Ro. breviglumis var. *brevipes* Keng) L. B. Cai, 1997, Acta Phytotax. Sin. 35 (2): 160.

Elymus brownii Scribn. et J. G. Smith, 1897, USDA Div. Agrost. Bull. 8: 7. = *Leymus
innovatus* (Beal) Pilger.

Elymus buchtarmensis Yu. A. Kotukhov, 1992, Bot. Zhurn. 77 (6): 91.

Elymus bungeanus (Trin.) Meld., 1978, Bot. J. Linn. Soc., 76 (4): 376. = *Triticum
bungeanum* Trin., 1835, Mem. Sav. Etr. Petersb. 2: 529. = *Pseudoroegneria geniculata*
(Trin.) Á. Löve, 1984, Feddes Repert. 95 (7 - 8): 446.

Elymus bungeanus ssp. *pruiniferus* (Nevski) Meld., 1978, Bot. J. Linn. Soc. 76 (4):
376. = *Ag. pruiniferum* Nevski, 1934, Fl. SSSR 2: 640. = *Pseudoroegneria geniculata* ssp.
pruinifera (Nevski) Á. Löve, 1984, Feddes Repert. 95 (7 - 8): 446.

Elymus bungeanus ssp. *scythicus* (Nevski) Meld., 1978, Bot. J. Linn. Soc. 76 (4): 376.
= *Ag. scythicum* Nevski, 1934, Fl. SSSR 2: 638. = *Pseudoroegneria genuiculata*
ssp. *scythica* (Nevski) Á. Löve, 1984, Feddes Repert. 95 (7 - 8): 446. = *Trichopy-
rum scythica* (Nevski) C. Yen et J. L. Yang.

Elymus burchanbuddue (Nevski) Tzvel., 1968, Rast Tsentr. Azii 4: 220. =
Ag. burchanbuddae Nevski, 1932, Bull. Jard. Bot. Ac. Sc. URSS 30: 514.

Elymus buschianus (Roshev.) Tzvel., 1972, Nov. Sist. Vyssch. Rast. 9: 61. =
Ag. buschianum Roshev., 1932, Bull. Jard. Bot. Ac. Sc. URSS 30: 301. = *Ro. buschina*
(Roshev.) Nevski, 1934, Fl. SSSR 2: 620.

Elymus cacuminus B. R. Lu et B. Salomon, 1993, Nord. J. Bot. 13 (4): 355. =
Ro. cacumina (B. R. Lu & B. Salomon) L. B. Cai, 1997, Acta Phytotax. Sin. 35 (2):
158 - 160.

Elymus caducus Boiss., 1884, Fl. Or. 5: 691. = *Psathyrostachys caduca* (Boiss.)
Meld., 1965, Kgl. Danske Vid. Selsk. Biol. Skr. 14, 4: 93.

Elymus caesifolius Á. Löve, 1984, Feddes Repert/ 95 (8 - 9): 448. = *Ro. glaucifolia*
Keng, 1963, in Keng & S. L. Chen, Acta Nanking Univ. (Biol.) 3 (1): 57.

Elymus caespitosus Sukacz. , 1913, Tr. Bot. Muz. AN 11: 80. = *Psathyrostachys juncea* ssp. *hyanantha* (Rupr.) Tzvel.

Elymus caianus S. L. Chen et G. Zhu, 2002, Novon 12 (3): 425. = *Ro. gracilis* L. B. Cai, 1996 Acta Phytotax. Sin. 34 (3): 328 - 330.

Elymus calcicolus (Keng) Á. Löve, 1984, Feddes Repert. 95 (7 - 8): 453. = *Ro. calcicola* Keng, 1963, in Keng & S. L. Chen, Acta Nanking Univ. (Biol.) 3 (1): 21.

Elymus calderi M. E. Barkworth, 1996 (publ. 1997), Syst. Bot. 21 (3): 353.

Elymus californicus (Bolander ex Thurb.) Gould, 1947, Madrono 9: 127. = *Gymnostichum californicum* Bolander, 1880, in S. Wats. , Bot. Calif. 2: 327. = *Hystrix californica* (Bolander) Kuntze, 1891, Rev. Gen. Pl. 2: 778. = *Asperella californica* (Bolander) Beal, 1896, Grasses N. Amer. 2: 657. 2n=56

Elymus campestris (Godron et Grenier) M. Kergnelen, 1893, Lejeunia 110: 57. = *Ag. campestre* Gren. & Godron, 1856, Fl. Fr. 3: 607. excl. syn. Reichenb. = *Elytrigia pungens* ssp. *campestris* (Gren. & Godron) Á. Löve. = *Elymus pungens* ssp. *campestris* (Gren. &etGodron) Meld. , 1978, Bot. J. Linn. Soc. 76: 380.

Elymus canadensis L. , Sp. Pl. 83. 1753. = *Clinelymus canadensis* (L.) Nevski, 1932, Bull. Jard. Bot. Ac. Sc. URSS 30: 650.

Elymus canadensis L. f. *glaucifolia* (Mahl.) Fernald, 1933, Rhodora, 35 (414): 191.

Elymus canadensis var. *hirsutus* (Farw.) R. D. Dorn, 1988, Vasc. Pl. Wyoming 298. = E. *philadelphicus* L. var. *hirsutus* Farw.

Elymus canadensis ssp. *riparius* Wiegand, 1918, Rhodora 20: 84.

Elymus canadensis ssp. *wiegandii* (Fernald) Á. Löve, 1980, Taxon 29: 167. = E. *wiegandii* Fernald.

Elymus canaliculatus (Nevski) Tzvel. , 1968, Rast. Tsentr. Azii 4: 220. 1968. = *Ag. canaliculatum* Nevski, 1932, Bull. Jard. Bot. Ac. Sc. URSS 30: 509. = *Roegneria canaliculata* (Nevski) Ohwi.

Elymus caninus (L.) L. , 1755, Fl. Snec. , ed. 2. 39. = *Triticum caninum* L. , 1753, Sp. Pl. 86.

Elymus carinus ssp. *behmii* (Meld.) Jaaska, 1974, Eesti NSV Tead. Akad. Toim. , Biol. 23 (1): 5. = *Ro. behmii* Melderis, 1953, in Hylander, Nord. Karlvaxtfl. i: 376. sine descr. lat. ; 1953, Bot. Notiser 1953: 358.

Elymus caninus ssp. *biflorus* (Brign.) Á. Löve, 1975, Folia Geobot. Phytotax. Praha 10: 274. = *Triticum biflorum* Brignoli, 1810, Fasc. Rar. Pl. Forojulensium 18.

Elymus caninus var. *behmii* (Meld.) T. Karlsson, 1997 (publ. in 1998), Svensk. Bot. Tidskr. 91 (5): 249. = *Ro. behmii* Meld.

Elymus caninus ssp. *donianus* (F. B. White) P. D. Sell, 1996, in P. D. Sell & G. Murrel, Fl. Great Britain & Ireland 5: 363. = *Ag. donianum* F. B. White.

Elymus caninus var. *donianus* (F. B. White) Jaaska, 1974, Eestin NSV Tead. Akad.

Toim. , Biol. , 23 (1): 5. =*Ag. donianum* F. B. White, 1893, Proc. perthshire Soc. Nat. Sci. 1: 41. =*E. trachycaulus* ssp. *donianus* (F. B. White) Á. Löve.

Elymus caninus var. *donianus* (F. B. White) A. Meld. , 1983, Watsonia 14 (4): 392. = *Ag. donianum* F. B. White.

Elymus capitatus Scribn. , 1898, USDA Div. Agrost. Bull. 11: 55. = *Leymus mollis* (Trin.) Pilger.

Elymus caputmedusae L. , 1753, Spec. Pl. 84. = *Taeniatherum capitmedusae* (L.) Nevski, 1934, Tr. Sredneaz. Univ. , ser. 8B, 17: 34.

Elymus capitatus Scribn. , 1898, USDA. Div. Agrost. Bull. 11: = *Leymus mollis* (Trin.) Pilger, 1947, Bot. Jahrb. 74: 6. (publ. in 1949) .

Elymus cappadocicus Boiss. et Ball. , 1857, Bull. Soc. Bot. Fr. 4: 308.

Elymus caraganus Trin. ex Nevski, 1936, Acta Inst. Bot. Acad. Sc. URSS, Ser. I. Fasc. 2: 72. = *Leymus multicaulis* (Kar. et Kir.) Tzvel.

Elymus carolinianus Walt. , 1855. Pl. Gram. 351; Fl. Carol. 82.

Elymus caucasicus (C. Koch) Tzvel. , 1972, Nov. Sist. Vyssch. Rast. 9: 61. =*Ro. caucasica* C. Koch, 1848, Linnaea 21: 415. = *Triticum roegneria* Griseb. , 1852, in Leder. Fl. Ross. 4: 339. =*Ag. roegneria* (Griseb.) Boiss. , 1884, Fl. Or. 5: 662. =*Ag. caucasicum* (C. Koch) Grossh. , 1939, Fl. Kavk. 1: 327. =*Ro. linczevskii* Czopan. , 1969, Nov. Sist. Vyssch. Rast. 6: 24.

Elymus charkeviczii N. S. Probatova, 1984, Bot. Zhur. 69 (2): 256.

Elymus chatangensis Roshev. , 1932, Bull. Jard. Bot. Ac. Sc. URSS, 30: 779. 1932.

Elymus cheniae (L. B. Cai) G. Zhu, 2002, Novon 12 (3): 426. = *Ro. cheniae* L. B. Cai, 1996, Acta Phytotax. 333.

Elymus chinensis (Trin. ex Bunge) Keng, 1941, Sunyatsenia 6: 66 = *Triticum chinense* Trin. , 1835, Mem. Sav. Etr. Petersb. 2: 146. = *Leymus chinensis* (Trin.) Tzvel. , 1968, Rast. Tsentr. Azii 4: 205, p. p.

Elymus chinensis (Trin.) T. Koyama, 1987, Grass. Jap. and Neibour. Regions 504. = *Leymus chinensis* (Trin.) Tzvel.

Elymus churchii J. J. N. Campbell, 2002, SIDA 22 (1): 486-488.

Elymus chonoticus Philippi, 1857, Linnaea 33: 104. =*E. angulatus* J. Presl.

Elymus chubutensis Speg. , 1897, Rev. Eac. Agron. Vot. La Plata 3: 632. = *E. andinus* Trin. =*E. angulatus* J. Presl.

Elymus ciliaris (Trin.) Tzvel. , 1972, Nov. Sist. Vyssch. rast. 9: 61. =*Triticum ciliare* Trin. , 1883, in Bunge, Enum. Pl. China Bor. 72. = *Ro. ciliaris* (Trin.) Nevski, 1933, Tr. Bot. Inst. AN SSSR, ser. 1: 14.

Elymus ciliaris ssp. *amurensis* (Drob.) Tzvel. , 1072, Nov. Sist. Vyssch. Rast. 9: 61. = *Ag. amurense* Drob. , 1914, Tr. Bot. Muz. AN 12: 50. = *Ro. amurensis* (Drob.) Nevski, 1934, Fl. SSSR 2: 606. =*Ag. amurense* Drob. , 1914, Tr. Bot. Muz. AN 12: 50.

Elymus ciliaris var. *amurensis* （Drob. ） S. L. Chen, 1997, Novon 7 （3）: 228. = *Ro. amurensis* （Drob. ） Nevski.

Elymus ciliaris ssp. *integris* （Keng） Á. Löve, 1984, Feddes Repert. 95 （7 - 8）: 459. = *Ag. ciliare* var. *integrum* Keng, cf. A. *integrum* （Ken） Keng, 1940, Sinensia 11: 411.

Elymus ciliaris ssp. japonicus Á. Löve, 1984, Feddes Repert. 95 （7 - 8）: 459. = *Ag. japonicum* Honda, 1927, Bot. Mag. Tokyo 41: 384; non *Ag. japonicum* Tracy, 1894. = *Ag. japonense* Honda, 1935, Bot. Mag. Tokyo 49: 698. = *Ro. japonensis* （Honda） Keng, 1957, Claves Gen. et Spec. Gram. Sin. 186. = *Ro. ciliaris* var. *japonensis* （Honda） C. Yen, J. L. Yang et B. R. Lu, 1988, Acta Bot. Yunnan. 10 （3）: 269. = *Ag. ciliare* var. *minus* （Miq. ） Ohwi, 1965, Fl. Japan 153.

Elymus ciliaris var. *japonensis* （Honda） S. L. Chen, 1997, Novon 7 （3）: 228. = *Ag. japonicum* Honda. = *Ag. japonense* Honda.

Elymus ciliaris （Tin. ） Tzvel. var. *submuticus* （Honda） S. L. Chen, 1997, Novon 7 （3）: 238. = *Ro. ciliaris* var. *submuticus* （Honda） Keng, 1957, Clav. Gen. and Sp. Gram. Sin. 71, 168.

Elymus ciliaris var. *submuticus* （Honda） S. L. Chen, Novon 7 （3）: 228. = *Ag. ciliare* （Trin. ） Franch. var. *submuticum* Honda, 1930, J. Fac. Univ. Tokyo, Sect. 3, Bot. 3: 27.

Elymus ciliatus Muehl. , Descr. Gram. 179. 1817. = *E. virginicus* ssp. *villosus* （Muehl. ） Á. Löve.

Elymus ciliatus Scribner, 1898, USDA Div. Agrost. Bull. 11: 57. non Muehl. 1817. = *E. hirsutus* K. Presl.

Elymus cinereus Scribn. et Merr. , 1902, Bull. Torr. Bot. Club. 29: 467. = *Leymus cinereus* （Scribn. et Merr. ） Á. Löve, 1980, Taxon 29: 168.

Elymus cladostachys Turcz. , 1856, Bull. Soc. Nat. Moscou 29: 64. = *Leymus mollis* （Trin. ） Pilger, 1947, Bot. Jahrb. 74: 6. （publ. in 1949）.

Elymus clivorum A. Meld. , 1984, Note Roy. Bot. Gard. Edinburgh 42 （1）: 77.

Elymus cognatus （Hack. ） T. A. Cope, 1982, Pl. Pakistan 143: 628. = *Ag. cognatum* Hackel, 1904, in Kneucker, Allgen. Bot. Zeitschr. 1904: 22, in obs. = *Pseudoroegneria cognata* （Hackel） Á. Löve.

Elymus colorans （Meld. ） Á. Löve, 1984, Feddes Repert. 95 （7 - 8）: 457. = *Agropyron colorans* Meld. , 1965, in Koie & Rech. f. , Danske Vidensk. Selsk. Biol. Skr. 14, 4: 85.

Elymus compositus Steud. , 1855, Sym. Pl. Glum. 348.

Elymus condensatus K. Presl, 1830, Rel. Haenk. 1: 265. 1830. = *Leymus condensatus* （K. Presl） Á. Löve, 1980, Taxon 29: 168.

Elymus condensarus pubens Piper, 1899, Erythea 7: 101. = *Leymus cinereus* （Scribn. &

Merr.) Á. Löve.

Elymus condensatus var. *triticoides* (Bukl.) Thurr. , 1880, in S. Wats. , Bot. Calif. 2: 326. = *Leymus triticoides* (Bukl.) Pilg.

Elymus confusus (Roshev.) Tzvel. , 1968, Rast. Tsentr. Azii 4: 221. = *Ag. confusum* Roshev. , 1924, Bot. Mag. Glavn. Bot. Sada RSFSR 5: 150.

Elymus confusus ssp. *pilosifolius* A. P. Khokhryakov, 1978, Byull. Glavn. Bot. Sada (Moscow) 109: 26.

Elymus confusus ssp. *pruinosus* (Roshev.) Tzvel. , 1973, Nov. Sist. Vyssch. Rast. 10: 27. = *Ag. confusum* var. *pruinosum* Roshev. , 1924, Not. Syst. Herb. Hort. Bot. Ross. 5: 151.

Elymus confusus ssp. *pubiflorus* (Roshev.) Tzvel. , 1973, Nov. Sist. Vyssch. Rast. 10: 27. = *Ag. confusum* var. *pubiflorum* Roshev. , 1924, Not. Syst. Herb. Hort. Bot. Ross. 5: 151.

Elymus confusus var. *breviaristatus* (Keng) S. L. Chen, 1997, Novon 7 (3): 228. = *Ro. confusa* (Roshev.) Nevski var. *breviaristata* Keng, in Keng et S. L. Chen, Acta Nanking Univ. 3 (1): 52.

Elymus corallensis Philippi, 1864, Linnaea 33: 303. = *E. angulatus* J. Presl.

Elymus cordilleranus G. Davidse et R. W. Pohl, 1992, Novon 2 (2): 100. 1992. = *E. attenuatus* (Kunth) Á. Löve.

Elymus coreanus Honda, 1930, J. Fac. Sci. Univ. Tokyo sect. 3, 3: 17. = *Hystrix coreana* (Honda) Ohwi, 1936, J. Jap. Bot. 12: 653. = *Clinelymus coreanus* (Honda) Honda, 1936, Bot. Mag. Tokyo 50: 571. = *Asperella coreana* (Honda) Nevski, 1934, Fl. SSSR 2: 693. = *Elymus dasystachys* var. *maximoviczii* Komarov. = *Leymus coreanus* (Honda) K. B. Jensen et R. R. -C. Wang, 1997, Int J. Plant Sc. 158 (6): 877.

Elymus corralensis Phil. , 1864, Linnaea 33: 303. = *E. angulatus* J. Presl.

Elymus corsicus (Hakel) M. Kerguelen, Lejeunia 110: 57. 1983. = *Ag. caespitosum* var. *corsicum* Hackel, in Briquet, Prodr. Fl. Corse 1: 187. = *Lophopyrum corsicum* (Hackel) Á. Löve.

Elymus crescendus Wheeler, 1903, Minn. Bot. Studies 3: 106. = *E. canadensis* L. .

Elymus cretaceus Zing. ex Nevski, 1934, Fl. SSSR. 2: 714. = *Psathyrostachys junceus* (Fisch.) Nevski, 1934, Fl. SSSR 2: 714.

Elymus crinitus Schreber, 1772, Beschr. Graser 2: 15.

Elymus curtiaristatus (L. B. Cai) S. L. Chen et G. Zhu, 2002, novon 12 (3): 426. = *Ro. curtiaristata* L. B. Cai, 1996, Guihaia 16: 200.

Elymus curvatiformis (Nveski) Á. Löve, 1984, Feddes Repert. 95 (7 - 8): 454. = *Ag. curvatiforme* Nevski, 1932, Bull. Jard. Bot. Ac. Sc. URSS 30: 633.

Elymus curvatus Piper, 1903, Bull. Torr. Bot. Club 30: 233. = *E. virginicus* L. .

Elymus curvifolius (Lange) Meld. , 1978, Bot. J. Linn. Soc. 76: 377. = *Ag. curvifolium*

Lange，1860，Pug. Fl. Impr. Hisp. 55. = *Lophopyrum cuvifolium* （Lange） Á. Löve，1984，Feddes Repert. 95 （7 - 8）：488.

Elymus cylindricus （Franchet） Honda，1930，J. Fac. Sci. Univ. Tokyo Ⅲ，3：17，non Pohl. 1810. = *Elymus dahuricus* var. *cylindricus* Franch. = *Campeiostachys dahuricus* （Tuecz. ex Griseb.） J. L. Yang，B. R. Baum et C. Yen var. *cylindricus* （Franch.） J. L. Yang，B. R. Baum et C. Yen.

Elymus czilikensis （Drob.） Tzvel.，1968，Rast. Tsentr. Azii 4：214. quoad. pl. = *E. uralensis* ssp. *tianschanicus* Tzvel.

Elymus daghestanicus Alexeenko，1902，Tr. Tifl. Bot. Sada 6，1：97. = *Psathyrostachys rupestris* （Alexeenko） Nevski ssp. *dafhestanica* （Alexeenko） Á. Löve，1984，Feddes Repert. 95 （7 - 8）：474.

Elymus dahuricus Turcz. ex Griseb.，1852，in Ledeb.，Fl. Ross. 4：331. = *Clinelymus dahuricus* （Turcz. et Griseb.） Nevski. = *Campeiostachys dahuricus* （Turcz. ex Griseb.） J. L. Yang，B. R. Baum et C. Yen.

Elymus dahuricus var. *cylindricus* Franch. 1884，Nouv. Arch. Mus. Hist. Nat. （Paris） Ⅱ. 7：152. = *Elymus cylindricus* （Franch.） Honda = *Campeiostachys dahuricus* var. *cylindricus* （Franch.） J. L. Yang，B. R. Baum et C. Yen.

Elymus dahuricus ssp. *cylindricus* （Franch.） N. R. Cui，1982，Claves Pl. Xinjingiang 1：178. = *E. dahuricus* var. *cylindricus* Franch.

Elymus dahuricus ssp. *excelsus* （Turcz. ex Griseb.） Tzvel.，1971，Nov. Sist. Vyssch. Rast. 8：63. = *E. excelsus* Turcz. ex Griseb. = *Campeiostachys dahuricus* var. *excelsus* （Turcz. ex Griseb.） J. L. Yang，B. R. Baum et C. Yen.

Elymus dahuricus var. *micranthus* Meld.，1960，in Bor，Grass. Burm. Cyl. Ind. &. Pak. 697.

Elymus dahuricus ssp. *micranrhus* （Meld.） Á. Löve，1984，Feddes Repert. 95 （7 - 8）：451.

Elymus dahuricus ssp. *pacificus* Probatova，1978，Nov. Sist. Vyssch. Rast. 15：68. = *Campeiostachys dahuricus* var. *pacificus* （Probatova） J. L. Yang，B. R. Baum &. C. Yen.

Elymus dahuricus ssp. *villosulus* （Ohwi） Á. Löve，1984，Feddes Repert 95 （7 - 8）：450. = *E. villosulus* Ohwi. = *E. dahuricus* var. *villosulus* （Ohwi） Ohwi. = *Campeiostachys dahuricus* var. *villosula* （Ohwi） J. L. Yang，B. R. Baum et C. Yen.

Elymus dahuricus var. *villosulus* （Ohwi） Ohwi，1965，Fl. Jap. 155. = *E. dahuricus* ssp. *villosulus* （Ohwi） Á. Löve. = *Campeiostachys dahuricus* var. *villosula* （Ohwi） J. L. Yang，B. R. Baum et C. Yen.

Elymus dahuricus ssp. *villosus* （Ohwi） T. Koyama，1987，Grass. Jap. and Neibour. Regions 504.

Elymus dahuricus var. *violeus* C. P. Wang et X. L. Yang，1984，Bull. Bot. Res. 4

(4): 86.

Elymus dahuricus var. *xinjiangensis* (L. B. Cai) S. L. Chen，1997，Novon 7 (3): 228. = *E. xinjiangensis* L. B. Cai，1993，Acta Bot. Boreal-Occid. Sin. 13 (1): 71.

Elymus dasystachys Trin. ，1829，in Ledeb. ，Fl. Alt. 1: 120. p. p. = *Leymus secalinus* (Georgi) Tzvel. ，1968，Rast. Tsentr. Azii 4: 209.

Elymus dasystachys (B) *littoralis* Griseb. ，1852，in Ledeb. Fl. Ross. 4: Ross. 4: 333. = *Leymus secalinus* (Georgi) Tzvel.

Elymus dasystachys var. *maximoviczii* Komarov，1901，Tr. Peterb. Bot. Sada 20: 320. = *E. coreanus* Honda.

Elymus dasystachys var. *pubescens* O. Fedtsch. ，1903，Tr. Peterb. Bot. Sada 21: 435. = *Leymus secalinus* var. *pubescens* (O. Fedtsch.) Tzvel. ，1968，Rast. Tsentr. Azii 4: 209. = *Leymus secalinus* ssp. *pubescens* (O. Fedtsch.) Tzvel. ，1972，Nov. Sist. Vysschy. Rast. 9: 59.

Elymus dasystachys (?) *salinsuginosus* Griseb. ，1852，in Ledeb. ，Fl. Ross. 4: 333. = *Leymus paboanus* (Claus) Pilger.

Elymus dasystachys f. *glabra* Korsh. ，1898，Tent. Fl. Ross. Or. 491. excl. syn. = *Leymus paboanus* (Claus) Pilger ssp. *akmolinensis* Drob. ，1915，Tr. Bot. Muz. AN 14: 133.

Elymus debilis (L. B. Cai) S. L. Chen et G. Zhu，2002，Novon 12 (3): 426. = *Ro. debilis* L. B. Cai，1996，Acta Phytotax. sin. 34 (3): 327.

Elymus delileanus Schult. ，1824，Mant. 2: 424. = *E. geniculatus* Delile. = *Crithopsis delileana* (Schult.) Roshev. 1937，Zlaki 319. in Obs.

Elymus dentatus (Hook. f.) Tzvel. ，1973，Nov. Sist. Vyssch. Rast. 10: 21. = *Ag. dentatum* Hook. f. 1896，Fl. Brit. India 7: 370.

Elymus dentatus var. *dasyphyllus* Tzvel. ，1974，Nov. Sist. Vyssch. Rast 11: 72.

Elymus dentatus (Hook. f.) T. A. Cope，1982，Fl. Pakistan 143: 623. = *Ag. dentatum* Hook. f.

Elymus dentatus ssp. *elatus* (Hook. f.) Á. Löve，1984，Feddes Repert. 95 (7 - 8): 455. = *Ag. dentatum* var. *elatum* Hook. f. 1896，Fl. Brit. India. 7: 371.

Elymus dentatus var. *elatus* (Hook. f.) G. Singh，1986，J. Econ. Taxon. Bot. 8 (2): 497. = *Ag. dentatus* var. *elatum* Hokk. f.

Elymus dentatus ssp. *kashmiricus* (Meld.) Á. Löve，1984，Feddes Repert. 95 (7 - 8): 455. = *Ag. dentatum* var. *kashmiricum* Meld. ，1960，in Bor，Grass. Burm. Ceyl. Ind. & Pak. 690.

Elymus dentatus var. *kashmiricus* (Meld.) G. Singh，1986，J. Econ. Tax. Bot. 8 (2): 497. = *Ag. dentatum* var. *kashmiricum* Meld.

Elymus dentatus ssp. *lachnophyllus* (Ovcz. et Sidor.) Tzvel. ，1973，Nov. Sist. Vyssch. Rast. 10: 21. = *Ro. lachnollyla* Ovcz. et Sidor.

Elymus dentatus ssp. *scabrus* (Nevski) Á. Löve，1984，Feddes Repert. 95 (7 - 8): 690.

= *Ag. dentatum* var. *scabrum* Nevski，1932，Bull. Jard. Bot. Ac. Sc. URSS. 30：626. 2n＝42.

Elymus dentattus var. *scabrus* (Nevski) G. Singh，1986，J. Econ. Tax. Bot. 8 (2)：497. = *Ag. dentatum* var. *scabrum* Nevski.

Elymus dentatus ssp. *ugamicus* (Drob.) Tzvel. ，1973，Nov. Sist. Vyssch. Rast. 10：21. ＝*Ag. ugamicum* Drob. ，1923，Vved. Opred. Rast. Okr. Taschk. 1：41. ＝ *E. gmelinii* ssp. *ugamicus* Drob.) Á. Löve. 2n＝28.

Elymus desertorum Kar. et Kir. ，1841，Bull. Soc. Nat. Moscou 14：807. 1841. ＝*Psathyrostachys juncea* (Fisch.) Nevski.

Elymus diae Runemark，1962，Hereditas 48：550. nom. nud. ＝*Thinopyrum runemarkii* Á. Löve，1984，Feddes Repert. 95 (7‐8)：476.

Elymus distichus (Thunb.) Meld. ，1978，Bot. J. Linn. Soc. 76：383. = *Triticum distichum* Thunb. ，1794，Prodr. Fl. Cap. 1：23. = *Thinopyrum distichum* (Thunb.) Á. Löve，1984，Feddes Repert. 95 (7‐8)：476.

Elymus divaricatus Drob. ，1925，Feddes Repert. 21：45. = *Leymus divaricatus* (Drob.) Tzvel. ，1960，Bot. Mat. (Leningrad) 20：430.

Elymus divergens Davy，1901，in Jepson，Fl. West. Mid. Calif. 80. = *E. glaucus* ssp. *jepsonii*.

Elymus diversiglumis Scrib. et Ball，1901，USDA Div. Agrost. Bull. 24：48. ＝*E. virginicus* ssp. *interruptus* (Buckl.) Á. Löve.

Elymus dives K. Presl，1830，Rel. Haenk. 1：265. ＝*Leymus mollis* (Trin.) Pilger.

Elymus dolichatherus (Keng) Á. Löve ，1984，Feddes Repert. 95 (7‐8)：453. = *Ro. dolichothera* Keng，1963，in Keng et S. L. Chen，Acta Nanking Univ. (Biol.) 3 (1)：19.

Elymus donianus (F. B. White) Á. Löve et D. Löve，1964，Taxon 13：201. ＝*E. trachycaulus* (Link) Gould &. Shinner.

Elymus donianus ssp. *virescens* (Lange) Á. Löve et D. Löve，1964，Taxon 13：201. 1964. non *E. virescens* Piper，1899. = *Ag. violaceum* β *virescens* Lange，1888，Medd. om. Gronl. 3：155. 1888. = *E. trachycaulus* ssp. *virescens* (Lange) Á. Löve et D. Löve.

Elymus × dorei (Bowden) M. E. Barkworth et D. R. Dewey，1985，Amer. J. Bot. 72 (5)：772. ＝*Agroelymus dorei* Bowden.

Elymus drobovii (Nevski) Tzvel. ，1972，Nov. Sist. Vyssch. Rast. 9：61. = *Ag. drobovii* Nevski，Izv. Bot. Sada AN SSSR 30：626. 1932. ＝*Campeiostachys drobovii* (Nevski) J. L. Yang，B. R. Baum et C. Yen.

Elymus durus Hedw. ex Steud. ，1840，Nom. Bot. ，ed. 2，1：550，in syn. = *E. virginicus* L.

Elymus duthiei (Stapf) Bor，1940，Indian For. 66：544. = *Asperella duthiei* Stapf，in

Hook. f. 1896，British India 7：375. non *Elymus duthiei* Meld. 1960. =*Leymus duthiei* (Stapf) Y. H. Zhou et H. Q. Zhang ex C. Yen, J. L. Yang et B. R. Baum, 2009. J. Syst. Evol. 74（1）：83.

Elymus duthiei G. Singh，1983，Taxon 32：639. non Meld. 1960.

Elymus × *ebingeri* G. C. Tucker，1996，Harvard Pap. Bot. 9：83. =（*E. hystrix* × *virginicus*）.

Elymus edelbergii （Meld. ） O. Anders et Podlech，1976，Mitt. Bot. Staatssamml. Munchen 12：313. 1976. =*Ag. edelbergii* Meld. ，1965，in Koie & Reich，F. ，in Danske Vidensk. Selek. Biol. Skr. 14，4：87.

Elymus edelbergii （Meld. ） Á. Löve，1984，Feddes Repert. 95 （ 7 - 8 ）：454. =*Ag. edelbergii* Meld.

Elymus edentalus Suksdorf，1923，Werdenda 1（2）：4. = *E. glaucus* ssp. *jepsonii* （Davy） Gould.

Elymus elongatiformis （Drob. ） M. Assadi，1996，Willdenowia 26 （1 - 2）：268. = *Agropyron elongatiforme* Drob.

Elymus elongatus （Host） Greuter，1973，Ann. Mus. Goulandris 1：73. =*Triticum elongatum* Host，1802，Gram. Austr. 2：18.

Elymus elongatus （Host） Runemark，1972，Hereditas 70 （2）：156. =*Triticum elongatum* Host. = *Lophopyrum elongatum* （Host） Á. Löve，1980，Taxon 29：351.

Elymus elongatus ssp. *flaccidifolius* （Boiss. et Heldr. ） Runemark，1972，Hereditas 70 （2）：156. =*Ag. scirpeum* （K. Presl） Ciferri et Giacom. var. *flaccidifolium* Boiss. et Helder. ，1884，Fl. Or. 666. 1884. =*Lophopyrum flaccidifolium* （Boiss. et Helder. ） Á. Löve.

Elymus elongatus ssp. *haifensis* （Meld. ） Heneen & Runemark，1972，Hereditas 70 （2）：156. =*Lophopyrum haifense* （Meld. ） Á. Löve.

Elymus elongatus ssp. *ponticus* （Podr. ） Meld. ，1978，Bot. J. Linn. Soc. 76：377. = *Triticum ponticum* Podpera，1902，Verh. Zool. -Bot. Ges. Wien 52：681. = *Lophopyrum ponticum* （Podr. ） Á. Löve，1984，Feddes Repert. 95 （7 - 8）：489. 2n=70.

Elymus elongatus var. *ponticus* （Podp. ） R. D. Dorn，1988，Vasc. Pl. Wyoming 299. = *Triticum ponticum* Podpera，1902，Verh. Zool. -Bot. Ges. Wien 52：681. = *Lophopyrum ponticum* （Podr. ） Á. Löve，

Elymus elongatus ssp. *salsus* Meld. ，1984，Notes Roy. Bot. Gard. Edinburgh 42 （1）：77.

Elymus elongatus ssp. *turcicus* （McGuire） Meld. ，1984，Notes Roy. Bot. Gard. Edinburgh 42 （1）：81.

Elymus elymoides （ Rafin. ） Sweezey，1891，Nebr. Pl. Doane Col. 15. = *E. sitanion* Schult.

Elymus elymoides ssp. *brivifolius* （J. G. Smith） M. E. Barkworth，1997 （publ. 1998），Phytologia 83 （4）：305. =*Sitanion brevifolium* J. G. Smith.

Elymus elymoides ssp. *californicus* (J. G. Smith) M. E. Barkworth，1997（publ. 1998），
Phytologia 83（4）：306. =*Sitanion californicum* J. G. Smith.

Elymus elymoides ssp. *hordioides* (Suksd.) M. E. Barkworth，1997（publ. 1998），Phy-
tologia 83（4）：306. =*Sitanion hordioides* Suksd.

Elymus elymoides var. *brevifolius* (J. G. Smith) R. D. Dorn，1988，Vasc. Pl. Wyoming
298. =*Sitanion brevifolium* J. G. Smith，1899，USDA Div. Agrost. Bull. 18：17.

Elymus embergeri (Maire) M. Ibn. Tattou，1998，Bocconea 8：217. = *Ag. embergeri*
Maire.

Elymus engelmanni Hort ex Avdulov，1931，Bull. Applied Bot. ，Leningrad，Suppl. 44：
27. nomen.

Elymus enysii (Kirk) Á. Löve et Connor，1982，New Zeal. J. Bot. 20：183. = *Ag. enysii*
Kirk，1895，Trans. N. Z. I. 27：359.

Elymus erianthus Philippi，1892，Anal. Mus. Nac. Chile 1892：12，t. 5. = *Eremium eri-
anthum* (Phil.) Seberg &. Linde-Laursen，1996，Syst. Bot. 21（2）：11. =*Leymus eri-
anthus* (Phil.) Dubcovsky，1997，Genome 40：505 - 520.

Elymus erosiglumis Meld. ，1984，Notes RBG Edinb. 42（1）：78.

Elymus europaeus L. ，1767，Mant. 1：35. =*Hordelymus europaeus* (L.) Harz. ，1885，
Samenk. 2：1148.

Elymus excelsus Turcz. ex Griseb. 1852，in Ledeb. Fl. Ross. 4：331. = *E. dahuricus*
ssp. *excelsus* (Turcz. ex Griseb.) Tzvel.

Elymus falcis H. E. Connor，1994，New Zealand J. Bot. 32（2）：132.

Elymus farctus (Viv.) Runemark ex Meld. ，1978，Bot. J. Linn. Soc. 76：382. =*Tritic-
um farctum* L. ，1755，Cent. I. Plant. 6. = *Thinopyrum junceum* (L.) Á. Löve，1984，
Feddes Repert. 95（7 - 8）：476.

Elymus farctus ssp. *farctus* var. *sartorii* (Boiss. et Heldr.) Meld. ，1984，Notes RBG
Edinb. 42（1）：78. = *Ag. junceum* (L.) P. Beauv. var. *sartorii* Boiss. &. Heldr. ，1859，
in Boiss. ，Diagn. ser. 2（4）：142.

Elymus farctus ssp. *bessarabicus* (Savul. et Rayss) Meld. ，1978，Bot. J. Linn. Soc. 76
（4）：383. = *Ag. bessarabicum* Savul. &. Rayss，1923，Bull. Sect. Sci.
Acad. Roum. VIII，10：282. = *Thinopyrum bessarabicum* (Savul. et Rayss) Á. Löve，
1984，Feddes Repert. 95（7 - 8）：475.

Elymus farctus ssp. *boreali-atlanticus* (Simonet et Guinochet) Meld. ，1978，Bot. J.
Linn. Soc. 76（4）：377. =*Ag. junceum* ssp. *boreali-atlanticum* Simonet et Guinochet，
1938，Bull. Soc. Bot. Fr. 85：176. = *Thinopyrum junceiforme* (Á. Löve et D. Löve)
Á. Löve，1980，Taxon 29：351.

Elymus farctus ssp. *rechingeri* (Runemark) Meld. ，1978，Bot. J. Linn. Soc. 76（4）：
383. =*Ag. rechingeri* Runemark，1961，in Rech. f. ，Bot. Jahrb. 80：442. =*Thinopy-
rum sartorii* (Boiss. &. Heldr.) Á. Löve，1984，Feddes Repert. 95（7 - 8）：476.

Elymus farctus var. *sartorii*（Boiss. et Heldr.）Meld.，1984，Notes RBG Edinb. 42 (1)：78. = *Ag. junceum* var. *sartorii* Boiss. et Heldr.

Elymus farctus var. *striatulus*（Runemark）Meld.，1984，Notes RBG Edinb. 42（1）：82. =*E. striatulus* Runemark.

Elymus fasciculatus Roshev.，1932，Bull. Jard. Bot. Ac. Sc. URSS 30：780. 1932. = *Leymus divaricatus*（Drob.）Tzvel. ssp. *fasciculatus*（Roshev.）Tzvel.，1972，Nov. Sist. Vyssch. Rast. 9：63.

Elymus fedtschenkoi Tzvel.，1973，Nov. Sist. Vyssch. Rast. 10：21. = *Ag. curvatum* Nevski，Bull. Jard. Bot. Ac. Sc. URSS 30：629. non *E. curvatus* Piper. = *Ro. curvata* (Nevski) Nevski，Tr. 1934，Sredneaz. Univ.，ser. 8B，17：68.

Elymus festucoides（Maire）M. Ibn. Tuttou，1998，Bocconea 8：217. = *Ag. festucoides* Maire.

Elymus fibrosus（Schrenk）Tzvel.，1970，Spisok Rast. Herb. Fl. SSSR 18：29. = *Tr. fibrosum* Schrenk，1845，Bull. Phys-Math Acad. Sci. Petersb. 3：209. = *Ag. fibrousum* (Schrenk) Candargy，1901，Monogr. tes phyls ton krithodon 44.

Elymus fibrosus ssp. *subfibrosus*（Tzvel.）Tzvel.，1973，Nov. Sist. Vyssch. RAst. 10：25，=*Ro. subfibrosa* Tzvel.，Arkt. FL. SSSR. 2；238. 1964.

Elymus flaccidifolius（Boiss. et Heldr.）Meld.，1978，Bot. J. Linn. Soc. 76：377. = *Ag. scirpeum* var. *flaccidifolium* Boiss. &. Heldr.，1884，in Boiss.，Fl. Or. 5：666. =*Lophopyrum flaccidifolium*（Boiss. &. Heldr.）Á. Löve，1984，Feddes Repert. 95 (7 - 8)：489.

Elymus flavescens Scribn. et J. G. Smith，1897，USDA Div. Agrost. Bull. 8：8. =*Leymus flavescens*（Scribn. et Smith）Pilger，1947，Bot. Jahrb. 74：6.（publ. in 1949）.

Elymus flexiaristatus（Nevski）Meld.，1978，Bot. J. Linn. Soc. 76：375. =*Pseudoroegneria strigosa*（M. Bieb.）Á. Löve，1980，Taxon 29：168.

Elymus flexilis（Nevski）N. Kuznev，1948，Opred. Zlak. Kazakhst. 99. =*Aneurolepidium flexile* Nevski，1934，Fl. SSSR 2：705. = *Leymus flexilis*（Nevski）Tzvel.，1960，Bot. Mat.（Leningrad）20：429.

Elymus foliosus（Keng）S. L. Chen，1987，Bull. Nanjing Bot. Gard. Mem. Sun Yat Sen 1987：9.（publ. in 1988）. = *Ro. foliosa* Keng，in Keng &. S. L. Chen，1963，Acta Nanking Univ.（Biol.）3（1）：32 = syn. of *E. aliena*（Keng）Keng &. S. L. Chen，1997，Novon 7：227.

Elymus formosanus（Honda）Á. Löve，1984，Feddes Repert. 95（7 - 8）：449. = *Ag. formosnum* Honda，1927，Bot. Mag. Tokyo 41：383. = *Ro. formosana*（Honda）Ohwi，1941，Acta Phytotax. &. Geobot. 10：95.

Elymus formosanus（Honda）Á. Löve var. *pubigerus*（Keng）S. L. Chen，1997，Novon 7 (3)：228. = *Ro. formosana*（Honda）Ohwi var. *pubigera* Keng，1963，in Keng &. S. L. Chen，Acta Nanking Univ.（Biol.）3（1）：60.

Elymus formosanus（Honda）S. S. Ying，1991，Mem. Coll. Agric. Nation. Taiwan Univ. 31（1）：33.（isonym；see Á. Löve）

Elymus fontqueri（Meld.）D. Rivera et M. A. Carreras，1987，An. Biol. Fac. Biol. Univ. Murcia 13：25. = *E. pugens* ssp. *fontqueri* Meld.，1978，Bot. J. Linn. Soc. 76：380. =*Elytrigia pungens* ssp. *fontqueri*（Meld.）Á. Löve.

Elymus fragilis（Boiss.）Griseb.，1852，in Ledeb.，Fl. Ross. 4：330. quoad nom. = *Hordeum fragile* Boiss.，1846，Diagn. Pl. Or.，ser. 1，7：128. = *Psathyrostachys fragilis*（Boiss.）Nevski，1934，Fl. SSSR 2：716.

Elymus franchetti Kitagawa，1968，Jap. J. Bot. 43：189. =*E. dahuricus* Turcz. var. *cylindricus* Franch. 1884，Pl. Dav. 1：341. = *E. cylindricus*（Franch.）Honda.

Elymus franchetii ssp. *pacificus*（Probat.）G. A. Peshkova，1985，Nov. Sist. Vyssch. Rast. 22：40. =*E. dahuricus* ssp. *pacificus* Probat.

Elymus fuegianus（Speg.）Á. Löve，1984，Feddes Repert. 95（7 - 8）：471. =*Triticum fuegianum* Speg.，1896，Anal Mus. Nac. Buenos Aires 5：99. = *E. glaucescens* Seberg.

Elymus gayanus E. Desv，1853，in C. Gay，Botanica 6：467 - 468. =*E. angulatus* J. Presl.

Elymus geminatus（Keng et S. L. Chen）S. L. Chen，1987，Bull. Nanjing Bot. Gard. Mem. Sun Yat Sen 1987：9.（publ. in 1988）.=*Ro. geminata* Keng et S. L. Chen，in Keng & S. L. Chen，Acta Nanking Univ.（Biol.）3（1）：80. = *Kengyilia* × *stenachyra*（Keng）J. L. Yang，C. Yen et B. R. Baum，2006，Biosyst. Tri. Vol. 3：82.

Elymus geminata（Keng et S. L. Chen）L. Liou，Vasc. Pl. Henduan Mount.，2：2216. 1994. =*Ro. geminata* Keng et S. L. Chen.

Elymus geniculatus Curtis，Wm. Obs. British Grasses 46. 1787. nom. nid.

Elymus geniculatus Delile，1813，Fl. d'Egypte 174. non Curt.，1790. =*Crithopsis dellileana*（Schult.）Roshev.，1937，Zlak. 319. in obs.

Elymus gentryi（Meld.）Meld.，1984，Notes RBG Edin. 42（1）：82. =*Agropyron gentryi* Meld.，1970，in Rechinger，Fl. Iranica 70：165.

Elymus gentryi var. *ciliatiglumis* M. Assadi，1996，Willdenowia 26（1 - 2）：261.

Elymus giganteus Vahl，1794，Symb. Bot. 3：10. = *Leymus racemosus*（Lam.）Tzvel.

Elymus giganteus var. *attenuatus* Griseb.，1852，in Ledeb.，Fl. Ross. 4：332. =*Leymus racemosus*（Lam.）Tzvel.

Elymus giganteus var. *crassinervius* Kar. et Kir.，1841，Bull. Soc. Nat. Moscou 14：868. = *Leymus racemosus* ssp. *crassinervius*（Kar. et Kir.）Tzvel.，1971，Nov. Sist. Vyssch. Rast. 8：65.

Elymus giganteus var. *cylindraceus* Roshev.，1928，Tr. Peterb. Bot. Sada 40：253. s. st. =*Leymus racemosus* ssp. *klokovii* Tzvel.，1971，Nov. Sist. Vyssch. Rast. 8：65.

Elymus glaber（J. G. Smith）Davy，1902，Univ. Calif. Publ. Bot. 1：57. = *E. sitanion* Schult.

Elymus glaberrima （Keng et S. L. Chen） S. L. Chen，Bull. 1987，Nanjing Bot. Gard. Mem. Sun Yat Sen 1987：9. （publ. in 1988）. = *Ro. glaberrima* Keng，in Keng et S. L. Chen，1963，Acta Nanking Univ. （Biol.） 3 （1）：72 - 73.

Elymus glaberrima var. *breviaristata* S. L. Chen ex D. F. Cui，1990，Bull. Bot. Res. 10 （3）：29.

Elymus glabriflorus （Vasey） Scribn. et Ball.，1901，USDA Div. Agrost. Bull. 24：49. = *E. virginicus* L.

Elymus glabriflorus var. *australis* （Scribn. et C. R. Ball） J. J. N. Campbell，1995，Novon 5 （2）：128. =*E. australis* Scribn. et Ball，1901，USDA Div. Agrost. Bull. 24：46.

Elymus glaucescens Seberg，1989，Pl. Syst. Evol. 166：99.

Elymus glaucifolius Muehl.，1809，in Willd. Enum. Hort. Berol. 131.

Elymus glaucus Buckl.，1862，Proc. Acad. Nat. Sci. Phila. 1862：99. non Regel 1881. 2n＝28 . *Elymus glaucus* ssp. *glaucus* ＝*Clinelymus glaucus* （Buvkl.） Nevski，1932，Bull. Jard. Bot. Acad. Sci. URSS 30：648.

Elymus glaucus var. *jepsonii* Davy ex Jepson，1901，Fl. West. Mid. Calif. 79. 1901. = *E. glaucus* ssp. *jepsonii* （Davy ex Jepson） Gould.

Elymus glaucus ssp. *jepsonii* （Davy ex jepson） Gould，1947，Madrono 9：126. = *E. glaucus* var. *jepsonii* Davy ex Jepson = *E. glaucus* var. *jepsonii* Davy.

Elymus glaucus var. *maximus* Davy，1901，in Jepson，Fl. Mid. West Calif. 79.

Elymus glaucus var. *planifolius* Regel，1881，Tr. Peterb. Bot. Sada 7：585. = *Leymus poboanus* （Claus） Pilger.

Elymus glaucus f. *jepsonii* St. John，1927，S. E. Washin. & Adj. Idaho：42.

Elymus glaucus var. *tenuis* Vasey，1893，Contr. U. S. Nat. Herb. 1：280.

Elymus glaucus ssp *virescens* （Piper） Á. Löve，1984，Feddes Repert. 95 （7 - 8）：450. = *E. virescens* Piper. =*E. glaucus* var. *virescens* （Piper） Gould.

Elymus glaucus Regel，1881，Tr. Peterb. Bot. Sada 7：585. s. str. （" var. *teretifolius*"） non Buckle 1862. =*Leymus secalinus* （Georgi） Tzvel.

Elymus glaucissimus （M. Pop.） Tzvel.，1972，Nov. Sist. Vyssch. Rast. 9：61. = *Ag. glaucissimum* M. Pop.，1938，Bull. Mosk. Obshch. isp. pror.，Otd. bid. 47：84. = *Ro. glaucissima* （M. Pop.） J. L. Yang，B. R. Baum et C. Yen.

Elymus gmelinii （Ledeb.） Tzvel.，1968，Rast. Tsentr. Azii 4：216. =*Triticum caninum* var. *gmelinii* Ledeb.，1829，Fl. Alt. 1：118. 1829. non Tr. gmelinii Trin.，1838. non *Ag. gmelinii* （Ledeb.） Scribn. & Smith，1897. quoad nom，nec. （Trin.） Candargy，1901. = *Ag. turczaninovii* Drob.，1914，Tr. Muz. AN 12：47. = *Ro. turczaninovii* （Drob.） Nevski，1934，Fl. SSSR 2：607. = *Ro. gmelinii* （Ledeb.） Kitag.，1939，Fl. Mansh. 91.

Elymus gmelinii ssp. *tenuisectus* （Ohwi） Á. Löve，1984，Feddes Repert. 95 （7 - 8）：456. = *Ag. turczaninovii* var. *tenuisectum* Ohwi，Bull. Nat. Sci. Mus. Tokyo 33：66. =

Ag. gmelinii var. *tenuisectum* (Ohwi) T. Koyama，1965，Fl. Japan. 154.

Elymus gmelinii var. *macrantherus* (Ohwi) S. L. Chen et G. Zhu，2002，Novon 12（3）：426. ＝*Ag. turczaninovii* Drob. var. *macrantheraum* Ohwi，1941，Acta Phytotax. Geobot. 10：98.

Elymus gmelinii var. *tenuisectus* (Ohwi) T. Osada，1989，Illustr. Grass. of Japan 738. ＝ *Ag. turczaninovii* var. *tenuisetum* Ohwi.

Elymus gmelinii ssp. *ugamicus* (Drob.) Á. Löve，1984，Feddes Repert. 95（7－8）：456. ＝ *Ag. ugamicum* Drob.，1923，Vved. Opred. Rast. Okr. Taschk. 1：41. non *Elymus ugamicus* Drob. 1925. ＝ *Ro. ugamica* (Drob.) Nevski，1934，Tr. Sredneaz. Univ.，ser. 8B. 17：70. ＝ *E. nevskii* Tzvel.

Elymus gracilis Phil.，1864，Linnaea 33：301. ＝*E. angulatus* J. Presl.

Elymus grandiglumis (Keng) Á. Löve，1984，Feddes Repert. 95（7－8）：455. ＝ *Ro. grandiglumis* Keng，1963，in Keng et S. L. Chen，Acta Nanking Univ.（Biol.）3（1）：82－83. ＝*Kengyilia grandiglumis* (Keng) J. L. Yang，C. Yen et B. R. Baum，1992，Hereditas，116：28. 2n＝42.

Elymus grandis (Keng) Á. Löve，1984，Feddes Repert. 95（7－8）：458. ＝*Ro. grandis* Keng，1963，in Keng et S. L. Chen，Acta Nanking Univ.（Biol.）3（1）：45.

Elymus griffithsii (Scribn. et Smith) Á. Löve，1980，Taxon 29：167. ＝*Ag. griffithsii* Scribn. et Smith，1905，in Piper，Proc. Biol. Soc. Wash. 18：148. ＝ *E. lanceolatus* (Scribn. et Smith) Gould.

Elymus halophilus Bicknell，1908，Bull. Torr. Bot. Club 35：201. ＝*E. virginicus* L.

Elymus hansense Scribn. 1898，USDA Div. Agrost. Bull. 11：56.

Elymus harsukhii H. S. Dubey et S. N. Dixit，1988，J. Econ. Taxon. Bot. 12（1）：227.

Elymus himalayanus (Nevski) Tzvel.，1972，Nov. Sist. Vyssch. Rast. 9：61. ＝ *Ro. himalayana* Nevski，1934，Tr. Sresneaz. Univ.，ser. 8B，17：68. ＝ *campeiostachys himalayana* (Nevski) J. L. Yang，B. R. Baum et C. Yen.

Elymus hirsutiglumis Scribn.，1989，USDA Div. Agrost. Bull. 11：58. ＝*E. viriginicus* L.

Elymus hirsutus K. Presl，1830，Rel. Haenk. 1：264. non Schreber，1817. ＝*E. ciliatus* Scribner. ＝*E. borealis* Scribn.

Elymus hirsutus Schreber，1817，in Roem. et Schult. Syst. Veg. 2：776. ＝*E. virginicus* ssp. *villosus* (Mehl.) Á. Löve.

Elymus hispanicus (Boiss.) S. Talavera，1986，Lagascalia 14（1）：170. ＝ *Ag. panormitanus* var. *hispanicus* Boiss.

Elymus hispidulus Davy，1901，in Jepson，Fl. West. Midl. Calif. 79. ＝*E. glaucus* Buckl.

Elymus hispidus (Opiz) Meld.，1978，Bot. J. Linn. Soc. 76：380. ＝ *Ag. hispidum* Opiz，1836，in Berchtold & Oriz，Okon.-Techn. Fl. Bohmens 1：413. ＝*Elytrigia intermedia* (Host) Nevski.

Elymus hispidus ssp. *barbelatus* (Schur) Meld.，1978，Bot. J. Linn. Soc. 76：381. ＝

Elytrigia intermedia（Host）Nevski ssp. *barbulata*（Schur）Á. Löve，1980，Taxon 29：350.

Elymus hispidus var. *epiroticus* Meld.，1978，Bot. J. Linn. Soc. 76（4）：38.

Elymus hispidus ssp. *graecus* Meld.，1978，Bot. J. Linn. Soc. 76（4）：38.

Elymus hispidus ssp. *podperae*（Nab.）Meld.，Notes RBG Edinb. 42（1）：78. 1978. = *Ag. podperae* Nab.，1929，Publ. Fac. Sci. Univ. Masaryk Brno 111：24，f. 9.

Elymus hispidus var. *podperae*（Nab.）M. Assadi，1996，Willdenowia 26（1-2）：228. = *Ag. podperae* Nabelek.

Elymus hispidus ssp. *pouzolzii*（Godron）Meld.，1978，Bot. J. Linn. Soc. 76：382. = *Triticum pouzolzii* Godron，1854，Mem. Soc. Emul. Doubs，ser. 2. 5：11. = *Elytrigia intermedia* ssp. *pouzolzii*（Godron）Á. Löve，1984，Feddes Repert. 95（7-8）：487.

Elymus hispidus ssp. *pulcherrimus*（Grossh.）Meld.，1984，Notes RBG Edinb. 42（1）：78. = *Ag. pulcherrimum* Grossh.，1919，Monit. Jard. Bot. Tiflis 13-14：42. t. 4 f. 1-5. = *Kengyilia pulcherrima*（Grossh.）C. Yen，J. L. Yang et B. R. Baum，1998，Novon 8：100.

Elymus hispidus var. *ruthenicus*（Griseb.）R. D. Dorn，1988，Vasc. Pl. Wyoming 298. = *Triticum rigidum ruthenicum* Griseb.

Elymus hispidus ssp. *varnensis*（Velen.）Meld. 1978，Bot. J. Linn. Soc. 76：381. = *Triticum varnesis* Velenovsky，1894，Sitz.-Ber. Bohm. Ges. Wiss. 1894：28. = *Elytrigia varnensis*（Elen.）Holub，1977，Folia Geobot. Phytotax. Praha 12：426.

Elymus hispidus var. *villosus*（Hack.）M. Assadi，1996，Willdenowia 26（1-2）：266. = *Tr. intermedium* var. *villosum* Hackel.

Elymus hirsutiglumis Scrib.，1898，USDA Div. Agrost. Bull. 11：58. = *E. virginicus* L.

Elymus hirtiflorus Hitch. 1934，Amer. J. Bot. 21：132. = *Leymus innovatus*（Beal）Pilger.

Elymus hitchcockii G. Davidse，193，in L. Brako & J. L. Zarucchi，Cat. Flower. Pl. Gymn. Peru.（Monogr. Syst. Bot. Missouri Bot. Gard. 45）：1258. = *E. breviaristatus*（Hitchc.）Á. Löve.

Elymus hoffmanni K. B. Jensen et K. H. Asay，1996，Int. J. Plant Sci. 157（6）：758.

Elymus hondai（Kitag.）S. L. Chen，1987，Bull. Nanjing Bot. Gard. Mem. Sun Yat Sen 1987：9（publ. in 1988）. = *Ro. hondai* Kitag.，1942，Rep. Inst. Sci. Res. Manch. 6（4）：118-119.

Elymus hongyuanensis（L. B. Cai）S. L. Chen et G. Zhu，2002，Novon 12（3）：426. = *Ro. hongyuanensis* L. B. Cai，1997，Acta Phytotax. sin. 35（2）：157.

Elymus hordeoides（Suksd.）M. E. Barkworth et D. R. Dewey，1985，Amer. J. Bot. 72（5）：772. = *Sitanion hordeoides* Suksd.

Elymus howellii Scribn. et Nerr.，1910，Contrib. U. S. Natl. Herb. 13：88. = *E. glaucus* ssp. *virescens*（Piper）Á. Löve.

Elymus humidorus Ohwi et Sakamoto，1964，J. Jap. Bot. 39：109. 1964. = *Campeiostachys humidora* (Ohwi & Sakamoto) J. L. Yang, B. R. Baum et C. Yen.

Elymus humidus (Ohwi et Sakamoto) T. Osada, 1989, Illustr. Grass. of Japan 738. = *Elymus humidorus* Ohwi et Sakamoto.

Elymus humilis (Keng et S. L. Chen) S. L. Chen, 1987, Bull. Nanjing Bot. Gar. Mem. Sun Yat Sen 1987: 9 (publ. in 1988). = *Ro. humilis* Keng et S. L. Chen, 1963, Acta Nanjing Univ. (Biol.) 3 (1): 40.

Elymus hyalanthus Rupr., 1869, Ost-Sacken et Rupr., Sert. Tiansch. 36. = *Psathyrostachys juncea* ssp. *hyananthus* (Rupr.) Tzvel. 1972, NOv. Sist. Vyssch. Rast. 9: 58.

Elymus hybridus (Keng) S. L. Chen, 1987, Bull. Nanjing Bot. Gard. Mem. Sun Yat Sen 1987: 9 (publ. in 1988). = *Ro. hybrida* Keng, 1963, in Keng et S. L. Chen, Acta Nanjing Univ. (Biol.) 3 (1): 18.

Elymus hyparcticus ssp. *villosus* (V. Vassil.) V. N. Voroshilov, 1990, Byull. Mosk. Obshch. Ispyt. Prir., Biol. 95 (2): 91. = *Ro. villosa* V. Vassil.

Elymus hyperarcticus (Polunin) Tzvel. 1972, Nov. Sist. Vyssch. Rast. 9: 61. = *Ag. violaceum* var. *hyperarcticum* Polunin, 1940, Bull. Natl. Mus. Canada 92: 95. = *E. alaskanus* ssp. *hyperarcticus* (Polunin) Á. Löve et D. Löve.

Elymus hystrix L., 1753, Spec. Pl. 560.

Elymus hystrix f. *bigelovianus* (Fernald) W. G. Dore, 1976, Nat. Canad. 103 (6): 557. = *Asperell hystrix* (L.) Humb. var. *bigeloviana* Fernald.

Elymus hystrix var. *bigeloviana* (Fern.) Mohlenbrock, 1972, Illustr. Fl. Illinois, Grasses, Bromus to Paspalum. 206. = *Asperella hystrix* var. *bigeloviana*.

Elymus hystrix (Nutt.) M. E. Jones, 1912, Contr. West. Bot. 14: 20. non L., 1753. = *E. sitanion* Schult.

Elymus × *incertus* H. Hartmann, 1984, Candollea 39 (2): 519. (*E. longearistata* ssp. *canaliculata* × *repens*)

Elymus innovatus Beal, 1896, Grass. N. Amer. 2: 650. = *Leymus innovatus* (Beal) Pilger, 1947, Bot. Jahrb. 74: 6. (publ. in 1949).

Elymus innovatus f. *glabratus* (Bowden) B. Boivin, 1981, Provancheria 12: 102. = *E. innovatus* var. *glabratus* Bowden = *Leymus innovatus* (Beal) Pilger.

Elymus innovatus ssp. *velutinus* Bowden, 1959, Canad. J. Bot. 37: 1146. non *E. velutinus* Scribn. & Merr. 1902. = *Leymus velutinus* (Bowden) Á. Löve et D. Löve, 1976, Bot. Not. 128: 503.

Elymus insularis (J. G. Smith). M. E. Jones, 1912, Contr. West. Bot. 14: 20. = *E. sitanion* Schult.

Elymus interior Hulten, 1942, Fl. Alask. & Yukon 2: 270. = *Leymus mollis* ssp. *interior* (Hulten) Á. Löve.

Elymus × *interjacens* (Meld.) G. Singh, 1983, Taxon 32 (4): 639.

Elymus intermedius M. Bieb., 1808, Fl. Taur. - Cauc. 1: 82. = *Taeniatherum crinitum*

(Schreber) Nevski, 1934, Tr. Sredneaz. Univ. ser. 8B, 17: 39.

Elymus intermedius Scribn. et Smith. , 1897, USDA Div. Agrost. Bull. 4: 38. non M. Bieb. , 1808. =*E. hirsutiglumis* Scribn. = *E. virginicus* L.

Elymus interior Hulten, 1942, Fl. Alaska & Yukon (Lunds Univ. Arsskrift, n. f. Avd. 2, 38. no. 1) 270. = *Leymus mollis* (Trin.) Pilger ssp. *interior* (Hulten) Á. Löve.

Elymus interruptus Buckley, 1862, Proc. Acad. Nat. Sci. Philadelphia 1862: 99. 2n=28.

Elymus intramongolia (S. Chen et Gaowua) S. L. Chen, 1987, Bull. Nanjing Bot. Gard. Mem. Sun Yat Sen 1987: 9 (publ. in 1988) . =*Ro. intramongolia* S. Chen et Gaowua, 1979, Acta Phytotax. Sin. 17 (4): 93 - 94.

Elymus ircutensis G. A. Peshkova, 1990, Fl. Sibir. (Poaceae) 2: 23.

Elymus jacquemontii (Hook. f.) Tzvel. , 1968, Rast. Tsentr. Azii 4: 221. = *Ag. jacqumontii* Hook. f. , 1897, Fl. Brit. India 7: 369. = *Roegneria jacquemontii* (Hook. f.) Ovcz. et Sidor, 1957, Fl. Tadsch. SSR 1: 295.

Elymus jacquemontii (Hook. f.) T. A. Cope, 1982, Fl. Pakistan 143: 622. =*Ag. jacquemontii* Hook. f.

Elymus jacutensis (Drob.) Tzvel. , 1972, Nov. Sist. Vyssch. Rast. 9: 61. = *Ag. jacutense* Drobov, 1916, Tr. Bot. Muz. AN. 16: 94.

Elymus japonicus (Hack.) Á. Löve, 1984, Feddes Repert. 95 (7 - 8): 465. = *Asperella japonica* Hack. , 1899, Bull. Herb. Boiss. : 715. =*Hystrix japonica* (Hack.) Ohwi, 1936, Acta Phytotax. Geobot. Kyoto 5: 185, =*Hy. hackelii* Honda, 1930, J. Fac. Sci. Univ. Tokyo 3, 3: 14.

Elymus jufinshicus (C. P. Wang et H. L. Yang) S. L. Chen, 1997, Novon 7 (3): 228. = *Ro. alashanicus* Keng var. *jufinshanica* C. P. Wang et H. L. Yang, 1984, Bull. Bot. Res. 4 (4): 87.

Elymus jejunus (Ramaley) Rydberg, 1909, Bull. Torr. Bot. Club 36: 539. =*E. virginicus* L.

Elymus jenisseensis Turcz. , 1856, Bull. Soc. Nat. Mosc. 29: 64. =*E. dasystachyus* Trin.

Elymus junceus Fischer, 1806, Mem. Soc. Nat. Moscou 1: 45. = *Psathyrostachys juncea* (Fisch.) Nevski, 1934, Fl. SSSR 2: 714.

Elymus junceus ssp. *bassarabicus* (Savul. & Rayss) Meld. , 1978, Bot. J. Linn. Soc. 76: 383. = *Ag. bessarabicum* Savul et Rayss, 1923, Bull. Sect. Sci. Acad. Roum. 8, 10: 282. =*Thinopyrum bassarabicum* (Savul. et Rayss) Á. Löve, 1984, Feddes Repert. 95 (7 - 8): 475. 1984.

Elymus junceus var. *villosus* Drob. , 1915, Tr. Bot. Muz. Peterb. AN 14: 133. p. p. = *Psathyrostachys juncea* ssp. *hyanantha* (Rupr.) Tzvel.

Elymus kamoji (Ohwi) S. L. Chen, 1987, Bull. Nanjing Bot. Gard. Mem. Sun Yat Sen 1987: 9 (publ. in 1988) . = *Ro. kamoji* Ohwi, 1942, Acta Phytotax. Geobot. 11 (3): 178.

Elymus kamoji var. *intermedius* S. L. Chen et Y. X. Jin, 1987, Bull. Nanjing Bot. Gar. Mem. Sun Yat Sen 1987: 10 (publ. in 1988) .

Elymus kamoji (Ohwi) S. L. Chen var. *macerrimus* G. Zhu, 2002, Novon 12 (3): 426. =*Ro. Kamoji* Ohwi var. *macerrima* Keng, 1963, in Keng et S. L. Chen, Acta Nanking Univ. (Biol.) 3 (1): 17.

Elymus kaschgaricus D. F. Cui, 1990, Bull. Bot. Res. 10 (3): 27. = *Kengyilia kaschgarica* (D. F. Cui) L. B. Cai, 1996, Novon 6: 142.

Elymus karakabinicus Yu. A. Kotukhov, 1992, Bot. Zhurn. 77 (6): 89.

Elymus karataviensis Roshev. , 1912, Tr. Pochv. -Bot. Eksp. 2: 186. = *Leymus alaicus* (Korsh.) Tzvel. ssp. *karataviensis* (Roshev.) Tzvel. , 1973, Nov. Sist. Vyssch. Rast. 10: 50.

Elymus karatvicus Roshev. ex B. Fedtsch. , 1915, Rast. Turkest. 154. =*Leymus alaicus* ssp. *karataviensis* (Roshev.) Tzvel.

Elymus karelinii Turcz. , 1856, Bull. Soc. Nat. Moscou 29: 64. = *Leymus karelinii* (Turcz.) Tzvel. , Nov. Sist. Vyssch. Rast. 9: 59. 1972.

Elymus karalinii auct. , non Turcz.

Elymus kamczadalorus (Nevski) Tzvel. 1977, Nov. Sist. Vyssch. Rast. 14: 245. = *Ro. kamczadalorum* Nevski, 1934, Acta Inst. Bot. Aca. Sc. URSS. ser. I, 2: 52. = *E. trachycaulus* ssp. *kamczadalorm* (Nevski) Tzvel.

Elymus kengii (Tzvel.) D. F. Cui, 1996, In Fl. Xinjiangensis 6: 183. = *Ag. kengii* Tzvel. , 1968, Rast Tsentr. Azii 4: 188. = *Ro. hirsuta* Keng, 1963, in Keng & S. L. Chen, Acta Nanking Univ. (Biol.) 3 (1): 84 - 85. non *E. hirsutus* K. Presl, 1830; non *Ag. hirsutum* (Bertol) Skalicky & Jirasek, 1959. = *Kengyilia hirsuta* (Keng) J. L. Yang, C. Yen et B. R. Baum, 1992, Hereditas 116: 27.

Elymus kingianus (Endl.) Á. Löve, 1984, Feddes Repert. 95 (7 - 8): 469. =*Triticum kingianum* Endlicher, 1833, Prodr. Fl. Norf. 21.

Elymus kirghisorum Drob. , 1915, Feddes Repert. 21: 135. =*Leymus karinilii* (Turcz.) Tzvel.

Elymus kokczetavicus Drob. , 1915, Tr. Bot. Mus. Peterb. AN 14: 131. =*Psathyrostachys juncea* ssp. *hyalantha* (Rupr.) Tzvel.

Elymus kokonoricus (Keng) Á. Löve, 1984, Feddes Repert. 95 (7 - 8): 455. = *Ro. kokonorica* Keng, 1963, in Keng et S. L. Chen, Acta Nanking Univ. (Biol.) 3 (1):88. = *Kengyilia kokonorica* (Keng) J. L. Yang, C. Yen et B. R. Baum, 1992, Hereditas 116: 27.

Elymus komarovii (Nevski) Tzvel. , 1968, Rast. Tsentr. Azii 4: 216. non Ohwi, 1933. = *E. uralrensis* ssp. *komarovii* (Nevski) Tzvel. = *Ro. komarovii* (Nevski) Nevski, 1934, Fl. SSSR. 2: 615.

Elymus komarovii (Roshev.) Ohwi, 1933, Acta Phytotax & Geobot. Kyoto 10: 103. =

Asperella komarovii Roshev，1924，Bot. Mat. (Leningrad) 5：152. = *Hystrix sacha-linensis* Ohwi，1931，Bot. Mag. Tokyo 45：378.

Elymus kopetdagensis Roshev.，1932，in B. Fedtsch. et al.，Fl. Turkm. 1：211；1936，Acta Inst. Bot. Acad. Sc. URSS，Ser. I，Fasc. 2：100. = *Leymus kopetdaghensis* (Roshev.) Tzvel.，1960，Bot. Mat. (Leningrad) 20：429.

Elymus koshaninii (Nab.) Meld.，1984，Notes RBG Edinburg 42 (1)：79. = *Ag. koshaninii* Nabelek，1929，Publ. Fac. Sci. Univ. Masaryk 111：25. = *Elytrigia kosaninii* (Nab.) Dubovik，1977，Nov. Sist. Vyssch. Nizschikh Rast. 1976：17. = *Pseudoroegneria kosaninii* (Nab.) Á. Löve.

Elymus krascheninnikovii Roshev.，1932，Bull. Jard. Bot. Ac. Sc. URSS 30：780. = *E. sibiricus* L.

Elymus kronenburgii (Hack.) Nikif.，1968，Opred. Rast. Sredn. Azii 1：196. = *Hordeum kronenburgii* Hackel，1905，Allgem. Bot. Zeitschr. 11：133. = *Psathyrostachys kronenburgii* (Hack.) Nevski，1934，Fl. SSSR. 2：713.

Elymus kronokensis (Komar.) Tzvel.，1968，Rast. Tsentr. Azii 4：216. s. str. = *Ag. kronokense* Komarov，1915，Feddes Repert. 13：87. = *E. alaskanus* ssp. *kronokensis* (Komar.) Á. Löve et D. Löve.

Elymus kronokensis ssp. *alaskanus* (Scribn. et Merr.) Jaaska，1974，Eesti NSV Tead. Akad. Toim.，Biol. 23 (1)：6. = *Agropyrom alaskanum* Scribn. et Merr. = *E. alaskanus* (Scribn. et Merr.) Á. Löve.

Elymus kronokensis ssp. *borealis* (Tzvel.)，1973，Nov. Sist. Vyssch. Rast. 10：24. = *Triticum boreale* Turcz. = *E. alaskanus* ssp. *borealis* (Turcz.) Á. Löve et D. Löve.

Elymus kronokensis ssp. *dasyphyllus* A. P. Khokhryakov，1979，Byull. Glavn. Bot. Sada (Moscow) 109：27.

Elymus kronokensis ssp. *scandicus* (Nevski) N. N. Tzvel.，2000，Nov. Sist. Vyssch. Rast. 32：182. = *Ro. scandica* Nevski.

Elymus kronokensis ssp. *subalpinum* (Neuman) Tzvel.，1973，Nov. Sist. Vyssch. Rast. 10：24. = *Triticum violaceum* f. *subalinum* Neuman. = *E. alaskanus* ssp. *scadicus* (Nevski) Meld.

Elymus kuramensis (Meld.) T. A. Cope，1982，in Fl. Pak. 143：617. (Á. Löve. 1984，Feddes Repert. 95 (7 - 8)：454.) = *Agropyron kuramense* Meld. 1960，in Bor，Grass. Burm. Ceyl. Ind. & Pak. 691.

Elymus kugalensis E. Nikit，1950，Fl. Kirghiz SSR. 2：218. descr. ross. = *Leymus kugalensis* (E. Nitit) Tzvel.，1960，Bot. Mat. (Leningrad) 20：429. nom. nud. = *L. karelinii* (Turcz.) Tzvel.，1972 (12 April)，Nov. Sist. Vyssch. Rast. 9：59.

Elymus kurilensis N. S. Probatova，1985，Sosud. Rast. Sovet Dal'nego Vostoka 1：116. = *Ag. yezoense* Honda，1936，Bot. Mag. Tokyo 61：292.

Elymus kuznetzovii Pavlov，1956，Fl. Kazakhst. 1：322. = *E. angustiformis* Pavlov. =

Leymus karenilii（Turcz.）Tzvel.

Elymus lachnophyllus（Ovcz. et Sidor.）Tzvel.，1972，Nov. Sist. Vyssch. Rast. 9：61. ＝ *Ro. lachnophylla* Ovcz. et Sidor. 1957，Fl. Tadsch. SSR　1：505. ＝ *E. dentatus* ssp. *lachnophyllus*（Ovcz. et Sidor.）Tzvel.

Elymus laevis（Petrie）Á. Löve et Connor，1982，New Zeal. J. Bot. 20：184. ＝ *Asprella laevis* Petrie，1895，Trans. N. Z. Inst. 27：406. ＝ *Hystrix laevis*（Petrie）Allen，1936，Bull. Dept. Sci. Industr. Res. New Zeal. 49：88.

Elymus lanatus Korsh.，1896，Mem. Acad. Petersb. ser. 7，4：102. ＝ *Leymus lanatus*（Korsh.）Tzvel.，1970，Spisok Rast. Herb. Fl. SSSR 18：21.

Elymus lanceolatus（Scribn. et Smith）Gould，1949，Madrono 10：94. ＝ *Ag. lanceolatum* Scrib. et Smith，1897，USDA Div. Agrost. Bull. 4：34.

Elymus lanceolatus ssp. *albicans*（Scribn. et J. G. Smith）M. E. Barkworth et D. R. Dewey，1983，Great Basin Nat. 43（4）：568. ＝ *Ag. albicans* Scribn. et J. G Smith，1897，USDA Div. Agrost Bull. 4：32.

Elymus lanceolatus ssp. *psammophilus*（Gillett et Senn）Á. Löve，1980，Taxon 29：167. ＝ *Ag. psammophilus* Gillett et Senn，1961，Canad. J. Bot. 39：1170. ＝ *Elytrigia dasystachya* ssp. *psammophila*（Gillett et Senn）D. Dewey，1983，Brittonia 35：31.

Elymus lanceolatus var. *riparius*（Scribn. et J. G. Smith）R. D. Dorn，1988，Vasc. Pl. Wyoming 298. ＝ *Ag. ripaurium* Scribn. et J. G. Smith.

Elymus lanceolatus ssp. *yukonensis*（Scribn. et Merr.）A. Love，1984，Feddes Repert. 95 （7 - 8）：470. ＝ *Ag. yukonense* Scribn. et Merr.，1910，Contr. U. S. Natl. Herb. 13：85. ＝ *Elytrigia dasystachya* ssp. *yukonensis*（Scribn. et Merr.）D. Dewey，1983，Brittonia 35：31. 2n＝28.

Elymus lanuginosus Trin.，1829，in Ledeb.，Fl. Alt. 1：121. ＝ *Psathyrostachys lanuginosa*（Trin.）Nevski.

Elymus latiglumis Philippi，1864，Linnaea 33：302 - 303. ＝ *E. antarcticus* Hook. f. ＝ *E. angulatus* J. Presl.

Elymus latiglumis Nikif.，1968，Opred. Rast. Sredn. Azii 1：192. 201. 1968. non Phil. 1864. ＝ *Leymus latiglumis* Tzvel.，Nov. Sist. Vyssch. Rast. 9：63. 1972.

Elymus laxiflorus（Keng）Á. Löve，1984，Feddes Repert. 95（7 - 8）：455. ＝ *Ro. laxiflora* Keng，1963，in Keng et S. L. Chen，Acta Nanking Univ.（Biol.）3 （1）：76. ＝ *Kengyilia laxiflora*（Keng）J. L. Yang，C. Yen et B. R. Baum，1992，Heriditas 116：27.

Elymus laxinodis（L. B. Cai）S. L. Chen et G. Zhou，2002，Novon 12（3）：427. ＝ *Ro. laxinodis* L. B. Cai，1996，Guihaia 16：199.

Elymus × *laxus*（Fr.）Meld. et D. McClintock，1983，Watsonia 14（4）：394. ＝ *Triticum laxus* Fr..

Elymus lazicus（Boiss.）Meld.，1984，Notes Roy. Bot. Gard. Edinburg. 42（1）：79. ＝

Ag. lazicum Boiss. , 1884，Fl. Or. 5：661.

Elymus lazicus ssp. *attenuatiglumis* (Nevski) Meld. , 1984，Notes Roy. Bot. Gard. Edinburg. 42 (1)：79. =*Ag. attenuatiglume* Nevski，1934，Fl. SSSR 2：636.

Elymus lazicus ssp. *divaricatus* (Boiss. & Bal.) Meld. , 1984，Notes Roy. Bot. Gard. Edinburg 42 (1)：79. =*Ag. divaricatum* Boiss. & Bal. , 1857，Bull. Soc. Bot. Fr. 4：307. non *E. divaricatus* Drob. 1925.

Elymus lazicus ssp. *lomatolepis* Meld. , 1984，Notes Roy. Bot. Gard. Edinburg 42 (1)：79.

Elymus leckenbyi Piper，1906，Contr. U. S. Nat. Herb. 11：151. =*Sitanion leckenbyi*.

Elymus leianthus (Keng) S. L. Chen，1997，Novon 7 (3)：229. =*Ro. leianrha* Keng，1963，in Keng et S. L. Chen，Acta Nanking Univ. (Biol.) 3 (1)：42.

Elymus leiotropis (Keng) Á. Löve，1984，Feddes Repert. 95 (7 - 8)：449. = *Ro. leiotropis* Keng，1963，in Keng et S. L. Chen，Acta Nanking Univ. (Biol.) 3 (1)：58.

Elymus lenensis (M. Popov) Tzvel. 1973，Nov. Sist. Vyssch. Rast. 10：24. = *Ag. lenense* M. Pop. , 1957，Bot. Mat. (Leningrad) 18：3. = *Ro. lenensis* M. Pop. , 1957，Fl. Sredn. Sib. 1：113. in syn. 2n＝28.

Elymus leptostachyus Speg. , 1897，Rev. Fac. Agron. Vet. La Plata 3：631. 1897. = *E. andinus* Trin. =*E. angulatus* J. Presl.

Elymus libanoticus (Hackel) Meld. , 1978，Bot. J. Linn. Soc. 76：377. =*Ag. libanoticum* Hackel，1904，Allgem. Bot. Zeitschr. 10：21. = *Pseudoroegneria tauri* var. *libanotica* (Hackel) C. Yen et J. L. Yang.

Elymus × *lineariglumis* Seberg et G. Peterson，1998，Bot. Jahrb. Syst. 120 (4)：528. = *Ag.* × *elymoides* Hack. , 1900，in Dusen，in Nordenskiold，Wiss. Ergebn. Schwed. Exped. Magellansl. 3：232. non *Ag. elymoides* P. Candargy，1901. = *Cockaynea elymoides* (Hack.) Zotov. 1944，Trans. Proc. Roy. Soc. N. Z. 73：233.

Elymus lineicus Kotuch. , 1999，Turczaninowia 2 (4)：8.

Elymus × *littoreus* (Schumach.) J. Lambinon，1983，Nouv. Fl. Belgique，Luxemboug，N. France et Rig. vois (ed. 3)：922. 1983. = *Triticum littoreum* Schumach.

Elymus lolioides (Kar. et Kir.) A. Meld. , 1978，Bot. J. Linn. Soc. , 76 (4)：328. 1978. = *Triticum lolioides* Kar. & Kir. , 1841，Bull. Soc. Nat. Moscou 14：866. 1841. = *Elytrigia lolioides* (Kar. et Kir.) Nevski，1934，Tr. Sredneaz. Univ. , ser. 8B，17：61.

Elymus longearistatus (Boiss.) Tzvel. , 1972，Nov. Sist. Vyssch. Rast. 9：62. =*Brachypodium longearistatum* Boiss. , 1840，Diagn. Pl. Or. , ser. 1，7：127. = *Ro. longearistata* (Boiss.) Drob. 1941，Fl. Uzbek, 1：280.

Elymus lngearistatus ssp. *badachanicus* Tzvel. , 1972，Nov. Sist. Vyssch. Rast. 9：62.

Elymus longearistatus ssp. *canaliculatus* (Nevski) Tzvel. , 1972，Nov. Sist. vyssch.

Rast. 9：62. =*Ag. canaliculatum* Nevski, 1932, Izv. Bot. Sada AN SSSR 30：509. 1932. = *Ro. canaliculata* (Nevski) Ohwi, Add. corr. 1966, Fl. Afghan. 76. = *E. canaliculatus* (Nevski) Tzvel. 2n=28.

Elymus longearistatus ssp. *duthiei* Á. Löve, 1984, Feddes Repert. 95 (7 - 8)：468. = *Ag. duthiei* Meld. , 1960, in Bor, Grass. Burm. Ceyl. Ind. & Pak. 690. non (Stapf.) Bor. cf. Code, art. 72. 2n=28.

Elymus longearistatus ssp. *flexuosissimus* (Nevski) Tzvel. , 1973, Nov. Sist. Vyssch. Rast. 10：26. =*Ag. flexuisissimum* Nevski, 1932, Bull. Jard. Bot. Ac. Sc. URSS 30：510. = *Ro. longearistata* var. *flexuisissima* (Nevski) J. L. Yang, B. R. Baum et C. Yen.

Elymus longearistatus ssp. *litvinovii* Tzvel. , 1973, Nov. Sist. Vyssch. Rast. 10：26. = *Ro. longearistata* var. *litvinovii* (Tzvel.) J. L. Yang, B. R. Baum et C. Yen.

Elymus longearistatus ssp. *sintenisii* Meld. , 1984, Notes Roy. Bot. Gard. Edinburg 42 (1)：79. =*Ro. longearista* var. *sintenisii* (Meld.) J. L. Yang, B. R. Baum et C. Yen.

Elymus longespicatus Kotuch. , 1999, Turczaninowia 2 (4)：7.

Elymus longifolius(J. G. Smith)Gould, 1947, Brittonia 26：60. =*Sitanion longifolium* J. G. Smith. =*E. sitanion* Schult.

Elymus longiglumis (Keng) S. L. Chen, 1987, Bull. Nanjing Bot. Gar. Mem. Sun Yat Sen 1987：9 (publ. in 1988) . =*Ro. longiglumis* Keng, 1963, in Keng et S. L. Chen, Acta Nanjing Univ. (Biol.) 3 (1)：83. = *Kengyilia alatavica* ssp. *longiglumis* (Keng) C. Yen, J. L. Yang et B. R. Baum, 1998, Novon 8：94.

Elymus longisetus (Hitchc.) J. F. Veldkamp, 1989, Blumea 34 (1)：74. = *Brachypodium longisetum* Hitchc. , 1936, Brittonia 2：107.

Elymus mackenziei Bush, 1926, Amer. Midl. Nat. 10：53. =*E. glaucus* Buckly.

Elymus macounii Vasey, 1886, Bull. Torr. Bot. Club 13：119. = *E. glaucus* Buckly.

Elymus macrochaetus (Nevski) Tzvel. , 1972, Nov. Sist. Vyssch. Rast. 9：61. = *Ro. macrochaeta* Nevski, 1934, Acta Inst. Bot. Acad. Sc. URSS ser. Ⅰ, 2：48.

Elymus macrolepis (Drob.) Tzvel. , 1968, Rast Tsentr. Azii 4：217. quoad pl. = *E. fedtschenkoi* Tzvel.

Elymus macrostachys Sprengel, 1799, Journ. Bot. (Gottingen) 2：196. =*Leymus racemosus* (Lam.) Tzvel.

Elymus macrourus (Turcz.) Tzvel. , 1970, Spisok Rast. Herb. SSSR. 18：30. = *Tr. maroucum* Turcz. , 1854, in Steud. , Syn. Pl. Glum. 1：343.

Elymus macrourus ssp. *neplianus* (V. Vassil.) Tzvel. , 1973, Nov. Sist. Vyssch. Rast. 10：25. = *Ro. nepliana* V. Vassiliev, 1954, Bot. Mat. (Leningrad) 16：56.

Elymus macrourus ssp. *pilosivaginatus* (Jurtzev) S. K. Czerepanov, 1995, Vasc. Pl. Russia & Adj. Ststes (former USSR)：363. =*Ro. macroura* ssp. *pilosivaginata* Jurtzev.

Elymus macrourus ssp. *turuchanensis*（Reverd.）Tzvel.，1971，Nov. Sist. Vyssch. Rast. 8：63. =*Ag. turuchanense* Reverd.，1932，Sist. Sam. Herb. Tomsk. Univ. 4：2.

Elymus magadanensis A. P. Khokhryakov，1978，Byull. Glavn. Bot. Sada（Moscow）109：24.

Elymus magellanicus（Desv.）Á. Löve，1984，Feddes Repert. 95（7-8）：472. =*Triticum repens* var. *magellianum* Desvaux，1853，in G. Gay，Hist. Chile Bot. 6：452. =*E. glaucescens* Seberg.

Elymus magnipodus（L. B. Cai）S. L. Chen et G. Zhu，2002 Novon 12（3）：427. =*Ro. magnipoda* L. B. Cai，1997，Acta Phytotax. Sin. 35（2）：164.

Elymus marginalis Rydberg，1909，Bull. Torr. Bot. Club 36：539.

Elymus marginatus（Lindb. f.）Á. Löve，1984，Feddes Repert，95（7-8）：453. =*Agropyron marginatum* Lindb. f.，1932，Acta Soc. Sci. Fenn.，N. S.，B，1，2：9.

Elymus magnicaespes D. F. Cui，1990，Bull. Bot. Res. 10（3）：25.

Elymus × *maltei* Bowden，1964，Canad. J. Bot. 42：575.

Elymus marmoreus Yu. A. Kotukhov，1992，Bot. Zhurn. 77（6）：92.

Elymus maximoviczii Roshev. ex Nevski，1936，Acta Inst. Bot. Acad. Sc. URSS，Ser. I. Fasc. 2：44. = *Asperella coreana*（Honda）Nevski. =*E. coreanus* Honda.

Elymus mayebaranus（Honda）S. L. Chen，1987，Bull. Nanjing Bot. Gar. Mem. Sun Yat Sen 1987：9（publ. in 1988）. = *Ag. mayebaranum* Honda，1941，Acta Phytotax. Geobot. 10（3）：98. =*Campeiostachys* × *mayebarana*（Honda）J. L. Yang，B. r. Baum et C. Yen.

Elymus melantherus（Keng）Á. Löve，1984，Feddes Repert. 95（7-8）：455. = *Ag. melantherum* Keng 1941，Sunyatsenia 6：62. = *Ro. melanthera*（Keng）Keng，1957，Claves Gen. et Spec. Gram. Sin. 187. =*Kengyilia melanthera*（Keng）J. L. Yang，C. Yen & B. R. Baum，1992，Hereditas 116：28. 2n=42.

Elymus mendocinus（Parodi）Á. Löve，1984，Feddes Repert. 95（7-8）：472. = *Ag. mendocinum* Parodi，1940，Rev. Mus. La Plata，N. S. 3：14. = *Leymus mendocinus*（Parodi）Dubcovsky，Schlatter & Echaide，1997，Genome 40：518. 2n=56.

Elymus mexicanus Covan.，1803，Elench. 14.

Elymus microlepis（Meld.）Meld.，1978，Enum. Fl. Pl. Nepal，1：131；1984，Á. Löve，Feddes Repert. 95（7-8）：456.（invalid）= *Ag. microlepis* Meld.，1960，in Bor，Grass. Burm. Ceyl. Ind. & Pak. 692. =*Ro. microlepis*（Meld.）J. L. Yang，B. R. Baum & C. Yen.

Elymus minor（J. G. Smith）M. E. Jones，1912，Contr. West. Bot. 14：20. = *Elymus sitanion* Schult.

Elymus minus（Keng）Á. Löve，1984，Feddes Repert. 95（7-8）：458. = *Ro. minor* Keng，in Keng & S. L. Chen，1963，Acta Nanking Univ.（Biol.）3（1）：71.

Elymus mollis Trin.，1821，in Spreng.，Neue Entdeck. 2：72. =*Leymus mollis*（Trin.）Pilger.

Elymus mollis ssp. *interior*(Hulten)Bowden，1957，Canad. J. Bot. 35：951. ＝*E. interior* Hulten. ＝*Leymus mollis* ssp. *interior* (Hulten) Á. Löve，1984，Feddes Repert. 95 (7 - 8)：477.

Elymus mollis ssp. *villosissimus* (Scribn.) Á. Löve，1950，Bot. Not. 1950：33. ＝*Leymus mollis* ssp. *villosissimus* (Scribn.) Á. Löve，1980，Taxon 29：168.

Elymus mollis R. Br. ，1823，in Richards，Bot. App. Franklin Journ. 732. non *E. mollis* Trin. 1821.

Elymus × *mossii* （Lepege） M. E. Barkworth & D. R. Dewey，1985，Amer. J. Bot. 72 (5)：772. ＝*Agroelymus mossii* Lepege.

Elymus mucronatus （Opis） H. J. Conert，1997，in G. Hegi，Illustr. Fl. Mitteleur. ，ed. 3，1 （3：Lief. 10）：802.

Elymus multicaulis Kar. & Kir. ，1841，Bull. Soc. Nat Moscou 14：868. ＝*Leymus multicaulis* (Kar. et Kir.) Tzvel. ，1960，Bot. Mat. (Leningrad) 20：430.

Elymus multiculmis （Kitag. ） Á. Löve，1984，Feddes Repert. 95 （7 - 8）：459. ＝*Ro. multiculmis* Kitag. ，1941，J. Jap. Bot. 17：235.

Elymus multicus Philippi，1864，Linnaea 33：300. ＝*E. angulatus* J. Presl.

Elymus multiflorus （Banks & Solander ex Hook. f. ） Á. Löve & Connor，1982，New Zeal. J. Bot. 20：183. ＝*Triticum multiflorum* Banks & Solander ex Hook. f. ，1853，Fl. N. Z. 1：311. ＝*Anthosachne multiflora* （Banks et Solander ex Hook. f. ） C，Yen et J. L. Yang，2006，Biosyst. Tri. vol. 3：232. 2n＝42.

Elymus multiflorus var. *kingianus* （Endl. ） H. E. Connor，1990，Kew Bull. 45 （4）：680. ＝*Triticum kingianum* Endlicher，1833，Prodr. Fl. Norf. 21.

Elymus multiflorus var. *longisetus* （Hack. ） Á. Löve et H. E. Connor，1982，New Zeal. J. Bot. 20 (2)：183. ＝*Ag. multiflorum* var. *longisetum* Hack.

Elymus multinodus Gould，1947，Madrono 9：126. ＝ *Triticum junceum* L. 1755，Cent. I. Plant. 6. ＝*Thinopyrum junceum* （L. ） Á. Löve.

Elymus multinodus Gould，1947，Madrono 9：126. ＝ *Thinopyrum junceum* （L. ） Á. Löve ，1980，Taxon 29：351.

Elymus multisetus （J. G. Smith） Davy，1902，Univ. Calif. Publ. Bot. 1：57. ＝ *Sitanion multisetum* J. G. Smith，1899，USDA. Div. Agrost. Bull. 18：11. ＝ *Sitanion breviaristatum* J. G. Smith，1899，USDA. Div. Agrost. Bull. 18：12. ＝ *Sitanion jubatum* J. G. Smith，1899，USDA Div. Agrost. Bull. 18：10. non *Elymus jubatus* （L. ） Link. ＝ *Sitanion polyanthrix* J. G. Smith，1899，USDA. Div. Agrost. Bull. 18：12. ＝ *Sitanion strictum* Elmer，1903，Bot. Gaz. 36：59. ＝*Sitanion villosum* J. G. Smith，1899，USDA Div. Agrost. Bull. 18：11.

Elymus mutabilis （Drob. ） Tzvel. 1968，Rast. Tsentr. Azii 4：217. ＝ *Ag. mutabilis* Drob. ，1916，Tr. Bot. Muz. AN 1：88，emend Vestergren，in Holmb. ，Skand. Fl. 2：271. 1926.

Elymus mutabilis ssp. *barbulata* Nevski ex Tzvel. , 1973, Nov. Sist. Vyssch Rast. 10: 22.

Elymus mutabilis var. *burjaticus* (Sipl.) Tzvel. , 1975, Nov. Sist. Vyssch. Rast. 12: 95. =*Ro. burjatica* Sipl. 1966, Nov. Sist. Vyssch. rast. 3: 275. = *E. mutabilis* ssp. *transbaicalensis* (Nevski) Tzvel.

Elymus mutabilis var. *irendykensis* (Nevski) Tzvel. , 1975, Nov. Sist. Vyssch. Rast. 12: 94. =*Ag. angustiglume* ssp. *irendykense* Nevski.

Elymus mutabilis var. *nemoralis* S. L. Chen ex D. F. Cui, 1990, Bull. Bot. res. 10 (3): 29.

Elymus mutabilis var. *oschensis* (Nevski) Tzvel. , 1975, Nov. Sist. Vyssch. Rast. 12: 94. =*Ro. oschensis* Nevski.

Elymus mutabilis ssp. *praecaespitosus* (Nevski) Tzvel. , 1972, Nov. Sist. Vyssch. Rast. 10: 22. =*Ag. praecaespitosum* Nevski, 1930, Izv. Glavn. Bot. Sada SSSR 29: 541. =*E. pracaespitosus* (Nevski) Tzvel.

Elymus mutabilis var. *praecaespitosus* (Nevski) S. L. Chen, 1997, Novon 7 (3): 229. =*Ag. praecaespitosum* Nevski, 1930. Izv. Glavn. Bot. Sada SSSR 29: 541.

Elymus mutabilis ssp. *transbaicalensis* (Nevski) Tzvel. 1972, Nov. Sist. Vyssch. rast. 10: 22. 1972. = *Ag. transbaicalense* Nevski, 1932, Bull. Jard. Bot. Ac. Sc. URSS 30: 618. =*E. transbaicalensis* (Nevski) Tzvel.

Elymus muticus Philippi, 1864, Linaea 33: 300. =*E. angulatus* J. Presl.

Elymus nakai (Kitag.) Á. Löve, 1984, Feddes Repert. 95 (7 - 8): 454. = *Roegneria nakai* Kitag. , 1941, J. Jap. Bot. 17: 236.

Elymus narduroides (Turcz.) Á. Löve et Connor, 1982, New Zeal. J. Bot. 20: 184. = *Stenostachys narduroides* Turcz. , 1862, Bull. Soc. Nat. Moscou 35: 331.

Elymus nayarii S. Karthikeyan, 1989, in S. Karthikeyan et al. , Fl. Ind. Enumerat. - Monocot. 213. = *E. thomsonii* (Hook. f.) Meld.

Elymus nepalensis (Meld.) Meld. , 1978, Enum. Fl. Pl. Nepal 1: 131; 1984, Á. Löve, Feddes Repert. 95 (7 - 8): 460. (invalid) =*Ag. nepalense* Meld. , 1960, in Bor, Grass. Burm. Ceyl. Ind. Pak. 692. = *Ro. nepalensis* (Meld.) J. L. Yang, B. R. Baum et C. Yen.

Elymus neplianus (V. N. Vassil.) S. K. Cherepanov, 1981, Sosud. Rast. SSSR. 350: = *Ro. nepliana* V. Vassiliev, 1954, Bot. Mat. (Leningrad) 16: 56. =*Elymus macrourus* ssp. *neplianus* (V. Vassil.) Tzvel.

Elymus nevskii Tzvel. , 1970, Spisok Rast. Herb. Fl. SSSR 18: 29. = *Ag. ugamicum* Drobov, 1923, Vved. Opred. Rast. Okr. Taschk. 1: 41. non *Elymus ugamicus* Drob. 1925. = *E. gmelinii* (Ledeb.) Tzvel. ssp *ugamicus* (Drob.) Á. Löve, 1984, Feddes Repert. 95 (7 - 8): 456. =*Ro. ugamica* (Drob.) Nevski, 1934, Tr. Sredneaz. Univ. ser. 8B, 17: 70.

Elymus nikitinii Czopan. , 1956, Izv. AN Turkm. SSSR 3：89. =*Leymus nikitinii* (Czopan.) Tzvel. , 1973, Nov. Sist. Vyssch. Rast. 10：50.

Elymus nipponicus Jaaska, 1974, Eesti NSV Tead. Akad. Toim. , Biol. 23：6. =*Agropyron yezoense* Honda, 1936, Bot. Mag. Tokyo 61：292. non *Elymus yezoensis* Honda, 1930. =*Ro. yezoensis* (Honda) Ohwi, 1941, Acta Phytotax. Geobot. 10：98.

Elymus nitidus Vasey, 1886, Bull. Torr. Bot. Club. 13：120. = *E. glaucus* Buckl.

Elymus nodosus (Nevski) Meld. , 1978, Bot. J. Linn. Soc. 76 (4)：376. =*Ag. nodosum* Nevski, 1934, Fl. SSSR：646. = *Elytrigia nodosus* (Nevski) Nevski, 1936, Tr. Bot. Inst. AN SSSR, ser. 1, 2：82. =*Lophopyrum nodosum* (Nevski) Á. Löve.

Elymus nodosus ssp. *caespitosus* (C. Koch) Meld. , 1984, Notes RBG Edinb. 42 (1)：80. =*Ag. caespitosus* C. Koch, 1848, Linnaea 21：424. non *E. caespitosus* Sukaczev, 1913. =*Lophopyrum caespitosum* (C. Koch) Á. Löve.

Elymus nodosus ssp. *corsicus* (Hackel) Meld. , 1978, Bot. J. Linn. Soc. 76 (4)：377. = *Ag. caespitosum* C. Koch var. *corsicum* Hackel, 1910, in Briquet, Prodr. Fl. Corse 1：187. = *Lophopyrum corsicum* (Hackel) Á. Löve.

Elymus nodosus ssp. *dorudicus* M. Assadi, 1996, Willdenowia 26 (1 - 2)：258.

Elymus nodosus ssp. *gypsicolus* Meld. , 1984, Notes Roy. Bot. Gard. Edinb. 42 (1)：82.

Elymus nodosus ssp. *platyphyllus* Meld. , 1984, Notes Roy. Bot. Gard. Edinb. 42 (1)：80.

Elymus nodosus ssp. *sinuatus* (Nevski) Meld. , 1984, Notes Roy. Bot. Gard. Edinb. 42 (1)：80. =*Ag. sinuatum* Nevski, 1934, Fl. SSSR 2：639. =*Lophopyrum sinuatum* (Nevski) Á. Löve.

Elymus × *nothus* (Meld.) G. Singh, 1983, Taxon 32 (4)：639.

Elymus notius Á. Löve, 1984, Feddes Repert. 95 (7 - 8)：472. =*Ag. antarcticum* Parodi, 1940, Rev. Mus. La Plata, Secc. Bot. 3：48. non *E. antarcticus* Hook. f. , 1846.

Elymus novae-angliae (Scribn.) Tzvel. , 1977, Nov. Sist. Vyssch. Rast. 14：245. = *Ag. novae-angliae* scribner, 1900, in Brain. , Jone & Eggl. , Fl. Vermont. 103. =*E. trachycaulus* ssp. *novae-angliae* (Scribn.) Tzvel.

Elymus nubigenus (Nees ex Steud.) Á. Löve, 1984, Feddes Repert. 95 (7 - 8)：469. = *Ag. nubigenum* Nees ex Steud. , 1985, Syn. Pl. Glum. 1：342.

Elymus nutans Gresib. , 1868, in Goett. Nachr. 72. =*Campeiostachys nutans* (Griseb.) J. L. Yang, B. R. Baum et C. Yen.

Elymus obtusiflorus (DC.) H. J. Conert, 1997, in Hegi, Illustr. Fl. Mitteleur. , ed. 3, 1 (3：Lief. 10)：787. =*Tr. obtuiflorum* DC.

Elymus × *obtusiusculus* (Lange) J. Lammbinon, 1983, Nouv. Fl. Belgique, Luxembourg, N. France et Rig. vois. (er. 3)：922. (Dec.) . isonym; see Meld. & D. C. McClint. , 1983, Watsonia 14 (4)：394 (26 Aug.) =*Ag. obtusiusculum* Lange.

Elymus occidentalis Scribn. , 1898, USDA Div. Agrost. Bull. 13：49. = *E. virginicus* ssp. *interruptus*（Buckl.）Á. Löve.

Elymus occidentalialtaicus Yu. A. Kotukhov，1992，Bot. Zhurn. 77（6）：89.

Elymus × *oliveri*（Druce）J. Lambinon，1983，Nouv. Fl. Belgique，Luxembourg，N. France et Reg. vois.（ed. 3）：922.（Dec.）. isonym：see Meld. & D. C. McClint.，1983，Watsonia 14（4）：393.（26 Aug.）＝*Ag.* × *oliveri* Druce.

Elymus orcuttianus Vasey，1885，Bot. Gaz. 10：258. ＝ *Leymus triticoides*（Bukl.）Pilger.

Elymus oreophilus Philippi，1896，Anal. Univ. Chile 54：347. ＝*E. angulatus* J. Presl.

Elymus osensis Ohwi，J. Jap. Bot. 13：334. 1937. ＝ *E. dahuricus* ssp. *villosulus*（Ohwi）Á. Löve.

Elymus ovatus Trin.，1829，in Ledeb.，Fl. Alt. 1：121. ＝*Leymus ovatus*（Trin.）Tzvel.，1960，Bot. Mat.（Leningrad）20：430. ＝*Leymus secalinus* ssp. *ovatus*（Trin.）Tzvel. 1973，Nov. Sist. Vyssch. Rast. 10：49. 1973.

Elymus paboanus Claus，1851，in Beitr. Pflanzenk. Russ. Reiches，Pt. 8：170. ＝ *Leymus paboanus*（Claus）Pilger，1947，Bot. Jahrb. 74：7. 2n＝28.

Elymus pacificus Gould，1947，Madrono 9：127. ＝ *Ag. arenicola* Davy，1901，Fl. West. Mid. Calif. 76. ＝ *Leymus pacificus*（Gould）D. Dewey，1983，Brittonia 35：32.

Elymus palenae Philippi，1893，Anal. Univ. Chile 54：348. ＝*E. angulatus* J. Presl.

Elymus pallidissimus（M. Pop.）Peshkova，1973，Nov. Sist. Vyssch. Rast.，10：67. ＝ *A. pallidissimum* M. Pop.，1957，Spisok Rast. Herb. Fl. SSSR 14：8. ＝ *E. mutabilis* ssp. *transbaicalensis*（Nevski）Tzvel.

Elymus × *palmerensis*（Lepege）M. E. Barkworth & D. R. Dewey，1985，Amer. J. Bot. 72（5）：772. ＝*Agroelymus palmerensis* Lepege.

Elymus pamiricus Tzvel.，1960，Not. Syst. Herb. Inst. Bot. Acad. Sci. URSS 20：425. ＝ *E. schrenkianus*（Fish. et Mey.）Tzvel. ssp. *pamiricus*（Tzvel.）Tzvel.

Elymus panormitanus（Parl.）Tzvel.，1970，Spisok Rast. Herb. Fl. SSSR 18：27. ＝ *Ag. panormitanum* Parl.，1840，Pl. Rar. Sic. 2：20. ＝*Ro. panormitana*（Parl.）Nevski，1934，Fl. SSSR 2：612. 2n＝28.

Elymus panormitanus subsp. *strouanus*（Quizel）M. Ibn Tattou，1998，in Bocconea，8：218. ＝*Ag. panormitanum* subsp. *strouanum* Quizel.

Elymus paposanus Philippi，1860，Fl. Atac. 56. ＝*E. angulatus* J. Presl.

Elymus parishii Davy et Merr.，1902，Univ. Calif. Publ. Bot. 1：58. ＝ *E. glaucus* ssp. *jepsonii*（Davy）Gould.

Elymus parodii O. Seberg & G. Peterson，1998，Bot Jahrb. Syst. 120（4）：530. ＝ *Ag. condensatum* J. Presl，1830，in C. Presl，Rel. Haenk. 266.

Elymus parviglumis（Keng）Á. Löve，1984，Feddes Repert. 95（7-8）：467. ＝ *Ro. parvigluma* Keng，in Keng et S. L. Chen，1963，Acta Nanking Univ.（Biol.）3（1）：47. ＝*R. antiquua*（Nevski）J. L. Yang，B. R. Baum et C. Yen var. *parviglumis*

（Keng）J. L. Yang，B. R. Baum et C. Yen. 2n＝28.

Elymus patagonicus Speg.，1897，Rev. Agr. La Plata 3：630. 1897.

Elymus pauciflorus （Schwein.）Gould，1947，Madrono 9：126，non Lam.，1791. Tabl. Encyclop. 1：207（Incertae sedis）. ＝*Triticum pauciflorrum* Schwein.，1824，in Keating，Narr. Exp. St. Peters. River 2：383. ＝*E. trachycaulus* （Link）Gould ex Shinner.

Elymus pectinatus M. Bieb. ）Lainz，1970，Bol. Inst. Estud. Astur.，Sup. Clienc. 15：44. ＝*Ag. pectiniforme* Roem. et Schult.，1817，Syst. Veget. 2：758.

Elymus pendulinus （Nevski）Tzvel.，1968，Rast. Tsentr. Azii 4：218. ＝*Ro. pendulina* Nevski，1934，Acta Inst. Bot. Acad. Sc. URSS, ser. Ⅰ，2：50.

Elymus pendulinus var. *brachypodioides* （Nevski）N. S. Probatova，1984，Bot. Zhurn. 69 （2）：259. ＝ *Ro. brachypodioides* Nevski，1934，Acta Inst. Bot. Acad. Sc. URSS, ser. I，2：50. ＝*Ro. pendulina* var. *brachypodioides* （Nevski）J. L. Yang，B. R. Baum et C. Yen.

Elymus pendulinus ssp. *brachypodioides* （Nevski）Tzvel.，1972，Nov. Sist. Vyssch. Rast. 9：60. ＝*Ro. brachypodioides* Nevski，1934，Acta Inst. Bot. Acad. Sc. URSS, ser. I，2：50. ＝*Ro. pendulina* var. *brachypodioides* （Nevski）J. L. Yang，B. R. Baum et C. Yen.

Elymus pendulinus ssp. *multiculmis* （Kitag. ）Á. Löve，1984，Feddes Repert. 95 （7 - 8）：459. ＝*Ro. multiculmis* Kitag.，1941，J. Jap. Bot. 17：235. ＝ *Ro. pendulina* var. *multiculmis* （Kitag. ）J. L. Yang，B. R. Baum et C. Yen.

Elymus pendulinus ssp. *pubicaulis* （Keng）Á. Löve，1984，Feddes Repert. 95 （7 - 8）：459. ＝ *Ro. pubicaulis* Keng，1963，in Keng & S. L. Chen，Acta Nanking Univ. （Biol. ）3 （1）：30.

Elymus pendulosus Hodgson，1956，Rhodora 58：144. ＝*E. sibiricus* L.

Elymus pertenuis （C. A. Mey. ）M. Assadi，1996，Willdenowia 26 （1 - 2）：256. ＝ *Tr. Intermedium* var. *pertenue* C. A. Mey.

Elymus petersonii Rydberg，1909，Bull. Torr. Bot. Club 36：540.

Elymus petraeus （Nevski）Pavlov，1956，Fl. Kazakhst. 1：325. ＝ *Aneurolepidium petraeum* Nevski，1934，Fl. SSSR 2：705. ＝ *Leymus alaicus* （Korsh. ）Tzvel. ssp. *petraeus* （Nevski）Tzvel.，1960，Bot. Mat. （Leningrad）20：429.

Elymus philadelphicus L.，1755，Cent. Pl. 1：6.

Elymus pilifer Banks et Solaner，1794，in Russell，Nat. Hist. Aleppo ed. 2，2：244. ＝ *Heteranthalium piliferum* （Banks & Soland. ）Hochst.，1843，in Kotschy，Pl. Aleppo，Exs. No. 130.

Elymus pilosus （K. Presl）Á. Löve，1984，Feddes Repert. 95 （7 - 8）：472. ＝ *Ag. pilosum* K. Presl，1830，Rel. Haenk. 1：267.

Elymus × *pinaloensis* （Pyrah）M. E. Barkworth et D. R. Dewey，1985，Amer. J. Bot. 72

(5)：772. without basionym date：× *Agrositanion pinaloensis* Pyrah.

Elymus piperi Bowden，1964，Canad. J. Bot. 42：592. = *Leymus cinereus* （Scribn. et Merr.） Á. Löve，1980，Taxon 29：168.

Elymus platyatherus Link，1927，Hort. Berol. 1：18. = *Taeniatherum caput-medusae* （L.） Nevski.

Elymus platyphylus （Keng） Á. Löve，1984，Feddes Repert. 95 （7 - 8）：456. = *Ro. platyphylla* Keng，in Keng & S. L. Chen，1963，Acta Nanking Univ. （Biol.） 3 （1）：35.

Elymus praecaespitosus （Nevski） Tzvel.，1968，Rast tsentr. Azii 4：218. =*Ag. praeceaspitosum* Nevski，1930，Izv. Glavn. Bot. Sada SSSR 29：541.

Elymus praeruptus Tzvel.，1972，Nov. Sist. Vyssch.·Rast. 9：161. = *Ag. interruptus* Nevski，1932，Bull, Jard. Bot. Ac. Sc. URSS 30：632. = *Ro. interrupta* （Nevski） Nevski，1934，Tr. Sredneaz. Univ.，ser. 8b，17：68. non E. interruptus Buckl.，1862.

Elymus praetervisus Steud.，1854，Syn. Pl. Glum. 1：348. =*E. sibiricus* L.

Elymus pratensis Philipi，1864，Linnaea 33：301. =*E. angulatus* J. Presl.

Elymus pringlei Scrib. et Merr.，1901，USDA Div. Agrost. Bull. 24：30. = *E. viriginicus* ssp. *interruptus* （Buckl.） Á. Löve.

Elymus prokudiinii （Sered.） Tzvel.，1972，Nov. Sist. Vyssch. Rast. 9：61. = *Ro. prokudinii* Sered.，1965，Nov. Sist. Vyssch. Rast. 2：55.

Elymus pseudoagropyroum （Trin. ex Gresib.） Turcz.，1856，Bull. Soc. Nat. Moscou 29：63.

Elymus pseudohystrix Schult.，1824，Mantissa 2：427. =*E. hystrix* L.

Elymus pseudonutans Á. Löve，1984，Feddes Repert. 95 （7 - 8）：467. = *Ag. nutans* Keng，1941，Sunyatsenia 6：63. = *Ro. nutans* （Keng） Keng，1957，Claves Gen. & Spec. Gram. Sin. 185. 868. 2n=28.

Elymus × *pseudorepens* （Scribn. et J. G. Smith） M. E. Barkworth et D. R. Dewy，1983，Great Basin Nat. 43 （4）：568. =*Ag. pseudorepens* Scribn. et J. G. Smith.

Elymus puberulus （Keng） Á. Löve，1984，Feddes Repert. 95 （7 - 8）：453. = *Ro. puberula* Keng，1963，in Keng & S. L. Chen，Acta Nanking Univ. （Biol.） 3 （1）：20.

Elymus pubescens Davy，in Jepson，1901，Fl. West. Mid. Calif. 78. = *E. glacus* ssp. *virescens* （Piper） Á. Löve.

Elymus pubinodis Keng，1941，Sunyatsenia 6：85. = *Leymus pubinodes* （Keng） Á. Löve.

Elymus pubiflorus Davy，1902，Univ. Calif. Publ. Bot. 1：58. =*E. sitanion* Schult.

Elymus pubiflorus （Roshev.） G. A. Peshkova，1985，Nov. Sist. Vyssch. Rast. 22：41. = *Ag. confusum* var. *pubiflorum* Roshev.

Elymus pulanensis （H. L. Yang） S. L. Chen，1987，Bull. Nanjing Bot. Gar. Mem. Sun Yat Sen 1987：9 （publ. in 1988）. = *Ro. pulanensis* H. L. Yang，1980，Acta Phytotax. Sic. 18 (2): 253.

Elymus pugens (Pers.) Meld., 1978, Bot. J. Linn. Soc. 76 (4): 380. = *Triticum pungens* Pers., 1805, Syn. Pl. 1: 109, excl. syn. Smith= *Elytrigia pungens* (Pers.) Tutin, 1952, Watsonia 2: 186. 2n=56.

Elymus pungens ssp. *campestris* (Gren. et Godron) Meld., 1978, Bot. J. Linn. Soc. 76 (4): 380. =*Ag. campestris* Gren. et Godron, 1856, Fl. Fr. 3: 607. excl. syn Reichenb. = *Elytrigia pungens* ssp. *campestris* (Gren. et Godron) Á. Löve, 1980, Taxon 29: 350.

Elymus pungens ssp. *fontqueri* Meld., 1978, Bot. Linn. Soc. 76 (4): 380. = *Elytrigia pungens* ssp. *fontqueri* (Meld.) Á. Löve.

Elymus purpuraristus C. P. Wang et X. L. Yang, 1984, Bull. Bot. Res. 4 (4): 83.

Elymus purpurascens (Keng) Á. Löve, 1984, Feddes Repert. 95 (7 - 8): 448. = *Ro. purpurascens* Keng, in Keng et S. L. Chen, 1963, Acta Nanking Univ. (Biol.) 3 (1): 56.

Elymus pycnanthus (Godron) Meld., 1978, Bot. J. Linn. Soc. 76 (4): 378. = *Triticum pycnanthum* Godron., 1854, Mem. Soc. Emul. Doubs., ser. 2, 5: 10. = *Elytrigia pycnantha* (Godron.) Á. Löve, 1980, Taxon 29: 351.

Elymus pycnanthus var. *setigerus* (Dumort.) Meld., 1983, Watsonia, 14 (4): 393. = *Ag. littorale* var. *setigerum* Dumort.

Elymus racemifer (Steud.) Tzvel., 1974, Nov. Sist. Vyssch. Rast. 11: 72. = *Bromus racemiferus* Steud., 1854, Syn. Pl. Glum. 1: 323. =*Ro. racemifera* (Steud.) Kitag. =*Ro. ciliaris* var. *minus* (Miq.) Ohwi.

Elymus reciemifer var. *japonensis* (Honda) T. Osada, 1989, Illustr. Grass. of Japan 738. =*Ag. japonense* Honda.

Elymus racemosus Lam., 1792, Tabl. Encycl. Meth. Bot. 1: 207. = *Leymus racemosus* (Lam.) Tzvel., 1960, Bot. Mat. (Leningrad) 20: 429.

Elymus racemosus var. *sabulosus* (M. Bieb.) Bowden, 1957, Canad. J. Bot. 35: 959. = *Leymus racemosus* ssp. *sabulosus* (M. Bieb.) Tzvel.

Elymus ramosus (Trin.) Filat., 1969, Ill. Opred. Rast. Kazakhst. 1: 129. non Desv. 1829. = *Leymus ramosus* (Trin.) Tzvel., 1960, Bot. Mat. (Leningrad) 20: 430.

Elymus rechingeri (Runemark. sine ref.) Runemark, 1962, Hereditas 48: 548. =*Agropyron rechingeri* Runemark, 1962, in Runemark & Heneen, Hereditas 48: 548. = *E. farctus* ssp. *rechingeri* (Runemark) Meld., 1978, Bot. J. Linn. Soc. 76: 383. = *Thinopyrum sartorii* (Boiss. et Heldr.) Á. Löve. = *Lophopyrum sartorii* (Boiss. et Heldr.) Yen et J. L. Yang.

Elymus rectisetus (Nees in Lehm.) Á. Löve et Connor, 1982, New Zeal. J. Bot. 20. = *Vulpia rectiseta* Nees, 1846, in Lehm., Pl. Preiss. 2: 107. = *E. australasicus* (Steud.) Tzvel. = *Anthosachne australasica* Steudel, 1854, Sym. Pl. Glum. 237.

Elymus reflexiaristatus （Nevski） Meld. ，1978，Bot. J. Linn. Soc. 76 （4）：375. =
Ag. reflexiaristatum Nevski，1932，Bull. Jard. Bot. Ac. Sc. URSS 30：395. 1932. =
Pseudoroegneria strigosa （M. Bieb. ） Á. Löve ssp. *reflexiaristata* （Nevski） Á. Löve.

Elymus reflexiaristatus ssp. *strigosus* （M. Bieb. ） Meld. ，1978，Bot. J. Linn. Soc. 76
（4）：376. = *Bromus strigosus* M. Bieb. ，1819，Fl. Taur. - Cauc. 3：81. 1819. = *Pseud-
oroegneria strigosa* （M. Bieb. ） Á. Löve.

Elymus regelii Roshev. ，1932，Bull. Jard. Bot. Ac. Sc. URSS 30：781. = *Leymus divari-
catus* （Drob. ） Tzvel.

Elymus regiscens Poepp. ex Trin. ，1835 - 1836，Linnaea 10：384.

Elymus remotiflorus （Parodi） Á. Löve，1984，Feddes Repert. 95 （7 - 8）：472. =
Ag. remotiflorum Parodi，1940，Rev. Mus. La Plata，N. S. 3：19. = *Ag. patagonicum*
（Speg. ） Parodi，1940，Rev. Mus. La. Plata，N. S. 3：23. = *Triticum fuegianum*
var. *patagonicum* Speg. ，1897，Rev. Fac. Agron. Vet. La Plata 3：588. non *E. patag-
onicus* Speg. ，1897.

Elymus repens （L. ） Gould，1947，Madrono 9：127. = *Triticum repens* L. ，1753，
Sp. Pl. 86. = *Elytrigia repens* （L. ） Nevski.

Elymus repens ssp. *arenosus* （Petif. ） Meld. ，1978，Bot J. Linn. Soc. 76 （4）：379. =
Triticum arenosum Petif，1830. Enum. Pl. Palat. 16. = *Elytrigia repens* ssp. *arenosa*
（Petif） Á. Löve.

Elymus repens var. *aristatus* （Baumgarten） Meld. et D. McClintock，1987，in McM-
clintock，Suppl. Wild Flow. Guernsey 48： = *Ag. repens* var. *aristatum* Baumgarten.

Elymus repens subsp. *atlantis* （Maire） M. Ibn. Tattou，1998，in Bocconea 8：218. =
Ag. repens var. *atlantis* Maire.

Elymus repens ssp. *caesius*（Presl）R. Soo，1980，Magyar Fl. Veg. 6：185. = *Ag. caesium*
J. et K. Presl，1822，Deliq. Prag. 1：213. = *Elytrigia repens* （L. ） Nevski.

Elymus repens ssp. *calcareus* （Cernjavski） Meld. ，1978，Bot. J. Linn. Soc. 76 （4）：380.
= *Ag. calcareum* Cernjavski，1966，Nov. Sist. Vyssch. Rast. 3：304. = *Elytrigia cal-
carea* （Cernjav. ） Holub，1977，Folia Geobot. Phytotax. Praha 12：426. = *E. repens*
ssp *calcarea* （Cernjav. ） Á. Löve.

Elymus repens ssp. *elongatiformis* （Drob. ） Meld. ，1978，Bot. J. Linn. Soc. 76 （4）：
379. = *Ag. elongatum* Drob. ，1923，Vved. Opred. Rast. Okr. Taschk. 1：42. = *Elytri-
gia repens* ssp. *elongatiformis* （Drob. ） Tzvel. ，1973，Nov. Sist. Vyssch. Rast 10：
31. = *Elytrigia elongatiformis* （Drob. ） Nevski.

Elymus repens ssp. *littoreus* （Schumach. ） H. J. Conert，1997，in G. Hegi，Illustr. Fl.
Mitteleur. ，ed. 3，1：（3：Lief. 10）：798. = *Tr. littoreum* Schumach.

Elymus repens ssp. *pseudocaesius* （Pacz. ） Meld. ，1978，Bot. J. Bot. Linn. Soc. 76 （4）：
379. = *Ag. repens* var. *pseudocaesium* Pacz. ，1912，Zap. Novoross. Obsch. Eastest
voisp. 39：30. = *Elytrigia repens* ssp. *pseudocaesia* （Pacz. ） Tzvel.

Elymus retroflexus B. R. Lu et B. Salomon, 1993, Nord. J. Bot. 13 （4）: 355. = *Ro. retroflexa* （B. R. Lu et B. Salomon） L. B. Cai, 1997, Acta Phtotax. Sin. 35 (2): 161.

Elymus retusus Á. Löve, 1984, Feddes Repert. 95 （7 - 8）: 455. = *Ro. mutica* Keng, 1963, in Keng & S. L. Chen, 1963, Acta Nankng Univ. （Biol.） 3 （1）: 87. = *Kengyilia mutica* （Keng） J. L. Yang, C. Yen et B. R. Baum, 1992, Hereditas 116: 28. 1992.

Elymus rhachitrichus Hochst. ex Jaub. et Spach, 1850 - 1853, Illustr. Pl. Orient. 430, as Syn. of *Crithopsis rhachitricha* Jaub. et Spach.

Elymus rigescens Peopp. ex Trin. , 1836, Linnaea 10: 304. = *E. angulatus* J. Presl.

Elymus rigidulus （Keng） Á. Löve, 1984, Feddes Repert. 95 （7 - 8）: 455. = *Roegneria rigidula* Keng, 1963, in Keng & S. L. Chen, Acta Nanking Univ. （Biol.） 3 （1）: 77. = *Kengyilia rigidula* （Keng） J. L. Yang, C. Yen et B. R. Baum, 1992, Hereditas 116: 27.

Elymus riparius （Scribn. et J. G. Smith） Gould, 1947, Madrono 9: 127. = *Ag. riparium* Scribn. et J. G. Smith, 1897, USDA Div. Agrost. Bull. 3: 35. = *E. lanceolatus* （Scribn. et J. G. Smith） Gould.

Elimus riparius Wiegend, 1918, Rhodora 20 （233）: 84.

Elymus robustus Scribn et Smith, 1897, USDA Div. Agrost. Bull. 4: 37. = *E. canaden - sis* L.

Elymus russellii （Meld. ） Cope, 1982, in Nasir & Ali, Fl. Pak. no. 143: 618. = *Ag. russellii* Meld. , 1960, in Bor, Grass. Burm. Ceyl. Ind. & Pak. 694.

Elymus rydbergii Gould, 1949, Madrono 10: 94. = *Ag. riparium* Scribn. et J. G. Smith. = *E. lanceolatus* （Scribn. et Smith） Gould.

Elymus sabulosus M. Bieb. , 1808, Fl. Taur. - Cauc. 1: 81. = *Leymus racemosus* ssp. *sabulosus* （M. Bieb.） Tzvel. , 1971, Nov. Sist. Vyssch. Rast. 8: 65.

Elymus sacandros H. E. Connor, 1994, New Zealand J. Bot. 52 （2）: 138.

Elymus sajanensis （Nevski） Tzvel. , 1972, Nov. Sist. Vyssch. Rast. 9: 61, s. str. = *Ro. sajanensis* Nevski, 1934, Fl. SSSR 2: 624. = *E. alaskanus* ssp. *sajanensis* （Nevski） Á. Löve.

Elymus sajanensis ssp. *coeruleus* （Jurtzev） N. N. Tzvel. , 2000, Nov. Sist. Vyssch. Rast. 32: 182. = *Ro. villosa* ssp. *corules* Jurtzev, 1989, Bot. Zhurn. 74 （1）: 113.

Elymus sajanensis ssp. *hyperarcticus* （Polunin） Tzvel. , 1973, Nov. Sist. Vyssch. Rast. 10: 24. = *E. alaskanus* （Scribn. et Merr. ） ssp. *hyperarcticus* （Polunin） Á. Löve et D. Löve.

Elymus sajanensis ssp. *villosus* （V. Vassil. ） Tzvel. , 1973, Nov. Sist. Vyssch. Rast. 10: 24. = *Ro. villosa* V. Vassiliev, 1954, Bot Mat. （Leningrad） 16: 57. = *E. alaskanus* ssp. *villosus* （V. Vassiliev） Á. Löve et D. Löve.

Elymus salinus M. E. Jones，1895，Calif. Acad. Sci. Proc. 2，5：725. = *Leymus salinus*
(M. E. Jones) Á. Löve，1980，Taxon 29：168.

Elymus salsuginosus (Griseb.) Turcz. ex Steud. ，1854，Syn. Pl. Glum. 1：350. = *Leymus paboanus* (Claus) Pilger.

Elymus sarymsactensis Kotuch. ，1999，Turczaninowia 2 (4)：6.

Elymus saundersii Vasey，1884，Bull. Torr. Bot. Club 11：126.

Elymus sauricus Kotuch. ，1998，Turczaninowia 1 (1)：19.

Elymus saxicolus Scribn. et J. G. Smith，1898，USDA Div. Agrost. Bull. 11：56.

Elymus scabridulus (Ohwi) Tzvel. ，1968，Rast Tsentr. Azii 4：218. = *Ag. scabridulum*
Ohwi.

Elymus sacabrifolius (Doell) J. H. Hunziker，1998，Darwiniana 35 (1 - 4)：167. =
Tr. repens var. *scabrifolium* Doell.

Elymus scabriglumis (Hackel) Á. Löve，1984，Feddes Repert. 95 (7 - 8)：472. =
Ag. repens var. *scabriglume* Hackel，1911，in Stuckey，Anal. Mus. Nac. Hist. Nat.
Buenos Aires 21：175. = *Ag. scabriglume* (Hackel) Parodi，1940，Rev. Mus. La Plata，N.
S. 3：28. = *Ag. agroelymoides* Hicken) J. H. Hunziker，1953，Rev. Invest. Agric.
7：74. = *E. antarcticus* Hook. f. var. *agroelymoides* Hicken = *Ag. tilcarense*
J. Hunz. ，= *Elytrigia tilcarense* (J. Hunz.) Covas ex J. Hunz et Xifreda，1986，Darwiniana 27：563.

Elymus scabrus (R. Br.) Á. Löve，1984，Feddes Repert. 95 (7 - 8)：468. = *Festuca scabra* Labillardiere，1791，Nov. Holl. Pl. 1：26. 1804. non Vahl，= *Triticum scabrum*
R. Br. ，1810，Prodr. Fl. Novae Holl. 178. 1810. = *Anthosachne australasica* Steudel，
1854，Sym. Pl. Glum. 1：237.

Elymus scabrus var. *plurinervis* (Vickery) B. K. Simon，1986，Austrobaileya 2 (3)：
242. 1986. = *Ag. scabrum* var. *plurinerve* Vickery.

Elymus schrenkianus (Fisch. et Mey.) Tzvel. ，1960，Bot. Mat. (Leningrad) 20：
428. 1960. = *Triticum schrenkianum* Fisch. et Mey. ，1845，Bull. Aca. Sci. Petersb. 3：
305. = *Ag. schrenkiaum* (Fisch. et Mey.) Candargy，1901，Monog. tes phyls ton krithodon 41. = *Ro. schrenkiana* (Fisch. et Mey.) Nevski，1934，Tr. Sredneaz. Univ. ，
ser. 8B，17：68. = *Campeiostachys schrenkiana* (Fissch. et Mey.) Drob. ，1941，in
Fl. Uzbek. 1：540.

Elymus schrenkianus ssp. *pamiricus* (Tzvel.) Tzvel. ，1972，Nov. Sist. Vyssch. Rast. 9：
62. = *E. pamiricus* Tzvel. ，Bot. Mat. (Leningrad) 20：48. 1960. = *Campeiostachys*
schrenkiana var. *pamirica* (Tzvel.) J. L. Yang，B. R. Baum et C. Yen.

Elymus schugnanicus (Nevski) Tzvel. ，1972，Nov. Sist. Vyssch. Rast. 9：62. =
Ag. schugnanicum Nevski，1932，Bull. Jard. Bot. Ac. Sc. URSS 30：512. = *Roegneria*
schugnanica (Nevski) Nevski，1934，Tr. Sredneaz. Univ. ，ser. 8B，17：68.

Elymus sclerophyllus (Nevski) Tzvel. ，1972，Nov. Sist. Vyssch. Rast. 9：59. =

Ro. sclerophylla Nevski，1934，Acta Inst. Bot. Acad. Sc. URSS，ser. I，2：49.

Elymus sclerus Á. Löve，1984，Feddes Repert. 95（7 - 8）：448. ＝*Brachypodium durum* Keng，1941，Sunyatsenia 6：54. non *Elymus durus* Hedw. ex Steud. ，1854. ＝*Roegneria dura*（Keng）Keng，1957，Clavrs Gen. & Spec. Gram. Sin. 185.

Elymus scribneri（Vasey）M. E. Jones. 1912，Contr. West. Bot. 14：20. ＝*Ag. scribneri* Vasey，1883，Bull. torr. Bot. Club 10：128. ＝*E. tachycaulus* ssp. *scribneri*（Vasey）Á. Löve.

Elymus secaliformis Trin. ex Steud. ，1841，Nomencl. ed. 2，1：551. n. nud. ＝*Psathyrostachys fragilis* ssp. *scaliformis* Tzvel. ，1972，Nov. Sist. Vyssch. Rast. 9：58.

Elymus secalinus（George）Bobrov，1960，Not. Syst. Herb. Inst. Bot. Acad. Sci. URSS 20：9. ＝*Triticum secalinum* Georgi，1775，Bemerk. einer Reise 1：198. ＝*Leymus secalinus*（Georg）Tzvel.

Elymus semicostatus（Nees ex Steud.）Meld. ，1978，Enum. Fl. Nepal 1：132. ＝*Ag. semicostatum* Nees. ex Steud. ，1854，Syn. Pl. Glum. 1：346. ＝*Triticum semicostatum* Steud. ，1854，Syn. Pl. Glum. 1：346. 1854. ＝*Ro. semicostata*（Steud.）Kitaga. ，1939，Rep. Inst. Manchou. 3，App. 1：91.

Elymus semicostatus ssp. *alienus*（Keng）Á. Löve，1984，Feddes Repert. 95（7 - 8）：453. ＝*Ro. aliena* Keng，in Keng & S. L. Chen，1963，Acta Nanking Univ.（Biol.）3（1）：31.

Elymus semicostatus ssp. *foliosus*（Keng）Á. Löve，1984，Feddes Repert. 95（7 - 8）：454. ＝*Ro. foliosa* Keng，in Keng & S. L. Chen，1963，Acta Nanking Univ.（Biol.）（3）1：32.

Elymus semicostatus ssp. *scabridulus*（Ohwi）Á. Löve，1984，Feddes Repert. 95（7 - 8）：454. ＝*Ag. scabridulum* Ohwi，1943，J. Jap. Bot. 19：166. ＝*E. scabridulus*（Ohwi）Tzvel.

Elymus semicostatus ssp. *striatus*（Nees ex Steud.）Á. Löve，1984，Feddes Repert. 95（7 - 8）：454. ＝*Ag. striatum* Nees ex Steud. ，1854，Syn. Pl. Glum. 1：316. ＝*Triticum striatum* Steud. ，1854，Syn. Pl. Glum. 1：346. ＝*Ro. semicostata* var. *striata*（Nees ex Steud.）J. L. Yang，B. R. Baum et C. Yen.

Elymus semicostatus ssp. *thomsonii*（Hook. f.）Á. Löve，1984，Feddes Repert. 95（7 - 8）：453. ＝*Ag. semicostatum* var. *thomsonii* Hook. f. ，1896，Fl. Brit. Ind. 7：369. ＝*Ro. semicostata* var. *thomsonii*（Hook. f.）J. L. Yang，B. R. Baum et C. Yen.

Elymus semicostatus var. *thomsonii*（Hook. f.）G. Singh，1986，J. Econ. Taxon. Bot. 8（2）：498.

Elymus semicostatus var. *validus*（Meld.）G. Singh，1986，J. Econ. Taxon. Bot. 8（2）：498. ＝*Agropyron striatum* var. *validum* Meld. ，1960，in Bor，Grass. Burm. Ceyl. Ind. Pak. 696. ＝*Ro. valida*（Meld.）J. L. Yang，B. R. Baum et C. Yen.

Elymus serotinus（Keng）Á. Löve，1984，Feddes Repert. 95（7 - 8）：467. ＝ *Ro. serotina*

Keng，in Keng & S. L. Chen，1963，Acta. Nanking Univ.（Biol.）3（1）：50.

Elymus serpentinus（L. B. Cai）S. L. Chen et G. Zhu，2002，Novon 12（3）：427. = *Ro. serpentina* L. B. Cai，1997，Acta Phytotax. Sin. 35（2）：167.

Elymus shandongensis B. Salomon，1990，Willdenowia 19（2）：449. =*Ro. shandongensis*（B. Salomon）J. L. Yang，Y. H. Zhou et C. Yen，1997，Guihaia 17（1）：19‑22.

Elymus shouliangiae（L. B. Cai）G. Zhu，2002，Novon 12（3）：427. =*Ro. shouliangiae* L. B. Cai，1997，Acta Phytotax. Sin. 35（2）：161.

Elymus sibinicus Yu. A. Kutukhov，1992，Bot. Zhurn. 77（6）：93.

Elymus sibiricus L. 1753，Sp. Pl. 83. = *Clinelymus sibiricus*（L.）Nevki，1932，Bull. Jard. Bot. Ac. Sc. URSS 30：641.

Elymus sibiricus var. *americanus* Wats et Coult.，1890，in A. Gray，Man. ed. 6：673. = *E. glaucus* Buckl.

Elymus sibiricus var. *pilosifolius*（A. P. Khakhr.）V. N. Voroschilon，1985，in A. K. Skvortsov（ed.）Florist. issl. v. mzn. Raioakh SSSR：152. =*E. confusus* ssp. *pilosifolius* A. P. Khakhr.

Elymus sierrus Gould，1947，Madrono 9：125. = *Ag. gmelinii* var. *pringlei* Scribn. et J. G. Smith. =*E. trachycaulus* ssp. *sierrus*（Gould）Á. Löve.

Elymus sikkimensis（Meld.）Meld.，1978，Enum. Fl. Pl. Nepal 1：132. = *Ag. sikkimensis* Meld.，1960，in Bor，Grass. Burm. Ceyl. Ind. & Pak. 694. =*Ro. sikkimemsis*（Meld.）J. L. Yang，B. R. Baum et C. Yen.

Elymus simplex Scribn. et Williams，1898，USDA Div. Agrost. Bnakh SSSrull. 11：57. =*Leymus simplex*（Scribn. et Williams）D. Dewey，1983，Brittonia 35：32.

Elymus simplex var. *luxurians* Scribn. et Williams，1898，USDA Div. Agrost. Bull. 11：58. =*Leymus triticoides*（Bukl.）Pilger.

Elymus sinicus（Keng）S. L. Chen，1997，Novon 7（3）：229. =*Ro. sinica* Keng，1963，in Keng & S. L. Chen，Acta Nanking Univ.（Biol.）3（1）：33.

Elymus sinicus var. *medinus*（Keng）S. L. Chen et G. Zhu，2002，Novon 12（3）：427. = *Ro. sinica* Keng var. *media* Keng，1963，in Keng & S. L. Chen，Acta Nanking Univ.（Biol.）3（1）：35.

Elymus sinohirtiflorus S. L. Chen，1987，Bull. Nanjing Bot. Gard. Mem. Sun Yat Sen 1987：9（publ. in 1988）. =*Ro. hirtiflora* C. P. Wang et H. L. Yang，1984，Bull. Bot. Res. 4（4）：86.

Elymus sinoflexuosus S. L. Chen et G. Zhu，2002，Novon 12（2）：428. = *Ro. flexuosa* L. B. Cai，1996，Acta Phytotax. Sin. 34（3）：330.

Elymus sitanion Schult.，1824，Mantissa 2：426. = *Aegilops hystrix* Nutt. 1818，Gen. N. Amer. Pl. 1：86. = *E. glaber* Davy. = *E. hystrix*（Nutt.）M. E. Jones. = *E. minor*（J. G. Smith）M. E. Jones. = *E. pubiflorus* Davy. = *Sitanion albescens* Elmer，1903，Bot Gaz. 36：57. =*Sitanion basalticola* Piper，1903，Bull. Torr. Bot. Club 30：

234. = *Sitanion brevifolium* J. G. Smith，1899，USDA Div. Agrost. Bull. 18：17 and twelve other names in *Sitanion*. = *Sitanion ciliatum* Elmer，1903，Bot. Gaz. 36：58. = *Sitanion elymoides* Rafin.，1819，J. Phys. Chym. Hist. Nat. Arts 89：103. = *Sitanion latifolium* Piper，1899，Erythea 7：99. = *Sitanion longifolium* J. G. Smith，1899，USDA Div. Agrost. Bull. 18：18. = *Sitanion velutinum* Piper，1903，Bull. Torr. Bot. Club 30：233. = *Sitanion hordeooides* Suksdorf，1923，Werdenda 1，2：4.

Elymus smithii (Rydb.) Gould，1947，Madrono 9：127. = *Ag. smithii* Rydberg，1900，Mem. N. Y. Bot. Gard. 1：64. Febr. = *Pascopyrum smithii* (Rydb.) Á. Löve，1980，Taxon 29：547.

Elymus solandri (Steud.) H. E. Connor，1994，New Zealand J. Bot. 32 (2)：140. = *Tr. solandri* Steud.

Elymus sosnowskyi (Hackel) Meld.，1984，Notes Roy. Bot. Gard. Edinb. 42 (1)：80. = *Ag. sosnowskyi* Hackel，1913，Monit. Jard. Bot. Tiflis 29：26. = *Pseudoroegneria sosnowskyi* (Hackel) Á. Löve.

Elymus spegazzinii F. Kurtz.，1900，Bol. Acad. Cordoba 16：259.

Elymus spicatus (Pursh) Gould，1947，Madrono 9：125. = *Festuca spicata* Pursh，1814，Fl. Amer. Sept. 1：83. = *Pseudoroegneria spicata* (Pursh) Á. Löve，1980，Taxon 29：168.

Elymus × *spurius* (Meld.) G. Singh，1983，Taxon 32 (4)：639.

Elymus stebbinsii Gould，1947，Madrono 9：126. = *Ag. parishii* Scribn. et Smith，1897，USDA Div. Agrost. Bull. 4：28. non *E. parishii* Davy et Merr.，1902. = *Elytrigia parishii* (Scribn. et Smith) D. Dewey，1983，Brittonia 35：31.

Elymus stebbinsii ssp. *septetrionalis* M. E. Barkworth，1997 (publ. in 1998)，Phytologia 83 (5)：360.

Elymus stenochyrus (Keng) Á. Löve，1984，Feddes Repert. 95 (7 - 8)：456. = *Ro. stenochyra* Keng，1963，in Keng & S. L. Chen，Acta Nanking Univ. (Biol.) 3 (1)：79 - 80. = *Kenyilia* × *stenachyra* (Keng) J. L. Yang，C. Yen et B. R. Baum，Hereditas 116：27.

Elymus stenostachyus (Meld.) O. Anders et D. Podlech，1976，Mitt. Bot. Staatssamml. Munchen，12：315. = *Ag. stenostachys* Meld.，1970，in Rech. f.，Fl Iranica 70：175.

Elymus stewartii Á. Löve，1982，New Zeal. J. Bot. 20：170. erratum，non *Ag. stewartii* Meld. = *E. trashyrcanus* (Nevski) Tzvel.

Elymus stewartii (Meld.) T. A. Cope，1982，Fl. Pak. 143：627. = *Ag. stewartii* Meld.，1960，in Bor，Grass. Burm. Ceyl. Ind. & Pak. 695. = *Pseudoroegneria stewartii* (Meld.) Á. Löve，1984，Feddes Repert. 95 (7 - 8)：447.

Elymus stipifolius (Czern. ex Nevski) Meld.，1978，Bot. J. Linn. Soc. 76 (4)：376. = *Ag. stipifolium* Czern. ex Nevski，1934，Fl. SSSR 2：637. = *Pseudoroegneria stipifolia* (Czern. ex Nevski) Á. Löve，1984，Feddes Repert. 95 (7 - 8)：445.

Elymus striatus Willd, 1797, Sp. Pl. 1：470. ＝*E. virginicus* L.

Elymus striatulus Runemark, 1972, Bot. Not. 125：419. ＝ *Thinopyrum bassarabicum* (Savul. et Rayss) Á. Löve, 1984, Feddes repert. 95 (7 - 8)：475.

Elymus strictus (Keng) Á. Löve, 1984, Feddes Repert. 95 (7 - 8)：458. ＝*Ro. stricta* Keng, 1963, in Keng & S. L. Chen, Acta Nanking Univ. (Biol.) 3 (1)：68.

Elymus strictus (Keng) Á. Löve var. *crassus* (L. B. Cai) S. L. Chen et G. Zhu, 2002, Novon 12 (3)：428. ＝*Ro. crassa* L. B. Cai, 1996, Acta Phytotax. Sin. 34 (3)：332.

Elymus strigatus St John, 1915, Rhodora 17：102. ＝ *E. glaucus* ssp. *virescens* (Piper) Á. Löve.

Elymus strigosus Rydberg, 1905, Bull. Torr. Bot. Club 32：609. ＝ *Leymus ambiguus* (Vasey et Scribn.) D. Dewey.

Elymus submuticus (Hook.) Smyth & Smyth, 1913, Trens Kans. Acad. 25：99. ＝ *E. viriginicus submuticus* Hook.

Elymus submuticus (Keng) Keng f. 1984, Bull. Bot. Res. 4 (3)：192. ［Á. Löve, 1984, Feddes Repert. 95 (7 - 8)：449. invalid.］ ＝ *Clinelymus submuticus* Keng, 1959, Fl. Ill. Pl. Prim. Sin. Gram. 424. sine descr. latin.

Elymus subpaniculatus Steud., 1855, Sym. Pl. Glum. 350.

Elymus subsecundus (Link) Á. Löve et D. Löve, 1964, Taxon 13：201. ＝*Triticum subsecundum* Link, 1833, Hor. Berol. 2：190. ＝ *E. trachycaulus* ssp. *subsecundus* (Link) Gould.

Elymus subvillosus (Hook.) Gould, 1949, Madrono 9：127. ＝ *E. lanceolatus* (Scribn. et Smith) Gould.

Elymus svensonii Church, 1967, Rhodora 69：134 - 135.

Elymus sylvaticus (Keng et S. L. Chen) S. L. Chen, 1987, Bull. Nanjing Bot. Gard. Mem. Sun Yat Sen 1987：9 (publ. in 1988). ＝ *Ro. sylvatica* Keng et S. L. Chen, 1963, Acta Nanking Univ. (Biol.) 3 (1)：36.

Elymus tangutorum (Nevski) Hand.-Mazz. 1936, Symb. Sin. Pt. 7：1292. ＝*Clinelymus tangutorum* Nevski, 1932, Bull. Jard. Bot. Ac. Sc. URSS. 30：647.

Elymus tarbagataicus Kutuch., 1998, Turczaninowia 1 (1)：20.

Elymus tauri (Boiss. et Bal.) Meld., 1984, Notes Roy. Bot. Gard. Edinb. 42 (1)：81. 1984. ＝*Ag. tauri* Boiss. et Bal., 1857, Bull. Soc. Bot. Fr. 4：307. ＝*Elytrigia tauri* (Boiss. et Bal.) Tzvel., 1973, Nov. Sist. Vyssch. Rast. 10：30. ＝ *Pseudoroegneria tauri* (Boiss. et Bal.) Á. Löve. 1984, Feddes Repert. 95 (7 - 8)：445.

Elymus tauri var. *kosaninii* (Nabelek) M. Assadi, 1996, Willdenowia 26 (1 - 2)：258. ＝ *Ag. kosaninii* Nabelek.

Elymus tauri ssp. *pertenuis* (C. A. Meyer) Meld., 1984, Notes Roy. Gard. Edinburgh. 42 (1)：81. ＝ *Triticum intermedium* var. *pertenue* C. A. Meyer, 1831, Verzeichn. Pfl. Cauc. 25. ＝*Elytrigia tauri* ssp. *pertenuis* Tzvel., 1973, Nov. Sist. Vyssch.

Rast. 10: 30. =*Pseudoroegneria pertenuis*（C. A. Mey.）Á. Löve. = *Pseudoroegneria pertenuis*（C. A. Mey.）Á. Löve.

Elymus tener L. f., 1781, Suppl. Pl. 114. =*E. sibiricus* L.

Elymus tenuatus Á. Löve, 1984, Feddes Repert. 95（7-8）: 273. =*Triticum attenuatum* H. B. K., 1818, Nov. Gen. & Spec. 1: 180. = *Ag. attenuatum*（H. B. K.）Roem. et Schult., 1917, Syst. Veg. 2: 751. non *E. attenuatus*（Griseb.）K. Ricnter, 1890.

Elymus tenuis（Buch.）Á. Löve & Connor, 1982, New Zeal. J. Bot. 20: 183. = *Ag. scabrum* var. *tenue* Buch., 1880, Indig. Grasses of N. Z. t. 57b & Add. & Corr. 11. =*Ag. tenue*（Buch）Connor, 1954, New Zeal. J. Sci. Tech. B35: 318.

Elymus tenuispicus（J. L. Yang et Y. H. Zhou）S. L. Chen, 1997, Novon 7（3）: 229. = *Ro. tenuispica* J. L. Yang et Y. H. Zhou, 1994, Novon 4: 307.

Elymus texensis J. J. N. Campbell, 2002, SIDA 22（1）: 488-489.

Elymus thomsonii（Hook. f.）Meld., 1978, Enum. Fl. Pl. Nepal 1: 132. = *Ag. semicostatum* var. *thomsonii* Hook. f., 1896, Fl. Brit. India 7: 369. =*Ro. semicostata* var. *thomsonii*（Hook. f.）J. L. Yang, B. R. Baum et C. Yen.

Elymus thoroldianus（Oliv.）G. Singh, 1983, Taxon 32: 640. =*Ag. thoroldianum* Oliver, 1893, in Hook., I. C. Pl., tab. 2262. = *Ro. thoroldiana*（Oliv.）Keng, 1957, Claves Gen. & Sp. Sic. 188. = *Kengyilia thoroldiana*（Oliv.）J. L. Yang, C. Yen et B. R. Baum, 1992, Hereditas 116: 27.

Elymus thoroldianus var. *laxiusculus*（Meld.）G. Singh, 1983, Taxon 32（4）: 640. = *Ag. thoroldianum* var. *laxiuscula* Meld. = *Kengyilia thoroldiana* var. *laxiuscula*（Meld.）S. L. Chen

Elymus thoroldianus ssp. *laxiusculus*（Meld.）Á. Löve, 1984, Feddes Repert. 95（7-8）: 456. =*Ag. thoroldianum* var. *laxiusculum* Meld., 1960, in Bor, Grass. Burm. Ceyl. Ind. & Pak. 696. = *Kengyilia thoroldiana* var. *laxiuscula*（Meld.）S. L. Chen, 1997, Novon 7: 229.

Elymus tianschanicus Czerepanov, 1981, Sosud. Rast. SSSR 351. = *E. uralensis* ssp. *tianschanicus* Tzvel.

Elymus tianschanicus Drob., 1925, Feddes Repert. 21: 45. = *Leymus tianschanicus*（Drob.）Tzvel., 1960, Bot. Mat.（Leningrad）20: 469.

Elymus tianschanigenus S. K. Cherepanov, 1981, Soud. Rast. SSSR 351. = *Ag. tianschanicum* Drob. = *E. uralensis* ssp. *tianschanicus* Tzvel.

Elymus tibeticus（Meld.）G. Singh, 1983, Taxon 32: 640. = *Ag. tibeticum* Meld., 1960, In Bor, Grass. Burm. Ceyl. Ind. & Pak. 696.

Elymus tilcareusis（J. H. Hunziker）Á. Löve, 1984, Feddes Repert. 95（7-8）: 473. = *Ag. tilcarense* J. H. Hunziker, 1966, Kurtziana 3: 121.

Elymus trachycaulus（Link）Gould ex Shinners, 1954, Rhodora 56: 28. =*Triticum trachycaulum* Link, 1833, Hort. Berol. 2: 189.

Elymus trachycaulus f. *andinum*（Scribn. et Smith）A. A. Beetle，1984，Phytologia 55（3）：210. = *Ag. violaceum* var. *andinum* Scribn. et J. G. Smith.

Elymus trachycaulus var. *andinus*（Scribn. et J. G. Smith）R. D. Dorn，1988. Vasc. Pl. Wyoming 298. =*Ag. violaceum* var. *andicum* Scrib. et J. G. Smith.

Elymus trachycaulus ssp. *andinus*（Scribn. et Smith）Á. Löve et D. Löve，1975，Bot. Not. 128（4）：502.（publ. in 1976）. = *Ag. violaceum* var. *andinum* Scribn. et Smith，1897，USDA Div. Agrost. Bull. 4：30.

Elymus trachycaulus f. *andinum*（Scribn. et Smith）A. A. Beetle，1984，Phytologia 55（3）：210. =*Ag. violaceum* var. *andinum* Scribn. et Smith.

Elymus trachycaulus ssp. *bakeri*（E. Nels.）Á. Löve，1984，Feddes Repert. 95（7 - 8）460. =*Ag. bakeris* E. Nelson，1904，Bot. Gaz. 38：378.

Elymus trachycaulus ssp. *donianus*（F. B. White）Á. Löve，1984，Feddes Repert. 95（7 - 8）：461. =*Ag. donianum* F. B. White，1893，Proc. Pertsh. Soc. Nat. Sci. 1：41. s. str.

Elymus trachycaulus ssp. *glaucus*（Pease et A. H. Moore）W. J. Cody，1994，Canad. Field-Nat. 108（1）：93. =*Ag. caninum* f. *glaucum* Pease et A. H. Moore.

Elymus trachycaulus ssp. *kamczadalorum*（Nevski）Tzvel.，1974，Nov. Sist Vyssch. Rast 10：24. =*Ro. kamczdalorum* Nevski，1934，Fl. SSSR 2：619. = *Elymus kamczadalorus*（Nevski）Tzvel. 2n=28.

Elymus trachycaulus var. *latiglume*（Scribn. et Smith）A. A. Beetle，1984，Phytologia 55（3）：209. =*Ag. violaceum* var. *latiglume* Scribn. et Smith，1897，USDA Div. Agrost. Bull. 4：30. =*E. alaskanus* ssp. *latiglumis*（Scribn. et Smith）Á. Löve.

Elmus trachycaulus ssp. *latiglumis*（Scribn. et Smith）Á. Löve，1980，Taxon 29：166.

Elymus tachycaulus ssp. *latiglumis*（Scribn. et Smith）Barkworth et Dewey，1983，Great Basin Nat. 43：561 - 572.

Elymus trachycaulus var. *majus*（Vasey）A. A. Beetle，1984，Phytologia 55（3）：210. = *Ag. violaceum* var. *majus* Vasey，1893，Contr. U. S. Nat. Herb. 1：280. = *E. trachycaulus* ssp. *vierscens*（Lange）Á. Löve et D. Löve.

Elymus trachycaulus ssp. *majus*（Vasey）Tzvel.，1973，Nov. Sist. Vyssch. rast. 10：24. =*Ag. violaceum* var. *majus* Vasey，1893，Contr. U. S. Nat. Herb. 1：280. = *E. trachycaulus* ssp. *virescens*（Lange）Á. Löve et D. Löve.

Elymus trachycaulus ssp. *novae-angliae*（Scribn.）Tzvel.，1973，Nov. Sist. Vyssch. Rast. 10：23. = *Ag. novae-anliae* Scribn.，1900，in Brain.，Jones & Eggl.，Fl. Vermont. 103.

Elymus trachycaulus ssp. *scribneri*（Vasey）Á. Löve，1984，Feddes Repert. 95（7 - 8）：461. =*Ag. scribneri* Vasy，1883，Bull. Torr. Bot. Club 10：128.

Elymus trachycaulus ssp. *sierrus*（Gould）Á. Löve，1984，Feddes Repert. 95（7 - 8）：461. =*E. sierrus* Gould. 1901.

Elymus trachycaulus ssp. *stefanssonii*（Meld.）Á. Löve et D. Löve，1975，Bot. Not. 128：

502. （1976 publ. ） ＝ *Roegneria doniana* var. *stefanssonii* Meld. ，1950，Svensk Bot. Tidslr. 44：158. 2n＝28.

Elymus trachycaulus ssp. *subsecundus* （Link） Gould，1947，Madronos 9：126. ＝*Triticum subsecundum* Link，1833，Hort. Berol. 2：190.

Elymus trachycaulus ssp. *teslinensis* （Porsild & Senn） Á. Löve，1980，Taxon 29：167. ＝ *Ag. teslinense* Porsild et Senn，1951，in Porsild，Bull. Natl. Mus. Canad. 121：98.

Elymus trachycaulus ssp. *teslinensis* （Porsild et Senn） Á. Löve，1980，Taxon 29 （1）： 167. ＝ *Ag. teslinense* Porsild et Seen，1951，in Porsild，Bull. Natl. Mus. Canad 121：98.

Elymus trachycaulus var. *unilaterale* （Cassidy） A. A. Beetle，1984，Phytologia 55 （3）： 210. ＝*Ag. unilaterale* Cassidy，1890，Colo. Agr. Exp. Sta. Bull. 12：63. ＝*E. trachycaulus* ssp. *subsecundus* （Link） Gould.

Elymus trachycaulus ssp. *violaceus* （Hornem. ） Á. Löve，1976，Bot. Not. 128：502. ＝ *Triticum violaceum* Hornem. ，1832，Fl. Dan. ，fasc. 35. tab. 2044. s. str.

Elymus trachycaulus ssp. *virescens* （Lange） Á. Löve et D. Löve，1975，Bot. Not. 128： 502. （1976 publ. ） ＝*Ag. violaceum* B *virescens* Lange，1880，Medd. om Gronl. 3： 155. ＝ *E. donianus* ssp. *virescens* （Lange） Á. Löve & D. Löve，＝*Ag. violaceum* var. *majus* Vasey，1893，Contr. U. S. Nat. Herb. 1：280. ＝ *E. trachycaulus* ssp. *majus* （Vasey） Tzvel.

Elymus transbaicalensis （Nevski） Tzvel. ，1968，Rast. Tsentr. Azii 4：219. ＝*Ag. transbaicalense* Nevski，1932，Bull. Jard. Bot. Ac. SC. URSS 30：618.

Elymus transhyrcanus （ Nevski ） Tzvel. ，1972，Nov. Sist. Vyssch. Rast. 9：61. ＝ *Ro. transhyrcana* Nevski，1934 （April）， Tr. Sredneaz. Univ. ser. 8B，17：70. ＝ *Ro. leptura* Nevski，1934 （September），Fl. SSSR 2：623.

Elymus transhycanus ssp. *lorestanicus* M. Assadi，1994，Iranian J. Bot. 6 （2）：194.

Elymus transhycanus var. *togarovii* A. Ataeva，1987，Izv. Akad. Nauk. Turkm. SSSR Biol. Nauk，1987 （3）：54.

Elymus trichspicus （ L. B. Cai） S. L. Chen et G. Zhu，2002，Novon 12 （3）：428. ＝ *Ro. trichospica* L. B. Cai，1994 Bull. Bot. Res. 14：340.

Elymus tridentatus （C. Yen et J. L. Yang） S. L. Chen，1997，Novon 7 （3）：229. ＝ *Ro. tridentata* C. Yen et J. L. Yang，1994，Novon 4：310. ＝*Campeiostachys tridentata* （C. Yen et J. L. Yang） J. L. Yang，B. R. Baum et C. Yen.

Elymus triglumis Q. B. Zhang，1991，Acta Bot. Yunnanica 13 （1）：21.

Elymus trinii Meld. ，1970，In Rech. f. ，Fl. Iranica 70：225. ＝*Leymus ramosus* （Trin. ） Tzvel.

Elymus triticoides Buckl. ，1862，Proc. Acad. Nat. Sci. Philad. 1862：99. ＝*Leymus triticoides* （Bukl. ） Pilger，1947，Bot Jahrb. 74：6. （publ. in 1949） .

Elymus triticoides ssp. *multiflorus* Gould，1945，Madrono 8：46. ＝ *Leymus multiflo-*

rus (Gould) Á. Löve，1984，Feddes Repert. 95（7‑8）：482.

Elymus triticoides var. *pubescens* Hitchc.，1912，in Jepson，Fl. Calif. 1：186. =*Leymus triticoides* (Bukl.) Pilger.

Elymus triticoides var. *simplex* (Scribn. et Williams) Hitchc.，1934，Amer. J. Bot. 21：132. =*Leymus simplex* (Scribn. et Williams) D. Dewey.

Elymus triticoides ssp. *simplex* (Scribn. et Willians) Á. Löve，1980，Taxon 29：168. 1980. =*Leymus simplex* (Scribn. et Williams) D. Dewey.

Elymus truncatus (Wallr.) Meld. ssp. *trichophorus* (Link) R. Soo，1980，Magyar Fl. Veg. 6：185. =*Triticum trichophorum* Link，1843，Linnaea 17：395. =*Elytrigia trichophora* (Link) Nevski，1934，Tr. Sredneaz. Univ.，ser. 8B，17：61. =*Elytrigia intermedia* (Host) Nevski ssp. *barbulata* (Schur) Á. Löve.

Elymus truncatus ssp. *trichophorus* (Link) R. Soo，1980，Magyar Fl. Veg. 6：185. =*Triticum trichophorum* Link.

Elymus troctolepis (Nevski) Tzvel.，1972，Nov. Sist. Vyssch. Rast. 9：61. =*Ro. trocolepis* Nevski，1934，Fl. SSSR. 2：613.

Elymus tschimganicus (=*czimganicum*) (Drob.) Tzvel.，1968，Rast. Tsentr. Azii 4：221. 1968. =*Ag. tschimganicum* Drob.，1924，Feddes Repert. 21：40. =*Roegneria tschimganica* (Drob.) Nevski，1934，Tr. Sredneaz. Univ.，ser. 8B，17：64.

Elymus tschimganicus var. *glabrispiculus* D. F. Cui，1990，Bull. Bot. Res. 10 (3)：30.

Elymus tsukushiensis Honda，1936，Bot. Mag. Tokyo 50：391. =*Ag. tsukushiense* (Honda) Ohwi，1936，Bot. Mag. Tokyo 50：572. =*Clinelymus tsukushiensis* (Honda) Honda，1936，Bot. Mag. Tokyo 50：572. = *Campeiostachys tsukushiensis* (Honda) J. L. Yang，B. R. Baum et C. Yen. 2n=42.

Elymus tsukushiensis var. *transiens* (Hack.) T. Osada，1990，J. Jap. Bot. 65 (9)：266.

Elymus turgaicus Roshev.，1910，Tr. Poczv. Bot. Exsp. II. 7：259. =*Leymus karelinii* (Turcz.) Tzvel.

Elymus turuchanensis (Reverd.) S. K. Cherepanov，1981，Soud. Rast. SSSR 351. =*Ag. turuchanense* Reverd.，1932，Sist. Sam. Herb. Tomsk. Univ. 4：2. = *E. macrourus* ssp. *turuchanensis* (Reverd.) Tzvel.

Elymus tzvelevii Yu. A. Kotukhov，1992，Bot. Zhurn. 77 (6)：90.

Elymus ubinica Kotuch.，1999，Turczaninowia 2 (4)：5.

Elymus × *uclueletensis* Bowden，Canad. J. Bot. 42：563. 1964.

Elymus ugamicus Drob.，1923，in Popov，Key Pl. Envir. Tashkent，1：44；1925，Feddes Repert. 21：45. non *Ag. ugamicum* Drob. 1923. =*Leymus alaicus* (Korsh.) Tzvel.

Elymus uniflorus Philippi，1893，Anal. Univ. Chile 54：349. = *E. angulatus* J. Presl.

Elymus uralensis (Nevski) Tzvel.，1971，Nov. Sist. Vyssch. Rast. 8：63. = *Ag. uralense* Nevski，1930，Izv. Glavn. Bot. Sada SSSR 29：89.

Elymus uralensis ssp. *komarovii* (Nevski) Tzvel.，1973，Nov. Sist. Vyssch. Rast. 10：

22. = *Ag. komarovii* Nevski，1932，Bull. Jard. Bot. Ac. Sc. URSS 30：620. = *Roegne-ria komarovii* (Nevski) Nevski，1934，Fl. SSSR 2：615.

Elymus uralensis ssp. *prokudinii* (Sered.) Tzvel. ，1973，Nov. Sist. Vyssch. Rast. 10：22. = *Ro. prokudini* Sered. ，1965，Nov. Sist. Vyssch. Rast. 2：55.

Elymus uralensis ssp. *tianschanicus* Tzvel. ，1973，Nov. Sist. Vyssch. Rast. 10：22. = *Ag. tianschanicum* Drob. ，1925，Vved. Opred. Rast. Okr. Taschk. 1：41. non *E. tianschanicus* Drob. 1925. = *Ro. tianschanica* (Drob.) Nevski，1934，Tr. Sredneaz. Univ. ，ser. 8B，17：71. = *E. czilikensis* (Drob.) Tzvel.

Elymus uralensis ssp. *viridiglumis* (Nevski) Tzvel. ，1971，Nov. Sist. Vyssch. Rast. 8：63. = *Ro. viridiglumis* Nevski，1934，Fl. SSSR. 2：616.

Elymus vaginatus Philippi，1894，Linnaea 33：300. = *E. angulatus* J. Presl.

Elymus vaillantianus (Wulf. et Schreb.) K. B. Jensen，1989，Genome 32 (4)：645. = *Triticum vaillantianum* Wulf. et Schreb. ，1811，in Schweigger & Koerte，Fl. Eri-ang. 1：143.

Elymus valdiviae Steud. ，1855，Syn. Pl. Glum. 1：349. = *E. angulatus* J. Presl.

Elymus validus (Meld.) B. Salomon，1994，Nord. J. Bot. 14 (1)：12. = *Ag. striatum* var. *validum* Meld. ，1960，in Bor，Grass. Burm. Ceyl. Ind. & Pak. 696. = *Ro. valida* (Meld.) J. L. Yang，B. R. Baum et C. Yen.

Elymus vancouverensis Vasey，1888，Bull. Torr. Bot. Club 15：48.

Elymus × *vancouverensis* (Vasey) Bowed，1957，Canad. J. Bot. 35：973. = *E. vacouver-ensis* Vasey. = *Leymus* × *vancouverensis* (Vasey) Pilger，1947，Bot. Jahrb. 74：6. (publ. in 1949) .

Elymus varius (Keng) Tzvel. ，1968，Rast Tsentr. Azii 4：219. = *Ro varia* Keng，1963，in Keng & S. L. Chen，Acta Nanking Univ. (Biol.) 3 (1)：70 - 71.

Elymus varnensis (Velen.) Runemark，1971，Hereditas 70 (2)：156. = *Triticum var-nense* Velenovsky，1894，Sitz. -Ber. Bohm. Ges. Wiss. 1894：28. = *Elytrigia varnensis* (Velen.) Holub，1977，Folia Geobot. Phytotax. Praha 12：426.

Elymus vassilijevii S. K. Cherepanov，1981，Soud. Rast. SSSR. 351. = *Ro. villosa* V. N. Vassil. ，1954，Bot. Mat. (Leningrad) 16：57.

Elymus vassilijevii ssp. *coeruleus* (Jurtzev) S. K. Czerepanov，1995，Vasc. Pl. Russia & Adj. States (former USSR) 364. = *Ro. villosa* ssp. *coerulea* Jurtzev.

Elymus vassilijevii ssp. *laxe-pilosus* (Jurtzev) S. K. Czerepanov，1995，Vasc. Pl. Russia & Adj. States (former USSR)：364. 1995. = *Ro. villosa* ssp. *laxe-pilosa* Jurtzev.

Elymus velutinus Scribn. & Merr. ，1902，Bull. Torr. Bot. Club. 29：466. = *Clinelymus velutinus* (Scribn. et Merr.) Nevski，Bull. Jard. Bot. Ac. Sc. URSS 30：649. 1932. = *E. glaucus* ssp. *jepsonii* (Davy) Gould.

Elymus vernicosus (Nevski ex Grubov) Tzvel. ，1968，Rast. Tsentr. Azii 4：219. = *Ag. vernicosum* Nevski ex Grubov，1955，Bot. Mat. (Leningrad) 17：6. = *E. pendulina* ssp. *brachypodioides* (Nevski) Tzvel. =*Ro. pendulina* var. *brachypodioides* (Nevski ex Grubov) J. L. Yang，B. R. Baum et C. Yen.

Elymus versicolor A. P. Khokhryakov，1981，Biol. Rast. Fl. Sev. Dal′n. Vostok. (ed. M. T. Mazurenko)：13.

Elymus villifer C. P. Wang & X. L. Yang，1984，Bull. Bot. Res. 4 (4)：84.

Elymus villiflorus Rydberg，1905，Bull. Torr. Bot. Club. 32：609. =*Leymus ambiguus* (Vasey et Scribn.) D. Dewey.

Elymus villosissimus Scribn. ，1899，USDA Div. Agrost. Bull. 17：326.

Elymus villosulus Ohwi，1931，Bot. Mag. Tokyo 45：183. = *Clinelymus villosulus* (Ohwi) Honda，1936，Bot. Mag. Tokyo 50：572.

Elymus villosus Muehlen. ，1809，in Willd. Enum. Pl. 1：131. = *E. virginicus* ssp. *villosus* (Muhl.) Á. Löve.

Elymus villosus var. *arkensanus* (Scribn. et C. R. Ball) J. J. N. Campell，1995，Novon 5 (2)：128. =*E. arkensanus* Scribn. et C. R. Ball.

Elymus violaceus (Hornem.) J. Feiberg，1984，in Meld. ，Gronland，Biosci. 15：12. = *Triticum violaceum* Hornem. ，1832，Fl. Dan. ，fasc. 35. tab. 2044. s. str.

Elymus violaceus ssp. *andinus* (Scribn. & J. G. Smith) N. N. Tzvel. ，2000，Nov. Sist. Vyssch. Rast. 32：182. = *Ag. vioceum* var. *andinum* Scribn. et J. G. Smith.

Elymus violaceus ssp. *latiglumis* (Scribn. et J. G. Smith) Tzvel. ，2000，Nov. Sist. Vyssch. Rast. 32：181. =*Ag. violaceum* var. *latiglume* Scribn. et J. G. Smith.

Elymus virescens Piper，1899，Erythea：101. =*E. glaucus* ssp. *virescens* (Piper) Á. Löve.

Elymus viridiglumis (Nevski) Czerepanov，1981，Sosud. Rast. SSSR. 351. = *E. viridiglumis* Nevski=*E. uralensis* ssp. *viridiglumis* (Nevski) Tzvel.

Elymus viriginicus L. 1753，Sp. Pl. 84.

Elymus virginicus ssp. *viginicus.*

Elymus virginicus ssp. *interruptus* (Buckley) Á. Löve，1984，Feddes Repert. 95 (7 - 8)：452. =*E. interruptus* Buckl. ，1862，Proc. Acad. Nat. Sci. Philadelphia 1862：99.

Elymus virginicus ssp. *riparius* Wiegand，1918，Rhodora 20：84.

Elymus virginicus ssp. *villosus* (Muehl.) Á. Löve，1984，Feddes Repert. 95 (7 - 8)：452. =*Elymus villosus* Muehl.

Elymus viridiglumis (Nevski) Czerpanov，1981，Sosud. Rast. SSSR 351. = *Ro. viridiglumis* Nevski，1934，Fl. SSSR 2：616. = *Ro. taigae* Nevski，1934，Fl SSSR 2：616.

Elymus viridulus (Keng et S. L. Chen) S. L. Chen，1987，Bull. Nanjing Bot. Gard. Mem. Sun Yat Sen 1987：9 (1987 publ. 1988) . =*Ro. viridula* Keng et S. L. Chen，1963，Acta Nanking Univ. (Biol.) 3 (1)：39.

Elymus vulpinus Rhdberg，1909，Bull. Torr. Bot Club 36：540.

Elymus × *wallii* (Connor) Á. Löve & H. E. Connor，1982，New Zeal. J. Bot. 20 (2)：

183. = *Ag.* × *wallii* Connor.

Elymus wawawaiensis J. R. Carlson et M. E. Barkworth，1997（publ. 1998），Phytologia 83（4）：327.

Elymus wiegandii Fernald，1933，Rhodora 35：192. = *E. canadensis* ssp. *wiegandii* (Fernald) Á. Löve.

Elymus wiegandii f. *calvescens* Fernakd，1933，Rhodora 35：192.

Elymus woroschilowii N. S. Probatova，1985，Sosud. Rast. Sovet. Dal′nego Vostoka 1：113. =*E. dahuricus* ssp. *pacificus* Probat.，1978，Nov. Sist. Vyssch. Rast. 15：68.

Elymus xiningensis L. B. Cai，1993，Acta Bot. Bor-Occid. Sin. 13（1）：71.

Elymus sinkiangensis D. F. Cui，1990，Bull. Bot. Res. 10（3）：26. = *Ro. sikiangensis* (D. F. Cui) L. B. Cai，1997，Acta Phytotax. Sin. 35（2）：155，174.

Elymus yangii B. R. Lu，1992，Willdenovia 22（1 - 2）：129. =*Ro. yangiae* (B. R. Lu) L. B. Cai，1997，Acta Phytotax. Sin. 35（2）：158.

Elymus yezoensis Honda，1930，J. Fac. Sci. Univ. Tokyo，III，Bot. 3：16. = *E. sibiricus* L.

Elymus yezoensis (Honda) T. Osada，1989，Illustr. Grass. of Jap. 738. = *Agropyron yezoense* Honda，1936，Bot. Mag. Tokyo 61：292. non *Elyms yezoensis* Honda，1930. =*R. yezoensis* (Honda) Ohwi，1941，Acta Phytotax. Geobot. 10：98.

Elymus yezoensis var. *koryoensis* (Honda) T. Osada，1989，Illustr. Grass. Jap. 738. Basionym not stated.

Elymus yilianus S. L. Chen，1994，Bull. Bot. Res. 14（2）：139. = *E. breviaristatus* (Keng ex Keng f.) Keng f.

Elymus yubaridakensis (Honda) Ohwi，1937，Acta Phytotax & Geobot.，Kyoto，6：54. =*Clinelymus yubaridakensis* Honda. =*E. sibiricus* L.

Elymus yukonensis (Scribn. et Merr.) Á. Löve，1980，Taxon 29：168. = *Ag. yukonense* Scribn. et Merr.，1910，Contr. U. S. Natl. Herb. 13：85. = *E. lanceolatus* ssp. *yukonensis* (Scribn. et Merr.) Á. Löve.

Elymus yushuensis (L. B. Cai) S. L. Chen et G. Zhu，2002，Novon 12（3）：428. = *Ro. yushuensis* L. B. Cai，1994，Bull Bot. Res. 14：333.

Elymus zagricus M. Assadi，1994，Iranian J. Bot. 6（2）：191.

Elymus zejensis N. S. Probatova，1984，Bot. Zhurn. 69（2）：257.

附 录 二

Elytrigia Desv. 1810. Nouv. Bull. Soc. Philom. 2: 90.

Sect. *Caespitosae* (Rouy) Tzvel. , 1973, Nov. Sist. Vyssh. Rast. 10: 28. = *Ag.* sect. *Caespitosum.*

Sect. *Caespitosae* (Nevski) Á. Löve, 1984. Feddes Rep. 95 (7 - 8): 489. = *Elytrigia* sect. *Holopyron* ser. *Caespitosae* Nevski, 1936, Tr. Inst. Bot. AN SSSR, ser. 1, 2: 82.

Sect. *Hyalolepis* Nevski, 1934, Tr. Sredneaz. Univ. , ser. 8B, 17: 60.

Sect. *Junceae* (Prat) Tzvel. , 1973, Nov. Sist. Vyssh. Rast. 10: 32. = *Ag.* sect. *Juncea.*

Sect. *Lolioides* (Nevski) Á. Löve, 1984, Feddes Rep. 95 (7 - 8): 485. = *E.* ser. *Lolioides.*

Sect. *Pseudoelytrigia* H. Scholz, Bot. Jahrb. 115 (3): 352. 1993.

Subsect. *Intermediae* O. N. Dubovik, 1976, Nov. Sist. Vyssh. Nizsh. Rast. (Kiev) 1976: 24. (publ. 1977)

Subsect. *Elongatae* O. N. Dubovik, 1976, Nov. Sist. Vyssh. Nizsh. Rast. (Kiev) 1976: 25. (publ. 1977) .

ser. *Geniculatae* O. N. Dubovik, 1976, Nov. Sist. Vyssh. Nizsh. Rast. (Kiev) 1976: 11. (publ. 1977)

ser. *Intermediae* O. N. Dubovik, 1976, Nov. Sist. Vyssh. Nizsh. Rast. (Kiev) 1976: 8. (publ. 1977)

Elytrigia×acuta (DC.) Tzvel. , 1973, Nov. Sist. Vyssh. Rast. 10: 32. = *Tr. acutum* DC. , 1813, Hort Monsp. 153,

Elytrigia×acuta (DC.) Tzvel. nothossp. *obtusiuscula* (Lange) M. Kerguelen, 1987, Lejeunia 120: 86. =*Ag.* ×*obtusiusculum* Lange, 1857, Handb. ed. 2, 48.

Elytrigia×acutiformis (Rouy) J. Holub, 1977, Folia Geobot. Phytotax. Praha 12 (4): 426. = *Ag. acutiforme* Rouy, 1913, Fl. France 14: 326.

Elytrigia aegilopoides (Drob.) G. A. Peshkova, 1979, Fl. Tsentral noi Sibiri. 11: 127. = *Ag. aegilopoides* Drob. , 1914, Tr. Bot. Muz AN 12: 46. = *Pseudoroegneria strigosa* ssp. *aegilopoides* (Drob.) Á. Löve, 1984, Feddes Rep. 95 (7 - 8): 444.

Elytrigia aegilopoides (Drob.) N. R. Cui, Claves Pl. Xinjiang. , 1: 163. 1982. = *Ag. aegilopoides* Drob. =*Pseudoroegneria strigosa* ssp. *aegilopoides* (Drob.) Á. Löve.

Elytrigia afghanica (Meld.) J. Holub, 1977, Folia Geobot. Phytotax. Praha 12 (4):

426. = *Ag. afghanicum* Melderis, 1960, in Bor, Grass. Burm. Ceyl. Ind. Pak. 689. = *E. intermedia* (Host) Nevski ssp. *afghanica* (Meld.) Á. Löve, 1984, Feddes Rep. 95 (7-8): 486. = *Trichopyrum intermedium* (Host) Á. Löve ssp. *afhanicum* (Meld.) Á. Löve, 1986, Veröff. Geobot. Inst. ETH, Stiftung Rübel, Zürich 87: 49.

Elytrigia alaica (Drob.) Nevski, 1934, Tr Sredneaz Univ., ser. 8B, Bot. Fasc. 17: 61. in clavi. = *Agropyron alaicum* Drob., 1916, TR. Bot. Muz. AN 16: 138. = *Kengyilia alaica* (Drob.) J. L. Yang, C. yen et B. R. Baum, 1993, Canad. J. Bot. 71: 343.

Elytrigia alatavica (Drob.) Nevski, 1934, Tr. Sredneaz Univ., ser. 8B, Bot. Fasc. 17: 60. in clavi. =*Ag. alatavicum* Drob., 1925, Feddes Rep. 21: 43. = *Kengyilia alatavica* (Drob.) J. L. Yang, Yen & Baum, 1993, Canad. J. Bot. 71: 343.

Elytrigia albomarginata Nevski, Tr. Bot. Inst. AN SSSR, ser. 1. Fasc. 2: 75. 1936. = *E. alatavica* (Drob.) Nevski. = *Kengyilia alatavica* (Drob.) J. L. Yang, C. Yen & B. R. Baum.

Elytrigia amgunensis (Nevski) Nevski, 1936, Tr. Bot. Inst. AN SSSR, ser. 1. Fasc. 2: 79. = *Ag. amgunense* Nevski, 1932, Izv. Bot. Sada AN SSSR 30: 505. = *E. strigosa* ssp. *amgumensis* (Nevski) Tzvel., 1975, Nov. Sist. Vyssch. Rast. 12: 1118. = *Pseudoroegneria strigosa* ssp. *amgumensis* (Nevski) Á. Löve, 1984, Feddes Rep. 95 (7-8): 444.

Elytrigia angularis (Nevski) Nevski, 1936, Tr. Bot. Inst. AN SSSR, ser. 1. Fasc. 2: 79. = *Ag. angulare* Nevski, 1934, Fl. SSSR 2: 639. = *Lophopyrum caespitosum* (K. Koch) Á. Löve, 1984, Feddes Rep. 95 (7-8): 488. =*Trichopyrum caespitosum* (K. Koch) J. L. Yang et C. Yen.

Elytrigia×apiculata (Tschern.) V. Jirdsek, 1954, Preslia 26: 168. in obs. = *Ag. apiculatum* Tscherning, 1898, in Dorfler, Herb. norm. no. 3664.

Elytrigia araucana (L. Parodi) Covas ex J. H. Hunziker & C. C. Xifreda, 1986, Darwiniana, 27 (1-4): 561. = *Ag. attenuatum* (Kunth) Roem. & Schult. var. *araucanum* Parodi, 1940, Revista Mus. La Plata, Secc. Bot. 3: 35-36. = *Elymus glaucescens* Seberg, 1989, Pl. Syst. Evol. 166: 99.

Elytrigia arenosa (Spenn.) H. Scholz, 1993, Bot. Jahrb. 115 (3): 352. = *Tr. repens* var. *arenosum* Spenner, 1825, Fl. Friburg. 1: 162. 1825.

Elytrigia argentea Nevski, 1934, Tr. Sredneaz. Univ., ser. 8B, Bot. Fasc. 17: 60. in clavi. = *Kengyilia batalinii* (Krassn.) J. L. Yang, C. Yen & B. R. Baum.

Elytrigia armena (Nevski) Nevski, 1936, Tr. Bot. Inst. AN SSSR, ser. 1. Fasc. 2: 80. = *Pseudoroegneria armena* (Nevski) Á. Löve, 1984, Feddes Rep. 95 (7-8): 447.

Elytrigia arizonica (Scribn. & Smith) D. R. Dewey, 1983, Brittonia 35 (1): 31. = *Ag. arizonicum* Scribn. & Smith, 1897, USDA Div. Agrost. Bull. 4: 27. = *Elymus arizonicus* (Scribn. & Smith) Gould，1947，Madrono 9：125.

Elytrigia atherica (Link) M. A. Carreras ex M. Kerguelen，1987，Lejeunia 120：86. = *Tr. athericum* Link，1843，Linnaea 17：395. = *Psammopyrum athericum* (Link) Á. Löve，1986，Veröff. Geobot. Inst. ETH，Stiftung Rübel，Zürich 87：50.

Elytrigia attenuata (Kunth) Covas ex J. H. Hunziker & C. C. Xifreda，Darwiniana，27 (1 - 4)：562.1986. = *Tr. attenuatum* Kunth，H. B. K.，1816，Nov. Gen. & Sp. 1：180. = *Elymus cordilleranus* Davidse & R. W. Pohl，1992，Novon 2：100.

Elytrigia attenuatiglumis (Nevski) Nevski，1936，Tr. Bot. Inst. AN SSSR，ser. 1. Fasc. 2：78. = *E. divaricata* (Boiss. & Bal.) Nevski ssp. *attenuatiglumis* (Nevski) Tzvel. = *Pseudoroegneria divaricata* (Boiss. & Bal.) Á. Löve ssp. *attenuatiglumis* (Nevski) Á. Löve，1984，Feddes Rep. 95 (7 - 8)：444.

Elytrigia aucheri (Boiss.) Nevski，1933，Tr. Bot. Inst. AN SSSR，ser. 1. Fasc. 1：24. in obs. =*Ag. aucheri* Boiss.，1844，Diagn. Fl. Orient. Nov. 1 (5)：75. = *Tr. speltoides* (Tausch) Gren. var. *aucheri* (Boiss.) Aschers.，1902，Magyar Bot. Lapok. 1：11.

Elytrigia batalinii (Krassn.) Nevski，1934，Tr. Sredneaz. Univ.，ser. 8B，Bot. Fasc. 17：61. in clavi. = *Triticum batalinii* Krassn.，1887－1888，Spisok Rast.，Sobr. v Vost. Tyanj Schane：120. =*Kengyilia batalinii* (Krassn.) J. L. Yang，C. Yen et B. R. Baum，1993，Canad. J. Bot. 71：343.

Elytrigia batalinii (Krassn.) Nevski ssp. *alaica* (Drob.) Tzvel.，1973，Nov. Sist. Vyssch. Rast. 10：28. = *Ag. alaicum* Drob.，1916，Tr. Bot. Muz. AN 16：138. = *Kengyilia alaica* (Drob.) J. L. Yang，C. Yen et B. R. Baum，1993，Canad. J. Bot. 71：343.

Elytrigia batalinii (Krassn.) Nevski var. *pamirica* (Tzvel.) Tzvel.，Nov. Sist. Vyssh. Rast. 12：117. 1975. =*E. alaica* ssp. *pamirica* Tzvel.，1960，Bot. Mat. (Leningrad) . 20：425. = *Kengyilia alaica* (Drob.) J. L. Yang，C. Yen & B. R. Baum.

Elytrigia bessarabica (Savul. & Rayss) O. N. Dubovik，1976，Nov. Sist. Vyssh. Rast (Kiev) 1976：10. (publ. 1977) . = *Ag. bessarabicum* Savul. & Rayss，1923，Bull. Sect. Sci. Acad. Roum. Ⅷ，10：282. =*Thinopyrum bessarabicum* (Savul. & Rayss) Á. Löve，1984，Feddes Rep. 95 (7 - 8)：475.

Elytrigia bessarabica (Savul. & Rayss) Yu. N. Prokudin，1977，Zlaki Ukrainy，72. = *Ag. bessarabicum* Savul. & Rayss.，1923，Bull. Sect. Sci. Acad. Roum. Ⅷ，10：282. = *Thinopyrum bessarabicum* (Savul. & Rayss) Á. Löve，1984，Feddes Rep. 95 (7 - 8)：476.

Elytrigia bessarabica (Savul. & Rayss) J. Holub，1977，Folia Geobot. Phytotax. Praha 12 (4)：426. = *Ag. bessarabicum* Savul. & Rayss，1923，Bull. Sect. Sci. Acad. Roum. Ⅷ，10：282. = *Thinopyrum bessarabicum* (Savul. & Rayss) Á. Löve，1984，Feddes Rep. 95 (7 - 8)：476.

Elytrigia breviaristata （A. Hitchc.） Covas ex J. H. Hunziker & C. C. Xifreda, 1986, Darwiniana, 27 （1 - 4）: 562. = *Ag. breviaristatum* A. Hitchc. , 1927, Contr. U. S. Nat. Herb. 24: 353. = *Elymus breviaristatus* （A. HItchc.） Á. Löve, 1984, Feddes Rep. 95 （7 - 8）: 471.

Elytrigia caespitosa （K. Koch） Nevski, 1934, Tr. Sredneaz Univ. , ser. 8B. Bot. Fasc. 17: 61. in clavi. =*Ag. caespitosum* K. Koch, 1848, Linnaea 21: 424. = *Lophopyrum caespitosum* （K. Koch） Á. Löve, 1984, Feddes Rep. 95 （7 - 8）: 489. =*Trichopyrum caespitosum* （C. Koch） J. L. Yang et C. Yen.

Elytrigia caespitosa （K. Koch） Nevski ssp. *nodosa* （Nevski） Tzvel. , 1973, Nov. Sist. Vyssch. Rast. 10: 30. = *Ag. nodosum* Nevski. = *Lophopyrum nodosum* （Nevski） Á. Löve. 1984, Feddes Rep. 95 （7 - 8）: 490. =*Trichopyrum nodosum* （Nevski） J. L. Yang et C. Yen.

Elytrigia caespitosa （K. Koch） Nevski ssp. *sinuata* （Nevski） Tzvel. , 1973, Nov. Sist. Vyssch. Rast. 10: 30. =*Ag. sinuatum* Nevski, 1934, Fl. SSSR 2: 639. = *Lophopyrum sinuatum* （Nevski） Á. Löve, Feddes Rep. 95 （7 - 8）: 490.

Elytrigia calcarea （P. Cernjavskij） J. Holub, 1977, Folia Geobot. Phytotax. Praha 12 （4）: 426. = *Ag. calcareum* Cernjavski, 1966, Nov. Sist. Vyssh. Rast. 3: 304. = *E. repens* ssp. *calcarea* （Cernjay.） Á. Löve, 1984, Feddes Rep. 95 （7 - 8）: 485.

Elytrigia campestris （Godr. & Gren.） M. A. Carreras ex M. Kerguelen, 1987, Lejeunia 120: 86. = *Ag. campestre* Godr. & Gren. , 1855, Fl. Fr. 3: 607. excl. syn. Reichenb. = *Psammopyrum pungens* （Pers.） ssp. *campestre* （Schur） Á, Löve, 1986, Veröff. Geobot. Inst. ETH, Stiftung Rübel, Zürich 87: 50.

Elytrigia campestris （Godr. & Gren） M. A. Carreras ex M. Kerguelen subsp. *maritima* （Tzvel.） H. Scholz, 1998, Soc. Ech. Pl. Vasc. Eur. Bassin Médit. Bull 27: 102. = *Elytrigia maritima* Tzvel.

Elytrigia canina （L.） Drob. , 1941, Fl. Uzbeckist. , ed. Schreder, 1: 285, 539. in obs. = *Tr. caninum* L. , 1753, Spec. Pl. : 86. =*Elymus caninus* （L.） L. , 1755, Fl. Sn （u?） cc. , ed. 2: 39.

Elytrigia cilioata （Nevski） Nevski, 1936, Acta Inst. Bot. Acad. Sc. URSS, ser. 1. Fasc. 2: 84. = *E. lolioides* （Kar. & Kir.） Nevski.

Elytrigia cognata （Hack.） O. Anders & D. Podlech, 1976, Mitt. Bot. Staatssamml. Munchen, 12: 311. = *Ag. cognatum* Hackel, 1904, in Kneucker, Allgem. Bot. Zeitschr. 1904: 22. in obs. =*Pseudoroegneria cognata* （Hack.） Á. Löve, 1984, Feddes Rep. 95 （7 - 8）: 446.

Elytrigia cognata （Hack.） J. Holub, 1997, Folia Geobot. Phytotax. Praha 12 （4）: 426. = *Ag. cognatum* Hack. , 1905, in Kneucker, Allgem. Bot. Zeitschre. 1904: 22. in obs. = *Pseudoroegneria cognata* （Hack.） Á. Löve, 1984, Feddes Rep. 95 （7 - 8）: 446.

Elytrigia corsica (Hack.) J. Holub, 1977, Folia Geobot. Phytotax. Praha 12 (4): 426. = *Ag. caespitosum* var. *corsica* Hackel, 1910, in Briquet, Prodr. Fl. Corse 1: 187. = *Lophopyrum corsicum* (Hack.) Á. Löve, 1984, Feddes Rep. 95 (7 - 8): 489.

Elytrigia cretacea (Klokov & Prokudin) Klok., 1950, Vizn. Rosl. URSR: 900. = *Ag. cretaceum* Klokov & Prokudin, 1938, Proc. Bot. Inst. Kharkov 3: 166. = *Pseudoroegneria cretacea* (Klok. & Prok.) Á. Löve, 1984, Feddes Rep. 95 (7 - 8): 445.

Elytrigia curvifolia (Lange) J. Holub, 1977, Folia Geobot. Phytotax. Praha 12 (4): 426. = *Ag. curvifolium* Lange, 1860, Pug. Fl. Impr. Hisp. 55. = *Lophopyrum curvifolium* (Lange) Á. Löve. 1984, Feddes Rep. 95 (7 - 8): 488.

Elytrigia czindogatuica Yu. A. Kotukhov, 1998, Turczaninowia 1 (1): 13.

Elytrigia dasystachya (Hook.) Á. Löve & D. Löve, 1954, Bull. Torr. Bot. Cl. 81: 33. = *Tr. repens* var. *dasystachyum* Hook, 1840, Fl. Bot. Amer. 2: 254. = *Elymus lanceolatus* (Scribn. & Smith) Gould, 1949, Madrono 10: 94.

Elytrigia dasystachya (Hook.) Á. & D. Löve ssp. *albicans* (Scribn. & Smith) D. R. Dewey, 1983, Brittonia 35 (1): 31. = *Elymus lanceolatus* (Scribn. & Smith) Gould, 1949, Madrono 10: 94. = *Ag. lanceolatum* Scribn. & Smith, 1897, USDA Div. Agrost. Bull. 4: 34.

Elytrigia dasystachya (Hook.) Á. & D. Löve ssp. *psammophila* (Gillett & Senn) D. R. Dewey. 1983, Brittonia 35 (1): 31. = *Ag psammophilum* Gillett & Senn, 1961, Canad. J. Bot. 39: 1170. = *Elymus lanceolatus* ssp. *psammophilus* (Gillett & Senn) Á. Löve, 1980, Taxon 29: 167.

Elytrigia dasystachya (Hook.) Á. & D. Löve var. *psammophila* (Gillett & Senn) A. Cronquist, H. A. Gleason & A. Croquist., 1991, Man. Vasc. Pl. Northeast, U. S. & Adjacent Canada, ed. 2: 864. = *Ag. psammophilum* Gillet & Senn., 1961, Canad. J. Bot. 39: 1170. = *Elymus lanceolatus* ssp. *psammophilus* (Gillet & Senn) Á. Löve, 1980, Taxon 29: 167.

Elytrigia dasystachya (Hook.) Á. & D. Löve ssp. *yukonense* (Scribn. & Merr.) D. R. Dewey, 1983, Brittonia 35 (1): 31. = *Ag. yukonense* Scribn. & Merr., 1910, Contr. U. S. Natl. Herb. 13: 85. = *Elymus lanceolatus* ssp *yukonensis* (Scribn. & Merr.) Á. Löve, Feddes Rep. 95 (7 - 8): 470.

Elytrigia disticha (Thunb.) Prokudin ex Á. Löve, 1962, Kulturpfl., Beih. 3: 83. = *Tr. distichum* Thunb., 1794, Prodr. Fl. Cap. 1: 23. = *Thinopyrum distichum* (Thunb.) Á. Löve, 1984, Feddes Rep. 95 (7 - 8): 476.

Elytrigia disticha (Stapf) Prokudin, 1954, Not. Syst. Herb. Inst. Bot. Acad. Sci. URSS, 16: 63. in obs.

Elytrigia divaricata (Boiss. & Bal.) Nevski, 1936, Tr. Bot. Inst. AN SSSR, ser. 1. Fasc. 2: 78. = *Ag. divaricatum* Boiss. & Bal., 1857, Bull. Soc. Bot. Fr. 4: 307. = *Pseudoroegneria divaricata* (Boiss. & Bal.) Á. Löve, 1984, Feddes Rep. 95 (7 -

8）：444.

Elytrigia divaricata（Boiss. & Bal. ）Nevski ssp. *attenuatiglumis*（Nevski）Tzvel. ，1973，Nov. Sist. Vyssch. Rast. 10：28. = *Ag. attenuatiglume* Nevski，1934，Tr. Bot. Inst. AN SSSR，ser. 1，2：78. = *Pseudoroegneria divaricata* ssp. *attenuatiglumis*（Nevski）Á. Löve，1984，Feddes Rep. 95（7 - 8）：444.

Elytrigia × *dominii* V. Jirdsek，1954，Preslia 26：176. in obs. sine descr. lat.

Elytrigia dschungaricus Nevski，1934，Tr. Snedneaz. Univ. ，ser. 8B. Bot. Fasc. 17：61. in clavi. = *Ag. dsungaricum* Nevski，1934，Fl. SSSR 2：641. 1934. in Russ. = *Pseudoroegneria cognata*（Hack. ）Á. Löve，1984，Feddes Rep. 95（7 - 8）：446.

Elytrigia dsinalica Sablina，1975，Nov. Sist. Vyssh. Rast. 12：44. = *Pseudoroegneria dsinalica*（Sablina）Á. Löve，1984，Feddes Rep. 95（7 - 8）：445. 1984.

Elytrigia elongata（Host ex Beauv. ）Nevski，1933，Tr. Bot. Inst. AN SSSR，ser. 1. Fasc. 1：23. in obs. = *Tr. elongatum* Host ex Beauv. ，1802，Gram. Austr. 2：18. = *Lophopyrum elongatum*（Host ex Beauv. ）Á. Löve，1980，Taxon 29：351.

Elytrigia elongata（Host ex Beauv. ）Nevski var. *haifensis* Meld. ，1952，in Rechinger，Ark. f. Bot. ，N. S. 2：304. = *Lophopyrum haifense*（Meld. ）Á. Löve，1984，Feddes Rep. 95（7 - 8）：488.

Elytrigia elongata（Host ex Beauv. ）Nevski ssp. *pontica*（Podp. ）J. Gamisans，1993，in J. Gamisans & D. Jeanmonod，Cat. Pl. Vasc. Corse（ed. 2）：243. = *Tr. ponticum* Podpera，1902，Verh. Zool. - Bot. Ges. Wien 52：681. = *Lophopyrum ponticum*（Podp. ）Á. Löve，1984，Feddes Rep. 95（7 - 8）：489.

Elytrigia elongatiformis（Drob. ）Nevski，1934，Tr. Sredneaz. Univ. ，ser. 8B. Bot. Fasc. 17：61. in clavi. = *Ag. elongatiforme* Drob. ，1923，Vved. Opred Rast. Okr. Taschk. 1：42. = *Lophopyrum elongatiforme*（Drob. ）J. L. Yang et C. Yen.

Elytrigia farcta（Viviani）Holub，1973，Folia Geobot. Phytotax. Praha 8（2）：171. = *Tr. farctum* L. ，1755，Cent. I. Plant. ：6，pro parte，quoad pl. lectotyp. ab Hasselquist lectam. = *Thinopyrum junceum*（L. ）Á. Löve，1980，Taxon 29：351.

Elytrigia ferganensis（Drob. ）Nevski，1934，Tr. Sredneaz. Univ. ，ser. 8B. Bot. Fasc. 17：61. in clavi. = *Ag. ferganense* Drob. ，1916，Tr. Bot. Muz. AN 16：138. = *E. geniculata* ssp. *ferganensis*（Drob. ）Tzvel. ，1973，Nov. Sist. Vyssch. Rast. 10：29. = *Pseudoroegneria cognata*（Hack. ）Á. Löve，1984，Feddes Rep. 95（7 - 8）：446.

Elytrigia firmiculmis（Nevski）Nevski，1936，Tr Inst. Bot. AN SSSR，ser. 1. Fasc. 2：82. = *Ag. firmiculme* Nevski，1934，Fl. SSSR 2：646. = *Lophopyrum caespitosum*（K. Koch）Á. Löve，Feddes Rep. 95（7 - 8）：489. = *Trichopyrum caespitosum*（C. Koch）J. L. Yang et C. Yen.

Elytrigia flaccidifolia（Boiss. & Heldr. ）Holub，1974，Folia Geobot. Phytotax. Praha 9（3）：270. = *Ag. scirpeum* var. *flaccidum* Boiss. & Heldr. ，1859，in Boiss. ，Diagn. Fl. Nov. Ⅱ，3（4）：142. = *Lophopyrum flaccidifolium*（Boiss. & Heldr. ）

Á. Löve，1984，Feddes Rep. 95 （7 - 8）：489.

Elytrigia fuegiana （Speg. ） Covas ex J. H. Hunziker & C. C. Xifreda，1986，Darwiniana，27 （1 - 4）：562. = *Tr. fuegianum* Speg. , 1896，Anal. Mus. Nac. Buenos Aires 5：99. = *Elymus glaucescens* Seberg，1998，Bot. Jahrb. Syst. 120 （4）：521.

Elytrigia geniculata （Trin. ） Nevski，1936，Tr. Bot. Inst. AN SSSS, ser. 1. Fasc. 2：82. = *Triticum geniculatum* Trin. , 1829，in Ledeb. Fl. Alt. 1：117. = *Pseudoroegneria geniculata* （Trin. ） Á. Löve，1984，Feddes Rep. 95 （7 - 8）：446.

Elytrigia geniculata （Trin. ） Nevski ssp. *ferganensis* （Drob. ） Tzvel. , 1973，Nov. Sist. Vyssch. Rast. , 10：29. = *Ag. ferganense* Drob. , 1916，Tr. Bot. Muz. AN 16：138. = *Pseudoroegneria cognata* （Hack. ） Á. Löve，Feddes Rep. 95 （7 - 8）：446.

Elytrigia geniculata （Trin. ） Nevski ssp. *pruinifera* （Nevski） Tzvel. , 1973，Nov. Sist. Vyssch. Rast. , 10：29. = *Ag. pruiniferum* Nevski，1934，Fl. SSSR 2：640. = *Pseudoroegneria geniculata* （Trin. ） Á. Löve ssp. *pruinifera* （Nevski） Á. Löve，1984，Feddes Rep. 95 （7 - 8）：446.

Elytrigia geniculata （Trin. ） Nevski ssp. *scythica* （Nevski） Tzvel. , 1973，Nov. Sist. Vyssch. Rast. , 10：29. = *Ag. scythicum* Nevski，1934 Fl. SSSR 2：638. = *Pseudoroegneria geniculata* ssp. *scythica* （Nevski） Á. Löve，1984，Feddes Rep. 95 （7 - 8）：446. = *Trichopyrum scythicum* （Nevski） J. L. Yang et C. Yen.

Elytrigia gentryi （Meld. ） Tzvel. , 1973，Nov. Sist. Vyssh. Rast. , 10：30. = *Ag. gentryi* Meld. , 1970，In Rech. , Fl. Iran. 70：165. = *Trichopyrum intermedium* （Host） Á. Löve ssp. *gentryi* （Meld. ） Á. Löve，1986，Veröff. Geobot. Inst. ETH，Stiftung Rübel, Zürich 87：49.

Elytrigia godronii （Kerguelen） J. Holub，1977，Folia. Geobot. Phytotax. Praha 12 （4）：426. = *Ag. godronii* Kerguelen，1975，Lejeunia, N. S. 75：298. = *Elytrigia pungens* ssp. *campestris* （Gren. et Godron） Á. Löve，1980，Taxon 29：350.

Elytrigia gmelinii （Trin. ） Nevski，1936，Tr. Bot. Inst. AN SSSR, ser. 1. Fasc. 2：78. = *Triticum gmelinii* Trin. , 1838，Linnaea 12：467. = *Pseudoroegneria strigosa* ssp. *aegilopoides* （Drob. ） Á. Löve，1984，Feddes Rep. 95 （7 - 8）：444.

Elytrigia gracillima （Nevski） Nevski，1936，Tr. Bot. Inst. AN SSSR, ser. 1. Fasc. 2：79. = *Ag. gracillima* Nevski，1934，Fl. SSSR 2：638. = *Pseudoroegneria gracillima* （Nevski） Á. Löve，1984，Feddes Rep. 95 （7 - 8）：447.

Elytrigia heidmaniae Tzvel. , 1972，Nov. Sist. Vyssch. Rast. , 9：60. = *Pseudoroegneria heidmania* （Tzvel. ） Á. Löve，1984，Feddes Rep. 95 （7 - 8）：446.

Elytrigia heidmaniae Tzvel. var. *aristata* Tzvel. , 1972，Nov. Sist. Vyssch. Rast. , 9：60.

Elytrigia intermedia （Host） Nevski，1933，Acta Inst. Bot. Acad. Sc. URSS, ser. 1. Fasc. 1：14. in obs. = *Tr. intermedium* Host，1805，Gram. Austr. 3：23. = *Trichopyrum intermedium* （Host） Á. Löve，1986，Veröt. Geobot. Inst. ETN, Stiftung rübel，Zürich 87：49.

Elytrigia intermedia （Host）Nevski ssp. *afghanica* （Meld.）Á. Löve，1984，Feddes. Rep. 95 （7 - 8）：486. = *Ag. afghanicum* Meld.，1960，in Bor，Grass. Burm. Ceyl. Ind. & Pak. 689. = *Trichopyrum intermedium* （Host）Á. Löve，ssp. *afghanicum* （Meld.）Á. Löve，1986，Veröff. Geobot. Inst. ETH，Stiftung Rübel，Zürich 87：49.

Elytrigia intermedia （Host）Nevski ssp. *barbulata* （Schur）Á. Löve，1980，Taxon 29 （2 -3）：350. = *Ag. barbulatum* Schur，1853，Verh. Siebenb. Ver. Naturw. 4：91. = *Trichopyrum intermedium* （Host）Á. Löve ssp. *barbulatum* （Schur）Á. Löve，1986，Veröff. Geobot. Inst. ETH，Stiftung Rübel，Zürich 87：49.

Elytrigia intermedia （Host）Nevski ssp. *barbulata* （Schur）J. Sojak，1981 （publ. 1982），Cas. Nar. Muz. （Prague）150 （3 - 4）：140. = *Ag. barbulatum* Schur，1853，Berh. Siebenb. Ver. Naturw. 4：91. = *Elytrigia intermedia* ssp. *barbulata* （Schur）Á. Löve，1980，Taxon 29：350. = *Trichopyrum intermidium* （Host）Á. Löve ssp. *barbulatum* （Schur）Á. Löve，1986，Veröt. Geobot. Inst. ETN，Stiftung rübel，Zürich 87：49.

Elytrigia intermedia （Host）Nevski ssp. *campestris* （Godr. & Gren.）J. Dostal，1984，Folia Muz. Rer. Nat. Bohem. Occid.，Bot. 21：16. = *Ag campestre* Gren. & Godron，1856，Fl. Fr. 3：607. excl. syn. Reichenb. = *E. pungens* ssp. *campestris* （Gren. & Godr.）Á. Löve，1980，Taxon 29：350. = *Psammopyrum pungens* （Pers.）Á. Löve ssp. *campestre* （Gren. et Gogron）Á. Löve，1986，Veröt. Geobot. Inst. ETN，Stiftung rübel，Zürich 87：50.

Elytrigia intermedia （Host）Nevski ssp. *epirotica* （Meld.）Á. Löve，1984，Feddes Rep. 95 （7 - 8）：486. = *Elymus hispidus* var. *epiroticus* Meld.，1978，Bot. J. Linn. Soc. 76：381. = *Trichopyrum intermedium* （Host）Á. Löve，ssp. *epirotica* （Meld.）Á. Löve，1986，Veröff. Geobot. Inst. ETH，Stiftung Rübel，Zürich 87：49.

Elytrigia intermedia （Host）Nevski ssp. *gentryi* （Meld.）Á. Löve，1984，Feddes Rep. 95 （7 - 8）：487. = *Ag. gentryi* Meld.，1970，in Rechinger，Fl. Iranica 70：165. = *E. gentryi* （Meld.）Tzvel. = *Trichopyrum intermedium* （Host）Á. Löve ssp. *grntryi* （Meld.）Á. Löve，1986，Veröt. Geobot. Inst. ETN，Stiftung rübel，Zürich 87：49.

Elytrigia intermedia （Host）Nevski ssp. *graeca* （Meld.）Á. Löve，1984，Feddes Rep. 95 （7 - 8）：486. = *Elymus hispidus* ssp. *graecus* Meld.，1978，Bot. J. Linn. Soc. 76：381. = *Trichopyrum intermedium* （Host）Á. Löve ssp. *graecum* （Meld.）Á. Löve，1986，Veröt. Geobot. Inst. ETN，Stiftung rübel，Zürich 87：49.

Elytritia intermedia （Host）Nevski var. *kopetdagi* Chopanov，1974，Nov. Sist. Vyssh. Rast.，11：73. = *Trichopyrum intermedium* （Host）Á. Löve var. *kopetdagi* （Chopanov）J. L. Yang et C. Yen.

Elytrigia intermedia （Host）Nevski var. *kugitangi* A. Ataeva，1987，Izv. Akad. Nauk Turkm. SSR，Biol. Nauk，1987 （3）：54.

Elytrigia intermedia (Host) Nevski ssp. *latronum* (Godron) M. Kerguelen，1987，Lejeunia 120：87. = *Tr. latronum* Godron，1854，Mem. Soc. Emuls. Doubs. , ser. 2, 5：19. = *E. intermedia* (Host) Nevski. = *Trichopyrum intermedium* (Host) Á. Löve，1986，Veröt. Geobot. Inst. ETN，Stiftung rübel，Zürich 87：49.

Elytrigia intermedia (Host) Nevski ssp. *podperae* (Nábělek) Á. Löve，1984，Feddes Rep. 95 (7 - 8)：487. = *Ag. podperae* Nábělek，1929，Publ. Fac. Sci. Univ. Masary，Brno 3：24. = *Trichopyrum intermedium* (Host) Á. Löve ssp. *podperae* (Meld.) Á. Löve，1986，Veröt. Geobot. Inst. ETN，Stiftung rübel，Zürich 87：49.

Elytrigia intermedia (Host) Nevski ssp. *pouzolzii* (Godron) Á. Löve，1984，Feddes Rep. 95 (7 - 8)：487. = *Tr. pouzolzii* Godron，1854，Mem. Soc. Emul. Doubs，ser. 2. 5：11. = *Trichopyrum intermedium* (Host) Á. Löve ssp. *pouzolzii* (Godron) Á. Löve，1986，Veröt. Geobot. Inst. ETN，Stiftung rübel，Zürich 87：49.

Elytrigia intermedia (Host) Nevski ssp. *pulcherrima* (Grossh.) Tzvel. ，1973，Nov. Sist. Vyssch. Rast. , 10：29. = *Ag. pulcherrima* Grossh. , 1919，Vestn. Tifl. Bot. Sada 13 - 14：42. = *Kengyilia pulcherrima* (Grossh.) C. Yen, J. L. Yang & B. R. Baum，1998，Novon 8：100.

Elytrigia intermedia (Host) Nevski ssp. *trichophora* (Link) Tzvel. , 1973，Nov. Sist. Vyssch. Rast. , 10：31. = *Tr. trichophorum* Link. , 1843，Linnaea 17：395. = *E. trichophora* (Link) Nevski，1934，Tr. Snedneaz. Univ. , ser. 8B，17：61. = *Trichopyrum trichophorum* (Link) J. L. Yang et C. Yen.

Elytrigia jacutorum (Nevski) Nevski，1933，Acta Inst. Bot. Acad. Sc. URSS，ser. 1. Fasc. 1：24. in obs. = *Agropyron jacutorum* Nevski，1932，Izv. Bot. Sada. AN SSSR，30：502. = *E. strigosa* ssp. *jacutorum* (Nevski) Tzvel. = *Pseudoroegneria strigosa* ssp. *jacutorum* (Nevski) Á. Löve，Feddes Rep. 95 (7 - 8)：444.

Elytrigia juncea Nevski，1933，Tr. Bot. Inst. AN SSSR，ser. 1. Fasc. 1：17. in obs. = *E. juncea* (L.) Nevski，Tr. Bot. Inst. AN SSSR，ser. 1. Fasc. 2：83. 1936. = *Thinopyrum juceum* (L.) Á. Löve，1984，Feddes Rep. 95 (7 - 8)：476.

Elytrigia juncea (L.) Nevski ssp. *bessarabica* (Savul. & Rayss) Tzvel. , 1973，Nov. Sist. Vyssch. Rast. , 10：31. = *Ag. bessarabicum* Savul. & Rayss，1923，Bull. Sect. Sci. Acad. Roum. Ⅷ，10：282. = *Thinopyrum bessarabicum* (Savul. & Rayss) Á. Löve，1984，Feddes Rep. 95 (7 - 8)：476.

Elytrigia juncea ssp. *boreoatlantica* (Simonet & Guinochet) Hylander，1953，Bot. Not. 1953：357. = *Ag. junceum* ssp. *boreoatlanticum* Simonet & Guinochet，1938，Bull. Soc. Bot. Fr. 85：176. = *Thinopyrum junceiforme* (Á. Löve & D. Löve) Á. Löve，1980，Taxon 29：351.

Elytrigia juncea (L.) Nevski ssp. *mediterranea* (Simonet) Á. Löve，1962，Kulturpflanze，Beih. 3：82. = *Ag. junceum* ssp. *mediterraneum* Simont，1935，Bull. Soc. Bot. Fr. 82：426. = *Thinopyrum junceum* ssp. *mediterraneum* (Simonet) Á. Löve，

1984，Feddes Rep. 95 (7 - 8)：476.

Elytrigia junceiformis Á. Löve & D. Löve, 1948, Univ. Icel. Inst. Appl. Sci. , Dept. Agric. Rep. , ser. B, 3：106. = *Ag. junceum* ssp. *boreoatlanticum* Simonet & Guinochet, 1938, Bull. Soc. Bot. Fr. 85：176. = *Thinopyrum junceiforme* (Á. Löve & D. Löve) Á. Löve, 1980, Taxon 29：351.

Elytrigia kaachemica M. N. Lomonosova & I. M. Krasnoborov, 1982, Bot. Zhurn. 67 (8)：1138.

Elytrigia kanashiroi (Ohwi) Meld. , 1949, Rep. Sci. Exped. N. - W. Prov. China, S. Hedin, Sino - Swedish Exped. , Publ. 31, xi. Bot. , 4 (Norlindh, Fl. Mongol. , etc.)： 122. in clavi. = *Ag. kanashiroi* Ohwi, 1943, J. Jap. Bot. 19：167. = *Pseudoroegneria strigosa* ssp. *kanashiroi* (Ohwi) Á. Löve, 1984, Feddes Rep. 95 (7 - 8)：444.

Elytrigia kosaninii (Nábělek) J. Holub, 1977, Folia Geobot. Phytotax. Praha 12 (4)： 426. = *Ag. kosaninii* Nábělek, Publ. Fac. Sci. Univ. Massaryk 111：25. 1929. = *Pseudoroegneria kosaninii* (Nábělek) Á. Löve, 1984, Feddes Rep. 95 (7 - 8)：445.

Elytrigia kasteki (M. Pop.) Tzvel. , 1973, Nov. Sist. Vyssch. Rast. , 10：31. = *Ag. kasteki* M. Pop. , Byull. Mosk. Obsch. Isp. Prir. Biol. 47：84. 1938.

Elytrigia kotovii O. N. Dubovik, 1976, Nov. Sist. Vyssh. Rast. (Kiev) 1976：14. (publ. 1977) . = *Pseudoroegneria kotovii* (Dubovik) Á. Löve, 1984, Feddes Rep. 95 (7 - 8)：445.

Elytrigia kryloviana (Schischk.) Nevski, 1936, Tr. Bot. Inst. AN SSSR, ser. 1. Fasc. 2：84. = *Ag. krylovianum* Schischk, 1928, Animadvers syst. ex Herb. Univ. Tomsk. 2. no. 2. = *Kengyilia kryloviana* (Schischk.) 1998, C. Yen, J. L. Yang et B. R. Baum, Novon 8：100.

Elytrigia × *laxa* (Fries) M. Kerguelen, 1987, Lejeunia 120：88. = *Tr. laxum* Fries, 1842, Nov. Fl. Suec. Mant. 3：13.

Elytrigia levadica V. B. Kuvaev, 1987, Nov. Sist. Vyssch. Rast. 24：20.

Elytrigia libanotica (Hack.) J. Holub, 1977, Folia Geobot. Phytotax. Praha 12 (4)： 426. = *Ag. libanoticum* Hackel, 1904, Allgem. Bot. Zeitschr. 10：21. = *Pseudoroegneria libanotica* (Hack.) Yen & J. L. Yang, 2008, Biosyst. Triticeae vol. 4：?

Elytrigia littoralis (Dum.) Hylander, 1945, Nomencl. u. Syst. Stud. Nord. Gelfasspfl. (Uppsala Univ. Arsskr. , No. 7) 36. = *Ag. littorale* (Host) Dum, 1823, Obs. Gram. Belg. 97. = *Tr. littorale* Host, 1809, Gram. Austr. 4：5. t. 9. = *E. pungens* (Pers.) Tutin.

Elytrigia × *littorea* (Schumach.) Hylander, 1953, Nord. Karkvaxtfl. 1：369; Hylander, 1953, Bot. Notiser, 1953：357. = *Tr. littoreum* Schumach, 1801, Enum. Pl. Saell. 1：38.

Elytrigia lolioides (Kar. & Kir.) Nevski, 1934, Tr. Sredneaz. Univ. , ser. 8B. Bot. Fasc. 17：61. in clavi. = *Tr. lolioides* Kar. & Kir. , 1841, Bull. Soc. Nat. Moscou

14：866. ＝ *Lophopyrum lolioides* (Kar. &. Kir.) J. L. Yang et C. Yen.

Elytrigia lolioides (Kar. &. Kir.) Nevski var. *cilioatum* (Nevski) Tzvel., Nov. Sist. Vyssh. Rast., 12：127. 1975. ＝*Ag. ciliolatum* Nevski, Fl. SSSR 2：650. 1934. ＝ *E. lolioides* (Kar. &. Kir.) Nevski. 1934, Tr. Snedneaz. Univ., ser. 8B, 17：61.

Elytrigia maeotica (Prokudin) Prokudin, 1938, Tr. Inst. Bot. Kharkov Univ. 3：183. in Russ.；1841, Tr. Inst. Bot. Kharkov Univ. 4：141. ＝ *E. elongatiformis* (Drob.) Nevski, 1934, TR. Snedneaz. Univ. ser. 8B, 17：61. ＝*Lophopyrum elongatiforme* (Drob.) J. L. Yang et C. Yen.

Elytrigia maritima (Koch &. Ziz) Tzvel., 1964, Novit. Syst. Pl. Vasc., Acad. Sci. URSS. 1964：28. ＝ *Tr. repens* var. *maritimum* Koch &. Ziz, 1814, Cat. Pl. Palat：5. ＝ *E. repens* ssp. *arenosa* (Petif) Á. Löve.

Elytrigia mediterranea (Simonet) Prokudin, 1954, Bot. Mat. (Leningrad) 16：61. ＝ *Ag. junceum* ssp. *mediterreneum* Simonet, 1935, Bull. Soc. Bot. Fr. 82：626. nom nud., Simonet &. Huinochet, 1938, Bull Soc. Bot. Fr. 85：176. descr. ＝*Thinopyrum junceum* ssp. *mediterraneum* (Simont) Á. Löve, 1984, Feddes Rep. 95 (7-8)：476.

Elytrigia mendocina (L. Parodi) Covas ex J. H. Hunziker &. C. C. Xifreda, 1986, Darwiniana, 27 (1-4)：562. ＝*Ag. mendocinum* Parodi, 1940, Rev. Mus. La Plata Bot. n. ser. 3：24. f. 2, 3. ＝ *Elymus mendocinus* (Parodi) Á. Löve, 1984, Feddes Rep. 95 (7-8)：472. ＝ *Leymus mendocinus* (Parodi) Dubcovsky, 1997, Genome 40：518.

Elytrigia mucronata (Opiz) Prokudin, 1938, Proc. Bot. Inst., Kharkov State Univ. 3：178. ＝ *Ag. mucronatum* Opiz, 1824, Vestnik Kralov. 42. Descr. in Latin on p. 16.

Elytrigia nevskii N. A. Ivanova ex Grubov, 1955, Bot. Mat. (Lenimgrad) 17：5. ＝ *Pseudoroegneria geniculata* ssp. *nevskii* (N. Ivanova ex Grubov) Á. Löve, 1984, Feddes Rep. 95 (7-8)：446.

Elytrigia ninae O. N. Dubovik, 1976, Nov. Sist. Vyssh. Rast. (Kiev) 1976：12. (publ. in 1977). ＝ *Pseudoroegneria ninae* (Dubovik) Á. Löve, 1984, Feddes Rep. 95 (7-8)：445.

Elytrigia nodosa (Nevski) Nevski, 1936, Tr. Bot. Inst. AN SSSR, ser. 1. Fasc. 2：83. ＝ *Ag. nodosum* Nevski, 1934, Fl. SSSR 2：646. ＝ *Lophopyrum nodosum* (Nevski) Á. Löve, Feddes Rep. 95 (7-8)：490. ＝ *Trichopyrum nodosum* (Nevski) J. L. Yang et C. Yen.

Elytrigia obtusiflora (DC.) Tzvel., 1993, Bot. Zhurn. 78 (10)：87. ＝ *Tr. obtusiflorum* DC., 1813, Catal. Pl. Hort. Monsp. 153. ＝*Lophopyrum elongatum* (Host) Á. Löve, 1980, Taxon 29：351.

Elytrigia obtusiflora subsp. *graecea* (Meld.) H. Scholz, 1998, Willdenowia 28 (1-2)：171. ＝*Elymus hispidus* (Opiz) Meld. subsp. *graecus* Meld., 1978, Bot. J. Linn. Soc. 76 (4)：38.

Elytrigia×obtusioscula (Lange) Hylander, 1953, Nord. Karlvaxtfl. 1：369.；Hylander，1953，in Bot. Notiser，1953：357. ＝*Ag. obtusiusculum* Lange，1857，Haand. ed. 2. 48.

Elytrigia pachyneura Prokudin，Tr. Inst. Bot. Kharkov Univ. 4：197. 1941. ＝ *E. lolioides* (Kar. ＆ Kir.) Nevski.

Elytrigia parishii (Scribn. ＆ Smith) D. R. Dewey，1983，Brittonia，35 (1)：31. ＝ *Ag. parishii* Scribn. ＆ Smith，1897，USDA Div. Agrostol. Bull. 4：28. ＝*Elymus stebbinsii* Gould，1947，Madrono 9：126.

Elytrigia patagonica (Speg.) Covas ex J. H. Hunziker ＆ C. C. Xifreda，1986，Darwiniana，27 (1 - 4)：562. ＝ *Tr. fuegianum* var. *patagonicum* Speg. ，1897，Rev. Fac. Agron. Veterin. La Plata 588. ＝*Elymus glaucescens* Seberg，1998，Bot. Jahrb. Syst. 120 (4)：521.

Elytrigia pertenuis (C. A. Mey.) Nevski，1936，Tr. Bot. Inst. AN SSSR，ser. 1. Fasc. 2：80. ＝ *Tr. intermedium* var. *pertenue* C. A. Mey，1831，Verzeichn. Pfl. Cauc. 25. 1831. ＝ *Ag. pertenue* (C. A. Mey) Nevski，1934，Fl. SSSR 2：640. 1934. ＝ *E. tauri* ssp. *pertenuis* (C. A. Mey) Tzvel. ，1973，Nov. Sist. Vyssh. Rast. 10：30. ＝*Parakengyilia pertenuis* (C. A. Mey) Yen ＆ J. L. Yang.

Elytrigia podperae (Nábělek) J. Holub，1977，Folia Geobot. Phytotax. Praha 12 (4)：426. ＝ *Ag. podperae* Nábělek. ＝ *Elytrigia intermedia* ssp. *podperae* (Nábělek) Á. Löve，1984，Feddes Rep. 95 (7 - 8)：487. ＝ *Trichopyrum intermedium* ssp. *podperae* (Nábělek) Á. Löve，1986，Veröff. Geobot. Inst. ETH，Stiftung Rübel，Zürich 87：49.

Elytrigia pontica (Podp.) Holub，1973，Folia Geobot. Phytotax. Praha 8 (2)：171. ＝ *Tr. ponticum* Podpera，1902，Verh. Zool. - Bot. Ges. Wien 52：681. ＝*Lophopyrum ponticum* (Podp.) Á. Löve，1984，Feddes Rep. 95 (7 - 8)：489.

Elytrigia pontica (Podp.) Holub ssp. *turcica* (McGuire) J. K. Jarvie ＆ M. E. Barkworth，1992，Nord. J. Bot. 12 (2)：162. ＝*E. turcica* McGuire.

Elytrigia pouzolzii (Godr. ＆ Gren.) J. Holub，1977，Folia Geobot. Phytotax. 12 (4)：426. ＝ *Ag. pouzolzii* Godron. ＝ *E. intermedia* ssp. *pouzolzii* (Godr.) Á. Löve，1984，Feddes Rep. 95 (7 - 8)：487. ＝ *Trichopyrum intermedium* ssp. *pouzolzii* (Godr.) Á. Löve，1986，Veröff. Geobot. Inst. ETH，Stiftung Rübel，Zürich 87：49.

Elytrigia praetermissa Nevski，1936，Tr. Bot. Inst. AN SSSR，ser. 1. Fasc. 2：84. ＝ *Tr. pumilum* Steud. 1854，Syn. Pl. Glum. 1：334，non L. f. 1781. ＝ *Ag. pumilum* Candargy，1901，Arch. Biol. Veg. Athenes 1：29，49.

Elytrigia prokudinii Drulev ex O. N. Dubovik，1976，Nov. Sist. Vyssh. Rast. (Kiev) 1976：11 (publ. 1977) . ＝ *E. ruthenicum* Prokudin. ＝ *Lophopyrum poticum* (Podp.) Á. Löve，1984，Feddes Rep. 95 (7 - 8)：489.

Elytrigia propinqua (Nevski) Nevski，1934，Tr. Sredneaz. Univ. ，ser. 8B. Bot. Fasc. 17：61. in clavi. ＝ *Ag. propinquum* Nevski，1932，Izv. Bot. Sada. Akad. Nauk

SSSR 30：498. = *Pseudoroegneria strigosa*（M. Bieb.）Á. Löve ssp. *aegilopoides*
（Drob.）Á. Löve, 1984, Feddes Rep. 95（7-8）：444.

Elytrigia pruinifera（Nevski）Nevski, 1934, Tr. Sredneaz. Univ. , ser. 8B. Bot. Fasc.
17：61. in clavi. ; 1936, Tr. Bot. Inst. AN SSSR, ser. 1. Fasc. 2：81. descr. ampl.
= *Ag. pruiniferum* Nevski, 1934, Fl. SSSR 2：640. = *Pseudoroegneria geniculata*
ssp. *pruinifera*（Nevski）Á. Löve, 1984, Feddes Rep. 95（7-8）：446.

Elytrigia pseudocaesia（Pacz.）Prokudin, 1938, Tr. Inst. Bot. Kharkov Univ. 3：186.
= *Ag. repens* var. *pseudocaesium* Pacz. = *E. repens* ssp. *pseudocaesia*（Pacz.）Tz-
vel. , 1973, Nov. Sist. Vyssch. Rast. 10：31. = *Elymus repens*（L.）Gould, 1947,
Madrono 9：127.

Elytrigia pubiflora（Steud.）Tzvel. , 1973, Nov. Sist. Vyssh. Rast. 10：33. = *Tr.
pubiflorum* Steud. , 1855, Syn. Pl. Glum. I. Syn. Pl. Gram. 429-430. = *Elymus
glaucescens* Seberg.

Elytrigia pugens（Pers.）Tutin, Watsonia, 2：186. 1952. in obs. = *Tr. pungens*
Pers. , Syn. Pl. 1：109, excl. syn. Smith. = *Psammopyrum pungens*（Pers.）Á. Löve,
1986, Veröt. Geobot. Inst. ETN, Stiftung rübel, Zürich 87：50.

Elytrigia pugens（Pers.）Tutin ssp. *campestris*（Gren. & Godr.）Á. Löve, 1980, Taxon
29（2-3）：350. = *Ag. campestre* Gren. & Godr. , 1855, Fl. Fr. 3：607, excl. syn.
Reichenb. = *Psammopyrum pungens*（Pers.）Á. Löve ssp. *campestris*（Gren. &
Godr.）Á. Löve, 1986, Veröff. Geobot. Inst. ETH, Stiftung Rübel, Zürich 87：50.

Elytrigia pungens（Pers.）Tutin ssp. *fontqueri*（Meld.）Á. Löve, 1984, Feddes Rep. 95
（7-8）：488. = *Elymus pungens* ssp. *fontqueri* Meld. , Bot. J. Linn. Soc. 70：380.
1975. = *Psammopyrum fontqueri*（Meld.）Á. Löve, 1986, Veröt. Geobot. Inst.
ETN, Stiftung rübel, Zürich 87：50.

Elytrigia pulcherrima（Grossheim）Nevski, 1934, Tr. Sredneaz. Univ. , ser. 8B. Bot.
Fasc. 17：61. in clavi. = *Ag. pulcherrima* Grossh. = *Kengyilia pulcherrima*
（Grossh.）C. Yen, J. L. Yan & B. R. Baum 1998, Novon 8：100.

Elytrigia pulcherrima（Grossh.）Nevski var. *glabra* A. Ataeva, 1987, Izv. Akad. Nauk
Turkm. SSR, Biol. Nauk 1987（3）：54.

Elytrigia pycnantha（Godr.）Á. Löve, 1980, Taxon 29（2-3）：351. = *Tr. pycnan-
thum* Godron, 1854, Mem. Soc. Emul. Doubs. , ser. 2, 5：10.

Elytrigia pycnantha（Godr.）S. Rauschert, 1982, Feddes Rep. 93（1-2）：17. = *Tr.
pycnanthum* Godron, 1854, Mem. Soc. Emul. Doubs. , ser. 2, 5：10.

Elytrigia quercetorum Prokud. Tr. Inst. Bot. Kharkov Univ. 4：141. 1941. = *E. elon-
gatiformis*（Drob.）Nevski. = *Lophopyrum elongatiforme*（Drob.）J. L. Yang et
C. Yen.

Elytrigia rechingeri（Runemark）Holub, 1974, Folia Geobot. Phytotax. Praha 9（3）：
270. = *Ag. rechingeri* Runemark, 1961, in Rech. f. Bot. Jahrb. 80：442. = *Thi-*

nopyrum sartorii (Boiss. & Heldr.) Á. Löve, 1984, Feddes Rep. 95 (7‑8): 476.

Elytrigia reflexiaristata (Nevski) Nevski, 1936, Tr. Bot. Inst. AN SSSR, ser. 1. Fasc. 2: 77. = *Ag. reflexiaristatum* Nevski, 1932, Izv. Bot. Sada AN SSSR 30: 495. = *E. strigosa* ssp. *reflexiaristata* (Nevski) Tzvel. , 1974, Fl. Evr. Chasti SSSR 2: 144. = *Pseudoroegneria strigosa* ssp. *reflexiaristata* (Nevski) Á. Löve, Feddes Rep. 95 (7‑8): 444.

Elytrigia repens (L.) Nevski, 1933, Tr. Bot. Inst. AN SSSR, ser. 1, Fasc. 1: 14. in adnot. ; fide Melderis, 1950, in Swensk Bot. Tidskr. xliv. 132. = *Tr. repens* L. , Spec. Pl. 86. 1753. = *Elymus repens* (L.) Gould, 1947, Madrono 9: 127.

Elytrigia repens (L.) Nevski ssp. *arenosa* (Petif) Á. Löve, 1980, Taxon 29 (2‑3): 351. = *Tr. repens arenosa* Petif, 1830, Enum. Pl. Palat. 16.

Elytrigia repens (L.) Nevski f. *aristatum* (Schum.) A. A. Beetle, 1984, Phytologia 55 (3): 211. = *Tr. repens* var. *aristatum* Schum. , 1801, Enum. Pl. Partibus Saellandiae Sept. & Orient. 1: 38.

Elytrigia repens (L.) Nevski var. *aristata* (Döll) P. D. Sell, 1996, in P. D. Sell & G. Murrell, Fl. Graet Britian & Ireland 5: 363. = *Ag. repens* var. *aristatum* (Döll) Roshev. , 1924, Acta Hort. Petrop. 38: 141. = *Tr. repens* var. *aristatum* Döll, 1855. Fl. Bed. 1: 128.

Elytrigia repens (L.) Nevski var. *bispiculata* (Roshev.) Tzvel. , 1975, Nov. Sist. Vyssch. Rast. 12: 225. = *Ag. repens* var. *bispiculata* Roshev. , 1929, Fl. Transbaikal 1: 98. = *Elymus repens* (L.) Gould, 1947, Madrono 9: 127.

Elytrigia repens (L.) Nevski ssp. *caesia* (J. & C. Presl) J. Dostal, 1984, Folia Mus. Rer. Nat. Bohmem. Occid. , Bot. 21: 16. = *Ag. caesium* J. & C. Presl, 1822, Del. Prag. 213. = *E. repens* (L.) Nevski.

Elytrigia repens (L.) Nevski ssp. *calcarea* (Cernijav.) Á. Löve, 1984, Feddes Rep. 95 (7‑8): 485. = *Ag. calcareum* Cernijavski, 1966, Nov. Sist. Vyssch. Rast. 3: 304.

Elytrigia repens (L.) Nevski ssp. *elongatiformis* (Drob.) Tzvel. , 1973, Nov. Sist. Vyssch. Rast. 10: 31. = *Ag. elongatiforme* Drob. , 1923, Vved. Opred. Rast. Okr. Taschk. 1: 42. = *Lophopyrum elongatiforme* (Drob.) J. L. Yang et C. Yen.

Elytrigia repens (L.) Nevski var. *glauca* (Doell) Tzvel. , 1975 (Feb.), Spis. Rast. Gerb. Fl. SSSR. 20 (107‑110): 15 ; et 1975, in Nov. Sist. Vyssh. Rast. , 12: 125 (Apr.) = *Tr. repens* var. *glaucum* Doell, Fl. Baden. 1: 130. 1857. = *E. repens* (L.) Nevski. , 1933, Tr. Bot. Inst. AN SSSR, ser. 1, 1: 14. in adnot. = *Elymus repens* (L.) Gould, 1947, Madrono 9: 127.

Elytrigia repens (L.) Nevski ssp. *koeleri* (Rouy) J. Holub, 1993, Folia Geobot. Phytotax. Praha 28 (1): 107. = *Ag. caesium* proles koeleri Rouy, 1913, Fl. Fr. 14: 319. p. p. = *E. repens* ssp. *arenosa* (Petif) Á. Löve, 1980, Taxon 29: 351.

Elytrigia repens (L.) Nevski ssp. *lolioides* (Kar. & Kir.) Á. Löve, 1986, Taxon 35

(1)：198. = *Tr. lolioides* Kar. & Kir. , Bull. Soc. Nat. Moscou 14：866. 1841. =
E. lolioides (Kar. & Kir.) Nevski. 1934, Tr. Sredneaz. Univ. , ser. 8B, 17：61. =
Elymus lolioides (Kar. & Kir.) Meld. , 1978, Bot. J. Linn. Soc. 76：382.

Elytrigia repens (L.) Nevski ssp. *longearistata* N. R. Cui, Claves Pl. Xinjiang. 1：
166. 1982. without latin descr.

Elyrtrigia repens (L.) Nevski ssp. *longearistata* N. R. Cui, 1996, Fl. Xinjiangensis 6：
602, et 1998, Acta Bot. Bor. - Occid. Sin. 18 (2)：286.

Elytrigia repens (L.) Nevski var. *maritima* (Koch & Ziz) Hylander, 1953, Bot. Not.
1953：357. = *Tr. repens* var. *maritimum* Koch & Ziz, 1814, Cat. Pl. Palat 5. = *E.
repens* ssp. *arenosa* (Petif) Á. Löve.

Elytrigia repens (L.) Nevski ssp. *pseudocasesia* (Pacz.) Tzvel. , 1973, Nov. Sist.
Vyssch. Rast. 10：31. = *Ag. repens* var. *pseudocaesium* Pacz. , 1912, Zap. No-
voross. Obsch. Esteatvoisp. 39：30.

Elytrigia repens (L.) Nevski var. *subulatum* (Roem. & Schult.) O. Seberg & G. Pe-
tersen, 1998, Bot. Jahrb. 120 (4)：538. =*Ag. repens* (L.) P. Beauv. var. *subula-
tum* (Schreb.) Roem. & Schult. , 1817, Syst. Veg. 2：754. =*Tr. subulatum* Schreb.

Elytrigia riparia (Scribn. & Smith) A. A. Beetle, 1984, Phytologia 55 (3)：211. =
Ag. riparium Scribn. & Smith, 1897, USDA Div. Agrost. Bull. 3：35. =*Elymus
lanceolatus* (Scribn. & Smith) Gould, 1949, Madrono 10：94.

Elytrigia roshevitzii (Nevski) Dubovik, 1976, Nov. Sist. Vyssh. Nizschikh Rast. 1976：
12. (publ. 1977) . =*Ag. roshevitzii* Nevski, 1932, Izv. Bot. Sada AN SSSR 30：
498. = *Ag. aegilopoides* Drob. 1914, Tr. Bot. Muz. AN 12：46. s. str. = *Pseudor-
oegneria strigosa* ssp. *aegilopoides* (Drob.) Á. Löve, 1984, Feddes Rep. 95 (7 -
8)：444.

Elytrigia ruthenica (Griseb.) Prokudin, 1938, Proc. Bot. Inst. , Kharkov State Univ.
3：166. = *Tr. rigidum* var. *ruthenicum* Griseb. , 1853, in Ledeb. Fl. Ross. 4：342.
= *Elytrigia prokudinii* Druleva ex O. N. Dubovik, 1977, Nov. Sist. Vyssh. i Niza-
sch. Rast. 1976：11. =*Lophopyrum ponticum* (Podp.) Á. Löve, Feddes Rep. 95 (7 -
8)：489. 1984.

Elytrigia sartorii (Boiss. & Heldr.) J. Holub, 1988, Folia Geobot. Phytotax. Praha 23
(4)：413. = *Tr. sartorii* Boiss. & Heldr. , 1882, in Nyman, Consp. 4：840. = *Thi-
nopyrum sartorii* (Boiss. & Heldr.) Á. Löve, 1984, Feddes Rep. 95 (7 - 8)：476.

Elytrigia scabrifolia (Doell) Covas ex J. H. Hunziker & C. C. Xifreda, 1986, Darwini-
ana, 27 (1 - 4)：562. =*Tr. repens* var. *scabrifolium* Doell, 1880, in Mart. Fl. Bras.
23：226. = *Elymus breviaristatus* (A. S. Hitchc.) ssp. *scabrifolius* (Doell) Á. Löve,
1984, Feddes Rep. 95 (7 - 8)：471.

Elytrigia scabriglumis (Hack.) Covas ex J. H. Hunziker & C. C. Xifreda, 1986, Dar-
winiana, 27 (1 - 4)：563. = *Ag. repens* var. *scabriglume* Hack. , 1911, in Stuckert,

Anal. Mus. Nac. Hist. Nat. Buenos Aires 14：175. = *Elymus scabriglumis* (Hack.) Á. Löve，1984，Feddes Rep. 95（7 - 8）：472.

Elytrigia scirpea (C. Presl) Holub，1973，Folia Geobot. Phytotax. Praha 8（2）：171. = *Ag. scirpeum* K. Presl，1826，Fl. Sic. ；49. = *Lophopyrum scirpeum*（K. Presl）Á. Löve，1984，Feddes Rep. 95（7 - 8）：489.

Elytrigia scythica Nevski，1936，Tr. Bot. Inst. AN SSSR，ser. 1. Fasc. 2：79. = *Ag. scythicum* Nevski，1834，Fl. SSSR 2：638. 1934. = *Pseudoroegneria geniculata*（Trin.）Á. Löve ssp. *scythica*（Nevski）Á. Löve，1984，Feddes Rep. 95（7 - 8）：446. = *Trichopyrum scythicum*（Nevski）J. L. Yang et C. Yen.

Elytrigia setulifera Nevski，1934，Tr. Sredneaz. Univ. ser. 8B. Bot. Fasc. 17：61. in clavi. ；1936，Tr. Bot. Inst. AN SSSR，ser. 1. Fasc. 2：82. descr. ampl. = *Ag. setiferum*（Nevski）Nevski，1934，Fl. SSSR 2：642. = *Pseudoroegneria setifera*（Nevski）Á. Löve，1984，Feddes Rept. 95（7 - 8）：446.

Elytrigia sinuata（Nevski）Nevski，1936，Tr. Bot. Inst. AN SSSR，ser. 1. Fasc. 2：80. = *Ag. sinuatum* Nevski，1934，Fl. SSSR 2：639. = *Lophopyrum sinuatum*（Nevski）Á. Löve，1984，Feddes Rep. 95（7 - 8）：490.

Elytrigia smithii（Rydb.）Nevski，1933，Tr. Bot. Inst. AN SSSR，ser. 1. Fasc. 1：25. in obs. = *Pascopyrum smithii*（Rydb.）Á. Löve，1984. Feddes Rep. 95（7 - 8）：484.

Elytrigia smithii（Rydb.）Nevski var. *molle*（Scribn. & Smith）Beetle，1984，Phytologia 55(3)：211. = *Agropyron spicatum*（Pursh）Scribn. & Smith var. *molle* Scribn. & Smith，1897，USDA Div. Agrost. Bull. 4：33. = *Agropyron smithii* Rydb. var. *molle*（Scribn. & Smith）M. E. Jones，1912，West. Bot. Contrib. 14：18.

Elytrigia smithii（Rydb.）Á. Löve，1950，Bot. Notiser，1950：32. in obs. = *Ag. smithii* Rydberg，1915（Febr.），Mem. N. Y. Bot. Gard. 1：64. = *Pascopyrum smithii*（Rydb.）Á. Löve，1980，Taxon 29：547.

Elytrigia spicata（Pursh）D. R. Dewey，1983，Brittonia 35（1）：31. = *Festuca spicata* Pursh，1814，Fl. Amer. Sept. 1：83. = *Pseudoroegneria spicata*（Pursh）Á. Löve，1980，Taxon 29：168.

Elytrigia sosnovskyi（Hackel）Nevski，1936，Tr. Bot. Inst. AN SSSR，ser. 1. Fasc. 2：82. = *Ag. sosnovskyi* Hack. ，1913，Monit. Jard. Bot. Tiflis 29：26. = *Pseudoroegneria sosnovskyi*（Hack.）Á. Löve，1984，Feddes Rep. 95（7 - 8）：445.

Elytrigia stipifolia（Czerniak. ex Nevski））Nevski，1936，Tr. Bot. Inst. AN SSSR，ser. 1. Fasc. 2：79. cum descr. lat. = *Ag. stipifolium* Czern. ex Nevski，1934，Fl. SSSR 2：637. = *Pseudoroegneria stipifolia*（Czern. ex Nevski）Á. Löve，1984，Feddes Rep. 95（7 - 8）：445.

Elytrigia stipifolia（Czerniak. ex Nevski））Nevski ssp. *armena*（Nevski）Tzvel. ，1973，Nov. Sist. Vyssch. Rast. 10：29. = *Ag. armenum* Nevski，1934，Fl. SSSR 2：640.

in Russ. = *Elytrigia armena* (Nevski) Nevski. = *Pseudoroegneria armena* (Nevski) Á. Löve, 1984, Feddes Rep. 95 (7 - 8).

Elytrigia stipifolia (Czerniak. ex Nevski) Nevski var. *cretacea* (Klok. & Prokud.) Tzvel., 1973, Nov. Sist. Vyssch. Rast. 10: 29. = *Ag. cretaceum* Klok. & Prokud., 1940, Fl. URSR 2: 330. = *Pseudoroegneria cretacea* (Klok. Prokud.) Á. Löve, Feddes Rep. 95 (7 - 8): 445.

Elytrigia stenophylla (Nevski) Nevski, 1934, Tr. Sredneaz. Univ. ser. 8B. Bot. Fasc. 17: 61. in clavi. = *Ag. stenophyllum* Nevski, 1932, Izv. Bot. Sada Akad. AN SSSR 30: 491. 500.

Elytrigia striatula (Runemark) Holub, 1977, Folia Geobot. Phytotax. Praha 12: 426. = *Elymus striatulus* Runemark, 1972, Bot. Not. 125: 419. = *Thinopyrum bessarabicum* (Savul. & Rayss) Á. Löve, 1984, Feddes Rep. 95 (7 - 8): 476.

Elytrigia strigosa (M. Bieb.) Nevski, 1936, Tr. Bot. Inst. AN SSSR, ser. 1. Fasc. 2: 77. = *Bromus strigosus* M. Bieb., 1819, Fl. Taur. - Cauc. 3: 81. = *Pseudoroegneria strigosa* (M. Bieb.) Á. Löve, 1980, Taxon 29: 168.

Elytrigia strigosa (M. Bieb.) Nevski ssp. *aegilopoides* (Drob.) Tzvel., 1975, Nov. Sist. Vyssch. Rast. 12: 118. = *Ag. aegilopoides* Drob., 1914, Tr. Bot. Muz. AN 12: 46. s. str. = *Pseudoroegneria strigosa* ssp. *aegilopoides* (Drob.) Á. Löve, Feddes Rep. 95 (7 - 8): 444.

Elytrigia strigosa (M. Bieb.) Nevski ssp. *amgumensis* (Nevski) Tzvel., 1975, Nov. Sist. Vyssch. Rast. 12: 118. = *Ag. amgumense* Nevski, 1932, Izv. Bot. Sada AN SSSR. 30: 505. = *Pseudoroegneria strigosa* ssp. *amgumensis* (Nevski) Á. Löve, 1984, Feddes Rep. 95 (7 - 8): 444.

Elytrigia strigosa (M. Bieb.) Nevski ssp. *jacutorum* (Nevski) Tzvel., 1975, Nov. Sist. Vyssh. Rast. 12: 118. = *Ag. jacutorum* Nevski, 1932, Izv. Bot. Sada AN SSSR 30: 502. = *Pseudoroegneria strigosa* ssp. *jacutorum* (Nevski) Á. Löve, 1984, Feddes Rep. 95 (7 - 8): 444.

Elytrigia strigosa (M. Bieb.) Nevski ssp. *reflaxiaristata* (Nevski) Tzvel., Fl. Europeiskoi Chasti SSSR, 1: 144. 1974. = *Ag. reflaxiaristatum* Nevski, Izv. Bot. Sada AN SSSR 30: 495. 1932. = *Pseudoroegneria strigosa* ssp. *reflaxiaristata* (Nevski) Á. Löve, Feddes Rep. 95 (7 - 8): 444, 1984.

Elytrigia tauri (Boiss. & Bal.) Tzvel., 1973, Nov. Sist. Vyssch. Rast. 10: 30. = *Ag. tauri* Boiss. & Bal., 1857, Bull. Soc. Bot. Fr. 4: 307. = *Pseudoroegneria tauri* (Boiss. & Bal.) Á. Löve, 1984, Feddes Rep. 95 (7 - 8): 445.

Elytrigia tauri (Boiss. & Bal.) Tzvel. ssp. *pertenuis* (C. A. Mey.) Tzvel., 1973, Nov. Sist. Vyssch. Rast. 10: 30. = *Tr. intermedium* var. *pertenuis* C. A. Mey, 1831, Verzeichn. Pfl. Cauc. 25. = *Parakengyilia pertenuis* (C. A. Mey) Yen & J. L. Yang.

Elytrigia tesquicola (Czerniak.) Prokudin, 1938, Proc. Bot. Inst. , Kharkov State Univ. 3: 181. = *Ag. glaucum* var. *aristatum* Schur, 1866, Enum. Fl. Transsilv. 809.

Elytrigia tilcarensis (J. H. Hunz.) Covas ex J. H. Hunziker & C. C. Xifreda, 1986, Darwiniana, 27 (1 - 4): 563. = *Ag. tilcarense* J. H. Hunziker, 1966, Kuttzizniz 3: 121. = *Elymus scabriglumis* (Hack.) Á. Löve, 1984, Feddes Rep. 95 (7 - 8): 472.

Elytrigia trichophora (Link) Nevski, 1934, Tr. sredneaz. Univ. , ser. 8B. Bot. Fasc. 17: 57. in clavi. = *Tr. trichophorum* Link, 1843, Linnaea 17: 395. = *Trichpyrum trichophorum* (Link) J. L. Yang et C. Yen.

Elytrigia trichophora (Link) Nevski var. *glabra* A. Ataeva, 1987, Izv. Akad. Nauk Turkm. SSR, Biol. Nauk 1987 (3): 54. = *Trichpyrum trichophorum* (Link) J. L. Yang et C. Yen var. *glabrum* (A. Ataeva) J. L. Yang et C. Yen.

Elytrigia turcica P. E. McGuire, 1983, Folia Geobot. Phytotax. 18 (1): 108. = *Lophopyrum turcicum* (McGuire) Á. Löve, 1984, Feddes Rep. 95 (7 - 8): 489.

Elytrigia vaillantianum (Wulf. & Schreb.) A. A. Beetle, 1984, Phytologia 55 (3): 211 = *Tr. vaillantianum* Wulf. & Schreder, 1811, in Schweigger & Koerte, Fl. Erlang. 1: 143. = *E. repens* (L.) Nevski. = *Elymus repens* (L.) Gould, 1947, Madrono 9: 127.

Elytrigia varnensis (Velen.) J. Holub, 1977, Folia Geobot. Phytotax. Praha 12 (4): 426. = *Tr. varnense* Velenovsky, 1894, Sitz. - Ber. Bohm. Ges. Wiss. 1894: 28. = *Trichopyrum varenense* (Velen.) Á. Löve, 1986, Veröff. Geobot. Inst. ETH, Stiftung Rübel, Zürich 87: 49.

Elytrigia villosa (Drob.) Tzvel. , 1964, Fl. Arct. URSS, Fasc. 2: 247. in obs. , non *Elymus villosus* Muehl. , 1809. = *Brachypodium villosum* Drob. , 1914, Tr. Bot. Muz. AN 12: 105. = *Elymus lanceolatus* ssp. *yukonensis* (Scribn. & Merr.) Á. Löve.

Elytrigia vvedenskyi Drob. , 1941, Fl. Uzbekist. , ed. Schreder, 1: 286, 539. (173?) . = *Elymus transhyrcanus* (Nevski) Tzvel. , 1972, Nov. Sist. Vyssh. Rast. 9: 61.

Tr. Bot. Inst. AN SSSR, =Acta Inst. Bot. Acad. Sc. URSS,

Tr. sredneaz. Univ. , ser. 8B = Acta. Univ. As. Med. ser. 8B. Bot.

Bot. Mat. (Leningrad) = Not. Syst. Herb. Inst. Bot. Acad. Sci. URSS.

Tr. Inst. Bot. Kharkov Univ. =Proc. Bot. Inst. , Kharkov State Univ.

后　记

在小麦族中有两个同形属与许多同形种，它们从形态上区分不开，只有通过细胞学的方法才能鉴别。这些同形属是：*Elymus*（**StStHH**、**StStStStHH**）与 *Campeiostachys*（**HHStStYY**）；同形种是：*Eremopyrum buonpatis*（**FsFsFF**）与 *Eremopyrum sinaicum*（**FsFs**），*Roegneria heterophylla*（**StStYY**）与 *Roegneria panormitana*（**StStStStYY**），*Campeiostachys tsukushiensis* var. *transiens*（**H^{t}H^{t}St^{t}St^{t}Y^{t}Y^t**）与 *Campeiostachys kamoji*（**H^{k}H^{k}St^{k}St^{k}Y^{k}Y^k**）。其他的同形属与同形种都界线明确，没有存疑问题，日本的 *Campeiostachys tsukushiensis* var. *transiens* 与中国西南地区四川雅安的 *Campeiostachys kamoji* 是不同的种也没有问题，因为它们之间杂交亲和率不到 50%，实测只有 3.9%～20%，亚种的关系都算不上，明显是种间关系，具有明确的生殖隔离。但是中国西南地区的 *Campeiostachys kamoji*，是不是大井次三郎所定的 *Roegneria kamoji* Ohwi 就说不清楚了。由于它们是同形，但形态上一致不一定是一个种。大井的 *Roegneria kamoji* Ohwi（*Campeiostachys kamoji*）采自中国大连，而 Eduard Hackel 所定的 *Agropyron semicostatum* var. *transiens* Hack.（*Campeiostachys tsukushiensis* var. *transiens*）的模式标本是采自朝鲜平壤，两者产地非常相近，与日本也近，生态环境与纬度也相当。它们是不是同一个种，且与笔者测验的雅安的 *Campeiostachys kamoji* 是不同的种，目前还不得而知。如果采自中国大连的 *Campeiostachys kamoji* 与日本的 *Campeiostachys tsukushiensis* var. *transiens* 没有生殖隔离，是同一个种，则目前中国西南地区称为 *Campeiostachys kamoji* 的分类群又必须改为何名？将留待今后研究。

另一个问题是 *Elymus repens*（L.）Gould 的染色体组究竟是不是 **StStStStHH** 染色体组的亚型？它的染色体组组成有三种截然不同的检测结论，这三种结论是用三种不同的方法检测得来的。检测认定它的染色体组是 **St^{1}St^{1}St^{2}St^{2}HH**，是通过细胞遗传学的方法检测的（Dewey，1967a、1976；Assadi et Runemark，1994；Vershinin et al.，1994；Redingbaugh et al.，2000），也就是用生物学的方法，相互杂交以后检测它们的 F$_1$ 子代减数分裂染色体相互配对的数据来认定的。也就是被检测的生物自身是否认定相互同源，同源才可能配对交换基因。用分子遗传学方法得来的 **XXXXHH**（Oergaard et Anamthawat-Jonsson，2001）与 **StStHH**（**VV-EE-TaTa-XX**）（Mason-Gamer，2004）的检测结论都是用化学方法比较分子结构的差异得出的人为结论，具主观性。相互差异总是有的，同源也会有一定可接受的差异。同不同源谁说了算，当然是生物自身配不配对说了算。能够配对，就说明生物自身认定的这些差异不否定其同源性，是客观的。

名　词　解　说

在本书所用的名词中，有几个在国内书刊中少有涉及使用，根据读者反馈的意见，对这几个名词，以及与它相对应的名词作如下解说：

主模式-Holotypus（Holotype）：发表新种名时描述性状特征所根据的一份指定典型标本。

同模式-Isotypus（Isotype）：主模式标本同号的复份标本。

模式残遗片段-Clastotypus（Clastotype）：不完整的模式标本，可能是模式标本损毁后留下的片段；或不完整的模式标本；或不完整的模式复份标本。

副模式- Cotypus（Cotype）：发表新种名时描述特征所根据的主模式与同模式标本以外的其他不同号标本。

后选模式-Lectotypus（Lectotype）：发表新种名时描述特征的定名人没有指定所根据的典型标本；或模式标本已损毁，后人在同种的标本中选定作为新的模式标本。

共模式- Paratypus（Paratype）：含义与副模式相同。

合模式-Syntypus（Syntype）：发表新种名时描述特征所根据的是多份典型标本，而不是根据一份或没有指定一份主模式标本。这多份典型标本合称为合模式。

同产地模式-Topotypus（Topotype）：与模式标本同一产地采得的标本。

同形属（隐形属）-Cryptic genera：两个或多个亲缘系统完全不同的属，因它们的显性性状相似，因此在外表形态上相同，用形态学的方法不能区分的属。

同形种（隐形种）-Cryptic species：两个或多个亲缘系统完全不同的种，因它们的显性性状相似，因此在外表形态上相同，用形态学的方法不能区分的种。

多形属- Polymorphic genus：染色体组组成相同的一个属的不同种间因成对基因的组成的不同而造成显性性状各不相同，差别很大，以及生态环境的不同，构成表型形态性状有较大的差异；常被形态分类学者臆定为几个不同的属。但它们的系统起源是同一的。例如：赖草属-Leymus、披碱草属-Elymus，就是这样的多形属。

致　　谢

在本卷的编写过程中，得到下列标本馆（室）负责人以及其他友人的大力协助，提供模式标本、照片或复印件，及其他文献资料与宝贵意见。他们是：

BM、DAO、GH、HNWP、K、KYO、LD、LE、MO、N、NAS、NMAC、P、TI、UC、US、UTC、W。

村松幹夫（日本冈山大学）、辻本寿（日本鸟取大学）、池田博与清水晶子（日本东京大学综合研究博物馆）、汪瑞琪（美国犹他州立大学美国农业部牧草与草原研究室）、Mary Barkworth（美国犹他州立大学）、罗明诚（美国加利福尼亚州大学戴维斯分校）、孙根楼（加拿大哈里法克斯圣马丽大学）、周永红、刘登才、张海琴、凡星、王际睿（四川农业大学小麦研究所）、张新全（四川农业大学动物科技学院）、杨武云（四川省农业科学院作物研究所）、陈文杰（中国科学院西北高原生物研究所）、颜丹（四川农业大学生命科学与理学院）。

特别感谢加拿大皇家学会会员，加拿大农业与农业食品部东部谷物与油籽研究中心研究员 Bergard R. Buan 博士与我们共同研究曲穗草属。

在调查采集、研究、编写过程中，得到四川省科学技术厅、四川省教育厅、四川农业大学的经济资助。

编著者对以上各位与单位深致谢忱！

图书在版编目（CIP）数据

小麦族生物系统学．第 5 卷/颜济，杨俊良编著．——
北京：中国农业出版社，2011.5
（现代农业科技专著大系）
ISBN 978 - 7 - 109 - 17794 - 9

Ⅰ．①小…　Ⅱ．①颜…②杨…　Ⅲ．①小麦－生物学
－研究　Ⅳ．①S512.101

中国版本图书馆 CIP 数据核字（2013）第 078533 号

中国农业出版社出版
（北京市朝阳区农展馆北路 2 号）
（邮政编码 100125）
责任编辑　孟令洋　段丽君

中国农业出版社印刷厂印刷　新华书店北京发行所发行
2013 年 5 月第 1 版　2013 年 5 月北京第 1 次印刷

开本：787mm×1092mm　1/16　印张：40　插页：1
字数：935 千字
定价：240.00 元
（凡本版图书出现印刷、装订错误，请向出版社发行部调换）